AUGUST FERDINAND MÖBIUS

GESAMMELTE WERKE.

HERAUSGEGEBEN AUF VERANLASSUNG DER KÖNIGLICH SÄCHSISCHEN GESELLSCHAFT DER WISSENSCHAFTEN.

ZWEITER BAND

HERAUSGEGEBEN

VON

F. KLEIN.

LEIPZIG
VERLAG VON S. HIRZEL
1886.

Vorrede.

Der zweite Band von Möbius' Werken, welchen ich hiermit im Auftrage der Königl. Sächs. Gesellschaft der Wissenschaften der Oeffentlichkeit übergebe, bringt in Uebereinstimmung mit dem allgemeinen Programme, welches Herr College Baltzer in den Vorbemerkungen zum ersten Bande auseinandergesetzt hat, diejenigen geometrischen Untersuchungen von Möbius, welche nicht unmittelbar mit dem barycentrischen Calcul zusammenhängen. Es handelte sich in dieser Hinsicht einmal um den Wiederabdruck zahlreicher von Möbius selbst bereits publicirter Abhandlungen und Noten (Bogen 1—32 des vorliegenden Bandes), andererseits um Mittheilung einiger hierher gehöriger Untersuchungen aus Möbius' Nachlass (Bogen 33 bis Schluss). Ich habe hier vor allen Dingen meinen geehrten Mitarbeitern, Herrn Privatdocenten Dr. Staude in Breslau und Herrn Oberlehrer Dr. Reinhardt in Plauen, meinen besten Dank abzustatten. Herr Staude hat mich bei der Correctur der wiederabzudruckenden Arbeiten auf das Eingehendste unterstützt, was keine ganz leichte Aufgabe war, da es sich mit Rücksicht auf das für die neue Ausgabe gewählte Format um vielfache Umstellung der Formeln u. dergl. handelte. Die Reihenfolge, welche wir dabei für die genannten Arbeiten wählten, ist zunächst durch die sachlichen Beziehungen bedingt und nur innerhalb der fünf im Inhaltsverzeichnisse unterschiedenen Abtheilungen eine chronologische — ein Verfahren, für welches wir auf die Zustimmung des Lesers rechnen. — Die Durcharbeitung des aus zahlreichen und vielfach ungeordneten Papieren bestehenden Möbius'schen Nachlasses, insbesondere die Zusammenstellung der hier mitgetheilten zwei Stücke desselben, ist einzig das

Verdienst von Herrn Reinhardt, der späterhin noch (im vierten Bande der vorliegenden Ausgabe) einen zusammenfassenden Bericht über den sonstigen Inhalt des Nachlasses veröffentlichen wird. Indem ich wegen der Einzelheiten auf die Bemerkungen verweise, welche Herr Reinhardt den betreffenden Mittheilungen vorausgestellt hat, habe ich an dieser Stelle noch meinen Dank den Herren Bertrand und Darboux auszusprechen für die Unterstützung, welche sie uns in einer früheren Periode unserer Bemühungen erwiesen haben. Es war bekannt geblieben, dass Möbius 1861 bei der Pariser Akademie um den grossen Preis der Mathematik (*Question des polyèdres*) concurrirt hatte. Durch Vermittelung der genannten Herren wurde uns in der That eine auf dem Archive der Akademie aufbewahrte Arbeit zugänglich, die sich durch ihren Inhalt sofort als Möbius angehörig erwies*) und von der wir eine Copie haben anfertigen lassen, die später (mit dem Nachlasse von Möbius zusammen) auf der Sternwarte der Universität Leipzig aufbewahrt werden soll. Hinterher hat sich dann freilich gezeigt, dass das deutsche Original der genannten Preisarbeit in Möbius' Nachlass völlig erhalten geblieben war. Der wesentliche Inhalt der Preisarbeit erwies sich überdies als von Möbius selbst in seinen letzten beiden Abhandlungen (*Theorie der elementaren Verwandtschaft*, bez. *Ueber die Bestimmung des Inhaltes eines Polyëders*, siehe p. 433—512 des vorliegenden Bandes) publicirt. Was in der Preisarbeit an bemerkenswerthen Einzelheiten noch vorhanden war, ist von Herrn Reinhardt in die erste auf den Nachlass bezügliche Mittheilung (*Zur Theorie der Polyëder und der Elementarverwandtschaft*, p. 513—560 des vorliegenden Bandes) mit aufgenommen worden.

Auf p. VII finden sich einige von Herrn Baltzer zusammengestellte nachträgliche Berichtigungen zum ersten Bande.

Leipzig, im October 1885.

Felix Klein.

---

*) Dieselbe trägt die Aufschrift: »Tentasse juvat«, und ist unter den mathematischen Preisarbeiten des Jahres 1861 mit Nr. 5 bezeichnet.

Inhalt des zweiten Bandes.

Nachträgliche Berichtigungen zum ersten Bande.

p. VIII Z. 7 v. u. ist nach Schwerpunct das Comma zu streichen.

p. XIV Z. 2 v. o. ist Bessel's Brief an Gauss 1841 Jan. 20 (p. 532) zu vergleichen.

p. XVII Z. 19 v. u. ist 1855 zu lesen statt 1853.

p. 536 oben ist eine zu lesen statt die.

p. 542 Z. 10 v. o. ist nach $\int$ das Zeichen $=$ zu streichen.

p. 634 In der Anmerkung zu p. 365 soll der letzte Satz heissen: Pascal's Essais pour les Coniques, ein kurzer an Desargues anknüpfender Aufsatz, 1640 besonders gedruckt, von Leibniz in Pascal's Nachlass gesehen, und von Bossut 1779 wieder herausgegeben, enthält nicht den Ausdruck hexagramme mystique und nicht den Pascal'schen Satz in der üblichen Form. Aber aus Lemma 1 konnte in der That der Pascal'sche Satz abgelesen werden.

Ueber eine neue Behandlungsweise der analytischen Sphärik.

Abhandlungen bei Begründung der Königl. Sächs. Gesellschaft der Wissenschaften, herausgegeben von der Fürstlich Jablonowski'schen Gesellschaft, Leipzig 1846, p. 45—86.

Die vorliegenden Blätter enthalten einen Versuch, die früher in meinem »barycentrischen Calcul« dargelegte Methode zur analytischen Behandlung der Geometrie auf den Zweig derselben anzuwenden, welcher sich mit Figuren auf der Oberfläche einer Kugel beschäftigt. So wie nämlich dort jeder Punct einer Ebene dadurch bestimmt wurde, dass man sich denselben als Schwerpunct dreier in gewissen drei Fundamentalpuncten der Ebene anzubringenden Gewichte dachte, so wird auch hier jeder Punct einer Kugelfläche durch drei Fundamentalpuncte der Fläche und diesen beizulegende Gewichte oder Coëfficienten bestimmt. Mit den Formeln, welche dieses ausdrücken, lässt sich eine ganz ähnliche Rechnung, wie dort bei ebenen Figuren, anstellen, daher auch namentlich alle zur *Collineationsverwandtschaft* gehörigen Eigenschaften ebener Figuren in der Sphärik auf vollkommen entsprechende Weise sich wiederfinden. Die sphärischen Formeln sind aber noch einer anderen Behandlung fähig (§. 11, IV), wodurch es möglich wird, zu denjenigen Eigenschaften zu gelangen, welche sich auf die *Verwandtschaft der Gleichheit und Aehnlichkeit* beziehen, — Eigenschaften, zu deren Erforschung der barycentrische Calcul sich wenigstens nicht unmittelbar eignete. Gleichwohl aber sind es gerade diese letzteren Eigenschaften, in denen sich die höhere Allgemeinheit der Sphärik und der Reichthum, welchen sie vor der Planimetrie voraus hat, am meisten zu erkennen giebt.

Die Leichtigkeit, mit welcher sich auch die Eigenschaften der letzteren Art dem neuen Algorithmus unterwerfen lassen, hat mich zur Bekanntmachung desselben veranlasst, und ich glaube damit um so weniger etwas ganz Ueberflüssiges gethan zu haben, als die Anzahl der Schriften, in denen die Geometrie der Kugel analytisch behandelt wird, noch immer nur gering ist, sowie auch ein eigentliches

Lehrbuch dieser Wissenschaft ausser dem verdienstlichen *Grundrisse der analytischen Sphärik* von *Gudermann* (Köln 1830) meines Wissens nicht erschienen ist.

Hinsichtlich der Anwendungen des sphärischen Algorithmus, die ich der Erörterung seiner Principien hinzugefügt habe, möchte ich noch bemerken, dass ich, als erstes Beispiel einer solchen Anwendung, die bekannten vier Grundformeln der sphärischen Trigonometrie entwickelt habe, und dieses nicht allein wegen der Einfachheit des Gegenstandes, sondern auch, um von diesen Formeln einen Beweis von derselben Allgemeinheit zu geben, in welcher sie selbst Gültigkeit haben, während die bisherigen Beweise sich auf Dreiecke beschränkten, in denen jede Seite und jeder Winkel kleiner als 180° ist.

Vorauszuschickende Sätze.

§. 1. Der Winkel vf (Fig. 1), welchen von zwei geraden Linien die eine f mit der anderen v bildet, ist bestimmt, wenn die positive Richtung einer jeden, und in der Ebene, in welcher sie beide liegen, oder, dafern sie nicht in einer Ebene sind, in einer mit beiden parallelen Ebene der positive Sinn der Drehung bestimmt ist. Legt man nämlich durch einen beliebigen Punct O zwei Parallelen mit v und f, trägt auf diese von O aus zwei gleich lange Linien OV und OA, so dass die von O aus nach V und nach A gerechneten Richtungen einerlei mit den positiven Richtungen von v und von f sind, und dreht hierauf OV um O in der mit v und mit f parallelen

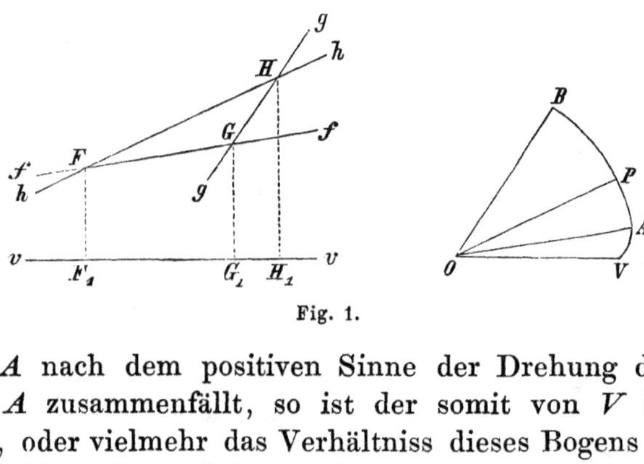

Fig. 1.

Ebene VOA nach dem positiven Sinne der Drehung der letzteren, bis V mit A zusammenfällt, so ist der somit von V beschriebene Kreisbogen, oder vielmehr das Verhältniss dieses Bogens zum ganzen Kreise, das Maass des Winkels vf.

Wird OV um O nach dem negativen Sinne bis zum Zusammenfallen mit OA fortgedreht, so ergänzt der während dessen von V beschriebene Bogen den vorigen zu einem ganzen Kreise. Da nun von zwei sich zu einem ganzen Kreise ergänzenden Bögen die Cosinus sowohl dem absoluten Werthe, als dem Zeichen nach, einander gleich sind, die Sinus aber verschiedene Zeichen haben, so erhellet, dass, wenn bloss die positiven Richtungen der Linien v und f, nicht aber auch der positive Sinn der Drehung in einer mit ihnen parallelen Ebene, bestimmt sind, nichtsdestoweniger $\cos vf$ auch seinem Zeichen nach bestimmt ist, das Zeichen von $\sin vf$ aber unbestimmt bleibt.

§. 2. Seien F, G zwei beliebige Puncte in der Geraden f, und F_1, G_1 ihre rechtwinkligen Projectionen auf die Gerade v, so hat man

$$F_1 G_1 = FG \cos vf \ .$$

Hierbei ist der Abschnitt FG positiv oder negativ zu nehmen, jenachdem die Richtung von dem zuerst geschriebenen Puncte F nach dem zweiten G die positive oder die negative von f ist; und Analoges gilt von dem in der Geraden v enthaltenen Abschnitte $F_1 G_1$.

Sei H irgend ein Punct ausserhalb der Geraden f, H_1 seine rechtwinklige Projection auf v. Man verbinde H mit G und F durch zwei Gerade, die man resp. g und h nenne, und bestimme willkürlich die positiven Richtungen derselben. Alsdann ist, wie vorhin, mit gehöriger Rücksicht auf die Vorzeichen,

$$G_1 H_1 = GH \cos vg \quad \text{und} \quad F_1 H_1 = FH \cos vh \ .$$

Unter derselben Berücksichtigung ist aber, wie auch die Puncte F_1, G_1, H_1 in v liegen mögen,

$$F_1 G_1 + G_1 H_1 = F_1 H_1 \ ;$$

folglich

$$(1) \qquad FG \cos vf + GH \cos vg = FH \cos vh \ ,$$

eine Gleichung, die daher immer gilt, wenn f, g, h drei in einer Ebene liegende und sich in den Puncten F, G, H schneidende Gerade sind; welches auch die Lage der vierten Geraden v sein mag, und wie man auch die positive Richtung einer jeden der vier Geraden bestimmen mag.

§. 3. Porisma. *Sind zwei Puncte A, B einer Kugelfläche und zwei Zahlen a, b gegeben, so lässt sich noch ein Punct P auf der Kugel und eine Zahl p finden, dergestalt, dass, wo auch noch ein anderer Punct V auf der Kugel angenommen wird,*

$$(2) \qquad a \cos VA + b \cos VB = p \cos VP$$

ist.

Construction. Heisse O der Mittelpunct der Kugel. Man ziehe eine Gerade f, gleichgerichtet mit OA, d. h. eine mit OA parallele Gerade, deren positive Richtung einerlei mit der Richtung von O nach A ist. Nach einer vorher beliebig festgesetzten Linieneinheit mache man in f den Abschnitt $FG = a$, so dass die Richtung von F nach G die positive oder negative von f ist, je nachdem a eine positive oder negative Zahl ist. Durch G ziehe man eine Gerade g, gleichgerichtet mit OB, und mache darin $GH = b$. Man verbinde F und H durch eine Gerade h, bestimme die positive Richtung derselben nach Willkür, mache hiernach den Halbmesser OP gleichgerichtet mit h und setze die Zahl, nach welcher FH von der Linieneinheit gemessen wird, $= p$, positiv, wenn die Richtung von F nach H die positive von h ist. Alsdann wird für jeden Ort von V auf der Kugel die Gleichung (2) bestehen.

Beweis. Weil f, g, h mit OA, OB, OP gleiche Richtung haben, so ist (§. 1), wenn man noch eine mit OV gleichgerichtete Gerade v zieht,

$$\cos vf = \cos VA \ , \qquad \cos vg = \cos VB \ , \qquad \cos vh = \cos VP \ .$$

Da ferner die Abschnitte FG, GH, FH in f, g, h den Zahlen a, b, p proportional sind, so ist die Gleichung (2) identisch mit der für jede Lage von v bestehenden Gleichung (1), und daher gleichfalls für jeden Ort von V richtig.

§. 4. Zusätze. *a*) Nach der gemachten Construction bleibt es der Willkür überlassen, welche der beiden Richtungen von h, ob FH, oder HF, man für die positive wählt. Im ersteren Falle hat man die Zahl p, gleich FH, positiv, im letzteren negativ zu nehmen; und wenn der mit FH gleichgerichtete Halbmesser OP ist, so ist der zu findende Punct im ersteren Falle P, im letzteren der dem P diametral gegenüberliegende Punct oder der Gegenpunct von P, er heisse P'. Wie gehörig, bleibt in beiden Annahmen der Werth von $p \cos VP$ derselbe, da, wo auch V liegen mag,

$$PV + VP' = 180^\circ \ ,$$

und daher

$$\cos VP' = -\cos VP$$

ist.

b) Nächst dem Puncte P und der Zahl p thun daher auch P' und $-p$ der Forderung des Porisma Genüge; ausserdem aber kein anderer Punct Q und keine andere Zahl q. Denn alsdann müsste für jeden Ort von V die Summe $a \cos VA + b \cos VB$ nicht allein $= p \cos VP$, sondern auch $= q \cos VQ$, mithin auch

$$(a) \qquad p \cos VP = q \cos VQ$$

sein. Lässt man aber in (a) den beliebig zu wählenden Punct V das eine Mal mit P, das andere Mal mit Q zusammenfallen, so kommt

$$p = q \cos PQ \quad \text{und} \quad p \cos PQ = q \ ,$$

folglich nach Elimination von q

$$p\,(1 - \cos PQ^2) = 0 \ ,$$

und daher entweder

$$\cos PQ = 1 \ , \quad \text{oder} \quad \cos PQ = -1 \ , \quad \text{oder} \quad p = 0 \ .$$

Im ersten Falle ist $q = p$ und Q identisch mit P; im zweiten ist $q = -p$ und Q identisch mit P'. Solange daher nicht $p = 0$, also auch nicht

$$a \cos VA + b \cos VB = 0$$

ist, können der zu findende Punct und die zu findende Zahl keine anderen als P und p, oder P' und $-p$ sein.

Noch folgt aus diesen Schlüssen, dass, wenn in einer Gleichung, wie (a), Q weder mit P, noch mit dem Gegenpuncte von P identisch ist, sie nicht anders bestehen kann, als wenn $p = 0$ und $q = 0$ ist.

c) Weil die Geraden f, g, h, mit denen die Halbmesser OA, OB, OP parallel sind, in einer Ebene liegen, so liegt P mit A und B in einem Hauptkreise. Und da, wie wir eben gesehen haben, der der Gleichung (2) genugthuende Punct P nur auf die in §. 3 gezeigte Weise gefunden werden kann, so schliessen wir noch: dass, wenn für gewisse drei Puncte A, B, P der Kugelfläche und ihnen zugehörige Coëfficienten a, b, p, wo auch ein vierter Punct V auf der Fläche angenommen werden mag, die Gleichung (2) besteht, erstere drei Puncte in einem Hauptkreise liegen.

d) In dem besonderen Falle, wenn

$$a \cos VA + b \cos VB = 0 \ ,$$

und daher, nach dem Zusatz *b)*, entweder $b = -a$ und B mit A identisch, oder $b = a$ und B der Gegenpunct von A ist, wird $p = 0$ und P unbestimmbar. In dem zu construirenden Dreiecke FGH fällt alsdann H mit F zusammen.

§. 5. Das in §. 3 bewiesene Porisma lässt sich auch auf Systeme von drei und mehreren mit ihren Coëfficienten gegebenen Puncten der Kugelfläche ausdehnen. Denn sind zuerst drei Punkte A, B, C

mit den resp. Coëfficienten a, b, c gegeben, und hat man aus den zwei ersteren auf die im Vorigen gezeigte Art P und p dergestalt bestimmt, dass für jeden Ort von V,

$$a \cos VA + b \cos VB = p \cos VP$$

ist, so kann man auf gleiche Weise aus P, p und C, c einen neuen Punct Q mit seinem Coëfficienten q so bestimmen, dass

$$p \cos VP + c \cos VC = q \cos VQ\ ,$$

und somit

$$(3) \qquad a \cos VA + b \cos VB + c \cos VC = q \cos VQ$$

ist. Nur darf zwischen den mit ihren Coëfficienten gegebenen Puncten nicht die Beziehung

$$a \cos VA + b \cos VB + c \cos VC = 0$$

stattfinden, indem sonst $q = 0$ sein und Q unbestimmbar bleiben würde. Es würde dieser Fall dann eintreten, wollte man, nachdem P und p aus A, B und a, b bestimmt worden, A, B, P und a, b, $-p$ die mit ihren Coëfficienten gegebenen Puncte sein lassen.

Wie im vorigen Paragraphen zeigt sich ferner auch hier, dass für Q auch sein Gegenpunct Q' genommen werden kann, und alsdann q in $-q$ zu verwandeln ist; dass aber ausser Q, Q' nicht noch ein dritter Punct der Gleichung (3) Genüge thut. Endlich leuchtet ein, dass, wenn A, B, C in einem Hauptkreise liegen, in demselben (auch P und mithin) auch Q sich finden wird.

Auf dieselbe Art, wie von zwei zu drei Puncten, kann man nun weiter von drei Puncten zu vier u. s. w. fortgehen und damit folgendes allgemeine Porisma aufstellen:

Porisma. *Zu zwei oder mehreren auf der Oberfläche einer Kugel gegebenen Puncten A, B, C, ... und ihnen zugehörigen gegebenen Coëfficienten a, b, c, ... lassen sich immer noch ein und nicht mehr als ein Paar Gegenpuncte P und P' und diesen zugehörige Coëfficienten p und p', welche einander gleich und entgegengesetzt sind, finden, dergestalt, dass für jeden Ort eines noch anderen Punctes V auf der Kugel*

$$a \cos VA + b \cos VB + c \cos VC + \ldots = p \cos VP = p' \cos VP'$$

ist, — mit alleiniger Ausnahme des Falles, wenn die Summe

$$a \cos VA + b \cos VB + c \cos VC + \ldots = 0$$

ist. — Liegen die gegebenen Puncte A, B, C, ... in einem Hauptkreise, so sind in demselben auch P und P' enthalten.

Mag nur noch bemerkt werden, dass man, statt wie im Vorigen von zwei zu drei und mehreren Puncten fortzugehen, den Beweis dieses Satzes auch geradezu dadurch führen kann, dass man eine gebrochene Linie $FGHI\ldots N$ construirt, deren Theile FG, GH, HI, ... resp. mit den Halbmessern OA, OB, OC, ... parallel und ihrer Länge nach mit a, b, c, ... proportional sind, und dass man die beiden Endpuncte F und N dieser Linie mit einer Geraden verbindet. Der Halbmesser OP ist alsdann dieser Geraden parallel zu ziehen und der Coëfficient p dem Abschnitte FN in demselben Verhältnisse, wie a dem FG, b dem GH, etc., proportional zu nehmen. Denn nach diesen Bestimmungen drückt die obige Formel den ohne Weiteres verständlichen Satz aus, dass die Summe der Projectionen der einzelnen Theile der gebrochenen Linie $FG\ldots N$ auf eine mit OV parallel gezogene Gerade der auf dieselbe Gerade projicirten Linie FN gleich ist, welche die beiden Endpuncte der gebrochenen verbindet. — Fallen diese zwei Puncte zusammen, so tritt der specielle Fall ein, dass $p = 0$ und OP unbestimmbar wird.

§. 6. Porisma. *Sind drei in einem Hauptkreise liegende Puncte A, B, P gegeben, von denen keiner mit dem anderen identisch, oder des anderen Gegenpunct ist, so lassen sich drei in solchen Verhältnissen zu einander stehende Zahlen a, b, p finden, dass für jeden Ort eines vierten Punctes V der Kugelfläche stets*

$$a \cos VA + b \cos VB = p \cos VP \tag{2}$$

ist.

Construction. In der Ebene des Hauptkreises oder in einer damit parallelen Ebene ziehe man (Fig. 1) drei sich nicht in einem Puncte schneidende Gerade f, g, h, welche resp. mit OA, OB, OP gleichgerichtet sind, und nenne F, G, H die Durchschnitte von h mit f, von f mit g, von g mit h, so stehen die Abschnitte FG, GH, FH in den gesuchten Verhältnissen.

Der Beweis ist derselbe, wie der für das Porisma in §. 3.

§. 7. Zusätze. *a*) Die Verhältnisse zwischen den drei Zahlen haben nur auf eine Weise bestimmbare Werthe. Denn könnten sich die Zahlen, ausser wie $a : b : p$, auch wie $a' : b' : p$ verhalten, so müsste nächst (2) noch

$$a' \cos VA + b' \cos VB = p \cos VP ,$$

mithin

$$(a - a') \cos VA + (b - b') \cos VB = 0$$

sein, woraus, da nicht $a' = a$ und $b' = b$ sein soll, der hier ausgeschlossene Fall folgen würde, dass B mit A identisch, oder der Gegenpunct von A wäre (§. 4, *b*).

b) Die nur auf eine Weise bestimmbaren Verhältnisse zwischen a, b, p sind den Verhältnissen zwischen den Seiten eines Dreiecks FGH gleich, dessen Winkel von den zwischen A, B, P begriffenen Bögen gemessen werden, und es müssen daher alle die aus der Trigonometrie bekannten Relationen zwischen den Seiten und Winkeln eines Dreiecks auch zwischen den Zahlen a, b, p und den von den Puncten A, B, P begrenzten Bögen stattfinden.

Zu diesen Relationen kann man auch geradezu mittelst der Gleichung (2) durch passende Annahme des unbestimmten Punctes V gelangen. Um dieses nur an zwei Beispielen zu zeigen, so kommt, wenn man V successive mit A, B, P zusammenfallen lässt,

$$a + b\cos AB = p\cos AP \ ,$$
$$a\cos AB + b = p\cos BP \ ,$$
$$a\cos AP + b\cos BP = p \ ;$$

und wenn man diese drei Gleichungen resp. mit a, b, p multiplicirt und sie hierauf addirt,

$$aa + bb + 2ab\cos AB = pp \ ,$$

die bekannte Relation zwischen den drei Seiten und einem Winkel eines Dreiecks.

Man nehme ferner den Punct V im Hauptkreise ABP also liegend an, dass nach zuvor festgesetzter positiver Richtung dieses Kreises der Bogen VB, d. i. der von dem zuerst geschriebenen Puncte V nach dieser Richtung bis zum zweiten B fortgezählte Bogen, $= 90^\circ$ ist. Dadurch wird, wie auch A und P gegen B liegen mögen,

$$VA = VB - AB = 90^\circ - AB \ ,$$
$$VP = VB - PB = 90^\circ - PB \ ,$$

und die Gleichung (2) reducirt sich auf

$$a\sin AB = p\sin PB \ *).$$

*) Nicht ganz überflüssig dürfte hier noch die Erinnerung sein, dass in diesen und anderen Formeln, in denen Sinus von Bögen vorkommen, stets die Stellung der zwei Buchstaben mit berücksichtigt werden muss, durch welche der Bogen ausgedrückt wird. Denn da alle in demselben Hauptkreise liegende Bögen nach einerlei Richtung zu rechnen sind, so hat man

$$AB + BA = 360^\circ \ , \quad \text{folglich} \quad \sin BA = -\sin AB \ ,$$

während

$$\cos BA = \cos AB$$

ist.

Aehnlicher Weise findet sich, wenn man V so bestimmt, dass $VA = 90^\circ$ wird,

$$b \sin AB = p \sin AP \;;$$

mithin verhalten sich

$$a : b : p = \sin PB : \sin AP : \sin AB \;,$$

d. i. die Seiten eines Dreiecks wie die Sinus der gegenüberstehenden Winkel.

c) Das letzterhaltene Resultat wird noch symmetrischer, wenn man C und $-c$ statt P und p, und daher

$$a \cos VA + b \cos VB + c \cos VC = 0$$

statt (2) schreibt. Denn hierbei müssen sich verhalten

$$a : b : c = \sin BC : \sin CA : \sin AB \;.$$

Die Substitution dieser Verhältnisswerthe von a, b, c in der vorhergehenden Gleichung gibt den bekannten Satz, dass, wenn A, B, C drei Puncte eines Hauptkreises sind, für jeden vierten Punct V der Kugelfläche

$$\sin BC \cos VA + \sin CA \cos VB + \sin AB \cos VC = 0$$

ist.

§. 8. Porisma. *Zu vier Puncten A, B, C, Q der Kugelfläche, von denen keine drei in einem Hauptkreise liegen, lassen sich immer vier in solchen, nur auf eine Weise bestimmbaren Verhältnissen stehende Zahlen a, b, c, q finden, dass für jeden Ort eines fünften Punctes V der Fläche*

$$(3) \qquad a \cos VA + b \cos VB + c \cos VC = q \cos VQ$$

ist.

Beweis. Sei P einer der beiden Durchschnitte der Hauptkreise AB und CQ, so liegen A, B, P in einem Hauptkreise, und man kann daher (§. 6) drei in solchen Verhältnissen zu einander stehende Zahlen a, b, p finden, dass

$$(a) \qquad a \cos VA + b \cos VB = p \cos VP$$

ist. Da ferner auch P, C, Q in einem Hauptkreise liegen, so lassen sich aus demselben Grunde zwei zu p in solchen Verhältnissen stehende Zahlen c, q finden, dass

$$(b) \qquad p \cos VP + c \cos VC = q \cos VQ$$

ist. Mithin muss auch die Gleichung (3), als die Summe von (*a*) und (*b*), bestehen.

Gäbe es aber noch drei andere Verhältnisse $a' : b' : c' : q$, welche gleichfalls der Gleichung (3) Genüge thäten, wäre also nächst (3) noch

$$a' \cos VA + b' \cos VB + c' \cos VC = q \cos VQ \ ,$$

so müsste sein

$$(a - a') \cos VA + (b - b') \cos VB + (c - c') \cos VC = 0 \ ,$$

und es müssten hiernach A, B, C in einem Hauptkreise liegen (§. 4, *c*), was gegen die Voraussetzung ist.

§. 9. Zusätze. *a*) *Sind demnach drei nicht in einem Hauptkreise liegende Puncte A, B, C der Kugelfläche gegeben, so ist durch sie und durch die Verhältnisse zwischen gewissen ihnen beizulegenden Coëfficienten jeder vierte Punct Q der Fläche bestimmbar.* Liegt dabei Q mit zweien der drei Puncte A, B, C in einem Hauptkreise, so ist er schon durch diese zwei allein bestimmbar, und der Coëfficient des dritten Punctes ist null. Fällt aber Q mit einem der drei gegebenen Puncte zusammen, so ist jeder der Coëfficienten der beiden anderen null.

b) Liegen A, B, C, Q in einem Hauptkreise, so lassen sich in (3) die Verhältnisse zwischen a, b, c, q auf unendlich viele Arten bestimmen. Denn alsdann ist Q schon durch A und B allein, sowie durch B und C allein bestimmbar, und man kann demgemäss

$$\begin{aligned} f \cos VA + g \cos VB &= r \cos VQ \ , \\ h \cos VB + i \cos VC &= s \cos VQ \end{aligned}$$

setzen, wo die Verhältnisse $f : g : r$ und $h : i : s$ nur auf eine Weise bestimmbar sind. Hieraus folgt

$$f \cos VA + (g + hx) \cos VB + ix \cos VC = (r + sx) \cos VQ \ ;$$

mithin verhält sich

$$a : b : c : q = f : g + hx : ix : r + sx \ ,$$

was auch dem x für ein Werth beigelegt werden mag; und es kann folglich eines der Verhältnisse zwischen a, b, c, q nach Willkür bestimmt werden.

Eben so zeigt sich, dass bei einer Gleichung zwischen 5, 6, ... in einem Hauptkreise liegenden Puncten von den Verhältnissen zwischen ihren Coëfficienten irgend 2, 3, ... beliebig bestimmt werden können.

c) Aehnlicherweise verhält es sich bei einer Gleichung zwischen mehr als vier Puncten, von denen keine drei in einem Hauptkreise liegen. Denn da in diesem Falle zwischen je vier Puncten eine

Gleichung stattfindet, in welcher die Coëfficienten in nur auf eine Weise bestimmbaren Verhältnissen stehen, so werden hier bei einer Gleichung zwischen 5, 6, ... Puncten irgend 1, 2, ... dieser Verhältnisse nach Belieben angenommen werden können.

Grundzüge eines sphärischen Algorithmus.

§. 10. Wie wir im Vorhergehenden gesehen haben, kann jeder Punct der Kugelfläche durch Hülfe dreier anderer Puncte der Fläche, welche nicht in einem Hauptkreise begriffen sind, und durch gewisse ihnen beizulegende Coëfficienten bestimmt werden. Der Gedanke liegt nahe, diese Bestimmungsweise eines Punctes auf der Kugel zu einer Coordinatenmethode für die Kugel zu benutzen, und damit, — weil jede geometrische Untersuchung durch eine Rechnung mit Coordinaten geführt werden kann, — auf die im Obigen entwickelten Formeln und deren Eigenschaften eine analytische Sphärik zu gründen zu suchen.

Zu dem Ende wollen wir fürs Erste die in jedem Gliede aller bisherigen Formeln auf gleiche Art wiederkehrenden Zeichen *cos* und V der Kürze willen weglassen, und daher statt

$$a \cos VA + b \cos VB = p \cos VP \;, \qquad a \cos VA + b \cos VB + .. = 0 \;,$$

u. s. w. von jetzt an schreiben

$$aA + bB = pP \;, \qquad aA + bB + .. = 0 \;, \quad \text{u. s. w.},$$

und diese Gleichungen, deren Glieder dem Scheine nach Puncte der Kugelfläche mit numerischen Coëfficienten sind, *sphärische Gleichungen* nennen. Es erhellet von selbst, dass man mit diesen abgekürzten Gleichungen alle die Operationen vorzunehmen berechtigt ist, bei denen ihre Glieder von der angegebenen Form bleiben; dass man sie also zu einander addiren, von einander subtrahiren, mit irgend einer Zahl multipliciren oder dividiren, und Glieder von der einen Seite des Gleichheitszeichens auf die andere mit dem entgegengesetzten Vorzeichen bringen darf.

§. 11. Wie nun mit Anwendung solcher Gleichungen irgend eine Aufgabe der Sphärik in Rechnung gesetzt, und wie nach vollbrachter Rechnung von den Endgleichungen das gesuchte Resultat abgelesen werden kann, — die hierzu dienenden Sätze haben wir zwar bereits kennen gelernt: besserer Uebersicht wegen sollen sie aber mit noch einigen nachträglichen Bemerkungen hier kürzlich zusammengestellt werden.

I) In Bezug auf zwei Puncte A und B der Kugelfläche, die weder mit einander identisch, noch Gegenpuncte von einander sind, kann man (§. 6) jeden dritten Punct P, welcher mit ihnen in einem Hauptkreise liegt, setzen

$$P = aA + bB \; .$$

Dabei verhält sich (§. 7, b)

$$1 : a : b = \sin AB : \sin PB : \sin AP$$

und hat man daher die identische Gleichung

$$\sin AB \, . \, P = \sin PB \, . \, A + \sin AP \, . \, B \; .$$

Für $AB = 90^\circ$ wird dieselbe

$$P = \cos AP \, . \, A + \sin AP \, . \, B \; .$$

Ist P der Mittelpunct von AB, und daher

$$AP = PB = \tfrac{1}{2} AB \; ,$$

so wird

$$1 : a : b = \sin AB : \sin \tfrac{1}{2} AB : \sin \tfrac{1}{2} AB = 2 \cos \tfrac{1}{2} AB : 1 : 1 \; ,$$

und folglich

$$2 \cos \tfrac{1}{2} AB \, . \, P = A + B \; .$$

Man bemerke hierbei noch, dass jedem Bogen zwei Mittelpuncte zukommen, von denen der eine der Gegenpunct des anderen ist. Dasselbe lässt auch die Gleichung erkennen, da

$$\cos \tfrac{1}{2} AB = \cos \tfrac{1}{2}(AB + 180^\circ \pm 180^\circ)$$

zwei einander gleiche und entgegengesetzte Werthe hat.

II) *In Bezug auf drei Puncte A, B, C der Kugelfläche, welche nicht in einem Hauptkreise liegen, kann man jeden vierten Punct P der Fläche setzen:*

$$P = aA + bB + cC \; ,$$

wo a, b, c nur auf eine Weise bestimmbare Zahlen sind (§. 9, a).

III) In jedem Gliede einer sphärischen Gleichung kann, seinem Werthe unbeschadet, statt des Punctes, welchen das Glied enthält, auch sein Gegenpunct gesetzt werden; nur muss zugleich dem Coëfficienten das entgegengesetzte Zeichen gegeben werden. Wenn man daher, wie in der Folge immer geschehen soll, den Gegenpunct eines anderen durch den nämlichen, aber accentuirten Buchstaben bezeichnet, so kann man statt

$$aA + bB + \, .. = pP$$

z. B. auch schreiben

$$aA - bB' + \, .. = - pP' \; .$$

IV) Aus jeder sphärischen Gleichung, wie

$$(a) \qquad aA + bB + .. = pP \ ,$$

ist zu schliessen

$$(b) \qquad a \cos VA + b \cos VB + .. = p \cos VP \ ,$$

wo auch der Punct V auf der Kugelfläche liegen mag. Wenn es daher im Folgenden heisst, dass in einer Gleichung, wie (a), an die Stelle von V ein bestimmter Punct, etwa A, gesetzt werden soll, so ist damit begreiflich die Substitution des A für V in (b) gemeint, als wodurch

$$a + b \cos AB + .. = p \cos AP$$

erhalten wird.

V) Jedes Aggregat von Gliedern (§. 5) kann, dafern es nicht null ist, einem einzigen Gliede gleich gesetzt werden, wie

$$(a) \qquad aA + bB + cC + .. = pP \ , \quad \text{also auch} \ = -pP' \ .$$

Dabei sind der Punct P, oder P', und sein Coëfficient p, oder $-p$, aus den Puncten und deren Coëfficienten im Aggregate nur auf eine Weise bestimmbar; und wenn A, B, C, ... in einem Hauptkreise liegen, so ist in demselben auch P begriffen.

Weil der aus A, B, C, ... und a, b, c, ... bestimmbare Coëfficient sowohl p als $-p$ sein kann, so erkennt man schon im Voraus, dass die Gleichung, welche ihn bestimmt, eine rein quadratische sein muss. Dies haben wir bereits in §. 7, b bei einem Aggregate von nur zwei Gliedern bestätigt gesehen, und dasselbe lässt sich ganz auf dieselbe Weise auch bei einem Aggregate von mehreren Gliedern zeigen. Setzt man nämlich in (a) statt V nach und nach A, B, C, ... und P, multiplicirt die hervorgehenden Gleichungen resp. mit a, b, c, ... und p, und addirt sie hierauf, so ergiebt sich

$$aa + bb + cc + .. + 2ab \cos AB + 2ac \cos AC + 2bc \cos BC + ... = pp \ .$$

Wenn übrigens im Folgenden bloss ausgedrückt werden soll, dass P der durch A, B, ... und a, b, ... bestimmbare Punct ist, ohne dass man zugleich auf dessen Coëfficienten Rücksicht nimmt, so wird man sich statt $(=)$ des Zeichens $(\equiv)$ bedienen und hiernach

$$P \equiv aA + bB + ...$$

schreiben.

VI) *Kommt man durch Rechnung auf eine Gleichung zwischen zwei Puncten, wie*

$$aA = bB \ ,$$

und weiss man, dass die Coëfficienten a und b nicht null sind, so ist daraus zu schliessen, dass entweder B identisch mit A und $b = a$, *oder B der Gegenpunct von A und $b = -a$ ist. Weiss man aber, dass B weder mit A identisch, noch der Gegenpunct von A ist, so hat man zu schliessen, dass $a = 0$ und $b = 0$ ist* (§. 4, b).

VII) *Kommt man auf eine Gleichung zwischen drei Puncten, wie*

$$aA + bB + cC = 0 ,$$

und weiss man, dass a, b, c nicht einzeln null sind, so hat man zu folgern, dass A, B, C in einem Hauptkreise liegen (§. 4, c), *und dass sich*

$$\sin BC : \sin CA : \sin AB = a : b : c$$

verhält.

Weiss man aber, dass A, B, C nicht in einem Hauptkreise liegen, so müssen a, b, c einzeln null sein. — Denn wären z. B. a und b nicht null, und setzte man alsdann

$$aA + bB = pP ,$$

so wäre P ein mit A und B in einem Hauptkreise liegender und folglich von C und C' verschiedener Punct. Zugleich aber hätte man

$$pP + cC = 0 , \quad \text{folglich (VI)} \quad p = 0 , \quad c = 0 ,$$
$$\text{folglich} \quad aA + bB = 0 ;$$

folglich B mit A oder mit A' identisch, welches gegen die Voraussetzung ist, dass A, B, C nicht in einem Hauptkreise liegen.

VIII) Auf ähnliche Art lässt sich darthun, dass, wenn man zu einer Gleichung zwischen noch mehreren Puncten

$$aA + bB + cC + \ldots = 0$$

gelangt, von denen alle mit Ausnahme eines, es sei A, in einem Hauptkreise liegen, der Coëfficient a dieses einen $= 0$, und folglich auch

$$bB + cC + \ldots = 0$$

sein muss.

§. 12. Unter der Voraussetzung, dass die Kugelfläche unendlich gross, und dass der Theil ihrer Fläche, in welchem die in Betracht kommenden Puncte liegen, an sich endlich, also gegen die ganze Fläche unendlich klein ist, können wir diesen Theil als eben, die in ihm enthaltenen Bögen von Hauptkreisen als gerade Linien ansehen und statt der Sinus solcher Bögen die Bögen selbst, oder vielmehr die geraden Linien, welche jetzt ihre Stelle vertreten, setzen. Die Gleichung

$$aA + bB = pP$$

wird daher jetzt ausdrücken, dass P mit A und B in einer Geraden liegt, und dass sich

$$a : b : p = PB : AP : AB$$

verhält, und folglich

$$p = a + b$$

ist; mit anderen Worten: dass P der Schwerpunct von A und B mit den Gewichten a und b ist. Eben so wird jetzt durch die Gleichung

$$aA + bB + cC = qQ\ , \qquad \text{oder} \qquad (a+b)P + cC = qQ$$

ausgedrückt, dass Q der Schwerpunct von P, C mit den Gewichten $a+b$, c und mithin der Schwerpunct von A, B, C mit den Gewichten a, b, c ist; auch ist dabei

$$q = a + b + c\ .$$

Analoges gilt von Systemen noch mehrerer Puncte in einer Ebene.

Diejenigen Leser, welche von meinem »barycentrischen Calcul« Kenntniss genommen haben, werden sich erinnern, dass ich daselbst das Verhalten eines Punctes, als Schwerpunctes, zu zwei oder mehreren anderen durch Gleichungen von ganz derselben Form ausgedrückt habe. Von dem barycentrischen Calcul, insofern er sich auf Puncte beschränkt, die in einer Ebene liegen, kann man daher den gegenwärtigen Algorithmus als eine eben solche Erweiterung ansehen, wie es die Sphärik von der Planimetrie ist.

Aber auch umgekehrt lassen sich aus den Principien der Lehre vom Schwerpuncte die Hauptsätze, auf denen der sphärische Calcul beruht, ableiten; und ich achte, dieses zu zeigen, um so weniger für überflüssig, als sich damit einige für den sphärischen Calcul selbst nicht unwichtige Folgerungen ergeben werden.

§. 13. Von den in den Puncten A, B, C, ... einer Kugelfläche angebrachten Gewichten a, b, c, ..., welche zum Theil auch negativ, d. h. solche sein können, die, statt nach unten, nach oben hin drücken, sei S der Schwerpunct. Dieser wird im Allgemeinen nicht in der Kugelfläche liegen; man wird aber immer ein solches Gewicht o im Mittelpuncte O der Kugel hinzufügen können, dass der Schwerpunct von a, b, c, ... und o in die Oberfläche fällt. Nach dem Satze nämlich, dass der Schwerpunct eines Systems von Gewichten unverändert bleibt, wenn man einige derselben in dem Schwerpuncte, den letztere für sich haben, sich vereinigen lässt, ist der Schwerpunct, er heisse P, der in A, B, C, ... und O angebrachten Gewichte a, b, c, ... und o einerlei mit dem Schwerpuncte eines in S angebrachten Gewichtes s, gleich $a + b + c + \ldots$, und des in O wirkenden Gewichtes o, also einerlei mit dem Puncte, welcher die Linie SO in dem Verhältnisse von o zu s theilt. Soll daher, wie verlangt wird, der Schwerpunct P der Gewichte $a, b, c, \ldots$ und o in die Kugelfläche fallen, so hat man für ihn einen der zwei Puncte zu nehmen, in welchen SO die Kugelfläche schneidet, und das Gewicht o so zu bestimmen, dass

$$o : s = SP : PO \; .$$

Auf eine willkürlich gelegte Ebene fälle man nun von A, B, C, ... und O, P die Perpendikel AA_1, BB_1, CC_1, ... und OO_1, PP_1, so ist zufolge der Haupteigenschaft des Schwerpunctes

$$a\,.\,AA_1 + b\,.\,BB_1 + c\,.\,CC_1 + \ldots + o\,.\,OO_1 = (s+o)PP_1 \; ,$$

worin $OO_1 = 0$ wird und mithin das Glied $o\,.\,OO_1$ wegfällt, wenn man die Ebene durch den Mittelpunct O der Kugel selbst legt. Unter dieser Annahme, und wenn ein in O auf der Ebene errichtetes Perpendikel die Kugelfläche in V trifft, sind aber AA_1, BB_1, CC_1, ... und PP_1 gleich den mit dem Kugelhalbmesser multiplicirten Cosinus der Bögen VA, VB, VC, ... und VP. Dadurch wird

$$a \cos VA + b \cos VB + c \cos VC + \ldots = (s+o) \cos VP \; ,$$

und es ist somit das Porisma in §. 5 bewiesen, indem der Ort von V auf der Kugelfläche eben so willkürlich, als die Lage der Ebene ist, von welcher V abhängt.

§. 14. Zusätze und Folgerungen. *a*) Die sphärische Gleichung

$$aA + bB + cC + \ldots = pP \; ,$$

wo p statt des vorigen $s+o$ oder $a+b+c+\ldots+o$ geschrieben worden, hat hiernach die statische Bedeutung, dass die in den Puncten A, B, C, ... der Kugelfläche und im Mittelpuncte O der Kugel angebrachten Gewichte a, b, c, ... und o, gleich $p-a-b-c-\ldots$, den Punct P der Fläche zum Schwerpuncte haben, oder, was dasselbe sagt: dass der Schwerpunct der Gewichte a, b, c, ... in A, B, C, ... einerlei ist mit dem Schwerpuncte der zwei Gewichte

$$a+b+c+\ldots-p \quad \text{und} \quad p$$

in O und P.

Man kann sich dieses dadurch veranschaulichen, dass man sich die in A, B, C, ... mit den Gewichten a, b, c, ... belastete Kugel auf eine horizontale Tafel gelegt denkt. Denn alsdann wird die Kugel, wenn sie an sich ganz massenlos ist, oder, was hier auf dasselbe hinauskommt, wenn der Schwerpunct ihrer ursprünglichen Masse ihr Mittelpunct ist, nur dann im Gleichgewichte sein, wenn sie die Tafel entweder in P, oder im Gegenpuncte von P berührt. Das eine Gleichgewicht wird ein stabiles, das andere ein nicht stabiles sein. — Ist

$$aA + bB + cC + \ldots = 0 \ ,$$

so fällt der Schwerpunct der Gewichte a, b, c, ... in den Mittelpunct der Kugel, und die auf die Tafel gelegte Kugel bleibt in jeder Lage in Ruhe.

b) Dass von den Gewichten a, b, ... und $p - a - b - \ldots$ in A, B, ... und O der Schwerpunct P ist, wird barycentrisch ausgedrückt durch

$$aA + bB + \ldots + (p - a - b - \ldots) O = pP \ ,$$

oder

$$aA + bB + \ldots = pP + (a + b + \ldots - p) O \ .$$

Hiervon unterscheidet sich die dasselbe besagende sphärische Gleichung bloss dadurch, dass in ihr das Glied mit dem Mittelpuncte O fehlt. Will man daher umgekehrt eine sphärische Gleichung in eine barycentrische verwandeln, so hat man nur auf der einen oder der anderen Seite des Gleichheitszeichens den Mittelpunct der Kugel mit einem Coëfficienten von der Grösse hinzuzusetzen, dass die Summe der Coëfficienten auf beiden Seiten gleich gross wird.

c) Ist sphärisch

$$aA + bB = pP \ ,$$

und daher P der Schwerpunct der in A, B und O befindlichen Gewichte a, b und $p - a - b$, so liegt, nach der Theorie des Schwerpunctes, P mit A, B und O in einer Ebene, und es verhalten sich a und b wie die Dreiecke PBO und POA (Baryc. Calc. §. 23). Dies stimmt auch, wie gehörig, mit dem Obigen (§. 11, VII) überein, wonach P mit A und B in einem Hauptkreise liegt, und sich

$$a : b = \sin BP : \sin PA$$

verhält. Denn, den Halbmesser der Kugel gleich 1 gesetzt, ist (Fig. 2) das Dreieck

$$PBO = \tfrac{1}{2} \sin BP$$

und

$$POA = \tfrac{1}{2} \sin PA \ .$$

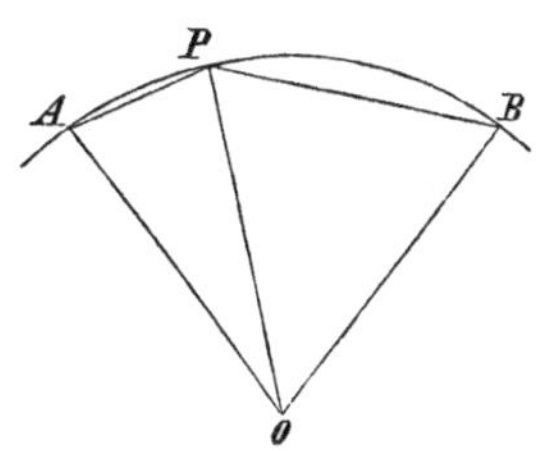

Fig. 2.

d) Hat man die sphärische Gleichung

$$aA + bB + cC = pP \ ,$$

so ist P der Schwerpunct von A, B, C und O mit den Gewichten

a, b, c und $p-a-b-c$, und es verhalten sich folglich (Baryc. Calc. §. 25)

$$a:b:c \text{ wie die Pyramiden } OPBC : OPCA : OPAB \ .$$

Es ist aber von der Pyramide $OPBC$, wenn P als Spitze derselben betrachtet, und der Kugelhalbmesser, wie vorhin, gleich 1 gesetzt wird, die Basis $OBC = \frac{1}{2}\sin BC$, die Höhe gleich dem Sinus des von P auf BC gefällten sphärischen Perpendikels, welches φ heisse, und daher

$$OPBC = \tfrac{1}{6}\sin BC \sin\varphi \ .$$

Analoges gilt von den beiden anderen Pyramiden, und wir sind somit durch die Theorie des Schwerpunctes zu folgendem für unseren Algorithmus merkwürdigen Satze geführt worden:

Ist

$$aA + bB + cC = pP \ ,$$

so verhalten sich

$$a:b:c = \sin BC \sin\varphi : \sin CA \sin\chi : \sin AB \sin\psi \ ,$$

wo φ, χ, ψ die von P auf BC, CA, AB gefällten sphärischen Perpendikel bezeichnen.

e) Aus dem Satze der sphärischen Trigonometrie, dass in jedem sphärischen Dreiecke die Sinus der Winkel den Sinus der gegenüberliegenden Seiten proportional sind, folgt ohne Weiteres, dass das Product aus den Sinus zweier Seiten in den Sinus des von ihnen eingeschlossenen Winkels von der nämlichen Grösse ist, welches der drei Seitenpaare auch gewählt wird, und dass dieses Product gleich ist dem Producte aus dem Sinus irgend einer Seite in den Sinus des auf sie von der gegenüberliegenden Ecke gefällten sphärischen Perpendikels. Setzt man daher bei dem sphärischen Dreieck ABC, mit gehöriger Rücksicht auf die Stellung der Buchstaben, das Product

$$\sin AB \sin CA \sin AB^\wedge CA = [ABC] \ ,$$

also auch

$$\sin BC \sin AB \sin BC^\wedge AB = [BCA] \ ,$$

u. s. w., so ist

$$[ABC] = [BCA] = [CAB] \ ,$$

dagegen

$$= -[CBA] = -[ACB] = -[BAC] \ .$$

Mit dieser Bezeichnungsart kann die vorige Proportion also ausgedrückt werden:

$$a:b:c = [PBC]:[PCA]:[PAB] \ .$$

f) Es hat keine Schwierigkeit, diese Proportion auch geradezu mit Hülfe des sphärischen Calculs zu erweisen. Man setze deshalb

$$aA + bB = hH \ ,$$

so ist der Gleichung für P zufolge

$$hH + cC = pP \ ,$$

mithin H ein Punct, welcher in den Hauptkreisen AB und CP zugleich liegt, also der gegenseitige Durchschnitt beider (Fig. 3), und es verhält sich (§. 14, *c*)

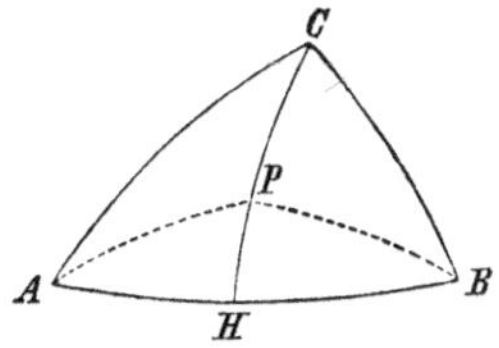

Fig. 3.

$$a : b = \sin HB : \sin AH \ .$$

Aus den vorhin bemerkten Eigenschaften der Functionen $[ABC]$ des Dreiecks ABC folgt aber, dass, wenn zwei sphärische Dreiecke gleiche Höhe haben, die Functionen dieser Dreiecke sich wie die Sinus ihrer Bases verhalten. Hiernach verhält sich

$$[PHB] : [PAH] = \sin HB : \sin AH = a : b \ ,$$

und aus demselben Grunde

$$[PHB] : [CPB] = \sin PH : \sin CP = [PAH] : [CAP] \ ,$$

folglich

$$a : b = [CPB] : [CAP] = [PBC] : [PCA] \ ;$$

und eben so wird bewiesen, dass

$$b : c = [PCA] : [PAB] \ .$$

g) Statt der Gleichung für P kann man auch schreiben

$$aA - pP + bB = -cC \ ,$$

und daraus wie vorhin folgern

$$a : -p = [CPB] : [CBA] = [PBC] : -[ABC] \ ;$$

also vollständig

$$a : b : c : p = [PBC] : [PCA] : [PAB] : [ABC] \ .$$

Die Functionen $[PBC]$, etc. der vier Dreiecke, welche von den Puncten A, B, C, P gebildet werden, treten demnach hier auf ganz analoge Weise auf, wie bei der entsprechenden Formel für drei Puncte A, B, P eines Hauptkreises die Sinus der drei von letzteren Puncten begrenzten Bögen. — Liegen A, B, C, P in einer Ebene, so verwandeln sich die Verhältnisse zwischen $[PBC]$, $[PCA]$, etc. in die Verhältnisse zwischen den Flächen der Dreiecke PBC, PCA, etc. (Baryc. Calc. §. 24, *c*).

h) Weil

$$[PBC] = \sin PB \sin CP \sin PB^\wedge CP \;, \qquad [PCA] = \text{etc.},$$

so kann man die Verhältnisse zwischen den Coëfficienten noch folgendergestalt symmetrisch darstellen:

$$a : b : c = \frac{\sin BPC}{\sin AP} : \frac{\sin CPA}{\sin BP} : \frac{\sin APB}{\sin CB} \;.$$

Anwendung des sphärischen Algorithmus auf die Entwickelung der vier Grundformeln der sphärischen Trigonometrie.

§. 15. In der sphärischen Trigonometrie kommen nicht bloss, wie bisher, Bögen, sondern auch Winkel in Betracht. Das Maass eines Winkels wird hier am kürzesten und zweckmässigsten dargestellt als der gegenseitige sphärische Abstand der Pole der zwei den Winkel bildenden Hauptkreise. Was den Begriff und die Eigenschaften der Pole anlangt, so wird es, um auch diese aus den Principien im § 11 abzuleiten, überflüssig hinreichen, wenn ich bemerke, dass die ganze Lehre von den Polen sich auf den Satz gründen lässt, dass, wenn zwei Puncte A und B weder identisch, noch Gegenpuncte von einander sind, und von jedem derselben ein anderer Punct N um einen Quadranten entfernt ist, dieser andere N von jedem dritten mit A und B in einem Hauptkreise liegenden Puncte C um einen Quadranten absteht; ein Satz, der unmittelbar aus §. 11, I) fliesst. Denn hiernach kann man setzen

$$C = aA + bB \;.$$

Lässt man hierin (§. 11, IV) V mit N zusammenfallen, so kommt

$$\cos NC = a \cos NA + b \cos NB \;.$$

Nach der Voraussetzung sind aber

$$\cos NA = 0 \quad \text{und} \quad \cos NB = 0 \;,$$

folglich auch

$$\cos NC = 0 \;;$$

folglich u. s. w. Dass N der Pol des Hauptkreises ABC genannt wird, brauche ich nicht hinzuzufügen.

§. 16. Drei Puncte A, B, C (Fig. 4) der Kugelfläche, welche nicht in einem Hauptkreise liegen, verbinde man paarweise durch Hauptkreise und nenne α den durch B und C, β den durch C und A, γ den durch A und B gelegten. Man bestimme nach Willkür die positiven Richtungen dieser drei Hauptkreise, mache hierauf in α den Bogen $BK = 90^\circ$, in γ den Bogen $BL = 90^\circ$, lege durch K und L einen Hauptkreis, bestimme willkürlich dessen positive Richtung und mache nach dieser die Bögen $KA_1 = LC_1 = 90^\circ$, so sind A_1 und C_1 Pole von α und γ, und zwar *gleichnamige* Pole dieser Hauptkreise. Heisse nämlich von den zwei Polen eines Hauptkreises

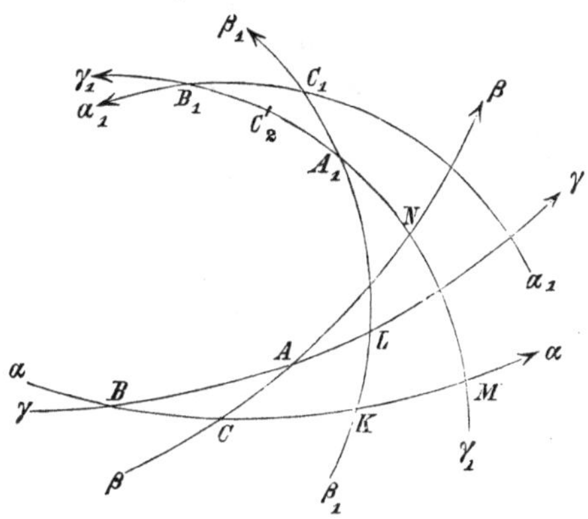

Fig. 4.

derjenige, welcher einem auf der äusseren Fläche der Kugel im Hauptkreise nach dessen positiver Richtung Fortgehenden zur Rechten (Linken) liegt, der rechte (linke) Pol. Dass nun, jenachdem A_1 der rechte oder linke Pol von α ist, auch C_1 der rechte oder linke Pol von γ ist, oder kürzer: dass A_1 und C_1 gleichnamige Pole von α und γ sind, dies erhellet unmittelbar durch die Anschauung der vollführten Construction.

Man mache auf gleiche Weise in α den Bogen $CM = 90^\circ$ und in β den Bogen $CN = 90^\circ$, und verbinde M und N durch einen Hauptkreis; dieser wird die Pole von α, von denen der eine A_1 ist, und die von β in sich enthalten. Man bestimme die positive Richtung dieses Hauptkreises dergestalt, dass $MA_1 = 90^\circ$, nicht $= 270^\circ$, ist, und mache hiernach in demselben $NB_1 = 90^\circ$, so sind, wie vorhin, A_1 und B_1 gleichnamige Pole von α und β, und mithin A_1, B_1, C_1 gleichnamige Pole von α, β, γ.

Eine Folge hiervon ist, dass von den durch B_1 und C_1, durch C_1 und A_1, durch A_1 und B_1 zu legenden Hauptkreisen, welche man α_1, β_1, γ_1 nenne, hinwiederum A, B, C die Pole sind. Da ferner die vorhin bestimmten positiven Richtungen von β_1 und γ_1 dergestalt von einander abhängen, dass $KA_1 = MA_1 = 90^\circ$, und in dem durch K und M gehenden Kreise $BK = CM = 90^\circ$ ist, so erhellet wie im Vorherigen, dass B und C gleichnamige Pole von β_1 und γ_1 sind, und dass daher nach willkürlicher Annahme der positiven Richtung von β_1 die vorhin gemachte Bestimmung der positiven Richtung von γ_1 auch dadurch ausgedrückt werden kann, dass B und C gleichnamige Pole von β_1 und γ_1 sein sollen.

Endlich wollen wir die positive Richtung des Hauptkreises α_1 so bestimmen, dass A, als der eine seiner beiden Pole, denselben Namen erhält, welchen B rücksichtlich β_1, sowie C rücksichtlich γ_1 führt. Wir haben somit zu einem System dreier Puncte A, B, C und dreier dadurch bestimmter Hauptkreise α, β, γ ein solches System dreier anderer Puncte A_1, B_1, C_1 und dadurch bestimmter Hauptkreise α_1, β_1, γ_1 gefunden und die positiven Richtungen aller sechs Kreise (die von α, β, γ und β_1 willkürlich) so festgesetzt, dass die drei Puncte je eines der beiden Systeme gleichnamige Pole der drei Kreise des jedesmal anderen Systems sind.

§. 17. Suchen wir jetzt die metrischen Relationen zwischen den sechs Bögen BC, CA, AB, B_1C_1, C_1A_1, A_1B_1 zu entwickeln. Heissen diese Bögen der Reihe nach a, b, c, a_1, b_1, c_1. Weil

$$BL = CN = KA_1 = MA_1 = 90^\circ$$

ist, und in diesen vier Bögen (oder in ihren Verlängerungen) resp. die Puncte A, A, L, N liegen, so hat man (§. 11, I)

$$A = \cos BA \,.\, B + \sin BA \,.\, L \,, \qquad L = \cos KL \,.\, K + \sin KL \,.\, A_1 \,,$$
$$A = \cos CA \,.\, C + \sin CA \,.\, N \,, \qquad N = \cos MN \,.\, M + \sin MN \,.\, A_1 \,;$$

oder wegen $BA = 360^\circ - AB = 360^\circ - c$, $CA = b$, $KL = A_1C_1 = 360^\circ - b_1$, $MN = A_1B_1 = c_1$,

$$A = \cos c \,.\, B - \sin c \,.\, L \,, \qquad L = \cos b_1 \,.\, K - \sin b_1 \,.\, A_1 \,,$$
$$A = \cos b \,.\, C + \sin b \,.\, N \,, \qquad N = \cos c_1 \,.\, M + \sin c_1 \,.\, A_1 \,.$$

Aus den zwei Gleichungen zur Linken folgt

$$\cos c \,.\, B - \cos b \,.\, C = \sin c \,.\, L + \sin b \,.\, N \,,$$

und wenn man hierin für L und N ihre Werthe aus den zwei Gleichungen zur Rechten substituirt,

$$\cos c \,.\, B - \cos b \,.\, C = \sin c \cos b_1 \,.\, K + \sin b \cos c_1 \,.\, M$$
$$+ (\sin b \sin c_1 - \sin c \sin b_1) A_1 \,.$$

Aus dieser Gleichung werden sich die gesuchten Relationen mit grösster Leichtigkeit ableiten lassen. Weil von den fünf Puncten, zwischen denen sie besteht, die vier ersten B, C, K, M in einem

Hauptkreise liegen, in diesem aber nicht auch der fünfte A_1 mit enthalten ist, so muss der Coëfficient des fünften null sein (§. 11, VIII), also

$$\text{(I)} \qquad \sin b \sin c_1 = \sin c \sin b_1 \; ,$$

und

$$\cos c \,.\, B - \cos b \,.\, C = \sin c \cos b_1 \,.\, K + \sin b \cos c_1 \,.\, M \; .$$

Hierin für V das einemal B, das anderemal K gesetzt, kommt wegen $BK = 90^\circ$

$$\cos c - \cos b \cos BC = \sin b \cos c_1 \cos BM \; ,$$
$$- \cos b \cos KC = \sin c \cos b_1 + \sin b \cos c_1 \cos KM \; ,$$

oder weil

$$BC = a \; , \qquad BM = BC + CM = a + 90^\circ \; ,$$
$$CK = BK - BC = 90^\circ - a \; , \qquad KM = BC = a$$

ist,

$$\text{(II)} \qquad \cos c - \cos a \cos b = - \sin a \sin b \cos c_1 \; ,$$

$$\text{(III*)} \qquad - \cos b \sin a = \sin c \cos b_1 + \sin b \cos c_1 \cos a \; ;$$

und wenn man in (III*) statt $\sin c$ dessen aus (I) fliessenden Werth substituirt

$$\text{(III)} \qquad - \sin a \operatorname{cotg} b = \sin c_1 \operatorname{cotg} b_1 + \cos c_1 \cos a \; .$$

Weil endlich von den zwei Systemen A, B, C und A_1, B_1, C_1 das letztere zu dem ersteren in derselben Beziehung, wie das erstere zu dem letzteren steht, so muss es gestattet sein, in den Gleichungen (I), (II), (III) die Bögen a, b, c mit a_1, b_1, c_1 und umgekehrt zu vertauschen. Die Gleichung (I) bleibt bei dieser Vertauschung ungeändert; (II) verwandelt sich damit in

$$\text{(IV)} \qquad \cos c_1 - \cos a_1 \cos b_1 = - \sin a_1 \sin b_1 \cos c \; ;$$

die Gleichung aber, in welche (III) übergeht, wird auch erhalten, wenn man in (III) a und c, sowie a_1 und c_1 mit einander vertauscht, und ist daher keine wesentlich neue.

§. 18. Wird von zwei Hauptkreisen α und β, welche A_1 und B_1 zu gleichnamigen Polen haben, der eine α um seine zwei Durchschnitte mit dem anderen β, d. i. um C und den Gegenpunct von C, gedreht, bis er mit β auch hinsichtlich der positiven Richtung beider zusammenfällt, so geht A_1 in dem durch seinen anfänglichen Ort und durch B_1 zu legenden Hauptkreise γ_1 fort, fällt am Ende der Drehung mit B_1 zusammen und beschreibt somit einen Bogen, welcher den von α beschriebenen Winkel misst. Beide Bewegungen, die Drehung von α um C und der Fortgang von A_1 in γ_1 erscheinen einem in C auf der Kugelfläche Stehenden nach einerlei Seite gerichtet. Es lehrt aber die unmittelbare Anschauung, dass, jenachdem C der rechte oder linke Pol von γ_1 ist, ein in γ_1 nach der positiven Richtung von γ_1 fortgehender Punct dem in C Stehenden rechts oder links sich zu bewegen scheint. Wenn daher unter der Voraussetzung, dass C etwa der linke Pol von γ_1 ist, bei der Drehung von α der Punct A_1 nach der positiven Richtung von γ_1 sich bewegen soll, so muss α nach der Linken um C gedreht werden, und der von A_1 beschriebene Bogen A_1B_1, gleich c_1, ist alsdann gleich dem von C aus nach der Linken gerechneten Winkel $\alpha\beta$, — oder auch gleich dem von C' aus nach der Rechten gerechneten Winkel $\alpha\beta$, weil C', als Gegenpunct von C, der rechte Pol von γ_1 ist.

Ist aber C der linke Pol von γ_1, so sind, wegen der Gleichnamigkeit der Pole A, B, C, auch A und B die linken von α_1 und β_1, und daher nach denselben Schlüssen a_1 und b_1 gleich den resp. von A und B aus links gerechneten Winkeln $\beta\gamma$ und $\gamma\alpha$. Analoges gilt, wenn C der rechte Pol von γ_1 ist. Ob aber, wenn wir die positiven Richtungen von α, β, γ als gegeben ansehen, C der linke oder rechte Pol von γ_1 ist, hängt obiger Construction zufolge von der willkürlich zu bestimmenden positiven Richtung des Hauptkreises β_1 ab und ist daher gleichfalls willkürlich.

Die im vorigen Paragraphen erhaltenen Gleichungen (I), (II), (III) und (IV) können demnach auch so gedeutet werden, dass in ihnen a_1, b_1, c_1 die resp. von A, B, C aus nach einerlei Seite, gleichviel welcher, gerechneten Winkel $\beta\gamma$, $\gamma\alpha$, $\alpha\beta$ vorstellen, und somit das System $A_1B_1C_1$ ganz ausser Acht bleibt.

§. 19. Zusätze. *a*) Dass es nur darauf ankommen kann, dass alle drei Winkel nach einerlei Seite gerechnet werden, nicht aber darauf, nach welcher: dies zeigen, wie gehörig, auch die vier Gleichungen (I), .. (IV), als welche unverändert beiben, wenn man in ihnen $-a_1$, $-b_1$, $-c_1$ statt a_1, b_1, c_1 setzt und somit die drei Winkel nach einer der vorherigen entgegengesetzten Seite rechnet.

b) Die Gleichung (II), in welcher nur ein Winkel c_1 vorkommt, enthält daher eine Function desselben, welche schon an sich ungeändert bleibt, wenn man c_1 in $-c_1$ verwandelt, nämlich die gerade Function, welche Cosinus heisst.

c) Eben so, wie (II), hat man auch, wenn man a, b, c, a_1 ... in b, c, a, b_1 ... verwandelt,

$$\text{(II*)} \quad \cos a - \cos b \cos c = - \sin b \sin c \cos a_1 \ ,$$
$$\text{(II**)} \quad \cos b - \cos c \cos a = - \sin c \sin a \cos b_1 \ .$$

Eliminirt man aus (II), (II*) und (II**) das erstemal a und a_1, das zweitemal c und a_1, das drittemal a und b, so erhält man drei Gleichungen, in denen dieselben Grössen, wie resp. in (I), (III) und (IV) vorkommen, die aber demungeachtet mit letzteren nicht identisch sein werden. Denn letztere gelten nur unter der Voraussetzung, dass die in jeder zugleich vorkommenden Winkel nach einerlei Seite gerechnet werden, während bei den Gleichungen (II), (II*) und (II**), und folglich auch bei den aus ihnen abzuleitenden, jeder Winkel für sich, nach welcher Seite man will, gerechnet werden kann. Diese abzuleitenden Gleichungen werden daher einerlei mit denen sein, welche hervorgehen, wenn man aus (I), (III) und (IV) durch Quadrirung die darin vorkommenden ungeraden Functionen der Winkel wegschafft. So wird man z. B. durch Elimination von a aus (II) und (II**) nicht unmittelbar (I), sondern die Gleichung

$$\sin b^2 \sin c_1^2 = \sin c^2 \sin b_1^2$$

finden.

§. 20. Durch die vier Gleichungen (I), .. (IV) ist folgende Aufgabe in völliger Allgemeinheit gelöst worden: Drei Puncte A, B, C der Kugelfläche, welche nicht in einem Hauptkreise liegen, hat man durch drei Hauptkreise α, β, γ verbunden und die positiven Richtungen derselben bestimmt. Von den drei nach diesen Richtungen gerechneten Bögen BC, CA, AB, $= a$, b, c, und den drei aus A, B, C nach einerlei Seite gerechneten Winkeln $\beta\gamma$, $\gamma\alpha$, $\alpha\beta$, $= a_1$, b_1, c_1, von diesen sechs Stücken sind irgend drei gegeben; man soll daraus die drei übrigen finden. Ohne die Allgemeinheit dieser Aufgabe zu beschränken, wollen wir sie schliesslich noch so ausdrücken, wie es in der sphärischen Trigonometrie gewöhnlich ist.

Man gehe in jedem der drei Hauptkreise nach dessen positiver Richtung fort: in γ von A bis B, hierauf in α von B bis C, und zuletzt in β von C bis A zurück. Die Figur, welcher der somit zurückgelegte Weg als Perimeter dient, heisst ein sphärisches Dreieck; A, B, C die drei Ecken desselben. Bei jedem der drei durchgangenen Bögen AB, BC, CA unterscheide man seine rechte und linke Seite, die man aber von jetzt an äussere und innere Seite (oder umgekehrt) nenne. In jeder Ecke stossen die Elemente zweier Bögen zusammen — z. B. in C das letzte Element von BC und das erste von CA — und bilden daselbst zwei Winkel, welche einander zu 360^0 ergänzen. Bei dem einen dieser zwei Winkel sind die äusseren, bei dem anderen die inneren Seiten der zwei Elemente einander zugekehrt. Ersteren Winkel nenne man daher den äusseren, letzteren den inneren Winkel der Ecke.

Werden nun die oben durch $\beta\gamma$, $\gamma\alpha$, $\alpha\beta$ oder a_1, b_1, c_1 ausgedrückten Winkel von A, B, C aus etwa nach der Linken gerechnet, wird die linke Seite jedes der drei Bögen für die innere genommen, und werden die inneren Winkel bei den Ecken A, B, C schlechthin mit A, B, C bezeichnet, so ist, wie man leicht sieht, jede der drei Summen

$$a_1 + A\,, \quad b_1 + B\,, \quad c_1 + C \quad \text{entweder} = 180^\circ \text{ oder } = 180^\circ + 360^\circ\,,$$

und es kommt folglich, wenn man in den Gleichungen (I), .. (IV) statt a_1, b_1, c_1 die Winkel A, B, C einführt,

$$\text{(I)} \qquad \sin b \sin C = \sin c \sin B\,,$$

$$\text{(II)} \qquad \cos c - \cos a \cos b = \sin a \sin b \cos C\,,$$

$$\text{(III)} \qquad \sin a \operatorname{cotg} b = \sin C \operatorname{cotg} B + \cos a \cos C\,,$$

$$\text{(IV)} \qquad \cos C + \cos A \cos B = \sin A \sin B \cos c\,.$$

Hier bedeuten demnach a, b, c die drei den Perimeter des sphärischen Dreiecks ausmachenden Bögen, und A, B, C die drei inneren (äusseren) Winkel des Dreiecks, d. i. die von den inneren (äusseren) Seiten der Bögen in den Ecken gebildeten Winkel, wobei noch zu bemerken, dass der Unterschied zwischen der äusseren und inneren Seite eines der drei Bögen der Willkür überlassen bleibt; dass aber, nachdem man sich darüber bestimmt hat, die äussere und innere Seite auch jedes der zwei übrigen Bögen bestimmt ist.

Letztere vier Gleichungen sind die allbekannten vier Grundformeln der sphärischen Trigonometrie, hier aber in völliger Allgemeinheit und damit auch für den Fall als richtig erwiesen, wenn die Bögen und Winkel zwischen 180° und 360° fallende Werthe haben.

Zusatz. Nennt man zwei der sechs Stücke des Dreiecks gleichartig, wenn sie beide zugleich $< 180^\circ$, oder beide $> 180^\circ$ sind, ungleichartig dagegen, wenn das eine $< 180^\circ$, das andere $> 180^\circ$ ist, so kann man aus (I) noch den Satz folgern: Jenachdem ein Bogen mit dem ihm gegenüberliegenden Winkel gleichartig oder ungleichartig ist, ist auch jeder der beiden anderen Bögen mit dem ihm gegenüberliegenden Winkel gleichartig oder ungleichartig.

Von merkwürdigen Puncten sphärischer Dreiecke.

§. 21. Zur Bestimmung dieser Puncte wollen wir zuvörderst die Pole A_1, B_1, C_1 der das Dreieck ABC begrenzenden Bögen, durch A, B, C ausgedrückt, zu ermitteln suchen. Man setze

$$(a) \qquad A_1 = lA + mB + nC \ .$$

Lässt man hierin (§. 11, IV) V der Reihe nach mit A_1, B_1, C_1 zusammenfallen, so kommt, weil $A_1 B$, $A_1 C$, $B_1 A$, etc. Quadranten sind,

$$(b) \qquad \begin{cases} 1 = l \cos A_1 A \ , \\ \cos B_1 A_1 = m \cos B_1 B \ , \\ \cos C_1 A_1 = n \cos C_1 C \ . \end{cases}$$

Aus der Gleichung

$$A = \cos c \, . \, B - \sin c \, . \, L$$

in §. 17 folgt aber, wenn man A_1 für V substituirt:

$$\cos A_1 A = - \sin c \cos A_1 L = \sin c \sin b_1 \ ,$$

wegen

$$LA_1 = 90^0 - A_1 C_1 = 90^0 + b_1 \ ;$$

und wenn man

$$\sin a_1 \sin b_1 \sin c_1 \frac{\sin c}{\sin c_1} = k$$

setzt und bemerkt, dass

$$\frac{\sin a}{\sin a_1} = \frac{\sin b}{\sin b_1} = \frac{\sin c}{\sin c_1} \ ,$$

und dass folglich k eine symmetrische (mit $[A_1 B_1 C_1]$ in §. 14, e identische) Function von a_1, b_1, c_1 ist,

$$\cos A_1 A = \frac{k}{\sin a_1} \ ,$$

und eben so

$$\cos B_1 B = \frac{k}{\sin b_1} \ , \qquad \cos C_1 C = \frac{k}{\sin c_1} \ .$$

Hiermit werden die Gleichungen (b)

$$\sin a_1 = kl \ , \qquad \sin b_1 \cos c_1 = km \ , \qquad \sin c_1 \cos b_1 = kn \ ,$$

und damit die Gleichung (a)

$$kA_1 = \sin a_1 \, . \, A + \sin b_1 \cos c_1 \, . \, B + \sin c_1 \cos b_1 \, . \, C \ .$$

Dabei ist A_1 der linke (rechte) Pol von BC, wenn die Bögen b_1, c_1 oder die von ihnen gemessenen Winkel $\gamma\alpha$, $\alpha\beta$ von B, C aus nach der Linken (Rechten) gerechnet werden. Führt man noch statt a_1, b_1 und c_1 die Winkel $A,=180^\circ-a_1$, $B,=180^\circ-b_1$, und $C,=180^\circ-c_1$, (§. 20) ein, so kommt

$$kA_1=\sin A\,.\,A-\sin B\cos C\,.\,B-\sin C\cos B\,.\,C\ ,$$

und eben so nach gehöriger Verwandlung der Buchstaben

$$kB_1=\sin B\,.\,B-\sin C\cos A\,.\,C-\sin A\cos C\,.\,A\ ,$$
$$kC_1=\sin C\,.\,C-\sin A\cos B\,.\,A-\sin B\cos A\,.\,B\ .$$

Dies sind demnach die gesuchten Ausdrücke der Pole, und zwar der auf den inneren (äusseren) Seiten der Bögen BC, CA, AB liegenden, wenn A, B, C die inneren (äusseren) Winkel des Dreiecks sind.

§. 22. Folgerungen. *a*) Aus dem Ausdrucke für A_1 folgt

$$\frac{k}{\cos B\cos C}A_1=\frac{\sin A}{\cos B\cos C}A-\operatorname{tang}B\,.\,B-\operatorname{tang}C\,.\,C\ ,$$

und daher, wenn man

$$\operatorname{tang}A\,.\,A+\operatorname{tang}B\,.\,B+\operatorname{tang}C\,.\,C=pP$$

setzt,

$$\frac{k}{\cos B\cos C}A_1=\sin A\left(\frac{1}{\cos B\cos C}+\frac{1}{\cos A}\right)A-pP\ .$$

Hiernach liegt P mit A und A_1 in einem Hauptkreise. Da aber der Ausdruck für P in Bezug auf A, B, C symmetrisch ist, so wird P nicht bloss in AA_1, sondern auch in BB_1 und in CC_1 liegen. *Die drei Hauptkreise AA_1, BB_1, CC_1, oder, was dasselbe ist, die drei von den Ecken A, B, C auf die gegenüberliegenden Bögen BC, CA, AB gefällten sphärischen Perpendikel, schneiden sich folglich in einem Puncte*

$$P\equiv\operatorname{tang}A\,.\,A+\operatorname{tang}B\,.\,B+\operatorname{tang}C\,.\,C\ .$$

b) Die Addition der Ausdrücke für A_1 und B_1 (§. 21) gibt

$$k(A_1+B_1)=(1-\cos C)(\sin A\,.\,A+\sin B\,.\,B)$$
$$-\sin C(\cos A+\cos B)\,C\ .$$

Setzt man daher

$$\sin A\,.\,A+\sin B\,.\,B+\sin C\,.\,C=qQ\ ,$$

so wird

$$k(A_1+B_1)=\sin C(1-\cos A-\cos B-\cos C)\,C+(1-\cos C)\,qQ\ .$$

Nun ist A_1+B_1 ähnlich dem Mittelpuncte von A_1B_1 (§. 11, I), welcher C_2 heisse. Mithin liegt Q mit C und C_2 in einem Hauptkreise. Wegen der symmetrischen Form des Ausdrucks für Q wird aber derselbe Punct auch in dem durch A und den Mittelpunct A_2

von B_1C_1, sowie in dem durch B und den Mittelpunct B_2 von C_1A_1 gelegten Hauptkreise enthalten sein; d. h. die drei durch A, B, C und die Mittelpuncte von B_1C_1, C_1A_1, A_1B_1 zu legenden Hauptkreise schneiden sich in einem Puncte

$$Q \equiv \sin A \,.\, A + \sin B \,.\, B + \sin C \,.\, C \;.$$

c) Wegen der Reciprocität zwischen ABC und $A_1B_1C_1$ müssen auch die drei durch A_1, B_1, C_1 und die Mittelpuncte von BC, CA, AB zu legenden Hauptkreise sich in einem Puncte

$$Q_1 \equiv \sin A_1 \,.\, A_1 + \sin B_1 \,.\, B_1 + \sin C_1 \,.\, C_1$$

schneiden. Weil

$$\sin A_1 : \sin B_1 : \sin C_1 = \sin a_1 : \sin b_1 : \sin c_1 = \sin A : \sin B : \sin C \;,$$

so kann man auch schreiben

$$Q_1 \equiv \sin A \,.\, kA_1 + \sin B \,.\, kB_1 + \sin C \,.\, kC_1 \;,$$

und wenn man hierin für kA_1, kB_1, kC_1 aus vorigem Paragraphen ihre Werthe setzt

$$Q_1 \equiv \sin A (\sin A - \sin B \cos C - \sin C \cos B) A + \dots \;,$$

welches sich durch weitere Rechnung auf

$$Q_1 \equiv \sin A \sin \tfrac{1}{2}(B + C - A) \,.\, A + \sin B \sin \tfrac{1}{2}(C + A - B) \,.\, B + \sin C \sin \tfrac{1}{2}(A + B - C) \,.\, C$$

reducirt.

d) Weil C_2 der Mittelpunct von A_1B_1, so ist (Fig. 4)

$$NC_2 = NB_1 - C_2B_1 = 90^\circ - \tfrac{1}{2}c_1 = \tfrac{1}{2}C \,(§.\ 20) = \tfrac{1}{2}CN^\wedge CB \;.$$

Von der anderen Seite hat man, weil C der Pol von NC_2 ist,

$$NC_2 = CN^\wedge CC_2 \;;$$

mithin halbirt CC_2 den Winkel des Dreiecks, und ebenso halbiren AA_2 und BB_2 die Winkel A und B. *Nach dem Satze in b begegnen sich daher die drei Hauptkreise, welche die Winkel eines Dreiecks ABC halbiren, in einem Puncte Q.*

Da ferner BC von jedem durch A_1 gelegten Hauptkreise, CA von jedem durch B_1 gelegten, etc. rechtwinklig geschnitten wird, so können wir den Satz in *c* auch also ausdrücken: *die drei Hauptkreise, welche die Bögen eines Dreiecks ABC rechtwinklig halbiren, treffen sich in einem Puncte Q_1.*

e) Wie man weiss, sind die solchergestalt bestimmten Puncte Q und Q_1 die Mittelpuncte des in und des um das Dreieck ABC beschriebenen Kreises. Auf gleiche Art sind sie auch die Mittelpuncte des um und des in das Dreieck $A_1 B_1 C_1$ beschriebenen Kreises; woraus zugleich noch folgt, dass, wenn zwei Dreiecke in polarer Beziehung zu einander stehen, der in das eine und der um das andere beschriebene Kreis concentrisch sind.

Von sphärischen Linien und deren verschiedenen Ordnungen.

§. 23. Der Satz, dass durch drei Puncte A, B, C der Kugelfläche, welche nicht in einem Hauptkreise liegen, jeder andere Punct P der Fläche ausgedrückt werden kann, indem man ersteren Puncten gewisse Coëfficienten x, y, z beilegt, die von einem Puncte P zum anderen sich ändernde Werthe haben, dieser Satz kann, wie schon bemerkt worden, zu einer sphärischen Coordinatenmethode, welche der im barycentrischen Calcul aufgestellten ganz ähnlich ist, angewendet werden. Die festen Puncte A, B, C mögen, wie in jenem Calcul, die Fundamentalpuncte, und die drei durch sie zu legenden Hauptkreise BC, CA, AB die Fundamentalkreise heissen. Die Coordinaten von P sind alsdann die zwei Verhältnisse, in welchen einer der drei Coëfficienten, etwa x, zu den beiden anderen, y und z, steht.

Sind nun diese Verhältnisse $x:y$ und $x:z$ gegebene Functionen einer Veränderlichen u, also auch das eine Verhältniss eine gegebene Function des anderen, oder, was auf dasselbe hinauskommt, findet zwischen x, y, z eine homogene Gleichung statt: so wird für jedes System auf solche Weise zusammengehöriger Werthe von x, y, z der Ausdruck $xA + yB + zC$ im Allgemeinen einem immer anderen Puncte P entsprechen, und alle diese Puncte P werden eine gewisse Curve bilden. Diese Curve werde eine Linie der $m$ten Ordnung genannt, wenn die homogene Gleichung zwischen x, y, z vom $m$ten Grade ist und bloss ganze positive Potenzen von x, y, z enthält, wenn also jedes Glied der Gleichung von der Form $a\,x^p\,y^q\,z^r$ ist, wo p, q, r ganze positive Zahlen, Null mit einbegriffen, bedeuten, deren Summe $= m$ ist.

§. 24. Die Ordnung, zu welcher eine auf die Fundamentalpuncte A, B, C bezogene Curve gehört, wird nicht geändert, wenn man statt A, B, C irgend drei andere Puncte F, G, H, welche nicht in einem Hauptkreise liegen, zu Fundamentalpuncten wählt. Denn sei in Bezug auf letztere

$$A = fF + gG + hH\ ,$$
$$B = f'F + g'G + h'H\ ,$$
$$C = f''F + g''G + h''H\ ,$$

so wird

$$xA + yB + zC = tF + uG + vH\ ,$$

wenn man

$$fx + f'y + f''z = t\ ,$$
$$gx + g'y + g''z = u\ ,$$
$$hx + h'y + h''z = v$$

setzt. Aus letzteren drei Gleichungen lässt sich jede der drei Veränderlichen x, y, z durch einen Ausdruck von der Form $it + ku + lv$ dargestellt finden, wo i, k, l von den Constanten $f, g, h, f', \ldots$ abhängige Grössen sind. Substituirt man aber diese Ausdrücke für x, y, z in einer homogenen Gleichung des $m$ten Grades zwischen x, y, z, so erhält man eine homogene Gleichung desselben Grades zwischen t, u, v; folglich u. s. w.

§. 25. Der allgemeine Ausdruck der Curvenpuncte

$$xA + yB + zC$$

reducirt sich, wenn man $z = 0$ setzt, auf $xA + yB$, also auf diejenigen Curvenpuncte, welche mit A und B in einem Hauptkreise liegen, d. h. auf die Durchschnitte des Fundamentalkreises AB mit der Curve; gleichzeitig reducirt sich die homogene Gleichung zwischen x, y, z, wenn sie vom $m$ten Grade ist, auf eine homogene Gleichung desselben Grades zwischen x und y, d. i. auf eine Gleichung des $m$ten Grades für das Verhältniss $y : x$. Die hieraus folgenden reellen Werthe dieses Verhältnisses, in $xA + yB$ substituirt, führen zu den einzelnen Durchschnitten des Fundamentalkreises AB mit der Curve, welche daher in höchstens m Puncten von AB geschnitten wird. Und da die Ordnung einer Curve unabhängig von der Annahme der Fundamentalpuncte ist, und daher jeder Hauptkreis zum Fundamentalkreise AB genommen werden kann, so schliessen wir, dass eine sphärische Linie der $m$ten Ordnung von einem Hauptkreise in m, oder $m - 2$, oder $m - 4$, etc. Puncten geschnitten wird, jenachdem nämlich jene Gleichung des $m$ten Grades entweder m, oder $m - 2$, oder $m - 4$, etc. reelle Wurzeln hat.

Indessen darf hierbei nicht ausser Acht gelassen werden, dass, da durch $xA + yB + zC$ immer zwei Puncte zugleich ausgedrückt werden, von denen der eine der Gegenpunct des anderen ist, jede durch eine Gleichung zwischen x, y, z ausgedrückte sphärische Linie von jedem Puncte, dem sie begegnet, immer auch zugleich den Gegenpunct enthält, und dass daher, wenn man zwei zusammengehörige Gegenpuncte als verschieden betrachtet, die Anzahl der Durchschnitte einer Linie der $m$ten Ordnung mit einem Hauptkreise entweder $2m$, oder $2m-4$, oder $2m-8$, etc. ist.

§. 26. Die durch

$$(1) \qquad xA+yB+zC$$

ausgedrückte Linie wird eine Linie der ersten Ordnung sein, wenn zwischen x, y, z die Gleichung

$$(2) \qquad \frac{x}{a}+\frac{y}{b}+\frac{z}{c}=0$$

besteht, wo a, b, c constante Zahlen bedeuten. Man kann hier sehr leicht die Coëfficienten x, y, z als Functionen einer einzigen Veränderlichen darstellen und somit die Hinzufügung einer Gleichung überflüssig machen. Substituirt man nämlich den aus (2) fliessenden Werth von z im Ausdrucke (1), so wird er

$$xA+yB-c\left(\frac{x}{a}+\frac{y}{b}\right)C\ ;$$

und wenn man ihn hierauf mit x dividirt, die Veränderliche $\frac{y}{x}=\frac{b}{a}t$ setzt, und ihn zuletzt mit a multiplicirt,

$$(3) \qquad aA+btB-c(1+t)C\ ,$$

als der schon an sich hinreichende Ausdruck einer Linie der ersten Ordnung. — Noch einfacher gestaltet er sich, wenn man zwei Puncte F, G mit ihren Coëfficienten f, g so bestimmt, dass

$$(4) \qquad bB-cC=fF$$

und

$$(5) \qquad cC-aA=gG\ ;$$

denn hierdurch zieht er sich zusammen in

$$ftF-gG$$

und stellt somit jeden Punct dar, welcher mit F und G in einem Hauptkreise liegt; d. h. er ist der Ausdruck des durch F und G zu legenden Hauptkreises. *Eine Linie der ersten Ordnung ist demnach immer ein Hauptkreis.*

§. 27. Zusätze. *a*) Die Puncte F und G, welche in dem durch (3) ausgedrückten Hauptkreise liegen, sind nach (4) und (5) Puncte der Fundamentalkreise BC und CA; d. h. der Hauptkreis (3) schneidet diese Fundamentalkreise in den Puncten $bB - cC$ und $cC - aA$. Auch reducirt sich (3) auf dieselben Puncte, wenn man t das einemal gleich ∞ und das anderemal gleich 0 setzt. Für $t = -1$ reducirt sich (3) auf $aA - bB$, welches daher der Durchschnitt des Hauptkreises mit dem Fundamentalkreise AB ist. Man sieht übrigens von selbst, wie sich diese drei Durchschnittspuncte auch aus (1) und (2) in Verbindung ergeben, wenn man successive $x, y, z = 0$ setzt.

b) Aus (4) und (5) folgen nach §. 11, I die Proportionen

$$\sin BF : \sin FC = -c : b \quad \text{und} \quad \sin CG : \sin GA = -a : c \ ;$$

ebenso ist, wenn H den Durchschnitt des Hauptkreises (3) mit AB bezeichnet,

$$(6) \quad aA - bB = hH \quad \text{und} \quad \sin AH : \sin HB = -b : a \ .$$

Es ergiebt sich hieraus die bekannte Relation, wenn drei Hauptkreise BC, CA, AB von einem vierten resp. in F, G, H geschnitten werden:

$$\frac{\sin BF}{\sin FC} \cdot \frac{\sin CG}{\sin GA} \cdot \frac{\sin AH}{\sin HB} = -1 \ .$$

c) Weil F, G, H in einem Hauptkreise liegen, so muss zwischen diesen drei Puncten allein eine Gleichung stattfinden; sie ergibt sich durch Addition der Gleichungen (4), (5), (6):

$$fF + gG + hH = 0 \ .$$

§. 28. Entwickeln wir noch den Ausdruck für die Pole des durch (3) dargestellten Hauptkreises. Am einfachsten geschieht dieses, wenn wir die gesuchten Pole nicht unmittelbar auf A, B, C, sondern auf die Pole A_1, B_1, C_1 der Fundamentalkreise beziehen. In der That sei P der eine jener Pole von (3), und werde derselbe

$$P = pA_1 + qB_1 + rC_1$$

gesetzt. Lässt man hierin V successive mit A, B, C identisch werden, so findet sich

$$\cos AP = p \cos AA_1 \ ,$$
$$\cos BP = q \cos BB_1 \ ,$$
$$\cos CP = r \cos CC_1 \ .$$

Nun folgt aus der Gleichung (4), wenn man darin P statt V setzt,

$$b \cos PB - c \cos PC = f \cos PF \ .$$

Es ist aber F ein Punct des Hauptkreises selbst, welcher P zum Pole hat; also

$$\cos PF = 0 \ ,$$

und daher

$$\cos PB : \cos PC = c : b \;;$$

eben so fliesst aus (5)

$$\cos PC : \cos PA = a : c \;.$$

Man hat ferner nach §. 21

$$\cos AA_1 : \cos BB_1 : \cos CC_1 = \frac{1}{\sin BC} : \frac{1}{\sin CA} : \frac{1}{\sin AB}$$
$$= \frac{1}{\sin A} : \frac{1}{\sin B} : \frac{1}{\sin C} \;.$$

Nach allem diesen verhalten sich

$$p : q : r = \frac{\sin A}{a} : \frac{\sin B}{b} : \frac{\sin C}{c} \;,$$

und es ist folglich

$$P \equiv \frac{\sin A}{a} . A_1 + \frac{\sin B}{b} . B_1 + \frac{\sin C}{c} . C_1$$

der auf gleichnamige Pole der Fundamentalkreise bezogene Ausdruck der Pole des Hauptkreises, welcher die Fundamentalkreise in den Puncten $bB - cC$, $cC - aA$, $aA - bB$ schneidet.

Wollte man P auf die Fundamentalpuncte A, B, C selbst bezogen darstellen, so hätte man nur in dem eben gefundenen Ausdrucke statt A_1, B_1, C_1 ihre durch A, B, C ausgedrückten Werthe aus §. 21 zu substituiren.

In dem besonderen Falle, wenn

$$BC = CA = AB = 90^\circ \;,$$

werden auch die Winkel

$$A = B = C = 90^\circ \quad \text{oder} \quad = 270^\circ \;;$$

A_1, B_1, C_1 fallen mit A, B, C selbst, oder mit den Gegenpuncten von A, B, C zusammen, und es wird folglich

$$P \equiv \frac{1}{a} A + \frac{1}{b} B + \frac{1}{c} C \;.$$

§. 29. Was die sphärischen Linien der zweiten und höherer Ordnungen anlangt, so wird eine nur einigermassen umfassende Discussion derselben hier durch den Raum behindert. Ich begnüge mich daher, Einiges über kleinere Kugelkreise, als die einfachsten unter den Linien der zweiten Ordnung, hinzuzufügen.

Um die Gleichung zwischen x, y, z zu finden, wenn $xA + \ldots$ der Ausdruck eines kleineren Kreises sein soll, bezeichne man mit U einen beliebigen Punct desselben und setze demnach

$$(1) \qquad xA + yB + zC = uU \;.$$

Lässt man hierin V mit einem der beiden Pole des Kreises, er heisse P, identisch werden, so kommt

$$x \cos PA + y \cos PB + z \cos PC = u \cos PU \ ,$$

oder wenn man

$$(2) \qquad \frac{\cos PA}{\cos PU} = f \ , \qquad \frac{\cos PB}{\cos PU} = g \ , \qquad \frac{\cos PC}{\cos PU} = h$$

setzt,

$$(3) \qquad fx + gy + hz = u \ .$$

Weil PA, PB, PC die sphärischen Abstände des Poles von den Fundamentalpuncten und PU der sphärische Halbmesser des Kreises ist, so sind f, g, h von der Lage und der Grösse des Kreises abhängige Constanten.

Nach §. 11, V folgt ferner aus (1)

$$xx + yy + zz + 2\alpha yz + 2\beta zx + 2\gamma xy = uu \ ,$$

wo der Kürze willen α, β, γ für $\cos BC$, $\cos CA$, $\cos AB$ geschrieben worden. Substituirt man hierin für u seinen Werth aus (3), so findet sich

$$(4) \quad (1-ff)xx + (1-gg)yy + (1-hh)zz \\ + 2(\alpha - gh)yz + 2(\beta - hf)zx + 2(\gamma - fg)xy = 0 \ ,$$

welches demnach die gesuchte Gleichung zwischen x, y, z ist, und woraus zugleich hervorgeht, *dass ein kleinerer Kreis zu den Linien der zweiten Ordnung gehört.*

§. 30. Begegnet der Kreis den drei Fundamentalpuncten, so ist

$$\cos PA = \cos PB = \cos PC = \cos PU \ ,$$

und folglich nach (2)

$$f = g = h = 1 \ .$$

Damit reducirt sich (4) auf

$$(1-\alpha)yz + (1-\beta)zx + (1-\gamma)xy = 0$$

oder

$$\frac{1-\alpha}{x} + \frac{1-\beta}{y} + \frac{1-\gamma}{z} = 0 \ .$$

Setzt man daher

$$\frac{1-\alpha}{x} = pt \ , \qquad \frac{1-\beta}{y} = -p \ ,$$

so wird

$$\frac{1-\gamma}{z} = p(1-t) \ ,$$

und es kommt, wenn man die hieraus folgenden Werthe von x, y, z in (1) substituirt,

$$\frac{1-\alpha}{t} A - (1-\beta) B + \frac{1-\gamma}{1-t} C ,$$

oder

$$\sin \tfrac{1}{2} BC^2 . (1-t) A - \sin \tfrac{1}{2} BA^2 . t(1-t) B + \sin \tfrac{1}{2} AB^2 . t C ,$$

als der schon für sich hinreichende Ausdruck des durch die drei Fundamentalpuncte zu beschreibenden Kreises. Den Punct A trifft der Kreis für $t=0$, den Punct B für $t=\infty$, den Punct C für $t=1$.

§. 31. Zusätze. *a*) Für

$$f=g=h=1$$

verwandelt sich (3) in

$$x+y+z=u .$$

Wir schliessen hieraus, indem wir der Symmetrie willen a, b, c, d, D statt x, y, z, $-u$, U setzen, den nicht uninteressanten Satz:

Ist

$$aA+bB+cC+dD=0 ,$$

und liegen A, B, C, D in einem kleineren Kreise, so ist

$$a+b+c+d=0 .$$

Auch sieht man bald, wie umgekehrt bewiesen werden kann, dass, wenn

$$aA+..+dD=0 \quad \text{und} \quad a+..+d=0$$

ist, A, .., D in einem Kreise liegen.

b) Um ein paar Beispiele zu geben, wie aus dem Ausdrucke einer Linie merkwürdige Relationen abgeleitet werden können, so seien S und T (Fig. 5) die Durchschnitte von AU mit BC und von CU mit AB. Alsdann ist (vergl. §. 14, *f*)

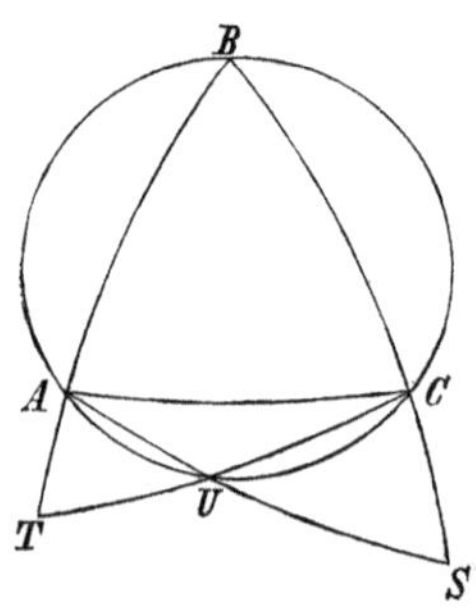

Fig. 5.

$$S \equiv yB + zC$$

$$\equiv -(1-\beta)(1-t)B + (1-\gamma)C ,$$

$$T \equiv xA + yB \equiv (1-\alpha)A - (1-\beta)tB ,$$

folglich

$$\frac{\sin SC}{\sin SB} \overset{!}{=} \frac{1-\beta}{1-\gamma}(1-t)$$

und

$$\frac{\sin TA}{\sin TB} = \frac{1-\beta}{1-\alpha} . t .$$

Wird daher in einen kleineren Kreis ein sphärisches Viereck

$ABCU$ beschrieben, und schneiden sich seine zwei Paare gegenüberliegender Seiten AU und BC in S, CU und AB in T, so ist

$$\frac{\sin SC}{\sin SB}\sin\tfrac{1}{2}AB^2+\frac{\sin TA}{\sin TB}\sin\tfrac{1}{2}BC^2=\sin\tfrac{1}{2}CA^2 ;$$

denn dies folgt aus den zwei vorhergehenden Gleichungen nach Elimination von t.

c) Heissen φ, χ, ψ die von einem Puncte $xA+yB+zC$ des um ABC beschriebenen Kreises auf BC, CA, AB gefällten sphärischen Perpendikel, so verhalten sich (§. 14, *d*)

$$x:y:z=\sin BC\sin\varphi:\sin CA\sin\chi:\sin AB\sin\psi ,$$

und es kommt, wenn man diese Verhältnisswerthe von x, y, z in der Gleichung

$$\frac{1-\alpha}{x}+\frac{1-\beta}{y}+\frac{1-\gamma}{z}=\frac{2\sin\frac{1}{2}BC^2}{x}+..=0$$

des vorigen Paragraphen substituirt, die merkwürdige Relation:

$$\frac{\operatorname{tang}\frac{1}{2}BC}{\sin\varphi}+\frac{\operatorname{tang}\frac{1}{2}CA}{\sin\chi}+\frac{\operatorname{tang}\frac{1}{2}AB}{\sin\psi}=0 \text{ *)}.$$

§. 32. Am einfachsten wird die Gleichung für einen kleineren Kreis, wenn wir letzterem eine solche Lage zu geben suchen, dass er zwei Fundamentalkreise, sie seien AB und BC, in den Fundamentalpuncten A und C, welche sie mit dem dritten Fundamentalkreise gemein haben, berührt. — Damit der Kreis die Fundamentalpuncte A und C fürs Erste nur treffe, muss (§. 29)

$$PA=PC=PU ,$$

folglich

$$f=h=1$$

sein. Hierdurch zieht sich die allgemeine Gleichung (4) zusammen in

$$(4^*)\quad (1-gg)yy+2(\alpha-g)yz+2(\beta-1)zx+2(\gamma-g)xy=0 .$$

Setzen wir darin $z=0$, so erhalten wir für die zwei Durchschnitte des Kreises mit AB (§. 25)

$$(1-gg)yy+2(\gamma-g)xy=0 ,$$

also

$$(a)\qquad y=0$$

für den einen und

$$(b)\qquad (1-gg)y+2(\gamma-g)x=0$$

für den anderen Durchschnitt. Der erstere ist der Fundamental-

---

*) *Gudermann*'s Grundriss, S. 160.

punct A, indem sich der Ausdruck $xA + yB + zC$ für $z = 0$ und $y = 0$ auf A reducirt. Soll nun, wie verlangt wird, der kleinere Kreis den Fundamentalkreis AB in A berühren, so muss auch der andere Durchschnitt, für welchen (b) gilt, in A fallen; es muss folglich auch der aus (b) folgende Werth von y, oder vielmehr der daraus folgende Werth des Verhältnisses $y : x$, null sein. Die Bedingung, unter welcher dieses geschieht, ist

$$\gamma - g = 0 \ .$$

Durch ganz analoge Schlüsse findet sich

$$\alpha - g = 0$$

als die Bedingung, unter welcher der bereits durch C gehende kleinere Kreis den Fundamentalkreis BC daselbst berührt. Mit den Bedingungen

$$\alpha = \gamma = g$$

reducirt sich aber die Gleichung (4*) des Kreises auf

$$(1 - \alpha\alpha)yy = 2(1 - \beta)xz \ .$$

Einen Kreis zu beschreiben, welcher die Fundamentalkreise AB und BC in A und C berührt, ist demnach nur dann möglich, wenn $\gamma = \alpha$, d. i. wenn

$$\cos AB = \cos BC$$

und daher

$$AB = BC \ , \quad \text{nicht} \quad = 360^\circ - BC$$

ist, sobald wir noch annehmen, dass die Bögen AB und BC beide zugleich kleiner, oder beide zugleich grösser als 180° sein sollen, oder, was auf dasselbe hinauskommt, dass beide Schenkel des Winkels B mit ihren inneren, oder beide mit ihren äusseren Seiten den Kreis berühren sollen. Ist aber $AB = BC$, so hat man im Dreieck ABC (§. 20, II)

$$\cos CA = \cos BC^2 + \sin BC^2 \cos B \ ,$$

d. i.

$$\beta = \alpha\alpha + (1 - \alpha\alpha)\cos B \ ,$$

folglich

$$1 - \beta = (1 - \alpha\alpha)(1 - \cos B) = 2\,(1 - \alpha\alpha)\sin\tfrac{1}{2}B^2 \ ,$$

und damit die Gleichung des Kreises

$$yy = 4\sin\tfrac{1}{2}B^2 \,.\, xz \ .$$

Sehr leicht können hiernach die Verhältnisse zwischen x, y, z als Functionen einer Veränderlichen dargestellt werden. Setzt man nämlich

$$\frac{y}{x} = 2\sin\tfrac{1}{2}B \cdot t \ ,$$

so wird

$$\frac{z}{x} = \frac{yy}{xx} \cdot \frac{zx}{yy} = tt ,$$

und man erhält auf solche Weise den schon für sich genügenden Ausdruck des Kreises:

$$A + 2 \sin \tfrac{1}{2} B . tB + ttC .$$

§. 33. Folgerungen. *a*) Für $t = 0$ und $t = \infty$ reducirt sich der eben gefundene Ausdruck auf die Puncte A und C. Dagegen erhält man für $t = 1$ und für $t = -1$ die Puncte des Kreises

$$A + 2 \sin \tfrac{1}{2} B . B + C \quad \text{und} \quad A - 2 \sin \tfrac{1}{2} B . B + C ,$$

welche D und D_1 heissen. Es ist aber, wenn M den Mittelpunct von AC bezeichnet (§. 11, I),

$$A + C = 2 \cos \tfrac{1}{2} AC . M ;$$

folglich

$$D \equiv \cos \tfrac{1}{2} AC . M + \sin \tfrac{1}{2} B . B ,$$
$$D_1 \equiv \cos \tfrac{1}{2} AC . M - \sin \tfrac{1}{2} B . B .$$

Hiernach sind D und D_1 die Puncte des Kreises, in welchen er vom Hauptkreise BM geschnitten wird (Fig. 6), und es verhält sich dabei

$$\sin MD : \sin DB = \sin \tfrac{1}{2} B : \cos \tfrac{1}{2} AC = - \sin MD_1 : \sin D_1 B ,$$

woraus zugleich noch folgt, dass BM in D und D_1 harmonisch getheilt wird.

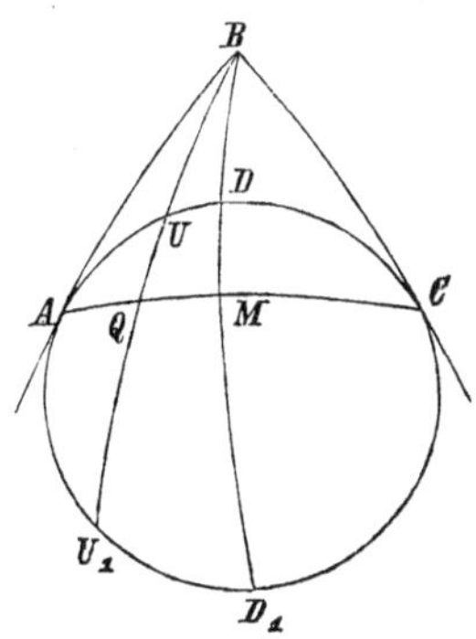

Fig. 6.

b) Man sieht bald, wie sich dieser Satz von der harmonischen Theilung noch verallgemeinern lässt. Schreibt man nämlich der Kürze willen m statt $2 \sin \frac{1}{2} B$ und setzt

$$A + mtB + ttC = uU ,$$
$$A - mtB + ttC = u_1 U_1 ,$$

so sind U und U_1 zwei Puncte des Kreises, U ein beliebiger, und U_1, wegen

$$uU - u_1 U_1 = 2mtB ,$$

derjenige, in welchem der Kreis vom Hauptkreise BU zum zweitenmale geschnitten wird. Man setze ferner

$$A + ttC = qQ ,$$

so wird

$$qQ + mtB = uU ,$$
$$qQ - mtB = u_1 U_1 .$$

Hiernach ist Q der gegenseitige Durchschnitt von AC und BUU_1, und es verhält sich

$$\sin BU : \sin UQ = q : mt = -\sin BU_1 : \sin U_1 Q\,,$$

so dass der zwischen B und AC enthaltene Bogen BQ eines jeden durch B gelegten Hauptkreises von dem kleinern Kreise in U und U_1 harmonisch getheilt wird.

Da hierbei nicht in Betracht kommt, dass $AB = BC$, und $m = 2\sin\frac{1}{2}B$ ist, so wird das eben Erwiesene von jeder durch $A + mtB + ttC$ ausgedrückten Curve gelten, welches auch die gegenseitige Lage der Fundamentalpuncte und welches auch der Werth der Constante m ist, d. h. von jeder Linie der zweiten Ordnung, welche AB und BC in A und C berührt. Denn dass von jeder solchen Linie der Ausdruck auf jene einfache Form zurückgebracht werden kann, lässt sich folgendergestalt kurz darthun.

Die allgemeine Gleichung einer Linie der zweiten Ordnung ist

$$axx + byy + czz + fyz + gzx + hxy = 0 \quad (\S.\ 23).$$

Damit diese Linie durch A gehe, als für welchen Punct y und z null sind, darf für $y = 0$ und $z = 0$ nicht auch $x = 0$ werden; folglich muss $a = 0$ sein; und eben so muss, damit die Linie durch C gehe, $c = 0$ sein. Hierdurch reducirt sich die Gleichung auf

$$byy + fyz + gzx + hxy = 0 \ ^{*)}.$$

Auf dieselbe Art, wie im vorigen Paragraphen, ergibt sich ferner, dass, damit noch die zweiten Durchschnitte der Curve mit AB und AC in A und C selbst fallen, resp. die Coëfficienten von xy und yz, d. i. h und f, null sein müssen. Die Gleichung wird somit

$$byy + gzx = 0\ ,$$

und es verhält sich daher

$$x : y : z = 1 : \frac{y}{z} : -\frac{b}{g}\frac{yy}{xx} = 1 : mt : tt\ ,$$

wenn man

$$\frac{g}{b} = -mm \quad \text{und} \quad \frac{y}{x} = mt$$

setzt; folglich u. s. w.

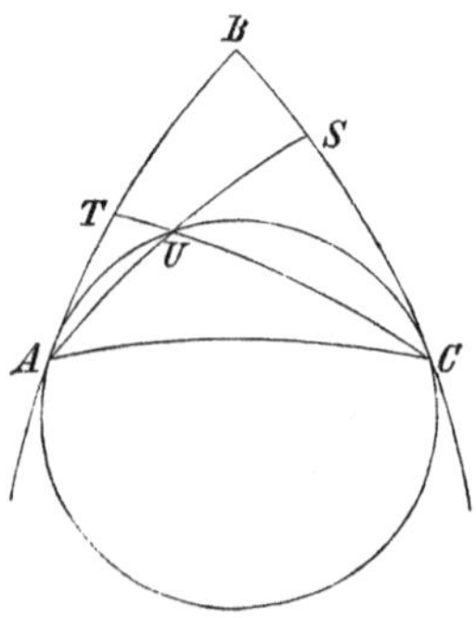

Fig. 7.

c) Legt man durch einen beliebigen Punct U (Fig. 7) des kleineren Kreises

---

*) Soll die Linie noch den Fundamentalpunct B treffen, so muss $b = 0$ sein. Die Gleichung für eine durch die drei Fundamentalpuncte beschriebene Linie der zweiten Ordnung ist demnach

$$fyz + gzx + hxy = 0\ .$$

zwei Hauptkreise AU und CU, welche BC und AB in S und T schneiden, so ist, wie in §. 31, b,

$$T \equiv A + mtB \ , \qquad S \equiv mtB + ttC \ ;$$

mithin verhält sich

$$\sin AT : \sin TB = mt : 1 \ ,$$
$$\sin CS : \sin SB = m : t \ ;$$

folglich ist

$$\frac{\sin AT}{\sin TB} \cdot \frac{\sin CS}{\sin SB} = mm = 4 \sin \tfrac{1}{2} B^2 \ .$$

§. 34. Aus dem Ausdrucke des Kreises, welcher AB und BC in A und C berührt, lässt sich ohne Schwierigkeit der Ausdruck des Kreises ableiten, welcher sämmtliche drei Fundamentalkreise BC, CA, AB, es sei in F, G, H (Fig. 8) berührt. Machen wir hierbei noch die immer mögliche Voraussetzung, dass die drei Fundamentalkreise auf gleichnamigen Seiten berührt werden, so muss, wenn man

$$GA = f \ , \qquad HB = g \ , \qquad FC = h$$

setzt, auch

$$AH = f \ , \qquad BF = g \ , \qquad CG = h$$

sein (§. 32), und man hat, wenn die Bögen BC, CA, AB, wie in §. 17, mit a, b, c bezeichnet werden,

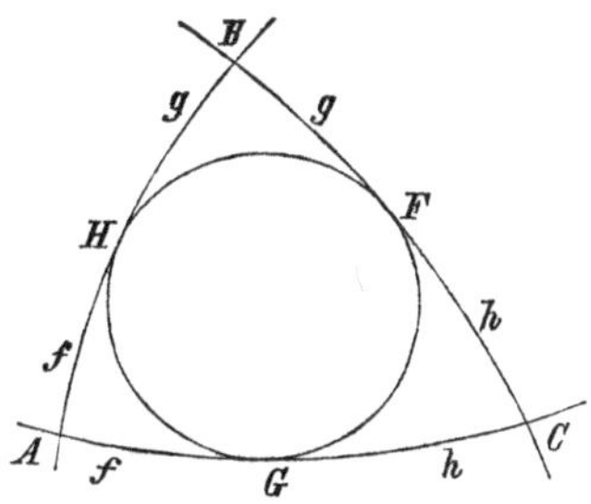

Fig. 8.

$$g + h = a \ , \qquad \text{oder} \quad = a + 360^\circ \ ,$$

jenachdem F im Bogen BC selbst, oder in dessen Verlängerung liegt; und auf gleiche Weise

$$h + f = b \ , \qquad \text{oder} \quad = b + 360^\circ \ ,$$
$$f + g = c \ , \qquad \text{oder} \quad = c + 360^\circ \ .$$

Hieraus finden sich, wenn a, b, c als gegeben angenommen werden, die Werthe von f, g, h, und damit die Oerter der Berührungspuncte F, G, H. Man gewahrt nämlich leicht, dass, für welchen der zwei Werthe einer jeden der drei Summen $g + h$, $h + f$, $f + g$ man sich auch entscheidet, nicht mehr als zwei Systeme von Werthen für f, g, h hervorgehen, indem entweder

$$f = \tfrac{1}{2}(b + c - a) \ , \qquad g = \tfrac{1}{2}(c + a - b) \ , \qquad h = \tfrac{1}{2}(a + b - c)$$

ist, oder f, g, h dieselben, nur jedesmal um 180° vermehrten (oder verminderten), Werthe haben; dass es mithin auch zwei Systeme von Berührungspuncten geben muss, von denen die Puncte des einen Systems die Gegenpuncte des anderen sind.

Hiernach verhalten sich, welches der zwei Systeme von Werthen der f, g, h man auch wählen mag,

$$\sin f : \sin g : \sin h$$
$$= \sin \tfrac{1}{2}(b + c - a) : \sin \tfrac{1}{2}(c + a - b) : \sin \tfrac{1}{2}(a + b - c) \ ,$$

und es ist bei jedem der zwei Systeme

$$\begin{aligned} 2 \sin g \sin h &= 2 \sin \tfrac{1}{2}(c + a - b) \sin \tfrac{1}{2}(a + b - c) \\ &= \cos(b - c) - \cos a = \sin b \sin c + \cos b \cos c - \cos a \\ &= \sin b \sin c\,(1 - \cos A)\ (\text{§. 20, II}) = 2 \sin b \sin c \sin \tfrac{1}{2}A^2 \ , \end{aligned}$$

und eben so ist

$$\sin h \sin f = \sin c \sin a \sin \tfrac{1}{2}B^2 \ ,$$
$$\sin f \sin g = \sin a \sin b \sin \tfrac{1}{2}C^2 \ ;$$

woraus noch folgt:

$$\begin{aligned} \sin f : \sin g &= \frac{\sin \frac{1}{2}B^2}{\sin b} : \frac{\sin \frac{1}{2}A^2}{\sin a} = \frac{\sin \frac{1}{2}B^2}{\sin B} : \frac{\sin \frac{1}{2}A^2}{\sin A} \\ &= \operatorname{tang} \tfrac{1}{2}B : \operatorname{tang} \tfrac{1}{2}A \ , \end{aligned}$$

und auf gleiche Art

$$\sin g : \sin h = \operatorname{tang} \tfrac{1}{2}C : \operatorname{tang} \tfrac{1}{2}B \ .$$

Dieses vorausgeschickt, ist der Ausdruck des Kreises, welcher AB und BC auf gleichnamigen Seiten in H und F berührt (§. 32),

$$H + 2 \sin \tfrac{1}{2}B \,.\, tB + ttF \ .$$

Nach §. 11, I ist aber

$$\sin AB \,.\, H = \sin HB \,.\, A + \sin AH \,.\, B \ ,$$

d. i.

$$\sin c \,.\, H = \sin g \,.\, A + \sin f \,.\, B \ ,$$

und ebenso

$$\sin a \,.\, F = \sin h \,.\, B + \sin g \,.\, C \ .$$

Die hieraus folgenden Werthe von H und F im Ausdrucke des Kreises substituirt, erhält man den auf A, B, C bezogenen Ausdruck

$$(o) \qquad \frac{\sin g}{\sin c} A + \left[\frac{\sin f}{\sin c} + 2 \sin \tfrac{1}{2}B \,.\, t + \frac{\sin h}{\sin a} \,.\, tt\right] B + \frac{\sin g}{\sin a} \,.\, ttC \ .$$

Dieser von AB und BC in H und F berührte Kreis wird nun zugleich von CA in G berührt werden und daher der gesuchte sein, wenn H und F die auf obige Weise bestimmten Puncte sind, wenn also f, g, h die vorhin gefundenen Werthe haben. Substituiren wir deshalb zunächst den aus obigen Relationen fliessenden Werth von

$$\sin \tfrac{1}{2}B = \sqrt{\frac{\sin h \sin f}{\sin c \sin a}} \ ,$$

so verwandelt sich der Ausdruck in

$$\frac{\sin g}{\sin c} A + \left[\sqrt{\frac{\sin f}{\sin c}} + t\sqrt{\frac{\sin h}{\sin a}}\right]^2 B + \frac{\sin g}{\sin a} ttC \ .$$

Werde ferner statt t eine andere Veränderliche u eingeführt, so dass

$$t\sqrt{\frac{\sin h}{\sin a}} = u\sqrt{\frac{\sin f}{\sin c}}$$

ist; hierdurch reducirt sich der Ausdruck auf

$$\frac{1}{\sin f} A + \frac{(1+u)^2}{\sin g} B + \frac{uu}{\sin h} C \ ,$$

und wird, wenn man noch statt der Verhältnisse zwischen $\sin f$, $\sin g$, $\sin h$ ihre obigen Werthe setzt

$$\frac{1}{\sin \frac{1}{2}(b+c-a)} A + \frac{(1+u)^2}{\sin \frac{1}{2}(c+a-b)} B + \frac{uu}{\sin \frac{1}{2}(a+b-c)} C$$

oder

$$\operatorname{tang} \tfrac{1}{2} A \,.\, A + \operatorname{tang} \tfrac{1}{2} B \,.\, (1+u)^2 B + \operatorname{tang} \tfrac{1}{2} C \,.\, uuC \ ,$$

— der Ausdruck des Kreises, welcher die drei Fundamentalkreise auf gleichnamigen Seiten berührt. Die drei Berührungspuncte ergeben sich, wenn man successive

$$u = \infty \ , \quad = -1 \ , \quad = 0$$

setzt, und sind daher, wie wir schon wissen,

$$\sin h \,.\, B + \sin g \,.\, C \ ,$$

u. s. w.

§. 35. Zusätze. *a*) Der im Obigen erhaltene und hierauf zur Reduction des Ausdrucks (*o*) benutzte Werth von $\sin \frac{1}{2} B$ lässt sich auch aus (*o*) unmittelbar herleiten. Setzt man nämlich in diesem Ausdrucke, welcher einem von AB und BC berührten Kreise angehört, den Coëfficienten von B null, so erhält man zwei Werthe für t, und mit diesen die zwei Puncte, in denen der Kreis von CA im Allgemeinen geschnitten wird. Sollen nun diese zwei Durchschnitte, wie verlangt wird, in einen Berührungspunct zusammengehen, so müssen jene zwei Werthe von t einander gleich sein, und dieses geschieht nur dann, wenn

$$\sin \tfrac{1}{2} B^2 = \frac{\sin f}{\sin c} \cdot \frac{\sin h}{\sin a}$$

ist.

b) Der zuletzt erhaltene Ausdruck gewinnt eine noch symmetrischere Form, wenn man $u = \frac{p-q}{q-r}$ setzt, nämlich

$$\operatorname{tang}\tfrac{1}{2}A\,.\,(q-r)^2\,.\,A+\operatorname{tang}\tfrac{1}{2}B\,.\,(r-p)^2\,.\,B+\operatorname{tang}\tfrac{1}{2}C\,.\,(p-q)^2\,.\,C\ ,$$

worin für p, q, r alle möglichen Zahlen genommen werden können.

c) Schreibt man statt $\operatorname{tang}\frac{1}{2}A$, $\operatorname{tang}\frac{1}{2}B$, $\operatorname{tang}\frac{1}{2}C$ der Kürze willen i, k, l, und setzt

$$i(q-r)^2=x\ ,\qquad k(r-p)^2=y\ ,\qquad l(p-q)^2=z\ ,$$

so wird einerseits der Ausdruck: $xA+yB+zC$, und andererseits

$$\sqrt{\frac{x}{i}}+\sqrt{\frac{y}{k}}+\sqrt{\frac{z}{l}}=0\ ,$$

oder nach Wegschaffung der Wurzelzeichen

$$\frac{xx}{ii}+\frac{yy}{kk}+\frac{zz}{ll}-\frac{2yz}{kl}-\frac{2zx}{li}-\frac{2xy}{ik}=0\ ,$$

welches daher die Gleichung für den die drei Fundamentalkreise berührenden Kreis ist, — oder überhaupt die Gleichung für eine die drei Fundamentalkreise berührende Linie der zweiten Ordnung, sobald i, k, l überhaupt in constanten Verhältnissen stehende Zahlen bedeuten. Dies erhellet sogleich daraus, dass, wenn man in der allgemeinen Gleichung einer Linie der zweiten Ordnung (§. 33, b) $x=0$ setzt, welches

$$byy+czz+fyz=0$$

gibt, die zwei hieraus folgenden Werthe des Verhältnisses $y:z$ einander gleich sein müssen, und dass Analoges für $y=0$ und für $z=0$ stattfinden muss.

d) Werden von einem Puncte $xA+yB+zC$ des in ABC eingeschriebenen Kreises auf die Seiten BC, CA, AB des Dreiecks die Perpendikel φ, χ, ψ gefällt, so findet sich, wenn man die mit x, y, z proportionalen Producte $\sin BC\sin\varphi$, etc. (§. 14, d), oder, was dasselbe ist, die Producte $\sin A\sin\varphi$, $\sin B\sin\chi$, $\sin C\sin\psi$ in der Gleichung

$$\sqrt{\frac{x}{i}}+\ldots=\sqrt{\frac{x}{\operatorname{tang}\frac{1}{2}A}}+\ldots=0$$

substituirt,

$$\cos\tfrac{1}{2}A\sqrt{\sin\varphi}+\cos\tfrac{1}{2}B\sqrt{\sin\chi}+\cos\tfrac{1}{2}C\sqrt{\sin\psi}=0\ ,$$

d. h. von den drei Producten $\cos\frac{1}{2}A\sqrt{\sin\varphi}$, etc. ist, wenn sie mit einerlei Zeichen genommen werden, das absolut grösste der Summe der beiden anderen gleich.

Dualität der bisherigen Sätze und Formeln.

§. 36. Zufolge der Grundeigenschaften der Pole von Kugelkreisen lässt sich, wie bekannt, von jedem Satze der Sphärik auf einen zweiten schliessen, indem man Puncte und Hauptkreise, das Liegen mehrerer Puncte in einem Hauptkreise und das Sichschneiden mehrerer Hauptkreise in einem Puncte miteinander vertauscht, und statt der Bögen zwischen Puncten die Winkel zwischen den den Puncten entsprechenden Hauptkreisen, und umgekehrt, setzt. Da der auf gleiche Weise aus dem zweiten Satze gefolgerte Satz wieder der erste ist, so gehören alle Sätze der Sphärik paarweise zusammen, und dieses ist es, worin das in der Sphärik durchweg herrschende Princip der Dualität besteht.

Um dieses Princip auf die voranstehenden Untersuchungen anzuwenden, wollen wir die Kreise, welche die im Vorigen mit V, A, B, C, ... bezeichneten Puncte zu Polen haben, V, A, B, C, ... nennen und die positiven Richtungen dieser Kreise so bestimmen, dass jene Puncte gleichnamige Pole derselben sind, dass also, wenn z. B. A und A' Gegenpuncte von einander sind, die Kreise A und A′ zwar zusammenfallen, aber entgegengesetzte Richtungen haben. Hiernach sind der Cosinus des Bogens zwischen den Puncten V und A und der Cosinus des Winkels zwischen den Hauptkreisen V und A einander gleich, u. s. w., und es wird daher aus den anfänglichen, allen späteren Betrachtungen zur Basis dienenden Porismen in §§. 5, 6 und 8 sogleich auf nachstehende Sätze geschlossen werden können.

Sind zwei oder mehrere Hauptkreise A, B, C, ..., *ihrer Lage und positiven Richtung nach, und ihnen zugehörige Coëfficienten* a, b, c, ... *gegeben, so lässt sich noch ein und nicht mehr als ein Hauptkreis* P *und ein Coëfficient* p *finden, dergestalt, dass für jede Lage und Richtung eines noch anderen Hauptkreises* V

$$a \cos \mathrm{VA} + b \cos \mathrm{VB} + c \cos \mathrm{VC} + \ldots = \pm p \cos \mathrm{VP}$$

ist, wo das Vorzeichen von p *von der für den Kreis* P *beliebig anzunehmenden Richtung abhängt. Schneiden sich* A, B, C, ... *in einem Punkte, so trifft denselben auch* P. — *In dem besonderen Falle, wenn die Summe*

$$a \cos \mathrm{VA} + \ldots = 0$$

ist, bleibt die Lage von P *unbestimmt.*

Sind drei sich in einem Puncte schneidende Hauptkreise A, B, P *gegeben, so lassen sich drei in solchen, nur auf eine Weise bestimmbaren Verhältnissen stehende Zahlen a, b, p finden, dass für jeden vierten Hauptkreis* V

$$a \cos \mathrm{VA} + b \cos \mathrm{VB} = p \cos \mathrm{VP}$$

ist.

Zu vier Hauptkreisen A, B, C, Q, *von denen keine drei sich in einem Puncte schneiden, lassen sich vier in solchen, nur auf eine Weise bestimmbaren Verhältnissen stehende Zahlen a, b, c, q finden, dass für jeden fünften Hauptkreis* V

$$a \cos \mathrm{VA} + b \cos \mathrm{VB} + c \cos \mathrm{VC} = q \cos \mathrm{VQ}$$

ist.

§. 37. Man sieht leicht, wie durch diese Porismen auf analoge Art, wie durch die entsprechenden früheren, eine sphärische Coordinatenmethode sich begründen lässt, nur dass hier durch die Coordinaten nicht Puncte, sondern Hauptkreise bestimmt werden; auch werden nach dieser Methode ähnlicher Weise, wie nach der vorigen, sphärische Curven durch Gleichungen ausgedrückt werden können.

Sind nämlich A, B, C drei ihrer Lage und Richtung nach bestimmte Hauptkreise, welche sich nicht in einem Puncte schneiden, und x, y, z drei in bestimmten Verhältnissen stehende Zahlen, so ist durch die Gleichung

$$x \cos \mathrm{VA} + y \cos \mathrm{VB} + z \cos \mathrm{VC} = u \cos \mathrm{VU}$$

ein noch anderer Hauptkreis U bestimmt; oder, was dasselbe sagt: es ist (nach Weglassung der Zeichen cos und V) $x\mathrm{A} + y\mathrm{B} + z\mathrm{C}$ der Ausdruck eines anderen bestimmten Hauptkreises. Lassen wir folglich x, y, z durch eine homogene Gleichung mit einander verbundene Veränderliche sein und substituiren im Ausdrucke $x\mathrm{A} + \ldots$ für die Verhältnisse zwischen x, y, z nach und nach alle die, welche dieser Gleichung zufolge statt haben können, so erhalten wir eine Reihe von unendlich vielen Hauptkreisen, und die Curve, welche alle diese Kreise berührt oder umhüllt, wird die durch die Gleichung dargestellte sein.

Sind dabei, wie im Vorigen, A, B, C gleichnamige Pole der Hauptkreise A, B, C, so ist $xA + yB + zC$ der Pol des Hauptkreises $x\mathrm{A} + y\mathrm{B} + z\mathrm{C}$, und zugleich der Ausdruck der Curve, welche die Pole aller der Hauptkreise enthält, die der vorigen Curve $x\mathrm{A} + \ldots$ als Tangenten dienten. Lässt man daher einen Hauptkreis sich so bewegen, dass seine Pole in der jetzigen Curve, sie heisse K, fortgehen, so wird die vorige, man nenne sie K, die umhüllende

Curve aller der verschiedenen Lagen des sich bewegenden Hauptkreises sein.

Eben so, wie K aus K entsteht, lässt sich aber auch K aus K erzeugen. Denn ist U irgend ein Punct der Curve K, und W derjenige Punct der Curve K, in welchem diese von dem Hauptkreise, welcher U zum Pole hat, berührt wird, so kann man W auch als den Durchschnitt der zwei Hauptkreise betrachten, welche U und den in K auf U nächstfolgenden Punct U' zu Polen haben. Wegen

$$UW = U'W = 90^\circ$$

wird aber das Element UU' der Curve K zugleich ein Element des Hauptkreises sein, welcher W zum Pole hat; und es wird folglich auch umgekehrt die Curve K alle die Hauptkreise umhüllen, deren Pole in K liegen. Mit anderen Worten: ein Hauptkreis, welcher berührend an einer der beiden Curven K oder K fortbewegt wird, beschreibt mit seinen Polen die jedesmal andere. — Noch folgt hieraus, dass ein Hauptkreis, welcher die eine der beiden Curven normal schneidet, auch die andere unter rechten Winkeln trifft, und dass der zwischen beiden Durchschnitten enthaltene Bogen des Hauptkreises ein Quadrant ist.

Wir wollen demnach von zwei Curven, welche in einer solchen gegenseitigen Beziehung, wie K und K, stehen, die eine die reciproke der anderen nennen. Ihre Ausdrücke sind $xA + yB + zC$ und $x\mathrm{A} + y\mathrm{B} + z\mathrm{C}$ in Bezug auf eine und dieselbe homogene Gleichung zwischen x, y, z.

§. 38. Man kann hierbei noch nach dem Ausdrucke der Curve K fragen, wenn diese gleichfalls auf die Puncte A, B, C bezogen wird. Um ihn zu finden, setze man für die zwei in K einander unendlich nahen Puncte U und U'

$$(1) \qquad uU = xA + yB + zC \ ,$$

$$(2) \qquad u'U' = (x + dx)A + (y + dy)B + (z + dz)C \ .$$

Hieraus ist nach dem Vorigen der Punct

$$(3) \qquad W = pA + qB + rC$$

in der Reciproken K so zu bestimmen, dass

$$\cos UW = \cos U'W = 0$$

wird. Es muss daher sein, wenn man in (1) W statt V setzt,

$$(4) \qquad 0 = x\cos WA + y\cos WB + z\cos WC \ .$$

Nehmen wir jetzt zur Vereinfachung der Rechnung noch an, dass BC, CA, AB Quadranten sind, so folgt aus (3), wenn statt V successive A, B, C gesetzt werden,

$$\cos WA = p \ , \qquad \cos WB = q \ , \qquad \cos WC = r \ .$$

Damit verwandelt sich (4) in

$$0 = px + qy + rz \ ;$$

und eben so folgt aus (2) und (3) in Verbindung

$$0 = p(x + dx) + q(y + dy) + r(z + dz) \ ;$$

mithin

$$p : q : r = y\,dz - z\,dy : z\,dx - x\,dz : x\,dy - y\,dx \ ,$$

und

$$W \equiv (y\,dz - z\,dy)A + (z\,dx - x\,dz)B + (x\,dy - y\,dx)C \ ,$$

welches zugleich der Ausdruck für die reciproke Curve K sein wird.

Man kann hiernach, wenn in dem Ausdrucke $xA + \ldots$ der Curve K die Coëfficienten x, y, z als Functionen einer Veränderlichen t gegeben sind, die Verhältnisse zwischen den Coëfficienten von A, B, C im Ausdrucke für K ohne Weiteres als Functionen von t finden, und hat somit der Aufgabe Genüge gethan. Ist aber die Natur der Curve K, wie wir bisher immer angenommen haben, durch eine homogene Gleichung zwischen x, y, z bestimmt, so erinnere man sich zuerst der Eigenschaft homogener Functionen, wonach, wenn v eine solche Function vom $n$ten Grade zwischen x, y, z bedeutet,

$$x\frac{dv}{dx} + y\frac{dv}{dy} + z\frac{dv}{dz} = nv$$

ist.

Ist daher $v = 0$ die Gleichung der Curve K, so hat man

$$x\frac{dx}{dv} + y\frac{dv}{dy} + z\frac{dv}{dz} = 0 \ ,$$

nächstdem aber auch

$$\frac{dv}{dx}dx + \frac{dv}{dy}dy + \frac{dv}{dz}dz = 0 \ ;$$

folglich

$$\frac{dv}{dx} : \frac{dv}{dy} : \frac{dv}{dz} = y\,dz - z\,dy : z\,dx - x\,dz : x\,dy - y\,dx \ ;$$

nnd damit wird der Ausdruck für die Curve K

$$\frac{dv}{dx}A + \frac{dv}{dy}B + \frac{dv}{dz}C \ ,$$

wobei zwischen x, y, z die Gleichung $v = 0$ ebenfalls bestehen muss.

Beispiel. Sei K eine Linie der zweiten Ordnung, und daher

$$v = axx + byy + czz + 2fyz + 2gzx + 2hxy \ .$$

Es folgt hieraus

$$\frac{1}{2} \cdot \frac{dv}{dx} = ax + gz + hy \ ,$$
$$\frac{1}{2} \cdot \frac{dv}{dy} = by + hx + fz \ ,$$
$$\frac{1}{2} \cdot \frac{dv}{dz} = cz + fy + gx \ .$$

Setzt man daher noch diese drei Aggregate resp. gleich ξ, η, ζ, so wird der Ausdruck von K

$$\xi A + \eta B + \zeta C \ ,$$

in Verbindung mit einer homogenen Gleichung des zweiten Grades zwischen ξ, η, ζ, welche hervorgeht, wenn man aus den drei Gleichungen

$$\xi = ax + gz + hy \ , \qquad \text{etc.}$$

die Werthe von x, y, z, durch ξ, η, ζ ausgedrückt, sucht und sie in der Gleichung $v = 0$ substituirt.

Betrachten wir noch den speciellen Fall, wo

$$v = 2xz - yy \ .$$

Hieraus ergibt sich

$$\frac{dv}{dx} = 2z \ , \qquad \frac{dv}{dy} = -2y \ , \qquad \frac{dv}{dz} = 2x \ ;$$

und es wird daher, wenn man noch

$$z = \xi \ , \qquad -y = \eta \ , \qquad x = \zeta$$

setzt, der Ausdruck von K, ..., $\xi A + \eta B + \zeta C$, mit der Gleichung

$$v = 2\xi\zeta - \eta\eta$$

gleich Null. In diesem Falle ist also die reciproke Curve K mit der ursprünglichen K identisch. Der Grund hiervon liegt darin, dass letztere nach §. 32, weil jetzt die Seiten des Fundamentaldreiecks Quadranten sind und mithin

$$\sin \tfrac{1}{2} B = \sqrt{\tfrac{1}{2}}$$

ist, ein kleinerer Kreis ist, welcher von AB und BC in C und A berührt wird, und, wie hieraus leicht weiter folgt, einen Quadranten zum Durchmesser hat. Dass aber ein solcher Kreis sich selbst zur Reciproken hat, bedarf keiner Erläuterung.

Zusatz. Weil von der Curve $xA + yB + zC$ die reciproke $x\mathrm{A} + y\mathrm{B} + z\mathrm{C}$ ist, vorausgesetzt, dass für beide Ausdrücke eine und dieselbe Gleichung zwischen x, y, z gilt, so ist mit der vorigen Untersuchung zugleich die Aufgabe gelöst worden: Aus dem Ausdrucke einer auf drei Hauptkreise A, B, C bezogenen Curve den Ausdruck derselben, auf die Pole A, B, C jener Hauptkreise bezogenen Curve zu finden.

§. 39. Analog mit §. 23 kann man eine Curve, wenn sie auf drei Hauptkreise bezogen wird, und die homogene Gleichung zwischen den Coëfficienten der Hauptkreise vom $m$ten Grade ist, eine Linie der $m$ten Ordnung nennen. Nur gehört eine solche im Allgemeinen nicht zu derselben Ordnung, sobald man sie auf drei Puncte bezieht. Bloss eine Linie, welche nach der einen Beziehung zur zweiten Ordnung gehört, ist auch nach der anderen von dieser Ordnung (§. 38). Dagegen zeigt sich schon bei der ersten Ordnung ein Unterschied, indem, wenn

$$ax + by + cz = 0$$

ist, alle durch $x\mathrm{A} + \ldots$ dargesellten Hauptkreise sich in einem Puncte und dessen Gegenpuncte schneiden, und daher eine auf drei Hauptkreise bezogene Linie der ersten Ordnung bloss aus zwei Gegenpuncten besteht.

Uebrigens erhellt eben so, wie in §. 24, auch hier, dass die Ordnungszahl einer auf A, B, C bezogenen Curve durch Annahme dreier anderer Hauptkreise statt A, B, C nicht geändert wird. Da endlich für irgend drei zusammengehörige Werthe von x, y, z durch $x\mathrm{A} + y\mathrm{B} + z\mathrm{C}$ irgend ein die Curve berührender Hauptkreis ausgedrückt wird, der, wenn $z = 0$ ist, durch die Durchschnitte von B mit A geht, so können (§. 25) an die Curve, wenn sie von der $m$ten Ordnung ist, durch die Durchschnitte von A mit B, und mithin auch durch jeden anderen Punct der Kugelfläche, höchstens m Hauptkreise berührend gelegt werden.

Nachträgliche Bemerkung über die Bedeutung sphärischer Gleichungen.

Sind mehrere gerade Linien ihrer Länge und Richtung nach gegeben, und setzt man diese Linien, ohne ihre Richtungen zu ändern, dergestalt an einander, dass man den Anfangspunct jeder folgenden mit dem Endpuncte der nächst vorhergehenden zusammenfallen lässt, so kann man die gerade Linie, deren Anfangspunct der Anfangspunct der ersten, und deren Endpunct der Endpunct der letzten der an einander gesetzten Linien ist, als die Summe dieser Linien betrachten und sie zur Unterscheidung von dem Begriffe, den man für gewöhnlich mit dem Wort *Summe* verbindet, *geometrische Summe* nennen. Die Länge und die Richtung der Linie, welche die Summe ausdrückt, bleiben ungeändert, welches auch die Ordnung ist, in welcher man von den zu summirenden Linien die eine an die andere setzt; — eben so wie in der Arithmetik die Summe mehrerer Zahlen unabhängig von ihrer Aufeinanderfolge beim Addiren ist*).

Sind nun die Längen mehrerer zu addirender Linien gleich a, b, c, ..., die Länge der Linie, welche die geometrische Summe der ersteren darstellt, gleich p; sind ferner die Richtungen aller dieser Linien einerlei mit den Richtungen der Halbmesser einer Kugel, welche resp. nach den Puncten A, B, C, ... und P der Kugelfläche gezogen werden, so ist für jeden Ort eines noch anderen Punctes V der Kugel

$$a \cos VA + b \cos VB + c \cos VC + \ldots = p \cos VP \ ,$$

wie aus dem zu Ende des §. 5 Bemerkten sogleich einleuchten wird.

Die Gleichung

$$aA + bB + cC + \ldots = pP \ ,$$

wie wir der Kürze willen anstatt der vorigen geschrieben haben, kann daher auch als der Ausdruck dessen angesehen werden, dass von mehreren geraden Linien, deren Längen gleich a, b, c, ... sind, und deren Richtungen durch die Puncte A, B, C, ... einer Kugelfläche bestimmt werden, die geometrische Summe eine Linie ist, deren Länge gleich p, und deren Richtung durch den Punct P der Fläche bestimmt wird.

---

*) Vergl. des Verfassers »Elemente der Mechanik des Himmels« (Leipzig, 1843) §§. 2 u. 74, und einen Aufsatz desselben (Ueber die Zusammensetzung gerader Linien und eine daraus entspringende Begründungsweise des barycentrischen Calculs) in *Crelle*'s Journal für Mathematik, Bd. XXVIII, S. 1 etc. Der Begriff der geometrischen Addition, sowie noch der einer geometrischen Multiplication, finden sich auch entwickelt und mit einer Reihe merkwürdiger Folgerungen begleitet in *Grassmann*'s »Die Wissenschaft der extensiven Grösse oder die Ausdehnungslehre« (1. Theil, Leipzig 1844). In der letzten Zeit scheint auf dieselben, der Vereinfachung der Geometrie gewiss sehr förderlichen, neuen Begriffe und Ansichten ein französischer Geometer, Herr *de Saint-Venant*, für sich gekommen zu sein. Sein »Mémoire sur les sommes et les différences géometriques, et sur leur usage pour simplifier la Mécanique« ist in den Comptes rendus, Tome XXI, p. 620 (1845), angezeigt.

Um von dieser Deutung sphärischer Gleichungen eine Anwendung zu zeigen, seien in Bezug auf ein System dreier sich recht- oder schiefwinklig schneidender Axen die Coordinaten eines Punctes P gleich x, y, z. Die geometrische Summe derselben ist, wie man leicht sieht, die vom Anfangspuncte der Coordinaten bis zum Puncte P gezogene gerade Linie, deren Länge p heisse. Beschreibt man daher um den Anfangspunct als Mittelpunct mit p als Halbmesser eine Kugelfläche, und wird diese von den drei coordinirten Axen nach den positiven Richtungen der letzteren hin in A, B, C geschnitten, so wird sein

$$xA + yB + zC = pP \ .$$

Und umgekehrt wird man aus dieser sphärischen Gleichung schliessen können, dass die drei Coëfficienten x, y, z den Coordinaten des Punctes P in Bezug auf ein Axensystem proportional sind, dessen Anfangspunct der Mittelpunct der Kugel, und dessen Axen die vom Mittelpuncte nach A, B, C hin gezogenen Geraden zu ihren positiven Richtungen haben; und dass nach demselben Verhältnisse der Coëfficient p der Entfernung des P vom Anfangspuncte proportional ist.

Aehnlicherweise endlich werden in der Gleichung

$$x\mathrm{A} + y\mathrm{B} + z\mathrm{C} = p\mathrm{P}$$

die Coëfficienten x, y, z, p den Flächen der vier Dreiecke proportional sein, welche in vier mit den Ebenen der Hauptkreise A, B, C, P parallelen, aber sich nicht in einem Puncte schneidenden Ebenen von den Geraden gebildet werden, in denen jede dieser Ebenen von den jedesmal drei übrigen geschnitten wird.

Neuer Beweis des in Hamilton's Lectures on Quaternions aufgestellten associativen Princips bei der Zusammensetzung von Bögen grösster Kreise einer Kugelfläche.

[Berichte über die Verhandlungen der Königl. Sächs. Gesellschaft d. Wissenschaften, math.-phys. Klasse, 1859, Bd. 11, p. 138—149.]

§. 1. Sind AB und CD zwei in derselben Geraden liegende Strecken, und soll unter Berücksichtigung der Richtungen beider zu der ersteren AB die letztere CD addirt werden, so verschiebt man die Strecke CD in der Geraden, bis ihr Anfangspunct C mit dem Endpuncte B von AB zusammenfällt, und es ist alsdann die Strecke AD vom Anfangspuncte A der AB bis zum Endpuncte D der CD die verlangte Summe. Wie man weiss, ist dieses Verfahren in neuerer Zeit auch auf die Addition solcher Strecken angewendet worden, welche nicht Theile einer und derselben Geraden sind. Indem man nämlich zwei Strecken als einander gleich ansieht, wenn sie nicht nur gleiche Längen, sondern auch einerlei Richtung haben, führt man die zu AB zu addirende Strecke CD — mag deren Richtung mit der von AB übereinstimmen oder nicht — parallel mit sich fort, bis C mit B coïncidirt, und betrachtet dann wiederum die Strecke AD als die Summe von AB und CD, die man auch wohl die geometrische Summe nennt, zum Unterschiede von der arithmetischen, welche aus den nach einerlei Richtung an einander gesetzten AB und CD besteht.

Auf gleiche Art kann man zu der geometrischen Summe zweier Strecken eine dritte, vierte etc. Strecke geometrisch addiren, und es ist ein ebenfalls bekannter, sehr leicht erweislicher Satz, dass die geometrische Summe beliebig vieler Strecken, ebenso wie die arithmetische, unabhängig von der Folge ist, in welcher die Strecken nach und nach addirt werden.

§. 2. Herr *Hamilton* ist in seinen an neuen Ideen und Sätzen sehr reichen »Lectures on Quaternions«*) zu einer dieser geometrischen

*) *William Hamilton,* Lectures on quaternions, containing a new statement of a new mathematical method, Dublin 1853.

Addition von Strecken ganz analogen Addition von Bögen grösster Kreise einer Kugelfläche geführt worden. Zwei Bögen grösster Kreise*) gelten hier in engerem Sinne einander gleich, wenn sie in einem und demselben Kreise enthalten und in diesem, nach einerlei Richtung gerechnet, von gleicher Länge sind, — oder, wie man statt des Letzteren auch sagen könnte: wenn nach Verschiebung des einen Bogens in dem gemeinschaftlichen Kreise beider, bis sein Anfangspunct mit dem des anderen Bogens zusammenfällt, auch die Endpuncte beider zusammenfallen, — gleichviel ob die Bögen selbst nach einerlei, oder entgegengesetzten Richtungen gerechnet werden. Denn im letzteren Falle ist ihre algebraische Differenz gleich einem ganzen Kreise; zwei Bögen aber, deren Differenz ein ganzer Kreis, oder ein Vielfaches eines solchen ist, sind einander gleich zu achten.

Soll nun zu dem Bogen AB der Bogen CD addirt werden (vergl. die Figur auf folgender Seite), und heissen α und γ die zwei von einander verschiedenen Kreise, in denen diese Bögen enthalten sind — denn der Fall, wenn AB und CD in demselben Kreise liegen, bedarf keiner Erörterung —, so hat man, um, analog dem Vorigen, B und C zur Coïncidenz zu bringen, AB in α und CD in γ bis dahin zu verschieben, dass B und C mit dem einen der zwei gegenseitigen Durchschnitte von α und γ, welcher Q heisse, zusammenfallen; und wenn dadurch A nach P und D nach R gelangt, so wird die gesuchte Summe

$$AB + CD = PQ + QR = PR$$

sein.

Man sieht übrigens von selbst, dass, wenn P', Q', R' die Gegenpuncte von P, Q, R bezeichnen, und man statt Q den anderen Durchschnitt von γ mit α, welcher Q' ist, zur Coïncidenz von B und C gewählt hätte, der Bogen $P'R'$ und damit ein dem vorigen PR in engerem Sinne gleicher Bogen, als Summe sich ergeben haben würde.

§. 3. Die geometrische Addition von Strecken und die von Bögen grösster Kreise einer Kugelfläche unterscheiden sich aber hinsichtlich ihrer Ergebnisse wesentlich dadurch von einander, *dass bei der letzteren Addition nicht ebenso, wie bei der ersteren, die Summe von der Aufeinanderfolge der Summanden unabhängig ist.*

---

*) Der Zusatz »grösster Kreise« wird im Folgenden meistens weggelassen werden, da Bögen kleinerer Kugelkreise nicht in Betracht kommen werden; und ebenso hat man im Folgenden unter »Kreisen« ohne weiteren Zusatz immer nur grösste zu verstehen.

Dies zeigt sich schon bei der Addition zweier nicht in demselben Kreise liegender Bögen. Denn um von denselben zwei wie vorhin in den Kreisen α und γ liegenden Bögen AB und CD jetzt den ersteren zu dem letzteren zu addiren, hat man den Anfangspunct A von AB mit dem Endpuncte D von CD zur Coïncidenz zu bringen. Dieser Coïncidenzpunct ist wiederum Q (oder Q'), und man hat daher in γ den Bogen SQ gleich CD und in α den Bogen QT gleich AB zu machen, wodurch

$$CD + AB = SQ + QT = ST$$

wird. Hiernach und der vorigen Construction zufolge ist Q der gemeinsame Mittelpunct der Bögen PT und RS, und es sind daher die Bögen PR und ST, welche die Summen $AB + CD$ und $CD + AB$ darstellen, zwar von gleicher Länge, liegen aber in verschiedenen Kreisen und sind mithin nicht in engerem Sinne einander gleich, sondern haben einen geometrischen Unterschied. In der That ist, wenn PR und ST sich in L schneiden, und wenn man ML gleich PR und NL gleich ST macht, der Unterschied $PR - ST = ML - NL = ML + LN$ gleich dem Bogen MN.

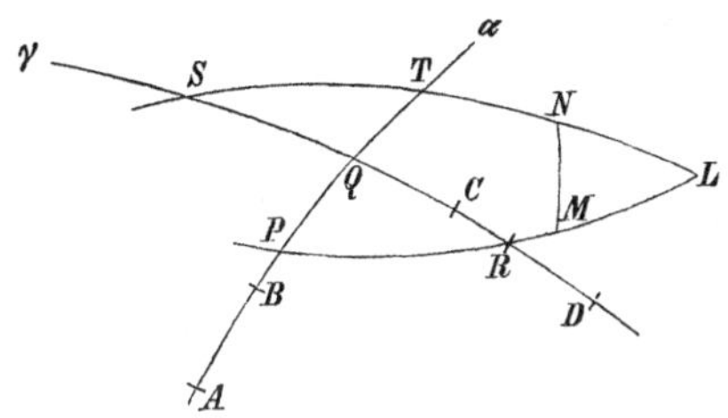

Fig. 1.

Aehnlicherweise erhellt, dass bei der Addition von drei oder mehreren Bögen die Bögen, welche die Summen für verschiedene Folgen derselben Summanden ausdrücken, im Allgemeinen nicht bloss in verschiedenen Kreisen liegen, sondern auch von verschiedener Länge sind.

§. 4. Indessen gibt es in der Lehre von der arithmetischen Addition einen Satz — von Herrn *Hamilton* das associative Princip genannt —, welcher auch bei der geometrischen Addition von Kreisbögen seine Gültigkeit behält, und wonach *die Summe dreier oder mehrerer in gegebener Folge zu addirender Bögen unverändert bleibt, wenn in dem Summenausdrucke, statt zweier oder mehrerer nächstfolgender Bögen, die Summe, welche diese für sich bilden, gesetzt wird.* Es lässt sich dieser Satz leicht in seiner Allgemeinheit darthun, sobald er nur für drei Bögen bewiesen ist, in welchem Falle er, wenn q, r, s diese Bögen bezeichnen, kurz durch die Formel

$$(q + r) + s = q + (r + s)$$

ausgedrückt werden kann, und wonach, wenn man

$$(1)\quad q+r=t\,,\qquad (3)\quad r+s=u\,,$$
$$(2)\quad t+s=v\,,\qquad (4)\quad q+u=w$$

setzt, d. h. wenn t den Bogen bedeutet, welcher sich durch geometrische Addition von r zu q ergibt, u. s. w., die Bögen v und w als im engeren Sinne einander gleich zu erweisen sind.

§. 5. Um das, was hiermit zu beweisen gefordert wird, in helleres Licht zu setzen, mag die deshalb in den Lectures (art. 294) angegebene Construction hier eine Stelle finden.

Heissen α, β, γ die Kreise, von denen q, r, s Theile sind, sei B der eine Durchschnitt von β mit α, und werde in α AB gleich q und in β BC gleich r gemacht, so wird

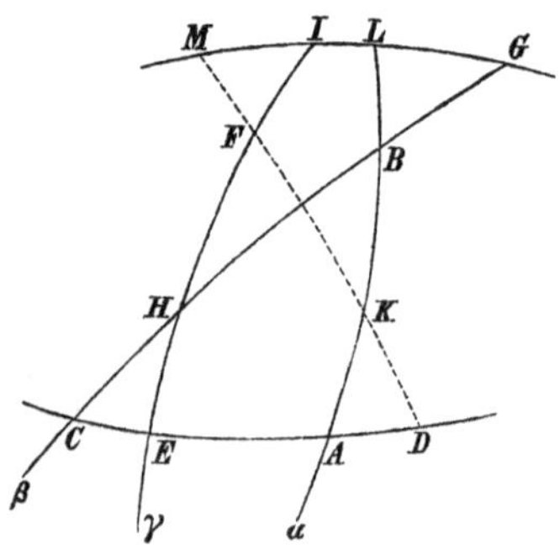

Fig. 2.

$$(1)\quad t=AB+BC=AC\,.$$

Ist ferner E der eine Durchschnitt von γ mit dem Kreise AC, und macht man in γ EF gleich s, und überdies DE gleich $AC=t$ (wobei, wie in den folgenden Gleichungen zwischen zwei Bögen, stets eine Gleichheit dieser Bögen in engerem Sinne gemeint ist), so wird

$$(2)\qquad v=DE+EF=DF\,.$$

Anderseits hat man, wenn H der eine Durchschnitt von β mit γ ist, und wenn $GH=BC$ gleich r und $HI=EF$ gleich s gemacht wird

$$(3)\qquad u=GH+HI=GI\,,$$

und wenn endlich L der eine Durchschnitt von α mit GI ist, und $KL=AB$ gleich q und $LM=GI$ gleich u gemacht wird:

$$(4)\qquad w=KL+LM=KM\,.$$

Es ist nun zu zeigen, dass $DF=KM$, d. h. dass D, F, K, M in einem grössten Kreise liegen, und dass die darin nach einerlei Richtung gerechneten Bögen DF und KM einander gleich sind. Oder mit anderen Worten: es ist darzuthun, dass, wenn die gegenseitige Lage von zwölf Puncten A, B, …, M auf einer Kugelfläche den fünf Gleichungen

$$(a)\quad DE = AC\,,\qquad (c)\quad HI = EF\,,$$
$$(b)\quad GH = BC\,,\qquad (d)\quad KL = AB\,,$$
$$(e)\quad LM = GI$$

Genüge thut, dann auch die sechste Gleichung

$$(f)\qquad MK = FD$$

erfüllt wird.

§. 6. Es lässt sich aber dieser Satz noch unter einer anderen um Vieles leichter aufzufassenden Form darstellen. Offenbar nämlich sind die drei Gleichungen (a), (b), (c) identisch mit

$$(a^*)\quad DA = EC\,,\qquad (b^*)\quad BG = CH\,,$$
$$(c^*)\quad IF = HE\,.$$

Letztere Gleichungen aber drücken nichts Anderes aus, als dass die drei Bögen DA, BG, IF durch Verschiebung eines jeden in seinem Kreise zu einem Dreieck ECH zusammengesetzt werden können, — zu einem Dreiecke, dessen Ecken die passend gewählten Durchschnitte der drei Kreise DA, ... selbst sind.

Auf gleiche Art geben die Gleichungen (d), (e), (f) unmittelbar zu erkennen, dass sich aus den Bögen AB, GI, FD durch deren Verschiebung ein Dreieck KLM bilden lässt.

Der Schluss von (a), (b), .., (e) auf (f) kann hiernach kurz also in Worte gefasst werden:

Hat man ein sphärisches Sechseck $(DABGIF)$ *von solcher Beschaffenheit, dass aus seiner ersten, dritten und fünften Seite* $(DA$, BG, $IF)$ *durch Verschiebung einer jeden in ihrem Kreise ein Dreieck gebildet werden kann, so lässt sich dasselbe auch mit der zweiten, vierten und sechsten Seite* $(AB$, GI, $FD)$ *des Sechsecks bewerkstelligen.*

§. 7. Dass die drei Bögen DA, BG, IF durch Verschiebung in ihren Kreisen zu einem Dreiecke (ECH) vereinigt werden können, lässt sich kurz durch die Gleichung

$$(g)\qquad DA + BG + IF = 0$$

ausdrücken, als welche hervorgeht, wenn man in der identischen Gleichung

$$EC + CH + HE = 0$$

für EC, ... ihre Werthe aus (a^*), (b^*), (c^*) substituirt. Gleicherweise wird durch die aus der identischen Gleichung

$$KL + LM + MK = 0$$

mittelst (d), (e), (f) folgende Gleichung

$$(h) \qquad AB + GI + FD = 0$$

die Verschiebbarkeit der Bögen AB, ... zu einem Dreiecke (KLM) angezeigt.

Statt des vorigen Satzes kann man daher auch sagen, *dass wenn zwischen sechs Puncten* D, A, B, G, I, F *einer Kugelfläche die Gleichung* (g) *besteht, immer auch die Gleichung* (h), *und überhaupt jede andere statt hat, welche von derselben Form wie* (g), *dieselben sechs Puncte in derselben cyklischen Folge wie* (g) *enthält.*

§. 8. Was nun den Beweis dieses an sich schon merkwürdigen Satzes und damit den Beweis des in der Theorie der Quaternionen eine besonders wichtige Rolle spielenden associativen Princips anlangt, so zeigt Herr *Hamilton* die Richtigkeit des letzteren zuerst in einigen speciellen Fällen, hierauf allgemeiner für den Fall, wenn jeder der drei Bögen q, r, s (§. 4) ein Quadrant ist (Lect. art. 235), und zuletzt für irgend beliebige Werthe von q, r, s. Den Beweis des in dieser Allgemeinheit genommenen Princips führt er (Lect. art. 296) sehr einfach mit Hülfe zweier aus der Lehre von sphärischen Kegelschnitten entlehnten Sätze. Weil es ihm aber ungehörig erscheint, ein für den Quaternionencalcul so wichtiges und wesentliches Princip, wie es das associative ist, auf Eigenschaften sphärischer Kegelschnitte zu gründen, während doch umgekehrt nach seinem Dafürhalten diese Eigenschaften bei dem jetzigen Stande der Wissenschaft durch keine Rechnung leichter und eleganter, als mit Hülfe jenes Calculs sich entwickeln lassen (Lect. art. 297), so giebt er (art. 298—301) einen von dem vorigen Beweise wesentlich nicht verschiedenen, aber auch Denen, welche mit der Theorie der sphärischen Kegelschnitte noch nicht vertraut sind, verständlichen ganz elementaren Beweis, — nur dass derselbe wegen der dabei angewendeten etwas allzu complicirten Betrachtung und Construction mit der Einfachheit des zu beweisenden Princips nicht in dem zu wünschenden Verhältnisse zu stehen scheint. Späterhin (art. 489) lässt er noch einen zwar kurzen, allein auf tiefer liegenden Eigenschaften der Quaternionen beruhenden und daher nicht als elementar zu betrachtenden Beweis folgen.

Es scheint mir aber, dass das in Rede stehende Princip auf elementare Weise sich am einfachsten darthun lassen dürfte, wenn man von einem von Herrn *Hamilton* gefundenen und in seinen Lectures ebenfalls mitgetheilten die Zusammensetzung von Axendrehungen einer Kugel betreffenden Fundamentalsatze ausgeht, indem nach diesem Satze die Zusammensetzung solcher Drehungen gleichfalls von associativer Natur ist, und hieraus auf die associative Natur zu addirender Kreisbögen mit leichter Mühe geschlossen werden kann. Das Nachstehende enthält die weitere Ausführung dieses Gedankens, und ich lasse deshalb zuerst eine Entwickelung jenes merkwürdigen Fundamentalsatzes folgen, als welche sich von der in den Lectures gegebenen Entwickelung dadurch unterscheidet, dass ich zu der meinigen, sowie zum Beweise des Princips selbst, so gut wie keiner Figur bedarf.

§. 9. Man denke sich um einen und denselben Mittelpunct O mit gleichen Halbmessern zwei Kugelflächen Σ und σ beschrieben, die eine Σ unbeweglich, die andere σ um O auf jede Weise drehbar und somit an Σ auf jede Weise verschiebbar. Seien

$$F \quad A \quad B \quad G \quad H$$

fünf in dieser Ordnung in gleichen Intervallen auf einander folgende Puncte eines grössten Kreises der Fläche Σ, und heissen P und Q die Puncte der Fläche σ, welche anfänglich mit A und B zusammenfallen. Werde nun σ um OA als Axe um einen Halbkreis gedreht, so bleibt P in A, und Q kommt, einen (kleineren) Halbkreis um A beschreibend, von B nach F. Man drehe hierauf σ ein zweites Mal um einen Halbkreis, aber um OB als Axe, so kommen P und Q, Halbkreise um B beschreibend, von A und F nach G und H. Durch die zwei successiven Drehungen von σ um OA und OB um Halbkreise gelangen also die zwei anfangs mit A und B coïncidirenden Puncte P und Q nach G und H. Diese Ortsveränderung von P und Q kann aber auch mit einem Male hervorgebracht werden durch eine Drehung von σ um die Axe des Kreises AB um einen Winkel, der von dem Bogen AG, gleich BH, gleich $2AB$ gemessen wird. Da nun die Veränderung der Lage einer um ihren Mittelpunct drehbaren Kugelfläche vollkommen bestimmt ist, wenn von zwei Puncten der Fläche ihre anfänglichen und ihre nachherigen Oerter gegeben sind, so schliessen wir, dass, nicht bloss in Bezug auf P und Q, sondern auch rücksichtlich jedes anderen Punctes von σ, mit den ersteren zwei successiven Drehungen gleichwirkend die letztgedachte dritte ist (Lect. art. 342).

§. 10. Wir wollen dieses Resultat kurz durch

$$(A) + (B) = (2AB)$$

ausdrücken, indem wir unter (A) [unter (B)] eine Drehung von σ um OA [um OB] als Axe um einen Halbkreis, und unter $(2AB)$

eine Drehung von σ um die Axe des grössten Kreises AB um einen von dem Bogen $2AB$ gemessenen Winkel verstehen, das Additionszeichen aber bei dieser und den folgenden nur Drehungen enthaltenden Gleichungen in der Bedeutung anwenden, dass auf die zu seiner Linken stehende Drehung die Drehung zur Rechten folgen soll.

Es wird daher auch sein, wenn C einen beliebigen dritten Punct der Kugelfläche Σ bezeichnet,

$$(B) + (C) = (2BC) \; ;$$

also auch

$$(A) + (B) + (B) + (C) = (2AB) + (2BC) \; .$$

Offenbar aber sind die hierin unmittelbar auf einander folgenden Drehungen (B) und (B) wirkungslos. Dadurch reducirt sich die linke Seite dieser Gleichung auf $(A) + (C)$, wofür sich nach dem eben Erwiesenen $(2AC)$ schreiben lässt, und wir haben somit

$$(i) \qquad (2AB) + (2BC) = (2AC) \quad \text{(Lect. art. 343)} \; .$$

Es lehrt diese Formel, dass die durch irgend zwei (und also auch durch mehrere) auf einander folgende Drehungen bewirkte Veränderung der Lage von σ immer auch durch eine einzige Drehung erzeugt werden kann, und wie diese letztere aus den beiden ersteren sich finden lässt. Da nämlich der Bogen AC die geometrische Summe der Bögen AB und BC ist, so werden auch überhaupt, wenn q und r irgend zwei Bögen grösster Kreise sind, und wenn die Addition von r zu q den Bogen t gibt, die zwei successiven Drehungen $(2q)$ und $(2r)$ gleichwirkend mit der Drehung $(2t)$ sein, oder in Zeichen dargestellt:

Wenn

$$q + r = t \; ,$$

so ist

$$(2q) + (2r) = (2t) \; ,$$

welches auch die anfängliche Lage der um ihren Mittelpunct drehbaren Kugel σ sein mag; oder, wie wir diese Folgerung des Nächstfolgenden willen noch ausdrücken wollen: es ist

$$X + (2q) + (2r) = X + (2t) \; ,$$

wobei unter X die anfängliche willkürliche Lage von σ, und unter $X + (2q)$, $X + (2q) + (2r)$, etc. die Lagen verstanden werden sollen, in welche σ aus X durch die Drehung $(2q)$, durch die zwei successiven Drehungen $(2q)$ und $(2r)$, u. s. w. gebracht wird.

Zusatz. Statt der Gleichung (M) lässt sich noch schreiben, wenn man auf beiden Seiten die Drehung $(2CA)$ hinzufügt, und weil die zwei Drehungen $(2AC)$ und $(2CA)$ sich gegenseitig aufheben

$$(k) \qquad (2AB)+(2BC)+(2CA)=0\ ,$$

d. h. *drei successive durch die Doppelten der drei successiven Seiten eines sphärischen Dreiecks ausgedrückte Drehungen bringen im Ganzen keine Wirkung hervor* (Lect. art. 344).

§. 11. Aus dem in §. 10 entwickelten Fundamentalsatze in der Theorie der Zusammensetzung von Drehungen erhellt nun auf das Leichteste, dass das associative Princip, dessen Richtigkeit für die Zusammensetzung von Bögen noch zu erweisen bleibt, bei der Zusammensetzung von Drehungen stets Anwendung leidet. Setzt man nämlich, wie in §. 4,

$$q+r=t\ ,\qquad t+s=v\ ,\qquad r+s=u\ ,\qquad q+u=w\ ,$$

und ist daher

$$(1)\quad (2q)+(2r)=(2t)\ ,\qquad (3)\quad (2r)+(2s)=(2u)\ ,$$
$$(2)\quad (2t)+(2s)=(2v)\ ,\qquad (4)\quad (2q)+(2u)=(2w)\ ,$$

so hat man, wenn X, $X+(2q)$, etc. in der vorhin erklärten Bedeutung genommen werden, nach (1)

$$X+(2q)+(2r)=X+(2t)\ ,$$

und wenn man beiderseits die Drehung $(2s)$ hinzufügt,

$$X+(2q)+(2r)+(2s)=X+(2t)+(2s)\ .$$

Man kann aber auch $X+(2q)$ als die anfängliche Lage von σ ansehen, und alsdann wird zufolge (3)

$$X+(2q)+(2r)+(2s)=X+(2q)+(2u)\ ;$$

folglich

$$X+(2t)+(2s)=X+(2q)+(2u)\ ,$$

d. h. es kommt auf dasselbe hinaus, ob man zu $(2q)$ die Drehung $(2r)$, und zu der resultirenden $(2t)$ die Drehung $(2s)$ setzt, oder ob man zu $(2r)$ die $(2s)$ und die resultirende $(2u)$ zu $(2q)$ setzt.

§. 12. Mit der hierdurch begründeten, durch die letztere Formel, oder zufolge (2) und (4) kürzer durch

$$X+(2v)=X+(2w)$$

auszudrückenden associativen Eigenschaft der Drehungen wird nun zugleich die associative Eigenschaft der Bögen erwiesen sein, sobald es uns gestattet ist, aus den hiernach gleichwirkenden Drehungen $(2v)$ und $(2w)$ einen Schluss auf die Gleichheit der Bögen v und w im engeren Sinne (§. 4) zu machen.

Die zwei Drehungen ($2v$) und ($2w$) sind aber offenbar dann und nur dann von gleicher Wirkung, wenn sie um einerlei Axe um gleiche Winkel nach einerlei Sinne erfolgen, also wenn die zwei Bögen $2v$ und $2w$ in einem und demselben grössten Kreise liegen und darin, nach einerlei Richtung gezählt, einander gleich sind. Allerdings müssen daher auch v und w selbst in diesen Kreis fallen; und damit ist schon der eine Theil des zu beweisenden Princips erledigt. Weil aber die Bögen $2w$ und $2w \pm 360^\circ$ einander gleich zu achten sind, so kann aus $2v = 2w$ nicht nur $v = w$, sondern auch $v = w \pm 180^\circ$ geschlossen werden, so dass, wenn wir den Bögen v und w in ihrem gemeinschaftlichen Kreise einerlei Anfangspunct geben, ihre Endpuncte entweder gleichfalls zusammenfallen, oder einander gegenüberliegen. Zum vollständigen Beweise des associativen Princips für Bögen ist daher noch darzuthun, dass hier nur der erstere dieser beiden Fälle eintreten kann.

§. 13. Zu dem Ende wollen wir zunächst erwägen, dass, wenn zwei Seiten eines sphärischen Dreiecks ihre Länge und Lage stetig ändern, die dadurch bestimmte Aenderung der Länge und Lage der dritten Seite gleichfalls stetig geschieht. Oder anders ausgedrückt (weil, wenn $q + r = t$ ist, mit den drei Bögen q, r, t durch Verschiebung derselben in ihren Kreisen ein sphärisches Dreieck sich construiren lässt): Sind q und r zwei Bögen grösster Kreise, und versteht man unter der stetigen Aenderung eines solchen eine stetige Aenderung seiner Länge und der Lage des Kreises, dem er angehört, so wird, wenn q und r sich stetig ändern, auch der die geometrische Summe derselben darstellende Bogen t eine stetige Aenderung erleiden.

Angenommen also, dass jeder der drei von einander unabhängigen Bögen q, r, s sich stetig ändert, so werden auch die dadurch entstehenden Aenderungen der Bögen t ($= q + r$), u ($= r + s$), v ($= s + t$), w ($= q + u$) stetig sein. Dabei sind nach vorigem Paragraphen in jedem Zeitpuncte für sich die Bögen v und w in einerlei Kreise enthalten und, darin nach einerlei Richtung gezählt, entweder einander gleich, oder um 180° von einander verschieden. Wegen der Stetigkeit der Aenderung ist es aber nicht möglich, dass, wenn in einem Zeitpuncte Gleichheit zwischen v und w stattfindet, in dem nächstfolgenden eine Verschiedenheit um 180° eintritt, oder umgekehrt; und es muss daher, jenachdem irgend einmal $v = w$ oder $= w \pm 180^\circ$ ist, auch in jedem anderen Zeitpuncte resp. $v = w$ oder $= w \pm 180^\circ$ sein.

Man lasse nun q, r, s allmählich immer kleiner werden und zuletzt gleichzeitig in Null übergehen. Alsdann werden auch ihre geometrischen Summen $q+r$ und $r+s$ oder t und u, folglich auch die Summen $t+s$ und $q+u$ oder v und w zuletzt gleichzeitig verschwinden. Mit diesem Endzustande ist aber bloss die Gleichung $v=w$, nicht auch die Gleichung $v=w\pm 180^{\circ}$, verträglich. Mithin muss auch anfangs $v=w$ gewesen sein. Q. e. d.

Zusatz. Bei dem eben gemachten Schlusse kommt es bloss darauf an, dass die Bögen q, r, s immer kleiner werden; dagegen können die grössten Kreise, in denen sie liegen, ihre anfängliche Lage behalten. Man kann aber auch umgekehrt die Längen von q, r, s unveränderlich annehmen und die drei Kreise ihre Lage allmählich dergestalt ändern lassen, dass sie zuletzt in einen zusammenfallen. Denn bei dieser Coïncidenz sind die vier Gleichungen

$$q+r=t\,,\qquad t+s=v\,,\qquad r+s=u\,,\qquad q+u=w$$

nicht bloss in geometrischem, sondern auch in algebraischem Sinne gültig, mithin $v=w$; woraus wiederum zu folgern ist, dass auch anfangs $v=w$ gewesen sein muss.

§. 14. Nachträglich mag noch gezeigt werden, wie der im §. 6 aus der vorhergehenden Hamilton'schen Construction von mir abgeleitete Satz, dass mit der Gleichung

$$(g)\qquad AB+CD+EF=0$$

zwischen sechs Puncten A, ..., F einer Kugelfläche immer auch die Gleichung

$$(h)\qquad BC+DE+FA=0$$

besteht, — wie dieser Satz mittelst des Fundamentalsatzes der Drehungen und des Princips der Stetigkeit sich leicht geradezu darthun lässt.

Weil, zufolge (g), mit den drei Bögen AB, CD, EF ihrer Länge, Lage und Richtung nach sich ein sphärisches Dreieck construiren lässt, so ist (§. 10, Zus.)

$$(2AB)+(2CD)+(2EF)=0\,,$$

also auch (§. 10)

$$(A)+(B)+(C)+(D)+(E)+(F)=0\,,$$

oder, was dasselbe ist,

$$(A)+(2BC)+(2DE)+(F)=0\,,$$

und, wenn man beiderseits die Drehung (A) hinzufügt,

$$(A)+(2BC)+(2DE)+(2FA)=(A)\,.$$

Hiernach aber muss die Gesammtwirkung der drei auf der linken Seite auf (A) folgenden Drehungen erfolglos sein, also

$$(2BC) + (2DE) + (2FA) = 0 \ .$$

Man setze nun

$$(l) \qquad BC + DE + PQ = 0 \ ,$$

und damit

$$(2BC) + (2DE) + (2PQ) = 0 \ ,$$

so ist

$$(2PQ) = (2FA) \ ,$$

folglich PQ entweder gleich FA, oder gleich $FA \pm 180^0$ (§. 12). Dass jedoch nur der erstere dieser zwei Werthe für PQ angenommen werden kann, dies erhellt ebenso wie in §. 13 mittelst des Princips der Stetigkeit, wenn man die sechs Puncte A, ..., F und damit auch die zwei Puncte P und Q einander immer näher rücken lässt. Mit $PQ = FA$ geht aber die Gleichung (l) in die zu erweisende (h) über.

§. 15. Dass der Schluss von (g) auf (h) auch bei einem System von nur vier Puncten einer Kugelfläche gültig ist, dass nämlich, wenn

$$AB + CD = 0 \ ,$$

auch

$$BC + DA = 0$$

ist, ersieht man auf den ersten Blick, indem zufolge der einen wie der anderen dieser beiden Gleichungen die vier Puncte A, .., D in einem grössten Kreise liegen, und daher die durch das Pluszeichen angedeutete Addition eine algebraische ist. Man gewahrt aber auch ohne Mühe, dass und wie die vorhin bei sechs Puncten dargelegte Schlussweise von (g) auf (h) auch auf jede grössere gerade Anzahl von Puncten einer Kugelfläche ausgedehnt werden kann. Ueberhaupt also:

Hat man ein sphärisches Vieleck von gerader Seitenzahl, gleich $2n$, und lässt sich mit den Seiten von ungerader Zahl (mit der ersten, dritten, etc.) in ihrer Folge durch Verschiebung derselben in ihren Kreisen ein sphärisches n-Eck bilden, so ist auf gleiche Weise auch mit den Seiten von gerader Zahl ein n-Eck construirbar.

Oder, wie man diesen Satz auch noch ausdrücken könnte:

Hat man ein sphärisches n-Eck $ABC.....N$ und verschiebt jede Seite desselben beliebig in ihrem Kreise, wodurch AB nach A_2B_1,

BC nach B_2C_1, CD nach C_2D_1, etc., NA nach N_2A_1 kommen, so lässt sich auch mit den Bögen A_1A_2, B_1B_2, C_1C_2, etc., N_1N_2 durch Verschiebung in ihren Kreisen ein n-Eck construiren.

§. 16. Ohne die Zusammensetzung von Drehungen und das Princip der Stetigkeit von Neuem anzuwenden, kann man aus dem im §. 14 für sechs Puncte erwiesenen Satze den entsprechenden Satz für acht Puncte, aus diesem den Satz für zehn Puncte, u. s. w. auch mit alleiniger Hülfe des associativen Princips ableiten. Um dieses für den Uebergang von sechs zu acht Puncten hier nur noch kurz anzudeuten, so folgt aus

$$AB + CD + EF + GH = 0 ,$$

wenn man

$$(1) \qquad EF + GH + IK = 0$$

setzt:

$$(2) \qquad AB + CD + KI = 0 .$$

Aus (1) aber fliesst

$$(3) \qquad FG + HI + KE = 0 ,$$

und aus (2)

$$(4) \qquad BC + DK + IA = BC + DE + EK + IA = 0$$

und hieraus mit Anwendung von (3)

$$BC + DE + FG + HI + IA = BC + DE + FG + HA = 0 .$$

Entwickelung der Grundformeln der sphärischen Trigonometrie in grösstmöglicher Allgemeinheit.

[Berichte über die Verhandlungen der Königl. Sächs. Gesellschaft der Wissenschaften, math.-phys. Klasse, 1860, Bd. 12, p. 51—64.]

In meiner Abhandlung »über eine neue Behandlungsweise der analytischen Sphärik«, welche unter den im Jahre 1846 bei Begründung unserer Gesellschaft der Wissenschaften von der Fürstlich Jablonowski'schen Gesellschaft herausgegebenen Abhandlungen sich befindet, habe ich einen meinem barycentrischen Calcul ähnlichen Algorithmus für sphärische Figuren aufgestellt und unter den verschiedenen von ihm auf Gegenstände der Sphärik gemachten Anwendungen als erstes Beispiel die Entwickelung der vier Grundformeln der sphärischen Trigonometrie in ihrer grösstmöglichen Allgemeinheit gegeben. Es geschah dieses, wie ich auch in dem Vorworte zu jener Abhandlung bemerkt habe, hauptsächlich aus dem Grunde, weil die gedachten Grundformeln in den bisherigen Lehrbüchern immer nur für solche Dreiecke bewiesen werden, deren Winkel sowohl, als Seiten kleiner als 180° sind. Gleichwohl sind die Formeln auch ohne diese Restriction gültig, und es scheint dem jetzigen Stande der Wissenschaft angemessen, sie gleich von vorn herein in ihrer Allgemeinheit darzuthun.

In der That wird erst dadurch, dass man den Begriff eines sphärischen Dreiecks in möglichster Allgemeinheit auffasst*), eine vollkommene Uebereinstimmung zwischen den Formeln einerseits und der Construction andererseits zu Wege gebracht. Denn wenn von den drei Seiten und den drei Winkeln eines Dreiecks irgend drei Stücke gegeben sind und ein viertes gesucht wird, so ergeben sich für das gesuchte mittelst der zugehörigen Formel stets zwei im Allgemeinen verschiedene Werthe: und, übereinstimmend hiermit, kann

*) *Gauss* sagt in dieser Beziehung in seiner Theoria motus corporum coelestium, art. 54: Quodsi quidem idea trianguli sphaerici in maxima generalitate concipitur, ut nec latera nec anguli ullis limitibus restringantur (quod plurima commoda insignia praestat, attamen quibusdam dilucidationibus praeliminaribus indiget) etc.

man unter Zulassung auch überstumpfer Seiten und Winkel mit den drei gegebenen Stücken immer zwei verschiedene Dreiecke construiren*), in deren einem der eine, im anderen der andere der zwei durch die Formel gefundenen Werthe dem gesuchten Stücke zukommt, während, wenn noch die an sich willkürliche Bedingung hinzugefügt wird, dass keine Seite und kein Winkel 180° überschreiten soll, in der Mehrzahl der Fälle nur der eine der zwei aus der Formel für das vierte Stück folgenden Werthe statthaft ist.

Sind z. B. von einem sphärischen Dreiecke ABC zwei Seiten a, b und der von ihnen eingeschlossene Winkel C gegeben, und soll die dritte Seite c gefunden werden, so ist diese von dem durch A und B zu legenden Hauptkreise entweder der eine, oder der andere der zwei Theile, in welche dieser Kreis durch A und B zerlegt wird, und hat daher zwei einander zu 360° ergänzende Werthe. Andererseits wird c aus a, b und C durch die Formel

$$\cos c = \cos a \cos b + \sin a \sin b \cos C$$

gefunden, wonach dem durch seinen Cosinus bestimmten Bogen c ebenfalls zwei Werthe zukommen, deren Summe gleich 360° ist.

Oder, soll aus denselben drei Stücken a, b, C der Winkel A gefunden werden, so ergeben sich, jenachdem man für die dritte Seite c, als den einen Schenkel des Winkels A, entweder den einen, oder den anderen der zwei einen ganzen Kreis bildenden Bögen AB nimmt, zwei um 180° verschiedene Winkel, indem sie beide den Schenkel AC gemein haben, der andere Schenkel des einen aber und der andere des anderen Winkels in dem durch A und B zu legenden Hauptkreise von A aus nach entgegengesetzten Richtungen fortgehen, und die zwei Winkel selbst von AC aus nach einerlei Sinn zu rechnen sind. — Uebereinstimmend hiermit findet sich mittelst der Formel

$$\sin b \operatorname{cotg} a - \sin C \operatorname{cotg} A = \cos b \cos C$$

zwischen a, b, C und A, der Winkel A durch seine Tangente; und man weiss, dass jeder Tangente zwei Winkel zukommen, deren Differenz gleich 180° ist.

Auf gleiche Art wird in allen anderen Fällen, in denen die zwei Werthe des gesuchten Stückes zufolge der allgemeiner aufgefassten

*) Mit alleiniger Ausnahme des Falles, wenn die drei Seiten gegeben sind, indem sich mit diesen nur ein Dreieck construiren lässt. Allein für die Winkel desselben kann man das eine Mal die inneren, das andere Mal die äusseren nehmen, so dass auch in diesem Falle das gesuchte Stück, nämlich einer der drei Winkel, zwei verschiedene (einander zu 360° ergänzende) Werthe hat.

Construction entweder 360° oder 180° zur Summe, oder 180° zur Differenz haben, dieses Stück trigonometrisch resp. durch seinen Cosinus oder seinen Sinus oder seine Tangente gefunden.

Wenn ich nun auch in der oben citirten Abhandlung die vier Grundformeln der sphärischen Trigonometrie in ihrer völligen Allgemeinheit dargethan habe, so ist dieses doch mit einem den Elementen fremdartigen Mittel, einem dem barycentrischen nachgebildeten Calcul, geschehen, und ich achte es daher nicht für überflüssig noch zu zeigen, wie sich jene Formeln in der zu wünschenden Allgemeinheit ganz elementar aus den Grundbegriffen der Trigonometrie und mittelst einiger Sätze aus der Geometrie der Lage entwickeln lassen.

Bestimmung der Bögen und Winkel auf der Kugelfläche.

§. 1. Bezeichnen A und B zwei Puncte der Kugelfläche, so soll unter AB der von A bis B sich erstreckende Bogen des durch A und B zu legenden Hauptkreises verstanden werden. Nur muss vorher noch der Sinn des Fortganges im Kreise bestimmt worden sein, indem ohne dies der Bogen zweideutig ist, und seine zwei Werthe 360° zur Summe haben. — Alle Bögen eines und desselben Hauptkreises werden nach dem einmal festgesetzten Sinne desselben gerechnet, und es ist daher, wenn A, B, C in einem Hauptkreise liegen

$$AB + BC = AC\,, \qquad AC + CB = AB\,, \qquad \text{u. s. w.}$$

§. 2. Um den Winkel bc zu bestimmen, den von zwei Hauptkreisen b und c der Kugelfläche der letztere mit dem ersteren bildet, müssen vorher die Sinne dieser Kreise und der Sinn der Drehung um den durch ihre gegenseitigen Durchschnitte zu legenden Durchmesser der Kugel bestimmt worden sein. Der Winkel bc ist alsdann derjenige, um welchen b um diesen Durchmesser nach letzterem Sinne gedreht werden muss, bis b mit c auch dem Sinne nach zusammenfällt. Den Sinn der Drehung aber wollen wir im Folgenden dadurch bestimmen, dass wir von den zwei Durchschnitten des b mit c, welche A und A' heissen mögen, den einen A als Scheitel-, den anderen A' als Fusspunct betrachten, und angeben, ob die Drehung, vom Scheitelpuncte A aus gesehen, nach der Rechten, oder nach der Linken erfolgen soll.

Heisst α der nach diesen Bestimmungen sich ergebende Werth des Winkels bc, so geht α über in $\alpha + 180^\circ$, wenn zum Sinne des b oder des c der dem ursprünglichen entgegengesetzte genommen wird.

Dagegen verwandelt sich α in $360^\circ - \alpha$ (oder schlechthin in $-\alpha$), wenn bei unverändertem Scheitelpuncte die Drehung nach entgegengesetztem Sinne geschieht, sowie wenn bei unverändertem Sinne der Drehung, jedesmal z. B. nach der Rechten, der Scheitel- und der Fusspunct mit einander vertauscht werden.

§. 3. Im Folgenden wird von den zwei gegenseitigen Durchschnitten zweier Hauptkreise immer nur der eine in Betracht kommen, und dieser eine bei dem von den zwei Kreisen gebildeten Winkel stets als der Scheitelpunct angesehen werden. Auch wird man alle in einer und derselben Figur vorkommenden Winkel nach einerlei Sinn der Drehung rechnen, jeden z. B. durch eine Drehung nach rechts um seinen Scheitel entstanden betrachten.

§. 4. Bei der in §. 2 gedachten Drehung des Kreises b um A bis zu seiner Coïncidenz mit c beschreibt der Punct M des b, welcher von A um 90° absteht, einen Hauptkreisbogen MN, welcher den Winkel bc misst. In diesem neuen Hauptkreise, welcher a_1 heisse, und von welchem A der eine Pol ist, geschieht die Bewegung von M nach einem Sinne, welcher, von A aus betrachtet, nach der Rechten gehend erscheint, wenn die Drehung des b um A nach der Rechten geschieht; und einem in a_1 nach diesem Sinne Fortgehenden wird der Pol A immer zur Rechten, und der andere Pol A' immer zur Linken liegen. Wir wollen hiernach den Pol A den *rechten* und den anderen A' den *linken* Pol von a_1 nennen, und es erhellt, dass umgekehrt dadurch, dass man weiss, welcher von den zwei Polen eines Hauptkreises der rechte (linke) Pol sein soll, der Sinn des Hauptkreises gegeben ist.

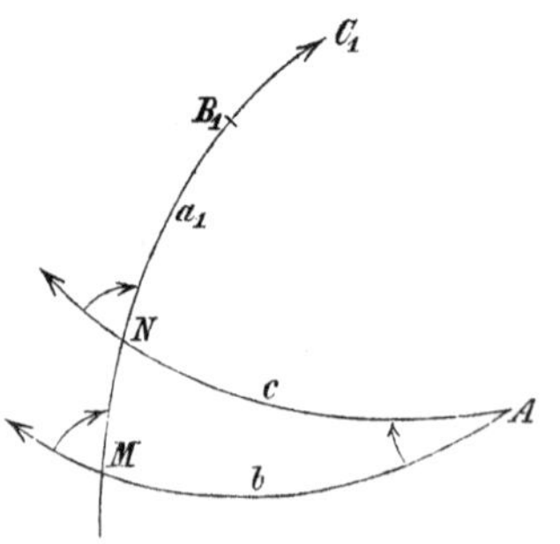

Fig. 1.

Macht man demnach (vergl. Fig. 1) in zwei sich in A schneidenden Hauptkreisen b und c nach vorheriger Bestimmung ihrer Sinne die Bögen

$$AM = AN = 90^\circ ,$$

legt durch M und N einen dritten Hauptkreis a_1 und bestimmt dessen Sinn also, dass A sein rechter Pol ist, so ist der um A nach der Rechten gerechnete Winkel

$$bc = MN .$$

Ferner fliesst unmittelbar aus der Anschauung dieser Construction, dass jeder der beiden Winkel ba_1 in M und ca_1 in N, wenn er nach der Rechten gerechnet wird, gleich 90° (nicht 270°) ist.

Ist also A der eine Pol des Hauptkreises a_1, und b ein durch A und einen beliebigen Punct M des a_1 gelegter zweiter Hauptkreis, so ist bei solcher Bestimmung der Sinne von b und a_1, dass $AM = 90°$, und A der rechte Pol von a_1 ist, der nach der Rechten gezählte Winkel

$$ba_1 = 90° \ .$$

Wird dagegen $MA = 90°$ oder, was dasselbe ist, $AM = 270°$ gesetzt, und damit dem Kreise b der dem vorigen entgegengesetzte Sinn gegeben, während der Sinn von a_1 nicht geändert wird, und folglich A der rechte Pol von a_1 bleibt, so wird

$$ba_1 = 270° \ .$$

In beiden Fällen ist daher

$$AM = ba_1 \ ,$$

und wir haben somit den allgemeineren Satz:

α) *Ist A der rechte Pol des Hauptkreises a_1, und M ein beliebiger Punct des a_1, so ist, welches auch der Sinn des durch A und M zu legenden Hauptkreises b sein mag, der um M nach rechts gezählte Winkel*

$$ba_1 = AM \ .$$

Wir schliessen hieraus noch:

β) *Schneiden sich zwei Hauptkreise a_1 und b rechtwinklig in M, und liegen daher die Pole eines jeden in dem jedesmal anderen, so sind, wenn A und B_1 die rechten Pole von a_1 und b bezeichnen, nach den hierdurch zugleich bestimmten Sinnen dieser Kreise die Bögen MB_1 und AM derselben einander gleich (jeder gleich $\pm 90°$).*

Denn, alle Winkel der Figur nach der Rechten gezählt, hat man, weil A der rechte Pol von a_1 ist,

$$AM = ba_1 \ ;$$

und eben so, weil B_1 der rechte Pol von b ist,

$$B_1M = a_1b \ ;$$

also auch

$$MB_1 = ba_1 = AM \ .$$

Das sphärische Dreieck mit zwei rechten Winkeln.

§. 5. Ist A einer der beiden Pole des Hauptkreises a_1, sind M und N zwei Puncte des a_1, und bezeichnet man die durch A und M und durch A und N zu legenden Hauptkreise mit b und c (vergl. Fig. 1), so verhält sich nach beliebiger Wahl der Sinne von a_1, b, c und des gemeinsamen Sinnes der Drehung für die Winkel der Figur

$$\sin AM : \sin AN : \sin MN = \sin ca_1 : \sin ba_1 : \sin bc \;,$$

[also auch gleich $\sin a_1 c : \sin a_1 b : \sin cb$, welche drei letzteren Glieder aus den drei ersten $\sin AM$, u. s. w. hervorgehen, wenn man jeden der Puncte A, M, N in den nicht durch ihn gehenden Hauptkreis, also in a_1, c, b verwandelt].

Beweis. Die Richtigkeit dieser Proportion erhellt geradezu aus dem vorigen Paragraphen, wenn die Sinne von b, c, und a_1 dadurch bestimmt werden, dass

$$AM = AN = 90^\circ$$

und dass A der rechte Pol von a_1 ist, und wenn man die Winkel durch Drehungen nach der Rechten schätzt, indem dann

$$bc = MN \quad \text{und} \quad ca_1 = ba_1 = 90^\circ$$

wird.

Wird hierauf bloss der Sinn von b in den entgegengesetzten verwandelt, so gehen AM, ba_1, bc über in $360^\circ - AM$, $180^\circ + ba_1$, $180^\circ + bc$, und die übrigen Bögen und Winkel bleiben unverändert; mithin verändern in der Proportion bloss die Glieder $\sin AM$, $\sin ba_1$ und $\sin bc$ ihre Zeichen, und sie selbst besteht daher fort. — Dasselbe gilt und ergibt sich auf analoge Weise, wenn entweder für den Sinn von c, oder für den von a_1 der entgegengesetzte genommen wird.

Wenn ferner ohne Aenderung der Sinne von b, c, a_1 die Winkel durch Drehungen nach der Linken bestimmt werden, so verwandelt sich jeder der drei Winkel ca_1, u. s. w. in seine Ergänzung zu 360°, und es ändern folglich in der Proportion nur die drei letzten Glieder ihre Zeichen, was ebenfalls die Richtigkeit der Proportion nicht beinträchtigt.

Dass endlich diese Sinnesänderungen auch in Verbindung mit einander eintreten können, bedarf keiner weiteren Erörterung.

Das sphärische Dreieck mit einem rechten Winkel.

§. 6. Lehnsätze. 1) Der Winkel $\alpha\beta$, welchen von zwei sich in einem Puncte O schneidenden Geraden die eine β mit der anderen α bildet (vergl. Fig. 2), ist bestimmt, wenn von jeder derselben die Richtung, nach welcher man sie sich von einem Puncte beschrieben denkt, und in der sie beide enthaltenden Ebene der Sinn der Drehung bestimmt ist; es ist der Winkel, um welchen die Gerade α nach letzterem Sinne um O gedreht werden muss, bis sie mit β auch der Richtung nach zusammenfällt.

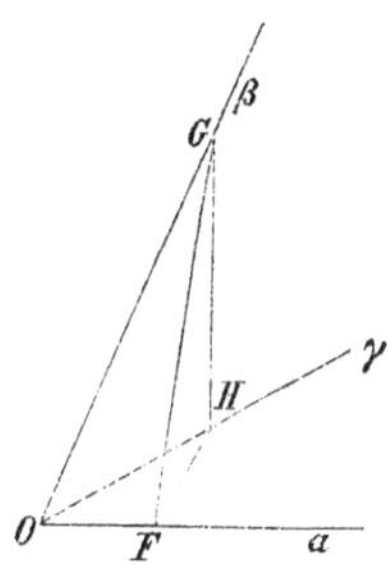

Fig. 2.

2) Ist G ein beliebiger Punct in β, und F die rechtwinklige Projection von G auf α, so ist mit Berücksichtigung der Zeichen, welche den Abschnitten OF und OG zu Folge der Richtungen von α und β zukommen, das Verhältniss

$$OF : OG = \cos\alpha\beta \ , \quad = \cos\beta\alpha \ ,$$

weil mit Aenderung des Sinnes der Drehung das Verhältniss der Abschnitte sich nicht ändert.

3) Schneiden sich zwei Ebenen rechtwinklig in der Geraden γ, ist G ein Punct der einen Ebene, α eine Gerade der anderen, H die rechtwinklige Projection von G auf γ, und F die rechtwinklige Projection von H auf α, so ist F auch die rechtwinklige Projection von G auf α.

§. 7. Folgerungen. 1) Der gegenseitige Durchschnitt der zwei in letztbemerkter Construction in einer Ebene liegenden Geraden α und γ heisse O, und die durch O und G zu ziehende Gerade nenne man β. Alsdann ist, zu Folge des zweiten Lehnsatzes, nach willkürlicher Annahme der Richtungen in α, β, γ:

$$OF : OG = \cos\alpha\beta \ , \quad OF : OH = \cos\alpha\gamma \ , \quad OH : OG = \cos\gamma\beta \ ;$$

mithin

$$\cos\alpha\gamma \, . \cos\gamma\beta = \cos\alpha\beta \ .$$

2) Eine um O als Mittelpunct beschriebene Kugelfläche werde von den Geraden α, β, γ mit ihren über O hinaus nach ihren (positiven) Richtungen sich erstreckenden Theilen in A, B, C getroffen. Ersichtlich ist alsdann

$$\cos AB = \cos\alpha\beta \ , \quad \cos AC = \cos\alpha\gamma \ ,$$

u. s. w., und von den drei durch A und B, durch A und C und durch C und B zu legenden und im Folgenden mit c, b, a bezeichneten Hauptkreisen schneiden sich a und b rechtwinklig, weil die Ebenen dieser zwei Kreise einerlei mit den einander rechtwinklig schneidenden Ebenen $\beta\gamma$ und $\alpha\gamma$ sind. Wir schliessen nach allem Diesen:

Wenn drei Puncte A, B, C einer Kugelfläche also liegen, dass die durch A und C und durch C und B zu legenden Hauptkreise einander rechtwinklig schneiden, so ist (unabhängig von den Sinnen der drei Hauptkreise)

$$\text{(I)} \qquad \cos AC \,.\, \cos CB = \cos AB \;,$$

eine Formel, aus welcher sich, ohne abermals gerade Linien zu Hülfe zu nehmen, alle übrigen Formeln der sphärischen Trigonometrie ableiten lassen.

§. 8. Man bestimme die Sinne der drei Hauptkreise a, b, c willkürlich und mache diesen Bestimmungen gemäss in a den Bogen CL, in b den AM, in c den AN, jeden derselben gleich 90° (vergl. Fig. 3). Hiernach ist L der eine Pol von b, folglich

$$ML = \pm 90^\circ \quad \text{und} \quad AL = \pm 90^\circ \;.$$

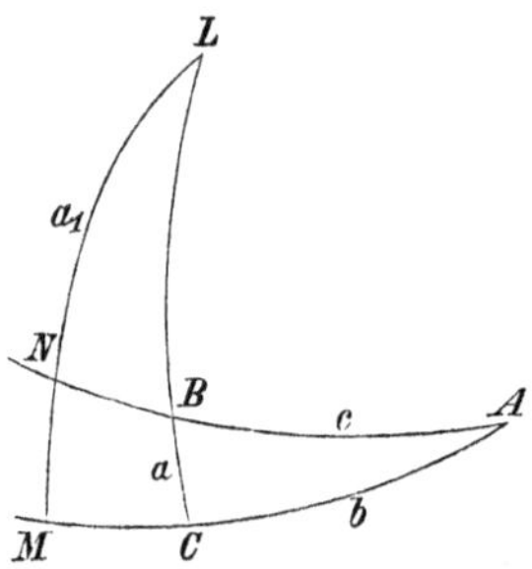

Fig. 3.

Wegen des letzteren aber liegen L, M, N in einem Hauptkreise a_1, dessen einer Pol A ist, und dessen Sinn man also bestimme, dass $ML = +90^\circ$.

In dem dadurch entstandenen bei N rechtwinkligen Dreiecke BLN ist nun nach §. 7

$$\cos BL = \cos BN \,.\, \cos NL \;.$$

Es ist aber nach §. 1, wo auch B in a liegen mag,

$$CB + BL = CL = 90^\circ$$

und ebenso

$$AB + BN = 90^\circ \;, \qquad MN + NL = 90^\circ \;,$$

folglich

$$\cos BL = \sin CB \;, \qquad \cos BN = \sin AB \;, \qquad \cos NL = \sin MN \;,$$

und damit

$$\sin CB = \sin AB \,.\, \sin MN \;.$$

Ferner verhält sich (§. 5) in dem zweirechtwinkligen Dreiecke AMN

$$\sin a_1 b : \sin cb = \sin AN : \sin MN = 1 : \sin MN \;,$$

und in dem zweirechtwinkligen Dreiecke LMC

$$\sin ab : \sin a_1 b = \sin ML : \sin CL = 1 : 1 \ .$$

Es folgt hieraus

$$\sin MN \, . \, \sin ab = \sin cb \ ,$$

und die vorige Gleichung geht damit über in

$$\sin CB \, . \, \sin ab = \sin AB \, . \, \sin cb$$

oder, was dasselbe ist, in

$$\text{(II)} \qquad \sin BC \, . \, \sin ab = \sin AB \, . \, \sin bc \ ,$$

eine stets gültige Formel, wie auch die Sinne der Hauptkreise a, b, c bestimmt worden sein mögen, und welches auch der gemeinschaftliche Sinn der Drehung ist, nach welchem der Winkel ab (gleich $\pm 90^0$) in C und der Winkel bc in A gerechnet werden. — Die Unabhängigkeit der Formel von diesen Sinnen erkennt man übrigens schon aus ihr selbst, indem, wenn z. B. der Sinn von a in den entgegengesetzten verwandelt wird, $\sin BC$ und $\sin ab$ allein ihre Zeichen ändern.

Dieselben Bemerkungen gelten auch für die nächstfolgenden Formeln.

§. 9. Ziehen wir noch (vergl. Fig. 3) die zwei bei C und N rechtwinkligen Dreiecke BCM und MNB in Betracht, so haben wir zufolge (I)

$$\cos CM \, . \, \cos BC = \cos MB = \cos MN \, . \, \cos BN \ ,$$

und daher nach §. 8, und weil MN entweder gleich bc oder gleich $360^0 - bc$ ist,

$$(\alpha) \qquad \sin AC \, . \, \cos BC = \cos bc \, . \, \sin AB \ .$$

Dividirt man diese Gleichung durch (I), so kommt

$$\text{(III)} \qquad \operatorname{tang} AC = \operatorname{tang} AB \, . \, \cos bc \ ,$$

und wenn man (II) durch (α) dividirt,

$$\text{(IV)} \qquad \operatorname{tang} BC \, . \, \sin ab = \sin AC \, . \, \operatorname{tang} bc \ .$$

Ferner folgt aus (II), wenn man A und B, also auch a und b, gegenseitig vertauscht,

$$\sin AC \, . \, \sin ba = \sin BA \, . \, \sin ac$$

oder

$$\text{(II*)} \qquad \sin AC \, . \, \sin ab = \sin AB \, . \, \sin ac \ ,$$

und eben so aus (IV)

(IV*) $\qquad \operatorname{tang} AC \,.\, \sin ab = \sin BC \,.\, \operatorname{tang} ca$.

Die Division von (II*) durch (α) gibt aber

(V) $\qquad \cos bc \,.\, \sin ab = \cos BC \,.\, \sin ac$,

und die Multiplication von (IV*) mit (IV)

$$\sin ab^2 = \cos BC \,.\, \cos AC \,.\, \operatorname{tang} bc \,.\, \operatorname{tang} ca ,$$

oder mit Anwendung von (I), und weil $\sin ab^2 = 1$ ist,

(VI) $\qquad \operatorname{cotg} bc \,.\, \operatorname{cotg} ca = \cos AB$.

Das sphärische Dreieck im Allgemeinen.

§. 10. Seien A, B, C (vergl. Fig. 4) drei beliebige Puncte der Kugelfläche, und werden die durch B und C, durch C und A, durch A und B zu legenden Hauptkreise wiederum mit a, b, c bezeichnet. Man lege durch C einen vierten, den c rechtwinklig schneidenden Hauptkreis d und nenne D den einen, gleichviel welchen, seiner beiden Durchschnitte mit c. Alsdann verhält sich, nach willkürlicher Bestimmung der Sinne von a, b, c, d und des gemeinschaftlichen Sinnes der Drehung bei den Winkelschätzungen, in den bei D rechtwinkligen Dreiecken ACD und BCD, nach (II) in §. 8:

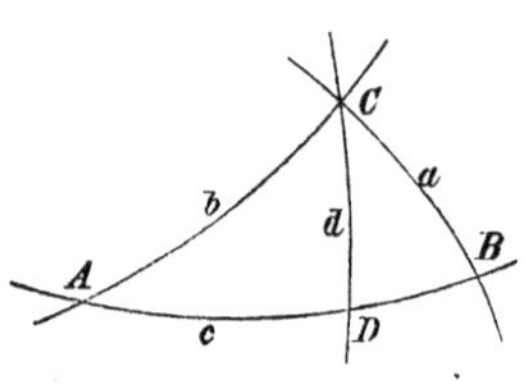

Fig. 4.

$$\sin DC : \sin bc = \sin CA : \sin cd ,$$
$$\sin CB : \sin DC = \sin cd : \sin ac ,$$

folglich

$$\sin CB : \sin bc = \sin CA : \sin ac$$

oder

(A) $\qquad \sin BC : \sin bc = \sin CA : \sin ca$.

§. 11. Um die zwischen den drei Bögen BC, CA, AB und dem Winkel bc bestehende Relation zu entwickeln, suche man zunächst aus den zwei Bögen CA, AB und dem von ihnen gebildeten Winkel bc den Bogen BC zu bestimmen. — Mit Anwendung des in §. 10 gebrauchten Hülfspunctes D sind die hierzu dienenden Gleichungen:

$$\text{(a)} \qquad \operatorname{tang} DA = \operatorname{tang} CA \,.\, \cos bc$$

nach (III), ferner

$$\text{(b)} \qquad DB = DA + AB$$

nach §. 1, und

$$\text{(c)} \quad \cos CA = \cos CD \,.\, \cos DA \;, \qquad \text{(d)} \quad \cos BC = \cos CD \,.\, \cos DB$$

nach (I).

Es folgt aber aus (b)

$$\cos DB : \cos DA = \cos AB - \operatorname{tang} DA \,.\, \sin AB$$

und wenn man hierin statt des Verhältnisses $\cos DB : \cos DA$ das ihm nach (c) und (d) gleiche $\cos BC : \cos CA$, und statt $\operatorname{tang} DA$ seinen Werth aus (a) setzt,

$$\text{(B)} \quad \cos BC = \cos CA \,.\, \cos AB - \sin CA \,.\, \sin AB \,.\, \cos bc \;.$$

§. 12. Durch ein ähnliches Verfahren kann auch die Gleichung zwischen den drei Winkeln bc, ca, ab und dem einen Bogen BC entwickelt werden. Wie bekannt, lässt sich aber diese Gleichung ohne alle Rechnung aus der vorigen (B) selbst, mittelst des Polardreiecks ableiten. Wir wollen uns auch hier dieses Dreiecks bedienen, müssen aber vorher den dazu nöthigen Fundamentalsatz der Sphärik, welcher die Gleichheit des Winkels zweier Hauptkreise und des gegenseitigen Abstandes ihrer Pole ausspricht, in grösserer Allgemeinheit und mit grösserer Schärfe, als es gewöhnlich geschieht, darstellen, nämlich:

Sind B_1 *und* C_1 (vergl. Fig. 1) *die rechten Pole zweier auch ihren Sinnen nach gegebenen Hauptkreise* b *und* c, *ist* A *einer der zwei Durchschnittspuncte des* b *mit* c, *also zugleich einer der beiden Pole des durch* B_1 *und* C_1 *zu legenden Hauptkreises, welcher* a_1 *heisse, und wird der Sinn dieses* a_1 *also bestimmt, dass* A *sein rechter Pol ist, so wird der in* A *nach rechts gezählte Winkel* bc *vom Bogen* B_1C_1 *des* a_1 *gemessen.*

Beweis. Man mache in b und c die Bögen

$$AM = AN = 90^\circ \;,$$

so sind M und N Puncte des a_1, und es ist (§. 4)

$$bc = MN \;.$$

Weil ferner A und B_1 die rechten Pole der sich in M rechtwinklig schneidenden Hauptkreise a_1 und b sind, so ist (§. 4, β)

$$MB_1 = AM \;, \quad = 90^\circ \;,$$

und ebenso, weil C_1 der rechte Pol von c ist,

$$NC_1 = AN\ , \quad = 90^\circ\ ;$$

folglich

$$MB_1 = NC_1\ , \qquad \text{d. i. } MN + NB_1 = NB_1 + B_1C_1\ ,$$

folglich

$$bc = MN = B_1C_1\ .$$

Es braucht übrigens kaum bemerkt zu werden, dass der eben bewiesene Satz auch dann noch gilt, wenn darin überall links statt rechts gesetzt wird.

§. 13. Kommt jetzt zu den zwei Hauptkreisen b und c ein dritter a hinzu, von welchem nach Bestimmung seines Sinnes der rechte Pol A_1 ist, so sind die Durchschnitte von a mit b und c, die man, wie im Früheren, C und B nenne, Pole der durch A_1 und B_1 und durch C_1 und A_1 zu legenden Hauptkreise, welche c_1 und b_1 heissen; und wenn die Sinne dieser neuen Hauptkreise also bestimmt werden, dass C und B ihre rechten Pole sind, so hat man, alle Winkel nach rechts gezählt, eben so wie

$$bc = B_1C_1\ ,$$

überhaupt

$$(\alpha)\quad bc = B_1C_1\ , \qquad ca = C_1A_1\ , \qquad ab = A_1B_1\ .$$

Nach den gemachten Voraussetzungen sind aber die zwei Systeme

$$A,\ B,\ C,\ a,\ b,\ c \quad \text{und} \quad A_1,\ B_1,\ C_1,\ a_1,\ b_1,\ c_1$$

nicht allein von einerlei Beschaffenheit, insofern nämlich, als a, b, c die durch B und C, u. s. w. gelegten, und a_1, b_1, c_1 die durch B_1 und C_1, u. s. w. gelegten Hauptkreise sind, sondern es hängt, wie von dem ersten Systeme das zweite, auch von dem zweiten das erste ab. Denn auf gleiche Art, wie A_1, B_1, C_1 die rechten Pole von a, b, c sind, sind A, B, C die rechten Pole von a_1, b_1, c_1. Mithin muss es auch gestattet sein, in den Gleichungen (α) die Elemente des einen mit den entsprechenden Elementen des anderen Systems zu vertauschen, und es müssen daher die um A_1, B_1, C_1 nach rechts gezählten Winkel

$$(\beta)\quad b_1c_1 = BC\ , \qquad c_1a_1 = CA\ , \qquad a_1b_1 = AB$$

sein.

Nun ist wegen der gleichen Beschaffenheit der beiden Systeme und mit Anwendung von (B) auf das zweite derselben

$$\cos B_1C_1 = \cos C_1A_1 \,.\, \cos A_1B_1 - \sin C_1A_1 \,.\, \sin A_1B_1 \,.\, \cos b_1c_1\ ;$$

mithin ist auch in Folge der Gleichungen (α) und (β)

$$\text{(C)} \quad \cos bc = \cos ca \,.\, \cos ab - \sin ca \,.\, \sin ab \,.\, \cos BC \;,$$

welches die in §. 12 verlangte Gleichung ist. — Zu erinnern ist hierbei nur noch, dass nach willkürlicher Annahme der Sinne von a, b, c die drei Winkel bc, ca, ab, statt, wie im Vorigen, nach der Rechten, auch nach der Linken gezählt werden können, — wie auch schon daraus erhellt, dass bei Verwandlung des gemeinschaftlichen Sinnes der Drehung in den entgegengesetzten das hierbei allein in Betracht kommende Product $\sin ca \,.\, \sin ab$ sein Zeichen nicht ändert.

§. 14. Was noch die Gleichung zwischen zwei Bögen CA und AB, dem von ihren Kreisen gebildeten Winkel bc und dem einen der beiden anderen Winkel ca anlangt, so kann man dieselbe auf ähnliche Art, wie in §. 11, dadurch erhalten, dass man aus den drei ersten der genannten Stücke das vierte zu bestimmen sucht, in dieser Absicht durch C einen Hülfskreis d rechtwinklig auf c legt, u. s. w. Man gelangt indessen ungleich kürzer zum Ziele, wenn man nach *Lagrange*'s Vorgange (Journal de l'école polytechnique, Cahier VI) in der Gleichung

$$\cos CA = \cos AB \,.\, \cos BC - \sin AB \,.\, \sin BC \,.\, \cos ca \;,$$

welche aus (B) durch gegenseitiges Vertauschen von A und B und von a und b folgt, für $\cos BC$ seinen Werth aus (A) nimmt und in der resultirenden Gleichung

$$\cos CA \,.\, \sin AB + \sin CA \,.\, \cos AB \,.\, \cos bc + \sin BC \,.\, \cos ca = 0$$

für $\sin BC$ seinen aus (A) fliessenden Werth setzt. Denn es ergibt sich somit

$$\text{(D)} \quad \operatorname{cotg} CA \,.\, \sin AB + \cos AB \,.\, \cos bc + \sin bc \,.\, \operatorname{cotg} ca = 0 \;.$$

Mag noch bemerkt werden, dass die Willkür des gemeinschaftlichen Sinnes der Drehung, nach welchem die Winkel bc und ca zu schätzen sind, ähnlicherweise, wie bei demselben Falle in §. 13, schon aus der Form des Gliedes $\sin bc \,.\, \operatorname{cotg} ca$ hervorgeht.

Die gewöhnlichen Formeln der sphärischen Trigonometrie.

§. 15. Im Bisherigen haben wir nicht sowohl ein sphärisches Dreieck, als vielmehr ein System von drei Puncten A, B, C einer Kugelfläche und die drei sie paarweise verbindenden Hauptkreise *a*, *b*, *c* betrachtet und, nachdem vorher die Sinne der drei Hauptkreise, sowie der gemeinschaftliche Sinn der Drehung für Winkel, willkürlich festgesetzt worden waren, die zwischen den Bögen *BC*, ... und den Winkeln *bc*, ... statt habenden Relationen zu entwickeln gesucht.

Etwas anders verhält es sich bei einem eigentlichen sphärischen Dreieck, als bei welchem von Sinnen nie die Rede zu sein pflegt. Man definirt ein solches als ein System dreier Hauptkreisbögen, welche drei Puncte *A*, *B*, *C* einer Kugelfläche paarweise verbinden. Da aber ein Kreis durch zwei in ihm liegende Puncte *B* und *C* in zwei Theile getheilt wird, so ist vorher noch zu bestimmen, welcher der beiden einander zu 360° ergänzenden Bögen unter *BC* gemeint sein soll; und diese Bestimmung vertritt hier die Bestimmung des Sinnes des durch *B* und *C* zu legenden Hauptkreises *a*. — Aehnlicherweise verhält es sich mit den Bögen *CA* und *AB*.

Was ferner die Winkel des Dreiecks *ABC* anlangt, so hat jeder derselben, z. B. der Winkel, den die zwei von *A* ausgehenden Bögen *AB* und *AC* mit einander machen, ebenfalls zwei einander zu 360° ergänzende Werthe. Um zwischen ihnen zu unterscheiden, durchgehe man in Gedanken auf der äusseren Seite der Kugelfläche den Perimeter des Dreiecks nach dem Sinne *ABC*, nenne die Seite jedes der drei Bögen, welche auf diesem Wege zur Rechten (Linken) liegt, die innere (äussere) Seite des Bogens und verstehe unter dem inneren (äusseren) Winkel bei *A* denjenigen, innerhalb dessen die inneren (äusseren) Seiten seiner zwei Schenkel *AB* und *AC* fallen. Sowie nun im Vorigen die drei Winkel *bc*, *ca*, *ab* nach einerlei Sinne der Drehung gerechnet wurden, so haben wir auch jetzt für die drei Winkel des Dreiecks gleichnamige Winkel, d. i. entweder die drei inneren, oder die drei äusseren zu nehmen*).

---

*) Zur Erleichterung der Auffassung kann man, wie in Fig. 5 geschehen ist, die innere Seite des Perimeters durch eine dicht neben ihm auf seiner rechten Seite laufende punctirte Linie andeuten. Es ist hier jeder der beiden Bögen *CA* und *AB* $>180°$, und der dritte $BC < 180°$ angenommen worden, und man ersieht aus der Figur augenblicklich, dass alsdann von den inneren Winkeln bei *A*, *B* und *C* die zwei letzten erhaben sind und der erste hohl ist. — Das umgekehrte Verhältniss würde stattfinden, wenn man in der Figur die Buchstaben *B* und *C* gegenseitig vertauschen wollte, indem dann die punctirte Linie auf die der anfänglichen entgegengesetzte Seite des Perimeters fallen würde.

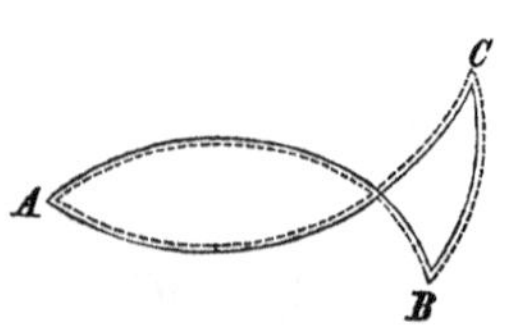

Fig. 5.

Um jetzt diesen Bestimmungen gemäss die obigen vier Gleichungen (A), .., (D) in die allbekannten für ein sphärisches Dreieck umzuwandeln, wollen wir, wie es gewöhnlich ist, die inneren Winkel des Dreiecks bei A, B, C mit A, B, C und die ihnen gegenüberliegenden Bögen mit a, b, c bezeichnen. Wir wollen ferner den Sinn des Hauptkreises a also bestimmen, dass ein in a nach diesem Sinne von B bis C fortgehender Punct den Bogen a selbst, nicht dessen Ergänzung zu 360°, beschreibt. Hiernach ist

$$BC = \mathrm{a} \ ,$$

und ebenso

$$CA = \mathrm{b} \qquad \text{und} \qquad AB = \mathrm{c} \ ,$$

wenn wir auf entsprechende Weise auch die Sinne von b und c festsetzen.

Ferner ist der Winkel

$$bc = CA^\wedge AB \ , \quad = AD^\wedge AB \ ,$$

wenn AD ein nach demselben Sinne, wie CA, gerechneter Bogen des Hauptkreises b ist. Die Schenkel des Winkels A aber sind AB und AC. Von diesen hat nach der obigen Bestimmung der Bogen AB seine innere Seite zur Rechten, und AC seine innere Seite zur Linken, weil CA, wie AB, seine innere Seite zur Rechten hat. Der innere Winkel A ist mithin derjenige, um welchen der Bogen AB um A rechts bis zur Coïncidenz mit AC, — oder, was dasselbe ist, AC um A links bis zur Coïncidenz mit AB, — gedreht werden muss. Nehmen wir die Drehung nach der Rechten zur Normaldrehung, nach welcher dann auch der Winkel bc mit derselben Spitze A zu rechnen ist, so wird

$$\mathrm{A} = AB^\wedge AC \ ,$$

folglich

$$bc + \mathrm{A} = AD^\wedge AB + AB^\wedge AC = AD^\wedge AC = 180^\circ \ ,$$

weil AD und AC von entgegengesetzten Sinnen sind; folglich

$$bc = 180^\circ - \mathrm{A} \ ;$$

und auf gleiche Weise

$$ca = 180^\circ - \mathrm{B} \qquad \text{und} \qquad ab = 180^\circ - \mathrm{C} \ .$$

Durch Substitution von a, .. 180° — A, .. für BC, .., bc, .. in (A), .., (D) gehen aber diese Gleichungen über in:

[A] $\sin \mathrm{a} : \sin \mathrm{A} = \sin \mathrm{b} : \sin \mathrm{B}$,

[B] $\cos \mathrm{a} = \cos \mathrm{b} \,.\, \cos \mathrm{c} + \sin \mathrm{b} \,.\, \sin \mathrm{c} \,.\, \cos \mathrm{A}$,

[C] $\cos \mathrm{A} = - \cos \mathrm{B} \,.\, \cos \mathrm{C} + \sin \mathrm{B} \,.\, \sin \mathrm{C} \,.\, \cos \mathrm{a}$,

[D] $\sin \mathrm{c} \,.\, \mathrm{cotg}\, \mathrm{b} - \sin \mathrm{A} \,.\, \mathrm{cotg}\, \mathrm{B} = \cos \mathrm{c} \,.\, \cos \mathrm{A}$.

Ganz auf dieselbe Weise können endlich die sechs Formeln für ein rechtwinkliges Dreieck aus (I), (II), ..., (VI) in §§. 7, 8 und 9 hergeleitet werden. Setzt man nämlich den Winkel ab der sich in C rechtwinklig schneidenden Hauptkreise a und b, gleich 90° (nicht gleich 270°), so wird auch

$$\mathrm{C} = 180^\circ - ab = 90^\circ \;;$$

die für bc, ca, AB, BC, CA zu machenden Substitutionen bleiben dieselben, und man erhält somit:

$$\cos \mathrm{a} \,.\, \cos \mathrm{b} = \cos \mathrm{c} \;, \qquad \sin \mathrm{a} = \sin \mathrm{c} \,.\, \sin \mathrm{A} \;,$$

$$\mathrm{tang}\, \mathrm{b} = \mathrm{tang}\, \mathrm{c} \,.\, \cos \mathrm{A} \;, \qquad \text{u. s. w.}$$

Ueber die Grundformen der Linien der dritten Ordnung.

[Abhandlungen der Königl. Sächs. Gesellschaft der Wissenschaften, math.-phys. Klasse, 1852, Bd. I, p. 1—82.]

§. 1. Seitdem *Descartes* die Algebra auf die Theorie der krummen Linien angewendet hat, und in Folge dessen die algebraischen Linien nach dem Grade der einer jeden zukommenden Gleichung in Ordnungen eingetheilt worden sind, ist es allgemein bekannt, dass, während zur ersten Ordnung bloss die gerade Linie gehört, alle Linien der zweiten Ordnung aus einem und demselben Kegel mit kreisförmiger Basis geschnitten werden können und somit keine anderen, als die schon von den alten griechischen Geometern betrachteten Kegelschnitte, die Ellipse, die Hyperbel und die Parabel, sind.

Nach den Erörterungen, die ich in meinem »barycentrischen Calcul« über die Verwandtschaften geometrischer Figuren gegeben habe, sind je zwei ebene Figuren, welche sich aus demselben Kegel schneiden lassen, oder — mit anderen Worten — je zwei ebene Figuren, von denen die eine das perspectivische Bild der anderen ist, einander collinear verwandt. Und umgekehrt können je zwei einander collineare ebene Figuren in eine solche Lage gegen einander gebracht werden, dass alle Geraden, welche je zwei einander entsprechende Puncte der einen und der anderen Figur verbinden, sich in einem Puncte O, der Spitze des Kegels oder dem Orte des Auges, schneiden. Dabei liegen die den unendlich entfernten Puncten der einen Ebene entsprechenden Puncte der anderen in einer im Allgemeinen endlich entfernten geraden Linie. — Rückt der Punct O in die Unendlichkeit hinaus, und verwandelt sich damit der Kegel in einen Cylinder, so entsprechen den unendlich entfernten Puncten der einen Ebene die unendlich entfernten der anderen, und die zwei Figuren stehen in der engeren Verwandtschaft der Affinität.

Alle Linien der zweiten Ordnung sind hiernach einander collinear verwandt. Und da aus einem und demselben Cylinder, dessen Basis eine Ellipse (Hyperbel) ist, jede andere Ellipse (Hyperbel), oder, wo nicht sie selbst, doch eine ihr ähnliche geschnitten werden kann, so sind von den zwei Hauptarten, in welche die Linien der zweiten Ordnung zerfallen, alle zu einer und derselben Hauptart gehörigen Linien einander affin. Ausserdem gibt es noch eine Uebergangsart, die Parabel, und alle zu dieser gehörigen Linien sind, wie man weiss, einander ähnlich.

§. 2. Nach dem, was jetzt über die Linien der zweiten Ordnung bemerkt worden, könnte man sich versucht fühlen, auch bei den Linien der dritten oder einer höheren Ordnung die verwandtschaftlichen Beziehungen, in denen sie zu einander stehen, zur Eintheilung jeder Ordnung in Arten zu benutzen. Einen Versuch dieser Art in Bezug auf die Linien der dritten Ordnung, wenigstens den Anfang zu einem solchen, beabsichtigt die vorliegende Abhandlung. Es weichen nämlich die Linien der dritten und höherer Ordnungen von denen der zweiten darin ab, dass nicht eben so, wie die letzteren, auch alle Linien einer und derselben höheren Ordnung einander collinear sind. Ehe man es daher unternimmt, sie in Arten zu sondern, wird man sie zuvor nach einem höheren Collectivbegriff — nach Gattungen — einzutheilen haben, so dass alle einander collinearen Linien derselben Ordnung zu einerlei Gattung dieser Ordnung, und hierauf alle einander affinen Linien derselben Gattung zu einerlei Art dieser Gattung gerechnet werden.

Der Hauptzweck der nachfolgenden Untersuchungen ist nun die Eintheilung der Linien dritter Ordnung in Gattungen. Die alsdann vorzunehmende Eintheilung jeder Gattung in ihre Arten ist ein zwar gehörige Umsicht erforderndes, aber durchaus mit keiner Schwierigkeit verbundenes Geschäft, und bleibt hier ausgeschlossen.

§. 3. Sei l irgend eine Linie der dritten oder einer höheren Ordnung, O ein ausserhalb ihrer Ebene beliebigwo liegender Punct, und werde die Kegelfläche construirt, von welcher O die Spitze und l die leitende Linie ist. Alle Schnitte dieser Fläche mit Ebenen werden, als einander collineare Linien, mit l zu einerlei Gattung gehören. Und umgekehrt: ist l' eine mit l zu derselben Gattung gehörige Linie, so wird, wenn auch nicht l' selbst, doch eine mit l' zu einerlei Art gehörige, d. i. eine mit l' affine Linie l'', aus der Kegelfläche geschnitten werden können. Denn weil, wenn l'' mit l' affin sein soll, die unendlich entfernten Puncte in der Ebene von l'' den unendlich entfernten Puncten in der Ebene von l' entsprechen müssen, so hat man, wenn g die Gerade in der Ebene von l ist, deren Puncten die unendlich entfernten Puncte in der Ebene l' entsprechen, die Ebene, welche den Kegel in l'' schneiden soll, so zu legen, dass in ihr die von O aus projicirte Gerade g in die Unendlichkeit fällt; d. h. die Ebene von l'' muss mit der durch O und g zu legenden Ebene parallel gelegt werden.

Alle zu einerlei Gattung gehörigen Arten können hiernach immer als Schnitte eines und desselben Kegels vorstellig gemacht werden, und es hat daher jede der zu einerlei Ordnung gehörigen Gattungen von Linien eine gewisse Kegelfläche als Repräsentantin. Da aber schon bei den Linien der dritten Ordnung es einige Schwierigkeit hat, eine solche Kegelfläche sich klar vorzustellen, so wollen wir an die Stelle derselben die immer leicht zur Anschauung zu bringende Curve setzen, in welcher eine um die Spitze O des Kegels als Mittelpunct mit einem beliebigen Halbmesser beschriebene Kugelfläche von der Kegelfläche geschnitten wird; oder, was dasselbe ausdrückt: wir wollen als Repräsentantin jeder Gattung die sphärische Curve λ betrachten, welche die Centralprojection irgend einer zu der Gattung gehörigen Linie l ist, indem man durch centrale Projection von λ auf eine mit der Ebene von l nicht parallele Ebene, wenn auch nicht jede andere mit l zu derselben Gattung gehörige Linie l' selbst, doch eine mit l' zu einerlei Art gehörige l'' erhalten kann.

§. 4. Eine Kegelfläche wird, wenn sie von einer, und damit auch von jeder anderen Ebene in einer Linie der $n$ten Ordnung geschnitten wird, eine Kegelfläche der $n$ten Ordnung genannt. Den Schnitt einer Kegelfläche der $n$ten Ordnung mit einer um die Spitze derselben als Mittelpunct beschriebenen Kugelfläche wollen wir eine sphärische Linie der $n$ten Ordnung nennen, welche daher auch als die Centralprojection einer ebenen Linie der $n$ten Ordnung auf die Kugelfläche definirt werden kann. Weil die verschiedenen Arten derselben Gattung von ebenen Linien durch eine und dieselbe sphärische Linie vorstellig gemacht werden, so wird bei sphärischen Linien irgend einer Ordnung zwar derselbe Unterschied zwischen Gattungen, wie bei den ebenen Linien von gleicher Ordnung, bestehen; die sphärischen Linien einer Gattung werden aber nicht, gleich den ebenen, in Arten zerfallen.

Es dürfte nicht überflüssig sein, die Natur der sphärischen Linien uns vorläufig an denen der beiden ersten Ordnungen in etwas zu erläutern.

Jeder Punct P des Raumes hat zu seiner sphärischen Projection zwei Puncte P und P', diejenigen nämlich, in welchen eine durch P und den Mittelpunct O der Kugel gelegte Gerade die Fläche derselben schneidet. Ist nun die zu projicirende Linie von der ersten Ordnung, also eine Gerade, und bezeichnen A und B die zwei nach entgegengesetzten Richtungen liegenden unendlich entfernten Puncte derselben, so wird, während P in dieser Linie von A bis B fortgeht, P die eine und P' die andere Hälfte des Hauptkreises beschreiben, in welchem die Kugelfläche von der Kegelfläche, welche O zur Spitze und AB zur leitenden Linie hat, d. i. von der Ebene OAB, geschnitten wird. Eine sphärische Linie der ersten Ordnung ist demnach immer ein Hauptkreis. — Man bemerke noch, dass die Puncte, in denen jene zwei Halbkreise zusammenstossen, oder die Endpuncte des mit der Geraden parallelen Durchmessers des Kreises, die Projection sowohl von A, als von B, also überhaupt des unendlich entfernten Punctes der Geraden sind.

Um uns ferner einen Begriff von der Gestalt einer sphärischen Linie der zweiten Ordnung zu bilden, dürfen wir uns nur des Satzes erinnern, dass zu einer Kegelfläche, welche irgend eine ebene Linie der zweiten Ordnung zur leitenden Linie hat, eine Ebene sich immer so legen lässt, dass sie die Fläche in einem Kreise schneidet, und dass daher auch dieser Kreis als leitende Linie betrachtet werden kann. Von einer Kegelfläche mit kreisförmiger Basis wird aber eine um ihre Spitze als Mittelpunct beschriebene Kugelfläche offenbar in zwei gesonderten Curven geschnitten, deren jede in sich zurückläuft, und von denen die eine die Gegencurve der anderen ist, d. h. die Gegenpuncte der anderen enthält.

Während es also drei verschieden geformte Arten von ebenen Linien zweiter Ordnung gibt, haben die sphärischen Linien derselben Ordnung nur die eben beschriebene eine Form, — übereinstimmend mit dem schon Bemerkten, dass bei sphärischen Linien der Unterschied zwischen Arten wegfällt.

§. 5. Sei l eine ebene Curve und g eine in ihrer Ebene gezogene Gerade; λ und γ die sphärischen Projectionen von l und g, also γ ein Hauptkreis. Wird nun l von g in m Puncten geschnitten, so wird, weil jeder Punct der Ebene auf der Kugel sich doppelt abbildet (vergl. §. 4), λ von γ in $2m$ Puncten geschnitten, welche paarweise einander gegenüber liegen. Gehen zwei Durchschnitte von l mit g in einen Berührungspunct zusammen, so wird λ von γ in den zwei Gegenpuncten, welche die Projectionen des Berührungspunctes sind, berührt. Und wenn mit zwei einander unendlich nahen Puncten der Curve l noch ihr nächstfolgender dritter Punct in einer Geraden g liegt, so dass die Curve an dieser Stelle eine Wendung macht, und die diesen drei Puncten nächst vorhergehenden und folgenden Theile von l auf entgegengesetzten Seiten von l liegen, so werden auch die dieser Stelle entsprechenden zwei Gegenpuncte auf der Kugel Wendepuncte in λ sein und γ zur gemeinschaftlichen Tangente haben. Auf gleiche Art wird jeder in l vorkommende Knoten oder Doppelpunct, jede Spitze u. s. w. als ein Punct von der nämlichen Beschaffenheit doppelt in λ vorhanden sein,

Hieraus, und weil eine ebene Linie der $n$ten Ordnung von einer in ihrer Ebene gezogenen Geraden in n, oder $n-2$, oder $n-4$, u. s. w. Puncten geschnitten wird, folgern wir:

Eine sphärische Linie der $n$ten Ordnung wird von einem Hauptkreise in $2n$, oder $2n-4$, oder $2n-8$, u. s. w. Puncten geschnitten, welche paarweise einander gegenüber liegen; und so viel, als eine ebene Linie der $n$ten Ordnung Wendepuncte oder andere merkwürdige Puncte haben kann, eben so viel Paare merkwürdiger Puncte) von gleicher Beschaffenheit können einer sphärischen Linie der $n$ten Ordnung zukommen.*

§. 6. Wie wir in §. 4 sahen, ist auf der Kugel eine Linie der ersten Ordnung immer ein Hauptkreis, und eine Linie der zweiten Ordnung ein System zweier geschlossener Curven. Auf gleiche Art besteht nun auch jede sphärische Linie höherer Ordnung oder die sphärische Projection einer ebenen Linie höherer Ordnung aus einer, oder zwei, oder auch mehreren Curven, deren jede in sich zurückläuft. Um dieses zu zeigen, gehe ich von dem bekannten Satze aus, dass eine ebene algebraische Linie l an keiner endlichen Stelle ihres Laufes plötzlich abbricht. Sollte daher ihre sphärische Projection λ irgendwo unterbrochen sein, so könnte dieses nur an einer Stelle $\mathcal{A}$ sein, welche, um mich so ausdrücken zu dürfen, dem letzten Puncte A eines unendlichen Astes von l entspricht. Dass aber auch hier keine Unterbrechung stattfinden kann, erkennt man sogleich, wenn man l oder λ, welches gleichviel ist, vom Mittelpuncte der Kugel aus auf eine andere Ebene projicirt, die mit der Richtung, nach welcher der unendliche Ast von l fortgeht, nicht parallel ist. Heisse l_1 diese Projection von l oder λ. Wäre nun λ in $\mathcal{A}$ unterbrochen, so müsste es auch l_1 in A_1, als der Projection von A oder $\mathcal{A}$ auf die andere Ebene, sein, welches aber, weil A_1 ein endlich gelegener Punct im Laufe von l_1 ist, dem aufgestellten Princip widerspricht.

Eine sphärische Curve aber, welche nirgends abbricht, kehrt nothwendig in sich zurück, — sie müsste denn, was gleichfalls noch

*) Unter einem Paare von Puncten auf der Kugel soll hier und im Folgenden immer nur ein Paar einander gegenüber liegender Puncte verstanden werden.

denkbar wäre, sich einer anderen geschlossenen sphärischen Curve oder auch einem Puncte mit unendlich vielen Windungen asymptotisch nähern. Allein dieser Fall kann hier nicht stattfinden, weil alsdann ein Hauptkreis offenbar so gelegt werden könnte, dass er die Curve in unendlich vielen Puncten schnitte, was gegen die Natur einer sphärischen Curve von bestimmter Ordnung streitet.

§. 7. Schon aus dem Bisherigen mag man einigermassen ersehen, welchen Nutzen es hat, die ebenen algebraischen Linien auf die Kugel zu projiciren. Man entkleidet sie dadurch von ihren unwesentlicheren Eigenschaften; die wesentlicheren Eigenschaften, d. i. diejenigen, welche die projicirte Linie mit allen anderen zu derselben Gattung gehörigen gemein hat, bleiben ungeändert. Während eine ebene Linie durch die unendlichen Aeste, welche ihr meistentheils zukommen, entstellt und zerrissen erscheint, ist die sphärische Curve ganz und unzertheilt auf einer endlichen Fläche enthalten, und somit das Zusammengehörige ungleich leichter, als in der Ebene, zu überschauen. Auch können die Eigenschaften, welche einer ebenen Linie in Bezug auf ihre unendlichen Aeste zukommen, nicht zu den wesentlicheren gerechnet werden, da, jenachdem man die sphärische Curve bald auf diese, bald auf jene Ebene zurück projicirt, diejenigen Theile der Curve, welche zufällig von dem mit der Projectionsebene parallelen Hauptkreise getroffen werden, sich in der Ebene als unendliche Aeste abbilden.

Der Vortheil, den die Betrachtung der sphärischen Curven gewährt, zeigt sich aber besonders noch darin, dass man auf solche Weise, wenigstens bei den Linien der zweiten und der dritten Ordnung, die wesentlich verschiedenen Formen dieser Linien zu bestimmen im Stande ist, ohne etwas Anderes, als den Satz von der möglichen Anzahl der Durchschnitte einer sphärischen Linie mit einem Hauptkreise (§. 5) berücksichtigen zu dürfen. Die folgende rein geometrische Discussion wird diese Behauptung rechtfertigen.

Von den Grundformen der algebraischen Linien überhaupt.

§. 8. Nach §. 6 ist eine sphärische Linie von irgend welcher Ordnung entweder eine einzige in sich zurücklaufende Curve, oder ein System von mehreren dergleichen. Weil, wenn P ein Punct der sphärischen Linie ist, immer auch der Gegenpunct von P in der

Linie liegt, so werden die verschiedenen das System bildenden Curven in der Regel paarweise, als Curve und Gegencurve, zusammengehören. Indessen kann es auch geschehen, dass eine der Curven mit ihrer Gegencurve coïncidirt, wie dies z. B. bei einem Hauptkreise der Fall ist. Eine solche in sich zurücklaufende Curve, welche von jedem ihrer Puncte den Gegenpunct mit enthält, werde eine *einfache Curve* genannt. Dagegen wollen wir eine geschlossene sphärische Curve, welche von ihrer Gegencurve verschieden ist, in Verbindung mit letzterer gedacht, eine *Zwillingscurve* nennen. Beispiel einer solchen ist das System der beiden Polarkeise der Erdkugel.

§. 9. Aus dem jetzt aufgestellten Begriffe einer einfachen Curve ergeben sich unmittelbar nachstehende Eigenschaften derselben:

1) Sind A, B, C, ... Puncte einer einfachen Curve, und werden, wie dies in der Folge immer geschehen soll, die Gegenpuncte von anderen durch die nämlichen, nur accentuirten, Buchstaben bezeichnet, so liegen auch A', B', C', ... in der Curve. Dabei sind die Theile der Curve von A bis B, von B bis C, u. s. w. resp. denen von A' bis B', von B' bis C', u. s. w. gleich und ähnlich, können aber mit letzteren nicht zur Deckung gebracht werden, eben so wenig, als ein sphärisches Dreieck mit seinem Gegendreiecke. Ist A irgend ein merkwürdiger Punct der Curve, so ist A' ein merkwürdiger Punct von derselben Beschaffenheit.

2) Eine einfache Curve wird durch jedes Paar in ihr liegender Gegenpuncte in zwei einander gleiche und ähnliche, aber nicht congruirende Hälften getheilt. Dabei stehen die Theile einer und derselben Hälfte in keiner aus dem Begriffe einer einfachen Curve folgenden gegenseitigen Abhängigkeit. Um daher eine solche zu bilden, lasse man einen Punct von irgend einem Puncte A der Kugelfläche auf dieser auf beliebigem Wege bis A' fortgehen, — nur dass, wenn A und A' keine Ecken oder Spitzen der Curve werden sollen, die Richtungen der Bewegung beim Fortgange von A und beim Eintreffen in A' einander direct entgegengesetzt sind. — Hiermit ist die eine Hälfte der einfachen Curve construirt, und man hat, um die ganze zu erhalten, zu dieser Hälfte nur noch die Gegencurve hinzuzufügen.

3) Sind auf einer Kugelfläche eine einfache Curve und ein Hauptkreis verzeichnet, so liegen irgend zwei Gegenpuncte der Curve, wenn sie nicht Puncte des Kreises selbst sind, auf entgegengesetzten Seiten desselben. Hieraus aber und aus der geschlossenen Gestalt beider Linien ist weiter zu folgern, dass eine einfache Curve und

ein Hauptkreis wenigstens ein Paar Gegenpuncte gemein haben müssen.

4) Stellen wir uns vor, dass ein von A aus in der Curve fortgehender Punct, ehe er darin bis A' gelangt, den Curvenpuncten $B, C, D, \ldots, M$ der Reihe nach begegnet, und daher auf der zweiten Hälfte seines Weges von A' bis A die Puncte $B', C', D', \ldots, M'$ in derselben Ordnung trifft. Nehmen wir ferner an, dass die genannten Puncte, und ausser ihnen keine anderen, die Durchgangspuncte eines Hauptkreises μ mit der Curve sind. Alsdann werden, wenn wir uns, um die Ideen zu fixiren, den Hauptkreis μ horizontal denken, und wenn der Curvenbogen AB über μ, folglich BC unter μ, CD über μ, und so fort liegt, die Curvenbögen $A'B'$, $B'C'$, $C'D'$, u. s. w. abwechselnd unter und über μ fallen. Damit aber der Bogen $A'B'$ unter μ fallen kann, muss der nächstvorhergehende MA', eben so wie AB selbst, über μ liegen. Dieses ist offenbar nicht anders möglich, als wenn die Anzahl der zwischen A und A' begriffenen Durchgangspuncte $B, \ldots, M$ gerade, gleich $2m$, Null mit einbegriffen, ist. Hiernach ist die Anzahl aller Durchgangspuncte A; $B, C, \ldots, M$; A'; $B', C', \ldots, M'$ gleich

$$1 + 2m + 1 + 2m = 2(1 + 2m) \; .$$

Eine einfache Curve wird demnach von einem Hauptkreise in einem, oder in drei, oder fünf, u. s. w., überhaupt in einer ungeraden Zahl von Paaren von Gegenpuncten durchgangen.

§. 10. Berührt ein Hauptkreis μ eine einfache Curve in einem Puncte A, so berührt er sie auch im Gegenpuncte A' des ersteren.

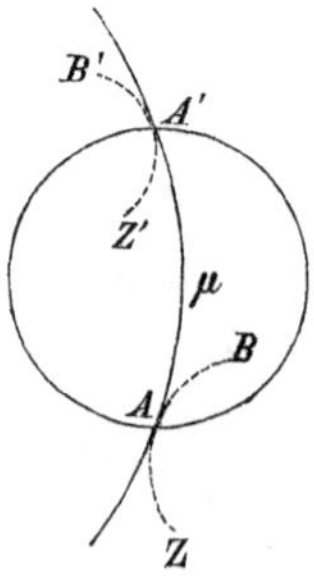

Fig. 1.

Sei A kein merkwürdiger Punct der Curve, und liegen daher ihr dem A nächstvorhergehender Theil ZA (vergl. Fig. 1) und ihr nächstfolgender Theil AB auf einer Seite von μ. Alsdann werden auch die Curvenbögen $Z'A'$ und $A'B'$ auf einerlei Seite von μ liegen, aber auf der entgegengesetzten von derjenigen, auf welcher ZA und AB sind. Weil die Bögen ZAB und $Z'A'B'$ ihre erhabenen Seiten dem Hauptkreise μ zukehren und auf verschiedenen Seiten desselben liegen, so wird einem auf der Kugelfläche in der Curve von A aus nach B zu und dann weiter durch Z', A', B' Fortgehenden und zuletzt durch Z nach A Zurückkehrenden, wenn ihm Anfangs bei A der Hauptkreis μ und damit die erhabene Seite der Curve zur Linken war, auf seinem sphärischen Wege bei A' der Hauptkreis und damit die erhabene Seite der Curve zur Rechten liegen. Er muss folglich auf dem Wege von A bis A' wenigstens durch einen, oder auch durch drei, oder fünf, u. s. w. Puncte gegangen sein, in denen die Seite der Curve, welche vorher erhaben war, hohl wird, und umgekehrt, d. i. durch eine ungerade Zahl von Wendepuncten; und da eben so viel solcher Puncte von A' bis A liegen müssen, so folgern wir:

Eine einfache Curve hat immer eine ungerade Anzahl von Paaren einander gegenüber liegender Wendepuncte.

Sie kann aber — so lange wenigstens, als keine Knoten und Spitzen zugelassen werden — nicht bloss ein Paar haben. Denn gesetzt, es wären die Puncte W und W' einer solchen Curve, durch welche sie in die zwei Hälften w und w' getheilt werde, ihr einziges Paar von Wendepuncten. Da ein Curvenpunct W (oder W') erst durch Vergleichung der Krümmungen des vorangehenden und des folgenden Theiles der Curve, nicht aus einem derselben allein, als Wendepunct erkannt wird, so würde sich alsdann von einem Puncte W der Kugelfläche bis zu seinem Gegenpuncte W' eine Curve w (oder w') ohne alle merkwürdigen Puncte ziehen lassen, — welches nicht möglich ist*). — *Deshalb und zu Folge des obigen Satzes muss eine einfache*

*) Um sich von dieser Unmöglichkeit zu überzeugen, denke man sich auf der Kugelfläche von einem Puncte A derselben bis zu seinem Gegenpuncte A' eine von einem Halbkreise verschiedene Curve, welche keine Spitzen oder Ecken hat, gezogen. Der dem A zunächst liegende Theil dieser Curve wird dem A seine hohle Seite zukehren, d. h. von einem durch A und irgendeinen der nächstfolgenden Curvenpuncte, er heisse B, gelegten Hauptkreise wird der Bogen AB, welcher kleiner als ein Halbkreis ist, mit seinem bei B an die Curve stossenden Elemente auf der hohlen Seite der Curve liegen; und eben so wird der dem A' nächstliegende Theil der Curve gegen A' hohl, folglich gegen A erhaben sein. Indem man daher von A bis A' in der Curve fortgeht, wird man nothwendig auf einen Punct C treffen, wo die bis dahin gegen A hohle Curve gegen A erhaben zu werden anfängt. Es muss folglich C entweder ein Wendepunct sein, oder es muss, wenn C ein gewöhnlicher Curvenpunct ist, der in ihm die Curve berührende Hauptkreis, ehe er noch von C aus nach der Richtung des Fortganges der Curve bis zu einem Halbkreise angewachsen ist, den Punct A treffen (vergl. Fig. 2). Im letzteren Falle ist der auf C nächstfolgende Theil der Curve innerhalb des vom Curvenbogen ABC und vom Kreisbogen CA begrenzten, den Punct A' ausschliessenden Raumes des Kugelfläche enthalten, und es muss daher die Curve, um in ihrem weiteren Fortgange nach A' zu gelangen, entweder den von ihr schon zurückgelegten Theil ABC oder den Kreisbogen CA irgendwo durchschneiden. Letzteres ist aber ersichtlich nicht möglich, ohne noch vor dem

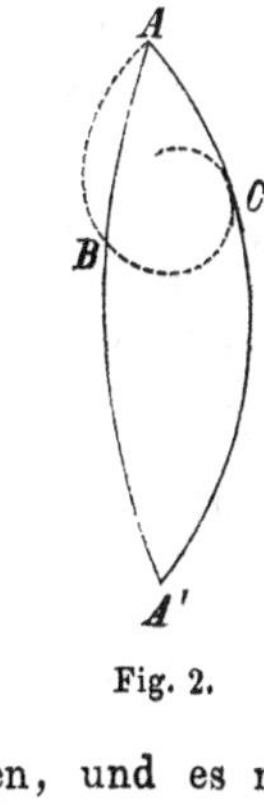

Fig. 2.

Curve, in welcher keine Knoten oder Spitzen vorkommen, wenigstens drei Paare von Wendepuncten haben.

Dass aber einfache Curven ohne Knoten und Spitzen mit dieser geringen Anzahl (sechs) von Wendepuncten auch wirklich existiren, erhellt aus folgendem einfachen Beispiele. — Man theile einen Hauptkreis in sechs gleiche Theile und beschreibe vom ersten Theilpuncte bis zum zweiten, vom zweiten bis zum dritten u. s. w. und zuletzt vom sechsten bis zum ersten abwechselnd auf die eine und die andere Seite des Hauptkreises fallende Bögen eines und desselben kleineren Kreises, deren jeder kleiner als ein Halbkreis sein mag. Diese sechs Bögen werden daher einander gleich sein und eine geschlossene Curve ohne Knoten und Spitzen bilden, welche die sechs Theilpuncte zu Wendepuncten hat. Zudem wird die Curve eine einfache sein, da der erste Bogen dem vierten, der zweite dem fünften und der dritte dem sechsten diametral gegenüber liegt.

Hat eine einfache Curve ein Knoten- oder ein Spitzenpaar, so reicht ein Paar Wendepuncte hin. Denn ein Knoten, so wie eine Spitze*), lässt sich als durch das Zusammengehen zweier Wendepuncte entstanden betrachten, mit dem Unterschiede, dass das zwischen den vereinigten Wendepuncten liegende Curvenstück beim Knoten von endlicher Grösse bleibt, bei der Spitze dagegen verschwindet (vergl. Fig. 3 und 3*, wo durch den Buchstaben W die vorherigen Wendepuncte angedeutet werden).

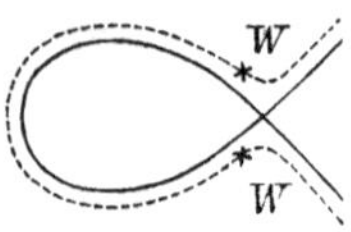

Fig. 3.

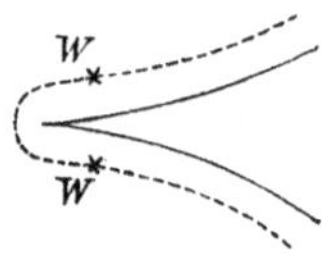

Fig. 3*.

Eine Curve der letztgedachten Art wird unter anderen erhalten, wenn man einen Hauptkreis in den Puncten A, B, A', B' in vier

Durchschnitte mit CA, eine Wendung zu machen. Mithin ist es auch nicht möglich, von A bis A' eine von einem Halbkreise verschiedene Curve zu ziehen, welche keine Spitze oder Ecke, keinen Wendepunct, oder keinen Durchschnitt mit sich selbst, also überhaupt keinen merkwürdigen Punct hat.

*) Hier, so wie im Folgenden, ist unter *Spitze* ohne weiteren Zusatz stets eine sogenannte Spitze der *ersten Art* gemeint, d. h. eine solche, bei welcher die zwei die Spitze bildenden Curvenbögen ihre erhabenen Seiten einander zukehren.

Eine Spitze der *zweiten Art*, als bei welcher die erhabene Seite des einen Bogens der hohlen des anderen zugewendet ist, kann, wie hier noch bemerkt werden mag, erst bei Linien der vierten oder einer höheren Ordnung sich bilden. Denn eine an den ersteren jener zwei Bögen sehr nahe bei der Spitze selbst gelegte Tangente schneidet den anderen in zwei Puncten und hat daher, den Berührungspunct als die Vereinigung zweier gedacht, mit der Curve vier Puncte gemein.

Quadranten theilt und über AB und BA' zwei auf der einen, über $A'B'$ und $B'A$ zwei auf der anderen Seite des Hauptkreises liegende Halbkreise beschreibt. Denn die aus diesen vier Halbkreisen zusammengesetzte Curve wird eine einfache sein und in B und B' Spitzen, in A und A' Wendepuncte haben.

§. 11. Weniges bleibt noch über die Zwillingscurven hinzuzufügen übrig. — Ist A ein Punct einer der zwei geschlossenen, eine Zwillingscurve bildenden Curven, so liegt A' in der anderen. Ein Bogen AB der einen Curve ist dem Bogen $A'B'$ der anderen gleich und ähnlich, obwohl nicht auf ihn passend; und dasselbe gilt auch von den zwei Curven in ihrer Totalität.

Da ferner ein durch A gelegter Hauptkreis auch den Punct A' trifft, und da eine geschlossene sphärische Curve von einem Hauptkreise entweder gar nicht, oder in einer geraden Anzahl von Puncten durchgangen wird, so wird eine Zwillingscurve von einem Hauptkreise entweder gar nicht, oder in einer geraden Anzahl von Paaren von Puncten durchgangen. — Ein Hauptkreis, welcher die eine Curve in A berührt, berührt die andere in A'.

Was noch die Wendepuncte anlangt, so ist die Anzahl derselben bei einer geschlossenen Curve gerade, Null mit eingeschlossen. Denn wenn demjenigen, welcher, von einem nicht merkwürdigen Puncte der Curve ausgehend, sie ganz durchschreitet, die hohle Seite derselben anfangs etwa zur Rechten liegt, so wird ihm auch am Ende des Weges die hohle Seite zur Rechten sein, und er wird folglich entweder keine oder eine gerade Anzahl von Wendungen gemacht haben. *Eine Zwillingscurve, als ein System zweier einander gleicher und ähnlicher Curven, hat folglich keine oder eine gerade Anzahl Paare von Wendepuncten.*

§. 12. Weitere Folgerungen. 1) Eine sphärische Linie von gerader (ungerader) Ordnung wird von einem Hauptkreise in einer geraden (ungeraden) Zahl von Paaren von Puncten geschnitten (§. 5). Da nun von einem Hauptkreise eine einfache Curve in einer ungeraden und eine Zwillingscurve in einer geraden Anzahl von Paaren von Puncten durchgangen wird, *so können von den Curven, aus denen eine sphärische Linie von ungerader Ordnung zusammengesetzt ist, nicht alle Zwillingscurven sein, sondern wenigstens eine von ihnen, oder drei, oder fünf, u. s. w., überhaupt eine ungerade Anzahl derselben müssen einfache Curven sein.* Eben so erhellt, *dass unter den Curven einer sphärischen Linie von gerader Ordnung einfache Curven nur in gerader Anzahl vorkommen können.* Die Anzahl der Zwillingscurven hingegen kann in beiden Fällen sowohl gerade als ungerade sein. — Uebrigens ist hier und so auch im Folgenden unter den geraden Zahlen stets Null mit einbegriffen.

2) Eine einfache Curve hat eine ungerade und eine Zwillingscurve eine gerade Anzahl von Paaren von Wendepuncten. Die Anzahl solcher Paare wird folglich bei einem aus einfachen und Zwillingscurven zusammengesetzten System ungerade oder gerade sein, je nachdem die Zahl der einfachen Curven ungerade oder gerade ist. Hieraus aber fliesst in Verbindung mit dem vorigen Satze, *dass eine sphärische Linie von ungerader Ordnung eine ungerade, eine sphärische Linie von gerader Ordnung eine gerade Anzahl von Paaren von Wendepuncten hat.* — Eine Linie von ungerader Ordnung hat daher wenigstens ein Paar, und, dafern sie keine Knoten oder Spitzen hat, wenigstens drei Paare von Wendepuncten.

§. 13. Ich kann diese allgemeinen Betrachtungen über sphärische Linien nicht verlassen, ohne noch auf einige der Folgerungen aufmerksam gemacht zu haben, welche sich aus ihnen in Bezug auf ebene algebraische Linien, als die Projectionen sphärischer, ableiten lassen.

Bezeichne γ eine der Curven, aus denen eine sphärische algebraische Linie zusammengesetzt ist, und zwar zuerst eine der zwei eine Zwillingscurve bildenden. Indem man sich dieselbe von einem Puncte P durchlaufen denkt, sei P die Centralprojection von P auf eine bestimmte Ebene, c die von P in der Ebene beschriebene Curve, also die Projection von γ auf diese Ebene; endlich sei ν der mit der Ebene parallele Hauptkreis der Kugel. Wenn nun, wie dies bei einer Zwillingscurve möglich ist, die Curve γ ganz auf der einen Seite des Hauptkreises ν liegt und ihm auch in keinem Puncte begegnet, so ist c eine ebene auf einen endlichen Raum beschränkte und in sich zurücklaufende Curve. — Trifft γ den Kreis ν irgendwo, ohne ihn zu durchgehen, so entfernt sich, wenn P an dieser Stelle anlangt, P in das Unendliche und kehrt von derselben Seite der Ebene her in das Endliche wieder zurück, und die Curve c erhält somit zwei nach einerlei Richtung sich in das Unendliche erstreckende Aeste. — So oft dagegen γ den Kreis ν nicht bloss trifft, sondern zugleich durchgeht, bilden sich in der Ebene zwei Aeste, die sich nach entgegengesetzten Richtungen im Unendlichen verlieren. Die Anzahl der Aestepaare letzterer Art wird aber gerade sein, da γ, als eine geschlossene Curve, von ν in einer geraden Anzahl von Puncten durchgangen wird. — Es wird kaum nöthig sein, hinzuzufügen, dass die andere Curve, welche mit γ in Vereinigung die Zwillingscurve bildet, dieselbe Projection c, wie γ selbst, gibt.

Anders verhält es sich, wenn γ eine der einfachen Curven der sphärischen Linie ist. Heisse alsdann K der Punct in γ, von welchem P bei seiner Beschreibung der Curve ausgeht. Durch ihn und seinen Gegenpunct K' wird γ in zwei Hälften getheilt, deren jede die nämliche Projection hat, eben so wie die Projectionen von K und K' einer und derselbe Punct sind, welchen man mit K bezeichne. Da nun jede der beiden Hälften von γ den Kreis ν in einer ungeraden Anzahl von Puncten durchgeht (§. 9), so muss die Curve c, als die Abbildung einer solchen Hälfte, eine ungerade Anzahl von Paaren von Aesten enthalten, die sich nach entgegengesetzten Richtungen ins Unendliche erstrecken.

§. 14. Sowie eine sphärische algebraische Linie aus einer, zwei, oder mehreren Curven besteht, welche theils einfache, theils Zwillingscurven sind, so ist auch eine ebene algebraische Linie, da sie immer als die Projection einer sphärischen angesehen werden kann, entweder eine einzige Curve, oder ein System mehrerer. Nach den im §. 13 gegebenen Erörterungen hat es, wenigstens im Allgemeinen, keine Schwierigkeit, eine ebene Linie in die einzelnen Curven, aus denen sie zusammengesetzt ist, zu zerlegen und von jeder derselben zu bestimmen, ob die sphärische Curve, von welcher sie die Projection ist, zu den einfachen oder Zwillingscurven gehört. Wenn man nämlich in einer ebenen Linie von einem beliebigen Puncte K derselben aus fortgeht und dabei jederzeit, wenn man zu dem letzten Puncte (§. 6) eines unendlichen Astes gekommen ist, zu dem letzten Puncte des zugehörigen dem vorigen parallelen Astes überspringt und in diesem zweiten Aste nach dem endlichen Theile der Ebene zurückgeht, so wird man zuletzt zum Puncte K zurückkommen, und der durchgangene Weg wird eine der einzelnen Curven sein, aus denen die Linie zusammengesetzt ist. Dieser Curve aber wird auf der Kugel eine einfache oder Zwillingscurve entsprechen, jenachdem die Zahl derjenigen Paare ihrer unendlichen Aeste, deren Aeste einander entgegengesetzte Richtungen haben, ungerade oder gerade ist; oder, wie man auch sagen kann: jenachdem unter den zu machenden Sprüngen die Anzahl derer, bei welchen die zwei Puncte, zwischen denen zu springen ist, nach entgegengesetzten Richtungen liegen, ungerade oder gerade ist.

Als Beispiel hierzu können uns schon die Linien der zweiten Ordnung dienen. — Die Ellipse wird von einem in ihr sich bewegenden Puncte ohne allen Sprung zurückgelegt. — Bei der Parabel findet ein Sprung statt, der aber hier nicht zu zählen ist, weil die letzten Puncte der zwei Aeste dieser Curve nach einerlei Richtung liegen. — Die Hyperbel besteht aus zwei gesonderten Hälften, deren jede zwei unendliche Aeste hat, welche paarweise, nämlich ein Ast der einen und ein Ast der anderen Hälfte, sich nach entgegengesetzten Richtungen erstrecken. Heissen A, B die letzten Puncte der zwei Aeste der einen Hälfte und A′, B′ die ihnen resp. gegenüberliegenden letzten Puncte der anderen Hälfte. Man gehe nun in der ersteren Hälfte von einem beliebigen Puncte K derselben aus bis B fort, springe hierauf von B nach B′ in die andere Hälfte, durchwandere diese ganz von B′ bis A′, springe dann von A′ nach A in die erste Hälfte zurück und gehe in dieser von A bis K. Somit hat man die Hyperbel ganz durchgangen und dabei zwei unendliche Sprünge in das Entgegengesetzte gemacht. — Jede der drei Formen einer Linie der zweiten Ordnung muss sich daher auf der Kugel als eine Zwillingscurve abbilden (vergl. §. 4).

§. 15. Um die gegenseitigen Beziehungen zwischen ebenen und sphärischen Curven noch augenfälliger darstellen zu können, wollen wir den Begriff geschlossener ebener Curven auch auf solche mit ausdehnen, welche unendliche Aeste haben, dafern nur ihre sphärischen Projectionen geschlossene Curven sind. Nennen wir ferner eine geschlossene ebene Curve, jenachdem sie zu ihrer Projection auf der Kugel eine einfache oder eine Zwillingscurve hat, *eine Curve der ersten oder der zweiten Art*, so können wir nach dem Bisherigen folgende Sätze aufstellen:

1) Eine Curve der ersten (zweiten) Art wird von jeder in ihrer Ebene gezogenen Geraden in einer ungeraden (geraden) Anzahl von Puncten durchgangen, — hat daher eine ungerade (gerade) Anzahl Paare nach entgegengesetzten Richtungen laufender unendlicher Aeste*), — und hat eine ungerade (gerade) Anzahl von Wendepuncten.

Da diese Sätze von exclusiver Natur sind, so gelten sie auch umgekehrt, und es kann daher aus dem Vorhandensein irgend einer der drei gedachten Eigenschaften auf das Dasein der jedesmal zwei übrigen geschlossen werden, so dass z. B. eine geschlossene Curve mit einer ungeraden (geraden) Anzahl von Paaren entgegengesetzter Aeste eine ungerade (gerade) Anzahl von Wendepuncten hat.

2) Unter den Curven, aus denen eine ebene algebraische Linie

*) Weil jedes Paar solcher Aeste auf einen Durchgang der Curve durch die in ihrer Ebene unendlich entfernt liegende Gerade, — sphärisch auf einen Durchgang durch den Hauptkreis ν (§. 13), — hinzeigt.

zusammengesetzt ist, ist bei ungerader (gerader) Ordnungszahl der Linie eine ungerade (gerade) Anzahl von Curven der ersten Art begriffen; woraus, wie in §. 12, 2, noch folgt, dass eine ebene Linie von ungerader (gerader) Ordnung eine ungerade (gerade) Anzahl von Wendepuncten, und überhaupt dieselben drei Eigenschaften hat, welche im vorhergehenden Satze von den Curven der ersten (zweiten) Art ausgesagt wurden.

Schliesslich ist noch zu erinnern, dass man bei Zählung der Puncte, in denen eine ebene Curve von einer in ihrer Ebene gezogenen Geraden durchgangen wird, und bei Zählung der Wendepuncte diejenigen unter ihnen nicht übersehe, welche in unendlicher Entfernung liegen, indem sonst die Sätze in 1) und 2) ihre allgemeine Gültigkeit verlören. — Ist die gezogene Gerade mit einem Paare unendlicher Aeste der Curve parallel, so hat sie mit letzterer einen unendlich entfernten Punct gemein; zugleich durchgeht sie die Curve in diesem Puncte, wenn die beiden Aeste, jenachdem sie einerlei oder entgegengesetzte Richtungen haben, auf entgegengesetzten oder einerlei Seiten der Geraden sich befinden. — Ein unendlich entfernter Wendepunct gibt sich dadurch zu erkennen, dass zwei nach entgegengesetzten Richtungen ins Unendliche sich erstreckende Aeste auf einer und derselben Seite ihrer gemeinsamen geradlinigen Asymptote, der Tangente im Wendepuncte, liegen. Es kann aber auch geschehen, dass nicht bloss der Wendepunct, sondern auch seine Tangente unendlich entfernt liegt. In diesem Falle sind die zwei entgegengesetzten Aeste von parabolischer Form, während sie vorher eine hyperbolische hatten, und liegen auf einerlei Seite jeder mit ihnen in der Ebene parallel gezogenen Geraden.

Von der Richtigkeit dieser Behauptungen wird man sich leicht überzeugen, wenn man die Curve auf die Kugel, und zwar zunächst auf die der Ebene der Curve zugewendete, durch den Hauptkreis ν (§. 13) begrenzte Halbkugel, projicirt und dabei erwägt, dass das sphärische Bild eines unendlich entfernten Punctes Q der Ebene ein Punct Q des Kreises ν ist, dass eine in der Ebene nach Q gerichtete Gerade a einen durch Q gehenden Hauptkreis α zum Bilde hat; dass, wenn a in der Ebene unendlich entfernt liegt, α mit ν zusammenfällt; dass daher ein hyperbolischer Ast, welcher die in endlicher Entfernung gelegene Gerade a zur Asymptote hat, sich als ein in Q endigender und daselbst von α berührter Bogen abbildet, und dass ein parabolischer nach Q gerichteter Ast sich auf der Kugel als ein in Q endigender und daselbst von ν berührter Bogen darstellt. Ergänzt man zuletzt die solchergestalt auf der einen Kugelfläche construirte Curve durch ihre Gegencurve auf der anderen

Hälfte, so ersieht man die Beschaffenheit der nun vollständigen Curve in ihren Begegnungen mit ν, und wird damit die obigen Behauptungen bestätigt finden.

Geometrische Entwickelung der Grundformen der sphärischen Linien der dritten Ordnung.

§. 16. Die voranstehenden allgemeinen Betrachtungen über algebraische Linien wollen wir jetzt auf die Linien der dritten Ordnung anwenden; wir wollen die Curven, aus denen eine Linie dieser Ordnung zusammengesetzt ist, ihrer Zahl und Beschaffenheit nach zu bestimmen und dadurch die verschiedenen Grundformen der Linie selbst, soweit dieses ohne Zuhülfenahme des Calculs geschehen kann, zu ermitteln suchen. — Eine ähnliche Untersuchung für die Linien der zweiten Ordnung vorangehen zu lassen, halte ich für überflüssig, da aus den nachstehenden Betrachtungen über die Linien der dritten Ordnung sich zur Genüge ergeben wird, wie ähnlicherweise der Beweis zu führen ist, dass eine sphärische Linie der zweiten Ordnung eine einzige Zwillingscurve (§. 4) ohne alle merkwürdigen Puncte ist.

Als Criterium für eine sphärische Linie der dritten Ordnung wird uns bei der nun folgenden Untersuchung der Satz dienen, *dass eine solche Linie* — wir wollen sie inskünftige kurz mit λ bezeichnen — *von einem Hauptkreise in drei Paaren von Puncten, oder in einem Paare geschnitten wird; dass daher ein sie in einem Punctepaare berührender Hauptkreis sie in einem zweiten schneidet, nicht aber in einem zweiten berühren kann, und dass in dem besonderen Falle, wenn der Hauptkreis die Linie* λ *in einem Paare von Wendepuncten oder Knoten oder Spitzen berührt, er mit ihr kein zweites Punctepaar gemein hat.*

§. 17. Unter den Curven, aus denen λ, als eine Linie von ungerader Ordnung, zusammengesetzt ist, ist nach §. 12, 1 entweder eine, oder sind drei, fünf u. s. w. einfache Curven enthalten. Es kann aber der λ nicht mehr als eine einfache Curve — sie heisse ε — zukommen. Denn da eine einfache Curve von einem Hauptkreise stets in einer ungeraden Anzahl von Punctepaaren durchgangen wird (§. 9), so trifft ein durch zwei Punctepaare der Curve ε gelegter Hauptkreis dieselbe noch in einem dritten Paare, und würde einer zweiten zu λ gehörigen einfachen Curve wenigstens in einem Punctepaare, dem vierten, begegnen, was gegen das obige Criterium streitet.

Unter der einstweiligen Annahme, dass in der zu λ gehörigen einfachen Curve ε keine Knoten oder Spitzen vorkommen, hat ε nach §. 10 wenigstens drei Paare von Wendepuncten, oder fünf, oder sieben u. s. w. Es wird sich aber wieder mit Hülfe unseres Criteriums zeigen lassen, dass ε nicht mehr als drei Paare solcher Puncte haben kann.

Denn setzen wir, dass der Curve ε fünf Paare zukommen, und nennen fünf Wendepuncte in der Ordnung, in welcher sie auf einander folgen: A, B, C, D, E; also die fünf übrigen in derselben Folge: $A', \ldots, E'$. Man ziehe einen die Curve in A und A' berührenden Hauptkreis ν und projicire sie auf eine mit ν parallele Ebene. Heissen B, C, ... die Projectionen von B und B', C und C', u. s. w. und e die Projection von ε selbst. Weil ν die ε in dem Wendepunctenpaare A, A' berührt, so hat die ebene Curve e zwei einander entgegengesetzte parabolische Aeste, welche auf einerlei Seite jeder mit ihnen in der Ebene der Curve parallelen Geraden a liegen (§. 15); ausser ihnen aber nicht noch andere unendliche Aeste, indem sonst ε von ν noch in anderen Puncten, als in A und A', getroffen werden müsste, — gegen das Criterium. — Die Curve e wird sich daher vom letzten Puncte des einen parabolischen Astes bis zum letzten Puncte des anderen ununterbrochen fortziehen und dabei in B, C, D, E Wendungen machen. Die letzten Elemente der zwei Aeste, also auch die ihnen parallele Gerade a, wollen wir uns horizontal denken und in der Ebene die Seite von a, auf welcher die Aeste liegen, als die untere vorstellen. Uebrigens wollen wir die Gerade so gelegt annehmen, dass die vier Wendepuncte B, .., E sämmtlich auf ihre obere Seite fallen. Sie wird alsdann die e schneiden, aber nur in zwei Puncten, weil sie mit e schon ihren unendlich entfernten Punct gemein hat. Heissen A_1 und A_2 die beiden Schneidepuncte, welche mit den vier Wendepuncten in ihrer Aufeinanderfolge die Reihe A_1BCDEA_2 bilden; A_1 liege zur Linken, A_2 zur Rechten.

Weil sich die Curve e in A_1 über die Gerade a erhebt und in A_2 wieder zu ihr hinabsenkt, so wird sie zwischen A_1 und A_2 einen oder auch mehrere höchste Puncte haben. Sie kann aber nicht mehr als einen haben. Denn hätte sie zwei höchste Puncte F und G (vergl. Fig. 4), und legte man an den niedrigeren, welcher F sei, eine Tangente f, welche horizontal sein und den Punct G über sich liegen haben würde, so müsste die Curve auf ihrem Wege von F nach G hin, weil sie von F aus zunächst unter f hinabsteigt, sich über f

bis *G* wieder erheben, dann aber, um die tiefere Horizontale *a* in A_2 (oder in A_1) zu treffen, durch *f* zurückgehen müssen. Die in F an die Curve gelegte Tangente *f* würde sie daher in noch zwei Puncten schneiden — dem Criterium entgegen. — Eben so wenig können die zwei höchsten Puncte gleiche Höhe haben; denn alsdann würde die an den einen gelegte Tangente die Curve auch in dem anderen berühren.

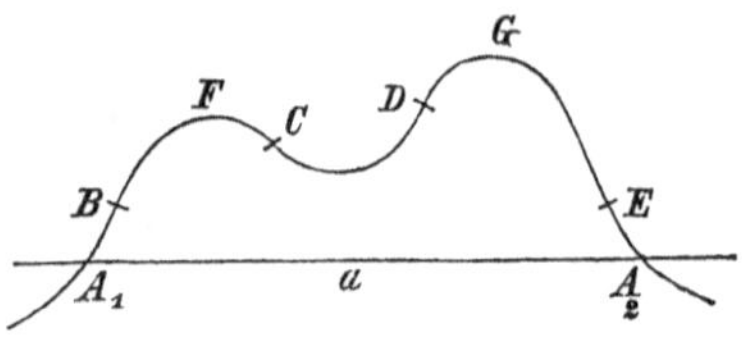

Fig. 4.

Nun lässt sich ferner darthun, dass wenigstens eine der zwischen B und C an die Curve *e* gelegten Tangenten horizontal sein, und daher der Bogen BC wenigstens einen höchsten oder tiefsten Punct haben muss. Denn wo nicht (vergl. Fig. 4*), so lege man an die Curve *e* eine sie in B selbst berührende Gerade *t* und drehe diese dergestalt, dass sie mit *e* in Berührung bleibt, und der Berührungspunct von B bis C rückt. Weil B ein Wendepunct ist, so hat die Gerade *t* in ihrer anfänglichen Lage drei nächstfolgende Puncte mit *e* gemein. Von diesen drei Puncten rücken bei der nachherigen Drehung von *t* zwei, in Vereinigung bleibend und den Berührungspunct bildend, von B bis C; der dritte gemeinsame Punct von *e* und *t* geht nach der entgegengesetzten Richtung, also von B nach A_1 zu, auch wohl noch über A_1 hinaus in dem linken unendlichen Aste fort, ohne jedoch bis zum letzten Puncte des Astes zu gelangen, weil keine der Tangenten von B bis C horizontal, also keine mit der Richtung des Astes in seinem letzten Puncte parallel sein soll. Auch kann dieser dritte Punct nicht nach B zurückkehren, weil der Bogen BC nach einer und derselben Seite zu hohl ist, und folglich keine an BC gelegte Tangente, mit Ausnahme der Tangente in B selbst, B treffen kann. Die bis C fortgedrehte Tangente *t* würde daher dem linken Aste in einem von B nach A_1 zu gelegenen Puncte begegnen, welches aber, weil C ein Wendepunct ist, dem Criterium widerspricht.

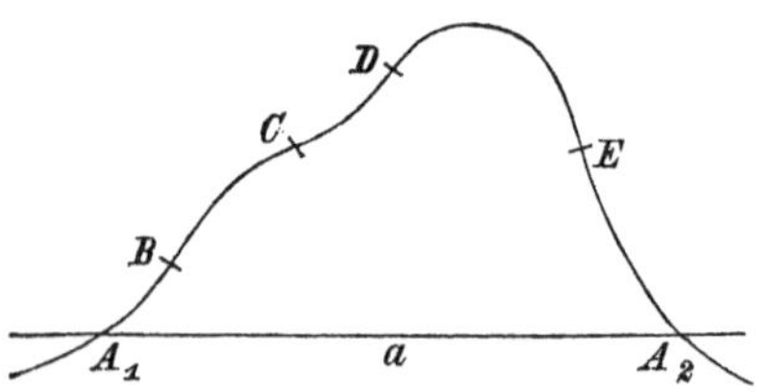

Fig. 4*.

Dieser Widerspruch fällt weg, wenn der Bogen BC zwischen seinen Endpuncten wenigstens einen höchsten oder tiefsten Punct hat. Hätte er aber einen tiefsten Punct T, so müsste eine an T gelegte und daher horizontale Tangente die Curve *e* zwischen A_1

und T schneiden, weil A_1 tiefer als T liegt. Aus gleichem Grunde müsste diese Tangente die *e* noch einmal zwischen T und A_2 treffen, — gegen das Criterium. — Mithin kann der Bogen BC keinen tiefsten, sondern muss einen höchsten Punct haben.

Vollkommen eben so zeigt sich, dass auch der Bogen DE einen höchsten Punct haben muss, sobald man nur in den vorigen Schlüssen A_1, B, C mit A_2, E, D und den linken Ast mit dem rechten vertauscht. Hiernach hätte aber die Curve zwei höchste Puncte, was dem vorher Erwiesenen entgegen ist. Mithin muss die Voraussetzung unrichtig sein, dass die Curve *e* fünf Wendepuncte hat; und noch weniger kann sie sieben oder mehrere haben.

Es hat demnach auch die sphärische Curve ε nur drei Paare von Wendepuncten, von denen jedoch, wie schon bemerkt worden (§. 10), zwei Paare zu einem Knoten- oder Spitzenpaare zusammengehen können. Auch würde sich durch ähnliche auf die Geometrie der Lage gegründete Betrachtungen, wie vorhin, geradezu darthun lassen, dass in der Curve ε, wenn sie ein Knoten- oder Spitzenpaar und ein Paar Wendepuncte hat, nicht noch andere merkwürdige Puncte dieser Art vorhanden sein können. Uebrigens kann es nicht geschehen, dass in ε alle drei Paare von Wendepuncten sich in einem Punctepaare vereinigen, indem sonst die Curve von dem einen dieser beiden Puncte bis zum anderen gegenüberliegenden ohne Wendung und ohne sich selbst zu schneiden, fortgehen müsste, welches nach §. 10 nicht möglich ist.

§. 18. Es bleibt jetzt noch zu untersuchen übrig, ob und wann eine Linie der dritten Ordnung λ ausser der einfachen Curve ε, welche ihr unbedingt zukommen muss, noch eine Zwillingscurve haben kann. Denn dass es nicht zwei oder mehrere sein können, folgt sogleich daraus, dass eine Zwillingscurve mit einem Hauptkreise immer eine gerade Anzahl von Punctepaaren gemein hat (§. 11), und dass daher bei zwei Zwillingscurven ein durch ein Punctepaar der einen und ein Punctepaar der anderen gelegter Hauptkreis der Curven in wenigstens noch zwei anderen Paaren, also überhaupt wenigstens in vier Paaren begegnet — gegen §. 16. — Aus gleichem Grunde erhellt, dass eine zu λ gehörige Zwillingscurve, wenn anders eine solche bei λ überhaupt möglich ist, von keinem Hauptkreise in mehr als zwei Punctepaaren getroffen werden darf, dass sie also keine Wendepuncte, Knoten oder Spitzen haben darf, dass von den zwei einzelnen Curven, aus denen sie besteht, jede für sich ganz auf einer und derselben Seite, und folglich beide auf verschiedenen Seiten eines sie in einem Punctepaare berührenden Hauptkreises liegen müssen, und dass endlich weder die einfache Curve ε selbst, noch ein an ε berührend gelegter Hauptkreis der Zwillingscurve begegnen darf, dass folglich die zwei einzelnen Curven der Zwillingscurve auf entgegengesetzten Seiten der einfachen liegen müssen.

Hat nun die einfache Curve ε drei gesondert liegende Paare von Wendepuncten, so kann, obschon nicht jederzeit, eine Zwillingscurve noch stattfinden. Um uns die Möglichkeit hiervon, wenn auch nur an einem sehr extremen Falle, begreiflich zu machen, wollen wir durch zwei Punctepaare von ε einen Hauptkreis α legen, welcher der ε in noch einem dritten Punctepaare begegnen wird, und wollen annehmen, dass nicht nur alle übrigen Puncte von ε in grosser Nähe von α liegen, sondern dass auch alle an ε berührend gelegten Hauptkreise mit α sehr kleine Winkel machen, — wie dies unter anderen der Fall sein würde, wenn in dem in §. 10 gegebenen Beispiele die abwechselnd an die eine und die andere Seite der sechs gleichen Abschnitte eines Hauptkreises gelegten Bögen insgesammt sehr flach, Theile eines von einem Hauptkreise nur wenig verschiedenen kleineren Kreises, wären. — Alsdann wird jeder durch ein in der Nähe der Pole von α befindliches Punctepaar gelegter Hauptkreis die ε nur in einem Punctepaare schneiden; und wenn wir daher noch annehmen, dass die zwei einzelnen mit keinen merkwürdigen Puncten versehenen Curven der Zwillingscurve sehr klein, etwa zwei kleinere Kreise von nur geringem Durchmesser, sind, und dass die eine derselben in grosser Nähe des einen, mithin die andere in eben so grosser Nähe des anderen Pols von α liegt, so wird, wie erforderlich, kein Hauptkreis die aus ε und der Zwillingscurve zusammengesetzte Linie λ in mehr als drei Punctepaaren schneiden können.

Hat dagegen die einfache Curve ε nur ein Paar Wendepuncte und zum Ersatz der beiden anderen ein Knoten- oder ein Spitzenpaar, so kann sie mit einer Zwillingscurve nicht verbunden sein. Denn weil in einem Knoten zwei Curvenpuncte vereinigt sind, so wird ein durch das Knotenpaar gelegter Hauptkreis die ε immer noch in einem anderen Punctepaare schneiden. Wäre daher noch eine andere Zwillingscurve vorhanden, so würde ein durch ein Punctepaar der letzteren und durch das Knotenpaar in ε gezogener Hauptkreis sowohl die Zwillingscurve als die ε in noch einem Punctepaare treffen, was gegen unser Criterium ist. — Und das von Knoten Gesagte gilt wörtlich auch von Spitzen.

§. 19. Nach diesem Allen, und wenn wir noch bemerken, dass die zwei einzelnen Curven einer Zwillingscurve sich zu zwei isolirten Puncten zusammenziehen können, hat jede Linie der dritten Ordnung eine der nachstehenden fünf Formen. Es besteht nämlich eine solche entweder

1) aus einer einfachen Curve mit drei Paaren von Wendepuncten und aus einer Zwillingscurve ohne merkwürdige Puncte, oder
2) aus einer einfachen Curve mit drei Paaren von Wendepuncten und aus einem isolirten Punctepaare, oder sie ist
3) bloss eine einfache Curve mit drei Paaren von Wendepuncten, oder
4) eine einfache Curve mit einem Paare von Wendepuncten und einem Knotenpaar, oder
5) eine einfache Curve mit einem Paare von Wendepuncten und einem Spitzenpaar.

Ob nun alle diese fünf Formen, welche die sphärischen Linien der dritten Ordnung bei alleiniger Berücksichtigung des oft gedachten Criteriums haben können, ihnen auch in Folge ihrer algebraischen Gleichung zukommen, ist eine Frage, welche erst durch Rechnung entschieden werden kann. Für jetzt steht nur dieses fest, dass eine solche Linie keine Form haben kann, welche nicht unter diesen fünf mit enthalten wäre, dass sie also namentlich immer wenigstens ein Paar, und wenn zwei, auch ein drittes, aber nicht mehr Paare von Wendepuncten hat. Die folgende Untersuchung wird uns indessen auch von der algebraischen Wirklichkeit der erhaltenen fünf Formen überzeugen.

Ich werde dabei von dem Algorithmus Gebrauch machen, den ich in meiner Abhandlung »über eine neue Behandlungsweise der analytischen Sphärik«*) veröffentlicht habe. Da ich jedoch nicht voraussetzen kann, dass allen Lesern des Vorliegenden jene Abhandlung zu Gesicht gekommen, so will ich eine Erklärung des Fundaments und der Beschaffenheit meines sphärischen Algorithmus, so weit wir desselben hier bedürfen, vorangehen lassen, und, um dieses in möglichster Kürze zu thun, ihn nicht, wie dort geschah, auf geometrische Principien, sondern auf die ersten Sätze vom Gleichgewichte zurückführen, als von welchen seine Formeln, wenn man will, als Symbole angesehen werden können.

---

*) Vergl. Abhandlungen, herausgegeben von der Fürstlich Jablonowski'schen Gesellschaft, Leipzig, 1846, oder auch pag. 1—54 des vorliegenden Bandes.

Der sphärische Algorithmus.

§. 20. 1) Sind A, B, ... Puncte auf der Oberfläche einer Kugel, deren Mittelpunct O heisse, und a, b, ... irgend welche Zahlen, so sollen

$$aA\,,\qquad bB\,,\qquad \ldots$$

Kräfte bedeuten, welche auf den als frei beweglich zu denkenden Punct O nach den Richtungen OA, OB, ... wirken, und deren Intensitäten sich wie die Zahlen a, b, ... verhalten.

Durch die Gleichung

$$(a)\qquad aA + bB + \ldots = 0$$

werde ausgedrückt, dass die Kräfte aA, bB, ... sich das Gleichgewicht halten; durch die Gleichung

$$(b)\qquad aA + bB + \ldots = pP\,,$$

dass die Kraft pP die Resultante der Kräfte aA, bB, ... ist; durch die Gleichung

$$(c)\qquad aA + bB + \ldots = pP + qQ + \ldots\,,$$

dass die Kräfte aA, bB, ... in Vereinigung dieselbe Wirkung, wie die Kräfte pP, qQ, ... in Vereinigung, haben.

2) Zwei einander gleiche Kräfte, deren Richtungen einander entgegengesetzt sind, können auch als solche betrachtet werden, welche einerlei Richtung haben, und deren Intensitäten, ihrem absoluten Werthe nach einander gleich, entgegengesetzte Vorzeichen haben. Wenn daher in den Gleichungen (a), (b), (c), in denen wir vorhin stillschweigend alle die die Intensitäten ausdrückenden Zahlen als positiv annahmen, ein oder etliche negative Glieder sich vorfinden, so sind die dadurch dargestellten Kräfte Kräften mit eben so grossen positiven Intensitäten, aber mit entgegengesetzten Richtungen, gleich zu achten, und man kann demnach, wenn es gefällt, das Minuszeichen eines Gliedes mit dem Pluszeichen, so wie auch umgekehrt, vertauschen, dafern man nur gleichzeitig statt des in dem Gliede enthaltenen Punctes seinen Gegenpunct setzt. So ist z. B. $\mp aA$ gleichbedeutend mit $\pm aA'$ (§. 9, 1).

3) Da es in den Gleichungen (a), (b) und (c) nicht auf die absoluten Werthe der Coëfficienten a, b, ..., p, q, ..., sondern nur auf ihr gegenseitiges Verhältniss ankommt, so bleibt jede dieser Gleichungen noch richtig, wenn alle ihre Glieder mit einer und derselben Zahl multiplicirt oder dividirt werden. Aus dem bekannten Satze der Statik, dass, wenn von zwei oder mehreren Systemen von

Kräften jedes für sich im Gleichgewichte ist, auch die Kräfte aller Systeme zusammen sich das Gleichgewicht halten, aus diesem Satze und ihm ähnlichen folgt ferner, dass man zwei oder mehrere solcher Gleichungen, wie (a), (b), (c), zu einander addiren, die eine von der anderen subtrahiren, Glieder von der einen Seite des Gleichheitszeichens mit entgegengesetzten Vorzeichen auf die andere bringen, und überhaupt mit diesen Gleichungen alle die algebraischen Operationen vornehmen darf, bei welchen die einzelnen Glieder ihre obige Form behalten, also Puncte mit numerischen Coëfficienten bleiben.

4) Zwei auf O wirkende Kräfte sind nur dann und dann immer von gleicher Wirkung, wenn sie einerlei Richtung und einander gleiche Intensitäten haben. Aus der Gleichung

$$aA = pP$$

ist daher zu schliessen, dass P ein mit A identischer Punct, und dass $p = a$ ist, oder auch, dass P der Gegenpunct von A, und $p = -a$ ist.

5) Aus der Gleichung

$$aA + bB = pP$$

ist nach dem Satze vom Parallelogramm der Kräfte zu schliessen, dass die drei Geraden OA, OB, OP in einer Ebene liegen, und dass, wenn man in dieser Ebene ein Parallelogramm construirt, von welchem zwei Seiten und die eine Diagonale in OA, OB und in OP fallen, jene zwei Seiten und diese Diagonale sich wie die Zahlen a, b, p verhalten. Oder, was dasselbe ausdrückt: In Bezug auf ein in der Ebene OAB enthaltenes Coordinatensystem, dessen Axen die Richtungen OA, OB haben, sind die Coordinaten des in dieser Ebene gleichfalls begriffenen Punctes P und der Abstand des P vom Anfangspuncte O der Coordinaten den Zahlen a, b, p proportional. Oder mit noch anderen Worten: Es liegen die Puncte A, B, P in einem Hauptkreise, und dieses dergestalt, dass sich

$$\sin PB : \sin AP : \sin AB = a : b : p$$

verhalten, wobei die Bögen von P bis B, von A bis P und A bis B nach einem und demselben Sinne zu rechnen sind.

6) Eben so folgt nach dem Satze vom Parallelepipedum der Kräfte, und vorausgesetzt, dass A, B, C nicht in einem Hauptkreise liegen, aus der Gleichung

$$aA + bB + cC = pP ,$$

dass a, b, c sich wie die Coordinaten von P in Bezug auf drei Axen verhalten, deren Richtungen OA, OB, OC sind, und dass nach demselben Verhältnisse der Coëfficient p dem Abstande des P vom Anfangspuncte O der Coordinaten oder dem Kugelhalbmesser proportional ist.

Mit der gegenseitigen Lage der Puncte A, B, C, P sind demnach die Verhältnisse zwischen a, b, c, p unzweideutig bestimmt. Und umgekehrt: Sind die Puncte A, B, C und die Verhältnisse zwischen ihren Coëfficienten a, b, c gegeben, so sind damit zwei einander gegenüberliegende Puncte der Kugelfläche unzweideutig bestimmt; es sind nämlich die Durchschnitte P und P' der Fläche mit einer durch O dergestalt gelegten Geraden, dass in Bezug auf OA, OB, OC, als Axen, die Coordinaten jedes Punctes dieser Geraden sich wie a, b, c verhalten.

7) Indem wir auf solche Weise alle Puncte P der Kugelfläche auf drei nicht in einem Hauptkreise liegende Puncte A, B, C beziehen, wollen wir letztere Puncte die Fundamentalpuncte, die drei durch je zwei von ihnen zu legenden Hauptkreise BC, CA, AB die Fundamentalkreise und das von ihnen gebildete Dreieck ABC das Fundamentaldreieck nennen.

Das Aggregat

$$aA + bB + cC \ ,$$

in welchem die Coëfficienten a, b, c die Coordinaten von P in Bezug auf OA, OB, OC als Axen sind, oder doch diesen Coordinaten proportionale Grössen vorstellen, und durch welches der Punct P sowie sein Gegenpunct P' bestimmt wird, heisse der Ausdruck des Punctepaares P, P', oder kurz: des Punctes P, indem wir unter P seinen Gegenpunct mit verstehen. Welcher von beiden Puncten gemeint ist, wird erst aus dem Vorzeichen seines Coëfficienten p erkannt. Um bloss anzuzeigen, dass $aA + ..$ der Ausdruck des P (und seines Gegenpunctes) ist, werden wir uns, mit Weglassung von p, des Zeichens ($\equiv$) bedienen und schreiben

$$aA + bB + cC \equiv P \ ,$$

statt

$$= pP \quad \text{oder} \quad = -pP' \ .$$

Ist einer der drei Coëfficienten des Ausdrucks, z. B. c, Null, also

$$P \equiv aA + bB \ ,$$

so liegt P im Fundamentalkreise AB (5); sind zwei Coëfficienten zugleich Null, etwa b und c, so fällt P mit A zusammen (4). Dass diese Sätze auch umgekehrt gelten, ist von selbst klar.

8) Heissen jetzt x, y, z die Coëfficienten von A, B, C, und α, β die Exponenten der Verhältnisse $x:z$, $y:z$. Sind diese Ex-

ponenten gegeben, so ist es auch der durch $xA + yB + zC$ ausgedrückte Punct P; es sind nämlich

$$\frac{x}{z} = \alpha \quad \text{und} \quad \frac{y}{z} = \beta$$

die Gleichungen der Geraden OP, wenn OA, OB, OC als Axen der x, y, z genommen werden. Sind aber α, β nicht selbst, sondern nur eine Gleichung $\beta = f(\alpha)$ zwischen ihnen gegeben, so dass immer anderen Werthen von α immer andere von β zugehören, so bilden alle somit sich ergebenden Geraden eine Kegelfläche, welche O zur Spitze hat, und deren Gleichung

$$(d) \qquad \frac{y}{z} = f\left(\frac{x}{z}\right),$$

also eine homogene Gleichung zwischen x, y, z ist; und alle durch $xA + \ldots$ ausgedrückten Puncte bilden eine sphärische Curve, welche keine andere, als der Durchschnitt der Kugelfläche mit jener Kegelfläche ist.

Durch den Ausdruck $xA + yB + zC$ *in Verbindung mit einer homogenen Gleichung zwischen* x, y, z *wird demnach immer eine sphärische Curve dargestellt, diejenige nämlich, in welcher die Kugelfläche von einer durch dieselbe Gleichung dargestellten Kegelfläche geschnitten wird, wenn die Coordinaten* x, y, z *der Gleichung auf* OA, OB, OC *als Axen bezogen werden.*

9) Ist die homogene Gleichung (d) eine algebraische, und nach Wegschaffung der Bruchform vom $n$ten Grade, so dass in jedem ihrer Glieder die Summe der Exponenten von x, y, z gleich n ist, so gehört die durch sie ausgedrückte Kegelfläche, mithin auch (§. 4) die durch dieselbe Gleichung dargestellte sphärische Curve zur $n$ten Ordnung.

Die allgemeine Form einer homogenen Gleichung des ersten Grades ist

$$ax + by + cz = 0 .$$

Die hierdurch ausgedrückte Kegelfläche ist eine den Punct O enthaltende Ebene, und daher die sphärische Curve ein Hauptkreis (§. 4). Für $x = 0$ wird

$$y : z = -c : b .$$

Hiermit verwandelt sich der Ausdruck $xA + yB + zC$ in $cB - bC$; d. h. der Hauptkreis, dessen Gleichung

$$ax + by + cz = 0$$

ist, schneidet den Fundamentalkreis BC in einem Puncte, dessen Ausdruck

$$cB - bC$$

ist. Eben so finden sich

$$aC - cA \quad \text{und} \quad bA - aB$$

als die Ausdrücke für die Durchschnitte des Hauptkreises mit den Fundamentalkreisen CA und AB.

Ist die Constante $a = 0$, so reduciren sich die letzteren zwei Ausdrücke auf $-cA$ und bA; d. h. der Hauptkreis, dessen Gleichung

$$by + cz = 0 \ ,$$

geht durch den Fundamentalpunct A und schneidet den Fundamentalkreis BC im Puncte $cB - bC$.

Ist auch noch $b = 0$, so wird letzterer Durchschnitt $\equiv B$; d. h. der Hauptkreis, dessen Gleichung

$$z = 0 \ ,$$

ist der Fundamentalkreis AB selbst; und ähnlicher Weise sind

$$x = 0 \quad \text{und} \quad y = 0$$

die Gleichungen der Fundamentalkreise BC und CA.

10) Die Bequemlichkeit unseres sphärischen Algorithmus zeigt sich insbesondere beim Uebergange von einem Fundamentaldreieck oder Coordinatensystem zu einem anderen desgleichen. Ist nämlich eine homogene Gleichung zwischen x, y, z, als Gleichung einer sphärischen Curve in Bezug auf die Fundamentalpuncte A, B, C gegeben, und soll ihre Gleichung in Bezug auf irgend drei andere Fundamentalpuncte A_1, B_1, C_1 gefunden werden, so setze man, es seien die neuen Fundamentalpuncte, durch die alten ausgedrückt, wie folgt:

$$(e) \qquad \begin{cases} A_1 = a\,A + b\,B + c\,C \ , \\ B_1 = a'A + b'B + c'C \ , \\ C_1 = a''A + b''B + c''C \ , \end{cases}$$

so dass, den Kugelhalbmesser gleich 1 angenommen, a, b, c die Coordinaten von A_1, u. s. w. in Bezug auf OA, OB, OC, als Axen, sind. Seien ferner t, u, v drei von den Veränderlichen x, y, z und den Constanten a, b, c, a', ..., c'' dergestalt abhängige Veränderliche, dass

$$(f) \qquad \begin{cases} at + a'u + a''v = x \ , \\ bt + b'u + b''v = y \ , \\ ct + c'u + c''v = z \ , \end{cases}$$

so kommt, wenn man die drei Gleichungen (e) der Reihe nach mit t, u, v multiplicirt und sie hierauf addirt:

$$tA_1 + uB_1 + vC_1 = xA + yB + zC \ .$$

Da also, wenn t, u, v auf die durch (f) ausgedrückte Weise von x, y, z abhängen, die durch $tA_1 + \ldots$ und $xA + \ldots$ ausgedrückten Puncte der Kugelfläche identisch sind, so hat man nur die Werthe von x, y, z aus (f) in der gegebenen Curvengleichung zu substituiren, und es wird die hervorgehende homogene Gleichung zwischen t, u, v dieselbe auf A_1, B_1, C_1 als Fundamentalpuncte bezogene Curve darstellen.

So war z. B. $x = 0$ die Gleichung des Fundamentalkreises BC; mithin ist

$$at + a'u + a''v = 0$$

die Gleichung des auf A_1, B_1, C_1 bezogenen Hauptkreises BC; eben so

$$bt + b'u + b''v = 0$$

die Gleichung des Haupkreises CA; u. s. w.

Analytische Entwickelung der Grundformen der sphärischen Linien der dritten Ordnung.

§. 21. Mit Anwendung des jetzt erörterten Calculs wollen wir nunmehr die verschiedenen Formen, welche eine sphärische Linie der dritten Ordnung zu Folge ihrer Gleichung haben kann, zu erforschen suchen und dabei von den vorhin durch geometrische Betrachtungen gefundenen Eigenschaften einer solchen zunächst nur den Satz benutzen, dass sie immer wenigstens einen Wendepunct*) hat.

Die allgemeine Gleichung einer sphärischen Linie der dritten Ordnung ist:

$$(A) \qquad ax^3 + by^3 + cz^3 + fy^2z + gz^2x + hx^2y + iyz^2 + kzx^2 + lxy^2 + mxyz = 0 \ .$$

Ohne an Allgemeinheit zu verlieren wird sich diese Gleichung etwas einfacher gestalten, wenn wir das Fundamentaldreieck ABC

*) Nicht ein Paar von Wendepuncten, da jetzt, wie schon erinnert worden (§. 20, 7), unter jedem Puncte der Curve zugleich mit sein Gegenpunct, als ein ebenfalls der Curve angehöriger Punct, verstanden wird.

so gelegt annehmen, dass B in den einen nothwendig vorhandenen Wendepunct der Curve fällt, und diese daselbst von AB berührt wird, oder mit anderen Worten: dass der Punct B und zwei ihm in AB nächstliegende Puncte der Curve angehören.

Nun ist für die der Curve mit dem Fundamentalkreise AB gemeinsamen Puncte $z = 0$ (§. 20, 7), und daher

$$(a) \qquad ax^3 + by^3 + hx^2y + lxy^2 = 0 \ .$$

Die Puncte selbst aber werden durch $xA + yB$ ausgedrückt, nachdem darin für das Verhältniss $x : y$ die drei aus (a) folgenden Werthe desselben nach einander substituirt worden.

Soll B einer dieser drei Puncte sein, soll also die Curve durch B gehen, so muss, weil sich der Ausdruck $xA + yB$ nur für $x = 0$ auf B reducirt, der Gleichung (a) Genüge geschehen, wenn man $x = 0$ setzt, und es muss folglich die Constante $b = 0$ sein. In der That reducirt sich damit (a) auf

$$ax^3 + hx^2y + lxy^2 = 0 \ ,$$

wovon die linke Seite den Factor x enthält. Sondert man denselben ab, so kommt die Gleichung

$$(b) \qquad ax^2 + hxy + ly^2 = 0 \ ,$$

durch deren Auflösung sich die beiden anderen Durchschnitte der Curve mit AB ergeben.

Soll noch einer derselben in B fallen, soll also die Curve durch B gehen und daselbst von AB berührt werden, so muss aus gleichem Grunde, wie vorhin, $l = 0$ sein, als wodurch sich (b) in die abermals mit dem Factor x begleitete Gleichung

$$ax^2 + hxy = 0$$

verwandelt. Nach Division mit demselben findet sich für den noch übrigen Durchschnitt der Curve mit AB

$$(c) \qquad ax + hy = 0 \ .$$

Soll daher, wie gefordert wird, auch dieser noch mit B identisch sein, so hat man noch $h = 0$, also überhaupt die Coëfficienten von y^3, xy^2 und x^2y in (A) einzeln gleich Null zu setzen.

Bei einer solchen Lage des Fundamentaldreiecks gegen eine Linie der dritten Ordnung, dass B in einen Wendepunct der Linie fällt, und sie daselbst von AB berührt wird, ist demnach ihre allgemeine Gleichung

$$ax^3 + cz^3 + fy^2z + gz^2x + iyz^2 + kzx^2 + mxyz = 0 \ ,$$

wofür wir auch schreiben können:

$$(B) \quad [fy^2 + (mx + iz)y]z + ax^3 + kzx^2 + gz^2x + cz^3 = 0 \ ,$$

eine Gleichung, die sich durch nachstehende Betrachtungen noch weiter vereinfachen lässt.

§. 22. Sei P' (vergl. Fig. 5) ein beliebiger Punct der Curve, und sein Ausdruck

$$(a) \qquad p'P' = x'A + y'B + z'C \ ,$$

so dass x', y', z', für x, y, z in der Gleichung (B) substituirt, ihr Genüge leisten. Weil die Gleichung nach y quadratisch ist, so wird, wenn man in ihr

$$x = x' \quad \text{uud} \quad z = z'$$

setzt, sich für y nächst y' noch ein zweiter sie befriedigender Werth y'' finden. Der demselben zugehörige Curvenpunct heisse P'', so dass

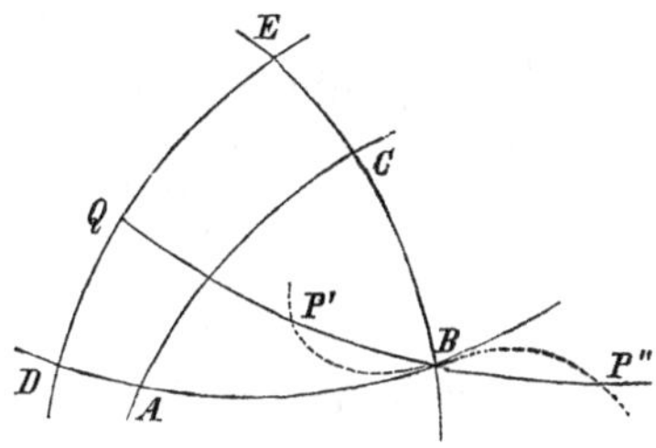

Fig. 5.

$$(b) \qquad p''P'' = x'A + y''B + z'C \ .$$

Aus (a) und (b) folgt

$$(c) \qquad p'P' - p''P'' = (y' - y'')B \ ,$$

und wenn

$$(d) \qquad p'P' + p''P'' = qQ$$

gesetzt wird:

$$(e) \qquad qQ = 2x'A + (y' + y'')B + 2z'C \ .$$

Zu Folge der nach y quadratischen Gleichung (B) ist aber

$$y' + y'' = -\frac{mx' + iz'}{f} \ .$$

Hiermit verwandelt sich (e) in

$$fqQ = 2fx'A - (mx' + iz')B + 2fz'C \ ,$$

und es wird daher, wenn man noch

$$(f) \qquad 2fA - mB = dD$$

und

$$(g) \qquad 2fC - iB = eE$$

setzt:

$$(h) \qquad Q \equiv dx'D + ez'E \ .$$

Nun liegen nach (c) die zwei Curvenpuncte P' und P'' mit B in einem Hauptkreise, in welchem nach (d) auch der Punct Q mit begriffen ist. Dabei verhalten sich (§. 20, 5)

$$\sin P'B : \sin BP'' = -p'' : p'$$

und

$$\sin P'Q : \sin QP'' = p'' : p' ,$$

folglich

$$\sin P'B : \sin BP'' = -\sin P'Q : \sin QP'' ,$$

und es wird demnach der Bogen $P'P''$ in B und Q harmonisch getheilt. — Endlich ist nach (h) Q ein Punct des zufolge (f) und (g) von dem willkürlich angenommenen P' unabhängigen Hauptkreises DE, und wir schliessen daher:

Wird in jeder von drei oder mehreren sich in einem Wendepuncte B schneidenden sphärischen Sehnen $P'P''$ der Curve ein Punct Q so bestimmt, dass die Sehne durch ihn und durch B harmonisch getheilt wird, so liegen alle diese Puncte Q in einem Hauptkreise DE.

Wir wollen diesen Hauptkreis, nach Analogie einer ähnlichen Eigenschaft bei den Linien der zweiten Ordnung, die Polare des Wendepunctes B nennen.

Ist die Sehne $P'P''$ unendlich klein, und liegt B ausserhalb ihrer Endpuncte, so fällt der Punct Q der Polare nach der Natur der harmonischen Theilung zwischen die Endpuncte, d. h.:

Der Berührungspunct einer durch einen Wendepunct B an die Curve gelegten Tangente ist, wo nicht B selbst, ein Punct der Polare von B. — Und umgekehrt wird die Curve von einem Hauptkreise, welcher durch B und einen ihrer Durchschnitte mit der Polare von B gelegt worden, in dem Durchschnitte berührt.

§. 23. Die Reduction der allgemeinen Gleichung (A) der Curve auf die einfachere Form (B) wurde dadurch bewirkt, dass wir den Fundamentalpunct B mit dem einen Wendepuncte der Curve und den Fundamentalkreis AB mit der Tangente daselbst zusammenfallen liessen. Der Fundamentalkreis CA und der durch B zu legende BC blieben dabei der Willkür überlassen. Zu noch mehrerer Vereinfachung der Gleichung wollen wir jetzt annehmen, dass, während die Fundamentalkreise AB und BC ihre vorige Lage unverändert behalten, der dritte CA mit der Polare DE des Wendepunctes B identisch wird, dass also, weil DE die BA und BC nach den Formeln (f) und (g) in D und E schnitt, jetzt A mit D und C mit E zusammenfällt. Wegen des Ersteren ist nach (f) nöthig, dass

$$m = 0 ,$$

und wegen des Letzteren nach (g), dass

$$i = 0 \ .$$

Hiermit reducirt sich die allgemeine Gleichung (B) einer sphärischen Linie der dritten Ordnung auf

$$(C) \qquad f y^2 z + a x^3 + k z x^2 + g z^2 x + c z^3 = 0 \ .$$

§. 24. Um die Beschaffenheit der durch (C) ausgedrückten Curve zu erforschen, wollen wir zunächst nicht sie selbst, sondern ihre Projection auf eine mit dem Fundamentalkreise AB parallele Ebene in Untersuchung ziehen. Da die Gleichung einer sphärischen Curve (nach §. 20, 8) auch als die Gleichung einer auf OA, OB, OC, als coordinirte Axen, bezogene Gleichung einer Kegelfläche betrachtet werden kann, welche der Kugelmittelpunct O zur Spitze und die sphärische Curve zur leitenden Linie hat, und da in Bezug auf dasselbe Coordinatensystem die Gleichung einer durch einen Punct C der Axe OC parallel mit der Ebene OAB gelegten Ebene

$$z = O\mathrm{C}$$

ist, so werden wir die verlangte Projection, als den Durchschnitt jener Kegelfläche mit dieser Ebene, sogleich erhalten, wenn wir in (C) der Coordinate z den constanten Werth $O\mathrm{C}$ beilegen. Setzen wir demnach die jetzt constanten Grössen

$$a : fz = -\alpha \ , \qquad k : f = -\beta \ , \qquad gz : f = -\gamma \ , \qquad cz^2 : f = -\delta \ ,$$

so ergibt sich als die Gleichung der Projection

$$(C^*) \qquad y^2 = \alpha x^3 + \beta x^2 + \gamma x + \delta \ .$$

Hierbei sind die Axen der x und der y mit OA und OB parallel. Ihr gemeinschaftlicher Anfangspunct ist C oder die Projection von C, daher diese Axen auch als die Projectionen der Fundamentalkreise CA und CB anzusehen sind.

Der Lauf der sphärischen Curve bei B wird, weil B ein Punct des mit der Projectionsebene parallelen Hauptkreises AB ist, durch zwei unendliche mit OB oder der Axe der y parallel zu werden strebende Aeste dargestellt (vergl. Fig. 6). Weil die sphärische Curve in B den Kreis AB berührt und daselbst eine Wendung macht, so sind diese Aeste von parabolischer Form und laufen auf einer und derselben Seite der Axe der y, welcher sie ihre hohle Seite zuwenden, nach entgegengesetzten Richtungen (§. 15). Der Wendepunct B der ebenen Curve, welcher dem Wendepuncte B der sphärischen entspricht, liegt demnach unendlich entfernt nach einer mit der Axe der y parallelen Richtung. Seine Polare ist die Axe der x, als die Projection der Polare CA von B. So wie jede durch B

gehende Sehne $P'P''$ der sphärischen Curve in B und von CA in Q harmonisch getheilt wird (§. 22), so wird auch jede nach B gerichtete, d. i. mit der Axe der y parallele Sehne P′P″ der ebenen Curve in

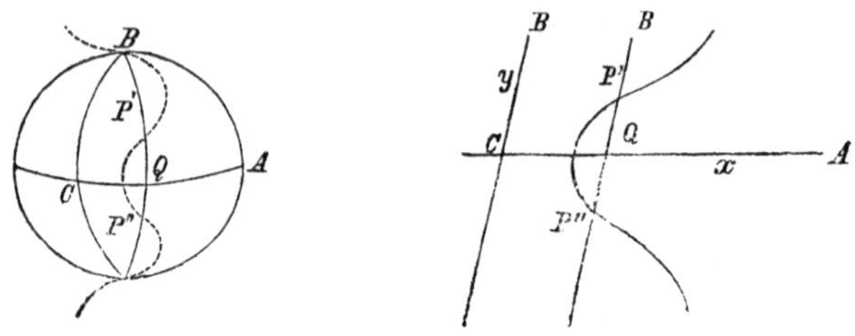

Fig. 6.

B und von der Axe der x, es sei in Q, harmonisch, d. h. also getheilt, dass

$$\mathrm{P'B : BP''} = -\,\mathrm{P'Q : QP''} \text{ *)}.$$

Wegen der unendlichen Entfernung von B ist aber der Exponent des ersteren dieser beiden Verhältnisse gleich -1, folglich

$$\mathrm{P'Q} = \mathrm{QP''}\,,$$

wie auch unmittelbar aus der Gleichung (C^*) fliesst, als nach welcher jeder Abscisse CQ zwei einander gleiche und entgegengesetzte Ordinaten QP′ und QP″ zugehören.

§. 25. Die sphärische Curve, deren Gleichung (C), und die ebene, deren Gleichung (C^*) ist, liegen in einer und derselben den Punct O zur Spitze habenden Kegelfläche, und es sind daher die Projectionen beider Curven durch Linien aus O auf irgend eine andere Ebene mit einander identisch. Da nun die Gleichung (C) dieselben Curven, wie die allgemeine Gleichung (A), umfasst, indem sie aus (A) durch Annahme einer besonderen Lage des Fundamentaldreiecks hervorgegangen, und da folglich aus der durch (C) ausgedrückten sphärischen Curve nach den verschiedenen Werthen der

---

*) Nach dem bekannten Satze, dass, wenn P', P'', B, Q irgend vier Puncte eines Hauptkreises und P′, P″, B, Q ihre Projectionen auf eine beliebige Ebene und daher vier in einer Geraden liegende Puncte sind, die zwei Verhältnisse

$$\frac{\sin P'B}{\sin BP''} : \frac{\sin P'Q}{\sin QP''} \quad \text{und} \quad \frac{\mathrm{P'B}}{\mathrm{BP''}} : \frac{\mathrm{P'Q}}{\mathrm{QP''}}$$

einander gleich sind. Liegen die vier ersteren Puncte harmonisch, so ist das erstere, folglich auch das letztere Verhältniss, $= -1$, und die vier letzteren Puncte haben daher gleichfalls eine harmonische Lage.

in (C) vorkommenden Constanten und nach der verschiedenen Lage der Ebene, auf welche sie projicirt wird, alle möglichen ebenen Linien der dritten Ordnung entstehen können, so muss dasselbe auch von der durch (C^*) dargestellten ebenen Curve gelten.

In der That ist es die Gleichung (C^*), aus welcher *Newton* in seiner *Enumeratio linearum tertii ordinis* die fünf von ihm sogenannten divergirenden Parabeln ableitet, fünf Curven, die, wie er hinzusetzt, mit ihren Schatten alle übrigen Linien der dritten Ordnung erzeugen, ebenso, wie jede Linie der zweiten Ordnung der Schatten eines Kreises ist.

Die fünf verschiedenen Formen aber, welche die mit der Gleichung (C^*) construirte ebene Curve annehmen kann, erhält *Newton* unmittelbar durch Betrachtung der drei Wurzeln der Gleichung

$$(i) \qquad \alpha x^3 + \beta x^2 + \gamma x + \delta = 0 \; .$$

Denn entweder sind alle drei Wurzeln reell, oder nur eine reell und die beiden anderen imaginär. Unter der ersten Annahme sind von den drei reellen Wurzeln entweder

I. keine zwei einander gleich, oder
II. die beiden kleineren, oder
III. die beiden grösseren, oder
IV. alle einander gleich; wozu noch
V. der Fall kommt, wenn die Gleichung (i) nur eine reelle Wurzel hat.

Die diesen fünf Fällen entsprechenden fünf Curven wollen wir gleichfalls mit I., II., .., V. bezeichnen und ihre Formen einzeln zu bestimmen suchen.

Zuvor noch die Bemerkung, dass jede dieser fünf Curven zu Folge ihrer gemeinsamen Gleichung (C^*), wenn das Coordinatensystem ein rechtwinkliges ist, durch die Axe der x in zwei symmetrische Hälften getheilt wird, dass wir aber hier den Ausdruck symmetrisch auch bei schiefwinkligen Systemen gebrauchen und je zwei Puncte gegen die Axe der x symmetrisch liegend nennen werden, wenn die sie verbindende gerade Linie mit der Axe der y parallel ist und von der Axe der x, welche vorzugsweise die Axe heisse, halbirt wird. Man gewahrt augenblicklich, dass auch bei dieser Erweiterung des Begriffes symmetrischer Lage, wenn drei oder mehrere Puncte der Ebene in einer Geraden sind, die ihnen symmetrisch entsprechenden gleichfalls in einer Geraden liegen, dass beide Gerade sich in einem Puncte der Axe schneiden, dass die gegenseitigen Entfernungen der ersteren Puncte in denselben Verhältnissen, wie die gegenseitigen Entfernungen der letzteren, zu einander stehen; dass daher, wenn vier Puncte harmonisch liegen, auch die ihnen entsprechenden vier harmonische Puncte sind; dass ferner, wenn eine Curve von der Axe in zwei symmetrische Theile getheilt wird, die an zwei einander entsprechende Puncte beider Theile gezogenen Tangenten zwei symmetrisch liegende Gerade sind, dass, wenn der eine der beiden Puncte ein Wendepunct ist, es auch der andere ist, u. s. w.

§. 26. Unter der Annahme, dass die drei Wurzeln der Gleichung (i) reell sind, können wir die Gleichung (C^*) schreiben:

$$y^2 = \alpha(x-l)(x-m)(x-n) \ .$$

Sei nun P ein beliebiger Curvenpunct, und Q der Punct, in welchem die Axe der x von einer durch P mit der Axe der y gelegten Parallele geschnitten wird, also

$$y = \mathrm{QP} \ , \qquad x = \mathrm{CQ} \ .$$

Man trage — mit Rücksicht auf die Vorzeichen — auf die Axe der x von ihrem Anfangspuncte C aus die Längen

$$\mathrm{CL} = l \ , \qquad \mathrm{CM} = m \ , \qquad \mathrm{CN} = n \ ,$$

so wird

$$x - l = \mathrm{LQ} \ , \qquad x - m = \mathrm{MQ} \ , \qquad x - n = \mathrm{NQ} \ ,$$

und die Curvengleichung verwandelt sich in

$$y^2 = \alpha \,.\, \mathrm{LQ} \,.\, \mathrm{MQ} \,.\, \mathrm{NQ} \ .$$

Dabei wollen wir die Constante α als positiv betrachten, indem der Fall, wenn α negativ sein sollte, sich sogleich dadurch auf den ersteren reduciren lässt, dass man die vorher negative Richtung der Axe der x zur positiven, und umgekehrt, nimmt. Wir wollen ferner annehmen, dass die Puncte L, M, N in dieser Ordnung nach der positiven Richtung der Axe der x auf einander folgen, dass also die Abschnitte LM und MN beide positiv sind.

Bei der Curve I. sind nun L, M, N drei verschiedene Puncte und zugleich die einzigen, in welchen $y = 0$ wird. Liegt Q zwischen L und M, oder auf der positiven Seite von N, so ist die rechte Seite der Gleichung positiv; negativ dagegen, wenn Q zwischen M und N, oder auf die negative Seite von L fällt. Hieraus folgt, dass von N aus nach der positiven Seite der Axe hin zwei symmetrisch gegen sie liegende Aeste sich ins Unendliche erstrecken, und dass zwischen L und M und bis zu diesen Grenzen eine in sich zurücklaufende und daher von jenen Aesten isolirte Curve (ovalis) enthalten ist (vergl. Fig. 7).

Liegt Q dem N unendlich nahe, so kann statt der vorigen Gleichung geschrieben werden:

$$y^2 = \alpha \,.\, \mathrm{LN} \,.\, \mathrm{MN} \,.\, \mathrm{NQ} \;.$$

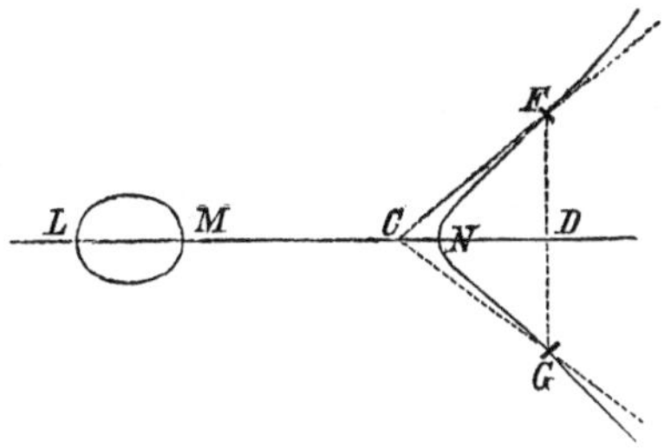

Fig. 7.

Es ist dies die Gleichung einer Parabel der zweiten Ordnung, welche die Axe der x zu ihrer Axe und N zum Scheitel hat, und wir schliessen hieraus, dass die Curve in unmittelbarer Nähe von N gegen die Axe hohl ist. Da aber die zwei unendlichen Aeste der Curve der Axe der y ihre hohle (§. 24) und mithin der Axe der x ihre erhabene Seite zukehren, so muss, ehe dieses geschieht, jeder der beiden Aeste eine Wendung*) machen, und die Curve muss daher über die positive Seite von N hinaus zwei symmetrisch liegende, in der Figur mit F und G bezeichnete Wendepuncte haben.

Newton nennt hiernach die Curve I.: parabola campaniformis cum ovali.

Die Curve II., bei welcher $l = m$ ist, unterscheidet sich von der vorigen nur dadurch, dass die Puncte L und M hier vereinigt sind, und damit die vorhin zwischen ihnen enthaltene Curve sich in einen isolirten Punct M zusammengezogen hat (vergl. Fig. 8). Sie führt bei *Newton* den Namen parabola punctata, und ihre Gleichung ist

$$y^2 = \alpha(x - l)^2(x - n) \;,$$

wo

$$l < n \;.$$

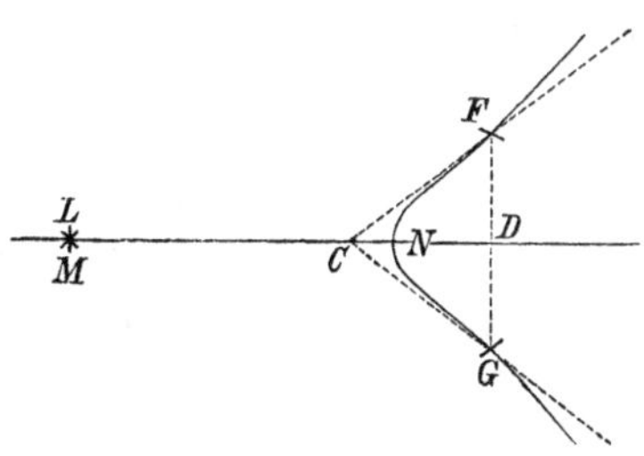

Fig. 8.

Die Curve V., deren Gleichung wir also schreiben können:

$$y^2 = \alpha\,[(x - f)^2 + g^2]\,(x - n) \;,$$

hat mit der Axe bloss den Punct N, einen parabolischen Scheitel, gemein, von welchem aus, wie bei I.

*) oder drei, fünf, u. s. w. Wendungen, wodurch aber eine grössere Zahl von Wendepuncten entstünde, als bei einer Linie der dritten Ordnung statt haben kann (§. 17).

und II., zwei symmetrisch gegen die Axe liegende unendliche Aeste fortgehen, welche ihr Anfangs die hohle, später die erhabene Seite zuwenden, indem sie zuletzt der Axe der y parallel werden (vergl. Fig. 9ᵃ und 9ᵇ). — Es ist die parabola pura.

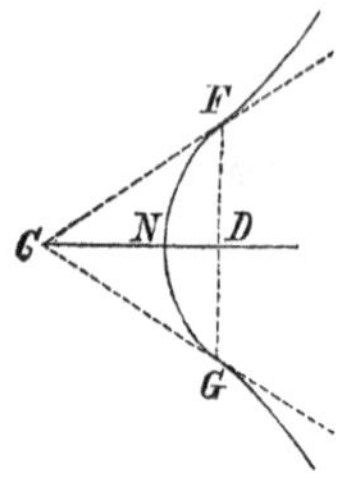

Fig. 9ª.

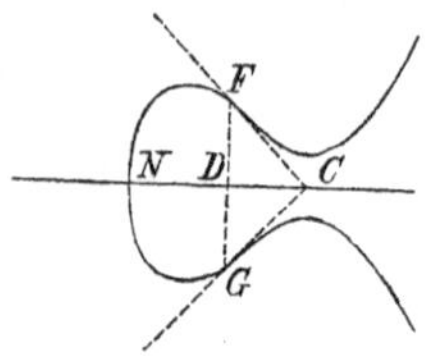

Fig. 9ᵇ.

Für die Curve III. ist $m = n$, und daher die Gleichung derselben:

$$y^2 = \alpha(x - l)(x - n)^2 ,$$

wo $l < n$, oder

$$y^2 = \alpha \,.\, \mathrm{LQ} \,.\, \mathrm{NQ}^2 ,$$

wo LN positiv. Hier ist also die bei I. stattfindende Ovale geblieben; nur hat sich von ihren zwei Scheiteln derjenige M, welcher dem Scheitel N der Parabel am nächsten lag, bis an N herangezogen. Um den Gang der Curve bei N zu bestimmen, wollen wir Q einen dem N unendlich nahe liegenden Punct sein lassen. Die Gleichung wird alsdann sehr nahe

$$(k) \qquad y^2 = \alpha \,.\, \mathrm{LN} \,.\, \mathrm{NQ}^2 .$$

Sie gehört zwei sich in N schneidenden gegen die Axe symmetrisch liegenden Geraden an, den Tangenten der Curve in N; und wir ersehen hieraus, dass die zwei Aeste der Curve sich jetzt in N kreuzen, und somit N ein Knoten geworden ist, die vorige Ovale aber die Gestalt einer Schleife angenommen hat (vergl. Fig. 10). — Parabola nodata.

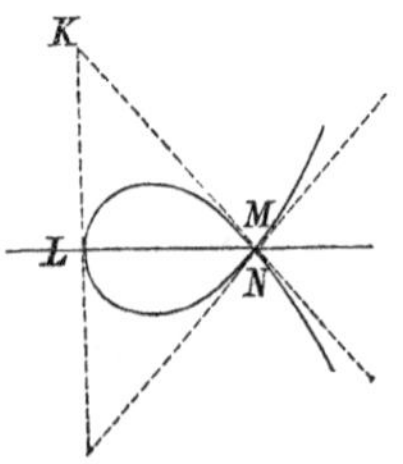

Fig. 10.

Die Constante α lässt sich hier auf eine eigenthümliche Weise bestimmen. Wird nämlich durch L eine mit der Axe der y parallele Gerade gelegt, welche die eine jener zwei Tangenten, gleichviel welche, in K schneidet, so ist LK die Ordinate dieses Durchschnittspunctes und L der Endpunct seiner Abscisse, also zu Folge der Gleichung (k)

$$\mathrm{LK}^2 = \alpha \,.\, \mathrm{LN} \,.\, \mathrm{NL}^2 \quad \text{und} \quad \alpha = \frac{\mathrm{LK}^2}{\mathrm{LN}^3} .$$

Durch Substitution dieses Werthes von α in der Curvengleichung wird letztere

$$\frac{y^2}{\mathrm{LK}^2} = \frac{\mathrm{LQ}\,.\,\mathrm{NQ}^2}{\mathrm{LN}^3}\,,$$

oder, wenn man die Längen

$$\mathrm{LN} = a\,, \qquad \mathrm{LK} = b$$

und die vom Knoten N aus gerechnete Abscisse

$$\mathrm{NQ} = x$$

setzt, welches

$$\mathrm{LQ} = \mathrm{LN} + \mathrm{NQ} = a + x$$

gibt:

$$(l) \qquad \frac{y^2}{b^2} = \frac{x^2}{a^2} + \frac{x^3}{a^3}\,.$$

Wenn endlich auch noch der Punct L mit N zusammenfällt, so entsteht die Curve IV., welcher daher die Gleichung

$$y^2 = \alpha(x - n)^3 \qquad \text{oder} \qquad y^2 = \alpha\,.\,\mathrm{NQ}^3$$

zukommt. Ist hierin NQ eine unendlich kleine Linie der ersten Ordnung, so wird y eine Linie von der noch höheren Ordnung $\frac{3}{2}$. Die zwei symmetrischen Aeste der Curve werden daher in N, wo sich die vorige Schleife in eine Spitze zusammengezogen hat, von der Axe berührt (vergl. Fig. 11). — Parabola cuspidata.

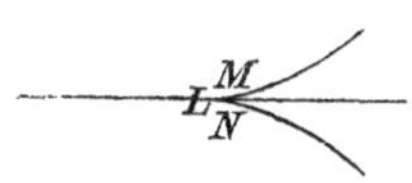

Fig. 11.

Man bemerke noch, dass nicht ebenso, wie bei den Curven I., II. und V., auch bei III. und IV. zwei symmetrische Wendepuncte vorhanden sind, indem an die Stelle derselben bei III. ein Knoten und bei IV. eine Spitze getreten ist (vergl. §. 10). Auch liesse sich der Mangel von Wendepuncten bei III. und IV. sehr leicht aus den Gleichungen dieser Curven nachweisen.

§. 27. Wir wollen jetzt die fünf parabolischen Curven I., ..., V. auf die Kugel zurück projiciren. Denn somit werden wir alle die verschiedenen Formen erhalten, welche eine sphärische Linie der dritten Ordnung ihrer Gleichung zu Folge annehmen kann.

Weil jede der fünf Parabeln eine stetige Curve mit zwei nach entgegengesetzten Richtungen laufenden Aesten ist, so ist die sphärische Projection einer jeden eine einfache Curve (§. 14). Der unendlich entfernte Punct der Aeste bildet sich als ein Wendepunct*) dieser Curve ab. Nächstdem hat von den einfachen Curven, welche aus I., II. und V. entspringen, eine jede noch zwei andere Wendepuncte. Von diesen drei einfachen Curven, deren jede drei Wendepuncte hat, ist die erste noch mit einer Zwillingscurve und die zweite mit einem isolirten Puncte begleitet. Die Curven III. und IV. aber stellen sich auf der Kugel als einfache Curven dar, von denen die eine einen Wendepunct und einen Knoten, die andere einen Wendepunct und eine Spitze hat.

Wir sind somit auf die fünf in §. 19 erhaltenen Formen der sphärischen Linien dritter Ordnung zurückgekommen und ersehen daraus, dass alle aus dem in §. 16 aufgestellten geometrischen Criterium fliessenden Formen dieser Linien sich bei den aus der allgemeinen Gleichung (A) des §. 21 ergebenden Curven auch wirklich vorfinden.

Was noch die Subordination anlangt, in welcher diese fünf Formen zu einander stehen, so erkennt man leicht, dass es im Grunde nur zwei Hauptformen gibt. Jede derselben besteht aus einer einfachen Curve mit drei Wendepuncten, zu deren einer (I.) noch eine isolirte Zwillingscurve gehört, die andere (V.) aber keinen weiteren Zusatz hat. Die erstere Hauptform kann sich in die letztere auf doppelte Art verwandeln, indem sich die isolirte Curve entweder in einen isolirten Punct zusammenzieht und dann verschwindet, oder indem sie und die einfache Curve sich bis zur Berührung einander nähern und durch Vereinigung ihrer einander schief gegenüber liegenden Theile einen Knoten bilden, welcher sich alsdann dergestalt wieder auflöst, dass die neben einander liegenden Theile der einen und der anderen Curve sich vereinigen (vergl. Fig. 3, §. 10). Dies gibt die zwei Uebergangsformen II. und III. — Als eine noch speciellere Uebergangsform, nämlich als der Uebergang von II. zu III., oder umgekehrt, ist IV. zu betrachten. Denn IV. entsteht aus II. dadurch, dass sich die einfache Curve und der isolirte Punct von II. einander bis zur Berührung nähern, aus III. aber dadurch, dass sich die Schleife von III. in einen Punct zusammenzieht.

---

*) Statt zu sagen: ein Paar von Wendepuncten. Denn auch hier soll, wie in §. 20, 7, unter jedem Puncte einer sphärischen Curve zugleich mit sein Gegenpunct verstanden werden.

Haupteigenschaften der Linien der dritten Ordnung mit drei Wendepuncten.

§. 28. Der von *Newton* uns überlieferte, jedoch ohne Beweis von ihm hingestellte Satz, dass jede Linie der dritten Ordnung als die Projection einer der mittelst der Gleichung (C^*) in §. 24 zu construirenden Parabeln betrachtet werden kann, scheint mir zu den wichtigsten in der Theorie jener Linien zu gehören. Denn aus der symmetrischen Gestalt dieser Parabeln lassen sich fast alle Grundeigenschaften der Linien dritter Ordnung auf das Einfachste ableiten. Durch die folgenden Betrachtungen, welche zunächst die mit drei Wendepuncten versehenen Linien betreffen, wird man diese Behauptung genüglich bestätigt finden.

1) Jede durch zwei symmetrische Puncte einer der Parabeln gelegte Gerade ist mit der Axe der y parallel und projicirt sich daher auf der Kugel als ein durch B gehender Hauptkreis, weil B die Projection des unendlich entfernten Punctes der Axe der y ist. Wenden wir dieses auf die zwei symmetrischen Wendepuncte der Parabeln I., II. und V. an und bemerken, dass B ein Wendepunct der sphärischen Curve ist, so erhalten wir den merkwürdigen Satz, *dass die drei Wendepuncte einer sphärischen (ebenen) Linie der dritten Ordnung in einem Hauptkreise (einer Geraden) liegen.*

2) Zwei an die Parabel in zwei symmetrischen Puncten derselben gelegte Tangenten sind zwei symmetrische Gerade und schneiden sich daher in einem Puncte der Axe der x (§. 25), d. i. in einem Puncte der Polare des unendlich entfernten Wendepunctes, mit welchem jene zwei Puncte in einer Geraden sind. *Ueberhaupt also schneiden sich zwei die sphärische Curve berührende Hauptkreise, wenn die Berührungspuncte mit einem Wendepuncte in einem Hauptkreise liegen, in einem Puncte der Polare des Wendepunctes. Insbesondere werden sich daher die zwei in zwei Wendepuncten an die Curve gelegten Tangenten und die Polare des dritten Wendepunctes in einem Puncte schneiden.*

3) Heissen F und G die zwei symmetrischen Wendepuncte der Parabel; F_1 und G_1 seien irgend zwei andere symmetrische Puncte der Curve, und F_2 und G_2 die dritten Curvenpuncte, welche resp. mit F, F_1 und G, G_1 in Geraden sind und daher ebenfalls, so wie diese Geraden selbst, symmetrisch liegen werden. Seien endlich F_3 und G_3 die vierten harmonischen Puncte, der erstere zu F_1, F_2, F, der letztere zu G_1, G_2, G, so ist auch dieses vierte Paar von Puncten

in symmetrischer Lage (§. 25). Nach §. 22 ist aber F_3 ein Punct der Polare von F, und G_3 ein Punct der Polare von G. Nun lassen sich auf dieselbe Weise, so viel man will, noch andere Paare symmetrischer Puncte in den Polaren von F und G finden. Mithin sind diese zwei Polaren selbst zwei symmetrische Linien und schneiden sich folglich in einem Puncte der Axe der x, d. i. der Polare von B. *Die Polaren der drei Wendepuncte schneiden sich demnach in einem Puncte.*

Wir wollen diesen Punct den Centralpunct der Curve nennen.

4) Man bezeichne die Polaren der zwei symmetrischen Wendepuncte F, G mit f, g, und die in F, G an die Parabel gelegten Tangenten mit f', g'. Letztere sind zwei symmetrische Gerade (§. 25), und da es, wie eben erwiesen worden, auch f, g sind, so sind die Durchschnitte von f' mit f und von g' mit g zwei symmetrische Puncte. Die diese Puncte verbindende Gerade ist folglich mit der Axe der y parallel, also nach dem unendlich entfernten Wendepuncte B gerichtet. Nennen wir daher den Durchschnitt der in einem Wendepuncte an die Curve gelegten Tangenten mit der Polare desselben den *dem Wendepuncte conjugirten* Punct, so haben wir den Satz: *Die zwei Wendepuncten conjugirten Puncte liegen mit dem dritten Wendepuncte in einem Hauptkreise (einer geraden Linie).*

5) Die Sehne FG wird von der Axe der x halbirt, welches in D geschehe (vergl. Fig. 13), und es sind daher (§. 24) F, G, B oder der unendlich entfernte Punct in FG, und D vier harmonische Puncte, folglich VF, VG, VB und VD oder die Polare von B, indem V den Centralpunct bezeichne, vier harmonische Linien. Dies durch Projection auf die Kugel oder auf eine andere Ebene übergetragen, erhalten wir den Satz: *Die vom Centralpuncte aus nach den drei in einer beliebigen Ordnung genommenen Wendepuncten gezogenen Hauptkreise (geraden Linien) und die Polare des nach dieser Ordnung dritten Wendepunctes sind vier harmonische Linien.*

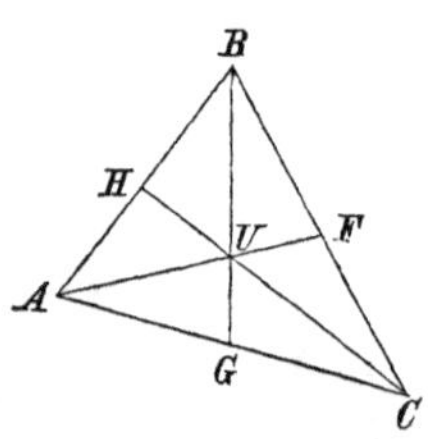

Fig. 12.

Mit den Richtungen, nach welchen vom Centralpuncte aus die drei Wendepuncte liegen, sind daher auch die Richtungen der drei Polaren gegeben. Um letztere Richtungen aus ersteren zu finden, construire man ein Dreieck ABC (vergl. Fig. 12), dessen Seiten den ersteren Richtungen parallel sind, so werden die von den Ecken A, B, C nach den Mittelpuncten F, G, H der gegenüberliegenden Seiten gezogenen Geraden AF, BG, CH

mit den drei Polaren parallel sein. Denn F, als der Mittelpunct von BC, ist der vierte harmonische Punct zu C, B und dem unendlich entfernten Puncte in BC, und daher AF die vierte harmonische Linie zu AC, AB und einer mit BC durch A gelegten Parallelen, also AF parallel mit der Polare des Wendepunctes, welcher vom Centralpuncte aus nach einer mit BC parallelen Richtung liegt. Und auf gleiche Art ergeben sich BG und CH als die Richtungen der Polaren der durch die Richtungen CA und AB bestimmten Wendepuncte.

Weil übrigens die drei Geraden AF, BG, CH sich in einem Puncte schneiden, welcher U heisse, und ähnlicherweise, wie vorhin, die mit BC durch U zu legende Parallele die vierte harmonische Linie zu UB, UC, UF, also zu BG, CH, AF ist, *so sind auch die drei in beliebiger Folge genommenen Polaren und die vom Centralpuncte aus nach dem Wendepuncte, welchem die dritte Polare zugehört, gezogene Linie in harmonischer Lage.* Mit derselben Construction, welche jetzt angewendet wurde, um aus den Richtungen für die drei Wendepuncte die Richtungen der Polaren zu finden, wird man folglich auch umgekehrt aus letzteren Richtungen die ersteren bestimmen können. Macht man nämlich BC, CA, AB mit den letzteren parallel, so werden AF, BG, CH parallel mit den ersteren sein.

6) Zu der Parabel I. gehört noch eine in sich zurücklaufende gegen die Axe der x gleichfalls symmetrisch liegende Curve, welche keine Wendepuncte, Knoten oder Spitzen enthält (§. 18). Sie ist ganz innerhalb zweier durch L und M (vergl. Fig. 13) parallel mit der Axe der y zu legenden Geraden enthalten (§. 26), und man sieht leicht, dass der gegenseitige Durchschnitt zweier an die Ovale gelegten Tangenten zwischen jene zwei Parallelen oder ausserhalb derselben fallen wird, jenachdem die zwei Berührungspuncte auf einerlei oder verschiedenen Seiten der Axe der x liegen.

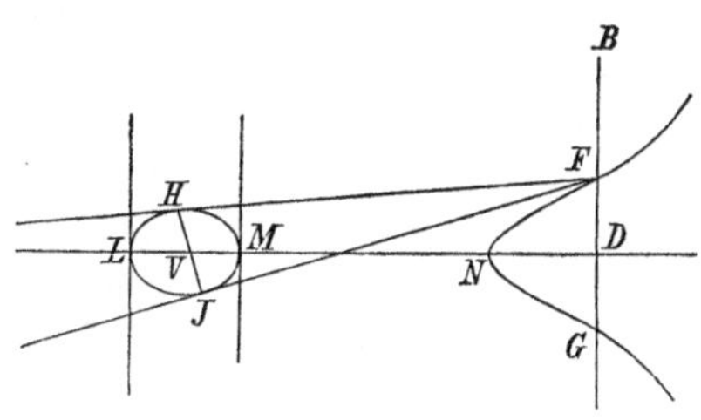

Fig. 13.

Die Parabel selbst, und somit auch ihre zwei symmetrischen Wendepuncte F und G, liegen ausserhalb der zwei Parallelen. Zieht man daher von dem einen dieser Wendepuncte F zwei Tangenten an die Ovale, so liegen die zwei Berührungspuncte, welche H und J heissen, auf verschiedenen Seiten von der Axe der x oder von LM, und der Durchschnitt V von HJ mit LM fällt folglich zwischen L und M. Es sind aber H und J Puncte in der Polare von F (§. 22), also HJ diese Polare selbst, sowie LM die Polare des unendlich entfernten Wendepunctes B, mithin V der Centralpunct der Curve; und wir schliessen daher: *Der Centralpunct einer Linie der dritten Ordnung, welcher einer Ovale zukommt, liegt innerhalb der letzteren.*

7) Da dieses gelten muss, wie klein auch die Ovale sein mag, so folgern wir noch: *Bei einer Linie der dritten Ordnung, welche einen isolirten Punct hat, ist letzterer zugleich der Centralpunct der Linie.*

8) In dem Falle, wenn die der Parabel I. zugehörige Ovale unendlich klein ist, und daher die Puncte L und M einander unendlich nahe liegen, kann die Gleichung dieser Parabel für diejenigen ihrer Puncte, welche in unmittelbarer Nähe von L und M sind, also geschrieben werden:

$$y^2 = \alpha . LQ . MQ . NL \; , \qquad = \alpha . LN . LQ . QM \; .$$

Da diese Gleichung einer Ellipse angehört, welche die Axe der x und eine Parallele mit der Axe der y zu zwei conjugirten Durchmessern hat, so ziehen wir den Schluss, *dass eine unendlich kleine Ovale die Gestalt einer Ellipse hat,* von welcher ein Durchmesser in die Polare von B fällt und der ihm conjugirte nach B gerichtet ist. Hieraus, und weil eine unendlich kleine in der Ebene der x, y liegende Ellipse, auf die Kugelfläche oder eine andere Ebene projicirt, gleichfalls eine Ellipse gibt, und je zwei conjugirte Durchmesser der ersteren Ellipse auch in der Projection zu conjugirten Durchmessern werden, und weil auf der Kugel der Wendepunct B vor den beiden anderen keinen Vorrang hat, — hieraus folgern wir weiter, *dass drei Durchmesser der unendlich kleinen elliptischen Ovale in die Polaren der drei Wendepuncte fallen, und die ihnen conjugirten Durchmesser nach den drei Wendepuncten selbst gerichtet sind. Es müssen daher auch der Mittelpunct der Ellipse, als in welchem sich alle Durchmesser schneiden, und der Centralpunct der ganzen Curve, in welchem sich die Polaren der drei Wendepuncte schneiden, identische Puncte sein.*

Da, wenn die drei Seiten BC, CA, AB eines Dreiecks (vergl. Fig. 12) die Richtungen haben, nach welchen vom Centralpuncte aus die drei Wendepuncte liegen, die von den Ecken des Dreiecks nach den Mittelpuncten der gegenüberliegenden Seiten gezogenen Geraden AF, BG, CH parallel mit den drei Polaren sind (5), so wird die unendlich kleine elliptische Ovale die Form und Lage einer Ellipse haben, von welcher drei Paare conjugirter Durchmesser parallel mit

BC und AF, mit CA und BG, mit AB und CH sind. Eine solche Ellipse ist, wie man leicht erkennt, diejenige, welche die Seiten des Dreiecks ABC in ihren Mittelpuncten berührt (die grösstmögliche in das Dreieck einzuschreibende Ellipse). Denn da die Sehne GH dieser Ellipse mit der Tangente BC parallel ist und von der nach dem Berührungspuncte F gerichteten Geraden AF halbirt wird, so fällt ein Durchmesser der Ellipse in AF, und der ihm conjugirte ist mit BC parallel. Und ähnlicherweise wird dasselbe in Bezug auf BG und CA, sowie in Bezug auf CH und AB bewiesen.

Man bemerke nur noch, dass man nach den in 5) gegebenen Erörterungen eine Ellipse von der gesuchten Form und Lage auch dann erhält, wenn man die Seiten des Dreiecks, welche die Ellipse in ihren Mittelpuncten berühren soll, parallel mit den drei Polaren macht.

§. 29. Um die im vorigen Paragraph gefundenen Sätze uns zu grösserer Anschaulichkeit zu bringen, wollen wir von der sphärischen Curve eine stereographische Projection entwerfen (vergl. Fig. 14). Der

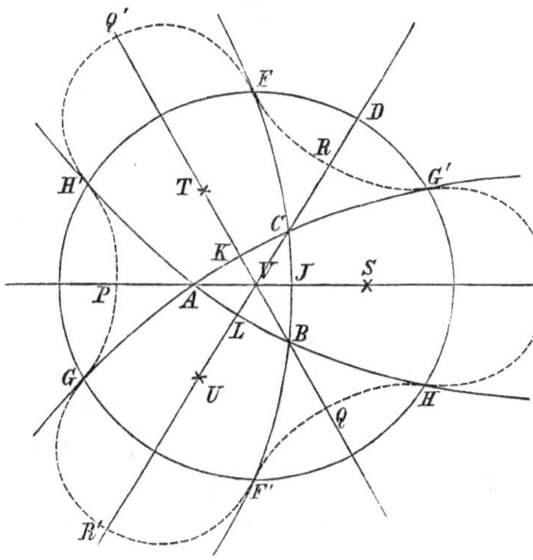

Fig. 14.

Hauptkreis, in dessen einem Pole sich das Auge befindet, und auf dessen Ebene — oder auf eine mit ihm parallele Ebene — die Kugelfläche projicirt wird, sei zugleich derjenige, in welchen die drei Wendepuncte liegen (§. 28, 1), und welcher deshalb kurz der **Wendekreis** genannt werde. Die Wendepuncte selbst nebst ihren Gegenpuncten sind in der Figur mit F, G, H, F', G', H' bezeichnet.

Jeder Punct der Kugelfläche, welcher nicht im Wendekreise liegt, wird, jenachdem er mit dem Auge auf einerlei Seite dieses Kreises, oder nicht liegt, in der Ebene der Projection durch einen entweder ausserhalb oder innerhalb des Wendekreises fallenden Punct abgebildet. Die Puncte innerhalb werden wir durch nicht accentuirte Buchstaben ausdrücken; die ausserhalb fallenden Gegenpuncte der ersteren, die wir aber grösstentheils unberücksichtigt lassen werden, durch accentuirte Buchstaben.

Seien hiernach A, B, C die gegenseitigen Durchschnitte der in den drei Wendepuncten an die Curve berührend gelegten Hauptkreise; A der Durchschnitt der Tangenten an G und H, u. s. w. Die Polaren der Wendepuncte F, G, H werden durch die drei Hauptkreise PP', QQ', RR' dargestellt; sie gehen durch die Ecken des von den Tangenten gebildeten Dreiecks ABC (§. 28, 2) und schneiden die Seiten desselben in I, K, L, den zu den Wendepuncten F, G, H conjugirten Puncten, welche paarweise mit den Wendepuncten selbst, nämlich K und L mit F, L und I mit G, I und K mit H, in Hauptkreisen liegen (§. 28, 4). Einander selbst schneiden die Polaren im Centralpuncte V (§. 28, 3) und die einfache Curve in den Puncten P, P', Q, Q', R, R', welche füglich die Scheitel der Curve heissen können und die merkwürdige Eigenschaft besitzen, dass die in ihnen an die Curve gelegten Berührungskreise die Wendepuncte treffen, — die Tangente an P den Wendepunct F, u. s. w. (§. 22).

Von den zwei Dreiecken ABC und IKL ist demnach das letztere in das erstere eingeschrieben, und sie haben überdies eine solche Lage gegen einander, dass die drei Hauptkreise AI, BK, CL, welche die gegenüberliegenden Ecken verbinden, sich in einem Puncte V schneiden, und dass die drei Puncte F, G, H, in welchen sich die gegenüberliegenden Seiten BC und KL u. s. w. schneiden, in einem Hauptkreise liegen, — zwei Relationen, von denen die eine eine Folge der anderen ist*). — Hieraus ist weiter zu schliessen, dass von den neun Hauptkreisen BC, CA, AB, KL, LI, IK, AI, BK, CL ein jeder von den jedesmal acht übrigen in vier harmonischen Puncten, z. B. BC in B, C, I, F, geschnitten wird, so

*) Dies erhellt sogleich, wenn man auf die Kugel nach den Gesetzen der Centralprojection den bekannten Satz überträgt, dass, wenn bei zwei ebenen Dreiecken die drei Geraden durch die gegenüberliegenden Ecken sich in einem Puncte schneiden, die drei Durchschnitte der gegenüberliegenden Seiten in einer Geraden liegen, und umgekehrt. — Aehnliches gilt auch in Bezug auf den folgenden Schluss (vergl. Baryc. Calcul, §. 198, 3).

wie auch, dass von jedem der neun Puncte A, B, C, I, K, L, F, G, H nach den jedesmal acht übrigen vier harmonische Hauptkreise, z. B. von A die Hauptkreise AB, AC, AI, AF, sich ziehen lassen.

Dass der Bogen BC in I und F harmonisch geschnitten wird, folgt übrigens auch schon aus §. 28, 5, wonach die Polaren VQ, VR, VP der drei Wendepuncte G, H, F und der durch V und den dritten Wendepunct F gelegte Hauptkreis VF in harmonischer Lage sind. Denn diese vier Kreise treffen die an F gelegte sphärische Tangente in den vier Puncten B, C, I und F, welche daher gleichfalls harmonisch sein müssen.

Es lässt sich hieraus noch eine nicht unwichtige Folgerung ziehen. Weil nämlich B, C, I auf einer und derselben Seite des Wendekreises befindlich sind, und F, als ein Punct des letzteren, ausserhalb B und C liegt, so muss nach der Natur der harmonischen Theilung I zwischen B und C fallen. Auf gleiche Art fällt K zwischen C und A, so wie L zwischen A und B. Der Centralpunct V, als der gegenseitige Durchschnitt von AI, BK, CL, ist folglich innerhalb des Dreiecks ABC begriffen, welches von den an die Wendepuncte gelegten sphärischen Tangenten gebildet wird und ganz auf einerlei Seite des Wendekreises liegt, — nicht innerhalb eines der von denselben Tangenten gebildeten Dreiecke, wie ABC', $A'B'C$, u. s. w., von welchen zwei Ecken auf die eine und die dritte Ecke auf die andere Seite des Wendekreises fallen.

Gehört zu der einfachen Curve noch eine Zwillingscurve, so schliesst diese den Centralpunct V ein (§. 28, 6) und ist, wie letzterer selbst, innerhalb des Dreiecks ABC enthalten, indem sie sonst, um V einschliessen zu können, die Seiten von ABC schneiden müsste. Dieses kann aber nicht geschehen, weil jede dieser Seiten, als Tangente in einem Wendepuncte, schon drei Curvenpuncte in sich fasst.

Zusatz. So wie aus dem Centralpuncte V und den Durchschnittspuncten A, B, C der Tangenten BC, u. s. w. in den drei Wendepuncten F, G, H letztere selbst und damit der Wendekreis sich ergeben, wenn man in das Dreieck ABC ein zweites IKL so beschreibt, dass die durch die gegenüberliegenden Ecken beider Dreiecke zu ziehenden Hauptkreise sich in V schneiden, indem dann F, G, H die Durchschnitte der gegenüberliegenden Seiten sind: so können ähnlicherweise, nach dem Princip der Dualität durch gegenseitiges Vertauschen von Puncten und Hauptkreisen, aus dem Wendekreise und den drei Tangenten BC, u. s. w. in den Wendepuncten die Polaren der letzteren und damit der Centralpunct V gefunden werden. Man beschreibe nämlich um das von den drei Tangenten gebildete Dreieck ABC ein zweites STU dergestalt, dass die Durchschnitte der gegenüberliegenden Seiten in den Wendekreis, also in F, G, H fallen, dass mithin S, T, U die Durchschnitte von BG mit CH, von CH mit AF, von AF mit BG sind. Denn alsdann werden die Hauptkreise AS, BT, CU, welche die gegenüberliegenden Ecken beider Dreiecke verbinden, die drei sich in V schneidenden Polaren sein.

Um von dieser Construction eine Anwendung zu zeigen, wollen wir in einer *Newton*'schen Parabel mit zwei Wendepuncten F und G (vergl. Fig. 15), indem wir letztere selbst und den gegenseitigen Durchschnitt C der an sie zu ziehenden Tangenten als gegeben voraussetzen, die drei Polaren und den Centralpunct zu bestimmen suchen. Der dritte Wendepunct H liegt hier unendlich entfernt nach einer mit FG parallelen Richtung; und weil auch die an H zu ziehende Tangente AB unendlich entfernt ist, so sind A und B die unendlich entfernten Puncte der Geraden CG und CF. Die Linien AF, BG, CH sind keine anderen, als die durch die Ecken des Dreiecks FGC mit den gegenüberliegenden Seiten desselben zu ziehenden Parallelen. Hiermit ergeben sich die Puncte S, T, U als die gegenseitigen Durchschnitte dieser Parallelen, und es sind alsdann SA und TB, d. i. die durch S mit CG und die durch T mit CF zu ziehende Parallele, die Polaren von F und G, und der gegenseitige Durchschnitt V derselben ist der Centralpunct der Parabel.

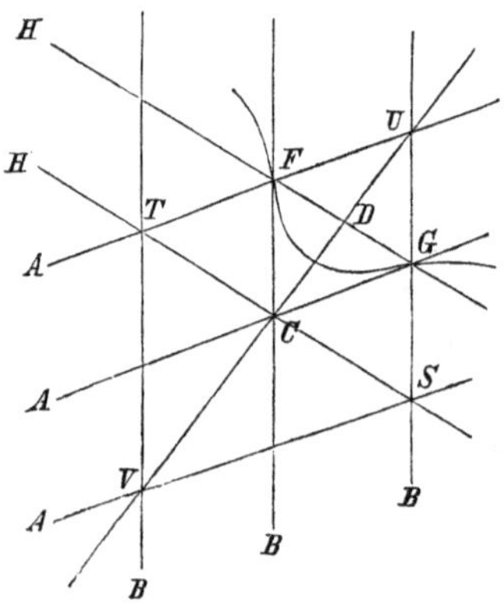

Fig. 15.

Weil hiernach F, G, C die Mittelpuncte der Seiten des Dreiecks STU sind, und SUTV ein Parallelogramm ist, so sieht man augenblicklich, dass CU, d. i. die Polare von H oder die Axe der Parabel, den erhaltenen Centralpunct V, wie gehörig, treffen muss, und dass man letzteren schon dadurch hätte finden können, dass man FG in D halbirt und in der Verlängerung von DC CV gleich 2DC gemacht hätte, worauf sich die Polaren von F und G als die durch V mit CG und CF parallel zu legenden Geraden ergeben hätten.

§. 30. Den in den zwei letzten Paragraphen angestellten Betrachtungen über Linien der dritten Ordnung legten wir die *Newton*sche Parabel zum Grunde und entwickelten aus der symmetrischen Lage dieser Curve gegen eine Axe, also aus einer Symmetrie nach der Zahl Zwei, eine Reihe von Sätzen, in denen allen sich eine Symmetrie nach der Zahl Drei zu erkennen gab. Da nun der allgemeine Ausdruck eines Punctes der Kugelfläche,

$$xA + yB + zC \ ,$$

gleichfalls nach Drei symmetrisch ist, so steht zu erwarten, dass sich die Gleichung einer Linie der dritten Ordnung besonders einfach gestalten werde, und dass sich aus dieser Gleichung die bereits gefundenen Eigenschaften und noch andere mit besonderer Leichtigkeit werden ableiten lassen, wenn wir zu den drei Fundamentalpuncten im Ausdrucke drei solche wählen, welche in Bezug auf die Curve symmetrisch sind, z. B. die gegenseitigen Durchschnitte der an die drei Wendepuncte gelegten Tangenten.

Um dieses zu bewerkstelligen, wollen wir vorher zwei der drei Wendepuncte zu den Fundamentalpuncten B und C und die Tangenten daselbst zu den Fundamentalkreisen AB und AC nehmen. Soll aber B mit einem Wendepuncte und AB mit dessen Tangente zusammenfallen, so müssen nach §. 21 in der allgemeinen Gleichung der Linie die Coëfficienten von y^3, xy^2 und x^2y null sein; und ebenso müssen, wenn auch noch C und AC mit einem Wendepuncte und seiner Tangente coïncidiren sollen, die Coëfficienten von z^3, xz^2 und x^2z verschwinden. Unter der Voraussetzung, dass eine Linie der dritten Ordnung wenigstens zwei Wendepuncte hat, und unter der Annahme, dass B und C dieselben sind, und dass die Linie daselbst von AB und AC berührt wird, ist demnach die allgemeine Gleichung der Linie:

$$(a) \qquad ax^3 + (mx + fy + iz)\,yz = 0 \ ,$$

als worauf sich die Gleichung (A) in §. 21 bei Nullsetzung der gedachten Coëfficienten reducirt.

Dass, wie wir bereits wissen, die Linie ausser den zwei in ihr vorausgesetzten Wendepuncten B und C noch einen dritten hat, und dass dieser mit B und C in einem Hauptkreise liegt, lässt sich auch sehr leicht aus der Gleichung (a) der Linie folgern. Man suche zu dem Ende die drei Puncte zu bestimmen, welche der durch die Gleichung

$$(b) \qquad mx + fy + iz = 0$$

ausgedrückte Hauptkreis (§. 20, 9) mit der Linie (a) gemein hat. Dieses wird geschehen, wenn man aus (a) und (b) eine der Veränderlichen x, y, z, es sei y, eliminirt. Denn hiermit findet sich eine homogene Gleichung des dritten Grades zwischen x und z, d. i. eine Gleichung des dritten Grades für das Verhältniss $x:z$, und die drei hieraus folgenden Werthe dieses Verhältnisses, verbunden mit den damit aus (b) fliessenden Werthen des Verhältnisses $y:z$, werden uns die drei gesuchten Puncte kennen lehren.

Es folgt aber aus (a) und (b) nach Elimination von y:

$$x^3 = 0 \; .$$

Die drei gesuchten Werthe des Verhältnisses $x:z$ sind demnach einander gleich, jeder gleich 0; die drei hiermit aus (b) folgenden Werthe des Verhältnisses $y:z$ sind daher ebenfalls einander gleich, jeder gleich $i:-f$. Die drei gemeinsamen Puncte von (a) und (b) sind daher mit einander identisch, jeder $\equiv iB - fC$, als worauf sich der allgemeine Ausdruck $xA + yB + zC$ mit den gefundenen Werthen der Verhältnisse $x:y:z$ reducirt; d. h. der Hauptkreis (b) berührt die Curve (a) in einem in den Fundamentalkreis BC fallenden und daher mit den zwei vorausgesetzten Wendepuncten B und C in einem Hauptkreise liegenden dritten Wendepuncte $\equiv iB - fC$.

§. 31. Beziehen wir jetzt die Puncte der Kugelfläche, statt auf A, B, C, auf irgend drei andere nicht in einem Hauptkreise liegende Puncte der Fläche A_1, B_1, C_1. Alsdann sind, wenn durch

$$xA + yB + zC \quad \text{und} \quad tA_1 + uB_1 + vC_1$$

stets ein und derselbe Punct ausgedrückt wird, die Grössen x, y, z, und folglich auch das Aggregat $mx + fy + iz$, welches man gleich w setze, homogene Functionen des ersten Grades von t, u, v, und dieses dergestalt, dass die Functionen x, y, z, w, der Reihe nach gleich Null gesetzt, die Gleichungen der Hauptkreise BC, CA, AB, (b) in Bezug auf A_1, B_1, C_1 als Fundamentalpuncte vorstellen (§. 20, 10). Nun waren im vorigen Paragraph CA, AB, (b) die Tangenten der Curve in ihren drei Wendepuncten, und BC war der Hauptkreis, in welchem diese drei Puncte selbst liegen. Dieses und die Gleichung (a) berücksichtigend, ziehen wir daher den Schluss:

Bedeuten x, y, z, w homogene Functionen des ersten Grades der drei Veränderlichen im Ausdrucke eines Punctes, und sind bei einer sphärischen Linie der dritten Ordnung, welche drei Wendepuncte hat,

$$y = 0 \; , \qquad z = 0 \; , \qquad w = 0$$

die Gleichungen der in diesen drei Puncten die Curve berührenden Hauptkreise, und

$$x = 0$$

die Gleichung des Hauptkreises, in welchem die Puncte selbst liegen, so ist das Verhältniss

$$x^3 : yzw$$

von constanter Grösse.

Das Fundamentaldreieck $A_1 B_1 C_1$, auf welches wir zuletzt jeden Punct der Kugelfläche bezogen und durch $tA_1 + uB_1 + vC_1$ ausdrückten, wollen wir nun der schon gedachten Kugelfläche wegen so gelegt annehmen, dass die Seiten des Dreiecks mit den die Curve in den drei Wendepuncten berührenden Hauptkreisen zusammenfallen. Die Gleichungen dieser drei Kreise sind alsdann:

$$t = 0 \ , \qquad u = 0 \ , \qquad v = 0 \ ,$$

und es wird folglich, wenn wir noch die Gleichung des Hauptkreises, welcher die drei Wendepuncte enthält,

$$\frac{t}{a} + \frac{u}{b} + \frac{v}{c} = 0$$

schreiben, und d eine Constante bedeuten lassen,

$$\left(\frac{t}{a} + \frac{u}{b} + \frac{v}{c}\right)^3 = dtuv$$

die allgemeine Gleichung der Curve.

Endlich wollen wir zu mehrerer Vereinfachung der nachfolgenden Rechnungen statt t, u, v andere Veränderliche einführen, welche wiederum x, y, z heissen mögen, so dass

$$t = ax \ , \qquad u = by \ , \qquad v = cz \ .$$

Hiernach, und wenn wir noch

$$abcd = e$$

setzen, ist

$$(1) \qquad (x + y + z)^3 = exyz$$

in Verbindung mit dem Ausdrucke

$$(2) \qquad axA + byB + czC$$

(wo bei A, B, C die jetzt nicht mehr nöthigen Indices weggelassen worden) die allgemeine Gleichung einer Linie der dritten Ordnung, welche drei Wendepuncte hat und in diesen von den Seiten des Fundamentaldreiecks berührt wird.

Letzteres erhellt auch ganz leicht aus der Gleichung (1) der Curve selbst. Denn für die Puncte, welche der Fundamentalkreis BC mit der Curve gemein hat, ist

$$x = 0 \ .$$

Hiermit reducirt sich die Gleichung auf

$$(y+z)^3=0$$

und gibt auf solche Weise drei nächstfolgende Puncte, für deren jeden

$$x=0 \quad \text{und} \quad z=-y$$

ist, also einen Wendepunct, welcher BC zur Tangente hat, zu erkennen. Der Ausdruck desselben ist

$$bB-cC\ ,$$

als in welchen sich der allgemeine Ausdruck (2) mit den Gleichungen

$$x=0 \quad \text{und} \quad z=-y$$

zusammenzieht. Und da mit denselben zwei Gleichungen auch der Gleichung

$$(3) \qquad x+y+z=0$$

Genüge geschieht, so ist dieser Wendepunct zugleich in dem durch (3) dargestellten Hauptkreise enthalten. — Auf analoge Weise zeigt sich, dass

$$cC-aA \quad \text{und} \quad aA-bB$$

die Wendepuncte sind, in denen die Curve von CA und AB berührt wird, und dass jeder von ihnen gleichfalls im Hauptkreise (3) liegt, dass folglich (3) die Gleichung des Wendekreises ist.

§. 32. Mit derselben Leichtigkeit lassen sich nun auch die übrigen in §. 28 entwickelten Eigenschaften der Curve aus der symmetrischen Gleichung (1) ableiten. Um dieses zu zeigen, bemerken wir zunächst, dass in dieser Gleichung die drei Veränderlichen x, y, z beliebig mit einander vertauscht werden können, und dass folglich, wenn

$$ax'A+by'B+cz'C$$

ein Punct der Curve ist, auch

$$ax'A+bz'B+cy'C$$

ein solcher sein muss. Man nenne ersteren Punct P', letzteren P'', und setze daher

$$p'P'=ax'A+by'B+cz'C\ ,$$
$$p''P''=ax'A+bz'B+cy'C\ .$$

Hieraus folgt

$$p'P'-p''P''=(y'-z')(bB-cC)\ ,$$
$$p'P'+p''P''=2ax'A+(y'+z')(bB+cC)\ ,$$

und daher, wenn man noch

$$bB - cC = fF\ , \qquad bB + cC = iI$$

und

$$2ax'A + (y' + z')iI = qQ$$

setzt, wo mithin F den in BC liegenden Wendepunct und I einen anderen bestimmten Punct dieses Fundamentalkreises bezeichnet:

$$p'P' - p''P'' = (y' - z')fF\ ,$$
$$p'P' + p''P'' = qQ\ .$$

Hieraus ist aber, wie in §. 22, zu schliessen, dass jede durch einen Wendepunct F gehende Sehne $P'P''$ in F und in ihrem Durchschnitte Q mit einem Hauptkreise AI von bestimmter Lage harmonisch getheilt wird. Dieser Hauptkreis, die Polare des Wendepunctes F, geht (übereinstimmend mit §. 28, 2) durch den Durchschnitt A der Tangenten CA, AB in den beiden anderen Wendepuncten und trifft die an F gelegte Tangente BC in I, welches daher der dem F conjugirte Punct ist. Auch ersieht man noch aus den Ausdrücken für F und I durch B, C, dass BC in F und I harmonisch geschnitten wird (§. 29).

Analoges gilt in Bezug auf die beiden anderen Wendepuncte und die ihnen conjugirten Puncte. Werden daher, wie in Fig. 14, worin die Buchstaben A, B, C, F, I die jetzt ihnen beigelegte Bedeutung haben, die beiden anderen Wendepuncte mit G, H und die ihnen conjugirten Puncte mit K, L bezeichnet, so hat man vollständig:

$$(4)\ \begin{cases} fF = bB - cC\ , & gG = cC - aA\ , & hH = aA - bB\ , \\ iI\ = bB + cC\ , & kK = cC + aA\ , & lL\ = aA + bB\ . \end{cases}$$

Es folgt hieraus weiter

$$fF + gG + hH = 0\ ,$$

d. h. die drei Wendepuncte liegen in einem Hauptkreise; so wie

$$lL - kK = fF\ , \qquad iI - lL = gG\ , \qquad kK - iI = hH\ ,$$

d. h. die conjugirten Puncte zweier Wendepuncte liegen mit dem dritten Wendepuncte in einem Hauptkreise (§. 28, 4).

Setzt man ferner

$$(5) \qquad aA + bB + cC = vV\ ,$$

so wird

$$(6) \qquad vV = aA + iI = bB + kK = cC + lL\ ,$$

d. h. die drei Polaren AI, BK, CL haben einen Punct V, den Centralpunct der Curve (§. 28, 3), gemein, dessen Ausdruck daher

$$aA + bB + cC$$

ist.

Die Gleichungen der drei Polaren sind

$$y = z\ , \qquad z = x\ , \qquad x = y\ .$$

Denn mit $y = z$ z. B. verwandelt sich der allgemeine Ausdruck (2) eines Punctes der Kugelfläche in

$$axA + z(bB + cC)\ ,$$

d. i. in den allgemeinen Ausdruck eines Punctes, welcher mit A und $bB + cC$ oder I in einem Hauptkreise liegt. — Uebrigens folgt auch unmittelbar aus diesen Gleichungen, dass die drei Polaren einen Punct gemeinsam haben. Denn es geschieht diesen Gleichungen zugleich Genüge, wenn man

$$x = y = z$$

setzt. Hiermit aber reducirt sich der allgemeine Ausdruck (2) auf

$$aA + bB + cC\ .$$

Was noch die in der Figur 14 mit S, T, U bezeichneten Puncte anlangt, so hat man in Folge der Gleichungen (4):

$$gG + hH = cC - bB\ ,$$

mithin

$$bB + gG = cC - hH\ ,$$

$\equiv$ dem gemeinschaftlichen Puncte S der Hauptkreise BG und CH und wenn man daher für gG oder hH aus (4) ihre Werthe setzt,

$$S \equiv bB + cC - aA\ ,$$

und eben so

$$T \equiv cC + aA - bB\ , \qquad U \equiv aA + bB - cC\ .$$

Weil sich diese Ausdrücke mit neuer Anwendung von (4) auf

$$S \equiv iI - aA\ , \qquad T \equiv kK - bB\ , \qquad U \equiv lL - cC$$

reduciren, so liegen S, T, U in den Polaren AI, BK, CL (§. 29).

Noch folgt aus letzteren Ausdrücken, in Verbindung mit (6), dass

$$AISV\ , \qquad BKTV\ , \qquad CLUV$$

drei Systeme harmonischer Puncte sind.

Anmerkung. Bei der jetzt angestellten Entwickelung von Eigenschaften der durch die Gleichung des dritten Grades (1) ausgedrückten Curve wurde von dieser Gleichung nichts anderes, als ihre symmetrische Beschaffenheit oder der Umstand in Betracht gezogen, dass in ihr die drei Veränderlichen x, y, z beliebig mit einander vertauscht werden können. Dieselben Eigenschaften müssen folglich auch der durch irgend eine andere Gleichung des dritten Grades in Verbindung mit dem Ausdrucke (2) bestimmten Curve zukommen, dafern nur die Gleichung bei gegenseitiger Vertauschung von x, y, z unverändert bleibt, wie etwa die Gleichung

$$x^3 + y^3 + z^3 = 0\ .$$

Es muss demnach auch hier von den drei in einem Hauptkreise liegenden Puncten $bB - cC$, $cC - aA$, $aA - bB$, die man wie vorhin F, G, H nenne, jeder derselben, z. B. F, die Eigenschaft besitzen, dass der geometrische Ort des vierten harmonischen Punctes zu den zwei Endpuncten P', P'' einer dem F begegnenden Sehne und zu F ein Hauptkreis ist; es müssen der sonach dem F zugehörige Hauptkreis oder die Polare von F, wie wir ihn vorhin nannten, und die Polaren von G und H sich in einem Puncte $\equiv aA + bB + cC$ schneiden; u. s. w.

Dabei sind F, G, H hier gleichfalls die drei Wendepuncte der Curve. Denn für F oder $bB - cC$ sind in dem allgemeinen Ausdrucke (2) die Veränderlichen $x = 0$ und $z = -y$. Wird aber in einer nach x, y, z symmetrischen Gleichung des dritten Grades $x = 0$ gesetzt, so erhält man eine nach y und z symmetrische Gleichung desselben Grades, also eine Gleichung von der Form

$$i(y^3 + z^3) + k(y^2 z + y z^2) = 0 \ ,$$

und dieser geschieht Genüge für $z = -y$. Mithin ist F ein Curvenpunct. Ist nun P' ein dem F unendlich naher Curvenpunct, und schneidet ein durch F und P' gelegter Hauptkreis die Curve nochmals in P'' und die Polare von F in Q, so sind P', P'', F, Q vier harmonische Puncte, und es muss nach der Natur der harmonischen Theilung, und weil P' dem F unendlich nahe ist, F unendlich nahe der Mitte zwischen P' und P'' liegen. Es sind folglich P', F, P'' drei nächstfolgende in einem Hauptkreise liegende Curvenpuncte, und mithin F ein Wendepunct. — Auf gleiche Art wird dasselbe für G und H bewiesen.

Die jetzigen F, G, H sind demnach mit den vorhin eben so bezeichneten Puncten identisch, also auch die jetzigen drei Polaren mit den vorigen, und der jetzige Durchschnitt der drei Polaren mit dem vorhin so genannten Centralpuncte. Nur darin findet ein Unterschied statt, dass bei einer Curve, welche durch eine von (1) verschiedene symmetrische Gleichung des dritten Grades dargestellt wird, die drei Hauptkreise BC, CA, AB, obschon sie ebenfalls durch die drei Wendepuncte gehen, die Curve nicht in diesen Puncten berühren.

Dass F, G, H stets die drei Wendepuncte sind, kann übrigens auch aus dem leicht zu beweisenden Satze gefolgert werden, dass, wenn F keiner der Wendepuncte, sondern irgend ein anderer Punct einer Linie der dritten Ordnung ist, der geometrische Ort des wie vorhin aus F zu bestimmenden Punctes Q eine Linie der zweiten Ordnung, nicht mehr eine Linie der ersten Ordnung ist.

§. 33. Der allgemeine Ausdruck (2) eines Punctes geht in den Ausdruck (5) des Centralpunctes V über für

$$x = y = z \ .$$

Letzterer wird daher ein Punct der Curve selbst sein, wenn ihre Gleichung (1), sobald man $x = y = z$ setzt, befriedigt wird. Wie man augenblicklich wahrnimmt, geschieht dies nur dann, wenn die Constante

$$e = 3^3$$

ist. Die Gleichung lässt sich alsdann schreiben

$$(7) \quad [\tfrac{1}{3}(x + y + z)]^3 = xyz \quad \text{oder} \quad \tfrac{1}{3}(x + y + z) = \sqrt[3]{xyz}$$

und drückt somit aus, dass das arithmetische und das geometrische Mitttel zwischen x, y, z einander gleich sind, — während die allgemeinere Gleichung (1) zu erkennen giebt, dass diese beiden Mittel überhaupt in einem constanten Verhältnisse, gleich $\sqrt[3]{e}:3$, zu einander stehen.

Es lässt sich aber in jenem speciellen Falle der Gleichung noch eine andere merkwürdige Form geben. Man setze zu dem Ende

$$x = p^3\,, \qquad y = q^3\,, \qquad z = r^3\,.$$

Hierdurch wird die Gleichung (7)

$$(8) \qquad p^3 + q^3 + r^3 - 3pqr = 0\,,$$

und der Ausdruck (2), auf welchen sie zu beziehen ist,

$$(9) \qquad ap^3A + bq^3B + cr^3C\,.$$

Es ist aber

$$(10) \qquad p^3 + q^3 - (p+q)^3 + 3pq(p+q) = 0\,,$$

und es geschieht daher der Gleichung (8) Genüge, wenn man

$$r = -(p+q)$$

setzt. Mithin ist $p+q+r$ ein Factor der linken Seite von (8), und man kann folglich die Gleichung (7) als das Ergebniss der Rationalisirung von

$$p+q+r = 0\,,$$

d. i. von

$$(11) \qquad \sqrt[3]{x} + \sqrt[3]{y} + \sqrt[3]{z} = 0\,,$$

ansehen. Diese letztere Gleichung, verbunden mit dem Ausdrucke (2), müsste daher die Curve, bei welcher $e = 27$ ist, ebenfalls darstellen. Allein merkwürdiger Weise ist alsdann der Centralpunct nicht mehr ein zur Curve gehöriger Punct, indem der Gleichung (11) durch $x = y = z$ nicht mehr Genüge geschieht, wenigstens so lange nicht, als man von den Cubikwurzeln aus x, y, z bloss die reellen Werthe berücksichtigt. Der Grund hiervon kann kein anderer sein, als dass bei der gedachten Rationalisirung zu $p+q+r$ ein Factor hinzutritt, welcher eben jenen Punct ausdrückt.

In der That hat man eben so, wie (10), die folgende identische Gleichung

$$(p+q)^3 + r^3 - (p+q+r)^3 + 3(p+q+r)(p+q)r = 0\,.$$

Addirt man hierzu die Gleichung (10), so kommt

$$\begin{aligned} p^3 + q^3 + r^3 - 3pqr - (p+q+r)\,[(p+q+r)^2 \\ - 3(qr+rp+pq)] = 0\,. \end{aligned}$$

Hiermit aber reducirt sich die Curvengleichung (8) auf

$$(12) \quad (p+q+r)\,[(q-r)^2 + (r-p)^2 + (p-q)^2] = 0\,.$$

Auf solche Weise ist die linke Seite von (8) in zwei Factoren zerlegt, von denen der eingeklammerte nur dann Null wird, wenn

$$p = q = r$$

und folglich

$$x = y = z$$

ist, d. h. für den Centralpunct V; und es muss folglich der andere Factor $p + q + r$, wenn man ihn null setzt, alle übrigen Puncte der Curve geben.

Um noch zu zeigen, dass V ein isolirter Punct der Curve ist, setze man die Exponenten der Verhältnisse $p:r$ und $q:r$ resp. gleich t und u, wodurch die homogene Gleichung (12) sich verwandelt in

$$(12^*) \qquad (1 + t + u)\,[(1 - t)^2 + (1 - u)^2 + (t - u)^2] = 0 \ .$$

Für V ist alsdann jede der beiden Grössen t und u gleich 1; für jeden anderen Punct der Kugelfläche, welcher dem V sehr nahe liegt, sind folglich t und u sehr nahe gleich 1. Man sieht aber augenblicklich, dass mit Werthen von t und u, welche von 1 sehr wenig unterschieden sind, die Gleichung (12*) nicht befriedigt wird, und dass daher kein in unmittelbarer Nähe von V liegender Punct der Curve angehören kann.

Die Gleichung (12) in Verbindung mit dem Ausdrucke (9), oder (7) in Verbindung mit (2), gehört demnach einer Linie der dritten Ordnung an, welche einen isolirten Punct hat. Von (7) aber unterscheidet sich die noch einfachere Gleichung (11) bloss dadurch, dass der isolirte Punct in ihr nicht mit begriffen ist.

§. 34. Die im vorigen Paragraph angestellte Betrachtung des speciellen Falles, dass in der allgemeinen Gleichung (1) die Constante e den Werth 3^3 hat, kann uns zur Erforschung der Natur der durch (1) selbst ausgedrückten Curven von Nutzen sein. In der That wird diese Gleichung durch Einführung von p, q, r statt x, y, z

$$(1^*) \qquad p^3 + q^3 + r^3 = \sqrt[3]{e} \,.\, pqr \ ,$$

oder, wenn wir

$$\sqrt[3]{e} = 3 + f$$

setzen,

$$p^3 + q^3 + r^3 - 3pqr = fpqr \ ,$$

wofür nach §. 33 auch geschrieben werden kann

$$f = \frac{p + q + r}{2pqr}\,[(q - r)^2 + (r - p)^2 + (p - q)^2] \ ,$$

oder mit Anwendung der Exponenten t und u

$$f = \frac{1+t+u}{2tu}[(1-t)^2+(1-u)^2+(t-u)^2] \ .$$

Betrachten wir nun die Constante f zunächst als eine durch diese Gleichung bestimmte Function der Veränderlichen t und u, so ist, so lange t sowohl, als u, positiv ist, auch f positiv, den Fall ausgenommen, wo $t = 1$ und $u = 1$, und wo $f = 0$ wird. Mithin ist f für

$$t = u = 1 \ ,$$

d. i. für

$$p = q = r \ ,$$

ein Minimum, gleich Null. Es wird daher auch die Grösse $\sqrt[3]{e}$, gleich $3 + f$, wenn wir sie als eine durch (1*) bestimmte Function der Verhältnisse $p:q:r$, oder als eine durch (1), d. i. durch

$$\sqrt[3]{e} = \frac{x+y+z}{\sqrt[3]{xyz}}$$

bestimmte Function der Verhältnisse $x:y:z$ betrachten, im ersteren Falle für $p = q = r$, im letzteren für $x = y = z$ ein Minimum, gleich 3, sein. Es wird folglich, wenn wir noch

$$\sqrt[3]{e} = 3 : g$$

setzen, die Function

$$g = \frac{\sqrt[3]{xyz}}{\frac{1}{3}(x+y+z)} \tag{13}$$

bei derselben Gleichheit zwischen x, y, z ein Maximum, gleich 1, sein.

§. 35. Weil für jeden bestimmten Punct der Kugelfläche, welcher

$$\equiv axA + byB + czC \ ,$$

die zwei Verhältnisse $x:y:z$ bestimmte Werthe haben, so wird jedem bestimmten Puncte der Fläche ein bestimmter Werth der Function g im vorigen Paragraph, und nicht mehr als einer, zugehören, und alle Puncte, für welche g einen und denselben Werth gleich g' hat, werden eine Linie der dritten Ordnung bilden, von welcher die Zahl g' die Charakteristik heissen mag, und deren Gleichung

$$\frac{\sqrt[3]{xyz}}{\frac{1}{3}(x+y+z)} = g'$$

ist. Indem wir daher dem g nach und nach alle möglichen constanten Werthe beilegen, wird sich die *ganze* Kugelfläche mit Linien der dritten Ordnung überziehen, deren jede die Puncte F, G, H oder $bB - cC$, u. s. w. zu Wendepuncten hat und daselbst von den Fundamentalkreisen BC, CA, AB berührt wird. Ausser den drei Wendepuncten werden aber keine zwei dieser Curven einen Punct mit einander gemein haben, indem sonst die Function g für dieselben Werthe der Verhältnisse $x:y$ und $y:z$ verschiedene Werthe haben müsste.

Um nun den Lauf dieser die Kugelfläche bedeckenden Linien und damit die Form, welche die durch (13) ausgedrückte Linie für irgend einen gegebenen Werth von g hat, näher kennen zu lernen, haben wir uns vorher eine ungefähre Kenntniss des Werthes zu verschaffen, welcher der Function g für jeden Punct der Fläche einzeln zukommt. Werde deshalb, wie in §. 29, angenommen, dass die drei Fundamentalpuncte A, B, C in einerlei Hälfte der durch den Wendekreis FGH getheilten Kugelfläche liegen. Indem wir uns den Wendekreis horizontal denken, wollen wir die Hälfte, welche A, B, C enthält, als die obere betrachten.

Jede der beiden Hälften wird durch die drei Fundamentalkreise in vier Dreiecke und drei Vierecke zerlegt. Angenommen, dass in den oberen Hälften dieser Kreise ihre Durchschnitte mit einander und mit dem Wendekreise in den Ordnungen

$$F'BCF, \qquad G'CAG, \qquad H'ABH$$

auf einander folgen (vergl. Fig. 16), so sind die sieben Felder der oberen Halbkugel

$$ABC, \qquad AGH',$$
$$BHF', \qquad CFG',$$
$$BCG'H, \quad CAH'F, \quad ABF'G;$$

woraus die sieben Felder der unteren Halbkugel sich ergeben, wenn man die nicht accentuirten Buchstaben mit den gleichnamigen accentuirten, und umgekehrt, vertauscht.

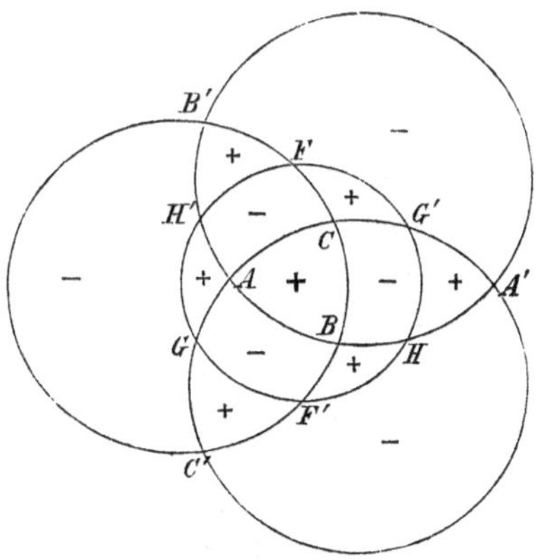

Fig. 16.

Nun folgt aus

$$F \equiv bB - cC$$

(§. 32) nach §. 20, 5:

$$c:b = -\sin BF : \sin FC,$$
$$= \sin FB : \sin FC.$$

Ersichtlich aber haben unter der gemachten Voraussetzung, dass A, B, C auf einerlei Seite des Wendekreises liegen, die Sinus der nach einerlei Sinne zu rechnenden Bögen FB und FC einerlei Zeichen, folglich auch b und c; und gleicher Weise ergibt sich, dass auch a mit b und c einerlei Zeichen hat.

Setzen wir noch, dass das gemeinschaftliche Zeichen von a, b, c das positive ist, und dass daher die Zeichen von ax, by, cz resp. einerlei mit denen von x, y, z sind. Erstere drei Grössen können aber (§. 20, 6) als die Coordinaten des durch $axA + byB + czC$ ausgedrückten Punctes betrachtet werden, wenn man als positiv gerichtete Axen derselben die vom Mittelpuncte der Kugel aus nach A, B, C gezogenen Geraden nimmt. Hiernach ist die Coordinate ax, folglich auch x selbst, Null, positiv oder negativ, jenachdem der Punct $axA + byC + czC$ entweder im Fundamentalkreise BC, oder mit A auf einer und derselben Seite dieses Kreises, oder auf der entgegengesetzten Seite liegt. Analoges gilt für y und z in Bezug auf die Fundamentalkreise CA und AB. Endlich ist die Summe $x + y + z$ Null für alle Puncte des Wendekreises FGH (§. 31, 3), positiv für A, B, C einzeln und daher auch für alle Puncte der oberen Halbkugelfläche, negativ für alle Puncte der unteren.

Mit Rücksicht auf die Gleichung (13) folgt hieraus weiter, dass die Function g für jeden Punct eines der drei Fundamentalkreise Null, und für jeden Punct des Wendekreises unendlich gross ist; doch sind hiervon die Durchschnitte des letzteren Kreises mit den drei ersteren oder die Wendepuncte auszunehmen, für welche g jeden beliebigen Werth haben kann. Da ferner beim Durchgange durch einen dieser vier Kreise, dafern er nicht durch einen Wendepunct geschieht, immer nur eine der vier Grössen x, y, z, $x + y + z$, und folglich auch g, das Zeichen wechselt, so hat für je zwei der vierzehn von den vier Kreisen gebildeten Felder, welche eine Seite gemein haben, die Function g entgegengesetzte Zeichen. Nun ist nach dem Obigen für jeden innerhalb des Dreiecks ABC gelegenen Punct jede der vier Grössen $x, \ldots$, also auch g, positiv. Mithin ist, wie der erste Blick auf die Figur lehrt, für jeden innerhalb eines der Dreiecke (Vierecke) liegenden Punct die Function g positiv (negativ). Nächstdem hat g innerhalb des Dreiecks ABC, so wie innerhalb des Gegendreiecks $A'B'C'$, seinen grössten Werth gleich 1 für $x = y = z$ (§. 34), d. i. im Centralpuncte, und nimmt von da nach allen Seiten bis zum Perimeter des Dreiecks bis auf Null ab. In den übrigen Drei- und Vierecken hat weder ein Maximum, noch ein Minimum statt. Im Dreiecke AGH' wächst g von den Seiten AG und AH' an, wo es Null ist, ins Positive, bis es in GH' unendlich gross wird; im Vierecke $FCAH'$ wächst g von den Seiten

FC, CA, AH', wo es Null ist, ins Negative und wird in $H'F$ unendlich gross; u. s. w.

§. 36. Nach diesen Erörterungen über die Werthe, welche die Function g für die verschiedenen Puncte der Kugelfläche hat, haben wir uns von der Curve, welche die einem bestimmten Werthe von g zugehörigen Puncte in sich fasst, und von welcher wir bereits wissen, dass sie die Durchschnitte des Wendekreises mit den Fundamentalkreisen zu Wendepuncten hat und daselbst von den Fundamentalkreisen berührt wird, folgende Vorstellung zu machen.

Für einen bestimmten positiven (negativen) Werth von g windet sich die Curve schlangenförmig durch die abwechselnd an der oberen und unteren Seite des Wendekreises liegenden sechs Dreiecke (Vierecke) und schliesst sich bei ihren sechs Durchgängen durch den Wendekreis den in die Fundamentalkreise fallenden Seiten der Drei- oder Vierecke an. Ueberhaupt nähert sie sich diesen Seiten desto mehr, je kleiner g seinem absoluten Werthe nach ist; sie nähert sich dagegen desto mehr dem Wendekreise, je grösser der absolute Werth von g ist, und fällt für ein unendlich grosses g mit dem Wendekreise zusammen.

Für einen Werth von g, welcher positiv und kleiner als 1 ist, treten zu der einfachen durch die sechs Dreiecke am Wendekreise fortgehenden Curve noch zwei isolirte innerhalb der Dreiecke ABC und $A'B'C'$ begriffene und die in ihnen liegenden Centralpuncte V und V' umschliessende Curven, als Zwillingscurve, hinzu. Je mehr dieses positive g an 1 heranwächst, desto mehr verengern sich die zwei Curven, bis sie zuletzt für $g = 1$ in V und V' verschwinden. Je mehr es hingegen abnimmt, desto mehr nähern sie sich den Perimetern der sie umschliessenden Dreiecke ABC und $A'B'C'$.

Für $g = 0$ reducirt sich die ganze Curve auf das System der drei Fundamentalkreise, welches man sich, jenachdem man g aus dem Positiven, oder aus dem Negativen in Null übergegangen annimmt, entweder als die einfache gebrochene Curve

$$GAH'B'FCG'A'HBF'C'G$$

mit den zwei Dreiecken ABC und $A'B'C'$, als Zwillingscurve, — oder als die einfache gebrochene Curve

$$GABF'C'A'HBCG'A'B'FCAH'B'C'G$$

allein vorzustellen hat. Die erstere einfache Curve bildet mit dem Wendekreise die sechs an ihm liegenden Dreiecke, und die letztere mit demselben Kreise die sechs an ihn grenzenden Vierecke.

Während also g von Null an, sei es nach der positiven, oder nach der negativen Seite hin, bis in das Unendliche stetig wächst, verwandelt sich das System der drei Hauptkreise BC, CA, AB allmählich in den einzigen Hauptkreis FGH, und es hat nach dem Voranstehenden keine Schwierigkeit, den doppelten Weg zu verfolgen, auf welchem diese Umwandlung vor sich geht.

§. 37. Die bisher betrachtete Gleichung (13), oder die damit identische (1) in §. 31, lässt sich noch als eine sehr einfache Relation zwischen sogenannten Doppelschnittsverhältnissen darstellen. — Sei S ein Curvenpunct, für welchen im allgemeinen Ausdrucke (2) die Verhältnisse $x:y:z$ die speciellen Werthe $x':y':z'$ haben, und daher

$$sS = ax'A + by'B + cz'C \ .$$

Hiernach ist der allgemeine Ausdruck eines Punctes, welcher mit S und A in einem Hauptkreise liegt,

$$auA + sS = a(u + x')A + by'B + cz'C \ ,$$

wenn es frei steht, dem Verhältnisse von u zu s oder x', u. s. w. jeden beliebigen Werth beizulegen.

Setzt man

$$u = -x' \ ,$$

so reducirt sich der Ausdruck auf

$$by'B + cz'C \ ,$$

also auf den Ausdruck eines Punctes, welcher zugleich im Hauptkreise BC liegt; und es ist daher, wenn man den gemeinsamen Punct der Hauptkreise SA und BC mit P (vergl. Fig. 17) bezeichnet,

$$P \equiv by'B + cz'C = -ax'A + sS \ .$$

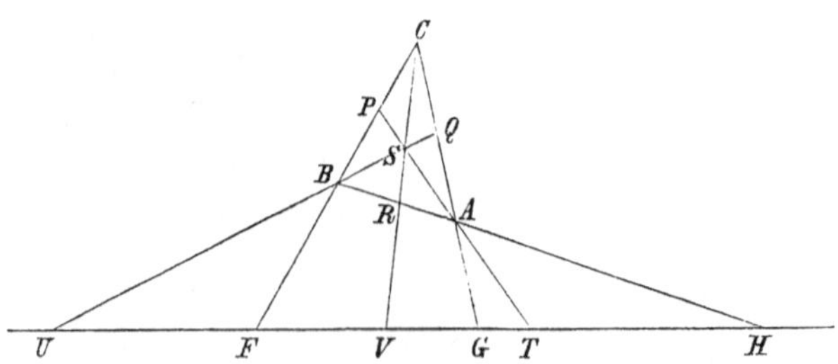

Fig. 17.

Ferner ist für jeden Punct $axA + byB + czC$ der Kugelfläche, welcher zugleich im Wendekreise FGH liegt (§. 31),

$$x + y + z = 0 \ .$$

Da nun für irgend welchen Punct des Hauptkreises SA sich $x:y:z$ wie $u+x':y':z'$ verhalten, so ist für den gemeinsamen Punct von SA und FGH, welcher T heisse,

$$u+x'+y'+z'=0 \ ,$$

und folglich

$$T \equiv auA + sS \equiv -a(x'+y'+z')A + sS \ .$$

Es folgt aber aus dieser Formel für T und aus der vorhergehenden für P:

$$\sin ST : \sin TA = -a(x'+y'+z') : s \ ,$$
$$\sin SP : \sin PA = -ax' : s \ .$$

In meinem barycentrischen Calcul (§. 183) habe ich bei vier in einer Geraden liegenden Puncten S, A, T, P das Verhältniss zwischen den Verhältnissen, nach welchen die Linie SA das eine Mal in T und das andere Mal in P geschnitten wird, d. i. das Verhältniss

$$\frac{\mathrm{ST}}{\mathrm{TA}} : \frac{\mathrm{SP}}{\mathrm{PA}}$$

durch (SATP) ausgedrückt. Wenn wir daher analoger Weise bei vier in einem Hauptkreise liegenden Puncten S, A, T, P das Verhältniss

$$\frac{\sin ST}{\sin TA} : \frac{\sin SP}{\sin PA}$$

durch $(SATP)$ ausdrücken, so kommt

$$(SATP) = \frac{x'+y'+z'}{x'} \ .$$

Eben so findet sich, wenn Q und U die Durchschnitte des Hauptkreises SB mit den Hauptkreisen CA und FGH, und wenn R und V die Durchschnitte von SC mit AB und FGH bezeichnen,

$$(SBUQ) = \frac{x'+y'+z'}{y'} \quad \text{und} \quad (SCVR) = \frac{x'+y'+z'}{z'} \ .$$

Hiermit aber verwandelt sich die Gleichung (1) in

$$(SATP)(SBUQ)(SCVR) = e \ .$$

§. 38. Die jetzt erhaltene Gleichung für eine sphärische Linie der dritten Ordnung mit drei Wendepuncten gilt in unveränderter Form auch für jede ebene Linie derselben Ordnung und mit derselben Zahl von Wendepuncten. Denn betrachten wir, wie es immer gestattet ist, die letztere Linie als Centralprojection der ersteren und bezeichnen die den Puncten $A..F..S$, $P..T..$ auch der Bedeutung nach entsprechenden Puncte in der Projection mit A..F..S, P..T..

so sind, weil S, A, T, P in einem Hauptkreise liegen, S, A, T, P in gerader Linie, und nach §. 25, Anm. ist

$$(SATP) = (\mathrm{SATP}) \;, \quad \text{u. s. w.};$$

folglich

$$[1] \qquad (\mathrm{SATP})(\mathrm{SBUQ})(\mathrm{SCVR}) = e \;.$$

Die hierdurch dargestellte Grundeigenschaft der ebenen Linien dritter Ordnung, welche drei Wendepuncte haben, lässt sich, wenn wir noch, mehrerer Präcision willen, die Gerade, in welcher die Wendepuncte liegen, die Wendelinie, und das von den drei an die Wendepuncte gelegten Tangenten gebildete Dreieck vorzugsweise das Tangentendreieck nennen, folgendergestalt in Worte fassen:

Das Product aus den drei Doppelverhältnissen, nach welchen die von einem beliebigen Curvenpuncte zu den Ecken des Tangentendreiecks gezogenen geraden Linien (SA, SB, SC) *von der Wendelinie* (*in* T, U, V) *und von den den Ecken gegenüberliegenden Seiten des Dreiecks* (*in* P, Q, R) *geschnitten werden, ist von constanter Grösse* (= *e*).

§. 39. Die Gleichung [1] für eine Linie der dritten Ordnung mit drei Wendepuncten gewinnt für den Fall, wenn die Ebene, auf welche man die sphärische Linie projicirt, parallel mit dem Wendekreise angenommen wird, eine besonders einfache Gestalt. Weil nämlich alsdann die Wendelinie und folglich auch die in ihr enthaltenen Puncte T, U, V unendlich entfernt sind, so wird das Verhältniss

$$\mathrm{ST : TA} = -1 \;,$$

und damit das Doppelverhältniss

$$(\mathrm{SATP}) = \frac{\mathrm{ST}}{\mathrm{TA}} : \frac{\mathrm{SP}}{\mathrm{PA}} = -\frac{\mathrm{PA}}{\mathrm{SP}} = \frac{\mathrm{PA}}{\mathrm{PS}}$$

gleich dem Verhältniss der Dreiecksflächen $\frac{\mathrm{ABC}}{\mathrm{SBC}}$, und eben so

$$(\mathrm{SBUQ}) = \frac{\mathrm{BCA}}{\mathrm{SCA}} \;, \qquad (\mathrm{SCVR}) = \frac{\mathrm{CAB}}{\mathrm{SAB}} \;;$$

wobei noch zu erinnern, dass je zwei dieser Flächen mit einerlei oder entgegengesetzten Zeichen zu nehmen sind, jenachdem der durch die Aufeinanderfolge der Ecken eines Dreiecks ausgedrückte Sinn, nach welchem man sich den Perimeter desselben beschrieben zu denken hat, bei beiden Flächen der nämliche, oder der eine dem anderen entgegengesetzt ist. Hiernach ist

$$\mathrm{ABC} = \mathrm{BCA} = \mathrm{CAB} = -\mathrm{CBA} = -\mathrm{ACB} = -\mathrm{BAC} \;;$$

es haben ferner, wenn S innerhalb des Perimeters von ABC liegt, die Flächen ABC und SBC einerlei Zeichen, u. s. w.

Die Gleichung [1] geht auf solche Weise über in

$$\frac{ABC^3}{SBC \, . \, SCA \, . \, SAB} = e \, ,$$

oder, wenn wir statt e die Charakteristik g (§. 35) gebrauchen, in

$$[2] \qquad \frac{3\sqrt[3]{SBC \, . \, SCA \, . \, SAB}}{ABC} = g \, .$$

Es ist demnach bei einer Linie der dritten Ordnung mit drei Wendepuncten, wenn diese unendlich entfernt liegen, das Product aus den Flächen der drei Dreiecke, welche einen Punct S der Curve zur gemeinschaftlichen Ecke und die Seiten des von den drei (jetzt asymptotischen) Tangenten in den Wendepuncten gebildeten Dreiecks ABC zu gegenüberliegenden Seiten haben, von constanter Grösse. *Es ist folglich auch*, ähnlicherweise wie bei einer Hyperbel der zweiten Ordnung, *das Product aus den Abständen eines Curvenpunctes von den drei Asymptoten von constanter Grösse.*

§. 40. Die in §. 35 und §. 36 in Bezug auf die Curvengleichung (13) angestellte Betrachtung lässt sich auch bei der zuletzt erhaltenen Gleichung [2] in Anwendung bringen. Indem wir nämlich A, B, C als drei gegebene Puncte einer Ebene ansehen, kommt jedem Puncte S der Ebene ein durch [2] bestimmter Zahlenwerth g zu, dergestalt, dass alle Puncte, für welche g einen und denselben Werth g' hat, in einer Linie der dritten Ordnung liegen, deren Charakteristik g' ist, und welche drei unendlich entfernte Wendepuncte und daselbst die verlängerten Seiten des Dreiecks ABC zu asymptotischen Tangenten hat.

Um uns von den verschiedenen Werthen, welche g für verschiedene Orte von S erhält, einen übersichtlichen Begriff zu verschaffen, dürfen wir nur erwägen, dass nach dem, was im vorigen Paragraph über die Vorzeichen der Dreiecksflächen bemerkt worden, jede der drei Flächen SBC, SCA, SAB einerlei Zeichen mit ABC hat, wenn S innerhalb dieses Dreiecks liegt, dass die Fläche SBC ihr Zeichen durch Null wechselt, wenn S durch die Seite BC oder deren Verlängerung geht, dass der absolute Werth von SBC der Entfernung des S von BC proportional ist, und dass Analoges von den Flächen SCA und SAB gilt. Hiernach und der Gleichung [2] gemäss ist die Zahl g positiv, wenn S innerhalb ABC fällt, und ändert ihr Zeichen durch Null, so oft als S von der einen Seite einer der drei ins Unendliche verlängert zu denkenden Linien BC,

CA, AB auf die andere tritt. Es wird aber die Ebene durch diese drei Linien in sieben Theile zerlegt (vergl. Fig. 18), von denen der eine, das Dreieck ABC selbst, endlich, die sechs übrigen unendlich gross sind. Von dreien dieser letzteren hat jeder mit dem endlichen Dreieck eine Seite gemein, und in diesen ist daher g negativ; sie entsprechen auf der Kugel den an den Wendekreis grenzenden Vierecken (§. 35). In den drei übrigen Theilen, welche, zwischen den vorigen liegend, an die Ecken des Dreicks stossen und den an den Wendekreis grenzenden Dreiecken entsprechen, ist g positiv. In diesen sechs unendlichen Theilen kann die Zahl g ihrem absoluten Werthe nach über alle Grenzen wachsen; dagegen kann sie im endlichen Dreiecke, wo sie positiv ist, die Einheit nicht überschreiten und erreicht diesen grössten Werth im Mittel- oder Schwerpuncte des Dreiecks.

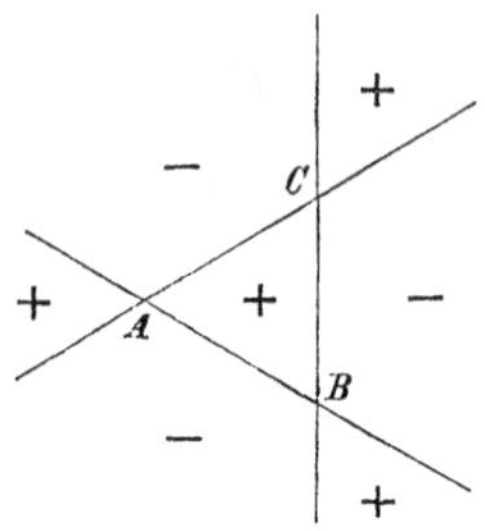

Fig. 18.

Noch grössere Anschaulichkeit gewinnt diese Betrachtung, wenn man sich auf der Ebene ABC, welche ε genannt werde, in jedem ihrer Puncte S ein Perpendikel errichtet denkt, dessen Länge nach einer vorher festgesetzten Linieneinheit durch das dem S zugehörige g ausgedrückt wird. Die Endpuncte dieser Perpendikel werden eine krumme Fläche bilden, und der Schnitt dieser Fläche mit einer der ε parallelen und von ε um g' entfernten Ebene ε', oder vielmehr die rechtwinklige Projection dieses Schnittes auf ε, wird die obengedachte Linie der dritten Ordnung sein, welche g' zur Charakteristik hat.

Anlangend die Form dieser krummen Fläche, so ist zuerst klar dass die ins Unendliche verlängerten drei Geraden BC, CA, AB, in der Fläche selbst liegen und diese eben so, wie die Ebene ε, in sieben Theile theilen. Denken wir uns ferner die Ebene ε horizontal und die Perpendikel, jenachdem g positiv oder negativ ist, nach oben oder unten zu getragen, so erhebt sich der vom Perimeter des Dreiecks begrenzte Theil der Fläche über ε; am meisten, um die Linieneinheit, über der Mitte des Dreiecks. Von den sechs übrigen unendlichen Theilen liegen die an die Seiten des Dreiecks grenzenden unterhalb ε, und die an die Ecken desselben stossenden oberhalb ε; beiderlei Theile aber entfernen sich von ε um desto mehr — über alle Grenzen —, je weiter sie vom Dreiecke selbst und von den verlängerten Seiten desselben abliegen.

Eine mit ε parallele Ebene ε' wird hiernach, jenachdem sie unterhalb oder oberhalb ε ist, die drei ersteren oder die drei letzteren unendlichen Theile der Fläche und zwar in hyperbelartigen Curven schneiden, von denen die drei Geraden BC, ... die Asymptoten sind. Der oberhalb des endlichen Dreiecks liegende Theil der Fläche wird aber von einer oberhalb liegenden Ebene ε' nur dann und zwar in einer geschlossenen Curve geschnitten, wenn der Abstand g' der ε' von ε kleiner als 1 ist; ist $g' = 1$, so wird dieser Theil in seinem über dem Mittelpuncte des Dreiecks liegenden Puncte von ε' berührt. Für $g' = 0$ reducirt sich die Curve auf das System der drei Geraden BC, ..., und für $g' = \infty$ fällt sie in das Unendliche. — Die Uebereinstimmung aller dieser Fälle mit den auf der Kugel stattfindenden und in §. 36 erörterten Fällen springt in die Augen.

§. 41. Dass eine sphärische Linie der dritten Ordnung mit drei Wendepuncten ausser der einfachen Curve noch eine Zwillingscurve hat, wenn ihre Charakteristik g zwischen 0 und 1 fällt, also $e > 27$ ist, und dass die Zwillingscurve für $g = 1$ oder $e = 27$ sich in einen isolirten Punct verwandelt, dies lässt sich auch leicht aus der Betrachtung der Scheitel oder der Durchschnitte der Linie mit den Polaren ihrer Wendepuncte folgern.

Die Gleichung der Polare des Wendepunctes H ist $x = y$ (§. 32). Diese, verbunden mit der Gleichung der Linie (1), giebt für die gemeinsamen Puncte der Polare und der Linie oder die in die Polare von H fallenden Scheitel

$$(2x + z)^3 = ex^2 z \ ,$$

oder, wenn man

$$z : x = p$$

setzt,

$$(p) \qquad (2 + p)^3 = ep \ .$$

Ist daher p' eine Wurzel dieser cubischen Gleichung, so verhalten sich für einen jener Scheitel

$$x : y : z = 1 : 1 : p' \ ,$$

und er selbst hat den Ausdruck

$$(p') \qquad aA + bB + p'cC \ .$$

Da nun jede der drei Polaren die einfache Curve der Linie in einem Puncte und die Zwillingscurve, falls diese vorhanden ist, in zwei Puncten schneidet, die, wenn die Zwillingscurve sich immer mehr verengert, zuletzt in einen isolirten Punct zusammengehen, so wird die Linie entweder bloss aus einer einfachen Curve bestehen, oder noch mit einer Zwillingscurve, oder mit einem isolirten Puncte begleitet sein, jenachdem von den drei Wurzeln der Gleichung (p), oder der Gleichung

$$q^3 - eq + 2e = 0 \ ,$$

wenn man

$$2 + p = q$$

setzt, entweder nur eine reell, oder alle drei reell und verschieden, oder zwei der drei reellen einander gleich sind. Uebereinstimmend mit dem schon Bemerkten tritt aber bei letzterer Gleichung nach einer bekannten Regel der erste, zweite, oder dritte Fall ein, jenachdem $e - 27$ negativ, positiv, oder null ist.

Zusätze. *a*) Ist $e = 27$, und hat folglich die Linie einen isolirten Punct, so reducirt sich (p) auf

$$(p-1)^2(p+8) = 0 \ .$$

Für den isolirten Punct selbst ist daher

$$p = 1 \ ,$$

und für den in die Polare von H fallenden Scheitel R (vergl. Fig. 14)

$$p = -8 \ .$$

Zufolge (p') ist demnach ersterer Punct

$$\equiv aA + bB + cC \ ,$$

d. i. der Centralpunct V (§. 28, 7), letzterer

$$\equiv aA + bB - 8cC \ .$$

b) Für den Durchschnitt L der Polare von H mit der an H gelegten Tangente hatten wir in §. 32

$$lL = aA + bB \ ,$$

wodurch

$$V \equiv lL + cC \quad \text{und} \quad R \equiv lL - 8cC$$

wird. Da ferner die Gleichungen dieser Polare und des Wendekreises

$$x = y \quad \text{und} \quad x + y + z = 0$$

sind, so verhält sich für den Durchschnitt beider Kreise mit einander, welcher D heisse,

$$x : y : z = 1 : 1 : -2 \ ,$$

und es ist folglich

$$D \equiv aA + bB - 2cC \equiv lL - 2cC \ .$$

Aus diesen Ausdrücken für V, R und D durch L und C ergeben sich ähnlicherweise, wie in §. 37, die Doppelverhältnisse

$$(CLVD) = -2 \ , \qquad (CLVR) = -8 \ ,$$

wovon die erstere Gleichung bei allen Werthen von e, die letztere nur für $e = 27$ gilt.

Die nämlichen zwei Gleichungen haben auch noch statt, wenn man unter C, L, V, D, R die Projectionen dieser Puncte auf irgend eine Ebene versteht. Fällt dabei L in unendliche Entfernung, wie dies unter Anderem bei den *Newton*'schen Parabeln geschieht, wo die Tangente ALB an dem einen Wendepuncte H unendlich entfernt ist, und damit die beiden anderen F und G eine symmetrische Lage erhalten, so wird

$$(CLVD) = \frac{CV}{VL} : \frac{CD}{DL} = \frac{CV}{CD}, \qquad (CLVR) = \frac{CV}{CR},$$

also (mit Rücksicht auf §. 29)

$$VC = 2\,CD = 8\,CR \quad \text{und} \quad VC : CR : RD = 8 : 1 : 3 .$$

c) Bezeichnet demnach N den Scheitel einer *Newton*'schen Parabel, C den gemeinsamen Durchschnitt der an die symmetrischen Wendepuncte der Parabel gelegten Tangenten und D den mit C und N in der Axe liegenden Mittelpunct von FG, so ist bei der Parabola punctata (vergl. Fig. 8, §. 26)

$$\mathrm{CN} = \tfrac{1}{4}\,\mathrm{CD} .$$

Dagegen ist bei der Parabola cum ovali (vergl. Fig. 7, §. 26)

$$\mathrm{CN} < \tfrac{1}{4}\,\mathrm{CD} ,$$

wie sogleich daraus erhellet, dass die Charakteristik g einer solchen Parabel zwischen 0 und 1 fällt, während für die punctata

$$g = 1$$

ist, und dass nach der Betrachtungsweise in §§. 35 und 36 von je zwei zu demselben System von Wendepuncten und Tangenten an denselben gehörigen und auf einerlei Seite dieser Tangenten liegenden Linien die den Tangenten nähere Linie die kleinere Charakteristik hat. — Aus ähnlichem Grunde ist bei der Parabola pura, wo g entweder grösser als 1, oder negativ ist,

$$\mathrm{CN} > \tfrac{1}{4}\,\mathrm{CD} ;$$

für $g > 1$ fällt CN zwischen $\tfrac{1}{4}$CD und CD (vergl. Fig. 9[a], §. 26); für $g < 0$ ist

$$\mathrm{CN} > \mathrm{CD} .$$

(vergl. Fig. 9[b], §. 26). Für $g = \infty$ ist, dem nachstehenden §. 42 zufolge

$$\mathrm{CN} = \mathrm{CD} ;$$

C liegt dann im Unendlichen, d. h. die Tangenten in F und G sind einander parallel (vergl. Fig. 19).

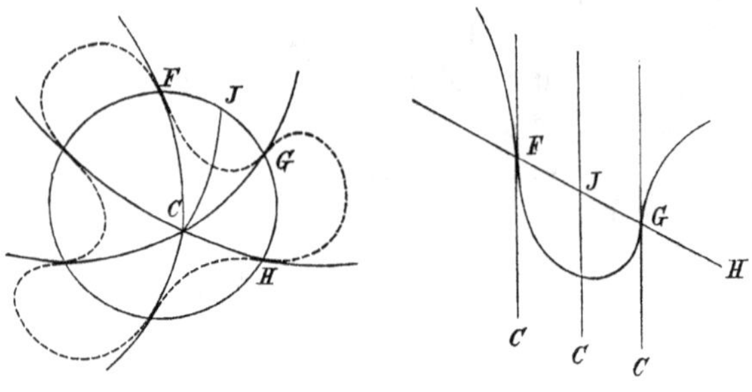

Fig. 19.

§. 42. Bei einer Linie der dritten Ordnung mit drei Wendepuncten kann noch der besondere Fall eintreten, dass die drei an die Wendepuncte gelegten Tangenten sich in einem Puncte schneiden. Die Gleichung einer solchen Linie wird sich am einfachsten mittelst des in §. 31 erhaltenen allgemeinen Satzes ergeben. Heissen nämlich, wie bisher, F, G, H die drei Wendepuncte (vergl. Fig. 19), zwischen welchen, als drei Puncten eines Hauptkreises, eine Gleichung von der Form

$$fF + gG + hH = 0$$

besteht; bezeichnet C den Durchschnitt der an F und G gelegten Tangenten, und wird in Bezug auf FGC, als Fundamentaldreieck, der allgemeine Ausdruck eines Punctes der Kugelfläche

$$fxF + gyG + czC$$

gesetzt: so ist die Gleichung des Wendekreises

$$z = 0 \; ,$$

und die Gleichungen der Tangenten FC, GC an F, G sind

$$y = 0 \; , \qquad x = 0 \; .$$

Die Gleichung der an H zu legenden Tangente, welche jetzt gleichfalls den Punct C treffen soll, ist

$$x - y = 0 \; ;$$

denn damit reducirt sich der allgemeine Ausdruck eines Punctes $fxF + gyG + czZ$ auf $-hxH + czZ$, d. i. auf den Ausdruck jedes beliebigen mit H und C in einem Hauptkreise liegenden Punctes. Nach §. 31 ist daher die Gleichung der Linie:

$$z^3 : xy\,(x - y) = \text{Const.} \; ,$$

wo wir die Constante rechterhand gleich i^3 setzen wollen; oder noch einfacher, wenn wir iz statt z schreiben,

$$(\alpha) \qquad z^3 = xy(x - y) \ ,$$

und der zugehörige Ausdruck wird

$$fxF + gyG + cizC \ ,$$

oder wenn wir $ci = k$ setzen,

$$(\beta) \qquad fxF + gyG + kzC \ .$$

Zusätze. *a*) Die Charakteristik der Linie, bei welcher sich die Tangenten an den drei Wendepuncten in einem Puncte schneiden, ist als unendlich gross anzusehen. Dies erhellt sogleich aus dem in §. 37 durch Doppelverhältnisse ausgedrückten Werthe von e. Denn wenn die drei Puncte A, B, C, in denen sich die Tangenten daselbst schneiden, in einen einzigen zusammengehen, so fallen mit diesem Puncte auch die dortigen P, Q, R zusammen. Hierdurch aber wird jedes der drei Doppelverhältnisse $(SATP)$, $(SBUQ)$, $(SCVR)$ gleich Null, folglich auch

$$e = 0 \ ,$$

und die Charakteristik gleich

$$3 : \sqrt[3]{e} = \infty \ .$$

b) Die Polare von H trifft den Centralpunct C und schneidet die durch H gehende Sehne FG in einem Puncte J, welcher nach §. 22 der vierte harmonische Punct zu F, G, H, und daher $\equiv fG - gG$ ist, weil

$$H \equiv fF + gG \ .$$

Nehmen wir jetzt H und J, statt F und G, zu Fundamentalpuncten, so dass das Fundamentaldreieck von dem Wendekreise HJ, von der Polare CJ des Wendepunctes H und von der an H gelegten Tangente HC gebildet wird. Weil

$$fF + gG = -hH \ ,$$

und weil wir

$$fF - gG = iJ$$

setzen können, so wird

$$2fF = iJ - hH \ , \qquad 2gG = -iJ - hH \ ,$$

und damit der Ausdruck (β)

$$x(iJ - hH) - y(iJ + hH) + 2kcC \ ,$$

d. i.

$$(\gamma) \qquad ipJ + hqH + kzC \ ,$$

wenn wir noch

$$x-y=2p \quad \text{und} \quad -x-y=2q$$

setzen. Hiermit aber verwandelt sich die Gleichung (α) der Linie in

$$(\delta) \qquad z^3=2p(q^2-p^2)\ .$$

c) Schliesslich wollen wir noch diese sphärische Curve auf eine mit dem Fundamentalkreise HC parallele Ebene projiciren und die Gleichung dieser Projection zu bestimmen suchen. Heissen J, H, C die Projectionen von J, H, C, so liegen H und C unendlich entfernt, und es verhalten sich, wenn J zum Anfangspuncte und die Geraden JH und JC zu den Axen der Coordinaten y und x genommen werden, die Coëfficienten im Ausdrucke (γ)

$$ip:hq:kz=c:y:x\ ,$$

wo, wenn O den Mittelpunct der Kugel bezeichnet,

$$c=\mathrm{OJ}$$

ist (§. 24). Die hieraus folgenden Verhältnisswerthe von p, q, z in (δ) substituirt, ergibt sich als die gesuchte Gleichung der Projection

$$\frac{x^3}{k^3}=2\frac{c}{i}\left(\frac{y^2}{h^2}-\frac{c^2}{i^2}\right)\ ,$$

oder einfacher

$$\frac{y^2}{b^2}=1+\frac{x^3}{a^3}\ ,$$

eine Gleichung, die, wie zu erwarten stand, einer *Parabola pura* (§. 26) angehört. Für den Scheitel der Parabel ist

$$x=-a \quad \text{und} \quad y=0\ ;$$

für die zwei symmetrischen Wendepuncte F und G, als die Projectionen von F und G, ist

$$x=0 \quad \text{und} \quad y=\pm b\ ,$$

und die in ihnen an die Curve gelegten Tangenten FC und GC sind mit JC, d. i. mit der Axe der Parabel, parallel.

Von den Linien der dritten Ordnung, welche Knoten, oder Spitzen haben.

§. 43. Es bleiben uns noch die sphärischen Linien der dritten Ordnung zu betrachten übrig, bei welchen zwei der drei Wendepuncte zu einem Knoten, oder einer Spitze zusammengegangen sind. Wir kehren deshalb zu der Gleichung

$$(C) \qquad fy^2z + ax^3 + kzx^2 + gz^2x + cz^3 = 0$$

in §. 23 zurück, welche, auf den Ausdruck $xA + yB + zC$ bezogen, eine Curve darstellt, bei welcher B ein Wendepunct, AB die an denselben gelegte Tangente und CA seine Polare ist. Wurde in (C) die Variable z constant gesetzt, so ergab sich (§. 24) die Projection der Curve auf eine mit dem Fundamentalkreise AB parallele Ebene; und wenn dieser ebenen Curve statt der zwei anderen Wendepuncte ein Knoten zukommen sollte, so musste in ihrer Gleichung das Aggregat der mit y nicht behafteten Glieder in Bezug auf x einen rein quadratischen Factor enthalten (§. 26). Es wird daher (vergl. §. 5) auch die durch (C) ausgedrückte sphärische Curve nur dann einen Knoten haben, wenn (C) sich auf die Form

$$y^2z = \alpha(x - \beta z)(x - \gamma z)^2$$

reduciren lässt. Wie indessen schon aus §. 26 bekannt ist, reicht diese eine Bedingung noch nicht hin. Führen wir nämlich statt x eine andere Veränderliche x_1, gleich $x - \gamma z$, ein und setzen

$$\gamma - \beta = \delta \ ,$$

so wird die Gleichung

$$(\alpha) \qquad y^2z = \alpha x_1^2(x_1 + \delta z) \ ,$$

und der zugehörige Ausdruck wird

$$(x_1 + \gamma z)A + yB + zC \ ,$$

oder wenn wir

$$\gamma A + C = c_1 C_1$$

setzen,

$$(\beta) \qquad x_1 A + yB + c_1 z C_1 \ .$$

Nun geschieht der Gleichung (α) Genüge für

$$x_1 = 0 \quad \text{und} \quad y = 0 \ ,$$

und es ist folglich C_1 ein Curvenpunct. Ist aber x_1 sehr klein, und mithin sehr nahe

$$y^2 = \alpha\delta x_1^2 \ ,$$

so kann die Gleichung nur dann befriedigt werden, wenn das Product $\alpha\delta$ positiv; nicht, wenn es negativ ist. Im letzteren Falle ist daher C_1 ein isolirter Punct. Im ersteren setze man

$$\alpha\delta = \varepsilon^2 \ .$$

Für ein sehr kleines x_1 wird alsdann

$$y = \pm \varepsilon x_1 \ ,$$

welches die Gleichungen zweier Hauptkreise sind, deren jeder durch C_1 und einen dem C_1 sehr nahe liegenden Curvenpunct geht, also die Gleichungen zweier die Curve in C_1 berührenden Hauptkreise. Mithin muss dann C_1 ein Knoten sein.

Die Gleichung für eine sphärische Linie der dritten Ordnung mit einem Knoten ist demnach

$$y^2 z = \alpha x_1^3 + \varepsilon^2 x_1^2 z \ ,$$

und (β) der zugehörige Ausdruck; oder, wenn wir

$$x_1 = \frac{x_2}{\varepsilon} \quad \text{und} \quad z = \frac{\alpha}{\varepsilon^3} z_1$$

setzen,

$$y^2 z_1 = x_2^3 + x_2^2 z_1$$

die Gleichung, und

$$\frac{x_2}{\varepsilon} A + yB + \frac{\alpha}{\varepsilon^3} c_1 z_1 C_1$$

der Ausdruck; oder endlich, wenn wir

$$1 : \varepsilon : \frac{\alpha c_1}{\varepsilon^2} = a : b : c$$

setzen und die nicht mehr nöthigen Indices weglassen,

$$(\gamma) \qquad y^2 z = x^3 + x^2 z$$

die Gleichung und

$$(\delta) \qquad axA + byB + czC$$

der Ausdruck.

Hierbei ist C der Knoten, B der noch übrige Wendepunct, AB die Tangente an B und AC die Polare von B (vergl. Fig. 20). — Da die beiden anderen Wendepuncte jetzt in C vereinigt sind, so vertritt hier der Hauptkreis BC die Stelle des Wendekreises.

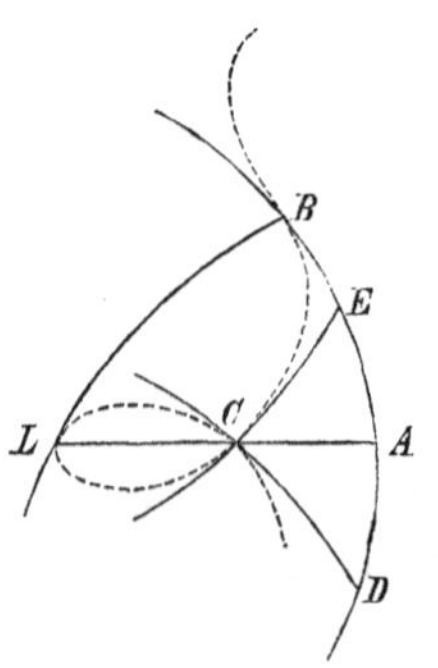

Fig. 20.

Zusatz. Wie aus dem Vorigen unmittelbar folgt, sind

$$y = x \quad \text{und} \quad y = -x$$

die Gleichungen der die Curve in C berührenden Hauptkreise, und daher die Durchschnitte der letzteren mit dem Fundamentalkreise AB, dessen Gleichung

$$z = 0$$

ist, $\equiv aA + bB$ und $\equiv aA - bB$. Bezeichnen wir daher diese Durchschnitte, wie in der Figur, mit D und E, so können wir setzen:

$$-2dD = aA + bB \ , \qquad -2eE = aA - bB \ ,$$

woraus

$$aA = -dD - eE\ , \qquad bB = -dD + eE$$

folgt; und der Ausdruck (δ) wird, wenn wir D und E statt A und B zu Fundamentalpuncten wählen,

$$-x(dD + eE) - y(dD - eE) + czC\ ,$$

oder, wenn wir

$$x + y = -u\ , \qquad x - y = -v$$

setzen und t statt z schreiben,

$$ctC + duD + evE\ .$$

Die Gleichung (γ) verwandelt sich damit in

$$tuv = \left(\frac{u+v}{2}\right)^3\ ,$$

d. h. das geometrische Mittel zwischen t, u, v ist dem arithmetischen zwischen u und v gleich (vergl. §. 33).

Das Fundamentaldreieck wird hierbei von der Tangente am Wendepuncte B und den zwei Tangenten am Knoten C gebildet. In Bezug auf dasselbe ist der Wendepunct $\equiv dD - eE$, und dessen Polare der durch C und $dD + eE$ zu legende Hauptkreis. Ein Punct dieses Hauptkreises ist

$$cC + dD + eE\ ,$$

welcher L heisse. Für ihn ist

$$t = u = v\ ;$$

und da mit dieser Gleichheit der Veränderlichen der Curvengleichung Genüge geschieht, so ist L der nochmalige Durchschnitt der durch C gehenden Polare mit der Curve, also der Scheitel der Curve. Dass letztere von dem durch L und B gelegten Hauptkreise in L berührt wird, ist schon in §. 29 bemerkt worden.

§. 44. In dem noch specielleren Falle, wenn in der Gleichung (C) der von y freie Theil rein cubisch, und daher in (α) der Coëfficient

$$\delta = 0$$

ist, hat nach §. 26 und mit Anwendung derselben Schlussweise, wie in §. 43, die sphärische Linie der dritten Ordnung eine Spitze. Die Gleichung einer solchen Linie ist daher

$$y^2 z = \alpha x^3\ ,$$

verbunden mit dem Ausdrucke

$$xA + yB + zC\ .$$

Bestimmen wir noch drei Constanten a, b, c so, dass

$$b^2 c = \alpha a^3\ ,$$

so verwandelt sich die Gleichung in

$$\frac{y^2}{b^2} \cdot \frac{z}{c} = \frac{x^3}{a^3} ,$$

und es wird nunmehr, wenn wir in der Gleichung und im Ausdrucke ax, by, cz statt x, y, z schreiben, die erstere

$$y^2 z = x^3 ,$$

der letztere

$$axA + byB + czC .$$

Hierin ist C die Spitze und, wie vorhin, B der Wendepunct, CA seine Polare und AB die an ihn gelegte Tangente; $aA + bB + cC$ ist aber ein Punct der Curve, weil mit $x = y = z$ die Gleichung befriedigt wird.

Von der Collineationsverwandtschaft ebener und sphärischer Figuren.

§. 45. Der Hauptzweck dieser Abhandlung sollte die Eintheilung der ebenen Linien der dritten Ordnung nach dem Princip der Collineation sein. Weil alle einander collinearen Linien, und wo nicht sie selbst, doch ihnen affine Linien, als Centralprojectionen einer und derselben sphärischen Linie betrachtet werden können, so untersuchten wir zunächst die verschiedenen Formen und die daran sich knüpfenden Eigenschaften der sphärischen Linien der dritten Ordnung. Nachdem diese Gegenstände zur Genüge, wie ich hoffen darf, erörtert worden, wende ich mich jetzt zu dem Versuche einer Eintheilung selbst, dem ich noch folgende die Collineation ebener und sphärischer Figuren überhaupt betreffende Sätze vorausgehen lasse.

1) Wenn allen Puncten einer Ebene die Puncte einer anderen Ebene dergestalt entsprechen, dass von je drei Puncten der einen Ebene, welche in einer Geraden liegen, die entsprechenden der anderen ebenfalls in einer Geraden begriffen sind, so sagt man, dass die Puncte beider Ebenen sich nach dem Gesetze der Collineation entsprechen, und nennt je zwei Figuren der einen und der anderen Ebene, welche durch entsprechende Puncte bestimmt sind, einander collinear.

2) Sollen die Puncte zweier Ebenen nach dem Gesetze der Collineation auf einander bezogen werden, so kann man die vier ersten Paare sich entsprechender Puncte, sie heissen A und A_1, B und B_1,

C und C_1, D und D_1, nach Willkür annehmen, nur dass keine drei der vier Puncte der einen oder der anderen Ebene in einer Geraden liegen. Der jedem fünften Puncte S der einen Ebene entsprechende Punct S_1 der anderen ist dann vollkommen bestimmt.

Die Bestimmung des Punctes S_1 aus den gegebenen A .. D, A_1 .. D_1 und S kann unter anderen dadurch bewerkstelligt werden, dass man, was immer möglich ist (Baryc. Calcul, §. 230), die beiden Ebenen in eine solche Lage gegen einander bringt, dass sich die vier Geraden AA_1, BB_1, CC_1, DD_1 in einem Puncte X schneiden. Der Punct S_1 wird alsdann der Durchschnitt der Ebene $A_1B_1C_1$ mit der Geraden XS sein. Denn es ist von selbst klar, dass bei einem solchen Entsprechen der Puncte beider Ebenen drei Puncte der einen jederzeit in einer Geraden liegen, wenn die ihnen entsprechenden der anderen in einer Geraden sind.

Zwei Ebenen, deren Puncte einander collinear entsprechen, können demnach immer in eine perspectivische Lage, d. i. in eine solche gebracht werden, bei welcher alle die Geraden, welche einander entsprechende Puncte verbinden, sich in einem Puncte schneiden.

3) Sind F, G, H, J vier Puncte der einen Ebene, F_1, G_1, H_1, J_1 die ihnen entsprechenden in der anderen, und liegen die vier ersteren, also auch die vier letzteren, in einer Geraden, so sind, weil bei der perspectivischen Lage der beiden Ebenen die vier Geraden FF_1, GG_1, HH_1, JJ_1 in einer Ebene liegen und sich in einem Puncte schneiden, nach einem bekannten und bereits in §. 38 angewendeten Satze die Doppelverhältnisse

$$(FGHJ) \quad \text{und} \quad (F_1G_1H_1J_1)$$

einander gleich.

4) Eben so, wie die Puncte zweier Ebenen, kann man auch die Puncte zweier Kugelflächen in collineare Beziehung setzen, indem man nämlich alle Puncte der einen Fläche denen der anderen dergestalt entsprechen lässt, dass je dreien Puncten der einen Fläche, welche in einem Hauptkreise liegen, drei in einem Hauptkreise liegende Puncte der anderen Fläche entsprechen. Man gewahrt augenblicklich, dass, wenn die Puncte beider Flächen in dieser Beziehung zu einander stehen, die Centralprojectionen dieser Puncte auf zwei beliebig gelegte Ebenen einander collinear sind, und dass umgekehrt, wenn man die Puncte zweier Ebenen sich collinear entsprechen lässt, man durch Projection derselben auf zwei Kugelflächen zu jedem Puncte der einen Fläche einen ihm nach dem Gesetze der sphärischen Collineation entsprechenden in der anderen erhält. Beides aus dem einfachen Grunde, weil, wenn drei Puncte einer Kugelfläche

in einem Hauptkreise liegen, die Centralprojectionen derselben auf eine Ebene in einer Geraden sind, und umgekehrt.

5) Es folgt hieraus leicht weiter, dass, wenn die Puncte zweier Kugelflächen einander entsprechend gesetzt werden sollen, ebenso wie vorhin bei zwei Ebenen vier Puncte der einen Fläche und die vier ihnen entsprechen sollenden der anderen beliebig genommen werden können, dafern nur keine drei, weder der vier ersteren noch der vier letzteren, in einem Hauptkreise liegen; und dass hiermit für jeden Punct der einen Fläche der entsprechende in der anderen vollkommen bestimmt ist.

6) Sind F, G, H, J vier in einem Hauptkreise liegende Puncte der einen Fläche, F_1, G_1, H_1, J_1 die ihnen collinear entsprechenden und daher gleichfalls in einem Hauptkreise liegenden Puncte der anderen Fläche, so sind die sphärischen Doppelverhältnisse

$$(FGHJ) \quad \text{und} \quad (F_1 G_1 H_1 J_1)$$

einander gleich. Denn bezeichnen F, G, H, J die Projectionen der vier ersteren Puncte auf eine Ebene, und F_1, G_1, H_1, J_1 die Projectionen der vier letzteren auf eine zweite Ebene, so ist (§. 25, Anm.)

$$(FGHJ) = (\mathrm{FGHJ}) \quad \text{und} \quad (F_1 G_1 H_1 J_1) = (\mathrm{F}_1 \mathrm{G}_1 \mathrm{H}_1 \mathrm{J}_1) .$$

Weil aber die Puncte beider Ebenen, welche Projectionen sich entsprechender Puncte der beiden Kugelflächen sind, sich nach dem Gesetze der Collineation entsprechen, so ist

$$(\mathrm{FGHJ}) = (\mathrm{F}_1 \mathrm{G}_1 \mathrm{H}_1 \mathrm{J}_1) ;$$

folglich u. s. w.

7) Der eben bewiesene Satz gilt, wie von selbst einleuchtet, auch umgekehrt. Hat man nämlich die Puncte zweier Kugelflächen in collineare Beziehung gebracht, und entsprechen dabei drei in einem Hauptkreise liegende Puncte F, G, H der einen Fläche den Puncten F_1, G_1, H_1 der anderen, welche daher ebenfalls in einem Hauptkreise liegen werden, so werden zwei in denselben zwei Kreisen liegende Puncte J und J_1 einander entsprechende sein, wenn

$$(FGHJ) = (F_1 G_1 H_1 J_1)$$

ist.

8) Werden vier Puncte A, B, C und M ($\equiv aA + bB + cC$) einer Kugelfläche, von denen keine drei in einem Hauptkreise liegen, vier beliebigen, nur derselben Bedingung unterworfenen Puncten A_1, B_1, C_1 und M_1 ($\equiv a_1 A_1 + b_1 B_1 + c_1 C_1$) einer zweiten Kugelfläche

collinear entsprechend gesetzt, so entsprechen sich nach diesem Gesetz auch die Puncte

$$S \equiv axA + byB + czC \quad \text{und} \quad S_1 \equiv a_1 x A_1 + b_1 y B_1 + c_1 z C_1$$

beider Flächen.

Beweis. Zu Folge der Ausdrücke für M und S kann man schreiben

$$aA + bB + cC = mM \quad \text{und} \quad axA + byB + czC = sS \,.$$

Man setze hiernach

$$bB + cC = mM - aA \equiv J \quad \text{und} \quad byB + czC = sS - axA \equiv P \,.$$

Es sind dann J und P die Puncte des Hauptkreises BC, welche er mit den Hauptkreisen MA und SA gemein hat (vergl. Fig. 21), und es verhält sich

$$\frac{\sin BJ}{\sin JC} = \frac{c}{b}\,, \qquad \frac{\sin BP}{\sin PC} = \frac{cz}{by}\,;$$

folglich ist

$$(BCJP) = \frac{y}{z} \,.$$

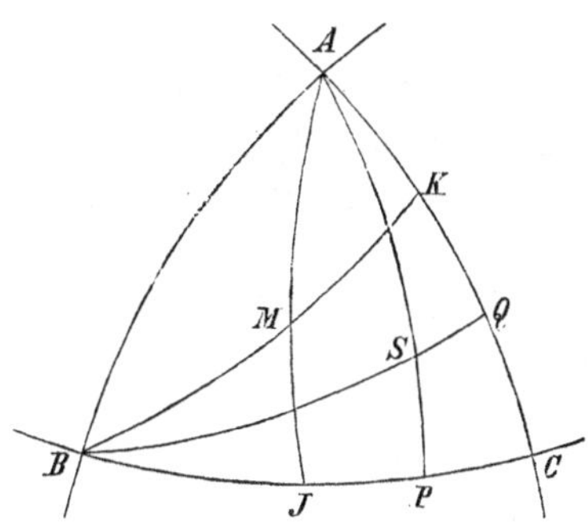

Fig. 21.

Eben so findet sich, wenn K und Q die Durchschnitte des Hauptkreises CA mit MB und SB bezeichnen,

$$(CAKQ) = \frac{z}{x} \,.$$

Haben ferner auf der zweiten Kugelfläche die Puncte J_1, P_1, K_1, Q_1 dieselbe Bedeutung, wie die gleichnamigen auf der ersten, so dass J_1 den Durchschnitt von B_1C_1 mit M_1A_1 u. s. w. ausdrückt, so ist auf gleiche Weise

$$(B_1C_1J_1P_1) = \frac{y}{z} \quad \text{und} \quad (C_1A_1K_1Q_1) = \frac{z}{x}\,,$$

folglich

$$(BCJP) = (B_1C_1J_1P_1) \quad \text{und} \quad (CAKQ) = (C_1A_1K_1Q_1) \,.$$

Nach der Voraussetzung und nach der gemachten Construction entsprechen aber den Puncten A, B, C, J, K die Puncte A_1, B_1, C_1, J_1, K_1. Zu Folge der zwei letzterhaltenen Gleichungen entsprechen sich daher auch die Puncte P und P_1, so wie Q und Q_1; mithin sind auch die Durchschnitte von AP mit BQ und von A_1P_1 mit B_1Q_1, d. h. S und S_1, entsprechende Puncte.

9) Sind die vier Puncte A, B, C und M, wo

$$M \equiv aA + bB + cC \,,$$

einer Kugelfläche, also auch die Verhältnisse $a:b$ und $b:c$, gegeben, sind aber nicht die Verhältnisse $x:y$ und $y:z$ einzeln, sondern eine Gleichung zwischen ihnen oder eine homogene Gleichung zwischen x, y, z gegeben, und ist daher der Ort von S ($\equiv axA+byB+czC$) eine sphärische Curve, so sind diese Curve und die mit derselben Gleichung in Bezug auf den Ausdruck

$$a_1 xA_1 + b_1 yB_1 + c_1 zC_1$$

construirte Curve nach vorigem Satze einander collinear. Es entsprechen sich nämlich je zwei Puncte der einen und der anderen Curve, für welche x, y, z in den nämlichen Verhältnissen zu einander stehen. Nächstdem sind noch A, B, C, M und A_1, B_1, C_1, M_1 einander entsprechende Puncte, mögen sie zu den Curven selbst gehören oder nicht.

Zwei Curven, die mit zwei nicht identischen Gleichungen, die eine in Bezug auf den Ausdruck $axA+byB+czC$, die andere in Bezug auf $a_1 xA_1 + byB + czC$, construirt worden, sind einander nicht collinear, wenigstens nicht dergestalt, dass dabei den Puncten A, B, C und $aA+bB+cC$ die Puncte A_1, B_1, C_1 und $a_1A_1+b_1B_1+c_1C_1$ ensprächen. Desshalb, und weil durch Annahme anderer Fundamentalpuncte die Ordnung, zu welcher eine Curve gehört, nicht geändert wird, können zwei Curven, welche von verschiedener Ordnung sind, auf keine Weise einander collinear sein.

10) Bedeute (x, y, z) eine homogene Function von x, y, z. Die durch die Gleichung

$$(x, y, z) = 0$$

bestimmte Curve heisse l_1, l_2, l_3, jenachdem der eine oder andere der drei Ausdrücke

$$axA + byB + czC \;,$$

$$a_1 xA_1 + b_1 yB_1 + c_1 zC_1 \;, \qquad b_1 xB_1 + a_1 yA_1 + c_1 zC_1$$

zu Grunde gelegt wird.

Hiernach sind l und l_1 zwei einander collineare Curven, und es entsprechen dabei den Puncten A, B, C und $aA+bB+cC$, ($\equiv M$), die Puncte A_1, B_1, C_1 und $a_1A_1+b_1B_1+c_1C_1$ ($\equiv M_1$). Desgleichen sind l und l_2 einander collinear und dabei A, B, C, M und B_1, A_1, C_1, M_1 entsprechende Puncte. Im Allgemeinen werden nun die ebenfalls einander collinearen Curven l_1 und l_2 von einander verschieden sein. Nehmen wir aber an, dass (x, y, z) eine nach x und y symmetrische Function ist, so können wir als Gleichung für l_2 auch schreiben

$$(x, y, z) = 0 \;;$$

und diese Gleichung, verbunden mit dem Ausdrucke

$$a_1 y A_1 + b_1 x B_1 + c_1 z C_1$$

für l_2, gibt eine mit l_1 identische Curve. Ist daher die Function (x, y, z) nach x und y symmetrisch, so sind die Curven l und l_1 auch dergestalt in collinearer Beziehung, dass A, B, C, M und B_1, A_1, C_1, M_1 einander entsprechen.

Wenn folglich (x, y, z) eine nach x, y, z zugleich symmetrische Function ist, so können die Curven l und l_1 auf sechs verschiedene Arten einander entsprechend gesetzt werden, indem man alsdann den Puncten A, B, C die Puncte A_1, B_1, C_1, letztere in jeder beliebigen Folge genommen, entsprechen lassen kann. Dabei aber entspricht M_1 stets dem M, weil die Coëfficienten a_1, b_1, c_1 resp. mit den Puncten A_1, B_1, C_1 stets verbunden bleiben.

Von der Collineationsverwandtschaft zwischen Linien der dritten Ordnung.

§. 46. Mit Hülfe des Voranstehenden wird es nun keine Schwierigkeit haben, die Bedingungen zu bestimmen, unter denen zwei sphärische Linien der dritten Ordnung einander collinear sind, sobald wir nur noch die leicht erweislichen Sätze berücksichtigen, dass bei zwei einander collinearen sphärischen (oder ebenen) Curven jedem Wendepuncte, Knoten, oder Spitze der einen Curve ein gleichartiger merkwürdiger Punct in der anderen entspricht, und dass zwei an zwei einander entsprechende Puncte beider Curven gelegte Berührungskreise sich gleichfalls entsprechen (vergl. §. 5).

Wenn demnach von zwei einander collinearen Linien der dritten Ordnung die eine drei Wendepuncte hat, so müssen der anderen gleichfalls drei Wendepuncte zukommen. Da die auf den Ausdruck

$$axA + byB + czC$$

sich beziehende Gleichung einer solchen Linie, den in §. 42 betrachteten Fall ausgenommen, immer auf die Form

$$\sqrt[3]{xyz} = \tfrac{1}{3} g\,(x + y + z)$$

gebracht werden kann (§. 35), so sind je zwei solcher Linien, wenn sie einerlei Charakteristik g und damit eine gemeinschaftliche Gleichung haben, einander collinear. Dabei entspricht der Centralpunct $aA + bB + cC$ der einen dem Centralpuncte der anderen, und, wie gehörig, die Puncte $bB - cC$, $cC - aA$, $aA - bB$, d. i. die Wendepuncte (§. 31) der einen, den Wendepuncten der anderen, die Fundamentalkreise BC, CA, AB, d. i. die an die Wendepuncte der einen Linie gelegten Berührungskreise, denselben Kreisen bei der anderen, u. s. w. Weil übrigens die Gleichung nach x, y, z symmetrisch ist, so kann man die Puncte A, B, C bei der einen Linie den gleichnamigen Puncten bei der anderen, oder, was auf dasselbe hinauskommt, die drei Wendepuncte der einen den drei Wendepuncten der anderen, in jeder beliebigen Folge entsprechend setzen, und es sind daher die beiden Linien auf sechs verschiedene Arten einander collinear.

Da ferner, wenn zwei Linien, deren jede drei Wendepuncte hat, einander collinear sein sollen, die Wendepuncte der einen und die der anderen, also auch die beiderseits von den Tangenten in den Wendepuncten gebildeten Dreiecke (ABC und $A_1B_1C_1$) einander entsprechen müssen, so können die Linien, wenn sie verschiedene Charakteristiken haben, und folglich ihre auf jene Dreiecke bezogenen Gleichungen nicht identisch sind, auch nicht einander collinear sein.

Zwei Linien der dritten Ordnung, deren jede drei Wendepuncte hat, sind daher nur dann und dann immer, und zwar auf sechserlei Weise, einander collinear, wenn ihre Charakteristiken einander gleich sind.

Insbesondere sind es alle die Linien, welche eine Charakteristik gleich 1 und damit einen isolirten Punct haben (§. 36).

Das jetzt von Linien mit drei Wendepuncten im Allgemeinen Gesagte gilt aber auch für den speciellen in §. 42 erörterten Fall, wenn die an die drei Wendepuncte F, G, H gelegten Tangenten sich in einem Puncte C schneiden. Denn die auf den Ausdruck

$$fxF + gyG + kzC$$

sich beziehende Gleichung einer solchen Linie,

$$z^3 = xy(x - y) \ ,$$

ist frei von einer erst noch zu bestimmenden Constante; mithin sind alle diese Linien einander collinear verwandt. Und da, wie aus §. 42 erhellt, dieselbe Gleichung hervorgeht, wenn statt F und G ein anderes Paar von Wendepuncten zu Fundamentalpuncten genommen wird, so können auch je zwei dieser Linien auf sechs verschiedene Arten einander collinear gesetzt werden. Endlich folgt unmittelbar aus dem Princip der Collineation, dass keine dieser Linien einer anderen, bei welcher die Tangenten in den drei Wendepuncten sich nicht in einem Puncte schneiden, collinear sein kann.

Was die mit einem Knoten versehenen Linien der dritten Ordnung anlangt, so sind diese insgesammt einander collinear, weil in ihrer auf den Ausdruck

$$ctC + duD + evE$$

bezogenen Gleichung

$$8tuv = (u + v)^3$$

(§. 43) keine erst noch zu bestimmende Constante vorkommt.

Weil die Gleichung nach u und v symmetrisch ist, so können je zwei dieser Linien auf doppelte Weise auf einander bezogen werden. Hat man nämlich die eine Linie mit den vier Puncten C, D, E und L ($\equiv cC + dD + e'E$) und die andere mit den vier ihnen resp. entsprechenden C_1, D_1, E_1 und L_1 construirt, so kann man auch E_1 dem D und D_1 dem E entsprechend setzen; d. h. die zwei Tangenten CD und CE am Knoten C der einen Linie können willkürlich den zwei Tangenten am Knoten der anderen entsprechend gesetzt werden. Je zwei solcher Linien können aber nicht noch auf eine dritte Art einander collinear sein, weil der Knoten C und der Wendepunct B der einen Linie und die durch diese Puncte an die Linie gelegten Tangenten CD und CE, BDE und BL denselben Stücken bei der anderen entsprechen müssen.

Eben so, wie alle Linien, welche einen Knoten haben, sind endlich auch je zwei mit einer Spitze versehene Linien einander collinear; denn in ihrer auf den Ausdruck

$$axA + byB + czC$$

sich beziehenden Gleichung

$$y^2z = x^3$$

(§. 44) ist keine willkürliche Constante enthalten. Dabei entsprechen der Spitze C, dem Wendepuncte B und dem Durchschnitte A der an C und B gelegten Tangenten der einen Linie die gleichnamigen Stücke bei der anderen. Je zwei solcher Linien können aber auf unendlich viele Arten einander collinear gesetzt werden; denn der Punct $aA + bB + cC$ ist ein beliebiger Punct der einen Linie, und für den ihm entsprechenden $a_1A_1 + b_1B_1 + c_1C_1$ kann man jeden beliebigen Punct der anderen wählen.

§. 47. Sind zwei sphärische Linien einander collinear, so sind es auch die Centralprojectionen derselben auf Ebenen, und umgekehrt: sind zwei ebene Linien einander collinear, so sind es auch ihre sphärischen Projectionen. Alles, was im vorigen Paragraph über die collineare Beziehung zwischen *sphärischen* Linien der dritten Ordnung bemerkt worden, muss mithin wörtlich auch bei den *ebenen* dieser Ordnung gelten.

Je nachdem daher von zwei ebenen Linien dritter Ordnung die eine drei Wendepuncte, oder statt zweier derselben einen Knoten, oder eine Spitze hat, muss auch die andere, wenn sie der ersteren collinear heissen soll, im ersteren Falle drei Wendepuncte, im zweiten einen Knoten, im dritten eine Spitze haben. Im zweiten und dritten braucht keine anderweitige Bedingung erfüllt zu werden. Im ersten Falle dagegen muss noch, jenachdem sich die Tangenten an den drei Wendepuncten der einen Linie in einem Puncte schneiden, oder nicht, das eine, oder das andere bei der entsprechen sollenden Linie geschehen; und wenn beiderseits die drei Tangenten sich nicht in einem Puncte schneiden, so muss noch die Charakteristik der einen Linie der Charakteristik der anderen gleich sein.

In §. 40 construirten wir eine krumme Fläche, welche die Eigenschaft besass, dass jeder Schnitt derselben mit einer Ebene, welche einer gewissen Grundebene parallel war, eine Linie der dritten Ordnung mit drei unendlich entfernten Wendepuncten und mit einer dem Abstande g' der schneidenden Ebene von der Grundebene proportionalen Charakteristik gab. Diese Fläche kann daher als die Repräsentantin aller ebenen Linien der dritten Ordnung mit drei Wendepuncten angesehen werden, indem jede dieser Linien einem gewissen mit der Grundebene parallelen Schnitte der Fläche collinear ist.

Selbst die Linie, bei welcher die Tangenten der drei Wendepuncte sich in einem Puncte treffen, kann man als einen Schnitt dieser Fläche betrachten. Denn je grösser der Abstand g' der schneidenden Ebene von der Grundebene nach der einen oder der anderen Seite ist, desto mehr liegen die dem Centralpuncte nächsten Puncte der drei hyperbolischen Curven des Schnittes vom Centralpuncte entfernt; desto mehr verschwindet also das von den Asymptoten der auf die Grundebene rechtwinklig projicirten drei Curven gebildete und den Centralpunct als Mittelpunct enthaltende endliche Dreieck gegen die Curven selbst, wie ein blosser Punct; so dass bei einem unendlich grossen g' der Schnitt sich als eine der in §. 42 betrachteten Linien, nur in unendlicher Vergrösserung, ansehen lässt. Auch stimmt damit die dortige Bemerkung überein, dass die Charakteristik g' einer solchen Linie unendlich gross ist.

Eintheilung der Linien der dritten Ordnung in Gattungen.

§. 48. Der in §. 2 gemachten Bestimmung zu Folge sollten die Linien der dritten Ordnung nach dem Princip der Collineation in Gattungen vertheilt werden, so dass je zwei dieser Linien, jenachdem sie einander collinear, oder nicht collinear sind, zu einerlei Gattung oder zu verschiedenen gehörten. Eine Gattung würden hiernach die Linien, welche einen Knoten haben, ausmachen; eine zweite Gattung die mit einer Spitze versehenen Linien. Die übrigen Gattungen würden alle mit drei Wendepuncten versehenen Linien enthalten. Die Anzahl dieser Gattungen aber würde unendlich gross sein, da jeder Charakteristik eine besondere Gattung entspräche, und die Charakteristik jeden beliebigen positiven oder negativen, rationalen oder irrationalen Zahlenwerth haben und selbst unendlich gross sein kann.

Wenn nun auch durch Angabe der Charakteristik etwas der Linie Eigenthümliches ausgedrückt wird, und und die Linie dementsprechend unzählig verschiedene Formen haben kann, so würde doch eine solche Unterscheidung, wo der Uebergang von einer Gattung zur anderen nach dem Gesetze der Stetigkeit durch unendlich viele andere geschähe, nicht eine Classification zu nennen sein. Unter diesen Umständen, und wenn wir die Collineation als oberstes Eintheilungsprincip nicht aufgeben wollen, scheint es am angemessensten, folgende Bestimmung über die Eintheilung in Gattungen festzusetzen: dass je zwei Linien zu verschiedenen Gattungen gerechnet werden, wenn sich, ohne erst eine Messung vorzunehmen, erkennen lässt, dass sie einander nicht collinear sind. Kann man aber ohne vorher angestellte Messung dieses nicht erkennen, so zähle man sie zu einerlei Gattung.

Dieses festgesetzt, werden nach §. 36 die Linien, welche drei Wendepuncte haben, in fünf Gattungen zerfallen. Legen wir nämlich, zunächst nur die sphärischen Linien berücksichtigend, an die Wendepuncte einer solchen drei Berührungskreise, und nehmen für's Erste an, dass sich dieselben nicht in einem Puncte schneiden. Durch sie und durch den Wendekreis wird die Kugelfläche in acht Dreiecke und sechs Vierecke zerlegt, von denen die sechs letzteren und sechs der acht ersteren an den Wendekreis grenzen (§. 35).

Zu der ersten Gattung rechne man nun alle diejenigen Linien, welche bloss aus einer sich durch die am Wendekreise liegenden sechs Dreiecke windenden Curve bestehen. Die Charakteristik g jeder dieser Linien ist grösser als 1 und von endlicher Grösse.

Kommt zu einer also geformten Curve ein isolirter Punct hinzu, so rechne man die Linie zur zweiten Gattung; für sie ist $g = 1$.

Bei Linien der dritten Gattung hat sich der isolirte Punct zu einer isolirten Curve erweitert, und es fällt g zwischen 1 und 0. — Aus §. 36 wissen wir, dass sowohl jener Punct und sein Gegenpunct, als diese Curve und ihre Gegencurve, stets in den zwei nicht an den Wendekreis grenzenden Gegendreiecken zu suchen sind.

Die vierte Gattung umfasst alle die Linien, welche aus einer sich durch die sechs Vierecke ziehenden Curve bestehen. Für diese Linien hat g einen negativen endlichen Werth.

Die fünfte Gattung wird von den Linien gebildet, bei welchen die an die drei Wendepuncte gelegten Tangenten sich in einem Puncte schneiden, und wo g unendlich gross ist.

Von diesen fünf Gattungen kann man die zweite und die fünfte auch bloss als Uebergangsgattungen betrachten; die zweite als den Uebergang von der ersten zur dritten; die fünfte als den Uebergang von der vierten zur ersten Gattung, da das unendlich grosse g bei der fünften ebensowohl positiv als negativ genommen werden kann. — Den hier nicht mit gerechneten Uebergang von der dritten zur vierten Gattung bildet ein System von drei Hauptkreisen, als in welches sich die Linie für $g = 0$ verwandelt (§. 36).

Zu diesen fünf Gattungen von Linien mit drei Wendepuncten kommen als sechste und siebente Gattung der Inbegriff aller der Linien, bei welchen an die Stelle zweier der drei Wendepuncte das eine Mal ein Knoten, das andere Mal eine Spitze getreten ist.

§. 49. Auf gleiche Art, wie die sphärischen, müssen nun auch die ebenen Linien der dritten Ordnung in sieben Gattungen zerfallen, und es wird leicht sein, die Merkmale anzugeben, an denen jede Gattung einzeln erkannt wird. Hat nämlich die zu beurtheilende Linie nur einen Wendepunct und statt der beiden anderen einen Knoten, oder eine Spitze, so gehört sie im ersteren Falle zur sechsten, im letzteren zur siebenten Gattung. Hat sie dagegen drei Wendepuncte, so lege man an diese Puncte drei Tangenten. Schneiden sich dieselben in einem Puncte, so ist die Linie zur fünften Gattung zu rechnen. Im entgegengesetzten Falle wird die Ebene von den drei Tangenten und von der die drei Wendepuncte verbindenden Geraden im Allgemeinen, d. h. wenn keine zwei dieser vier Geraden einander parallel sind, in zwei endliche Dreiecke, ein endliches Viereck und acht unendliche Theile zerlegt (vergl. Fig. 22). Wird diese Figur auf die Kugel projicirt, so geben die zwei ebenen Dreiecke zwei sphärische Dreiecke und das ebene Viereck ein sphärisches

Viereck; den acht unendlichen Theilen aber entsprechen auf der Kugel abwechselnd Drei- und Vierecke, so dass an die Seiten der Dreiecke bloss Vierecke, und umgekehrt, grenzen*). Da nun eine sphärische Linie der vierten Gattung sich durch alle Vierecke windet, so wird zu derselben Gattung auch die ebene Linie zu zählen sein, wenn ein Theil derselben innerhalb des endlichen Vierecks enthalten ist. Findet sich im Vierecke nichts von der Linie vor, so gehört sie zu einer der drei ersten Gattungen, und zwar zur zweiten, wenn sie einen isolirten Punct hat; in Ermangelung desselben zur ersten oder dritten Gattung. Um hierüber zu entscheiden, untersuche man auf die in §. 14 angegebene Weise, ob die Linie aus einer einzigen Curve besteht, oder aus zweien zusammengesetzt ist. Denn im ersteren Falle ist sie eine Linie der ersten, im letzteren der dritten Gattung.

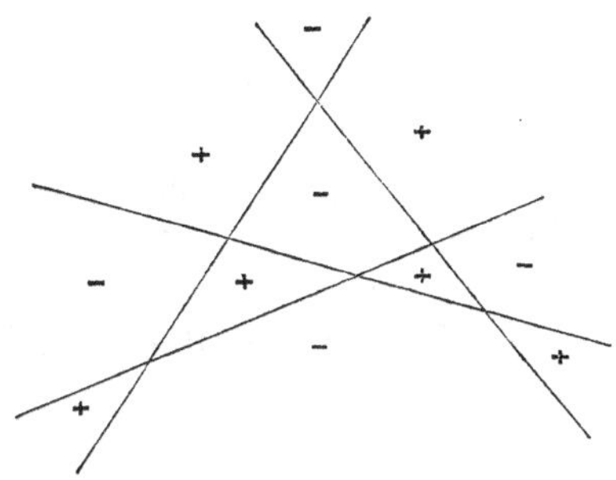

Fig. 22.

Ein anderes Verfahren, um die erste und die dritte Gattung von einander zu unterscheiden, ist folgendes. Man sehe zu, ob die ebene Linie eine Curve, sie heisse λ, enthält, welche, sich ununterbrochen (durch mit $+$ bezeichnete, also dreieckige Räume) fortziehend, zwei nach entgegengesetzten Richtungen sich erstreckende unendliche Aeste hat. Beim Dasein einer solchen Curve unterscheidet sich nun eine Linie der ersten Gattung von einer der dritten dadurch, dass erstere aus λ allein besteht. Ist aber eine Curve, wie λ, nicht vorhanden, so zeichnet sich die dritte Gattung vor der ersten dadurch aus, dass sich bei ihr eine endliche in sich zurücklaufende Curve vorfindet. — Der Grund hiervon ist, dass sich die nur mit einem Paare unendlicher Aeste versehene Curve λ auf die Kugel als eine einfache Curve projicirt, die vom Hauptkreise ν (§. 13), welcher mit der Ebene von λ parallel ist, nur in einem Puncte geschnitten wird, und dass, wenn eine Curve, wie λ, fehlt, der Hauptkreis ν mit der einfachen zur sphärischen Projection der Linie gehörenden Curve drei Puncte gemein haben muss und folglich nicht auch noch die Zwillingscurve, dafern diese vorhanden ist, treffen kann.

Es wären jetzt noch die Modificationen hinzuzufügen, welche die

*) In der Figur sind die den sphärischen Drei- und Vierecken entsprechenden Räume resp. mit $+$ und — bezeichnet.

voranstehenden Regeln erleiden, wenn einer oder etliche der merkwürdigen Puncte der Linie oder eine der durch diese Puncte bestimmten Geraden in die Unendlichkeit rücken. Da aber die Entwickelung dieser Modificationen durchaus keine Schwierigkeit hat, so genüge es, den Blick noch einmal auf die fünf *Newton*'schen Parabeln, als ein hierher gehöriges Beispiel, zu lenken und zu bemerken, dass die parabola pura, jenachdem die an ihre zwei symmetrischen Wendepuncte gelegten Tangenten nach dem Scheitel zu convergiren, oder divergiren, oder mit einander parallel sind, eine Linie der ersten, oder vierten, oder fünften Gattung repräsentirt, während die vier übrigen Parabeln als Stellvertreterinnen der vier übrigen Gattungen sich betrachten lassen.

Noch weniger kann hier die Entwickelung der verschiedenen Arten von Linien, welche zu jeder der sieben Gattungen gehören, eine Stelle finden. Ich bemerke nur in dieser Hinsicht, dass auf der Kugel die verschiedenen zu einer und derselben Gattung gehörenden Arten sich durch die Lage unterscheiden, welche der mit der Projectionsebene parallele Hauptkreis gegen die die Gattung repräsentirende sphärische Linie hat, und dass man sich daher schon dadurch einen ungefähren Begriff von den Formen der verschiedenen Arten derselben Gattung verschaffen kann, dass man eine Kugel mit der darauf verzeichneten die Gattung vorstellenden Linie in weiter Entfernung aus verschiedenen Gesichtspuncten betrachtet und dabei sich jedesmal die den scheinbaren Rand der Kugel treffenden Linientheile in unendliche Aeste verwandelt denkt.

Selbstanzeige zur Abhandlung:

Ueber die Grundformen der Linien der dritten Ordnung.

[Berichte über die Verhandlungen der Königlich Sächsischen Gesellschaft der Wissenschaften, 1848, p. 12—15.]

Der Zweck, welchen ich bei Abfassung dieser Abhandlung verfolgte, war die Auffindung einer möglichst naturgemässen Grundlage für die Classification der Linien der dritten Ordnung. Ich ging zu diesem Ende von den in meinem barycentrischen Calcul erörterten Verwandtschaften der Collineation und der Affinität aus, zwei Begriffen, welche, soweit als es hier nöthig ist, sich also erklären lassen, dass zwei ebene Curven einander collinear heissen, wenn die eine als perspectivisches Bild der anderen betrachtet werden kann, wenn also beide aus einem und demselben Kegel geschnitten werden können, und dass in dem besonderen Falle, wenn bei der perspectivischen Lage der beiden Curven der Ort des Auges unendlich entfernt ist, und daher beide die Schnitte eines und desselben Cylinders sind, die eine Curve der anderen und jeder dritten, welche der anderen ähnlich ist, affin genannt wird.

Alle Linien der zweiten Ordnung sind hiernach collinear verwandt; denn sie können alle aus einem und demselben Kegel geschnitten werden. Von den zwei Hauptarten — Ellipsen und Hyperbeln —, in welche sie zerfallen, sind alle zu einer und derselben Hauptart gehörigen einander affin. Ausserdem gibt es noch eine Uebergangsart — die Parabel —, und es weiss Jeder, dass alle Parabeln einander ähnlich sind.

Da hiernach die verschiedenen Arten der Linien zweiter Ordnung durch die Verwandtschaften, in denen sie zu einander stehen, sich bestimmen lassen, so versuchte ich es, die verwandtschaftlichen Beziehungen als Eintheilungsprincip auch bei den Linien dritter Ordnung anzuwenden. Hier tritt aber der die Untersuchung etwas weitläufiger machende Umstand entgegen, dass nicht eben so, wie alle Linien zweiter Ordnung, auch alle zur dritten gehörigen einander collinear sind. Ich wurde hierdurch veranlasst, die Linien dritter Ordnung, ehe ich sie nach Arten zu sondern unternahm, nach einem höheren Collectivbegriff, nach Gattungen, zu ordnen, so dass alle Linien dritter Ordnung, welcher einander collinear sind und somit aus einem und demselben Kegel geschnitten werden können, zu einer und derselben Gattung gerechnet, und dann erst alle Linien derselben Gattung, welche einander zugleich affin sind, unter einerlei Art dieser Gattung gruppirt werden.

Jede Gattung wird demnach durch eine besondere Kegelfläche repräsentirt. Eine solche hat eine ungleich weniger einfache Form, als die gewöhnliche Kegelfläche mit kreisförmiger Basis. Man kann sie aber sich leicht zur Anschauung durch die Curve bringen, in welcher eine um die Spitze des Kegels, als Mittelpunct, mit einem beliebigen Halbmesser beschriebene Kugelfläche geschnitten wird. Diese sphärische Curve ist offenbar identisch mit der Centralprojection irgend einer der aus der Kegelfläche zu schneidenden ebenen Curven auf die Kugel, so wie umgekehrt die Projection der sphärischen Curve durch gerade aus dem Mittelpuncte der Kugel gezogene Linien auf beliebig gelegte Ebenen Schnitte des Kegels, und folglich nichts als Linien einer und derselben Gattung gibt. Man kann daher auch diese sphärische Curve als Repräsentantin der Gattung ansehen und somit alle die verschiedenen Gattungen durch eben so viel verschiedene Curven auf der Kugel vorstellig machen.

Schon hieraus ist ersichtlich, welchen Vortheil es gewährt, statt der *ebenen* Linien dritter Ordnung für's Erste ihre Centralprojectionen auf eine Kugelfläche oder die *sphärischen* Linien dritter Ordnung zu betrachten. Denn während in der Ebene die Linien zunächst nach Arten, und diese Arten nach Gattungen zu gruppiren sind, schmelzen auf der Kugel die verschiedenen Arten einer Gattung in eine Form zusammen, und man hat es hier folglich mit nur so viel verschiedenen Formen zu thun, als es in der Ebene Gattungen gibt. Hierzu kommt noch der beachtenswerthe Umstand, dass die unendlichen Aeste, mit denen eine *ebene* Linie dritter Ordnung immer begleitet ist, dadurch aber, fast möchte ich sagen, entstellt und zerrissen erscheint, auf der Kugel wegfallen, indem eine *sphärische* Linie dritter Ordnung, so wie eine sphärische algebraische Linie überhaupt, nur aus einer in sich zurücklaufenden Curve, oder etlichen dergleichen besteht und sich somit ungleich einfacher und übersichtlicher, als die ebene Linie, gestaltet.

Auf diese Art, und indem ich bloss das Gesetz der Stetigkeit und den Satz berücksichtigte, dass eine sphärische Linie dritter Ordnung von einem grössten Kreise entweder in drei Paaren oder in einem Paare einander gegenüber liegender Puncte geschnitten wird, wurde ich in den Stand gesetzt, die wesentlich verschiedenen Formen, welche eine solche Linie möglicher Weise haben kann, im Voraus zu bestimmen, — eine Untersuchung, die mich noch zu einigen anderen, die Natur sphärischer Linien überhaupt betreffenden mir merkwürdig scheinenden Ergebnissen hinleitete. So ist es — um nur eines derselben anzuführen, — nicht möglich, zwei einander gegenüberliegende Puncte der Kugelfläche durch eine sphärische Curve zu verbinden, welche, von der Hälfte eines grössten Kreises verschieden, keine merkwürdigen Puncte — nicht wenigstens einen Wendepunct — hat.

Ob nun den Linien dritter Ordnung diese aus den einfachsten geometrischen Betrachtungen erhaltenen Formen auch in Folge ihrer algebraischen Gleichung zukommen, ist eine Frage, welche sich erst durch Calcul entscheiden lässt. Denn wenn auch die Formen, welche die Gleichung gibt, unter den geometrisch erhaltenen sich vorfinden müssen, so wäre es doch möglich, dass nicht alle letzteren auch aus der Gleichung hergeleitet werden könnten. Eine analytische Discussion zeigt indessen, dass alle jene geometrischen Formen auch algebraisch begründet sind, indem sie ganz mit denen übereinkommen, welche die Projection der fünf *Newton*'schen Parabeln auf die Kugel gibt.

Newton stellt nämlich in seiner *Enumeratio linearum tertii ordinis* *) ohne Beweis den Satz auf: dass eben so, wie der Kreis, wenn er einem leuchtenden Puncte vorgehalten wird, durch seinen Schatten alle Linien zweiter Ordnung gibt, fünf divergirende Parabeln durch ihren Schatten alle Linien der dritten erzeugen.

Dieses schöne Theorem wurde stets als eines der schwierigsten betrachtet, und es scheint, wie sich *Chasles* in seiner Geschichte der Geometrie**) darüber ausdrückt, dass die analytischen Betrachtungen, aus welchen mehrere Geometer die hinreichenden Beweise für die Wahrheit des Theorems geschöpft haben, nicht in die Natur und die Grundidee desselben eingedrungen sind.

Ob und in wie weit es mir in der bald erscheinenden Abhandlung gelungen ist, einen einfachen und concinnen Beweis jenes *Newton*'schen Satzes zu geben und damit das wahre Princip der Classification der zur dritten Ordnung gehörigen Linien genügend zu begründen, überlasse ich dem Urtheile Anderer. Der Calcul, dessen ich mich hierbei bedient habe, ist der sphärische Algorithmus,

---

*) *Newton*, Analysis per quantitatum series, fluxiones ac differentias, cum enumeratione linearum tertii ordinis (1723): V, Genesis curvarum per umbras (p. 93).

**) *Chasles*, Aperçu historique sur l'origine et le developpement des méthodes en géométrie, Chap. IV, §. 4 (Seite 143 der *Sohnke*'schen Uebersetzung).

welcher von mir in der von der Jablonowski'schen Gesellschaft vor zwei Jahren herausgegebenen Sammlung von Abhandlungen veröffentlicht worden*). Da ich nicht voraussetzen konnte, dass allen Lesern meiner jetzigen Abhandlung die vorige zu Gesicht gekommen sei, so habe ich hier den gedachten Algorithmus von Neuem auseinandergesetzt, dieses jedoch auf eine einfachere, wenn auch weniger geometrische Weise, indem ich ihn auf die allbekannten Sätze vom Gleichgewichte zwischen Kräften, welche auf einen frei beweglichen Punct wirken, basirte.

Weiter folgende Untersuchungen, die ich mit Hülfe dieses Calculs über die Natur und die gegenseitigen verwandtschaftlichen Beziehungen der Linien dritter Ordnung angestellt habe, sind nicht wohl eines Auszugs fähig.

---

*) Vergl. p. 1—54 des vorliegenden Bandes.

Ueber die Gestalt sphärischer Curven, welche keine merkwürdigen Puncte haben.

[Berichte über die Verhandlungen der Königlich Sächsischen Gesellschaft der Wissenschaften, 1848, p. 179—182.]

§. 1. *Wenn an eine sphärische von merkwürdigen Puncten freie Curve — also an eine sphärische Curve, welche weder Wendepuncte, noch Spitzen oder Ecken hat und auch nicht sich selbst schneidet, — ein Hauptkreis berührend gelegt wird, und wenn die vom Berührungspuncte A aus nach der einen Seite fortgesetzte Curve dem Kreise wieder begegnet* (vergl. Fig. 1), *so ist der im Kreise von A nach derselben Seite bis zum Schnittpuncte B fortgezählte Bogen grösser als ein Halbkreis.*

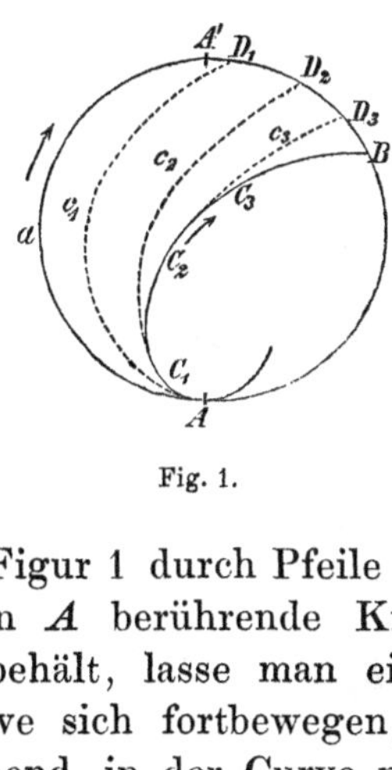

Fig. 1.

Von der Richtigkeit dieses Satzes wird man sich leicht durch folgende Betrachtung überzeugen. — Die im Satze bemerkten Richtungen, nach welchen die Curve fortgesetzt, und im Kreise fortgezählt werden soll, nenne man die positiven Richtungen der Curve und des Kreises; sie sind in der Figur 1 durch Pfeile angedeutet. Während nun der die Curve in A berührende Kreis, welcher a heisse, seine Lage unverändert behält, lasse man einen zweiten Hauptkreis c berührend an der Curve sich fortbewegen, so dass sein Berührungspunct C, von A ausgehend, in der Curve nach deren positiver Richtung fortrückt. Der Durchschnitt von c mit a, und zwar derjenige D, welcher in c nach der positiven Seite hin liegt, wird zunächst der dem A gegenüberliegende Punct A' sein und von hier aus ununterbrochen in positiver Richtung in a fortgehen, bis der Berührungspunct C wieder in den Kreis a getreten ist, d. h. bis zum Durchschnitte der Curve mit a. Sollte jedoch dieser Eintritt von C in a noch nicht erfolgt sein, wenn D bis A gekommen, so kann er auch später nicht stattfinden. Denn befände sich, bei der Coïncidenz von D mit A, C erst im Curvenpuncte C_m

(vergl. Fig. 2), so würde in Folge der vorausgesetzten Natur der Curve ihr weiterer Fortgang innerhalb des Raumes enthalten sein, welcher vom Curvenbogen AC_m und dem ihn berührenden Kreisbogen $C_m A$ umschlossen wird. Der Eintritt der Curve in a muss daher, wenn anders ein solcher stattfindet, in dem von A' nach der positiven Seite hin liegenden Halbkreise von a, etwa in B, geschehen und folglich in a von A nach derselben Seite hin um mehr als einen Halbkreis entfernt liegen.

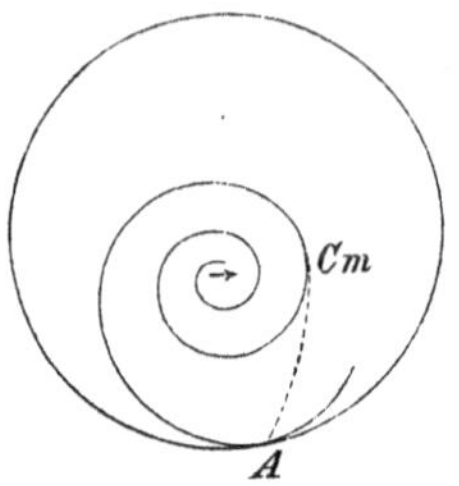

Fig. 2.

Trifft der von A nach der positiven Seite sich erstreckende Theil der Curve den Kreis a in B, so kann nicht auch der von A nach der negativen Seite hin gehende Curvenbogen dem a begegnen. Denn die nächste Begegnung müsste aus demselben Grunde, wie vorhin, in dem von A nach der negativen Seite liegenden Halbkreise geschehen. Zu dem Ende müsste aber der negative Curvenbogen den positiven AB irgendwo durchgehen, welches gegen die Natur der Curve ist, und wir schliessen daher:

Von den zwei vom Berührungspuncte A ausgehenden Theilen der Curve kann nur einer dem Berührungskreise a wieder begegnen.

§. 2. Die Begegnung in B ist entweder eine zweite Berührung, oder ein Durchschnitt der Curve mit dem Kreise a. Im ersteren Falle ist die Curve bis auf die zwei Berührungspuncte A und B ganz auf der einen Seite des Kreises enthalten, und jede ihrer beiden Seiten endigt sich mit einer sich immer mehr verengernden Spirale (vergl. Fig. 3). Der Kreis a aber wird in A und B in zwei ungleiche Hälften getheilt, dergestalt, dass man von jedem Puncte der kleineren Hälfte, von keinem aber der grösseren, zu jedem Puncte der Curve gelangen kann, ohne den Kreis oder die Curve zu überschreiten.

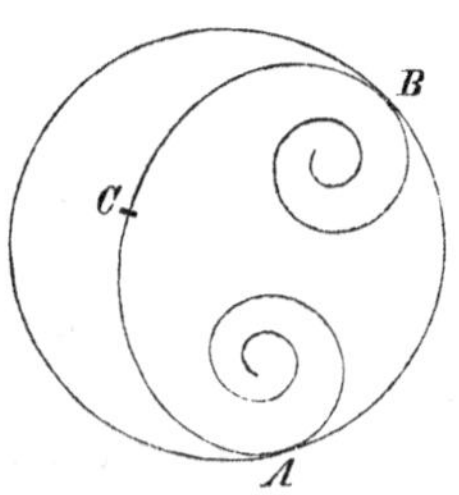

Fig. 3.

Es kann auch geschehen, dass keiner der zwei vom Berührungspuncte ausgehenden Theile der Curve dem Berührungskreise wieder begegnet, wie weit sie auch fortgesetzt werden mögen. Die Curve ist alsdann bis auf den einen Berührungspunct ganz auf der einen Seite des Kreises enthalten und hat entweder die vorhin beschriebene zweifach spiralförmige Gestalt (vergl. Fig. 3), woran man sich jetzt etwa in C den Berührungskreis gelegt zu denken hat; oder sie ist eine einfache in sich zurückkehrende Linie.

Es bleibt noch der Fall zu betrachten übrig, wenn die von einem Halbkreise berührte Curve nach der einen Seite vom Berührungspuncte hin vom Kreise geschnitten wird. Lassen wir hierbei den Kreis nach derselben Seite hin an der Curve berührend sich fortbewegen, und nehmen wir an, dass seine nächste Begegnung mit der Curve stets ein Durchschnitt bleibe (vergl. Fig. 4), nie in eine Berührung übergehe, so tritt zu dem nach §. 2 gleich Anfangs auf der anderen Seite des Berührungspunctes und innerhalb des Kreises liegenden Theile der Curve ein immer grösserer Theil derselben in die vom Kreise umschlossene Halbkugelfläche, und es gibt mithin keinen Punct der Curve, der nicht sammt ihrem ganzen vorhergehenden Theile durch fortgesetzte Bewegung des Berührungskreises in die von ihm umgrenzte Halbkugel gebracht werden könnte.

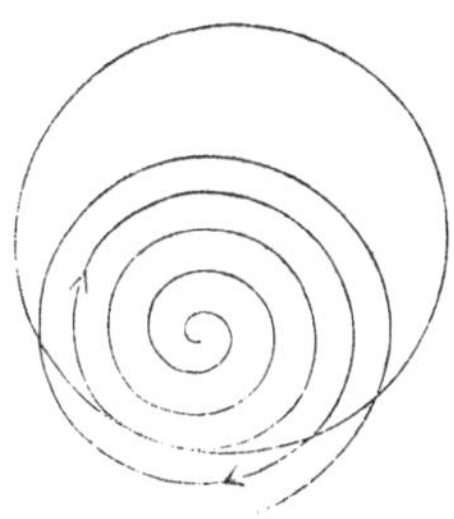

Fig. 4.

Sollte sich die in der Curve auf den Berührungspunct nächstfolgende Begegnung mit dem Berührungskreise aus einem Durchschnitte durch Zusammengehen desselben mit dem nächst weiter folgenden Durchschnitte in eine Berührung verwandeln, so tritt der soeben zuerst bemerkte Fall ein, und die Curve ist alsdann, bis auf die zwei einander nicht diametral gegenüberliegenden Berührungspuncte, innerhalb des Berührungskreises enthalten.

§. 3. *Eine sphärische Curve ohne merkwürdige Puncte kann nach diesem Allen drei verschiedene Formen haben. Denn entweder kehrt sie in sich zurück, oder sie läuft nach beiden Seiten in zwei sich verengernde Spiralen aus, oder sie bildet eine einzige Spirale, welche, nach der einen Seite sich verengernd, nach der anderen sich erweiternd und dabei einem Hauptkreise oder auch der hohlen Seite einer anderen in sich zurücklaufenden Curve, welche keine merkwürdigen Puncte hat und daher kleiner als ein Hauptkreis ist, sich asymptotisch nähert. Immer aber lässt sich ein Hauptkreis angeben, welcher sie ganz umschliesst, ohne sie zu treffen; woraus schliesslich noch folgt, dass keine zwei Puncte einer von merkwürdigen Puncten freien sphärischen Curve einander gegenüberliegen können.*

Ueber eine Methode, um von Relationen, welche der Longimetrie angehören, zu entsprechenden Sätzen der Planimetrie zu gelangen.

[Berichte über die Verhandlungen der Königl. Sächs. Gesellschaft d. Wissenschaften, math.-phys. Klasse, 1852, Bd. 4, p. 41—54*).]

*) Abgedruckt in Crelle's Journal für die reine und angewandte Mathematik, Bd. 52 (1856).

§. 1. Unter den drei Theilen, in welche man die Geometrie, der Natur des Raumes gemäss, getheilt hat, ist die Longimetrie der bei weitem einfachste. Denn hier kommen bloss ein System von Puncten in einer Geraden und Relationen zwischen den gegenseitigen Entfernungen der Puncte in Betracht. Alle diese Relationen aber ergeben sich durch wiederholte Anwendung der einfachsten unter ihnen, welche besagt, dass, wenn zwei Abschnitte einer Geraden einen Grenzpunct gemein haben, und auf verschiedenen Seiten desselben die beiden anderen Grenzpuncte liegen, der zwischen diesen anderen begriffene Abschnitt der Summe der zwei ersteren Abschnitte gleich ist. Oder allgemeiner, und in Zeichen ausgedrückt: Sind A, B, C drei Puncte einer Geraden, so ist immer, in welcher Ordnung auch die drei Puncte in der Geraden auf einander folgen mögen,

$$AB + BC = AC ,$$

dafern nur auf die durch die Stellung der Buchstaben in den Ausdrücken der Abschnitte bestimmten Richtungen und auf die dadurch bedingten Vorzeichen der Abschnitte gehörige Rücksicht genommen wird.

Ungeachtet dieser grossen Einfachheit der Longimetrie sind doch bereits mehrere sehr merkwürdige in ihr Gebiet gehörige Untersuchungen geführt worden. Schon in den mathematischen Sammlungen des *Pappus* (7. Buch) findet sich eine lange Reihe von Sätzen, Relationen zwischen Abschnitten einer Geraden betreffend, und die neueren Geometer haben theils diese Sätze erweitert, theils neue hinzugefügt.

In der letztvergangenen Zeit ist es mir gelungen, diesen Sätzen eine noch grössere Erweiterung zu geben, indem ich auf eine Methode gekommen bin, durch welche zu jedem auf ein System von Puncten in einer Geraden sich beziehenden Satze ein entsprechender Satz für ein System von Puncten in einer Ebene gefunden werden kann. Ich gelangte hierzu durch die Betrachtung, dass, wenn zwischen mehreren Abschnitten einer Geraden eine Gleichung bestehen soll, und wenn die Grenzpuncte aller Abschnitte bis auf einen unmittelbar gegeben sind, dieser eine Punct durch die Gleichung bestimmt, deshalb aber nicht immer construirbar ist, indem es geschehen kann, dass sein Abstand von einem der gegebenen Puncte, und somit auch von allen übrigen, von complexer Form, und er selbst folglich in der Geraden imaginär wird. Man weiss aber jetzt, dass ein solcher Punct zwar nicht in der Geraden, in welcher er eigentlich liegen soll, aber doch in einer durch die Gerade zu legenden Ebene als ein reeller Punct construirt werden kann. Ist nämlich A einer der in der Geraden gegebenen Puncte, P der gesuchte, und findet sich der Abschnitt

$$AP = x + y\sqrt{-1} ,$$

so ist P derjenige Punct der Ebene, dessen rechtwinklige Coordinaten gleich x und y in Bezug auf die Gerade, als Axe der Abscissen, und den Punct A, als Anfangspunct, sind.

Man kann hierdurch veranlasst werden, gleich von vorn herein die Grenzpuncte aller in der Gleichung vorkommenden Abschnitte als imaginäre Puncte der Geraden und somit als reelle Puncte der Ebene zu betrachten. Die Gleichung selbst wird bei dieser Ansicht eine, oder vielmehr zwei Relationen ausdrücken, welcher einer ebenen Figur zukommen und derjenigen Relation entsprechen, welche dieselbe Gleichung ursprünglich in Bezug auf ein System von Puncten in einer Geraden darstellt.

Um diese zwei Relationen für die Ebene zu erhalten, könnte man die Abstände der Grenzpuncte der Abschnitte von einem und demselben Puncte der Geraden, als Anfangspuncte, gleich

$$x + y\sqrt{-1} , \qquad x' + y'\sqrt{-1} ,$$

u. s. w. setzen, wodurch die Abschnitte selbst, als Differenzen je zweier dieser Abstände, gleichfalls von complexer Form würden. Die Substitution dieser complexen Ausdrücke für die Abschnitte in der Gleichung zwischen letzteren gäbe alsdann ein Resultat von der Form

$$X + Y\sqrt{-1} = 0 ,$$

wo X, sowie Y, eine reelle Function der Coordinaten x und y, x' und y', u. s. w. der Puncte der ebenen Figur ist. Die zwei Relationen selbst aber würden

$$X = 0 \quad \text{und} \quad Y = 0$$

sein.

§. 2. Indessen kann man einen für die Mehrzahl der hierher gehörenden Relationen ungleich geeigneteren Weg einschlagen, um *von der Geraden durch das Gebiet des Imaginären zu der Ebene* zu gelangen. Folgendes ist eine nähere Bezeichnung dieses Weges.

Sind A und B zwei Puncte einer Ebene, so unterscheide man den reellen und den complexen Werth der Strecke AB.

Zur Angabe des reellen Werthes ist zuvor eine Linieneinheit festzusetzen, und von den zwei Richtungen, nach denen die durch A und B zu legende gerade Linie durchgangen werden kann, zu bestimmen, welche die positive sein soll. Der reelle Werth von AB ist alsdann die Zahl, nach welcher AB von der Linieneinheit gemessen wird, und diese Zahl ist positiv oder negativ zu nehmen, jenachdem die Richtung von A nach B die positive oder die negative Richtung der Linie ist.

Um den complexen Werth der Strecke angeben zu können, muss nächst den vorigen zwei Stücken eine beliebige Richtung in der Ebene als Normalrichtung, und von dem doppelten Sinne, nach welchem eine Linie in der Ebene gedreht werden kann, der eine als der positive vorher noch festgesetzt werden. Nach diesen Bestimmungen ist der complexe Werth von AB gleich dem reellen Werthe von AB, multiplicirt in eine gewisse Function des Winkels der Linie AB mit der Normalrichtung, d. i. des Winkels, um welchen eine Linie, welche die Normalrichtung hat, in positivem Sinne gedreht werden muss, bis ihre Richtung mit der positiven Richtung der Linie AB identisch wird. Die Winkelfunction aber ist, wenn α den Winkel bezeichnet, die bekannte

$$\cos\alpha + \sqrt{-1}\,.\sin\alpha\ ,$$

die im Folgenden kurz durch $\varphi(\alpha)$ ausgedrückt werde. — Bezeichnen wir daher den reellen Werth der Strecke AB einfach mit AB, ihren complexen Werth aber mit $[AB]$, und eine Linie, welche die Normalrichtung hat, mit x, so ist

$$[AB] = AB\,.\,\varphi(x^\wedge AB)\ .$$

Hieraus ist zunächst leicht ersichtlich, dass für je drei beliebige Puncte A, B, C der Ebene

$$[AB] + [BC] = [AC]$$

ist. Denn in Folge der Natur der Function φ drückt diese Gleichung nichts Anderes aus, als dass, wenn man die Puncte A, B, C das eine Mal auf die Linie x, das andere Mal auf eine in der Ebene auf x perpendiculare Linie rechtwinklig projicirt, in dem einen, wie im anderen Falle die Summe der Projectionen von AB und von

BC der Projection von AC gleich ist. Zwischen den complexen Werthen der gegenseitigen Abstände irgend dreier Puncte in einer Ebene besteht demnach dieselbe einfache Relation, wie zwischen den reellen Werthen der Abstände, wenn die drei Puncte in einer Geraden liegen. Da nun, wie schon im Eingange bemerkt worden, jede zusammengesetztere Relation zwischen Abschnitten einer Geraden als das Resultat der Verbindung solcher einfachen Gleichungen zwischen den gegenseitigen Abständen dreier Puncte anzusehen ist, und da dieselben einfachen Gleichungen auch zwischen je drei Puncten der Ebene stattfinden, nur dass hier die complexen Werthe der Abstände statt der dortigen reellen zu setzen sind: so muss jede identische Gleichung zwischen den gegenseitigen Abständen von Puncten in einer Geraden auch dann noch bestehen, wenn man die Puncte in einer Ebene beliebig liegend annimmt, die Abstände aber nicht mehr in reeller, sondern in complexer Bedeutung gelten lässt. Durch weitere Entwickelung der also aufgefassten Gleichung, was insbesondere mit Anwendung der bekannten Eigenschaften der Function φ:

$$\varphi(\alpha) \, . \, \varphi(\beta) = \varphi(\alpha + \beta) \qquad \text{und} \qquad \frac{\varphi(\alpha)}{\varphi(\beta)} = \varphi(\alpha - \beta)$$

zu bewerkstelligen sein wird, reducirt sich die Gleichung, wie im Obigen, auf die Form

$$X + Y\sqrt{-1} = 0 \ ,$$

und die Gleichungen

$$X = 0 \ , \qquad Y = 0$$

liefern die gesuchten Beziehungen.

Die nachstehend behandelten zwei Beispiele (I, II) werden den Gegenstand in ein noch helleres Licht setzen. Dabei werde ich zugleich Gelegenheit nehmen, den Gebrauch eines Algorithmus für Winkel zu zeigen, der demjenigen entspricht, dessen ich mich zuerst in meinem »barycentrischen Calcul« für Linien, Dreiecksflächen und Tetraëder bedient habe, — eines Algorithmus, der mit Anwendung von Zeichen für Dinge, denen keine Grösse, bloss Lage zukommt, die arithmetischen Beziehungen zwischen den Theilen der Figur durch Formeln darstellt, welche für alle möglichen Lagen Gültigkeit haben (vergl. »Baryc. Calcul«, Schluss der Vorrede).

I. Reduction eines Vierecks auf ein Dreieck.

§. 3. Sind A, B, C, D vier beliebige Puncte einer Geraden, so ist

$$BC = BD - CD\ , \qquad CA = CD - AD\ , \qquad AB = AD - BD\ .$$

Multiplicirt man diese drei Gleichungen resp. mit AD, BD, CD, und addirt sie hierauf, so kommt

$$AD\,.\,BC + BD\,.\,CA + CD\,.\,AB = 0\ .$$

Es muss daher auch, wenn vier Puncte A, .., D irgendwie in einer Ebene liegen, die Relation bestehen

$$(1)\qquad [AD][BC] + [BD][CA] + [CD][AB] = 0\ .$$

Nun ist

$$[AD] = AD\,.\,\varphi(x^\wedge AD) \quad \text{und} \quad [BC] = BC\,.\,\varphi(x^\wedge BC)\ ,$$

folglich

$$[AD][BC] = AD\,.\,BC\,.\,\varphi(x^\wedge AD + x^\wedge BC)\ ;$$

und ähnlicherweise lassen sich die beiden anderen Glieder in (1) umformen. Setzt man daher der Kürze willen

$$(2)\qquad AD\,.\,BC = p\ , \qquad BD\,.\,CA = q\ , \qquad CD\,.\,AB = r$$

und

$$(3)\qquad \begin{cases} x^\wedge AD + x^\wedge BC = \alpha\ , \\ x^\wedge BD + x^\wedge CA = \beta\ , \\ x^\wedge CD + x^\wedge AB = \gamma\ , \end{cases}$$

so verwandelt sich (1) in

$$p\,.\,\varphi(\alpha) + q\,.\,\varphi(\beta) + r\,.\,\varphi(\gamma) = 0\ ,$$

eine Gleichung, die durch Trennung ihres reellen Theiles vom imaginären in die zwei zerfällt

$$(4)\qquad \begin{cases} p\cos\alpha + q\cos\beta + r\cos\gamma = 0\ , \\ p\sin\alpha + q\sin\beta + q\sin\gamma = 0\ . \end{cases}$$

Seien nun, um dieses Resultat anschaulich auszudrücken, f, g, h drei in einer Ebene liegende und sich nicht in einem Puncte schneidende Gerade, welche mit einer vierten Geraden v der Ebene Winkel bilden, die resp. gleich α, β, γ sind. Man nenne die Durchschnitte von g mit h, von h mit f, von f mit g resp. F, G, H, so ist

$$(5)\qquad v^\wedge GH = \alpha\ , \qquad v^\wedge HF = \beta\ , \qquad v^\wedge FG = \gamma\ .$$

Nächstdem hat man

$$[GH] + [HF] + [FG] = 0\ ,$$

d. i., wenn man v zur Normalrichtung nimmt,

$$GH\,.\,\varphi(\alpha) + HF\,.\,\varphi(\beta) + FG\,.\,\varphi(\gamma) = 0\ ,$$

eine Gleichung, die sich, wie die vorige

$$p \cdot \varphi(\alpha) + q \cdot \varphi(\beta) + r \cdot \varphi(\gamma) = 0 \ ,$$

in die zwei spaltet

$$GH \cos\alpha + HF \cos\beta + FG \cos\gamma = 0 \ ,$$
$$GH \sin\alpha + HF \sin\beta + FG \sin\gamma = 0 \ .$$

Hieraus aber und aus (4) folgt

$$GH : HF : FG = \sin(\gamma - \beta) : \sin(\alpha - \gamma) : \sin(\beta - \alpha) = p : q : r \ ,$$

also

$$(6) \quad GH : HF : FG = AD.BC : BD.CA : CD.AB \ .$$

Ferner ist nach (5) und (3) zu schliessen

$$v^\wedge FG - v^\wedge HF = x^\wedge CD + x^\wedge AB - x^\wedge BD - x^\wedge CA \ .$$

Sowie aber allgemein, wenn a, b, c drei in einer Geraden liegende Puncte bedeuten,

$$ac - ab = bc$$

ist, *so ist mit gleicher Allgemeinheit, wenn a, b, c drei in einer Ebene enthaltene Gerade vorstellen,*

$$a^\wedge c - a^\wedge b = b^\wedge c \ .$$

Hiermit reducirt sich die vorige Gleichung auf

$$(7) \quad HF^\wedge FG = BD^\wedge CD + CA^\wedge AB = CA^\wedge CD + BD^\wedge AB \ ,$$

und eben so hat man nach (5) und (3) noch

$$(7) \quad \begin{cases} FG^\wedge GH = CD^\wedge AD + AB^\wedge BC = AB^\wedge AD + CD^\wedge BC \\ GH^\wedge HF = AD^\wedge BD + BC^\wedge CA = BC^\wedge BD + AD^\wedge CA \ . \end{cases}$$

Construirt man daher zu einem Viereck $ABCD$ ein Dreieck FGH, dessen Seiten die aus den Winkeln im Viereck durch (7) bestimmten Winkel mit einander machen, so verhalten sich nach (6) die Seiten des Dreiecks wie die Producte p, q, r aus den Seiten und Diagonalen des Vierecks. Es wird daher auch umgekehrt von diesen drei Producten bei einem Viereck ein jedes, absolut genommen, kleiner als die Summe der beiden übrigen sein, so dass man mit Linien, die ihnen proportional sind, ein Dreieck beschreiben kann; und in diesem Dreieck werden die Winkel die in (7) angegebenen Werthe haben, oder auch — nach dem Sinne, in welchem das Dreieck verzeichnet worden — den Ergänzungen dieser Werthe zu 360° gleich sein.

§. 4. Immer aber sind bei den Formeln (6) und (7), wenn sie allgemeine Gültigkeit haben sollen, die positiven Richtungen der in ihnen vorkommenden Linien gehörig zu berücksichtigen. Ursprünglich können die positiven Richtungen der sechs je zwei der vier Puncte A, B, C, D verbindenden Geraden, ingleichen die von einer der Seiten des Dreiecks, es sei von GH, nach Belieben gewählt werden. Hiernach bestimmen sich die Vorzeichen der sieben Abschnitte AD, BD, ..., AB und GH, und damit nach (6) die Vorzeichen, also auch die positiven Richtungen von HF und FG. Hiermit aber sind, wenn wir noch den positiven Sinn der Drehung in den Ebenen des Vierecks und des Dreiecks festgesetzt haben, die in (7) enthaltenen Winkel vollkommen bestimmt. Es bedeutet nämlich $HF^\frown FG$ den Winkel, um welchen die durch H und F zu legende Gerade in positivem Sinne gedreht werden muss, bis ihre positive Richtung mit der positiven Richtung der durch F und G zu legenden Geraden einerlei wird; und Analoges gilt von den übrigen Winkelausdrücken. — Bemerken wir noch, dass hiernach bei allen den Ausdrücken AD, BD, ..., FG die Aufeinanderfolge der zwei Buchstaben eines jeden in der Proportion (6) wohl zu beachten ist, nicht mehr aber in den Gleichungen (7). Denn in (6) haben die Strecken GH und HG entgegengesetzte Werthe; dagegen wird in (7) durch GH eben so gut, als durch HG, eine durch G und H zu legende Gerade ausgedrückt.

Am einfachsten ist es nun, die positiven Richtungen der sieben Geraden AD, BD, ..., AB und GH so zu bestimmen, dass die gleichnamigen Ausdrücke ihrer Abschnitte in (6) positiv werden, also die positive Richtung in AD von A nach D gehend, u. s. w. anzunehmen. Damit werden auch die Abschnitte HF und FG positiv, folglich die Richtungen von H nach F und von F nach G positiv.

Da auf solche Weise in den Winkelgleichungen, wie sie in (7) geschrieben worden, die durch die Aufeinanderfolge der Buchstaben ausgedrückten Richtungen insgesammt positiv genommen werden können, so können wir, den Begriff der positiven Richtung ganz beseitigend, die Winkelausdrücke in diesen Gleichungen auch also deuten, dass wir $PQ^\frown RS$ als den Winkel nehmen, um welchen die Linie PQ in positivem Sinne gedreht werden muss, bis ihre durch die Stellung ihrer Buchstaben ausgedrückte Richtung von P nach Q mit der durch die Stellung der Buchstaben der anderen Linie ausgedrückten Richtung von R nach S identisch wird.

Hierdurch aber sind wir zugleich in den Stand gesetzt, den Winkelgleichungen eine leichter aufzufassende Form zu geben. Berücksichtigen wir nämlich, dass $PQ^\frown QP$ nach voriger Erklärung gleich 180° ist, und drücken wir den Winkel $PQ^\frown PR$ einfach, und wie es gewöhnlich ist, durch QPR aus, so wird

$$HF^\wedge FG = HF^\wedge FH + FH^\wedge FG = 180^\circ + HFG \ ,$$
$$BD^\wedge CD = 180^\circ + DB^\wedge CD = 2 \, . \, 180^\circ + DB^\wedge DC = BDC \ ,$$
$$CA^\wedge AB \ = 180^\circ + AC^\wedge AB = 180^\circ + CAB \ ,$$

u. s. w., und die Gleichungen (7) reduciren sich damit auf

$$(8) \begin{cases} HFG = BDC + CAB = ACD + DBA \ , \\ FGH = CDA + ABC = BAD + DCB \ , \\ GHF = ADB + BCA = CBD + DAC \ ; \end{cases}$$

wofür wir auch, weil

$$CAB + BAC = AC^\wedge AB + AB^\wedge AC = AC^\wedge AC = 0 \ ,$$

u. s. w. ist, schreiben können

$$(8^*) \begin{cases} HFG = BDC - BAC = DBA - DCA \ , \\ FGH = CDA - CBA = DCB - DAB \ , \\ GHF = ADB - ACB = DAC - DBC \ . \end{cases}$$

§. 5. Während wir also die Aufeinanderfolge der Buchstaben bei deren paarweisen Verbindungen anfänglich nur in der Gleichung (6) zwischen Abschnitten, nicht mehr aber in den Winkelgleichungen (7) zu beachten hatten, kommt jetzt, umgekehrt, die Stellung der Buchstaben bloss bei letzteren Gleichungen in Betracht und kann bei ersteren ganz vernachlässigt werden, indem es bei der Construction des Dreicecks FGH mittelst der Seiten desselben bloss auf die absoluten Werthe der Producte p, q, r ankommt, denen die Seiten proportional sein sollen; und wir sind somit, ohne dass die allgemeine Anwendbarkeit der Gleichungen in Etwas beeinträchtigt würde, einer vorläufigen Bestimmung der positiven Richtungen der Linien ganz überhoben.

Uebrigens müssen die Gleichungen (8) und (8*), die wir unter der Hypothese entwickelten, dass die sieben durch AD, ..., AB und GH ausgedrückten Richtungen insgesammt positiv seien, auch unter jeder anderen Hypothese über diese Richtungen sich wieder finden. Nehmen wir z. B. von jenen sieben Richtungen CA negativ an und lassen die sechs übrigen positiv, so wird nach (6) HF negativ, FG aber bleibt positiv. Damit ist in den Gleichungen (7), um die zuletzt gegebene Definition eines Winkelausdrucks auf sie anwendbar zu machen, AC und FH statt CA und HF zu schreiben. Die erste und die dritte derselben — denn nur hierin kommen diese Richtungen vor — verwandeln sich dadurch in

$$FH^\wedge FG = BD^\wedge CD + AC^\wedge AB = \ldots \ ,$$
$$GH^\wedge FH = AD^\wedge BD + BC^\wedge AC = \ldots \ ,$$

und man sieht von selbst, wie diese Gleichungen mit den entsprechenden in (8) übereinstimmen.

Das Resultat endlich, das durch (6) und (8) oder (8*) ausgedrückt wird, liesse sich etwa also in Worte fassen:

Hat man in einer Ebene vier Puncte (A, B, C, D) und multiplicirt den gegenseitigen Abstand je zweier derselben mit dem gegenseitigen Abstande der jedesmal zwei übrigen, so kann man mit Linien, welche den drei erhaltenen Producten proportional sind, ein Dreieck (FGH) construiren. Jeder Winkel (wie F) dieses Dreiecks aber ist dem Unterschiede der Winkel gleich, unter welchen von den zwei Abständen (DA und BC), deren Product der dem Winkel gegenüberliegenden Dreiecksseite (GH) proportional ist, der eine Abstand von den Endpuncten des anderen aus (BC von D und A aus, oder, welches gleichviel ist, DA von B und C aus betrachtet) erscheint.

Hieran knüpft sich unmittelbar die merkwürdige Folgerung: *Sind bei einem ebenen Viereck von den drei Verhältnissen zwischen den gedachten drei Producten und von den gedachten drei Winkeldifferenzen, sind von diesen sechs Stücken irgend zwei gegeben, so kann man daraus die vier übrigen finden,* — ganz eben so, wie man bei einem Dreieck aus irgend zweien der sechs Stücke, nämlich der drei Verhältnisse zwischen den Seiten und der drei Winkel, die vier übrigen bestimmen kann.

§. 6. Eine besondere Erwähnung dürften noch die nachstehenden zwei speciellen Fälle verdienen.

1) Sind drei der vier Puncte $A, .., D$, etwa A, B, C, gleichweit von einander entfernt, ist also D irgend ein Punct in der Ebene eines gleichseitigen Dreiecks ABC, so verhalten sich die Producte p, q, r wie AD, BD, CD. Man kann folglich alsdann mit AD, BD, CD selbst ein Dreieck construiren, und die Winkel dieses Dreiecks werden resp. gleich $BDC - BAC$, u. s. w. sein.

2) Sind P, Q, R, S vier Puncte eines Kreises, so ist, jenachdem R und S auf einerlei, oder verschiedenen Seiten der Geraden PQ liegen, der Winkelunterschied $PRQ - PSQ$ entweder gleich Null, oder gleich 180°, — vorausgesetzt immer, dass alle in derselben Ebene enthaltenen Winkel nach einerlei Sinne gerechnet werden.

Liegen daher die vier Puncte A, B, C, D in einem Kreise, und zwar C und D auf verschiedenen Seiten von AB, so ist

$$\begin{aligned} BDC - BAC &= 0\ , \\ CDA - CBA &= 0\ , \\ ADB - ACB &= 180^\circ\ ; \end{aligned}$$

folglich nach (8*)

$$(\alpha)\quad HFG = 0\ , \qquad (\beta)\quad FGH = 0\ , \qquad (\gamma)\quad GHF = 180^\circ\ .$$

Wegen (α) haben FH und FG einerlei Richtung, desgleichen GF und GH wegen (β). Mithin, und wie auch schon aus (γ) allein folgt, liegen jetzt F, G, H in gerader Linie, H zwischen F und G; und es ist daher in absolutem Sinne, d. h. abgesehen von der durch die Stellung der Buchstaben angedeuteten Richtung,

$$GH + HF = FG \ .$$

Hieraus aber folgt nach (6) die allbekannte Gleichung zwischen den Seiten und Diagonalen eines in einen Kreis beschriebenen Vierecks

$$AD \, . \, BC + BD \, . \, CA = CD \, . \, AB \ .$$

II. Harmonische Lage von vier Puncten in einer Ebene.

§. 7. Wenn wir in der zu Anfange des §. 3 aufgestellten zwischen je vier Puncten einer Geraden gültigen Gleichung zwei der drei Producte, deren Summe Null war, etwa die zwei ersten, einander gleich setzen, also

$$(1) \qquad AD \, . \, BC = BD \, . \, CA$$

annehmen, so reducirt sich jene Gleichung auf

$$(2) \qquad 2BD \, . \, CA = BA \, . \, CD \ .$$

Bezeichnet ferner M den Mittelpunct von AB, also einen dergestalt in der Geraden liegenden Punct, dass

$$(3) \qquad MA + MB = 0$$

ist, so hat man

$$AD = MD - MA \ , \qquad BC = MC - MB = MC + MA \ ,$$
$$BD = MD - MB = MD + MA \ , \qquad CA = MA - MC \ .$$

Mit diesen Werthen für AD, BC, u. s. w. geht (1) über in

$$(4) \qquad MA^2 = MC \, . \, MD \ .$$

Eine andere Form, die man der Gleichung (1) geben kann, ist

$$(CA - CD)\, CB = (CD - CB)\, CA \ ,$$

d. i.

$$2CA \, . \, CB = CD(CA + CB) \ ,$$

oder, weil

$$CA + CB = CM + MA + CM + MB = 2CM$$

ist,

$$(5) \qquad CA \, . \, CB = CD \, . \, CM \ ;$$

und solcher Umwandlungen von (1) liessen sich noch verschiedene andere bewerkstelligen.

Wenden wir auf die jetzt gemachten Festsetzungen die im Obigen erörterte Methode an, so wird, wenn man zu drei nicht in einer Geraden liegenden Puncten A, B, C einen in ihrer Ebenen begriffenen Punct D so zu bestimmen weiss, dass

$$[1] \qquad [AD][BC] = [BD][CA]$$

ist, — so wird dann auch

$$[2] \qquad 2[BD][CA] = [BA][CD]$$

sein; und wenn man einen Punct M hinzufügt, so dass

$$[3] \qquad [MA] + [MB] = 0 \ ,$$

so wird man noch

$$[4] \qquad [MA]^2 = [MC][MD]$$

und

$$[5] \qquad [CA][CB] = [CD][CM]$$

haben.

Nun wird durch die Gleichung (1), die man auch in Form der Proportion

$$CA : CB = -DA : DB$$

schreiben kann, ausgedrückt, dass die Linie AB in C und D nach Verhältnissen getheilt wird, deren Exponenten einander gleich und entgegengesetzt sind. Bekanntlich ist dieses die Definition der harmonischen Theilung von AB in C und D, sowie von CD in A und B. Man wird daher auch sagen können, dass zwei in einer Ebene enthaltene Paare von Puncten, A und B, C und D, eine **harmonische Lage** gegen einander haben, wenn zwischen den complexen Werthen der Abstände der Puncte des einen Paares von denen des anderen die Gleichung [1] besteht. Und so wie die aus (1) fliessenden Gleichungen (2), (4), (5) noch andere Eigenschaften zweier in einer Geraden harmonisch liegenden Paare von Puncten ausdrücken, so werden durch [2], [4], [5] die entsprechenden Eigenschaften zweier harmonischen Paare in einer Ebene dargestellt werden.

§. 8. Es ist jetzt noch übrig, die reelle Bedeutung von [1], ..., [5] zu entwickeln. — Die Gleichung [1] ist identisch mit

$$(a) \qquad \frac{[CB][DA]}{[CA][DB]} = -1 \ .$$

Es ist aber

$$\frac{[CB]}{[CA]} = \frac{CB \,.\, \varphi(x^\frown CB)}{CA \,.\, \varphi(x^\frown CA)} = \frac{CB}{CA} \cdot \varphi(CA^\frown CB) \ ,$$

und eben so

$$\frac{[DA]}{[DB]} = \frac{DA}{DB} \cdot \varphi(DB^\frown DA) \ .$$

Damit verwandelt sich (a) in

$$(b) \qquad \frac{CB}{CA} \cdot \frac{DA}{DB} \cdot \varphi(\alpha) = -1 \ ,$$

wo

$$\alpha = CA^\frown CB + DB^\frown DA = CA^\frown CB - DA^\frown DB \ .$$

Die Gleichung (b) kann aber nicht anders bestehen, als wenn $\varphi(\alpha)$ einen reellen Werth hat, also entweder gleich 1 oder -1, und damit α entweder gleich Null, oder gleich 180° ist. Beide Hypothesen führen zu demselben Resultate. Nehmen wir die letztere an, so wird

$$(c) \qquad CB \,.\, DA = CA \,.\, DB$$

und

$$(d) \qquad CA^\frown CB - DA^\frown DB = 180^\circ \ .$$

In Folge von (c) können wir die Richtungen von CA, CB, DA, DB sämmtlich positiv sein lassen und alsdann, den in §. 4 gegebenen Erörterungen gemäss, statt (d) auch schreiben

$$(e) \qquad ACB - ADB = 180^\circ \ .$$

Die harmonische Lage der Punctepaare A und B, C und D in einer Ebene wird hiernach durch die zwei Gleichungen (c) und (e) bedingt. Wegen (e) müssen die vier Puncte in einem Kreise liegen, und zwar C und D auf verschiedenen Seiten von AB, also in der Folge A, C, B, D. Wegen (c) müssen die zwei Producte der gegenüberliegenden Seiten des Vierecks $ACBD$ einander gleich sein. Auch kann statt (c) die leicht aufzufassende Proportion

$$CA : CB = DA : DB \qquad \text{oder} \qquad AC : AD = BC : BD$$

gesetzt werden.

§. 9. Was nun die übrigen Eigenschaften der harmonischen Lage betrifft, so folgt zunächst aus der Gleichung [2], wenn man sie ähnlicherweise wie [1] behandelt, ausser der Gleichheit der Winkel ABD und ACD und der daraus fliessenden Kreislage der vier Puncte, dass die Gleichung (2) auch für die Ebene gilt, und dass somit das Product aus den Diagonalen des Vierecks $ACBD$ doppelt so gross als das Product des einen oder des anderen Paares gegenüberliegender Seiten ist, — was auch unmittelbar aus der eben aufgestellten Definition der harmonischen Lage in Verbindung mit dem in §. 6 gegebenen Satze hervorgeht.

Aus [3] ersieht man leicht, dass M auch jetzt noch der Mittelpunct der Linie AB ist. — Die Gleichung [4] wird nach dem bei [1] gezeigten Verfahren

$$\frac{MA}{MC} \cdot \frac{MA}{MD} \cdot \varphi(\alpha) = 1 \; ,$$

wo

$$\alpha = MC^\wedge MA + MD^\wedge MA \; .$$

Nehmen wir hierin die Richtungen MA, MC, MD positiv, so muss

$$\varphi(\alpha) = 1 \; , \qquad \text{also} \quad \alpha = 0$$

sein. Dies gibt die Winkelgleichung

$$CMA = AMD$$

und die Proportion

$$MC : MA = MA : MD \; .$$

Aus beiden in Verbindung folgt die Aehnlichkeit und ähnliche Lage der Dreiecke CMA und AMD; und dasselbe muss auch von den Dreiecken CMB und BMD gelten.

Auf gleiche Weise folgt endlich aus [5], dass auch die Dreiecke CMB und CAD, sowie CMA und CBD einander ähnlich und in ähnlicher Lage sind.

Bei zwei in einer Ebene harmonisch liegenden Paaren von Puncten A und B, C und D sind demnach, wenn M den Mittelpunct des einen Paares AB bezeichnet, die Dreiecke

$$CMA \; , \qquad AMD \; , \qquad CBD \; ,$$

ingleichen die Dreiecke

$$CMB \; , \qquad BMD \; , \qquad CAD$$

einander ähnlich und in ähnlicher Lage.

§. 10. Noch lässt sich aus der Gleichheit der Winkel CMA und AMD eine sehr einfache Construction folgern, um, wenn von zwei harmonischen Paaren von Puncten das eine Paar A und B, und der eine Punct C des anderen Paares gegeben sind, den anderen Punct D des letzteren zu finden. Man beschreibe nämlich durch A, B, C einen Kreis, trage auf diesen von B aus einen Bogen BE, gleich und in gleichem Sinne mit dem Bogen CA, und lege durch E und den Mittelpunct M der Linie AB eine Gerade, so wird der zweite Durchschnitt derselben mit dem Kreise der gesuchte Punct D sein.

Man kann den Punct D auch dadurch finden, dass man in A und B an den Kreis zwei Tangenten legt und den gegenseitigen Durchschnitt derselben, welcher F heisse, mit C durch eine Gerade verbindet; denn diese wird den Kreis zum zweiten Male in D schneiden. — In der That sind nach dieser Construction die Dreiecke AFC und DFA, sowie die Dreiecke BFC und DFB einander ähnlich; mithin

$$AC : DA = FC : FA \quad \text{und} \quad BC : DB = FC : FB ,$$

woraus, wegen $FA = FB$, die Fundamentalproportion

$$AC : DA = BC : DB$$

folgt.

Je zwei Puncte C und D eines Kreises, so schliessen wir hieraus noch, *welche mit zwei bestimmten Puncten A und B des Kreises in Harmonie sind, liegen demnach mit einem bestimmten Puncte F in gerader Linie.* — Rückt C unendlich nahe an A oder an B, so thut dasselbe, in Folge der Fundamentalproportion, auch D, und es muss daher, wie wir bereits wissen, auch jede der beiden an A und B gelegten Tangenten den Punct F treffen.

Auf ähnliche Art, wie die harmonische Theilung einer Linie, habe ich auch die Eigenschaften der Involution von sechs Puncten in einer Geraden auf die Ebene überzutragen gesucht. Die sehr merkwürdigen Resultate, die ich hierbei gefunden, so wie eine neue Art von Verwandtschaft zwischen ebenen Figuren, eine Verwandtschaft, die sich mir durch Uebertragung collinear verwandter Systeme von Puncten in einer Geraden auf die Ebene ergab, gedenke ich später mitzutheilen und will hier nur noch bemerken, dass aus dieser neuen Verwandtschaft eben so, wie aus jeder der schon bekannten, eine besondere Klasse von Aufgaben entspringt, und dass die einfachste dieser Aufgaben die bereits in §. 5 erwähnte ist, wonach bei einem Viereck aus irgend zweien gewisser sechs Stücke jedes der vier übrigen gefunden werden kann.

Ueber eine neue Verwandtschaft zwischen ebenen Figuren.

[Berichte über die Verhandlungen der Königl. Sächs. Gesellschaft der Wissenschaften, math.-phys. Klasse, Bd. 5, 1853, p. 14—24*).]

*) Abgedruckt in *Crelle*'s Journal für die reine und angewandte Mathematik, Bd. 52 (1856).

In einem früheren Berichte*) habe ich gezeigt, wie aus Sätzen der Longimetrie auf einem durch das Gebiet des Imaginären führenden Wege entsprechende Sätze der Planimetrie gefunden werden können, und habe am Schlusse jenes Berichtes bemerkt, dass ich auf diesem Wege, von der Collineationsverwandtschaft ausgehend, welche zwischen Systemen von Puncten in geraden Linien besteht, zu einer neuen Verwandtschaft zwischen ebenen Figuren gelangt sei. Dieses näher zu erörtern und das Wesen der neuen Verwandtschaft darzulegen, ist der Zweck des jetzigen Berichtes.

§. 1. Im »Barycentrischen Calcul«**) ist, wenn A, B, C, D vier beliebig in einer Geraden liegende Puncte sind, das Verhältniss zwischen den Verhältnissen, nach welchen der zwischen zweien der vier Puncte enthaltene Abschnitt der Geraden, etwa AB, in den beiden anderen Puncten C und D getheilt wird, also das Verhältniss

$$\frac{AC}{CB} : \frac{AD}{DB},$$

ein Doppelverhältniss genannt und ebenda***) bewiesen worden, dass, wenn bei einem Systeme von n Puncten A, B, C, D, E, ... in einer Geraden die $n-3$ Doppelverhältnisse

$$\frac{AC}{CB} : \frac{AD}{DB}, \qquad \frac{AC}{CB} : \frac{AE}{EB},$$

---

*) Ueber eine Methode, um von Relationen, welche der Longimetrie angehören, zu entsprechenden Sätzen der Planimetrie zu gelangen; vergl. p. 189—204 des vorliegenden Bandes. Im Folgenden wird diese Abhandlung unter der Bezeichnung: »Planimetrische Sätze« citirt werden.

**) II. Abschnitt, Kapitel 5, §. 182.

***) §. 187.

u. s. w., welche gewisse drei Puncte A, B, C des Systems mit jedem der $n-3$ übrigen D, E, ... bilden, gegeben sind, daraus alle übrigen aus den n Puncten zu bildenden Doppelverhältnisse unzweideutig gefunden werden können.

§. 2. Betrachten wir jetzt ein System von n Puncten A, B, C, D, E, ... in einer Ebene, bezeichnen, wie früher (Planimetrische Sätze, §. 2) mit $[AC]$ den complexen Werth der Strecke AC, und nennen

$$\frac{[AC]}{[CB]} : \frac{[AD]}{[DB]}$$

das complexe Doppelverhältniss zwischen A, B, C, D, während

$$\frac{AC}{CB} : \frac{AD}{DB}$$

das reelle Doppelverhältniss zwischen denselben vier Puncten heisse: so wird sich nach den l. c. (§. 2) gemachten Schlüssen aus den $n-3$ complexen Doppelverhältnissen zwischen A, B, C, D, zwischen A, B, C, E, u. s. w. jedes der übrigen complexen Doppelverhältnisse des Systems finden lassen, und dieses nach denselben Regeln, welche im Baryc. Calcul (§. 184 und §. 185) für reelle Doppelverhältnisse bei einem Systeme von Puncten in einer Geraden aufgestellt worden.

Nun ist (vergl. Planimetrische Sätze, §. 8)

$$\frac{[AC]}{[CB]} = \frac{AC}{CB} \cdot \varphi(CB^\wedge AC) \quad \text{und} \quad \frac{[AD]}{[DB]} = \frac{AD}{DB} \cdot \varphi(DB^\wedge AD) ,$$

folglich

$$\frac{[AC]}{[CB]} : \frac{[AD]}{[DB]} = a\varphi(\alpha) ,$$

wo

$$a = \frac{AC}{CB} : \frac{AD}{DB} \quad \text{und} \quad \alpha = CB^\wedge AC - DB^\wedge AD .$$

Dabei bedeutet in der Gleichung für α, CB eine durch B und C zu legende Gerade, deren positive Richtung, ob sie von B nach C, oder von C nach B gehen soll, erst noch bestimmt werden muss; und dasselbe gilt von den drei übrigen Geraden AC, DB, AD. Man kann daher auch schreiben

$$\alpha = CB^\wedge CA - DB^\wedge DA ,$$

und wenn man von jetzt an die durch CB, CA, DB und DA ausgedrückten Richtungen dieser Geraden (Planimetrische Sätze, §. 4) als die positiven nimmt,

$$\alpha = BCA - BDA \ , \qquad = ADB - ACB \ .$$

Auch wird bei dieser Annahme a eine positive Zahl.

Es ist aber die complexe Grösse

$$a\varphi(\alpha) = a \cdot \cos\alpha + a\sqrt{-1} \cdot \sin\alpha$$

gegeben, wenn a und α gegeben sind, und umgekehrt ist a sowohl als α gegeben, wenn es $a\varphi(\alpha)$ ist. Dies führt uns zu dem Schlusse, dass, wenn bei unserem Systeme von n Puncten in einer Ebene die $n-3$ Doppelverhältnisse

$$\frac{AC}{CB} : \frac{AD}{DB} \ , \qquad \frac{AC}{CB} : \frac{AE}{EB}$$

u. s. w., und die $n-3$ Winkelunterschiede

$$ACB - ADB \ , \qquad ACB - AEB \ ,$$

u. s. w. gegeben sind, aus diesen $2n-6$ Grössen alle übrigen aus je vier Puncten des Systems zu bildenden Doppelverhältnisse und Winkelsummen unzweideutig gefunden werden können.

§. 3. Hat man daher ein System von n Puncten A, B, C, D, ... in einer Ebene und construirt gleichfalls in einer Ebene ein zweites System von n Puncten A', B', C', D', ..., indem man A', B', C' willkürlich nimmt, jeden folgenden Punct aber, wie D', mit Hülfe des gleichnamigen Punctes D im ersteren Systeme also bestimmt, dass

$$(d) \qquad \frac{A'C'}{C'B'} : \frac{A'D'}{D'B'} = \frac{AC}{CB} : \frac{AD}{DB}$$

und

$$(\delta) \qquad A'C'B' - A'D'B' = ACB - ADB$$

wird, so wird auch jedes andere Doppelverhältniss und jeder andere (in der vorigen Bedeutung genommene) Winkelunterschied des einen Systems dem entsprechenden Doppelverhältnisse und dem entsprechenden Winkelunterschiede im anderen Systeme gleich sein.

Diese Gleichheit der Doppelverhältnisse und der Winkelunterschiede zwischen je vier Puncten des einen Systems und den ihnen entsprechenden des anderen ist es nun, welche das Wesen der neuen Verwandtschaft ausmacht, — eben so, wie bei zwei Systemen von Puncten, deren jedes in einer Geraden enthalten ist, durch die Gleichheit der Doppelverhältnisse zwischen entsprechenden Puncten die Collineationsverwandtschaft der beiden Systeme begründet wird (vergl. Baryc. Calcul, §. 225).

§. 4. Zur weiteren Erforschung der Eigenthümlichkeiten der neuen Verwandtschaft wollen wir zunächst die Construction etwas schärfer ins Auge fassen, durch welche den Gleichungen (d) und (δ) gemäss der Punct D' in der Ebene $A'B'C'$ zu bestimmen ist. — Aus (d) ergibt sich unzweideutig der (stets positive) Werth des Verhältnisses $A'D'$: $D'B'$, welchen man gleich d setze, und eben so unzweideutig aus (δ) der Werth des Winkels $A'D'B'$, den man δ nenne, nachdem zuvor in jeder der beiden Ebenen ABC und $A'B'C'$ der positive Sinn der Drehung festgesetzt worden. Wegen

$$A'D' : D'B' = d : 1$$

liegt aber D' in einem Kreise, der die Strecke $A'B'$ nach den Verhältnissen $d:1$ und $-d:1$ rechtwinklig schneidet und daher den einen der beiden Puncte A' und B' ein-, den anderen ausschliesst. Wegen

$$A'D'B' = \delta$$

ziehe man eine Gerade $B'R$, so dass der Winkel

$$A'B'R = \delta \qquad (\text{nicht} \quad = 360^\circ - \delta)\ ,$$

und es muss D' in einem durch A' gehenden und $B'R$ in B' berührenden Kreise und dabei mit R auf verschiedenen Seiten von $A'B'$ liegen, — nicht auf einerlei Seite, als wo

$$A'D'B' = 180^\circ + \delta$$

sein würde. Da dieser Kreis durch A' und B' zugleich geht, so schneidet er den vorigen in zwei auf verschiedenen Seiten von $A'B'$ liegenden Puncten, und D' ist derjenige dieser zwei Durchschnitte, welcher mit R' nicht auf einerlei Seite von $A'B'$ fällt, ist also unzweideutig bestimmt.

§. 5. Ist auf solche Weise der Punct D' mittelst (d) und (δ), und eben so jeder der übrigen Puncte E', F', ... mittelst Gleichungen, welche den (d) und (δ) analog sind, und die ich mit (e) und (ε), (f) und (ζ), u. s. w. bezeichnen will, bestimmt worden, so bestehen für die erhaltene Figur $A'B'C'D'E'$... die Winkelgleichungen (δ), (ε), (ζ), ... auch dann noch, wenn in jeder der beiden Ebenen der ursprünglich negative Sinn der Drehung zum positiven genommen wird; denn damit verwandelt sich jeder der in (δ), (ε), ... vorkommenden Winkel in sein Supplement zu 360°. Dagegen werden durch die Figur A' ... E' ... die Winkelgleichungen nicht mehr erfüllt, und man muss zum Bestehen derselben den Puncten D', E', ... andere Oerter anweisen, sobald man nur in der einen der beiden Ebenen den Sinn umkehrt. Nachdem daher die Puncte A', B', C'

willkürlich bestimmt worden, gibt es nach der verschiedenen Annahme des Sinnes der Drehung in den beiden Ebenen immer zwei Figuren $A'B'C'D'E'\ldots$ und $A'B'C'D''E''\ldots$, und nicht mehr als zwei, deren jede mit der Figur $ABCDE\ldots$ in der neuen Verwandtschaft steht.

§. 6. Zur Bestimmung von D' kann auch die Gleichung (δ) in Verbindung mit der ebenfalls die Gleichheit zweier einander entsprechenden Winkelunterschiede ausdrückenden Gleichung

$$(\delta') \qquad A'B'C' - A'D'C' = ABC - ADC$$

angewendet werden. Denn so wie der Punct D' in Folge von (δ) in einem bestimmten durch A' und B' gehenden Kreise liegt, so liegt er wegen (δ') in einem bestimmten durch A' und C' zu beschreibenden Kreise und ist folglich der andere Durchschnitt dieser zwei sich bereits in A' schneidenden Kreise.

Die neue Verwandtschaft wird daher schon dadurch hinreichend definirt, dass jeder Winkelunterschied von der Form $ACB - ADB$ des einen Systems dem Winkelunterschiede zwischen den entsprechenden Puncten des anderen Systems gleich ist.

Dass übrigens auch hier mit denselben A', B', C' nach der verschiedenen Annahme des Sinnes der Drehung zwei verschiedene mit $ABCDE\ldots$ verwandte Figuren construirt werden können, erhellt auf dieselbe Weise wie vorhin.

§. 7. Der Punct D' lässt sich auch noch dadurch bestimmen, dass man die Gleichung (d) mit der Gleichung

$$(d') \qquad \frac{A'B'}{B'C'} : \frac{A'D'}{D'C'} = \frac{AB}{BC} : \frac{AD}{DC}$$

verbindet, als welche, eben so wie (d), die Gleichheit zweier entsprechenden Doppelverhältnisse darstellt. Da aber diese zwei Gleichungen keine von der Drehung abhängigen Grössen enthalten, so wird man mit ihnen die zwei Oerter von D', die sich nach der verschiedenen Annahme des Sinnes der Drehung ergaben, zugleich finden. In der That folgen aus (d) und (d') die Werthe der Verhältnisse $A'D' : D'B'$ und $A'D' : D'C'$, und man erhält damit als geometrische Oerter von D' zwei Kreise. Die Construction des ersteren derselben ist in §. 4 bemerkt worden, und Analoges gilt von der Construction des zweiten, welcher den ersteren in D' und D'' (§. 5) schneiden wird.

Ungeachtet dieser Zweideutigkeit bei der Bestimmung von D' durch entsprechende Doppelverhältnisse wird nichtsdestoweniger die Gleichheit dieser Verhältnisse von der einen Figur zur anderen als genügendes Merkmal zur Definition der neuen Verwandtschaft dienen können, — ganz eben so, wie die Aehnlichkeit zweier Figuren vollkommen genügend dadurch definirt werden kann, dass die gegenseitigen Abstände je zweier Puncte der einen Figur in denselben Verhältnissen zu einander stehen, wie die Abstände der entsprechenden Puncte in der anderen, obschon, wenn hiernach zu einer ebenen Figur $ABC\ldots$ eine ihr ähnliche und daher gleichfalls ebene $A'B'C'\ldots$ construirt werden soll, nach willkürlicher Annahme von A' und B', für C' zwei Puncte gefunden werden, nämlich die gegenseitigen Durchschnitte der zwei Kreise, welche um A' und B' als Mittelpuncte mit den Halbmessern $\frac{A'B'}{AB}\,.\,AC$ und $\frac{A'B'}{AB}\,.\,BC$ beschrieben werden.

Anmerkung. Ich kann nicht umhin, bei dieser Vergleichung der neuen Verwandtschaft mit der Aehnlichkeit noch auf eine zwischen beiden Verwandtschaften stattfindende Analogie aufmerksam zu machen, welcher zufolge die neue als eine in gewissem Sinne potenzirte Aehnlichkeit betrachtet werden kann. Bei zwei einander ähnlichen Figuren sind nämlich die geometrischen Verhältnisse zwischen je zwei Strecken der einen Figur den entsprechenden Verhältnissen in der anderen gleich. Desgleichen sind die Winkel, die, wenn man will, sich als Unterschiede von Richtungen und daher als arithmetische Verhältnisse betrachten lassen, von der einen Figur zur anderen gleich gross. Bei der neuen Verwandtschaft hingegen herrscht Gleichheit von der einen Figur zur anderen erst zwischen geometrischen Verhältnissen jener geometrischen (d. i. Doppelverhältnissen) und zwischen arithmetischen dieser arithmetischen Verhältnisse (d. i. Winkelunterschieden). Und so wie bei zwei Figuren, wenn Gleichheit der einfachen geometrischen Verhältnisse zwischen Strecken stattfindet, daraus auf die Gleichheit der einfachen arithmetischen Verhältnisse zwischen Richtungen, und umgekehrt aus letzterer Gleichheit auf die erstere geschlossen werden kann, indem durch die eine, wie durch die andere, die Aehnlichkeit der beiden Figuren definirt wird: so kann auch (§. 7) aus der Gleichheit der zusammengesetzten geometrischen Verhältnisse die Gleichheit der zusammengesetzten arithmetischen Verhältnisse, und (§. 6) umgekehrt aus der letzteren die erstere gefolgert werden.

§. 8. Liegen vier Puncte A, B, C, D einer Ebene in einem Kreise, so ist der Winkelunterschied $ACB - ADB$ entweder gleich Null, oder gleich 180°, und zwar gleich Null, wenn C und D auf einerlei, gleich 180°, wenn sie auf verschiedenen Seiten der Geraden AB liegen. Auch gilt dieser Satz umgekehrt. *In Folge der Gleichung* (δ) (§. 3) *sind daher, wenn von zwei in der neuen Verwandtschaft stehenden Figuren vier Puncte der einen in einem Kreise liegen, auch die ihnen entsprechenden der anderen in einem Kreise, und dieses in derselben Aufeinanderfolge, enthalten.* Aber auch umgekehrt lässt sich darthun, dass, — wenn von zwei Ebenen jedem Puncte der einen ein Punct in der anderen dergestalt entspricht, dass von je vier Puncten der einen, welche in einem Kreise begriffen sind, die entsprechenden vier der anderen gleichfalls in einem Kreise liegen, — dass dann auch die Doppelverhältnisse, so wie die Winkelunterschiede zwischen je vier Puncten der einen und den vier entsprechenden der anderen Ebene gleiche Werthe haben. *Nach diesem Satze*, dessen Beweis ich mir für eine andere Gelegenheit vorbehalte, *kann die neue Verwandtschaft auch dadurch definirt werden, dass von je vier Puncten der einen Ebene, welche in einem Kreise liegen, die entsprechenden in der anderen gleichfalls durch einen Kreis verbunden werden können, und dass somit jedem Kreise der einen ein Kreis in der anderen entspricht.* Ich will hiernach die neue Verwandtschaft Kreisverwandtschaft nennen.

§. 9. Liegen A, B, C, D nicht in einem Kreise, so ist der Winkelunterschied $ACB - ADB$, abgesehen vom Zeichen, dem Winkel gleich, unter welchem sich die zwei durch A, C, B und A, D, B zu beschreibenden Kreise in A und B schneiden. Wegen der Formel (δ) werden daher bei zwei kreisverwandten Figuren, wenn zwei Kreise der einen sich schneiden, auch die entsprechenden Kreise der anderen Figur einander schneiden, und dieses unter demselben Winkel, wie die zwei ersteren.

§. 10. Eine unmittelbare Folge hiervon ist, *dass zwei kreisverwandte Figuren in ihren kleinsten Theilen einander ähnlich sind.* Denn ist in der einen Figur FGH ein unendlich kleines Dreieck und K ein von ihm in endlicher Entfernung liegender Punct, und sind F', G', H', K' die entsprechenden Puncte der anderen Figur, so wird, wenigstens im Allgemeinen, auch das Dreieck $F'G'H'$ unendlich klein sein, und K' in endlicher Entfernung von ihm liegen. Hiernach ist aber der Winkel GFH gleich dem Winkel, unter welchem sich die Kreise FGK und FHK schneiden, gleich dem Winkel, unter welchem sich die jenen entsprechenden Kreise $F'G'K'$ und $F'H'K'$ schneiden, gleich dem Winkel $G'F'H'$; und eben so wird auch die Gleichheit der Winkel HGF und $H'G'F'$ bewiesen. Je zwei einander entsprechende unendlich kleine Dreiecke, wie FGH und $F'G'H'$, sind mithin einander ähnlich.

§. 11. Eine Gerade kann als ein unendlich kleiner Theil eines unendlich grossen Kreises betrachtet werden. Bei zwei kreisverwandten Figuren — wir wollen die Ebenen derselben im Folgenden mit p und p' bezeichnen — wird daher einer Geraden a in p, in p'

ein Kreis a' entsprechen; auch kann wohl a' selbst eine Gerade sein. Dabei entspricht jedem Puncte in a ein Punct in a', und so auch dem unendlich entfernten Puncte der Geraden a, welcher N heisse, ein bestimmter Punct N' des Kreises a'. Sind ferner A, B irgend zwei in p ausserhalb a liegende Puncte, und A', B' die ihnen entsprechenden in p', so entspricht dem Kreise ABN der Kreis $A'B'N'$. Ersterer Kreis ist aber, wegen der unendlichen Entfernung des N, von der Geraden AB nicht zu unterscheiden, und es entspricht daher nicht bloss der Geraden a, sondern auch jeder anderen in p gezogenen Geraden, in p' ein durch N' gehender Kreis. Ebenso zeigt sich, dass auch umgekehrt jedem in p' durch N' beschriebenen Kreise, sowie jeder in p' durch N' gelegten Geraden, in p stets eine Gerade entspricht.

Man hat hiernach den Punct N' in p' als einen nicht bloss dem in a, sondern auch dem in jeder anderen Geraden der Ebene p unendlich entfernt liegenden Puncte entsprechenden Punct anzusehen; und auf gleiche Art muss es auch in p einen Punct M geben, dessen entsprechender Punct M' in p' unendlich entfernt nach einer unbestimmt bleibenden Richtung liegt. Jeder in p' durch N' gelegten Geraden, wie $N'A'$, wird alsdann, da man sie auch als den Kreis $M'N'A'$ betrachten kann, in p der Kreis MNA, d. i. die Gerade MA, und eben so umgekehrt jeder Geraden durch M eine Gerade durch N' entsprechen.

§. 12. Sind in p und p' die Puncte M und N', welche den unendlich entfernten Puncten in p' und p entsprechen, und noch zwei endlich gelegene einander entsprechende Puncte A und A' gegeben, so kann man, nach Festsetzung des positiven Sinnes der Drehung in p und p', für jeden anderen Punct B in p den ihm in p' entsprechenden Punct B' durch eine sehr einfache Construction finden. Denn zwischen den vier Paaren entsprechender Puncte A und A', B und B', M und M', N und N' bestehen nach §. 3 die zwei Gleichungen

$$\frac{A'M'}{M'B'} : \frac{A'N'}{N'B'} = \frac{AM}{MB} : \frac{AN}{NB} ,$$

$$A'M'B' - A'N'B' = AMB - ANB .$$

Wegen der unendlichen Entfernung der Puncte M' und N ist aber

$$A'M' : M'B' = AN : NB = 1 : 1 ,$$

und der Winkel

$$A'M'B' = ANB = 0 .$$

Damit reduciren sich die zwei Gleichungen auf

$$A'N' : N'B' = BM : MA \quad \text{und} \quad A'N'B' = BMA \ ,$$

und der Punct B' ist hiernach in p' so zu bestimmen, dass das Dreieck $A'N'B'$ dem Dreiecke BMA ähnlich wird und mit ihm einerlei Zeichen des Sinnes erhält. Uebrigens folgt die Gleichheit der Winkel $A'N'B'$ und AMB auch aus dem Satze in §. 9, indem die Schenkel des einen den Schenkeln des anderen entsprechende Linien sind.

§. 13. Aus der in §. 12 zur Bestimmung von B' entwickelten Construction lässt sich unmittelbar die Folgerung ziehen: Sind A und A', B und B', C und C', u. s. w. Paare einander entsprechender Puncte zweier kreisverwandten Figuren, und sind M und N' diejenigen Puncte der Ebenen $AB\ldots$ und $A'B'\ldots$, welche den unendlich entfernten Puncten der Ebenen $A'B'\ldots$ und $AB\ldots$ entsprechen: so machen je zwei der Richtungen $N'A'$, $N'B'$, $N'C'$, ... dieselben Winkel mit einander, wie die entsprechenden zwei unter den Richtungen MA, MB, MC, ...; die Strecken $N'A'$, $N'B'$, $N'C'$, ... aber sind den Strecken MA, MB, MC, ... umgekehrt proportional, oder — was dasselbe sagt — die mittleren Proportionallinien zwischen MA und $N'A'$, zwischen MB und $N'B'$, u. s. w. sind von gleicher Länge.

Diese einfache Beziehung, die zwischen zwei kreisverwandten Figuren rücksichtlich der Puncte M und N' stattfindet, führt weiter zu einer Construction, welche auf die Verwandtschaft ein unerwartetes Licht wirft, indem sie die Theorie derselben mit einer anderen schon längst bekannten Theorie in Verbindung setzt. Man bringe nämlich die Ebenen der beiden Figuren in eine solche Lage gegen einander, dass die Strecke von M bis N' der constanten Länge jener mittleren Proportionallinien gleich wird, und die zwei Ebenen auf der Linie MN' normal, also einander parallel werden, und dass, wie es wegen der gleichen Winkel bei M und N' möglich sein muss, $N'A'$ mit MA, $N'B'$ mit MB, u. s. w. einerlei Richtung erhält. Die zwei Dreiecke AMN' und $MN'A'$ liegen alsdann in einer Ebene, sind bei M und N' rechtwinklig und sind deshalb, und weil MN' die mittlere Proportionallinie zwischen AM und $N'A'$ ist, einander ähnlich; woraus leicht weiter folgt, dass sich die Hypotenusen AN' und MA' dieser Dreiecke rechtwinklig schneiden, welches in A_1 geschehe. Aus ähnlichem Grunde schneiden sich BN' und MB' rechtwinklig in einem Puncte, welcher B_1 heisse; CN' und MC' rechtwinklig in einem Puncte C_1; u. s. w. Die Puncte A_1, B_1, C_1, ... liegen hiernach in einer Kugelfläche, von welcher MN' ein Durchmesser ist, *und die Figuren* $ABC\ldots$ *und* $A'B'C'\ldots$ *erscheinen somit als die stereographischen Projectionen einer und derselben sphärischen Figur* $A_1B_1C_1\ldots$ *von den Augenpuncten* N' *und* M *aus auf zwei Ebenen, welche die Kugel in* M *und* N' *berühren.*

Aus dieser Ansicht der Sache folgen aber sogleich die zwei Haupteigenschaften der Kreisverwandtschaft, dass nämlich Kreisen Kreise entsprechen, und dass einander entsprechende Winkel von gleicher Grösse sind. Denn, wie man weiss, haben dieselben Beziehungen auch zwischen jeder sphärischen Figur und ihrer stereographischen Projection statt, und es werden daher je zwei stereographische Projectionen einer und derselben sphärischen Figur, auch wenn die zwei Augenpuncte nicht, wie vorhin, Gegenpuncte von einander sind, einander kreisverwandt sein.

Uebrigens lässt sich leicht darthun, dass

$$\frac{A_1C_1}{C_1B_1}:\frac{A_1D_1}{D_1B_1}=\frac{AC}{CB}:\frac{AD}{DB},$$

und dass daher bei einer sphärischen Figur und ihrer stereographischen Projection auch Gleichheit zwischen entsprechenden Doppelverhältnissen obwaltet.

§. 14. Jede der im »Baryc. Calcul« behandelten Verwandtschaften führt, wie dort gezeigt worden, zu einer besonderen Klasse geometrischer Aufgaben, und eben so gehört auch der jetzt betrachteten Kreisverwandtschaft eine solche Klasse zu. In der That ist bereits in §. 2 bemerkt worden, dass bei einem System von n Puncten in einer Ebene aus den $n-3$ Doppelverhältnissen und den $n-3$ Winkelunterschieden, welche gewisse drei Puncte des Systems mit den $n-3$ übrigen bilden, alle übrigen im System vorkommenden Doppelverhältnisse und Winkelunterschiede gefunden, d. i. als Functionen jener $2n-6$ Grössen dargestellt werden können. Wir wollen nun der Kürze willen Doppelverhältnisse und Winkelunterschiede, als Grössen, deren jede durch vier Puncte (und dieses nach der in §. 2 angegebenen Form) bestimmt wird, unter dem gemeinsamen Namen Quaternionen begreifen. Indem wir alsdann von den $2n-6$ vorhin gedachten alle übrigen Quaternionen des Systems als Functionen darstellen, können wir, durch Elimination jener $2n-6$, auch von irgend $2n-6$ von einander unabhängigen anderen Quaternionen des Systems alle übrigen als Functionen ausdrücken; welches den Satz gibt:

Bei einem System von n Puncten in einer Ebene können aus irgend $2n-6$ von einander unabhängigen Quaternionen desselben alle übrigen Quaternionen gefunden werden, und es besteht mithin zwischen irgend $2n-5$ Quaternionen des Systems wenigstens eine Relation.

Bei einem System von vier Puncten lassen sich demnach aus je zwei von einander unabhängigen Quaternionen alle übrigen finden. Dass und wie dieses möglich ist, erhellt aus den im vorigen Berichte bemerkten Sätzen (Planimetrische Sätze, §. 5).

Um ein Beispiel für ein System von fünf Puncten $A, \ldots, E$ hinzuzufügen, als wo zwischen je fünf Quaternionen wenigstens eine Gleichung besteht, so habe ich gefunden, dass zwischen den fünf Winkelunterschieden

$$BCD-BED\,,\quad CDE-CAE\,,\quad DEA-DBA\,,$$
$$EAB-ECB\,,\quad ABC-ADC\,,$$

wenn man sie der Reihe nach mit $\alpha, \beta, \gamma, \delta, \varepsilon$ bezeichnet, die Gleichung

$$\sin(\alpha+\beta+\gamma-\delta-\varepsilon)+\sin(\beta+\gamma+\delta-\varepsilon-\alpha)$$
$$+\sin(\gamma+\delta+\varepsilon-\alpha-\beta)+\sin(\delta+\varepsilon+\alpha-\beta-\gamma)+\sin(\varepsilon+\alpha+\beta-\gamma-\delta)$$
$$=\sin(\alpha+\beta+\gamma+\delta+\varepsilon)$$

statt hat, die, wie sich erwarten liess, vollkommen symmetrisch ist.

Zum Schlusse noch die Bemerkung, dass zu der Kreisverwandtschaft ebener Figuren als Analogon für den Raum von drei Dimensionen eine Verwandtschaft aufgestellt werden kann, bei welcher jeder Kugelfläche des einen Raumes eine Kugelfläche im anderen entspricht.

Ueber die Involution von Puncten in einer Ebene.

[Berichte über die Verhandlungen der Königl. Sächs. Gesellschaft der Wissenschaften, math.-phys. Klasse, 1853, Bd. 5, p. 176—190.]

Nach dem von *Desargues*, einem französischen Mathematiker des 17. Jahrhunderts, in die Geometrie eingeführten Begriffe der Involution, kann man sagen, dass drei oder mehrere in einer Geraden enthaltene Paare von Puncten in Involution sind, wenn sich in der Geraden zwei Puncte, E und F, angeben lassen, gegen welche die zwei Puncte jedes Paares harmonisch liegen (*erste* Definition der Involution).

In Bezug auf E und F gehören sonach alle Puncte der Geraden paarweise zusammen, sind einander conjugirt. Je zwei conjugirte Puncte sind von einander verschieden, die Puncte E und F allein ausgenommen, als von welchen, nach der Natur der harmonischen Lage, jeder sich selbst conjugirt ist. Man nennt daher E und F die Doppelpuncte der Involution. — Dem unendlich entfernten Puncte der Geraden ist der Mittelpunct von EF, den man mit O bezeichne, conjugirt. Er heisst der Centralpunct der Involution.

Aus der Theorie der harmonischen Theilung weiss man, dass, wenn die Puncte A und A' der Geraden gegen E und F harmonisch liegen und daher einander conjugirt sind,

$$OA\,.\,OA' = OE^2 = OF^2$$

ist. Dies führt zu einer *zweiten* Definition der Involution, wonach für jedes Paar das Product aus den Abständen seiner zwei Puncte von einem und demselben Puncte der Geraden, dem Centralpuncte O, auch dem Zeichen nach, von constanter Grösse ist. Jenachdem das gemeinschaftliche Vorzeichen das positive oder das negative ist, liegen je zwei conjugirte Puncte auf einerlei, oder entgegengesetzten Seiten von O, nur dass im letzteren Falle die zwei Doppelpuncte E und F imaginär werden.

Die drei Paare A und A', B und B', C und C' sind hiernach in Involution, wenn

$$OA\,.\,OA' = OB\,.\,OB' \quad \text{und} \quad OA\,.\,OA' = OC\,.\,OC'$$

ist. Aus diesen zwei Gleichungen lässt sich noch der Punct O eliminiren und das Resultat unter anderen auf die einfache Form bringen

$$\frac{BA'}{A'C}\cdot\frac{CB'}{B'A}\cdot\frac{AC'}{C'B} = -1 \ ,$$

eine Gleichung, mittelst welcher man, wenn zwei Paare A und A', B und B' gegeben sind, für jeden fünften Punct C den ihm conjugirten C' unmittelbar finden kann. Hierdurch ist daher eine *dritte* Definition der Involution von drei Paaren von Puncten gewonnen, welche überdies unabhängig ist von jedem zu den letzteren nicht gehörigem Puncte.

Werde nur noch bemerkt, dass die linke Seite der Gleichung ein in meinem »Baryc. Calcul« §. 215 so genanntes Dreieckschnittsverhältniss ist; sie ist nämlich das Product aus den drei Verhältnissen, nach welchen die drei jetzt in eine Gerade fallenden Seiten BC, CA, AB eines Dreiecks in den Puncten A', B', C' geschnitten werden.

---

§. 1. Dem Vortrage zufolge, welchen ich in der Sitzung am 16. October 1852 gehalten habe*), und wonach sich zu jedem ein System von Puncten in einer Geraden betreffenden Satze ein entsprechender Satz für die Ebene finden lässt, will ich jetzt die bisher auf ein System von Puncten in einer Geraden beschränkt gewesene Theorie der Involution auf die Ebene auszudehnen suchen. Von dem zu einem solchen Zwecke damals angegebenen, durch das Gebiet des Imaginären führenden Wege wird es indessen nicht nöthig sein, auch hier wieder Gebrauch zu machen, da ich dort bereits mit Anwendung dieser Methode die Erweiterung der Theorie harmonisch in einer Geraden liegender Puncte auf Puncte in einer Ebene gezeigt habe, der Begriff der Involution aber nach der vorhin zuerst dafür aufgestellten Erklärung auf den Begriff der harmonischen Lage ganz einfach sich gründen lässt.

Es hat aber nach jenem Vortrage (§. 8 daselbst) von vier in einer Ebene enthaltenen Puncten das eine Paar, A und A', gegen das andere, E und F, eine harmonische Lage, wenn durch alle vier Puncte ein Kreis beschrieben werden kann, und dabei die zwei

---

*) Ueber eine Methode, um von Relationen, welche der Longimetrie angehören, zu entsprechenden Sätzen der Planimetrie zu gelangen, p. 189—204 des vorliegenden Bandes (späterhin wieder durch »Planimetrische Sätze« citirt).

Puncte des einen Paares auf verschiedenen Seiten der das andere Paar verbindenden Sehne also liegen, dass sich die Strecken

$$(a) \qquad AE : AF = A'E : A'F$$

verhalten.

Wie vorhin in einer Geraden, wird man nun auch in einer Ebene von drei oder mehreren Paaren von Puncten derselben zu sagen haben, dass sie in Involution sind, wenn sich in der Ebene zwei (hier stets reelle) Puncte E und F nachweisen lassen, mit denen jedes der Paare auf die eben bemerkte Weise in Harmonie ist (erste Definition).

Auch hier heissen E und F die Doppelpuncte der Involution, indem zu Folge der Proportion (a), wenn A mit E oder mit F zusammenfällt, dasselbe auch A' thut, und daher jeder der beiden Puncte E und F sich selbst conjugirt ist.

Liegt A unendlich entfernt, gleich viel, nach welcher Richtung, so wird das Verhältniss $AE : AF$, also auch $A'E : A'F$, gleich $1 : 1$, der Kreis AEF wird unendlich gross, der von ihm wahrnehmbare Theil die Gerade EF, und A' der Mittelpunct von EF, der wie vorhin der Centralpunct der Involution genannt und mit O bezeichnet werde. Die Gerade EOF heisse die Axe der Involution.

§. 2. Wie aus der Proportion (a) in Verbindung mit der Kreislage ihrer vier Puncte gefolgert werden kann (vergl. auch Planimetrische Sätze, §. 9), so besitzt der Punct O die ihm bei der Harmonie in einer Geraden zukommende Eigenschaft, dass

$$OA \,.\, OA' = OE^2 = OF^2 ,$$

und dass daher die Figuren OAE und OEA', sowie OAF und OFA', einander ähnlich sind, auch jetzt noch; nur dass jetzt diese Figuren nicht mehr in einer Geraden liegen, sondern einander ähnliche und einerlei Sinn habende Dreiecke sind, dass folglich der Winkel

$$AOE = EOA'$$

ist, und somit der Winkel AOA' von OE halbirt wird. Ist daher B und B' ein zweites Paar conjugirter Puncte, so hat man

$$OA \,.\, OA' = OB \,.\, OB' ,$$

und die Winkel AOA' und BOB' werden von einer und derselben Geraden (OE) halbirt, oder, was dasselbe sagt: es ist der Winkel

$$BOA = A'OB' ,$$

sowie

$$BOA' = AOB' ;$$

so dass, wenn von den Puncten O, A, B, A', B' alle bis auf B' gegeben sind, dieser letztere durch Construction eines dem Dreieck OAB, oder $OA'B$ ähnlichen und mit ihm einerlei Sinn habenden Dreiecks $OB'A'$, oder resp. $OB'A$ unzweideutig gefunden wird.

Die Involution dreier Paare von Puncten A und A' u. s. w. in einer Ebene lässt sich hiernach zweitens auch dadurch definiren, dass sich in der Ebene ein Punct O also bestimmen lassen muss, dass erstens die Producte $OA \cdot OA'$, $OB \cdot OB'$, $OC \cdot OC'$ von gleicher Grösse sind, und dass zweitens die Winkel AOA', BOB', COC' von einer und derselben Geraden (der Axe der Involution) halbirt werden; oder mit anderen Worten: dass das Dreieck OAB dem $OB'A'$, und das Dreieck OBC dem $OC'B'$ ähnlich und gleichsinnig ist, woraus noch die Aehnlichkeit und gleichsinnige Lage der Dreieckspaare

$$OCA \text{ und } OA'C', \quad OAB' \text{ und } OBA',$$
$$OBC' \text{ und } OCB', \quad OCA' \text{ und } OAC'$$

fliesst.

§. 3. Um hiernach zu untersuchen, ob drei in einer Ebene gegebene Paare von Puncten, A und A', u. s. w. in Involution sind, suche man zuerst mittelst zweier der Paare, A und A', B und B', den Punct O zu bestimmen, was immer möglich sein muss, da umgekehrt mittelst O und dreier der vier Puncte A, .., B' der vierte, wie schon bemerkt worden, gefunden werden kann. Und wenn nun mit dem erhaltenen O die zwei Dreiecke OBC und $OC'B'$ einander ähnlich und einerlei Sinnes sich finden, so wird die zu prüfende Involution in der That statt haben.

Es bleibt uns hierbei noch übrig, die Construction aufzusuchen, durch welche die so eben nur als möglich gezeigte Bestimmung des Punctes O aus den vier gegebenen A, .., B' wirklich ausgeführt wird. Um aber diese Construction in völliger Allgemeinheit entwickeln zu können, schicke ich folgende drei einfache Sätze voraus.

a) Sind P, Q, R drei Puncte einer Geraden, und S ein Punct ausserhalb derselben, so ist der Winkelunterschied

$$SPQ - SPR = 0 \quad \text{oder} \quad = 180^\circ ,$$

jenachdem Q und R auf einerlei oder verschiedenen Seiten von P liegen; es ist also jedenfalls (360° congruent mit 0 gerechnet)

$$2SPQ = 2SPR ,$$

so wie umgekehrt aus dieser Gleichung folgt, dass P, Q, R in nicht zu bestimmender Folge in einer Geraden liegen.

b) Sind P, Q, R, S vier Puncte eines Kreises, so ist, jenachdem Q und S auf einerlei oder verschiedenen Seiten der Sehne PR liegen, der Winkelunterschied

$$PQR - PSR = 0 \quad \text{oder} \quad = 180^\circ ,$$

mithin jedenfalls

$$2PQR = 2PSR ;$$

und umgekehrt fliesst aus dieser Gleichung die Kreislage der vier Puncte P, .., S, welches auch die Aufeinanderfolge derselben sein mag.

c) Bezeichnen α, β, γ und α', β', γ' die nach einerlei Sinne gerechneten Winkel zweier in einer Ebene enthaltenen Dreiecke, und ist

$$\alpha = \alpha' \quad \text{und} \quad \beta = \beta' ,$$

so sind die Dreiecke einander ähnlich und von einerlei Sinne. *Sie sind beides aber auch dann, wenn man weiss, dass*

$$(a) \qquad 2\alpha = 2\alpha'$$

und

$$(b) \qquad 2\beta = 2\beta'$$

ist. Denn die nach einerlei Sinn gerechneten Winkel eines Dreiecks sind entweder alle drei hohl, oder alle drei erhaben. Wollte man daher von (*a*) nicht auf

$$\alpha' = \alpha ,$$

sondern auf

$$(c) \qquad \alpha' = 180^\circ + \alpha$$

schliessen, so nähme man damit die Winkel des einen Dreiecks hohl, die des anderen erhaben an und müsste wegen (*b*) auch

$$(d) \qquad \beta' = 180^\circ + \beta$$

setzen; und von den Winkeln γ und γ' müsste ebenfalls der eine hohl, der andere erhaben sein, während aus (*c*) und (*d*), in Verbindung mit den in jedem Falle bestehenden Gleichungen

$$\alpha + \beta + \gamma = 180^\circ \quad \text{und} \quad \alpha' + \beta' + \gamma' = 180^\circ ,$$

sich

$$\gamma = \gamma'$$

ergibt. Aus (*a*) ist daher nicht (*c*), sondern

$$\alpha = \alpha' ,$$

und ebenso

$$\beta = \beta'$$

aus (*b*) zu schliessen; folglich u. s. w.

§. 4. Soll nun zu zwei beliebig in einer Ebene gegebenen Paaren conjugirter Puncte A und A', B und B' der Centralpunct, d. i. ein also in der Ebene liegender Punct O gefunden werden, dass die Dreiecke OAB' und OBA' einander ähnlich und einerlei Sinnes sind, und mithin die Winkel

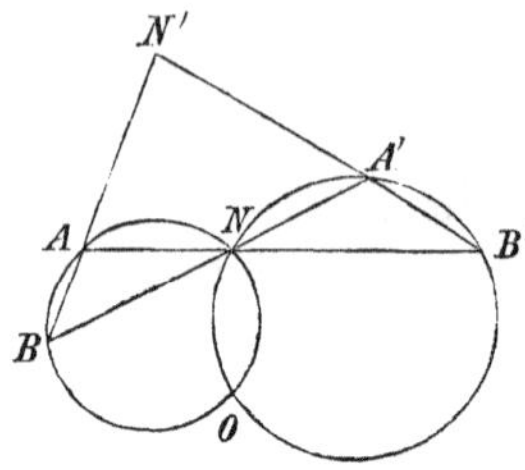

Fig. 1.

$$(1) \quad OAB' = OBA'$$

und

$$(2) \quad OB'A = OA'B$$

sind: so hat man, wenn die Geraden AB' und $A'B$ sich in N schneiden (vergl. Fig. 1), und daher A, B', N sowohl als A', B, N in einer Geraden liegen, nach dem ersten der obigen drei Sätze

$$2\,OAB' = 2\,OAN \quad \text{und} \quad 2\,OBA' = 2\,OBN\,,$$

folglich, wegen (1),

$$2\,OAN = 2\,OBN\;;$$

mithin liegen nach dem zweiten Satze O, A, B, N in einem Kreise, und ebenso wird mittelst (2) geschlossen, dass auch O, A', B', N in einem Kreise liegen. *Hiernach ist O der zweite Durchschnitt der durch A, B, N und A', B', N zu beschreibenden Kreise, wobei N den gegenseitigen Durchschnitt der Geraden AB' und $A'B$ bezeichnet.*

Dass aber mit dem also gefundenen O die Dreiecke OAB' und OBA', wie gefordert wurde, einander ähnlich und einerlei Sinnes sind, dies zeigt sich folgendergestalt. — Weil A, B', N, sowie A', B, N in einer Geraden, und O, A, B, N in einem Kreise liegen, so ist

$$(a) \quad 2\,OAB' = 2\,OAN = 2\,OBN = 2\,OBA'\;;$$

und ähnlicher Weise hat man, weil auch O, A', B', N in einem Kreise sind,

$$2\,OB'A = 2\,OA'B\,,$$

also auch

$$(b) \quad 2AB'O = 2BA'O\,.$$

Aus (a) und (b) aber folgt mit Anwendung des dritten jener drei Sätze das zu Beweisende.

§. 5. Folgerungen. *a)* Statt A mit B' und A' mit B durch Gerade zu verbinden, kann man auch, B und B' gegenseitig vertauschend, die Geraden AB und $A'B'$ ziehen und, wenn diese sich in N' schneiden, die Kreise $AB'N'$ und $A'BN'$ beschreiben, als welche sich zum zweitenmale ebenfalls in O schneiden werden. Es fliesst hieraus der bekannte Satz, *dass die vier Kreise, die man um die vier Dreiecke beschreibt, welche von vier in einer Ebene liegenden Geraden* (AB', $A'B$, AB, $A'B'$) *gebildet werden, sich in einem Puncte* (O) *schneiden.*

b) Suchen wir noch zu A und A', N und N', als zwei Paaren conjugirter Puncte, den Centralpunct auf. Weil AN' und $A'N$ sich in B treffen, so ist er der zweite Durchschnitt der Kreise ANB und $A'N'B$. Wir wissen aber bereits, dass jeder dieser zwei Kreise durch O geht. Der gesuchte Centralpunct ist daher ebenfalls O, und es sind folglich die Dreiecke OAN und $ON'A'$ einander ähnlich und gleichsinnig.

c) Weil dieses auch die Dreiecke OAB und $OB'A'$ sind, so sind die drei Paare A und A', B und B', N und N' in Involution, welches den merkwürdigen Satz gibt:

Die sechs Puncte, in denen sich vier in einer Ebene liegende Gerade schneiden, sind in Involution, und dieses dergestalt, dass der Durchschnitt je zweier der vier Geraden dem Durchschnitte der jedesmal zwei übrigen conjugirt ist. Der Centralpunct dieser Involution ist der gemeinschaftliche Durchschnitt der vier Kreise, welche sich um die vier von den vier Geraden gebildeten Dreiecke beschreiben lassen.

§. 6. Ebenso wie den Puncten A, B, N, welche mit O in einem Kreise liegen, in einer Geraden begriffene Puncte A', B', N' conjugirt sind, so ist auch jedem anderen Puncte C jenes Kreises ein Punct C' dieser Geraden conjugirt. Denn nach der zweiten Definition der Involution (§. 2) ist alsdann, ebenso wie der Winkel

$$OBA = OA'B' ,$$

auch

$$OCA = OA'C' .$$

Weil aber O, A, B, C in einem Kreise liegen sollen, so ist der Winkel

$$2\,OBA = 2\,OCA ,$$

folglich

$$2\,OA'B' = 2\,OA'C' ,$$

und es liegen daher A', B', C' in einer Geraden.

Dem Kreise OAB — so kann man sich ausdrücken — ist demnach die Gerade $A'B'$ conjugirt, und auf gleiche Art dem Kreise $OA'B'$ die Gerade AB, dem Kreise OAB' die Gerade $A'B$, dem

Kreise $OA'B$ die Gerade AB', *überhaupt also ist jedem durch den Centralpunct gehenden Kreise eine nicht durch ihn gehende Gerade conjugirt.*

Ebenso leicht lässt sich darthun, *dass umgekehrt jeder nicht durch O gehenden Geraden ein durch O gehender Kreis conjugirt ist.*

Dagegen erhellet ohne Weiteres, dass jeder durch O gehenden Geraden eine gleichfalls durch O gehende Gerade conjugirt ist, dass der von zwei solchen Geraden gebildete Winkel von der Axe der Involution halbirt wird, und dass daher die eine Gerade mit der anderen coïncidirt, wenn die eine mit der Axe coïncidirt, oder auf derselben normal ist.

Zusatz. Die Figur 1 kann vollständig construirt werden, wenn der Kreis OAB, welcher k heisse, die in ihm liegenden zwei Puncte A und B, die Gerade $A'B'$, welche man g nenne, und der Punct A' derselben gegeben sind. Denn hiermit erhält man N als den Durchschnitt der Geraden $A'B$ mit k, B' als den Durchschnitt der Geraden AN mit g, u. s. w. Sind daher ein Kreis k, die ihm conjugirte Gerade g, ein Punct A des k und der dem A conjugirte A' in g gegeben, so kann man für jeden anderen Punct B des k den ihm conjugirten B' in g durch die eben bemerkte Construction finden. Auch lässt sich diese Construction sehr einfach also ausdrücken: Drehen sich zwei Gerade a und a' resp. um A und A' dergestalt, dass ihr gegenseitiger Durchschnitt (N) in k fortrückt, so werden der Durchschnitt von a mit g und der zweite Durchschnitt von a' mit k stets zwei conjugirte Puncte sein. Dabei wird letzterer Durchschnitt der Centralpunct O sein, wenn a mit g parallel geworden, weil der dem O conjugirte Punct unendlich entfernt liegt.

§. 7. Durch das Vorhergehende werden wir veranlasst, noch die Curve zu untersuchen, welche einem nicht durch O gehenden Kreise conjugirt ist. — Seien A, B, C, ... mehrere Puncte eines solchen Kreises, A', B', C', ... die ihnen conjugirten Puncte, und daher die Dreiecke OBA, OCB, u. s. w. resp. den Dreiecken $OA'B'$, $OB'C'$, u. s. w. ähnlich und gleichsinnig. Seien ferner a, b, c, ... die Puncte, in denen die Geraden OA, OB, OC, u. s. w. den Kreis nochmals schneiden, so sind nach einer bekannten Eigenschaft des Kreises die Dreiecke Oab, Obc, u. s. w. resp. den Dreiecken OBA, OCB, u. s. w. ähnlich und von entgegengesetztem Sinne. In derselben Beziehung stehen daher aber auch die Dreiecke Oab, Obc, u. s. w. zu den Dreiecken $OA'B'$, $OB'C'$, u. s. w., folglich auch die Figur abc... zu der Figur $A'B'C'$.... Da nun

a, b, c, ... in einem Kreise sind, so liegen auch A', B', C' in einem solchen, *und es ist daher einem nicht durch O gehenden Kreise ein Kreis conjugirt, der ebenfalls nicht durch O geht*, indem sonst die ihm conjugirte Linie eine Gerade wäre.

Es ist demnach, wenn wir die zwei conjugirten Kreise ABC.. und $A'B'C'$.. kurz mit k und k' bezeichnen, jedem Puncte P des k ein Punct P' des k', so wie umgekehrt jedem Puncte Π' des k' ein Punct Π des k conjugirt. Sei nun P der von O entfernteste Punct des k, so ist P' der dem O nächste Punct des k'. Denn wäre

$$O\Pi' < OP',$$

so müsste, wegen der nach §. 2 bestehenden Gleichung

$$OP \cdot OP' = O\Pi \cdot O\Pi',$$

$$OP < O\Pi$$

sein, welches gegen die Voraussetzung ist. Der von O entfernteste Punct P des k und der dem O nächste Punct P' des k', und ebenso der dem O nächste des k und der von O entfernteste des k', sind daher einander conjugirt.

Heissen letztere zwei Puncte p und p', so sind nach der Natur des Kreises Pp und $P'p'$ zwei Durchmesser von k und k', und O der gegenseitige Durchschnitt derselben. Deshalb, und weil nach

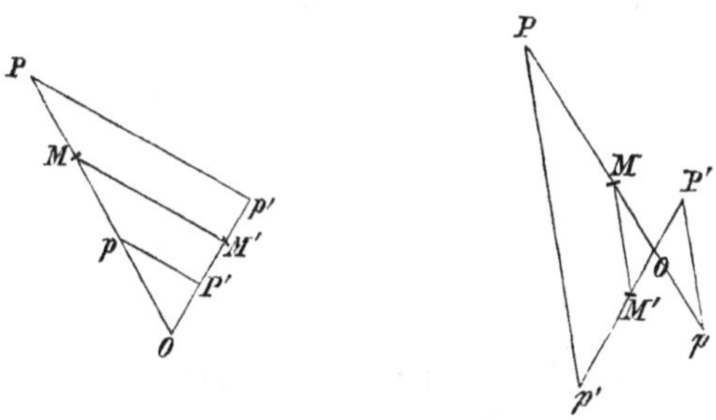

Fig. 2.

§. 2 die Dreiecke OPp' und OpP' einander ähnlich und gleichsinnig sind, sind die Geraden Pp' und $P'p$ einander parallel. Hiernach liegt (vergl. Fig. 2) O entweder ausserhalb der beiden Kreise, deren Durchmesser Pp und $P'p'$ sind, oder innerhalb eines jeden von ihnen; das Erstere nämlich, wenn O ausserhalb, das Letztere, wenn O innerhalb jener zwei Parallelen liegt.

Sind M und M' die Mittelpuncte von Pp und $P'p'$, also auch die der beiden Kreise, so ist MM' mit Pp' und pP' parallel. Dabei liegt M zwischen O und P, M' dagegen ausserhalb O und P', und zwar im ersteren jener zwei Fälle auf der Seite von P', im letzteren auf der Seite von O. Der Winkel MOM' ist daher im ersteren Falle einerlei mit POP', im letzteren der Nebenwinkel von POP'. Nun wird nach §. 2 der Winkel POP' von der Involutionsaxe halbirt. Jenachdem daher O ausserhalb oder innerhalb der beiden Kreise fällt, ist die den Winkel MOM' oder die seinen Nebenwinkel halbirende Gerade die Involutionsaxe.

Wegen des Parallelismus von MM' mit Pp' verhält sich

$$OM : OM' = MP : M'p' ,$$

d. h. die Abstände der Mittelpuncte zweier conjugirten Kreise vom Centralpuncte verhalten sich wie ihre Halbmesser. — Wenn daher O ausserhalb k und k' liegt, so erscheinen k und k', von O aus gesehen, unter gleichen Winkeln.

Endlich ist noch, wenn E, wie im Obigen, den einen der zwei Doppelpuncte der Involution bezeichnet,

$$OE^2 = OP \,.\, OP' = Op \,.\, Op' ,$$

folglich

$$\begin{aligned} OE^4 &= OP \,.\, Op \times OP' \,.\, Op' \\ &= (OM^2 - MP^2)(OM'^2 - M'P'^2) \\ &= OT^2 \,.\, OT'^2 , \end{aligned}$$

wo T und T' die zwei, wenn O ausserhalb k und k' fällt, reellen, wenn O innerhalb, imaginären Berührungspuncte der von O an k und k' gelegten Tangenten bedeuten. Zugleich kann man hieraus in Verbindung mit den vorigen Sätzen leicht folgern, dass, wenn O ausserhalb k und k' fällt, von den vier Berührungspuncten, welche die vier von O an k und k' gelegten Tangenten geben, die zwei von der Involutionsaxe entfernteren, sowie die zwei der Axe näheren, einander conjugirt sind.

§. 8. Eine besondere Aufmerksamkeit verdient noch der specielle Fall, wenn die zwei Kreise k und k' in einen zusammengehen. In der That, sind O, P, p drei beliebig in einer Geraden liegende Puncte, p' irgend ein vierter Punct der Ebene, und bestimmt man in der Geraden Op' den Punct P' also, dass — auch dem Zeichen nach — sich

$$OP : Op = Op' : OP'$$

verhält, so sind nach dem Vorhergehenden die zwei um Pp und $P'p'$, als Durchmesser, beschriebenen Kreise in Bezug auf O, als Centralpunct, und auf die den Winkel POP' halbirende Gerade, als Axe, einander conjugirt. Nimmt man nun p' mit P identisch, so coïncidiren zu Folge jener Proportion auch p und P', mithin die zwei

Kreise selbst, und es müssen daher alle Puncte eines Kreises in Bezug auf einen beliebig in seiner Ebene gewählten Centralpunct O zu involutorischen Paaren sich conjugiren lassen.

Ein solches Paar bilden zunächst die Puncte P und P', in denen jetzt eine durch O und den Mittelpunct M des Kreises gelegte Gerade

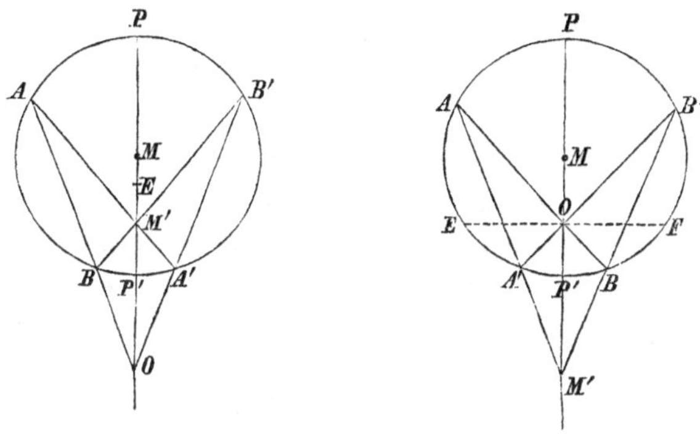

Fig. 3.

ihn schneidet, und von welchen P' der dem O nähere, P der entferntere Punct sei. Die Axe der Involution ist hiernach die den Winkel POP' halbirende Gerade, und daher entweder die Gerade OP selbst (vergl. die linksstehende Figur 3), oder das auf ihr in O errichtete Perpendikel (vergl. die rechtsstehende Figur 3), jenachdem O ausserhalb, oder innerhalb des Kreises liegt.

Schneide ferner eine durch O und einen beliebigen anderen Punct A des Kreises gelegte Gerade den Kreis nochmals in B, und eine Gerade durch O, welche mit der Axe auf deren anderer Seite denselben Winkel, wie OA, macht, in A' und B', so dass

$$OA' < OB' \,, \quad \text{wenn} \quad OA > OB \,.$$

Hiernach ist

$$OP \,.\, OP' = OA \,.\, OB = OA \,.\, OA' = OB \,.\, OB' \,,$$

und es sind daher die Puncte A und A' des Kreises, desgleichen auch B und B', einander conjugirt.

Offenbar ist hierbei der gegenseitige Durchschnitt der Sehnen AA' und BB', welcher M' heisse, ein Punct der Geraden OM. Es lässt sich aber dieser Punct noch auf eine von A ganz unabhängige Weise bestimmen. Denn, wie man leicht wahrnimmt, wird der Winkel OBM' von der Geraden BP', und sein Nebenwinkel $B'BA$ von BP halbirt. Wegen des Ersteren verhält sich

$$BO : BM' = OP' : P'M' \,,$$

und wegen des Letzteren

$$BO : BM' = OP : M'P \; ,$$

folglich

$$OP' : OP = P'M' : M'P \; .$$

Mithin ist M' der Punct, welcher in Verbindung mit O den Durchmesser PP' harmonisch theilt.

Deshalb, und weil PP' in M halbirt wird, ist noch

$$OP \,.\, OP' = OM \,.\, OM' \; ,$$

und man kann daher M' auch als den mit M conjugirten Punct definiren.

Ebenso wie A wird nun auch jeder andere Punct C des Kreises denjenigen zu seinem conjugirten haben, in welchem die Gerade CM' den Kreis zum zweiten Male trifft, und wir schliessen demnach: *Die Paare von Endpuncten dreier oder mehrerer sich in einem Puncte M' schneidender Sehnen eines Kreises sind in Involution. Der Centralpunct O dieser Involution liegt in dem durch M' zu ziehenden Durchmesser PP' des Kreises, und zwar also, dass PP' in M' und O harmonisch getheilt wird.*

In denselben Durchmesser fallen auch die zwei Doppelpuncte E und F, wenn M' innerhalb, und folglich O ausserhalb des Kreises liegt, und zwar der eine zwischen M' und den Mittelpunct M des Kreises (vergl. die linksstehende Figur 3), indem

$$OE^2 = OF^2 = OP \,.\, OP' = OM \,.\, OM'$$

ist*). Liegt aber M' ausserhalb und damit O innerhalb, so sind E und F Puncte des in O auf PP' errichteten Perpendikels und zwar nach letzteren Formeln die Durchschnitte dieses Perpendikels mit dem Kreise selbst oder, wie dieselben Formeln lehren, die Berührungspuncte der zwei durch M' an den Kreis gelegten Tangenten. Auch folgt dieses schon daraus, dass die zwei stets conjugirten Endpuncte einer durch M' gelegten Sehne in einen zusammengehen, wenn die Sehne zur Tangente wird.

§. 9. Es ist noch übrig, die Definition der Involution von Puncten in einer Ebene zu entwickeln, welche, analog der dritten im Eingange für Puncte in einer Geraden aufgestellten, von E, F und O unabhängig ist. — Aus der Aehnlichkeit der Dreieckspaare

$$OBC' \text{ und } OCB' \,, \quad OCA' \text{ und } OAC' \,,$$
$$OAB' \text{ und } OBA'$$

---

*) Der Punct F ist in der linksstehenden Figur 3 nicht angegeben, weil er weit unterhalb O zu liegen kommt.

(§. 2) folgt:

$$\frac{CB'}{BC'}=\frac{OC}{OB}\,, \qquad \frac{AC'}{CA'}=\frac{OA}{OC}\,, \qquad \frac{BA'}{AB'}=\frac{OB}{OA}\,.$$

Mithin ist in absolutem Sinne

$$\text{(I)} \qquad \frac{BA'}{A'C}\cdot\frac{CB'}{B'A}\cdot\frac{AC'}{C'B}=1\,.$$

Ferner sind wegen der Aehnlichkeit und gleichsinnigen Lage derselben drei Paare von Dreiecken die Winkel

$OB'C$ und $OC'B$, $OC'A$ und $OA'C$, $OA'B$ und $OB'A$

beziehungsweise einander gleich.

Addirt man daher die drei identischen Gleichungen

$$BA'C = OA'C - OA'B\,,$$
$$CB'A = OB'A - OB'C\,,$$
$$AC'B = OC'B - OC'A\,,$$

so kommt

$$\text{(II)} \qquad BA'C + CB'A + AC'B = 0\,.$$

Sind demnach die drei Paare A und A' u. s. w. in Involution, so bestehen zwischen ihnen die Gleichungen (I) *und* (II).

Aber auch umgekehrt können wir behaupten, dass die drei Paare in Involution sind, wenn durch sie diese zwei Gleichungen zugleich erfüllt werden. Das Letztere erhellt daraus, dass nach §. 3 zu fünf beliebig in der Ebene angenommenen Puncten A, A', B, B', C, von denen A und A', sowie B und B', conjugirte sein sollen, der dem C conjugirte Punct C' unzweideutig bestimmbar ist; indem in Folge der Gleichung (I) mit den fünf Puncten das Verhältniss $AC' : C'B$, und damit, als Ort für C', ein Kreis gegeben ist, welcher den einen der beiden Puncte A und B ein-, den anderen ausschliesst, und man durch die Gleichung (II) den Winkel $AC'B$, und durch diesen als zweiten Ort für C', einen durch A und B gehenden Kreis und zugleich die Seite von AB, auf welcher C' in diesem Kreise liegen muss, kennen lernt.

§. 10. Statt der Bedingungsgleichungen (I) und (II) kann man noch verschiedene andere ihnen ähnliche aufstellen. Denn da bei der Definition der Involution dreier Paare, sei es mittelst der zwei Doppelpuncte, oder mit Anwendung des Centralpunctes, weder die Aufeinanderfolge dieser Paare, noch bei jedem Paare einzeln die Aufeinanderfolge seiner zwei Puncte in Betracht kam, so können in I) und (II) sowohl die zwei Puncte eines Paares mit denen eines anderen, als die zwei Puncte eines und desselben Paares, gegenseitig vertauscht werden.

So erhält man unter anderen aus (I) und (II), wenn man statt A und A', B und B' resp. B' und B, A und A' schreibt, die Gleichungen:

$$\text{(I*)} \qquad \frac{AB}{BC}\cdot\frac{CA'}{A'B'}\cdot\frac{B'C'}{C'A} = 1\ ,$$

$$\text{(II*)} \qquad ABC + CA'B' + B'C'A = 0\ .$$

Dabei ist jedoch weder (I*) mit (I), noch (II*) mit (II) identisch. Vielmehr wird ähnlicherweise, wie mittelst (I) und (II), so überhaupt mittelst irgend zweier dieser vier Gleichungen aus fünf der sechs Puncte der sechste gefunden, daher auch durch irgend zwei solcher Gleichungen, z. B. durch (II) und (II*), die Involution der sechs Puncte definirt werden kann.

Die Gleichungen (I) und (II) [oder (I*) und (II*)] lassen sich auch leicht durch Worte ausdrücken. *Nach ihnen sind nämlich die drei Paare A und A', u. s. w. in Involution, wenn in einem Sechseck $AB'CA'BC'$ (oder $ABCA'B'C'$), in welchem die zwei Puncte jedes Paares einander gegenüberliegende Ecken sind, das Product aus der ersten, dritten und fünften Seite dem Producte aus den drei übrigen gleich, und ebenso die Summe des ersten, dritten und fünften Winkels der Summe der drei übrigen gleich, jede der beiden Summen gleich Null (gleich* 360°), *ist.*

Uebrigens sieht man sehr leicht, wie den Gleichungen (I) und (II) die zwei im Obigen (§. 5 und 8) besonders behandelten Involutionen Genüge thun. Namentlich wird bei der Involution der sechs Durchschnitte von vier Geraden in einer Ebene durch (I) die *Ptolemäische* Relation zwischen den Verhältnissen ausgedrückt, nach welchen die Seiten BC, CA, AB eines Dreiecks von einer vierten Geraden in A', B', C' geschnitten werden. Da ferner bei dieser Figur von den drei Winkeln $BA'C$, $CB'A$, $AC'B$ entweder jeder gleich Null, oder einer gleich Null und jeder der beiden anderen gleich 180° ist, so wird auch (II) befriedigt.

§. 11. Der Begriff der Involution von Puncten in einer Geraden lässt sich, wie bekannt, auch durch die Collineationsverwandtschaft begründen. Zwei collinear verwandten Systemen von Puncten, die in einer und derselben Geraden liegen, kann nämlich immer eine solche gegenseitige Lage gegeben werden, dass jedem Puncte der Geraden, mag man ihn als Punct des einen oder des anderen Systems betrachten, in dem jedesmal anderen Systeme ein und derselbe Punct entspricht. Je drei oder mehrere Paare auf solche Weise zusammengehöriger Puncte sind aber in Involution.

In der That, sind in derselben Geraden A, B, C, ... Puncte des einen Systems, und A', B', C', ... die ihnen collinear entsprechenden des anderen, und entspricht ausserdem noch dem unendlich entfernten Puncte U der Geraden, als einem Puncte des ersten Systems, im zweiten der Punct O', und demselben U, als einem Puncte des zweiten Systems, im ersten der Punct O: so wird, wenn man das eine der beiden Systeme O, A, B, C, ... und O', A', B', C', ... in der Geraden so verschiebt, dass O und O' zusammenfallen, die gedachte reciproke Beziehung, so wie zwischen O und U, auch zwischen A und A', u. s. w. statthaben. Denn weil bei dieser Verschiebung U unendlich entfernt bleibt, so sind alsdann die Figuren $OUAB$ und $UOA'B'$ einander collinear, und es verhält sich daher

$$\frac{OA}{AU}:\frac{OB}{BU}=\frac{UA'}{A'O}:\frac{UB'}{B'O},$$

eine Proportion, die sich, wegen

$$AU:BU=UA':UB'=1:1,$$

auf

$$OA\,.\,OA'=OB\,.\,OB'$$

reducirt; und ähnlicherweise findet sich

$$OA\,.\,OA'=OC\,.\,OC',$$

u. s. w.

In diesen Gleichungen können nun A und A', desgleichen B und B', u. s. w. gegenseitig vertauscht werden, woraus die zu beweisende Reciprocität dieser Paare von Puncten oder, was dasselbe sagt, die Collineationsverwandtschaft der zwei Systeme

$$A,\ B,\ C,\ \ldots\ A',\ B',\ C',\ \ldots$$

und

$$A',\ B',\ C',\ \ldots\ A,\ B,\ C,\ \ldots$$

unmittelbar hervorgeht. Zugleich aber wird durch dieselben Gleichungen die Involution derselben Paare in Bezug auf O als Centralpunct ausgedrückt; folglich u. s. w.

Mag noch bemerkt werden, dass aus der jetzt bestehenden Collineationsverwandtschaft der Figuren $BCA'B'$ und $B'C'AB$ die Proportion

$$\frac{BA'}{A'C}:\frac{BB'}{B'C}=\frac{B'A}{AC'}:\frac{B'B}{BC'},$$

und aus dieser die schon im Eingange gegebene Gleichung

$$\frac{BA'}{A'C} \cdot \frac{CB'}{B'A} \cdot \frac{AC'}{C'B} = -1$$

für die Involution fliesst, und dass ebenso leicht aus der Collineation der Figuren $ACBA'$ und $A'C'B'A$ die Gleichung

$$\frac{AB}{BC} \cdot \frac{CA'}{A'B'} \cdot \frac{B'C'}{C'A'} = -1$$

abgeleitet werden kann.

§. 12. Was die Involution von Puncten in einer Ebene anlangt, so ist es die in meinem letzten Berichte*) behandelte *Kreisverwandtschaft*, welche zwischen den zwei in einer Ebene liegenden Systemen A, A', B, B', C, C', ... und A', A, B', B, C', C, ... stattfinden muss, wenn die Paare A und A', u. s. w. in Involution sein sollen. Denn sind ABC... und $A'B'C'$... zwei in einer Ebene begriffene einander kreisverwandte Figuren, und bezeichnen O und O' die zwei der ersten und der zweiten Figur angehörigen Puncte, welche einem unendlich entfernten Puncte der Ebene, resp. als einem Puncte der zweiten und der ersten Figur, entsprechen, so sind nach §. 12 des letzten Berichtes den Dreiecken OAB, OBC, u. s. w. resp. die Dreiecke $O'B'A'$, $O'C'B'$, u. s. w. ähnlich und gleichsinnig. Lässt man nun durch Verschiebung der einen Figur in der Ebene den Punct O' mit O coïncidiren, so wird das Dreieck $OB'A'$ dem OAB, $OC'B'$ dem OBC, u. s. w. ähnlich und gleichsinnig, mithin auch das Dreieck $OB'A$ dem $OA'B$, $OC'B$ dem $OB'C$, u. s. w., und es steht daher jetzt A' mit A, B' mit A, u. s. w. in der geforderten reciproken Beziehung. Nächstdem aber ist hieraus nach §. 2 des vorliegenden Aufsatzes die Involution dieser Paare von Puncten zu folgern.

---

*) Ueber eine neue Verwandtschaft zwischen ebenen Figuren, vergl. p. 205—217 des vorliegenden Bandes.

Zwei rein geometrische Beweise des Bodenmiller'schen Satzes.

[Berichte über die Verhandlungen der Königl. Sächs. Gesellschaft d. Wissenschaften, math.-phys. Klasse, Bd. 6, 1854, p. 87—91.]

Von diesem merkwürdigen Satze, nach welchem *die drei um die drei Diagonalen eines vollständigen Vierecks, als Durchmesser, beschriebenen Kreise zwei (reelle oder imaginäre) Puncte gemein haben**), hat (in unserer vorletzten Sitzung) Herr *Schlömilch* einen Beweis mit Anwendung trigonometrischer Formeln gegeben**). Seitdem habe ich zwei rein geometrische Beweise des Satzes gefunden, die ich, da sie ziemlich einfach sind, nachträglich mitzutheilen mir erlaube.

§. 1. Sind k, l, m, n vier in einer Ebene enthaltene Gerade, und setzt man

$$(1)\quad \begin{cases} k\,.\,l = A_1\,, & k\,.\,m = B_1\,, & k\,.\,n = C_1\,, \\ m\,.\,n = A_2\,, & n\,.\,l = B_2\,, & l\,.\,m = C_2\,, \end{cases}$$

(d. h. wird der gegenseitige Durchschnitt von k und l mit A_1, u. s. w. bezeichnet) so sind A_1A_2, B_1B_2, C_1C_2 die drei Diagonalen des Vierseits $klmn$.

Wie bekannt, wird von diesen Diagonalen eine jede von den jedesmal zwei übrigen harmonisch getheilt. Setzt man daher noch

$$(2)\qquad \begin{cases} B_1B_2\,.\,C_1C_2 = F\,, \\ C_1C_2\,.\,A_1A_2 = G\,, \\ A_1A_2\,.\,B_1B_2 = H\,, \end{cases}$$

so liegen G und H harmonisch zu A_1 und A_2, desgleichen H und F zu B_1 und B_2, sowie F und G zu C_1 und C_2.

Man weiss ferner, dass, wenn eine Strecke A_1A_2 in G und H harmonisch getheilt wird, und man um A_1A_2, als Durchmesser, einen Kreis beschreibt, von einem Puncte X dieses Kreises zum anderen das

*) Unter dem Namen von *Bodenmiller* mitgetheilt von *Gudermann* in der Analytischen Sphärik (Köln 1830), p. 138.

**) *Schlömilch*, Ueber das vollständige Viereck, Berichte über die Verhandl. der Königl. Sächs. Ges. der Wissensch., math.-phys. Klasse, Bd. 6, p. 4—13.

Verhältniss $GX:HX$ constant bleibt, nämlich gleich $GA_1:HA_1$ gleich $GA_2:HA_2$, weil auch A_1 und A_2 Puncte des Kreises sind.

Werden daher in unserer Figur um A_1A_2, B_1B_2, C_1C_2, als Durchmesser, drei Kreise α, β, γ beschrieben, und bedeutet X einen beliebigen Punct des Kreises α, Y einen beliebigen Punct des β, und Z irgend einen des γ, so hat man

$$(3) \qquad \frac{GX}{HX}=\frac{GA_1}{HA_1}, \qquad \frac{HY}{FY}=\frac{HB_1}{FB_1}, \qquad \frac{FZ}{GZ}=\frac{FC_1}{GC_1},$$

drei Gleichungen, die man als die Gleichungen der drei Kreise betrachten kann.

Wegen (2) liegt aber A_1 in der Geraden GH, B_1 in HF, C_1 in FG, und nach (1) sind A_1, B_1, C_1 Puncte der Geraden k, sind also die Durchschnitte der Seiten des Dreiecks FGH mit k, und es findet daher zwischen den rechten Seiten der drei Kreisgleichungen die Beziehung statt

$$\frac{GA_1}{HA_1}\cdot\frac{HB_1}{FB_1}\cdot\frac{FC_1}{GC_1}=1\ .$$

Mithin ist auch

$$(4) \qquad \frac{GX}{HX}\cdot\frac{HY}{FY}\cdot\frac{FZ}{GZ}=1\ .$$

Aus dieser zwischen irgend welchen Puncten der drei Kreise α, β, γ bestehenden einfachen Relation lässt sich nun der zu beweisende Satz sehr leicht ableiten. Heissen nämlich P und Q die zwei (reellen oder imaginären) Puncte, welche die Kreise α und β gemein haben, so wird die Gleichung (4) noch gültig bleiben, wenn man in ihr für X sowohl, als für Y das eine Mal P, das andere Mal Q setzt. Dies gibt die zwei Gleichungen

$$(5) \qquad \frac{GP}{FP}=\frac{GZ}{FZ}$$

und

$$(6) \qquad \frac{GQ}{FQ}=\frac{GZ}{FZ},$$

welche rücksichtlich des Z dann und nur dann bestehen, wenn Z irgend ein Punct des Kreises γ ist. Es besteht aber (5), wenn Z mit P, und (6), wenn Z mit Q identisch angenommen wird. Mithin werden P und Q auch Puncte des Kreises γ sein, und daher die drei Kreise α, β, γ zwei gemeinschaftliche Puncte P und Q oder, wie *Plücker* sich ausdrückt, eine gemeinschaftliche Chordale PQ haben.

Zusätze. 1) Weil drei Kreise nur dann eine gemeinsame Chordale haben können, wenn ihre Mittelpuncte in einer Geraden liegen, und weil die Mittelpuncte von α, β, γ einerlei mit denen von $A_1 A_2$, $B_1 B_2$, $C_1 C_2$ sind, so ist mit dem Vorigen zugleich der *Gauss*'sche Satz dargethan, *dass die Mittelpuncte der drei Diagonalen eines Vierseits in einer Geraden liegen.*

2) Aus den Gleichungen (3) folgt, wenn man in ihnen statt X, Y, Z den einen oder den anderen der den drei Kreisen gemeinsamen Puncte P und Q setzt,

$$\frac{GP}{HP} = \frac{GQ}{HQ}, \qquad \frac{HP}{FP} = \frac{HQ}{FQ},$$

u. s. w.; folglich ist auch

$$\frac{FP}{FQ} = \frac{GP}{GQ} = \frac{HP}{HQ}.$$

Da hiernach für jeden der drei Puncte F, G, H das Verhältniss zwischen seinen Abständen von P und Q von gleicher Grösse ist, so sind sie (sowie jeder vierte Punct V, für welchen das Verhältniss $VP : VQ$ von derselben Grösse ist) in einem Kreise enthalten, dessen Mittelpunct in PQ liegt, und welcher die Linie PQ harmonisch schneidet.

Die gemeinschaftliche Chordale der drei Kreise trifft demnach den Mittelpunct des um das Dreieck FGH, welches von den drei Diagonalen gebildet wird, zu beschreibenden Kreises, und ist daher einerlei mit dem Perpendikel, welches von diesem Mittelpuncte auf die Centrallinie jener drei Kreise gefällt wird; der Kreis FGH selbst aber schneidet die gemeinschaftliche Chordale harmonisch.

---

§. 2. Wem im Voranstehenden die Einführung der zwei oft imaginär werdenden gegenseitigen Durchschnitte P und Q der Kreise α und β (während die Gerade PQ oder die gemeinschaftliche Chordale der Kreise, wie bekannt, immer reell bleibt) zu gewagt scheinen sollte, dem diene der nachfolgende Beweis, bei welchem jedoch der *Gauss*'sche Satz als erwiesen vorausgesetzt wird.

Heissen A, B, C die Mittelpuncte der Kreise α, β, γ, so hat man, weil G und H harmonisch zu A_1 und A_2 liegen, und weil A der Mittelpunct auch von $A_1 A_2$ ist,

$$AA_1^2 = AG \,.\, AH \,.$$

Es ist aber, wenn M den Mittelpunct des Kreises FGH und m seinen Halbmesser bezeichnet,

$$AG \,.\, AH = AM^2 - m^2 \;;$$

folglich

$$AA_1^2 = AM^2 - m^2 ,$$

und ebenso

$$BB_1^2 = BM^2 - m^2 ;$$

folglich

$$AA_1^2 - BB_1^2 = AM^2 - BM^2 .$$

Mithin geht die Chordale von α und β durch M, indem bekanntlich für jeden Punct U der Chordale zweier Kreise, deren Mittelpuncte A und B, und deren Halbmesser a und b sind,

$$a^2 - b^2 = AU^2 - BU^2$$

ist. Die Chordale von α und β ist folglich das von M auf AB gefällte Perpendikel.

Ebenso zeigt sich, dass auch die auf BC perpendikulare Chordale von β und γ durch M geht. Weil aber nach *Gauss* A, B, C in einer Geraden liegen, so coïncidiren beide Perpendikel; folglich u. s. w.

Als das Voranstehende zum Drucke bereits fertig lag, wurde ich durch einen Freund, den Herrn Dr. *Baltzer* in Dresden, aufmerksam darauf gemacht, dass ein sehr einfacher Beweis des *Bodenmiller*'schen Satzes sich in dem neuesten Werke des Herrn *Chasles*, *Traité de Géométrie supérieure* vorfinde*). Dieser Beweis besteht kürzlich darin, dass die durch einen beliebigen Punct O in der Ebene der Figur gezogenen drei Paare von Geraden OA_1 und OA_2, OB_1 und OB_2, OC_1 und OC_2 in Involution sind, und dass, wenn jeder der beiden Winkel A_1OA_2 und B_1OB_2 ein rechter ist, wenn also für O einer der beiden gegenseitigen Durchschnitte der Kreise α und β genommen wird, nach der Natur der Involution auch der Winkel C_1OC_2 ein rechter sein, und folglich O auch in γ liegen muss.

Wenn ich nun gegen diesen Beweis, der an Einfachheit nichts zu wünschen übrig lässt, die meinigen zwei nicht zurücknehme, so geschieht dieses lediglich aus dem Grunde, weil bei letzteren sich zugleich eine bemerkenswerthe Eigenschaft der Lage der gemeinschaftlichen Chordale zu erkennen gibt.

*) Vergl. Chapitre XVIII, art. 354 der zweiten Ausgabe.

Die Theorie der Kreisverwandtschaft in rein geometrischer Darstellung.

[Abhandlungen der Königl. Sächs. Gesellschaft der Wissenschaften, math.-phys. Klasse, Bd. II, 1855, p. 529—595.]

Mit Anwendung einer im Jahre 1852*) von mir mitgetheilten Methode, welche von Sätzen der Longimetrie durch das Gebiet des Imaginären zu Sätzen der Planimetrie führt, hat sich mir, wie ich bereits am Schlusse jenes Aufsatzes bemerkt habe, durch Uebertragung der Collineationsverwandtschaft zwischen geradlinigen Systemen von Puncten auf Systeme von Puncten in Ebenen eine neue Art von Verwandtschaft zwischen ebenen Figuren ergeben. Die Haupteigenschaften dieser Verwandtschaft habe ich in einem späteren Aufsatze**) mittelst jener Methode entwickelt, sie selbst aber Kreisverwandtschaft genannt, weil bei je zwei auf solche Art verwandten Figuren jedem Kreise der einen Figur ein Kreis in der anderen entspricht.

Durch fortgesetzte Beschäftigung mit diesen Untersuchungen, insonderheit durch Ausdehnung derselben auf den Raum von drei Dimensionen, bin ich zu Resultaten gekommen, die mir der Veröffentlichung gleichfalls nicht unwerth scheinen, und die ich deshalb in Verbindung mit den früher mitgetheilten, hier jedoch auf andere Weise entwickelten, zum Theil auch erweiterten Sätzen über die Kreisverwandtschaft in vorliegender Abhandlung zusammengestellt habe. Namentlich habe ich gegenwärtig von jener das Imaginäre zu Hülfe nehmenden Methode keinen Gebrauch gemacht, sondern bin unmittelbar von der Definition der Kreisverwandtschaft durch Kreise ausgegangen.

Die Darstellungsweise, deren ich mich hier bedient habe, ist die

---

*) Ueber eine Methode, um von Relationen, welche der Longimetrie angehören, zu entsprechenden Sätzen der Planimetrie zu gelangen, p. 189 ff. des vorliegenden Bandes.

**) Ueber eine neue Verwandtschaft zwischen ebenen Figuren, p. 205 ff. ebenda.

rein geometrische, wobei ich jedoch, wie schon in meinem »Baryc. Calcul«, die Allgemeinheit, welche die analytische Methode gewährt, mit der Anschaulichkeit der rein geometrischen dadurch zu verbinden gesucht habe, dass ich in den Ausdrücken für Raumgrössen durch Nebeneinanderstellung von Buchstaben, welche deren Begrenzung bezeichnen, auf die Aufeinanderfolge dieser Buchstaben stets die gehörige Rücksicht genommen habe*).

---

*) Diese Rücksicht auf die Folge der Buchstaben in Ausdrücken von Abschnitten einer Geraden, sowie von Winkeln in einer Ebene, hat in letzter Zeit auch ein französischer Geometer in einem umfänglicheren Werke genommen und consequent durchgeführt, Herr *Chasles* in seinem sehr werthvollen *Traité de Géométrie supérieure*, Paris 1852. Wenn aber Herr *Chasles* in dieser Beziehung in art. II der Vorrede sich also ausspricht:

> *Jusqu'à présent on n'a point introduit, d'une manière générale et systématique, en Géométrie, le principe des signes, pour marquer la direction des segments ou des angles, excepté dans la Géométrie analytique et dans quelques questions particulières, telles que la théorie des centres des moyennes distances et des moyennes harmoniques, où l'on ne considère que des segments formés sur une seule droite;* —

und weiterhin in art. III:

> *On a donc beaucoup perdu à ne pas introduire systématiquement dans la Géométrie pure, le principe des signes; les progrès de la science en ont été nécessairement retardés;* —

so kann ich ihm bloss insofern beipflichten, als noch in keinem eigentlichen *Lehrbuche der Geometrie*, sein Werk selbst ausgenommen, das Princip der Zeichen bis jetzt Aufnahme gefunden hat. Ich wenigstens habe dasselbe nicht nur in meinem auch von Herrn *Chasles* angeführten Baryc. Calcul, wo ich es an die Spitze gestellt (§. 1) und auch auf Flächen (§. 17 und §. 165, Anmerk.) und körperliche Räume (§. 19) ausgedehnt habe, sondern auch in allen seitdem (seit 1827) von mir veröffentlichten Schriften geometrischen und mechanischen Inhalts stets streng befolgt.

Der Sache selbst willen sei es mir noch gestattet, über eine mir nicht ganz richtig scheinende Bemerkung des Herrn *Chasles* in art. IV ebendaselbst Einiges hinzuzufügen. Herr *Chasles* behauptet dort nämlich, dass mehrere Sätze der Elementargeometrie, namentlich der Satz vom Quadrate der Hypotenuse, der Satz von der Proportionalität homologer Seiten in ähnlichen Dreiecken und der von der Proportionalität der Seiten eines Dreiecks mit den Sinus der gegenüberstehenden Winkel, keine Anwendung des Princips der Zeichen gestatten.

Allerdings kommt bei dem pythagoräischen Satze das Princip der Zeichen nicht in Berücksichtigung, weil die diesen Satz darstellende Formel bloss Quadrate von Linien enthält, und weil, wenn A und B die Endpuncte einer Linie sind, AB^2 immer positiv ist, mag die positive Richtung der Linie von A nach B, oder von B nach A gehend genommen werden. Allein nicht eben so verhält es sich in Betreff der beiden anderen Sätze.

Denn sind a, b, c drei beliebig in einer Ebene gezogene Gerade, von denen sich b und c in A, c und a in B, a und b in C schneiden, bestimmt man willkürlich die positiven Richtungen von a, b, c und hiernach die Zeichen der

Nicht unerwähnt darf ich noch lassen, dass schon in einer im J. 1833 im achten Bande des *Crelle*'schen Journals für Mathematik erschienenen Abhandlung des Herrn *J. L. Magnus* in Berlin (*Nouvelle*

Segmente BC, CA, AB, setzt man hierauf noch von den zwei Sinnen, nach welchen eine Linie in der Ebene gedreht werden kann, den einen, etwa den von der Linken nach der Rechten, als positiven fest und bestimmt hiernach die Winkel bc, ca, ab also, dass bc den Winkel ausdrückt, um welchen die Gerade b um A nach *rechts* gedreht werden muss, bis ihre positive Richtung mit der positiven Richtung von c identisch wird u. s. w.: so verhält sich immer, *auch den Zeichen nach*,

$$BC : CA : AB = \sin bc : \sin ca : \sin ab \,.$$

Dass Herr *Chasles* bei dieser Proportion das Princip der Zeichen nicht anwendbar findet, hat darin seinen Grund, dass er, statt, wie jetzt geschehen, *alle* Winkel einer und derselben Ebene nach einerlei Sinn zu rechnen, bloss diejenigen Winkel, die eine gemeinsame Spitze haben, nach einerlei Sinn schätzt, dagegen von Winkeln, deren Spitzen verschieden sind, die Sinne als unabhängig von einander betrachtet (a. a. O. art. IV). Eine solche Annahme kommt aber fast auf dasselbe hinaus, als wenn man von Abschnitten einer und derselben Geraden nur solche, die einen gemeinschaftlichen Anfangspunct haben, in Bezug auf ihre Richtungen mit einander vergleichen, hingegen die Richtungen von Abschnitten, deren Anfangspuncte verschieden sind, als unabhängig von einander ansehen wollte.

Was endlich die Proportionen zwischen homologen Seiten zweier ähnlichen Dreiecke betrifft, so lassen sich die Hauptsätze dieser Lehre (*Euclid*, *Elemente* VI, 4 bis 7) unter Beobachtung des Princips der Zeichen etwa folgendergestalt fassen:

Haben a, b, c, A, B, C dieselbe Bedeutung wie vorhin, werden a', b', ..., C' in analoger Bedeutung für ein zweites Dreieck genommen, und werden noch die positiven Richtungen der Geraden a, b, ..., c', und der Sinn, nach welchem bei jedem der beiden Dreiecke für sich die Winkel gerechnet werden sollen, nach Willkür festgesetzt, so sind, wenn sich die Abschnitte

$$\text{(I)} \qquad B'C' : C'A' : A'B' = BC : CA : AB$$

verhalten, die Winkel $b'c'$, $c'a'$, $a'b'$ resp. gleich bc, ca, ab, oder auch resp. gleich cb, ac, ba; und umgekehrt. — Unmittelbar folgt hieraus, indem man von einer der Geraden, etwa von a, die vorher negative Richtung zur positiven nimmt, dass, wenn sich

$$\text{(II)} \qquad B'C' : C'A' : A'B' = CB : CA : AB$$

verhalten, die Winkel $b'c'$, $c'a'$, $a'b'$ resp. gleich bc, $ca + 180^\circ$, $ab + 180^\circ$, oder auch resp. gleich cb, $ac + 180^\circ$, $ba + 180^\circ$ sind; und umgekehrt.

Verhält sich ferner

$$C'A' : A'B' = CA : AB \,, \qquad \text{und ist} \qquad b'c' = bc \,,$$

so hat eine der beiden Doppelproportionen (I) und (II) mit ihren Folgen statt; unbestimmt aber bleibt es, welche, und man muss daher, um beide zusammenzufassen, schreiben:

$$B'C'^2 : C'A'^2 = BC^2 : CA^2 \,, \qquad 2c'a' = 2ca \,, \qquad 2a'b' = 2ab \,.$$

Wenn endlich

$$C'A' : A'B' = CA : AB \qquad \text{und} \qquad c'a' = ca$$

méthode pour découvrir des théorèmes de géométrie), sowie in desselben »*Sammlung von Aufgaben und Lehrsätzen aus der analytischen Geometrie*«, Berlin 1833, S. 236 u. S. 290, eine mit meiner Kreisverwandtschaft identische gegenseitige Beziehung zweier ebenen Systeme von Puncten, als ein specieller Fall einer noch allgemeineren Beziehung aufgestellt wird, wonach im Allgemeinen einer Geraden ein Kegelschnitt, einem Kegelschnitte eine Linie der vierten Ordnung, und überhaupt einer Linie der $n$ten Ordnung eine Linie der $2n$ten entspricht, und wodurch man, wie Herr *Magnus* an einigen sehr merkwürdigen Beispielen zeigt, in den Stand gesetzt wird, aus Eigenschaften von Linien niederer Ordnung entsprechende Eigenschaften für Linien höherer Ordnung abzuleiten. Auch wird an dem zuletzt citirten Orte die Bemerkung, jedoch nur vorübergehends, hinzugefügt, dass, wenn, wie im Vorliegenden, die den Geraden der einen Ebene entsprechenden Kegelschnitte in der anderen insgesammt Kreise sind, einem Kreise wiederum ein Kreis, nicht eine Linie der vierten Ordnung entspricht. Dass aber alsdann gewisse Doppelverhältnisse zwischen Linien und gewisse Summen oder Differenzen von Winkeln von der einen Figur zur anderen ihre Werthe nicht ändern, finde ich von Herrn *Magnus* nicht bemerkt. Gleichwohl sind diese schon in meinem früheren Berichte erwiesenen Sätze und die neue daraus entspringende Klasse von Aufgaben, wie es mir scheint, eben Dasjenige, wodurch die Kreisverwandtschaft, die einfachste nach den in meinem Baryc. Calcul betrachteten fünf Verwandtschaften, für die Elemente der Geometrie einen ähnlichen Werth und Bedeutung, wie jene fünf früheren, erhält; weshalb ich auch diesen Sätzen und den daraus zu ziehenden Folgerungen vorzugsweise meine Aufmerksamkeit zugewendet habe.

Kreisverwandtschaft ebener Figuren.

§. 1. *Angenommen, dass in zwei Ebenen jedem Puncte der einen ein Punct, und nicht mehr als einer, in der anderen dergestalt entspricht, dass von je vier Puncten der einen, welche in einem Kreise*

---

ist, und wenn die Winkel ab und $a'b'$ in einerlei Quadranten fallen, so sind sie auch einander gleich, sowie

$$b'c' = bc\ ,$$

und es verhält sich

$$B'C' : C'A' = BC : CA\ .$$

liegen, die entsprechenden in der anderen gleichfalls in einem Kreise enthalten sind, so sollen jedes System von Puncten der einen Ebene und das von den entsprechenden Puncten in der anderen gebildete System, also auch jede Linie der einen und die Linie der anderen, welche die den Puncten der ersteren Linie entsprechenden Puncte verbindet, einander kreisverwandt heissen (vergl. unten §. 10, f.).

Dabei machen wir, dem Princip der Stetigkeit gemäss, noch die Voraussetzung, dass von je zwei einander unendlich nahen Puncten der einen Ebene die entsprechenden in der anderen gleichfalls — wenigstens im Allgemeinen — einander unendlich nahe sind.

§. 2. Im Folgenden wollen wir Puncte der einen Ebene mit nicht accentuirten Buchstaben, und die ihnen nach der Kreisverwandtschaft entsprechenden in der anderen mit den gleichnamigen accentuirten Buchstaben bezeichnen; die zwei Ebenen selbst mögen resp. p und p' heissen.

Hiernach wird dem in p durch die Puncte A, B, C zu beschreibenden Kreise der Kreis $A'B'C'$ in p' entsprechen; und wenn D ein Punct des ersteren Kreises ist, so wird D' ein Punct des letzteren sein.

Bewegt sich ein Punct X in einem Kreise mit ungeändertem Sinne, so bewegt sich X' im entsprechenden Kreise ebenfalls ohne Aenderung des Sinnes. Denn wo nicht, so würde ein und derselbe Punct des letzteren Kreises, auf welchen X' zuerst bei vorwärts- und später bei rückwärtsgehender Bewegung käme, den zwei verschiedenen Puncten des ersteren Kreises entsprechen, in denen X gleichzeitig bei seiner stets vorwärtsgehenden Bewegung einträfe. — Ist daher $ABCD$ die Aufeinanderfolge von vier Puncten eines Kreises, so wird man auch im entsprechenden Kreise, von A' ausgehend, nach der einen Seite hin zunächst auf B', nach der anderen zunächst auf D' treffen.

Eben so ist es klar, dass, jenachdem zwei Kreise in p einander entweder schneiden, oder berühren, oder gar nicht begegnen, dasselbe jedesmal auch die zwei entsprechenden Kreise in p' thun, und dass im Falle des Schneidens oder des Berührens die zwei Schneidepuncte oder der Berührungspunct des einen Paares den zwei Schneidepuncten oder dem Berührungspuncte des anderen entsprechen.

§. 3. Im Allgemeinen wird jedem in endlicher Entfernung liegenden Puncte der einen Ebene ein endlich entfernter Punct in der anderen entsprechen. Es kann aber auch geschehen, dass einem gewissen endlich gelegenen Puncte der einen Ebene, es sei dem

Puncte M in p, ein unendlich entfernter Punct M' in der anderen Ebene p' entspricht. Alsdann wird auch einem in p unendlich entfernten Puncte N ein endlich gelegener N' in p' entsprechen.

Denn seien A und B zwei endlich entfernte mit M nicht in einer Geraden liegende Puncte in p, und A' und B' ebenfalls endlich entfernt in p', und mögen daher die Kreise ABM und ABN den Kreisen $A'B'M'$ und $A'B'N'$ entsprechen. Von diesen vier Kreisen ist der erste ABM völlig construirbar. Dagegen ist wegen der unendlichen Entfernung des N der Kreis ABN von der Geraden AB nicht zu unterscheiden; und ebenso ist, wenn nicht allein M', sondern auch N' unendlich entfernt in p' angenommen wird, jeder der Kreise $A'B'M'$ und $A'B'N'$ mit der Geraden $A'B'$ identisch. Mithin würde alsdann der Geraden $A'B'$ sowohl der Kreis ABM, als die Gerade AB, und folglich jedem Puncte in $A'B'$ ein Punct in ABM und einer in AB entsprechen, welches der in §. 1 gestellten Definition entgegen ist; folglich u. s. w.

Auch kann, wenn dem in der einen Ebene p' unendlich entfernten Puncte M' ein endlich gelegener M in der anderen p entspricht, einem nach einer anderen Richtung als M' in p' unendlich entfernt liegenden Puncte P' nicht ein von M verschiedener Punct P in p entsprechen. Denn sonst würden, wenn A und B zwei mit M und P nicht in einem Kreise liegende Puncte wären, den Kreisen $A'B'M'$ und $A'B'P'$, d. i. einer und derselben Geraden $A'B'$ in p', zwei verschiedene Kreise ABM und ABP in p entsprechen. — *Entspricht daher einem endlich gelegenen Puncte der einen Ebene ein unendlich entfernter in der anderen, so bleibt die Richtung, nach welcher der letztere liegt, völlig unbestimmt.*

Nehmen wir zuletzt noch an, dass N und N' unendlich, M aber endlich entfernt liegt, so ist auch M' endlich entfernt. Denn läge M' im Unendlichen, so würde nach dem eben Erwiesenen auch dem N' der Punct M, und nicht der unendlich entfernte N entsprechen.

Nach diesem Allen müssen wir entweder setzen, dass zwei gewissen endlich gelegenen Puncten (M und N') der einen und anderen Ebene unendlich entfernte Puncte (M' und N) in der jedesmal anderen entsprechen, — oder dass einem unendlich entfernten Puncte der einen Ebene ein unendlich entfernter in der anderen entspricht, in welchem Falle, wie wir zuletzt sahen, jedem endlich liegenden Puncte der einen Ebene ein eben solcher in der anderen entsprechen wird.

§. 4. Betrachten wir zuerst die aus der letzteren Hypothese, als der einfacheren, fliessenden Folgen. Angenommen also, dass dem in p unendlich entfernten Puncte N der in p' unendlich entfernte N' entspricht, so entspricht

1) dem Kreise ABN der Kreis $A'B'N'$, d. i. jeder Geraden der einen Ebene eine Gerade in der anderen.

2) Zwei parallelen Geraden der einen Ebene entsprechen zwei parallele in der anderen. Denn wäre der gegenseitige Durchschnitt der letzteren Geraden ein endlich entfernter Punct, so müsste es auch (§. 3) der Durchschnitt der ersteren sein.

3) Einem Parallelogramme entspricht daher ein Parallelogramm.

4) Lässt sich durch die vier Ecken des einen Parallelogramms ein Kreis beschreiben, so liegen auch die vier Ecken des anderen in einem Kreise, d. h. ein Rechteck entspricht einem Rechteck, und folglich

5) einem rechten Winkel ein rechter Winkel.

6) Schneiden sich daher die zwei Diagonalen des einen Rechtecks rechtwinklig, so müssen, weil ihnen die Diagonalen des anderen entsprechen, auch letztere sich rechtwinklig schneiden; d. h. einem Quadrate entspricht ein Quadrat. — Hieraus lässt sich leicht weiter folgern, dass

7) je zwei einander entsprechende Rechtecke einander ähnlich sind. Denn sei $ABCD$ ein Rechteck, dessen Seiten AB und BC sich wie zwei ganze Zahlen m und n verhalten. Man theile AB in m und BC in n gleiche Theile, ziehe durch die Theilpuncte Parallelen mit der jedesmal anderen Seite und zerlege somit das Rechteck in mn Quadrate. Die dieser Figur entsprechende Figur wird daher ein auf gleiche Weise aus mn Quadraten zusammengesetztes Rechteck sein, also ein Rechteck $A'B'C'D'$, dessen Seiten $A'B'$ und $B'C'$ sich wie m und n verhalten, d. i. ein dem $ABCD$ ähnliches Rechteck. Dass Aehnlichkeit zwischen beiden auch dann noch stattfindet, wenn das Verhältniss $AB:BC$ irrational ist, wird hieraus auf bekannte Art weiter geschlossen.

8) Es ist daher auch das dem bei B rechtwinkligen Dreiecke ABC entsprechende Dreieck $A'B'C'$ dem ersteren ähnlich. Und da jedes schiefwinklige Dreieck in zwei rechtwinklige Dreiecke zerlegt werden kann, so sind je zwei einander entsprechende Dreiecke überhaupt, und folglich auch je zwei einander entsprechende Systeme von mehr als drei Puncten, einander ähnlich.

§. 5. *Unter der Annahme, dass einem unendlich entfernten Puncte der einen Ebene ein unendlich entfernter in der anderen entspricht, ist demnach die Kreisverwandtschaft mit der Verwandtschaft der Aehnlichkeit identisch.* Da wir also durch diese Annahme zu keiner neuen Verwandtschaft geführt werden, so wollen wir die nach §. 3 hier allein noch zulässige andere Hypothese in Untersuchung nehmen, dass nämlich gewissen zwei endlich gelegenen Puncten M und N' in p und p' zwei unendlich entfernte M' und N in p' und p entsprechen. Diese Untersuchung wird sich aber mittelst des für die vorige Annahme gewonnenen Resultats sehr leicht erledigen lassen.

In der That beruhten die in §. 4 gemachten Schlüsse auf der Voraussetzung, dass die Puncte N und N' von den in Betracht gezogenen zwei Figuren — sie mögen f und f' heissen — in Entfernungen liegen, die gegen die Dimensionen dieser Figuren, welche wir uns als endliche dachten, unendlich gross sind. Dieselben Schlüsse werden daher auch noch Geltung haben, wenn f und f' unendlich klein sind, und die Puncte M' und N' sich in endlichen Entfernungen von ihnen befinden, oder auch nur N' von f' endlich, N aber von f unendlich entfernt ist. Denn obwohl dann die durch N' und Puncte von f' gehenden Kreise vollkommen construirbar sind, so lassen sich doch die hier allein zu berücksichtigenden Theile derselben von Geraden nicht unterscheiden.

Angenommen also, dass unter der zuletzt gemachten und von jetzt an allein noch in Betracht kommenden Hypothese Kreisverwandtschaft in der That möglich ist, — eine Möglichkeit, die im Folgenden streng bewiesen werden wird, — so werden je zwei nach dieser Verwandtschaft einander entsprechende Figuren, wenn die Dimensionen der einen und damit nach dem Gesetze der Stetigkeit, im Allgemeinen wenigstens, auch die der anderen unendlich klein sind, einander ähnlich sein. *Je zwei einander kreisverwandte endliche Figuren sind folglich in ihren kleinsten Theilen einander ähnlich.*

§. 6. Die endlich gelegenen Puncte M und N' der Ebenen p und p', welche den unendlich entfernten Puncten M' und N in p' und p entsprechen, wollen wir die C e n t r a l p u n c t e der Ebenen p und p' nennen. Aus dieser Definition ergeben sich mittelst des Bisherigen nachstehende Eigenschaften dieser Puncte.

a) Jedem in der einen Ebene durch ihren Centralpunct beschriebenen Kreise (MAB) entspricht in der anderen Ebene eine nicht durch ihren Centralpunct gehende Gerade ($M'A'B'$), und umgekehrt jeder in der einen Ebene nicht durch ihren Centralpunct gelegten Geraden (NAB) in der anderen ein durch ihren Centralpunct gehender Kreis ($N'A'B'$).

b) Jeder in der einen Ebene durch ihren Centralpunct gezogenen Geraden (MAN) entspricht in der anderen eine durch ihren Centralpunct gehende Gerade ($M'A'N'$). Liegen daher zwei Puncte A und B der einen Ebene mit deren Centralpuncte in einer Geraden, so sind auch die entsprechenden Puncte A' und B' der anderen Ebene mit dem Centralpuncte N' derselben in einer Geraden. Denkt man sich diese Geraden als unendlich grosse Kreise, und ist $MABN$ die Aufeinanderfolge der Puncte in dem einen Kreise, so ist $M'A'B'N'$ die Aufeinanderfolge im anderen (§. 2). Wenn demnach die zwei Puncte der einen Ebene auf einerlei Seite des Centralpunctes der Ebene liegen, so sind auch die entsprechenden Puncte in der anderen auf einerlei Seite ihres Centralpunctes, und zwar entspricht der dem Centralpuncte M in der einen Ebene nähere Punct A der vom Centralpuncte N' in der anderen entferntere A'. Bewegt sich daher ein Punct in der einen Ebene geradlinig auf ihren Centralpunct zu, so bewegt sich in der anderen der entsprechende Punct geradlinig von ihrem Centralpuncte abwärts, und wenn der erstere Punct dem Centralpuncte unendlich nahe kommt, so entfernt sich der letztere in das Unendliche. — Eben so leicht sieht man, dass, wenn die zwei Puncte der einen Ebene auf entgegengesetzten Seiten des Centralpunctes liegen, dasselbe beziehungsweise auch von den entsprechenden Puncten gilt.

c) Wird ein Kreis k in p von einer durch M gelegten Geraden a in A und B geschnitten, so liegen A und B auf einerlei oder verschiedenen Seiten von M, jenachdem M vom Kreise aus- oder eingeschlossen wird. Dasselbe gilt in Bezug auf N' von den Puncten A' und B', in denen die der a entsprechende Gerade den dem k entsprechenden Kreis schneidet. *Daher werden von zwei einander entsprechenden Kreisen die Centralpuncte ihrer Ebenen entweder beide aus- oder beide eingeschlossen.*

d) Aehnlicherweise erhellt aus *b*), *dass bei zwei einander entsprechenden die Centralpuncte ihrer Ebenen einschliessenden Kreisen jedem Puncte innerhalb des einen ein Punct ausserhalb des anderen entspricht, und dass, wenn die zwei Kreise die Centralpuncte ihrer Ebenen ausschliessen, jedem Puncte innerhalb oder ausserhalb des einen ein resp. innerhalb oder ausserhalb des anderen liegender Punct entspricht.*

§. 7. Beim Ausdrucke eines Kreises durch Nebeneinanderstellung dreier Buchstaben, welche irgend drei Puncte desselben bezeichnen, soll durch die Aufeinanderfolge dieser Buchstaben zugleich der Sinn dargestellt werden, nach welchem man sich den Kreis durch die Bewegung eines Punctes beschrieben zu denken hat.

Seien nun ABC und XYZ zwei in der Ebene p enthaltene unendlich kleine, einander unendlich nahe und von M endlich entfernte Kreise, also auch die Kreise $A'B'C'$ und $X'Y'Z'$ in p' unendlich klein, einander unendlich nahe und von N' endlich entfernt (§. 6, *b*). Dabei werden die Figuren $ABCXYZ$ und $A' \ldots . Z'$, wegen ihrer unendlichen Kleinheit, einander ähnlich sein (§. 5), woraus unmittelbar folgt, dass, jenachdem die durch die Folgen ABC und XYZ ausgedrückten Sinne einerlei, oder einander entgegengesetzt sind, auch die Sinne von $A'B'C'$ und $X'Y'Z'$ einerlei sind, oder nicht.

Wenn daher — so können wir weiter schliessen — nach Festsetzung des positiven Sinnes in jeder der beiden Ebenen p und p' gewisse zwei einander entsprechende unendlich kleine Kreise ABC und $A'B'C'$ gleichnamigen Sinnes sind, d. h. der Sinn des $A'B'C'$ positiv oder negativ ist, jenachdem das eine oder das andere der Sinn des ABC ist, so sind auch von je zwei anderen einander entsprechenden unendlich kleinen und den ersteren unendlich nahen Kreisen XYZ und $X'Y'Z'$ die Sinne gleichnamig.

Man sieht aber leicht, dass dieser Satz auch dann noch gelten muss, wenn letztere zwei Kreise von den zwei ersteren endlich entfernt liegen. Denn man kann sich alsdann zwischen ABC und XYZ eine Reihe unendlich vieler unendlich kleiner Kreise DEF, GHJ, ..., UVW construirt denken, von denen je zwei nächstfolgende einander, und überdies der erste DEF dem ABC und der letzte UVW dem XYZ, keiner aber dem M, unendlich nahe liegen. Die dieser Reihe entsprechende Reihe in p' wird von derselben Beschaffenheit sein, und es lässt sich nun wie vorhin aus dem gleichnamigen Sinne von ABC und $A'B'C'$ auf den gleichnamigen von DEF und $D'E'F'$, aus diesem auf den von GHJ und $G'H'J'$, u. s. w. und zuletzt aus dem von UVW und $U'V'W'$ auf den von XYZ und $X'Y'Z'$ schliessen.

Im Folgenden soll nach willkürlicher Festsetzung des positiven Sinnes in p der positive Sinn in p' stets also bestimmt werden, dass von zwei gewissen einander entsprechenden unendlich kleinen Kreisbewegungen, und damit nach dem eben Erwiesenen auch von je zwei anderen dergleichen die Sinne gleichnamig werden. — Dass keiner von beiden Kreisen dem Centralpuncte seiner Ebene unendlich nahe liegen darf, braucht hier nicht zugesetzt zu werden, weil im gegentheiligen Falle nicht beide Kreise zugleich unendlich klein sein können.

Untersuchen wir noch das gegenseitige Verhalten der Sinne zweier entsprechenden Kreisbewegungen ABC und $A'B'C'$, wenn die zwei Kreise von unendlicher Grösse sind. Sei D ein vierter auf C folgender und dem A vorangehender Punct des Kreises ABC, und E ein innerhalb des Kreises in seiner Ebene p liegender Punct, wonach, wie man leicht wahrnimmt, die zwei Kreisbewegungen $ABCD$ und CDE einerlei Sinne haben. In p' liegt alsdann, jenachdem von den zwei Kreisen ABC und $A'B'C'$ die Centralpuncte ihrer Ebenen aus- oder eingeschlossen werden, E' innerhalb oder ausserhalb des Kreises $A'B'C'$ (§. 6, d), und es sind folglich die Sinne der Kreisbewegungen $A'B'C'D'$ und $C'D'E'$ resp. einerlei oder verschieden.

Setzen wir nun noch, dass die Hülfspuncte D und E dem C unendlich nahe liegen, und dass daher der Kreis CDE, mithin auch der Kreis $C'D'E'$, unendlich klein wird, so sind nach der vorhin gemachten Annahme die Sinne von CDE und $C'D'E'$ stets gleichnamig, und wir ziehen daher den Schluss, *dass je zwei einander entsprechende Kreisbewegungen gleichnamigen Sinnes sind, oder nicht, jenachdem sie beide die Centralpuncte ihrer Ebene aus-, oder einschliessen.*

§. 8. Um die weiterhin folgenden Sätze in möglichster Allgemeinheit darstellen und begründen zu können, achte ich es für nöthig, die den Algorithmus mit Winkeln betreffenden Hauptformeln hier einzuschalten.

Alle in derselben Ebene enthaltenen Winkel sollen nach einerlei Sinn gerechnet werden, und man hat hiernach unter dem Winkel ABC immer denjenigen zu verstehen, um welchen in seiner Ebene die Gerade BA um B nach dem vorher in der Ebene bestimmten positiven Sinne gedreht werden muss, bis die von B nach A gehende Richtung mit der von B nach C gehenden zusammenfällt.

Indem der positive Sinn in einer Ebene durch den Sinn irgend einer Kreisbewegung in derselben, also durch die Nebeneinanderstellung dreier nach diesem Sinne auf einander folgender Puncte des Kreises ausgedrückt wird, so ist, wenn A, B, C nicht in einer Geraden liegen, bei dem durch die Folge A, B, C ausgedrückten positiven Sinne der Ebene jeder der drei Winkel ABC, BCA, CAB erhaben; hohl dagegen, wenn CBA den positiven Sinn darstellt.

Je zwei um 360° unterschiedene Winkel oder Winkelsummen können stets als identisch betrachtet werden, und es wird daher $\pm 360°$ mit 0, $-180°$ mit $+180°$, $-270°$ mit $+90°$, u. s. w. im Folgenden gleich geachtet werden.

Dieses vorausgeschickt, besteht immer die Gleichung

$$(1) \qquad ABC + CBA = 0\ ,$$

mithin

$$CBA = -ABC\ ;$$

ebenso

$$(2)\qquad ABC + BCA + CAB = 180^\circ\ .$$

Liegt der Punct D mit A, B, C in einer Ebene, so ist

$$(3)\quad ABC + CBD = ABC - DBC = CBD - CBA = ABD\ .$$

Dasselbe wird durch die Formeln

$$(3^*)\quad a^\wedge b + b^\wedge c = a^\wedge b - c^\wedge b = b^\wedge c - b^\wedge a = a^\wedge c$$

ausgedrückt, worin a, b, c drei in einer Ebene enthaltene und ihren positiven Richtungen nach bestimmte Gerade bedeuten.

Eben so wie (2), ist

$$CDA + ACD + DAC = 180^\circ\ ,$$

und es kommt, wenn man diese Gleichung zu (2) addirt, mit Berücksichtigung von (3):

$$(4)\qquad ABC + BCD + CDA + DAB = 0\ ,$$

wie auch die vier Puncte A, .., D in der Ebene liegen mögen.

Sind A, B, C drei Puncte einer Geraden, so ist

$$(5)\qquad ABC = 0 \quad \text{oder} \quad ABC = 180^\circ\ ,$$

jenachdem B ausserhalb, oder zwischen A und C liegt.

Sind A, B, C, D vier Puncte eines Kreises, so ist

$$(6)\quad ABC + CDA = ABC - ADC = 0 \quad \text{oder} \quad = 180^\circ\ ,$$

jenachdem B und D auf einerlei, oder verschiedenen Seiten der Sehne AC liegen, oder, was dasselbe sagt: jenachdem die Sehnen AC und BD sich ausserhalb oder innerhalb des Kreises schneiden.

Zusatz. Sind ABC und $A'B'C'$ zwei einander ähnliche Dreiecke, und sind ihre dadurch zugleich ausgedrückten Sinne gleichnamig, so ist der Winkel

$$A'B'C' = ABC\ , \qquad B'C'A' = BCA\ ,$$

u. s. w. Bei ungleichnamigen Sinnen ist

$$A'B'C' = -ABC = CBA\ ,$$

u. s. w.

Wenn daher ABC und $A'B'C'$ zwei in zwei kreisverwandten Figuren einander entsprechende Dreiecke von unendlich kleinen Seiten sind, so ist nach §. 5 und zufolge der in §. 7 gemachten Voraussetzung der Winkel

$$A'B'C' = ABC\ , \qquad B'C'A' = BCA\ ,$$

u. s. w.

§. 9. Lehrsatz. *Die zwei Dreiecke MAB und $N'B'A'$, welche zwei Puncte A und B der einen Ebene mit dem Centralpuncte M der letzteren und die zwei ihnen entsprechenden in umgekehrter Folge genommenen Puncte A' und B' der anderen Ebene mit deren Centralpuncte N' bilden, sind einander ähnlich und gleichnamigen Sinnes.*

Beweis. Seien P und Q (vergl. Fig. 1) zwei dem A unendlich nahe Puncte, welche von A geradlinig nach M und nach B zu liegen. Alsdann werden auch P' und Q' dem A' unendlich nahe sein, und zwar P' in der Geraden $N'A'$ über A' hinaus (§. 6, *b*); Q' aber wird ein Punct des der Geraden AB entsprechenden Kreises $A'B'N'$ sein (§. 6, *a*) und in diesem Kreise mit B' auf einerlei Seite der Sehne $A'N'$ liegen, weil $AQBN$ die Aufeinanderfolge der Puncte in dem entsprechenden unendlichen Kreise ist (§. 2).

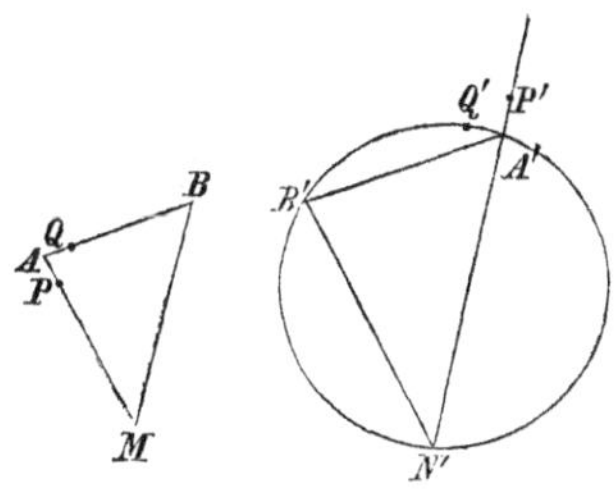

Fig. 1.

Es ergeben sich nun für den Winkel $MAB = PAQ$ die Gleichungen:

$$MAB = P'A'Q'$$

nach §. 8 (Zusatz), weiter

$$MAB = 180^\circ - Q'A'N' = A'N'Q' + N'Q'A'$$

nach §. 8, (2), endlich

$$MAB = N'Q'A' ,$$

wegen der unendlichen Kleinheit des Winkels $A'N'Q'$. Ferner ist

$$N'Q'A' = N'B'A'$$

nach §. 8, (6), und daher

$$MAB = N'B'A' .$$

Auf analoge Weise zeigt sich, dass der Winkel

$$ABM = B'A'N' ;$$

folglich u. s. w.

Zusatz. Die aus den eben gemachten Schlüssen fliessende Gleichung

$$N'B'A' = P'A'Q'$$

kann uns noch zu einer späterhin nützlich werdenden Formel hinleiten. Es ist nämlich

$$P'A'Q' = A'P'^{\frown}A'Q' = N'A'^{\frown}A'Q' ,$$

weil $A'P'$ und $N'A'$ einerlei Richtung haben. Die Richtung $A'Q'$ aber ist einerlei mit der Richtung der Kreisbewegung $A'B'N'$ im Puncte A'. Man kann daher den Winkel $P'A'Q'$, gleich $N'B'A'$, auch durch $N'A'\wedge A'B'N'$ vorstellen und erhält damit, A, B, C statt A', B', N' geschrieben, die für je drei Puncte gültige Formel

$$CBA = CA\wedge ABC ,$$

worin die Ternion ABC neben dem Winkelzeichen die Richtung bedeutet, welche der von A durch B nach C gehende Kreisbogen im Puncte A hat. Auch lässt sich diese Formel noch darstellen durch

$$ABC = ABC\wedge CA \quad \text{oder} \quad ABC = ABC\wedge AC + 180^\circ .$$

§. 10. Folgerungen. *a*) Wegen der Aehnlichkeit und des gleichnamigen Sinnes der Dreiecke MAB und $N'B'A'$ ist der Winkel

$$AMB = B'N'A' = -A'N'B' ,$$

d. h. der Winkel, den in der einen Ebene zwei durch ihren Centralpunct gelegte Gerade mit einander machen, ist dem von den entsprechenden und daher (§. 6, *b*) durch den Centralpunct der anderen Ebene gehenden Geraden gebildeten Winkel gleich, nur von entgegengesetztem Zeichen.

b) Ist

$$MA = MB ,$$

so ist auch

$$N'A' = N'B' .$$

Einem Kreise, dessen Mittelpunct M ist, entspricht folglich ein Kreis, dessen Mittelpunct N'; und zwei einander entsprechende Puncte, welche diese Kreise durchlaufen, beschreiben gleichzeitig ähnliche Bögen in ungleichnamigem Sinne (§. 7).

c) Ueberhaupt verhält sich

$$MA : MB = N'B' : N'A' .$$

Die Abstände der Puncte der einen Ebene von deren Centralpuncte, oder kurz die Centralabstände dieser Puncte, sind demnach den Centralabständen der entsprechenden Puncte der anderen Ebene umgekehrt proportional, oder, was dasselbe ausdrückt: von einem Paare entsprechender Puncte zum anderen ist das Product aus ihren Centralabständen von constanter Grösse.

d) Aus der Aehnlichkeit der Dreiecke MAB und $N'B'A'$ folgt noch die Proportion

$$AB : BM = B'A' : A'N' ;$$

und ebenso hat man, wenn C und C', D und D' noch zwei andere Paare sich entsprechender Puncte sind, wegen der Aehnlichkeit der Dreiecke MBC und $N'B'C'$, u. s. w.

$$MB : BC = N'C' : C'B' \ ,$$
$$CD : DM = D'C' : C'N' \ ,$$
$$MD : DA = N'A' : A'D' \ .$$

Die Zusammensetzung dieser vier Proportionen gibt

$$AB \, . \, CD : BC \, . \, DA = A'B' \, . \, C'D' : B'C' \, . \, D'A' \ ,$$

eine von den Centralpuncten freie zwischen vier Paaren entsprechender Puncte bestehende Proportion.

Uebrigens werden in diesen Proportionen — und so auch in allen später folgenden — alle einzelnen Linien, als welche im Allgemeinen in verschiedenen Geraden liegen, in absolutem d. i. positivem Sinne genommen.

e) Eine dieser Proportion analoge Gleichung lässt sich auch zwischen den Winkeln der beiden Figuren ableiten. Denn es ist der Winkel

$$ABM = B'A'N' \ ,$$

und eben so

$$MBC = N'C'B' \ , \qquad CDM = D'C'N' \ , \qquad MDA = N'A'D' \ .$$

Die Addition dieser vier Gleichungen gibt aber mit Berücksichtigung der Formel (3) in §. 8

$$ABC + CDA = B'A'D' + D'C'B' \ ,$$

und dieses ist

$$= A'B'C' + C'D'A' \ ,$$

weil nach (4) ebendaselbst

$$B'A'D' + A'D'C' + D'C'B' + C'B'A' = 0 \ .$$

f) *Mittelst des Lehrsatzes in* §. 9 *und der jetzt aus ihm gezogenen Folgerungen lässt sich noch die Realität der bisher nur problematisch angenommenen Kreisverwandtschaft leicht darthun.*

Wenn nämlich in den beiden Ebenen p und p' der positive Sinn einer jeden, ihre Centralpuncte M und N' und zwei einander entsprechende Puncte A und A' gegeben sind, so kann man nach §. 9 zu allen anderen Puncten B, C, D, ... in p die entsprechenden B', C', D', ... in p' dadurch bestimmen, dass man die Dreiecke $N'A'B'$, $N'A'C'$, $N'A'D'$, u. s. w. ähnlich und gleichnamigen Sinnes mit den Dreiecken MBA, MCA, MDA, u. s. w. macht; und es ist nun noch zu zeigen, dass, wie es die Definition der Kreisverwandtschaft verlangt, von je vier Puncten in p oder p', welche in einem

Kreise liegen, die entsprechenden in p' oder p gleichfalls in einem Kreise enthalten sind.

In der That sind in Folge der gemachten Construction erstens die Winkel $A'N'B'$, $A'N'C'$, $A'N'D'$, u. s. w. gleich $-AMB$, $-AMC$, $-AMD$, u. s. w., und daher überhaupt jeder von zweien der Richtungen $N'A'$, $N'B'$, $N'C'$, ... gebildete Winkel gleich dem von den zwei entsprechenden unter den Richtungen MA, MB, MC, .., gebildeten Winkel, nur von entgegengesetztem Zeichen, z. B.

$$B'N'C' = CMB \;;$$

es sind zweitens die Längen $N'A'$, $N'B'$, $N'C'$, ... den Längen MA, MB, MC, ... verkehrt proportional, z. B.

$$N'B' : N'C' = MC : MB \;.$$

Mithin sind die Dreiecke MBC und $N'C'B'$, und ebenso nächst den vorhin genannten auch je zwei andere Dreiecke, welche an M und N' von zwei Paaren entsprechender Puncte in umgekehrter Folge gebildet werden, einander ähnlich und gleichnamigen Sinnes. Es besteht folglich zwischen je vier Puncten, etwa A, B, C, D, der einen Ebene und den entsprechenden A', B', C', D', in der anderen die in e) erhaltene Winkelgleichung

$$ABC + CDA = A'B'C' + C'D'A' \;.$$

Liegen nun A, B, C, D in einem Kreise, und ist daher nach §. 8, (6) die linke Seite dieser Gleichung gleich Null, oder gleich 180°, so müssen zufolge dieser Gleichung und mit Anwendung des auch umgekehrt geltenden Satzes in §. 8 A', B', C', D' gleichfalls in einem Kreise liegen, wie zu beweisen war. — Man bemerke nur noch, dass, nach demselben Satze, jenachdem sich die Sehnen AC und BD des ersteren Kreises ausserhalb oder innerhalb desselben schneiden, ein Gleiches von den entsprechenden Sehnen des letzteren geschieht, was damit übereinstimmt, dass die sich entsprechenden Puncte sich entsprechender Kreise in jedem nach einerlei Ordnung auf einander folgen (§. 2).

§. 11. Um die in d) und e) des §. 10 erhaltenen Beziehungen zwischen kreisverwandten Figuren einfach ausdrücken zu können, wollen wir ein durch vier Puncte A, B, C, D einer Ebene bestimmtes Verhältniss von der Form $AB \,.\, CD : BC \,.\, DA$ ein Doppelverhältniss, und eine Winkelsumme von der Form $ABC + CDA$, die sich auch als der Winkelunterschied $ABC - ADC$ oder $CDA - CBA$ schreiben lässt, einen Doppelwinkel nennen.

Dieses festgesetzt, ist bei zwei kreisverwandten ebenen Figuren nach der Folgerung d) jedes Doppelverhältniss, und nach e) jeder Doppelwinkel der einen Figur dem auf gleiche Weise aus den entsprechenden Puncten der anderen gebildeten Doppelverhältnisse oder Doppelwinkel gleich.

Weil die Doppelverhältnisse und Doppelwinkel die einfachsten von den Centralpuncten unabhängigen Grössen sind, welche bei der Kreisverwandtschaft von einer Figur zur anderen gleiche Werthe haben, und weil sich deshalb erwarten lässt, dass diese Grössen bei unseren weiteren Untersuchungen besonders häufig in Rechnung kommen werden, so wollen wir im Voraus einen Algorithmus uns zu bilden suchen, mit dessen Hülfe wir dergleichen Rechnungen möglichst kurz und bequem ausführen können.

Betrachten wir zuerst das Doppelverhältniss $AB\,.\,CD : BC\,.\,DA$, so ergibt sich aus dessen erstem Gliede das zweite, wenn man im ersten statt dessen ersten, zweiten, dritten und vierten Buchstaben resp. den zweiten, dritten, vierten und ersten setzt. Wir wollen daher dieses Doppelverhältniss, um uns das doppelte Schreiben seiner Buchstaben zu ersparen, durch sein erstes Glied allein, das wir nach Weglassung des Multiplicationszeichens (.) mit Haken einschliessen, also durch

$$(ABCD)$$

ausdrücken.

Umgekehrt wird hiernach von dem abgekürzt ausgedrückten Doppelverhältnisse $(BCDA)$ das erste Glied $BC\,.\,DA$ und das zweite $CD\,.\,AB$ sein. Zugleich ersehen wir hieraus, dass $(BCDA)$ gleich dem reciproken Werthe von $(ABCD)$ ist, und dass daher, wenn man in dem Ausdrucke eines Doppelverhältnisses die cyklische Aufeinanderfolge der Buchstaben, auch dem Sinne nach, beibehält, zum ersten Buchstaben aber den ursprünglich zweiten nimmt, der Werth des neuen Doppelverhältnisses dem reciproken des ursprünglichen gleich ist. Man hat demnach

$$(ABCD) = \frac{1}{(BCDA)} = (CDAB) = \frac{1}{(DABC)}\;.$$

Lassen wir jetzt die Buchstaben nach einem dem ursprünglichen entgegengesetzten Sinne auf einander folgen, behalten aber den ersten Buchstaben als ersten bei, so verwandelt sich der Werth des Doppelverhältnisses gleichfalls in den reciproken. Denn aus $(ABCD)$ wird auf solche Weise

$$(ADCB) = AD\,.\,CB : DC\,.\,BA = \frac{1}{(ABCD)}\;.$$

Gleicherweise findet sich

$$(BADC) = \frac{1}{(BCDA)} = (ABCD) \ ,$$

und eben so

$$(CBAD) = \frac{1}{(ABCD)} \ , \qquad (DCBA) = (ABCD) \ .$$

§. 12. Immer gibt es drei verschiedene Vierecke, welche dieselben vier Puncte A, B, C, D zu Ecken haben. Es sind diese Vierecke, wenn man stets D die vierte Ecke sein lässt,

$$ABCD \ , \qquad BCAD \ , \qquad CABD \ .$$

Jedes derselben lässt sich auf achterlei Weise ausdrücken, indem man die cyklische Folge seiner Ecken, nicht auch den Sinn dieser Folge, unverändert bleiben lässt, und man erhält somit die vierundzwanzig aus den vier Elementen A, .., D zu bildenden Permutationen.

Die Betrachtung des §. 11 hat uns gezeigt, dass je zwei der acht Ausdrücke des ersten Vierecks, und damit überhaupt je zwei der acht Ausdrücke eines und desselben Vierecks, als Ausdrücke von Doppelverhältnissen, entweder einander gleich sind, oder in reciproker Beziehung zu einander stehen. Dagegen sind je zwei Ausdrücke zweier verschiedener Vierecke im Allgemeinen von einander unabhängig. Wohl aber gibt es eine Relation zwischen je drei Ausdrücken, deren jeder einem anderen der drei Vierecke angehört; denn es ist, wenn diesmal auch auf die Zeichen bei der Entwicklung Rücksicht genommen wird,

$$(ABCD)(BCAD)(CABD) = -1 \ .$$

Zusatz. In dem besonderen Falle, wenn die vier Puncte in einer Geraden liegen, sind auch je zwei zu verschiedenen Vierecken gehörige Ausdrücke, und somit je zwei aller vierundzwanzig Ausdrücke, von einander abhängig. Denn, wie man leicht findet, ist alsdann mit gehöriger Rücksicht auf die Zeichen

$$(ABCD) + (ACBD) = 1 \ ,$$

worin der erste Ausdruck zum ersten und der zweite zum zweiten Viereck gehört.

Letztere Formel stimmt übrigens ganz mit derjenigen überein, die sich, gleichfalls unter der Voraussetzung, dass die vier Puncte in einer Geraden enthalten sind, bereits in meinem Baryc. Calcul, §. 184, III findet, obgleich die Ausdrücke dort in einer etwas anderen Bedeutung als hier genommen werden, indem das dortige (A, B, C, D) einerlei mit dem hiesigen $(ACBD)$ ist. Ich habe aber jene ältere Bezeichnungsweise verlassen und diese ganz neue gewählt.

besonders um deswillen, weil die letztere auch den noch zusammengesetzteren Vieleckschnittsverhältnissen (Baryc. Calcul §. 215) angepasst werden kann, indem man z. B. das Dreieckschnittsverhältniss

$$\frac{AB}{BC} \cdot \frac{CD}{DE} \cdot \frac{EF}{FA}$$

auf eine der vorigen entsprechende Weise durch $(ABCDEF)$ ausdrückt.

§. 13. Ganz analoge Beziehungen, wie zwischen den bei einem System von vier Puncten einer Ebene sich bildenden Doppelverhältnissen, finden auch zwischen den durch ein solches System bestimmten Doppelwinkeln statt. — In der That ist nach §. 8, (4) der Doppelwinkel

$$BCD + DAB = -ABC - CDA \ .$$

Werde nun die Winkelsumme $ABC + CDA$ oder, was dasselbe ist, der Winkelunterschied $ABC - ADC$, der Kürze willen schlechthin durch

$$ABCD$$

ausgedrückt, so dass man, um hieraus die Winkelsumme oder den Winkelunterschied rückwärts abzuleiten, die drei ersten Buchstaben des Ausdruckes in ihrer Folge als ersten Winkel schreibt und als die drei Buchstaben des zweiten Winkels, wenn er additiv sein soll, den dritten, vierten und ersten Buchstaben des Ausdruckes setzt, ihn dagegen, soll er subtractiv sein, aus dem ersten Winkel dadurch folgert, dass man dessen mittleren Buchstaben in den vierten des Ausdruckes verwandelt.

Die vorige Gleichung ist hiernach zu schreiben

$$BCDA = -ABCD \ ,$$

und daraus zu schliessen, dass, wenn man einen solchen Ausdruck, ohne die cyklische Folge seiner Buchstaben und den Sinn dieser Folge zu ändern, mit seinem zweiten Buchstaben anfangen lässt, sein Werth in den entgegengesetzten übergeht. Es ist daher

$$ABCD = -BCDA = CDAB = -DABC \ .$$

Gleicherweise verwandelt sich der Werth des Ausdruckes in den entgegengesetzten, wenn man, die Folge und den Anfangsbuchstaben beibehaltend, den Sinn der Folge umkehrt. Denn man hat

$$ADC + CBA = -ABC - CDA \ ,$$

also

$$ADCB = -ABCD \ ,$$

und eben so

$$BADC = -CBAD = DCBA = ABCD \ .$$

Alle acht Ausdrücke, welche einerlei cyklische Folge haben und daher ein und dasselbe der drei in §. 12 gedachten Vierecke ausdrücken, sind demnach ihren absoluten Werthen nach einander gleich; je zwei derselben sind aber mit einerlei oder verschiedenen Zeichen behaftet, jenachdem die zwei ihnen homologen Ausdrücke für Doppelverhältnisse entweder einander gleich sind, oder der eine das Reciproke des anderen ist, — so dass die jetzigen Doppelwinkel sich wie die Logarithmen der entsprechenden Doppelverhältnisse verhalten.

Ebenso, wie in §. 12, sind ferner auch hier je zwei zu verschiedenen Vierecken gehörige Ausdrücke von einander unabhängig, wogegen zwischen je drei Ausdrücken, welche zu den drei verschiedenen Vierecken gehören, immer eine Relation statt hat. Denn es ist

$$ABC + BCA + CAB = 180^{\circ} \ ,$$

und

$$CDA + ADB + BDC = 0 \ ;$$

folglich, wenn man diese Gleichungen addirt,

$$ABCD + BCAD + CABD = 180^{\circ} \ ,$$

eine Formel, die zu der entsprechenden in §. 12 gleichfalls in logarithmischer Beziehung steht.

§. 14. Zusätze. *a*) Liegen A, B, C, D in einem Kreise, so ist nach §. 8, (6), jenachdem sich die Sehnen AC und BD ausserhalb, oder innerhalb des Kreises schneiden,

$$ABCD = 0 \quad \text{oder} \quad = 180^{\circ}$$

also überhaupt

$$2 \, . \, ABCD = 0 \ ;$$

und umgekehrt folgt aus dieser Gleichung die Kreislage der vier Puncte.

b) Sind A, B, C, D, E irgend fünf Puncte einer Ebene, so hat man

$$ACBD = ACB - ADB \ , \qquad ADBE = ADB - AEB$$

und

$$AEBC = AEB - ACB \ ,$$

folglich

$$ACBD + ADBE + AEBC = 0 \ ,$$

wofür man auch schreiben kann

$$ACBD + ADBE = ACBE \ .$$

Es lässt sich diese Formel leicht dadurch behalten, dass in jedem ihrer drei Glieder A der erste und B der dritte Buchstabe ist, und dass, wenn man diese zwei Buchstaben weglässt, die restirende Formel

$$CD + DE + EC = 0 \quad \text{oder} \quad CD + DE = CE$$

die bekannte Relation zwischen den durch drei Puncte in einer Geraden bestimmten Abschnitten darstellt.

Nachträglich werde hier noch die analoge zwischen Doppelverhältnissen obwaltende Relation bemerkt

$$(ACBD)(ADBE)(AEBC) = 1$$

oder, was dasselbe ist,

$$(ACBD)(ADBE) = (ACBE)$$

(vergl. Baryc. Calcul §. 185).

c) Der Doppelwinkel $ABC - ADC$ kann mittelst derselben Buchstaben auch als einziger Winkel dargestellt werden. In der That ist nach §. 9, Zusatz,

$$CBA = CA^\wedge ABC\ , \qquad CDA = CA^\wedge ADC\ .$$

Die erstere dieser Gleichungen von der letzteren abgezogen, gibt aber mit Anwendung der Formel (3*) in §. 8

$$ABC - ADC = ABC^\wedge ADC\ ,$$

worin die zwei Ternionen zur Rechten zwei Kreise oder vielmehr die Richtungen bedeuten, nach denen sich zwei, diese Kreise nach den zugleich mit ausgedrückten Sinnen derselben beschreibenden, Puncte beim Durchgange durch A bewegen.

d) Die identische Gleichung

$$ABCD = BADC$$

lässt sich hiernach auch schreiben

$$ABC^\wedge ADC = BAD^\wedge BCD\ ,$$

wonach, wenn durch je drei von vier in einer Ebene liegenden Puncten Kreise beschrieben werden, die Winkel, welche irgend zwei dieser vier Kreise mit einander machen, den von den jedesmal zwei übrigen Kreisen gebildeten Winkeln gleich sind.

e) Dieselbe Transformation, auf die Gleichung

$$ABCD = A'B'C'D'$$

(§. 10, *e*) angewendet, gibt

$$ABC^\wedge ADC = A'B'C'^\wedge A'D'C'$$

und lehrt uns damit den Satz, *dass bei zwei kreisverwandten Figuren je zwei sich schneidende Kreise der einen sich unter denselben Winkeln, wie die entsprechenden Kreise der anderen Figur, schneiden;* was übrigens schon aus der Erwägung hervorgeht, dass die Durchschnittswinkel zweier Kreise einerlei mit denen sind, welche die zwei in dem einen oder anderen Durchschnitte zusammenstossenden Elemente des einen und des anderen Kreises mit einander machen, und dass kreisverwandte Figuren in ihren Elementartheilen einander ähnlich sind (§. 5).

§. 15. Von den zwei in den §§. 11—14 betrachteten Grössenformen $(ABCD)$ und $ABCD$ ist jede von den vier durch vier Puncte einer Ebene bestimmten Linien BA, BC, DA, DC, und zwar die erstere bloss von den Längen, die letztere bloss von den Richtungen dieser Linien abhängig. Es ist nämlich $(ABCD)$ gleich dem Verhältnisse zwischen den Verhältnissen $BA:BC$ und $DA:DC$, und $ABCD$ gleich dem Unterschiede zwischen den Unterschieden, um welche einerseits die Richtung BC von der BA, und andererseits die Richtung DC von der DA abweicht.

Zwischen der Verwandtschaft der Aehnlichkeit und der Kreisverwandtschaft findet hiernach, ausser der Aehnlichkeit in den kleinsten Theilen kreisverwandter Figuren, noch eine andere merkwürdige Beziehung statt. Sowie nämlich bei zwei einander ähnlichen Figuren $ABC\ldots$ und $A'B'C'\ldots$ die einfachen Linienverhältnisse $BA:BC$ und $B'A':B'C'$, desgleichen die Unterschiede zwischen den Richtungen dieser Linien oder die Winkel ABC und $A'B'C'$ von gleicher Grösse sind, so bleiben bei kreisverwandten Figuren Verhältnisse zwischen jenen einfachen Verhältnissen und nicht minder Unterschiede zwischen jenen einfachen Unterschieden oder Winkeln von einer Figur zur anderen constant.

Zusatz. Sowie die Doppelverhältnisse, bleiben auch die in §. 12, Zusatz angedeuteten noch zusammengesetzteren Verhältnisse zwischen Linien bei kreisverwandten Figuren von gleicher Grösse, indem sich jedes derselben in ein Product von Doppelverhältnissen auflösen lässt. Denn es ist, alle Linien in absolutem Sinne genommen,

$$\frac{AB}{BC}\cdot\frac{CD}{DE}\cdot\frac{EF}{FA}=\frac{AB}{BC}\cdot\frac{CD}{DA}\times\frac{AD}{DE}\cdot\frac{EF}{FA},$$

oder mit Anwendung der abgekürzten Schreibart

$$(ABCDEF)=(ABCD)(ADEF).$$

Analoges hat bei der Zusammensetzung von drei oder mehreren Winkeln statt. Denn versteht man unter $ABCDEF$ die Summe der drei Winkel ABC, CDE, EFA, so ist

$$ABCDEF=ABC+CDA+ADE+EFA=ABCD+ADEF.$$

Der dreitheilige Winkel $A \ldots F$, als der Summe zweier Doppelwinkel gleich, hat mithin ebenfalls in allen kreisverwandten Figuren denselben Werth.

Uebrigens sieht man leicht, dass die einfachen in §. 11 bei Doppelverhältnissen und in §. 13 bei Doppelwinkeln bemerkten Relationen auch bei den zusammengesetzteren Verhältnissen und Winkeln obwalten, indem

$$(ABCDEF) = \frac{1}{(BCDEFA)} = (CDEFAB) = \text{u. s. w.}$$
$$= (FEDCBA) = \frac{1}{(EDCBAF)} = \text{u. s. w.}$$

und

$$ABCDEF = -BCDEFA = CDEFAB = \text{u. s. w.}$$
$$= FEDCBA = -EDCBAF = \text{u. s. w.}$$

ist.

§. 16. Merkwürdige Relationen bestehen noch zwischen den aus denselben vier Puncten gebildeten Doppelverhältnissen einerseits und den Doppelwinkeln andererseits. Um sie zu erhalten, denke man sich zu einem beliebigen System von vier in einer Ebene liegenden Puncten A, B, C, D ein kreisverwandtes System A', B', C', D' construirt und nehme dabei D als Centralpunct jener Ebene, also D' unendlich entfernt an. Alsdann sind die Doppelverhältnisse und Doppelwinkel der Figur $A..D$ den einfachen Verhältnissen zwischen den Seiten des Dreiecks $A'B'C'$ und dessen Winkeln gleich, und alle die bekannten Relationen, welche zwischen diesen einfachen Verhältnissen und Winkeln statt haben, müssen bei den entsprechenden Doppelverhältnissen und Doppelwinkeln der Figur $A..D$ sich wiederfinden.

In der That verhält sich (§. 10, *d*)

$$AB.CD:BC.DA = A'B'.C'D':B'C'.D'A' = A'B':B'C',$$

weil, wegen der unendlichen Entfernung des D',

$$C'D':D'A' = 1:1$$

ist, und ebenso

$$BC.AD:CA.DB = B'C':C'A'.$$

Ferner hat man

$$ABCD = A'B'C'D' = A'B'C',$$

weil aus demselben Grunde der Winkel

$$C'D'A' = 0$$

ist; und gleicherweise

$$BCAD = B'C'A' \,, \qquad CABD = C'A'B' \,.$$

Die drei Winkel

$$ABCD \,, \qquad BCAD \,, \qquad CABD \,,$$

deren Summe wir bereits in §. 13 gleich 180° fanden, sind demnach die Winkel eines Dreiecks, dessen ihnen gegenüberliegende Seiten sich wie

$$AC.BD \,, \qquad BA.CD \,, \qquad CB.AD$$

verhalten *).

Insbesondere ist daher

$$\sin ABCD : \sin BCAD = AC.BD : BA.CD = (CABD) \,.$$

Folgerungen. *a*) Sind die drei Doppelwinkel $ABCD$, $BCAD$, $CABD$ eines ebenen Vierecks den einfachen Winkeln $A'B'C'$, u. s. w. eines Dreiecks gleich, so sind auch die drei Doppelverhältnisse $(ABCD)$, u. s. w. beim Viereck den einfachen Verhältnissen $A'B' : B'C'$, u. s. w. beim Dreieck gleich, und umgekehrt.

b) Wenn der Centralpunct D der Ebene ABC ausserhalb (innerhalb) des Kreises ABC liegt, so liegt auch der Centralpunct der Ebene $A'B'C'$ ausserhalb (innerhalb) des Kreises $A'B'C'$ (§. 6, *c*). Die Sinne der Kreisbewegungen ABC und $A'B'C'$ sind alsdann gleichnamig (ungleichnamig) (§. 7), und folglich die Winkel ABC und $A'B'C'$ gleichartig, d. i. beide hohl oder beide erhaben (ungleichartig, d. i. der eine hohl, der andere erhaben) (§. 8, Zusatz). Der Winkel $A'B'C'$ ist aber nach dem Obigen gleich $ABCD$, und folglich $ABCD$ gleichartig (ungleichartig) mit ABC.

Jenachdem daher von vier Puncten A, .., D in einer Ebene der eine D ausser- oder innerhalb des durch die drei übrigen A, B, C zu beschreibenden Kreises liegt, ist der Doppelwinkel $ABCD$ gleichartig oder ungleichartig mit dem einfachen ABC.

---

*) Ich habe diesen Satz bereits in meinem Aufsatze »Ueber eine Methode, um von Relationen, welche der Longimetrie angehören, zu entsprechenden Sätzen der Planimetrie zu gelangen« (§. 5 daselbst) aufgestellt und durch Anwendung complexer Grössen bewiesen. Ich hielt ihn damals für neu. Wie ich indessen durch meinen geehrten Freund, Herrn Dr. *Baltzer* in Dresden, später benachrichtigt worden bin, ist derselbe Satz nebst mehreren aus ihm gezogenen interessanten Folgerungen schon in einer in *Grunert*'s Archive der Math., Bd. II, S. 240 befindlichen Abhandlung des Herrn Prof. *Bretschneider* in Gotha enthalten.

§. 17. In §. 10 ist gezeigt worden, wie zu einem Systeme in einer Ebene p liegender Puncte A, B, ... in einer anderen Ebene p' ein ihm kreisverwandtes A', B', ... construirt werden kann, wenn noch die positiven Sinne in p und in p', die beiden Centralpuncte M und N', sowie der Punct A' gegeben sind. Somit sind von drei Puncten M, N, A in p die entsprechenden M', N', A' in p' gegeben, nur dass dabei N und M' unendlich entfernt liegen. Indessen kann man hiernach erwarten, dass überhaupt mit drei willkürlich angenommenen Puncten in p', welche irgend dreien des Systems in p entsprechen, das System in p' sich construiren lassen wird. — Nachfolgende Sätze werden diese Erwartung rechtfertigen.

Lehrsatz. Nach Feststellung der positiven Sinne in den Ebenen p und p' zweier Dreiecke ABC und $A'B'C'$ kann in der Ebene des einen ABC ein Punct M so unzweideutig bestimmt werden, dass die Doppelwinkel des Vierecks $ABCM$ den Winkeln des Dreiecks $A'B'C'$ gleich werden, nämlich

$$ABCM = A'B'C' , \qquad BCAM = B'C'A' ,$$

also auch

$$CABM = C'A'B' .$$

Beweis. Nach §. 14, c) ist die erste dieser Gleichungen identisch mit

$$ABC^\frown AMC = A'B'C' ,$$

und die zweite, wofür man auch

$$ACBM = A'C'B'$$

schreiben kann, identisch mit

$$ACB^\frown AMB = ABC^\frown AMB + 180^\circ = A'C'B' .$$

Hiernach findet sich M, als der zweite Durchschnitt zweier Kreise, von denen der eine, AMC, durch A und C gehend, mit dem Kreise ABC in A einen Winkel gleich $A'B'C'$ bildet, und der andere, AMB, durch A und B gehend, mit demselben Kreise ABC in A einen Winkel gleich $A'C'B' + 180^\circ$ macht.

Zusatz. Die Sinne in den Ebenen p und p' sind von einander unabhängig. Wird der Sinn in p so angenommen, dass der Winkel ABC hohl ist, so kann nach der Bestimmung des Sinnes in p' der Winkel $A'B'C'$ entweder gleichfalls hohl, oder auch erhaben sein. Jede dieser zwei Bestimmungen gibt aber für den Punct M einen anderen Ort. Denn bei der ersteren (letzteren) ist der Winkel ABC mit $A'B'C'$, also auch mit $ABCM$ gleichartig (ungleichartig), und M liegt folglich (§. 16, Zus. b) ausserhalb (innerhalb) des Kreises ABC.

§. 18. Lehrsatz. Werden, wie es nach vorigem Satze möglich ist, in den Ebenen zweier Dreiecke ABC und $A'B'C'$ resp. die Puncte M und N' so bestimmt, dass nach Festsetzung der Sinne in den beiden Ebenen die Doppelwinkel des Vierecks $ABCM$ den Winkeln des Dreiecks $A'B'C'$, und ebenso die Doppelwinkel des Vierecks $A'B'C'N'$ den Winkeln des Dreiecks ABC gleich werden, so sind die Dreiecke $N'A'B'$, $N'B'C'$, $N'C'A'$ resp. den Dreiecken MBA, MCB, MAC ähnlich und mit ihnen gleichnamigen Sinnes.

Beweis. Zu Folge der geforderten Lage von M und N' soll sein

$$ABC + CMA = A'B'C' \quad \text{und} \quad A'B'C' + C'N'A' = ABC \ .$$

Die Addition dieser Gleichungen gibt

$$(a) \quad C'N'A' + CMA = 0 \quad \text{oder} \quad C'N'A' = AMC \ .$$

Aus derselben Gleichheit der Doppelwinkel der Vierecke $ABCM$ und $A'B'C'N'$ mit den Winkeln der Dreiecke $A'B'C'$ und ABC folgt ferner (§. 16, Zus., *a*)

$$AB \,.\, CM : BC \,.\, AM = A'B' : B'C'$$

und

$$A'B' \,.\, C'N' : B'C' \,.\, A'N' = AB : BC \ ,$$

mithin

$$(b) \qquad C'N' : A'N' = AM : CM \ .$$

Aus (*a*) in Verbindung mit (*b*) fliesst aber, dass die Dreiecke $N'C'A'$ und MAC einander ähnlich und gleichnamigen Sinnes sind; und ähnlicherweise lässt sich dasselbe für die Dreiecke $N'A'B'$ und MBA, $N'B'C'$ und MCB beweisen.

§. 19. Lehrsatz. *Soll zu einem Systeme von Puncten A, B, C, D, ... in einer Ebene p ein ihm kreisverwandtes in einer Ebene p' construirt werden, so können drei Puncte des letzteren,* — es seien die den A, B, C entsprechenden A', B', C', — *desgleichen die positiven Sinne in p und p' willkürlich genommen werden. Alsdann aber ist der jedem vierten Puncte des ersten Systems entsprechende Punct des letzteren unzweideutig bestimmt.*

Beweis. Man füge auf die in §. 17 bemerkte Weise zu den Dreiecken ABC und $A'B'C'$ die Puncte M und N' hinzu, so sind nach §. 18 die Dreiecke MBA und $N'A'B'$, sowie MCA und $N'A'C'$ einander ähnlich und gleichnamigen Sinnes. Und wenn auf gleiche Art zu jedem vierten Puncte D der entsprechende D' dadurch bestimmt wird, dass man dem Dreiecke MDA das Dreieck $N'A'D'$ ähnlich und gleichnamigen Sinnes macht, so sind die Figuren $ABCD\ldots$ und $A'B'C'D'\ldots$ kreisverwandt (§. 10, *f*).

Zusätze. *a*) In den Fällen, wenn einer der beiden Kreise ABC und $A'B'C'$, oder auch beide, gerade Linien sind, ist die Bestimmung der Centralpuncte M und N' nach §. 17 mit Hülfe von Doppelwinkeln nicht mehr statthaft, sondern es müssen Doppelverhältnisse angewendet werden.

In der That, liegen A, B, C in einer Geraden, und desgleichen auch A', B', C', so sind in derselben Geraden resp. auch M und N' begriffen, so dass

$$(ABCM) = (A'B'C'M') = -A'B' : B'C'$$

und

$$(A'B'C'N') = (ABCN) \quad = -AB : BC \, .$$

Hiernach werden unter gehöriger Berücksichtigung der Vorzeichen, wenn das Verhältniss

$$-(A'B' : B'C') : (AB : BC) = e : 1$$

gesetzt wird, M und N' mittelst der Proportionen

$$CM : MA = e : 1 \quad \text{und} \quad C'N' : N'A' = 1 : e$$

gefunden.

Liegen aber nur A', B', C' in einer Geraden, so ist M ein Punct des Kreises ABC und nach derselben Proportion wie vorhin zu bestimmen. Es geschieht dieses mittelst eines die Linie CA rechtwinklig und harmonisch in dem Verhältnisse $e : 1$ schneidenden Kreises (vergl. §. 22, *a*), indem von den zwei Durchschnitten desselben mit dem Kreise ABC derjenige der Punct M ist, von welchem aus A, B, C im Kreise in derselben Ordnung wie A', B', C' in der Geraden auf einander folgen. N' kann hierauf dadurch gefunden werden, dass man das Dreieck $N'A'B'$ ähnlich und gleichnamigen Sinnes mit MBA macht.

b) Der Punct D' kann, ohne vorherige Ermittelung der Centralpuncte M und N', auch geradezu mit Hülfe der Formeln

$$ABC^\wedge ADC = A'B'C'^\wedge A'D'C'$$

und

$$ACB^\wedge ADB = A'C'B'^\wedge A'D'B'$$

(§. 14, *e*) gefunden werden, wonach D' der zweite Durchschnitt zweier Kreise ist, von denen der eine, durch A' und C' gehend, mit dem Kreise $A'B'C'$ einen Winkel gleich $ABC^\wedge ADC$, und der andere, durch A' und B' gehend, mit dem Kreise $A'C'B'$ einen Winkel gleich $ACB^\wedge ADB$ macht.

§. 20. Sind von der Figur, welche mit der gegebenen $ABCDE\ldots$ kreisverwandt sein soll, bloss die Puncte A', B', C', nicht aber zugleich der positive Sinn ihrer Ebene p', gegeben, so ist der jedem vierten Puncte D in p entsprechende Punct D' in p' im Allgemeinen zweideutig, und es können daher, jenachdem man den einen oder den anderen Sinn der Drehung in p' für den positiven nimmt, zwei verschiedene die drei ersten Puncte gemein habende Figuren $A'B'C'D'E' \ldots$ und $A'B'C'D''E'' \ldots$ construirt werden, deren jede mit $ABCDE \ldots$ kreisverwandt ist, und die es daher auch unter sich sind.

Zu jeder ebenen Figur $ABCDE \ldots$ lässt sich demnach in ihrer Ebene eine ihr kreisverwandte $A'B'C'D'E' \ldots$ construiren, von welcher mit drei Puncten A, B, C der ersteren die entsprechenden Puncte A', B', C' zusammenfallen, während dadurch, dass man einen und denselben Sinn der Ebene als den positiven für die eine Figur und als den negativen für die andere nimmt, die übrigen Puncte D', E', ..., im Allgemeinen wenigstens, von den entsprechenden D, E, ... verschieden sind.

§. 21. Das gegenseitige Verhalten zweier solcher Figuren bietet mehreres Merkwürdige dar, was nicht nur an sich, sondern auch des später Folgenden willen, eine nähere Betrachtung verdient.

1) Bezeichnet man, wie bisher, die Centralpuncte der beiden Figuren mit M und N', so sind nach §. 9, weil jeder der Puncte A, B, C sich selbst entsprechen soll, die Dreiecke MAB und $N'BA$, MBC und $N'CB$, MCA und $N'AC$ einander ähnlich, aber auch gleich, weil

$$AB = BA \ ,$$

u. s. w.; folglich

$$MA = N'B \quad \text{und} \quad MC = N'B \ ,$$

folglich

$$MA = MC \ , \quad \text{und ebenso} \quad = MB \ ,$$

sowie

$$N'A = N'B = N'C \ .$$

Es coïncidirt daher N' mit M im Mittelpuncte des durch A, B, C zu beschreibenden Kreises, welchen man k nenne.

Allerdings kann den Proportionen

$$MA : MB : MC = N'A : \text{etc.} = 1 : 1 : 1$$

auch dadurch genügt werden, dass man M und N' unendlich entfernt annimmt. Alsdann aber entspricht einem unendlich entfernten Puncte M oder N der einen Figur ein unendlich entfernter M' oder N' der anderen, und die zwei Figuren sind folglich einander nicht bloss kreisverwandt, sondern auch ähnlich (§. 5) und gleich und decken einander, da die Dreiecke ABC und $A'B'C'$ coïncidiren.

2) Nach dem Lehrsatze in §. 9 sind ferner die Dreiecke MAD und $N'D'A$, gleich $MD'A$, einander ähnlich und gleichnamigen, also jetzt entgegengesetzten Sinnes (wie es auch MAB und MBA, u. s. w. waren), folglich (nach §. 8, Zus.) der Winkel

$$AMD = -D'MA = AMD' ,$$

und es verhält sich

$$MD : MA = MA : MD' .$$

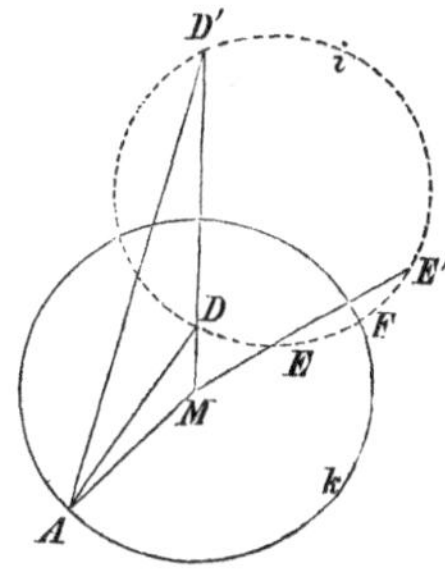

Fig. 2.

Je zwei einander entsprechende Puncte D und D' liegen daher mit M in einer Geraden und auf einerlei Seite von M dergestalt, dass MA oder der Halbmesser des Kreises k die mittlere Proportionallinie zwischen MD und MD' ist, oder, was dasselbe ist: je zwei einander entsprechende Puncte liegen in einem Durchmesser des k und theilen ihn harmonisch.

Ebenso wie A, B, C, entspricht daher auch jeder andere Punct des Kreises k sich selbst, und jedem Puncte innerhalb des k entspricht ein Punct ausserhalb, und umgekehrt. Der einem vierten Puncte D entsprechende D' ist folglich dann und nur dann mit D coïncident, wenn D im Kreise ABC liegt.

3) Aus der in 2) erhaltenen Relation zwischen D und D' folgt, dass, wenn dem D in der einen Figur der Punct D' in der anderen entspricht, dem D', als einem Puncte der ersteren Figur, der Punct D in der letzteren entsprechen wird. Das Entsprechen der beiden Figuren ist daher ein sogenanntes involutorisches.

4) Je zwei Paare entsprechender Puncte, wie D, D' und E, E', liegen in einem Kreise i (vergl. Fig. 2); denn es ist

$$MD . MD' = MA^2 = ME . ME' .$$

Auf gleiche Weise erhellt, dass auch der jedem anderen Puncte des i entsprechende Punct in i enthalten ist, und daher i sich selbst zum entsprechenden Kreise hat. Ist F einer der beiden Durchschnitte des i mit k, so coïncidirt F' mit F, und die Gerade MFF' wird eine Tangente des i. Der durch zwei Paare entsprechender Puncte zu beschreibende Kreis entspricht demnach sich selbst und schneidet den Kreis k rechtwinklig, sowie umgekehrt jeder den k rechtwinklig schneidende Kreis sich selbst entspricht.

5) Für je zwei einander entsprechende Kreise ist M der eine der beiden Aehnlichkeitspuncte. Dies erhellt am leichtesten in dem Falle, wenn M ausserhalb des einen, und damit auch ausserhalb des

anderen Kreises liegt (§. 6, *c*). Denn die zwei alsdann von M an den einen Kreis zu ziehenden Tangenten müssen, als sich selbst entsprechende Gerade, auch den anderen berühren; folglich u. s. w.

§. 22. Folgerungen und Zusätze. *a*) Ist X (vergl. Fig. 3) irgend ein Punct des Kreises k und daher ein sich selbst entsprechender, so sind die Dreiecke MDX und MXD' einander ähnlich, und es verhält sich deshalb

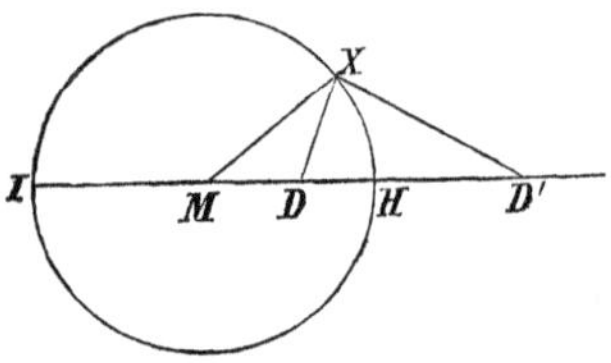

Fig. 3.

$$MD : DX = MX : XD' .$$

Dies gibt den bekannten Satz, dass von einem Puncte X eines Kreises zum anderen das Verhältniss $DX : XD'$ zwischen den Abständen des X von zwei festen Puncten D und D', durch welche ein Durchmesser des Kreises harmonisch getheilt wird, unverändert, gleich $MD : MX$, bleibt.

Mittelst derselben Figur lässt sich auch der umgekehrte Satz darthun, dass der ebene Ort eines Punctes X, dessen Abstände von zwei festen Puncten D und D' der Ebene in einem gegebenen Verhältnisse gleich $e : 1$ stehen, ein Kreis ist, welcher die Linie DD' rechtwinklig und harmonisch schneidet. Denn bestimmt man in der Geraden DD' den Punct M also, dass der Winkel

$$DXM = DD'X$$

wird, so entstehen die zwei einander ähnlichen Dreiecke MDX und MXD', und es verhält sich daher

$$MD : MX = MX : MD' = DX : XD' = e : 1 ,$$

mithin

$$MD : MD' = ee : 1 ,$$

und es ist folglich M eben so, wie D und D', ein fester Punct. Deshalb, und weil

$$MX = MD : e = e . MD' ,$$

ist der Ort von X ein Kreis, welcher M zum Mittelpuncte hat. Bezeichnen endlich H und J die Durchschnitte dieses Kreises mit DD', so hat man

$$DH : HD' = DJ : JD' = e : 1 ,$$

und es sind folglich D, D' und H, J zwei harmonirende Paare von Puncten.

b) Sowie daher, wenn A, B, C feste Puncte sind, der durch die Gleichung

$$2 . ABCX = 0$$

bestimmte Ort von X ein Kreis ist (§. 14, *a*), so ist es auch der durch die Gleichung

$$(a) \qquad (ABCX) = 1$$

d. i. durch die Proportion

$$AX : XC = AB : BC$$

bestimmte Ort. Bei ersterer Gleichung sind A, B, C Puncte des Kreises selbst; bei letzterer ist nur B ein solcher, indem der Proportion Genüge geschieht, wenn B statt X gesetzt wird, während durch A und C ein Durchmesser des Kreises harmonisch getheilt wird.

c) In vorliegender Abhandlung werden, wie schon erinnert worden (§. 10, *d*), alle Linien in absolutem Sinne genommen, so dass zwischen AB und BA kein Unterschied statt hat. Berücksichtigt man aber diesen Unterschied, so kann das vorige $(ABCX)$ ebensowohl gleich -1, als gleich $+1$ sein, da ein Doppelverhältniss nach der willkürlichen Annahme der von einander unabhängigen Richtungen der vier Geraden, in denen seine vier Linien begriffen sind, ebensowohl einen negativen, als einen positiven Exponenten haben kann; und man muss daher, um beide gleich mögliche Werthe zusammenzufassen,

$$(ABCX)^2 = 1$$

statt des vorigen (*a*) schreiben.

Auf solche Weise tritt aber auch hier das schon in §. 13 bemerkte logarithmische Verhältniss der Gleichungen mit Doppelwinkeln zu den entsprechenden Gleichungen mit Doppelverhältnissen wieder hervor, indem die Gleichung, welche mit Hülfe eines Doppelwinkels ausdrückt, dass X irgend ein Punct eines Kreises ist, nicht einfach

$$ABCX = 0 \quad \text{oder} \quad = 180^\circ,$$

sondern

$$2 . ABCX = 0$$

war.

d) Wird der durch die Gleichung

$$(1) \qquad (ADBX) = 1$$

bestimmte Ort von X im Raume überhaupt genommen, so ist er die Kugelfläche, welche durch Drehung des durch (1) zugleich ausgedrückten in der Ebene ADB enthaltenen Kreises um AB als Axe entsteht. Eben so sind

$$(2) \qquad (CDAX) = 1$$

und

$$(3) \qquad (BDCX) = 1$$

die Gleichungen zweier anderer Kugelflächen, welche die Geraden CA und BC zu Axen haben und daher die Ebene ABC rechtwinklig schneiden. Da in jeder von ihnen beiden der Punct D liegt, so schneiden sie einander (vergl. Fig. 4) in einem durch D gehenden die Ebene ABC rechtwinklig, etwa in F und G, treffenden Kreise h, von welchen FG ein Durchmesser ist.

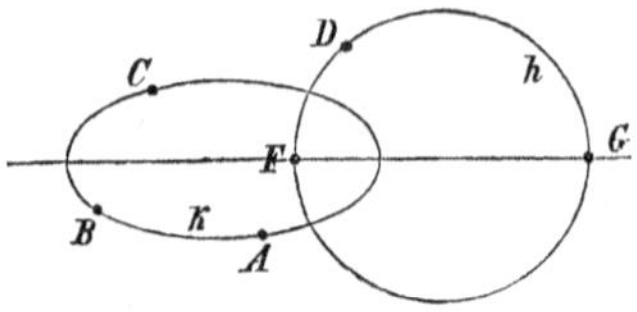

Fig. 4.

Dieser Kreis wird demnach durch die Gleichungen (2) und (3) in Verbindung, also auch durch die damit identische Doppelproportion

$$(h) \qquad AX : BX : CX = AD : BD : CD$$

ausgedrückt; und weil mit (h) auch der Gleichung (1) Genüge geschieht, so schneiden sich die drei Kugelflächen (1), (2) und (3) in einem und demselben Kreise h.

e) Weil F und G in h liegen, und sie daher Oerter von X in (h) sind, so verhalten sich

$$(4) \quad AF : BF : CF = AG : BG : CG = AD : BD : CD \,.$$

Deshalb, und weil F und G zugleich Puncte der Ebene ABC sind, ist der durch die Gleichung

$$(k) \qquad (FAGX) = 1$$

ausgedrückte Kreis k der Kreis ABC selbst, indem die mit (k) identische Proportion

$$FX : GX = FA : GA$$

erfüllt wird, nicht nur wenn A, sondern auch, wegen (4), wenn B oder C statt X gesetzt wird. Dabei fallen nach *b)* F und G in einen Durchmesser des Kreises und theilen ihn harmonisch.

Die Kreise k und h haben daher eine solche Lage gegen einander, dass ihre Ebenen sich rechtwinklig schneiden, dass in die Durchschnittslinie dieser Ebenen zwei Durchmesser der Kreise fallen, und dass der eine dieser Durchmesser den anderen harmonisch theilt. Hiernach kann man, wenn der eine Kreis k, und von dem anderen h der eine seiner beiden Durchschnitte F und G mit der Ebene des k gegeben sind, den Kreis h sofort construiren, und es muss folglich die ihn ausdrückende Proportion (h), in welcher A, B, C Puncte des k, und X, D Puncte des h sind, gültig bleiben, wo auch die Puncte A, B, C in k genommen werden mögen. Nennen wir daher zwei Kreise, die in der eben beschriebenen gegenseitigen Lage sind, zwei conjugirte Kreise, so können wir den Satz aufstellen:

Sind in zwei conjugirten Kreisen A, B irgend zwei Puncte des einen, und X, Y irgend zwei Puncte des anderen, so verhält sich

$$AX : BX = AY : BY\text{*)}$$

und es ist daher

$$(AXBY) = 1 \; .$$

§. 23. Die im §. 21 betrachtete specielle gegenseitige Lage zweier kreisverwandten Figuren gewinnt dadurch ein allgemeineres Interesse, dass man je zwei kreisverwandte Figuren in jene specielle Lage gegen einander bringen kann. Man lasse zu dem Ende die Ebene p' der einen Figur mit der Ebene p der anderen also zusammenfallen, dass der negative Sinn in p' mit dem positiven in p identisch wird, verschiebe sodann p' auf p, bis N' mit M coïncidirt, und drehe zuletzt p' in sich um M, bis irgend zwei einander entsprechende Puncte, A und A', mit M in einer Geraden und auf einerlei Seite von M liegen. Denn dann werden dieselbe Lage gegen M auch je zwei andere entsprechende Puncte, B und B', etc. haben, und die mittleren Proportionallinien zwischen MA und MA', zwischen MB und MB', etc. werden von gleicher Grösse, die man c nenne, sein. Jeder Punct des in p um M als Mittelpunct und mit c als Halbmesser beschriebenen Kreises, und kein anderer, wird folglich mit dem ihm entsprechenden Puncte zusammenfallen.

§. 24. In eine andere noch merkwürdigere Lage können wir die jetzt mit p auf besagte Weise coïncidirende Ebene p' gegen p versetzen, wenn wir sie parallel mit p und ohne Drehung in sich fortführen, so dass ihr bisher mit M coïncidirender Centralpunct N' ein auf p in M errichtetes Perpendikel von einer Länge gleich c beschreibt. Am Ende dieser Bewegung, wo

$$MN' = c$$

geworden, haben MA und $N'A'$, ebenso wie anfangs, noch einerlei Richtung. Die Dreiecke AMN' und $MN'A'$ liegen daher in einer und derselben auf p und p' normalen Ebene, sind folglich (vergl. Fig. 5) resp. bei M und N' rechtwinklig und deshalb und wegen der Proportion

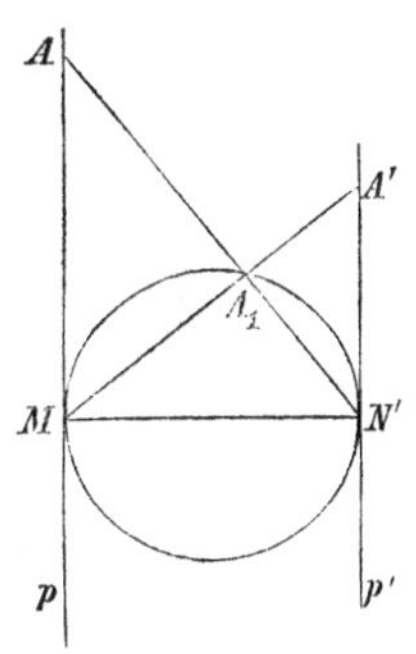

Fig. 5.

$$AM : MN' = MN' : N'A'$$

*) *Chasles*, Traité de géométrie supérieure, art. 795.

einander ähnlich. Mithin ist der Winkel

$$AN'M = MA'N' = 90^\circ - N'MA' ,$$

und es schneiden sich daher MA' und $N'A$ rechtwinklig. Aus analogem Grunde schneiden sich auch MB' und $N'B$, MC' und $N'C$, etc. unter rechten Winkeln. Die Durchschnittspuncte selbst, die man resp. A_1, B_1, C_1, etc. nenne, liegen folglich auf einer Kugelfläche, von welcher MN' ein Durchmesser ist.

Somit erscheinen die zwei ebenen Figuren $ABC\ldots$ *und* $A'B'C'\ldots$ *als die stereographischen Projectionen einer und derselben, das eine Mal aus* N', *das andere Mal aus* M *betrachteten, sphärischen Figur* $A_1B_1C_1\ldots$, und man sieht hieraus leicht, wie man mit Anwendung einer Kugelfläche und durch blosses Ziehen gerader Linien zu einem Systeme von Puncten A, B, ... in einer Ebene p ein ihm in einer anderen Ebene p' nach dem Gesetz entsprechendes System A', B', ..., dass die Dreiecke MAB und $N'B'A'$, u. s. w. einander ähnlich sind (§. 9), construiren kann.

Man lege nämlich die zwei Ebenen p und p' mit ihren Puncten M und N' berührend an eine Kugelfläche, so dass MN' ein Durchmesser der Kugel wird, projicire hierauf die in p gegebenen Puncte A, B, ... von N' aus auf die Kugelfläche, und diese Projectionen A_1, B_1, ... von M aus auf die Ebene p', und es werden die damit erhaltenen Puncte die gesuchten A', B', ... sein.

Zugleich entspringt aus dieser Construction ein neuer Beweis für die Kreisverwandtschaft der beiden Figuren. Denn es ist eine schon von *Ptolemäus* gekannte Eigenschaft der stereographischen Projection, dass bei ihr jeder Kreis auf der Kugelfläche sich wieder als Kreis projicirt, so wie umgekehrt jeder Kreis in der Projectionsebene, auf die Kugelfläche projicirt, einen Kreis gibt.

Eben so folgt aus einer anderen Haupteigenschaft der stereographischen Projection, aus der Aehnlichkeit zwischen den kleinsten Theilen einer sphärischen Figur und den entsprechenden Theilen in der Projection, dass, wie schon in §. 5 gezeigt worden, dieselbe Eigenschaft auch kreisverwandten Figuren zukommen muss.

Da hiernach unter denselben Winkeln, unter welchen sich zwei Kreise auf der Kugel schneiden, sich auch die projicirten Kreise in der Ebene begegnen (vergl. §. 14, *e*), so ist, wenn einem innerhalb der Kugelfläche befindlichen Auge die positiven Sinne, nach denen die Winkel auf dieser Fläche und die Winkel in der die Fläche berührenden Projectionsebene gerechnet werden, identisch erscheinen,

$$ABC^\wedge ADC = A_1B_1C_1^\wedge A_1D_1C_1 \ .$$

Wenn man daher eben so, wie

$$ABC \wedge ADC = ABCD$$

war §. 14, *c*), auch den von zwei Kugelkreisen $A_1B_1C_1$ und $A_1D_1C_1$ in A_1 gebildeten Winkel kurz durch $A_1B_1C_1D_1$ ausdrückt, so werden zwischen Ausdrücken solcher Art bei einem System von Puncten auf einer Kugelfläche alle die Relationen stattfinden, welche wir in §. 13 und §. 14, *a*), *b*), *d*) bei einer ebenen Figur zwischen Doppelwinkeln erhalten haben. — So werden z. B., da durch vier nicht in einer Ebene begriffene Puncte immer eine Kugelfläche beschrieben werden kann, von den vier Kreislinien, welche man durch je drei solcher vier Puncte legen kann, je zwei sich unter denselben Winkeln, wie die jedesmal zwei übrigen schneiden.

§. 25. Eine sphärische Figur und ihre stereographische Projection haben aber mit kreisverwandten Figuren nicht bloss das gegenseitige Entsprechen von Kreisen und die Aehnlichkeit in den kleinsten Theilen gemein, *sondern es ist auch, wie bei letzteren Figuren, jedes Doppelverhältniss zwischen vier Puncten auf der Kugel dem Doppelverhältnisse zwischen den stereographischen Projectionen dieser Puncte gleich.*

Der Beweis dieser, wie es scheint, bisher noch nicht bemerkten Gleichheit lässt sich folgendergestalt führen. — Wegen der rechten Winkel bei M und A_1 in Fig. 5 ist

$$N'A \,.\, N'A_1 = MN'^2 \,,$$

und ebenso

$$N'B \,.\, N'B_1 = MN'^2 \,,$$

folglich

$$N'A : N'B = N'B_1 : N'A_1 \,.$$

Deshalb und wegen der Identität der Winkel $AN'B$ und $A_1N'B_1$ sind die Dreiecke $AN'B$ und $B_1N'A_1$ einander ähnlich; folglich

$$AB : N'B = B_1A_1 : N'A_1 \,,$$

und ebenso

$$CB : N'B = B_1C_1 : N'C_1 \,;$$

folglich

$$AB : BC = (A_1B_1 : B_1C_1) : (N'A_1 : N'C_1) \,,$$

und ebenso

$$AD : DC = (A_1D_1 : D_1C_1) : (N'A_1 : N'C_1) \,;$$

folglich

$$(ABCD) = (A_1B_1C_1D_1) \,.$$

§. 26. Zusätze. *a*) Mit Hülfe dieser aus dem Begriffe der stereographischen Projection unmittelbar gefolgerten Gleichheit entsprechender Doppelverhältnisse in den Figuren $AB\ldots$ und $A_1B_1\ldots$ kann sehr leicht noch die Aehnlichkeit in den kleinsten Theilen und das Entsprechen von Kreisen bei diesen Figuren bewiesen werden.

Denn ist ABC, und daher auch $A_1B_1C_1$, ein unendlich kleines Dreieck, und sind resp. D und D_1 zwei endlich von diesen Dreiecken entfernte Puncte, so verhält sich

$$AD:DC = A_1D_1:D_1C_1 = 1:1 \ ;$$

folglich ist

$$(ABCD) = AB:BC \quad \text{und} \quad (A_1B_1C_1D_1) = A_1B_1:B_1C_1 \ ,$$

folglich

$$AB:BC = A_1B_1:B_1C_1 \ ;$$

und eben so wird bewiesen, dass

$$BC:CA = B_1C_1:C_1A_1 \ .$$

Mithin sind ABC und $A_1B_1C_1$, d. h. je zwei einander entsprechende unendlich kleine Dreiecke, einander ähnlich.

Liegen ferner die Puncte A_1, B_1, C_1, D_1 der Kugelfläche in der genannten Folge in einem Kreise, so ist nach einem Satze des *Ptolemäus*

$$A_1B_1 \,.\, D_1C_1 + A_1D_1 \,.\, B_1C_1 = B_1D_1 \,.\, C_1A_1$$

oder

$$(A_1B_1D_1C_1) + (A_1D_1B_1C_1) = 1 \ ;$$

folglich auch

$$(\alpha) \qquad (ABDC) + (ADBC) = 1 \ ,$$

woraus, da der Satz des Ptolemäus auch umgekehrt gilt, die Kreislage der Puncte A, B, C, D fliesst.

b) Der ptolemäische Satz und dessen Umkehrung können sehr einfach mit Hülfe des in §. 16 gegebenen Satzes bewiesen werden, dass in einem Dreiecke, dessen Winkel gleich $ABCD$, $BCAD$, $CABD$ sind, die gegenüberliegenden Seiten sich wie

$$AC\,.\,BD \ , \qquad BA\,.\,CD \ , \qquad CB\,.\,AD$$

verhalten. Denn liegen die Puncte A, B, C, D in dieser Folge in einem Kreise, und ist daher

$$(1) \qquad ABCD = 180^\circ \ ,$$

also ein Winkel des Dreiecks gleich 180°, so ist die ihm gegenüberliegende Seite der Summe der beiden anderen gleich, folglich

$$(2) \qquad BA\,.\,CD + CB\,.\,AD = AC\,.\,BD \ ,$$

welches der directe Satz ist. Und da umgekehrt aus der Relation (2) zwischen den Seiten des Dreiecks die Winkelgleichung (1) folgt (§. 16, Folg. *a*), so muss auch der umgekehrte Satz bestehen.

c) Der ptolemäische Satz und seine Umkehrung sind für die Kreisverwandtschaft insofern noch von besonderem Werthe, *als ihnen zufolge diese Verwandtschaft auch dadurch definirt werden kann, dass jedes Doppelverhältniss zwischen je vier Puncten der einen Ebene dem Doppelverhältnisse zwischen den entsprechenden Puncten der anderen gleich ist.* Denn sind A, B, C, D vier in einem Kreise auf einander folgende Puncte, und besteht daher zwischen ihnen nach dem directen ptolemäischen Satze die Gleichung (2) oder (α), so muss nach dieser Definition dieselbe Gleichung auch zwischen A', B', C', D' Gültigkeit haben, und es müssen folglich nach dem umgekehrten Satze A', B', C', D' in Kreislage sein.

Auf gleiche Art kann, wie hier noch bemerkt werden mag, *die Kreisverwandtschaft auch durch die Gleichheit entsprechender Doppelwinkel definirt werden*; denn der Satz, dass, wenn A, B, C, D in einem Kreise liegen, $ABCD$ gleich null, oder gleich 180° ist, gilt ebenfalls auch umgekehrt.

d) Bei dem vorhin gegebenen Beweise des umgekehrten Satzes des Ptolemäus wurde stillschweigend die Bedingung hinzugedacht, dass die vier Puncte A, B, C, D in einer Ebene liegen. Es ist aber sehr bemerkenswerth, *dass diese Bedingung gar nicht zugesetzt zu werden braucht*, sondern eine Folge der Gleichung (2) oder (α) selbst ist. Denn beschreibt man durch A, B, C, D, was immer möglich ist, eine Kugelfläche und projicirt hierauf diese vier Puncte stereographisch auf eine Ebene nach $A_,$, $B_,$, $C_,$, $D_,$, so ist nach Obigem

$$(ABDC) = (A_,B_,D_,C_,) \quad \text{und} \quad (ADBC) = (A_,D_,B_,C_,) \; .$$

Besteht daher zwischen A, B, C, D die Gleichung (α), so wird diese auch durch die vier Puncte $A_,$, $B_,$, $C_,$, $D_,$ der Ebene erfüllt, und es müssen daher letztere, wie in *b*) gezeigt worden, in einem Kreise $k_,$ liegen. Es ist aber dieser Kreis die stereographische Projection des auf der Kugel durch A, B, C zu beschreibenden Kreises k, und da $D_,$ ein Punkt von $k_,$ ist, so muss D in k liegen; folglich u. s. w.

Eben so kann, wenn bei vier Puncten A, B, C, D im Raume, $ABCD$ stets als abgekürzter Ausdruck des Winkels $ABC \,^\wedge ADC$ genommen wird, die Gleichung $ABCD = 0$, oder $= 180°$, wie von selbst einleuchtet, nicht anders bestehen, als wenn A, B, C, D in einer Ebene und darin in einem Kreise liegen.

Kreisverwandtschaft sphärischer Figuren.

§. 27. Nach §§. 24 und 25 hat eine sphärische Figur mit ihrer stereographischen Projection auf eine Ebene alle die Grössen und Beziehungen gemein, welche zwei ebenen kreisverwandten Figuren gemeinschaftlich zukommen. Wir können daher die Kreisverwandtschaft, die wir bisher auf ebene Figuren beschränkten, auch auf sphärische ausdehnen, indem wir eine ebene Figur und eine sphärische, oder zwei sphärische kreisverwandt nennen, wenn jedem Kreise der einen ein Kreis in der anderen entspricht.

Bedeuten demnach σ und σ' zwei sphärische Figuren, π und π' ihre stereographischen Projectionen auf irgend welche Ebenen, so sind σ und π, ingleichen σ' und π', kreisverwandt. Sind es daher noch π und π', so sind es auch σ und σ', und umgekehrt folgt aus der Kreisverwandtschaft zwischen σ und σ' die zwischen π und π'. Hieraus können wir in Verbindung mit den Sätzen in §§. 24 und 25 weiter schliessen:

In zwei kreisverwandten sphärischen Figuren sind je zwei einander entsprechende Doppelverhältnisse, so wie je zwei dergleichen Doppelwinkel, einander gleich. Denn sind σ und σ', also auch π und π', kreisverwandt, so ist jedes Doppelverhältniss in σ dem entsprechenden in π, dieses dem entsprechenden in π', und dieses dem entsprechenden in σ' gleich. Ebenso wird der Beweis für entsprechende Doppelwinkel geführt, nur dass ein solcher hier stets in der am Ende des vorigen Paragraphen angegebenen Bedeutung genommen wird. Und da hiernach je zwei Kreise der einen Figur sich unter Winkeln von derselben Grösse, wie die entsprechenden Kreise der anderen schneiden, *so sind, ebenso wie zwei kreisverwandte ebene Figuren (vergl.* §. 14, *e), auch zwei sphärische in ihren kleinsten Theilen einander ähnlich.*

Ist umgekehrt in zwei sphärischen Figuren σ und σ' jedes Doppelverhältniss der einen dem entsprechenden der anderen gleich, so sind die Figuren kreisverwandt. Denn unter der gemachten Voraussetzunng ist auch jedes Doppelverhältniss in π dem entsprechenden in π' gleich; folglich sind π und π' kreisverwandt (§. 26, *c*), folglich auch σ und σ'. — *Auf gleiche Art folgt die Kreisverwandtschaft zwischen σ und σ' auch aus der Gleichheit je zweier entsprechender Doppelwinkel.*

§. 28. *Ist ein System von Puncten A, B, C, D, ... einer Kugelfläche s gegeben, und sind von den entsprechenden Puncten einer* *anderen Kugelfläche s' irgend drei, etwa A', B', C', und überdies die Sinne beider Flächen* (§. 29) *gegeben, so kann man eben so, wie bei ebenen Figuren, zu jedem vierten Puncte D in s den entsprechenden D' in s' unzweideutig finden.*

Sind nämlich (vergl. Fig. 6) P und P' irgend zwei Puncte in s und s', Q und Q' deren Gegenpuncte, so lege man in P und P' an s und s' zwei berührende Ebenen p und p', projicire auf p von Q aus die Puncte A, B, C, D nach a, b, c, d, und auf p' von Q' aus die Puncte A', B', C' nach a', b', c', und bestimme nach §. 19, Zus. b) in p' den dem d entsprechenden Punct d', indem man hierbei die Sinne in p und p' einerlei mit den Sinnen der in p und p' bei P und P' fallenden Elemente von s und s' nimmt. Die Projection des d' von Q' aus auf s' wird alsdann der gesuchte Punct D' sein.

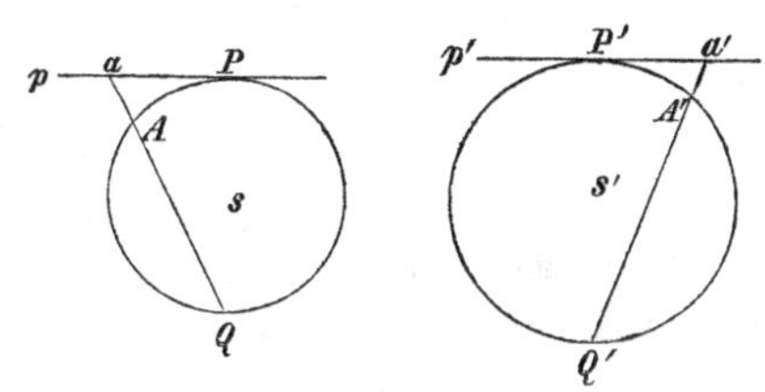

Fig. 6.

Auch kann man D' geradezu, wie in §. 19, Zus. b), durch Construction zweier Kreise $A'D'C'$ und $A'D'B'$ auf der Fläche s' erhalten, welche mit Rücksicht auf die vorausgesetzten Sinne in s und s' den Winkelgleichungen

$$ABCD = A'B'C'D' \quad \text{und} \quad ACBD = A'C'B'D'$$

Genüge thun.

§. 29. Im Bisherigen ist bis auf §§. 24 und 28 bei Winkelbestimmungen stets nur der Sinn in einer Ebene, nicht aber der Sinn in einer Kugelfläche, in Betracht gekommen. Es ist aber der letztere ein von dem ersteren wohl zu unterscheidender Begriff. Denn eben so, wie ein in einem Kreise sich nach einem und demselben Sinne bewegender Punct von einem Elemente zum anderen die Richtung seiner Bewegung ändert, und es deshalb angemessen erscheint, bei dieser Bewegung für den Begriff, welcher dem Begriffe der Richtung bei einem sich in einer Geraden bewegenden Puncte entspricht, ein anderes Wort, Sinn, zu gebrauchen: so ist auch bei einer Kugelfläche der Sinn von einem Flächenelemente zum anderen verschieden, und es sollte eigentlich ein neuer Ausdruck gewählt werden, um den Complex dieser verschiedenen Sinne aller Elemente einer Kugelfläche zu bezeichnen, auf dieselbe Art, wie das Wort Sinn den Inbegriff der verschiedenen Richtungen aller Elemente eines Kreises darstellt. In Ermangelung eines mir hierzu geeignet scheinenden Ausdruckes mag vor der Hand das Wort Sinn auch in dieser potenzirten Bedeutung angewendet werden.

Bei einer Kreisbewegung ist mit der Richtung, nach welcher ein Element des Kreises beschrieben wird, die Richtung des nächstfolgenden, mit dieser die Richtung des weiterhin folgenden, u. s. w. und damit der Sinn der Bewegung gegeben. Sind daher A und B zwei einander unendlich nahe Puncte eines Kreises, so ist durch die Folge AB zugleich sein Sinn gegeben; es ist nämlich derjenige, nach welchem ein den Kreis beschreibender Punct, nachdem er durch A gegangen, zunächst durch B geht. Ist dagegen AB ein endlicher Bogen des Kreises (vergl. Fig. 7), so wird durch die Folge AB ohne weitere Bemerkung der Sinn noch nicht bestimmt, sondern erst nach Zutritt eines dritten Punctes C, also durch die Folge ABC, als wonach ein den Kreis beschreibender und dabei von A ausgehender Punct zunächst nach B und dann erst nach C gelangen soll. Auch kann man, was auf dasselbe hinauskommt, von A aus die Puncte B und C auf eine den Kreis im Gegenpuncte von A berührende Gerade nach b und c projiciren und, indem man durch die Folge bc die Richtung jedes Elementes dieser Geraden ausgedrückt annimmt, den durch ABC ausgedrückten Sinn des Kreises als denjenigen definiren, der mit der Richtung des Elementes übereinstimmt, welches der Kreis mit der Geraden gemein hat.

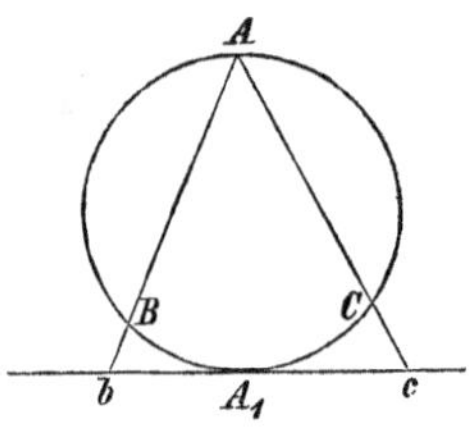

Fig. 7.

Aehnlicherweise lässt sich nun auch der Sinn einer Kugelfläche bestimmen. Wie beim Kreise, ist auch hier mit dem Sinne irgend eines Elementes der Fläche der Sinn jedes an dasselbe grenzenden Elementes, hiermit der Sinn jedes weiterhin folgenden Elementes, und solchergestalt der Sinn der Fläche selbst gegeben, so dass, wenn A, B, C drei einander unendlich nahe Puncte der Fläche und daher in einem Elemente derselben begriffen sind, die jedoch nicht in einem Kreise von endlicher Grösse liegen dürfen, durch eine ihrer Combinationen, wie ABC, der Sinn der Kugelfläche bestimmt ist. Sind aber nicht alle drei Puncte einander unendlich nahe, so wird durch ABC zwar der Sinn des endlichen Kugelkreises, in dem sie enthalten sind, ohne Weiteres aber noch nicht der Sinn der Fläche selbst bestimmt. Dieses geschieht erst durch Hinzufügung eines vierten Punctes D der Fläche, welcher mit den drei ersteren nicht in einem Kreise liegt.

Um nun den durch irgend eine Aufeinanderfolge aller vier Puncte, etwa durch $ABCD$, ausgedrückten Sinn der Fläche sich zur Anschauung zu bringen, lege man auf analoge Art, wie beim Kreise, durch den Gegenpunct von A, welcher A_1 heisse, eine die Kugel berührende Ebene, projicire auf diese von A aus die Puncte B, C, D nach b, c, d und nehme als Sinn des Elementes, welches die Kugelfläche mit der Berührungsebene gemein hat, den durch die Folge bcd bestimmten Sinn der Ebene. Denn somit ist, wie schon erinnert worden, der Sinn auch für jedes andere Element, so wie der Sinn der Fläche selbst bestimmt.

Wir wollen hiernach, wenn bei einer Lage der Kugel, in welcher A ihr oberster und A_1 ihr unterster Punct ist, die Kreisbewegung bcd, also auch die BCD, nach der Rechten geht, den durch $ABCD$ ausgedrückten Sinn der Kugelfläche einen Sinn nach der Rechten nennen. Es leuchtet aber ein, dass alsdann auch bei einer solchen Lage der Kugel, in welcher die Richtung von A nach B von oben nach unten geht, die Kreisbewegung BCD nach rechts, und die Richtung CD, wenn sie nach vorn liegt, nach rechts gehend erscheinen wird; und es lässt sich daher der nach rechts (links) gehende Sinn auch dadurch definiren, dass, wenn A oben, B unten und CD vorn liegt, die Linie CD nach der Rechten (Linken) gerichtet ist.

§. 30. Untersuchen wir noch, bei welchen Veränderungen der Aufeinanderfolge der vier Buchstaben der durch $ABCD$ ausgedrückte Sinn einer Kugelfläche sich in den entgegengesetzten verwandelt.

Weil die Folgen cbd und bdc den entgegengesetzten Sinn der Folge bcd ausdrücken, so wird auch jeder der Sinne $ACBD$ und $ABDC$ dem $ABCD$ entgegengesetzt sein.

Man sieht ferner ohne Mühe, dass, wenn bei nach unten gerichteter Linie AB die Linie CD nach rechts gehend erscheint, dieselbe Linie CD bei nach unten gerichteter Linie BA nach links gerichtet sich zeigen wird, und dass daher die Sinne $ABCD$ und $BACD$ einander entgegengesetzt sind.

Werden demnach im Ausdrucke des Sinnes einer Kugelfläche durch die Folgen von vier Puncten der Fläche die zwei ersten, oder, wie wir vorhin sahen, die zwei mittleren, oder die zwei letzten Puncte gegenseitig vertauscht, so verwandelt sich damit der Sinn in den entgegengesetzten. Durch fortgesetzte Vertauschung je zweier nächstfolgenden Buchstaben des Ausdruckes $ABCD$ können aber alle übrigen 23 aus A, B, C, D zu bildenden Permutationen erhalten werden, und man wird somit in den Stand gesetzt, diejenigen unter ihnen, welche mit $ABCD$ einerlei Sinn ausdrücken, und deren es elf gibt, von den übrigen zwölf, welche den entgegengesetzten Sinn darstellen, abzusondern. Man erhält auf solche Weise dieselben zwei Gruppen, die ich in meinem Baryc. Calcul §. 20 aufgestellt habe.

§. 31. Ist zu einem System von Puncten auf einer Kugelfläche s_1 ein kreisverwandtes System A, B, C, D, E, ... auf einer anderen Kugelfläche s construirt worden, und dieses also, dass man, A, B, C willkürlich annehmend, jeden der übrigen Puncte D, E, ... durch Uebertragung gewisser Winkel von s_1 auf s bestimmt hat (§. 28 zu Ende): so kann man, eben so wie in §. 20 bei ebenen Figuren, von denselben A, B, C ausgehend, für die übrigen Puncte von den vorigen D, E, ... verschiedene Oerter D', E', ... finden, indem man bei dieser zweiten Construction die Winkel auf s nach einem dem vorigen entgegengesetzten Sinne rechnet. Man erhält somit die zwei einander kreisverwandten Figuren $ABCDE$... und $ABCD'E'$... auf derselben Kugelfläche s, von denen die eine durch die andere unzweideutig bestimmt wird.

Um die gegenseitigen Beziehungen dieser zwei Figuren, welche man σ und σ' nenne, näher zu untersuchen, projicire man sie von einem beliebigen Puncte O der Kugelfläche aus auf eine die Fläche im Gegenpuncte von O berührende Ebene und bezeichne diese Projectionen mit π und π', die, weil σ und σ' einander kreisverwandt sind, es gleichfalls sein werden (§. 27). Da ferner den Puncten A, B, C in σ dieselben Puncte in σ' entsprechen, so werden auch die Projectionen von A, B, C, als Puncte in π, sich selbst zu entsprechenden in π' haben, und die Figuren π und π' werden daher in derselben Beziehung, wie die in §. 21 betrachteten, zu einander stehen. Jeder der Puncte, welcher mit den Projectionen von A, B, C in einem Kreise liegt, und kein anderer Punct der Ebene, wird hiernach sich selbst entsprechen; das Entsprechen überhaupt wird ein involutorisches sein; u. s. w. Wegen der Kreisverwandtschaft zwischen π, π', σ, σ' müssen aber alle diese Beziehungen zwischen π und π' auch zwischen σ und σ' statt haben, und wir schliessen somit auf nachstehende Eigenschaften zweier in derselben Kugelfläche begriffenen kreisverwandten Figuren, welche drei Puncte A, B, C als sich selbst entsprechend, gemein haben:

1) Ausser A, B, C entspricht auch noch jeder andere Punct sich selbst, welcher mit diesen dreien in einem Kreise k liegt. Je zwei andere einander entsprechende Puncte der Kugelfläche liegen auf verschiedenen Seiten dieses k.

2) Die zwei Figuren sind in Involution.

3) Je zwei Paare entsprechender Puncte liegen in einem Kreise. Ein solcher Kreis entspricht sich selbst und schneidet den Kreis k rechtwinklig. Umgekehrt entsprechen sich alle Puncte eines den k rechtwinklig schneidenden Kreises paarweise, und somit der Kreis sich selbst.

Weitere Folgerungen. 4) Sei D einer der beiden Pole des k, so entspricht jeder durch D gelegte Hauptkreis sich selbst, weil er den k rechtwinklig schneidet; er enthält mithin auch den dem D entsprechenden und nach 1) von D verschiedenen Punct D'. Da nun alle durch D gelegten Hauptkreise sich im Gegenpuncte von D schneiden, so ist D' mit diesem Gegenpuncte identisch, und es sind daher die Pole des k zwei einander entsprechende Puncte.

5) Wenn zwei in derselben Ebene enthaltene Systeme von Puncten in Involution sind, so fallen ihre Centralpuncte zusammen. Denn entspricht dem unendlich entfernten Puncte U der Ebene, als einem Puncte des zweiten Systemes, der Punct M im ersten, so entspricht auch dem U, als einem Puncte des ersten Systemes, der Punct M im zweiten.

Diesem Satze gemäss hat ein System von Puncten, welche in einem durch die Pole D und D' gehenden Hauptkreise oder Meridiane begriffen sind, mit dem ihm entsprechenden und daher in demselben Meridiane, also mit dem vorigen in einerlei Ebene enthaltenen Systeme einen gemeinsamen Centralpunct M, den wir jetzt zu bestimmen suchen wollen.

6) Heissen F und G die Durchschnitte des in Betracht gezogenen Meridians mit dem Kreise k (vergl. Fig. 8), so ist, weil jeder dieser zwei Puncte nach 1) sich selbst entspricht, das Dreieck MFG dem MGF ähnlich (§. 9), folglich MFG ein gleichschenkliges Dreieck, und M ein Punct der Axe DD'.

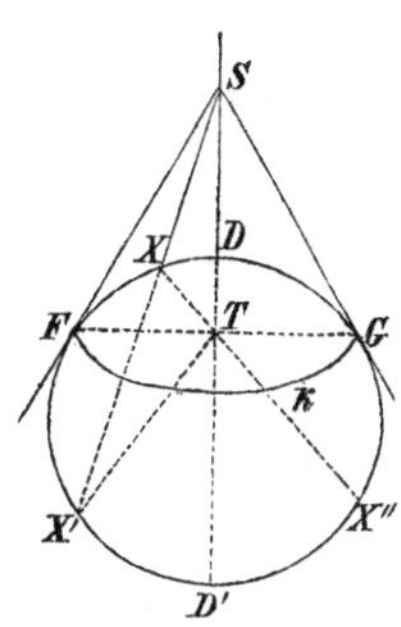

Fig. 8.

Die Bestimmung von M in DD' ist aber zweideutig, jenachdem man nämlich die gleichnamigen Sinne der zwei in derselben Ebene einander entsprechenden Systeme entweder einerlei, oder einander entgegengesetzt annimmt, und wonach zu jedem Puncte X der Meridianebene der entsprechende X' so zu bestimmen ist, dass die Dreiecke MFX und $MX'F$ einander ähnlich ähnlich und entweder stets einerlei, oder stets verschiedenen Sinnes werden (§. 9), X' selbst aber nur dann unzweideutig sich ergibt, wenn, wie gegenwärtig, X, und damit auch X', ein Punct des Meridians ist.

7) Nun sind die Sinne der Dreiecke MFG und MGF stets einander entgegengesetzt, wo auch M in der Axe DD' liegen mag, den einzigen Fall ausgenommen, wenn M der Durchschnitt T von DD' mit FG ist, da durch drei in einer Geraden liegende Puncte T, F, G ein Sinn der Ebene nicht ausgedrückt wird. Bei der ersten der zwei vorhin gemachten Annahmen, dass nämlich die Sinne der Dreiecke MFX und $MX'F$ stets einerlei sein sollen, muss folglich M mit T coïncidiren.

8) Bei der zweiten der vorigen Annahmen sind dieselben einander ähnlichen Dreiecke entgegengesetzten Sinnes, folglich der Winkel

$$FMX' = -XMF = FMX \ ,$$

folglich

$$XMX' = 0 \ ,$$

und es liegen daher X und X' mit M in einer Geraden. Ist aber X ein dem F unendlich naher Punct des Meridians, so ist, weil F sich selbst entspricht, auch X' ein solcher, und die Gerade XX' wird eine Tangente des Meridians. Der Ort von M für die zweite Annahme, welcher S heisse, ist folglich der Durchschnitt der in F an den Meridian gelegten Tangente mit DD'.

9) Die Puncte T und S kann man auch als den Mittelpunct des Kreises k und als die Spitze der die Kugelfläche in demselben Kreise berührenden Kegelfläche definiren, und es erhellt aus dem Voranstehenden, wie man mittelst des einen oder des anderen dieser zwei Puncte für jeden Punct X eines jeden Meridians, d. i. für jeden Punct X der Kugelfläche, den entsprechenden X' leicht finden kann. — Mit Hülfe von T geschieht dieses, wenn man, wegen der Aehnlichkeit und der Gleichsinnigkeit der Dreiecke TDX und $TX'D'$, in der Meridianebene des X den Winkel

$$D'TX' = XTD$$

macht, oder, was auf dasselbe hinauskommt, wenn man den zweiten Durchschnitt X'' von XT mit der Kugelfläche bestimmt und im Hauptkreise DX den Bogen

$$DX' = X''D$$

macht. Und denselben Punct X' erhält man mittelst S noch einfacher als zweiten Durchschnitt von SX mit der Kugelfläche.

10) Liegen die Puncte X, Y, ... der Kugelfläche in einem Kreise, so sind auch X', Y', ... in einem solchen enthalten, wegen der Kreisverwandtschaft beider Systeme; und da zu Folge der eben

gemachten Construction X' und X'', und eben so Y' und Y'', u. s. w. gegen die Axe DD' eine symmetrische Lage haben, so liegen X'', Y'', ... in einem dem $X'Y'$... gleichen Kreise. Bezeichnen wir daher die drei Systeme, zu denen die Puncte X, X', X'' gehören, resp. mit σ, σ', σ'', so sind, ebenso wie σ und σ', auch σ und σ'' kreisverwandt, und überdies auch in Involution, da dem X'', als einem Puncte des σ, der Punct X in σ'' entspricht.

11) Für die zwei Systeme σ und σ'' sind T und S gleichfalls die beiden Centralpuncte, jedoch mit Vertauschung ihrer vorigen Rollen. Denn bedeuten X, Y zwei Puncte eines Meridiankreises, so sind in dessen Ebene die Dreiecke TXY und $TY''X''$ einander ähnlich und verschiedenen Sinnes, dagegen die Dreiecke SXY und $SY''X''$ einander ähnlich und einerlei Sinnes. Auch unterscheidet sich die Verwandtschaft zwischen σ und σ'' von der zwischen σ und σ' noch dadurch, dass in jedem Meridiane bei letzterer von gewissen zwei Puncten (F und G) ein jeder sich selbst entspricht, bei ersterer aber es keinen sich selbst entsprechenden Punct gibt.

Dass übrigens durch T und S der Durchmesser DD' harmonisch getheilt wird, ist ohne Weiteres einleuchtend, und ich setze nur noch hinzu, dass, sowie S die Spitze einer die Kugel in einem Kreise, dessen Mittelpunct T, berührenden Kegelfläche ist, T als die Spitze einer imaginären Kegelfläche angesehen werden kann, welche die Kugel in einem imaginären Kreise, dessen Mittelpunct S ist, berührt, und dass die Summe der Quadrate der Halbmesser beider Kreise gleich $-ST^2$ ist.

12) Projicirt man, sei es von S, oder von T aus, als Centrum, einen Kugelkreis auf die Kugelfläche selbst, so erhält man nach 9) wiederum einen Kreis. Dies gibt, weil nach der verschiedenen Annahme des Kreises k der Punct S jeder beliebige ausserhalb, und der Punct T jeder beliebige innerhalb der Kugelfläche sein kann, den bemerkenswerthen Satz: *Ist von den zwei Schnitten einer Kegelfläche mit einer Kugelfläche der eine ein Kreis, so ist es auch der andere.*

Man kann hieraus noch folgern, *dass, wenn durch zwei Kreise, deren Ebenen nicht parallel sind, eine Kegelfläche beschrieben werden kann, sie auch in einer Kugelfläche liegen, und umgekehrt.*

Kreisverwandtschaft zwischen Figuren im Raume überhaupt.

§. 32. Unter der Annahme, dass die Kreisverwandtschaft auch auf den Raum von drei Dimensionen ausgedehnt werden kann, so dass, wenn bei zwei solchen Räumen irgend vier Puncte des einen in einem Kreise liegen, immer auch die vier entsprechenden des anderen in einem Kreise begriffen sind, können wir, ohne noch die Realität dieser Annahme erwiesen zu haben (vergl. unten §. 35), mit Hülfe der im Vorigen für kreisverwandte sphärische Figuren gefundenen Eigenschaften auf nachstehende Eigenschaften der Kreisverwandtschaft im Raume schliessen.

1) Liegen fünf Puncte A, B, C, D, E des einen Raumes r in einer Kugelfläche α, so lässt sich auch durch die entsprechenden fünf Puncte A', B', C', D', E' des anderen r' eine Kugelfläche beschreiben; *es entspricht daher jeder Kugelfläche des einen Raumes eine Kugelfläche im anderen.*

Beweis. Man beschreibe die Kreise ABC und ADE, die sich, als zwei in α enthaltene Kreise, ausser in A noch in einem Puncte F dieser Fläche schneiden werden. Unter der gemachten Annahme werden mithin auch A', B', C', F' und A', D', E', F' in Kreisen liegen. Beschreibt man daher durch A', B', C', D' eine Kugelfläche, so liegt in dieser auch F', nämlich als Punct des Kreises $A'B'C'$; in derselben Fläche liegt folglich auch der Kreis $A'D'F'$, mithin auch der Punct E', als ein Punct des letzteren Kreises.

2) Da hiernach der durch irgend vier Puncte in r zu beschreibenden Kugelfläche die durch die entsprechenden vier Puncte in r' bestimmte Kugelfläche nach dem Gesetze der Kreisverwandtschaft entspricht, so ist nach §. 27 jedes zwischen vier Puncten des einen Raumes stattfindende Doppelverhältniss dem von den entsprechenden vier im anderen Raume gebildeten gleich. Und dasselbe gilt auch von Doppelwinkeln, wenn diese in derselben Bedeutung wie auf Kugelflächen (ebend.) genommen werden; d. h. *je zweien sich in zwei Puncten schneidenden Kreisen des Raumes r entsprechen in r' zwei Kreise, welche sich in zwei Puncten unter denselben Winkeln wie erstere schneiden.*

3) Wenn A, B, C, also auch, wenigstens im Allgemeinen, A', B', C' einander unendlich nahe liegen, so sind die Dreiecke ABC und $A'B'C'$ einander ähnlich, da sie als Elemente zweier

kreisverwandter Kugelflächen angesehen werden können (§. 27). Mithin sind auch je zwei entsprechende nach allen Dimensionen unendlich kleine Tetraëder einander ähnlich, indem die vier das eine begrenzenden Dreiecke den entsprechenden vier Dreiecken des anderen ähnlich sind. *Ueberhaupt also sind je zwei kreisverwandte räumliche Figuren, ebenso wie ebene und sphärische, in ihren kleinsten Theilen einander ähnlich.*

4) Hieraus folgt noch, dass die Winkel, unter denen sich in dem einen Raume zwei Kreise, — wenn auch nur in einem Puncte —, oder ein Kreis und eine Kugelfläche, oder zwei Kugelflächen schneiden, den Winkeln gleich sind, unter denen sich die entsprechenden Kreise und Kugelflächen im anderen Raume schneiden.

§. 33. Die in §. 3 in Bezug auf kreisverwandte ebene Figuren gemachten Schlüsse gelten, wie man leicht wahrnimmt, unverändert auch bei räumlichen Figuren, und es müssen daher, wenn die Kreisverwandtschaft mit der Aehnlichkeit nicht zusammenfallen soll, gewissen zwei endlich entfernten Puncten in r und r' — den Centralpuncten M und N' dieser Räume — zwei unendlich entfernte M' und N in r' und r nach unbestimmt bleibenden Richtungen entsprechen.

Hiernach entspricht der Kugelfläche $MABN$ die Kugelfläche $M'A'B'N'$, d. i. jeder durch M gelegten Ebene eine durch N' gehende Ebene, und ebenso jeder Geraden durch M eine Gerade durch N', und umgekehrt; wobei zugleich einleuchtet, dass von je zwei durch M und N' gelegten einander entsprechenden Ebenen die Centralpuncte, die ihnen für sich, als Ebenen, deren Puncte in kreisverwandter Beziehung stehen, zukommen, mit den Centralpuncten M und N' der beiden Räume identisch sind.

In Verbindung mit §. 9 folgt hieraus, dass für je zwei Paare entsprechender Puncte in r und r', wie A und A', B und B', die Dreiecke MAB und $N'B'A'$ einander ähnlich sind, dass mithin, wie bei zwei ebenen kreisverwandten Systemen von Puncten, so auch bei zwei räumlichen je zwei der Linien $N'A'$, $N'B'$, $N'C'$, ... Winkel von derselben Grösse mit einander bilden, wie die entsprechenden unter den Linien MA, MB, MC, ..., und dass erstere Linien den letzteren umgekehrt proportional sind.

§. 34. Soll daher zu einem Systeme von Puncten A, B, C, ... im Raume r ein ihm kreisverwandtes System in r' construirt werden, und werden dabei noch die Centralpuncte M und N' beider Räume als gegeben vorausgesetzt, so ziehe man durch N' gerade Linien a', b', c', ... nach solchen Richtungen, dass das System a', b', c', ... dem von den Richtungen MA, MB, MC, ... gebildeten gleich wird, dass also das eine System entweder geradezu, oder nach Verwandlung seiner Richtungen in die entgegengesetzten, mit dem anderen zur Deckung gebracht werden kann. Man nehme hierauf A' in a' willkürlich und bestimme dann B' in b', C' in c', u. s. w. dergestalt, dass auch hinsichtlich der durch die Richtungen bestimmten Vorzeichen, sich

$$N'B' : N'A' = MA : MB \ , \qquad N'C' : N'A' = MA : MC \ ,$$

u. s. w. verhält.

Dass nun das auf solche Weise erhaltene System A', B', C', ... dem gegebenen A, B, C, ... in der That kreisverwandt ist, lässt sich auf nachstehende Weise darthun. — In Folge der Construction sind die Dreiecke $N'B'A'$, $N'C'B'$, $N'D'C'$, $N'A'D'$ resp. den Dreiecken MAB, MBC, MCD, MDA ähnlich. Hieraus fliesst ebenso, wie in §. 10, *d*, die Gleichheit der Doppelverhältnisse $(ABCD)$ und $(A'B'C'D')$, d. i. die Gleichheit je zweier Doppelverhältnisse zwischen entsprechenden Puncten. Liegen daher die Puncte A, B, C, D in dieser Folge in einem Kreise, und ist mithin

$$(ABDC) + (ADBC) = 1$$

(§. 26, *a*), so besteht dieselbe Gleichung auch zwischen A', B', C', D', woraus wir schliessen (§. 26, *d*), dass, wie es die Kreisverwandtschaft erfordert, auch letztere vier Puncte in der genannten Folge in einem Kreise enthalten sind.

§. 35. Zusätze. *a*) Wie man sieht, ist hierdurch zugleich die Realität der Kreisverwandtschaft im Raume bewiesen (§. 32), sowie auch der den Sätzen in §. 26, *c* und §. 27 analoge Satz, *dass die Kreisverwandtschaft im Raume durch die Gleichheit entsprechender Doppelverhältnisse definirt werden kann.*

Da ferner bei zwei Systemen, deren jedes aus vier nicht in einer Ebene liegenden Puncten besteht, durch die vier Puncte eines jeden sich eine Kugelfläche beschreiben lässt, und aus der Gleichheit entsprechender Doppelwinkel in beiden Systemen auf die Kreisverwandtschaft (§. 27) und damit auf die Gleichheit der Doppelverhältnisse beider Systeme geschlossen werden kann, *so muss die im Früheren für ebene und sphärische Figuren erwiesene Definition der Kreisverwandtschaft durch Gleichheit entsprechender Doppelwinkel auch für räumliche Figuren Geltung haben.*

b) Bei der in §. 34 ausgeführten Construction bleiben folgende Stücke des Systemes in r' der Willkür überlassen: 1) der Ort von A'; 2) die durch $N'A'$ zu legende Ebene, in welcher B' enthalten sein soll; 3) die Seite der Linie $N'A'$ in dieser Ebene, auf welcher B', und 4) die Seite dieser Ebene selbst, auf welcher C' liegen soll. Nachdem man aber die Wahl über diese vier Stücke getroffen hat, ist das System in r' vollkommen bestimmt. Denn mit den drei ersten Stücken und dem Winkel AMB, welchem der Winkel $A'N'B'$ gleich ist, ist die Richtung $N'B'$ bestimmt, und mit dieser Richtung ist es der Ort von B' durch die Proportion

$$MB : MA = N'A' : N'B' .$$

Mit dem vierten Stücke und den Winkeln AMC und BMC ergibt sich hierauf die Richtung von $N'C'$, indem der von $N'A'$, $N'B'$, $N'C'$ gebildete körperliche Winkel dem von MA, MB, MC gebildeten gleich sein muss; die Länge von $N'C'$ aber folgt aus einer der vorigen analogen Proportion. Ebenso, wie C', lässt sich dann auch jeder der übrigen Puncte, z. B. D', unzweideutig finden, da, jenachdem C und D auf einerlei oder verschiedenen Seiten der Ebene MAB sind, auch C' und D' auf einerlei oder verschiedenen Seiten der Ebene $N'A'B'$ liegen müssen, und somit die Seite letzterer Ebene, auf welcher D' liegt, bestimmt ist.

c) Sind in r' ausser dem Centralpuncte N' noch die Stücke 1) und 2), d. i. der Punct A' und die Ebene $N'A'B'$, nicht aber auch die Bestimmungen 3) und 4) gegeben, so kann man in r' *vier* verschiedene Systeme construiren, deren jedes mit dem gegebenen in r kreisverwandt ist. Denn den Punct B' kann man in der Ebene $N'A'B'$ sowohl rechter, als linker Hand von der Geraden $N'A'$, und den Punct C' sowohl vor, als hinter derselben Ebene annehmen.

§. 36. Es ist nicht schwer, bei der in §. 34 gezeigten Construction eines einem gegebenen Systeme kreisverwandten Systemes die zu treffenden Abänderungen anzugeben, wenn nicht mehr die Centralpuncte des einen und des anderen unter die gegebenen Stücke gehören, oder, was auf dasselbe hinauskommt, wenn die den gegebenen Puncten M und N' entsprechenden Puncte M' und N endlich entfernt liegen, und daher jetzt noch gegeben sein müssen, da sie auch vorher in ihrer unendlichen Entfernung als zwei gegebene Puncte zu betrachten waren.

Um diese allgemeinere Aufgabe zu lösen, construire man zunächst ein System von Kreisen $M'A'N'$, $M'B'N'$, $M'C'N'$, u. s. w., von denen sich je zwei in M' und N' unter denselben Winkeln, wie die zwei entsprechenden unter den Kreisen MAN, MBN, MCN, u. s. w. in M und N, schneiden. Zu dem Ende lege man an letztere Kreise in M die geradlinigen Tangenten a, b, c, ... und bestimme die positive Richtung einer jeden übereinstimmend mit der Richtung, welche das Element des von ihr berührten Kreises in M, gemäss dem durch die Aufeinanderfolge der drei Buchstaben (MAN, u. s. w.) ausgedrückten Sinne des Kreises, hat. Man construire hierauf, wie in §. 34, ein dem Systeme der sich in M schneidenden Richtungen a, b, c, ... gleiches System durch den Punct M' gehender Richtungen a', b', c', ... Das System von Kreisen, welche, durch M' und N' gehend, in M' die a', b', c', ... berühren und somit vollkommen bestimmt sind, — dieses System wird, wenn man noch die Sinne der Kreise übereinstimmend mit den Richtungen der Tangenten a', b', c', ... in M' annimmt, das verlangte sein.

Weil die Sinne letzterer Kreise auch durch die Folgen $M'A'N'$, $M'B'N'$, u. s. w. ausgedrückt werden, so ist mit dem Sinne eines jeden zugleich noch bestimmt, auf welcher Seite der gemeinschaftlichen Sehne $M'N'$ im ersten der Punct A', im zweiten der Punct B', u. s. w. liegen muss.

Der Punct A' kann im ersten Kreise auf der ihm zugehörigen Seite der Sehne $M'N'$ beliebig genommen werden. Wird alsdann das Verhältniss

$$\frac{M'A'}{A'N'} : \frac{MA}{AN} = \alpha$$

gesetzt, so hat man zufolge der auch im Raume stattfindenden Gleichheit der Doppelverhältnisse zwischen entsprechenden Puncten

$$\frac{M'B'}{B'N'} = \alpha \cdot \frac{MB}{BN}, \qquad \frac{M'C'}{C'N'} = \alpha \cdot \frac{MC}{CN},$$

u. s. w.

Hiermit aber lassen sich die Puncte B', C', ..., da noch die Seiten von $M'N'$ bekannt sind, auf welchen sie in ihren Kreisen $M'B'N'$, u. s. w. liegen müssen, unzweideutig finden, und die vorgesetzte Aufgabe ist daher gelöst.

§. 37. Zählen wir noch, wie in §. 35, b, die Stücke auf, welche bei der eben gemachten Construction nach Willkür bestimmt werden können. Sie sind, wenn wir von dem Systeme in r' gar nichts als gegeben voraussetzen:

I) die Puncte M', N' und A', wodurch zugleich der Kreis $M'A'N'$, die ihn in M' berührende Gerade a', und durch die letztgenannte Folge der drei Puncte die positive Richtung von a' gegeben sind;

II) die durch a' gehende Ebene, in welcher b' liegen soll, oder die Ebene $a'b'$. Weil a' und b' die Kreise $M'A'N'$ und $M'B'N'$ in M' berühren, so berührt diese Ebene die Kugelfläche $M'A'N'B'$, welche s' heisse, in M'. Der Mittelpunct von s' ist der gegenseitige Durchschnitt der Axe des Kreises $M'A'N'$ und des in M' auf der Ebene $a'b'$ errichteten Perpendikels; denn beide Linien sind Axen von s'. Hiernach ist mit dem Kreise $M'A'N'$ und der Ebene $a'b'$ zugleich s' gegeben, und es kann daher als zweites Stück statt der Ebene $a'b'$ auch die Kugelfläche s' genommen werden;

III) die Seite von a' in der Ebene $a'b'$, auf welcher der positive Theil der Richtung c' fallen soll, oder — weil der von M' durch B' bis N' gehende Kreisbogen (vergl. Fig. 9) und der positive Theil seiner Tangente b' auf einerlei Seite der Ebene $M'A'N'a'$ fallen — die Bestimmung, in welchem der zwei Theile der durch den Kreis $M'A'N'$ getheilten Kugelfläche s' der Punct B' liegen soll;

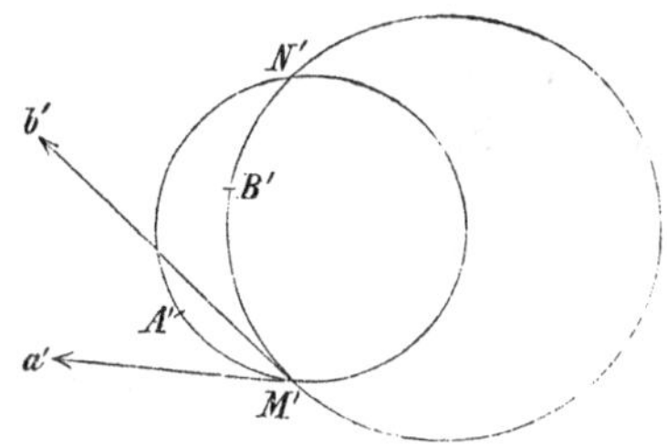

Fig. 9.

IV) die Seite der Ebene $a'b'$, auf welche der positive Theil der Richtung c' fallen soll, die Bestimmung also, ob dieser Theil bei seinem Ausgange von M' zunächst in die von $a'b'$ in M' berührte Kugel s' eindringen soll, oder nicht, oder — weil bei stattfindendem Eindringen, und nur dann, der von M' durch C' bis N' gehende Bogen im Innern von s' begriffen ist — die Bestimmung, ob C' innerhalb oder ausserhalb der Kugelfläche s' liegen soll.

§. 38. Zusätze und Folgerungen. *a*) Dass die unter I) bis IV) aufgezählten Stücke nach Willkür angenommen werden können, so dass nicht mittelst einiger derselben die übrigen in Folge der kreisverwandtschaftlichen Beziehungen zwischen beiden Figuren sich finden lassen, dies ist mit Rücksicht auf dasjenige, was bereits in §. 34 und §. 35, *b* über die Construction des einem gegebenen Systeme in einem Puncte sich schneidender Richtungen gleichen Systems bemerkt worden, ohne Weiteres einleuchtend. Soll daher zu einem gegebenen Systeme im Raume ein kreisverwandtes construirt werden, und sind für irgend drei Puncte M, N, A des ersteren die ihnen entsprechenden M', N', A' des letzteren gegeben, so reichen diese noch nicht hin, um zu den übrigen Puncten des ersteren die entsprechenden des letzteren zu finden. Wollte man dagegen die irgend vier Puncten des ersteren Systems entsprechenden Puncte des letzteren willkürlich gegeben sein lassen, so wären der gegebenen Stücke zu viel, da zwischen diesen vier Puncten sich Doppelverhältnisse und Doppelwinkel bilden, welche den entsprechenden im ersteren Systeme gleich sein müssen. Wohl aber kann man alle auf M', N', A' folgenden Puncte B', C', ... des zweiten Systemes unzweideutig finden, wenn nächst jenen drei Puncten noch eine durch sie gehende Kugelfläche s', die einer gewissen durch M, N, A gehenden, etwa der noch den Punct B enthaltenden, Kugelfläche s entspricht, und ausserdem noch die zwei bloss Lagenverhältnisse betreffenden Stücke III) und IV) gegeben sind.

b) Sind nicht zugleich letztere zwei Stücke, sondern bloss die drei Puncte M', N', A' und die Kugelfläche s' gegeben, so lassen sich damit ähnlicherweise, wie in §. 35, *c*, vier verschiedene Systeme construiren. Bezeichnet man nämlich die der s' entsprechende Kugelfläche $MANB$ mit s, die zwei Theile, in welche die Fläche s (s') durch den Kreis MNA ($M'N'A'$) getheilt wird, mit α und β (α' und β'), die von s und s' eingeschlossenen Räume mit γ und γ', die ausserhalb s und s' befindlichen Räume mit δ und δ', so kann man den Puncten in α und β entweder die Puncte in α' und β', oder die in β' und α', und dabei jedesmal den Puncten in γ und δ entweder die Puncte in γ' und δ', oder die in δ' und γ' entsprechend setzen.

c) Zu einem gegebenen Systeme von Puncten im Raume lassen sich daher immer noch drei andere ihm kreisverwandte construiren, dergestalt, dass erstens drei gewisse Puncte M, N, A des Systemes mit den ihnen in jedem der drei anderen Systeme entsprechenden Puncten identisch sind, und damit auch jeder andere Punct des Kreises MNA, welcher k heisse, mit den drei ihm entsprechenden zusammenfällt, und dass zweitens eine gewisse durch M, N, A gehende Kugelfläche s in jedem der drei anderen Systeme sich selbst zur entsprechenden hat. Den vorhin mit α, β, γ, δ bezeichneten Flächen und Räumen des gegebenen Systemes können nämlich in dem zu construirenden entweder

$$\beta,\ \alpha,\ \gamma,\ \delta,\quad \text{oder}\quad \beta,\ \alpha,\ \delta,\ \gamma,\quad \text{oder}\quad \alpha,\ \beta,\ \delta,\ \gamma$$

entsprechend gesetzt werden.

Eine nähere mit keiner Schwierigkeit verbundene Untersuchung dieser drei Fälle, wobei ich von der Betrachtung in §. 31 ausging, hat mich zu nachstehenden Resultaten geführt.

Das gegenseitige Entsprechen der Puncte ist in jedem der drei Fälle ein involutorisches. Die zwei Systeme haben daher stets einen gemeinschaftlichen Centralpunct (vergl. §. 31, 5). Bezeichnen wir diesen mit O und einen beliebigen Punct des Kreises k mit E, so ist in jedem der drei Fälle für je zwei einander entsprechende Puncte X und X'

$$OX . OX' = OE^2 .$$

Im ersten Falle ist O die Spitze des Kegels, welcher die Kugel s im Kreise k berührt; X und X' liegen mit O in einer Geraden und auf einerlei Seite von O.

Im zweiten Falle ist O der Mittelpunct des Kreises k, und der Winkel XOX' wird von der Ebene dieses Kreises rechtwinklig halbirt.

Im dritten Falle ist O der Mittelpunct der Kugel s; X und X' aber liegen, wie im ersten, mit O in einer Geraden und auf einerlei Seite von O.

d) Zwei kreisverwandte Systeme $A, B, C, \ldots$ und $A', B', C', \ldots$ im Raume können immer in eine solche Lage gegen einander gebracht werden, dass erstens die Centralpuncte beider in einem Puncte O zusammenfallen, und somit die Producte $OA . OA'$, $OB . OB'$, $OC . OC'$, u. s. w. von gleicher Grösse sind, die man gleich c^2 setze; und dass zweitens von zwei Paaren entsprechender Puncte A und A', B und B' die zwei Puncte eines jeden mit O in einer Geraden und darin auf einerlei Seite von O liegen. Alsdann werden die zwei Puncte aller übrigen Paare C und C', D und D', u. s. w. entweder dieselbe Lage gegen O, wie die jener zwei ersteren, haben, oder es werden alle die Winkel COC', DOD', u. s. w. von der Ebene $OAA'BB'$ rechtwinklig halbirt werden.

Im ersteren dieser zwei Fälle entspricht jeder Punct der um O als Mittelpunct mit c als Halbmesser beschriebenen Kugelfläche, und kein anderer, sich selbst. Nächstdem entspricht ausser dieser Kugelfläche noch jede andere sie rechtwinklig schneidende Kugelfläche, und keine andere, sich selbst. — Im letzteren Falle sind es die Puncte des um O mit c in der Ebene OAB zu beschreibenden Kreises, so wie die durch diesen Kreis zu legenden Kugelflächen, welche sich selbst entsprechen.

Von den aus der Kreisverwandtschaft entspringenden Aufgaben.

§. 39. Der Hauptnutzen, den die Lehre von den Verwandtschaften der Figuren gewährt, besteht unstreitig darin, dass, wenn zwei Systeme von Puncten, als in einer gewissen Verwandtschaft zu einander stehend, bewiesen werden sollen, es nicht nöthig ist, für jedes Stück des einen Systems, welches eben dieser Verwandtschaft willen dem entsprechenden Stücke des anderen Systems gleich sein muss, diese Gleichheit besonders darzuthun, sondern dass immer aus einer viel geringeren Anzahl ν solcher Gleichheiten auf die Gleichheit je zweier der übrigen einander entsprechenden Stücke geschlossen werden kann, und dass daher zu Folge jeder Verwandtschaft bei einem Systeme von n Puncten aus irgend ν von einander unabhängigen Stücken, welche von einer durch die jedesmalige Verwandtschaft bedingten Beschaffenheit sind, alle übrigen Stücke von derselben Beschaffenheit gefunden werden können, indem man nämlich ein zweites System von n Puncten construirt, in welchem die ν Stücke, welche den ν gegebenen entsprechen, von gleicher Grösse mit den gegebenen sind. — Dabei ist ν eine von der Zahl n, von der Art der Verwandtschaft und von dem Umstande, ob das System in einer Geraden, oder in einer Ebene, oder im Raume enthalten ist, abhängige Zahl.

Aus jeder Verwandtschaft entspringt demnach eine besondere Classe geometrischer Aufgaben. Im zweiten Abschnitte meines «barycentrischen Calculs» habe ich die Classen von Aufgaben, welche aus den fünf dort behandelten Verwandtschaftsarten hervorgehen, einzeln aufgeführt. Dass nun auch die Kreisverwandtschaft zu einer besonderen Classe von Aufgaben hinleitet, dies folgt im Betreff ebener Figuren sogleich aus dem Satze (§. 19), dass, wenn zu einem Systeme von n Punkten $A, B, C, D, E, \ldots$ in einer Ebene ein ihm kreisverwandtes $A', B', C', D', E', \ldots$ construirt werden soll, die drei Puncte A', B', C' willkürlich angenommen werden können, und dass es hinreicht, wenn für jeden der $n-3$ übrigen Puncte $D', E', \ldots$ zwei Doppelwinkel,

für D' die Doppelwinkel $ABCD$ und $ACBD$,
für E' die Doppelwinkel $ABCE$ und $ACBE$,

u. s. w. gegeben sind. Hat man aber mit diesen $2n-6$ Doppelwinkeln das kreisverwandte System construirt, so hat man damit zugleich alle übrigen Doppelwinkel und alle Doppelverhältnisse des ursprünglichen Systems gefunden, indem diese Grössen in beiden

Systemen gleiche Werthe haben. Wenn man daher Doppelwinkel und Doppelverhältnisse, als Grössen, deren jede durch vier Puncte bestimmt wird, unter dem gemeinsamen Namen Quaternionen begreift, so müssen von jenen $2n-6$ Doppelwinkeln alle übrigen Quaternionen des Systems als Functionen darstellbar sein. Man wird folglich, indem man $2n-5$ Quaternionen des Systems als Functionen jener $2n-6$ Doppelwinkel ausdrückt und aus diesen $2n-5$ Gleichungen letztere Doppelwinkel eliminirt, zwischen den $2n-5$ Quaternionen wenigstens eine Gleichung erhalten, und zwar nur eine, wenn je $2n-6$ derselben von einander unabhängig sind.

Bei einem Systeme von n Puncten in einer Ebene können demnach, wenn von den durch sie gebildeten Quaternionen irgend $2n-6$ von einander unabhängige gegeben sind, alle übrigen Quaternionen gefunden werden.

§. 40. Ein anderer Beweis dieses Satzes, der uns zugleich zu der möglich einfachsten Lösung der aus dem Satze entspringenden Aufgaben führen wird, ist folgender.

Man denke sich zu dem Systeme der n Puncte A, B, ... L, M ein ihm kreisverwandtes A', B', ... L', M' hinzu und nehme an, dass einer der n Puncte des letzteren — es sei M' — unendlich entfernt liege. Jeder Quaternion des ersteren Systems, welche den Punct M enthält, wird alsdann im letzteren eine ihr gleiche Ternion, d. i. eine schon durch drei Puncte bestimmte Grösse, entsprechen, indem z. B. der Doppelwinkel

$$MCBA = CMAB = BAMC = ABCM$$

gleich dem einfachen Winkel $A'B'C'$, und das Doppelverhältniss

$$(MCBA) = (CMAB) = (BAMC) = (ABCM)$$

gleich dem einfachen Verhältnisse $A'B' : B'C'$ wird. Eben so ist umgekehrt jede Ternion von einer dieser beiden Formen im zweiten Systeme einer den Punct M enthaltenden Quaternion im ersten gleich. Die Aufgabe: bei einem ebenen Systeme von n Puncten A, B, ... L, M aus x Quaternionen desselben alle übrigen zu finden, wird somit darauf zurückgebracht: bei einem ebenen Systeme von $n-1$ Punkten A', B', ... L' aus x Stücken desselben, welche theils Ternionen, theils Quaternionen und somit Functionen von Ternionen sind, alle übrigen Ternionen des Systems zu finden.

Bekanntlich aber können bei einem ebenen Systeme von $n-1$ Puncten aus $2(n-1)-4$ von einander unabhängigen Verhältnissen zwischen den gegenseitigen Abständen der Puncte, oder aus eben so vielen von solchen Verhältnissen abhängigen Grössen, also aus $2n-6$ Stücken, welche in ihrer einfachsten Form Ternionen von oben bemerkter Beschaffenheit sind, alle übrigen Stücke derselben Art gefunden werden. Es ist dieses nämlich der Satz, welcher der aus der Aehnlichkeit ebener Figuren entspringenden Klasse von Aufgaben zu Grunde liegt (Baryc. Calc. §. 143). Mithin ist

$$x = 2n - 6 \,,$$

und es wird daher auch bei einem ebenen Systeme von n Puncten, von $2n-6$ von einander unabhängigen Quaternionen desselben jede $(2n-5)$te Quaternion abhängig sein. Die Gleichung aber, welche diese Abhängigkeit ausdrückt, wird einerlei sein mit derjenigen, welche zwischen den entsprechenden Stücken des kreisverwandten Systems von $n-1$ endlich gelegenen Puncten statt hat und nach den bekannten Vorschriften der Polygonometrie gefunden wird.

Diese Reduction der durch die Kreisverwandtschaft begründeten Aufgaben auf solche, die aus der Aehnlichkeit der Figuren entspringen, erhellt übrigens auch daraus, dass alle dem Systeme A, B, ... M kreisverwandte und daher auch einander kreisverwandte Systeme A', B', ... M' durch die Bedingung, dass bei allen der Punct M' unendlich entfernt liegen soll, einander ähnlich werden (§. 5).

§. 41. Um hiernach aus irgend $2n-6$ von einander unabhängigen Quaternionen eines Systems von n Puncten A, ..., L, M in einer Ebene irgend eine $(2n-5)$te desselben zu finden, oder, was dasselbe sagt, um die zwischen den $2n-5$ Quaternionen bestehende Relation zu ermitteln, können wir, die in §. 40 zunächst auf das System A', ..., L' sich beziehende Lösung auf das System A, ..., L, M selbst übertragend und mit letzterem operirend, als ob es das erstere wäre, folgende Regeln aufstellen:

1) In jeder der $2n-5$ Quaternionen, welche den Punct M enthält, bringe man denselben, wenn er nicht bereits die vierte Stelle einnimmt, durch Versetzung der vier Puncte ohne Aenderung des Werthes der Quaternion an die vierte Stelle (vergl. §. 40), lasse hierauf M weg und verwandele damit die Quaternion in eine Ternion, nämlich den Doppelwinkel $ABCM$ in den einfachen Winkel ABC, und das Doppelverhältniss $(ABCM)$ in das einfache $AB:BC$.

2) Jede der Quaternionen, in welcher M nicht vorkommt, drücke man durch zwei Ternionen aus, wie etwa $ABCD$ durch $ABC+CDA$, und $(ABCD)$ durch $(AB:BC)\,(CD:DA)$.

3) Man suche die Relation, welche bei dem Systeme von $n-1$ Puncten A, B, ..., L zwischen den $2n-5$ theils in Ternionen

verwandelten, theils durch solche ausgedrückten Quaternionen besteht. *Dann wird dieselbe Beziehung auch zwischen den* $2n-5$ *von den* n *Puncten* A, B, ..., L, M *gebildeten Quaternionen statt haben.*

§. 42. Der kleinste Werth, den die Zahl n hierbei haben kann, ist 4, wodurch

$$2n-5=3$$

wird. Bei einem Systeme von 4 Puncten wird daher aus je zwei von einander unabhängigen Quaternionen jede dritte sich finden lassen. In der That sind hier die Relationen zwischen

$$ABCD\ ,\quad BCAD\ ,\quad CABD\ ,\quad (ABCD)\ ,\quad (BCAD)\ ,\quad (CABD)\ ,$$

als worauf sich alle übrigen Quaternionen zwischen A, ..., D zurückführen lassen, einerlei mit den Relationen zwischen den durch Weglassung von D hervorgehenden Winkeln und Verhältnissen

$$ABC\ ,\quad BCA\ ,\quad CAB\ ,\quad AB:BC\ ,\quad BC:CA\ ,\quad CA:AB\ ;$$

und man weiss aus der Trigonometrie, dass zwischen je dreien dieser sechs Stücke des Dreiecks ABC eine Relation besteht (vergl. §. 16).

Für $n=5$ wird

$$2n-5=5\ ,$$

und man wird daher bei einem Fünfeck A, B, C, D, E zwischen je fünf Quaternionen desselben wenigstens eine Relation angeben können.

Werde z. B. die Relation zwischen den fünf Doppelwinkeln

$$BCDE=\alpha\ ,\qquad CDEA=\beta\ ,\qquad DEAB=\gamma\ ,$$
$$EABC=\delta\ ,\qquad ABCD=\varepsilon$$

verlangt. — Durch Weglassung des Punktes E wird

$$\alpha=BCD\ ,\qquad \beta=DCAE=DCA\ ,\qquad \gamma=ABDE=ABD\ ,$$
$$\delta=CBAE=CBA\ ,\qquad \varepsilon=ABC+CDA=-\delta+CDA\ ,$$

und unsere Aufgabe ist somit darauf zurückgebracht: beim Viereck $ABCD$ die Relation zwischen den fünf Winkeln BCD, DCA, ABD, CBA, CDA zu finden.

Folgendergestalt dürfte diese Relation sich am einfachsten entwickeln lassen. — Es verhält sich

$$BA:AC=\sin BCA:\sin ABC\ ,$$
$$CA:AD=\sin CDA:\sin ACD\ ,$$
$$DA:AB=\sin DBA:\sin ADB\ ,$$

worin, wenn alle Winkel, wie gehörig, nach einerlei Sinne gerechnet werden, die Exponenten aller Verhältnisse positiv sind. Aus der Zusammensetzung dieser Proportionen folgt daher

$$(a)\quad \sin BCA \sin CDA \sin DBA=\sin ABC\,.\,\sin ACD\,.\,\sin ADB\ .$$

Es ist aber (§. 8, 3)

$$BCA = BCD + DCA = \alpha + \beta\ , \qquad CDA = \delta + \varepsilon\ ,$$
$$DBA = -\gamma\ , \qquad ABC = -\delta\ , \qquad ACD = -\beta\ ;$$

ferner ist (§. 8, 4)

$$BAD = ABC + BCD + CDA = \varepsilon + \alpha\ ,$$

und daher (§. 8, 2)

$$ADB = 180^{\circ} - DBA - BAD = 180^{\circ} + \gamma - \varepsilon - \alpha\ ,$$

so wie sich auch alle übrigen von den Seiten und den Diagonalen des Vierecks $ABCD$ gebildeten Winkel als Aggregate von α, β, γ, δ, ε darstellen lassen.

Die Substitution dieser Werthe von BCA, u. s. w. in (a) gibt nun die gesuchte Relation

$$\sin(\alpha + \beta)\sin(\delta + \varepsilon)\sin\gamma + \sin\delta\sin\beta\sin(\varepsilon + \alpha - \gamma) = 0\ ,$$

eine Gleichung, die mit Anwendung der identischen Formel

$$4\sin x\sin y\sin z$$
$$= \sin(y + z - x) + \sin(z + x - y) + \sin(x + y - z) - \sin(x + y + z)\ ,$$

wie sich erwarten liess, symmetrische Gestalt annimmt. Man findet:

$$(A) \qquad \sin(\alpha + \beta + \gamma - \delta - \varepsilon) + \sin(\beta + \gamma + \delta - \varepsilon - \alpha)$$
$$+ \sin(\gamma + \delta + \varepsilon - \alpha - \beta) + \sin(\delta + \varepsilon + \alpha - \beta - \gamma) + \sin(\varepsilon + \alpha + \beta - \gamma - \delta)$$
$$= \sin(\alpha + \beta + \gamma + \delta + \varepsilon)\ .$$

Suchen wir noch die der eben behandelten analoge Aufgabe zu lösen und die zwischen den fünf Doppelverhältnissen

$$(BCDE)\ , \qquad (CDEA)\ , \qquad (DEAB)\ , \qquad (EABC)\ , \qquad (ABCD)$$

obwaltende Relation zu bestimmen.

Durch die ähnlicherweise wie vorhin zu bewerkstelligende Entfernung des E reduciren sich die vier ersten Doppelverhältnisse auf

$$BC : CD\ , \qquad DC : CA\ , \qquad AB : BD\ , \qquad CB : BA\ ,$$

und die gesuchte Relation ist daher identisch mit derjenigen, welche resp. zwischen diesen vier einfachen Verhältnissen und dem Doppelverhältnisse

$$(AB\,.\,CD) : (BC\,.\,DA)$$

bei einem Viereck $ABCD$ statt findet.

Man sieht aber sogleich, dass, wenn die letztere Relation entwickelt wäre, man mit Hülfe derselben aus irgend fünf der sechs Linien, welche die vier Puncte A, B, C, D mit einander verbinden, die sechste würde finden können. Die letztere Relation muss sich daher unmittelbar aus der Gleichung ergeben, die zwischen den sechs Seiten eines vollständigen Vierecks $ABCD$ statt hat. Diese Gleichung ist, wenn man

$$BC = \sqrt{f}\ , \quad CA = \sqrt{g}\ , \quad AB = \sqrt{h}\ ,$$
$$AD = \sqrt{f'}\ , \quad BD = \sqrt{g'}\ , \quad CD = \sqrt{h'}$$

setzt,

$$fgh - (g+h-f)ff' - (h+f-g)gg' - (f+g-h)hh'$$
$$-f(h'-f')(f'-g') - g(f'-g')(g'-h') - h(g'-h')(h'-f') = 0\ ^{*)}.$$

Man setze nun die fünf Verhältnisse $BC : CD$, u. s. w., deren gegenseitige Relation gesucht wird, resp. gleich

$$\frac{1}{\sqrt{a}}\ , \quad \frac{1}{\sqrt{b}}\ , \quad \frac{1}{\sqrt{c}}\ , \quad \frac{1}{\sqrt{d}}\ , \quad \frac{1}{\sqrt{e}}\ ,$$

so wird

$$\frac{h'}{f} = a\ , \quad \frac{g}{h'} = b\ , \quad \frac{g'}{h} = c\ , \quad \frac{h}{f} = d\ , \quad \frac{ff'}{hh'} = e\ ,$$

und damit

$$g = abf\ , \quad h = df\ , \quad f' = adef\ , \quad g' = cdf\ , \quad h' = af\ .$$

Substituirt man endlich diese Werthe für g, h, f', g', h' in obiger Gleichung, so kommt nach Division derselben mit adf^3 die gesuchte zwischen a, b, c, d, e, d. i. zwischen $1:(BCDE)^2$, $1:(CDEA)^2$, u. s. w., bestehende Relation

$$(B) \quad 1 - a - b - c - d - e + ab + bc + cd + de + ea$$
$$+ (1-a)eab + (1-b)abc + (1-c)bcd + (1-d)cde + (1-e)dea$$
$$+ abcde = 0\ .$$

Zusatz. Hinsichtlich der letzteren Formel verdient noch bemerkt zu werden, dass sie zugleich die zwischen den gegenseitigen Abständen von fünf Puncten im Allgemeinen geltende Bedingung darstellt, unter der, wenn vier der fünf Puncte in einer Ebene liegen, auch der fünfte in dieser enthalten ist.

---

*) Denn bezeichnen l, m, n die Cosinus der Winkel BDC, CDA, ADB, so ist

$$g' + h' - f = 2l\sqrt{g'h'}\ , \quad h' + f' - g = 2m\sqrt{h'f'}\ , \quad f' + g' - h = 2n\sqrt{f'g'}$$

und

$$1 - l^2 - m^2 - n^2 - 2lmn = 0\ .$$

Durch Elimination von l, m, n aus diesen vier Gleichungen geht aber die obige zuerst wohl von *Carnot* in seiner *Géométrie de position* entwickelte Gleichung hervor.

In der That, liegen A, B, C, D in einer Ebene, und E ausserhalb derselben, so bestimme man ihr einen Punct E_1 dergestalt, dass

$$(BCDE_1) = (BCDE) = 1 : \sqrt{a}$$

und

$$(CDE_1A) = (CDEA) = 1 : \sqrt{b} \ ,$$

dass mithin

$$(1) \qquad DE_1 : E_1B = DE : EB$$

und

$$(2) \qquad DE_1 : E_1A = DE : EA \ .$$

Dieses ist immer, und zwar auf doppelte Weise, möglich. Denn wegen (1) und (2) ist E_1 ein Punct des durch die Doppelproportion

$$AX : BX : DX = AE : BE : DE$$

bestimmten durch E gehenden und von der Ebene ABD rechtwinklig halbirten Kreises (§. 22, d); und weil E_1 zugleich in dieser Ebene liegen soll, so ist E_1 einer der beiden Endpuncte des Durchmessers, in welchem jener Kreis von der Ebene halbirt wird.

Haben nun die Buchstaben a, b, c, d, e die ihnen im Obigen durch die gegenseitigen Abstände der Puncte A, B, C, D, E zugewiesene Bedeutung, und bezeichnet man die auf gleiche Weise von den Puncten A, B, C, D, E_1 abhängigen Zahlen mit a_1, b_1, c_1, d_1, e_1, so ist wegen (1) und (2)

$$(3) \qquad a_1 = a \ , \qquad b_1 = b \ , \qquad c_1 = c \ ,$$

und überdies

$$e_1 = e \ .$$

Weil aber A, B, C, D, E_1 in einer Ebene liegen, so besteht jetzt zwischen a_1, b_1, c_1, d_1, e_1 die vorhin zwischen a, b, c, d, e erhaltene Gleichung (B). Soll daher jene Relation zwischen a, b, c, d, e selbst auch gegenwärtig noch statt haben, so muss wegen (3) noch

$$d_1 = d \ ,$$

also

$$(E_1ABC) = (EABC)$$

und daher

$$EC : E_1C = EA : E_1A$$

sein. Hieraus aber folgt in Verbindung mit den Proportionen (1) und (2), wofür wir auch

$$EB : E_1B = ED : E_1D = EA : E_1A$$

schreiben können, dass in einer gewissen durch B, D, A gehenden Kugelfläche, deren Mittelpunct in EE_1 fällt, auch C liegen muss, und dass mithin, wenn A, B, C, D in einer Ebene sind, E aber ausserhalb derselben liegt, die Gleichung (B) nur in dem speciellen Falle noch besteht, wenn jene vier Puncte in einem Kreise, als dem Durchschnitte der Kugelfläche mit der Ebene, enthalten sind.

§. 43. Eine besondere Betrachtung haben wir noch dem Falle zuzuwenden, wenn die n Puncte $A, \ldots, M$ des Systems in einem Kreise liegen. Diese Bedingung wird vollständig dadurch ausgedrückt, dass von den $n-3$ Doppelwinkeln, welche mit gewissen dreien der n Puncte jeder der übrigen bildet, ein jeder entweder gleich 0, oder gleich 180° ist. Von den im Allgemeinen erforderlichen $2n-6$ von einander unabhängigen Quaternionen sind daher $n-3$ schon durch die Bedingung der Kreislage als bekannt anzusehen, und es müssen folglich nur noch $n-3$ Quaternionen, und zwar Doppelverhältnisse, gegeben sein, so wie auch die gesuchte Quaternion nur ein Doppelverhältniss sein kann. *Bei einem System von n Puncten eines Kreises können daher aus $n-3$ von einander unabhängigen Doppelverhältnissen alle übrigen Doppelverhältnisse gefunden werden.*

Dasselbe erhellt ähnlicherweise, wie in §. 40, auch daraus, dass jede mit der Kreisfigur $A, \ldots, L, M$ kreisverwandte Figur $A', \ldots, L', M'$, wobei M' unendlich entfernt liegt, in einer Geraden enthalten ist, dass alle diese Figuren, deren jede aus $n-1$ Puncten $A', \ldots, L'$ in einer Geraden besteht, einander ähnlich sind, und dass, um eine einer solchen Figur ähnliche construiren zu können, von ersterer $(n-1)-2$ von einander unabhängige Verhältnisse zwischen den gegenseitigen Abständen ihrer $n-1$ Puncte gegeben sein müssen.

Uebrigens kann man die Zahl $n-3$ auch noch daraus folgern, dass jede Relation zwischen Doppelverhältnissen, die von beliebig in einem Kreise liegenden Puncten gebildet werden, zufolge der Natur der Kreisverwandtschaft auch dann noch bestehen muss, wenn die Puncte in einer Geraden genommen werden, und dass aus $n-3$ von einander unabhängigen Doppelverhältnissen zwischen n Puncten in einer Geraden alle übrigen sich finden lassen (Baryc. Calcul, §. 187).

Die Formel, welche bei n Puncten eines Kreises die Relation zwischen $n-3$ gegebenen und einem gesuchten Doppelverhältnisse ausdrückt, ist hiernach die nämliche, wie bei n Puncten einer Geraden. So wie aber im letzteren Falle, wenn die Formel allgemeine Gültigkeit haben soll, bei jedem Doppelverhältnisse nicht bloss sein absoluter Werth, sondern auch sein Zeichen zu berücksichtigen ist, so muss ein Gleiches auch bei einem System von Puncten in einem Kreise geschehen, und wir haben daher noch das Merkmal zu ermitteln, an welchem das Vorzeichen eines Doppelverhältnisses, dessen vier Puncte in einem Kreise liegen, erkannt wird.

Sind A, B, C, ... Puncte einer Geraden, so ist das Verhältniss $AB:BC$ positiv oder negativ, jenachdem B zwischen oder ausserhalb A und C liegt, folglich das aus den zwei Verhältnissen $AB:BC$ und $CD:DA$ zusammengesetzte Doppelverhältniss $(ABCD)$ dann und nur dann negativ, wenn von den zwei Puncten B und D der eine zwischen, der andere ausserhalb A und C liegt, also wenn von den zwei Winkeln ABC und ADC der eine gleich 180°, der andere gleich 0 ist, mithin wenn der Doppelwinkel $ABCD$ gleich 180° ist; dagegen wird das Doppelverhältniss positiv sein, wenn der gleichlautende Doppelwinkel gleich 0 ist. Wegen der Gleichheit entsprechender Doppelwinkel in kreisverwandten Figuren wird folglich nach derselben Regel auch dann, wenn A, B, C, D in einem Kreise liegen, das Doppelverhältniss $(ABCD)$ mit dem einen oder dem anderen Zeichen zu nehmen sein, also (§. 14, a) mit dem negativen oder positiven, jenachdem sich die Sehnen AC und BD innerhalb oder ausserhalb des Kreises schneiden, oder — wie man sich auch ausdrücken könnte — jenachdem die Bögen AC und BD, keiner von ihnen grösser als der Halbkreis genommen, in einander greifen, oder nicht.

§. 44. Um das Vorstehende durch ein Beispiel zu erläutern, wird es hinreichen, die einfachste unter den hierher gehörigen Aufgaben zu wählen und zu zeigen, wie bei vier in einem Kreise begriffenen Puncten A, B, C, D, wo also

$$n-3=1$$

ist, aus einem der beiden Doppelverhältnisse

$$(ABCD)=a \text{ und } (ACBD)=b$$

das andere gefunden werden kann.

Angenommen, dass A, B, C, D in einer Geraden liegen, und darin D unendlich entfernt ist, wird

$$a=(AB:BC)\,(CD:DA)=-AB:BC=BA:BC\ ,$$

wegen

$$CD:DA=-1\ ,$$

und ebenso

$$b=-AC:CB=AC:BC\ ,$$

folglich

$$a + b = 1 ,$$

wegen

$$BA + AC = BC .$$

Mithin ist auch dann, wenn die vier Puncte in einer Geraden und alle endlich entfernt liegen, so wie auch dann, wenn sie in einem Kreise enthalten sind,

$$(ABCD) + (ACBD) = 1$$

(vergl. §. 26); und diese Gleichung gilt bei gehöriger Berücksichtigung der Zeichen allgemein, für jede Aufeinanderfolge der vier Puncte. Ist z. B. $ABDC$ diese Folge, so greifen weder AC und BD, noch AB und CD in einander, und es sind daher a und b positiv. Dagegen findet sich bei der Folge $ABCD$ a negativ und b positiv.

Zusatz. In jeder Gleichung zwischen Doppelverhältnissen, deren Puncte in einem Kreise liegen, so wie in jeder anderen mit einer solchen identischen Gleichung, z. B. in der nach A, B, C symmetrisch geordneten

$$AD . BC + BD . CA + CD . AB = 0 ,$$

kann man die Zeichen der einzelnen Glieder auch dadurch ermitteln, dass man zuerst die Zeichen der einzelnen Linien nach folgender Regel bestimmt. Man wähle beliebigwo im Kreise einen Punct M und nehme jede der Sehnen AD, BC, u. s. w. negativ oder positiv, jenachdem man, im Kreise selbst stets nach einem und demselben Sinne fortgehend, um von A bis D, von B bis C, u. s. w. zu gelangen, durch M gehen muss, oder nicht. — Die Richtigkeit dieser Vorschrift wird sogleich einleuchten, wenn man in einer kreisverwandten geradlinigen Figur den Punct M unendlich entfernt annimmt.

§. 45. Sowie in Folge der Theorie der Kreisverwandtschaft ebener Figuren jede Relation zwischen Doppelverhältnissen, die von Puncten einer Geraden gebildet werden, auch für ein System von Puncten eines Kreises gilt, so muss, den Sätzen gemäss, die in §. 32 ff. in Bezug auf die Kreisverwandtschaft im Raume entwickelt worden sind, auch jede Gleichung zwischen Quaternionen einer ebenen Figur unverändert von der Ebene auf eine Kugelfläche übergetragen werden können, wie auch schon aus der Theorie der stereographischen Projection (§. 24 und 25) hervorgeht.

Bei einem Systeme von n Puncten einer Kugelfläche wird demnach gleichfalls durch $2n - 6$ von einander unabhängige Quaternionen jede *der übrigen bestimmt* (§. 39); nur dass hierbei unter $ABCD$ der von den zwei Kreisen ABC und ADC gebildete Winkel zu verstehen ist.

Bei vier Puncten einer Kugelfläche, d. i. bei vier im Raume beliebig liegenden Puncten A, B, C, D, werden daher zwischen

den Producten $BC \,.\, AD$, $\quad CB \,.\, BD$, $\quad AB \,.\, CD$

und

den Winkeln $BAC^\wedge BDC$, $\quad CBA^\wedge CDA$, $\quad ACB^\wedge ADB$

dieselben Relationen, wie zwischen den Seiten und den gegenüberliegenden Winkeln eines ebenen Dreiecks statt haben.

Desgleichen werden die zwei in §. 42 für ein ebenes Fünfeck entwickelten Formeln (A) und (B) auch bei einem Systeme von fünf Puncten auf einer Kugelfläche bestehen. Und da die Formel (B) auch als die zwischen den gegenseitigen Abständen der fünf Puncte zu erfüllende Bedingung angesehen werden konnte, unter welcher, wenn vier der fünf Puncte in einer Ebene liegen, auch der fünfte in ihr begriffen ist, durch vier Puncte aber stets eine Kugelfläche beschrieben werden kann, *so wird* — den Gesetzen der Kreisverwandtschaft gemäss — *dieselbe Formel* (B) *auch die Bedingung ausdrücken, unter welcher die fünf Puncte in einer Kugelfläche enthalten sind*; wobei ich nur noch bemerke, dass der dort gedachte specielle Fall, in welchem dessen ungeachtet, dass der eine Punct nicht in der Ebene der vier übrigen liegt, die Gleichung (B) dennoch gültig ist, hier keine Ausnahme begründet, indem alsdann die vier Puncte in einem Kreise liegen müssen, durch solche vier Punkte aber und jeden fünften sich immer eine Kugelfläche beschreiben lässt.

§. 46. Was noch die aus der Kreisverwandtschaft räumlicher Figuren hervorgehenden Aufgaben und insonderheit die Anzahl der Quaternionen anlangt, welche bei einem Systeme von n Puncten im Raume gegeben sein müssen, um alle übrigen Quaternionen finden zu können, so ergibt sich diese Zahl auf eine den in §§. 39 und 40 bei ebenen Figuren angestellten Betrachtungen ganz analoge Weise.

Soll nämlich ein dem Systeme von n Puncten M, N, A, B, C,... kreisverwandtes construirt werden, so geschieht dieses nach §. 36 dadurch, dass man erstens an die $n-2$ Kreise MAN, MBN, MCN, ... in M geradlinige Tangenten a, b, c, ... legt und ein diesem Liniensystem gleiches System von Geraden a', b', c', ... construirt, welche sich in dem willkürlichen Puncte M' schneiden. Hierbei kann a' beliebig durch M' gelegt werden; b' wird durch den Winkel

$$a'^\wedge b' = a^\wedge b \;,$$

und jede der $n-4$ übrigen Geraden c', d' ... durch zwei Winkel, z. B. c' durch

$$a'^\frown c' = a^\frown c \text{ und } b'^\frown c' = b^\frown c ,$$

bestimmt. Die Anzahl aller Winkel, welche somit dem ursprünglichen Systeme entnommen werden, ist gleich $1+2(n-4)$, und jeder dieser Winkel ist eine Quaternion, z. B.

$$a^\frown b = MAN^\frown MBN = MANB .$$

Nach willkürlicher Annahme von N' lassen sich nunmehr die $n-2$ Kreise $M'A'N'$, $M'B'N'$, $M'C'N'$, u. s. w. beschreiben. In dem ersten derselben ist A' ein beliebiger Punct; jeder der übrigen Puncte B', C', ... aber wird in seinem Kreise durch ein Doppelverhältniss bestimmt, z. B. B' durch

$$(M'A'N'B') = (MANB) .$$

Die Anzahl der hierzu erforderlichen Doppelverhältnisse ist demnach gleich $n-3$.

Die Anzahl aller Quaternionen, welche zur Construction des kreisverwandten Systemes nöthig sind, ist folglich gleich

$$1+2(n-4)+n-3 = 3n-10 .$$

Hieraus ist aber, wie in §. 39, zu schliessen, *dass bei einem Systeme von n Puncten im Raume aus irgend* $3n-10$ *von einander unabhängigen Quaternionen desselben alle übrigen Quaternionen gefunden werden können.*

Zu demselben Resultate kann man, wie in §. 40, auch dadurch gelangen, dass man das System von n Puncten auf ein anderes von $n-1$ Puncten reducirt, indem man für das erstere ein ihm kreisverwandtes setzt, dessen einer Punct unendlich entfernt liegt. Jede diesen Punct enthaltende Quaternion verwandelt sich damit auch hier in eine Ternion, und jede hierher gehörige Aufgabe in eine derjenigen, welche aus der Verwandtschaft der Aehnlichkeit entspringen. Wie man weiss, gilt aber hinsichtlich solcher Aufgaben, insofern sie den Raum betreffen, der Satz, dass bei einem Systeme von $n-1$ Puncten aus $3(n-1)-7$, gleich $3n-10$, von einander unabhängigen Stücken, welche theils Ternionen, theils Functionen solcher sind, alle übrigen Stücke derselben Art sich finden lassen.

Es leuchtet übrigens von selbst ein, dass die in §. 41 gegebenen Vorschriften, um eine zur Kreisverwandtschaft in der Ebene gehörige Aufgabe auf eine gewöhnliche der Polygonometrie zurückzuführen, auch gegenwärtig anwendbar sind, und ich will nur noch bemerken, dass für $n = 4$, wo

$$3n - 10 = 2$$

wird, die Aufgabe mit der bereits in §. 42 für denselben Werth von n aufgestellten zusammenfällt.

---

§. 47. Sowie im Letztvorhergehenden, um eine Relation zwischen Quaternionen einer Figur zu erhalten, einer der Puncte der Figur unendlich entfernt angenommen, und damit jede diesen Punct enthaltende Quaternion in eine Ternion verwandelt wurde, so kann man auch aus denselben auf der Natur der Kreisverwandtschaft beruhenden Gründen, aus jeder Gleichung zwischen Ternionen, d. h. aus jedem Satze, welcher eine Relation zwischen einfachen Winkeln und Linienverhältnissen betrifft, dadurch, dass man jeder Ternion einen und denselben neuen Punct hinzufügt, einen entsprechenden Satz zwischen Quaternionen ableiten. — Die Kreisverwandtschaft wird auf solche Weise eine sehr ergiebige Quelle neuer Sätze, deren Beschaffenheit aus den nachfolgenden Beispielen genüglich erhellen wird.

1) Daraus, dass die Summe der drei Winkel eines Dreiecks

$$ABC + BCA + CAB = 180^\circ$$

ist, folgt durch Zusetzung von D

$$ABCD + BCAD + CABD = 180^\circ$$

(§. 13), wofür wir auch schreiben können

$$BCD^\wedge BAD + CAD^\wedge CBD + ABD^\wedge ACD = 180^\circ .$$

Also auch in einem von drei Kreisbögen gebildeten Dreiecke ABC ist, wenn sich die drei Kreise noch in einem Puncte D schneiden, die Summe der drei Winkel zweien Rechten gleich.

Die analogen Sätze für cyklische in einer Ebene oder auf einer Kugelfläche construirte Vierecke, Fünfecke u. s. w. folgen hieraus von selbst.

2) Aus der trigonometrischen Grundformel

$$CA : AB = \sin ABC : \sin BCA$$

fliesst (nach §. 16)

$$(CABD) = \sin ABCD : \sin BCAD .$$

3) Ist

$$BAC = 180^\circ ,$$

so ist

$$(AB : BC) + (AC : CB) = -1 .$$

Ist daher

$$BACD = 180^\circ ,$$

d. h. liegen die vier Puncte B, A, C, D in der genannten Folge in einem Kreise, so hat man, weil für einen unendlich entfernten Punct D

$$AD : DC = AD : DB = -1$$

ist,

$$(ABCD) + (ACBD) = 1$$

(vergl. §§. 44 und 26).

4) Ist

$$BAC = 90^\circ ,$$

so ist

$$(AB : BC)^2 + (AC : CB)^2 = 1 .$$

Aus

$$BACD = 90^\circ$$

folgt daher

$$(ABCD)^2 + (ACBD)^2 = 1 ,$$

d. i.

$$AB^2 . CD^2 + AC^2 . BD^2 = AD^2 . BC^2 .$$

Wenn demnach bei einem ebenen Viereck die Summe zweier gegenüberliegenden Winkel einen Rechten beträgt, oder allgemeiner: wenn bei einem Viereck $BACD$, mag es eben sein, oder nicht, die damit bestimmten Kreise BAC, BDC, und folglich auch die Kreise ACD, ABD, sich rechtwinklig schneiden, so ist die Summe der Producte aus den Quadraten der gegenüberliegenden Seiten dem Producte aus den Quadraten der Diagonalen gleich; ein neuer dem ptolemäischen ganz analoger Satz, der eben so aus dem pythagoräischen, wie der ptolemäische aus dem Satze fliesst, dass in einem Dreiecke, welches einen Winkel von 180° hat, die Summe der ihn bildenden Seiten der dritten Seite gleich ist.

5) Je zwei Seiten AB, AC eines Dreiecks werden von einer Parallele DE mit der dritten Seite in gleichen Verhältnissen geschnitten (vergl. Fig. 10); oder, in Gleichungen ausgedrückt: Ist

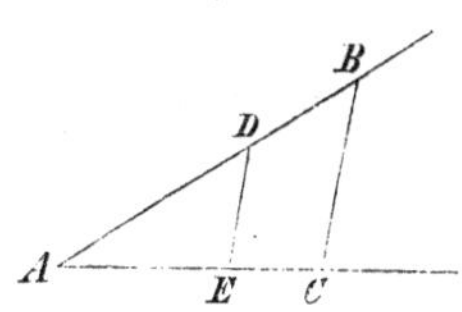

Fig. 10.

$$(a) \quad ADB = 180^\circ , \qquad (b) \quad AEC = 180^\circ ,$$

$$(c) \quad CBD + BDE = 180^\circ ,$$

so verhält sich

$$(d) \qquad AD : DB = AE : EC \; ;$$

woraus wir, den Punct N hinzufügend, schliessen: Wenn

$$[a] \quad ADBN = 180^\circ\,, \qquad [b] \quad AECN = 180^\circ\,,$$
$$[c] \quad CBDN + BDEN = 180^\circ\,,$$

so ist

$$[d] \qquad (ADBN) = (AECN)\;.$$

Es ist aber $[c]$ identisch mit

$$BDN^\wedge BCN = 180^\circ - DEN^\wedge DBN = BDN^\wedge DEN\;,$$

und daher

$$[c^*] \qquad BCN^\wedge DEN = 0\;,$$

was man auch unmittelbar aus

$$BC^\wedge DE = 0$$

hätte schliessen können.

Wenn man daher (vergl. Fig. 11) bei einem von drei sich in einem Puncte N schneidenden Kreisen ABN, ACN, BCN gebildeten Dreieck ABC durch N einen vierten Kreis DEN legt, welcher den einen jener Kreise BCN (wegen $[c^*]$) in N berührt und die beiden anderen ABN und ACN (wegen $[a]$ und $[b]$) in D und E schneidet, so ist (nach $[d]$)

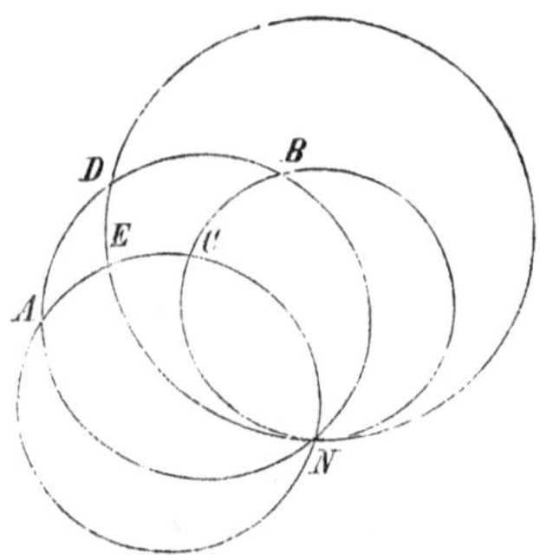

Fig. 11.

$$(AD : DB)\,BN = (AE : EC)\,.\,CN$$

oder, was dasselbe ist (§. 12):

$$(ADBNCE) = -1\;.$$

Ebenso ergeben sich aus den Proportionen

$$BA : AD = CA : AE \quad \text{und} \quad AD : DE = AB : BC$$

die Gleichungen

$$(BADN) = (CAEN) \quad \text{und} \quad (DABCNE) = -1\;.$$

Auch sind bei der Kreisfigur, ebenso wie bei der geradlinigen, die zwei Dreiecke ABC und ADE gleichwinklig.

6) Wird von den drei Seiten BC, CA, AB eines Dreiecks eine vierte Gerade in F, G, H geschnitten, so ist bekanntlich

$$\frac{BF}{FC}\cdot\frac{CG}{GA}\cdot\frac{AH}{HB} = -1\;.$$

Dieselbe Gleichung besteht folglich (§. 15, Zusatz) auch dann, wenn von den drei durch vier Puncte A, B, C, N bestimmten und daher, wo nicht in einer Ebene, in einer Kugelfläche liegenden Kreisen BCN, CAN, ABN ein vierter durch N gehender und in derselben Fläche enthaltener Kreis in F, G, H geschnitten wird. — Dabei ist das Verhältniss $BF:FC$ positiv zu nehmen, wenn $BFCN$, negativ aber, wenn $FBCN$, oder $BCFN$ die Aufeinanderfolge dieser vier Puncte in ihrem Kreise ist, weil, wenn F mit B und C in einer Geraden, und N in dieser Geraden unendlich entfernt liegt, das Verhältniss $BF:FC$ unter denselben Bedingungen einen positiven, oder negativen Exponenten hat. — Dass Analoges auch von den Verhältnissen $CG:GA$ und $AH:HB$ gilt, brauche ich nicht hinzuzufügen.

7) Wenn die Geraden AB und CD, und desgleichen AC und BD einander parallel sind, so ist

$$AB = CD \quad \text{und} \quad AC = BD ,$$

also

$$BA:AC = DC:CA$$

und

$$CA:AB = DB:BA .$$

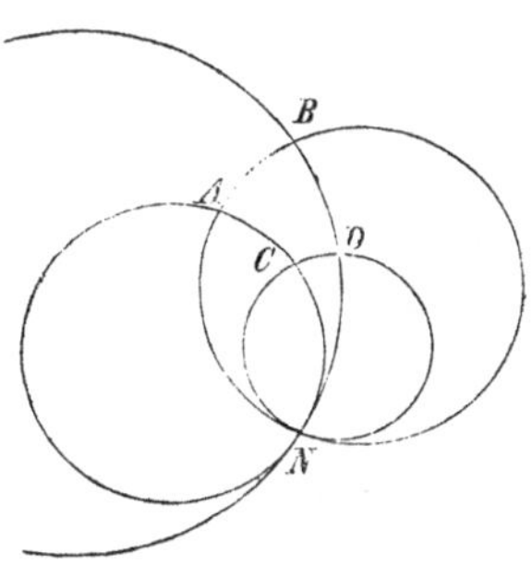

Fig. 12.

Hieraus folgt der Satz (vergl. Fig. 12):

Legt man in einer Ebene oder einer Kugelfläche durch einen Punct N zwei Paare einander daselbst berührender Kreise ABN und CDN, ACN und BDN, so verhält sich

$$AB:CD = AN.BN:CN.DN \quad \text{d. i.} \quad (ABNCDN) = 1$$

und

$$AC:BD = AN.CN:BN.DN \quad \text{d. i.} \quad (ACNBDN) = 1 .$$

Uebrigens ist, wie bei dem geradlinigen Parallelogramm $ABDC$, auch bei dem gleichnamigen von den vier Kreisen gebildeten Vierecke die Summe je zweier nächstfolgender Winkel gleich 180°.

8) Werden von vier sich in denselben zwei Puncten schneidenden Kreisen einer Ebene oder einer Kugelfläche zwei andere Kreise, deren jeder nur den einen jener zwei Puncte trifft, in A, B, C, D und in in F, G, H, J geschnitten, so ist

$$(ABCD) = (FGHJ) ,$$

wie aus dem bekannten Satze von vier sich in einem Puncte schneidenden und in einer Ebene liegenden Geraden hervorgeht. — Und da dieser Satz auch für ein System von vier sich in derselben Geraden schneidenden Ebenen gilt, *so wird auch von vier durch einen und denselben Kreis gelegten Kugelflächen jeder andere diesen Kreis einmal schneidende Kreis nach einem und demselben Doppelverhältnisse geschnitten.*

9) Werden die drei Seiten BC, CA, AB eines Dreiecks von einer vierten Geraden in A', B', C' geschnitten, so sind die zwei Systeme

$$A,\ B,\ C,\ A',\ B',\ C' \quad \text{und} \quad A',\ B',\ C',\ A,\ B,\ C$$

einander kreisverwandt, wie sich, sei es durch die Gleichheit je zweier entsprechender Doppelwinkel, oder je zweier entsprechender Doppelverhältnisse, leicht darthun lässt. Den vier Geraden $A'BC$, $AB'C$, ABC', $A'B'C'$ des einen Systemes entsprechen daher im anderen die vier Kreise $AB'C'$, $A'BC'$, $A'B'C$, ABC, die sich folglich in einem Puncte, dem Centralpuncte des anderen Systemes, (der wegen der involutorischen Beziehung zwischen beiden Systemen auch der Centralpunct des ersteren ist,) schneiden müssen. Dies gibt den bekannten Satz, dass die vier Kreise, welche man um die vier von vier in einer Ebene enthaltenen Geraden gebildeten Dreiecke beschreibt, sich in einem Puncte schneiden.

Wir folgern hieraus weiter, dass, wenn vier in einer Ebene oder einer Kugelfläche liegende Kreise einen Punct gemein haben, auch die vier neuen Kreise, welche um die von Bögen der ersteren gebildeten Dreiecke beschrieben werden können, sich in einem Puncte begegnen; oder mit anderen Worten: *Haben sechs Puncte A, B, C, A', B', C' eine solche Lage, dass sich die vier Kreise $A'BC$, $AB'C$, ABC', $A'B'C'$ in einem Puncte schneiden, worauf die sechs Puncte, wo nicht in einer Ebene, in einer Kugelfläche liegen müssen, so schneiden sich auch die vier Kreise $AB'C'$, $A'BC'$, $A'B'C$, ABC in einem Puncte.*

Ueber imaginäre Kreise.

[Berichte über die Verhandlungen der Königl. Sächs. Gesellschaft der Wissenschaften, math.-phys. Klasse, Bd. 9, 1857, p. 38—48.]

§. 1. Unter einem **imaginären Kreise** soll hier der imaginäre Durchschnitt einer Ebene mit einer sie nicht schneidenden Kugelfläche verstanden werden, also mit einer Kugelfläche, deren Mittelpunct um mehr als ihren Halbmesser von der Ebene entfernt ist.

Bezeichnen S und r den Mittelpunct und den Halbmesser einer Kugelfläche σ, und K und h den Mittelpunct und den Halbmesser des Kreises k, in welchem von σ eine Ebene ε geschnitten wird, so ist KS auf ε perpendicular, und

$$h^2 = r^2 - KS^2 \ .$$

Ist nun KS absolut grösser als r, so wird h^2 negativ, also h selbst von der Form $h_1 . \sqrt{-1}$, und man kann daher statt der vorigen geometrischen Definition eines imaginären Kreises auch die analytische setzen, dass es ein Kreis ist, dessen Mittelpunct reell, und von dessen Halbmesser das Quadrat negativ ist.

Nur von imaginären Kreisen dieser Art wird im Folgenden die Rede sein. Denn man hat mit gleichem Rechte auch diejenigen Kreise imaginär zu nennen, deren Mittelpunct reell, und deren Halbmesser von der complexen Form $c + h . \sqrt{-1}$ ist, desgleichen diejenigen, welche einen reellen Halbmesser und einen imaginären Mittelpunct haben, sowie noch solche, deren Halbmesser und Mittelpunct zugleich imaginär sind.

Sind von einem imaginären Kreise der Art, welche hier allein in Betracht kommen soll, seine Ebene ε, sein Mittelpunct K, und sein Halbmesser h, gleich $h_1 . \sqrt{-1}$, gegeben, so errichte man, der geometrischen Definition eines solchen Kreises gemäss, auf ε in K ein Perpendikel und beschreibe eine Kugelfläche σ mit einem beliebigen Halbmesser r um einen Mittelpunct S, welcher in dem Perpendikel oder der Axe des Kreises also liegt, dass

$$KS^2 = r^2 - h^2 = r^2 + h_1{}^2 \ .$$

Da der Halbmesser r hierbei willkürlich ist, so wollen wir ihn der Einfacheit willen unendlich klein oder auch geradezu gleich 0 annehmen, uns also die Kugel in S concentrirt vorstellen und diesen Punct S den Scheitel des Kreises nennen. Auf solche Weise ist ein imaginärer Kreis durch seine Ebene ε und seinen ausserhalb ε liegenden Scheitel S vollständig bestimmt; sein Mittelpunct ist der Fusspunct K des von S auf ε gefällten Perpendikels, sein Halbmesser gleich

$$h_1 . \sqrt{-1} = KS . \sqrt{-1} \ ,$$

er selbst aber der imaginäre Durchschnitt einer in S concentrirten Kugelfläche mit ε.

Im Nachstehenden will ich nun zeigen, wie sich mit Hülfe dieser geometrischen Bedeutung des Punctes S die merkwürdigen Eigenschaften imaginärer Kreise auf das Einfachste entwickeln lassen*).

Zusätze. *a*) Es bedarf kaum der Erinnerung, dass einem imaginären Kreise ausser dem S noch ein anderer Punct als Scheitel zukommt, welcher in dem auf ε in K errichteten Perpendikel auf der anderen Seite von ε eben so weit wie S von K entfernt liegt. Zugleich erhellt, dass man einen imaginären Kreis auch als den imaginären Durchschnitt zweier in seinen zwei Scheiteln concentrirten Kugelflächen betrachten kann.

b) Auch einem reellen Kreise kann man einen oder vielmehr zwei Scheitel beilegen, nur dass diese, zufolge der ihre Oerter bestimmenden Gleichung

$$KS^2 = -h^2 \ ,$$

zwei imaginäre Puncte der Axe des Kreises sind, während sie vorhin reell waren. Ein reeller Kreis kann daher ebenfalls als der Durchschnitt seiner Ebene mit einer in seinem (imaginären) Scheitel concentrirten Kugelfläche angesehen werden.

Zu noch mehrerer Erläuterung denke man sich ein System zweier sich rechtwinklig in K schneidender Geraden l und l'; gleichweit

---

*) Die meisten dieser Eigenschaften findet man in *Chasles*, *Traité de Géométrie supérieure*, Chap. XXXIII, zusammengestellt — um sie im folgenden Chap. auf die Theorie der Kegel mit kreisförmiger Basis anzuwenden. — Der Verfasser geht von der analytischen Definition imaginärer Kreise aus und kommt gleichfalls auf den Punct S, ohne jedoch, wie es scheint, dessen eigentliche geometrische Bedeutung erkannt zu haben, indem er nur sagt (article 787): Ces propriétés permettent de substituer le point S au cercle imaginaire dans la définition des *points conjugués*, comme dans celle de la *polaire* d'un point.

von K und auf verschiedenen Seiten dieses Punctes liegen in l die reellen Puncte A, B und in l' die imaginären A', B', so dass

$$KB' = -KA' = KB \,.\, \sqrt{-1} = -KA \,.\, \sqrt{-1} \;,$$

Wird nun dieses System um l (l') als Axe gedreht, so beschreiben A', B' (A, B) einen imaginären (reellen) Kreis, dessen Scheitel die reellen Puncte A, B (die imaginären A', B') sind.

§. 2. Ist Punct P ein Punct in der Ebene ε eines Kreises k, K des Kreises Mittelpunct, und h dessen Halbmesser, so ist für jede in ε durch P gezogene Gerade, wenn U, V ihre Durchschnitte mit k bezeichnen, das Product $PU.PV$ von constanter Grösse, gleich $PK^2 - h^2$, und wird die Potenz des Punctes P in Bezug auf den Kreis k genannt. — Gleicherweise ist, wenn eine durch P gelegte Gerade eine Kugelfläche, deren Mittelpunct S, und deren Halbmesser gleich r ist, in U und V schneidet, das Product

$$PU.PV = PS^2 - r^2$$

und heisst die Potenz von P in Bezug auf die Kugelfläche.

Es folgt hieraus unmittelbar, dass die Potenz eines Punctes P in Bezug auf eine Kugelfläche σ und die Potenz desselben P in Bezug auf den Kreis k, in welchem eine beliebig durch P gelegte Ebene die σ schneidet, einander gleich sind. Denken wir uns nun σ unendlich klein werdend, so reducirt sich die Potenz von P auf PS^2, und es ist daher für jede dnrch P gelegte Ebene die Potenz von P in Bezug auf den imaginären Kreis, dessen Scheitel S ist, gleich PS^2; d. h. *in Bezug auf einen imaginären Kreis ist die Potenz eines in seiner Ebene liegenden Punctes dem Quadrate des Abstandes des Punctes vom Scheitel des Kreises gleich.*

Wie ohne Weiteres erhellt, leidet dieser Satz auch auf einen reellen Kreis, als bei welchem S imaginär ist, Anwendung. Zu bemerken ist nur, dass die Potenz PS^2, $= PK^2 - h^2$, bei einem imaginären Kreise stets positiv, bei einem reellen dagegen positiv oder negativ ist, jenachdem P ausserhalb oder innerhalb des Kreises liegt.

§. 3. Zwei Puncte Q, R heissen in Bezug auf einen Kreis k, in dessen Ebene sie liegen, conjugirt, wenn sie zu den zwei Puncten U, V, in welchen die Gerade QR den Kreis schneidet, harmonisch liegen, wenn also

$$QU : UR = QV : RV \,,$$

d. i., wenn P den Mittelpunct von QR bezeichnet,

$$QP + PU : QP - PU = PV + QP : PV - QP \text{ (vergl. Fig. 1).}$$

Fig. 1.

Es folgt hieraus

$$QP : PU = PV : QP \quad \text{und} \quad PQ^2 = PR^2 = PU \, . \, PV = PS^2$$

(§. 2), unter S den Scheitel von k verstanden. Ist daher k imaginär, folglich S reell, so ist, weil man in absolutem Sinne

$$PQ = PR = PS$$

hat, der Winkel QSR, als ein Winkel im Halbkreise, ein rechter. *Je zwei in Bezug auf einen imaginären Kreis conjugirte Puncte erscheinen demnach vom Scheitel des Kreises aus unter einem rechten Winkel.*

Sind R', R'', ... noch andere Puncte, deren jeder mit Q in Bezug auf k conjugirt ist, so sind auch QSR', QSR'', u. s. w. rechte Winkel, und es liegen folglich R, R', R'', ... in der Geraden, in welcher eine durch S perpendiculär auf SQ gelegte Ebene die Ebene von k schneidet, und welche Gerade, weil SK auf der Ebene von k rechtwinklig steht, mit der Geraden QK rechte Winkel macht. *Der geometrische Ort des mit einem Puncte Q in Bezug auf einen imaginären Kreis conjugirten Punctes ist hiernach eine Gerade, die sogenannte Polare von Q, welche die durch Q und den Mittelpunct des Kreises gelegte Gerade rechtwinklig schneidet.*

Man kann hieraus schliessen, dass auch bei einem reellen Kreise alle mit einem Puncte in Bezug auf den Kreis conjugirten Puncte in einer Geraden, in der Polare des Punctes, enthalten sind u. s. w. Umgekehrt lässt sich, wenn man diesen Satz für den reellen Kreis auf gewöhnliche Art erwiesen voraussetzt, der obige Satz vom rechten Winkel beim imaginären Kreise leicht aus ihm ableiten. Denn zuerst folgt aus dem Satze für den reellen Kreis, dass — wenn man auf analoge Art bei einer Kugelfläche σ zwei Puncte in Bezug auf sie conjugirt nennt, sobald sie und die zwei Durchschnitte U, V der durch sie gelegten Geraden mit σ zwei harmonirende Paare von Puncten sind — dass alle mit demselben Puncte Q in Bezug auf σ conjugirte Puncte in einer Ebene π, der Polarebene von Q, enthalten sind, welche auf der den Mittelpunct S von σ mit Q verbindenden Geraden rechtwinklig steht, und dass die Polare von Q in Bezug auf den Kreis k, in welchem eine durch Q gelegte Ebene ε die σ schneidet, der Durchschnitt von π mit ε ist. Wird nun σ von ε nicht geschnitten, und überdies σ verschwindend klein angenommen, so wird einerseits k ein imaginärer Kreis, und S dessen Scheitel; andererseits wird UV gleich 0, und die Polarebene π von Q ist daher jetzt die rechtwinklig auf QS durch S selbst gelegte Ebene, und folglich für jeden Punct R der Ebene ε, also auch für jeden Punct R der Polare von Q in Bezug auf k, als des Durchschnittes von π mit ε, der Winkel QSR ein rechter.

§. 4. Schneiden sich zwei in einer Ebene liegende Kreise k, k' in den Puncten A, B, ist also die Gerade AB die Chordale der beiden Kreise, so schneiden sich zwei beliebige durch k und k' gelegte Kugelflächen σ und σ' in einem dritten durch A, B gehenden Kreise k'', dessen Ebene die Chordalebene der beiden Kugelflächen genannt werden kann. Die Chordale zweier in einer Ebene liegenden Kreise k, k' ist daher einerlei mit der Geraden, in welcher ihre Ebene von der Chordalebene irgend zweier durch k und k' gelegten Kugelflächen geschnitten wird.

Ist von den zwei Kreisen nur der eine k reell und der andere k' imaginär, so nehme man für die durch k' zu legende Kugelfläche σ' eine unendlich kleine, welche den Scheitel S von k' zum Mittelpuncte hat. Für die durch k zu beschreibende Kugelfläche σ werde diejenige gewählt, welche zugleich durch S geht. Die Chordalebene von σ und σ' ist alsdann die in S die Fläche σ berührende Ebene, und *es ist daher die gemeinsame Chordale eines reellen Kreises k und eines mit ihm in einer Ebene ε liegenden imaginären k' der Durchschnitt von ε mit einer zweiten Ebene ε_1, welche die durch k und durch den Scheitel S von k' zu legende Kugelfläche σ in S berührt.*

§. 5. Folgerungen und Zusätze. *a*) Die Projection des Kreises k durch gerade von S aus gezogene Linien auf eine mit der Ebene ε_1 parallele Ebene ist, weil k und S in der Kugelfläche σ enthalten sind, und weil ε_1 die σ in S berührt, eine stereographische Projection von k, und daher ebenfalls ein Kreis. Hat man daher einen Kegel, dessen Basis ein Kreis k, und dessen Spitze S ist, und beschreibt man durch k und S eine Kugelfläche, so ist die an letztere in S gelegte Berührungsebene parallel mit den Ebenen des sogenannten Wechselschnittes; oder anders ausgedrückt: *Hat man in einer Ebene einen reellen und einen imaginären Kreis, so ist die durch den Scheitel des letzteren und die gemeinsame Chordale beider gelegte Ebene parallel mit den Wechselschnitten des Kegels, welcher den reellen Kreis zur Basis und den Scheitel des imaginären zur Spitze hat.*

b) Die Kreise k und k' sind gegeben, wenn der Scheitel S von k' und die zwei Puncte A, B gegeben sind, in welchen eine durch die Mittelpuncte K und K' von k und k' gelegte Ebene den Kreis k schneidet. Es ist nämlich ε oder die gemeinschaftliche Ebene von k und k' diejenige, welche die Ebene ABS in AB rechtwinklig schneidet, und AB ist ein Durchmesser des k; und somit ist k durch ε und AB, und k' durch ε und S bestimmt.

c) Die durch k und S zu legende Kugelfläche σ wird von der Ebene ABS in einem grössten Kreise geschnitten, und wenn die an σ in S zu legende Berührungsebene ε_1 die Centrallinie KK' oder AB in O schneidet, so ist SO eine Tangente an den Kreis ABS, und das in der Ebene ε auf AB in O errichtete Perpendikel ist die Chordale von k und k'.

Soll daher für die zwei durch das Dreieck ABS bestimmten Kreise k und k' die Chordale gefunden werden (vergl. Fig. 2), so

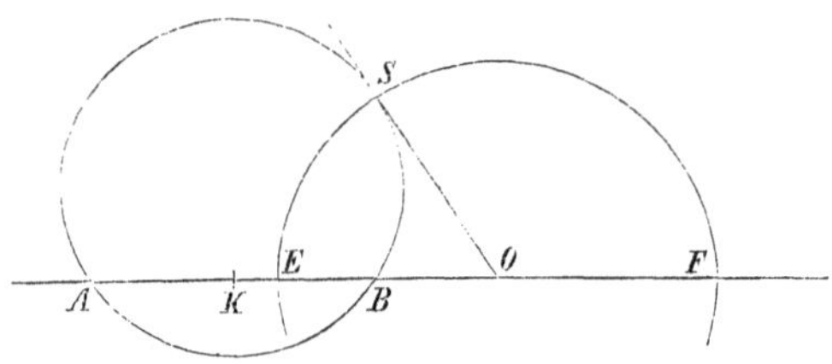

Fig. 2.

beschreibe man um das Dreieck einen Kreis, lege an denselben in S eine Tangente, und wenn diese die AB in O trifft, so ist das in O auf der Ebene ABS zu errichtende Perpendikel die gesuchte Chordale.

d) Weil A, B, O in einer Geraden liegen und OS den Kreis ABS berührt, so ist

$$OS^2 = OA \,.\, OB \;.$$

Und umgekehrt folgt aus dieser Gleichung, insofern A, B, O in einer Geraden sind, dass OS den Kreis ABS berührt, und dass somit S der Scheitel eines imaginären Kreises ist, welcher mit dem durch AB bestimmten reellen Kreise die durch O bestimmte Gerade zur gemeinsamen Chordale hat. Die Scheitel aller der hierdurch charakterisirten imaginären Kreise liegen daher in einem Kreise, dessen Axe die gemeinsame Chordale jener Kreise, dessen Mittelpunct O, und dessen Halbmesser gleich $\sqrt{OA \,.\, OB}$ ist. — Die Puncte E, F, in denen dieser Kreis (vergl. Fig. 2) die AB schneidet, sind die Oerter von S, für welche der imaginäre Kreis k' sich auf einen Punct, auf E oder F selbst, reducirt.

e) Aus der eben gemachten Construction lassen sich einige, vielleicht noch nicht ausgesprochene, die harmonische Theilung betreffende Sätze ableiten. Weil OS den Kreis ABS berührt, so schneiden sich dieser und der Kreis ESF rechtwinklig; und weil

$$OE^2 = OF^2 = OS^2 = OA \cdot OB \ ,$$

so sind die Paare A, B und E, F in Harmonie (vergl. §. 3). *Schneiden sich mithin zwei Kreise rechtwinklig, so wird jeder Durchmesser* (EF) *des einen von dem anderen* (*in* A *und* B) *harmonisch getheilt. Und umgekehrt: Zwei Kreise, von denen der eine einen Durchmesser des anderen harmonisch theilt, schneiden sich rechtwinklig.*

Etwas einfacher gestalten sich diese Sätze, wenn man, ebenso wie EF ein Durchmesser von ESF ist, auch AB einen Durchmeser des Kreises ABS sein lässt, nämlich: *Die Centrallinie zweier sich rechtwinklig schneidenden Kreise wird von ihnen in zwei harmonirenden Paaren von Puncten geschnitten*; *und umgekehrt.* Man kann hiernach, wenn K und O die Mittelpuncte der in einer Geraden liegenden Punctenpaare A, B und E, F sind, als Definition der harmonischen Lage dieser Paare auch die Formel

$$KA^2 + OE^2 = KO^2 \quad \text{oder} \quad AB^2 + EF^2 = 4KO^2$$

gebrauchen, indem, wenn K, O die Mittelpuncte zweier sich in S rechtwinklig schneidenden Kreise sind,

$$KS^2 + OS^2 = KO^2$$

ist.

f) Die voranstehenden Sätze lassen sich dadurch verallgemeinern, dass man zu ihrer Figur eine kreisverwandte construirt, wodurch auch die gerade Linie $ABEF$ in einen Kreis übergeht, die Winkel aber, unter welchen die Kreise durch A, B und durch E, F diese Linie und einander schneiden, unverändert bleiben. Man kann somit unter Anderen schliessen, *dass, wenn von drei in einer Ebene oder auch in einer Kugelfläche liegenden Kreisen je zwei sich rechtwinklig schneiden, ein jeder von den jedesmal zwei übrigen harmonisch getheilt wird.* Es sind aber zwei Puncte A, B eines Kreises mit zwei anderen E, F desselben in harmonischer Lage, wenn die Verhältnisse der Sehnen $AE : EB$ und $AF : FB$ einander gleich sind*).

g) In Betreff zweier in einer Ebene liegender und einander rechtwinklig schneidender Kreise mag hier noch folgender mir merk-

*) Vergl. »Ueber eine Methode, um von Relationen, welche der Longimetrie angehören, zu entsprechenden Sätzen der Planimetrie zu gelangen«, §. 8 (pag. 189 des vorliegenden Bandes).

würdig scheinende Satz eine Stelle finden: *Wenn zwei Sehnen zweier Kreise sich rechtwinklig halbiren und die Summe ihrer Quadrate Null ist, so schneiden sich die Kreise rechtwinklig.*

Denn weil die zwei Sehnen einander rechtwinklig halbiren sollen, so geht jede derselben durch den Mittelpunct des Kreises, von welchem sie nicht Sehne ist, und es sind daher, wenn K, K' die Mittelpuncte der beiden Kreise, AB, $A'B'$ resp. deren Sehnen, und M den gemeinsamen Mittelpunct der Sehnen bezeichnen, A, M, K' in einer Geraden, desgl. $A'MK$ in einer solchen, welche die erstere rechtwinklig schneidet; folglich

$$(1) \qquad MA^2 + MK^2 = KA^2,$$

$$(2) \qquad MA'^2 + MK'^2 = K'A'^2,$$

$$(3) \qquad KK'^2 = MK^2 + MK'^2.$$

Nächstdem ist nach der Voraussetzung

$$(4) \qquad 0 = MA^2 + MA'^2,$$

so dass — vollkommen so wie im §. 1 zu Ende — von den zwei Punctepaaren A, B und A', B' nur das eine reell, das andere imaginär ist. Addirt man aber die Gleichungen (1), (2), (3) und (4), so kommt

$$KK'^2 = KA^2 + K'A'^2$$

gleich der Summe der Quadrate der Halbmesser der zwei Kreise, deren Mittelpuncte K, K' sind; folglich u. s. w.

Eben so leicht lässt sich auch der umgekehrte Satz darthun, *dass nämlich, wenn zwei Sehnen zweier sich rechtwinklig schneidender Kreise sich rechtwinklig halbiren, die Summe ihrer Quadrate Null ist;* woraus in Verbindung mit dem vorigen Satze noch fliesst: *dass, wenn von zwei einander rechtwinklig halbirenden Sehnen zweier Kreise die Summe der Quadrate Null ist, dieselbe Relation auch für jedes andere Paar sich rechtwinklig halbirender Sehnen der beiden Kreise statt hat.*

h) Zu dem eben geführten Beweise dürften nachstehende Bemerkungen nicht überflüssig sein. — Denkt man sich in der Ebene der Figur alle die Kreise construirt, welche theils AB, theils $A'B'$ zur Sehne haben, und bezeichnet diese zwei Systeme von Kreisen resp. mit Σ und Σ', so ist, weil die Linien AB und $A'B'$ einander rechtwinklig halbiren, die Gerade AB ($A'B'$), welche kurz l (l') heisse, die gemeinsame Chordale und l' (l) die gemeinsame Centrallinie aller Kreise des Systems Σ (Σ'). Dabei hat man die Gerade l (l') als den unendlich grossen zu Σ (Σ') gehörigen Kreis anzusehen Ferner ist für den Kreis des Systems Σ', dessen in l liegender.

Mittelpunct K' mit A coïncidirt, das Quadrat seines Halbmessers nach (2) gleich

$$K'A'^2 = MA'^2 + MA^2 ,$$

folglich nach (4) gleich 0. Zu Σ' gehört daher auch der als ein unendlich kleiner Kreis betrachtete Punct A, und desgleichen auch B; und ebenso sind die in A' und B' concentrirten Kreise zu Σ gehörig.

Die zwei Punctepaare A, B und A', B' — oder vielmehr nur das reelle unter ihnen, welches A, B sei — ausgenommen, gehen durch jeden anderen reellen Punct P der Ebene zwei reelle zu Σ und Σ' gehörige und mithin einander rechtwinklig schneidende Kreise. Der eine ist der durch P, A, B zu beschreibende; und wenn die an diesen Kreis in P gelegte Tangente die l in K' trifft, so ist K' der Mittelpunct und $K'P$ der Halbmesser des anderen.

Uebrigens wird von jedem zu $\Sigma'(\Sigma)$ gehörigen Kreise der Abschnitt AB ($A'B'$) harmonisch getheilt, oder, was dasselbe ist: je zwei Kreise, von denen der eine zu Σ, der andere zu Σ' gehört, schneiden sowohl die Gerade l, als die l' in zwei Paaren harmonirender Puncte; und ich setze nur noch hinzu, dass man sich die zwei Systeme Σ und Σ' als die stereographische Projection aller Meridiane und aller Parallelkreise der Weltkugel auf eine durch die Weltpole A und B gelegte oder mit AB parallele Ebene veranschaulichen kann.

§. 6. Suchen wir noch die Chordale zweier in einer Ebene ε liegenden imaginären Kreise k und k' zu bestimmen. Sie ist (nach §. 4) der Durchschnitt von ε mit der Chordalebene ε_1 zweier in den Scheiteln S und S' von k und k' concentrirt zu denkenden Kugelflächen. Nun sind überhaupt für jeden Punct P der Chordalebene ε_1 zweier Kugelflächen σ und σ' seine Potenzen in Bezug auf σ und in Bezug auf σ' einander gleich, da jede derselben der Potenz von P in Bezug auf den Durchschnittskreis von σ' mit σ gleich ist; also

$$PS^2 - r^2 = PS'^2 - r'^2 ,$$

wenn S, S' die Mittelpuncte und r, r' die Halbmesser von σ, σ' bezeichnen. Im vorliegenden Falle, wo r und r' Null sind, hat man daher für jeden Punct P der Ebene ε_1

$$PS^2 = PS'^2 ,$$

d. h. ε_1 halbirt SS' rechtwinklig, und *es ist folglich die Chordale zweier in einer Ebene enthaltener imaginärer Kreise der Durchschnitt dieser Ebene mit derjenigen, welche die die Scheitel beider Kreise verbindende Linie rechtwinklig halbirt.*

Zusätze. *a*) Zur Bestimmung der Chordale zweier in einer Ebene ε enthaltenen Kreise k, k', als des Durchschnittes von ε mit der Chordalebene ε_1 irgend zweier durch k, k' gelegten Kugelflächen σ, σ', und wenn, wie im Vorigen, K, K', S, S' die Mittelpuncte, und h, h', r, r' die Halbmesser von k, k', σ, σ' bezeichnen, hat man überhaupt die drei Gleichungen

$$(1)\qquad KS^2 + h^2 = r^2 ,$$

$$(2)\qquad K'S'^2 + h'^2 = r'^2 ,$$

$$(3)\qquad PS^2 - r^2 = PS'^2 - r'^2 .$$

Hierin sind K, K', h, h' gegeben, und S, S' oder r, r' können willkürlich bestimmt werden, wodurch mittelst (1) und (2) r, r' oder S, S', und alsdann mittelst (3) die Ebene ε_1 bestimmt sind. — Im Vorhergehenden, wo h^2, h'^2 negativ und damit k, k' imaginär waren, wurde

$$r = r' = 0$$

gesetzt. Zufolge (1) und (2) wurden dadurch S, S' die Scheitel von k, k', und wegen (3) wurde ε_1 eine die SS' rechtwinklig halbirende Ebene. — Sind dagegen k, k' reell, also h^2, h'^2 positiv, so wird es am einfachsten sein

$$r^2 = r'^2 = h^2 + h'^2$$

zu setzen, als wodurch sich die drei Gleichungen auf

$$KS^2 = h'^2 , \qquad K'S'^2 = h^2 , \qquad PS^2 = PS'^2$$

reduciren. Hiernach trage man auf die Axen von k, k' die Abschnitte

$$KS = h' , \qquad K'S' = h ,$$

gleichviel ob auf einerlei, oder verschiedenen Seiten von ε, und es wird wiederum eine die SS' rechtwinklig halbirende Ebene ε_1 die ε in der Chordale schneiden; oder, was dasselbe ist: es wird ein in der Ebene $KK'SS'$ im Mittelpuncte von SS' auf SS' errichtetes Perpendikel die Centrallinie KK' in dem Puncte O treffen, durch welchen rechtwinklig auf jener Ebene die gesuchte Chordale zu legen ist.

b) Die Potenzen von O in Bezug auf die Kreise k und k' sind gleich $OK^2 - h^2$ und $OK'^2 - h'^2$; und da diese nach der Natur der Chordale einander gleich sein müssen, so hat man

$$OK'^2 - OK^2 = h'^2 - h^2 .$$

Hieraus aber und aus

$$OK' - OK = KK'$$

folgt

$$OK = \frac{h'^2 - h^2 - KK'^2}{2\,KK'} , \qquad OK' = \frac{h'^2 - h^2 + KK'^2}{2\,KK'} ;$$

und dieselben Werthe für OK und OK' ergeben sich, wie gehörig, auch aus der eben bemerkten einfachen Construction.

c) Heisst O_1 der Durchschnitt der Chordale mit der Centrallinie, wenn die Halbmesser der zwei um K, K' beschriebenen Kreise imaginär, gleich $h.\sqrt{-1}$ und $h'.\sqrt{-1}$, sind, so wird

$$O_1K = \frac{-h'^2 + h^2 - KK'^2}{2KK'} = -OK'$$

und ebenso

$$O_1K' = -OK\ ,$$

d. h. OO_1 und KK' haben einerlei Mittelpunct; ein Resultat, welches aus den für O und O_1 angegebenen Constructionen auf den ersten Blick hervorgeht.

§. 7. Wenn eine Kugelfläche γ von endlicher Grösse und eine Ebene ε sich nicht schneiden, so kann ihr gegenseitiger imaginärer Durchschnitt k, den wir bisher als einen imaginären in ε enthaltenen Kreis betrachteten, auch als ein imaginärer Kreis der Kugelfläche γ angesehen werden. Letztere und die zwei in den Scheiteln S, S_1 von k concentrirten Kugelflächen σ, σ_1 schneiden sich alsdann gemeinschaftlich in k und haben mithin eine gemeinsame Centrallinie und eine gemeinsame Chordalebene ε, welche die Centrallinie im Mittelpuncte K von k rechtwinklig schneidet. Dabei müssen von K, als einem Puncte der Chordalebene, die Potenzen in Bezug auf σ, σ_1, γ einander gleich sein, also

$$KS^2 = KS_1^2 = KA\,.\,KB\ ,$$

wenn die Gerade SS_1 die Kugelfläche γ in A, B schneidet, und es sind daher S, S_1 und A, B zwei harmonirende Paare. *Die zwei Scheitel S, S_1 eines imaginären Kugelkreises liegen demnach mit dem Mittelpuncte der Kugel in einer Geraden und sind mit den zwei Durchschnitten dieser Geraden und der Kugelfläche in Harmonie.* Der Kreis selbst aber hat, wie wir schon wissen, die Gerade SS_1 zur Axe, den Mittelpunct von SS_1 zu seinem Mittelpuncte, und das Quadrat seines Durchmessers ist dem negativen Quadrate von SS_1 gleich.

Was noch *die gemeinsame Chordale zweier Kugelkreise* anlangt, so ist sie, als die ihre zwei (reellen oder imaginären) Durchschnitte verknüpfende Gerade, in der Ebene eines jeden der beiden Kreise zugleich enthalten, mithin *der gegenseitige Durchschnitt ihrer Ebenen, und daher stets reell*, mögen die Kreise selbst entweder beide reell, oder beide imaginär, oder der eine reell und der andere imaginär sein. Es folgt hieraus unmittelbar der Satz, *dass von drei Kugel-*

kreisen die drei Chordalen der drei Paare, zu denen sich die Kreise verbinden lassen, sich immer in einem Puncte, als dem gegenseitigen Durchschnitte der drei Ebenen dieser Kreise, treffen.

Man könnte übrigens, um auf der Kugelfläche zu bleiben, die Chordale zweier Kugelkreise auch als den durch ihre zwei Durchschnitte zu legenden Hauptkreis definiren. Es würde dies derjenige sein, in welchem eine durch den Mittelpunct der Kugel und den gegenseitigen Durchschnitt der Ebenen jener zwei Kreise gelegte Ebene die Kugelfläche schneidet; und die drei Chordalen, welche bei drei Kugelkreisen stattfinden, würden drei sich in denselben zwei Gegenpuncten schneidende Hauptkreise sein.

Ueber conjugirte Kreise.

[Berichte über die Verhandlungen der Königl. Sächs. Gesellschaft d. Wissenschaften, math.-phys. Klasse, 1858, Bd. 10, p. 1—17.]

§. 1. Zwei Kreise, welche in einer solchen Beziehung zu einander stehen, dass ihre Ebenen sich rechtwinklig schneiden, dass in die Durchschnittslinie dieser Ebenen zwei Durchmesser der Kreise fallen, und dass der eine dieser Durchmesser den anderen harmonisch theilt, zwei solche Kreise habe ich in meiner »Theorie der Kreisverwandtschaft« conjugirte Kreise genannt*) und daselbst von ihnen den schon früher von *Chasles* in seinem »*Traité de géométrie supérieure*«, art. 795, aufgestellten Satz bewiesen, dass das Verhältniss zwischen den Abständen zweier Puncte des einen Kreises von einem Puncte des anderen unabhängig vom letzteren Puncte ist; dass also, wenn A, B irgend zwei Puncte des einen, und X, Y irgend zwei Puncte des anderen Kreises sind, sich

$$AX : BX = AY : BY$$

verhält*).

Die Betrachtungen, welche ich in letzter Zeit über imaginäre Kreise angestellt und im Jahrgange 1857 dieser Berichte**) veröffentlicht habe, haben mich zu einer neuen ungleich einfacheren Auffassung des Begriffes conjugirter Kreise hingeführt und mich dadurch zugleich eine mir merkwürdig scheinende reciproke Beziehung, welche zwischen zwei Reihen von Kreisen, sowie zwischen zwei Reihen von Kugelflächen statthaben kann, finden lassen.

§. 2. Um auch diese neueren Ergebnisse hier vorzulegen, gehe ich, wie in jenem Aufsatze, von der Bestimmung eines Kreises durch seine zwei Scheitel aus. Denn so habe ich dort die zwei Puncte S und T genannt, welche in der Axe des Kreises auf verschiedenen Seiten seines Mittelpunctes K also liegen, dass

$$KS^2 = KT^2$$

---

*) Vergl. §. 22 daselbst, pag. 276 des vorliegenden Bandes.

**) Vergl. »Ueber imaginäre Kreise«, pag. 315 ff. des vorliegenden Bandes.

gleich dem negativen Quadrate seines Halbmessers ist. Mit S und T ist daher der Kreis selbst gegeben, indem seine Axe die Gerade ST, sein Mittelpunct K der Mittelpunct zwischen S und T, und das Quadrat seines Halbmessers gleich

$$-KS^2 = -KT^2$$

ist, oder, wie man auch sagen kann: weil der den Puncten S und T, als Scheiteln, zugehörige Kreis als der gegenseitige Durchschnitt zweier in S und T concentrirten Kugelflächen angesehen werden kann. Bei einem reellen Kreise sind hiernach KS^2 und KT^2 negativ, mithin die Scheitel eines solchen zwei imaginäre Puncte seiner Axe. Sollen aber die Scheitel eines Kreises reell sein, so muss sein Halbmesser von der imaginären Form $KS.\sqrt{-1}$, also der Kreis selbst imaginär sein, obwohl sein Mittelpunct und seine Axe, folglich auch seine Ebene reell bleiben. Uebrigens werden imaginäre Kreise solcher Art, und keiner anderen, wie in jenem früheren Aufsatze, auch gegenwärtig nur in Betracht kommen.

§. 3. *Die zwei Scheitel S, T eines Kreises lassen sich auch als die zwei Puncte definiren, deren jeder von jedem Puncte X des Kreises einen Abstand gleich Null hat.*

In der That, ist K der Mittelpunct, also KX ein Halbmesser des Kreises, so ist nach dem Vorigen

$$KX^2 = -KS^2 .$$

Weil ferner KX auf der Axe ST des Kreises senkrecht steht, so ist zugleich

$$SX^2 = KX^2 + KS^2 ,$$

folglich

$$SX^2 = 0 ,$$

und ebenso

$$TX^2 = 0 .$$

Aber auch umgekehrt: Sind S und T die zwei Scheitel eines Kreises, so thun den Gleichungen

$$SX = 0 \quad \text{und} \quad TX = 0$$

keine anderen Puncte, als Puncte dieses Kreises Genüge. Denn in Folge dieser zwei Gleichungen hat man, wo auch K angenommen werden mag:

$$(1) \quad \begin{cases} SX^2 = KS^2 + KX^2 - 2 . KS . KX \cos SKX = 0 , \\ TX^2 = KT^2 + KX^2 - 2 . KT . KX \cos TKX = 0 . \end{cases}$$

Lässt man nun K den Mittelpunct von ST sein, so wird

$$KS^2 = KT^2 ,$$

SKX und TKX werden Nebenwinkel, also

$$\cos TKX = -\cos SKX ,$$

und man erhält durch Abzug der einen der beiden Gleichungen (1) von der anderen

$$KS \, . \, KX \cos SKX = 0 .$$

Hierin ist

$$KS = \tfrac{1}{2} TS ,$$

also nicht gleich Null, aber auch nicht $KX = 0$, indem sonst zufolge der ersten der Gleichungen (1) $KS = 0$ würde. Mithin ist

$$\cos SKX = 0 ,$$

also KX auf ST normal, und die Gleichungen (1) reduciren sich auf

$$KS^2 = KT^2 = -KX^2 ;$$

folglich ist X der Punct eines Kreises, dessen Mittelpunct K, und dessen Scheitel S und T sind.

Die jetzt erwiesenen zwei Sätze, welche die Uebereinstimmung der zuletzt aufgestellten Definition der Scheitel mit der vorhergehenden analytischen ($KS^2 = KT^2 = -KX^2$) darthun, erhellen übrigens auch aus der geometrischen Definition der Scheitel, als nach welcher der Kreis, dessen Scheitel S und T sind, von allen den Puncten X, welche in den in S und in T concentrirten Kugelflächen zugleich liegen, also von denjenigen, für welche SX und TX zugleich Null sind, und von keinen anderen, gebildet wird. — Eine merkwürdige Folgerung aus dieser Definition enthält das Nachstehende.

§. 4. Seien S_1 und T_1 zwei Puncte eines Kreises k, und S, T die Scheitel desselben, so sind, letzterer Definition zufolge,

$$SS_1 = 0 , \qquad TS_1 = 0 , \qquad ST_1 = 0 , \qquad TT_1 = 0 .$$

Zufolge derselben vier Gleichungen sind dann aber auch umgekehrt S und T zwei Puncte des Kreises k_1, welcher S_1 und T_1 zu Scheiteln hat. Dabei liegen, wenn K, K_1 die Mittelpuncte von k, k_1, also auch von ST, S_1T_1, und ε, ε_1 die Ebenen von k, k_1 bezeichnen, K und $S_1K_1T_1$ in ε, und ebenso K_1 und SKT in ε_1, weil S, T Puncte des k_1 sind. Mithin schneiden sich ε und ε_1 in der Centrallinie KK_1 der beiden Kreise, und zwar rechtwinklig, weil SKT, in ε_1 liegend, auf ε normal ist. — Endlich hat man, weil KS auf ε und daher auch auf KK_1 rechtwinklig steht,

$$KS^2 + KK_1^2 = K_1S^2 ;$$

und weil $K_1 S_1$ auf ε_1, also auch auf $K_1 S$ normal ist,

$$K_1 S_1^2 + K_1 S^2 = S S_1^2 = 0 \ ;$$

folglich

$$K K_1^2 = - K S^2 - K_1 S_1^2 = h^2 + h_1^2 \ ,$$

wenn h, h_1 die Halbmesser von k, k_1 bedeuten. — Dies gibt uns den allem Folgenden zu Grunde liegenden Satz:

Geht von zwei Kreisen der eine durch die Scheitel des anderen, so geht auch der andere durch die Scheitel des ersteren; dabei schneiden sich die Ebenen der beiden Kreise rechtwinklig in ihrer Centrallinie, und das Quadrat des gegenseitigen Abstandes ihrer Mittelpuncte ist der Summe der Quadrate ihrer Halbmesser gleich.

§. 5. Der jetzt gewonnene Satz lässt sich folgendergestalt auch mit Hülfe analytischer Geometrie einfach darthun. — Seien S_1, T_1 zwei beliebige Puncte eines Kreises k, dessen Mittelpunct K. Man nehme die Ebene von k zur Ebene der x, y eines rechtwinkligen Coordinatensystems, und das von K auf $S_1 T_1$ zu fällende Perpendikel zur Axe der x, so liegen die Scheitel von k, welche S, T heissen, in der Ebene der x, z, und ST wird von der Axe der x rechtwinklig in K halbirt. Setzen wir daher die zwei auf die Axen der x und der z sich beziehenden Coordinaten von S, gleich ξ', ζ', so sind ξ', $-\zeta'$ die Coordinaten von T, ξ' ist die Abscisse des Mittelpunctes K von k, und $-\zeta'^2$ das Quadrat des Halbmessers von k, mithin

$$(x - \xi')^2 + y^2 = -\zeta'^2$$

die Gleichung für k. Setzen wir ferner von S_1 und T_1, als zwei in der Ebene der x, y symmetrisch gegen die Axe der x liegenden Puncten, die Coordinaten gleich x', $\pm y'$, so ist, weil S_1, T_1 Puncte von k sein sollen,

$$(2) \qquad (x' - \xi')^2 + y'^2 = -\zeta'^2 \ .$$

Wir wollen uns nun einen zweiten Kreis k_1, dessen Scheitel S_1 und T_1 sind, hinzudenken. Er wird zufolge der über S_1 und T_1 gemachten Annahmen in der Ebene der x, z, und sein Mittelpunct K_1 in der Axe der x liegen; die Abscisse von K_1 wird gleich x', das Quadrat seines Halbmessers wird gleich $-y'^2$, und folglich seine Gleichung

$$(x - x')^2 + z^2 = -y'^2$$

sein.

Dieser Gleichung geschieht aber, der Gleichung (2) zufolge, Genüge, wenn ξ', $\pm\zeta'$ statt x, z geschrieben werden, und es geht daher der Kreis k_1 durch die Scheitel S, T oder [ξ', $\pm\zeta'$] des k.

Wenn daher von zwei Kreisen k und k_1 die Scheitel S_1, T_1 des einen k_1 Puncte des anderen k sind, so sind auch die Scheitel S, T des k Puncte des k_1; die Ebenen von k und k_1, als die Ebenen der x, y und der x, z, schneiden sich rechtwinklig in der Axe der x, d. i. in der Centrallinie KK_1, und es ist

$$KK_1^2 = (x' - \xi')^2 ,$$

oder nach (2):

$$KK_1^2 = -y'^2 - \zeta'^2 ;$$

dies ist aber gleich der Summe der Quadrate der Halbmesser von k und k_1, also nach der in §. 4 eingeführten Bezeichnung:

$$KK_1^2 = h^2 + h_1^2 .$$

§. 6. Die Gleichheit zwischen KK_1^2 und $h^2 + h_1^2$ kann man auch dadurch ausdrücken, *dass die Centrallinie der beiden Kreise von ihnen selbst in zwei harmonirenden Paaren von Puncten geschnitten wird.* Wird nämlich der eine Kreis um die Centrallinie als Axe gedreht, bis er in die Ebene des anderen zu liegen kommt, so schneidet er den anderen zufolge jener Gleichheit rechtwinklig. Nach meinem Aufsatze über imaginäre Kreise (vergl. §. 5, c daselbst), wird aber von zwei sich rechtwinklig schneidenden Kreisen jeder Durchmesser des einen von dem anderen Kreise harmonisch getheilt.

Zwei Kreise, von denen der eine durch die Scheitel des anderen geht, sind daher vollkommen einerlei mit zwei solchen, welche ich früher einander conjugirt genannt habe (§. 1). Ich werde diese Benennung auch im Folgenden beibehalten, kann sie aber jetzt ganz kurz dadurch definiren, *dass von zwei conjugirten Kreisen die zwei Scheitel des einen Puncte des anderen sind.*

Zusatz. Weil K, K_1 stets reelle Puncte sind, so ist $h^2 + h_1^2$, gleich KK_1^2, stets positiv. Von zwei conjugirten Kreisen können daher nicht beide imaginär sein, sondern es sind entweder beide reell, oder der eine reell und der andere imaginär, und im letzteren Falle ist das Quadrat des Halbmessers des reellen Kreises das absolut grössere. Dass zwei imaginäre Kreise nicht conjugirt sein können, folgt übrigens schon daraus, dass alsdann ein imaginärer Kreis durch zwei reelle Puncte, nämlich durch die reellen Scheitel des anderen, gehen müsste, welches aber, wenigstens bei der hier gesetzten Beschränkung des Begriffes imaginärer Kreise, nicht möglich ist.

§. 7. Folgerungen. *a*) Von zwei oder mehreren Kreisen, deren jeder durch dieselben zwei Puncte geht, liegen die Scheitel in einem Kreise, in demjenigen nämlich, welcher diese zwei Puncte zu

Scheiteln hat, und daher mit jedem der ersteren Kreise conjugirt ist. — Umgekehrt:

b) Liegen die Scheitel von zwei oder mehreren Kreisen in einem Kreise, so haben die ersteren Kreise zwei Puncte gemein, nämlich die Scheitel des letzteren Kreises, mit welchem daher jeder der ersteren conjugirt ist.

c) Zwei Kreise, welche zwei Puncte gemein und damit eine gemeinsame Chorde haben, pflegt man einander chordal zu nennen; und wenn es im Folgenden heisst, *dass zwei Kreise k_1 und k_2 nach dem dritten $k_{1,2}$ einander chordal sind*, so soll damit gesagt werden, dass die zwei Puncte, welche k_1 und k_2, als zwei chordale Kreise, mit einander gemein haben, die Scheitel des dritten $k_{1,2}$ sind. Und weil dann auch umgekehrt der Kreis $k_{1,2}$ durch die Scheitel von k_1 und k_2 geht, so lässt sich der Kreis, nach welchem zwei chordale Kreise dieses sind, auch als derjenige definiren, in welchem die vier Scheitel der zwei chordalen Kreise enthalten sind.

d) Sind demnach k_1 und k_2 nach $k_{1,2}$ chordal, so ist k_1 sowohl, als k_2 mit $k_{1,2}$ conjugirt; und umgekehrt.

e) Wenn daher von drei Kreisen k_1, k_2, k_3 die zwei ersten k_1, k_2 nach dem Kreise $k_{1,2}$ und die zwei letzten k_2, k_3 nach dem Kreise $k_{2,3}$ chordal sind, so sind auch $k_{1,2}$ und $k_{2,3}$ nach k_2 chordal. Denn der gemachten Annahme zufolge sind k_2 und $k_{1,2}$, desgleichen k_2 und $k_{2,3}$ conjugirt; folglich u. s. w.

§. 8. Betrachten wir jetzt eine Reihe von Kreisen k_1, k_2, k_3, k_4, ..., von denen je zwei nächstfolgende k_1 und k_2, k_2 und k_3, k_3 und k_4, u. s. w. einander chordal, und dieses resp. nach den Kreisen $k_{1,2}$, $k_{2,3}$, $k_{3,4}$, ... sind. Alsdann sind hinwiederum je zwei nächstfolgende Kreise der letzteren Reihe, $k_{1,2}$ und $k_{2,3}$, $k_{2,3}$ und $k_{3,4}$, u. s. w., resp. nach den Kreisen k_2, k_3, ... der ersteren chordal (§. 7, *e*), und *es stehen folglich die zwei Reihen in einer solchen reciproken Beziehung zu einander, dass die Paare gemeinsamer Puncte je zweier nächtfolgender Kreise der einen Reihe die Scheitel der Kreise der jedesmal anderen Reihe sind.*

Nehmen wir hierbei noch an, dass je zwei nächstfolgende Kreise der *ersten* Reihe (k_1, k_2, ...) sowohl hinsichtlich ihrer Lage, als ihrer Grösse unendlich wenig von einander verschieden sind, so wird ein Gleiches offenbar auch von je zwei nächsten Kreisen der *zweiten* Reihe ($k_{1,2}$, $k_{2,3}$, ...) gelten. Die gemeinsamen Puncte je zweier nächsten und daher chordalen Kreise der ersten Reihe werden alsdann eine Curve *c* bilden, die Enveloppe aller dieser Kreise; und auf gleiche Art wird von den gemeinsamen Puncten je zweier nächsten Kreise der zweiten Reihe, als welche ebenfalls chordal sind, eine zweite, die zweite Reihe umhüllende Curve γ gebildet werden. Auch kann man nach dem Vorhergehenden diese zwei Curven c und γ, als gebildet von den Scheiteln der Kreise der zweiten und von denen der Kreise der ersten Reihe, betrachten. Sowie aber die zwei Kreisreihen, so werden auch diese zwei Curven in reciproker Beziehung stehen, so dass die aus der zweiten ebenso abgeleitete Curve, wie es die zweite aus der ersten war, wiederum die erste ist.

§. 9. Um uns das Gesagte durch den einfachsten hierbei möglichen Fall zu näherer Anschauung zu bringen, wollen wir mit Rücksicht darauf, dass je zwei Kreise einer Ebene chordal sind, setzen, dass die Kreise der ersten Reihe in einer Ebene, es sei in der Ebene der x, y eines rechtwinkligen Coordinatensystems, und die Mittelpuncte dieser Kreise in einer Geraden, es sei in der Axe x dieses Systems, enthalten sind. Die Scheitel dieser Kreise liegen daher in der Ebene der x, z symmetrisch gegen die Axe der x. Seien hiernach in dieser Ebene $\xi, \pm\zeta$ die Coordinaten der Scheitel eines dieser Kreise k, und $\xi + d\xi$, $\pm(\zeta + d\zeta)$ die Coordinaten der Scheitel des nächstfolgenden Kreises k', so sind ξ und $\xi + d\xi$ die Abscissen der Mittelpuncte und $-\zeta^2$ und $-(\zeta + d\zeta)^2$ die Quadrate der Halbmesser von k und k'. Die Gleichungen für k und k' sind daher

$$(x-\xi)^2 + y^2 = -\zeta^2$$

und

$$(x - \xi - d\xi)^2 + y^2 = -(\zeta + d\zeta)^2 \,.$$

Die Verbindung dieser beiden Gleichungen oder, was dasselbe ist, die Verbindung der Gleichungen

$$(1) \qquad (x-\xi)^2 + y^2 + \zeta^2 = 0$$

$$(2) \qquad (x-\xi)\,d\xi = \zeta\, d\zeta$$

gibt die Coordinaten x, $\pm y$ der zwei gemeinsamen Puncte von k und k', also die Coordinaten zweier Puncte der Curve c, die daher in der Ebene der x, y symmetrisch gegen die Centrallinie aller Kreise der ersten Reihe, d. i. gegen die Axe der x, liegt, während die Curve γ, welche durch die Scheitel dieser Kreise, also durch die Puncte $[\xi, \pm\zeta]$ und $[\xi + d\xi, \pm(\zeta + d\zeta)]$ geht, in der Ebene der x, z begriffen ist und gegen die Axe der x gleichfalls eine symmetrische Lage hat.

Die Gleichungen für c und γ haben demnach die Formen

$$(3) \qquad y^2 = f(x) \qquad \text{und} \qquad (4) \qquad \zeta^2 = \varphi(\xi) \,,$$

und man kann jetzt, wenn γ, also die Function $\varphi(\xi)$, gegeben ist, mittelst (1) und (2) die Function $f(x)$ und damit c finden. In der That folgt aus (4)

$$2\zeta d\zeta = \varphi'(\xi)d\xi\ ,$$

wodurch (1) und (2) übergehen in

$$(5)\quad (x-\xi)^2+y^2+\varphi(\xi)=0\ ,\qquad (6)\quad 2(x-\xi)=\varphi'(\xi)\ .$$

Hieraus aber folgt durch Elimination von ξ die verlangte Gleichung (3).

Soll umgekehrt $\varphi(\xi)$ aus $f(x)$, also γ aus c gefunden werden, so gehe man von den in der Ebene der x, z liegenden Kreisen oder den Kreisen der zweiten Reihe aus. Als Gleichung eines solchen kann wiederum die Gleichung (1) betrachtet werden, in welcher jetzt ξ und ζ die von einem seiner Puncte zum anderen veränderlichen Coordinaten, x die Abcisse seines Mittelpunctes, und $-y^2$ das Quadrat seines Halbmessers bedeuten, und daher die Puncte $[x, \pm y]$ seine Scheitel sind. Die zwei Puncte $[\xi, \pm\zeta]$, welche er mit dem nächstfolgenden durch die Scheitel $[x+dx, \pm(y+dy)]$ bestimmten Kreise der zweiten Reihe gemein hat, werden durch Verbindung der Gleichung (1) mit der nach x und y differentiirten Gleichung (1)

$$(2^*)\qquad (\xi-x)dx = y\,dy$$

erhalten. Ist daher

$$f(x)=y^2$$

gegeben, so hat man

$$(6^*)\qquad 2(\xi-x)=f'(x)\ ,$$

und findet nun ζ^2 als Function von ξ, indem man x aus (6^*) und der aus (1) fliessenden Gleichung

$$(5^*)\qquad (x-\xi)^2+f(x)+\zeta^2=0$$

eliminirt.

Zusatz. Wenn die Coordination $x, \pm y$ und $\xi, \pm\zeta$ zweier symmetrisch gegen die Axe der x liegender und den Curven c und γ zugehöriger Punctepaare, in der Gleichung (1) substituirt, ihr Genüge thun, so entsprechen diese Paare, zufolge der doppelten Bedeutung von (1), einander dergestalt, dass der Kreis, welcher die eine Curve in den Puncten des einen Paares berührt, die in der anderen Curve liegenden Puncte des anderen Paares zu seinen Scheiteln hat. Zu jedem gegen die Axe der x symmetrischen Punctepaare der einen Curve gehört ein auf solche Weise ihm entsprechendes in der anderen. Die Relation zwischen den Abscissen x und ξ der beiden Paare ist in der Gleichung (6), desgleichen in (6*), sowie in der aus (1) mittelst (3) und (4) hervorgehenden Gleichung

$$(7) \qquad (x-\xi)^2+f(x)+\varphi(\xi)=0$$

enthalten, wodurch man, wenn das eine Paar gegeben ist, das andere finden kann.

Weil zwei auf besagte Art einander entsprechende Punctepaare die Scheitelpaare zweier conjugirten Kreise sind, und weil von zwei solchen Kreisen entweder beide reell sind, oder der eine reell und der andere imaginär ist (§. 6, Zus.), so ist, wie man noch bemerke, von zwei zusammengehörigen Punctepaaren entweder jedes aus zwei imaginären Puncten, oder das eine aus zwei imaginären und das andere aus zwei reellen Puncten zusammengesetzt.

§. 10. Erstes Beispiel. Sei

$$f(x)=y^2=2px \;,$$

also die Curve c eine in der Ebene der x, y enthaltene Parabel, deren Axe mit der Axe der x coïncidirt, und deren Parameter gleich $2p$. Hiermit wird

$$f'(x)=2p \;,$$

und die Gleichungen (5*) und (6*) werden

$$(x-\xi)^2+2px+\zeta^2=0 \quad \text{und} \quad \xi-x=p \;,$$

woraus nach Elimination von x

$$\zeta^2=2p\,(\tfrac{1}{2}p-\xi)$$

folgt. Die Curve γ ist daher ebenfalls eine Parabel, welche, in der Ebene der x, z liegend, die Axe der x nach einer der vorigen entgegengesetzten Richtung zur Axe hat, deren Parameter gleichfalls gleich $2p$, und deren Scheitel, als für welchen ξ gleich $\frac{1}{2}p$ ist, mit dem Brennpuncte der ersteren Parabel zusammenfällt. *Die zwei reciproken Curven c und γ sind demnach gegenwärtig zwei Parabeln, deren gegenseitiges Verhalten dadurch genügend charakterisirt ist, dass ihre Ebenen sich rechtwinklig schneiden, und dass der Scheitel einer jeden der Brennpunct der jedesmal anderen ist.*

Zwischen den Abscissen x und ξ zweier einander entsprechenden Punctepaare der Parabeln c und γ findet die schon erhaltene Gleichung

$$\xi-x=p$$

statt. Sind daher A und A_1 die Scheitel, folglich A_1 und A die Brennpuncte von c und γ, also

$$2AA_1=p \;,$$

und bestimmt man in der gemeinschaftlichen Axe AA_1 zwei Puncte X und X_1 also, dass auch dem Zeichen nach

$$XX_1 = 2AA_1 \ ,$$

so werden zwei rechtwinklig auf die Axe durch X und X_1 gelegte Ebenen resp. die Parabeln c und γ in zwei entsprechenden Punctepaaren S, T und S_1, T_1 treffen. Der letzten Gleichung gemäss sind nun für die Puncte A, A_1, X, X_1, die dazwischen liegenden Grenzfälle abgerechnet, nur nachstehende fünf Folgen möglich:

$$XX_1AA_1 \ , \quad XAX_1A_1 \ , \quad XAA_1X_1 \ , \quad AXA_1X_1 \ , \quad AA_1XX_1 \ ;$$

und man sieht leicht, dass bei der ersten und bei der zweiten Folge S, T imaginär und S_1, T_1 reell, bei der dritten S, T sowohl, als S_1, T_1 imaginär, und bei der vierten und fünften Folge S, T reell und S_1, T_1 imaginär sind.

Die Gleichung

$$\xi - x = p$$

muss, wie schon bemerkt worden, auch dadurch hervorgehen, dass man in (1) für y^2 und ζ^2 ihre Werthe $2px$ und $p^2 - 2p\xi$ setzt; und in der That findet sich damit

$$(x-\xi)^2 + 2p(x-\xi) + p^2 = (x - \xi + p)^2 = 0 \ .$$

Dies führt aber zu einer noch anderen, sehr merkwürdigen Eigenschaft der Figur. Denn da die linke Seite von (1) das Quadrat des gegenseitigen Abstandes der Puncte (x, y) und (ξ, ζ) ausdrückt, so ist, wenn P, Π irgend zwei Puncte der Parabeln c, γ, wenn x, ξ die Abscissen dieser Puncte, und X, Ξ die rechtwinkligen Projectionen derselben auf die gemeinsame Axe bedeuten,

$$P\Pi^2 = (x - \xi + p)^2 = (\Xi X + p)^2 \ ,$$

und daher unter der Voraussetzung, dass AA_1 die positive Richtung der Axe, also

$$p = 2AA_1$$

positiv ist, und dass die Strecke $P\Pi$ stets positiv genommen wird,

$$P\Pi = \Xi X + p \ .$$

Ebenso hat man, wenn P' ein anderer in c enthaltener Punct, und X' dessen Projection auf die Axe ist,

$$P'\Pi = \Xi X' + p \ ,$$

folglich

$$P'\Pi - P\Pi = \Xi X' - \Xi X = XX' \ ;$$

ebenso ist

$$P'\Pi' - P\Pi' = XX' \ .$$

wenn Π' einen zweiten Punct in γ bezeichnet, also:

$$P'\Pi - P\Pi = P'\Pi' - P\Pi' .$$

Wenn daher von zwei Parabeln der Scheitel einer jeden mit dem Brennpuncte der anderen zusammenfällt, und wenn ihre Ebenen sich rechtwinklig schneiden, so ist der Unterschied zwischen den Abständen eines beliebigen Punctes (Π oder Π') der einen Parabel von zwei beliebigen Puncten (P und P') der anderen vom ersteren Puncte unabhängig; ein übrigens schon bekannter Satz, demzufolge die eine Parabel die Focallinie der anderen genannt wird.

§. 11. Zweites Beispiel. Sei c eine Ellipse, deren grosse Axe, gleich $2a$, in die Axe der x, und deren kleine, gleich $2b$, in die Axe der y fällt, also

$$\frac{x^2}{a^2} + \frac{y^2}{b^2} = 1$$

die Gleichung für c, und folglich

$$f(x) = y^2 = b^2 - \frac{b^2}{a^2}x^2$$

und

$$(6^{**}) \qquad f'(x) = 2(\xi - x) = -\frac{2b^2}{a^2}x .$$

Wird hierauf der aus letzterer Gleichung folgende Werth von x in

$$(5^{**}) \qquad (x-\xi)^2 + b^2 - \frac{b^2}{a^2}x^2 + \zeta^2 = 0$$

substituirt, so findet sich

$$(4^{*}) \qquad \frac{\xi^2}{a^2 - b^2} - \frac{\zeta^2}{b^2} = 1 ,$$

die Gleichung für eine in der Ebene der x, z liegende Hyperbel, deren Scheitel in die Axe der x fallen und vom Anfangspuncte der Coordinaten um $\pm\sqrt{a^2-b^2}$ abstehen, folglich die Brennpuncte der Ellipse sind, — sowie umgekehrt die Scheitel der Ellipse mit den Brennpuncten der Hyperbel coïncidiren, indem für die einen, wie für die anderen Puncte die Abscissen gleich $\pm a$ sind.

Mit einer Ellipse (Hyperbel) steht demnach eine Hyperbel (Ellipse) in reciproker Beziehung, deren Ebene auf der Ebene der ersteren Curve normal ist, und deren Scheitel und Brennpuncte mit den Brennpuncten und Scheiteln der ersteren coïncidiren.

Die Relation zwischen den Abcissen x und ξ einander entsprechender Punctepaare der Ellipse und der Hyperbel wird durch die Gleichung (6**), oder einfacher, wenn man e^2 statt $a^2 - b^2$ schreibt, durch die Proportion

$$x : \xi = a^2 : e^2$$

dargestellt. Hiernach haben diese Abscissen stets einerlei Zeichen, und es ist absolut $x > \xi$. Ziehen wir daher bloss positive Werthe von x, also auch von ξ, in Betracht, — denn für negative findet in absolutem Sinne ganz dasselbe statt, — und bemerken wir, dass ein Punctepaar der Ellipse nur für $x < a$ reell, und ein Punctepaar der Hyperbel nur für $\xi > e$ reell ist, so sind von

$$x = a \quad \text{bis} \quad x = a^2 : e \ ,$$

also von

$$\xi = e^2 : a \quad \text{bis} \quad \xi = e \ ,$$

sowohl die elliptischen Punctepaare, als die ihnen entsprechenden hyperbolischen imaginär; für kleinere (grössere) Werthe von x und ξ sind die elliptischen Paare reell (imaginär), und die entsprechenden hyperbolischen imaginär (reell).

Die linke Seite von (5**) drückt das Quadrat des Abstandes des Punctes (x, y) der Ellipse vom Puncte (ξ, ζ) der Hyperbel aus und wird, wenn man darin für ζ^2 seinen Werth aus (4*) setzt:

$$\left(\frac{a}{e}\xi - \frac{e}{a}x\right)^2 .$$

Wird dieser Ausdruck, wie es die Gleichung (5**) verlangt, gleich 0 gesetzt, so kommt man auf das schon bemerkte Verhältniss zwischen den Abscissen x und ξ zweier entsprechenden Punctepaare zurück. Sieht man aber von diesem speciellen Falle ab und nimmt x und ξ als die Abscissen irgend eines reellen Punctes P in der Ellipse und eines reellen Π in der Hyperbel, so ist, der Bedeutung des Ausdruckes zufolge,

$$P\Pi = \pm\left(\frac{a}{e}\xi - \frac{e}{a}x\right) ,$$

worin rechter Hand, wenn die Strecke $P\Pi$ stets positiv sein soll, das obere, oder das untere Zeichen genommen werden muss, je nachdem ξ positiv, oder negativ ist, und dieses aus dem Grunde, weil, bei der vorausgesetzten Realität von P und Π, in absolutem Sinne stets $a\xi : e$ grösser als $ex : a$ ist. Aus dieser Formel aber, und wenn P', Π' noch ein anderes Paar reeller Puncte der Ellipse und der Hyperbel bezeichnen, folgt ähnlicher Weise, wie vorhin bei den zwei Parabeln,

$$P'\Pi - P\Pi = \pm(P'\Pi' - P\Pi') ,$$

worin das obere, oder das untere Zeichen gilt, jenachdem Π und Π'

in einer und derselben Hälfte der Hyperbel, oder in verschiedenen liegen.

Ebenso wie von zwei reciproken Parabeln, ist daher, wie man gleichfalls schon weiss, *auch von einer Ellipse und einer Hyperbel, wenn sie auf die gedachte Weise in reciproker Beziehung zu einander stehen, eine jede der beiden Curven als die Focallinie der anderen zu betrachten.*

---

§. 12. Lehnsatz. Je zwei Kreise k und k' einer Kugelfläche sind chordal.

Beweis. Jede Gerade l hat mit der Kugelfläche zwei reelle oder zwei imaginäre Puncte A, B gemein. Ist nun l der gegenseitige Durchschnitt der Ebenen von k und k', so ist A, als ein Punct der Kugelfläche und als ein Punct der Ebene von k, zugleich ein Punct von k selbst, und ebenso von k' selbst; und gleicherweise zeigt sich, dass auch B ein den Kreisen k, k' gemeinsamer Punct ist. Der gegenseitige Durchschnitt l oder AB der Ebenen zweier Kugelkreise ist folglich die gemeinsame Chordale dieser Kreise.

§. 13. Lehnsatz. Je zwei chordale Kreise k und k' liegen in einer Kugelfläche.

Beweis. Weil die vier Scheitel zweier chordalen Kreise in einem Kreise (§. 7, c), also in einer Ebene begriffen sind, und weil die zwei Scheitel eines Kreises in seiner Axe liegen, so liegen die Axen von k und von k' in einer Ebene und schneiden sich folglich, welches in O geschehe. Sind nun A, B die zwei Puncte, welche k und k' gemein haben, X irgend ein anderer Punct von k, und X' einer desgleichen von k', so ist

$$OA = OB = OX ,$$

weil O in der Axe von k liegt; aber auch

$$OA = OB = OX' ,$$

weil O auch in der Axe von k' liegt. Mithin sind k und k' Kreise einer Kugelfläche, deren Mittelpunct O, und deren Halbmesser gleich $OA = OB$ ist.

Zusatz. Bezeichnet K den Mittelpunct von k, so ist KA ein Halbmesser von k, folglich OKA ein rechter Winkel, folglich OA^2 oder das Quadrat des Kugelhalbmessers gleich $OK^2 + KA^2$. In diesem Ausdrucke für OA^2 ist OK^2 stets positiv, weil O und K reelle Puncte sind. Dagegen ist KA^2 positiv oder negativ, jenachdem der Kreis k reell oder imaginär ist. Im letzteren Falle, und wenn zugleich, absolut genommen, $KA^2 > OK^2$ ist, wird auch OA^2 negativ, mithin die Kugelfläche selbst imaginär, und dieses in demselben engeren Sinne, in welchem wir hier einen Kreis imaginär nennen, nämlich eine Kugelfläche, deren Mittelpunct reell, und von deren Halbmesser das Quadrat negativ ist.

§. 14. In §. 8 leiteten wir aus einer Reihe von Kreisen, von denen je zwei nächstfolgende chordal waren, eine zweite Reihe von Kreisen ab, welche, gleichfalls paarweise in ihrer Folge mit einander chordal, zu den Kreisen der ersten Reihe in reciproker Beziehung standen. Mit Anwendung der voranstehenden zwei Lehnsätze wird man nun ebenso aus einer Reihe von Kugelflächen von beliebiger Grösse und Lage eine zweite ihr reciproke Reihe von Kugelflächen ableiten können, so dass die aus dieser zweiten Reihe auf gleiche Weise abzuleitende dritte Reihe von Kugelflächen mit der ersten identisch ist. Zu dem Ende hat man nur der ersten (1) jener zwei Reihen von Kreisen eine solche Reihe von Kugelflächen (I) vorangehen und der zweiten (2) eine solche Reihe von Kugelflächen (II) folgen zu lassen, dass je zwei nächstfolgende Flächen der Reihe (I) sich in den Kreisen der Reihe (1) schneiden, und dass die Reihe (II) von den durch je zwei nächstfolgende Kreise der Reihe (2) zu legenden Flächen gebildet wird.

In der That sei

(I) $\sigma_1, \quad \sigma_2, \quad \sigma_3, \quad \ldots$

die vorgegebene keiner Bedingung unterworfene Reihe von Kugelflächen, und

(1) $k_{12}, \quad k_{23}, \quad k_{34}, \quad \ldots$

die Reihe von Kreisen, welche σ_1 und σ_2, σ_2 und σ_3, u. s. w. gemein haben. Weil hiernach die Kreise k_{12} und k_{23} in σ_2 zugleich begriffen sind, so sind sie nach dem ersten Lehnsatze chordal; ebenso sind k_{23} und k_{34}, als zwei Kreise der Kugelfläche σ_3, chordal; u. s. w.

Seien ferner die Kreise, nach denen k_{12} und k_{23}, u. s. w., chordal sind, resp.

(2) $k_{123}, \quad k_{234}, \quad k_{345}, \quad \ldots,$

so sind, wie in §. 8, auch von diesen je zwei nächstfolgende chordal, und es kann daher nach dem zweiten Lehnsatze durch je zwei nächstfolgende derselben eine Kugelfläche gelegt werden. Seien diese durch k_{123} und k_{234}, u. s. w. bestimmten Kugelflächen

(II) $\sigma_{1234}, \quad \sigma_{2345}, \quad \sigma_{3456}, \quad \ldots,$

so behaupte ich, dass, wenn man aus (II), als einer ursprünglich gegebenen Reihe, auf gleiche Weise eine neue Reihe von Kugelflächen ableitet, man auf die Flächen der Reihe (I), von welcher man ausging, zurückkommt, und dass daher (I) und (II) in reciproker Beziehung stehen.

Denn die Kreise, welche σ_{1234} und σ_{2345}, σ_{1234} und σ_{3456}, ... gemein haben, sind die in ihrer Folge paarweise chordalen Kreise k_{234}, k_{345}, ... der Reihe (2); die Kreise, nach denen k_{234} und k_{345}, u. s. w. chordal sind, bilden, der Reciprocität zwischen (1) und (2) zufolge, die Reihe k_{34}, k_{45}, ... oder (1), und die Kugelflächen, welche durch k_{34} und k_{45}, u. s. w. gelegt werden können, sind keine anderen, als die Flächen σ_4, σ_5, ... der Reihe (I).

Weil zur Erlangung jeder Fläche in (II) vier nächstfolgende Flächen aus (I) erforderlich sind, z. B. σ_1, .., σ_4 zu σ_{1234}, so enthält, wie man noch bemerken mag, die Reihe (II) drei Flächen weniger als (I), und damit die neue aus (II) abzuleitende Reihe sechs Flächen weniger als (I), indem nämlich in der neuen die drei ersten und die drei letzten Flächen von (I) wegfallen. Um dieses Deficit zu beseitigen, darf man sich nur die Reihe (I) cyklisch, d. h. auf ihr letztes Glied wieder ihr erstes folgend, denken. Denn damit werden auch (1), (2) und (II) von cyklischer Natur und jeder dieser Cykeln hat dieselbe Gliederzahl.

§. 15. In dem besonderen Falle, wenn die Kugelflächen σ_1, σ_2, σ_3, ... unendlich klein oder blosse Puncte sind, sind k_{12}, k_{23}, ... die Kreise, welche σ_1 und σ_2, σ_2 und σ_3, u. s. w. zu Scheiteln haben. Der Kreis k_{123}, als derjenige, nach welchem k_{12} und k_{23} chordal sind, geht durch die Scheitel letzterer Kreise, also durch die Puncte σ_1, σ_2, σ_3; ebenso ist k_{234} der durch σ_2, σ_3, σ_4 zu beschreibende Kreis, u. s. w. Die Kugelfläche σ_{1234}, welche durch die zwei die Puncte σ_2, σ_3 enthaltenden und daher chordalen Kreise k_{123} und k_{234} bestimmt wird, ist folglich die durch die vier Puncte σ_1, .., σ_4 zu beschreibende; und Entsprechendes ist von den übrigen Kugelflächen σ_{2345}, u. s. w. zu sagen.

Da in diesem besonderen Falle k_{123}, als ein durch die Puncte σ_1, σ_2, σ_3 bestimmter Kreis, unabhängig von der Aufeinanderfolge dieser Puncte ist und daher auch z. B. durch k_{132} ausgedrückt werden kann, und da dasselbe auch rücksichtlich der durch σ_1, σ_2, σ_3, σ_4 zu beschreibenden Kugelfläche σ_{1234} gilt, so dürfte wohl eine gleiche Unabhängigkeit auch dann stattfinden, wenn σ_1, σ_2, ... Kugelflächen von endlicher Grösse sind.

In der That hat der Kreis k_{123}, als nach welchem k_{12} und k_{23} chordal sind, die zwei den letzteren Kreisen gemeinsamen Puncte, welche S und T heissen, zu seinen Scheiteln. Weil aber k_{12} in σ_1 und σ_2, und k_{23} in σ_2 und σ_3 zugleich liegt, so liegen S und T beide in σ_1, σ_2, σ_3 zugleich, sind also die zwei diesen drei Kugelflächen gemeinsamen Puncte. Diese zwei Puncte sind aber unabhängig von der Folge, in welcher man, um sie zu finden, die drei Flächen nach einander in Betracht zieht. Mithin muss auch der Kreis k_{123}, welcher S und T zu Scheiteln hat, von dieser Folge unabhängig sein.

Zusatz. Der Kreis k_{123}, dessen Scheitel S und T sind, geht durch die Scheitel eines jeden durch S und T gelegten Kreises, also auch durch die Scheitel der drei Kreise k_{12}, k_{23} und k_{13}, in welchen sich σ_1, σ_2, σ_3 paarweise schneiden. *Von den drei Kreisen, in welchen sich drei Kugelflächen schneiden, liegen folglich die sechs Scheitel in einem Kreise, dessen Scheitel die zwei den drei Flächen gemeinsamen Puncte (S, T) sind; die Axe dieses Kreises ist die den drei Flächen gemeinsame Chordallinie, sein Mittelpunct der Mittelpunct der gemeinsamen Chorde (ST), und seine Ebene die Centralebene der drei Kugelflächen.*

§. 16. Es bleibt uns noch die verwandte Betrachtung eines Systemes von vier Kugelflächen σ_1, σ_2, σ_3, σ_4 übrig. Sie schneiden sich paarweise in den sechs Kreisen

$$(1) \qquad k_{12}, \; k_{13}, \; k_{14}, \; k_{23}, \; k_{24}, \; k_{34},$$

und die Verbindung der vier Flächen zu dreien giebt die vier Kreise

$$(2) \qquad k_{123}, \; k_{124}, \; k_{134}, \; k_{234},$$

von denen k_{123} derjenige ist, welcher die zwei den drei Flächen σ_1, σ_2, σ_3 gemeinsamen Puncte zu Scheiteln hat und daher (§. 15, Zusatz) durch die Scheitel der drei Kreise k_{12}, k_{13}, k_{23} geht; u. s. w. Je zwei dieser vier Kreise (2) sind chordal; denn so sind es z. B. k_{123} und k_{234}, weil sie beide die Scheitel von k_{23} enthalten. Durch je zwei der vier Kreise (2) kann folglich eine Kugelfläche gelegt werden. Dies gibt zusammen sechs Flächen, die aber insgesammt identisch sind.

Denn weil k_{123} durch die Scheitel von k_{12}, k_{13}, k_{23}, und k_{234} durch die Scheitel von k_{23}, k_{24}, k_{34} geht, so enthält die durch k_{123} und k_{234} bestimmte Fläche σ_{1234} die Scheitel von k_{12}, k_{13}, k_{23}, k_{24}, k_{34}, und geht damit noch durch die Kreise k_{124} und k_{134}, indem ersterer durch die vier Scheitel von k_{12} und k_{24}, letzterer durch die vier Scheitel von k_{13} und k_{34} mehr als hinreichend bestimmt ist. Die vier Kreise (2) liegen demnach in einer Kugelfläche σ_{1234}, mit welcher die vorhin gedachten sechs Flächen identisch sind, und es ist somit erwiesen, dass die Fläche σ_{1234} unabhängig von der Ordnung ist, in welcher man die Flächen σ_1, σ_2, σ_3, σ_4 auf einander folgen lässt.

Zusätze. *a*) Die Scheitel der sechs Kreise (1) liegen paarweise in den sechs Kanten des Tetraëders, dessen Ecken die Mittelpuncte der vier Kugeln σ_1, σ_2, σ_3, σ_4, und dessen Kanten folglich die Centrallinien dieser paarweise genommenen Kugeln sind, indem die Scheitel des den Kugelflächen σ_1 und σ_2 gemeinsamen Kreises k_{12} in der Centrallinie dieser Flächen, als der Axe von k_{12}, begriffen sind; u. s. w. Deshalb, und weil die Scheitel von k_{12}, k_{23}, k_{13} in k_{123} liegen, u. s. w., kann man sagen: die Kugelfläche σ_{1234} schneide die Kanten jenes Tetraëders in den Scheiteln der Kreise (1) und die Seitenflächen desselben in den Kreisen (2).

b) Da die Scheitel des den Kugelflächen σ_1 und σ_2 gemeinsamen Kreises k_{12} symmetrisch gegen die Ebene desselben liegen, so geht diese Ebene durch den Mittelpunct der jene Scheitel enthaltenden Kugelfläche σ_{1234}. Dasselbe gilt von den Ebenen der übrigen Kreise (1), und wir erhalten damit den Satz:

Die Ebenen der sechs Kreise, welche vier Kugelflächen paarweise gemein haben, schneiden sich in einem Puncte. Und dieser Punct ist zugleich der Mittelpunct einer Kugelfläche, welche durch die zwölf Scheitel der sechs Kreise beschrieben werden kann.

Der erste Theil dieses Satzes ist nicht neu und lässt sich, wie bekannt, sehr einfach mittelst der Eigenschaften der Potenzen eines Punctes in Bezug auf Kugelflächen und auf Kreise, in deren Ebenen er liegt, darthun. Aber auch für den zweiten Theil des Satzes kann der Beweis ganz leicht mit Hülfe desselben Princips geführt werden. Denn zufolge des ersten Theiles sind die Potenzen des Mittelpunctes von σ_{1234} in Bezug auf die vier Kugelflächen σ_1, σ_2, σ_3, σ_4 und ihre sechs gegenseitigen Durchschnitte oder die Kreise (1) einander gleich. Eben so gross müssen daher auch die Potenzen desselben Mittelpunctes in Bezug auf die als unendlich kleine Kugelflächen betrachteten Scheitel der Kreise (1) sein, da diese Kreise auch als die gegenseitigen Durchschnitte letzterer Kugelflächen angesehen werden können. Die Potenz eines Punctes in Bezug auf eine unendlich kleine Kugelfläche ist aber dem Quadrate des Abstandes des Punctes von der Fläche gleich; folglich u. s. w.

Ueber das Gesetz der Symmetrie der Krystalle und die Anwendung dieses Gesetzes auf die Eintheilung der Krystalle in Systeme.

[Berichte über die Verhandlungen der Königl. Sächs. Gesellschaft der Wissenschaften, math.-phys. Klasse, 1849, Bd. 1, p. 65—75*).]

*) Abgedruckt in *Crelle's* Journal für die reine und angewandte Mathematik, Bd. 43 (1852).

§. 1. Zwei Grundgesetze sind es, nach denen jede Krystallbildung geregelt ist: das Gesetz der rationalen Verhältnisse und das Gesetz der Symmetrie.

Das erstere besteht darin, dass, wenn A, B, C, D die Ecken einer Pyramide bezeichnen, deren Seitenflächen parallel mit vier Flächen eines Krystalls sind, und wenn die drei von einer der Ecken, etwa von D, ausgehenden Kanten DA, DB, DC, oder deren Verlängerungen, von einer mit einer fünften Fläche des Krystalls parallelen Ebene in A', B', C' geschnitten werden, die Exponenten der Verhältnisse

$$DA:DA', \qquad DB:DB', \qquad DC:DC'$$

sich wie ganze Zahlen zu einander verhalten*).

Werden daher mit drei Flächen eines Krystalls, welche nicht einer und derselben Geraden parallel sind, durch einen beliebigwo angenommenen Punct D drei Ebenen DBC, DCA, DAB parallel gelegt, werden diese Ebenen zu coordinirten Ebenen, mithin ihre gegenseitigen Durchschnitte DA, DB, DC zu coordinirten Axen genommen, und werden die Theile DA, DB, DC dieser Axen, welche sich von ihrem gemeinschaftlichen Durchschnitte D bis zu ihren Durchschnitten A, B, C mit irgend einer vierten Ebene ABC erstrecken, die Parameter dieser vierten genannt: so kann man das Gesetz der rationalen Verhältnisse auch dadurch ausdrücken, *dass die Verhältnisse zwischen den Verhältnissen, in denen die Parameter irgend einer vierten Fläche des Krystalles zu den gleichnamigen Parametern irgend einer fünften Fläche desselben stehen, stets rational sind.*

Die hiernach zwischen je fünf Flächen eines Krystalles stattfindende Beziehung ist schon in rein geometrischer Hinsicht sehr merkwürdig. — Hat man vier Ebenen, von denen keine drei einer und derselben Geraden parallel sind, und werden die von einem der

*) Nach *Miller*, in dessen *Treatise on Crystallography*, Cambridge 1839, art. 2.

vier Durchschnittspuncte D je dreier der vier Ebenen ausgehenden drei Durchschnittslinien DA, DB, DC von der vierten Ebene in A, B, C und von einer fünften in A', B', C' geschnitten, so nenne man, wenn die zwei Verhältnisse zwischen den drei Verhältnissen

$$DA:DA', \qquad DB:DB', \qquad DC:DC'$$

rational sind, die fünfte Ebene $A'B'C'$ aus den vier ersteren arithmetisch ableitbar. Werden ferner zu den vier ersteren Ebenen mehrere andere nach und nach hinzugefügt, dergestalt, dass jede neue mit zweien der gegenseitigen Durchschnittslinien der bereits vorhandenen Ebenen parallel ist, so heisse jede dieser neuen Ebenen aus den vier ersteren geometrisch ableitbar. Es lässt sich alsdann zeigen, dass jede aus den vier ersteren arithmetisch ableitbare Ebene aus ihnen auch geometrisch ableitbar ist, und umgekehrt jede geometrisch ableitbare Ebene es auch arithmetisch ist. — Es lässt sich ferner darthun, dass, wenn bei einem Systeme von fünf oder mehreren Ebenen aus gewissen vier derselben die übrigen ableitbar sind, auch aus je vier anderen Ebenen des Systems, von denen keine drei einer und derselben Geraden parallel gehen, die jedesmal übrigen abgeleitet werden können. — Insbesondere kann daher bei jedem Krystalle aus je vier Flächen desselben, von denen keine drei derselben Geraden parallel sind, eine mit irgend einer fünften Fläche des Krystalls parallele Ebene ohne Anwendung von Zirkel und Maassstab schon dadurch gefunden werden, dass man eine Anzahl neuer Ebenen, jede parallel mit zwei Durchschnittslinien der jedesmal schon vorhandenen hinzusetzt, indem man diese Operation immer so anzuordnen im Stande ist, dass man zuletzt eine Ebene, parallel jener fünften Fläche, erhält.

Die Richtigkeit der voranstehenden Sätze ergibt sich leicht aus den in meinem »Barycentrischen Calcul« über »geometrische Netze« angestellten Untersuchungen*), — Untersuchungen, die ich damals für rein geometrische Speculationen hielt, ohne im Entferntesten den engen Zusammenhang zu ahnen, in welchem sie mit einer Haupteigenschaft aller Krystalle stehen. Zuerst hat *Grassmann* hierauf aufmerksam gemacht in seinem Werke: *Die Wissenschaft der extensiven Grösse oder die Ausdehnungslehre* (Leipzig, 1844, vergl. S. 262 ff. daselbst).

§. 2. Nicht eben so bestimmt, wie das Gesetz der rationalen Verhältnisse, findet sich das andere Grundgesetz aller Krystallbildung, *das Gesetz der Symmetrie*, in den Lehrbüchern der Krystallographie

*) Baryc. Calcul, II. Abschnitt, 6. Kapitel.

ausgesprochen. Indessen lässt sich auch dieses zweite Princip in einem auf alle Krystalle sich gleichmässig erstreckenden Ausdrucke zusammenfassen. Um dieses thun zu können, muss ich jedoch Einiges über symmetrische Figuren überhaupt vorausschicken.

Eine Figur soll symmetrisch (in weiterem Sinne) heissen, wenn sie einer ihr gleichen und ähnlichen Figur auf mehr als eine Art gleich und ähnlich gesetzt werden kann.

Ebene Figuren, als welche allein wir zunächst in Betracht ziehen wollen, können mit anderen ihnen gleichen und ähnlichen Figuren immer zur Deckung gebracht werden, und es wird daher eine ebene Figur symmetrisch zu nennen sein, wenn sie mit einer ihr gleichen und ähnlichen Figur auf mehr als eine Weise zur Deckung gebracht werden kann. Ist z. B.

$$AB = ab\ , \qquad BC = bc\ , \qquad CA = ca\ ,$$

und sind daher ABC und abc zwei einander gleiche und ähnliche Dreiecke, so decken sie einander, wenn das eine und folglich auch das andere ungleichseitig ist, nur auf eine Weise, wobei A mit a, B mit b, C mit c zusammenfällt; ein ungleichseitiges Dreieck ist mithin eine unsymmetrische Figur. Ist dagegen

$$AB = AC$$

und daher ABC, folglich auch abc, ein gleichschenkliges Dreieck, so kann abc sowohl auf ABC, als auf ACB deckend gelegt werden. Sind aber die Dreiecke gleichseitig, so giebt es sechs Deckungen, nämlich die von abc mit ABC, BCA, CAB und mit CBA, ACB, BAC.

Wenn eine Figur einer anderen auf n, > 1, verschiedene Arten gleich und ähnlich gesetzt werden kann, so wollen wir sie nach der Zahl n symmetrisch nennen. Ein gleichschenkliges Dreieck ist daher nach der Zahl 2, ein gleichseitiges nach der Zahl 6 symmetrisch, und es besitzt folglich das letztere einen dreimal höheren Grad von Symmetrie, als das erstere. Eben so wie ein Dreieck, oder ein System von drei Puncten, hat auch jedes System von noch mehreren Puncten den höchsten ihm möglichen Grad von Symmetrie, wenn die Puncte die Ecken eines regulären Vielecks sind, und die Zahl, durch welche dieser Grad ausgedrückt wird, ist, wie beim Dreieck, der doppelten Zahl der Puncte gleich. Sind z. B. A, B, C, D und a, b, c, d die auf einander folgenden Ecken zweier gleich grossen Quadrate, so kann $abcd$ auf

$$\begin{array}{llll} ABCD\ , & BCDA\ , & CDAB\ , & DABC\ , \\ DCBA\ , & ADCB\ , & BADC\ , & CBAD \end{array}$$

deckend gelegt werden.

Wird in der Ebene des regulären Vierecks $ABCD$ ein fünfter Punct E hinzugefügt, so wird damit die Symmetrie im Allgemeinen aufgehoben. Denn die Figur $ABCDE$ kann von einer ihr gleichen und ähnlichen $abcde$ im Allgemeinen nur auf eine Weise gedeckt werden. Die durch den Zusatz von E verloren gegangene Symmetrie wird man aber dadurch wieder herstellen können, dass man in der Ebene von $ABCDE$ noch sieben neue Puncte F, G, H, I, K, L, M hinzusetzt; diejenigen nämlich, auf welche der Punct e der Figur $abcde$ fällt, wenn man das Quadrat $ABCD$ auf die noch übrigen sieben Arten vom Quadrate $abcd$ gedeckt werden lässt (vergl. Fig. 1). Denn setzt man auch zur Figur $abcde$ sieben neue Puncte f, g, h, i, k, l, m hinzu, so dass die Figur $a, b, \ldots, m$ der Figur $A, B, \ldots, M$ gleich und ähnlich wird, so werden, so oft sich auf eine der acht verschiedenen Weisen die beiden Quadrate $ABCD$ und $abcd$ decken, auch die acht Puncte $e, \ldots, m$ mit den acht Puncten $E, \ldots, M$, nur immer in anderer Ordnung, zusammenfallen. Es wird daher, so wie das Quadrat $ABCD$, auch die hinzugefügte Figur $E \ldots M$, und desgleichen auch die aus beiden zusammengesetzte $A \ldots M$, jede nach der Zahl 8, symmetrisch sein.

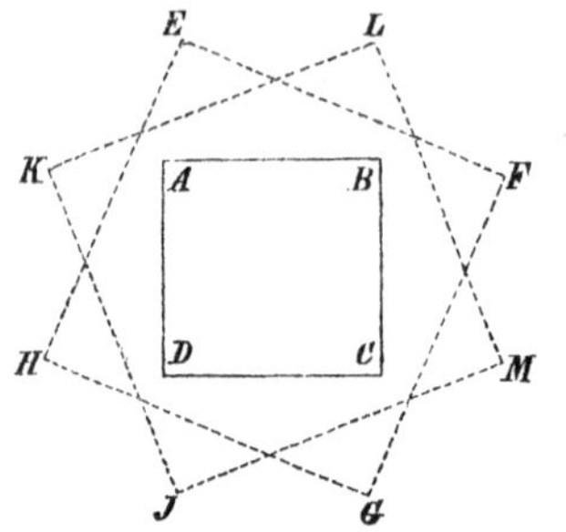

Fig. 1.

Wir wollen hierbei das reguläre Viereck, von welchem wir ausgegangen waren, die *Grundfigur* und die aus der willkürlichen Annahme eines Punctes E in der Ebene desselben entstandene Figur von acht Puncten eine der Grundfigur *zugeordnete Figur* nennen. Man sieht leicht, dass auf gleiche Weise zu jeder anderen symmetrischen Figur eine zugeordnete Figur construirt werden kann, dass der Ort eines ihrer Puncte willkürlich ist, und dass die Zahl ihrer Puncte der Zahl gleich kommt, nach welcher die Grundfigur symmetrisch ist. Ist daher, wie wir im Folgenden annehmen wollen, die Grundfigur ein reguläres n-Eck, so besteht die zugeordnete Figur aus $2n$ Puncten; sie ist nämlich, wie man schon aus Fig. 1 ersehen kann, aus zwei einander gleichen regulären n-Ecken zusammengesetzt, welche mit dem n-Eck der Grundfigur einerlei Mittelpunct haben, und deren Seiten vom Parallelismus mit den Seiten der Grundfigur um gleiche Winkel, aber entgegengesetzt, abweichen.

Ist die Grundfigur ein System von nur zwei Puncten oder ein Zweieck, als wobei der Unterschied zwischen regulär und irregulär wegfällt, so hat die zugeordnete Figur vier Puncte, die sich als die vier Ecken eines Rechtecks definiren lassen, dessen Mittelpunct der Mittelpunct der Grundfigur ist, und von welchem zwei gegenüberliegende Seiten von der die zwei Puncte der Grundfigur verbindenden Geraden rechtwinklig halbirt werden.

Besteht aber die Grundfigur aus nur einem Puncte, so hat man, analog dem Vorhergehenden, die zugeordnete Figur von zweien gebildet anzunehmen, zwischen denen der Punct der Grundfigur in der Mitte liegt.

Erinnert werde nur noch, dass bei gewissen Annahmen des ersten willkürlich zu bestimmenden Punctes der irgend einer Grundfigur zugeordneten Figur die Puncte der letzteren paarweise zusammenfallen, und sich somit ihre Zahl auf die Hälfte der vorhin gedachten reducirt; dass aber auch alle diese Puncte in einem einzigen, nämlich im Mittelpuncte der Grundfigur, zusammenfallen können.

§. 3. Das jetzt über symmetrische in einer Ebene enthaltene Systeme von Puncten Bemerkte gilt nach dem Gesetze der Dualität vollkommen auch in Bezug auf Systeme nicht in einer Ebene liegender und sich in einem Puncte O schneidender gerader Linien. So wie nämlich die Ecken einer vollkommen symmetrischen Figur in einer Ebene oder eines ebenen regulären Vielecks definirt werden können als ein in einer Ebene enthaltenes System von Puncten, welche von einem gewissen anderen Puncte der Ebene — dem Mittelpuncte der Figur — in gleichen Entfernungen sind, und von denen, in einer gewissen Folge genommen, ein jeder von dem nächstfolgenden und der letzte vom ersten gleichweit absteht: so ist ein System gerader durch einen Punct O gehender Linien vollkommen symmetrisch zu nennen, wenn dieselben mit einer noch anderen durch O gehenden Linie — der Mittellinie des Systems — gleiche Winkel bilden, und wenn sie in einer solchen Folge genommen werden können, dass die Winkel, welche jede mit der nächstfolgenden und die letzte mit der ersten macht, einander gleich sind. So wie ferner ein reguläres n-Eck mit einem anderen ihm gleichen auf $2n$ Arten zur Deckung gebracht werden kann, und dabei ein in der Ebene des einen willkürlich hinzugefügter Punct in der Ebene des anderen eine diesem anderen als Grundfigur zugeordnete nach $2n$ symmetrische Figur von $2n$ Puncten erzeugt: so lässt sich auch ein vollkommen symmetrisches System von n sich in einem Puncte O schneidenden Linien im Raume mit einem anderen ihm gleichen Systeme auf $2n$ Arten zur Deckung bringen und erzeugt dabei mit einer ihm willkürlich hinzugefügten durch O gehenden Linie eine zugeordnete nach $2n$ symmetrische

Figur von $2n$ Linien, welche durch den gemeinschaftlichen Durchschnitt der n Linien des anderen Systems gehen.

Um sich dieses zu näherer Anschauung zu bringen, errichte man auf der Ebene eines regulären Vielecks, etwa eines gleichseitigen Dreiecks ABC, im Mittelpuncte M desselben ein Perpendikel, und es werden die einen beliebigen Punct O dieses Perpendikels mit A, B, C verbindenden und auf beiden Seiten unbestimmt verlängert zu denkenden drei Linien eine nach der Zahl 6 symmetrische Figur im Raume bilden, von welcher OM die Mittellinie ist (vergl. Fig. 2). Werden nämlich die den Puncten A, B, C, M, O entsprechenden Puncte einer anderen, der ersteren gleichen Figur mit a, b, c, m, o bezeichnet, so werden bei drei Deckungen der beiden Figuren om mit OM und a, b, c der Reihe nach mit A, B, C, mit B, C, A, mit C, A, B, bei den drei übrigen Deckungen om mit OM' und a, b, c der Reihe nach mit C', B', A', mit A', C', B', mit B', A', C' zusammenfallen, wobei M', A', B', C' Puncte bedeuten, welche in den über O hinaus verlängerten Linien OM, OA, OB, OC so liegen, dass O der gemeinschaftliche Mittelpunct von MM', AA', BB', CC' ist. Es erhellt endlich ohne Weiteres, dass, wenn die sechs Puncte F, G, H, I, K, L in der Ebene ABC eine diesem Dreieck zugeordnete Figur bilden, das System der sechs Linien OF, OG, ..., OL eine den drei Linien OA, OB, OC, als Grundfigur, zugeordnete Figur sein wird. — Analoges gilt für Grundfiguren, die aus mehr oder weniger als drei Linien zusammengesetzt sind. Ist die Grundfigur eine einzige Linie g, so besteht die zugeordnete Figur aus zweien, welche, sich in einem Puncte der g schneidend, mit g in einer Ebene also liegen, dass der von ihnen gebildete Winkel von g halbirt wird.

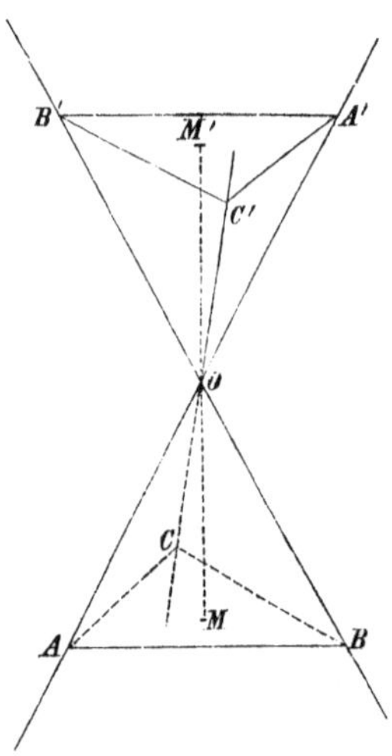

Fig. 2.

Uebrigens gilt auch hier die bei symmetrischen Figuren von Puncten in einer Ebene gemachte Erinnerung, dass in gewissen speciellen Fällen die Linien der zugeordneten Figur paarweise, oder auch alle mit einander in der Mittellinie der Grundfigur, zusammenfallen.

§. 4. Mit Hülfe der jetzt über symmetrische Figuren angestellten Betrachtungen wird es nun leicht sein, die fast bei allen Krystallbildungen sich offenbarende Symmetrie in einem bestimmten Gesetze auszudrücken.

Von den mehr als Ausnahmen zu betrachtenden sogenannten hemiëdrischen Formen und Zwillingskrystallen jetzt und im Folgenden abgesehen, sind die Flächen eines vollkommen ausgebildeten Krystalls paarweise einander parallel. Ferner gibt es bei jedem solchen Krystalle einen Mittelpunct, d. i. einen Punct, welcher zwischen je zwei einander parallelen Flächen in der Mitte liegt. Eine durch den Mittelpunct gelegte und auf einer der Flächen, also auch auf der ihr parallelen Fläche, perpendiculäre Gerade soll der Träger dieser beiden Flächen genannt werden. Alle bei einem Krystalle vorkommenden Träger bilden demnach ein System sich in einem Puncte, im Mittelpuncte des Krystalles, schneidender Geraden, in welchem Puncte der Theil eines jeden Trägers, der zwischen den zwei von ihm getragenen Flächen liegt, halbirt wird.

Es gibt nun Krystalle, bei denen die gegenseitige Lage der Träger gar keine Symmetrie zeigt. Oder aber — und hierin eben besteht das noch aufzustellende Gesetz der Symmetrie — *es lassen sich die Träger aller Flächen eines Krystalles in einer, oder zwei, oder mehreren Gruppen zusammenfassen, deren jede eine zugeordnete Figur zu einer und derselben vollkommen symmetrischen Grundfigur ist.* Die Linien, aus denen letztere besteht, hat man sich, gemäss dem Vorigen, gleichfalls durch den Mittelpunct des Krystalles gehend zu denken. Die Anzahl dieser Linien der Grundfigur aber kann nur eine der fünf 1, 2, 3, 4, oder 6 sein, nicht 5, 7, 8 oder irgend eine grössere Zahl, als welches, wie sich zeigen lässt, dem Gesetze der rationalen Verhältnisse widerstreiten würde. Es sind daher nur fünf Grundfiguren möglich. Auch finden sich für jede derselben Krystalle in der Natur vor, und man wird somit von selbst darauf geleitet, die Krystalle nach der Verschiedenheit ihrer Grundfiguren in eben so viel verschiedene Klassen oder Systeme einzutheilen. Indessen ist diese Eintheilung keine neue, sondern stimmt mit der bisher angenommenen, von Weiss begründeten Eintheilung vollkommen überein, wie folgende Uebersicht lehrt:

Grf.	Tr.	Fl.	Sp.	Systeme
—	1	2	—	Triklinoëdrisches oder tetraprismatisches System
1	2	4	180°	Monoklinoëdrisches oder hemiprismatisches System
2	4	8	90	Rhombisches oder prismatisches System
3	6	12	60	Rhomboëdrisches System
4	8	16	45	Tetragonales oder pyramidales System
6	12	24	30	Hexagonales System

Die Columne Grf. enthält die Zahlen von Linien, welche die Grundfigur haben kann; die Zahlen der Columnen Tr. und Fl. zeigen an, aus wie viel Trägern und Flächen jede zu der entsprechenden Grundfigur gehörige Gruppe im Allgemeinen und höchstens zusammengesetzt ist; die Erklärung der Columne Sp. folgt weiter unten. In der letzten Columne, welche die Namen der verschiedenen Systeme angibt, steht dasjenige voran, welches keine Grundfigur hat, und wo daher die Träger mit ihren Flächenpaaren nicht gruppenweise, sondern einzeln in Betracht kommen.

§. 5. Den hiermit aufgezählten Systemen ist aber noch eines hinzuzufügen, das sich durch Symmetrie vor ihnen allen auszeichnet. Es entspringt dasselbe aus einer Grundfigur von drei, oder, wenn man will, von vier Geraden, welche eine besonders merkwürdige Lage gegen einander haben. Während nämlich eine Grundfigur von drei oder von vier Linien, wie wir vorhin sahen, im Allgemeinen nur auf resp. sechs oder acht Arten mit einer ihr gleichen Figur congruirt, können, wenn man zur Grundfigur die drei Linien nimmt, welche die Mittelpuncte der gegenüberliegenden Flächen eines Würfels, oder die vier Linien, welche die gegenüberliegenden Ecken des Würfels mit einander verbinden, vierundzwanzig Congruenzen zu Wege gebracht werden, — und dieses aus dem Grunde, weil der Würfel mit einem ihm gleichen auf sechsmal vier Arten zur Deckung gebracht werden kann, und dabei immer jene drei und diese vier Linien des einen Würfels mit den entsprechenden drei und vier Linien des anderen zur Deckung kommen. — Eine noch beliebig durch den Mittelpunct des Würfels gelegte gerade Linie wird bei diesen 24 Deckungen im Allgemeinen und höchstens 24 verschiedene Lagen erhalten, und somit ist einleuchtend, dass eine Figur, welche der jetzt angenommenen Grundfigur in der obigen Bedeutung des Wortes zugeordnet ist, aus 24 Linien besteht, und dass folglich bei einem Krystalle, dem eine solche Grundfigur zukommt, im Allgemeinen und höchstens je 24 Träger mit den 48 von ihnen getragenen Flächen zu einer Gruppe gehören. Das System, in welchem Krystalle dieser Art begriffen sind, wird das tessulare, auch wohl vorzugsweise das reguläre, oder auch das octaëdrische genannt, indem die drei Verbindungslinien der gegenüberliegenden Ecken und die vier Verbindungslinien der Mittelpuncte der gegenüberliegenden Flächen eines Octaëders Figuren bilden, welche mit den vorigen Grundfiguren von drei und von vier Linien identisch sind.

Es lässt sich nun zeigen, dass ausser der jetzt erklärten Weise nicht noch durch eine andere specielle Annahme für die gegenseitige

Lage der 2, 3, 4 oder 6 Linien, welche die Grundfigur eines Krystalles bilden können, die Grundfigur einen höheren Grad von Symmetrie gewinnt, und damit zugleich eine von den vorigen verschiedene und dem Gesetze der rationalen Verhältnisse nicht widersprechende zugeordnete Figur erzeugt wird. Und somit gibt es auch der Theorie nach, wenn diese auf das eben gedachte Gesetz und auf das Gesetz der Symmetrie, wie es im Vorigen ausgesprochen wurde, gegründet wird, nicht mehr und nicht weniger Krystallsysteme, als in der Natur vorgefunden werden.

Die Anzahl dieser Systeme ist sieben: zuerst das in der Anordnung seiner Träger ganz unsymmetrische; sodann fünf Systeme mit einer Grundfigur von 1, 2, 3, 4, oder 6 Linien und zugeordneten Figuren von resp. 2, 4, 6, 8, oder 12 Trägern; zuletzt das vorzugsweise so genannte reguläre System. Doch kann man, wie es gewöhnlich geschieht, die zwei Systeme, bei deren einem die Grundfigur drei, beim anderen sechs Linien hat, für eines rechnen, indem man entweder die Flächengruppen des ersteren als hemiëdrische Formen des letzteren, oder, wie *Miller* thut, jede Flächengruppe des letzteren als aus zweien des ersteren zusammengesetzt betrachtet. Hierdurch reducirt sich die Zahl der Systeme auf sechs*), die man — wenigstens einfacher, als bisher — das *irreguläre* oder das *vorerste*, das *erste*, *zweite, dritte*, *vierte* und das *reguläre* System nennen könnte, wobei die vier mittleren ihre Namen nach der Anzahl der ihren Grundfiguren zukommenden Linien führen. Es verbände sich hiermit noch der Vortheil, dass bei den vier mittleren die Zahl eines jeden, nachdem sie vervierfacht worden, zugleich anzeigte, wie viel Flächen zu den einzelnen Gruppen oder Formen desselben im Allgemeinen zu rechnen sind.

§. 6. Uebrigens kann man die Grundfiguren, statt sie, wie im Vorigen geschehen, aus 1, 2, 3, 4, oder 6 Geraden bestehen zu lassen,

*) Noch ein System, welches von mehreren Krystallographen mit aufgestellt wird, ist das sogenannte *diklinoëdrische*. Ich bemerke in dieser Hinsicht, dass man die dahin gehörigen Krystalle, die übrigens bis jetzt nur als Seltenheiten beobachtet worden sind, auch zum triklinoëdrischen Systeme rechnen kann, wobei zwei Träger sich unter rechten Winkeln schneiden. Hierdurch und in Folge des Gesetzes der rationalen Verhältnisse wird allerdings eine Symmetrie möglich gemacht, die sich jedoch nur auf die mit jenen zwei Trägern in einer Ebene liegenden Träger beschränkt, und deren Grundfigur der eine jener zwei Träger selbst ist. — Eben so, wie das diklinoëdrische, könnte es noch einige andere Systeme geben, bei welchen bloss die in einer gewissen Ebene enthaltenen Träger Symmetrie beobachteten, und dieses in Bezug auf eine Grundfigur, bestehend aus zwei sich rechtwinklig, oder drei sich unter Winkeln von 60° schneidenden und in derselben Ebene begriffenen Linien.

auch aus eben so vielen durch den Mittelpunct des Krystalles gelegten Ebenen gebildet annehmen, die sich, wenn es ihrer mehr als zwei sind, in einer und derselben Geraden, und, wenn es mehr als eine sind, unter gleichen Winkeln, also unter Winkeln von 90°, 60°, 45°, oder 30° schneiden. Dabei zerfallen die zu einer und derselben Gruppe gehörigen Träger in Bezug auf jede Ebene der Grundfigur in Paare, deren jedes gegen die Ebene symmetrisch liegt. — Sehr leicht lässt sich dieses veranschaulichen, wenn man zwei ebene Spiegel unter einem Winkel von 180°, 90°, 60°, 45°, oder 30° an einander setzt. Man sehe die Columne Sp. der obigen Tabelle. Die Spiegelflächen selbst und die Bilder, welche sie von sich machen, sind die Ebenen der Grundfigur. Ein zwischen die Spiegel gehaltener, ihre gemeinschaftliche Grenzlinie treffender Stab gewährt in Vereinigung mit seinen Spiegelbildern den Anblick der zu einer Gruppe gehörigen Träger, nur dass man von jedem Träger bloss die auf die eine Seite des Krystallmittelpunctes fallende Hälfte wahrnimmt, als welcher Punct da liegt, wo der Stab die gemeinschaftliche Grenze der Spiegel trifft. Bringt man den zwischen zwei nächstfolgenden Ebenen der Grundfigur enthaltenen Theil eines Krystalles zwischen die zwei unter gleichem Winkel gegen einander geneigten Spiegelebenen, so wird man den ganzen Krystall zu sehen glauben. Aehnlicher Weise wird man den Anblick aller 24 zu einer Gruppe des regulären Systems gehörenden Träger haben, wenn man drei Spiegel unter Winkeln von 90°, 60° und 45° an einander setzt und mit einem in die solchergestalt gebildete Pyramide gehaltenen Stabe die Spitze derselben berührt. Ein ebenes Dreieck, dessen Ecken in den Kanten der Pyramide liegen, gibt den Anblick eines sogenannten Achtundvierzigflächners, und in den speciellen Fällen, wenn die Dreiecksebene auf den Kanten des Flächenwinkels von 90°, 60°, oder 45° normal ist, den Anblick eines Rhombendodekaëders, eines Octaëders, oder eines Würfels.

Mit Ausnahme der schon oben gedachten Formen sind demnach, wie man kurz sagen kann, die Krystalle kaleidoskopische Figuren, und das System, zu welchem ein Krystall gehört, wird durch den Spiegelwinkel des Kaleidoskopes bestimmt.

Ueber symmetrische Figuren.

[Berichte über die Verhandlungen der Königl Sächs. Gesellschaft der Wissenschaften, math.-phys. Klasse, 1851, Bd. 3, p. 19—28*.]

*) Abgedruckt in *Crelle's* Journal für die reine und angewandte Mathematik, Bd. 44 (1852).

Seit dem im Sommer des Jahres 1849 von mir »über das Gesetz der Symmetrie der Krystalle und über die Anwendung dieses Gesetzes auf die Eintheilung der Krystalle in Systeme« gegebenen Berichte*) habe ich mich mehrfach mit der Symmetrie geometrischer Figuren überhaupt beschäftigt. Ich beabsichtige jetzt, von Dem, was ich in dieser Beziehung gefunden, Einiges im Auszuge mitzutheilen, will aber vorher noch bemerken, dass gleichzeitig mit jenem Berichte Herr *Bravais* in Paris über denselben Gegenstand eine sehr erschöpfende und in ächt geometrischem Geiste geschriebene Denkschrift**) veröffentlicht hat, die mir bei meinen späteren Untersuchungen, insonderheit rücksichtlich der von ihm mit dem Ausdrucke *polyèdres symétriques sphéroédriques* bezeichneten Figuren, von Nutzen gewesen ist.

---

§. 1. Sowie jede Grösse sich selbst gleich ist, so ist auch jede Figur sich selbst gleich und ähnlich. Es gibt aber Figuren, welche sich selbst auf mehr als eine Art gleich und ähnlich sind, und solche Figuren sollen symmetrisch genannt werden***).

---

*) Vergl. p. 394 ff. des vorliegenden Bandes.

**) *Mémoire sur les polyèdres de forme symétrique; par M. A. Bravais, professeur à l'école polytechnique.* [*Extrait du journal de mathématiques pures et appliquées tome XIV.* 1849.]

***) Oder, wie ich mich früher ausgedrückt hatte: eine Figur soll symmetrisch heissen, wenn sie einer ihr gleichen und ähnlichen Figur auf mehr als eine Art gleich und ähnlich gesetzt werden kann. »Ueber das Gesetz der Symmetrie der Krystalle u. s. w.«, a. a. O.

Von Herrn *Bravais* wird das Wesen der Symmetrie durch folgende Definitionen bestimmt:

I. Je nommerai centre de symétrie d'un polyèdre, un point C, *tel, qu'en le joignant à un sommet quelconque* S *du polyèdre, et prolongeant* SC *d'une*

Zwei Figuren heissen einander gleich und ähnlich, wenn jedem Puncte der einen Figur ein Punct der anderen dergestalt entspricht, dass der gegenseitige Abstand je zweier Puncte der einen Figur dem gegenseitigen Abstande der zwei entsprechenden Puncte der anderen Figur gleich ist.

Dass zwei Systeme von Puncten

$$A,\ B,\ C,\ D,\ E \quad \text{und} \quad M,\ N,\ O,\ P,\ Q$$

einander gleich und ähnlich sind, wobei je zwei gleichvielte Buchstaben der beiden Reihen, also A und M, B und N, C und O, u. s. w. einander entsprechende Puncte bezeichnen, dies wollen wir ausdrücken durch die Gleichung

$$ABCDE = MNOPQ\ ,$$

oder besser noch durch

$$\begin{aligned} &ABCDE \\ =\ &MNOPQ\ , \end{aligned}$$

indem bei letzterer Form die einander entsprechenden Puncte über einander stehen, und man somit ungleich leichter, als bei der ersteren Form, wahrnimmt, wie die Puncte des einen und des anderen Systems als einander entsprechend zusammengehören. So ersieht man z. B. aus letzterer Form auf den ersten Blick, dass die Linien BD und NP gleiche Länge haben; dass die Winkel ACE und MOQ von gleicher Grösse sind; dass, jenachdem die Puncte A und B auf einerlei oder verschiedenen Seiten der Ebene CDE liegen, auch M und N auf einerlei oder verschiedenen Seiten der Ebene OPQ sich

---

quantité égale à elle-même, le point s ainsi obtenu soit aussi un sommet du polyèdre.

II. Je nommerai axe de symétrie d'un polyèdre, une droite AB, *telle, qu'en faisant tourner le polyèdre d'un angle (une partie aliquote de* 360°*) autour de* AB, *les nouveaux lieux des sommets coincident avec les anciens.*

III. Je nommerai plan de symétrie du polyèdre un plan, tel, qu'en, abaissant d'un sommet quelconque S *une perpendiculaire sur ce plan, et la prolongeant d'une quantité égale à alle-même, l'extrémité Σ ainsi obtenue soit aussi un sommet du polyèdre.*

IV. Nous pouvons maintenant définir .. un polyèdre symétrique, celui qui possédera, soit un centre de symétrie, soit un ou plusieurs axes de symétrie, soit un ou plusieurs plans de symétrie.

Was Herrn *Bravais* zur Aufstellung dieser verschiedenartigen Kennzeichen der Symmetrie in Bezug auf einen Punct, eine Gerade und eine Ebene Veranlassung gegeben hat, geht aus seiner Abhandlung nicht hervor. Wie indessen das Folgende lehren wird, entspringen diese Kennzeichen sämmtlich aus meiner Definition der Symmetrie, als gemeinschaftlicher Quelle, und alle nach Herrn *Bravais* symmetrisch zu nennenden Figuren sind es auch nach mir, sowie umgekehrt.

befinden; und was sonst aus dem Begriffe der Gleichheit und Aehnlichkeit gefolgert werden kann.

Die Ordnung übrigens, in welcher man die Buchstaben der einen der beiden Reihen, etwa der oberen, auf einander folgen lässt, ist offenbar ganz willkürlich, dafern man nur unter jeden Buchstaben derselben den ihm entsprechenden der anderen Reihe setzt, und man kann daher z. B. statt

$$\begin{aligned} &ABCDE \\ =\, &MNOPQ \end{aligned}$$

auch schreiben

$$\begin{aligned} &BEADC \\ =\, &NQMPO \;. \end{aligned}$$

Oder mit anderen Worten, indem man je zwei über einander stehende Buchstaben der Gleichung schlechthin ein Paar nennt: die Aufeinanderfolge der Paare kann willkürlich geändert werden; nur müssen alle anfänglich in einer Reihe befindlichen Buchstaben auch nachher in einer Reihe bleiben.

§. 2. Dieses vorausgeschickt, wird nach der im Obigen gegebenen Definition symmetrischer Figuren die bei einem System von Puncten stattfindende Symmetrie immer durch eine Gleichung ausgedrückt werden können, indem man nämlich die die Puncte des Systems bezeichnenden Buchstaben in beliebiger Aufeinanderfolge einer anderen Aufeinanderfolge derselben Buchstaben gleich setzt; z. B.

$$\begin{aligned} &ABC \\ =\, &CBA \end{aligned} \quad \text{oder} \quad \begin{aligned} &ABC \\ =\, &CAB \;. \end{aligned}$$

Aus der ersteren dieser zwei Gleichungen würde bloss folgen:

$$AB = CB \;;$$

aus der letzteren dagegen:

$$AB = CA = BC \;.$$

Das Dreieck ABC würde daher im ersteren Falle ein gleichschenkliges und B dessen Spitze, im letzteren ein gleichseitiges sein; beiderlei Dreiecke aber würden der Definition gemäss symmetrische Figuren zu nennen sein.

Um nun von den hiernach möglichen verschiedenen Arten symmetrischer Figuren eine Uebersicht zu gewinnen, wollen wir zunächst die an sich willkürliche Aufeinanderfolge der verschiedenen Paare, aus denen eine Gleichung besteht, nach der Regel ordnen, dass auf jedes Paar, wo es möglich ist, zunächst dasjenige folgt, dessen oberer Buchstabe einerlei mit dem unteren Buchstaben des vorhergehenden

Paares ist. Ist man auf solche Weise, von einem beliebigen Paare der Gleichung ausgehend, zu dem Paare gelangt, dessen unterer Buchstabe einerlei mit dem oberen Buchstaben des Ausgangspaares ist, so kann man als nächstes Paar, wenn anders noch welche in der Gleichung vorhanden sind, abermals ein beliebiges unter den noch übrigen wählen. Von diesem, als neuem Anfangspaare, geht man nach der bemerkten Regel bis zu demjenigen fort, dessen unterer Buchstabe identisch mit dem oberen des neuen Anfangspaares ist, und wiederholt dieses Verfahren, bis alle Paare der Gleichung erschöpft sind. Was noch den speciellen Fall anlangt, wenn bei einem oder etlichen Paaren der untere Buchstabe derselbe wie der obere sein sollte, so wird, da in keiner der beiden Reihen derselbe Buchstabe mehr als ein Mal vorkommen kann, durch ein solches Paar kein weiterer Fortgang bedingt, und das nächstfolgende Paar kann ein beliebiges unter den noch übrigen sein.

Nach einer solchen Umwandlung der Gleichung besteht sie nunmehr aus einer oder mehreren Gruppen von Paaren, bei deren jeder das erste Paar eben so von dem letzten, wie jedes der übrigen von dem nächstvorhergehenden abhängt. Ich will daher solche Gruppen Perioden nennen und sie nach der Zahl der Paare, aus denen sie zusammengesetzt sind, in *eingliederige*, *zweigliederige*, *dreigliederige*, u. s. w. unterscheiden.

So werden z. B. die zwei obigen Gleichungen für das gleichschenklige und das gleichseitige Dreieck, periodisch geordnet, folgende sein

$$\begin{matrix} ACB \\ =CAB \end{matrix}\ , \qquad \begin{matrix} ACB \\ =CBA \end{matrix}\ .$$

Die erste derselben besteht aus einer zwei- und einer eingliederigen, die zweite aus einer dreigliederigen Periode.

Auf dieselbe Art verwandelt sich die Gleichung

$$\begin{matrix} ABCDEFG \\ =FGBCEAD \end{matrix}$$

in

$$\begin{matrix} AFCBGDE \\ =FABGDCE \end{matrix} \tag{1}$$

und zerfällt somit in eine zwei-, eine vier- und eine eingliederige Periode.

§. 3. Durch diese periodische Anordnung einer Gleichung ist nun zugleich der Weg gebahnt, um die Gestalt des in ihr begriffenen Systems von Puncten näher zu bestimmen.

Nehmen wir für's Erste an, dass die Gleichung nur aus einer Periode bestehe.

Ist die Periode eingliederig, so drückt die Gleichung nichts Anderes, als das Gesetz der Identität aus, wie

$$A = A \; .$$

Ebenso wird die Gleichung mit einer zweigliederigen Periode, wie

$$AB = BA \; ,$$

immer erfüllt, welches auch die Oerter von A und B sein mögen. Die Gleichung mit einer dreigliederigen Periode gibt, wie wir bereits gesehen haben, ein gleichseitiges Dreieck zu erkennen. Bei vier- und mehrgliederigen Perioden ist zu unterscheiden, ob die Construction auf eine ebene Fläche beschränkt sein, oder im Raume überhaupt ausgeführt werden soll. Im ersteren Falle gibt die Construction einer Gleichung mit einer n-gliederigen Periode, wie

$$\begin{aligned} &ABCD \ldots MN \\ &= BCDE \ldots NA \; , \end{aligned}$$

ein gewöhnliches reguläres n-Eck, indem, der Gleichung zufolge,

$$AB = BC \; , \qquad BC = CD \; , \qquad \text{u. s. w.}$$

und

$$ABC = BCD \; , \qquad BCD = CDE \; , \qquad \text{u. s. w.}$$

ist, und folglich sowohl die Seiten, als die Winkel des n-Ecks $AB \ldots N$ einander gleich sind.

Dasselbe reguläre n-Eck thut der Gleichung auch im Falle einer räumlichen Construction Genüge. Auch wird in diesem Falle die Gleichung durch keine andere Figur befriedigt, sobald n ungerade ist. Ist aber n gerade, so lässt sich noch eine andere Construction anwenden. Man beschreibe nämlich in einer Ebene ein reguläres n-Eck $A'B'C' \ldots M'N'$ und errichte in den Ecken abwechselnd auf der einen und der anderen Seite der Ebene gleichlange Perpendikel $A'A$, $B'B$, $C'C$, ..., $N'N$, sodass A, C, E, .., M auf die eine, und B, D, F, ..., N auf die andere Seite der Ebene zu liegen kommen. Die somit entstehende nicht ebene Figur $ABC \ldots N$ befriedigt ebenfalls die Gleichung und könnte gleichfalls ein reguläres Vieleck genannt werden, da sie mit dem gewöhnlichen regulären Vieleck die Haupteigenschaft gemein hat, dass je zwei Diagonalen derselben, welche gleich viel Seiten überspannen, wie AD und BE, gleich lang sind. Ein solches nicht ebenes reguläres Vieleck $AB \ldots MN$ hat übrigens die Eigenthümlichkeit, dass es mit der Figur $BC .. NA$ nicht zur Deckung gebracht werden kann, so dass A auf auf B, B auf C, u. s. w. fiele.

Noch eine besondere Constructionsart der Gleichung ist in dem Falle ausführbar, wenn die gerade Zahl n das Doppelte einer ungeraden Zahl, also gleich 6, oder 10, oder 14, u. s. w. ist. Um dieses hier nur für $n = 6$ zu zeigen, so construire man ein reguläres Dreieck $A'B'C'$ und errichte wie vorhin abwechselnd nach oben und unten auf der horizontal zu denkenden Dreiecksebene die gleichlangen Perpendikel $A'A$, $B'B$, $C'C$, $A'D$, $B'E$, $C'F$. Die hieraus entspringende Figur $ABCDEF$ wird gleichfalls der Gleichung

$$\begin{aligned} &ABCDEF \\ &= BCDEFA \end{aligned}$$

Genüge thun und aus demselben Grunde wie vorhin ein reguläres Sechseck in weiterem Sinne zu nennen sein.

§. 4. Gehen wir jetzt zur Construction einer Gleichung fort, welche mehr als eine Periode enthält, und dieses unter der die Betrachtung vereinfachenden Annahme, dass keine zwei Puncte der Gleichung bei der Construction zusammenfallen. Werden nämlich zwei Reihen, welche dieselben Buchstaben, nur in verschiedener Ordnung, enthalten, einander gleich gesetzt, so wird es sich meistens treffen, dass bei Construction dieser Gleichung zwei oder mehrere Puncte zusammenfallend angenommen werden müssen. Sollte z. B. die oben mit (1) bezeichnete Gleichung in einer Ebene construirt werden, so müsste man entweder A und F getrennt und C, B, G, D, E in der Mitte zwischen A und F vereinigt annehmen, oder man hätte ein Quadrat $CBGD$ zu verzeichnen, in dessen Mittelpuncte A, F, E zusammenfielen. Da aber eine Figur dadurch, dass man mit einem ihrer Puncte noch einen oder mehrere vereinigt sein lässt, nicht geändert wird, so werde ich zugleich mit bemerken, wie die Gleichung beschaffen sein muss, damit man nicht nöthig hat, zwei oder mehrere verschiedenartig in der Gleichung bezeichnete Puncte zusammenfallen zu lassen.

1) Soll die Gleichung in einer geraden Linie construirt werden können, so müssen alle Perioden der Gleichung zweigliederig sein, bis auf eine, welche eingliederig sein kann. Die Construction aber besteht darin, dass man in der Geraden von einem und demselben in ihr gelegenen Puncte die zwei Puncte jeder zweigliederigen Periode gleichweit nach entgegengesetzten Seiten entfernt annimmt und jenen Punct den Ort des Punctes der eingliederigen Periode sein lässt, wenn anders eine solche vorhanden ist. — In der That kann ein System von Puncten in einer Geraden ausserdem, dass man jeden Punct sich selbst entsprechend setzt, nur noch auf eine Art sich

selbst gleich und ähnlich sein; dergestalt nämlich, dass, wenn A, B, C, D, E die Puncte des Systems, und zwar in derselben Ordnung, in welcher sie in der Linie auf einander folgen, bezeichnen, sie resp. den Puncten E, D, C, B, A entsprechen. Dies gibt für die Symmetrie des Systems die Gleichung

$$\begin{aligned} &ABCDE \\ =\ &EDCBA\ , \end{aligned}$$

oder periodisch geordnet

$$\begin{aligned} &AEBDC \\ =\ &EADBC\ , \end{aligned}$$

eine Gleichung, welche aus zwei zweigliederigen und einer eingliederigen Periode zusammengesetzt ist. Zugleich geben die speciellen hieraus folgenden Gleichungen

$$ACE = ECA \quad \text{und} \quad BCD = DCB$$

zu erkennen, dass C der gemeinschaftliche Mittelpunct von AE und BD ist.

2) Soll die Gleichung in einer Ebene construirt werden können, so kann eine Periode eingliederig sein; alle übrigen aber müssen gleichvielgliederig sein. Heisst n die gemeinschaftliche Gliederzahl dieser Perioden, so erzeugt jede derselben ein reguläres n-Eck, dessen Grösse willkürlich, und die gegenseitige Lage dieser n-Ecke ist bloss dadurch bedingt, dass sie einen gemeinsamen Mittelpunct haben, der zugleich der Ort des Punctes der eingliederigen Periode ist.

In dem besonderen Falle, wenn $n = 2$, ist ausser der eben bemerkten Constructionsweise noch eine andere zulässig. Man kann nämlich den geraden Linien oder Zweiecken, welche die zwei Puncte der verschiedenen zweigliederigen Perioden verbinden, entweder dem Vorigen analog eine solche Lage in der Ebene geben, dass ihre Mittelpuncte zusammenfallen, oder auch eine solche Lage, dass sie von einer und derselben Geraden rechtwinklig halbirt werden. Im letzteren Falle können übrigens unbeschränkt viele eingliederige Perioden in der Gleichung noch vorhanden sein; die Oerter ihrer Puncte sind willkürlich in der halbirenden Geraden anzunehmen.

3) Ist eine Gleichung im Raume zu construiren, so müssen, abgesehen von den ein- und den zweigliederigen Perioden, alle übrigen gleichvielgliederig*), es sei n-gliederig, sein. Sind nächst den n-gliede-

*) Doch können in dem Falle, wenn n eine ungerade Zahl, >1, ist, n-gliederige und $2n$-gliederige Perioden zugleich in der Gleichung vorkommen. Die ersteren sind dann als ebene reguläre n-Ecke und die letzteren als nicht ebene

rigen noch eine oder mehrere zweigliederige vorhanden, so kann nur noch eine eingliederige stattfinden, und wenn es der letzteren mehr als eine gibt, so kann keine zweigliederige vorhanden sein. Versteht man nun unter der Axe eines regulären ebenen Vielecks eine durch seinen Mittelpunct gelegte und auf seiner Ebene normale Gerade, und unter dem Mittelpuncte und der Axe eines regulären nicht ebenen Vielecks den Mittelpunct und die Axe des zu seiner Construction zu Hülfe genommenen ebenen Vielecks, so hat man die n-gliederigen Perioden der Gleichung durch eben so viel reguläre n-Ecke mit gemeinschaftlicher Axe*) darzustellen; wobei noch zu bemerken, dass, wenn n gerade ist, und man eine, oder etliche, oder alle Perioden als nicht ebene n-Ecke construirt, nicht nur die Axe, sondern auch die Mittelpuncte sämmtlicher n-Ecke zusammenfallen müssen. — Eben so müssen die Mittelpuncte aller n-Ecke auch dann coïncidiren, wenn die Gleichung eine oder auch mehrere zweigliederige Perioden enthält; die Puncte der letzteren sind in der gemeinsamen Axe anzunehmen, in welcher sie in Bezug auf den gemeinsamen Mittelpunct eine symmetrische Figur für sich bilden; und dieser Mittelpunct ist der Ort des Punctes der etwa noch anwesenden eingliederigen Periode. — Sind nächst den n-gliederigen zwei oder mehrere Perioden eingliederig, in welchem Falle, wie schon erinnert, keine Periode zweigliederig sein darf, so sind nur ebene reguläre n-Ecke zulässig, in deren gemeinsamer Axe die Puncte der eingliederigen Perioden beliebig bestimmt werden können.

Eines der einfachsten hierhergehörigen Beispiele gibt die räumliche Construction der obigen Gleichung (1) ab. Hier ist $CBGD$ ein reguläres ebenes oder auch nicht ebenes Viereck und E sein Mittelpunct; A und F aber sind zwei Puncte, welche in seiner Axe auf verschiedenen Seiten und gleichweit von E entfernt liegen.

Wenn endlich, abgesehen von den eingliederigen, alle übrigen Perioden der Gleichung nur zweigliederig sind, so kann die räumliche Construction auf dreifache Weise ausgeführt werden. Es müssen nämlich die Linien, welche die Paare von Puncten, aus denen die zweigliederigen Perioden gebildet werden, einzeln verbinden, entweder einen gemeinsamen Mittelpunct**) haben, oder sie alle müssen von einer und derselben Geraden***), oder sie alle von einer und der-

---

reguläre $2n$-Ecke von der gedachten besonderen Art zu construiren; sämmtliche Vielecke aber müssen eine gemeinsame Axe und einen gemeinsamen Mittelpunct haben.

*) *Axe de symétrie*, nach Herrn Bravais, nur dass dort die regulären n-Ecke, welche der Axe angehören, bloss ebene sind.

**) *Centre de symétrie*, nach Herrn Bravais.

***) *Axe de symétrie binaire*, nach Herrn Bravais.

selben Ebene*) rechtwinklig halbirt werden. Die erste dieser Constructionsweisen ist jedoch nur dann anwendbar, wenn in der Gleichung entweder keine oder bloss eine eingliederige Periode vorhanden ist; der Ort des Punctes dieser Periode ist der gedachte Mittelpunct. Bei der zweiten und dritten Weise kann die Anzahl der eingliederigen Perioden jede beliebige sein, und die Puncte dieser Perioden können willkürlich in der halbirenden Geraden oder der bezüglichen Ebene angenommen werden. Uebrigens ist die Symmetrie, welche eine nach der dritten Weise construirte Figur besitzt, Symmetrie in dem bisher fast allein gebräuchlichen Sinne des Wortes.

---

§. 6. Die bisher betrachteten symmetrischen Figuren ergaben sich dadurch, dass wir einer zwischen mehreren Puncten aufgestellten Gleichung Genüge zu leisten suchten. Indessen sind dies nur die einfachsten symmetrischen Figuren. Denn man kann fordern, dass eine Figur zwei oder mehreren, zwischen ihren Puncten bestehenden, von einander unabhängigen Gleichungen zugleich Genüge thut; dass z. B. durch die gegenseitige Lage von vier Puncten A, B, C, D jede der beiden Gleichungen

$$ABCD = BADC \quad \text{und} \quad ADBC = DACB \ ,$$

oder jede der beiden Gleichungen

$$ACBD = ACDB \quad \text{und} \quad ACBD = CABD$$

zugleich erfüllt wird. Wie man leicht wahrnimmt, sind die damit geforderten Figuren, wenn sie als ebene construirt werden, resp. ein Rechteck und ein Rhombus. Solche durch zwei oder mehrere Gleichungen bestimmte Figuren besitzen im Allgemeinen**) einen

---

*) *Plan de symétrie*, nach Herrn Bravais.

**) Denn dass es Ausnahmen gibt, beweisen schon die angeführten Beispiele vom Oblongum und Rhombus, als welche weniger symmetrisch sind, als das schon durch die eine Gleichung

$$ABCD = BCDA$$

bestimmte Quadrat. — Am sichersten dürfte der Grad der Symmetrie einer Figur durch die Zahl bestimmt werden, welche angibt, auf wie viel verschiedene Arten die Figur sich gleich und ähnlich ist. Diese Zahl ist 8 beim Quadrat, 4 beim Oblongum und Rhombus, 2 bei dem Viereck, welches der Gleichung

$$ACBD = CADB$$

entspricht und entweder ein Rhomboid, oder ein solches Viereck ist, in welchem

höheren Grad von Symmetrie und erfordern zu ihrer Discussion neue Betrachtungsweisen. Das Umfängliche dieses Gegenstandes verhindert mich, gegenwärtig näher darauf einzugehen; indessen gedenke ich später in einer grösseren Abhandlung die Lehre von symmetrischen Figuren nach der von mir gegebenen Definition möglichst vollständig darzustellen. Hier bemerke ich nur noch, dass die symmetrischen Figuren von der letztgedachten zusammengesetzteren Art es sind, deren Untersuchung Herr *Bravais* seine im Eingange dieses Berichtes erwähnte Denkschrift vorzugsweise gewidmet und deren verschiedene Formen er zu classificiren gesucht hat.

---

zwei Seiten einander parallel, aber nicht gleich, und die beiden anderen Seiten einander gleich, aber nicht parallel sind; sowie 2 auch bei dem durch die Gleichung

$$ACBD = ACDB$$

definirten Viereck, d. i. bei demjenigen, in welchem zwei an einander stossende Seiten (AB und AD) für sich, und eben so die beiden anderen Seiten (CB und CD) für sich einander gleich sind.

Ueber Erweiterungen des Begriffes der Involution von Puncten.

[Berichte über die Verhandlungen der Königl. Sächs. Gesellschaft der Wissenschaften, math.-phys. Klasse, 1855, Bd. 7, p. 33—39.]

Wenn zwei in einer Geraden enthaltene Systeme von Puncten $A, B, C, D, \ldots$ und $A', B', C', D', \ldots$ einander collinear verwandt sind, und dabei je zwei einander entsprechende Puncte des ersten und zweiten Systemes, wie A und A', B und B', u. s. w. auch als zwei zum zweiten und ersten Systeme gehörige Puncte einander entsprechen, wenn also die zwei Systeme oder Figuren

$$(\alpha) \quad AA'BB'CC'DD'\ldots \quad \text{und} \quad A'AB'BC'CD'D\ldots$$

in Collineationsverwandtschaft zu einander stehen, so sagt man, dass die Paare von Puncten A und A', B und B', u. s. w. in Involution sind.

Wie es mir scheint, wird auf solche Weise das Wesen der Involution am einfachsten erklärt. Ausser ihrer Einfachheit gewährt aber diese Definition vor anderen Definitionen, die man von der Involution von Puncten aufstellen kann, noch den Vortheil, dass sich mit ihrer Hülfe der Begriff der Involution auf verschiedene Arten erweitern lässt.

§. 1. *Zuerst* kann man statt der Collineationsverwandtschaft, in welcher die zwei in einer Geraden liegenden Systeme von Puncten (α) zu einander stehen sollen, irgend eine andere Verwandtschaft setzen. Sei diese die Gleichheit und Aehnlichkeit, oder auch die blosse Gleichheit, da letztere bei Figuren, die in Geraden liegen, mit der Gleichheit und Aehnlichkeit identisch ist (Symmetrische Involution). Zwei Figuren heissen aber einander gleich und ähnlich, wenn der gegenseitige Abstand je zweier Puncte der einen Figur dem gegenseitigen Abstande der entsprechenden Puncte in der anderen gleich ist. Sollen daher die zwei Figuren $AA'B$ und $A'AB'$ einander gleich und ähnlich sein, so muss

$$AB = A'B' \quad \text{und} \quad A'B = AB'$$

sein, und dieses ist, weil die vier Puncte A, A', B, B' in einer Geraden liegen sollen, nicht anders möglich, als wenn die Abschnitte AA' und BB' einen gemeinschaftlichen Mittelpunct $\varDelta$ haben. Alsdann sind auch die Figuren $AA'BB'$ und $A'AB'B$ einander gleich und es erhellt eben so, dass die zwei Figuren (α) es sind, wenn auch noch jeder der Abschnitte CC', DD', u. s. w. den Punct $\varDelta$ zum Mittelpuncte hat, wenn also die Paare von Puncten A und A', B und B', u. s. w. in Bezug auf einen gewissen Punct $\varDelta$ der Geraden symmetrisch liegen. Dieser Punct entspricht hiernach sich selbst und werde deshalb der *Doppelpunct* der Involution genannt.

Zu bemerken ist nur noch, dass man zu derselben symmetrischen Anordnung der Puncte A, A', B, ... in einer Geraden geführt wird, wenn man statt der Gleichheit die Aehnlichkeit, oder die Affinität, als die zwischen den Figuren (α) bestehende Verwandtschaft, voraussetzt. Denn die Affinität fällt bei Figuren in Geraden mit der Aehnlichkeit zusammen, und wenn die Figuren (α) einander ähnlich sind, so sind sie wegen $AA' = A'A$ einander auch gleich.

§. 2. Eine *zweite* Erweiterung der Involution erlangen wir dadurch, dass wir die zwei in einer Verwandtschaft zu einander stehenden Figuren (α) nicht auf eine Gerade beschränken, sondern sie auf eine Ebene, oder den Raum überhaupt ausdehnen.

Indem wir zunächst wieder die Gleichheit und Aehnlichkeit als Verwandtschaft zu Grunde legen, werden die in einer Ebene begriffenen Paare A und A', B und B', u. s. w. in Involution sein, wenn die Figuren (α) einander gleich und ähnlich sind. Hierzu aber wird erfordert, dass alle die Linien AA', BB', ... entweder einen gemeinschaftlichen Mittelpunct $\varDelta$ haben, oder von einer und derselben Geraden δ rechtwinklig halbirt werden, dass also die Paare A und A', u. s. w. entweder in Bezug auf einen Punct $\varDelta$, oder in Bezug auf eine Gerade δ der Ebene symmetrisch liegen. (Vergl. meinen Aufsatz »Ueber symmetrische Figuren« im Jahrgange 1851 dieser Berichte*), insbesondere §. 5, 2 daselbst.) Im ersteren Falle ist $\varDelta$, im letzteren jeder Punct der Geraden δ ein *Doppelpunct*, daher man δ die *Doppellinie* der letzteren Involution nennen kann.

Im Raume dreier Dimensionen findet ähnlicherweise Involution statt, wenn die Linien AA', BB', ... entweder von einem und demselben Puncte $\varDelta$, oder rechtwinklig von einer und derselben Geraden δ, oder rechtwinklig von einer und derselben Ebene ε halbirt werden, wenn also die Paare A und A', u. s. w. entweder in Bezug

*) pag. 361 ff. des vorliegenden Bandes.

auf einen Punct $\varDelta$, oder in Bezug auf eine Gerade δ, oder in Bezug auf eine Ebene ε symmetrisch liegen (a. a. O., §. 4), wobei in demselben Sinne, wie vorhin, $\varDelta$ der *Doppelpunct*, δ die *Doppellinie* und ε die *Doppelebene* der Involution ist.

§. 3. Affine Involution. Construiren wir zu den vorgenannten symmetrischen Figuren in der Ebene oder im Raume ihnen affine Figuren, so werden in letzteren die zwei Systeme (α) einander affin sein, und wir werden somit die Bedingungen erhalten, unter denen die Paare A und A', u. s. w. in der Ebene oder im Raume in Involution sind, wenn statt der Gleichheit und Aehnlichkeit die Affinität (oder auch die blosse Gleichheit) als Verwandtschaft zu Grunde gelegt wird.

Hier müssen demnach die Linien AA', BB', ..., wenn sie in einer Ebene begriffen sind, entweder einen gemeinsamen Mittelpunct $\varDelta$ haben, wie vorhin, oder sie müssen einander parallel sein und von einer und derselben, wenn auch nicht auf ihnen normalen, Geraden δ halbirt werden.

Im Raume sind die Bedingungen der affinen Involution, dass dieselben Linien entweder gleichfalls einerlei Mittelpunct $\varDelta$ haben; oder dass sie einer Ebene parallel sind, und ihre Mittelpuncte in einer die Ebene unter einem beliebigen Winkel schneidenden Geraden δ liegen; oder dass sie einer Geraden parallel sind, und ihre Mittelpuncte in einer gegen dieselbe beliebig geneigten Ebene ε liegen. — Dass der Punct $\varDelta$, jeder Punct in δ, und jeder in ε sich selbst entspricht, und daher $\varDelta$, δ und ε auch hier *Doppelpunct*, *Doppellinie* und *Doppelebene* zu nennen sind, bedarf keiner Erörterung.

§. 4. Collineare Involution. Ebenso, wie wir aus den Bedingungen der auf die Gleichheit und Aehnlichkeit sich gründenden symmetrischen Involution die Bedingungen der auf der Affinität beruhenden dadurch erhielten, dass wir zu einer der ersteren Involution angehörigen Figur eine ihr affine construirten, so können wir weiter die Bedingungen der auf die Collineationsverwandtschaft basirten, oder kurz: der collinearen Involution durch Construction von Figuren finden, welche mit den für die Gleichheit und Aehnlichkeit, oder auch mit den zuletzt für die Affinität erhaltenen Figuren collinear verwandt sind. Hierbei ist vor Allem der Satz in Erinnerung zu bringen, dass, wenn $\varDelta$ der Mittelpunct von AA' ist, und $\varDelta_1$ den unendlich entfernten Punct der Geraden AA' bezeichnet, in einer damit nur collinearen Figur der Punct $\varDelta_1$ endlich entfernt liegt, und die Linie AA' in $\varDelta$ und $\varDelta_1$ harmonisch getheilt wird.

Wenn daher bei den in einer Geraden liegenden Paaren A und A', B und B', u. s. w. die Linien AA', BB', ... nach dem Vorigen einerlei Mittelpunct $\varDelta$ haben mussten, so wird jetzt erfordert, dass jede dieser Linien von denselben zwei Puncten $\varDelta$ und $\varDelta_1$ harmonisch getheilt wird, — eine bekannte Eigenschaft der in der Geometrie bisher allein betrachteten Involution. Dabei ist $\varDelta_1$ ebensowohl, als $\varDelta$, ein Doppelpunct; auch kann, wie man weiss, der Fall eintreten, dass die zwei Doppelpuncte imaginär werden.

Da ferner bei collinearer Verwandtschaft der Puncte zweier Ebenen von allen unendlich entfernten Puncten der einen Ebene die entsprechenden Puncte der anderen in einer endlich entfernten Geraden δ liegen, so werden in einer Figur, welche der obigen, worin die in einer Ebene enthaltenen Linien AA', BB', ... sich in $\varDelta$ halbirten, collinear ist, dieselben Linien sich in einem Puncte $\varDelta$ schneiden und in diesem und ihren Durchschnitten mit einer gewissen Geraden δ der Ebene harmonisch getheilt werden. — Eine Figur von derselben Beschaffenheit geht aber auch aus der zweiten Art hervor, auf welche symmetrische, oder affine Involution in der Ebene stattfinden konnte. Denn da alsdann die Linien AA', ... einander parallel waren, so müssen sie jetzt sich in einem endlich gelegenen Puncte $\varDelta$ schneiden und von diesem und von einer Geraden δ, welche der vorigen Halbirungslinie δ entspricht, harmonisch getheilt werden. — Bei der collinearen Involution in einer Ebene gibt es daher stets einen Doppelpunct $\varDelta$ und eine Doppellinie δ zugleich, und die Bedingung dieser Involution besteht, kurz ausgedrückt, darin, dass jede der Linien AA', u. s. w. von $\varDelta$ und δ harmonisch getheilt wird.

Auf analoge Weise, wie in der Ebene, sind auch für die collineare Involution im Raume die Bedingungen, welche aus der ersten der drei vorhin im Raume gemachten Constructionen hervorgehen, mit den aus der dritten fliessenden identisch. Denn allen unendlich entfernten Puncten einer räumlichen Figur entsprechen in einer damit collinear verwandten Figur Puncte, welche in einer Ebene liegen, und parallelen Geraden der einen Figur sich in einem Puncte schneidende Gerade in der anderen. Die aus der ersten, wie aus der dritten, jener drei Constructionen folgenden Bedingungen sind hiernach: dass die Linien AA', ... insgesammt sich in einem Puncte $\varDelta$ — dem Doppelpuncte — schneiden und von diesem und einer gewissen Ebene ε — der Doppelebene — harmonisch getheilt werden.

Verschieden von diesen Bedingungen sind die aus der zweiten der gedachten drei Constructionen entspringenden. Erwägt man nämlich, dass Geraden, welche einer Ebene parallel sind und daher eine unendlich entfernte Gerade dieser Ebene treffen, in einer collinearen Figur Gerade entsprechen, die eine endlich gelegene Gerade schneiden, so muss zu Folge der zweiten Construction jede der Linien von zwei gewissen Geraden δ und δ' — den zwei Doppellinien — harmonisch geschnitten werden. Nur kann es auch geschehen, dass diese zwei Doppellinien, ebenso wie die zwei Doppelpuncte bei der collinearen Involution in einer Geraden, imaginär werden.

Ueberhaupt besteht demnach die collineare Involution der Punctepaare A und A', B und B', u. s. w. in der harmonischen Theilung aller Linien AA', BB', u. s. w. durch dieselben zwei Elemente. Die zwei Elemente sind, wenn die Puncte in einer Geraden liegen, zwei (reelle oder imaginäre) Puncte; in einer Ebene sind sie ein Punct und eine Gerade; im Raume entweder ein Punct und eine Ebene, oder zwei (reelle oder imaginäre) Gerade.

Sind beide Elemente reell, und liegt das eine oder das andere derselben unendlich entfernt, so sind die Punctepaare in affiner Involution. Hier wird demnach jedes Paar von dem endlich gelegenen Elemente halbirt, und die halbirten Linien sind, wenn das halbirende Element kein blosser Punct ist, entweder zu zweien (d. i. je zwei mit einer und derselben Geraden), oder zu dreien (d. i. je drei mit einer und derselben Ebene) parallel.

Wenn endlich bei dieser parallelen Lage der Linien das halbirende Element auf ihnen rechtwinklig steht, sowie auch dann, wenn das halbirende Element nur ein Punct ist, so haben die Punctepaare gegen das Element eine symmetrische Lage und sind daher in symmetrischer Involution.

§. 5. Cyklische Involution. Was noch die aus der jüngst von mir behandelten Kreisverwandtschaft ihren Ursprung ziehende Involution anlangt, so bemerke ich, dass zu dieser Involution, welche die cyklische heissen mag, unter anderen diejenige gehört, welche ich in den Berichten des Jahres 1853 zwischen Puncten einer Ebene dargestellt habe**), und wozu ich, von der gewöhnlichen Involution zwischen Puncten einer Geraden ausgehend, zunächst mittelst der Methode geführt worden war, welche longimetrische Relationen mit Anwendung des Imaginären in planimetrische verwandelt**) (siehe Berichte des Jahres 1852). Eine andere Art cyklischer Involution

*) Ueber die Involution von Puncten in einer Ebene, p. 221 ff. des vorliegenden Bandes.

**) Ueber eine Methode, um von Relationen, welche der Longimetrie angehören, u. s. w., p. 189 ff. des vorliegenden Bandes.

habe ich in meiner »Theorie der Kreisverwandtschaft«, §. 21, und zwei Arten in Betreff des Raumes dreier Dimensionen in derselben Abhandlung, §. 38, *c* daselbst, angegeben*). Indessen sind hiermit noch nicht alle Arten dieser Involution erschöpft. Eine vollständige Aufzählung derselben verspare ich auf eine andere Gelegenheit und will jetzt mit Wenigem noch einer *dritten* Erweiterung des Begriffes der Involution Erwähnung thun.

§. 6. **Involutionen höherer Ordnung.** Man denke sich zwei in irgend einer Verwandtschaft zu einander stehende Systeme von Puncten, welche beide entweder in einer Geraden, oder in einer Ebene, oder im Raume überhaupt liegen. Dem Puncte A des ersten Systems entspreche im zweiten der Punct A', dem A', als einem Puncte des ersten, der Punct A'' im zweiten, und dem A'', als einem Puncte des ersten, der Punct A im zweiten. Ein Gleiches finde statt in Bezug auf die Puncte B, B', B''; C, C', C''; u. s. w., so dass jetzt die Involution in der Verwandtschaft der zwei Systeme

$$(\beta) \qquad \begin{cases} A\ A'A''B\ B'B''C\ C'C''\dots \\ A'A''A\ B'B''B\ C'C''C\ \dots \end{cases}$$

besteht. Es kann diese Involution eine *ternäre* heissen, während die vorher betrachtete eine *binäre* genannt würde; und man sieht von selbst, wie man analoger Weise eine *quaternäre*, *quinäre*, u. s. w. Involution zu definiren hat.

Ist die zu Grunde gelegte Verwandtschaft die Gleichheit und Aehnlichkeit, so stimmen diese Definitionen, wie vorhin bei der binären Involution, mit denen überein, welche ich in dem schon genannten Aufsatze vom Jahre 1851 für symmetrische Figuren aufgestellt habe**), und man hat daher bei der Gleichheit und Aehnlichkeit auch die Involutionen höherer Ordnung als symmetrische zu bezeichnen. So sind z. B. bei der ternären symmetrischen Involution, wenn die Ternionen von Puncten in einer Ebene liegen, $AA'A''$, $BB'B''$, u. s. w. gleichseitige Dreiecke, welche einen gemeinsamen Mittelpunct haben; im Raume sind dieselben Dreiecke gleichseitig, und ihre Mittelpuncte liegen in einer ihre Ebenen rechtwinklig schneidenden Geraden. — In Bezug auf allgemeinere Verwandtschaften, als die Gleichheit und Aehnlichkeit, habe ich diese höheren

---

*) Vergl. p. 272 und p. 295 des vorliegenden Bandes.

**) Vergl. p. 363 des vorliegenden Bandes.

Ordnungen von Involution noch nicht in Untersuchung genommen; auch dürfte eine solche Untersuchung ungleich verwickelter, als bei der blos binären Involution ausfallen.

Schlussbemerkung. Im letzterwähnten Aufsatze habe ich eine symmetrische Figur als diejenige definirt, welche sich selbst auf mehr als eine Art gleich und ähnlich ist, und bin, von dieser Definition ausgehend, zu dem Ausdrucke der Symmetrie durch die Gleichheit und Aehnlichkeit der Figuren (α), oder (β), u. s. w. gelangt. Hiervon unterscheidet sich die Involution in der ihr jetzt beigelegten Erweiterung durch ihre grössere Allgemeinheit, indem nämlich statt der Gleichheit und Aehnlichkeit irgend eine Verwandtschaft überhaupt gesetzt wird. Symmetrie und Involution sind daher zwei Begriffe, die in ihren Erweiterungen zusammenfallen. Dieser erweiterte Begriff besteht aber darin, *dass eine Figur zu sich selbst auf mehr als eine Art in der nämlichen Verwandtschaft steht.*

Ueber Involutionen höherer Ordnung.

[Berichte über die Verhandlungen der Königl. Sächs. Gesellschaft d. Wissenschaften math.-phys. Klasse, 1855, Bd. 7, p. 123—140.]

In meinem zuletzt (am 1. Juli 1855) hier gehaltenen Vortrage*) habe ich den von Desargues begründeten Begriff der Involution auf dreierlei Art zu erweitern gesucht. Ich ging dabei von der bekannten Definition aus, dass drei oder mehrere Paare in einer Geraden liegender Puncte X und X_1, Y und Y_1, Z und Z_1, u. s. w. in Involution sind, wenn die zwei Systeme

$$(\alpha)\quad XX_1YY_1ZZ_1\ldots \quad\text{und}\quad (\alpha_1)\quad X_1XY_1YZ_1Z\ldots$$

einander collinear verwandt sind. Hiernach liess ich die **erste** Erweiterung darin bestehen, dass statt der Collineation irgend eine andere Verwandtschaft gesetzt wurde; die **zweite** ergab sich dadurch, dass ich die Puncte nicht in einer Geraden, sondern in einer Ebene, oder im Raume überhaupt liegend annahm; bei der **dritten** endlich wurden die Puncte, nicht mehr paarweise, sondern zu dreien, oder zu vieren, u. s. w. zusammengenommen, und verlangt, dass die Systeme

$$(\beta)\quad XX_1X_2YY_1Y_2Z\ldots \quad\text{und}\quad (\beta_1)\quad X_1X_2XY_1Y_2YZ_1\ldots,$$

oder

$$(\gamma)\quad XX_1X_2X_3Y\ldots \quad\text{und}\quad (\gamma_1)\quad X_1X_2X_3XY_1\ldots,$$

u. s. w. in einer geometrischen Verwandtschaft zu einander stehen. Dies führte zu dem Begriffe von Involutionen höherer Ordnung, zu einer ternären, quaternären, u. s. w. Involution, während die gewöhnliche eine binäre genannt wurde.

Die einfachste Verwandtschaft, welche zwischen Systemen von Puncten statt haben kann, ist die Gleichheit und Aehnlichkeit. Wurde diese zwischen den Systemen (α) und (α_1), oder (β) und (β_1), u. s. w. vorausgesetzt, so bildeten die Puncte eine symmetrische Figur, und es wurde daher auch die damit entstandene Involution eine

---

*) Ueber Erweiterungen des Begriffes der Involution von Puncten, p. 373 ff. des vorliegenden Bandes.

symmetrische genannt. Indem ich hierauf eine mit dieser Figur in irgend einer anderen Verwandtschaft, etwa in Collineation, stehende construirte, waren auch die den (α) und (α_1), oder (β) und (β_1), u. s. w. entsprechenden Systeme der neuen Figur einander collinear verwandt, die Involution selbst folglich eine collineare, d. i. eine auf der Verwandtschaft der Collineation beruhende. Zugleich aber war ich dadurch in den Stand gesetzt, aus den bekannten und höchst einfachen Eigenschaften einer symmetrischen Figur auf die zusammengesetzteren der collinearen Involution einen Schluss zu machen.

Wenn nun auch die solchergestalt erhaltenen Resultate in der Art, wie ich sie damals ausgedrückt habe, streng richtig sind, so gewährt doch dieses Verfahren nicht in jedem Falle ausreichende Sicherheit und man muss immer noch auf andere Weise die etwa möglichen Modificationen oder Verallgemeinerungen des Gefundenen zu ermitteln suchen, und dieses aus dem einfachen Grunde, weil man — um die Verwandtschaft der Collineation als Beispiel beizubehalten — durch Construction einer Figur, welche einer symmetrischen collinear ist, zwar immer eine collineare Involution erhält, nicht aber jede mögliche dieser Art auf solche Weise findet.

Dies zeigt sich schon bei der gewöhnlichen Involution von Puncten in einer Geraden. Denn sind die zwei Systeme (α) und (α_1) einander gleich, so hat jedes der Paare X und X_1, Y und Y_1, u. s. w. denselben Mittelpunct, und wenn man zu dieser Figur eine ihr collineare construirt, so bilden in letzterer die entsprechenden Paare von Puncten eine Involution, von welcher die zwei Puncte, die jenem Mittelpuncte und dem unendlich entfernten Puncte der ersteren Figur entsprechen, die zwei Doppelpuncte sind. Niemals folglich gelangt man auf diesem Wege zu einer Involution, deren zwei Doppelpuncte imaginär sind.

In noch stärkerem Gerade offenbart sich die Unzulänglichkeit des gedachten Verfahrens bei collinearen Involutionen höherer Ordnung zwischen Puncten, die in einer Geraden liegen. Denn man gewahrt bald, dass, wenn die zwei Systeme (β) und (β_1) von Puncten in einer Geraden einander gleich und ähnlich sein sollen, die drei Puncte jeder Ternion für sich zusammenfallen müssen, da zur Gleichheit und Aehnlichkeit der Figuren XX_1X_2 und X_1X_2X die Gleichheit der Linien XX_1, X_1X_2 und X_1X erfordert wird, mithin XX_1X_2 ein gleichseitiges Dreieck sein muss, und folglich X, X_1, X_2, ohne zu coïncidiren, nicht in einer Geraden liegen können. Fallen aber die drei Puncte einer jeden Ternion der Figur zusammen, so wird dasselbe auch bei jeder ihr collinearen Figur und damit auch bei der durch eine solche Figur dargestellten ternären Involution der Fall sein. Und auf ähnliche Coïncidenzen würde man auch bei Involutionen von noch höherer Ordnung zu schliessen haben. So müssten z. B. bei einer quaternären Involution, wo nicht alle vier Puncte X, X_1, X_2, X_3, doch X_2 mit X, und X_3 mit X_1 zusammenfallen. Gleichwohl aber findet sich, wenn man zwei collineare Systeme von Puncten in einer Geraden, wie (β) und (β_1), oder wie (γ) und (γ_1), u. s. w. unmittelbar zu construiren sucht, dass die drei Puncte jeder Ternion, oder die vier Puncte jeder Quaternion, u. s. w. auch ganz von einander verschieden sein können.

Im Nachfolgenden habe ich diese unmittelbaren Constructionen, als ersten Versuch zu einer Theorie der Involutionen höherer Ordnung, zusammengestellt. Auch habe ich sie am Schlusse noch auf die Ebene ausgedehnt, als wo sich die vorher collinearen Involutionen in cyklische, d. i. auf der Kreisverwandtschaft beruhende, Involutionen verwandeln.

---

§. 1. Von zwei einander collinear verwandten und in einer und derselben Geraden enthaltenen Systemen von Puncten entspreche dem unendlich entfernten Puncte U der Geraden, als einem Puncte des zweiten (ersten) Systems, der Punct M (N) im ersten (zweiten)*), und irgend anderen Puncten X, Y, ... des ersten Systems die Puncte X_1, Y_1, ... im zweiten. Hiernach, und weil die Collineationsverwandtschaft in der Gleichheit der Doppelschnittsverhältnisse zwischen den Puncten des einen und den entsprechenden des anderen Systems besteht, verhält sich

$$\frac{MX}{XU} : \frac{MY}{YU} = \frac{UX_1}{X_1N} : \frac{UY_1}{Y_1N},$$

d. i.

$$MX : MY = \frac{1}{X_1N} : \frac{1}{Y_1N},$$

---

*) Die also definirten Puncte M und N könnte man füglich die Brennpuncte der beiden Systeme nennen, da bei einem Linsenglase eine Reihe in der Axe desselben enthaltener Objecte und die daraus entstehende gleichfalls in der Axe liegende Reihe von Bildern stets einander collinear sind (vergl. meine »Entwickelung der Lehre von dioptrischen Bildern mit Hülfe der Collineationsverwandtschaft« in den Berichten d. J. 1855 [Bd. IV der vorliegenden Ausgabe]), und weil die zwei Oerter des Bildes, wenn das Object auf der einen oder der anderen Seite der Linse unendlich entfernt liegt, die Brennpuncte der Linse genannt werden. — Zudem hat das Wort »Brennpunct« in der Geometrie bereits das Bürgerrecht erhalten.

und es ist daher das Product $MX \cdot NX_1$ von einem Paare entsprechender Puncte X, X_1 zum anderen constant. Wird diese constante Grösse mit b bezeichnet, so hat man

$$MX \cdot NX_1 = b \ ,$$

und ebenso, wenn dem X_1, als einem Puncte des ersten Systems, der Punct X_2 im zweiten, dem X_2, als einem Puncte des ersten, der Punct X_3 im zweiten u. s. w. entspricht,

$$MX_1 \cdot NX_2 = b \ , \qquad MX_2 \cdot NX_3 = b \ ,$$

u. s. w.

Bei der binären Involution sollen nun den Puncten X und X_1 des ersten Systems im zweiten X_1 und X entsprechen, und es muss daher der nach den letzterhaltenen Gleichungen aus irgend einem Puncte X der Geraden abzuleitende Punct X_2 mit X identisch sein. Ebenso muss bei der ternären Involution, wo den X, X_1, X_2, die X_1, X_2, X entsprechen sollen, der aus X abzuleitende Punct X_3 mit X coïncidiren; u. s. w.

Um diese Bedingungen weiter zu entwickeln, nehme man M zum Anfangspuncte der Geraden und setze die Abscissen

$$MN = a \ , \qquad MX = x \ , \qquad MX_1 = x_1 \ , \qquad MX_2 = x_2 \ ,$$

u. s. w.

Damit wird

$$NX_1 = NM + MX_1 = x_1 - a \ , \qquad NX_2 = x_2 - a \ , \quad \text{u. s. w.},$$

und die vorigen Gleichungen verwandeln sich in

$$(1) \quad x\,(x_1 - a) = b \ , \qquad x_1\,(x_2 - a) = b \ , \qquad x_2\,(x_3 - a) = b \ ,$$

u. s. w.

Es folgt hieraus

$$x_1 = a + \frac{b}{x} \ , \qquad x_2 = a + \cfrac{b}{a + \cfrac{b}{x}} \ , \qquad x_3 = a + \cfrac{b}{a + \cfrac{b}{a + \cfrac{b}{x}}} \ , \quad \text{u. s. w.}$$

und die Bedingungen für die binäre, ternäre, u. s. w. Involution, welche nach dem Vorigen

$$x_2 = x \ , \qquad x_3 = x \ , \qquad \text{u. s. w.}$$

sind, werden hiernach beziehungsweise

$$(2) \quad x = a + \cfrac{b}{a + \cfrac{b}{x}} \ , \qquad x = a + \cfrac{b}{a + \cfrac{b}{a + \cfrac{b}{x}}} \ , \qquad \text{u. s. w.},$$

unabhängig von einem bestimmten Werthe des x.

Die gesuchten Bedingungen sind folglich einerlei mit denen, unter welchen die Gleichungen (2) für jeden Werth von x Gültigkeit haben. Um diese von x freien Bedingungsgleichungen zu erhalten, bemerke man zuvörderst, dass jede der Gleichungen (2) als eine Folge aus

$$x = a + \frac{b}{x}$$

angesehen werden kann, und dass daher jede derselben, wenn sie nach x aufgelöst wird, dieselben zwei Werthe für x geben muss, welche aus der Gleichung

$$x^2 - ax - b = 0$$

folgen. Jede der Gleichungen (2) muss daher, nachdem ihre Bruchform weggeschafft worden, von der Form

$$(2^*) \qquad C\,(x^2 - ax - b) = 0$$

sein, wo C eine von a und b abhängige Constante ist. Und da eine solche Gleichung unabhängig von x bestehen soll, so muss entweder $C = 0$, oder es müssen zugleich $a = 0$ und $b = 0$ sein. Letzteres aber anzunehmen, verbietet die Natur der Sache. Denn mit $a = 0$ und $b = 0$ wird $xx_1 = 0$, d. i.

$$MX \,.\, MX_1 = 0\ ,$$

und es würde daher für jeden Ort von X, MX_1 gleich 0 sein, d. h. allen Puncten der Geraden würde ein und derselbe Punct M entsprechen.

Die Gleichung $C = 0$ ist es demnach, welche die Bedingung der Involution ausdrückt. Sie wird erhalten, wenn man in (2*) $x = 0$ setzt; und die Bedingungen für die binäre, ternäre, u. s. w. Involution werden sich daher ergeben, wenn man resp. in der ersten, zweiten, u. s. w. der Gleichungen (2) x annullirt. Diese Bedingungen sind folglich

$$(3) \quad a = 0\ , \qquad a + \frac{b}{a} = 0\ , \qquad a + \cfrac{b}{a + \cfrac{b}{a}} = 0\ ,$$

u. s. w.

§. 2. Um aus diesen Gleichungen weitere Folgerungen ziehen zu können, müssen wir zuvor ihre Kettenbruchform beseitigen. Wir setzen zu dem Ende

$$a = B_2\ , \qquad a + \frac{b}{a} = B_3\ , \qquad a + \cfrac{b}{a + \cfrac{b}{a}} = B_4\ ,$$

u. s. w. Damit wird

$$B_2 = a\,, \qquad B_3 = a + \frac{b}{B_2}\,, \qquad B_4 = a + \frac{b}{B_3}\,, \qquad \text{u. s. w.},$$

oder, wenn man mittelst der B_2, B_3, ... die Grössen A_2, A_3, ... so bestimmt, dass

$$B_2 = A_2\,, \qquad B_3 = \frac{A_3}{A_2}\,, \qquad B_4 = \frac{A_4}{A_3}\,, \qquad \text{u. s. w.}$$

wird:

$$(4) \qquad \begin{cases} A_4 = aA_3 + bA_2\,, & A_5 = aA_4 + bA_3\,, \\ A_2 = a\,, & A_3 = aA_2 + b\,, \end{cases}$$

u. s. w.

Hiernach sind A_2, A_3, A_4, u. s. w. ganze rationale Functionen von a und b; nämlich

$$A_2 = a\,, \qquad A_3 = a^2 + b\,, \qquad A_4 = a^3 + 2ab\,,$$
$$A_5 = a^4 + 3a^2b + b^2\,, \qquad A_6 = a^5 + 4a^3b + 3ab^2\,, \qquad \text{u. s. w.}$$

und allgemein

$$(5) \qquad A_n = a^{n-1} + (n-2)\,a^{n-3}b + \frac{(n-3)(n-4)}{2}\,a^{n-5}b^2 + \frac{(n-4)(n-5)(n-6)}{2\,.\,3}\,a^{n-7}b^3 + \dots$$

bis zum ersten verschwindenden Gliede.

Zugleich erhellt schon aus der Form der Gleichungen (4), dass keine zwei nächstfolgenden A eine ganze Function von a und b als Factor gemein haben. Die Bedingungen für die binäre, ternäre u. s. w. Involution, welche zufolge von (3) $B_2 = 0$, $B_3 = 0$, u. s. w. sind, können daher auch geschrieben werden: $A_2 = 0$, $A_3 = 0$, u. s. w., und sind somit, wie verlangt wurde, durch ganze Functionen von a und b ausgedrückt.

Zusatz. Aus der Natur der Involution geht unmittelbar hervor, dass eine binäre Involution zugleich als eine quaternäre, senäre, u. s. w. und überhaupt als eine Involution der $2n$ten Ordnung, — dass eine ternäre zugleich als eine senäre, u. s. w. — und überhaupt eine Involution der $m$ten Ordnung zugleich als eine Involution der mnten Ordnung sich betrachten lässt. Hiernach müssen A_4, A_6, A_8, ... durch A_2 oder a; A_6, A_9, ... durch A_3 oder $a^2 + b$; und überhaupt A_{mn} durch A_m und durch A_n ohne Rest theilbar sein. Dies bestätigen auch die vorhin entwickelten Werthe von A_2, u. s. w. Denn so ist z. B.

$$A_4 = a^3 + 2ab = A_2(a^2 + 2b),$$

und daher

$$a^2 + 2b = 0$$

die Bedingung für eine quaternäre Involution, die nicht zugleich eine binäre ist;

$$A_6 = a^5 + 4a^3b + 3ab^2 = a(a^2+b)(a^2+3b) = A_2 A_3 (a^2+3b) \ ,$$

und somit

$$a^2 + 3b = 0$$

die Bedingung für eine bloss senäre, nicht zugleich binäre, oder ternäre Involution.

Dasselbe folgt auch aus den durch Kettenbrüche ausgedrückten Bedingungen $B_2 = 0$, u. s w. Denn mit $B_2 = a = 0$ wird

$$B_3 = a + \frac{b}{B_2} = \infty \ , \qquad B_4 = a + \frac{b}{B_3} = 0 \ , \qquad B_5 = a + \frac{b}{B_4} = \infty$$

u. s. w., so dass mit B_2 gleichzeitig B_4, B_6, B_8, ... gleich 0, dagegen B_3, B_5, B_7, ... gleich ∞ werden.

Mit

$$B_3 = a + \frac{b}{a} = 0$$

wird

$$B_4 = a + \frac{b}{B_3} = \infty \ , \qquad B_5 = a + \frac{b}{B_4} = a \ ,$$

$$B_6 = a + \frac{b}{B_5} = a + \frac{b}{a} = 0 \ , \qquad B_7 = a + \frac{b}{B_6} = \infty \ , \qquad B_8 = a \ ,$$

u. s. w., und daher überhaupt

$$B_{3n} = 0 \ , \qquad B_{3n+1} = \infty \ , \qquad B_{3n+2} = a \ .$$

Ebenso erhält man, $B_4 = 0$ gesetzt,

$$B_{4n} = 0 \ , \qquad B_{4n+1} = \infty \ , \qquad B_{4n+2} = a \ , \qquad B_{4n+3} = a + \frac{b}{a} \ ;$$

und es erhellt auf solche Weise, dass überhaupt, wenn von den Grössen B_2, B_3, ... erst $B_m = 0$ wird, auch alle B_{mn} und keine anderen B verschwinden; wie zu beweisen war.

§. 3. Wir wollen jetzt mittelst der durch ganze Functionen ausgedrückten Bedingungen für die Involutionen der verschiedenen Ordnungen und mit Anwendung der Gleichung

$$MX \, . \, NX_1 = b$$

die Involutionen selbst zu construiren suchen.

1) Bei der binären Involution ist die Bedingung: $A_2 = 0$, d. i. $a = MN = 0$, also N identisch mit M, und es ist daher, wie schon bekannt, für die zwei Puncte X und X_1 jeder Binion das Product $MX \, . \, MX_1$ von constanter Grösse, gleich b. — Dabei liegt der dem M zugehörige Punct im Unendlichen.

2) Die Bedingung der ternären Involution ist

$$A_3 = a^2 + b = 0 \ ,$$

also

$$b = -a^2 = -MN^2 \ ,$$

woraus

$$XM \, . \, NX_1 = MN^2 \quad \text{und} \quad XM : MN = MN : NX_1$$

folgt. Aus einem Puncte X der drei Puncte einer Ternion findet man daher den nächstfolgenden X_1, indem man die Figur MNX_1 der Figur XMN ähnlich macht; ebenso aus X_1 den dritten Punct X_2 durch Construction einer Figur MNX_2, welche der X_1MN ähnlich ist; und weil der aus X_2 folgende Punct wieder X ist, so müssen nun die Figuren MNX und X_2MN (vergl. Fig. 1) einander ähnlich sein.

Fig. 1.

Der Schluss von den Aehnlichkeiten

$$XMN \sim MNX_1 \quad \text{und} \quad X_1MN \sim MNX_2$$

auf

$$X_2MN \sim MNX$$

erhellt übrigens auch unmittelbar. Denn statt der zweiten Aehnlichkeit kann man schreiben:

$$MNX_1 \sim NX_2M \ ,$$

woraus, in Verbindung mit der ersten Aehnlichkeit,

$$XMN \sim NX_2M$$

folgt; letztere aber ist mit der dritten identisch.

Man bemerke nur noch, dass zu M, als einem Puncte einer Ternion, als zweiter der unendlich entfernte U, und als dritter N gehört.

3) Für die quaternäre Involution, welche nicht zugleich eine binäre ist, hat man

$$a^2 + 2b = 0 \ ,$$

folglich

$$XM \, . \, NX_1 = -b = \tfrac{1}{2}a^2 = \tfrac{1}{2}MN^2 = MN \, . \, LN \ ,$$

wenn L den Mittelpunct von MN bezeichnet. Mithin verhält sich

$$XM : MN = LN : NX_1$$

Man mache daher

$$(a) \qquad LNX_1 \sim XMN \ ,$$

und auf gleiche Art

$$(b)\quad LNX_2 \sim X_1MN\ , \qquad (c)\quad LNX_3 \sim X_2MN\ ,$$

so sind die drei mit X zu einer Quaternion gehörigen Puncte X_1, X_2, X_3 gefunden, und es muss rückwärts

$$LNX \sim X_3MN$$

sein.

Auch hier lässt sich der Schluss von den drei ersten Aehnlichkeiten auf die vierte, oder die Coïncidenz von X_4 mit X, wenn man noch

$$(d)\qquad LNX_4 \sim X_3MN$$

macht, leicht für sich darthun. Denn aus (a) oder

$$LN : NX_1 = XM : MN$$

folgt

$$MN : NX_1 = XM : (LN = ML)$$

d. i.

$$MNX_1 \sim XML\ ,$$

und hieraus in Verbindung mit (b),

$$(e)\qquad LNX_2 \sim LXM\ ;$$

und ebenso muss aus (c) und (d) folgen

$$LNX_4 \sim LX_2M \quad \text{oder} \quad LN : LX_2 = LX_4 : LM\ ,$$

d. i.

$$LNX_2 \sim LX_4M\ .$$

Hieraus aber und aus (e) erhellt die zu beweisende Coïncidenz von selbst.

Für M, als ersten Punct einer Quaternion, ist U der zweite, N der dritte und L der vierte.

4) Aehnlicher Weise kann man nun auch bei den noch höheren Involutionen zu Werke gehen. Für die quinäre, um auch dieser noch mit Wenigem zu gedenken, war die Bedingungsgleichung

$$a^4 + 3a^2b + b^2 = 0\ ,$$

folglich

$$b = \lambda a^2\ ,$$

wo

$$\lambda = \tfrac{1}{2}(-3 \pm \sqrt{5})$$

ist, und

$$XM\,.\,NX_1 = -\lambda\,.\,MN^2 = MN\,.\,LN\ ,$$

wenn man mit einem der beiden Werthe von λ

$$NL = \lambda\,.\,MN$$

macht. Hieraus folgt, wie vorhin,

$$LNX_1 \sim XMN\ , \qquad \ldots, \qquad LNX_4 \sim X_3MN\ ,$$

und hieraus rückwärts

$$LNX \sim X_4MN\ .$$

Dass dabei, wegen des doppelten Werthes von λ, aus jedem Puncte X zwei verschiedene Quinionen hervorgehen, bedarf keiner Erinnerung.

§. 4. Um aus den gegebenen Puncten M, N und X die Puncte X_1, X_2, ... zu finden, kann man sich auch der Berechnung ihrer Abscissen x_1, x_2, ... aus den Abscissen a und x von N und X, in Bezug auf M als Anfangspunct, bedienen.

Nach den Formeln (1), und wenn man der Einfachheit willen

$$MN = a = 1$$

setzt, ist

$$x_1 = 1 + \frac{b}{x}\ ,$$

und damit für die ternäre Involution, wo

$$b = -a^2 = -1$$

ist,

$$x_1 = 1 - \frac{1}{x}\ , \qquad x_2 = 1 - \frac{1}{x_1} = \frac{1}{1-x}\ , \qquad x_3 = 1 - \frac{1}{x_2} = x\ ,$$

wie gehörig. — In Figur 1 ist beispielsweise genommen

$$x = -\tfrac{3}{2}\ ,$$

und damit

$$x_1 = \tfrac{5}{3}\ , \qquad x_2 = \tfrac{2}{5}\ .$$

Bei der quaternären Involution, die nicht zugleich eine binäre ist, hat man

$$b = -\tfrac{1}{2}\ ,$$

und daher

$$x_1 = 1 - \frac{1}{2x}\ , \qquad x_2 = 1 - \frac{1}{2x_1} = \frac{1-x}{1-2x}\ ,$$

$$x_3 = 1 - \frac{1}{2x_2} = \frac{1}{2-2x}\ ,$$

und hiermit

$$x_4 = 1 - \frac{1}{2x_3} = x\ .$$

Bei der senären Involution, die nicht zugleich eine binäre oder eine ternäre ist, findet sich

$$b = -\tfrac{1}{3}\ ,$$

wodurch

$$x_1 = 1 - \frac{1}{3x}, \quad x_2 = \frac{1-2x}{1-3x}, \quad x_3 = \frac{2-3x}{3-6x},$$
$$x_4 = \frac{1-x}{2-3x}, \quad x_5 = \frac{1}{3-3x}, \quad x_6 = x$$

wird. — Für $x = 0$ sind diese Werthe von x_1, x_2, ... gleich ∞, 1, $\frac{2}{3}$, $\frac{1}{2}$, $\frac{1}{3}$ und 0.

Zu denselben Ergebnissen kann man auch dadurch gelangen, dass man zuerst die allgemeinen durch a, b und x ausgedrückten Werthe von x_1, x_2, ... entwickelt und hierauf dem b den speciellen Werth gibt, der ihm für die jedesmalige Ordnungszahl der Involution zukommt.

Nach (1) und (4) ist

$$x_1 = \frac{b}{x} + a = \frac{b + A_2 x}{x},$$

$$x_2 = \frac{b}{x_1} + a = \frac{bx}{b + A_2 x} + a = \frac{ab + (aA_2 + b)x}{b + A_2 x} = \frac{A_2 b + A_3 x}{b + A_2 x},$$

und ebenso

$$x_3 = \frac{A_3 b + A_4 x}{A_2 b + A_3 x}, \quad x_4 = \frac{A_4 b + A_5 x}{A_3 b + A_4 x}, \quad \text{u. s. w.},$$

oder wenn man für A_2, A_3, ... ihre durch a und b ausgedrückten Werthe substituirt und wiederum $a = 1$ sein lässt,

$$x_1 = \frac{b + x}{x}, \quad x_2 = \frac{b + (1+b)x}{b + x},$$
$$x_3 = \frac{(1+b)b + (1+2b)x}{b + (1+b)x}, \quad \text{u. s. w.},$$

worin nun bei der ternären, quaternären, u. s. w. Involution b resp. gleich -1, $-\frac{1}{2}$, u. s. w. zu setzen ist.

§. 5. Die bisher behandelte Aufgabe lässt sich noch auf eine andere mehr geometrische Art lösen, wodurch zugleich in Verbindung mit dem Vorigen einige merkwürdige trigonometrische Relationen hervorgehen werden. — Indem wir die Buchstaben M, N, U, X, X_1, ... in der vorigen Bedeutung beibehalten, sei L der dem N, als einem Puncte des ersten Systems, entsprechende Punct im zweiten. Alsdann sind bei einer Involution der $n$ten Ordnung die Punctreihen

$$MUNXX_1 \ldots X_{n-2}X_{n-1} \quad \text{und} \quad UNLX_1X_2 \ldots X_{n-1}X$$

collinear, also auch, wenn man die von einem ausserhalb der Geraden gelegenen Puncte C nach M, N, U, L, X, X_1, ..., X_{n-1} zu ziehenden Geraden (vergl. Fig. 2) mit $m, n, u, l, s, s_1, \ldots, s_{n-1}$ bezeichnet, die Strahlenbüschel

$$m\,u\,n\,s\,s_1 \ldots s_{n-2}\,s_{n-1} \quad \text{und} \quad u\,n\,l\,s_1\,s_2 \ldots s_{n-1}\,s$$

collinear.

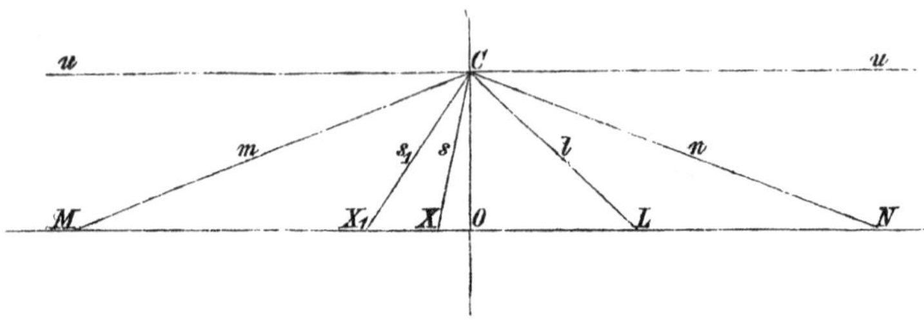

Fig. 2.

Sei nun C ein Punct einer den Abschnitt MN rechtwinklig in O halbirenden Geraden, und werde er darin so bestimmt, dass

$$LC = NL$$

ist, wozu vorausgesetzt wird, dass $LN^2 > OL^2$. Wir haben hier zunächst die Winkelgleichheit

$$CMN = LNC = NCL\ ,$$

d. i.

$$m^\wedge u = u^\wedge n = n^\wedge l\ .$$

Bezeichnen wir daher diesen Winkel mit α, so werden durch eine Drehung gleich α des ersten Büschels um C seine drei ersten Strahlen m, u, n mit den drei ersten u, n, l des zweiten zur Coïncidenz gebracht. Wegen der Collineation beider Büschel werden dann aber auch die übrigen Strahlen $s, s_1, \ldots, s_{n-1}$ des ersten mit den übrigen $s_1, s_2, \ldots, s_{n-1}, s$ des zweiten zusammenfallen, und es wird folglich nach n Drehungen um C, deren jede gleich α, jeder Strahl mit seiner anfänglichen Lage, wenn auch nach einer der anfänglichen entgegengesetzten Richtung, coïncidiren. Es folgt hieraus α gleich dem $n$ten Theile von 180°, oder allgemeiner von $p\,.\,180^\circ$, wo p jede ganze Zahl, mit Ausnahme von n und der Vielfachen von n, sein kann, und wo p gegen n eine Primzahl sein muss, wenn die Involution nicht noch von einer niedrigeren Ordnung als der $n$ten sein soll.

Sind daher die Puncte M und N gegeben, so bestimme man in einem die MN halbirenden Perpendikel den Punct C dadurch, dass man den Winkel

$$CMN = \frac{p}{n} \cdot 180^\circ$$

gleich dem halben Centriwinkel eines regulären n-Ecks macht, und man wird zu einem beliebigen Puncte X der Geraden MN die $n-1$ übrigen X_1, X_2, ... finden, indem man jeden der Winkel XCX_1, X_1CX_2, u. s. w. gleich CMN auch dem Sinne nach macht. — *Die n Puncte X, X_1, ... sind demnach die von C aus auf MN projicirten Ecken eines regulären $2n$-Ecks, dessen Mittelpunct C ist.*

§. 6. Es ist nicht schwer darzuthun, dass die eben gezeigte Construction zu denselben Puncten X_1, X_2, ... führt, welche wir durch das in §. 3 mitgetheilte Verfahren aus einem gegebenen X erhalten hatten. — Weil den Puncten X, M, N, U der einen Reihe in der anderen die Puncte X_1, U, L, N entsprechen, so verhält sich

$$\frac{XM}{MN} : \frac{XU}{UN} = \frac{X_1U}{UL} : \frac{X_1N}{NL} ,$$

d. i.

$$XM : MN = LN : NX_1 ,$$

wegen der unendlichen Entfernung des U. Ferner ist

$$CN = \tfrac{1}{2} MN \sec\alpha , \qquad LN = \tfrac{1}{2} CN \sec\alpha = \tfrac{1}{4} MN \sec\alpha^2 ,$$

und daher

$$MX . NX_1 = -MN . LN = -\tfrac{1}{4} MN^2 \sec\alpha^2 = -\tfrac{1}{4} a^2 \sec\alpha^2 .$$

Es bleibt mithin (§. 1) nur noch zu zeigen, dass diese Grösse gleich dem durch die Gleichung $A_n = 0$ (§. 2) bestimmten b ist, dass also der Gleichung

$$1 - (n-2)\frac{\sec\alpha^2}{4} + \frac{(n-3)(n-4)}{1.2} \cdot \frac{\sec\alpha^4}{4^2} - \ldots = 0$$

Genüge geschieht, wenn

$$\alpha = \frac{p}{n} \cdot 180^\circ$$

gesetzt wird, wo p jede ganze Zahl mit Ausnahme der Vielfachen von n sein kann; oder, was dasselbe sagt: dass die Kettenbrüche B_3, B_4, ... null werden, wenn man in ihnen b durch α ausdrückt und α resp. gleich

$$\frac{p}{3} \cdot 180^\circ , \qquad \frac{p}{4} \cdot 180^\circ ,$$

u. s. w. setzt. Dieses letztere aber lässt sich folgendergestalt beweisen.

Man hat

$$2\sin\alpha\cos\alpha = \sin 2\alpha , \qquad 2\sin 2\alpha\cos\alpha = \sin 3\alpha + \sin\alpha ,$$

$$2\sin 3\alpha\cos\alpha = \sin 4\alpha + \sin 2\alpha , \qquad \text{u. s. w.} ;$$

folglich

$$2\cos\alpha = \frac{\sin 2\alpha}{\sin\alpha}, \qquad 2\cos\alpha = \frac{\sin 3\alpha}{\sin 2\alpha} + \frac{\sin\alpha}{\sin 2\alpha},$$

$$2\cos\alpha = \frac{\sin 4\alpha}{\sin 3\alpha} + \frac{\sin 2\alpha}{\sin 3\alpha}, \qquad \text{u. s. w.},$$

und daher

$$\frac{\sin 3\alpha}{\sin 2\alpha} = 2\cos\alpha - \frac{1}{2\cos\alpha},$$

$$\frac{\sin 4\alpha}{\sin 3\alpha} = 2\cos\alpha - \cfrac{1}{2\cos\alpha - \cfrac{1}{2\cos\alpha}},$$

$$\frac{\sin 5\alpha}{\sin 4\alpha} = 2\cos\alpha - \cfrac{1}{2\cos\alpha - \cfrac{1}{2\cos\alpha - \cfrac{1}{2\cos\alpha}}},$$

u. s. w., wofür man auch, indem man

$$2\cos\alpha = 1 : c$$

setzt, schreiben kann

$$\frac{\sin 3\alpha}{2\sin 2\alpha\cos\alpha} = 1 - c^2, \qquad \frac{\sin 4\alpha}{2\sin 3\alpha\cos\alpha} = 1 - \frac{c^2}{1-c^2},$$

$$\frac{\sin 5\alpha}{2\sin 4\alpha\cos\alpha} = 1 - \cfrac{c^2}{1 - \cfrac{c^2}{1-c^2}},$$

u. s. w.

Nun kommt, wenn man in den mit B_3, B_4, ... in §. 2 bezeichneten Kettenbrüchen

$$b = -\tfrac{1}{4}a^2 \sec\alpha^2 = -a^2c^2$$

setzt,

$$B_3 = a(1-c^2), \qquad B_4 = a\left(1 - \frac{c^2}{1-c^2}\right),$$

$$B_5 = a\left(1 - \cfrac{c^2}{1 - \cfrac{c^2}{1-c^2}}\right),$$

u. s. w., d. i. nach dem eben Entwickelten

$$B_3 = \frac{a\sin 3\alpha}{2\sin 2\alpha\cos\alpha}, \qquad B_4 = \frac{a\sin 4\alpha}{2\sin 3\alpha\cos\alpha}, \qquad B_5 = \frac{a\sin 5\alpha}{2\sin 4\alpha\cos\alpha},$$

u. s. w.

Dass aber diese Ausdrücke für B_3, B_4, ... die vorhin an sie gemachte Forderung erfüllen, sieht man auf den ersten Blick.

Zusätze. *a*) Verbindet man mit diesen Werthen von $B_3, \ldots$ die Gleichungen (§. 2)

$$A_2 = B_2 = a\ , \qquad A_3 = A_2 B_3\ , \qquad A_4 = A_3 B_4\ , \qquad \text{u. s. w.},$$

so findet sich

$$A_3 = \frac{a^2 \sin 3\alpha}{4 \sin\alpha \cos\alpha^2}\ , \qquad A_4 = \frac{a^3 \sin 4\alpha}{8 \sin\alpha \cos\alpha^3}\ , \qquad \text{u. s. w.},$$

und allgemein

$$A_n = \frac{a^{n-1} \sin n\alpha}{2^{n-1} \sin\alpha \cos\alpha^{n-1}}\ .$$

Wird dieser Werth von A_n in (4) substituirt und zugleich $-\frac{1}{4}a^2 \sec\alpha^2$ statt b darin gesetzt, so kommt die vielleicht noch nicht gegebene Reihenentwickelung:

$$\sin n\alpha = \sin\alpha\,[(2\cos\alpha)^{n-1} - (n-2)(2\cos\alpha)^{n-3} + \\ + \frac{(n-3)(n-4)}{2}(2\cos\alpha)^{n-5} - \frac{(n-4)(n-5)(n-6)}{2\,.\,3}(2\cos\alpha)^{n-7} \\ + \text{u. s. w. bis zum ersten verschwindenden Gliede}]\ .$$

b) Ist α irgend ein constanter und φ ein veränderlicher Winkel, so ist die Function

$$\sin(\alpha+\varphi) : \sin\varphi = \sin\alpha \operatorname{cotg}\varphi + \cos\alpha$$

periodischer Natur. Es wird daher auch die Reihe, welche entsteht, wenn man φ nach und nach gleich α, 2α, 3α, ... setzt, also die Reihe

$$\frac{\sin 2\alpha}{\sin\alpha}\ , \qquad \frac{\sin 3\alpha}{\sin 2\alpha}\ , \qquad \frac{\sin 4\alpha}{\sin 3\alpha}\ , \qquad \text{u. s. w.}$$

eine periodische wenigstens insofern sein, als die späteren Glieder, wenn auch nicht mit den früheren identisch, doch immer wieder in deren Nähe fallen.

Mithin werden auch die Kettenbrüche

$$k\ , \qquad k - \frac{1}{k}\ , \qquad k - \cfrac{1}{k - \cfrac{1}{k}}\ , \qquad \text{u. s. w.}$$

solch eine periodische Reihe bilden, wenn

$$k = 2\cos\alpha$$

gesetzt werden kann, d. h. wenn k zwischen 2 und -2 fällt, indem dann die Kettenbrüche resp. gleich

$$\sin 2\alpha : \sin\alpha\ , \qquad \sin 3\alpha : \sin 2\alpha\ , \qquad \text{u. s. w.}$$

werden. In diesem Falle ist der Werth des Kettenbruches

$$k - \cfrac{1}{k - \ldots} \;,$$

wenn er ohne Ende fortgesetzt wird, imaginär. Denn heisst dieser Werth x, so wird

$$x = k - \frac{1}{x} \;,$$

folglich

$$x^2 - kx + 1 = 0 \;,$$

d. i.

$$x^2 - 2\cos\alpha \,.\, x + 1 = 0 \;.$$

Ist k absolut grösser als 2, so nähern sich die Kettenbrüche, je weiter sie fortgesetzt werden, immer mehr und ohne Grenzen der absolut grösseren der zwei dann reellen Wurzeln der Gleichung

$$x^2 - kx + 1 = 0 \;.$$

Involutionen höherer Ordnung in einer Ebene.

§. 7. Der in §. 3 bei der Construction einer ternären Involution gemachte Schluss von den Aehnlichkeiten

$$XMN \sim MNX_1 \quad \text{und} \quad X_1MN \sim MNX_2$$

auf die Aehnlichkeit

$$X_2MN \sim MNX$$

besteht offenbar auch dann noch, wenn X, X_1, X_2 nicht mehr, wie dort, mit M und N in einer Geraden liegen, und wenn daher die Figuren XMN, u. s. w. wirkliche Dreiecke sind. Lassen wir dabei, der Einfachheit willen, sämmtliche Puncte in einer Ebene enthalten sein und construiren hierin die in den Formeln genannten Dreiecke nach einerlei Sinne, so wird der Punct X_3, welcher ebenso aus X_2 abgeleitet wird, wie es X_1 aus X, und X_2 aus X_1 war, mit X coïncidiren.

Gleicherweise hat die in §. 3 für die quaternäre Involution bewiesene Coïncidenz von X_4 mit X auch dann noch statt, wenn die Puncte X, X_1, ... mit M, L, N nicht mehr in einer Geraden, sondern in einer durch MN gelegten Ebene liegen, und darin je zwei nach den Formeln (a), (b), (c), (d) einander ähnlich sein sollende Dreiecke auch einerlei Sinn haben. Denn macht man nach willkürlicher Annahme des X das Dreieck $LNX_1 \sim XMN$, wobei das

Zeichen $\sim$ nächst der Aehnlichkeit auch noch den gleichen Sinn beider Dreiecke hier und im Folgenden bedeuten soll, so ist

$$LN : NX_1 = ML : NX_1 = XM : MN ,$$

und der Winkel $LNX_1 = XMN$, also auch $MNX_1 = XML$, folglich das Dreieck $MNX_1 \sim XML$; folglich, wie dort

$$(e) \qquad LNX_2 \sim LXM ,$$

und ebenso

$$(f) \qquad LNX_4 \sim LX_2M ,$$

woraus gleichfalls wie dort auf

$$(g) \qquad LX_4M \sim LNX_2$$

geschlossen werden kann, indem nächst der schon dort bemerkten aus (f) fliessenden Proportion die Winkel an L in (g) die Winkel an L in (f) zu 180^0 ergänzen.

Es lässt sich nun erwarten, dass ebenso auch die analogen Constructionen für noch höhere Ordnungen von Involutionen von der Geraden auf die Ebene übertragen werden können, so dass überhaupt, wenn man in einer Geraden MN den Abschnitt LN

$$= \tfrac{1}{4} MN \sec \alpha^2$$

macht, wo

$$\alpha = \frac{p}{n} \, . \, 180^0$$

(§§. 6 und 5), und wenn man hierauf in einer durch MN gelegten Ebene, von einem beliebigen Puncte X derselben ausgehend, die Puncte X_1, X_2, ... X_{n-1}, X_n nach den Formeln

$$LNX_1 \sim XMN , \quad LNX_2 \sim X_1MN , \quad \ldots , \quad LNX_n \sim X_{n-1}MN$$

bestimmt, dass dann X_n mit X zusammenfallen wird.

In der That lässt sich die Statthaftigkeit einer solchen Uebertragung des für die Gerade erwiesenen Satzes auf die Ebene ganz leicht mit Hülfe des Imaginären darthun. Denn denkt man sich X, X_1, ... zuerst in der Geraden LMN selbst liegend und gibt dem beliebig zu bestimmenden Verhältnisse $MX : MN$ einen imaginären Werth, setzt also

$$(i) \qquad MX : MN = \varrho \, (\cos \varphi + \sqrt{-1} \sin \varphi) ,$$

so werden auch alle übrigen aus ihm und der gegenseitigen Lage von M, N und L ableitbaren Verhältnisse $NL : NX_1$, $MX_1 : MN$, u. s. w. imaginär, und man kann X, X_1, ... als reelle Puncte in einer durch MN gelegten Ebene construiren. Nach (i) ist nämlich X ein Punct der Ebene, dessen Abstand von M gleich $\varrho \, . \, MN$ ist, und dessen Abstandslinie MX mit MN einen Winkel gleich φ macht.

Wegen der Gleichheit der Verhältnisse $MX : MN$ und $NL : NX$ ist aber auch letzteres gleich

$$\varrho\,(\cos\varphi + \sqrt{-1}\,\sin\varphi)\ ,$$

und daher X_1 ein in der Ebene also liegender Punct, dass

$$NL = \varrho\,.\,NX_1 \quad \text{und} \quad X_1NL = \varphi\ .$$

Mithin sind die Dreiecke XMN und LNX_1 einander ähnlich und von einerlei Sinn. Und ebenso wird dasselbe für die Paare von Dreiecken X_1MN und LNX_2, u. s. w. aus den Proportionen

$$MX_1 : MN = NL : NX_2\ ,$$

u. s. w. geschlossen. Folglich u. s. w.

§. 8. Nach §. 5 stehen die in einer Geraden begriffenen Puncte M, N, L, X, X_1, ... X_{n-1} in einer solchen Beziehung zu einander, dass mit Hinzunahme des unendlich entfernten Punctes U der Geraden die zwei Systeme

$$(\alpha)\ MUNXX_1 \dots X_{n-2}X_{n-1} \quad \text{und} \quad (\alpha_1)\ ULNX_1X_2 \dots X_{n-1}X$$

einander collinear sind. Wenn dagegen die Puncte X, X_1, ... X_{n-1} auf die eben besagte Weise in einer durch die Gerade LMN gelegten Ebene bestimmt werden, so sind, wie man bald wahrnimmt, dieselben zwei Systeme einander kreisverwandt.

Denn sind von zwei kreisverwandten Systemen von Puncten, deren jedes in einer Ebene enthalten ist, A, A' und B, B' zwei Paare einander entsprechender Puncte, und M, N' die Centralpuncte der zwei Ebenen (d. h. die zwei Puncte, von denen jeder allen unendlich entfernten Puncten der jedesmal anderen Ebene entspricht), so sind nach §. 9 meiner Abhandlung »Die Theorie der Kreisverwandtschaft«*) die zwei Dreiecke MAB und $N'B'A'$ einander ähnlich und gleichnamigen Sinnes; wonach man, nach willkürlicher Annahme von M, N', A und A', und nach willkürlicher Festsetzung des positiven Sinnes in jeder der beiden Ebenen, für jeden Punct B der einen den entsprechenden B' in der anderen sogleich finden und damit, wenn das System in der ersteren Ebene gegeben ist, ein ihm kreisverwandtes in der letzteren construiren kann.

Nun wird gegenwärtig in einer und derselben Ebene für jeden Punct X des Systems (α) der entsprechende X_1 des (α_1) dadurch bestimmt, dass man ein dem Dreiecke MNX ähnliches und mit ihm einerlei Sinn habendes Dreieck NX_1L construirt. Und auf gleiche Weise wird aus X_1, als einem Puncte des Systems (α), der Punct X_2

*) Vergl. p. 257 des vorliegenden Bandes.

in (α_1), u. s. w. erhalten. Mithin bilden X, X_1, ... und X_1, X_2, ... zwei kreisverwandte Systeme, von denen M und N die Centralpuncte sind, und wobei dem N, als einem Puncte des ersteren Systems, der Punct L im letzteren entspricht.

Wir ziehen hieraus den für unsere Theorie wichtigen Schluss, *dass, wenn man, von einem oder mehreren willkürlichen Puncten* X, Y, Z, ... *der Ebene ausgehend, zu jedem von ihnen (mittelst* M, N *und* L*) die ihm zugehörigen* $n-1$ *Puncte bestimmt, das System aller dieser Puncte in einer auf der Kreisverwandtschaft beruhenden oder cyklischen Involution der* n*ten Ordnung zusammengehörig ist.*

§. 9. Soll der Punct X der Ebene sich selbst entsprechen, so müssen die Dreiecke MNX und NXL einander ähnlich sein und einerlei Sinn haben; es muss folglich der Winkel NMX gleich $XNL = XNM$, folglich $MX = NX$, also auch $NL = LX$ sein, und es ist daher X mit dem in §. 5 bestimmten Puncte C identisch. *Es gibt demnach einen, oder vielmehr zwei Puncte* C *und* D, *deren jeder sich selbst derart entspricht, dass alle* $n-1$ *übrigen aus* C *oder* D *abzuleitenden Puncte resp. mit* C *oder* D *zusammenfallen.* Sie sind die Durchschnitte einer die Linie MN rechtwinklig halbirenden Geraden mit einem Kreise, dessen Mittelpunct L und dessen Halbmesser LN ist (vergl. Fig. 3), oder, was dasselbe sagt: *es ist* $MCND$ *ein Rhombus, dessen Winkel*

$$DMC = CND = 2\alpha$$

(§. 5) *gleich dem Centriwinkel, und*

$$MCN = NDM$$

gleich dem Polygonwinkel eines regulären n*-Ecks sind.*

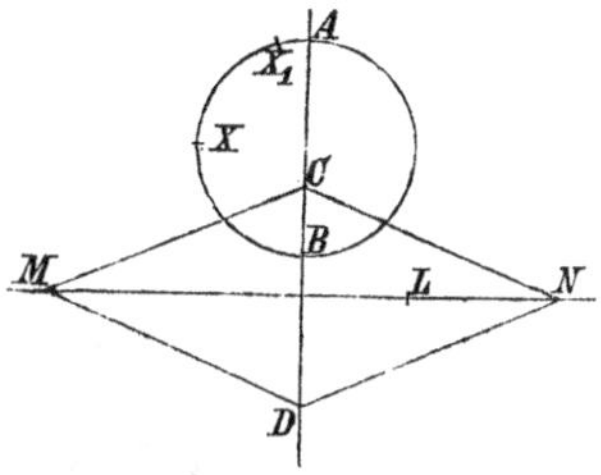

Fig. 3.

§. 10. Weil jeder der beiden Puncte C und D sich selbst entspricht, so ist nach dem in §. 8 aus meiner Abhandlung über die Kreisverwandtschaft citirten Satze das Dreieck

$$MCX \sim NX_1C \quad \text{und} \quad MDX \sim NX_1D \; ,$$

und es verhält sich daher

$$MC : CX = NX_1 : X_1C \quad \text{und} \quad MD : DX = NX_1 : X_1D \; ,$$

folglich

$$CX : DX = CX_1 : DX_1 \; ,$$

und auf gleiche Weise

$$CX_1 : DX_1 = CX_2 : DX_2 \ ,$$

u. s. w. *Mithin liegen die zusammengehörigen n Puncte X, X_1, ... in einem Kreise, welcher die Linie CD rechtwinklig und harmonisch — es sei in A und B — schneidet, und von welchem daher AB ein Durchmesser ist* (vergl. Fig. 3). Dabei bemerke man noch, dass von den verschiedenen Kreisen, welche aus verschieden angenommenen Orten von X hervorgehen, und zu denen auch die Gerade MN selbst gehört, — dass von allen diesen Kreisen, weil ein Durchmesser eines jeden die CD harmonisch theilt, keine zwei einander schneiden, dass daher jeder von ihnen ganz auf der einen, oder der anderen Seite von MN liegt und hiernach entweder den Punct C, oder den Punct D einschliesst.

§. 11. Aus der Aehnlichkeit und dem gleichen Sinn der Dreiecke MCX und NX_1C, sowie der Dreiecke MDX und NX_1D folgen noch die Winkelgleichungen:

$$MXC = NCX_1 \quad \text{und} \quad MXD = NDX_1 ;$$

mithin auch

$$(a) \quad MXD - MXC = NDX_1 - NCX_1 = NDX_1 + X_1CN \ .$$

Es ist aber

$$MXD - MXC = CXD \ ,$$

und

$$NDX_1 + DX_1C + X_1CN + CND = 0$$

Damit verwandelt sich (a) in

$$CXD = - DX_1C - CND$$

oder

$$CX_1D - CXD = CND = 2\alpha \ ,$$

wofür man auch wegen

$$CX_1D + X_1DX + DXC + XCX_1 = 0$$

schreiben kann

$$(b) \qquad X_1CX - X_1DX = 2\alpha \ .$$

Denken wir uns jetzt zu der eben betrachteten Figur, welche f heisse, eine ihr kreisverwandte f' hinzu, in welcher die den A, B, C, D entsprechenden Puncte A', B', C', D' gleichfalls in einer Geraden liegen, C' aber der Mittelpunct von $A'\,B'$ und damit der Mittelpunct des um $A'B'$ als Durchmesser zu beschreibenden Kreises ist, welcher dem vorhin um AB beschriebenen, die Puncte X, X_1, ... enthaltenden Kreise entsprechen und deshalb die Puncte X', X_1', ... in sich fassen wird. Bei dieser Annahme, und wegen der harmonischen Theilung von AB in C und D, liegt D' unendlich entfernt. Die Gleichung (b) reducirt sich dadurch bei der Figur f' auf

$$X_1'C'X' = 2\alpha \ ,$$

und ebenso hat man

$$X_2'C'X_1' = 2\alpha \ ,$$

u. s. w. Die Figur $X'X_1'X_2' \ldots X'_{n-1}$ ist folglich ein reguläres in den Kreis um $A'B'$ beschriebenes n-Eck, also ein reguläres n-Eck, dessen Mittelpunct C' ist; und ebenso bilden auch je n andere zusammengehörige Puncte der Figur f' ein reguläres n-Eck, welches denselben Mittelpunct hat.

Eine cyklische Involution der $n$ten Ordnung von Puncten in einer Ebene kann man daher auch dadurch erklären, dass die Figur dieser Puncte kreisverwandt mit der Figur ist, welche in einer Ebene die Ecken eines regulären n-Ecks, oder mehrerer dergleichen concentrisch liegender n-Ecke bilden.

§. 12. Man beschreibe um CD als Durchmesser in einer auf der Ebene der Figur f normalen Ebene (vergl. Fig. 4) einen Kreis, fälle von einem beliebigen Puncte F dieses Kreises auf CD ein

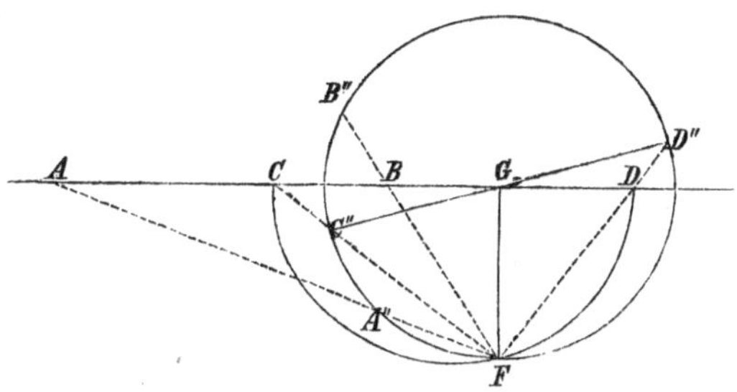

Fig. 4.

Perpendikel, beschreibe um den Fusspunct G desselben als Mittelpunct mit GF als Halbmesser eine Kugelfläche und projicire auf diese von F aus die Puncte A, B, C, D, X, ... der Figur f nach A'', B'', C'', D'', X'', ... Weil der Kugelhalbmesser FG auf der Ebene von f rechtwinklig steht, so ist diese Projection eine stereographische, und daher die Projection des in f um AB als Durchmeser zu beschreibenden Kreises ebenfalls ein Kreis, welcher $A''B''$ zum Durchmesser haben wird. Da ferner CD in A und B harmonisch getheilt wird, so sind auch die Linien FA und FB in harmonischer Lage gegen FC und FD, und weil zugleich, unserer

Construction zufolge, der Winkel CFD ein rechter ist, so ist der Winkel

$$AFC = CFB \ ,$$

und daher auf der Kugelfläche, auf welcher A'', C'', B'' in einem grössten Kreise liegen, der Bogen

$$A''C'' = C''B'' \ ,$$

folglich C'' der eine Pol des Kreises um $A''B''$; der andere Pol ist D''.

Auf gleiche Art zeigt sich, dass auch von jedem anderen der in §. 10 gedachten Kreise der Figur f die stereographische Projection auf die Kugelfläche ein Kreis ist, welcher C'' und D'' zu Polen hat, dass mithin alle diese Kugelkreise einander parallel sind, und $C''D''$ deren gemeinsame Axe ist. — Jeder dieser Kreise aber wird durch die n Puncte, welche die Projectionen der n Puncte des entsprechenden Kreises in f sind, in n gleiche Theile getheilt.

Denn um dieses nur für den Kugelkreis um $A''B''$ zu beweisen, projicire man denselben mit seinen n Puncten X'', X_1'', ... X''_{n-1} von D'' aus auf eine Ebene ε, welche die Axe $C''D''$ rechtwinklig schneidet. Diese Projection ist hiernach wiederum eine stereographische; überdies ist sie, weil ε mit der Ebene des Kreises um $A''B''$ parallel liegt, diesem Kreise mit seinen n Puncten ähnlich. Der Mittelpunct des auf ε projicirten Kreises ist daher die Projection von C'', und die Projection von D'' liegt in ε unendlich entfernt. Nun sind je zwei stereographische Projectionen einer und derselben sphärischen Figur kreisverwandt, da von jedem Kreise einer Kugel die stereographische Projection wiederum ein Kreis ist. Mithin ist die ursprüngliche Figur f, bestehend aus den Puncten A, B, C, D, dem Kreise um AB und den in ihm liegenden n Puncten X, ... X_{n-1}, mit der jetzt in ε erhaltenen Figur kreisverwandt. In letzterer aber liegt die Projection von D'' oder der dem D in der Figur f entsprechende Punct unendlich entfernt. Mithin wird nach §. 11 der Kreis ε durch seine n Puncte in gleiche Theile getheilt; folglich wird es auch der Kugelkreis um $A''B''$, durch seine n Puncte, wegen der Aehnlichkeit beider Kreisfiguren.

Das Resultat dieser Betrachtung ist demnach folgendes:

Ein System von Puncten in einer Ebene, welche eine cyklische Involution der nten Ordnung bilden, kann auf unzählige Arten (wegen der Unbestimmtheit des F in dem Kreise um CD) als die stereographische Projection eines symmetrischen Systems der nten Ordnung von Puncten einer Kugelfläche angesehen werden, d. i. eines solchen Systems, das, wenn die Kugel um eine ihrer Axen um 360° : *n gedreht wird, mit sich selbst wieder zur Deckung kommt. Es liegen nämlich von den Puncten auf der Kugel je n zusammengehörige in einem Kreise und theilen ihn in n gleiche Theile; alle diese Kreise aber sind einander parallel, und ihre gemeinschaftliche Axe trifft die Kugelfläche in den zwei Puncten, von denen die sich selbst entsprechenden Puncte der Ebene* (C *und* D) *die Projectionen sind.*

Dabei ist die Gerade MN die Projection des durch den Augenpunct F gehenden Parallelkreises, und, F selbst zu einem Theilpunct dieses Kreises genommen, sind M, N, L die Projectionen des nächstvorhergehenden und der zwei nächstfolgenden Theilpuncte.

Uebrigens folgt noch aus der Theorie der stereographischen Projection, dass jeder in der Ebene von f durch C und D gelegte Kreis jeden der Kreise um AB, u. s. w. rechtwinklig schneidet, und dass, wenn X, X_1 zwei nächstfolgende Theilpuncte eines der letzteren Kreise sind, die Kreise CXD und CX_1D sich unter einem Winkel gleich

$$\frac{p}{n}\cdot 360^\circ = 2\alpha$$

schneiden.

Nachträglich möchte ich noch auf die aus §. 6 fliessende Folgerung aufmerksam machen, dass von der Gleichung

$$x - \cfrac{1}{x - \cfrac{1}{x - \ldots \cfrac{1}{x - \cfrac{1}{x}}}} = 0\,,$$

wenn die Anzahl der einzelnen Brüche $\frac{1}{x}$ gleich n und daher die Gleichung selbst vom $(n+1)$ten Grade ist, die $n+1$ Wurzeln

$$= 2\cos\frac{1}{n+2}\cdot 180^\circ,\quad 2\cos\frac{2}{n+2}\cdot 180^\circ,\ \ldots\ ,\quad 2\cos\frac{n+1}{n+2}\cdot 180^\circ$$

sind.

Theorie der collinearen Involution von Punctepaaren in einer Ebene und im Raume.

[Berichte über die Verhandlungen der Königl. Sächs. Gesellschaft der Wissenschaften, math.-phys. Klasse, 1856, Bd. 8, p. 143—162.]

Das Wesen dieser Involution habe ich bereits im Jahrgange 1855 dieser Berichte*) zu entwickeln gesucht. Ich nahm dabei von der symmetrischen Involution, als der einfachsten, meinen Ausgang, also von einem System von Puncten, welche paarweise gegen ein und dasselbe Element eine symmetrische Lage hatten, — gegen ein Element, welches bei einem geradlinigen Systeme von Puncten ein Punct der Geraden, bei einem ebenen Systeme entweder ein Punct, oder eine Gerade der Ebene, und bei einem räumlichen entweder ein Punct, oder eine Gerade, oder eine Ebene war. Indem ich hierauf zu diesen Systemen ihnen collinear verwandte construirte, erhielt ich Systeme von Punctepaaren, die in collinearer Involution standen. Aus der symmetrischen Beschaffenheit der ursprünglichen Systeme aber und aus der Natur der Collineationsverwandtschaft ergab sich die nachherige collineare Involution als darin bestehend, dass jedes der Punctepaare durch dieselben zwei Elemente harmonisch getheilt wurde, welche zwei Elemente bei einem geradlinigen Systeme zwei Puncte der Geraden, bei einem ebenen Systeme ein Punct und eine Gerade der Ebene, bei einem räumlichen dagegen entweder ein Punct und eine Ebene, oder zwei Gerade waren.

Indessen habe ich schon in demselben Jahrgange der Berichte**) bemerkt, dass man bei einer solchen Ableitung der collinearen Involution, sowie der auf eine allgemeinere Verwandtschaft gegründeten Involution überhaupt, aus der symmetrischen Involution oder derjenigen, welche auf der Gleichheit und Aehnlichkeit beruht, nicht versichert sein kann, die Bedingungen, unter denen die erstere statt hat, in ihrem völligen Umfange zu erhalten, weil durch Construction einer Figur, welche einer symmetrischen Figur collinear ist, zwar

---

*) Ueber Erweiterungen des Begriffes der Involution von Puncten, p. 373 ff. des vorliegenden Bandes.

**) Ueber Involutionen höherer Ordnung, p. 383 ff. des vorliegenden Bandes.

immer eine collineare Involution, nicht aber nothwendig jede mögliche dieser Art hervorgeht. Aus diesem Grunde, und weil die collineare Involution von Punctepaaren *in einer Geraden* die bisher unter dem Namen Involution bekannte und schon genüglich untersuchte Beziehung selbst ist, habe ich die Bedingungen der in der Ueberschrift genannten Involution aus dem Begriffe der Involution überhaupt und mit Anwendung der bekannten analytischen Formeln für die Collineationsverwandtschaft zweier ebenen oder räumlichen Systeme geraden Wegs abgeleitet, und hoffe, dass die etwas ausführlichere Behandlung dieses Gegenstandes in Betracht mehrerer merkwürdiger Beziehungen, die sich hierbei herausstellten, nicht ganz überflüssig erscheinen wird.

Collineare Involution von Punctepaaren in einer Ebene.

§. 1. Hat man zwei in einer Ebene enthaltene einander collinear verwandte Systeme Σ und Σ' von Puncten, und sind, in Bezug auf zwei in der Ebene unter einem beliebigen Winkel sich schneidende Axen, x, y die Coordinaten eines Punctes P des Systems Σ, und x', y' die Coordinaten des entsprechenden Punctes P' in Σ', so ist, wie man weiss:

$$x' = \frac{a + bx + cy}{k + lx + my}, \qquad y' = \frac{f + gx + hy}{k + lx + my},$$

wo a, b, ..., l, m von einem Paare entsprechender Puncte zum anderen constante Grössen bedeuten.

Sollen nun diese Paare zugleich in Involution sein, so muss noch jeder Punct P', wenn er als dem Σ angehörig betrachtet wird, zum entsprechenden in Σ' den Punct P haben, und es muss daher zugleich

$$x = \frac{a + bx' + cy'}{h + lx' + my'}, \qquad y = \frac{f + gx' + hy'}{k + lx' + my'}$$

sein.

Eliminirt man aus diesen zwei Gleichungen die x' und y' mittelst der zwei vorhergehenden, so erhält man zwischen x, y und den Constanten a, b, ..., l, m zwei Gleichungen, deren jede, weil (x, y) jeder beliebige Punct der Ebene sein kann, für alle Werthe von x und y bestehen muss, woraus dann die zur Involution der Punctepaare erforderlichen Bedingungsgleichungen zwischen den Constanten unmittelbar fliessen werden.

Um die hierzu nöthige Rechnung möglichst zu vereinfachen, nehme man erstens die Gerade, deren Gleichung

$$k + lx + my = 0$$

ist, zu der einen der beiden Axen, es sei zu der Axe der x. Denn da die Gleichung dieser Axe $y = 0$ ist, so reduciren sich hiermit die voranstehenden vier Gleichungen auf

$$(1)\quad x' = \frac{a + bx + cy}{y}, \qquad (3)\quad x = \frac{a + bx' + cy'}{y},$$

$$(2)\quad y' = \frac{f + gx + hy}{y}, \qquad (4)\quad y = \frac{f + gx' + hy'}{y'}.$$

Man nehme ferner die Gerade, deren Gleichung $x = c$, zur Axe der y, schreibe also $c + x$ und $c + x'$ statt x und x'. Die Form von (2) und (4) wird hierdurch nicht geändert; (1) und (3) aber erhalten die einfachere Form:

$$(1^*)\quad x' = \frac{a + bx}{y}, \qquad (3^*)\quad x = \frac{a + bx'}{y'}.$$

Die noch übrige Substitution der Werthe von x' und y' aus (1*) und (2) in (3*) und (4) gibt nun

$$(f + gx + hy)\,x - ay - b\,(a + bx) = 0$$

und

$$(f + gx + hy)\,(y - h) - fy - g\,(a + bx) = 0\ ;$$

und man erhält, wenn man in der ersten dieser Gleichungen, wegen der Unbestimmtheit von x und y, die Coëfficienten von xx, xy, x, y einzeln gleich 0 setzt,

$$g = 0\ , \qquad h = 0\ , \qquad f = b^2\ , \qquad a = 0\ ,$$

wodurch nicht nur die erste, sondern auch die zweite Gleichung für alle Werthe von x und y befriedigt wird. Letztere vier Gleichungen sind demnach die Bedingungen der Involution. Die Gleichungen (1*) und (2) werden damit

$$(1)\qquad x' = \frac{bx}{y}, \qquad (2)\qquad y' = \frac{b^2}{y},$$

aus denen, wie es die Natur der Involution erfordert,

$$(3)\qquad x = \frac{bx'}{y'}, \qquad (4)\qquad y = \frac{b^2}{y'}$$

fliesst.

§. 2. Folgerungen. *a)* Zwei ein involutorisches Paar bildende Puncte, wie (x, y) und (x', y') oder P und P', wollen wir im Folgenden **conjugirte** Puncte nennen und zunächst diejenigen

Puncte der Ebene betrachten, welche sich selbst conjugirt sind, und deshalb Doppelpuncte genannt werden. Für diese ist x' gleich x und y' gleich y, mithin zufolge der Gleichungen (1) und (2):

$$x(y-b)=0 \qquad \text{und} \qquad y^2-b^2=0 \; .$$

Diesen Gleichungen geschieht zugleich Genüge mit $y=b$ und jedem beliebigen Werthe von x, sowie auch mit $y=-b$ und $x=0$. Hiernach ist jeder Punct der Geraden $y=b$ ein Doppelpunct, daher wir diese Gerade eine Doppellinie nennen und mit d bezeichnen wollen; der Punct $(0, -b)$ aber ist ein isolirter Doppelpunct und heisse D.

b) Für $y=0$ werden x' und y' unendlich gross. Die den Puncten der Axe der x conjugirten Puncte sind daher unendlich entfernt; und umgekehrt liegen von allen unendlich entfernten Puncten die conjugirten in der Axe der x, die wir, weil sie zwischen dem isolirten Doppelpuncte $(0, -b)$ und der Doppellinie $(y=b)$, mit welcher sie parallel ist, in der Mitte liegt, die Mittellinie nennen und mit m bezeichnen wollen.

c) Aus (2) folgt

$$y'(b+y)=b(b+y') \; ,$$

und hieraus in Verbindung mit (3)

$$b+y:b+y'=x:x' \; ,$$

welches die Bedingung dafür ausdrückt, dass die Puncte (x, y), (x', y') und $(0, -b)$ in einer Geraden liegen. *Je zwei conjugirte Puncte P und P' liegen daher mit dem isolirten Doppelpuncte in einer Geraden.*

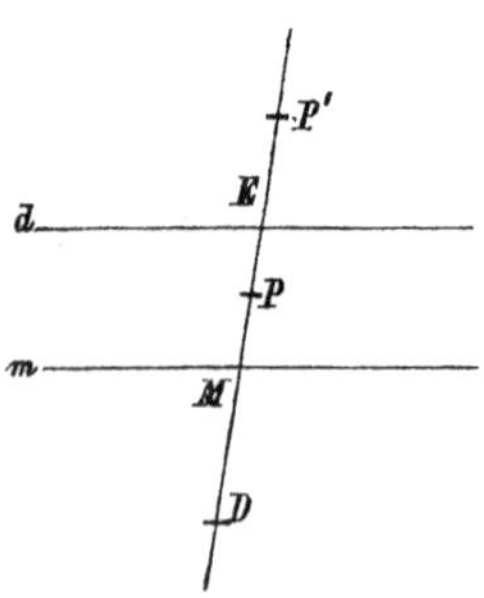

Fig. 1.

d) Wird die durch D gehende Gerade PP' zur Axe der y genommen, als welche gleichfalls den Punct D trifft, und schneidet diese Gerade (vergl. Fig. 1) die Doppellinie d in E und die Mittellinie m in M, so ist

$$MD=-b \; , \qquad MP=y \; ,$$
$$ME=b \; , \qquad MP'=y' \; ;$$

folglich nach [2]

$$MP \, . \, MP'=MD^2=ME^2 \; ;$$

woraus wir weiter schliessen, dass PP' in D und E harmonisch getheilt wird, dass also *je zwei conjugirte Puncte P und P' zu den in ihrer Geraden enthaltenen zwei Doppelpuncten, dem isolirten D und dem Durchschnitte E dieser Geraden mit der Doppellinie d, harmonisch* *liegen.* — Zugleich sieht man hieraus, wie sich, wenn D und d gegeben sind, zu jedem Puncte P der Ebene Dd der ihm conjugirte P' leicht finden lässt.

§. 3. Zu denselben Resultaten kann man auch durch folgende rein geometrische Betrachtung gelangen.

1) Soll zu einem Systeme Σ von Puncten, die in einer Ebene liegen, ein ihm collineares und daher gleichfalls in einer Ebene begriffenes System Σ' construirt werden, so können zu vier Puncten des Σ, von denen keine drei in einer Geraden liegen, die vier ihnen entsprechenden in Σ' willkürlich genommen werden, nur dass auch von letzteren keine drei in einer Geraden sind; und es lässt sich dann zu jedem fünften Puncte des Σ der entsprechende in Σ' unzweideutig finden (Baryc. Calcul, §. 229).

2) Seien hiernach A, A', B, B' die vier gegebenen Puncte des Systems Σ, denen in Σ' resp. die vier Puncte A', A, B', B entsprechen sollen; und es soll nun zu einem fünften Puncte P des Σ der entsprechende P' in Σ' bestimmt werden. — In Folge dieser Voraussetzung sind erstens beide Systeme in einer und derselben Ebene enthalten. Es entsprechen ferner, nach der Natur der Collineationsverwandtschaft, den Puncten $AA' \cdot BB'$, $AB \cdot A'B'$, $AB' \cdot A'B$ in Σ (d. i. den gegenseitigen Durchschnitten der Geraden AA' und BB', u. s. w.) resp. die Puncte $A'A \cdot B'B$, $A'B' \cdot AB$, $A'B \cdot AB'$. Jeder dieser drei Puncte entspricht demnach sich selbst und ist daher ein Doppelpunct. Wir wollen diese drei Doppelpuncte der Reihe nach D, L, M nennen.

3) Weil L und M Doppelpuncte sind, so entspricht der Punct $LM \cdot AA'$ dem Puncte $LM \cdot A'A$, d. i. sich selbst. Werde dieser neue, in LM liegende, Doppelpunct mit F bezeichnet.

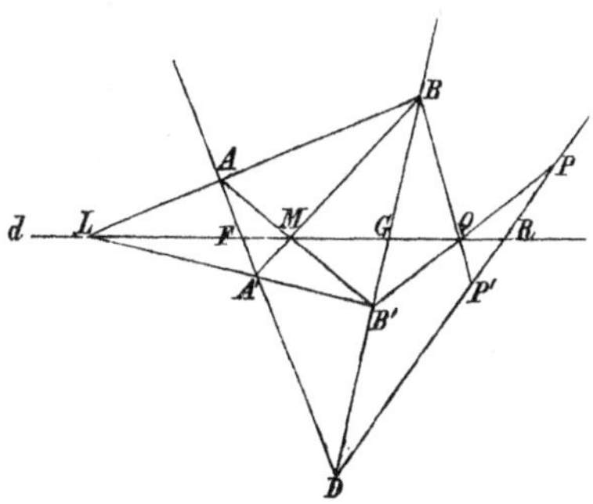

Fig. 2.

4) Liegen aber drei Doppelpuncte L, M, F in einer Geraden, so ist auch jeder vierte Punct X dieser Geraden, welche d heisse, ein Doppelpunct, und folglich sie selbst eine Doppellinie. Denn der dem X entsprechende X' muss gleichfalls in d liegen; und weil jeder der Puncte L, M, F sich selbst entspricht, so muss noch das Doppelverhältniss zwischen L, M, F, X' dem Doppelverhältnisse

zwischen L, M, F, X gleich sein. Hiernach aber ist X' mit X identisch, und folglich X ein Doppelpunct.

5) Soll nun zu P, als einem Puncte des Systemes Σ, der entsprechende P' in Σ' bestimmt werden (vergl. Fig. 2), so setze man die Puncte

$$PB'.d = Q \quad \text{und} \quad PD.d = R \ ,$$

welche beide, als Puncte der Geraden d, sich selbst entsprechen werden. Da hiernach die Puncte B', Q, P des Σ in einer Geraden liegen, so müssen es auch die entsprechenden B, Q, P' in Σ'; und gleicherweise sind D, R, P' in einer Geraden begriffen, weil es D, R, P sind. Somit aber ist P' als der Durchschnitt von PD mit BQ gefunden, wo Q der Durchschnitt von PB' mit d ist, D und d aber aus A, A', B, B' auf die besagte Weise bestimmt werden.

6) Nach dem Satze, dass von den drei Diagonalen eines Vierseits $AB'A'B$ eine jede, wie BB', von den zwei übrigen, AA' und LM, harmonisch getheilt wird, liegen B' und B harmonisch zu D und G $(= BB'.LM)$, folglich auch P und P' harmonisch zu D und R, d. i. zu D und d, weil die drei Geraden $B'P$, BP', GR sich in einem Puncte Q schneiden; — übereinstimmend mit dem schon in §. 2 erhaltenen Ergebniss.

7) Da hiernach, wenn zu P', als einem Puncte des Systems Σ, der entsprechende in Σ' gefunden werden soll, der letztere wieder P ist, so sind P und P' involutorisch conjugirt, ebenso wie es der Annahme gemäss die zwei Paare A und A', B und B' waren; und man kann daher alle Puncte der Ebene zu solchen Paaren zusammenfassen, sobald nur zwei dieser Paare gegeben sind.

Zusatz. Sind zwei in zwei verschiedenen Ebenen ε und ε' enthaltene Systeme von Puncten A, B, ... und A', B', ... in perspectivischer Lage, so dass alle die Geraden AA', BB', ..., welche einander entsprechende Puncte verbinden, sich in einem Puncte O schneiden, und dass daher je zwei einander entsprechende Gerade, wie AB und $A'B'$, sich in $(\varepsilon, \varepsilon')$, d. i. in der Durchschnittslinie von ε' mit ε, treffen: so dauert diese perspectivische Lage bekanntlich noch fort, wenn die eine Ebene mit ihren Puncten um $(\varepsilon, \varepsilon')$ gedreht wird, und besteht selbst dann noch, wenn durch eine solche Drehung die eine Ebene mit der anderen zur Coïncidenz gebracht wird.

Es erhellt nun leicht, dass in dieser letzteren Lage die zwei vorhin betrachteten Systeme Σ und Σ' sich befinden, dass d der vorherige Durchschnitt von ε mit ε', und D der Ort von O nach der

Coïncidenz von ε mit ε' ist. Hierzu kommt aber noch der besondere die Involution der beiden Systeme bewirkende Umstand, dass die zwei Geraden, u in ε und u' in ε', welche die Puncte enthalten, die den in ε' und ε unendlich entfernt liegenden Puncten entsprechen, nach der Coïncidenz von ε' mit ε gleichfalls zusammenfallen, indem bei der vorigen Construction die mit den unendlich entfernten Puncten der Ebene conjugirten Puncte in der mit d parallelen Mittellinie zwischen D und d lagen. Nun sind u und u' die zwei mit $(\varepsilon, \varepsilon')$ parallelen Geraden, in denen ε und ε' von zwei durch O mit ε' und ε parallel gelegten Ebenen geschnitten werden. Die zur Involution nöthige Coïncidenz von u' mit u wird daher ermöglicht, wenn u und u' gleichweit von $(\varepsilon, \varepsilon')$ abliegen, und hierzu ist nöthig und hinreichend, dass O von ε und ε' gleichweit entfernt ist.

Eine Involution von Puncten in einer Ebene kann man daher auch durch folgende Construction erhalten. — Ein System von Puncten A, B ... in einer Ebene ε projicire man auf eine andere Ebene ε' nach A', B', ... durch Linien aus einem Puncte O, welcher von ε und ε' gleichweit absteht, und drehe hierauf die eine Ebene mit ihren Puncten um ihre Durchschnittslinie d mit der anderen, bis die anfänglich dem O zugekehrten Seiten beider Ebenen zusammenfallen. Denn alsdann werden die in einer Ebene liegenden Paare A und A', B und B', u. s. w. in Involution sein.

Collineare Involution von Punctepaaren im Raume.

§. 4. Analog dem Vorigen, wollen wir auch hier die Bedingung der Involution zuerst analytisch entwickeln. — In Bezug auf drei sich unter beliebigen Winkeln schneidende coordinirte Axen seien (x, y, z) und (x', y', z') zwei einander entsprechende Puncte zweier einander collinearen Systeme Σ und Σ' im Raume. Es ist alsdann

$$x' = \frac{a + bx + cy + dz}{\zeta}\,, \qquad y' = \frac{f + gx + hy + iz}{\zeta}\,,$$

$$z' = \frac{k + lx + my + nz}{\zeta}\,,$$

wo

$$\zeta = \alpha + \beta x + \gamma y + \delta z\ .$$

Hiernach ist $\zeta = 0$ die Gleichung der Ebene, von deren Puncten, als Puncten des Systems Σ, die entsprechenden in Σ' unendlich entfernt liegen, und es werden daher, wenn wir der Einfachheit willen diese Ebene zur Ebene der x, y nehmen, die vorigen Gleichungen

$$x' = \frac{a + bx + cy + dz}{z}, \qquad \text{u. s. w.},$$

oder

$$(1)\ z(x' - d) = a + bx + cy\,, \qquad (2)\ z(y' - i) = f + gx + hy\,,$$
$$(3)\ zz' = k + lx + my + nz\,.$$

Zu noch mehrerer Vereinfachung nehme man bei unveränderter Richtung der Axen den Punct $(d, i, 0)$ zum gemeinsamen Anfangspuncte derselben, wodurch sich (1) und (2) auf die Form

$$(1^*)\ zx' = a + bx + cy\,, \qquad (2^*)\ zy' = f + gx + hy$$

reduciren.

Soll nun das gegenseitige Entsprechen der Puncte in Σ und Σ' ein involutorisches sein, so müssen x, y, z und x', y', z' in (1*), (2*) und (3) gegenseitig vertauscht werden können, und es muss daher noch sein

$$(4)\ z'x = a + bx' + cy'\,, \qquad (5)\ z'y = f + gx' + hy'\,,$$
$$(6)\ z'z = k + lx' + my' + nz'\,.$$

Um die hierzu nöthigen Bedingungen zu finden, eliminiren wir x', y', z' aus den Gleichungen (1*), (2*), (3), (4), ..., multipliciren zu dem Ende (4) und (5) mit z und setzen dann für zx', zy', zz' ihre Werthe aus (1*), (2*), (3). Dies gibt

$$(k + lx + my + nz)\,x = az + b\,(a + bx + cy) + c\,(f + gx + hy)\,,$$
$$(k + lx + my + nz)\,y = fz + g\,(a + bx + cy) + h\,(f + gx + hy)\,,$$

woraus wir, weil x, y, z unabhängig von einander sind, folgern

$$k = b^2 + cg = cg + h^2\,, \quad l = 0\,, \quad m = 0\,, \quad n = 0\,, \quad a = 0\,,$$
$$f = 0\,, \quad c\,(b + h) = 0\,, \quad g\,(b + h) = 0\,.$$

Hiermit reduciren sich (1*), (2*), (3) auf die Gleichungen

$$zx' = bx + cy\,, \qquad zy' = gx + hy\,, \qquad zz' = k\,,$$

zwischen deren Constanten die Gleichungen

$$(7)\ b^2 = h^2 = k - cg\,, \qquad (8)\ c\,(b + h) = 0$$
$$(9)\ g(b + h) = 0$$

bestehen.

Aus (7) aber folgt h entweder gleich $+b$, oder gleich $-b$. Im ersteren Falle sind, wegen (8) und (9), $c = 0$ und $g = 0$ zu setzen und man hat daher

$$(\mathrm{I}) \qquad zx' = bx\,, \qquad zy' = by\,, \qquad zz' = b^2\,.$$

Im letzteren Falle werden (8) und (9) schon erfüllt, und die alsdann stattfindenden Gleichungen sind

$$\text{(II)}\quad zx' = bx + cy\ ,\qquad zy' = gx - by\ ,\qquad zz' = b^2 + cg\ .$$

Dass endlich, wie es die Natur der Involution erfordert, die durch gegenseitige Vertauschung von x, y, z und x', y', z' aus (I) fliessenden Gleichungen

$$z'x = bx'\ ,\qquad z'y = by'\ ,\qquad z'z = b^2$$

auch eine unmittelbare Folge aus (I) sind, lehrt der erste Blick. Und dass dasselbe auch hinsichtlich der Gleichungen (II) gilt, zeigt eine einfache Rechnung.

§. 5. Es gibt demnach im Raume zwei verschiedene durch die Gleichungen (I) und (II) ausgedrückte Arten collinearer Involution*). Zur näheren Untersuchung derselben wollen wir bei einer jeden von ihnen ebenso, wie vorhin bei der Involution in der Ebene, mit der Bestimmung ihrer Doppelpuncte oder derjenigen Puncte, für welche $x' = x$, $y' = y$, $z' = z$ ist, den Anfang machen.

Die Gleichungen (I) gehen unter dieser Annahme über in

$$(z - b)\,x = 0\ ,\qquad (z - b)\,y = 0\ ,\qquad z^2 - b^2 = 0\ ;$$

und diesen Gleichungen geschieht Genüge, sowohl durch $z = b$, wobei x und y unbestimmt bleiben, als durch $z = -b$ und $x = 0$, $y = 0$. Die erste Involutionsart hat daher eine Doppelebene ($z = b$) oder eine Ebene, in welcher jeder Punct sich selbst conjugirt ist, und einen isolirten Doppelpunct $(0,\ 0,\ -b)$; erstere werde mit δ, letzterer mit D bezeichnet. Parallel mit δ und in der Mitte zwischen δ und D liegt die Ebene ($z = 0$), deren Puncte mit den unendlich entfernten Puncten des Raumes conjugirt sind, und welche die Mittelebene heisse.

Sind nun P und P' irgend zwei conjugirte Puncte, und trifft die Gerade PD die Doppelebene δ in R, so müssen nach dem Gesetze der Collineation, weil P, D, R in einer Geraden liegen, auch die ihnen entsprechenden Puncte P', D, R in einer Geraden enthalten sein. Je zwei conjugirte Puncte P und P' liegen daher mit dem isolirten Doppelpuncte D in einer Geraden. Auch müssen noch die zwei Doppelverhältnisse, nach welchen DR in P und P', und DR in P' und P getheilt wird, einander gleich sein. Dieses ist aber, dafern P und P' nicht identisch sein sollen, nicht anders möglich,

*) Die erstere Art entspricht der Symmetrie in Bezug auf einen Punct, sowie der in Bezug auf eine Ebene; die letztere entspricht der Symmetrie in Bezug auf eine Gerade. Vergl. Jahrgang 1855 dieser Berichte: Ueber Erweiterungen des Begriffes der Involution von Puncten, §. 2 daselbst, p. 376 des vorliegenden Bandes.

als wenn P und P' gegen D und R harmonisch liegen. *Die durch zwei conjugirte Puncte zu legende Gerade wird daher von dem in ihr stets begriffenen isolirten Doppelpuncte und von der Doppelebene harmonisch getheilt.*

Die Grundeigenschaften der ersten Involutionsart im Raume sind demnach denen, welche wir für die Involution in der Ebene erhielten, ganz analog. Dass sie, wie jene (§. 2), auch ohne Hülfe einer geometrischen Betrachtung, vollständig aus den Gleichungen (I) hätten hergeleitet werden können, ist von selbst klar.

§. 6. Was die durch (II) dargestellte zweite Involutionsart anlangt, so folgen aus diesen Gleichungen für die Doppelpuncte

$$(z-b)x = cy\ , \qquad (z+b)y = gx\ , \qquad z^2 - b^2 = cg\ ,$$

drei Gleichungen, von denen jede eine Folge der beiden übrigen ist, und durch welche in Verbindung daher nicht ein Punct, sondern eine Linie, und zwar ein System zweier Geraden ausgedrückt wird. Setzt man nämlich die Constante

$$b^2 + cg = p^2\ ,$$

so sind die Gleichungen für die eine (d_1) und die andere (d_2) der beiden Geraden bezüglich

$$(b-p)x + cy = 0\ , \qquad z = p$$

und

$$(b+p)x + cy = 0\ , \qquad z = -p\ .$$

Jeder Punct dieser zwei Geraden, und kein anderer, ist ein Doppelpunct, und die zweite Involutionsart hat daher zwei mit der Ebene der x, y oder der Mittelebene parallele und von ihr zu verschiedenen Seiten gleichweit abstehende Doppellinien d_1 und d_2, — jedoch nur unter der Voraussetzung, dass $b^2 + cg$ positiv, und damit p reell ist. Im entgegengesetzten Falle werden d_1 und d_2 imaginär, und kein Punct des Raumes ist alsdann ein Doppelpunct.

§. 7. Sind die zwei Doppellinien reell, so werden die Gleichungen (II) sich am einfachsten gestalten, wenn man bei unverändert bleibender Axe der z die Projectionen der Doppellinien d_1 und d_2 durch Parallelen mit der Axe der z auf die Ebene $z = 0$ zu den Axen der x und der y wählt, als wodurch die Gleichungen für d_1 und d_2 resp. in

$$y = 0\ , \quad z = p \quad \text{und} \quad x = 0\ , \quad z = -p$$

übergehen. Um diese Transformation der Coordinaten zu bewerkstelligen, erwäge man, dass, weil wir bei der Legung der Axen der

x und der y durch O (den Durchschnitt der Axe der z mit der Ebene $z = 0$) von keiner speciellen Annahme ausgegangen sind, die Gleichungen (II) von einem Systeme der durch O gelegten Axen der x und y zum anderen von derselben Form bleiben und nur die Constanten b, c, g immer andere Werthe erhalten.

Demgemäss können und wollen wir diese Constanten so bestimmen, dass für jeden Punct der Doppellinie d_1, als welcher die Gleichungen

$$y = 0 \ , \qquad z = p$$

zukommen sollen,

$$x' = x \ , \qquad y' = y = 0 \ , \qquad z' = z = p$$

wird. Die Gleichungen (II) reduciren sich hiermit auf

$$px = bx \ , \qquad 0 = gx \ , \qquad p^2 = b^2 + cg \ ,$$

woraus

$$p = b \qquad \text{und} \qquad g = 0$$

folgt.

Auf gleiche Art hat man für jeden Punct der Doppellinie d_2, d. i. der Linie ($x = 0$, $z = -p$), zu setzen

$$x' = x = 0 \ , \qquad y' = y \ , \qquad z' = z = -p \ .$$

Die Substitution dieser Coordinatenwerthe in (II) gibt

$$0 = cy \ , \qquad -py = -by \ ,$$

und es ist daher $c = 0$, und wie vorhin $p = b$.

Unter der jetzt gemachten Annahme, die man auch also ausdrücken kann, dass, wenn D_1 und D_2 irgend zwei Puncte der als reell betrachteten Doppellinien d_1 und d_2 sind, die Gerade D_2D_1 zur Axe der z, und die mit d_1 und d_2 durch den Mittelpunct O von D_2D_1 gelegten Parallelen zu den Axen der x und der y gewählt werden, — unter dieser Annahme erhält man demnach die zwischen den Coordinaten je zweier conjugirten Puncte bestehenden Gleichungen, wenn man in (II)

$$c = g = 0$$

setzt; also

$$\text{(II*)} \quad zx' = bx \ , \qquad zy' = -by \ , \qquad zz' = b^2 \ ,$$

wobei

$$b = D_2O = OD_1$$

ist.

§. 8. Statt der Gleichungen (II*) kann man auch schreiben

$$(\text{II}_*) \quad z(x'+y') = b(x-y) \ , \qquad z(x'-y') = b(x+y) \ , \qquad zz' = b^2 \ .$$

Nimmt man daher statt der Axen der x und der y, welche diesen

Gleichungen zu Grunde liegen, zwei neue, deren Gleichungen in Bezug auf die vorigen

$$x+y=0 \quad \text{und} \quad x-y=0$$

sind, und nennt man die auf diese neuen Axen bezogenen Coordinaten zweier conjugirten Puncte t, u und t', u', so hat man zu setzen

$$x+y=ku\ , \qquad x-y=lt\ ,$$

und ebenso

$$x'+y'=ku'\ , \qquad x'-y'=lt'\ .$$

Die Gleichungen (II_*) werden damit

$$kzu'=blt\ , \qquad lzt'=bku\ , \qquad zz'=b^2\ ;$$

oder, wenn man die Constanten

$$\frac{bl}{k}=m \quad \text{und} \quad \frac{bk}{l}=n$$

setzt,

$$(\mathrm{II}^{**}) \qquad zu'=mt\ , \qquad zt'=nu\ , \qquad zz'=mn\ ,$$

Gleichungen, welche mit (II), wenn darin $b=0$ gesetzt wird, einerlei Form haben.

Für die zwei Doppellinien ist bei diesem Axensystem

$$zu=mt\ , \qquad zt=nu\ , \qquad z^2=mn\ ,$$

und ihre Gleichungen sind daher

$$u=\sqrt{\frac{m}{n}}\,.\,t\ , \quad z=\sqrt{mn} \quad \text{und} \quad u=-\sqrt{\frac{m}{n}}\,.\,t\ , \quad z=-\sqrt{mn}\ .$$

Die zwei Doppellinien sind hiernach reell oder imaginär, jenachdem m und n einerlei oder verschiedene Zeichen haben. Im Falle der Realität sind die Gleichungen (II^{**}) von derselben Allgemeinheit, wie (II^*), also auch von derselben, wie (II). Und da die (II^{**}) zugleich den Fall in sich begreifen, wenn die zwei Doppellinien imaginär sind, so werden durch sie vollkommen dieselben involutorischen Beziehungen, wie durch (II), nur in möglichst einfacher Form, dargestellt.

Zusätze. *a) Wegen $zz'=mn$ liegen entweder je zwei conjugirte Puncte auf einerlei Seite, oder je zwei auf verschiedenen Seiten der Mittelebene. Im ersteren Falle sind die zwei Doppellinien reell, im letzteren imaginär.*

b) Sind die zwei Doppellinien reell, und legt man durch irgend einen Punct P eine Gerade, welche sie beide, es sei in S und T, schneidet, so wird in dieser Geraden, weil S sowohl als T sich selbst conjugirt ist, auch der dem P conjugirte Punct P' liegen, und dieses also, dass PP' von den zwei Doppellinien (in S und T) harmonisch getheilt wird (vergl. §. 5). *Umgekehrt trifft jede zwei conjugirte Puncte verbindende Gerade die zwei Doppellinien und wird von ihnen harmonisch getheilt.*

c) Die zwei Gleichungen

$$zu = mt \quad \text{und} \quad zt = nu$$

gehören zwei hyperbolischen Paraboloiden an, deren jedes durch eine die Axe der z schneidende und mit der Ebene der t, u sich parallel bewegende Gerade erzeugt werden kann. Diese zwei Flächen schneiden sich daher in der Axe der z, ausserdem aber noch in zwei reellen oder imaginären mit der Ebene der t, u parallelen Geraden, den zwei Doppellinien der Involution.

§. 9. Die Gleichungen (II**) oder die Gleichungen

$$(A) \qquad zx' = cy\ , \qquad zy' = gx\ , \qquad zz' = cg\ ,$$

welche aus (II) hervorgehen, wenn darin $b = 0$ gesetzt wird, lassen sich auch unmittelbar und sehr leicht aus den allgemeinen Gleichungen

$$(1) \quad zx' = a + bx + cy + dz\ , \qquad (2) \quad zy' = f + gx + hy + iz$$

(§. 4) folgern. Es erhellt nämlich auf den ersten Blick, dass in (A) jedem Puncte in der Ebene der x, z ein Punct in der Ebene der y, z conjugirt ist, und umgekehrt. Soll aber diese *im Allgemeinen immer statthafte* Bedingung bei den Gleichungen (1) und (2) in Erfüllung gehen, soll also erstens für $y = 0$, welches auch die Werthe von x und z sein mögen, $x' = 0$ sein, so müssen, wegen (1), a, b und d Null sein; und wenn zweitens für $x = 0$ stets $y' = 0$ werden soll, so müssen, wegen (2), f, h und i Null sein. Hiermit reduciren sich (1) und (2) auf

$$zx' = cy \quad \text{und} \quad zy' = gx\ ,$$

wozu noch, da wegen der Involution die Coordinaten x, y, z und x', y', z' sich gegenseitig müssen vertauschen lassen, die Gleichungen

$$z'x = cy'\ , \qquad z'y = gx'$$

kommen, aus welchen schliesslich

$$zz' = cg$$

folgt.

In dem Falle, wenn das involutorische System statt der zwei (reellen oder imaginären) Doppellinien eine Doppelebene und einen isolirten Doppelpunct hat, schneiden sich je zwei conjugirte Ebenen in der Doppelebene, also in einer mit der Mittelebene parallelen Geraden (§. 5), und es können daher nicht, wie vorhin, die Mittelebene und zwei conjugirte Ebenen zu den drei coordinirten Ebenen genommen werden.

Im Folgenden wollen wir bloss noch den Fall, wenn dem System zwei Doppellinien zukommen, berücksichtigen, und einige Eigenschaften dieser Involution zunächst aus den Gleichungen (A) zu entwickeln suchen.

§. 10. *Wenn die Mittelebene, ein Punct A derselben, die Richtung, nach welcher der ihm conjugirte unendlich entfernte Punct A' liegt, und noch zwei mit A und A' nicht in einer Ebene enthaltene conjugirte Puncte B und B' gegeben sind, so kann man zu jedem anderen Puncte den ihm conjugirten finden.*

Beweis. Man nehme die Mittelebene zur Ebene der x, y, die Ebene $AA'B$ zur Ebene der x, z, und die ihr conjugirte Ebene $A'AB'$ zur Ebene der y, z. Durch B und B' ziehe man (vergl. Fig. 3) mit AA' zwei Parallelen, welche die Mittelebene in C und D schneiden, so sind AC, AD, AA' die Axen der x, y, z, und man hat für die conjugirten B und B'

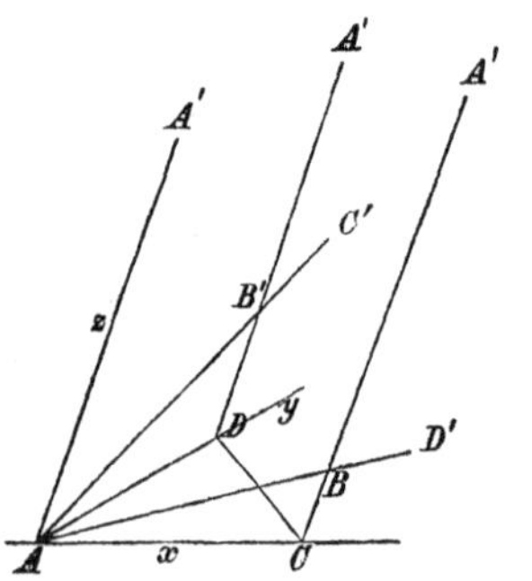

Fig. 3.

$$x = AC\ , \qquad y = 0\ , \qquad z = CB$$

und

$$x' = 0\ , \qquad y' = AD\ , \qquad z' = DB'\ ;$$

folglich nach den Gleichungen (A), welchen ebenfalls die Mittelebene und zwei conjugirte Ebenen zu Grunde liegen,

$$CB\,.\,AD = g\,.\,AC\ , \qquad CB\,.\,DB' = cg\ .$$

Mit den hieraus fliessenden Werthen von

$$c = \frac{AC}{AD}\,.\,DB' \quad \text{und} \quad g = \frac{AD}{AC}\,.\,CB$$

kann man aber nach (A) zu jedem Puncte (x, y, z) die Coordinaten x', y', z' des conjugirten Punctes berechnen.

Zusatz. Weil A', B und C in einer Geraden liegen, so müssen es auch A, B' und der dem C conjugirte Punct C'. Deshalb, und weil C in der Mittelebene liegt, ist C' der unendlich entfernte Punct der Geraden AB'. Auf gleiche Art liegt der dem D conjugirte Punct D' unendlich entfernt in AB (vergl. Fig. 3).

§. 11. Hat man ein System von Punctepaaren, welche in collinearer Involution sind, so ist auch jedes diesem Systeme collineare System collinear involutorisch, so dass je zwei conjugirten Puncten des ersteren Systems zwei conjugirte im letzteren entsprechen. —

Dies erhellt sogleich daraus, dass die collineare Involution in der Gleichheit gewisser Doppelverhältnisse besteht, und dass jedes Doppelverhältniss zwischen Puncten einer Figur dem Doppelverhältnisse zwischen den entsprechenden Puncten einer ihr collinearen Figur gleich ist.

Der Satz des §. 10 lässt sich hiermit folgendergestalt noch allgemeiner ausdrücken: Sind zwei Paare conjugirter Puncte A, A' und B, B', welche nicht in einer Ebene liegen, und zwei conjugirte resp. durch die Puncte A und A' des einen Paares gelegte Ebenen ACD und $A'C'D'$ gegeben, so kann man zu jedem anderen Puncte P den ihm conjugirten P' finden. — Denn construirt man zu dem Systeme der Puncte A, A', B, ..., D' und P ein zweites ihm collineares a, a', b, ..., d' und p, in welchem die Ebene $a'c'd'$ unendlich entfernt liegt, und daher acd die Mittelebene ist, so kann man nach §. 10 zu p den conjugirten Punct p' finden, und es wird der dem p' im ersten Systeme entsprechende Punct der gesuchte P' sein.

Weil endlich mit den nach letzterem Satze gegebenen Stücken zugleich die Durchschnitte C und D der Ebene ACD mit den Geraden $A'B$ und $A'B'$, sowie die Durchschnitte C' und D' von $A'C'D'$ mit AB' und AB gegeben sind, und weil umgekehrt mit diesen vier Durchschnitten und den Puncten A und A' die zwei Ebenen ACD und $A'C'D'$ gegeben sind, so können wir den letzteren Satz auch also fassen:

Soll ein räumliches System von Punctepaaren construirt werden, welche in collinearer Involution der zweiten Art (§. 5) *sind, so kann man zwei solcher Paare A, A' und B, B', welche nicht in einer Ebene liegen, in den hiernach conjugirten Geraden $A'B$, AB' ein drittes Paar C, C', und in den conjugirten $A'B'$, AB ein viertes Paar D, D' willkürlich annehmen. Hiermit aber ist für jeden anderen Punct P des Raumes der ihm conjugirte Punct P' unzweideutig bestimmt.*

§. 12. Der voranstehende aus den Gleichungen (A) entwickelte Satz scheint mir der wichtigste in Betreff der jetzt in Rede stehenden Involution zu sein, und ich will daher noch den folgenden rein geometrischen und deshalb den Gegenstand in noch helleres Licht setzenden Beweis des Satzes hinzufügen.

1) Bei der Construction eines Systemes von Puncten, welches einem gegebenen Systeme von Puncten im Raume collinear verwandt ist, können von fünf Puncten A, B, C, D, E des letzteren, von denen keine vier in einer Ebene liegen, die entsprechenden A', B', C', D', E' im ersteren nach Belieben genommen werden, nur dass auch von diesen keine vier in einer Ebene begriffen sind (Baryc. Calcul,

§. 231). Auch kann man statt des einen der fünf Puncte A, ..., E, etwa statt E, die drei Puncte F, G, H als gegeben annehmen, in denen drei Kanten der Pyramide A, B, C, D, etwa AB, BC, CD, von den durch E und die drei Gegenkanten CD, DA, AB zu legenden Ebenen geschnitten werden, weil umgekehrt mit F, G, H der Punct E, als der gemeinschaftliche Punct der drei Ebenen CDF, DAG, ABH bestimmt ist.

Sind daher A, B, C, D vier nicht in einer Ebene enthaltene Puncte eines gegebenen Systems, und F, G, H drei resp. in den Geraden AB, BC, CD liegende Puncte des Systems, so können bei der Construction eines dem gegebenen collinearen Systems die den vier ersteren Puncten entsprechenden A', B', C', D' willkürlich im Raume, nur nicht in einer Ebene, und die den drei letzteren entsprechenden F', G', H' willkürlich in den Geraden $A'B'$, $B'C'$, $C'D'$ angenommen werden, und es lässt sich alsdann zu jedem achten Puncte des ersteren Systems der entsprechende im letzteren unzweideutig finden.

Seien hiernach A, A', B, B', C, C', D sieben Puncte des einen Systems Σ_1, von denen die vier A, A', B, B' nicht in einer Ebene, die drei C, C', D aber resp. in $A'B$, AB', $A'B'$ liegen. Den vier ersteren Puncten setze man im anderen Systeme Σ_2 resp. A', A, B', B entsprechend, so müssen die den drei letzteren entsprechenden Puncte resp. in AB', $A'B$, AB enthalten sein. Von diesen drei Puncten seien die in AB' und $A'B$ begriffenen C' und C, und der in AB werde mit D' bezeichnet. Hiermit kann nach dem Vorigen für jeden anderen Punct des einen Systems der entsprechende im anderen gefunden werden, und wir wollen nun zunächst den dem D', als einem Puncte des Systems Σ_1 entsprechenden und in $A'B'$ liegenden Punct X des Σ_2 zu bestimmen suchen.

3) Man lege durch D eine Gerade also, dass sie die CC' und AB zugleich schneide. Dieser Geraden, als einer dem Systeme Σ_1 angehörigen, entspricht in Σ_2 die durch D' gehende und die $C'C$ und $A'B'$ zugleich schneidende Gerade (vergl. Fig. 4); und wenn erstere Gerade die AB in E, und letztere die $A'B'$ in E' trifft, so sind E und E' einander entsprechende Puncte resp. in Σ_1 und Σ_2. — Die Relationsscale der bisher gedachten Puncte ist demnach

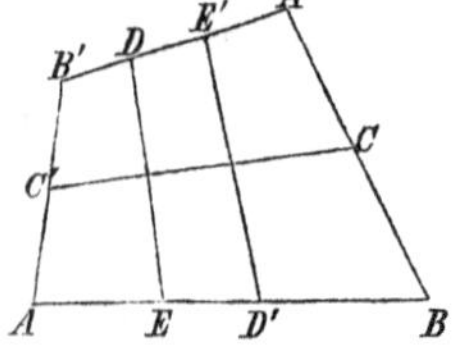

Fig. 4.

$$\Sigma_1 \;\ldots.\; A\;A'\;B\;B'\;C\;C'\;D\;D'\;E\,,$$
$$\Sigma_2 \;\ldots.\; A'\;A\;B'\;B\;C'\;C\;D'\;X\;E'\,,$$

und es ist folglich

$$(AED'B) = (A'E'XB') \ ,$$

d. i.

$$\frac{AE \,.\, D'B}{ED' \,.\, BA} = \frac{A'E' \,.\, XB'}{E'X \,.\, B'A'} \ .$$

Weil aber jede der vier Geraden AB', ED, $D'E'$, BA' jede der drei Geraden AB, $C'C$, $B'A'$ schneidet, so ist zugleich

$$(AED'B) = (B'DE'A') = (A'E'DB') \ ;$$

folglich

$$(A'E'XB') = (A'E'DB') \ .$$

Mithin ist X identisch mit D, und man hat in der Relationsscale X in D zu verwandeln. — Hierdurch ist der erste Theil des obigen Satzes, dass nämlich die vier Paare A und A', ..., D und D' stets in Involution sind, bewiesen.

4) Nach 1) lässt sich zu jedem Puncte P des Raumes ein Punct P' unzweideutig also bestimmen, dass

$$(a) \qquad AA'BB'CC'DP \frown A'AB'BC'CD'P' \ ,$$

d. h. dass die Figuren auf den beiden Seiten des Zeichens $\frown$ einander collinear sind, und dass somit P und P' einander entsprechende Puncte in Σ_1 und Σ_2 sind. Weil ferner dem D', als zu Σ_1 gehörig, erwiesenermaassen D in Σ_2 entspricht, so ist dann auch

$$AA'BB'CC'D'P \frown A'AB'BC'CDP' \ .$$

Hierfür aber kann man schreiben

$$AA'BB'CC'PD' \frown A'AB'BC'CD'P \ ,$$

und erkennt daraus in Verbindung mit (a), dass P und P' in Σ_1 und Σ_2 gegenseitig vertauscht werden können und somit einander conjugirt sind, — welches der zweite Theil des zu beweisenden Satzes war.

§. 13. Die Construction selbst, durch welche, wenn die vier Paare A und A', ... D und D', und ein beliebiger Punct P gegeben sind, der dem letzteren conjugirte P' bestimmt wird, kann folgendergestalt ausgeführt werden.

Nehmen wir zuerst an, dass P in einer der Seiten des Vierecks $ABA'B'$, etwa in AB, liegt, so liegt P' in der Gegenseite $A'B'$, und dieses also, dass $(AD'BP) = (A'DB'P')$. Hierdurch aber ist das Verhältniss $A'P' : P'B'$, und damit P' selbst bestimmt.

Liegt der Punct P nicht in einer Seite des Vierecks $ABA'B'$, so ziehe man durch ihn zwei Gerade, von denen die eine die Gegenseiten AB und $A'B'$, es sei in Q und R, die andere die Gegenseiten

AB' und $A'B$, in S und T, schneide, bestimme auf die eben gezeigte Weise zu Q, R, S, T die resp. in $A'B'$, AB, $A'B$, AB' liegenden conjugirten Puncte Q', R', S', T', und es werden $Q'R'$ und $S'T'$ sich in P' schneiden, da P der gegenseitige Durchschnitt von QR und ST ist.

In dem besonderen Falle, wenn P in einer der beiden Diagonalen des Vierecks, etwa in AA' liegt, ist dieses Verfahren nicht anwendbar. Man ziehe alsdann durch P in der Ebene des Dreiecks $AA'B$ beliebig eine Gerade, und bestimme zu den Durchschnitten derselben mit den Seiten AB und $A'B$ des Dreiecks die in $A'B'$ und AB' enthaltenen conjugirten Puncte, so wird die durch die letztere gelegte Gerade die AA' in P' treffen.

§. 14. Zusätze und Folgerungen. *a)* Jede der drei Geraden PST, QAB, $RB'A'$ schneidet jede der drei Geraden PQR, SAB', TBA', und es gibt daher ein hyperbolisches Hyperboloid, bei welchem erstere drei zu dem einen Systeme σ_1, letztere drei zu dem anderen Systeme σ_2 der diese Fläche bildenden Geraden gehören. Nun ist nach dem Gesetze der Collineation

$$(SAT'B') = (S'A'TB) \ ,$$

also auch

$$(SAT'B') = (TBS'A') \ ,$$

und es sind daher auch S und T, A und B, T' und S', B' und A' Paare einander collinear entsprechender Puncte. Deshalb, und weil ST, AB, $B'A'$ Gerade des Systems σ_1 sind, gehört auch $T'S'$ zu σ_1. Eben so zeigt sich, dass $R'Q$ zu σ_2 gehört; und es ist mithin (vergl. Fig. 5)

$$T'S' \, . \, R'Q' \ ,$$

d. i. P', ein Punct der durch das Viereck $ABA'B'$ und den Punct P bestimmten hyperboloidischen Fläche.

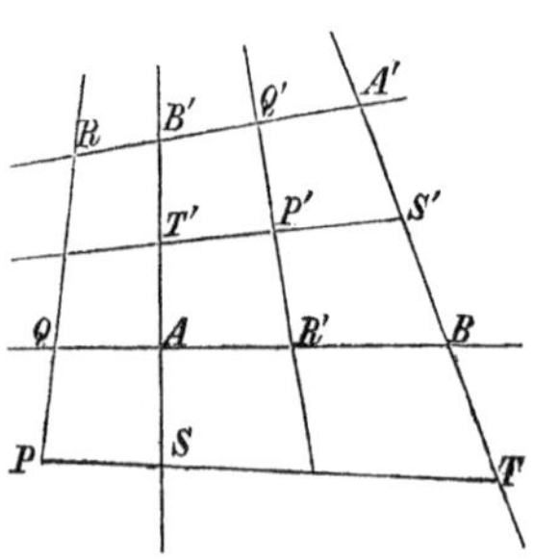

Fig. 5.

Auf gleiche Art ist auch der jedem anderen Puncte X dieser Fläche conjugirte Punct X' in der Fläche begriffen, und die zwei durch X in der Fläche zu ziehenden Geraden sind beziehungsweise den zwei durch X' zu legenden conjugirt.

Sind demnach von den zwei Systemen von Geraden, welche sich auf der Fläche eines hyperbolischen Hyperboloids ziehen lassen, zwei Gerade (AB und A'B') des einen Systems, und desgleichen zwei

Gerade (AB' *und* $A'B$) *des anderen, einander conjugirt, so sind überhaupt die Geraden eines jeden der beiden Systeme für sich, sowie auch alle Puncte der Fläche, paarweise einander conjugirt.*

b) Seien a und a', b und b', c und c', u. s. w. Paare conjugirter Geraden, welche zu dem einen der beiden Systeme σ_1 und σ_2 gehören; l und l' zwei conjugirte Gerade des anderen Systems. Dem Begriffe der Involution gemäss ist alsdann

$$aa',\ bb',\ cc',\ \ldots,\ ll' \frown a'a,\ b'b,\ c'c,\ \ldots,\ l'l\ ,$$

folglich auch

$$al,\ a'l,\ bl,\ b'l,\ cl,\ c'l,\ \ldots \frown a'l',\ al',\ b'l',\ bl',\ c'l',\ cl',\ \ldots,$$

wo al den Durchschnitt von a mit l, u. s. w. bezeichnet.

Es ist aber nach der Natur des hyperbolischen Hyperboloids

$$a'l',\ al',\ b'l',\ bl',\ c'l',\ cl',\ \ldots \frown a'l,\ al,\ b'l,\ bl,\ c'l,\ cl,\ \ldots,$$

folglich

$$al,\ a'l,\ bl,\ b'l,\ \ldots \frown a'l,\ al,\ b'l,\ bl,\ \ldots$$

d. h. *die Paare von Puncten, in welchen eine Gerade des einen Systems von Paaren conjugirter Geraden des anderen geschnitten wird, bilden eine Involution für sich.*

§. 15. Aufgabe: *Aus den zur Construction einer collinearen Involution im Raume willkürlich anzunehmenden acht Puncten,* $A, \ldots, D'$ (§. 11 und 12), *die Mittelebene* μ *der Involution zu bestimmen.*

Auflösung. Da diese Ebene von den Puncten gebildet wird, welche den unendlich entfernten Puncten des Raumes conjugirt sind, so suche man nach §. 13 zu den unendlich entfernten Puncten dreier der vier Seiten des Vierecks $ABA'B'$ die conjugirten Puncte, und es wird die durch letztere zu legende Ebene die gesuchte μ sein.

Wir wollen hiernach gleich von vorn herein die Puncte C' in AB' und D' in AB unendlich entfernt, und somit C in $A'B$ und D in $A'B'$ als zwei Puncte der Mittelebene annehmen. Sind alsdann E', F' die unendlich entfernten Puncte in $A'B$, $A'B'$, und E, F die ihnen conjugirten, also in AB', AB liegenden Puncte, so hat man die Gleichungen

$$(AEB'C') = (A'E'BC)\ , \qquad (AFBD') = (A'F'B'D)\ ,$$

welche sich wegen der unendlichen Entfernung von C', D', E', F' auf die einfachen Proportionen

$$AE : EB' = BC : CA'\ , \qquad AF : FB = B'D : DA'$$

reduciren. Indem man daher unter der Voraussetzung, dass die den C und D conjugirten Puncte unendlich entfernt liegen, des Vierecks $ABA'B'$ Seiten AB' in E und AB in F nach denselben Verhältnissen theilt, nach welchen BA' in C und $B'A'$ in D getheilt sind, liegen nicht nur C und D (vergl. Fig. 6), sondern auch E und F in der Mittelebene, und die Lage der letzteren ist somit bestimmt.

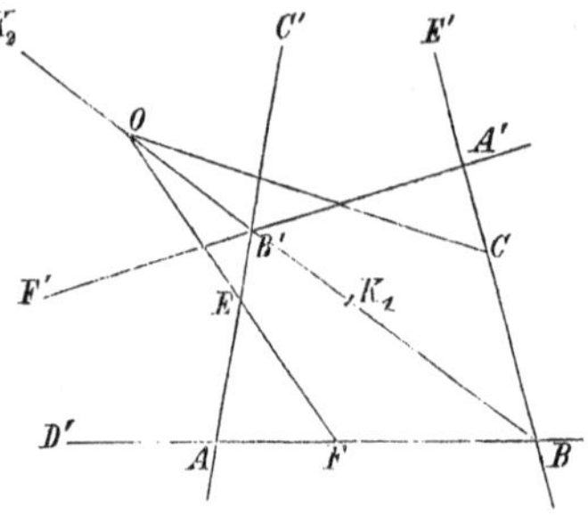

Fig. 6.

Dass übrigens mit C und D die aus ihnen auf bewusste Weise abgeleiteten Puncte E und F in einer Ebene liegen, lässt sich auch folgendergestalt darthun. — Weil C, D Puncte der Ebene $A'BB'$, und E, F Puncte der Ebene ABB' sind, so schneiden CD und EF die Gerade BB', welches resp. in O und O_1 geschehe, und man hat

$$\frac{B'D}{DA'} \cdot \frac{A'C}{CB} \cdot \frac{BO}{OB'} = -1 \quad \text{und} \quad \frac{B'E}{EA} \cdot \frac{AF}{FB} \cdot \frac{BO_1}{O_1B'} = -1\,;$$

woraus in Verbindung mit obigen Proportionen

$$BO : OB' = BO_1 : O_1B'$$

folgt. Mithin sind O und O_1 identisch; folglich u. s. w. —

Auf gleiche Weise schneiden sich auch CF, DE, AA' in einem Puncte.

§. 16. Die in §. 15 gemachte Annahme, dass C' und D' unendlich entfernt sein sollen, gewährt noch den Vortheil, dass man aus der Lage von C in $A'B$ und von D in $A'B'$ sogleich beurtheilen kann, ob die zwei Doppellinien der Involution reell oder imaginär sind. Denn da alsdann C und D zwei Puncte der Mittelebene μ sind, so liegen A' und B auf einerlei oder verschiedenen Seiten von μ, je nachdem C ausserhalb oder zwischen A' und B liegt; und analoger Weise wird die Lage von A' und B' gegen μ durch D bestimmt. Wenn folglich, je nachdem C ausserhalb oder zwischen A' und B, auch D ausserhalb oder zwischen A' und B' liegt, so liegen die zwei conjugirten Puncte B und B' auf einerlei Seite von μ, und die zwei Doppellinien sind reell, imaginär dagegen, wenn C ausserhalb (zwischen) A' und B, und D zwischen (ausserhalb) A' und B' liegt (vergl. §. 8, Zusatz *a*).

Um, wenn ersterer Fall stattfindet, die zwei dann reellen Doppellinien selbst zu finden, bemerke man zuvörderst, dass die Gerade BB'

von diesen Linien geschnitten und in den Durchschnitten selbst (vergl. Fig. 6), welche K_1 und K_2 heissen, harmonisch getheilt wird (§. 8, Zusatz *b*), und dass, weil die zwei Doppellinien gleichweit und auf verschiedenen Seiten von μ liegen, der Punct O, gleich $\mu \,.\, BB'$, der Mittelpunct von $K_1 K_2$ ist. Man hat hiernach

$$OK_1^2 = OK_2^2 = OB \,.\, OB' \;,$$

wodurch sich die zwei in BB' gleichweit und auf verschiedenen Seiten von O abliegenden Puncte K_1 und K_2 finden lassen.

Weil endlich die zwei Doppellinien mit μ parallel sind und gleicherweise wie von BB' auch von AA' geschnitten werden, so lege man durch K_1 und K_2 zwei mit der Mittelebene parallele Ebenen, und es werden, wenn L_1 und L_2 die Durchschnitte derselben mit AA' bezeichnen, $K_1 L_1$ und $K_2 L_2$ die gesuchten Doppellinien sein.

Theorie der elementaren Verwandtschaft.

[Berichte über die Verhandlungen der Königl. Sächs. Gesellschaft der Wissenschaften, math.-phys. Klasse, 1863, Bd. 15, p. 18—57.]

§. 1. Zwei geometrische Figuren sollen einander elementar verwandt heissen, wenn jedem nach allen Dimensionen unendlich kleinen Elemente der einen Figur ein dergleichen Element in der anderen dergestalt entspricht, dass von je zwei an einander grenzenden Elementen der einen Figur die zwei ihnen entsprechenden Elemente der anderen ebenfalls zusammenstossen; oder, was dasselbe ausdrückt: wenn je einem Puncte der einen Figur ein Punct der anderen also entspricht, dass von je zwei einander unendlich nahen Puncten der einen auch die ihnen entsprechenden der anderen einander unendlich nahe sind.

Einer Linie kann hiernach nur eine Linie, einer Fläche nur eine Fläche, und einem körperlichen Raume nur ein körperlicher Raum elementar verwandt sein.

§. 2. *Jeder Linie l, welche von endlicher Länge ist, ist jede andere Linie l' von endlicher Länge elementar verwandt.* Denn bezeichnen A und B die Endpuncte von l, A' und B' die Endpuncte von l', und denkt man sich die Linie l von A bis B in Elemente zerlegt, so kann man sich die Linie l' von A' bis B' in gleichviel Elemente zertheilt vorstellen und kann den Elementen von l in ihrer Folge von A bis B die Elemente von l' in ihrer Folge von A' bis B', oder auch von B' bis A' entsprechend setzen. — Hierbei werden also immer den zwei Endpuncten von l die zwei Endpuncte von l' entsprechen, und es steht in unserer Willkür, welchen der beiden Endpuncte von l' wir dem einen und welchen wir dem anderen Endpuncte von l entsprechend setzen wollen.

Wenn eine Linie von endlicher Länge eine geschlossene ist, und daher an jedes ihrer Elemente ohne Ausnahme zwei andere Elemente derselben grenzen, so wird jede andere in sich zurücklaufende Linie von endlicher Länge, und nur eine solche, der ersteren elementar verwandt sein.

§. 3. Gehen wir jetzt zu der elementaren Verwandtschaft zwischen *Flächen* fort. Wir werden dieselben stets von endlicher Ausdehnung und damit, wenn sie begrenzt sind und nicht, wie etwa die Kugelfläche, nach allen Seiten hin in sich selbst zurücklaufen, ihre Grenzlinien als geschlossene Linien von endlicher Länge voraussetzen.

Zunächst wollen wir *ebene* Flächen, als die einfachsten, mit einander vergleichen. Eine endliche und überall zusammenhängende ebene Fläche ist aber immer von einer, oder mehreren geschlossenen Linien begrenzt, deren jede wir weder sich selbst, noch eine der übrigen, wenn es deren mehrere sind, schneidend annehmen werden. Bei mehreren Grenzlinien wird stets eine alle die übrigen umschliessen, und jede der übrigen wird einen Theil der Ebene umgrenzen, welcher nicht mit zu der Fläche gehört. Erstere Grenzlinie wollen wir die *äussere* und die übrigen die *inneren* Grenzlinien nennen.

§. 4. Sollen nun zwei ebene Flächen α und α' einander elementar verwandt sein, so kann einem Elemente von α, welches an eine der Grenzlinien von α stösst, nicht ein Element von α' entsprechen, welches im Inneren von α' liegt, weil alle an letzteres Element ringsum grenzenden Elemente der Ebene von α' Elemente von α' selbst sind, während von den Elementen der Ebene von α, welche um ersteres Element herum liegen, nur ein Theil zu α selbst gehört. Jedem Elemente an einer der Grenzen der Fläche α entspricht daher ein Grenzelement der Fläche α'.

Es wird daher auch von jedem Puncte P, welcher in einer Grenzlinie l von α liegt, der entsprechende Punct P' in einer der Grenzlinien von α' anzunehmen sein; und wenn l' diese letztere heisst, und ein dem P unendlich naher Punct Q gleichfalls in l begriffen ist, so wird der entsprechende Punct Q' dem P' unendlich nahe sein und deshalb in keiner anderen Grenzlinie als in l' sich finden.

Jedem Elemente PQ einer Grenzlinie l von α entspricht daher ein Element $P'Q'$ einer Grenzlinie l' von α'; und es werden daher, wenn P, Q, R, S, ... eine Reihe unendlich nahe auf einander folgender Puncte in l ist, die ihnen entsprechenden Puncte P', Q', R', S', ... in unendlicher Nähe in l' auf einander folgen. Mithin werden l und l' selbst einander entsprechende Linien sein; d. h. *jeder Grenzlinie von α entspricht eine Grenzlinie von α';* woraus wir zuletzt noch schliessen, *dass von zwei elementar verwandten ebenen Flächen die eine von derselben Anzahl geschlossener Linien, wie die andere, begrenzt sein muss.*

§. 5. Diese Bedingung ist aber zur elementaren Verwandtschaft zweier ebenen Flächen nicht bloss nothwendig, sondern auch hinreichend. Denn wird die Fläche α

1) nur von *einer Grenzlinie* f, und daher auch die α' nur von einer f' umschlossen, so nehme man in α innerhalb f beliebigwo einen Punct A an und denke sich, was immer möglich ist, in α um diesen Punct ein System von m $(=\infty)$ geschlossenen Linien $f_1, f_2, \ldots, f_m$ construirt (vergl. Fig. 1), von denen die erste f_1 den Punct A in unendlicher Nähe umschliesst, und jede von der nächstfolgenden, die letzte f_m von f selbst, in unendlicher Nähe umschlossen wird, und zerlege somit die Fläche α in das von f_1 begrenzte Flächenelement und in m unendlich schmale Ringe $f_1 f_2, f_2 f_3, \ldots, f_m f$.

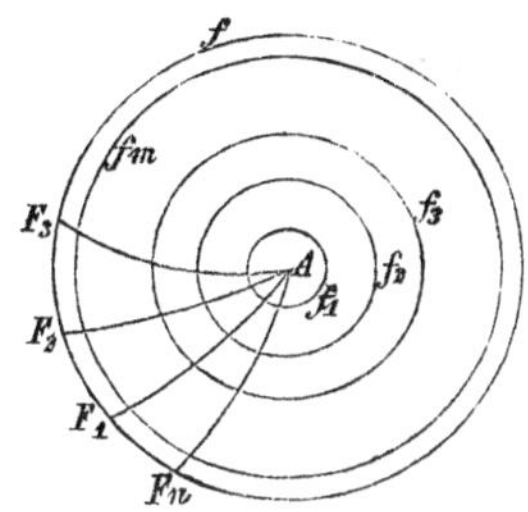

Fig. 1.

Man theile ferner die Linie f, von einem beliebigen Puncte F_1 derselben ausgehend, in n $(=\infty)$ Elemente $F_1F_2, F_2F_3, \ldots, F_nF_1$ und ziehe von den Theilungspuncten $F_1, F_2, \ldots, F_n$ in der Fläche α nach dem Puncte A derselben n Linien $F_1A, F_2A, \ldots, F_nA$ also, dass je zwei cyklisch nächstfolgende derselben, ebenso wie bei f, auch von f bis A hin einander unendlich nahe bleiben, und dass somit die Fläche α in n unendlich schmale Sectoren $F_1AF_2, \ldots, F_nAF_1$ zertheilt wird.

Ganz auf dieselbe Weise zerlege man die von f' begrenzte Fläche α' nach willkürlicher Annahme eines Punctes A' innerhalb f' und eines Punctes F_1' in f' selbst, das einemal durch m geschlossene Linien $f_1', f_2', \ldots, f_m'$ in ein von f_1' umgrenztes und den Punct A' einschliessendes Flächenelement und in m unendlich schmale Ringe $f_1'f_2', f_2'f_3', \ldots, f_m'f'$, das andere Mal, nachdem man die geschlossene Linie f' von F_1' aus in n Elemente $F_1'F_2', F_2'F_3', \ldots, F_n'F_1'$ getheilt hat, durch n Linien $A'F_1', A'F_2', \ldots, A'F_n'$ in n unendlich schmale Sectoren $F_1'A'F_2', \ldots, F_n'AF_1'$.

Indem man nun schliesslich in jeder der beiden Flächen α und α' die Ringe und die Sectoren nach der bemerkten Ordnung zählt und hiernach dem Elemente, welches der $p$te Ring und der $q$te Sector von α gemein haben, das gemeinsame Element des $p$ten Ringes und des $q$ten Sectors von α', sowie auch dem von f_1 umschlossenen Elemente von α das von f_1' umschlossene von α', entsprechend setzt, so werden, wie es die Definition der elementaren Verwandtschaft verlangt, von je zwei aneinander grenzenden Elementen von α auch die zwei ihnen in α' entsprechenden eine gemeinsame Grenze haben.

2) Ein ähnliches Verfahren lässt sich anwenden, um die elementare Verwandtschaft der Flächen α und α' darzuthun, wenn α *zwei Grenzlinien* f, g, und daher auch α' zwei dergleichen den ersteren entsprechende f', g' hat. Denn man kann erstens die von f, g begrenzte Fläche α durch $m-1$ geschlossene und einander umschliessende Linien in m unendlich schmale Ringe zerlegen, von denen, wenn f die äussere und g die innere Grenze von α ist, der erste Ring die Linie f zur äusseren Grenze, und der letzte die g zur inneren hat. Ist ferner F_1 ein beliebiger Punct in f, G_1 ein beliebiger in g, und theilt man die f von F_1 aus in n Elemente $F_1F_2, \ldots, F_nF_1$, und die g von G_1 aus nach demselben Sinne herum, wie die f, in n Elemente $G_1G_2, \ldots, G_nG_1$, so kann man durch Ziehung von n einander nicht schneidenden Linien F_1G_1, $F_2G_2, \ldots, F_nG_n$ die Fläche α in n unendlich schmale Streifen, und folglich in Verbindung mit jenen m Ringen in mn Elemente zerlegen.

Man wiederhole jetzt dieselbe Construction bei α' und zerlege somit auch diese Fläche in m Ringe und n Streifen, und dadurch in mn Elemente; und wenn man nun, wie in 1), je zwei dieser Elein α und α', welche in gleichvielten Ringen und in gleichvielten Streifen von α und α' liegen, einander entsprechend setzt, so werden die zwei Flächen in die verlangte elementar verwandtschaftliche Beziehung gebracht sein.

Zugleich erhellt hieraus, dass, wenn, gemäss der vorigen Annahme, f die äussere und g die innere Grenzlinie von α ist, deshalb nicht auch f' die äussere und g' die innere Grenzlinie von α' sein muss, sondern auch g' zur äusseren u. s. w. genommen werden kann, und dass es daher in unserer Willkür steht, welche von beiden Grenzlinien der einen Ebene der einen und welche damit der anderen Grenzlinie der anderen Fläche entsprechen soll.

3) Betrachten wir jetzt zwei ebene Flächen α und α', deren jede von *drei Grenzlinien* umschlossen ist: α von f, g, h und α' von f', g', h'. Man verbinde (vergl. Fig. 2) zwei beliebige Puncte P und Q der Grenzlinie f, welche die äussere von α sei, durch eine in α enthaltene und zwischen g und h hindurchgehende Linie u. Von den zwei Theilen der Linie f, in welche sie durch P und Q getheilt wird, nenne man v (w) denjenigen, welcher mit g (h) auf einerlei Seite von u liegt. Solchergestalt wird α in zwei Flächen zerlegt, von welchen die eine uv, g die aus u und v zusammengesetzte Linie uv zur äusseren und die

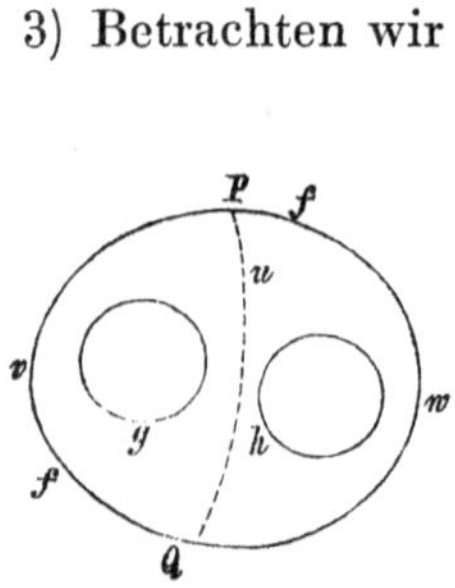

Fig. 2.

g zur inneren Grenze, die andere uw, h die Linie uw zur äusseren und die h zur inneren Grenze hat.

Ist nun auch bei der Fläche α' die der f entsprechende Grenzlinie f' die äussere, so kann man die so eben bei α gemachte Construction vollkommen auch bei α' anstellen, kann also nach Annahme zweier Puncte P' und Q' und durch Ziehung einer Linie u' von P' nach Q' die α' in zwei Theile $u'v'$, g' und $u'w'$, h' sondern, deren jeder zwei Grenzlinien hat, und welche beide dieselbe gegenseitige Lage wie uv, g und uw, h haben.

Nach 2) kann man aber sowohl die Flächen uv, g und $u'v'$, g', als die uw, h und $u'w'$, h' als elementar verwandt betrachten, und wenn man hierbei den Puncten von u das eine wie das andere Mal die nämlichen Puncte von u' entsprechend setzt, so werden auch die Summen uv, $g + uw$, h und $u'v'$, $g' + u'w'$, h', d. i. α und α' selbst in elementar verwandtschaftliche Beziehung gebracht sein.

In dem Falle, wenn, wie vorhin, f die äussere Grenze der Fläche α ist, die Fläche α' aber nicht die der f entsprechende Linie f', sondern etwa g' zur äusseren Grenze hat (vergl. Fig. 3), wird α' durch die nach der vorigen Regel gezogene Linie u' ebenso wie vorhin in die zwei Flächen $u'v'$, g' und $u'w'$, h' getheilt, nur dass dann von der ersteren derselben $u'v'$ die innere, und g' die äussere Grenze ist. Nichtsdestoweniger aber wird man, zufolge des am Ende von 2) Bemerkten, ebenso wie $u'w'$, h' mit uw, h, auch $u'v'$, g' mit uv, g, und deshalb α' mit α selbst elementar verwandt setzen können.

Zwei ebene Flächen, deren jede drei Grenzlinien hat, sind demnach immer einander elementar verwandt, wie man auch je eine Grenzlinie der einen Fläche je einer Grenzlinie der anderen Fläche entsprechend setzen mag.

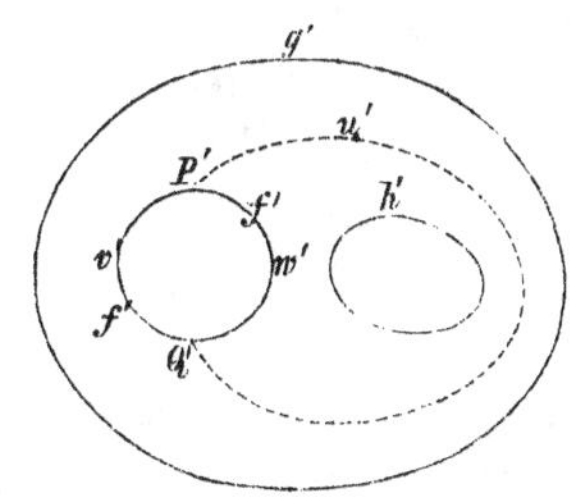

Fig. 3.

4) *Derselbe Satz gilt aber auch von zwei ebenen Flächen, deren jede von vier, oder von fünf, u. s. w. Linien begrenzt ist.* Denn sind f, g, h, i die Grenzlinien von α, und f', g', h', i' die Grenzlinien von α', so ziehe man, wie dies immer geschehen kann, in der Fläche α eine geschlosse Linie x, welche zwei der vier Linien f, g, h, i, etwa f und g, auf der einen und die beiden übrigen h und i auf der anderen Seite von sich liegen hat und somit die Fläche in die zwei Theile fgx und xhi zerlegt. Theilt man nun auf gleiche Art die Fläche α' durch die geschlossene Linie x' in die zwei Theile $f'g'x'$ und $x'h'i'$, so kann man nach 3) den Theil $f'g'x'$ dem fgx

und den Theil $x'h'i'$ dem xhi elementar verwandt setzen; und wenn man hierbei den Puncten von x jedesmal die nämlichen Puncte von x' entsprechend annimmt, so werden auch $fghi$ und $f'g'h'i'$, d. i. α und α' selbst, in elementar verwandtschaftliche Beziehung gebracht sein.

Aehnlicherweise lässt sich die elementare Verwandtschaft je zweier von fünf, oder noch mehreren Linien begrenzter ebener Flächen darthun, da z. B. eine von fünf Linien begrenzte Fläche $fghik$ sich durch eine geschlossene Linie x in zwei von drei und von vier Linien begrenzte Flächen fgx und $xhik$ theilen lässt, und für diese einzeln die verwandtschaftliche Beziehung bereits erwiesen ist.

---

§. 6. Wir wollen jetzt die Bedingungen in Untersuchung nehmen, unter denen zwei nach allen Seiten hin in sich zurücklaufende Flächen, oder kurz zwei *geschlossene Flächen*, einander elementar verwandt sind. Denn da bei Flächen dieser Art die Mannigfaltigkeit der Formen unendlich grösser, als bei geschlossenen Linien ist, so ist es schon im Voraus sehr wahrscheinlich, dass nicht ebenso, wie je zwei geschlossene Linien, auch je zwei geschlossene Flächen einander elementar verwandt sein werden. Die Folge wird dieses bestätigen, nachdem vorher eine Methode entwickelt worden, mittelst welcher die Form einer geschlossenen Fläche, soweit als es zum Folgenden erforderlich ist, durch ein einfaches Schema dargestellt werden kann.

Zu einer geschlossenen Fläche φ, die man sich der leichteren Auffassung willen als stetig gekrümmt und sich selbst nicht schneidend vorstelle, denke man sich eine etwa horizontale Ebene ε hinzu, welche in ihrer anfänglichen Lage ε_0 der Fläche φ in keinem Puncte begegne und sie daher ganz auf einer Seite, es sei auf der unteren, von sich liegen habe. Werde diese Ebene ε parallel mit sich nach unten fortgeführt, bis zuletzt die Fläche φ ganz auf der oberen Seite von ε liegt, so wird das erste Zusammentreffen von ε mit φ, desgleichen auch das letzte, eine blosse Berührung sein. Zwischen diese zwei Berührungen können auch noch mehrere andere fallen. Immer aber wird φ von ε zwischen je zwei nächstfolgenden Berührungen in einer oder mehreren geschlossenen und weder sich selbst, noch einander schneidenden Linien geschnitten werden. Ohne Beeinträchtigung der Allgemeinheit können und wollen wir hierbei annehmen, dass in keine Lage von ε zwei oder mehrere Berührungen zugleich fallen. Auch wollen wir noch setzen, dass jede Berührung immer nur in einem Puncte, nicht in einer Linie geschieht, und eine gewöhnliche, also entweder eine elliptische, oder eine hyperbolische ist.

Hiernach werden die erste und die letzte aller Berührungen stets elliptisch sein, und φ wird von ε sowohl zwischen der ersten und zweiten, als zwischen der vorletzten und letzten Berührung nur in *einer* geschlossenen Linie geschnitten werden. Wenn ferner irgend eine Lage der sich parallel nach unten bewegenden Ebene zwischen der ersten und der zweiten Berührung mit ε_1, irgend eine zwischen der zweiten und dritten mit ε_2, u. s. w. bezeichnet wird, so dass zwischen ε_0 und ε_1 die erste Berührung, zwischen ε_1 und ε_2 die zweite, u. s. w. fällt, so werden in je zwei nächstfolgenden dieser Lagen von ε, wie in ε_m und ε_{m+1}, die Zahlen der in sie fallenden Durchschnittslinien mit φ stets um die Einheit von einander verschieden sein. Indem sich nämlich ε von ε_m bis ε_{m+1} parallel nach unten hin fortbewegt, bewegen sich auch die in ε_m enthaltenen Durchschnittslinien parallel fort, obwohl im Allgemeinen mit Veränderung ihrer Gestalt, und sind daher auch in ε_{m+1} wieder anzutreffen, nur dass entweder

1) eine in ε_m noch nicht vorhandene Linie in ε_{m+1} hinzugetreten ist, oder
2) eine der in ε_m sich vorfindenden Linien in ε_{m+1} verschwunden ist, oder
3) eine der Linien in ε_m sich in ε_{m+1} in zwei getheilt hat, oder endlich
4) zwei der in ε_m begriffenen Linien sich in ε_{m+1} zu einer vereinigt haben.

Der erste oder der zweite dieser vier Fälle hat statt, wenn die zwischen ε_m und ε_{m+1} stattfindende Berührung eine elliptische ist; der dritte oder der vierte Fall tritt ein, wenn die gedachte Berührung eine hyperbolische ist.

Nachfolgende Beispiele werden dies in noch helleres Licht setzen.

§. 7. 1) Beispiel. Sei φ' eine Kugelfläche, und ε_0 eine sie nicht treffende Ebene, so wird eine mit ε_0 anfangs zusammenfallende und hierauf parallel mit ε_0 nach der Fläche φ' hin sich bewegende Ebene ε sie zweimal elliptisch (oder vielmehr kreisförmig) berühren, in jeder Zwischenlage, dergleichen ε_1 eine sei, sie in einem Kreise schneiden und in jeder Lage ε_2, welche über die zweite Berührung hinausfällt, ihr nicht mehr begegnen. — Die Zahlen der Durchschnittslinien in ε_0, ε_1, ε_2 sind daher resp. 0, 1, 0.

2) Bedeute φ'' die Fläche eines hufeisenförmig gekrümmten Körpers, dessen zwei Schenkel nach oben gerichtet und von ungleicher Länge sind. Sei A der oberste Punct des längeren Schenkels, B der oberste des kürzeren, C der unterste Punct innerhalb der beiden Schenkel, und D der unterste Punct ausserhalb und damit der unterste der ganzen Fläche. Eine horizontal von oben nach unten sich bewegende Ebene (vergl. Fig. 4) wird hiernach die Fläche successive in A, B, C, D berühren, und zwar in A, B, D elliptisch, in C hyperbolisch, und zwischen diesen Berührungen sie in einer, in zwei, und dann wieder in einer geschlossenen Linie schneiden. Der Punct A der ersten elliptischen Berührung erweitert sich nämlich zunächst in eine geschlossene Linie, zu welcher nach der zweiten elliptischen Berührung in B noch eine dergleichen hinzutritt. Diese zwei ziehen sich nach der hyperbolischen Berührung in C in eine wieder zusammen, und diese eine reducirt sich zuletzt auf den dritten elliptischen Berührungspunct D. Sind daher ε_1, ε_2, ε_3 irgend welche Lagen von ε zwischen A und B, zwischen B und C, zwischen C und D und ist ε_0 eine Lage von ε vor A, und liegt ε_4 über D hinaus, so wird φ'' von ε_0, ε_1, ε_2, ε_3, ε_4 in 0, 1, 2, 1, 0 geschlossenen Linien geschnitten.

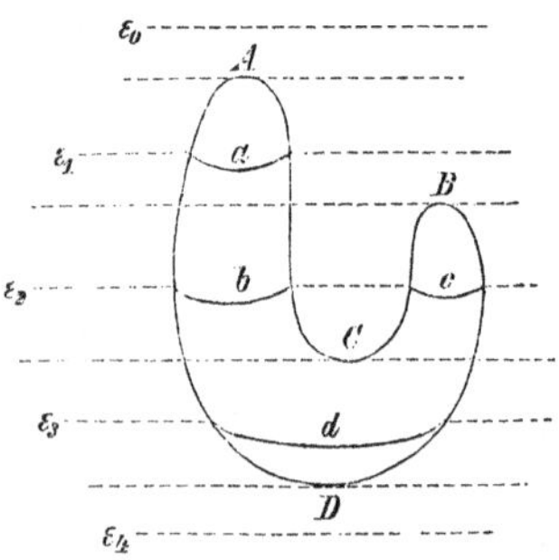

Fig. 4.

3) Wird eine Ebene um eine in ihr enthaltene Gerade x, als um eine Axe, gedreht, so erzeugt ein in der Ebene beschriebener und der Axe nicht begegnender Kreis k eine Ringfläche φ''', welche in nebenstehender Fig. 5 durch zwei concentrische Kreise angedeutet ist. Es sind dies die Durchschnitte von φ''' mit der Ebene λ des vom Mittelpuncte des k beschriebenen Kreises (in Fig. 5 mit der Ebene des Papieres), und die Axe x fällt mit der gemeinsamen Axe der zwei concentrischen Kreise zusammen. Denken wir uns nun die Ebene λ vertical, also die Axe x horizontal, und wird eine horizontale Ebene ε, horizontal bleibend, aus ihrer anfänglichen oberhalb φ''' befindlichen Lage ε_0 nach unten

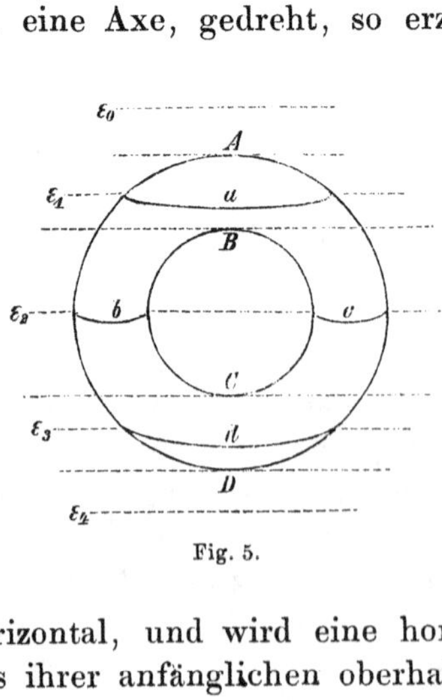

Fig. 5.

hin fortgeführt, so berührt sie die φ''' viermal hinter einander in A, B, C, D, und dieses in A und D elliptisch, in B und C hyperbolisch; und wenn $\varepsilon_0, \ldots, \varepsilon_4$ in Bezug auf $A, \ldots, D$ dieselbe Bedeutung wie vorhin haben, so sind, gleichfalls wie vorhin, und wie man aus der Figur ersieht, die Zahlen der in diesen vier Lagen von ε enthaltenen Durchschnittslinien mit φ''', gleich 0, 1, 2, 1, 0.

§. 8. Man schreibe nun in Bezug auf jede der Ebenen ε_1, ε_2, ε_3, ... die in ihr enthaltenen Durchschnittslinien mit der Fläche φ, — jede Linie durch einen einfachen Buchstaben ausgedrückt, — in eine horizontale Reihe und setze diese Reihen in derselben Ordnung unter einander, in welcher die Ebenen auf einander folgen.

Auf diese Weise gibt jede der beiden Flächen φ'' und φ''', wenn wir die eine in ε_1 enthaltene Linie (vergl. Figg. 4, 5) mit a, die zwei in ε_2 enthaltenen mit b, c und die eine in ε_3 mit d bezeichnen, das Schema:

$$\begin{array}{c|l} \varepsilon_1 & a \\ \varepsilon_2 & b\,c \\ \varepsilon_3 & d \end{array}$$

Nun wird die Fläche φ von den Ebenen ε_1, ε_2, ... in mehrere Theile zerlegt, von denen jeder entweder von einer, oder von zwei, oder von drei der Durchschnittslinien von φ mit den ε_1, ε_2, ... begrenzt wird.

Ist nämlich die zwischen ε_m und ε_{m+1} fallende Berührung eine elliptische, und A der Berührungspunct, so ist eben deshalb entweder in ε_m eine Durchschnittslinie f vorhanden, die sich bei der Herabbewegung der ε von ε_m bis A in den Punct A zusammenzieht; oder es findet sich in ε_{m+1} eine Linie g, zu welcher sich der Punct A bei der Bewegung der ε von A bis ε_{m+1} ausdehnt. In beiden Fällen gibt es daher zwischen ε_m und ε_{m+1} einen von nur einer Linie, von f, oder von g, begrenzten und resp. von f bis A, oder von A bis g sich erstreckenden Flächentheil.

Ist aber die Berührung zwischen ε_m und ε_{m+1} eine hyperbolische, so fällt zwischen diese zwei Ebenen ein von drei Linien begrenzter Flächentheil, indem dann entweder eine in ε_m befindliche Linie f sich in ε_{m+1} in zwei, in g und h, zertheilt, oder zwei Linien f und g in ε_m zu einer h in ε_{m+1} zusammengehen.

Wenn endlich eine Durchschnittslinie f von ε_m mit φ bei der Bewegung der Ebene ε von ε_m bis ε_{m+1} eine einfache geschlossene Linie bleibt und in ε_{m+1} g genannt wird, so ist eben dadurch ein von zwei Linien f und g begrenzter Flächentheil entstanden.

Diese Flächentheile sollen, je nachdem sie von einer Linie f, oder von zweien f und g, oder von dreien f, g und h begrenzt sind, durch

$$(f),\ (fg),\ (fgh)$$

ausgedrückt und im Folgenden der Kürze willen Unionen, Binionen, Ternionen genannt werden.

Wir wollen nun in unserem Schema zwischen je zwei nächstfolgende Reihen von Grenzlinien die Ausdrücke der Flächentheile, welche durch diese Grenzlinien bestimmt werden, zur Rechten hinzufügen, über und unter diese neuen von den Flächentheilen gebildeten Reihen aber die zwei allein noch fehlenden Flächentheile setzen, welche über der ersten ε_1 und unter der letzten der Ebenen ε_1, ε_2, ... liegen und resp. die erste und die letzte aller Durchschnittslinien zu Grenzen haben.

Das vorige für φ'' und für φ''' zugleich geltende Schema ist hiernach also zu vervollständigen:

$$\text{für } \varphi'' \quad \begin{array}{c|c|l} & & (a) \\ \varepsilon_1 & a & (ab)\ (c) \\ \varepsilon_2 & bc & (bcd) \\ \varepsilon_3 & d & (d) \end{array}\ ; \qquad \text{für } \varphi''' \quad \begin{array}{c|c|l} & & (a) \\ \varepsilon_1 & a & (abc) \\ \varepsilon_2 & bc & (bcd) \\ \varepsilon_3 & d & (d) \end{array}\ ;$$

und es ist daher die Fläche

$$\varphi'' = (a) + (ab) + (c) + (bcd) + (d),$$

die Fläche

$$\varphi''' = (a) + (abc) + (bcd) + (d).$$

Die Kugelfläche φ' des §. 7 hat das Schema

$$\begin{array}{c|c|l} \varepsilon_1 & a & \begin{array}{l}(a) \\ (a)\end{array} \end{array};$$

mithin kommt

$$\varphi' = (a) + (a);$$

d. h. wir denken uns diese Fläche aus zwei Theilen bestehend, welche den Kreis a zur gemeinsamen Grenzlinie haben, und welche daher, obgleich von einander verschieden, dennoch einerlei Bezeichnung (a) erhalten.

§. 9. Noch zwei Beispiele für Schemata geschlossener Flächen sind:

$$\varphi^{\mathrm{IV}}\left\{\begin{array}{l} a\\ b\,c\\ d\,e\,f\\ g\,h\\ i\,k\,l\\ m\,n\\ o \end{array}\right|\begin{array}{l} (a)\\ (a\,b)\,(c)\\ (b\,d\,e)\,(c\,f)\\ (e\,h)\,(d\,f\,g)\\ (h\,k)\,(g\,i)\,(l)\\ (i\,k\,m)\,(l\,n)\\ (m\,n\,o)\\ (o) \end{array}, \qquad \varphi^{\mathrm{V}}\left\{\begin{array}{l} a\\ b\,c\\ d\,e\,f\\ g\,h\,i\,k\\ l\,m\,n\\ o\,p\\ q \end{array}\right|\begin{array}{l} (a)\\ (a\,b\,c)\\ (b\,d)\,(c\,e\,f)\\ (d\,g\,h)\,(e\,i)\,(f\,k)\\ (g\,l)\,(h\,i\,m)\,(k\,n)\\ (l\,m\,o)\,(n\,p)\\ (o\,p\,q)\\ (q) \end{array},$$

womit man die nachstehenden beiden Figuren vergleichen mag:

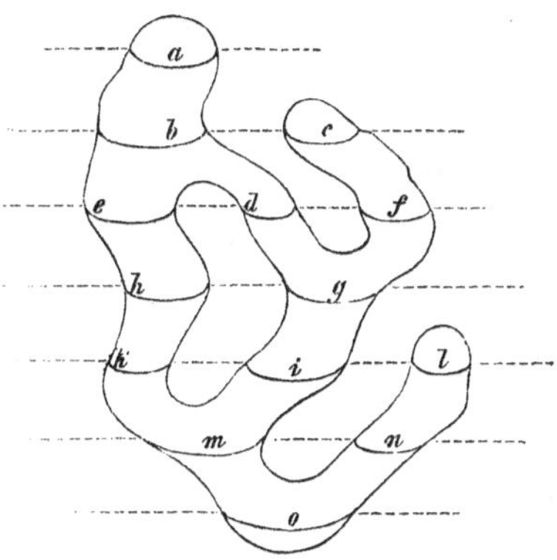

Fig. 6.

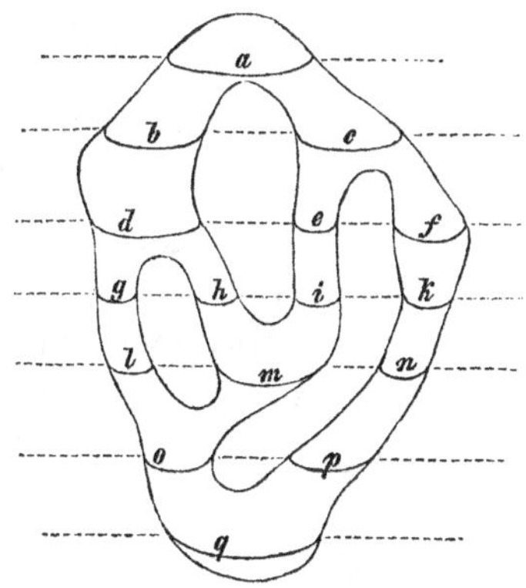

Fig. 7.

Ich habe diese Beispiele hinzugesetzt, um desto deutlicher die bei einem solchen Schema stets obwaltenden Gesetze erkennen zu lassen. Diese Gesetze sind folgende:

1) Alle Linien aller Linienreihen sind von einander verschieden.

2) Die erste und die letzte aller Linienreihen besteht aus nur einer Linie.

3) Bei drei oder mehreren Linienreihen sind die Zahlen der Linien je zweier nächstfolgender Reihen um die Einheit verschieden (§. 6 gegen Ende). Die Zahlen der Linien in den auf einander folgenden Reihen sind daher abwechselnd ungerade und gerade; und da die Linienzahl in der ersten sowohl, als in der letzten ungerade, nämlich gleich 1 ist, so ist die Zahl der Linienreihen selbst ungerade. Zwischen je zweien dieser Reihen liegt aber eine Berührung von φ mit ε, und noch eine vor der ersten und eine nach der letzten Reihe. Mithin ist die Zahl aller Berührungen eine gerade, d. h. *eine stetig gekrümmte geschlossene Fläche wird von einer parallel sich fortbewegenden Ebene in einer geraden Anzahl von Puncten berührt.*

4) Was die in jedem Schema auf die Linienreihen zur Rechten folgenden Reihen von Flächentheilen anlangt, so seien π und ϱ irgend zwei nächstfolgende Linienreihen, und q die zwischen sie fallende Reihe von Flächentheilen. Alsdann ist q aus allen Linien von π und ϱ zusammengesetzt. Jede Linie des Schemas ist daher in den Reihen der Flächentheile zweimal, immer nämlich in zwei nächstfolgenden Reihen, anzutreffen. — Da ferner zwischen π und ϱ eine und nur eine Berührung fällt, und diese entweder eine elliptische, oder eine hyperbolische ist, so wird in q resp. entweder eine und nur eine Union, oder eine und nur eine Ternion (§. 8) sich finden. Alle übrigen Flächentheile des Schemas sind Binionen, mit Ausnahme der zwei Unionen, welche allein schon die erste und die letzte Reihe von Flächentheilen bilden und von der ersten und der letzten Linie unter den vorhergehenden Linienreihen begrenzt werden.

5) Jede in q vorkommende Binion ist aus einer Linie von π und aus einer von ϱ zusammengesetzt; eine Ternion aber, wenn diese in q sich vorfindet, aus einer Linie von π und aus zweien von ϱ, oder umgekehrt (§. 5 zu Ende).

6) Weil die geschlossene Fläche φ überall mit sich zusammenhängen soll, so muss man von jedem ihrer Puncte, in ihr selbst fortgehend, zu jedem anderen Puncte derselben gelangen können. Zwischen je zwei nicht an einander grenzenden Flächentheilen des Schemas muss es daher immer möglich sein, einen oder mehrere andere Flächentheile in solcher Aufeinanderfolge zu interpoliren, dass je zwei nächstfolgende eine gemeinsame Grenzlinie haben.

So gelangt man z. B. im Schema für φ^{IV} vom Theile (a) zum Theile (bde) durch die zwei Folgen (a), (ab), (bde); — von (a) zu (c) durch die fünf Folgen (a), (ab), (bde), (dfg), (cf), (c); — von (gi) zu (l) durch die vier (gi), (ikm), (mno), (ln), (l); — von (cf) zu (ikm) durch die drei (cf), (dfg), (gi), (ikm); u. s. w.

Ist bei einem Schema ein solcher Fortgang von einem Flächentheile zu einem anderen nicht immer möglich, obgleich das Schema die übrigen unter 1) bis 5) bemerkten Gesetze erfüllt, so hat man zu schliessen, dass dasselbe zwei oder mehrere geschlossene Flächen zugleich ausdrückt.

So kann man z. B. bei dem ersten der zwei nachstehenden Schemata

$$\begin{array}{c|l} & (a) \\ a & (ac)\ (b) \\ bc & (c)\ (bd) \\ d & (d) \end{array} \qquad \text{und} \qquad \begin{array}{c|l} & (a) \\ a & (ac)\ (b) \\ bc & (cd)\ (b) \\ d & (d) \end{array}$$

von keinem der drei Flächentheile (a), (ac), (c) zu einem der drei übrigen (b), (bd), (d), und eben so wenig beim zweiten Schema von (b) zu einem der Theile (a), (ac), (cd), (d) auf die besagte Weise fortgehen, — aus dem Grunde, weil durch das erstere Schema die zwei geschlossenen Flächen $(a) + (ac) + (c)$ und $(b) + (bd) + (d)$ zugleich, durch das letztere aber die zwei geschlossenen Flächen $(a) + (ac) + (cd) + (d)$ und $(b) + (b)$ zugleich ausgedrückt werden.

---

§. 10. Nachdem im Vorhergehenden die Zerlegung einer geschlossenen Fläche durch parallele Ebenen in Unionen, Binionen und Ternionen gezeigt worden, lasse ich jetzt die in §. 6 bereits gedachte Untersuchung der Bedingungen folgen, unter denen zwei geschlossene Flächen elementar verwandt sind, und beweise deshalb zunächst, *dass jede Union, jede Binion und jede Ternion resp. mit einer von einer, von zwei und von drei geschlossenen Linien begrenzten ebenen Fläche in elementarer Verwandtschaft steht.*

1) Der Beweis für die Union und für die Binion kann ganz ähnlicher Weise, wie in §. 5, 1 und 2, geführt werden. Sind nämlich ζ und ε_1 die zwei Lagen der Ebene ε, deren erstere die Union (f) in A elliptisch berührt, und deren letztere die Grenzlinie f in sich fasst, so denke man sich ein System unendlich vieler, und in unendlich kleinen Intervallen von ζ bis ε_1 auf einander folgender mit ζ und ε_1 paralleler Ebenen, deren unendliche Anzahl mit m bezeichnet sei, und welche die Fläche (f) in den Linien $f_1, f_2, \ldots$ schneiden. Hierdurch wird die Fläche, wie in §. 5, 1 die ebene Fläche α, in m unendlich schmale Ringe und in das den Punct A enthaltende und von der unendlich kleinen Ellipse f_1 umgrenzte Element zerlegt. Theilt man hierauf, ebenso wie dort, die Grenzlinie f in n Elemente und zerlegt durch Linien, die in (f) von den Theilpuncten nach A gezogen werden, die (f) in n unendlich schmale Sectoren, also in Verbindung mit jenen m Ringen in $mn+1$ Flächenelemente, so kann man diese den eben so vielen Elementen der Fläche α' in §. 5, 1 auf die dort bemerkte Weise nach dem Gesetz der elementaren Verwandtschaft entsprechend setzen.

2) Um zu beweisen, dass jede Binion (fg) einer von zwei geschlossenen Linien f', g' begrenzten ebenen Fläche elementar verwandt ist, verfahre man eben so, wie in §. 5, 2 die elementare Verwandtschaft zweier ebener Flächen α und α' dargethan wurde, von

denen α die Linien f, g, und α' die f', g' zu Grenzen hatte, nur dass man, wenn jetzt f und g in den Ebenen ε_1 und ε_2 liegen, die Fläche (fg) durch parallele Ebenen, welche in unendlich kleinen Intervallen auf einander folgen, in m unendlich schmale Ringe zerlegt.

3) Von der Ternion (fgh) seien die Linie f in der Ebene ε_1 und die Linien g, h in der Ebene ε_2 enthalten. Von einer gewissen mit diesen Ebenen parallelen und zwischen ihnen liegenden Ebene η wird alsdann die Ternion hyperbolisch, es sei im Puncte J, berührt und daher von η in einer geschlossenen und sich selbst in J schneidenden Linie $JKLJMNJ$ durchgangen (vergl. Fig. 8 und 9).

Dieselbe Linie können wir aber noch auf zwei andere Arten auffassen (vergl. die punctirten Linien in Fig. 8 und 9): zuerst als eine geschlossene und sich nicht schneidende Linie $JKLJNMJ$, gleich i, in welcher zwei vorher verschiedene Puncte derselben jetzt bis zur Coïncidenz in J einander nahe gekommen sind; und zweitens als zwei verschiedene geschlossene und in J an einander stossende Linien $JKLJ$, gleich k, und $JNMJ$, gleich n.

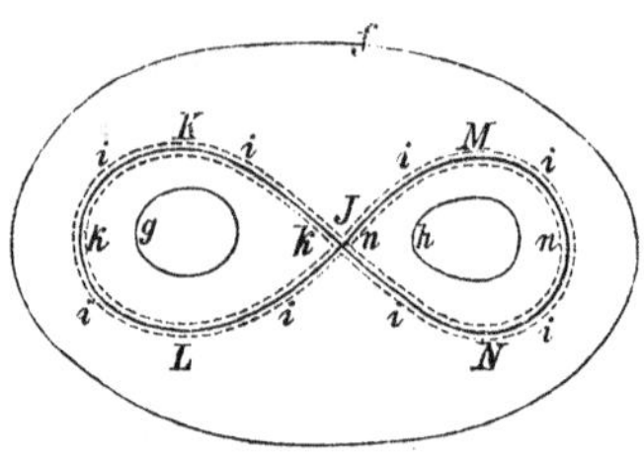

Fig. 8.

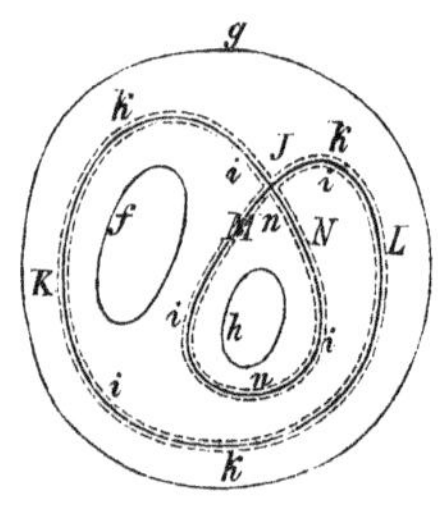

Fig. 9.

Indem nun die Ebene ε aus der Lage ε_1 bis zur Lage η herabsteigt, verwandelt sich ihre anfängliche Durchschnittslinie f mit der Fläche allmählich in i und erzeugt somit die Binion (fi). Beim weiteren Herabsteigen der Ebene ε von η bis ε_2 trennen sich die zwei geschlossenen Linien k und n, aus denen i zusammengesetzt ist, vereinigen sich bei der Coïncidenz von ε mit ε_2 resp. mit den Linien g und h und erzeugen dadurch die zwei Binionen (kg) und (nh).

Die Ternion (fgh) ist hiernach aus den drei Binionen (fi), (kg) und (nh) zusammengesetzt, und wir werden daher und zufolge des in 2) über Binionen Gesagten eine der Ternion elementare verwandte ebene Fläche erhalten, wenn wir in der Ebene η drei geschlossene Linien g', h', f', als die den g, h, f entsprechenden

Linien, also construiren, dass sie resp. mit den in η bereits vorhandenen Linien k, n und i $(= k + n)$, drei Flächenräume (kg'), (nh'), (fi') begrenzen, von denen keine zwei einen Theil gemein haben. Dieses ist aber immer möglich; nur erwäge man hierbei noch, dass die zwei Linien k und n, aus denen i besteht, zwei verschiedene Lagen gegen einander haben können, indem sie entweder neben einander liegen, oder indem die eine, etwa n, von der anderen k umschlossen wird.

Im ersteren dieser zwei Fälle wird die Linie f' die k und die n zugleich und damit die i umschliessen, die Linie g' aber von k und die h' von n umschlossen sein. — Im letzteren Falle muss f' zwischen k und n liegen, g' muss die k umschliessen, und h' von n umschlossen sein.

Zugleich folgt hieraus, dass, je nachdem die Linien k und n in der Ebene η entweder neben einander liegen, oder die eine innerhalb der anderen begriffen ist, auch die in der Ebene ε_2 enthaltenen Linien g und h entweder neben, oder in einander liegen, und dass es daher zweierlei Arten von Ternionen giebt, je nachdem nämlich die zwei in einerlei Ebene begriffenen Grenzlinien einer Ternion entweder neben, oder in einander liegen. Wir wollen diese zwei Arten resp. als erste und zweite Art von einander unterscheiden.

Zusatz. In der Figur 4 (§. 7, 2) wurden von den drei Linien der Ternion (bcd) die zwei in der Ebene ε_2 liegenden b und c als neben einander liegend gezeichnet und damit die Ternion als eine der ersten Art construirt. Denn also verlangte es die dort schon im Voraus angenommene hufeisenförmige Gestalt der Fläche. Wäre aber nicht, wie dort, aus der Form der Fläche φ'' das Schema derselben, sondern umgekehrt aus dem Schema die Form abzuleiten gewesen, so hätte man (bcd) auch als eine Ternion der zweiten Art darstellen und deshalb in der Ebene ε_2 die c von b umschlossen zeichnen können.

Von der auf diese letztere Weise entstehenden Fläche φ'' wird man sich am leichtesten eine Vorstellung machen, wenn man in einer verticalen Ebene eine geschlossene Linie construirt, welche in Bezug auf eine in der Ebene schief gegen den Horizont gezogene Gerade x als Axe symmetrisch liegt und die Gestalt eines nach unten zu offenen Hufeisens hat, und wenn man diese Linie um die besagte Axe herumdreht (vergl. Fig. 10). Denn die hierdurch erzeugte glockenförmige Fläche wird ebenfalls dem Schema für φ'', und dieses unter der zuletzt gemachten Bedingung, Genüge thun.

In der That wird diese Fläche, ebenso wie φ'' in §. 7, von der sich abwärts bewegenden horizontalen Ebene ε viermal hintereinander, in A und B elliptisch, in C hyperbolisch, in D wiederum elliptisch, berührt und von den dazwischen fallenden Lagen ε_1, ε_2 und ε_3 der Ebene ε in einer Linie a, in zweien b und c, und in einer d geschnitten, — nur mit dem Unterschiede, dass jetzt c innerhalb b, und daher B innerhalb des von der Union (b) und der Ebene ε_2 begrenzten Raumes liegt, und dass die in C angelegte Berührungsebene die φ'' in zwei durch C gehenden und innerhalb einander liegenden Linien schneidet. Diese zwei Linien kann man aber auch als eine einzige betrachten, welche eine sichelförmige Fläche begrenzt, deren zwei Spitzen in C aneinander stossen. Bei weiterer Herabbewegung von ε trennen sich die zwei Spitzen dieser Sichel, runden sich immer mehr ab, und die nunmehr einzige Grenzlinie d der vorigen Sichelfläche zieht sich zuletzt in den Punct D zusammen.

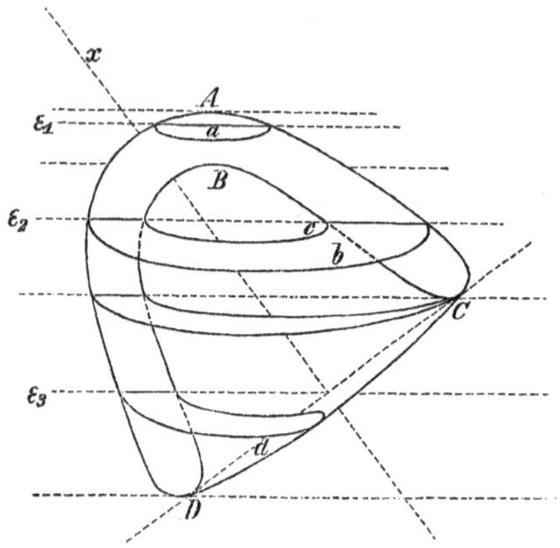

Fig. 10.

Dass und wie man die in den Schematen für φ''', φ^{IV}, φ^{V} in §§. 8 und 9 vorkommenden Ternionen, welche in den beigefügten Figuren leichterer Zeichnung willen als Ternionen der ersten Art dargestellt worden sind, zum Theil wenigstens auch als Ternionen der zweiten Art hätte construiren können, erhellt aus dem über φ'' Gesagten von selbst.

§. 11. Weitere Folgerungen. Zwei Flächen, deren jede derselben dritten elementar verwandt ist, sind es offenbar auch unter sich. Da nun jede Union einer von einer Linie umschlossenen ebenen Fläche elementar verwandt ist (§. 10, 1), so sind auch je zwei Unionen in elementarer Verwandtschaft. Und aus analogem Grunde sind es auch je zwei Binionen, desgleichen je zwei Ternionen.

Ueberhaupt soll eine Fläche, welche von einer oder mehreren geschlossenen und weder sich selbst, noch sich gegenseitig schneidenden Linien begrenzt ist, wenn sie einer ebenen und daher von gleich viel Linien derselben Beschaffenheit begrenzten Fläche elementar verwandt ist, eine Grundform heissen und nach der Zahl ihrer Grenzlinien eine Grundform der ersten, der zweiten, u. s. w. Klasse genannt werden. Nach derselben Schlussweise, wie vorhin, und mit Rücksicht auf §. 5, 4 sind mithin je zwei zu derselben Klasse gehörige Grundformen in elementarer Verwandtschaft.

Die Grundformen der drei ersten Klassen sind einerlei mit den vorhin so genannten Unionen, Binionen und Ternionen. Analog mit den für letztere gebrauchten Bezeichnungen wollen wir durch $(fghi)$ eine von den vier Linien f, g, h, i begrenzte Grundform, u. s. w. ausdrücken.

Zusatz. Ein von einer geschlossenen Linie begrenztes Stück einer Kugelfläche — oder, wie man auch sagen kann: eine Kugelfläche mit einer Oeffnung — ist eine Grundform der ersten Klasse. Ebenso ist eine Kugelfläche mit zwei, drei, u. s. w., n Oeffnungen eine Grundform der zweiten, dritten, u. s. w., $n$ten Klasse.

Denn ist a die Grenzlinie einer der n Oeffnungen, und A ein Punct der Kugelfläche, welcher innerhalb des von a umschlossenen und daher wegzudenkenden Theiles der Fläche liegt, und projicirt man von A aus die Linie a und die Grenzlinien der $n - 1$ übrigen Oeffnungen auf eine Ebene, welche auf dem durch A zu legenden Kugeldurchmesser normal ist, so erhält man in der Ebene ein System von n geschlossenen Linien, von denen diejenige, welche die Projection von a ist, die $n - 1$ übrigen umschliesst, und damit eine ebene Grundform der $n$ten Klasse. Ersichtlich tritt aber diese ebene Fläche mit der mit n Oeffnungen versehenen Kugelfläche in elementar verwandtschaftliche Beziehung, sobald man jedem Puncte der letzteren seine, zufolge der Annahme von A, stets in endlicher Entfernung bleibende Projection auf die Ebene entsprechend setzt.

Eine Grundform der $n$ten Klasse lässt sich hiernach auch als eine Fläche definiren, welche mit dem von n geschlossenen Linien begrenzten Theile einer Kugelfläche elementar verwandt ist. Es hat diese Definition vor der früheren durch eine von n geschlossenen Linien begrenzte Ebene den Vorzug, dass, während in der Ebene eine gewisse Grenzlinie von den übrigen sich durch Umschliessung dieser übrigen unterscheidet, auf der Kugelfläche eine jede der Grenzlinien die jedesmal übrigen umschliessend angesehen werden kann, und dass daher das Willkürliche in der Art, nach welcher man von zwei elementar verwandten Grundformen die Grenzlinien der einen den Grenzlinien der anderen entsprechend setzen kann (vergl. §. 5), bei der Kugelfläche klarer noch, als bei der Ebene, in die Augen fällt.

§. 12. Jede geschlossene Fläche lässt sich durch parallele Ebenen in Grundformen der drei ersten Klassen zerlegen (§. 10 zu Anfang). Wenn es indessen bloss darauf ankommt, die Fläche als eine Summe von Grundformen darzustellen, und wenn dabei auch höhere Klassen derselben in Anwendung gebracht werden, so sind, wie die folgenden Betrachtungen zeigen werden, immer schon zwei Grundformen zu diesem Zwecke hinreichend.

Durch unmittelbare Anschauung erhellt, dass zwei ebene und in derselben Ebene liegende Grundformen mit beliebig vielen Grenzlinien, wenn sie eine und nur eine gemeinsame Grenzlinie, aber keinen gemeinsamen Flächentheil haben, beide eine einzige Grundform ausmachen, deren Grenzlinien die der zwei ersteren, mit Weglassung der gemeinsamen, sind. Unter den eben bemerkten Bedingungen wird daher sein:

$$(a) + (ab) = (b) \;, \qquad (ab) + (bc) = (ac) \;, \qquad (a) + (abc) = (bc) \;,$$
$$(ab) + (bcd) = (acd) \;, \qquad (abc) + (cde) = (abde) \;,$$

u. s. w. Zufolge der vorhin gegebenen allgemeineren Definition von Grundformen werden aber diese Formeln für die Combination zweier Grundformen auch dann gelten, wenn dieselben nicht eben sind, dafern sie nur keinen gemeinsamen Flächentheil haben.

Die erste der Formeln kann daher auch bedeuten, dass eine an beiden Enden offene Röhre (ab) durch den Verschluss des einen Endes mit der Grundform (a) in eine von der Grenzlinie b am anderen Ende umschlossene Grundform (b) übergeht. — Die zweite Formel kann ausdrücken, dass zwei Röhren (ab) und (bc), welche mit ihren von b begrenzten Enden an einander stossen, eine einzige Röhre (ac) bilden. — Die dritte Formel, dass einer Kugelfläche, welche drei von a, b, c begrenzte Oeffnungen hat, nach Verschliessung der einen Oeffnung durch die Grundform (a) nur zwei Oeffnungen noch übrig bleiben; u. s. w.

§. 13. In den in §. 8 und §. 9 aufgestellten schematischen Ausdrücken für geschlossene Flächen durch Grundformen der drei ersten Klassen findet sich jede Grenzlinie zweimal (§. 9, 4), und keine zwei Grundformen eines solchen Ausdruckes haben einen Theil ihrer Flächen mit einander gemein, da jede derselben in einem der auf einander folgenden von den Ebenen ε_0 und ε_1, und ε, u. s. w. begrenzten Räume liegt, und keine zwei Grundformen, welche in einen und denselben dieser Räume fallen, nach den darüber gemachten Annahmen einen gemeinschaftlichen Theil haben.

Diese Bemerkung gewährt aber in Verbindung mit den Formeln des §. 12 ein einfaches Mittel, um die Grundformen der in §§. 8 und 9 enthaltenen und ähnlicher Ausdrücke auf eine geringere Zahl zu bringen. Man kann nämlich mit Anwendung jener Formeln irgend zwei Grundformen eines solchen Ausdruckes, welche nur eine Grenzlinie gemein haben, zu einer Grundform combiniren; und da diese eine offenbar eben so wenig, als die noch vorhandenen übrigen unter sich, mit einer dieser übrigen einen Theil gemein hat, so wird man das Geschäft des Combinirens so lange fortsetzen können, bis man zu einem Systeme von Grundformen gelangt ist, von denen keine zwei nur eine Grenzlinie gemein haben, — den Fall ausgenommen, in welchem dieses letzte System nur aus zwei von einer und derselben Grenzlinie umschlossenen Grundformen der ersten Klasse besteht.

In der That gibt eine erste Reduction von

$$\varphi'' = (a) + (ab) + (c) + (bcd) + (d)$$

in §. 8, weil

$$(a) + (ab) = (b) \quad \text{und} \quad (c) + (bcd) = (bd)$$

ist,

$$\varphi'' = (b) + (bd) + (d) \;;$$

und eine zweite Reduction, weil

$$(b) + (bd) = (d) \;, \quad \text{sowie} \quad (bd) + (d) = (b)$$

ist,

$$\varphi'' = (d) + (d) \;, \quad \text{sowie} \quad = (b) + (b) \;;$$

und ähnlicherweise hätte man φ'' auch auf $(a) + (a)$ oder $(c) + (c)$ zurückführen können. Jeder dieser vier Werthe von φ'' aber zeigt an, dass diese Fläche aus zwei Grundformen der ersten Klasse zusammengesetzt ist.

Die Fläche

$$\varphi''' = (a) + (abc) + (bcd) + (d)$$

in §. 8 reducirt sich wegen

$$(a) + (abc) = (bc) \quad \text{und} \quad (bcd) + (d) = (bc)$$

auf

$$\varphi''' = (bc) + (bc) \;;$$

d. h. die in §. 7, 3 als eine geschlossene Ringfläche construirte Fläche φ''' ist aus zwei Grundformen der zweiten Klasse zusammengesetzt, deren jede die Grenzlinien b und c hat.

Um den etwas zusammengesetzteren Ausdruck für φ^{IV} in §. 9 zu vereinfachen, setze man die Summen der dortigen Reihen von Grundformen:

$$(a) = \alpha \;, \quad (ab) + (c) = \beta \;, \quad (bde) + (cf) = \gamma \;,$$
$$(eh) + (dfg) = \delta \;, \quad (hk) + (gi) + (l) = \varepsilon \;, \quad (ikm) + (ln) = \zeta \;,$$
$$(mno) = \eta \;, \quad (o) = \vartheta \;,$$

und es wird

$$\alpha+\beta=(b)+(c)\ ,\qquad \alpha+\beta+\gamma=(de)+(f)\ ,$$
$$\alpha+\beta+\gamma+\delta=(dh)+(dg)=(gh)\ ,$$
$$\alpha+\ldots+\varepsilon=(gk)+(gi)+(l)=(ik)+(l)\ ,$$
$$\alpha+\ldots+\zeta=(ik)+(ikm)+(n)\ ,$$
$$\alpha+\ldots+\eta=(ik)+(ikm)+(mo)=(ik)+(iko)\ ,$$
$$\alpha+\ldots+\vartheta=\varphi^{\mathrm{IV}}=(ik)+(ik)\ .$$

Die Fläche φ^{IV} ist daher, wie die vorige φ''', als eine Ringfläche zu betrachten.

Verfährt man ebenso mit der Fläche φ^{V} in §. 9 und setzt:

$$(a)=\alpha\ ,\qquad (abc)=\beta\ ,\qquad (bd)+(cef)=\gamma\ ,$$
$$(dgh)+(ei)+(fk)=\delta\ ,\qquad (gl)+(him)+(kn)=\varepsilon\ ,$$
$$(lmo)+(np)=\zeta\ ,\qquad (opq)=\eta\ ,\qquad (q)=\vartheta\ ,$$

so kommt

$$\alpha+\beta=(bc)\ ,\qquad \alpha+\beta+\gamma=(def)\ ,\qquad \alpha+\ldots+\delta=(ghik)\ ,$$
$$\alpha+\ldots+\varepsilon=(hiln)+(him)\ ,\qquad \alpha+\ldots+\zeta=(himop)+(him)\ ,$$
$$\alpha+\ldots+\eta=(himop)+(him)+(opq)\ ,$$
$$\alpha+\ldots+\vartheta=\varphi^{\mathrm{V}}=(himop)+(him)+(op)\ ;$$

und es ist daher die Fläche φ^{V} aus einer Grundform der fünften, einer der dritten und einer der zweiten Klasse zusammengesetzt.

§. 14. Das System von Grundformen, es heisse Σ, auf welches nach §. 13 ein anfängliches System von Grundformen der drei ersten Klassen reducirt worden ist, enthält ebenso, wie das anfängliche, jede in ihm sich noch vorfindende Grenzlinie zweimal, weil bei jeder einzelnen Reduction zwei identische Linien zugleich weggefallen sind. Es unterscheidet sich aber Σ von dem anfänglichen Systeme dadurch, dass zwei seiner Grundformen niemals nur eine Linie gemein haben (den schon oben gedachten und bei φ' und φ'' eintretenden Fall ausgenommen), sondern entweder gar keine, wie (him) und (op) in φ^{V}, oder mehrere, wie $(himop)$ und (him) ebenda, oder alle, wie (bc) und (bc) in φ'''. Im letzteren Falle, also im Falle, dass die Ausdrücke zweier Grundformen identisch sind, kann Σ nur aus diesen zwei Grundformen bestehen, indem durch sie allein schon eine geschlossene Fläche ausgedrückt wird. Findet aber diese Identität nicht statt, wie bei φ^{V}, so kann sie doch immer durch Hülfe neuer Grenzlinien herbeigeführt, und damit das System Σ auf ein zweigliederiges reducirt werden.

Zuerst nämlich erhellt leicht, dass, wenn Σ nicht bereits aus nur zwei Grundformen besteht, es immer derartige Paare von Linien in Σ geben muss, dass die zwei Linien eines solchen in einer Grundform oder Gliede von Σ vereinigt und in zwei anderen einzeln sich finden. Denn bedeute A den Complex der zwei oder mehreren Linien, welche zwei Glieder von Σ gemein haben, B den Complex aller noch übrigen Linien des einen, und C den Complex aller noch übrigen des anderen dieser beiden Glieder; seien also (AB) und (AC) die beiden Glieder selbst. Ist nun a eine der Linien von A, und b eine der Linien von B, so finden sich in (AB) a und b zugleich, in (AC) aber bloss a, weil B und C keine Linie gemein haben; und es muss, wie gezeigt werden sollte, noch ein drittes Glied geben, welches die b, nicht auch die a, enthält, weil jede Linie nur zweimal in Σ sich vorfindet.

Dieses vorausgeschickt, schreibe man noch aA' statt A, wonach A' den Complex von Linien bezeichnet, welche in Verbindung mit a den Complex A geben; und ähnlicher Art schreibe man bB' statt B. Das dritte Glied aber, welches nur b, nicht a, enthält, setze man gleich (bD). Die drei mit a und b behafteten Glieder sind hiernach

$$(abA'B') + (aA'C) + (bD) \ ,$$

und diese lassen sich immer auf zwei reduciren. Denn weil A, B, C keine Linie gemein haben, so gilt dasselbe auch von A', B', C'; und eben so wenig kann der Complex D eine Linie mit A' gemein haben, indem sonst eine und dieselbe Linie allen drei Gliedern gemein wäre. Wenn man daher, was immer möglich ist, in der Grundform $(abA'B')$ eine geschlossene Linie x also zieht, dass auf der einen Seite von x die a und die in B' begriffenen Linien, auf der anderen die b und die in A' begriffenen Linien liegen, und man somit jene Grundform in die zwei Theile (xaB') und (xbA') zerlegt, so werden obige drei Glieder

$$\begin{aligned} &= (xaB') + (aA'C) + (xbA') + (bD) \\ &= (xB'A'C) + (xA'D) \end{aligned}$$

(nach §. 12), also auf die Summe von zweien gebracht, das System Σ aber ist, wenn es aus n Grundformen bestand, auf $n-1$ dergleichen reducirt, in denen an die Stelle der zwei anfänglichen Linien a und b eine neue x getreten ist und alle übrigen in A', B', C, D begriffenen Linien geblieben sind. Auf gleiche Art lassen sich aber diese $n-1$ Grundformen auf $n-2$, u. s. w. reduciren, bis man zuletzt auf ein nur zweigliederiges und daher nicht weiter reducirbares System kommt. *Q. e. d.*

So wurde z. B. der in §. 9 für die geschlosssene Fläche φ^{v} aufgestellte Ausdruck in §. 13 auf die drei Glieder

$$(himop) + (him) + (op)$$

reducirt, von denen das erste die Linien h und o zugleich, das zweite bloss h und das dritte bloss o, — nämlich h mit im, und o mit p verbunden — enthält. Um daher letzteren Ausdruck in einen zweigliederigen zu verwandeln, setze man

$$(himop) = (xhp) + (xoim) \ ,$$

und es wird die Fläche φ^{v}

$$= (xhp) + (him) + (xoim) + (op) = (ximp) + (ximp) \ ,$$

welche wir somit als aus zwei Grundformen der vierten Klasse zusammengesetzt erkennen.

Zu demselben Resultate kann man übrigens auch ohne Einführung einer neuen Linie x, und dieses noch einfacher, auf folgende Weise gelangen. — Mittelst der in §. 13 bei φ^{v} angewendeten Zeichen α, β, ... fanden wir

$$\alpha + \ldots + \varepsilon = (hiln) + (him) \ .$$

Ferner ist

$$\zeta + \eta + \vartheta = (lmo) + (np) + (op) = (lmn) \ ;$$

folglich

$$\varphi^{\text{v}} = \alpha + \ldots + \vartheta = (hiln) + (hiln) \ ,$$

gleich der Summe zweier Grundformen der vierten Klasse.

§. 15. Das System Σ (§. 14 zu Anf.) ist demnach immer auf eine der zweigliederigen Formen $(a) + (a)$, $(ab) + (ab)$, $(abc) + (abc)$, u. s. w. reducirbar, d. h. *eine geschlossene Fläche lässt sich immer durch eine gewisse Anzahl auf ihr gezogener geschlossener Linien in zwei Grundformen zerlegen, deren jede von allen diesen Linien begrenzt ist und daher eine der Zahl der Linien gleiche Klassenzahl hat.* Nach derselben Zahl wollen wir nun auch die geschlossenen Flächen selbst klassificiren und *eine geschlossene Fläche der nten Klasse* diejenige nennen, welche in zwei Grundformen der $n$ten Klasse zerlegbar ist.

Den in §§. 13 und 14 gemachten Reductionen gemäss gehören daher die hufeisenförmige Fläche φ'', ebenso wie die Kugelfläche φ' in §. 8, zur ersten Klasse; die Ringflächen φ''' und φ^{IV} zur zweiten, und die Fläche φ^{v} zur vierten.

Um sich von einer Fläche der $n$ten Klasse eine anschauliche Vorstellung zu machen, denke man sich zwei einander nicht schneidende Kugelflächen, deren jede n Oeffnungen hat, und es wird, wenn man je eine Oeffnung der einen Fläche mit je einer der anderen durch eine Röhre verbindet, von denen keine zwei einen gemeinsamen Theil haben, eine Fläche der $n$ten Klasse entstehen. Denn zieht man um jede der n Röhren, etwa in der Mitte einer jeden, eine geschlossene Linie, so wird durch die n Linien die ganze Fläche in zwei Theile zerlegt, deren jeder ebenso, wie jede der zwei mit n Oeffnungen versehenen Kugelflächen selbst (§. 11 Zusatz), eine Grundform der $n$ten Klasse ist.

Oder man bringe eine ebene Fläche, welche $n-1$ Oeffnungen hat, also eine Grundform der $n$ten Klasse ist, mit einer ihr gleichen und ähnlichen Fläche zur Coïncidenz und denke sich, dass, während die n Grenzlinien der einen mit den n Grenzlinien der anderen in Deckung bleiben, die eine Fläche nach oben und die andere nach unten hin sich ausdehne. Hierdurch wird gleichfalls eine Fläche der $n$ten Klasse erzeugt werden.

Dieselbe kann man sich daher auch als die Oberfläche eines von $n-1$ Kanälen durchbohrten Körpers vorstellen, vorausgesetzt, dass die Oberfläche vor der Durchbohrung zur ersten Klasse gehörte, und dass keine zwei der Kanäle einen Theil mit einander gemein haben.

In der That, wird ein von einer Fläche der ersten Klasse begrenzter Körper mit einem Kanal durchbohrt, bezeichnet man die Grenzfläche dieses Kanales mit $\varkappa$ und die übrige Grenzfläche des Körpers mit λ, so dass jetzt $\varkappa + \lambda$ die Oberfläche des Körpers ist, und fügt man noch zwei Kanäle hinzu, welche, von zwei verschiedenen Stellen von λ ausgehend, in zwei verschiedenen Stellen von $\varkappa$ sich endigen, im Uebrigen aber weder mit einander, noch mit dem ersten Kanale einen Theil gemein haben, so wird die nunmehrige Oberfläche des Körpers zur vierten Klasse gehören. Nimmt man aber die zwei Stellen in $\varkappa$ einander direct gegenüberliegend an, so kann man den zweiten und den dritten Kanal als einen einzigen den ersten schneidenden Kanal betrachten. Eine geschlossene Fläche der ersten Klasse wird demnach dadurch, dass man den von ihr umgrenzten Körper mit zwei Kanälen durchbohrt, in eine Fläche nicht der dritten, sondern der vierten Klasse verwandelt, sobald die Kanäle einen Raumtheil gemein haben. — Und auf ähnliche Art wird man auch in allen noch zusammengesetzteren Fällen, in denen die den Körper durchbohrenden Kanäle einander kreuzen, die Klasse der den Körper begrenzenden Fläche zu bestimmen haben.

§. 16. Eine geschlossene Fläche der $n$ten Klasse sollte nach §. 15 diejenige genannt werden, welche durch n auf ihr gezogene geschlossene Linien a, b, ..., n in zwei Grundformen getheilt werden kann. Es ist nun von selbst klar, dass, wenn zwei Puncte P und Q der Fläche in einer und derselben der beiden Grundformen enthalten sind, man von P bis Q, in der Fläche selbst fortgehend, gelangen kann, ohne eine der Linien $a, b, \ldots, n$ zu durchgehen; dass aber, wenn P in der einen und Q in der anderen Grundform liegt, man auf dem Wege von P bis Q wenigstens eine der Linien $a, b, \ldots, n$ durchgehen muss; dass daher, wenn eine dieser Linien, etwa a, weggelassen wird, man von einem beliebigen Puncte P der Fläche bis zu irgend einem anderen Q derselben ohne Durchschneidung einer der noch vorhandenen Linien $b, \ldots, n$ gelangen kann, und dass folglich durch diese letzteren allein die Fläche nicht in zwei gesonderte Theile zerlegt wird.

Auf einer geschlossenen Fläche der $n$ten Klasse lassen sich demnach $n-1$ geschlossene Linien dergestalt ziehen, dass die Fläche ungetheilt bleibt.

Auf einer Fläche der ersten Klasse gibt es folglich keine geschlossene Linie, welche sie ungetheilt liesse, d. h. sie wird durch jede solche Linie in zwei Theile zerlegt.

Auf einer Fläche der zweiten Klasse, $(ab) + (ab)$, lässt sich eine sie nicht theilende Linie, die Linie a, oder die b, ziehen, während sie durch zwei Linien in zwei, oder auch drei Theile getheilt wird. — Bei der in §. 7, 3 construirten Ringfläche können für a und b irgend zwei Lagen des sie erzeugenden Kreises oder auch die zwei Kreise genommen werden, welche irgend zwei Puncte des erzeugenden Kreises bei der Drehung seiner Ebene um die Axe x beschreiben. Jedes dieser Paare von Kreisen theilt die Ringfläche in zwei Theile. Auf derselben Fläche aber können zwei geschlossene Linien auch also gezogen werden, dass jede von ihnen eine Grundform der ersten Klasse umschliesst, und somit die ganze Fläche in diese zwei Räume und den zwischen ihnen liegenden dritten zerlegt wird.

Eine Fläche der dritten Klasse kann durch zwei geschlossene Linien ungetheilt bleiben, wird aber durch drei Linien in zwei, drei, oder auch vier Theile zerlegt; u. s. w., wobei jedoch immer vorausgesetzt wird, dass keine zwei dieser Linien sich in einem Puncte begegnen.

§. 17. *Je zwei geschlossene Flächen φ und φ', welche zu derselben Klasse gehören, sind elementar verwandt.* Denn nach der in §. 15 gegebenen Definition zweier Flächen von gleicher Klassenzahl, gleich n, lässt sich φ sowohl als φ' durch n geschlossene Linien in zwei Grundformen, φ in χ und ψ, φ' in χ' und ψ', theilen, deren jede von der $n$ten Klasse ist. Diese vier Grundformen χ, ψ, χ', ψ'

sind nach §. 11 einander elementar verwandt, wobei je einer der n gemeinsamen Grenzlinien von χ und ψ je eine der n gemeinsamen Grenzen von χ' und ψ' entspricht. Es müssen daher auch die aus den Grundformen χ und ψ zusammengesetzte Fläche φ und die aus χ' und ψ' zusammengesetzte φ' in elementar verwandtschaftliche Beziehung gebracht werden können.

Dagegen sind zwei zu verschiedenen Klassen gehörige geschlossene Flächen nicht in elementarer Verwandtschaft. Denn seien, um dieses zunächst für den möglichst einfachen Fall zu beweisen, φ eine Fläche der ersten, und φ' eine der zweiten Klasse. Man ziehe, wie dieses nach §. 16 immer möglich ist, auf der Fläche φ' eine sie nicht in zwei Theile theilende geschlossene Linie a'. Wären nun φ und φ' elementar verwandt, so müsste sich auf φ eine der a' entsprechende Linie a angeben lassen. Durch a wird aber φ in zwei Theile geschieden (§. 16). Sei P (vergl. Fig. 11) ein Punct in dem einen, und Q

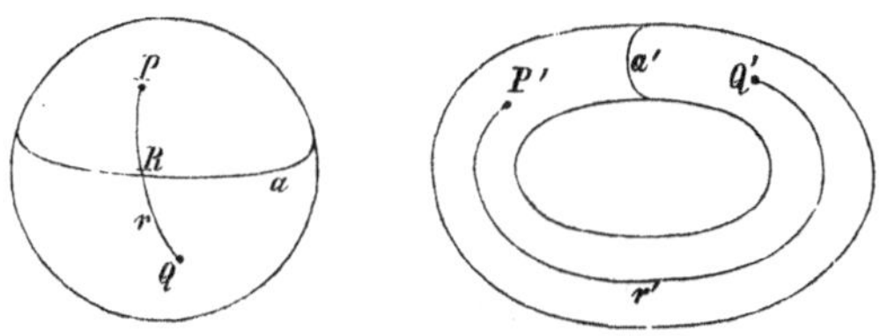

Fig. 11.

ein Punct in dem anderen dieser Theile, und P', Q' die den P, Q entsprechenden Puncte in φ'. Nun lässt sich auf φ' von P' bis Q' eine die a' nicht schneidende Linie r' ziehen, welcher auf φ die von P bis Q gehende Linie r entspreche. In Folge der über die Lage von P und Q gemachten Voraussetzung wird diese r die a wenigstens in einem Puncte R (oder auch in 3, 5, 7, ... Puncten) schneiden. Der dem R in φ' entsprechende Punct R' müsste daher in a' und r' zugleich enthalten sein. Einen solchen gibt es aber nicht, weil a' von r' nicht getroffen werden soll. Mithin können φ und φ' nicht in elementarer Verwandtschaft zu einander stehen.

So ist es z. B. nicht möglich, die Erdoberfläche auf der in §. 7, 3 beschriebenen Ringfläche also abzubilden, dass je zwei einander unendlich nahen Puncten der einen Fläche zwei einander unendlich nahe der anderen entsprächen.

Auf ganz ähnliche Art, wie jetzt für eine Fläche der ersten und eine der zweiten Klasse, lässt sich nun auch für zwei Flächen φ und φ', welche verschiedenen Klassen überhaupt, es sei der $m$ten und der $(m+n)$ten, angehören, der Beweis führen, dass sie einander nicht elementar verwandt sein können. Denn auf φ' lassen sich (nach §. 16) $m+n-1$ geschlossene Linien, also um so mehr m dergleichen Linien a', b', ..., m' ziehen, welche die φ' nicht in Theile zerlegen. Unter Voraussetzung der elementaren Verwandtschaft zwischen φ und φ' seien a, b, ..., m die jenen Linien entsprechenden Linien auf φ. Durch letztere wird aber die φ, als eine Fläche der $m$ten Klasse, in wenigstens zwei Theile getheilt, und man trifft nun nach Annahme zweier Puncte P, Q, welche in zwei verschiedenen Theilen von φ liegen, und mittelst der entsprechenden Puncte P', Q' in der ungetheilt gebliebenen Fläche φ' auf denselben Widerspruch wie vorhin, dass sich nämlich auf φ' von P' bis Q' eine den Linien a', b', ..., m' nicht begegnende Linie ziehen lässt, während die entsprechende Linie von P bis Q auf φ wenigstens eine der Linien a, b, ..., m durchgehen würde.

Aus dem jetzt Bewiesenen ziehen wir noch den Schluss, dass *je zwei elementar verwandte Flächen zu einer und derselben Klasse gehören.*

Zusatz. Bei den unendlich vielen Arten, auf welche eine geschlossene Fläche in zwei Grundformen zerlegt werden kann, ist es ohne weitere Untersuchung recht wohl denkbar, dass eine und dieselbe Fläche das eine Mal durch gewisse n Linien und das andere Mal durch gewisse n' Linien in zwei Grundformen getheilt werden und folglich zwei verschiedenen Klassen, der $n$ten und der n'ten, zugleich angehören könne. Einer solchen Annahme widerstreitet aber das eben Erwiesene, als wonach eine und dieselbe und daher sich selbst elementar verwandte Fläche nicht zu zwei verschiedenen Klassen zugleich gerechnet werden kann.

---

§. 18. In §. 13 und §. 14 ist gezeigt worden, wie ein aus beliebig vielen Grundformen der drei ersten Klassen zusammengesetzter Ausdruck einer geschlossenen Fläche auf einen nur zwei Grundformen enthaltenden Ausdruck reducirt, und damit die Klassenzahl der Fläche (§. 15) bestimmt werden kann. Ohne aber jene Reductionen einzeln anzustellen, lässt sich diese Zahl auch unmittelbar aus den Zahlen der Grundformen der ersten und der dritten Klasse im anfänglichen Flächenausdrucke bestimmen.

Denn bestehe dieser Ausdruck aus u Grundformen der ersten Klasse, aus s der zweiten und aus t der dritten, also aus $u+s+t$ Gliedern, so ist die Anzahl aller in ihm enthaltenen Linien überhaupt gleich $u + 2s + 3t$; und da jede derselben zweimal sich vorfindet (§. 9, 4), so ist die Anzahl aller verschiedenen Linien des Ausdruckes gleich $\frac{1}{2}(u + 2s + 3t)$, — woraus zugleich noch folgt, dass die Zahlen u und t entweder beide gerade, oder beide ungerade sind.

Nun bestand das Verfahren, durch welches der Ausdruck nach und nach bis auf zwei Glieder reducirt wurde, anfänglich darin, dass zwei Glieder, welche nur eine Linie gemein hatten, mit Weglassung der gemeinsamen Linie zu einem verbunden wurden (§. 13), z. B.

$$(ab) + (bcd) = (acd) ,$$

und dass man, wenn dieses Verfahren noch nicht ausreichte, drei Glieder von den Formen $(abA'B') + (aA'C) + (bD)$ in zwei von den Formen $(xB'A'C) + (xA'D)$ zusammenzog (§. 14), wodurch an die Stelle der zwei Linien a und b die eine x trat. Bei jeder dieser beiden Reductionsarten wird folglich sowohl die Gliederzahl, als die Anzahl der verschiedenen Linien um die Einheit vermindert. Es wird daher nach irgend r Reductionen

$$\begin{aligned} &\text{die Gliederzahl} = u + s + t - r \; , \\ &\text{die Linienzahl} \;\; = \tfrac{1}{2}(u + 2s + 3t) - r \; , \end{aligned}$$

und es ist mithin nach, wie vor allen Reductionen

$$\text{die Linienzahl weniger der Gliederzahl} = \tfrac{1}{2}(t - u) \; .$$

Nachdem folglich die anfängliche Gliederzahl bis auf 2 reducirt worden, so wird die um 2 verminderte Linienzahl gleich $\frac{1}{2}(t - u)$, und daher, weil dann die Linienzahl gleich der Klassenzahl n der Fläche ist (§. 15),

$$(A) \qquad n = \tfrac{1}{2}(t - u) + 2 \; ,$$

d. h. *für eine durch Grundformen der drei ersten Klassen ausgedrückte geschlossene Fläche findet sich die Klassenzahl, wenn man die Hälfte des Restes, welcher nach Abzug der Zahl der Grundformen erster Klasse von der Zahl derer der dritten Klasse übrig bleibt, um zwei Einheiten vermehrt.*

So sind zu Folge der in §. 8 und §. 9 aufgestellten Schemata

für die Flächen	φ',	φ'',	φ''',	φ^{IV},	φ^{V},
die Zahlen u	2,	3,	2,	4,	2,
die Zahlen t	0,	1,	2,	4,	6,
folglich die Klassenzahlen	1,	1,	2,	2,	4;

— vollkommen übereinstimmend mit den schon in §. 15 angegebenen Klassenzahlen dieser Flächen.

§. 19. In der Gleichung (A), durch welche so eben die Klassenzahl n einer Fläche mittelst der Zahlen u und t von Grundformen der ersten und der dritten Klasse bestimmt wurde, kann man die letzteren Zahlen noch auf andere Weise definiren und damit der Gleichung selbst eine noch leichter zu fassende Bedeutung abgewinnen.

Bei der in §§. 6 bis 9 angestellten Zerlegung einer geschlossenen Fläche φ durch parallele Ebenen ε_0, ε_1, ... in Grundformen der drei ersten Klassen fiel nämlich zwischen je zwei dieser Ebenen, welche zunächst auf einander folgten, entweder eine und nur eine Grundform der ersten, oder eine und nur eine Grundform der dritten Klasse. Erstere Grundform wurde von einer mit ε_0, ε_1, ... parallelen Ebene in einem Puncte elliptisch, und letztere von einer solchen Ebene in einem Puncte hyperbolisch berührt, während bei einer Grundform der zweiten Klasse keine dergleichen Berührung stattfand. Die Zahl u der Grundformen erster Klasse ist daher auch gleich der Zahl der Puncte, in denen die Fläche φ von einer mit ε_0 parallel sich fortbewegenden Ebene ε elliptisch berührt wird, und ebenso ist t die Zahl der hyperbolischen Berührungspuncte von φ mit ε.

Sei nun E ein elliptischer und H ein hyperbolischer Berührungspunct, so hat nach der Natur der elliptischen Berührung der Punct E unter allen ihm nächsten Puncten der Fläche φ entweder den grössten, oder den kleinsten Abstand von ε_0 oder von sonst einer festen mit ε_0 parallelen Ebene ζ, je nachdem der dem E nächstliegende Theil von φ der Ebene ζ seine hohle, oder seine erhabene Seite zuwendet; und ähnlicher Weise ist der Abstand des H von ζ ein Maximum und ein Minimum zugleich. Man kann daher u auch als die Zahl der Puncte der Fläche φ definiren, deren Abstände von einer beliebigen festen Ebene ζ theils Maxima, theils Minima sind, und t als die Zahl der Puncte von φ, deren Abstände von derselben Ebene ζ Maxima und Minima zugleich sind. Zwischen diesen beiden Zahlen aber und der Klassenzahl n von φ wird immer die Gleichung (A) bestehen.

§. 20. Die zur Theilung der Fläche φ in Grundformen der drei ersten Klassen gebrauchten parallelen Ebenen ε_0, ε_1, ... kann man als Stücke von Kugelflächen betrachten, welche einen gemeinsamen im Unendlichen liegenden Mittelpunct haben. Zu demselben Zwecke kann man aber auch eine Reihe endlicher Kugelflächen mit einem gemeinsamen beliebig zu wählenden Mittelpuncte anwenden und dadurch zu einer noch etwas allgemeineren Auffassung der Zahlen u und t gelangen.

Setzen wir nämlich, dass von dieser Reihe concentrischer Kugelflächen σ_0, σ_1, ... die erste σ_0 und die letzte die Fläche φ ganz zwischen sich liegend haben, und dass sie dergestalt auf einander folgen, dass zwischen je zwei nächsten der Reihe eine und nur eine mit ihnen concentrische die Fläche φ berührende Kugelfläche beschrieben werden kann, so wird die Fläche φ durch ihre Schnitte mit σ_1, σ_2, ..., wie vorhin, in Grundformen getheilt, von denen zwischen je zwei nächsten der Kugelflächen σ_0, σ_1, σ_2, ..., ausser den Grundformen der zweiten Klasse, immer noch eine und nur eine entweder der ersten, oder der dritten Klasse enthalten ist, je nachdem nämlich die zwischen die beiden Kugelflächen fallende Berührung eine elliptische, oder eine hyperbolische ist.

Das mittelst der Grenzlinien dieser Grundformen zu bildende Schema von φ ist nun ersichtlich von derselben Beschaffenheit, welche das frühere nach §. 9 hatte, und die Schlüsse, durch welche wir, von jenem Schema ausgehend, zu der Gleichung (A) zwischen den Zahlen u und t der Grundformen der ersten und der dritten Klasse und der Klassenzahl n von φ selbst gelangten, müssen auch gegenwärtig anwendbar sein. Wie in §. 19 zeigt sich ferner auch hier, dass u gleich der Zahl der elliptischen, und t gleich der Zahl der hyperbolischen Berührungen von φ mit den zwischen σ_0, σ_1, ... fallenden concentrischen Kugelflächen ist; und es erhellt, dass, wenn O das gemeinsame Centrum der letzteren, E einen elliptischen und H einen hyperbolischen Berührungspunct bezeichnet, unter allen von O an Puncte von φ, welche dem E unendlich nahe liegen, zu ziehenden Radien der Radius OE ein Maximum oder ein Minimum ist, je nachdem die Fläche φ in der Nähe von E ihre hohle oder ihre erhabene Seite dem O zukehrt, der Radius OH aber unter allen ihm nächsten Radien ein Maximum und ein Minimum zugleich ist.

Die Anzahl ($= u + t$) *aller Normalen einer geschlossenen Fläche, welche sich von einem beliebigwo angenommenen Puncte O bis zur Fläche ziehen lassen, ist demnach stets eine gerade Zahl* (§. 18); *und wenn u unter diesen Normalen theils Maxima, theils Minima, die t übrigen aber Maxima und Minima zugleich sind, so ist $t - u$ eine von dem Orte des O unabhängige Zahl, deren Hälfte, um zwei Einheiten vergrössert, die Klassenzahl n der Fläche gibt.*

So lassen sich z. B. bei dem Ellipsoid von seinem Mittelpuncte aus, wenn dieser für den Punct O genommen wird, sechs auf der Fläche normale Radien, die Hälften der drei Hauptaxen, ziehen.

Zwei dieser Radien sind Maxima, zwei andere Minima, und die zwei übrigen Maxima und Minima zugleich. Hier ist also $u = 4$, $t = 2$, mithin

$$n = \tfrac{1}{2}(t - u) + 2 = 1 \;,$$

und daher das Ellipsoid, ebenso wie eine Kugelfläche, eine Fläche der ersten Klasse.

Werde ferner bei der in §. 7, 3 construirten Ringfläche φ''' der Punct O irgendwo in der Ebene λ angenommen, welche die Fläche in zwei concentrischen Kreisen symmetrisch halbirte, und treffe eine durch O und den Mittelpunct dieser Kreise gelegte Gerade den äusseren Kreis in A, D, den inneren in B, C, so dass A, B, C, D die Aufeinanderfolge dieser vier Puncte sei. Alsdann sind unter allen von O an die Fläche zu ziehenden Radien die nach A, B, C, D gehenden allein auf der Fläche normal. Unter diesen vier Radien ist aber, wenn O dem A näher, als den drei übrigen Puncten B, C, D liegt, OA ein Mininum, OD ein Maximum, und OB, OC sind Maxima und Minima zugleich; liegt aber O dem B näher, als den A, C, D, so ist OB ein Minimum und OD ein Maximum, während OA, OC Maxima und Minima zugleich sind; u. s. w. Hier ist also immer $u = 2$, $t = 2$, und folglich nach der Formel (A) in §. 18 die Klassenzahl n der Fläche φ''' gleich 2 — übereinstimmend mit §. 15 und §. 18 zu Ende.

Zusatz. Setzt man die Zahl aller von einem beliebigen Puncte O an eine geschlossene Fläche normal zu ziehenden Radien ($= u + t$) gleich N, so ergibt sich mit Hülfe von (A) in §. 18

$$u = \tfrac{1}{2}N - n + 2 \quad \text{und} \quad t = \tfrac{1}{2}N + n - 2 \;.$$

Für eine geschlossene Fläche der ersten Klasse ist daher

$$(R) \qquad u = \tfrac{1}{2}N + 1 \quad \text{und} \quad t = \tfrac{1}{2}N - 1 \;,$$

für eine der zweiten Klasse

$$u = \tfrac{1}{2}N \quad \text{und} \quad t = \tfrac{1}{2}N \;,$$

für eine der dritten

$$u = \tfrac{1}{2}N - 1 \quad \text{und} \quad t = \tfrac{1}{2}N + 1 \;,$$

für eine der vierten

$$u = \tfrac{1}{2}N - 2 \quad \text{und} \quad t = \tfrac{1}{2}N + 2 \;,$$

u. s. w., wozu ich nur noch bemerke, dass unter diesen Gleichungen die zwei mit (R) bezeichneten, und diese allein, sich bereits in einer im *Journal de l'école polytechnique*, *cahier* 37, enthaltenen Abhandlung: *Démonstration d'une propriété générale des surfaces fermées*, *par M. Reech*, bewiesen finden, und dass daher in dieser Abhandlung unter *surfaces fermées* bloss die von mir sogenannten Flächen der *ersten* Klasse zu verstehen sind, — ähnlicher Weise, wie man die Gleichung

$$E + F = K + 2$$

als allgemeine Relation zwischen den Zahlen der Ecken, Flächen und Kanten eines Polyëders hinzustellen pflegt, obschon sie nur für diejenigen Polyëder gilt, deren Oberflächen geschlossene Flächen der ersten Klasse sind.

---

§. 21. Die Zahlen u und t, durch welche die Klassenzahl n einer geschlossenen Fläche φ bestimmt wurde, lassen sich nach §. 20 auch definiren als die Zahlen der resp. elliptischen und hyperbolischen Berührungen der Fläche φ mit einer veränderlichen Kugelfläche σ, welche anfänglich die Fläche φ ganz umhüllt und sich hierauf, ohne den Ort ihres Mittelpunctes O zu verändern, allmählich bis zu diesem Puncte zusammenzieht.

Man kann aber die Zahlen u und t in noch allgemeinerem Sinne auffassen, indem man anstatt einer veränderlichen Kugelfläche eine veränderliche Fläche der ersten Klasse überhaupt anwendet, und kann dadurch den Hauptsatz des §. 20 auf folgende Weise noch verallgemeinern:

Wird irgend eine geschlossene Fläche χ von einer zur ersten Klasse gehörigen Fläche τ anfänglich umschlossen, und verkleinert sich hierauf die Fläche τ, eine Fläche der ersten Klasse bleibend, nach und nach dergestalt, dass von je zwei nächstfolgenden Formen derselben die folgende von der vorhergehenden ganz umschlossen wird, und sich somit die Fläche τ zuletzt in einen Punct zusammenzieht, und dass die hierbei stattfindenden successiven Berührungen von τ mit χ in Puncten, nicht in Linien geschehen, so ist, wenn von diesen Berührungen u elliptisch und t hyperbolisch sind, die Klassenzahl der Fläche χ gleich $\frac{1}{2}(t-u)+2$.

Um diesen Satz darzuthun, will ich vorher zeigen, dass und wie zwei *körperliche Räume*, deren jeder von einer geschlossenen Fläche der ersten Klasse begrenzt ist, in elementar verwandtschaftliche Beziehung gebracht werden können.

Man bezeichne die zwei Räume mit (S) und (T), und die sie begrenzenden Flächen mit σ_1 und τ_1. Man füge zu σ_1 eine Reihe anderer Flächen der ersten Klasse $\sigma, \sigma', \sigma'', \ldots$, von denen σ von σ_1, σ' von σ, σ'' von σ', u. s. w. in unendlicher Nähe umschlossen ist, hinzu, bis man zuletzt auf eine von einem einfachen Puncte M nicht mehr zu unterscheidende Fläche kommt. Der Raum (S) wird dadurch in unendlich viele unendlich dünne Schalen $\sigma_1\sigma$, $\sigma\sigma'$, $\sigma'\sigma''$, ... zerlegt, von denen die eine in der anderen enthalten ist. — Ganz auf dieselbe Weise denke man sich auch den Raum (T) durch *eben so viele* in einander begriffene Flächen erster Klasse τ, τ', τ'', ..., von denen die letzte ein einfacher Punct N ist, in unendlich dünne Schalen $\tau_1\tau$, $\tau\tau'$, $\tau'\tau''$, ... zerlegt.

Weil ferner σ_1 und τ_1 Flächen der ersten Klasse sein sollen, so sind sie einander elementar verwandt, und man kann daher je einem Puncte T in τ_1 je einen Punct S in σ_1 dergestalt entsprechend setzen, dass je zwei einander unendlich nahen Puncten in τ_1 zwei einander unendlich nahe Puncte in σ_1 entsprechen. Hat man auf solche Weise zu allen Puncten T, T', ... in τ_1 die entsprechenden S, S', ... in σ_1 bestimmt, so ziehe man von N bis zu jedem Puncte T in τ_1 eine Linie. Jede dieser Linien wird jede der Flächen ..., τ'', τ', τ durchgehen. Man ziehe aber die Linien NT also, dass erstens keine der Flächen ..., τ', τ, τ_1 von NT in mehr als einem Puncte getroffen wird, und dass zweitens, wenn T und T' zwei einander unendlich nahe Puncte in τ_1 sind, die Linien NT und NT' nicht bloss in T und T', sondern auch überall zwischen diesen Endpuncten nur unendlich wenig von einander entfernt liegen. — Nach denselben zwei Regeln verbinde man auch im anderen Raume (S) den Punct M mit allen Puncten S der Fläche σ_1 durch Linien MS.

Nach diesen Vorbereitungen lässt sich nun zu jedem Puncte Q des Raumes (T) ein ihm im Raume (S) nach dem Gesetze der elementaren Verwandtschaft entsprechender Punct P sogleich angeben. Immer nämlich kann man Q als den Durchschnitt einer gewissen $\tau^{(\mu)}$ unter den den Raum (T) füllenden Flächen τ, τ', ... mit einer gewissen $NT^{(\nu)}$ unter den denselben Raum füllenden Linien NT, NT', ... betrachten; und es wird, wenn im Raume (S) die Fläche $\sigma^{(\mu)}$ die ebensovielte unter den auf einander folgenden σ, σ', ... ist, als es $\tau^{(\mu)}$ in der Reihe τ, τ', ... war, und wenn $S^{(\nu)}$ der dem $T^{(\nu)}$ entsprechende Punct der Fläche σ_1 ist, der Durchschnitt von $\sigma^{(\mu)}$ mit der Linie $MS^{(\nu)}$ der dem Q entsprechende Punct P sein. Denn man ersieht ohne Weiteres, dass hiernach, wenn Q und Q' zwei einander unendlich nahe Puncte in (T) sind, auch die ihnen in (S) entsprechenden P und P', wie es die elementare Verwandtschaft erfordert, einander unendlich nahe sein werden. — Man kann hieraus noch folgern, dass, wenn zu allen Puncten einer im Raume (T) enthaltenen geschlossenen Fläche χ auf die eben gedachte Art die entsprechenden Puncte im anderen Raume (S) bestimmt werden, die letzteren Puncte eine der χ elementar verwandte Fläche in (S) bilden, dass folglich (§. 17 zu Ende) beide Flächen zu einer und derselben

Klasse gehören, und dass jedem Puncte der Fläche χ, in welchem sie von einer der Flächen τ, τ', ..., sei es elliptisch oder hyperbolisch, berührt wird, ein resp. elliptischer oder hyperbolischer Berührungspunct der Fläche φ mit der gleichvielten unter den Flächen σ, σ', ... entspricht.

Der jetzt noch übrige Beweis des am Anfang dieses Paragraphen gegebenen Satzes lässt sich nun ohne Schwierigkeit führen. — Weil die Fläche σ_1 und die darauf folgenden σ, σ', ..., bis zu der in M verschwindenden, Flächen der ersten Klasse sein sollen, so können und wollen wir sie insgesammt concentrische Kugelflächen sein lassen, deren gemeinsamer Mittelpunct M ist, und wollen alle die von M nach den Puncten S, S', ... der Fläche σ_1 zu ziehenden Linien als gerade annehmen. Werde hierauf nach der vorhin gezeigten Weise zu jedem Puncte des Raumes (T) der entsprechende des Raumes (S), und damit zu der gegebenen Fläche χ in (T) die entsprechende φ in (S) bestimmt. Von letzterer ergibt sich nach §. 20 die Klassenzahl aus den Zahlen u und t der elliptischen und der hyperbolischen Berührungen von φ mit einer sich allmählich in σ, σ', ... und zuletzt in M zusammenziehenden Kugelfläche. Es haben aber, wie eben bemerkt worden, die Flächen φ und χ eine und dieselbe Klassenzahl, und es entspricht jeder elliptischen oder hyperbolischen Berührung von φ mit einer der σ, σ', ... eine resp. elliptische oder hyperbolische Berührung von χ mit einer der τ, τ', ...; folglich u. s. w.

§. 22. Ich kann hierbei nicht umhin, auf den Zusammenhang noch aufmerksam zu machen, der zwischen der Formel (A) in §. 18 und derjenigen stattfindet, welche zwischen den Ecken-, Flächen- und Kantenzahlen eines Polyëders und der Klassenzahl des letzteren besteht. Vorausgesetzt nämlich, dass die Oberfläche eines Polyëders nicht aus getrennten Theilen zusammengesetzt ist, sondern dass man, auf ihr fortgehend, von jedem Puncte derselben zu jedem anderen ihrer Puncte gelangen kann, und dass jede einzelne Polyëderfläche nur von einem Perimeter, nicht von zwei oder mehreren dergleichen begrenzt ist, — dieses vorausgesetzt, rechne man eine solche Oberfläche, ebenso wie eine geschlossene Fläche überhaupt, zur $n$ten Klasse, wenn bei der immer möglichen Zerlegung der Oberfläche in zwei Grundformen, d. i. in zwei Flächen, deren jede einer ebenen Fläche elementar verwandt ist, eine jede derselben von n geschlossenen Linien begrenzt ist.

Um jetzt auf ein solches Polyëder den Satz des §. 21 anwenden zu können, wollen wir uns die Ecken und Kanten des Polyëders um ein unendlich Weniges abgestumpft vorstellen und somit seine Oberfläche, welche π heisse, in eine sich nach dem Gesetze der Stetigkeit fortziehende Fläche übergehen lassen. Wir wollen ferner eine die π umschliessende Fläche τ der ersten Klasse beschreiben, diese hierauf, wie im Obigen, allmählich sich verkleinern lassen, und zwar jetzt dergestalt, dass sie während dessen die Fläche π nach und nach in jeder Ecke, Fläche und Kante der letzteren einmal berühre.

Von diesen Berührungen sind die der Ecken und Flächen ersichtlich elliptischer Natur; dagegen werden die der Kanten hyperbolische sein. Denn da man sich den Krümmungshalbmesser des Durchschnittes einer abgestumpften Kante mit einer auf ihrer Längenrichtung perpendicularen Ebene unendlich klein zu denken hat, so liegen in unmittelbarer Nähe bei einer solchen Berührung die eben gedachte Durchschnittslinie und die Längenrichtung der Kante auf entgegengesetzten Seiten der berührenden Fläche τ.

Setzt man demnach die Zahlen der Ecken, Flächen und Kanten des Polyëders resp. gleich E, F und K, so werden die im Satze mit u und t bezeichneten Zahlen gleich $E+F$ und K, und damit die Klassenzahl des Polyëders,:

$$n = \tfrac{1}{2}(t-u)+2 = \tfrac{1}{2}(K-E-F)+2 \; .$$

Die hieraus fliessende Gleichung

$$E+F = K-2(n-2)$$

hat zuerst *Lhuilier* gegeben. Sie findet sich in einem *Mémoire sur la polyédrométrie, contenant une démonstration directe du théorème d'Euler sur les polyèdres, et un examen des diverses exceptions auxquelles ce théorème est assujetti; par M. Lhuilier, ... Extrait par M. Gergonne* im 3. Bande der *Gergonne*'schen Annalen. Dass daselbst (S. 181) $n-1$ statt des hiesigen $n-2$ zu lesen ist, hat darin seinen Grund, dass *Lhuilier* das im Vorliegenden so genannte Polyëder der ersten Klasse, also dasjenige, für welches die von *Euler* zuerst aufgestellte Gleichung

$$E+F = K+2$$

gilt, als Regel, die Polyëder höherer Klassen aber als Ausnahmen betrachtet und nach der zu Ende von §. 15 angegebenen Vorstellungsweise unter n die Anzahl der Kanäle versteht, von denen ein regelrechtes Polyëder, d. i. ein Polyëder der ersten Klasse, durchbohrt ist.

§. 23. Zum Schlusse füge ich noch Einiges über die elementare Verwandtschaft zwischen *Körpern* hinzu.

In §. 21 ist bereits bewiesen worden, dass zwei körperliche Räume, deren jeder von einer Fläche der ersten Klasse umschlossen ist, einander elementar verwandt sind; und eben so werden auch zwei Körper, von denen jeder eine Fläche der zweiten Klasse, oder jeder eine Fläche der dritten, u. s. w. zur Grenze hat, in elementarer Verwandtschaft stehen.

Ein zusammenhängender Körper, d. i. ein solcher, bei welchem man, in ihm selbst fortgehend, von jedem seiner Puncte zu jedem anderen Puncte desselben gelangen kann, kann aber auch zwei oder mehrere geschlossene Flächen zu Grenzen haben. Die eine derselben ist die äussere Grenze; die übrigen, welche nicht zum Körper gehörige Theile des Raumes umhüllen, und von denen daher je zwei stets neben einander, nicht die eine innerhalb der anderen, liegen, sind die inneren Grenzen des Körpers.

Um von diesen zusammengesetzteren Körpern nur die einfachsten hier noch in Betracht zu ziehen, so erhellt leicht, dass zwei Körper K und K', von denen K die Flächen α und ι, K' die Flächen α' und ι' resp. zur äusseren und zur inneren Begrenzung hat, in dem Falle einander elementar verwandt sind, wenn sämmtliche vier Flächen zur ersten Klasse gehören. Denn offenbar kann man alsdann alle die von α und α' umschlossenen Puncte dergestalt in elementar verwandtschaftliche Beziehung bringen, dass die darunter begriffenen von ι und ι' umschlossenen Puncte für sich in solcher Beziehung stehen. Hiermit aber sind zugleich den Puncten zwischen α und ι die Puncte zwischen α' und ι' entsprechend gesetzt, und dadurch die Körper K und K' in elementar verwandtschaftliche Beziehung gebracht.

Auf ähnliche Art erhellt die elementare Verwandtschaft zwischen K und K', wenn α, ι und α', ι' insgesammt Flächen der zweiten Klasse sind, sowie wenn α und α' zur ersten und ι und ι' zur zweiten Klasse, oder umgekehrt α und α' zur zweiten und ι und ι' zur ersten gehören.

Es herrscht aber zwischen K und K' auch dann elementare Verwandtschaft, wenn α und ι von der ersten und zweiten, und α' und ι' von der zweiten und ersten Klasse sind.

Um dieses darzuthun wollen wir die Körper K und K' zuerst möglichst regelmässig gebildet annehmen. Sei zu dem Ende CAD (vergl. Fig. 12) ein in A halbirter Halbkreis. Man beschreibe in seiner Ebene und innerhalb desselben einen ihn in A berührenden Kreis k, dessen Durchmesser daher kleiner als $\frac{1}{2}CD$ ist, und theile diesen Kreis in n ($= \infty$) Elemente AA_1, $A_1 A_2$, ..., $A_{n-1} A$, und desgleichen die Linie CD in n Elemente CC_1, $C_1 C_2$, ..., $C_{n-1} D$. Man ziehe hierauf in der vom Halbkreise CAD, vom Kreise k und von der Geraden CD begrenzten Ebene von A_1 bis C_1, von A_2 bis C_2, u. s. w., von A_{n-1} bis C_{n-1} Linien dergestalt, dass die erste $A_1 C_1$ dem Quadranten AC, die letzte $A_{n-1} C_{n-1}$ dem Quadranten AD, und überhaupt je zwei nächstfolgende derselben, ohne einander zu begegnen, überall einander unendlich nahe bleiben. Auch mögen diese Linien, eben so wie die Quadranten AC und AD, die Gerade CD rechtwinklig treffen.

Wird nunmehr diese Figur um CD als Axe gedreht, so beschreibt der Halbkreis CAD eine Kugelfläche σ, der Kreis k eine Ringfläche ϱ, welche die σ in dem von A bei der Drehung beschriebenen Kreise berührt, und die Linien $A_1 C_1$, $A_2 C_2$, ..., $A_{n-1} C_{n-1}$ erzeugen gekrümmte von Kreisen begrenzte Flächen φ_1, φ_2, ..., φ_{n-1}. Durch letztere Flächen aber wird der von σ, als äusserer, und von ϱ, als innerer Grenze, umschlossene Körper $\sigma\varrho$ in unendlich dünne kreisförmige Schalen zerlegt, z. B. in die Schale, welche φ_1 und φ_2 zu ihren beiden Hauptflächen hat, und deren Randfläche durch das Element $A_1 A_2$ bei dessen Drehung um CD entsteht.

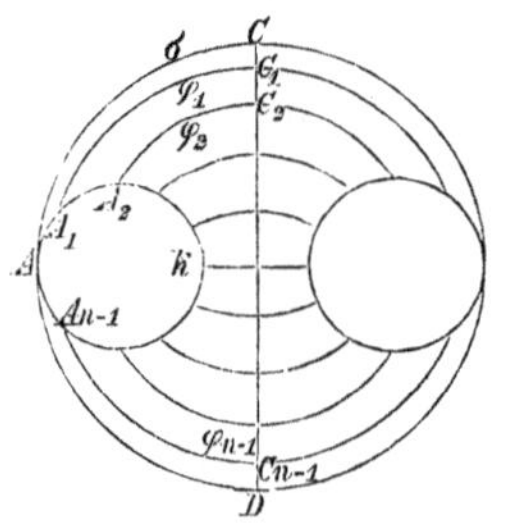

Fig. 12.

Bezeichne jetzt ϱ' eine zweite Ringfläche, die, gleich der vorigen ϱ, durch Drehung eines Kreises um eine in seiner Ebene enthaltene und ihn nicht treffende Axe erzeugt worden, wobei wir uns diese Axe auf der Ebene der Zeichnung perpendicular denken wollen; und seien k', k_1', k_2', ..., k_{n-1}' n cyklisch und unendlich nahe auf einander folgende und daher sämmtlich in ϱ' enthaltene Lagen dieses Kreises. Zu k' werde noch die Kugelfläche σ' zugefügt, von welcher k' ein grösster Kreis ist, und welche die ϱ' in k' berühren wird. Innerhalb ϱ' und ausserhalb σ' setze man ferner (vergl. Fig. 13) von k_1', k_2', ..., k_{n-1}' begrenzte Flächen φ_1', φ_2', ..., φ_{n-1}' hinzu, von denen φ_1' und φ_{n-1}' den zwei Halbkugelflächen, in welche σ_1 durch k' getheilt wird, und eben so je zwei nächstfolgende, wie φ_1' und φ_2', einander überall unendlich nahe sind.

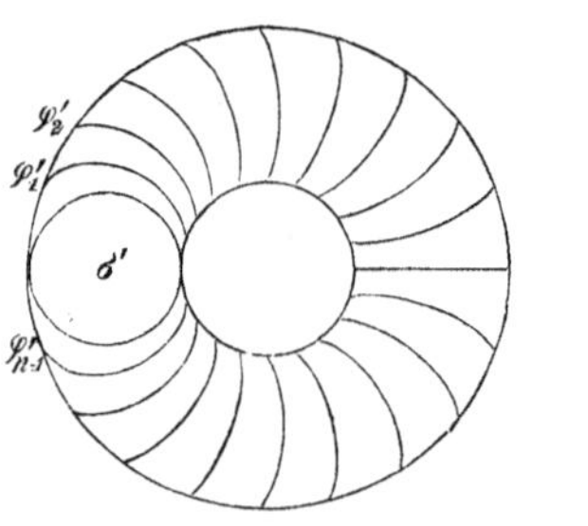

Fig. 13.

Die n Schalen, in welche durch diese Flächen der zwischen ϱ und σ' begriffene Körper $\varrho'\sigma'$ getheilt wird, können nun ersichtlich der Reihe nach den n Schalen, in welche vorhin der Körper $\sigma\varrho$ zerlegt wurde, elementar verwandt gesetzt werden; und da die n ersteren Schalen in derselben gegenseitigen Verbindung, wie die n letzteren stehen, so werden die Körper $\sigma\varrho$ und $\varrho'\sigma'$ selbst elementar verwandt sein.

Hierbei werden sich zugleich die Kugelflächen σ und σ' entsprechen, weil sie von den halbkugelförmigen Grenzen der ersten und der letzten Schale bei dem einen, wie bei dem anderen Systeme von Schalen gebildet sind. Eben deshalb aber, und wenn man noch um σ eine mit σ concentrische Kugelfläche σ_0, und innerhalb σ' eine mit σ' concentrische Kugelfläche σ_0' construirt, werden nicht nur die Kugelschaalen (von endlicher Dicke) $\sigma_0\sigma$ und $\sigma'\sigma_0'$ für sich, sondern auch die Körper $\sigma_0\sigma + \sigma\varrho$ und $\varrho'\sigma' + \sigma'\sigma_0'$, d. i. die Körper $\sigma_0\varrho$ und $\varrho'\sigma_0'$ elementar verwandt sein, von welchen zwei letzteren weder die zwei Grenzflächen des einen, noch die zwei des anderen einander mehr berühren.

Sind endlich, wie oben, α, α' die äusseren und ι, ι' die inneren Grenzflächen zweier Körper $\alpha\iota$ und $\alpha'\iota'$, und sind α, ι' irgend zwei Flächen der ersten, und α', ι irgend zwei der zweiten Klasse, so ist, weil auch σ_0, σ_0' zur ersten und ϱ, ϱ' zur zweiten Klasse gehören, nach dem am Anfange des §. 23 Bemerkten, der Körper $\alpha\iota$ dem $\sigma_0\varrho$ und der Körper $\alpha'\iota'$ dem $\varrho'\sigma_0'$ elementar verwandt. Erwiesenermaassen stehen aber $\sigma_0\varrho$ und $\varrho'\sigma_0'$ selbst in elementarer Verwandtschaft; folglich auch $\alpha\iota$ und $\alpha'\iota'$. *Q. e. d.*

Zwei Körper, deren jeder von einer Fläche der ersten und einer Fläche der zweiten Klasse begrenzt ist, sind demnach stets in elementarer Verwandtschaft, mögen die äusseren Grenzflächen für sich, und damit auch die inneren für sich, entweder zu einerlei Klasse oder zu verschiedenen gehören.

Es lässt sich hiernach erwarten, dass überhaupt zwei Körper elementar verwandt sein werden, wenn der eine von ihnen von eben so viel geschlossenen Flächen, wie der andere, begrenzt ist, und wenn die Klassenzahlen der Grenzflächen des einen Körpers dieselben, wie bei dem anderen sind, — gleich viel übrigens, ob die zwei äusseren Grenzflächen der beiden Körper zu einerlei Klasse gehören oder nicht. — Die nähere Prüfung dieses Satzes bleibe jedoch einer anderen Gelegenheit vorbehalten.

Ueber die Bestimmung des Inhaltes eines Polyëders.

[Berichte über die Verhandlungen der Königl. Sächs. Gesellschaft d. Wissenschaften, math.-phys. Klasse, 1865, Bd. 17, p. 31—68.]

Bereits vor fast hundert Jahren ist von A. L. F. Meister in den *novi commentarii societatis reg. scient. Gotting.*, *Tom. I ad annos* 1769 & 1770 eine Abhandlung (*Generalia de genesi figurarum planarum et inde pendentibus earum affectionibus*) erschienen, deren Gegenstand die Bestimmung des Inhaltes eines ebenen Vielecks in grösstmöglicher Allgemeinheit ist, indem hier auch solche Vielecke in Betracht gezogen werden, deren Perimeter sich selbst ein oder mehrere Male schneiden.

Nicht mit gleicher Allgemeinheit ist man bis jetzt bei Polyëdern zu Werke gegangen, sondern hat nur in einigen speciellen Fällen den Inhalt auch solcher Polyëder ermittelt, deren Oberflächen sich selbst schneiden. Denn hätte man die Eigenthümlichkeiten von Polyëdern dieser Art in ihrem ganzen Umfange durchforscht, so würde man auf den bis jetzt wohl noch nicht ausgesprochenen Satz gekommen sein, dass sich Polyëder construiren lassen, deren Inhalt gar nicht angebbar ist.

Ich will daher im Vorliegenden, nach Aufstellung einer möglichst allgemein gefassten Definition eines Polyëders überhaupt, die Bedingungen aufsuchen, unter welchen demselben ein Inhalt zukommt, und unter der Voraussetzung, dass diese Bedingungen erfüllt werden, die Formeln entwickeln, nach denen der Inhalt berechnet werden kann. Diese Inhaltsbestimmung werde ich aber auf doppelte Weise ausführen, indem ich, dem Principe der Dualität gemäss, das einemal die Ecken des Polyëders, und das anderemal die Ebenen seiner Flächen als gegebene Stücke voraussetze.

Das Kantengesetz und der Ausdruck eines Polyëders.

§. 1. Ein ebenes Vieleck kann man definiren als ein in einer Ebene enthaltenes System begrenzter gerader Linien, welche dergestalt mit einander verbunden sind, dass jeder der beiden Grenzpuncte einer jeden der Linien mit dem Grenzpuncte noch einer und nur einer der übrigen Linien zusammenfällt. Die Linien selbst heissen die Kanten des Vielecks (statt des gewöhnlichen Ausdrucks Seiten, als welcher im Folgenden in einer anderen Bedeutung genommen wird), und den Inbegriff aller dieser Kanten nennt man den Perimeter desselben.

Aehnlicherweise lässt sich ein Polyëder als ein im Raume enthaltenes System dergestalt mit einander verbundener ebener Vielecke definiren, dass jede Kante eines jeden Vielecks die Kante noch eines und nur eines der übrigen Vielecke ist. Die von den einzelnen Vielecken begrenzten ebenen Flächen werden schlechthin die Flächen des Polyëders, und der Inbegriff aller dieser Flächen die Oberfläche des Polyëders genannt.

Indessen ist diesen Definitionen eines ebenen Vielecks und eines Polyëders eine Beschränkung noch hinzuzufügen. Denn nach der ersteren Definition könnten z. B. zwei in einer Ebene begriffene Dreiecke als ein Sechseck angesehen werden, da jeder der beiden Endpuncte einer jeden der sechs Kanten der beiden Dreiecke ein Grenzpunct einer der fünf übrigen Kanten ist; und ebenso würde man ein System von drei in einer Ebene liegenden Vierecken ein Zwölfeck nennen können; u. s. w. Dieses ist aber dem gewöhnlichen Begriffe eines Sechsecks, Zwölfecks, u. s. w. entgegen, und wir müssen daher die obige Definition eines ebenen Vielecks durch den Zusatz beschränken, dass ein Punct, welcher nur in den Kanten des Vielecks sich bewegen und aus einer Kante in eine der zwei anliegenden nur durch den gemeinsamen Grenzpunct beider übergehen kann, dennoch alle Kanten des Vielecks hinter einander zu durchlaufen im Stande ist. Und auf gleiche Art müssen wir, wenn nicht das System zweier Tetraëder ein Octaëder, u. s. w. heissen soll, der obigen Definition eines Polyëders die Bedingung noch zusetzen, dass ein Punct, welcher nur in den Flächen des Polyëders beweglich ist und aus einer derselben in eine der an sie grenzenden nur durch die gemeinsame Kante beider übergehen kann, dennoch aus jeder Polyëderfläche in jede der übrigen zu gelangen vermag.

Es werden daher im Folgenden alle die Polyëder ausgeschlossen bleiben, von deren Flächen eine oder etliche von mehr als einem Perimeter begrenzt sind, sowie alle diejenigen Polyëder, welche eine oder mehrere innere Höhlungen haben.

§. 2. *Jeder Kante eines ebenen Vielecks kann man eine solche Richtung beilegen, dass von je zwei Kanten, welche einen gemeinsamen Grenzpunct haben, dieser Punct stets der Endpunct der einen und der*

Anfangspunct der anderen Kante ist, indem man nämlich jeder Kante die Richtung gibt, nach welcher sie von einem den ganzen Perimeter des Vielecks beschreibenden Puncte durchgangen wird. Den Complex aller dieser Richtungen nennt man den Sinn des Perimeters, und dieser ist gegeben, sobald nur von einer Kante die Richtung gegeben ist.

Dem eben ausgesprochenen, für jedes Vieleck gültigen und von selbst verständlichen Satze kann man in Bezug auf Polyëder den nachstehenden Satz gegenüberstellen:

Den Perimetern der ein Polyëder umgrenzenden Flächen können solche Sinne beigelegt werden, dass für jede Kante des Polyëders die zwei Richtungen, welche derselben, als der gemeinschaftlichen Kante zweier Polyëderflächen, in Folge der Sinne dieser zwei Flächen zukommen, einander entgegengesetzt sind.

Wir wollen diesen für alle von den Geometern bisher in Betracht genommenen Polyëder geltenden und bald schärfer zu begründenden Satz das Gesetz der entgegengesetzten Kanten oder auch schlechthin das Gesetz der Kanten nennen und ihn uns zunächst an dem Tetraëder, als dem einfachsten Beispiele, erläutern.

Bezeichnen A, B, C, D die vier Ecken eines solchen, und werden die vier Flächen desselben durch

$$BCD,\ CAD,\ DAB,\ ACB$$

ausgedrückt, so sind, in Folge der damit zugleich dargestellten Sinne dieser vier Dreiecke, BC, CD, DB die Richtungen der Kanten des ersten; CA, AD, DC die Richtungen der Kanten des zweiten; u. s. w., und man sieht auf den ersten Blick, dass hierbei, wie es das Gesetz der Kanten verlangt, von den zwei einer jeden Kante des Tetraëders zugehörigen Richtungen, wie CD in BCD, und DC in CAD, die eine der anderen entgegengesetzt ist.

§. 3. Ein ebenes Vieleck soll im Folgenden ein gewöhnliches heissen, wenn sein Perimeter sich nicht selbst schneidet. Ebenso wollen wir ein Polyëder ein gewöhnliches nennen, wenn nicht nur jedes der ebenen Vielecke, von denen es gebildet wird, ein gewöhnliches ist, sondern auch die von den Flächen seiner Vielecke gebildete Oberfläche sich selbst nicht schneidet. Bei einem gewöhnlichen ebenen Vieleck kann man hiernach in der Ebene, in welcher es liegt, die äussere und die innere Seite seines Perimeters, und gleicherweise bei einem gewöhnlichen Polyëder im körperlichen Raume die äussere und die innere Seite der Oberfläche des Polyëders von einander unterscheiden.

Denkt man sich auf der Ebene eines gewöhnlichen ebenen Vielecks im Perimeter desselben fortgehend, bis man zum Ausgangspuncte zurückgelangt ist, so wird man die innere Seite des Perimeters entweder stets zur Rechten, oder stets zur Linken haben. Man nenne hiernach den Sinn, nach welchem man den Perimeter durchgangen hat, einen resp. nach der Rechten, oder nach der Linken gehenden Sinn, und zwar in Bezug auf die Seite der Vielecksfläche, auf welche man beim Durchgehen ihres Perimeters herabgesehen hat, indem, wenn man sie von der entgegengesetzten Seite her betrachtet, der durch dieselbe Eckenfolge bestimmte Sinn des Perimeters sich in den entgegengesetzten verwandelt.

§. 4. Mit Hülfe der in §. 3 definirten Begriffe ist es nun leicht, den Satz am Ende von §. 2 für gewöhnliche Polyëder darzuthun. Denn es wird die daselbst gemachte Forderung erfüllt sein, wenn man die einzelnen Polyëderflächen von derselben Seite her, etwa von der äusseren einer jeden, betrachtend, die Perimeter derselben nach einerlei Sinn, etwa stets nach der Rechten, rechnet.

In der That, werden durch $ABCD$ und $ABEF$ die äusseren Seiten zweier in der Kante AB an einander grenzenden Flächen eines gewöhnlichen Polyëders vorgestellt, so sind die dadurch ausgedrückten Sinne dieser von aussen betrachteten Flächen ungleichnamig, d. h. der Sinn der einen Fläche geht nach der Rechten, und der Sinn der anderen nach der Linken. Von denselben zwei Flächen sind folglich die durch $ABCD$ und $BAFE$ ausgedrückten Sinne gleichnamig, d. h. die Sinne gehen entweder beide nach der Rechten, oder beide nach der Linken, wenn zufolge der Sinnesbestimmung beider Flächen die gemeinsame Kante derselben das einemal die Richtung AB, und das anderemal die entgegengesetzte BA hat.

§. 5. Ein Vieleck wird durch die Nebeneinanderstellung der Bezeichnungen seiner Ecken in der Ordnung, nach welcher sie in seinem Perimeter auf einander folgen, ausgedrückt, und es wird hiernach ein Polyëder durch die Zusammenstellung der Ausdrücke aller der Vielecke auszudrücken sein, durch deren Verbindung das Polyëder gebildet wird (§. 1).

Als Beispiele von Polyëderausdrücken mögen, ausser dem bereits in §. 2 für das Tetraëder aufgestellten, noch folgende drei dienen:

(1) $ABCD$, BAE, CBE, DCE, ADE;
(2) BCD, CAD, ABD, CBE, ACE, BAE;
(3) ABC, FED, $BADE$, $CBEF$, $ACFD$.

Bei jedem derselben hat man, wie bei jenem Tetraëderausdrucke, die Ecken in den einzelnen Flächenausdrücken nach dem Gesetze der Kanten (§. 2) auf einander folgen zu lassen. — Das Polyëder (1) ist eine vierseitige Pyramide, welche das Viereck $ABCD$ zur Basis und die Ecke E zur Spitze hat. Das zweite (2) ist aus zwei über dem Dreiecke ABC construirten Tetraëdern $ABCD$ und $ABCE$ zusammengesetzt. Das dritte (3) kann als dadurch entstanden betrachtet werden, dass man durch die in den Kanten OA, OB, OC eines Tetraëders $OABC$ gelegenen Puncte D, E, F eine Ebene gelegt und damit von diesem Tetraëder das Tetraëder $ODEF$ weggeschnitten hat.

§. 6. Ein seinem Ausdrucke nach gegebenes Polyëder kann, wenn es sich als ein gewöhnliches construiren lässt, immer auch als ein aussergewöhnliches construirt werden, — mit alleiniger Ausnahme des Tetraëders, dessen einfache Bildung eine aussergewöhnliche Construction nicht zulässt.

So ist von den drei in §. 5 aufgestellten Polyëdern das erste ein gewöhnliches, oder ein aussergewöhnliches, jenachdem das Viereck $ABCD$ ein gewöhnliches, oder ein aussergewöhnliches, d. h ein solches ist, bei welchem zwei Gegenseiten, wie AB und CD, sich innerhalb ihrer Endpuncte schneiden. — Das zweite ist ein aussergewöhnliches nur dann, wenn D und E auf einerlei Seite der Ebene ABC liegen, und wenn die Gerade DE diese Ebene in einem ausserhalb des Dreiecks ABC liegenden Puncte trifft. — Wird endlich beim dritten Polyëder der den drei Geraden AD, BE, CF gemeinsame Punct, wie vorhin, mit O bezeichnet, so ist dieses Polyëder nur in dem Falle ein gewöhnliches, wenn die drei Ecken D, E, F entweder in den Kanten OA, OB, OC des Tetraëders $OABC$ selbst, oder alle drei in den Verlängerungen dieser Kanten über A, B, C hinaus liegen.

Das in §. 4 für gewöhnliche Polyëder bewiesene Kantengesetz leidet hiernach auch auf alle die aussergewöhnlichen Polyëder Anwendung, welche zufolge ihrer Ausdrücke sich zugleich als gewöhnliche construiren lassen. Ein Polyëder, dessen Ausdruck sich nicht dem Kantengesetze gemäss schreiben lässt, kann folglich kein gewöhnliches sein. Dass es nun aussergewöhnliche Polyëder auch dieser letzteren Art gibt, wird im Nächstfolgenden, wenn auch zunächst nur an Trigonalpolyëdern, gezeigt werden.

§. 7. Man bilde aus den die Ecken eines Trigonalpolyëders bezeichnenden Buchstaben eine Reihe dergestalt, dass je drei nächstfolgende Buchstaben der Reihe ein Dreieck des Polyëders ausdrücken, und dass von diesen Dreiecken je zwei nächstfolgende absolut von einander verschieden sind; dass also, wenn F, G, H drei nächstfolgende Buchstaben der Reihe sind, und daher FGH ein Dreieck des Polyëders ist, auf H die dritte Ecke des Dreiecks folgt, welches mit dem FGH die Kante GH gemein hat, und dass dem F die dritte Ecke des Dreiecks vorangeht, welches an die Kante FG des FGH grenzt.

Die Reihe wird daher zu beiden Seiten ohne Ende sich fortsetzen lassen; sie wird aber zugleich eine sich periodisch wiederholende sein. Denn da drei Elemente sich auf sechserlei Weise versetzen lassen, so werden, wenn die Zahl aller das Trigonalpolyëder begrenzenden Dreiecke gleich n ist, unter $6n+1$ auf einander folgenden Ternionen ..., FGH, GHI, ... der Reihe wenigstens zwei identische sein. Sind aber, von einer gewissen Ternion, als der ersten, an gerechnet, die $p$te und die darauf folgende $q$te identisch, so sind offenbar auch die $(p+i)$te und die $(q+i)$te identisch, wo i jede positive und jede negative ganze Zahl sein kann, und es besteht daher, dafern sich zwischen der $p$ten und der $q$ten nicht noch eine mit ihnen identische findet, die Periode der Reihe aus $q-p$ Gliedern.

Vorausgesetzt nun, dass ein seinem Ausdrucke nach gegebenes Trigonalpolyëder dem Gesetze der Kanten Genüge leistet, so wird man auf keinen Widerspruch stossen, wenn man in der auf besagte Weise aus den Ecken des Polyëders gebildeten Reihe von den durch die einzelnen Ternionen der Reihe ausgedrückten und durch die Aufeinanderfolge der Buchstaben auch ihren Sinnen nach bestimmten Dreiecken die Sinne je zweier nächstfolgenden Dreiecke, wie FGH, GHI, einander entgegengesetzt annimmt. Denn hiermit werden die durch FGH und IHG ausgedrückten Sinne gleichnamig, und die, diesen Sinnen zufolge, der gemeinschaftlichen Kante der beiden Dreiecke zukommenden Richtungen GH und HG werden, wie es das Gesetz verlangt, einander entgegengesetzt.

So geben z. B. die vier Dreiecke des Tetraëders in §. 2 eine Reihe, deren Periode viergliedrig ist, nämlich

$$\ldots BCDABCDABC \ldots$$

Nehmen wir darin BCD als erste Ternion oder erstes Dreieck, so ist CDA das zweite, DAB das dritte, ABC das vierte Dreieck, worauf als fünftes wieder BCD folgt, u. s. w.; und wenn wir die

Sinne dieser Dreiecke abwechselnd positiv und negativ sein lassen, also etwa den Sinn des ersten und damit überhaupt jedes ungeradstelligen positiv, den Sinn jedes geradstelligen aber negativ nehmen, so sind die Sinne von BCD, ADC, DAB, CBA insgesammt positiv. Letztere vier Sinne sind aber dieselben, die wir bereits in §. 2, als das Kantengesetz erfüllend, aufgestellt haben.

Suchen wir ferner aus den sechs Dreiecken des Hexaëders (2) in §. 5 eine Reihe zu bilden und beginnen dieselbe mit dem Dreiecke BCD, so wird CDA das zweite Dreieck, DAB das dritte, u. s. w., und wir erhalten eine Reihe mit einer achtzehngliedrigen Periode:

$$\ldots BCDABECADBCEABDCAEBCD \ldots$$

indem erst das neunzehnte Dreieck dieselben Ecken und in derselben Aufeinanderfolge, wie das erste, enthält. In der That kommt in dieser Periode jedes der sechs Dreiecke dreimal vor, nur jedesmal mit einer anderen Folge seiner Ecken, immer aber nach dem Gesetze, dass je zwei Dreiecke der Periode, deren Stellenzahlen eine gerade (ungerade) Differenz haben, einerlei (entgegengesetzten) Sinnes sind. Denn so ist z. B., wenn wir BCD als erstes Dreieck der Reihe und seinen Sinn positiv nehmen, der Sinn des neunten Dreiecks DBC ebenfalls positiv, der des vierzehnten BDC aber negativ.

Uebrigens kann man bei weitem nicht immer, wie jetzt bei dem Tetraëder und dem Hexaëder, aus den Ecken eines Trigonalpolyëders eine Reihe bilden, welche sämmtliche Dreiecke des Polyëders umfasst. Schon bei einem Octaëder, dessen Ausdruck mit dem eines regulären übereinkommt, ist dieses nicht möglich. Denn ist ABC eines seiner acht Dreiecke, und sind D, E, F die Gegenecken von A, B, C, so sind

$$ABC,\ BDC,\ DEC,\ EAC,\ BAF,\ DBF,\ EDF,\ AEF$$

die acht Dreiecke selbst, und die aus ihnen abzuleitende Reihe ist

$$\ldots ABCDEFABC \ldots$$

also eine Reihe mit einer nur sechsgliedrigen Periode, indem die zwei Gegendreiecke EAC und DBF ausgeschlossen bleiben.

Die zusammenhängende Fläche, welche von den Dreiecken einer Periode in ihrer Folge gebildet wird, wollen wir eine Zone des Trigonalpolyëders nennen. — Die einfachste Zone ist viergliedrig, als welche schon für sich ein Trigonalpolyëder — ein Tetraëder — einschliesst. Bei einem Trigonalpolyëder, welches mehr als vier Ecken hat, sind folglich alle Zonen mehr als viergliedrig.

§. 8. Nach dem Vorangehenden ist es nun leicht, Polyëder von der am Ende von §. 6 gedachten Structur anzugeben, *d. i. Polyëder, welche mit dem Kantengesetze in Widerspruch sind.* Da nämlich, wenn dieses Gesetz bei einem Trigonalpolyëder besteht, die Dreiecke einer aus seinem Ausdrucke abgeleiteten Zone, um sie gleichsinnig zu machen, abwechselnd positiv und negativ zu nehmen sind (nach §. 7), und weil deshalb die Differenz der Stellenzahlen zweier nächstfolgender identischer Ternionen der Reihe, d. i. die Gliederzahl der Periode der Reihe, gerade sein muss, so wird das Kantengesetz nicht mehr erfüllt werden, wenn die Gliederzahl der Periode ungerade ist.

Die kleinste als Gliederzahl noch statthafte ungerade Zahl ist fünf. Von den fünf Ecken aber, aus denen alsdann die Periode besteht, können keine zwei identisch sein, indem sonst die Ternionen der Reihe nicht insgesammt Dreiecke vorstellen könnten. Die einfachste mit dem Kantengesetze in Widerspruch stehende Reihe ist demnach

$$\ldots ABCDEABC \ldots$$

In der That folgt hieraus rückwärts die sich periodisch wiederholende Reihe von Dreiecken

$$\text{(R)} \quad \ldots,\ ABC,\ BCD,\ CDE,\ DEA,\ EAB,\ \ldots,$$

von denen, da man ihre Sinne abwechselnd positiv und negativ zu nehmen hat, das erste ABC und das auf EAB nächstfolgende ABC, als das sechste Dreieck, — sowie überhaupt je zwei nächstfolgende identische Dreiecke der nach beiden Seiten fortgesetzten Reihe, — entgegengesetzten Sinnes werden.

Die noch freien Kanten der fünf verschiedenen Dreiecke in (R), d. h. diejenigen, welche keine zwei dieser Dreiecke gemein haben, sind AC, BD, CE, DA, EB. Um daher ein Trigonalpolyëder zu erhalten, welchem die durch (R) dargestellte Zone zukommt, setze man noch fünf andere Dreiecke hinzu, welche eine gemeinsame Ecke F und jene fünf Kanten zu Gegenkanten von F haben, also die Dreiecke

$$\text{(S)} \quad \ldots,\ FAC,\ FBD,\ FCE,\ FDA,\ FEB.$$

Denn, wie es die Definition eines Polyëders (§. 1) verlangt, ist jede Kante eines jeden der zehn Dreiecke (R) und (S) zweien und nicht mehreren derselben gemein, und man kann, in den Flächen des Polyëders stetig fortgehend, von jeder derselben zu jeder anderen gelangen.

Unter den Trigonalpolyëdern, welche mit dem Kantengesetze in Widerspruch sind und daher ohne gegenseitiges Durchschneiden ihrer

Flächen nicht construirt werden können, ist demnach das durch die Dreiecke (R) *und* (S) *ausgedrückte als das einfachste anzusehen.* Es hat sechs Ecken, zehn Flächen und fünfzehn Kanten (ist also kein Euler'sches), und zeichnet sich noch durch eine Art von Symmetrie aus, indem, ebenso wie in F, auch in jeder der fünf übrigen Ecken fünf Dreiecke zusammenstossen, und die jedesmal fünf übrigen Dreiecke eine Zone bilden. Denn so liegen z. B. um A die fünf Dreiecke

$$ABC,\ ACF,\ AFD,\ ADE,\ AEB$$

und die fünf übrigen lassen sich zu der Zone

$$BDC,\ DCE,\ CEF,\ EFB,\ FBD$$

zusammenstellen.

§. 9. Die Eigenthümlichkeit der Structur eines Polyëders, welches mit dem Kantengesetze in Widerspruch ist, kann dadurch sehr bezeichnend ausgedrückt werden, dass man, auf der Oberfläche eines solchen Polyëders fortgehend, ohne auf diesem Wege irgend einmal die Fläche, auf welcher man geht, zu durchbrechen, auf die entgegengesetzte Seite der Fläche, von welcher man ausging, gelangen kann.

Denn um dieses nur an dem vorigen Dekaëder zu erläutern, so erscheinen dem, welcher die Dreiecke der Zone (R) in ihrer Folge durchgeht, die durch die Ausdrücke dieser Dreiecke zugleich ausgedrückten Sinne derselben abwechselnd positiv und negativ, mithin, wenn ABC das erste Dreieck ist, der Sinn des sechsten, welches wiederum ABC ist, negativ. Dieses ist aber nicht anders möglich, als wenn die Seiten des ABC, auf denen er sich am Anfange und am Ende seines Weges befindet, einander entgegengesetzt sind.

Dieselbe Beschaffenheit, wie die Zone (R), hat nun offenbar auch jede andere von einer ungeraden Anzahl von Dreiecken gebildete Zone, sowie jedes Polyëder, dem eine solche Zone zukommt, und welches ebendeshalb das Kantengesetz unerfüllt lässt. Wogegen bei einer Zone mit einer geraden Anzahl von Dreiecken es ohne Durchbrechung ihrer Flächen oder Uebersprung ihrer Grenzlinien nicht möglich ist, von der einen Seite einer ihrer Flächen auf die andere zu gelangen.

Zonen der ersteren Art mögen im Folgenden einseitige Zonen heissen, da, wenn auch an jeder einzelnen Stelle einer solchen zwei Seiten sich unterscheiden lassen, doch die Zone, als ein continuirliches Ganzes betrachtet, nur eine Seite hat. Die Zonen der letzteren Art wollen wir zweiseitige nennen.

§. 10. Zwischen den zweierlei Zonenflächen besteht noch der bemerkenswerthe Unterschied, dass eine Zone mit ungerader Zahl $(2n+1)$ ihrer Dreiecke oder der eben so grossen Zahl ihrer Ecken, also eine einseitige Zone, ein einziges Vieleck, nämlich ein $(2n+1)$-Eck, zur Grenze hat, und eine Zone mit gerader Eckenzahl $(2n)$, mithin eine zweiseitige, von zwei gesonderten Vielecken, nämlich von zwei n-Ecken begrenzt wird.

In der That, sind F, G, H, I vier nächstfolgende Ecken der Periode einer Zone, also FGH, GHI zwei nächstfolgende Dreiecke, so grenzen diese in der Kante GH an einander, und mit den Kanten FG und HI an das nächstvorhergehende und das nächstfolgende Dreieck der Zone, während die Kanten FH und GI zum Perimeter der Zone gehören. Es sind demnach je zwei Ecken der periodischen Reihe, welche eine Ecke zwischen sich liegen haben, also auch der letzte und der zweite, ingleichen der vorletzte und der erste Punct der Periode, die zwei Grenzpuncte einer Kante des Perimeters.

Der Perimeter der aus der fünfgliedrigen Periode $ABCDE$ hervorgehenden Zone (R) in §. 8 ist demnach das Fünfeck $ACEBD$; dagegen hat die Zone, welche aus der sechsgliedrigen Periode $ABCDEF$ folgt, die zwei Dreiecke ACE und BDF zu Perimetern (vergl. §. 7). Die siebengliedrige Periode $ABCDEFG$ gibt eine von dem Siebeneck $ACEGBDF$ umgrenzte Zone; die achtgliedrige $ABCDEFGH$ führt zu einer Zone, welche die zwei Vierecke $ACEG$ und $BDFH$ zu Grenzen hat; und so fort abwechselnd.

§. 11. Von der verschiedenartigen Form der zweierlei Zonenflächen kann man sich eine sehr anschauliche Vorstellung mittelst eines Papierstreifens verschaffen, welcher die Form eines Rechtecks hat. Sind A, B, B', A' (vergl. Fig. 1) die vier Ecken desselben in ihrer Aufeinanderfolge, und wird er hierauf gebogen, so dass die Kante $A'B'$ sich stets parallel bleibt, bis sie zuletzt mit AB zusammenfällt, so erhält der Streifen die Form einer Cylinderfläche, also einer zweiseitigen Zone, welche die zwei nunmehr kreisförmigen Kanten AA' und BB' des anfänglichen Rechtecks zu ihren zwei Grenzlinien hat. — Man kann aber auch, dafern das eine Paar paralleler Kanten AA' und BB' gegen das andere AB und $A'B'$ hinreichend gross ist, A' mit B, und B' mit A zur Coïncidenz bringen, indem man zuvor, das eine Ende AB des Streifens festhaltend, das andere Ende $A'B'$ um die Längenaxe des

Fig. 1.

Streifens halb herumdreht, als wodurch $A'B'$ mit BA einerlei Richtung erhält. Die nach der letztgedachten Coïncidenz entstandene Fläche hat nur eine Grenzlinie, nämlich die aus den jetzt gebogenen und in A und B', sowie in B und A' an einander grenzenden Linien AA' und BB' zusammengesetzte. Auch hat diese Fläche nur eine Seite; denn wenn man sie — um dieses noch auf andere Weise vorstellig zu machen — von einer beliebigen Stelle aus mit einer Farbe zu überstreichen anfängt und damit fortfährt, ohne mit dem Pinsel über die Grenzlinie hinaus auf die andere Seite überzugehen, so werden nichtsdestoweniger zuletzt an jeder Stelle die zwei daselbst einander gegenüberliegenden Seiten der Fläche gefärbt sein.

§. 12. Ebenso wie zwischen ein- und zweiseitigen Zonen, kann man auch zwischen Polyëdern mit einseitiger und Polyëdern mit zweiseitiger Oberfläche unterscheiden, jenachdem man, auf der Oberfläche stetig fortgehend, entweder auf jede der beiden Seiten jeder einzelnen Fläche gelangen kann, oder stets auf dieselbe Seite der Fläche, von welcher man ausging, zurückkommt.

Sind alle Zonen eines Trigonalpolyëders zweiseitig, wie dies z. B. alle Zonen eines gewöhnlichen Trigonalpolyëders sind, so ist letzteres selbst zweiseitig, und umgekehrt. — Sind alle Zonen einseitig, wie bei dem Dekaëder in §. 8, so ist es auch das Trigonalpolyëder, aber nicht umgekehrt, indem es zu einem einseitigen Trigonalpolyëder schon hinreicht, dass ein Theil seiner Zonen einseitig ist.

Bestimmung des Inhalts eines ebenen Vielecks.

§. 13. Es soll dieser Abschnitt nur als Einleitung zu dem nächstfolgenden dienen, welcher die Inhaltsbestimmung eines Polyëders zum Gegenstande haben wird. In dieser Einleitung werde ich mich aber um so kürzer fassen können, als der grössere Theil des dahin Gehörigen sich bereits in meinem »Barycentrischen Calcul«*) zusammengestellt findet.

Durch den Perimeter eines gewöhnlichen ebenen Vielecks wird in der unendlichen Ebene, in welcher das Vieleck enthalten ist, ein endlicher Flächentheil abgesondert, den man den Inhalt des Vielecks nennt und als eine positive oder negative Grösse betrachtet,

*) Baryc. Calcul §§. 17, 18; §. 165, Anm.

jenachdem im Ausdrucke des Vielecks durch die Aufeinanderfolge seiner Ecken der durch diese Folge ausgedrückte Sinn des Vielecks positiv oder negativ ist (§. 3).

Hiernach ist für ein und dieselbe Dreiecksfläche

$$ABC = BCA = CAB = -CBA = -ACB = -BAC \,.$$

Sind ferner A, B, C, D vier Puncte einer Ebene, so ist, wenn die drei ersten in beliebiger Folge in einer Geraden liegen, und daher die algebraische Summe der drei Abschnitte BC, CA, AB Null ist, auch nach Vorsetzung des vierten ausserhalb jener Geraden liegenden Punctes D, die Summe der drei Dreiecksflächen

$$DBC + DCA + DAB = 0 \,.$$

Hieraus lässt sich leicht weiter schliessen (Baryc. Calcul §. 18, *c*), dass bei ganz beliebiger Lage von vier Puncten A, B, C, D in einer Ebene

$$(m) \qquad DBC + DCA + DAB = ABC$$

ist, wofür sich noch etwas symmetrischer

$$(n) \qquad ABC - BCD + CDA - DAB = 0$$

schreiben lässt.

§. 14. *Ist $ABC..MN$ ein ebenes Vieleck, und O ein beliebiger Punct in der Ebene desselben, so ist die Summe der Dreiecksflächen*

$$\Sigma = OAB + OBC + \ldots + OMN + ONA$$

d. i. die Fläche, welche ein Radius Vector OX überstreicht, dessen einer Endpunct O in der Ebene des Vielecks irgendwo fest ist, während der andere X im Perimeter des Vielecks einmal herumgeht, — diese Fläche ist unabhängig vom Orte des O.

Denn bezeichnet O' irgend einen anderen Punct der Ebene, so ist nach §. 13

$$O'AB = OAB + OBO' + OO'A \,,$$

oder was dasselbe ist

$$O'AB = OAB + OO'A - OO'B \,,$$

und ebenso

$$O'BC = OBC + OO'B - OO'C \,,$$

$$\cdots\cdots\cdots\cdots\cdots\cdots$$

$$\cdots\cdots\cdots\cdots\cdots\cdots$$

$$O'MN = OMN + OO'M - OO'N \,,$$

$$O'NA = ONA + OO'N - OO'A$$

Die Addition aller dieser Gleichungen gibt aber

$$O'AB + O'BC + \ldots + O'MN + O'NA$$
$$= OAB + OBC + \ldots + OMN + ONA\ ,$$

wodurch unser Satz bewiesen ist.

§. 15. *Bei einem gewöhnlichen ebenen Vielecke $ABC\ldots MN$ ist die durch die Summe*

$$\Sigma = OAB + OBC + \ldots + OMN + ONA$$

(§. 14) *ausgedrückte Fläche dem Inhalte des Vielecks gleich.*

Beweis. Sei ω irgend ein nach allen Dimensionen unendlich kleines Element der Vielecksebene, und werde, was immer möglich ist, der Punct O in dieser Ebene also angenommen, dass in der Geraden $O\omega$, falls sie den Perimeter des Vielecks schneidet, diese Durchschnitte und ω selbst auf einerlei Seite von O liegen. Den hier nicht weiter zu berücksichtigenden Fall ausgenommen, wenn in ω eine der Ecken des Vielecks fällt, ist die Zahl dieser Durchschnitte stets eine gerade. Man bezeichne sie in der Ordnung, in welcher sie von O aus auf einander folgen, mit F_1, G_1, F_2, G_2, ..., F_n, G_n, und die in diesen Puncten getroffenen Kanten des Vielecks mit f_1, g_1, f_2, g_2, ..., f_n, g_n. Die Abschnitte OF_1, G_1F_2, G_2F_3, ... der Geraden $O\omega$ liegen hiernach (vergl. Fig. 21) ausserhalb, die Abschnitte F_1G_1, F_2G_2, ... innerhalb des Vielecks. Dem O kehren die Kanten f_1, f_2, ... ihre äusseren, die Kanten g_1, g_2, ... ihre inneren Seiten zu, und es sind daher, wenn wir die Dreiecksfläche Of_1 negativ annehmen, die Dreiecksflächen Of_1, Og_1, Of_2, Og_2, u. s. w. abwechselnd negativ und positiv.

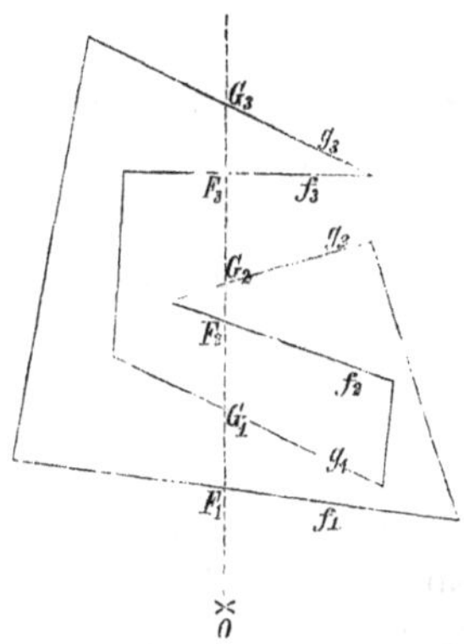

Fig. 2.

Nun ist das Element ω der Ebene zugleich ein Element der Vielecksfläche $ABC\ldots MN$ oder nicht, jenachdem es in einem der Abschnitte F_1G_1, F_2G_2, F_3G_3, ... oder in einem der Abschnitte OF_1, G_1F_2, G_2F_3, ... liegt. Liegt es aber in OF_1, so ist es ein Theil aller $2n$ Dreiecke Of_1, Og_1, ..., Og_n; und da diese $2n$ Dreiecke abwechselnd negativ und positiv sind, so ist der Inhalt dieses ω, als Theil der durch Σ ausgedrückten Fläche, gleich Null. — Wenn zweitens das ω in F_1G_1 liegt, so ist es ein Theil eines jeden der n positiven Og_1, Og_2, ..., Og_n und der $n-1$ negativen Dreiecke Of_2, ..., Of_n und keines anderen der zu Σ gehörigen, und sein Inhalt, als Theil von Σ, ist daher einfach positiv. — Auf gleiche Weise ist sein Inhalt gleich Null, wenn es in $G_1 F_2$ und damit in jedes der abwechselnd negativen und positiven Dreiecke Of_2, Og_2, ..., Og_n fällt. — Zwischen F_2 und G_2 ist sein Inhalt wieder einfach positiv; u. s. w.

Ueberhaupt ist daher ein Element der Vielecksebene ein einfach positiver Theil der Summe Σ, oder gehört gar nicht zu dieser Summe, jenachdem dasselbe in der Vielecksfläche $ABC\ldots MN$ selbst liegt, oder nicht. Es muss folglich die Summe Σ den positiven Inhalt der Vielecksfläche selbst ausdrücken, und dieses, weil Σ von O unabhängig ist (§. 14), auch dann, wenn O irgend einen anderen Ort, als den vorhin ihm angewiesenen, in der Ebene einnimmt.

§. 16. Da hiernach bei einem ebenen Vielecke die Summe von Dreiecksflächen, welche einen beliebigen Punct O der Ebene zur gemeinsamen Spitze und die Seiten des Vielecks in ihrer Aufeinanderfolge zu gegenüberliegenden Seiten haben, einerseits von O unabhängig ist, und andererseits, wenn das Vieleck ein gewöhnliches ist, seinen Inhalt ausdrückt, so wollen wir diese Summe auch dann, wenn das Vieleck ein aussergewöhnliches ist, und daher sein Inhalt nicht mehr unmittelbar erfasst werden kann, als Definition seines Inhaltes annehmen; oder was dasselbe sagt (§. 13):

Unter dem Inhalte eines ebenen Vielecks soll überhaupt die Fläche Σ verstanden werden, welche der von irgend einem als fest angenommenen Puncte O seiner Ebene ausgehende Radius Vector OX eines den Perimeter des Vielecks beschreibenden Punctes X überstreicht, — nur dass je zwei Theile der Fläche mit entgegengesetzten Zeichen genommen werden, wenn sich der Radius bei ihrer Erzeugung nach entgegengesetzten Sinnen um O dreht.

§. 17. Ist ein Vieleck Π ein aussergewöhnliches, so wird durch seinen sich ein- oder mehrere Male schneidenden Perimeter die Ebene, in welcher es liegt, in zwei oder mehrere gewöhnliche Vielecksflächen φ_1, φ_2, φ_3, ... und den noch übrigen unendlich grossen Theil der Ebene, welcher φ_0 heisse, zerlegt, und wir wollen nun noch untersuchen, ob und wie der Inhalt Σ des Π durch φ_1, φ_2, φ_3, ... ausgedrückt werden kann.

Zu dem Ende denke man sich die Vielecksebene in Elemente zerlegt, deren jedes, wie in §. 15, nach allen Dimensionen unendlich klein ist. Wird ein solches Element ω von dem sich um O drehenden und in O und X begrenzten Radius bei p' Drehungen nach der

Linken und bei p'' Drehungen nach der Rechten überstrichen, so nenne man die ganze Zahl $p''-p'$, welche positiv, negativ, oder auch Null sein kann, den Coëfficienten von ω, und es ist klar, dass die Summe Σ gleich der Summe aller Elemente der Vielecksebene ist, nachdem vorher jedes mit seinem Coëfficienten multiplicirt worden.

Seien nun ω und ω' zwei also gelegene Elemente, dass die von ω bis zu ω' zu ziehende gerade Linie von keiner Kante des Vielecks geschnitten wird, und werde der willkürliche Punct O irgendwo in der Verlängerung der Geraden $\omega\omega'$, etwa über ω hinaus, angenommen. Wie leicht ersichtlich, wird alsdann der Radius OX, wenn er das eine der beiden Elemente ω und ω' überstreicht, gleichzeitig auch das andere, und dieses nach demselben Sinne, wie das erstere, überstreichen. Mithin werden dem ω und dem ω' gleiche Coëfficienten zukommen; und eben so gross werden auch die Coëfficienten der Elemente ω'', ω''', ... sein, wenn keine der geraden Linien von ω' bis ω'', von ω'' bis ω''' u. s. w. eine Kante durchschneidet.

Eine unmittelbare Folge hiervon ist, dass alle Elemente eines und desselben der oben mit φ_1, φ_2, φ_3, ... bezeichneten und neben-, nicht ineinander, liegenden gewöhnlichen Vielecke einander gleiche Coëfficienten haben, und dass daher, wenn c_1, c_2, c_3, ... die Coëfficienten der resp. innerhalb φ_1, φ_2, φ_3, ... liegenden Elemente sind, die Fläche

$$\Sigma = c_1\varphi_1 + c_2\varphi_2 + c_3\varphi_3 + \cdots$$

ist. Es bleibt daher nur noch übrig, die Werthe der Coëfficienten c_1, c_2, ... von φ_1, φ_2, ... zu bestimmen, um den Inhalt Σ des aussergewöhnlichen Vielecks Π angeben zu können.

Werde deshalb eine durch Drehung des Radius OX um O nach der Rechten erzeugte Fläche positiv genommen, und sei FG die Kante eines der Vielecke φ_1, φ_2, ..., also FG zugleich ein Stück einer Kante von Π, in welches kein Durchschnitt des Perimeters von Π mit sich selbst fällt, und welches von dem diesen Perimeter beschreibenden Puncte X in der Richtung von F nach G durchgangen werde. Jenachdem alsdann O auf der rechten oder der linken Seite dieser Richtung liegt, wird die von OX erzeugte Fläche OFG positiv oder negativ sein.

Sind aber unter den die ganze Ebene ausfüllenden Flächen φ_0, φ_1, φ_2, ... etwa φ_1 und φ_2 diejenigen zwei, welche an FG, als gemeinsame Kante, resp. zur Rechten und zur Linken grenzen, und deren Coëfficienten c_1 und c_2 in der Formel für Σ ohne den Weg des X von F bis G einander gleich gewesen sein würden, so wird, mag O zur Rechten oder zur Linken von FG angenommen werden jedes Element in φ_1 einmal in positivem Sinne mehr, als jedes Element in φ_2, überstrichen, und es ist folglich in jedem Falle

$$c_1 = c_2 + 1 \ .$$

Zur leichteren Benutzung dieses Satzes wollen wir uns zu dem den Perimeter von Π beschreibenden Puncte X einen ihn auf seinem Wege stets in möglichster Nähe zur Linken begleitenden Punct X' hinzudenken, und wollen, indem wir den von X' beschriebenen zweiten Perimeter als den Schatten des von X erzeugten ersten Perimeters betrachten, die Seite des ersten, auf welcher der zweite liegt, die Schattenseite des ersten, und die andere Seite seine Lichtseite nennen. Demzufolge können wir statt des Vorhergehenden auch sagen, *dass von je zweien der Flächen φ_0, φ_1, φ_2, ..., welche ein Stück des Perimeters von Π zur gemeinsamen Grenze haben, dem Coëfficienten der auf der Schattenseite dieser Grenze liegenden Fläche die positive Einheit hinzugesetzt werden müsse, um den Coëfficienten der Fläche auf der Lichtseite zu erhalten.*

Mit Anwendung dieser Regel und mit der Berücksichtigung, dass der Coëfficient der ganz ausserhalb Π liegenden Fläche φ_0 der Natur der Sache nach Null ist, wird man, von φ_0 ausgehend, nach und nach die Coëfficienten der übrigen Flächen φ_1, φ_2, ... mit Leichtigkeit finden und damit den Inhalt des Vielecks Π bestimmen können.

Zur Erläuterung sind noch die Zeichnungen dreier aussergewöhnlicher Vielecke beigefügt und die Schattenseite des Perimeters eines jeden durch eine punctirte Linie angedeutet worden.

Die erste Figur (Fig. 3) ist ein Viereck $ABCD$, bei welchem zwei gegenüberliegende Seiten DA und BC sich selbst schneiden. Hierdurch entstehen zwei Dreiecke, bei deren einem die Lichtseite, beim anderen die Schattenseite des Perimeters dem Inneren des Dreiecks zugekehrt ist. Den Coëfficienten des übrigen Theiles der Ebene gleich Null gesetzt, sind daher die Coëfficienten der einen und der anderen Dreiecksfläche gleich $+1$ und -1, und folglich die Vierecksfläche dem Unterschiede der zwei Dreiecksflächen gleich. — Auch ergibt sich dieses Resultat sehr einfach aus der allgemeinen Formel

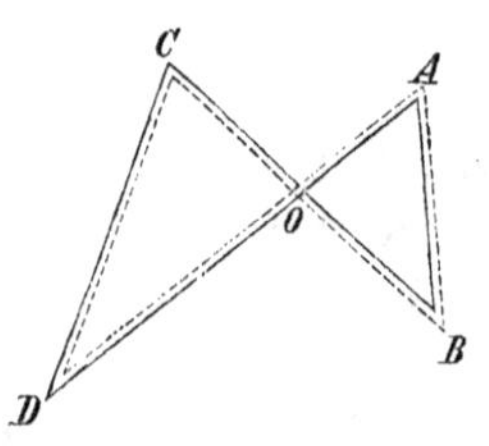

Fig. 3.

$$OAB + OBC + OCD + ODA$$

für den Inhalt des Vierecks $ABCD$. Denn lässt man den willkürlichen Punct O mit dem gegenseitigen Durchschnitte der Geraden BC und DA zusammenfallen, so wird

$$OBC = ODA = 0 ,$$

und die Formel reducirt sich auf

$$OAB + OCD = OAB - ODC .$$

Wenn aber der Durchschnitt O in jede der beiden Seiten BC und DA selbst, nicht in ihre Verlängerungen fällt, so haben die Dreiecke OAB und ODC einerlei Sinn; folglich u. s. w.

Die zweite Figur (Fig. 4), ein sternförmiges Fünfeck, besteht aus einem gewöhnlichen Fünfeck und fünf über dessen Seiten liegenden Dreiecken, und aus dem beigefügten Schattenperimeter des ersteren Fünfecks erkennt man, dass beim Uebertritte, sowohl aus dem noch leeren Raume in eines der Dreiecke, als aus einem der Dreiecke durch die Kante, mit welcher es an das gewöhnliche Fünfeck grenzt, man von der Schatten- zur Lichtseite fortgeht, und dass daher der Inhalt des sternförmigen Fünfecks der Summe der fünf Dreiecke, vermehrt um das Doppelte des gewöhnlichen Fünfecks, gleich ist.

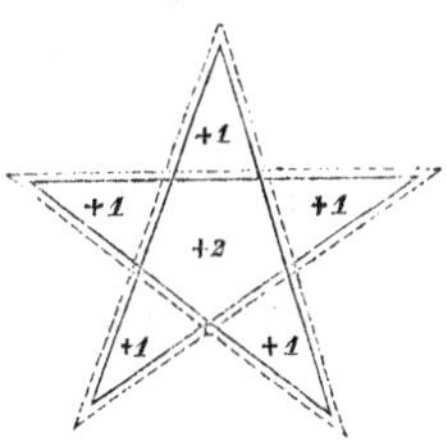

Fig. 4.

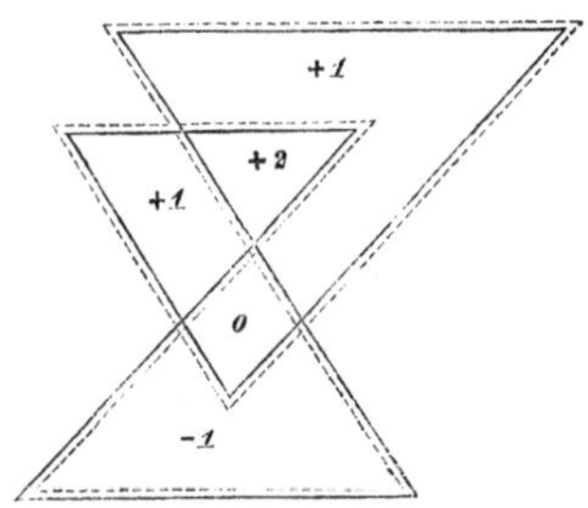

Fig. 5.

Ein Siebeneck, dessen Seiten sich in vier Puncten schneiden, und dadurch ein Dreieck φ_3, zwei gewöhnliche Vierecke φ_4 und φ_4', ein gewöhnliches Fünfeck φ_5 und ein gewöhnliches Sechseck φ_6 entstehen lassen, deren Coëfficienten resp. $+2$, $+1$, 0, -1, $+1$ sind, dies zeigt die dritte Figur (Fig. 5), deren Inhalt daher

$$= 2\varphi_3 + \varphi_4 - \varphi_5 + \varphi_6$$

ist.

Bestimmung des Inhalts eines Polyëders.

§. 18. Kehren wir jetzt zu den Polyëdern zurück und suchen ebenso, wie wir im Vorigen den Inhalt eines ebenen Vielecks als eine Summe von Dreiecken ausdrückten, den Inhalt eines Polyëders als eine Summe von Pyramiden darzustellen. In dieser Absicht lasse ich folgende den Sätzen über Dreiecke in §. 12 analoge und, wie jene, aus meinem Baryc. Calcul entlehnten Sätze über Tetraëder vorangehen.

1) Der Inhalt eines Tetraëders werde, wie gewöhnlich, durch eine Nebeneinanderstellung der seine vier Ecken bezeichnenden Buchstaben ausgedrückt, und, nachdem man festgestellt hat, dass von den zwei Bewegungen nach der Rechten und nach der Linken, etwa die erstere, die positive sein solle, werde der also ausgedrückte Inhalt, z. B. $ABCD$, positiv oder negativ genommen, jenachdem, wenn der Kopf an die im Ausdrucke vorangestellte Ecke A, die Füsse an die zweite B gebracht, und das Gesicht nach den beiden übrigen C und D gewendet wird, die Richtung von der dritten C nach der vierten D nach der Rechten oder nach der Linken gehend erscheint; oder, wie man auch sagen kann: jenachdem einem auf die Ebene BCD von A aus herabsehenden Auge der durch BCD ausgedrückte Sinn nach der Rechten oder nach der Linken geht.

2) Durch unmittelbare Anschauung folgt hieraus, dass die gegenseitige Vertauschung irgend zweier Buchstaben eines solchen Tetraëderausdruckes einen Zeichenwechsel bewirkt. Ist daher z. B. $ABCD$ positiv, so ist, wenn man B und C vertauscht, $ACBD$ negativ, und der hieraus durch Vertauschung von A und D entstehende Ausdruck $DCBA$ wiederum positiv. Auf solche Weise wird man aus dem Zeichen einer der 24 aus A, B, C, D zu bildenden Permutationen die Zeichen der 23 übrigen bestimmen können und man wird finden, dass stets 12 derselben positiv, und die 12 übrigen negativ sind (vergl. Baryc. Calcul §. 20).

3) Liegen drei Puncte C, D, E in einer Geraden, und ist daher

$$CD + DE + EC = 0 ,$$

so ist auch nach Vorsetzung von AB, wenn die Gerade AB mit der vorigen nicht in einer Ebene liegt, die Summe der drei Tetraëder

$$ABCD + ABDE + ABEC = 0 .$$

4) Liegen vier Puncte B, C, D, E beliebig in einer Ebene, so hat man nach §. 12

$$BCD - CDE + DEB - EBC = 0 ,$$

und gleicherweise ist nach Vorsetzung eines ausserhalb dieser Ebene befindlichen Punctes A das Aggregat der vier Tetraëder

$$ABCD - ACDE + ADEB - AEBC = 0 .$$

5) Wenn von den fünf Puncten A, B, C, D, E keine vier in einer Ebene liegen, so ist die Summe der fünf Tetraëder

$$ABCD + BCDE + CDEA + DEAB + EABC = 0 ,$$

wofür man auch schreiben kann

$$EBCD - ECDA + EDAB - EABC = ABCD ,$$

sowie (Baryc. Calcul §. 20)

$$DEBC + DECA + DEAB = DABC - EABC .$$

§. 19. Im Folgenden soll ein durch mehr als vier Buchstaben ausgedrücktes Polyëder, wie $PABCD$, stets eine Pyramide bedeuten, deren Spitze der erste Buchstabe P des Ausdruckes und deren Grundfläche das ebene durch die folgenden Buchstaben A, B, C, D ausgedrückte Vieleck ist, — ebenso, wie auch schon $PABC$ sich als eine dreiseitige Pyramide mit der Spitze P und der Grundfläche ABC betrachten lässt.

Hat die Grundfläche mehr als drei Kanten, so ist sie entweder ein gewöhnliches oder ein aussergewöhnliches Vieleck, und die Pyramide selbst ein gewöhnliches oder ein aussergewöhnliches Polyëder. In jedem dieser beiden Fälle ist die Grundfläche

$$ABCD \ldots = OAB + OBC + OCD + \ldots ,$$

wo auch der Punct O in der Grundfläche liegen mag; also auch nach Hinzufügung eines beliebigen Factors p

$$p \,.\, ABCD \ldots = p \,.\, OAB + p \,.\, OBC + p \,.\, OCD + \ldots$$

Es ist aber, wenn man diesen Factor p gleich dem dritten Theile der Höhe des P über der Ebene $OABC\ldots$ setzt,

$$p \,.\, OAB = POAB , \quad p \,.\, OBC = POBC , \quad \text{u. s. w.,}$$

sowie auch

$$p \,.\, ABCD \ldots = PABCD \ldots ,$$

dafern das Vieleck $ABCD\ldots$ ein gewöhnliches ist. Mithin ist in diesem Falle

$$PABCD \ldots = POAB + POBC + POCD + \ldots$$

Auf ähnliche Art, wie in §. 15, wollen wir daher auch dann, wenn das Vieleck $ABCD\ldots$ ein aussergewöhnliches ist, die von O unabhängige rechte Seite der letzteren Gleichung als Definition des Inhaltes der Pyramide $PABCD\ldots$ annehmen, so dass dieser Inhalt stets dem Raume gleich ist, welcher von der Fläche eines Dreiecks POX erzeugt wird, dessen Ecken P und O fest sind, nämlich P als die Spitze der Pyramide, und O als ein beliebiger fester Punct in der Ebene der Grundfläche derselben, während die dritte Ecke X den Perimeter der Grundfläche beschreibt.

§. 20. Haben zwei Pyramiden eine gemeinschaftliche Grundfläche $ABC\ldots$, aber verschiedene Spitzen P und P', und ist O ein beliebiger Punct der Ebene ABC, so hat man nach §. 19

$$(p) \quad PABC\ldots = POAB + POBC + \ldots ,$$
$$(p') \quad P'ABC\ldots = P'OAB + P'OBC + \ldots .$$

Werde nun für O der Durchschnitt der Geraden PP' mit der Ebene ABC genommen, so dass P, P' und O in einer Geraden liegen. Alsdann ist (§. 18, 3)

$$ABPO + ABOP' + ABP'P = 0 ,$$

oder, was dasselbe sagt,

$$POAB - P'OAB = PP'AB ,$$

und ebenso

$$POBC - P'OBC = PP'BC ,$$

u. s. w.

Die Subtraction der Gleichung (p') von (p) gibt hiernach

$$PABC\ldots - P'ABC\ldots = PP'AB + PP'BC + \ldots$$

d. h. *der Unterschied zweier über derselben Grundfläche construirten Pyramiden, deren Spitzen P und P' sind, ist dem vom Dreiecke $PP'X$ erzeugten Raume gleich, wenn die Ecke X dieses Dreiecks den Perimeter der Grundfläche durchläuft.*

In dem besonderen Falle, wenn PP' mit der Grundfläche parallel liegt, ist

$$PABC\ldots = P'ABC ,$$

und daher jener von $PP'X$ erzeugte Raum gleich Null.

§. 21. *Wird von einem Polyëder das Gesetz der entgegengesetzten Kanten* (§. 2) *erfüllt, so ist — analog dem Satze in* §. 13 *rücksichtlich eines ebenen Vielecks — die Summe der Pyramiden, welche eine gemeinsame Spitze P und die jenem Gesetze gemäss geschriebenen Flächen des Polyëders zu Grundflächen haben, vom Orte des P unabhängig.*

Beweis. Man bezeichne die gedachte Pyramidensumme mit (P), die nach dem Kantengesetze geschriebenen Ausdrücke der Flächen des Polyëders kurz mit a, b, c, $\ldots$, und daher die Pyramiden selbst, denen diese Flächen zu Grundflächen dienen, mit Pa, Pb, Pc, $\ldots$ Es ist demnach

$$(P) = Pa + Pb + Pc + \ldots ,$$

und ebenso, wenn man irgend einen anderen Punct P' zur gemeinsamen Spitze der Pyramiden über a, b, c, $\ldots$ wählt,

$$(P') = P'a + P'b + P'c + \ldots ;$$

folglich

$$(P) - (P') = Pa - P'a + Pb - P'b + Pc - P'c + \ldots$$

Hierin ist nach §. 20 jede der Differenzen $Pa - P'a$, $Pb - P'b$, $Pc - P'c$, u. s. w. einer Summe von Tetraëdern gleich, welche PP' zur gemeinschaftlichen Kante und die Kanten von resp. a, b, c, ... zu Gegenkanten haben. Ist aber KL eine Kante des Vielecks a, also eine Kante des Polyëders, und etwa b das Vieleck, welches in dieser Kante an a grenzt, so gehört dem b dieselbe Kante an, und zwar in der Richtung LK, weil die Vielecke a, b, ... nach dem Kantengesetz geschrieben sein sollen. Mithin ist $PP'KL$ ein Glied in der Entwickelung von $Pa - P'a$, und $PP'LK$ ein Glied in der Entwickelung von $Pb - P'b$. Nun ist

$$PP'KL + PP'LK = 0 \ ,$$

und gleicherweise müssen sich auch alle übrigen Tetraëder in der Entwickelung der rechten Seite der letzteren Gleichung paarweise aufheben, je zwei Glieder nämlich, welche aus derselben Kante des Polyëders hervorgehen. Es ist daher

$$(P) - (P') = 0 \ ;$$

folglich u. s. w.

§. 22. *Bei einem gewöhnlichen Polyëder ist die Summe*

$$Pa + Pb + Pc + \ldots$$

von Pyramiden, welche einen beliebigen Punct P zur gemeinsamen Spitze und die, wie es hier immer möglich ist (§. 4), *dem Kantengesetze gemäss ausgedrückten Flächen a, b, c, ... des Polyëders zu Grundflächen haben, dem Inhalte des Polyëders gleich.*

So erhält man z. B., wenn man den nach dem Kantengesetze geschriebenen Flächen des Tetraëders $ABCD$ in §. 2 den Buchstaben P vorsetzt,

$$PBCD + PCAD + PDAB + PACB = ABCD \ ,$$

eine Gleichung, welche mit der vorletzten in §. 18 auf dasselbe hinauskommt. Auch folgt die Richtigkeit dieser Gleichung noch daraus, dass nach §. 21 die linke Seite derselben von P unabhängig ist, und dass, wenn man P mit einer der vier Ecken des Tetraëders, etwa mit A, coïncidiren lässt, das erste Glied der linken Seite gleich $ABCD$, und jedes der übrigen gleich Null wird. — Ebenso reducirt sich bei der Coïncidenz von P mit B die linke Seite auf das Tetraëder $BCAD$, welches gleichfalls gleich $ABCD$ ist (§. 18, 2).

Es ist noch übrig, den Satz in seiner Allgemeinheit darzuthun. Dies lässt sich auf ganz ähnliche Art bewerkstelligen, wie im Obigen

(§. 14) der analoge Satz für den Inhalt eines gewöhnlichen Vielecks bewiesen wurde.

In der That, sind die Ausdrücke der Flächen eines gewöhnlichen Polyëders dem Kantengesetze gemäss geschrieben, so erscheint die Aufeinanderfolge der Ecken jedes dieser Ausdrücke, wenn die ausgedrückte Fläche von ihrer äusseren Seite her betrachtet wird, stets nach demselben Sinne gehend (§. 4), etwa nach der Linken. Wenn daher eine Pyramide negativ genommen wird, sobald in ihrem Ausdrucke der Sinn ihrer von der Spitze aus betrachteten Grundfläche nach der Linken geht, so werden von den Pyramiden Pa, Pb, ... alle diejenigen negativ (positiv) sein, für welche der Punct P auf der äusseren (inneren) Seite der jedesmaligen Polyëderfläche a, oder b, u. s. w. liegt.

Durch ein nach allen Dimensionen unendlich kleines Raumelement ω lege man nun eine die Oberfläche des Polyëders schneidende, jedoch nicht auch eine der Kanten oder Ecken desselben treffende Gerade l, bestimme in l noch einen Punct P also, dass alle jene Durchschnittspuncte, deren Anzahl immer gerade sein wird, auf einerlei Seite von P fallen, und bezeichne diese Durchschnitte in der Ordnung, in welcher sie von P an auf einander folgen, mit F_1, G_1, F_2, G_2, ..., F_n, G_n, und die in ihnen von l geschnittenen Polyëderflächen mit f_1, g_1, f_2, g_2, ..., f_n, g_n. Diese Flächen werden dem P abwechselnd ihre äussere und ihre innere Seite zukehren, und es werden daher die mit zu der Summe $Pa + Pb + \ldots$ gehörigen Pyramiden Pf_1, Pg_1, Pf_2, ... abwechselnd negativ und positiv sein. Das Element ω wird folglich nach ähnlichen Schlüssen, wie in §. 15, ein Theil des Polyëders sein, oder nicht, jenachdem es in einen der Abschnitte F_1G_1, F_2G_2, u. s. w., oder in einen der PF_1, G_1F_2, G_2F_3, u. s. w. fällt. — Hieraus ist aber, vollkommen so wie dort, weiter zu schliessen, dass die Summe $Pa + Pb + \ldots$ für den angenommenen Ort von P, und damit nach vorigem Paragraph auch für jeden anderen Ort den Inhalt des Polyëders ausdrückt.

§. 23. Analog mit den in §. 15 und in §. 19 aufgestellten allgemeinen Definitionen des Inhalts eines ebenen Vielecks und des Inhalts einer Pyramide wollen wir nun auch *den Inhalt eines das Kantengesetz befriedigenden Polyëders allgemein als die Summe von Pyramiden definiren, welche eine gemeinschaftliche Spitze und die dem Kantengesetze gemäss ausgedrückten Flächen des Polyëders zu Grundflächen haben,* — weil diese Summe erstens, mag das Polyëder ein gewöhnliches, oder ein aussergewöhnliches sein, vom Orte der Spitze P unabhängig ist

(§. 21), und weil sie zweitens, wenn das Polyëder ein gewöhnliches ist, den Inhalt desselben in der That darstellt (§. 22).

§. 24. Um uns die jetzt gegebene Definition an Beispielen zu erläutern, wollen wir zu den zwei in §. 5 dem Kantengesetze gemäss geschriebenen Polyëdern (2) und (3) zurückkehren.

Aus dem Ausdrucke des Hexaëders

$$(2)\quad BCD\,,\quad CAD\,,\quad ABD\,,\quad CBE\,,\quad ACE\,,\quad BAE$$

ergibt sich der Inhalt desselben, welcher h heisse,

$$h = PBCD + PCAD + PABD + PCBE + PACE + PBAE\ .$$

Lassen wir hierin den willkürlichen Punct P mit der Ecke A zusammenfallen, so verschwinden von den sechs Tetraëdern $PBCD$, u. s. w. die vier, in denen A bereits vorkommt, und wir erhalten

$$(m)\quad h = ABCD + ACBE = EABC - DABC\ ,$$

$$(n)\quad\quad = EABC + DCBA\ ,$$

wie auch noch, wenn das Hexaëder ein gewöhnliches ist, folgendergestalt leicht erhellt. Die Tetraëder $DABC$ und $EABC$ haben einerlei oder verschiedene Zeichen, jenachdem D und E auf einerlei oder verschiedenen Seiten der Ebene ABC liegen. Im letzteren Falle sind die Zeichen von $DCBA$ und $EABC$ einerlei; das Hexaëder wird durch ABC in diese zwei neben einander liegende Tetraëder zerlegt, ist also stets ein gewöhnliches, und sein Inhalt ist, übereinstimmend mit (n), der Summe dieser Tetraëder gleich. — Im ersteren Falle ist das Hexaëder nur dann ein gewöhnliches, wenn entweder E innerhalb $DABC$, oder D innerhalb $EABC$ liegt, und sein Inhalt ist ersichtlich dem Unterschiede dieser alsdann mit einerlei Zeichen behafteten Tetraëder gleich, was mit (m) übereinstimmt.

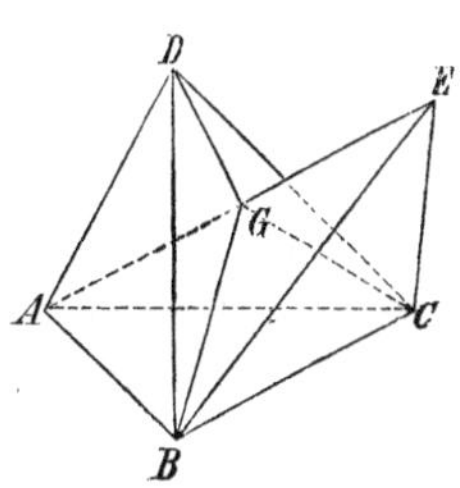

Fig. 6.

Liegen dagegen D und E auf einerlei Seite von ABC, und zwar D ausserhalb $EABC$, und E ausserhalb $DABC$ (vergl. Fig. 6), so ist das Hexaëder ein aussergewöhnliches. Alsdann wird eine der Kanten EA, EB, EC selbst (nicht ihre Verlängerung), es sei EA, von der Fläche BCD selbst (nicht von ihrer Erweiterung), welche im Tetraëder $ABCD$ der Ecke A gegenüberliegt, geschnitten. Heisse G dieser Schneidepunct, der daher zwischen A und E und innerhalb BCD liegt. Nun kommt, wenn man im allgemeinen Ausdrucke (h) des Inhalts G statt P setzt,

$$h = GCAD + GABD + GCBE$$
$$= AGCD + ABGD - EGCB = AGCDB - EGCB\ ,$$

wo

$$GCDB = GCD + BGD$$

ein gewöhnliches Viereck, und daher $AGCDB$ eine gewöhnliche Pyramide ist. Weil aber das Viereck $GCDB$ und das mit ihm in einer Ebene liegende Dreieck GCB entgegengesetzten Sinnes sind, und weil A und E auf verschiedenen Seiten dieser Ebene liegen, so haben die Pyramiden $AGCDB$ und $EGCB$ einerlei Zeichen, und das Hexaëder h ist ihrem Unterschiede gleich.

§. 25. Das zweite Beispiel, an welchem wir uns die Bestimmung des Inhalts eines Polyëders erläutern wollten, sollte das in §. 5 von den Flächen

$$(3) \quad ABC\,,\quad FED\,,\quad BADE\,,\quad CBEF\,,\quad ACFD$$

begrenzte Pentaëder sein. Bezeichnen wir, wie dort, den gemeinsamen Punct der Ebenen der drei Vierecke in (3) oder, was dasselbe ist, den gemeinsamen Punct der drei Kanten AD, BE, CF, mit O, und nehmen denselben zur gemeinsamen Spitze der Pyramiden, deren Grundflächen die Flächen (3) sind, und deren Summe den Inhalt des Pentaëders ausmacht, so verschwinden die Pyramiden über den drei Vierecken, und der Inhalt des Pentaëders reducirt sich auf

$$p = OABC + OFED = OABC - ODEF\ .$$

Es hat aber das Pentaëder nach den verschiedenen Lagen, welche der Punct O gegen die zwei Endpuncte einer jeden der drei sich in ihm treffenden Kanten AD, BE, CF einnehmen kann, verschiedene Formen, von denen ich nur folgende zwei näher in Betracht ziehen will.

1) Sind OAD, OBE, OCF die Lagen von O, d. h. liegt O ausserhalb A und D auf der Seite von A, ausserhalb B und E auf der Seite von B, u. s. w., so sind die drei Vierecke in (3) gewöhnliche und das Pentaëder selbst ein gewöhnliches; die zwei Tetraëder $OABC$ und $ODEF$ haben einerlei Zeichen, und das Pentaëder p ist dem Unterschiede derselben gleich. Dasselbe gilt ersichtlich auch für die Lagen ADO, BEO, CFO.

2) Bei den Lagen AOD, BOE, COF sind die drei Vierecke und daher auch das Pentaëder aussergewöhnlich. So wie nämlich alsdann das Viereck $BADE$ sich unter der Form zweier mit ihrer gemeinsamen Spitze O gegeneinander liegender Dreiecke OAB und ODE darstellt, so ist auch das Pentaëder aus zwei auf entgegengesetzten

Seiten von O liegenden Tetraëdern $OABC$ und $OFED$ zusammengesetzt (vergl. Fig. 7). Statt dass aber jenes Viereck dem Unterschiede der zwei einerlei Sinne habenden Dreiecke OAB und ODE gleich war (§. 16), ist dieses Pentaëder, in Folge der Formel

$$p = OABC + OFED \ ,$$

der Summe der zwei Tetraëder $OABC$ und $OFED$, welche einerlei Zeichen haben, gleich.

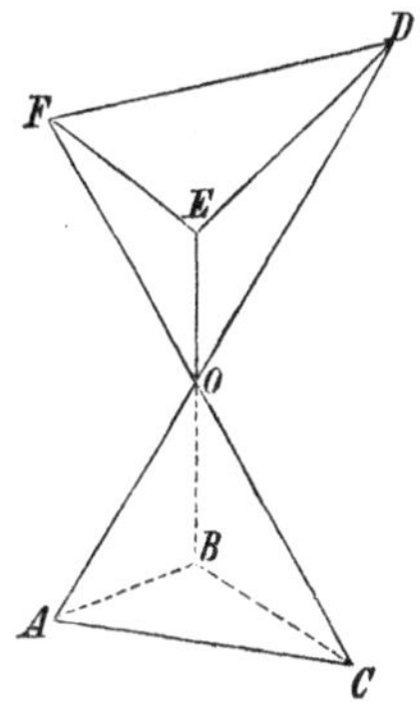

Fig. 7.

Um uns dieses auf den ersten Blick in etwas befremdende Resultat noch auf eine andere Weise zu erklären, wollen wir uns die Aussenseite des Tetraëders $OABC$ weiss und die innere schwarz denken. Bezeichnen wir nun von der Fläche OAB die äussere Seite mit a und die innere mit i, und ebenso die äussere und die innere Seite der Fläche OED des Tetraëders $OFED$ mit a' und i', so ist nach der gemachten Annahme a weiss und i schwarz. Es sind aber i und a' eine und dieselbe Seite der Ebene des Vierecks $ABED$, und da dieses ein aussergewöhnliches ist, so sind seine beiden Dreiecke OAB und OED auf einer und derselben Seite ihrer Ebene verschieden gefärbt (§. 16), also a' weiss, weil i schwarz ist; und auf ähnliche Art zeigt sich, dass die äusseren Seiten auch der übrigen Flächen von $OFED$ weiss sein müssen.

§. 26. Die Definition des Inhalts eines Polyëders setzte als wesentlich die Erfüllung des Kantengesetzes voraus (§. 23). Denn nur unter dieser Bedingung waren nach Festsetzung des Sinnes einer der Flächen auch die Sinne der übrigen bestimmt, die Summe der Pyramiden, welche eine gemeinsame Spitze P und die nach jenen Sinnen geschätzten Flächen zu Grundflächen hatten, war von P unabhängig, und eben diese mit P sich nicht ändernde Summe gab uns den Inhalt des Polyëders. *Wird dagegen das Kantengesetz nicht erfüllt, so bleiben die Sinne der Flächen unbestimmt* (§. 9), *und es kann nicht mehr eine von P unabhängige Pyramidensumme, also auch nicht mehr ein Inhalt angegeben werden;* — man müsste denn, weil man, auf der Oberfläche eines solchen Polyëders fortgehend, auf jede der beiden Seiten einer jeden seiner Flächen gelangen kann, jede Fläche desselben doppelt, nur nach entgegengesetzten Sinnen, rechnen, so dass, wenn ABC irgend eine der Flächen wäre, auch CBA mit unter die Flächen gehören würde. Weil aber

$$PABC + PCBA = 0$$

ist, so würde man alsdann auch den Gesammtinhalt eines dem Kantengesetze nicht genügenden Polyëders gleich Null zu setzen haben.

Duale Natur der im Vorhergehenden entwickelten Sätze.

§. 27. Die Structur eines Polyëders haben wir bisher dadurch ausgedrückt, dass wir seine Ecken einzeln mit Buchstaben bezeichneten und jede seiner Flächen durch die in ihrem Perimeter auf einander folgenden Ecken darstellten. Denselben Zweck kann man aber auch erreichen, wenn man die Flächen des Polyëders einzeln mit Buchstaben benennt und jede der Ecken, oder vielmehr jeden der körperlichen Eckenwinkel, durch die um die Ecke herum auf einander folgenden Flächen ausdrückt.

Bei der ersteren Darstellungsweise eines Polyëders wird durch je zwei cyklisch nächstfolgende Ecken eines Flächenausdruckes, und bei der letzteren durch je zwei cyklisch nächstfolgende Flächen eines Eckenausdruckes eine Kante des Polyëders ausgedrückt.

Sowie ferner bei der ersteren Darstellungsweise je zwei cyklisch nächstfolgende Buchstaben eines Flächenausdruckes, als Ausdruck einer Kante, stets noch in einem und nur einem der übrigen Flächenausdrücke in unmittelbarer Aufeinanderfolge sich vorfinden, so ist auch bei der letzteren Weise jedes Paar cyklisch nächstfolgender Buchstaben zweimal vorhanden. Denn zwei Flächen, welche in einer Kante an einander grenzen, müssen in den Ausdrücken jeder der zwei Ecken, welche die Grenzpuncte dieser Kante sind, zwei nächstfolgende Flächen sein.

Wir folgern hieraus noch, dass zur Darstellung eines Polyëders, sei es auf die erstere oder die letztere Weise, stets gleichviel Buchstaben zu schreiben sind, nämlich doppelt so viel, als das Polyëder Kanten hat.

§. 28. Immer ist es leicht, ein Polyëder, dessen Structur durch die Ausdrücke seiner Flächen bestimmt ist, durch seine Eckenausdrücke darzustellen, und umgekehrt.

Man bezeichne zu dem Ende die Ecken eines Polyëders mit den grossen Buchstaben des lateinischen Alphabets, wie im Vorigen, die Flächen desselben aber mit den kleinen des griechischen. Vorausgesetzt nun, dass die Ausdrücke der Flächen das Kantengesetz erfüllen und diesem Gesetze gemäss geschrieben sind, substituire man für jeden dieser Ausdrücke die Ternionen je dreier cyklisch nächstfolgender Ecken desselben, also für das Dreieck ABC die drei Ternionen oder Winkel des Dreiecks: ABC, BCA, CAB; für das Viereck $ABCD$ die vier Winkel des Vierecks: ABC, BCD, CDA, DAB; u. s. w.

Seien nun $\varkappa$ und λ die zwei in der Kante KL an einander grenzenden Flächen und

$$\ldots IKLH \ldots \quad \text{und} \quad \ldots MLKN \ldots$$

die nach dem Kantengesetze geschriebenen Ausdrücke dieser Flächen, also

$$\ldots,\ IKL,\ KLH,\ \ldots \quad \text{und} \quad \ldots,\ MLK,\ LKN,\ \ldots$$

die aus ihnen abzuleitenden Winkelreihen.

Mit Hülfe dieser Winkel und der Winkel der übrigen Flächen des Polyëders bilde man jetzt das System seiner Eckenausdrücke, indem man, für jede Ecke besonders, die Winkel, welche die Ecke zur Spitze haben, in solcher Ordnung auf einander folgen lässt, dass der zweite Schenkel jedes Winkels der erste des cyklisch nächstfolgenden ist. Endlich schreibe man für jeden der also geordneten Winkel den griechischen Buchstaben der ihn enthaltenden Fläche. Man erhält somit für die Ecken K und L resp. die Ausdrücke

$$\ldots,\ IKL,\ LKN,\ \ldots \quad \text{und} \quad \ldots,\ MLK,\ KLH,\ \ldots$$

oder einfacher

$$\ldots \varkappa\lambda \ldots \quad \text{und} \quad \ldots \lambda\varkappa \ldots$$

Die Vervollständigung dieser Ausdrücke für K und L und die analoge Entwickelung der Ausdrücke für die übrigen Ecken A, B, ... durch die Flächen α, β, ... gibt die verlangte Darstellung des Polyëders durch seine Flächen α, β, ...

Bemerkt werde noch, dass, weil hierbei der Ausdruck des durch A, B, ... gegebenen Polyëders das Kantengesetz erfüllen sollte, auch der daraus abgeleitete Ausdruck desselben durch α, β, ... diesem Gesetze Genüge thun wird. Denn so wie im Letztvorhergehenden die gemeinsame Kante der Flächen $\varkappa$ und λ das eine Mal durch $\varkappa\lambda$, das andere Mal durch $\lambda\varkappa$ dargestellt wird, so werden auch je zwei andere in einer Kante an einander stossende Flächen dem Gesetze genügen.

§. 29. Als Beispiel zur Erläuterung der jetzt gegebenen Vorschriften diene das Hexaëder (2) in §. 5, dessen sechs Flächen

$$\text{(I)}\quad BCD\,,\quad CAD\,,\quad ABD\,,\quad CBE\,,\quad ACE\,,\quad BAE$$

resp. $= \alpha\,,\quad \beta\,,\quad \gamma\,,\quad \delta\,,\quad \varepsilon\,,\quad \zeta$

gesetzt werden sollen. Es ist daher

$$\alpha = BCD\,,\ CDB\,,\ DBC\,;\qquad \delta = CBE\,,\ BEC\,,\ ECB\,;$$
$$\beta = CAD\,,\ ADC\,,\ DCA\,;\qquad \varepsilon = ACE\,,\ CEA\,,\ EAC\,;$$
$$\gamma = ABD\,,\ BDA\,,\ DAB\,;\qquad \zeta = BAE\,,\ AEB\,,\ EBA\,;$$

d. h. in der Fläche α liegen die drei Winkel BCD, CDB, DBC, und keine anderen von den Kanten des Polyëders gebildeten Winkel; u. s. w.

Ordnen wir jetzt diese achtzehn Winkel nach ihren fünf Spitzen A, B, C, D, E in fünf Gruppen also, dass in jeder Gruppe der zweite Schenkel jedes Winkels der erste des cyklisch nächstfolgenden ist, so ist die Gruppe der um A herum liegenden Winkel

$$CAD\,,\quad DAB\,,\quad BAE\,,\quad EAC\,,$$

und da diese vier Winkel resp. in den Flächen β, γ, ζ, ε enthalten sind, so ist $\beta\gamma\zeta\varepsilon$ der Ausdruck der körperlichen Ecke A. — Die körperliche Ecke B wird ebenso von den vier an einander sich schliessenden Winkeln

$$DBC\,,\quad CBE\,,\quad EBA\,,\quad ABD\,,$$

d. i. von den Flächen α, δ, ζ, γ gebildet, und wir haben demnach

$$B = \alpha\delta\zeta\gamma\,.$$

Gleicherweise findet sich

$$C = \alpha\beta\varepsilon\delta\,,\qquad D = \alpha\gamma\beta\,,\qquad E = \delta\varepsilon\zeta\,;$$

und es ist folglich das durch seine Ecken mittelst seiner Flächen ausgedrückte Hexaëder

$$\text{(II)}\quad \beta\gamma\zeta\varepsilon\,,\quad \alpha\delta\zeta\gamma\,,\quad \alpha\beta\varepsilon\delta\,,\quad \alpha\gamma\beta\,,\quad \delta\varepsilon\zeta$$
$$(=\ A\,,\quad B\,,\quad C\,,\quad D\,,\quad E)\,.$$

§. 30. Die umgekehrte Aufgabe: aus dem Systeme (II) der Eckenausdrücke eines Polyëders durch seine Flächen das System (I) seiner Flächenausdrücke durch seine Ecken abzuleiten, lässt sich auf dieselbe Weise wie die vorige Aufgabe lösen, sobald man nur während der Rechnung die griechischen Buchstaben als Zeichen für Ecken und die lateinischen für Flächen nimmt und daher, um von (II) auf (I) zurückzukommen, die Gleichung (II) als die Formel für ein Pentaëder betrachtet, welches die fünf Flächen $A, \ldots, E$ und die sechs Ecken $\alpha, \ldots, \zeta$ hat.

In der That ist alsdann nach den vorhin gegebenen Vorschriften zunächst zu schreiben

$$\begin{aligned} A &= \beta\gamma\zeta\,,\ \gamma\zeta\varepsilon\,,\ \zeta\varepsilon\beta\,,\ \varepsilon\beta\gamma\,; \\ B &= \alpha\delta\zeta\,,\ \delta\zeta\gamma\,,\ \zeta\gamma\alpha\,,\ \gamma\alpha\delta\,; \\ C &= \alpha\beta\varepsilon\,,\ \beta\varepsilon\delta\,,\ \varepsilon\delta\alpha\,,\ \delta\alpha\beta\,; \\ D &= \alpha\gamma\beta\,,\ \gamma\beta\alpha\,,\ \beta\alpha\gamma\,; \\ E &= \delta\varepsilon\zeta\,,\ \varepsilon\zeta\delta\,,\ \zeta\delta\varepsilon\,; \end{aligned}$$

und wenn man diese achtzehn Winkel $\beta\gamma\zeta, \ldots, \zeta\delta\varepsilon$ nach ihren sechs Spitzen $\alpha, \ldots, \zeta$ auf die besagte Weise ordnet:

$$\begin{aligned} \alpha &= \gamma\alpha\delta\,,\ \delta\alpha\beta\,,\ \beta\alpha\gamma\,; & \delta &= \alpha\delta\zeta\,,\ \zeta\delta\varepsilon\,,\ \varepsilon\delta\alpha\,; \\ \beta &= \varepsilon\beta\gamma\,,\ \gamma\beta\alpha\,,\ \alpha\beta\varepsilon\,; & \varepsilon &= \zeta\varepsilon\beta\,,\ \beta\varepsilon\delta\,,\ \delta\varepsilon\zeta\,; \\ \gamma &= \beta\gamma\zeta\,,\ \zeta\gamma\alpha\,,\ \alpha\gamma\beta\,; & \zeta &= \gamma\zeta\varepsilon\,,\ \varepsilon\zeta\delta\,,\ \delta\zeta\gamma\,; \end{aligned}$$

oder einfacher, weil nach dem unmittelbar Vorhergehenden die Winkel $\gamma\alpha\delta$, $\delta\alpha\beta$, $\beta\alpha\gamma$ resp. in B, C, D; $\varepsilon\beta\gamma$, $\gamma\beta\alpha$, $\alpha\beta\varepsilon$ in A, D, C; u. s. w. liegen,

$$\alpha = BCD\,, \quad \beta = ADC\,, \quad \gamma = ABD\,, \quad \delta = BEC\,, \quad \text{u. s. w.}$$

und wir sind somit von dem Systeme (II) zu dem anfänglichen (I) zurückgelangt.

§. 31. Zufolge der doppelten Darstellungsweise eines Polyëders durch ein System von Combinationen, deren Elemente das eine Mal Ecken, das andere Mal Flächen sind, kann die Darstellung eines Polyëders durch ein solches System stets in doppelter Bedeutung aufgefasst werden, indem man die Buchstaben, welche die Elemente der verschiedenen Combinationen bezeichnen, das eine Mal als Symbole der Ecken des Polyëders, das andere Mal als Symbole seiner Flächen nimmt. Zwei auf solche Weise durch ein und dasselbe System dargestellte Polyëder nennt man einander reciprok, oder auch zu einander in dualer Beziehung stehend.

So wird z. B. durch jeden der beiden Ausdrücke (I) und (II) in §. 29 ein Hexaëder und ein Pentaëder zugleich dargestellt; durch (I) nämlich, wenn A, B, C, D, E das eine Mal Ecken und das andere Mal Flächen bedeuten; durch (II), wenn man unter α, β, γ, δ, ε, ζ zuerst Flächen, und dann Ecken versteht. Ein Hexaëder mit fünf Ecken und ein Pentaëder mit sechs Ecken sind daher einander reciprok.

Von zwei reciproken Polyëdern entspricht hiernach jeder Ecke des einen eine Fläche des anderen, und von den Ecken des einen, welche im Perimeter einer seiner Flächen liegen, treffen die entsprechenden Flächen des anderen in der jener Fläche entsprechenden Ecke, und dieses in derselben Folge wie jene Ecken, zusammen. — Die Eckenzahl des einen Polyëders ist daher der Flächenzahl des anderen gleich, die Kantenzahl aber ist in beiden dieselbe.

Zusatz. In §. 28 zu Ende ist bemerkt worden, dass wenn ein System (I) der durch die Ecken ausgedrückten Flächen eines Polyëders das Kantengesetz erfüllt, dasselbe auch bei dem daraus abgeleiteten Systeme (II) der durch die Flächen ausgedrückten Ecken geschieht. Bei der immer statthaften gegenseitigen Vertauschung der Ecken und Flächen wird daher auch umgekehrt, wenn ein gegebenes System (II) von Eckenausdrücken das Kantengesetz befriedigt, dasselbe auch das daraus abzuleitende System (I) von Flächenausdrücken thun. Hieraus ist aber weiter zu folgern, dass, wenn nicht in dem einen, auch nicht in dem anderen der beiden Systeme dem Kantengesetze genügt wird, und *dass daher zwei reciproke Polyëder immer zugleich das Kantengesetz entweder erfüllen*, *oder mit ihm in Widerspruch sind.*

---

§. 32. Schliesslich soll noch gezeigt werden, wie das Gesetz der Reciprocität sich auch auf die Formeln erstreckt, welche den Inhalt eines ebenen Vielecks durch seine Ecken und einen willkürlichen Punct seiner Ebene (§. 16), und den Inhalt eines Polyëders durch seine Ecken und einen willkürlichen Punct im Raume (§. 23) darstellten; *dass nämlich auf ganz entsprechende Weise der Inhalt eines ebenen Vielecks durch die Geraden, in denen seine Kanten liegen, und eine beliebige Ebene in der Ebene des Vielecks*, *und ebenso der Inhalt eines Polyëders durch die Ebenen seiner Flächen und eine beliebige Ebene sich ausdrücken lassen.* Um dieses darzulegen, will ich auch hier mit den Sätzen für ebene Figuren, als Vorbereitung zu den Sätzen für räumliche, den Anfang machen.

1) Drei in einer Ebene enthaltene gerade Linien a, b, c schneiden sich im Allgemeinen in drei Puncten und bilden somit eine Dreiecksfläche, die wir mit abc bezeichnen wollen. Dem absoluten Werthe derselben gebe man das positive oder negative Zeichen, jenachdem bei Durchgehung der Kanten des Dreiecks in der Folge, in welcher die sie enthaltenden Geraden im Ausdrucke abc genannt sind, der Sinn dieser Bewegung in der Ebene mit dem vorher

festzusetzenden positiven Sinne übereinstimmt, oder nicht. Hiernach ist

$$abc = bca = cab = -cba = -acb = -bac \ .$$

2) Werden die drei Kanten BC, CA, AB eines Dreiecks von einer vierten Geraden der Dreiecksebene resp. in F, G, H geschnitten (vergl. Fig. 8), so ist

$$CA = CG + GA \ , \qquad HA = HB + BA \ , \qquad \text{u. s. w.}$$

und daher

$$\begin{aligned} BCA &= BCG + BGA \ , \\ GHA &= GHB + GBA \ , \\ BHF &= BHG + BGF \ , \\ GCF &= GCB + GBF \ . \end{aligned}$$

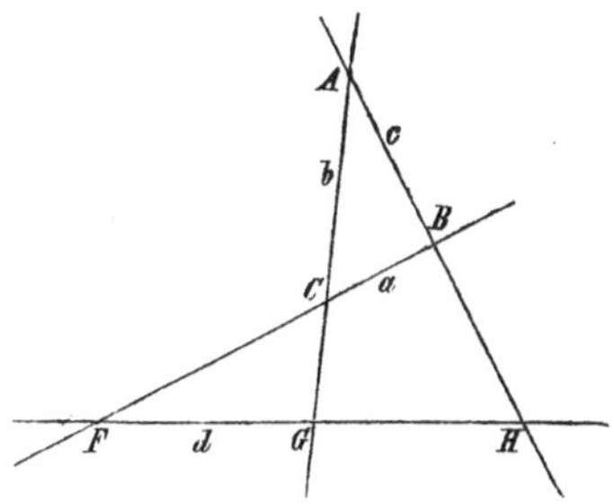

Fig. 8.

Die Addition dieser vier Gleichungen gibt

$$BCA + GHA + BHF + GCF = 0 \ ,$$

oder, wenn man die drei Geraden BCF, CAG, ABH mit a, b, c und die vierte FGH mit d bezeichnet,

$$abc + dcb + cda + bad = 0 \ ,$$

oder, was dasselbe ist,

$$(m^*) \qquad abc = dbc + dca + dab \ ,$$

oder

$$(n^*) \qquad abc - bcd + cda - dab = 0 \ ;$$

Gleichungen bei einem System von irgend vier in einer Ebene enthaltenen Geraden. Es sind die reciproken Gleichungen von (m) und (n) in §. 12, so dass letztere auch dann gelten, wenn man unter A, B, C, D vier in einer Ebene enthaltene Gerade versteht.

3) Bedeutet $abcd$ (vergl. Fig. 9) das ebene Viereck, dessen vier Kanten der Reihe nach in den Geraden a, b, c, d enthalten sind, also das Viereck $ABCD$, wenn die Puncte ab, bc, cd, da resp. A, C, B, D genannt werden, und wird noch der Punct ac mit E bezeichnet, so ist die Fläche

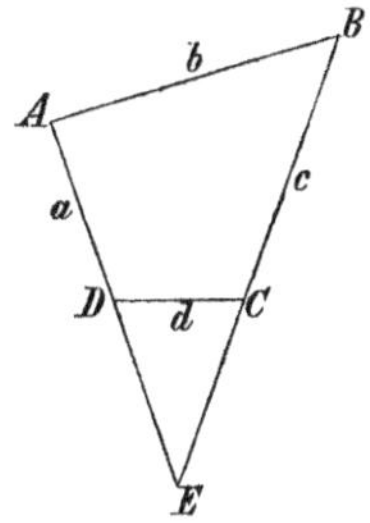

Fig. 9.

$$abcd = ABCD = ABE - DCE \ .$$

Es ist aber nach 2), wenn p eine beliebige Gerade der Vierecksebene bedeutet,

$$ABE = abc = pab + pbc + pca$$

und

$$DCE = adc = pad + pdc + pca \; ;$$

folglich

$$abcd = pab + pbc - pad - pdc$$
$$= pab + pbc + pcd + pda \; .$$

4) Aehnlicherweise findet sich der Inhalt des ebenen Fünfecks $ABCDE$. Denn bezeichnet man dessen Kanten EA, AB, BC, CD, DE mit a, b, c, d, e und nennt F den Durchschnitt von EA mit DC, so hat man

$$ABCDE = abcde = ABCF - DFE \; .$$

Es ist aber nach dem Vorigen das Viereck

$$ABCF = abcd = pab + pbc + pcd + pda \; ,$$

und das Dreieck

$$DFE = aed - pae + ped + pda \; ,$$

folglich das Fünfeck

$$abcde = pab + pbc + pcd + pde + pea \; ;$$

und man sieht von selbst, dass und wie analoge Resultate auch bei Vielecken von noch mehr Seiten stattfinden müssen, und dass man somit zu den reciproken Formeln der Gleichungen in §. 13 gelangt ist.

§. 33. Gehen wir jetzt zu der analogen Untersuchung bei Polyëdern fort und ziehen zunächst ein Tetraëder in Betracht. Die

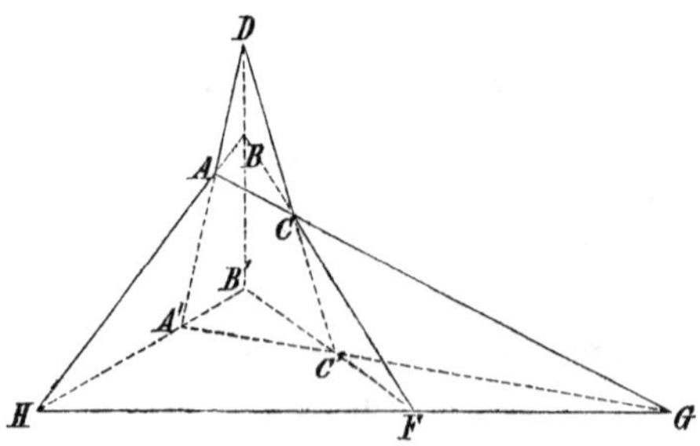

Fig. 10.

vier Ecken desselben (vergl. Fig. 10) heissen A, B, C, D, und π sei eine willkürliche Ebene. Man setze

$$BC \, . \, \pi = F \; , \qquad CA \, . \, \pi = G \; , \qquad AB \, . \, \pi = H \; ,$$

d. h. seien F, G, H die Durchschnitte der Geraden BC, CA, AB mit der Ebene π, so liegen F, G, H in einer Geraden, nämlich in dem Durchschnitte der Ebenen ABC und π, und es ist daher (§. 32, 2) das Dreieck

$$(l) \qquad ABC = AHG + BFH + CGF \,.$$

Sei ferner

$$DA\,.\,\pi = A' \,, \qquad DB\,.\,\pi = B' \,, \qquad DC\,.\,\pi = C' \,,$$

so liegen B, C, B', C' in der Ebene DBC; mithin schneiden sich BC und $B'C'$, und dieses geschieht in F, weil $B'C'$ in π liegt, und weil

$$BC\,.\,\pi = F$$

gesetzt wurde. Gleicherweise ist

$$CA\,.\,C'A' = G \quad \text{und} \quad AB\,.\,A'B' = H \,.$$

Die Kanten des in π enthaltenen Dreiecks $A'B'C'$ treffen daher die in π liegende Gerade FGH gleichfalls in F, G, H, und es ist folglich das Dreieck

$$(m) \qquad A'B'C' = A'HG + B'FH + C'GF \,.$$

Aus (l) und (m) ergeben sich weiter die Tetraëder

$$DABC \;\; = DAHG + DBFH + DCGF \,,$$
$$DA'B'C' = DA'HG + DB'FH + DC'GF \,,$$

folglich

$$DABC - DA'B'C' = DAHG - DA'HG + DBFH - DB'FH + DCGF - DC'GF \,.$$

Weil aber

$$DA\,.\,\pi = A' \,,$$

und daher D, A, A' in einer Geraden liegen, so wird

$$DAHG - DA'HG = A'AHG \,;$$

und weil gleicherweise auch D, B, B' und D, C, C' in Geraden sind, so reducirt sich die vorige Gleichung auf

$$(n) \quad DABC - DA'B'C' = A'AHG + B'BFH + C'CGF \,.$$

Bezeichnen wir nun die Ebenen BCD, CDA, DAB, ABC, $A'B'C'$ mit α, β, γ, δ, ε und berücksichtigen, dass die Ebenen BCD, CAD, ABD resp. mit $B'C'D$, $C'A'D$, $A'B'D$ identisch sind, so wird

$$DABC - DA'B'C' = \delta\alpha\beta\gamma - \varepsilon\alpha\beta\gamma \,.$$

Ferner ist, der gemachten Construction zufolge, die Ebene AHG identisch mit der Ebene ABC, d. i. mit δ; die Ebene HGA' identisch mit $B'C'A'$, d. i. mit ε; die Ebene $GA'A$ identisch mit CDA, d. i. mit β; die Ebene $A'AH$ identisch mit DAB, d, i. mit γ.

Hiermit wird das Tetraëder

$$A'AHG = \delta\varepsilon\beta\gamma \ ,$$

und ebenso findet sich

$$B'BFH = \delta\varepsilon\gamma\alpha \ , \qquad C'CGF = \delta\varepsilon\alpha\beta \ .$$

Die Gleichung (n) geht hiermit über in

$$\delta\alpha\beta\gamma - \varepsilon\alpha\beta\gamma = \delta\varepsilon\beta\gamma + \delta\varepsilon\gamma\alpha + \delta\varepsilon\alpha\beta \ ,$$

wofür man auch schreiben kann

$$\varepsilon\beta\gamma\delta - \varepsilon\gamma\delta\alpha + \varepsilon\delta\alpha\beta - \varepsilon\alpha\beta\gamma = \alpha\beta\gamma\delta \ ,$$

oder

$$\alpha\beta\gamma\delta + \beta\gamma\delta\varepsilon + \gamma\delta\varepsilon\alpha + \delta\varepsilon\alpha\beta + \varepsilon\alpha\beta\gamma = 0 \ ,$$

Gleichungen zwischen den fünf Tetraëdern, welche von irgend fünf Ebenen α, β, γ, δ, ε, als Grenzebenen, gebildet werden, — die reciproken Gleichungen von denen zwischen fünf Tetraëdern (§. 18 zu Ende), welche je vier von fünf beliebigen Puncten A, B, C, D, E des Raumes zu Ecken haben.

§. 34. Nach §. 23 ist der Inhalt eines das Kantengesetz erfüllenden Polyëders der Summe von Pyramiden gleich, welche einen beliebigen Punct P zur gemeinsamen Spitze und die dem Kantengesetze gemäss ausgedrückten Flächen des Polyëders zu Grundflächen haben.

Nach dem Princip der Reciprocität lässt sich daher erwarten, *dass der Inhalt eines solchen Polyëders auch der Summe von Pyramiden gleich ist, deren Grundflächen in einer und derselben beliebigen Ebene* π *enthalten, und deren Spitzen die Ecken des Polyëders sind, wobei jede Ecke durch die in ihr der Reihe nach zusammenstossenden Flächen ausgedrückt wird, — nur mit Beobachtung des Kantengesetzes*, so dass, wenn AB eine Kante des Polyëders ist, und in dieser sich die Flächen α und β treffen, diese Flächen sowohl im Ausdrucke für A, als in dem für B nebeneinander stehen müssen, und zwar das eine Mal in der Folge $\alpha\beta$, das andere Mal in der Folge $\beta\alpha$.

Es bestätigt sich dieser Satz schon bei dem im §. 33 gefundenen Ausdrucke für den Inhalt eines Tetraëders. Denn sind A, B, C, D die Ecken desselben, und α, β, γ, δ die ihnen gegenüber liegenden Flächen, so sind die körperlichen Winkel A, B, C, D durch $\beta\gamma\delta$, $\delta\gamma\alpha$, $\alpha\beta\delta$, $\gamma\beta\alpha$ darzustellen, als in welchen Ausdrücken, wie verlangt wurde, zugleich das Kantengesetz sich durchgängig beobachtet findet; und es ist hiernach

$$ABCD = \pi\beta\gamma\delta + \pi\delta\gamma\alpha + \pi\alpha\beta\delta + \pi\gamma\beta\alpha = \alpha\beta\gamma\delta \ ,$$

nicht gleich $-\alpha\beta\gamma\delta$, weil, wenn man die willkürliche Ebene π etwa mit α coïncidiren lässt, das erste Glied

$$\pi\beta\gamma\delta = \alpha\beta\gamma\delta \ ,$$

jedes der drei folgenden aber gleich Null wird. Diese Formel stimmt aber mit der zu Ende des §. 33 gefundenen vollkommen überein, sobald man noch das dortige ε in π verwandelt.

Wir wollen jetzt den voranstehenden Satz in seiner Allgemeinheit zu beweisen suchen und zu dem Ende einige Sätze, die Zerlegung und die Zusammensetzung eines Polyëders in und aus Tetraëdern betreffend, vorausschicken.

§. 35. 1) *Euler* hat in seiner denkwürdigen Abhandlung: *Demonstratio nonnullarum insignium proprietatum, quibus solida hedris planis inclusa sunt praedita* (*Novi Comment. acad. Petrop.* tom. IV pag. 145) gezeigt, wie man bei einem Polyëder durch Wegschneiden eines oder mehrerer Tetraëder von demselben die Zahl seiner Ecken um die Einheit vermindern könne. Sei nämlich z. B. A eine Ecke des Polyëders Π, und seien AB, AC, AD, AE, AF die von A der Reihe nach ausgehenden Kanten, also B, C, D, E, F gleichfalls Ecken des Polyëders. Man verbinde dieselben in ihrer Folge durch die Linien BC, CD, DE, EF, FB und zerlege das im Allgemeinen nicht ebene Fünfeck $BCDEF$ durch die zwei Diagonalen BD und BE in die drei Dreiecke BCD, BDE, BEF. Hiermit entstehen (vergl. Fig. 11) die drei Tetraëder $ABCD$, $ABDE$, $ABEF$, welche diese drei Dreiecke zu Grundflächen und A zur gemeinsamen Spitze haben. Werden diese drei Tetraëder entfernt, so bleibt ein Polyëder Π' zurück, welches, A ausgenommen, dieselben Ecken, wie das anfängliche Π hat, also die $n-1$ Ecken B, C, D, E, …, wenn n die Anzahl der Ecken von Π war.

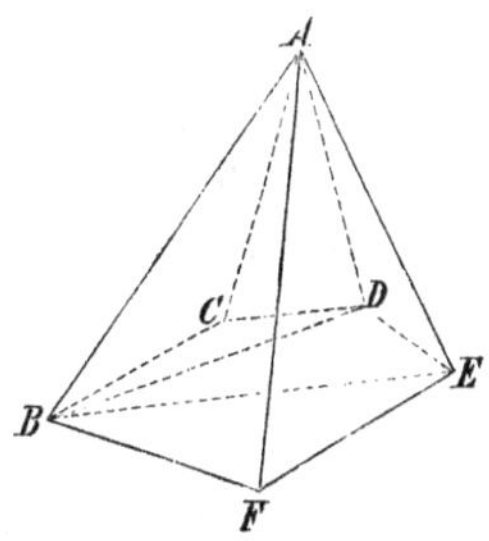

Fig. 11.

Auf gleiche Art, wie mit Π, verfahre man jetzt mit Π', indem man durch Wegnahme aller der Tetraëder, welche eine der Ecken von Π', etwa B, zur gemeinsamen Spitze haben, aus dem Polyëder Π' ein anderes Π'' ableitet, welches nur noch $n-2$ Ecken, nämlich C, D, E, … hat.

Durch noch weitere Fortsetzung dieses Verfahrens in Bezug auf eine der Ecken des jedesmal übrig bleibenden Polyëders gelangt man nach und nach zu Polyëdern Π''', Π'''', … mit $n-3$, $n-4$, …

Ecken, und zuletzt zu einem Tetraëder selbst, und man hat somit das Polyëder Π in eine gewisse Anzahl von Tetraëdern zerlegt, von deren jedem die Ecken zugleich Ecken von Π sind.

2) Man wird daher auch umgekehrt jedes Polyëder durch Aneinandersetzung von Tetraëdern entstehen lassen können, deren Ecken insgesammt nach deren Zusammenfügung die Ecken des Polyëders abgeben. Dabei wird man die an einander zu setzenden Tetraëder stets in solcher Ordnung auf einander folgen lassen können, dass das neu anzusetzende Tetraëder mit dem zuletzt erhaltenen Polyëder entweder eine oder zwei Flächen gemein hat. So sind bei dem vorigen Beispiele, um aus dem Polyëder Π_1, dessen Ecken B, C, D, E, ... sind, dasjenige Π_4 abzuleiten, bei welchem noch A als Ecke hinzugetreten ist, zu Π_1 successive die Tetraëder $ABCD$, $ABDE$, $ABEF$ hinzuzufügen. Denn wenn hierdurch aus Π_1 successive die Polyëder Π_2, Π_3, Π_4 entstehen, so hat $ABCD$ mit Π_1 nur die eine Fläche BCD, $ABDE$ mit Π_2 die zwei Flächen ABD und BDE, $ABEF$ mit Π_3 die zwei Flächen ABE und BEF gemein. Das Polyëder Π_3 wird aber durch den Zutritt von $ABEF$ in Π_4 verwandelt.

Um hiernach den Satz des §. 34 in seiner Allgemeinheit darzuthun, wird man unter Berücksichtigung dessen, dass er für das einfachste Polyëder, nämlich für ein Tetraëder, nach §. 33 gültig ist, noch zu beweisen haben, dass erstens unter Voraussetzung seiner Gültigkeit für ein Polyëder Π mit einer beliebigen Zahl von Ecken B, C, D, E, ..., er auch noch Bestand für ein Polyëder Π' hat, welches aus Π entsteht, wenn man an eine äussere Fläche, — es sei BCD —, eines der Tetraëder, in welche man sich Π immer zerlegt denken kann, ein Tetraëder $ABCD$ ansetzt; und dass zweitens, wenn der Satz für ein Polyëder Π'' gültig ist, bei welchem ABC und BCD zwei in BC an einander grenzende Flächen sind, die man sich nach aussen zu einen Hohlwinkel mit einander bildend denken mag, der Satz auch noch für das Polyëder Π''' gilt, welches aus Π'' durch den Zusatz des Tetraëders $ABCD$ an Π'' entsteht. Oder, was auf dasselbe hinauskommt: es ist zu zeigen, dass, wenn man nach dem zu beweisenden Satze, welcher im Folgenden kurz der Hauptsatz heisse, das eine Mal die Inhaltswerthe von Π und Π', und das andere Mal die von Π'' und Π''' entwickelt, der Unterschied zwischen Π und Π' sowohl, als der zwischen Π'' und Π''', dem Tetraëder $ABCD$ gleich ist.

§. 36. Diese zwei Sätze aber lassen sich folgendergestalt darthun.

1) Beweis, dass $\Pi' - \Pi = ABCD$. Hier sind B, C, D, E, ... die Ecken von Π, und das Dreieck BCD ist eine Fläche

von Π. Die Ebene dieses Dreiecks nenne man α, und die Ebenen der Flächen von Π, welche an die Kanten CD, DB, BC dieses Dreiecks noch stossen, bezeichne man mit ε, ζ, η. Die in den Ecken B, C, D gebildeten und nach einerlei Sinne, es sei nach der Rechten, gerechneten körperlichen Winkel von Π sind hiernach (vergl. Fig. 12) $\eta\alpha\zeta\ldots$, $\varepsilon\alpha\eta\ldots$, $\zeta\alpha\varepsilon\ldots$, und es ist daher nach dem Hauptsatze

$$\Pi = \pi\eta\alpha\zeta\ldots + \pi\varepsilon\alpha\eta\ldots + \pi\zeta\alpha\varepsilon\ldots + [\pi E] + [\pi F] + \text{u. s. w.},$$

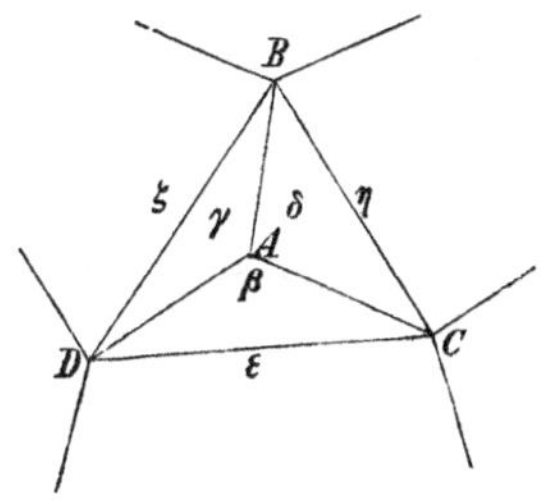

Fig. 12.

worin durch $[\pi E]$, $[\pi F]$, u. s. w. die Pyramiden vorgestellt werden, deren Grundflächen in π liegen, und deren Spitzen von den um die Ecken E, F, ... nach rechts herum liegenden Polyëderflächen gebildet werden.

Werde nun an die Fläche BCD des Π das Tetraëder $ABCD$ gesetzt, und entstehe damit das Polyëder Π'. In diesem wird die körperliche Ecke A nach der Rechten herum von den Winkeln CAD, DAB, BAC gebildet, deren Ebenen resp. β, γ, δ heissen. Die körperlichen Ecken in B, C, D sind jetzt $\eta\delta\gamma\zeta\ldots$, $\varepsilon\beta\delta\eta\ldots$, $\zeta\gamma\beta\varepsilon$, ..., und daher nach dem Hauptsatze

$$\Pi' = \pi\beta\gamma\delta + \pi\eta\delta\gamma\zeta\ldots + \pi\varepsilon\beta\delta\eta\ldots + \pi\zeta\gamma\beta\varepsilon\ldots + [\pi E] + [\pi F] + \text{u. s. w.},$$

wobei die Werthe von $[\pi E]$, $[\pi F]$, u. s. w. dieselben wie in dem Ausdrucke für Π geblieben sind. Mithin ist

$$\Pi' - \Pi = \pi\beta\gamma\delta + \pi\eta\delta\gamma\zeta\ldots + \pi\varepsilon\beta\delta\eta\ldots + \pi\zeta\gamma\beta\varepsilon\ldots - \pi\eta\alpha\zeta\ldots - \pi\varepsilon\alpha\eta\ldots - \pi\zeta\alpha\varepsilon\ldots.$$

Offenbar aber ist der körperliche Winkel

$$\eta\delta\gamma\zeta\ldots - \eta\alpha\zeta\ldots = \eta\delta\gamma\zeta - \eta\alpha\zeta = \delta\gamma\alpha,$$

und ebenso

$$\varepsilon\beta\delta\eta\ldots - \varepsilon\alpha\eta\ldots = \beta\delta\alpha,$$
$$\zeta\gamma\beta\varepsilon\ldots - \zeta\alpha\varepsilon\ldots = \gamma\beta\alpha;$$

folglich

$$\Pi' - \Pi = \pi\beta\gamma\delta + \pi\delta\gamma\alpha + \pi\beta\delta\alpha + \pi\gamma\beta\alpha$$

und endlich nach §. 33

$$\Pi' - \Pi = \alpha\beta\gamma\delta = ABCD.$$

— *Q. e. d.*

2) Beweis, dass $\Pi''' - \Pi'' = ABCD$. Die Ebenen der Flächen ABC und BCD des Polyëders Π'', an welche das Tetraëder $ABCD$

gesetzt werden soll, bezeichne man mit δ und α, und die Ebenen der an die Kanten AB, BD, DC, CA noch grenzenden Flächen von Π'' mit ε, ζ, η, ϑ. Alsdann sind die um die Ecken A, B, D, C nach einerlei Sinne (in Fig. 13 nach der Rechten) gerechneten körperlichen Winkel gleich $\vartheta\delta\varepsilon\ldots$, $\varepsilon\delta\alpha\zeta\ldots$, $\zeta\alpha\eta\ldots$, $\eta\alpha\delta\vartheta$, und daher nach dem Hauptsatze

$$\Pi'' = \pi\vartheta\delta\varepsilon\ldots + \pi\varepsilon\delta\alpha\zeta\ldots + \pi\zeta\alpha\eta\ldots + \pi\eta\alpha\delta\vartheta\ldots + \text{u. s. w.}$$

worin durch + u. s. w. die von den übrigen Ecken des Π'' entstehenden Glieder ausgedrückt werden.

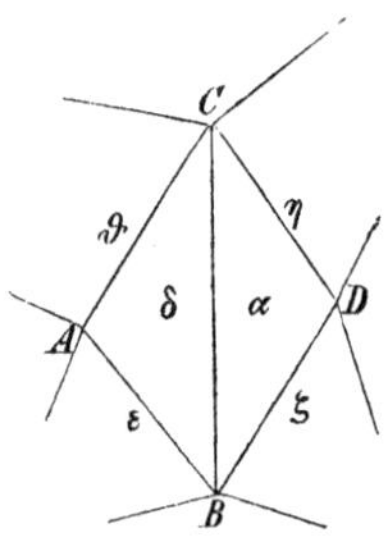

Fig. 13.

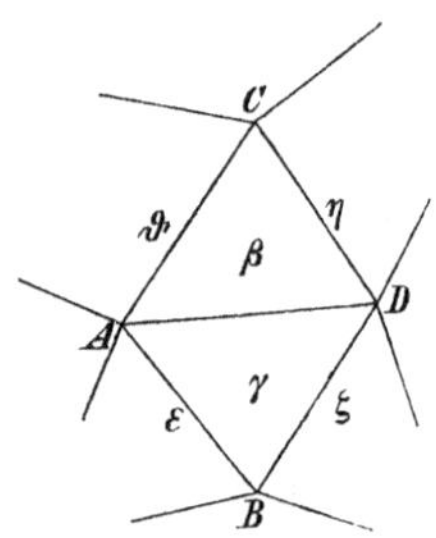

Fig. 14.

Setzen wir nun an die Flächen ABC und BCD des Polyëders Π'' das Tetraëder $ABCD$ und drücken (vergl. Fig. 14) die Ebenen der Flächen ACD und ABD durch β und γ aus, so bildet sich ein Polyëder Π''', dessen körperliche Winkel in A, B, D, C, nach demselben Sinne wie vorhin gerechnet, gleich $\vartheta\beta\gamma\varepsilon\ldots$, $\varepsilon\gamma\zeta\ldots$, $\zeta\gamma\beta\eta\ldots$, $\eta\beta\vartheta\ldots$ sind, und es ist daher wiederum nach dem Hauptsatze

$$\Pi''' = \pi\vartheta\beta\gamma\varepsilon\ldots + \pi\varepsilon\gamma\zeta\ldots + \pi\zeta\gamma\beta\eta + \pi\eta\beta\vartheta\ldots + \text{u. s. w.}$$

Weil endlich

$$\vartheta\beta\gamma\varepsilon\ldots - \vartheta\delta\varepsilon\ldots = \beta\gamma\delta\,, \qquad \varepsilon\delta\alpha\zeta\ldots - \varepsilon\gamma\zeta\ldots = \delta\alpha\gamma\,,$$

$$\zeta\gamma\beta\eta\ldots - \zeta\alpha\eta\ldots = \gamma\beta\alpha\,, \qquad \eta\alpha\delta\vartheta\ldots - \eta\beta\vartheta\ldots = \alpha\delta\beta\,,$$

und weil die in Π'' und Π''' unter + u. s. w. begriffenen Glieder einander gleich sind, so wird, wie es sein muss,

$$\begin{aligned}\Pi''' - \Pi'' &= \pi\beta\gamma\delta - \pi\delta\alpha\gamma + \pi\gamma\beta\alpha - \pi\alpha\delta\beta \\ &= \pi\beta\gamma\delta - \pi\gamma\delta\alpha + \pi\delta\alpha\beta - \pi\alpha\beta\gamma\end{aligned}$$

und endlich nach §. 33

$$\Pi' - \Pi = \alpha\beta\gamma\delta = ABCD\,.$$

MITTHEILUNGEN

AUS MÖBIUS' NACHLASS.

I. Zur Theorie der Polyëder und der Elementarverwandtschaft.

Vorbemerkung.

Einen wichtigen Theil der nachgelassenen Manuscripte Möbius' bildet eine Reihe wissenschaftlicher Tagebücher, denen er die ersten Resultate seiner mathematischen Untersuchungen anvertraute. Es sind mässig starke, circa 300 Seiten umfassende Quartbände, 11 an Zahl, aus den Jahren 1820—1865, die deshalb von besonderer Bedeutung sind, weil aus ihnen die Zeit und Art der Entstehung der Möbius'schen Arbeiten sich mit Sicherheit erkennen lässt. Diese »Diaria mathematica« sollen inskünftige mit dem Buchstaben D bezeichnet und mit den Indices 1, 2, ..., 11 versehen werden. Auf Grund des Inhalts von D_9, D_{10}, D_{11} kann über die Zeit, aus welcher die Untersuchungen Möbius' über Polyëder und Elementarverwandtschaft stammen, Folgendes berichtet werden.

Kurz nachdem Möbius die mathematische Preisaufgabe der Pariser Akademie »Perfectionner en quelque point important la théorie géométrique des polyèdres« bekannt geworden war, im Frühling des Jahres 1858, begann er, offenbar in der Absicht, an der Bewerbung um den grossen Preis der Mathematik sich zu betheiligen, seine Untersuchungen über die Theorie der Polyëder (vergl. D_9 und D_{10}). Diese Vorarbeiten nahmen ihn während der Jahre 1858 und 1859 vollständig in Anspruch. Am 1. Januar 1860 war er damit so weit gediehen, dass er in D_{11} eine erste systematische Bearbeitung seiner Resultate unternehmen konnte. Dieselbe diente ihm als Grundlage für seine anfänglich deutsch geschriebene Preisarbeit, deren Original sich unter den nachgelassenen Manuscripten befindet. Mit der Absendung der Preisschrift nach Paris (Juni 1861) schloss Möbius seine Untersuchungen auf dem Gebiete der Polyëdertheorie vorläufig ab. Erst im Jahre 1863 hat er bei Revision seiner Preisarbeit eine Theilung derselben in die beiden Abhandlungen »*Theorie* *der elementaren Verwandtschaft*«*) und »*Ueber die Bestimmung des Inhalts eines Polyëders*«**) vorgenommen.

Bei dieser Zweitheilung hat nun Möbius Manches ausgeschieden, welches das Mittelglied bildete zwischen seinen Untersuchungen über elementar verwandte Flächen und denen über Polyëder. So ist unter Anderen nicht bekannt geworden, dass die Theorie der Elementarverwandtschaft lediglich aus seinen Studien über die Theorie der Polyëder höherer Art herausgewachsen ist. Zudem finden sich in Möbius' Manuscripten manche schätzenswerthen, die Theorie der Flächen und Polyëder betreffenden Untersuchungen, die er überhaupt nicht veröffentlicht, ja nicht einmal in die Preisschrift aufgenommen hat.

In dem Folgenden soll daher versucht werden, einerseits jene Lücken wieder auszufüllen, andererseits die von Möbius selbst herausgegebenen Abhandlungen aus den Manuscripten zu vervollständigen. Der Unterzeichnete ist hierbei genöthigt gewesen, in mehreren Fällen zwischen einzelnen dem Inhalte nach zusammengehörigen, räumlich aber getrennten Theilen der in D_9 und D_{10} noch unsystematisch geordneten Aufzeichnungen Möbius' eine Verbindung herzustellen. Wo immer es anging, ist jedoch, abgesehen von einigen sprachlichen Härten und stylistischen Unebenheiten, der Möbius'sche Text unverändert beibehalten und durch Anführungszeichen kenntlich gemacht worden.

Dr. Curt Reinhardt.

*) Vergl. p. 433 des vorliegenden Bandes.
**) Vergl. p. 473 des vorliegenden Bandes.

I. Einseitige Polyëder.

§. 1. Mit ziemlicher Bestimmtheit kann man Möbius' Entdeckung der einseitigen Polyëder auf das letzte Viertel des Jahres 1858 verlegen. Denn es war nach einer Notiz in D_9 p. 161 im September dieses Jahres, als er die in §. 7 der Polyëdertheorie*) erwähnten, aus den Ecken eines Trigonalpolyëders gebildeten periodischen Reihen auffand, mit deren Hülfe der Existenzbeweis für einseitige Zonen (Polyëdertheorie §. 8) ohne Schwierigkeiten gelang. In dieselbe Zeit ist auch die Auffindung des sogenannten Möbius'schen Blattes zu setzen, durch welches er (Polyëdertheorie §. 11) die Eigenart der einseitigen Flächen in einfacher Weise erläuterte. Es dürfte nicht uninteressant sein, zu erfahren, wie Möbius auf seine mit Hülfe eines Papierstreifens ausgeführte Darstellung einer einseitigen Zone gekommen ist.

[D_9 p. 183, 187.] »Angenommen, dass alle n Puncte A, B, C, D, ..., M, N einer periodischen Reihe ... $MNABCD$ ... $MNABCD$ ....., welche eine Zone von n Dreiecken ABC, BCD, CDE, ..., MNA, NAB darstellt (Polyëdertheorie §. 8), von einander verschieden sind, so denke man sich die Zone längs der Kante AB durchschnitten und alsdann in einer Ebene ausgebreitet, so dass sie sich in eine Reihe von n an einander hängenden Dreiecken ABC, BCD, ... in einer Ebene verwandelt. Weil hiernach die Puncte A und B sowohl Ecken des ersten, als auch des letzten Dreiecks sein werden, so sollen dieselben, als Ecken des letzten Dreiecks, mit A' und B' bezeichnet werden. Die n Dreiecke der Zone werden alsdann in der Ebene die Fläche eines $(n+2)$-Ecks überdecken (vergl. Fig. 1 für $n = 7$), und die Eckenfolge im Perimeter desselben wird

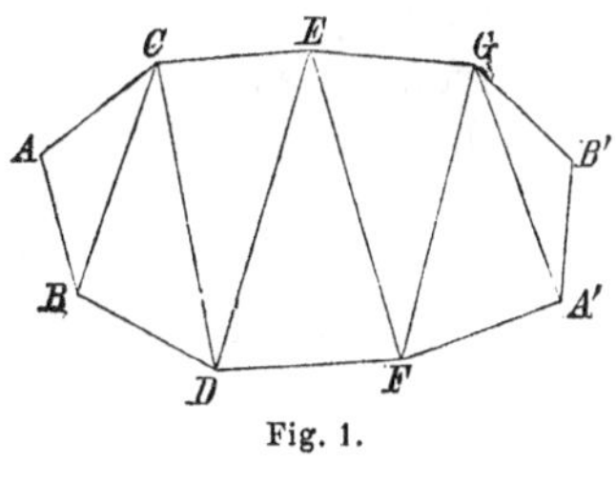

Fig. 1.

*) Vergl. p. 480 des vorliegenden Bandes.

$AB \ldots B'A' \ldots A$ für ein gerades n, dagegen $AB \ldots A'B' \ldots A$ für ein ungerades n sein. Um nun von diesem $(n+2)$-Eck zu der ursprünglichen Zone zurück zu gelangen, hat man A' mit A und B' mit B zur Coïncidenz zu bringen. Alsdann wird, wenn n gerade ist, die Zone von zwei gesonderten $\frac{1}{2}n$-Ecken, dagegen, wenn n ungerade ist, von einem einzigen n-Eck begrenzt sein.

Eine Vorstellung von einer Zone der letzteren Art kann man sich mit Hülfe eines Papierstreifens in Form eines Rechtecks $ABA'B'$ verschaffen. Um diese Fläche als eine der vorhin beschriebenen Zonen betrachten zu können, hat man anzunehmen, dass die $\frac{1}{2}(n-1)$ Puncte C, E, G, ... zwischen A und B' in der Rechteckseite AB' selbst, und ebenso die $\frac{1}{2}(n-3)$ Puncte D, F, ... in BA' selbst liegen, und dass die ungerade Zahl n so gross ist, dass die Intervalle AC, CE, EG, ..., BD, DF, ... gegen AB $(= A'B')$ sehr klein werden. Indem man nun die Seite AB festhält, drehe man den Streifen um seine mit AB' parallele Mittellinie um einen Winkel von 180^{0}, bis $A'B'$ mit AB gleichgerichtet ist, und führe sodann $A'B'$ bis zur Coïncidenz mit AB fort.

Derselbe Zweck wird aber auch erreicht, und es entsteht eine einseitige, von nur einer Linie begrenzte Fläche, wenn man $A'B'$, anstatt wie jetzt nur 1 halbe Umdrehung, 3, 5, 7, ... halbe Umdrehungen um die Längenaxe des Streifens machen lässt und zuletzt $A'B'$ mit AB zur Coïncidenz bringt. Ist dagegen die Anzahl der halben Umdrehungen gerade, dreht man also $A'B'$ ein oder mehrere Male ganz herum, so hat die letzte Lage von $A'B'$ einerlei Richtung mit der ersten, also einerlei mit der Lage von BA, und die nachherige Coïncidenz von $A'B'$ mit BA gibt ebenso, wie in dem Falle, wenn $A'B'$ gar nicht gedreht worden, eine Fläche mit zwei Grenzlinien $ACEG \ldots B'$ und $BDF \ldots A'$ und mit zwei unterscheidbaren Seiten.«

Die durch 3, 4, 5 halbe Umdrehungen des rechteckigen Streifens um seine Mittellinie hergestellten Zonen werden der Reihe nach durch folgende (in §. 11 der Preisarbeit befindliche) Figuren dargestellt:

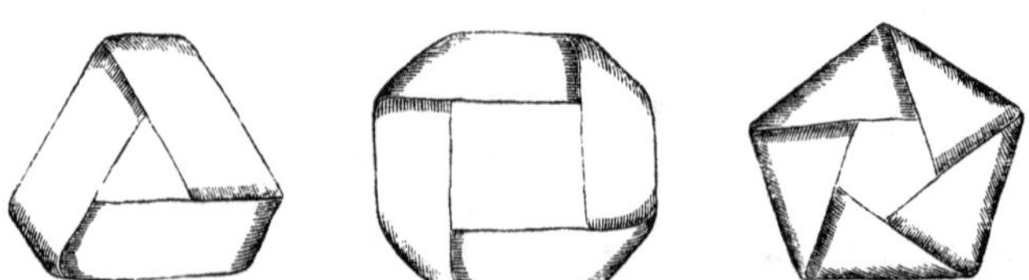

Fig. 2. Fig. 3. Fig. 4.

Hiervon zeigt Fig. 2 eine einseitige, Fig. 3 eine zweiseitige, Fig. 4 wiederum eine einseitige Zone.

§. 2. [Preisarbeit §. 11.] »Von einem Trigonalpolyëder, dessen Oberfläche zweiseitig ist, sind offenbar auch alle Zonen zweiseitig. *Dagegen können einem Trigonalpolyëder mit einer einseitigen Oberfläche ausser den einseitigen Zonen auch zweiseitige zukommen.*

Um das einfachste Polyëder dieser Art zu erhalten, setzen wir, dass dasselbe neben der fünfgliedrigen und daher einseitigen Zone

$$(Z) \qquad ABC,\ BCD,\ CDE,\ DEA,\ EAB$$

auch eine sechsgliedrige, also zweiseitige Zone (Z_1) habe, — nicht eine bloss viergliedrige, weil eine solche ein Tetraëder ausdrückt und daher schon für sich einen Raum vollständig umschliesst.

Möglichster Einfachheit willen werde ferner angenommen, dass (Z_1) mit (Z) zwei nächstfolgende Dreiecke, etwa BCD und CDE, gemein habe. Hiernach, und weil von diesen zwei Dreiecken nur noch BD und CE freie Seiten sind, setzen wir

$$(Z_1) \qquad BDC,\ DCE,\ CEF,\ EFG,\ FGB,\ GBD,$$

wodurch zu den fünf Dreiecken von (Z) noch die vier Dreiecke

$$(Y) \qquad CEF,\ EFG,\ FGB,\ GBD$$

hinzukommen. Von den neun Dreiecken (Z) und (Y) sind aber die noch freien Seiten:

$$AC,\ DA,\ EB,\ CF,\ EG,\ FB,\ GD,$$

und diese bilden das Siebeneck $ACFBEGD$. Um daher die aus diesen Dreiecken zusammengesetzte Fläche zu der Oberfläche eines Polyëders zu vervollständigen, fügen wir noch die sieben Dreiecke

$$(X)\ HAC,\ HCF,\ HFB,\ HBE,\ HEG,\ HGD,\ HDA$$

hinzu, welche H zur gemeinschaftlichen Spitze und die Seiten des Siebenecks zu gegenüberliegenden Seiten haben.

Das somit entstandene, von den Dreiecken (Z), (Y) und (X) gebildete Polyëder hat demnach 16 Flächen, 8 Ecken $A, B, \ldots, H$ und 24 Kanten, indem von den Ecken $A, B, \ldots, H$ der Reihe nach 5, 7, 6, 6, 7, 5, 5, 7 Kanten ausgehen; und dieses Polyëder dürfte unter den einseitigen, denen auch zweiseitige Zonen zukommen, zu den einfachsten gehören.«

II. Euler'sche Polyëder.

§. 3. Aufbau eines Trigonalpolyëders aus seinen Flächen. [D_9 pag. 169, 170, 192, 193.] »Ist ein System von Puncten A, B, C, D, E, ... im Raume gegeben, und soll ein *Euler*'sches Trigonalpolyëder construirt werden, welches diese Puncte zu Ecken hat, so kann man folgendermassen verfahren:

1) Man verbinde drei der Puncte, etwa A, B, C, zu einem Dreieck.

2) Man construire mit einer der Seiten des Dreiecks ABC, etwa mit AB, und mit einem der übrigen Puncte, es sei mit D, ein zweites Dreieck ABD.

3) Man füge hierzu eine Reihe neuer Dreiecke, indem man entweder

α) eine freie Seite eines der bereits vorhandenen Dreiecke, d. h. eine Seite, welche dieses Dreieck mit keinem der schon vorhandenen gemein hat, mit einer der noch nicht in Betracht gekommenen Ecken verbindet (Dreieck der ersten Art), oder

β) indem man zu zwei von einer und derselben Ecke ausgehenden freien Seiten die noch fehlende dritte hinzusetzt (Dreieck der zweiten Art).

Durch fortgesetzte Zufügung neuer Dreiecke, sei es nach der Regel (α) oder nach der Regel (β), bildet sich somit eine aus Dreiecken zusammengesetzte Fläche; die Eckenzahl ihres Perimeters wird sich beim Zusatz eines Dreiecks der ersten Art um 1 vermehren, dagegen durch Hinzufügen eines Dreiecks der zweiten Art um 1 vermindern. Bei stets abwechselnder Anwendung von (α) und (β) werden daher die Eckenzahlen des Perimeters, welcher anfangs der Perimeter des Dreiecks ABC selbst ist, abwechselnd 3 und 4 und zuletzt 3 sein. Lässt man aber (α) und (β) in irgend einer anderen Ordnung auf einander folgen, und ist n die Eckenzahl des Perimeters, nachdem man alle Puncte des gegebenen Systems zur Bildung von Dreiecken verwendet hat, so kann man von nun an nur noch von der Regel (β) Gebrauch machen, wodurch sich die Eckenzahl n successive auf $n-1$, $n-2$, ... und zuletzt auf 3 reducirt. Es bleiben also zuletzt noch drei ein Dreieck PQR bildende freie Seiten übrig, nach dessen Hinzufügung das Polyëder construirt ist.

Heisse nun p_1 der Perimeter des Polyëderdreiecks ABC, p_2 der Perimeter des Vierecks, welches durch den Zusatz eines zweiten an

p_1 grenzenden Polyëderdreiecks entsteht, p_3 der Perimeter des durch den Zusatz eines neuen an p_2 grenzenden Polyëderdreiecks entstandenen Fünfecks (oder auch Dreiecks), u. s. w., endlich p_k der letzte Perimeter, welcher zugleich der Perimeter des Dreiecks PQR ist. Man kann sich dann vorstellen, dass jeder dieser Perimeter in den nächstfolgenden nach dem Gesetz der Stetigkeit übergeht, so dass, wenn ... $FGIK$ ... den Perimeter p_i und ... $FGHIK$ ... den Perimeter p_{i+1} vorstellt, alle stetig zwischen p_i und p_{i+1} fallenden Perimeter mit p_i und p_{i+1} die Stücke ... FG und IK ... gemein haben, und dass das Zwischenstück, welches sich bei p_i von G bis I in gerader Richtung erstreckt, sich allmählich, ohne aus der Dreiecksfläche GHI herauszugehen, und ohne dass zwei seiner Formen ausser G und I noch andere Puncte mit einander gemein haben, in die gebrochene Linie GHI verwandelt und dabei die Dreiecksfläche GHI erzeugt. Wenn man dieses auf alle nach und nach zu ABC gesetzten Dreiecke anwendet, *so wird eine anfänglich mit dem Perimeter von ABC zusammenfallende Linie, indem sie immer eine geschlossene Linie bleibt und sich selbst nie schneidet, durch allmähliche Aenderung ihrer Form nach und nach die ganze Polyëderfläche bis auf das Dreieck PQR überstreichen.* Man kann aber durch dieselbe Linie auch noch die Dreiecke ABC und PQR und damit die ganze Polyëderfläche erzeugen lassen, wenn man die Linie anfangs unendlich klein, etwa als einen unendlich kleinen Kreis, irgendwo in der Fläche ABC annimmt und sie hierauf sich erweitern lässt, bis sie mit dem Perimeter p_1 oder ABC coïncidirt, und wenn man zuletzt, wo die Linie zum Perimeter von PQR geworden ist, sie sich in der Fläche PQR immer mehr zusammenziehen lässt, bis sie zuletzt in einen irgendwo in dieser Fläche liegenden Punct oder unendlich kleinen Kreis übergegangen ist.

Es ist aber diese Erzeugungsart einer Polyëderfläche einerlei mit derjenigen, nach welcher man sich eine Kugelfläche erzeugt denken kann, indem eine in ihr liegende, in sich zurücklaufende und anfangs einen unendlich kleinen Theil der Fläche umschliessende Linie sich nach dem Gesetze der Stetigkeit also verändert, dass sie, auf der Kugelfläche bleibend, zunächst sich erweitert, und dass von zwei nächstfolgenden Formen derselben die eine nie die andere schneidet. Denn auf solche Weise wird sie späterhin sich wieder verengern und zuletzt, nachdem sie die ganze Kugelfläche überstrichen hat, unendlich klein werden und somit in einen Punct zusammenschwinden.

Eine Kugelfläche kann nun durch Veränderung der Grösse und Gestalt ihrer kleinsten Elemente, nur dass man je zwei anfänglich an einander grenzende Elemente nicht von einander trennt, indem man also, wie man sich ausdrücken könnte, die Fläche elastisch dehnbar und sich zusammenziehen könnend voraussetzt, in unendlich viel verschiedene Formen gebracht werden. Jede dieser Formen wird aber auf dieselbe Art, wie die Kugelfläche, durch eine geschlossene, von einem Punct aus sich erweiternde und zuletzt wieder in einen Punct zusammengehende Linie erzeugt werden können, wie sogleich einleuchtet, wenn man sich vorstellt, dass jede der verschiedenen Lagen der die Kugelfläche erzeugenden Linie bei Umgestaltung dieser Fläche nicht verloren geht, sondern auch auf der umgeformten Fläche noch dieselben Elemente, wie auf der Kugelfläche, trifft.

Aber auch umgekehrt wird eine Fläche, wenn sie auf besagte Weise erzeugt werden kann, also insbesondere jede Polyëderfläche, welche allein durch Anwendung der Regeln (α) *und* (β) *entsteht, nicht nur eine überall geschlossene sein, sondern auch unter Voraussetzung ihrer Elasticität in eine Kugelfläche umgewandelt werden können.*«

Aus diesem Grunde können diese Polyëder auch als kugelartige Polyëder bezeichnet werden*).

§. 4. Beweis der Euler'schen Relation für kugelartige Trigonalpolyëder. [D_9 p. 192, 217.] »Die Eckenzahl n des Perimeters derjenigen Fläche, welche durch die nach den Regeln (α) und (β) erfolgende Hinzufügung von Dreiecken an das Fundamentaldreieck ABC entsteht, wird durch ein Dreieck der ersten Art um 1 vermehrt, durch ein Dreieck der zweiten Art um 1 vermindert. Hat man daher zu dem Dreieck ABC, dessen Perimeter 3 Ecken hat, p Dreiecke der ersten Art und q Dreiecke der zweiten Art hinzugesetzt, so ist

$$n = 3 + p - q \ .$$

Zuletzt reducirt sich der Perimeter auf ein Dreieck PQR, also n auf 3, und es wird daher zuletzt

$$3 = 3 + p - q \ ,$$

also $p = q$. Mithin muss es unter den $F - 2$ Dreiecken, welche man nach den Regeln (α) und (β) hinzuzusetzen hat (das sind alle F

*) Die oben angegebene Methode, ein Polyëder durch Aneinanderreihung seiner Flächen zu construiren, war für Möbius der Ausgangspunct für seine Untersuchungen über Elementarverwandtschaft der Flächen. Der Nachweis der Identität der Entstehung eines Polyëders mit Hülfe der Regeln (α) und (β) und der Entstehung einer Kugelfläche durch eine sich erweiternde geschlossene Linie führte Möbius, wie in §. 9 des Näheren auseinandergesetzt ist, dazu, diese Methode der Erzeugung einer Fläche auch auf andere Flächen anzuwenden und die Gestalt des restirenden Flächenstücks, welches die Curve zuletzt umschliesst, und das bei der Kugel ein unendlich kleiner Kreis ist, näher zu betrachten. R.

Flächen des Polyëders mit Ausnahme von ABC und PQR), eben so viel der ersten Art, als der zweiten Art, geben, also $\frac{1}{2}F-1$ von jeder Art. Die Anzahl der Dreiecke der ersten Art ist aber auch gleich der Anzahl E aller Ecken des Polyëders, die drei ersten A, B, C ausgenommen, also $=E-3$. Man hat demnach die Gleichung

$$\frac{1}{2}F-1=E-3\ ,$$

oder

$$F=2E-4\ , \tag{1}$$

wovon in Verbindung mit

$$2K=3F \tag{2}$$

die Euler'sche Gleichung eine unmittelbare Folge ist. Denn schreibt man (1) in der Form

$$E+F=3E-4$$

und addirt hierzu (2), so ergibt sich

$$E+F+2K=3(E+F)-4\ ,$$

und hieraus die Euler'sche Relation

$$K=E+F-2\ .$$

Es hat dieser Beweis hauptsächlich um deswillen Werth, weil aus ihm sehr einfach hervorgeht, bei welchen Trigonalpolyëdern die Euler'sche Formel eine Ausnahme erleidet. Dies wird nämlich dann eintreten, wenn nach Zusammensetzung mehrerer Polyëderdreiecke zu einer offenen, von nur einem Perimeter begrenzten Fläche unter den übrigen Polyëderdreiecken nicht nur keines sich findet, welches zwei nächstfolgende Seiten des Perimeters zu seinen Seiten hat, sondern auch keines, dessen eine Seite eine Seite des Perimeters ist, und dessen dieser Seite gegenüberliegende Ecke eine bei Bildung der Fläche noch nicht mitberücksichtigte Ecke des Polyëders ist.«

§. 5. Netze der Trigonalpolyëder. Sobald es sich bei einem Polyëder nicht um die Grösse seiner Flächen und Winkel, sondern nur um deren gegenseitige Lage und Zusammenhang handelt, kann man zur Zeichnung des Polyëders in der Ebene eine Projectionsmethode vortheilhaft verwenden, die Möbius folgendermassen erläutert [D_9 p. 207, 210—212]:

»Denkt man sich die Ecken eines Polyëders in eine Ebene gebracht und je zwei Ecken des Polyëders, welche durch eine Kante verbunden sind, auch in der Ebene durch eine Strecke mit einander verknüpft, so soll die hierdurch entstehende ebene Figur ein Netz des Polyëders genannt werden. Auf solche Weise werden in der Ebene nicht nur die Ecken und Kanten, sondern auch die Flächen des Polyëders nachweisbar sein. Indessen wird man aus einer solchen Darstellung nicht immer mit Leichtigkeit ersehen können, welche Vielecke des Netzes Polyëderflächen sind, welche nicht, wie z. B. aus dem beigezeichneten Netze eines fünfeckigen Trigonalpolyëders *ABCDE* (vergl. Fig. 5) nicht auf den ersten Blick erkennbar ist, dass das Dreieck *ABC* keine Fläche des Polyëders sein kann. Es lässt sich aber diesem Uebelstande bei einem kugelartigen Polyëder durch eine solche Construction des Netzes begegnen, dass keine zwei Flächen des Polyëders in einander greifen, und daher auch im Netze keine zwei Kanten einander innerhalb ihrer Endpuncte schneiden. Es wird genügen, diese merkwürdige Eigenthümlichkeit kugelartiger Polyëder hier bloss für Trigonalpolyëder darzuthun, und zwar lässt sich die Möglichkeit einer derartigen Construction eines Euler'schen Trigonalpolyëders in einer Ebene folgendergestalt sehr einfach beweisen:

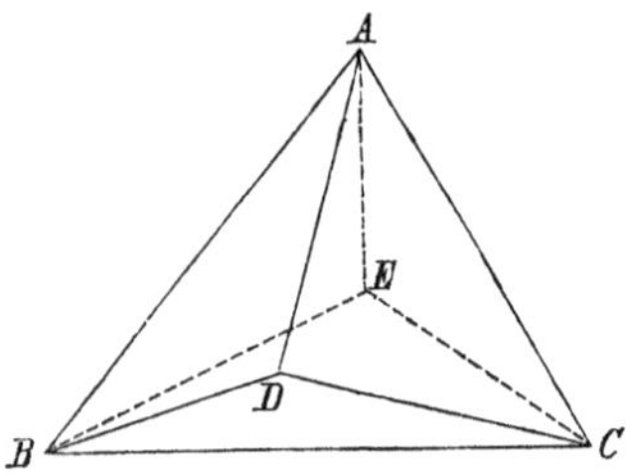

Fig. 5.

1) Angenommen, dass die Ecken des durch die Ausdrücke seiner Flächen gegebenen Polyëders mit A, B, C, ... bezeichnet werden, und dass ABC eines seiner Dreiecke sei, so construire man dieses Dreieck.

2) Die Polyëderecke A ist entweder drei- oder mehrkantig. Ist sie nur dreikantig, kommt also zu den Kanten AB und AC nur noch eine hinzu, welche AD sei, so nehme man D beliebig in der Fläche des Dreiecks ABC an und ziehe die Kanten AD, BD, DC. Alsdann sind ABD und ACD Polyëderdreiecke, und alle übrigen Polyëderdreiecke sind innerhalb des Dreiecks BCD enthalten. Es kann aber auch sein, dass BCD selbst ein Polyëderdreieck ist. In diesem Falle ist das Polyëder das Tetraëder $ABCD$, und die Construction ist beendigt. Ist aber BCD keine Polyëderfläche, so ist mit diesem Dreiecke ebenso, wie mit ABC selbst, zu operiren.

3) Ist A eine vier- oder mehrkantige Ecke, es sei eine fünfkantige, und sind diese fünf Kanten in ihrer cyklischen Folge AB, AD, AE, AF, AC, — denn AB und AC sind wegen des Polyëderdreiecks ABC zwei cyklisch nächstfolgende, — so ziehe man innerhalb der Dreiecksfläche ABC von B bis C eine krumme, der geraden Linie BC stets ihre hohle Seite zuwendende und sich daher selbst nicht schneidende, sonst beliebige Curve, lasse darin die Puncte D, E, F (vergl. Fig. 6) in dieser Ordnung auf einander

folgen und ziehe die Kanten AD, AE, AF, BD, DE, EF, FC. Alsdann sind die gesondert neben einander liegenden Dreiecke ABD, ADE, AEF, AFC Polyëderdreiecke, und alle übrigen sind in der Fläche des Fünfecks $BDEFC$ enthalten, welches lauter Hohlwinkel hat, und dessen Perimeter sich selbst nicht schneidet.

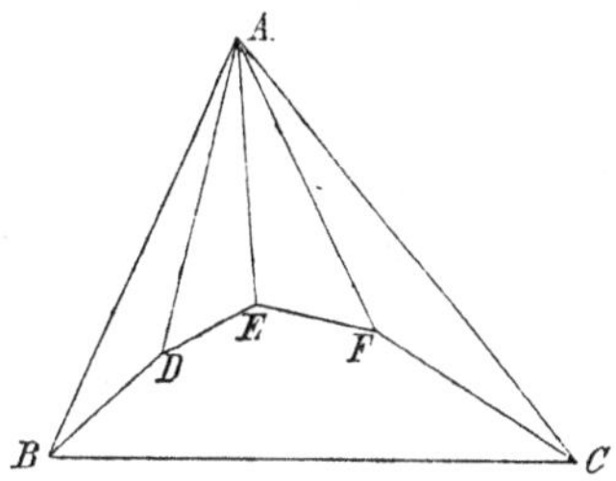

Fig. 6.

4) Es kann nun sein, dass zwei nächstfolgende Seiten dieses Fünfecks, etwa CB und BD, zwei Kanten eines Polyëderdreiecks sind. Alsdann ist DC die dritte Seite desselben, und es bleibt nur noch das Viereck $CDEF$ auszufüllen übrig. Auch könnte es geschehen, dass zwei nächstfolgende Seiten dieses Vierecks, etwa DC und CF, Kanten eines Polyëderdreiecks wären, in welchem Falle man nach Ziehung der Kante DF das Dreieck DEF noch auszufüllen hätte, falls dieses nicht selbst ein Polyëderdreieck ist, womit die Construction beendigt wäre.

5) Ueberhaupt leuchtet ein, dass, wenn A eine n-kantige Ecke ist, man über BC als Basis ein mit seinen übrigen Ecken innerhalb der Fläche ABC liegendes, sich nicht selbst schneidendes n-Eck mit lauter Hohlwinkeln zu construiren und die mit A noch nicht verbundenen $n-2$ Ecken desselben mit A zu verbinden hat, welches $n-1$ in ABC liegende Polyëderdreiecke gibt; dass man ferner, wenn drei nächstfolgende Ecken dieses n-Ecks die Ecken eines Polyëderdreiecks sind, die dritte Seite dieses Dreiecks zieht und damit das n-Eck auf ein $(n-1)$-Eck reducirt; dass man gleicherweise dieses letztere, wenn drei nächstfolgende Ecken einem Polyëderdreieck zukommen, auf ein $(n-2)$-Eck reducirt, u. s. w. Lässt sich nun nach m solchen Reductionen keine weitere vornehmen, so findet sich das Dreieck ABC in $n-1+m$ Polyëderdreiecke und ein $(n-m)$-Eck zerlegt, welches lauter Hohlwinkel hat, und dessen Perimeter sich selbst nicht schneidet. Von allen diesen $n-1+m$ Flächen aber haben keine zwei einen Theil mit einander gemein, und die Operation ist zu Ende, wenn $n-m=3$, und wenn dieses Dreieck ein Polyëderdreieck ist.

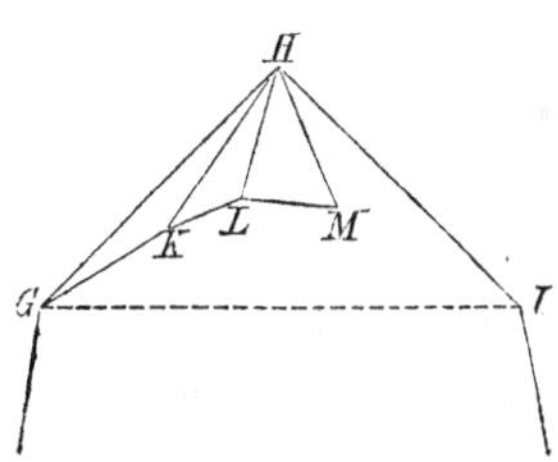

Fig. 7.

6) Werden diese zwei Bedingungen nicht zugleich erfüllt, so gehen von jeder Ecke des $(n-m)$-Ecks noch nicht berücksichtigte Polyëderkanten aus. Seien G, H, I (vergl. Fig. 7) drei nächstfol-

gende Ecken dieses $(n-m)$-Ecks und n' die Anzahl der neuen von H ausgehenden Kanten HK, HL, HM, ... Hierdurch kommen zu den vorigen $n-1+m$ Polyëderdreiecken $n'+1$ neue GHK, KHL, LHM, ... hinzu, und das vorige $(n-m)$-Eck verwandelt sich in ein $(n-m+n'-1)$-Eck ... $GKLM \ldots I \ldots$ Damit aber von den $n'+1$ neuen Polyëderdreiecken keines in das andere und auch keines in eins der früheren $n+m-1$ greife, und damit auch, wo nöthig, die Construction auf gleiche Weise weiter fortgesetzt werden könne, so müssen die n' Puncte K, L, M, ... innerhalb des Dreiecks GHI also angenommen werden, dass das $(n'+2)$-Eck $GKLM \ldots I$, gleich dem vorigen Fünfeck $BDEFC$, sich nicht selbst schneidet und seine Winkel insgesammt hohl sind. Dasselbe gilt alsdann auch von dem $(n-m+n'-1)$-Eck ... $GKLM \ldots I \ldots$

7) Dafern nun zwei nächstfolgende Seiten desselben, etwa GK und KL, Kanten eines Polyëderdreiecks sind, oder, wie man sich auch ausdrücken könnte, dafern von der Ecke K des $(n-m+n'-1)$-Ecks keine neue Kante ausgeht (es können aber nur von den Ecken G, K, L, ..., I keine neuen Kanten ausgehen; von den übrigen auf I folgenden bis zur letzten vor G gehen wegen der in 6) gemachten Reductionen gewiss solche aus), so ziehe man GL und reducire damit das $(n-m+n'-1)$-Eck auf ein $(n-m+n'-2)$-Eck. Ebenso ist es möglich, dass sich das letztere auf ein $(n-m+n'-3)$-Eck reduciren lässt, und man somit zuletzt ein $(n-m+n'-1-m')$-Eck erhält, wenn m' die Anzahl aller dieser Reductionen ist.

8) Dieses Vieleck, dessen Seiten sich nicht schneiden, und dessen Winkel alle hohl sind, ist alsdann von der Dreiecksfläche ABC noch übrig, während der ganze übrige Theil der Fläche aus neben einander liegenden Polyëderdreiecken besteht. Die Construction ist beendigt, falls dieses Vieleck selbst ein Polyëderdreieck, das einzige noch übrige, ist. Wo nicht, so hat man dieses Vieleck ebenso zu behandeln, wie in 6) und 7) das $(n-m)$-Eck und damit fortzufahren, bis alle Dreiecke des Polyëders erschöpft sind. Denn das letzte auf diese Weise hervorgehende $(n-m+n'-1-m'+n''-1-m''+\ldots)$-Eck muss nothwendig ein Dreieck sein, welches allein noch hinzuzufügen übrig bleibt. Denn wäre dieses Vieleck ein Viereck oder Fünfeck u. s. w., so würde an jede Polyëderkante, welche eine Seite dieses Vierecks, Fünfecks, ... wäre, nur ein Dreieck statt zweier grenzen, welches gegen die Natur des Trigonalpolyëders ist.«

Das Vorhergehende erläutert Möbius durch die Construction von zwei achteckigen Trigonalpolyëdern (vergl. Fig. 8 und Fig. 9), die durch das System ihrer Flächenausdrücke gegeben sind. In leicht verständlicher Symbolik kann der Aufbau dieser Trigonalpolyëder folgendermassen dargestellt werden:

$$»\Pi_1 = \begin{Bmatrix} ABC, & BAD, & ACF, & DAF, & CBE, & BDE, \\ EDG, & GDF, & HCE, & HEG, & HGF, & HFC \end{Bmatrix}.$$

1) ABC,

2) $ABC - BAD - DAF - ACF = BDFC$,

3) $BDFC - BDE - CBE = CEDF$,

4) $CEDF - HCE - HFC = EDFH$,

5) $EDFH - EDG - GDF = EGFH$,

6) $EGFH - HEG = HGF$,

7) HGF.

$$\Pi_2 = \begin{Bmatrix} ABC, & BAD, & DAC, & CBE, & BDE, & DCF, \\ CEF, & EDG, & DFG, & FEH, & EGH, & HGF \end{Bmatrix}.$$

1) EDG,

2) $EDG - BDE - BAD - DAC - DCF - DFG$
$= EBACFG$,

3) $EBACFG - ABC = EBCFG$,

4) $EBCFG - CBE = ECFG$,

5) $ECFG - CEF = EFG$,

6) $EFG - FEH - EGH = HGF$,

7) HGF.«

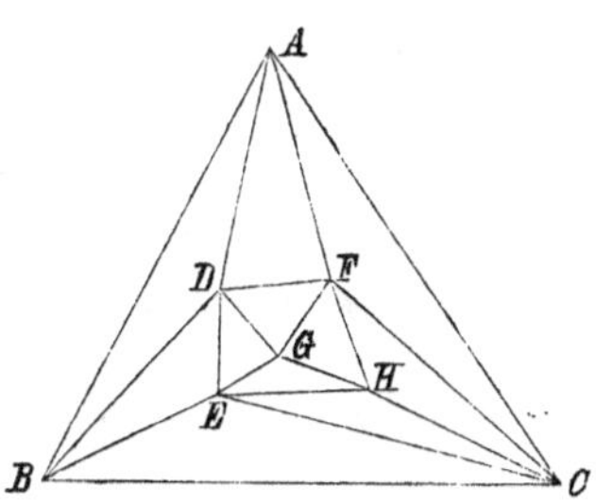

Fig. 8.

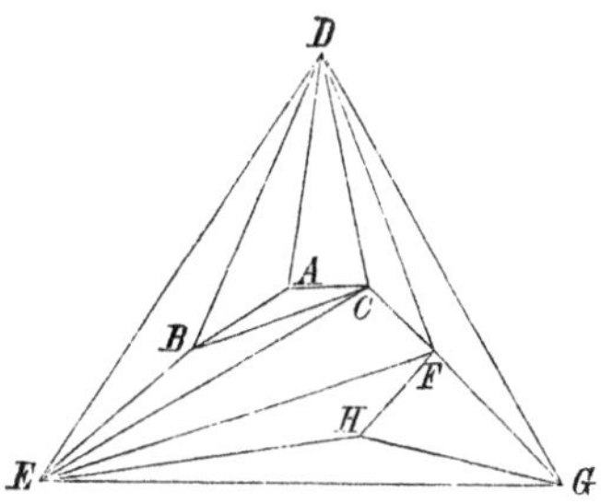

Fig. 9.

§. 6. **Ableitung der $(n+1)$-eckigen Trigonalpolyëder aus den n-eckigen***). [D_9 p. 238, 144, 155.] Wenn man, wie ge-

---

*) Der Inhalt dieses §. und des §. 7, soweit derselbe sich auf Ableitung der 8-eckigen Trigonalpolyëder aus den 7-eckigen bezieht, deckt sich fast vollständig mit dem Inhalt einer Abhandlung von Cayley: »*On the Δ-faced Polyacrons, in reference to the Problem of the Enumeration of Polyhedra*«, welche von Letzterem am 2. October 1860 der *Literary and Philosophical Society of Manchester* vorge-

wöhnlich, mit E, F, K die Ecken-, Flächen- und Kantenzahlen eines Polyëders, mit E_i die Anzahl seiner i-kantigen Ecken bezeichnet, so bestehen die Gleichungen

$$E = E_3 + E_4 + E_5 + E_6 + \dots \quad ,$$
$$2K = 3E_3 + 4E_4 + 5E_5 + 6E_6 + \dots \; .$$

Insbesondere gelten (§. 4) für ein Trigonalpolyëder die Relationen

$$2E - F = 4 \; , \qquad 2K = 3F \; .$$

Eliminirt man aus diesen vier Gleichungen die drei Grössen E, F, K, so ergibt sich folgende Beziehung zwischen den E_i:

$$3E_3 + 2E_4 + E_5 = 12 + E_7 + 2E_8 + 3E_9 + \dots \; .$$

»Aus dieser Gleichung schliesst man:

1) *Ausser dem Tetraëder, welches vier dreieckige Flächen und vier dreikantige Ecken hat, gibt es nicht noch andere Euler'sche Trigonalpolyëder, deren Ecken insgesammt dreikantig sind.*

2) *Es gibt kein Euler'sches Trigonalpolyëder, welches weder dreikantige, noch vierkantige, noch fünfkantige Ecken hat. Jedes Polyëder*), welches weder drei-, noch vierkantige Ecken besitzt, hat wenigstens 12 fünfkantige Ecken.*

Ist man also im Stande, aus den als bekannt vorausgesetzten verschiedenen Formen der n-eckigen Polyëder Π' alle verschiedenen Formen der $(n+1)$-eckigen Polyëder Π abzuleiten, so wird man überhaupt successive alle Polyëder von 5, 6, 7, ... Ecken aufzählen können, weil die Reihe der viereckigen Polyëder, welche allein das Tetraëder enthält, vollständig bekannt ist. *Nach dem zweiten der obigen Sätze genügt es aber, aus den n-eckigen Polyëdern Π' abzuleiten*

1) *die $(n+1)$-eckigen Polyëder Π, deren Ecken zum Theil dreikantig sind,*

2) *die $(n+1)$-eckigen Polyëder Π, welche keine dreikantigen, wohl aber noch vierkantige Ecken haben,*

3) *diejenigen $(n+1)$-eckigen Polyëder Π, welche keine drei- und keine vierkantigen, wohl aber noch, wenigstens 12, fünfkantige Ecken haben.*

---

legt wurde und in deren Memoirs, 3. series I. volume, 1862 im Druck erschien. Die entsprechenden Untersuchungen Möbius' stammen zweifellos aus den Jahren 1858 bez. 1859; allerdings ist Möbius später mit jener Abhandlung Cayley's bekannt geworden, wie ein in D_9 eingelegtes loses Blatt mit den (nach der in §. 5 angegebenen Methode mehrfach abgeänderten) Cayley'schen Abbildungen der 14 achteckigen Trigonalpolyëder bezeugt.

*) Der Kürze halber soll im Folgenden unter einem Polyëder immer nur ein Trigonalpolyëder verstanden werden.

Dem entsprechend ergeben sich zur Entwickelung aller Π aus den als bekannt vorausgesetzten Π' folgende drei Regeln.

α) Wird von einem Π, welches eine oder mehrere dreikantige Ecken hat, eine dieser Ecken mit ihren drei Kanten weggelassen und werden die drei frei gewordenen Kanten durch eine Fläche verbunden, so bleibt ein Π' zurück. Jedes Π mit einer oder mehreren dreikantigen Ecken ergibt sich daher, wenn man an eine Dreiecksfläche LMN eines Π' ein Tetraëder $LMNO$ ansetzt. O ist alsdann die neue dreikantige Ecke, und L, M, N sind $(\lambda + 1)$-, $(\mu + 1)$-, $(\nu + 1)$-kantige Ecken von Π, wenn sie bei Π' λ-, μ-, ν-kantig waren.

β) Zur Entwickelung aller Π, welche keine dreikantigen, wohl aber noch vierkantige Ecken haben sollen, suche man unter den Π' zuerst diejenigen auf, welche keine dreikantigen Ecken haben. Sind nun KLM und LMN zwei an einander grenzende Dreiecke eines solchen Π' (vergl. Fig. 10), so entsteht daraus ein Π, wenn man die gemeinsame Kante LM weglässt und eine neue Ecke O mit den vier Kanten KO, LO, MO, NO hinzufügt. Wenn bei Π' die Ecken K, L, M, N resp. $\varkappa$-, λ-, μ-, ν-kantig waren, so sind sie bei Π $(\varkappa + 1)$-, λ-, μ-, $(\nu + 1)$-kantig geworden.

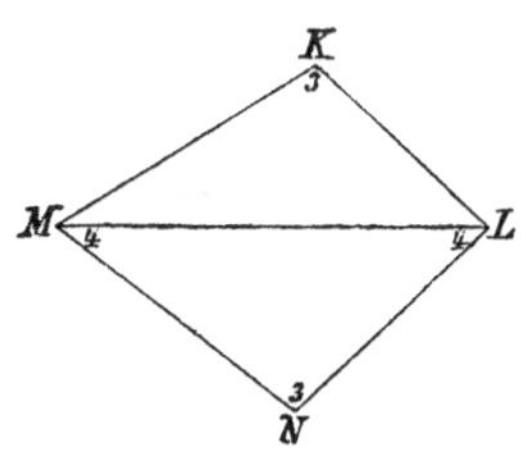

Fig. 10.

Man gehe dann zu den Π' fort, welche nur eine dreikantige Ecke haben, nehme diese als K oder N und verfahre wie vorhin. Denn somit werden die Ecken K oder N, sowie O vierkantig, und in Π wird die geringste Kantenzahl einer Ecke $= 4$ sein.

Endlich sind noch diejenigen Π' zu benutzen, welche nur zwei dreikantige Ecken haben, dafern diese nur zwei in einer Kante an einander grenzenden Dreiecken angehören und darin dieser Kante gegenüberliegen, wie die Ecken K und N der Dreiecke KLM und LMN. Die Ecken K und N werden dann durch Hinzufügung einer Ecke O vierkantig, das Polyëder Π besitzt also nun keine dreikantigen Ecken mehr. Wir können dieses Resultat auch also ausdrücken:

Die nothwendige und hinreichende Bedingung der Existenz eines Π mit wenigstens vierkantigen Ecken ist die Existenz eines Π', in welchem von zwei an einander grenzenden Dreiecken KLM und LMN die zwei nicht coïncidirenden Ecken K und N auch dreikantig sein können, alle übrigen Ecken von Π' aber wenigstens vierkantig sein müssen.

γ) Um endlich die Bedingung zu finden, unter welcher aus einem

Π' ein Π ableitbar ist, dessen Ecken wenigstens fünfkantig sind, betrachte man das auch dem erzeugenden Π' angehörige Kantenfünfeck $LIKMN$ (vergl. Fig. 11), welches nach Wegnahme einer der mindestens 12 fünfkantigen Ecken von Π entsteht, und stelle, indem man von einer Ecke, z. B. von L aus, die Kanten LK und LM zieht, die Flächen LIK, LKM und LMN von Π' wieder her. Sollen nun durch Hinzufügung von O zu dem Kantenfünfeck alle Ecken von Π wenigstens fünfkantig werden, so müssen in Π' die Ecken I und N wenigstens vierkantig, K und M wenigstens fünfkantig und L wenigstens sechskantig, alle übrigen Ecken von Π' aber wenigstens fünfkantig sein. Daraus folgt also:

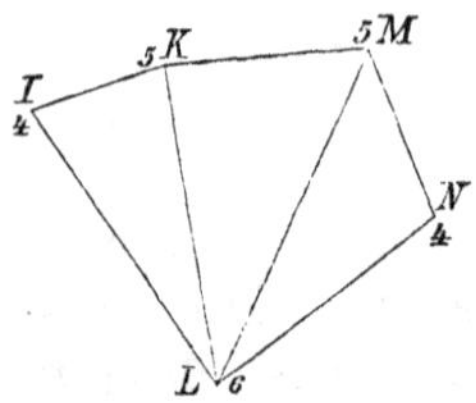

Fig. 11.

Die nothwendige und hinreichende Bedingung der Existenz eines Π mit wenigstens fünfkantigen Ecken ist die Existenz eines Π', in welchem von drei Dreiecken IKL, KLM, LMN, welche auf einander folgende Flächen einer und derselben Ecke L sind, die zwei Ecken I und N, welche nicht zu den gemeinsamen Kanten LK und LM gehören, wenigstens vierkantig, die den drei Dreiecken gemeinsame Ecke L wenigstens sechskantig, alle übrigen Ecken von Π' wenigstens fünfkantig sind.«

§. 7. Aufzählung der n-eckigen Trigonalpolyëder [$n = 4, 5, 6, 7, 8$] mit Hülfe des in §. 6 angegebenen Ableitungsprincips. [D_9 p. 145—151, 212—216.]

I. *Viereckige Polyëder* Π_4. Diese Klasse umfasst allein das Tetraëder, das als gegeben betrachtet werden soll. Mit Benutzung der folgenden Ausdrücke des Polyëders*)

$$\begin{Bmatrix} ABCD \\ 3\,3\,3\,3 \end{Bmatrix} = (4e_3) = (ABC\,,\quad CBD\,,\quad DBA\,,\quad DAC)$$

kann man nach §. 5 leicht eine Zeichnung dieses und der folgenden Polyëder entwerfen.

II. *Fünfeckige Polyëder* Π_5. Setzt man nach der Regel (α) (vergl. §. 6) an eines der vier gleichwerthigen Dreiecke des Tetraëders, etwa an BCD, ein neues Tetraëder $BCDE$ an, so erhält man das einzige existirende Polyëder Π_5:

*) Hier und im Folgenden ist, wie bei Möbius, ein jedes Polyëder auf dreifache Art dargestellt worden, nämlich erstens durch die Kantenzahlen seiner Ecken, zweitens durch die Angabe der Zahl seiner i-kantigen Ecken, indem z. B. $4e_3$ bedeuten soll, dass das Polyëder 4 dreikantige Ecken besitzt, endlich drittens durch die Ausdrücke seiner Flächen. R.

$$\begin{Bmatrix} A\,B\,C\,D\,E \\ 3\;4\;4\;4\;3 \end{Bmatrix} = (2\,e_3\,,\; 3\,e_4)$$
$$= (ABC\,,\; DBA\,,\; DAC\,,\; DCE\,,\; ECB\,,\; EBD)\;.$$

Ausser diesem gibt es kein anderes Π_5, insbesondere keines, welches bloss vier- oder mehrkantige Ecken hätte, indem sonst (vergl. §. 6, β, γ) Π_4 wenigstens zwei nicht dreikantige Ecken haben müsste.

III. *Sechseckige Polyëder* Π_6. Ein Π_6, welches unter seinen Ecken auch dreikantige Ecken hat, entsteht aus Π_5, wenn man an irgend eines seiner 6 gleichwerthigen Dreiecke, es sei an $\begin{Bmatrix} C\,D\,E \\ 4\;4\;3 \end{Bmatrix}$, ein neues Tetraëder $CDEF$ ansetzt, wodurch die Ecken jenes Dreiecks bez. 5-, 5-, 4-kantig werden. Es gibt mithin nur eine Form von Π_6 mit auch dreikantigen Ecken, nämlich:

$$\begin{Bmatrix} A\,B\,C\,D\,E\,F \\ 3\;4\;5\;5\;4\;3 \end{Bmatrix} = (2\,e_3\,,\; 2\,e_4\,,\; 2\,e_5)$$
$$= (ABC\,,\; DBA\,,\; DAC\,,\; ECB\,,\; EBD\,,\; EDF\,,\; FDC\,,\; FCE)\;.$$

Ebenso gibt es auch nur eine Form von Π_6 mit wenigstens vierkantigen Ecken. Denn Π_5 besteht aus drei Paaren an einander stossender Dreiecke, in denen bloss die Ecken, welche den zusammenfallenden Kanten jedes Paares gegenüberliegen, dreikantig sind. Die Bedingungen für Anwendung der Regel (β) des §. 6 sind also erfüllt. Wählt man eines dieser Paare, etwa ACD und ECD, entfernt die gemeinsame Kante CD und verbindet A, C, D, E mit einer sechsten Ecke F, so erhält man ein Π_6 mit folgendem Ausdruck:

$$\begin{Bmatrix} A\,B\,C\,D\,E\,F \\ 4\;4\;4\;4\;4\;4 \end{Bmatrix} = (6\,e_4)$$
$$= (ABC\,,\; DBA\,,\; DAF\,,\; FAC\,,\; FCE\,,\; FED\,,\; ECB\,,\; EBD)\;.$$

IV. *Siebeneckige Polyëder* Π_7. Die acht Dreiecke des Polyëders $(2\,e_3\,,\; 2\,e_4\,,\; 2\,e_5)$ sind von dreierlei Art; wenn man nämlich die Dreiecke durch die Kantenzahlen ihrer Ecken bezeichnet, so sind 445, 345, 355 diese drei verschiedenen Arten, als deren Repräsentanten die Dreiecke EBD, EDF, FDC gewählt werden mögen. Setzt man an diese Flächen von Π_6 nach §. 6, α die Tetraëder $EBDG$, $EDFG$ und $FDCG$ an, so erhält man die folgenden Formen von Π_7:

$$(1) \qquad \begin{Bmatrix} A\,B\,C\,D\,E\,F\,G \\ 3\;5\;5\;6\;5\;3\;3 \end{Bmatrix} = (3\,e_3\,,\; 3\,e_5\,,\; 1\,e_6)$$
$$= \begin{Bmatrix} ABC\,, & DBA\,, & DAC\,, & ECB\,, & BDG\,, \\ GDE\,, & BGE\,, & EDF\,, & FDC\,, & FCE \end{Bmatrix},$$

$$(2)\qquad \begin{Bmatrix} A\,B\,C\,D\,E\,F\,G \\ 3\;4\;5\;6\;5\;4\;3 \end{Bmatrix} = (2e_3,\ 2e_4,\ 2e_5,\ 1e_6)$$

$$= \begin{Bmatrix} ABC, & DBA, & DAC, & ECB, & EBD, \\ EDG, & GDF, & GFE, & FDC, & FCE \end{Bmatrix},$$

$$(3)\qquad \begin{Bmatrix} A\,B\,C\,D\,E\,F\,G \\ 3\;4\;6\;6\;4\;4\;3 \end{Bmatrix} = (2e_3,\ 3e_4,\ 2e_6)$$

$$= \begin{Bmatrix} ABC, & DBA, & DAC, & ECB, & EBD, \\ EDF, & FDG, & GDC, & GCF, & FCE \end{Bmatrix}.$$

Eine vierte Form eines Π_7 mit dreikantigen Ecken erhält man durch Benutzung des zweiten Π_6. Wird an das Dreieck FED von $(6e_4)$ das Tetraëder $FEDG$ angesetzt, so entsteht

$$(4)\qquad \begin{Bmatrix} A\,B\,C\,D\,E\,F\,G \\ 4\;4\;4\;5\;5\;5\;3 \end{Bmatrix} = (1e_3,\ 3e_4,\ 3e_5)$$

$$= \begin{Bmatrix} ABC, & DBA, & DAF, & FAC, & FCE, \\ FEG, & GED, & GDF, & ECB, & EBD \end{Bmatrix}.$$

Es ist noch übrig, mit Hülfe der Regel (β) diejenigen Π_7 zu bestimmen, welche keine dreikantigen Ecken besitzen. Hierzu kann man beide Formen von Π_6 benutzen. Bei Anwendung der Form $(2e_3,\ 2e_4,\ 2e_5)$ hat man dasjenige Kantenviereck zu wählen, in welchem die zwei dreikantigen Ecken A und F zwei gegenüberliegende Ecken sind, also $ACFD$. Man erhält dann

$$(5)\qquad \begin{Bmatrix} A\,B\,C\,D\,E\,F\,G \\ 4\;4\;5\;5\;4\;4\;4 \end{Bmatrix} = (5e_4,\ 2e_5)$$

$$= \begin{Bmatrix} ABC, & DBA, & DAG, & GAC, & GCF, \\ GFD, & ECB, & EBD, & EDF, & FCE \end{Bmatrix}.$$

Benutzt man aber die andere Form von Π_6, nämlich $(6e_4)$, so kann man das Kantenviereck ganz beliebig wählen. Nimmt man z. B. $ADEF$ als Basis für die neue vierkantige Ecke G, so ergibt sich:

$$(5^*)\qquad \begin{Bmatrix} A\,B\,C\,D\,E\,F\,G \\ 5\;4\;4\;4\;5\;4\;4 \end{Bmatrix} = (5e_4,\ 2e_5)$$

$$= \begin{Bmatrix} ABC, & DBA, & DAG, & GAF, & GFE, \\ GED, & FAC, & FCE, & ECB, & EBD \end{Bmatrix}.$$

Die beiden siebeneckigen Polyëder (5) und (5*) sind jedoch von einerlei Art, denn das eine geht in das andere über, wenn man A, B, C, D, E, F, G der Reihe nach durch C, B, A, E, D, G, F ersetzt.

V. *Achteckige Polyëder* Π_8. Das erste der siebeneckigen Polyëder Π_7 besitzt Dreiecke von dreierlei Art, nämlich 355, 356, 555. Wählt man deshalb zur Anwendung der Regel (α) der Reihe nach die Dreiecke BGE, GDE, ECB, um auf sie resp. die Tetraëder $BGEH$, $GDEH$, $ECBH$ aufzusetzen, so findet man die folgenden Formen von Π_8:

$$(1)\quad \begin{Bmatrix} A\,B\,C\,D\,E\,F\,G\,H \\ 3\;6\;5\;6\;6\;3\;4\;3 \end{Bmatrix} = (3e_3,\ 1e_4,\ 1e_5,\ 3e_6)$$

$$= \begin{Bmatrix} ABC, & DBA, & DAC, & ECB, & BDG, & GDE, \\ GEH, & HEB, & HBG, & EDF, & FDC, & FCE \end{Bmatrix},$$

$$(2)\quad \begin{Bmatrix} A\,B\,C\,D\,E\,F\,G\,H \\ 3\;5\;5\;7\;6\;3\;4\;3 \end{Bmatrix} = (3e_3,\ 1e_4,\ 2e_5,\ 1e_6,\ 1e_7)$$

$$= \begin{Bmatrix} ABC, & DBA, & DAC, & ECB, & BDG, & GDH, \\ GHE, & EHD, & BGE, & EDF, & FDC, & FCE \end{Bmatrix},$$

$$(3)\quad \begin{Bmatrix} A\,B\,C\,D\,E\,F\,G\,H \\ 3\;6\;6\;6\;6\;3\;3\;3 \end{Bmatrix} = (4e_3,\ 4e_6)$$

$$= \begin{Bmatrix} ABC, & DBA, & DAC, & CBH, & HBE, & HEC, \\ BDG, & GDE, & BGE, & EDF, & FDC, & FCE \end{Bmatrix}.$$

Die fünf Arten von Dreiecken des zweiten Π_7, nämlich 345, 346, 356, 455 und 456, geben zur Bildung von fünf Π_8 mit dreikantigen Ecken Veranlassung. Durch Ansetzen der Tetraëder $GFEH$, $GDFH$, $EDGH$, $FCEH$, $FDCH$ erhält man der Reihe nach die folgenden Π_8:

$$(4)\quad \begin{Bmatrix} A\,B\,C\,D\,E\,F\,G\,H \\ 3\;4\;5\;6\;6\;5\;4\;3 \end{Bmatrix} = (2e_3,\ 2e_4,\ 2e_5,\ 2e_6)$$

$$= \begin{Bmatrix} ABC, & DBA, & DAC, & ECB, & EBD, & EDG, \\ GDF, & GFH, & HFE, & HEG, & FDC, & FCE \end{Bmatrix},$$

$$(5)\quad \begin{Bmatrix} A\,B\,C\,D\,E\,F\,G\,H \\ 3\;4\;5\;7\;5\;5\;4\;3 \end{Bmatrix} = (2e_3,\ 2e_4,\ 3e_5,\ 1e_7)$$

$$= \begin{Bmatrix} ABC, & DBA, & DAC, & ECB, & EBD, & EDG, \\ GDH, & HDF, & HFG, & GFE, & FDC, & FCE \end{Bmatrix},$$

$$(6)\quad \begin{Bmatrix} A\,B\,C\,D\,E\,F\,G\,H \\ 3\;4\;5\;7\;6\;4\;4\;3 \end{Bmatrix} = (2e_3,\ 3e_4,\ 1e_5,\ 1e_6,\ 1e_7)$$

$$= \begin{Bmatrix} ABC, & DBA, & DAC, & ECB, & EBD, & EDH, \\ HDG, & HGE, & GDF, & GFE, & FDC, & FCE \end{Bmatrix},$$

$$(1^*)\quad \begin{Bmatrix} A\,B\,C\,D\,E\,F\,G\,H \\ 3\;4\;6\;6\;6\;5\;3\;3 \end{Bmatrix} = (3e_3,\ 1e_4,\ 1e_5,\ 3e_6)$$

$$= \begin{Bmatrix} ABC, & DBA, & DAC, & ECB, & EBD, & EDG, \\ GDF, & GFE, & FDC, & FCH, & HCE, & HEF \end{Bmatrix},$$

$$(2^*)\qquad \begin{Bmatrix} A\,B\,C\,D\,E\,F\,G\,H \\ 3\;4\;6\;7\;5\;5\;3\;3 \end{Bmatrix} = (3e_3,\ 1e_4,\ 2e_5,\ 1e_6,\ 1e_7)$$

$$= \begin{Bmatrix} ABC, & DBA, & DAC, & ECB, & EBD, & EDG, \\ GDF, & GFE, & FDH, & HDC, & HCF, & FCE \end{Bmatrix}.$$

Die beiden Formen (1*) und (2*) sind indess identisch mit den Formen (1) bez. (2). Denn ersetzt man in (1*) die Buchstaben A, B, C, D, E, F, G, H der Reihe nach durch H, G, E, B, D, C, A, F, so erhält man den Ausdruck (1); und es verwandelt sich ebenso der Ausdruck (2*) in den Ausdruck (2), wenn man den Buchstaben A, B, C, D, E, F, G, H die Buchstaben H, G, E, D, B, C, A, F substituirt.

Das mit (3) bezeichnete Polyëder Π_7 hat dreierlei Dreiecke: 346, 366, 446. Wählt man daher zur Anwendung der Regel (α) die Dreiecke FDG, GDC, EDF, so ergeben sich folgende Π_8:

$$(6^*)\qquad \begin{Bmatrix} A\,B\,C\,D\,E\,F\,G\,H \\ 3\;4\;6\;7\;4\;5\;4\;3 \end{Bmatrix} = (2e_3,\ 3e_4,\ 1e_5,\ 1e_6,\ 1e_7)$$

$$= \begin{Bmatrix} ABC, & DBA, & DAC, & ECB, & EBD, & EDF, \\ FDH, & HDG, & HGF, & GDC, & GCF, & FCE \end{Bmatrix},$$

welches Polyëder in (6) übergeht, wenn man A, B, C, D, E, F, G, H mit H, G, E, D, F, C, B, A vertauscht; ferner:

$$(7)\qquad \begin{Bmatrix} A\,B\,C\,D\,E\,F\,G\,H \\ 3\;4\;7\;7\;4\;4\;4\;3 \end{Bmatrix} = (2e_3,\ 4e_4,\ 2e_7)$$

$$= \begin{Bmatrix} ABC, & DBA, & DAC, & ECB, & EBD, & EDF, \\ FDG, & GDH, & HDC, & HCG, & GCF, & FCE \end{Bmatrix},$$

$$(2^{**})\qquad \begin{Bmatrix} A\,B\,C\,D\,E\,F\,G\,H \\ 3\;4\;6\;7\;5\;5\;3\;3 \end{Bmatrix} = (3e_3,\ 1e_4,\ 2e_5,\ 1e_6,\ 1e_7)$$

$$= \begin{Bmatrix} ABC, & DBA, & DAC, & ECB, & EBD, & EDH, \\ HDF, & HFE, & FDG, & GDC, & GCF, & FCE \end{Bmatrix}.$$

Dieses letztere Polyëder ist mit (2) identisch, wie die Ersetzung von A, B, C, D, E, F, G, H durch H, G, E, D, B, C, F, A zeigt.

Aus dem siebeneckigen Polyëder (4) gehen durch Ansetzen von Tetraëdern an die Flächen FEG (355), ABC (444), DAF (455), ECB (445) die folgenden Formen von Π_8 hervor:

$$(8)\qquad \begin{Bmatrix} A\,B\,C\,D\,E\,F\,G\,H \\ 4\;4\;4\;5\;6\;6\;4\;3 \end{Bmatrix} = (1e_3,\ 4e_4,\ 1e_5,\ 2e_6)$$

$$= \begin{Bmatrix} ABC, & DBA, & DAF, & FAC, & FCE, & FEH, \\ HEG, & HGF, & GED, & GDF, & ECB, & EBD \end{Bmatrix},$$

$$(9)\qquad \begin{Bmatrix} A\,B\,C\,D\,E\,F\,G\,H \\ 5\;5\;5\;5\;5\;5\;3\;3 \end{Bmatrix} = (2e_3,\ 6e_5)$$
$$= \begin{Bmatrix} ABH, & HBC, & HCA, & DBA, & DAF, & FAC, \\ FCE, & FEG, & GED, & GDF, & ECB, & EBD \end{Bmatrix},$$

$$(10)\qquad \begin{Bmatrix} A\,B\,C\,D\,E\,F\,G\,H \\ 5\;4\;4\;6\;5\;6\;3\;3 \end{Bmatrix} = (2e_3,\ 2e_4,\ 2e_5,\ 2e_6)$$
$$= \begin{Bmatrix} ABC, & DBA, & DAH, & HAF, & HFD, & FAC, \\ FCE, & FEG, & GED, & GDF, & ECB, & EBD \end{Bmatrix},$$

$$(11)\qquad \begin{Bmatrix} A\,B\,C\,D\,E\,F\,G\,H \\ 4\;5\;5\;5\;6\;5\;3\;3 \end{Bmatrix} = (2e_3,\ 1e_4,\ 4e_5,\ 1e_6)$$
$$= \begin{Bmatrix} ABC, & DBA, & DAF, & FAC, & FCE, & FEG, \\ GED, & GDF, & ECH, & HCB, & HBE, & EBD \end{Bmatrix}.$$

Obschon nun (10) denselben Ausdruck hat, wie (4), so sind diese beiden Polyëder doch verschieden. Dies folgt schon daraus, dass, wie man auch aus den beigezeichneten Figuren ersieht, nach Wegnahme der beiden Tetraëder $DEFG$ und $ADFH$ von (10) (vergl. Fig. 12) ein Π_6 mit dem Ausdruck $(6e_4)$ übrig bleibt, dagegen die Entfernung der beiden Tetraëder $ABCD$ und $EFGH$ von (4) (vergl. Fig. 13) die andere der beiden Formen von Π_6, nämlich $(2e_3,\ 2e_4,\ 2e_5)$ entstehen lässt.

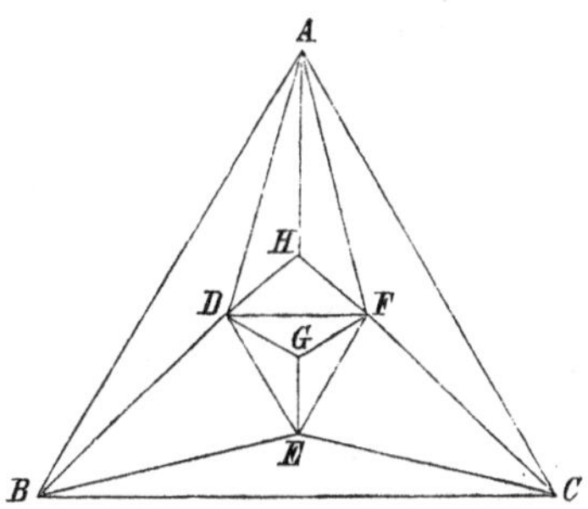

Fig. 12.

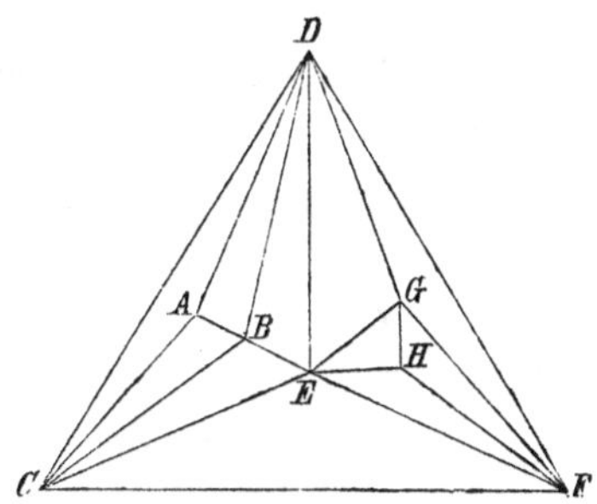

Fig. 13.

Endlich hat man, um achteckige Polyëder mit dreikantigen Ecken zu erhalten, noch das siebeneckige Polyëder (5) zu benutzen. Seine Flächen sind sämmtlich gleichwerthig, nämlich von dem Ausdruck 445. Setzt man an eine derselben, z. B. FCE, ein Tetraëder an, so ergibt sich

$$(12)\qquad \begin{Bmatrix} A\,B\,C\,D\,E\,F\,G\,H \\ 4\;4\;6\;5\;5\;5\;4\;3 \end{Bmatrix} = (1e_3,\ 3e_4,\ 3e_5,\ 1e_6)$$
$$= \begin{Bmatrix} ABC, & DBA, & DAG, & GAC, & GCF, & GFD, \\ ECB, & EBD, & EDF, & EFH, & HFC, & HCE \end{Bmatrix}.$$

Es folgen nun diejenigen achteckigen Polyëder, welche keine dreikantigen Ecken haben. Die Bedingungen zur Bildung eines solchen bietet weder die Form (1) noch die Form (2) der siebeneckigen Polyëder. Dagegen lässt sich aus (3) der gesuchte Körper construiren, indem man auf das Kantenviereck $ACGD$ (3636) die Regel (β) anwendet. Man erhält dann

$$(13)\qquad \begin{Bmatrix} A\,B\,C\,D\,E\,F\,G\,H \\ 4\;4\;6\;6\;4\;4\;4\;4 \end{Bmatrix} = (6\,e_4,\ 2\,e_6)$$

$$= \begin{Bmatrix} ABC, & DBA, & DAH, & HAC, & HCG, & HGD, \\ ECB, & EBD, & EDF, & FDG, & GCF, & FCE \end{Bmatrix}.$$

Ein zweites Polyëder Π_8 ohne dreikantige Ecken liefert die vierte Form von Π_7, indem man auf eines der drei gleichwerthigen Kantenvierecke 3545, z. B. auf $GECF$, die Regel (β) anwendet. Es ergibt sich dann

$$(14)\qquad \begin{Bmatrix} A\,B\,C\,D\,E\,F\,G\,H \\ 4\;4\;5\;5\;5\;5\;4\;4 \end{Bmatrix} = (4e_4,\ 4e_5)$$

$$= \begin{Bmatrix} ABC, & DBA, & DAF, & FAC, & FCH, & HCE, \\ HEG, & HGF, & GED, & GDF, & ECB, & EBD \end{Bmatrix}.$$

Endlich kann man sich zur Bildung eines Π_8 ohne dreikantige Ecken der fünften Form der Π_7 bedienen. Dieselbe bietet zwei verschiedene Arten von Kantenvierecken. Wählt man behufs Anwendung der Regel (β) das eine Mal das Kantenviereck $ADBC$ (4545), das andere Mal das Kantenviereck $ABEC$ (4445), so entstehen daraus die folgenden Π_8:

$$(13^*)\qquad \begin{Bmatrix} A\,B\,C\,D\,E\,F\,G\,H \\ 4\;4\;6\;6\;4\;4\;4\;4 \end{Bmatrix} = (6e_4,\ 2e_6)$$

$$= \begin{Bmatrix} DBH, & HBC, & HCA, & HAD, & DAG, & GAC, \\ GCF, & GFD, & ECB, & EBD, & EDF, & FCE \end{Bmatrix},$$

$$(14^*)\qquad \begin{Bmatrix} A\,B\,C\,D\,E\,F\,G\,H \\ 5\;4\;5\;5\;5\;4\;4\;4 \end{Bmatrix} = (4e_4,\ 4e_5)$$

$$= \begin{Bmatrix} ABH, & AHC, & CHE, & EHB, & DBA, & DAG, \\ GAC, & GCF, & GFD, & EBD, & EDF, & FCE \end{Bmatrix}.$$

Es ist indess das Polyëder (13*) mit (13) und (14*) mit (14) identisch, wie man sofort sieht, wenn man in (13*) die Buchstaben A, H durch H, A, und in (14*) die Buchstaben A, B, C, D, E, F, G, H der Reihe nach durch E, H, D, C, F, A, B, G ersetzt.

Da es nun Π_8 ohne drei- und vierkantige Ecken nicht geben kann, weil in einem solchen mindestens 12 fünfkantige Ecken vorkommen, so existiren nicht mehr als die im Vorhergehenden entwickelten 14 achteckigen Trigonalpolyëder.

III. Flächen und Polyëder höherer Classen.

§. 8. Allgemeines über Flächen höherer Classen. Der Nachweis, dass man jede Fläche als die Summe zweier Grundformen darstellen kann, deren jede von denselben Linien begrenzt ist (Elementarverw. §. 13 und 14), und die darauf gegründete Classification der Flächen (Elementarverw. §. 15) beruht wesentlich auf dem der unmittelbaren Anschauung entnommenen Satz, dass zwei Grundformen mit beliebig vielen Grenzlinien, wenn sie eine und nur eine gemeinsame Grenzlinie, aber keinen gemeinsamen Flächentheil haben, eine einzige Grundform ausmachen (Elementarverw. §. 12).

[D_{11} p. 70.] »*Dagegen bilden zwei Grundformen, welche zwei oder mehrere Grenzlinien gemein haben, zwar ebenfalls eine von den übrigen Grenzlinien der beiden Grundformen begrenzte Fläche; allein diese Fläche ist keine Grundform.* So kann man z. B. $(ab) + (abc)$ nicht $= c$ setzen. Denn sei (vergl. Fig. 14) x eine auf (ab) gezogene geschlossene Linie, welche a und b auf verschiedenen Seiten von sich liegen hat, und daher

$$(ab) = (ax) + (xb) \ .$$

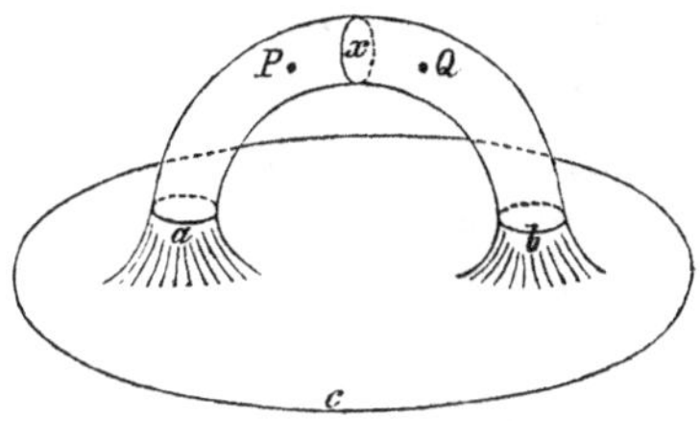

Fig. 14.

Sei ferner P irgend ein Punct der Fläche (ax), und Q irgend einer von (bx), also P und Q zwei in (ab) auf verschiedenen Seiten von x liegende Puncte, so kann man in der aus (ab) und (abc) zusammengesetzten und allein von c umschlossenen Fläche, welche γ heisse, von P zu Q gelangen, ohne die x zu durchschneiden, indem man nämlich von P in (ax) durch a in (abc) übergeht und von da, durch b gehend, seinen Weg in (bx) bis Q fortsetzt. Dieses würde aber nicht möglich sein, wenn $\gamma = (c)$, d. i. wenn γ eine Grundform der ersten Classe wäre. Denn in einer solchen kann man zwei ihrer Puncte P und Q, die auf verschiedenen Seiten einer in ihr gezogenen geschlossenen Linie x liegen, nur durch eine die Curve x zugleich schneidende Linie verbinden.

Eben so wenig ist, wie man hier noch bemerken mag, die in §. 1 betrachtete, von nur einer Linie a begrenzte einseitige Fläche eine Grundform. Denn sind P und Q zwei Puncte der a, so würde die Fläche, wenn sie eine Grundform und daher von der ersten Classe wäre, durch jede auf ihr von P bis Q gezogene Linie in zwei Theile getheilt. Ist sie hingegen eine einseitige Fläche, so kann man auf ihr von P bis Q sowohl solche Linien ziehen, welche sie in zwei Theile zerlegen, als solche, die dieses nicht thun, — eben so wenig, als die Grundform (ab) durch eine Linie von einem Puncte in a bis zu einem in b in zwei Theile getheilt wird.«

§. 9. [D_{11} p. 75—77, vergl. auch D_9 p. 197 und 198.] »Eine geschlossene Fläche von irgend welcher Classe kann man sich immer von einer geschlossenen Linie erzeugt denken, welche, anfangs irgendwo auf der Fläche einen nach allen Dimensionen unendlich kleinen Raum umschliessend, nach dem Gesetze der Stetigkeit ihre Gestalt also ändert, dass je zwei nächstfolgende Lagen der Linie einander nicht schneiden, sondern einen unendlich schmalen Ring einschliessen, welcher als neues Element zu dem schon überstrichenen Theile der Fläche hinzutritt.

Ist nun die Fläche von der ersten Classe, so erhellt ohne Weiteres, dass die erzeugende Linie, anfangs immer grösser werdend, gegen das Ende hin immer kleiner und zuletzt unendlich klein wird, wie dies z. B. bei Erzeugung einer Kugelfläche durch einen sich immer parallel bleibenden Kreis geschieht (vergl. §. 3).

Anders verhält es sich bei Flächen höherer Classen, indem hier der noch übrig bleibende unendlich kleine Theil der Fläche aus zwei oder mehreren unendlich schmalen Ringen und Streifen zusammengesetzt ist.

Denn seien — um dies nur an einer Fläche der zweiten Classe, einer gewöhnlichen Ringfläche, zu zeigen — $AFEA$ und $BCDB$ (vergl. Fig. 15, 16) die zwei geschlossenen Linien, durch welche eine

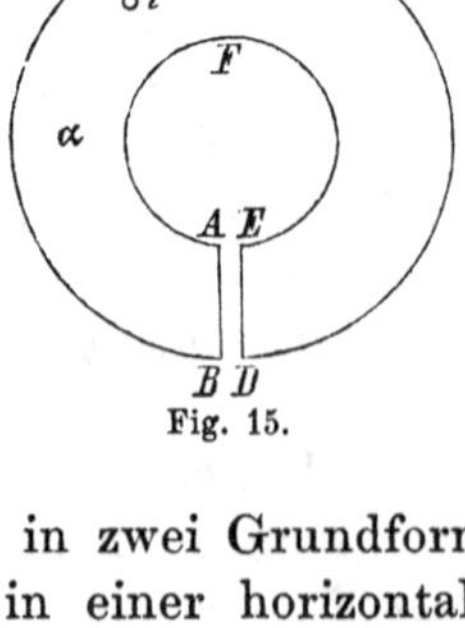

Fig. 15.

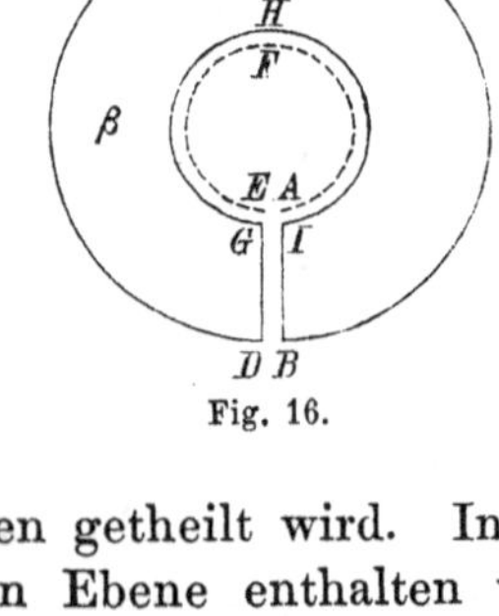

Fig. 16.

solche Fläche in zwei Grundformen getheilt wird. Indem man sich diese Linien in einer horizontalen Ebene enthalten vorstellt, liege die eine Grundform α oberhalb und die andere β unterhalb des von ihnen in der Ebene eingeschlossenen Ringes. Sind nun AE und

BD zwei Elemente dieser Linien, und werden auf α zwei einander unendlich nahe, sich nicht schneidende Linien von *A* bis *B* und von *E* bis *D* gezogen, so kann eine irgendwo auf α befindliche geschlossene unendlich kleine Linie *i* sich allmählich bis zu der geschlossenen Linie *ABCDEFA* erweitern, so dass die Grundform α bis auf den noch übrigen unendlich schmalen Streifen *ABDE* von der sich erweiternden Linie *i* überstrichen wird. Denn die Linien *AB* und *DE* können nicht in einander rücken, weil zwei nächstfolgende Lagen der erzeugenden Linie keinen Theil gemein haben sollen.

Lassen wir jetzt den Theil *BCD* der geschlossenen Linie *AB*...*FA* die untere Grundform β, soweit als thunlich, überstreichen. Es ergänzt sich dann dieser Theil zu der geschlossenen Linie *BCDGHI* dergestalt, dass von β der unendlich schmale Streifen *BIGD* und der unendlich schmale Ring, welcher von der Grenzlinie *AFE* des in α schon überstrichenen Theiles der Fläche und von *IHG* eingefasst wird, noch übrig bleiben.

Nehmen wir endlich mehrerer Einfachheit willen an, dass, wie in Fig. 16, die Puncte *I* und *G* den Puncten *A* und *E* unendlich nahe liegen, so verbinden sich die zwei Streifen *ABDE* in α und *BIGD* in β zu einem zweiten Ringe; und der von der sich erweiternden Linie *i* noch übrig gelassene Theil der ganzen Fläche $\alpha + \beta$ ist folglich ein System zweier an einander hängender unendlich schmaler Ringe, welches nur eine Linie — die erweiterte *i* — zur Grenzlinie hat.

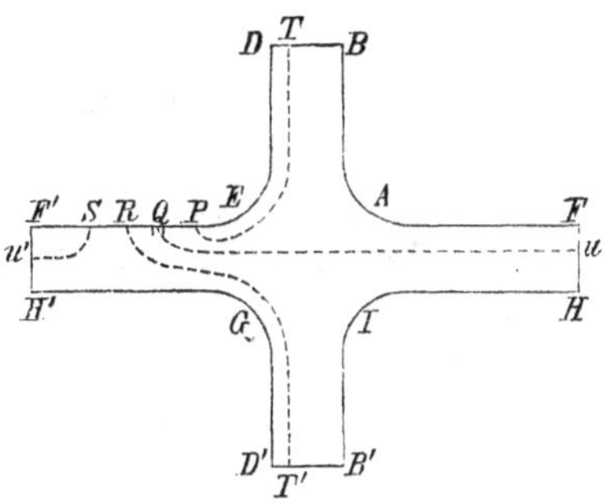

Fig. 17.

Man kann sich einen solchen *Doppelring* leicht zur Anschauung bringen, wenn man ein Blatt Papier in Form eines Kreuzes ausschneidet und hierauf (vergl. Fig. 17) die Enden *FH* und *F'H'* des einen Paares einander gegenüberliegender Arme etwa oberhalb der anfänglichen Ebene des Kreuzes und die Enden *BD* und *B'D'* des anderen Paares unterhalb dieser Ebene mit einander vereinigt.

Es besitzt diese nur von einer Linie $A\overline{BB'}I\overline{HH'}G\overline{D'D}E\overline{F'F}A$ begrenzte Fläche noch die merkwürdige Eigenschaft*), dass man von irgend vier in ihrem Perimeter auf einander folgenden Puncten *P*, *Q*, *R*, *S* den ersten mit dem dritten und den zweiten mit dem

*) In D_{11} p. 77 findet sich hierzu folgende Bemerkung: »Nach einer mündlichen Mittheilung von Gauss. Wodurch G. zur Betrachtung dieser Fläche geführt worden ist, ist mir unbekannt.«

vierten durch zwei Linien $P\overline{TT'}R$ und $Q\overline{UU'}S$ verbinden kann, welche in der Fläche selbst liegen und dennoch einander nicht schneiden, — wie dies doch immer geschehen würde, wenn die Fläche eine Grundform der ersten Classe wäre.«

§. 10. Zerlegung einer geschlossenen Fläche in Grundformen der ersten Classe. [Preisarbeit §. 56.] »Bei einer geschlossenen Fläche ist, ausser ihrer Zerlegung in Grundformen der drei ersten Classen durch geschlossene Linien, von denen keine zwei einen Theil gemein haben, immer auch eine Zerlegung in Grundformen der ersten Classe allein möglich, nur dass dann jede Grundform an zwei oder mehrere der übrigen grenzt, und daher ihre Grenzlinie aus eben so vielen Theilen besteht, als sie mit anderen Grundformen der Fläche gemein hat*). Zwischen beiderlei Zerlegungen findet aber eine merkwürdige Beziehung statt. Nennen wir nämlich die Grundformen der ersten, zweiten, u. s. w. Classe der Kürze willen Unionen, Binionen u. s. w. und geben, wenn eine Fläche in Unionen oder Vielecke zerlegt wird, den einzelnen Theilen, in welche sich hierbei die Grenzlinien der Unionen zerlegen, den Namen Kanten, und den Puncten, in welchen zwei oder mehrere dieser Kanten zusammentreffen, den Namen Ecken, *so ist bei einer in Unionen zerlegten Fläche der n^{ten} Classe der Unterschied zwischen der Zahl der Kanten und der Summe der Zahlen der Unionen und der Ecken* $= 2n - 4$, also eben so gross als bei Zerlegung derselben Fläche in Unionen, Binionen und Ternionen der Unterschied zwischen der Zahl der Unionen und der Ternionen war (Elementarverwandtschaft §. 18).

Im Folgenden soll die von den Unionen, in welche eine Fläche zerlegt worden, gebildete Figur ein Netz heissen. Setzen wir daher noch die Zahlen der Unionen oder Flächentheile, der Ecken und der Kanten eines solchen Netzes resp. gleich u_1, u_2 und t, so ist jetzt noch darzuthun, dass bei einem auf einer geschlossenen Fläche der n^{ten} Classe construirten Netze

$$(\alpha) \qquad t - u_1 - u_2 = 2n - 4$$

ist.

Beweis. 1) *Eine n-ion, d. i. eine Grundform der n^{ten} Classe, lässt sich in zwei Unionen zerlegen, deren jede dieselben $2n$ Puncte zu Ecken hat. Die Gesammtzahl der Kanten dieses Netzes ist $= 3n$, von denen n den beiden Unionen gemeinsam sind.*

Es wird hinreichen, uns dieses an einer Ternion $(a\,b\,c)$ klar zu

*) »Eine einzige Ausnahme hiervon macht eine geschlossene Fläche der ersten Classe, indem diese durch eine einzige geschlossene Linie in zwei Grundformen der ersten Classe getheilt werden kann.«

machen; sie ist in Fig. 18 als eine von a umschlossene Fläche mit zwei von b und c begrenzten Oeffnungen dargestellt. Man nehme in jeder ihrer drei Grenzlinien zwei Puncte willkürlich an, in a die Puncte A und B, in b die Puncte C und D, in c die Puncte E und F, und ziehe auf der Fläche von B bis C, von D bis E, von F bis A Linien. Hierdurch wird die Ternion in zwei Unionen zerlegt, deren jede den Ausdruck $ABCDEF$, also den eines Sechsecks hat. Es wird nämlich jede der geschlossenen Linien a, b, c durch die zwei in ihr angenommenen Puncte in zwei Theile getheilt, von denen in der Figur der eine zur Linken, der andere zur Rechten liegt. Unter den Kanten AB, CD, EF des einen Sechsecks sind nun die zur Linken, und unter den ebenso ausgedrückten Kanten des anderen die zur Rechten fallenden Theile von a, b, c zu verstehen. Die Kanten BC, DE, FA hingegen sind beiden Sechsecken gemeinsam, und daher die Gesammtzahl aller Kanten gleich 9.

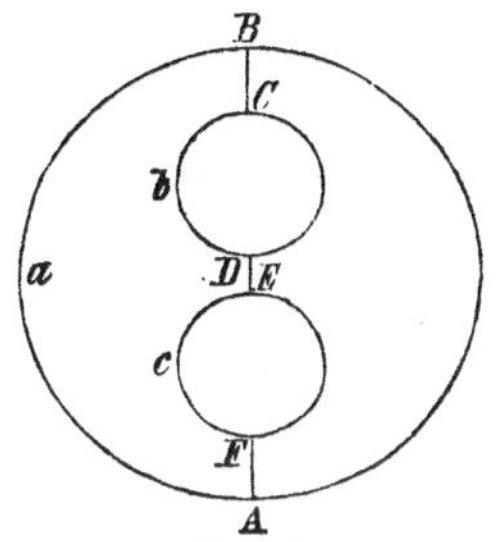

Fig. 18.

2) *Eine geschlossene Fläche der n^{ten} Classe lässt sich in vier Unionen zerlegen, deren jede dieselben $2n$ Puncte zu Ecken hat. Die $8n$ Kanten dieser vier $2n$-Ecke sind aber zu zweien identisch, so dass das ganze Netz nur $4n$ verschiedene Kanten hat.*

Denn sei wiederum $n = 3$, und bestehe die geschlossene Fläche aus den zwei Ternionen (abc) und (abc). Zur Vereinfachung denke man sich die drei Linien a, b, c in einer horizontalen Ebene begriffen und die eine Ternion oberhalb, die andere unterhalb dieser Ebene sich ausdehnend. Die obere Ternion zertheile man, wie vorhin, durch Ziehung der Linien BC, DE, FA auf ihrer Fläche in die zwei Sechsecke $ABC\ldots F$ und $ABC\ldots F$, von denen das eine zur Linken, das andere zur Rechten der Linien BC, DE, FA liegt. Man ziehe ferner auch auf der unteren Ternion drei Linien von B bis C, von D bis E und von F bis A (vergl. Fig. 18) und zerlege damit auch diese Ternion in zwei zur Linken und zur Rechten dieser Linien liegende Sechsecke $ABC\ldots F$ und $ABC\ldots F$. Hiermit ist aber, wie zu zeigen war, die Fläche der dritten Classe in vier Unionen zerlegt, deren jede, ein Sechseck, dieselben sechs Puncte zu Ecken hat, und von deren zwölf Kanten eine jede zwei Unionen immer zugleich zukommt.

3) *Weil in dem somit construirten Netze $u_1 = 4$, $u_2 = 2n$ und $t = 4n$ ist, so geht bei diesem speciellen Netze die obige Gleichung (α) in Erfüllung.* Es ist aber leicht, hieraus weiter die allgemeine Gültigkeit derselben zu folgern.

Betrachten wir deshalb zunächst ein Netz, welches durch Zerlegung einer Union (a) selbst in zwei oder mehrere Unionen entstanden ist*), und setzen den Werth, welchen für dasselbe die Zahl $t - u_1 - u_2$ hat, $= v$. Ein solches Netz bildet sich, wenn man zwei oder mehrere Unionen nach und nach dergestalt an einander setzt, dass jedesmal die neu angesetzte Union entweder eine oder mehrere nächstfolgende Kanten mit dem Perimeter p, welcher die bereits an einander gesetzten Unionen umschliesst, gemein hat. Durch keinen dergleichen neuen Ansatz wird aber die Zahl v geändert, weil dadurch u_1 in $u_1 + 1$, t in $t + m$ und u_2 in $u_2 + m - 1$ übergeht, wo m die Anzahl der Kanten bezeichnet, welche die neue Union mit dem Perimeter p nicht gemein hat. Die Zahl v wird daher immer $= -1$ bleiben, weil für eine einfache Union $u_1 = 1$ und $u_2 = t$ ist. Wir schliessen hieraus umgekehrt, dass, wenn in einem durch Zerlegung einer Union (a) gebildeten Netze alle innerhalb des Perimeters a der Union gezogenen Netzlinien entfernt werden, und somit das Netz auf (a) selbst reducirt wird, die Zahl v unverändert $(= -1)$ bleibt, und dass daher, wenn das von a umschlossene Netz der Theil eines grösseren Netzes ist, dessen übriger Theil daher an a von aussen grenzt, der Werth von v für dieses grössere Netz durch Weglassung seiner innerhalb a fallenden Kanten und Ecken nicht geändert wird.

4) Seien auf einer geschlossenen Fläche zwei verschiedene Netze R und R' construirt worden. Diese bilden in Vereinigung ein drittes Netz, welches R'' heisse. Die durch die Zahlen der Unionen, Ecken und Kanten eines Netzes bestimmte Zahl v habe für diese drei Netze die Werthe w, w', w''. Da nun R'' aus R und R' zusammengesetzt ist, so entsteht rückwärts R aus R'', wenn man in jeder Union von R alle die in sie fallenden und sie zu einem Netze für sich machenden Linien von R' weglässt, und es ist daher nach dem vorigen Satze $w'' = w$. Und gleicherweise erhellt, dass $w'' = w'$ ist, wenn man in jeder Union von R' alle von R herrührenden Linien wegnimmt und dadurch R'' in R übergehen lässt. Folglich ist $w = w'$, d. h. *für je zwei auf einer und derselben geschlossenen Fläche verzeichnete Netze hat die Zahl v einen und denselben Werth.*

5) Für das in 2) auf einer Fläche der n^{ten} Classe construirte

---

*) Eine gewisse Ergänzung finden die Entwickelungen des Textes in einer Mittheilung von R. Baltzer in den Berichten der K. Sächs. Ges. d. Wissenschaften vom 12. Januar 1885: *Eine Erinnerung an Möbius und seinen Freund Weiske.* Es werden dort solche Theile einer Union, von denen sich jeder mit jedem in einer Linie (nicht bloss in einem Puncte) berührt, als spatia confinia bezeichnet, und der Satz aufgestellt und bewiesen: *Fünf spatia confinia sind unmöglich.* R.

specielle Netz war aber $v = 2n - 4$. Mithin muss auch für jedes andere Netz dieser Fläche, wenn es u_1 Unionen, u_2 Ecken und t Kanten hat,

$$v = t - u_1 - u_2 = 2n - 4$$

sein. Q. E. D.«

§. 11. Bestimmung der Classenzahl einer geschlossenen Fläche. [Preisarbeit §. 57.] »Es bietet diese Gleichung zugleich ein sehr einfaches Mittel dar, um von einer geschlossenen Fläche die Classenzahl n zu finden. Man zerlege nämlich die Fläche in Unionen, und wenn u_1 die Zahl derselben ist, und das von ihnen gebildete Netz u_2 Ecken und t Kanten hat, so ist

$$n = \tfrac{1}{2}(t - u_1 - u_2) + 2 ,$$

oder, wie man auch sagen kann: die Fläche gehört zur ersten, zweiten, dritten, vierten, u. s. w. Classe, jenachdem $u_1 + u_2 = t + 2$, oder $= t$, oder $= t - 2$, oder $= t - 4$, u. s. w. ist.

Uebrigens ist hier sowohl, als bei Zerlegung einer geschlossenen Fläche in Unionen überhaupt, das Wort Vieleck statt Union im allgemeinsten Sinne zu nehmen, nämlich ein m-Eck als eine geschlossene Linie, welche durch m Puncte, Ecken genannt, in m Theile, welche Kanten heissen, getheilt wird. Dabei kann m nicht nur $= \ldots, 4, 3$, sondern auch $= 2$ oder 1, und, bei Theilung einer Fläche der ersten Classe durch eine geschlossene Linie, selbst $= 0$ sein. Ein Zweieck besteht aus zwei verschiedenen, von einem gemeinsamen Puncte ausgehenden und in einem gemeinsamen Puncte endigenden Linien. Eine Linie, deren Endpunct mit ihrem Anfangspuncte zusammenfällt, bildet ein Eineck. Ein Nulleck endlich wird eine geschlossene Linie überhaupt sein, bei der man sich keinen ihrer Puncte als Anfangs- oder Endpunct denkt; auch kann eine solche Linie nicht eine Kante genannt werden, da eine Kante stets zwei, wenn auch zusammenfallende, Endpuncte hat. Es stimmt damit, wie gehörig, auch die Formel für n überein. Denn wird durch eine solche Linie eine geschlossene Fläche in zwei Unionen getheilt, so ist $u_1 = 2$, $u_2 = 0$, $t = 0$, und folglich $n = 1$.

Um noch ein Beispiel der allgemeinen Anwendbarkeit jener Formel zu geben, wollen wir auf einer geschlossenen Fläche zwei Einecke mit einer gemeinschaftlichen Ecke construiren. Hierdurch wird die Fläche in drei Theile zerlegt, und wenn jeder dieser Theile eine Union, also die Fläche von der ersten Classe ist, so hat man $u_1 = 3$, $u_2 = 1$, $t = 2$; woraus nach der Formel $n = 1$ folgt.

Weil endlich jede Grundform in elementarer Verwandtschaft zu einer ebenen Fläche steht und daher, gleich einer solchen, zwei verschiedene Seiten hat, so muss auch jede in zwei Grundformen zerlegbare geschlossene Fläche zwei Seiten haben.

Eine einseitige geschlossene Fläche lässt sich daher nicht in zwei Grundformen zerlegen und kann folglich auch nicht unter den jetzt nach Classen geordneten geschlossenen Flächen begriffen sein.«

§. 12. Die erweiterte Euler'sche Gleichung. [Preisarbeit §. 58.] »Die Oberfläche eines Polyëders ist eine geschlossene Fläche und muss daher — mit Ausnahme der einseitigen Polyëderflächen — stets in zwei Grundformen zerlegt werden können, deren jede entweder von der ersten, oder der zweiten, u. s. w. Classe ist, d. h. von einer, oder von zwei, u. s. w. geschlossenen Linien begrenzt wird. Und so wie hiernach geschlossene Flächen im Allgemeinen classificirt wurden, *so wollen wir jetzt ein Polyëder zur n^{ten} Classe rechnen, wenn dessen Oberfläche in zwei Grundformen der n^{ten} Classe zerlegbar ist.*

Weil aber jede Fläche eines Polyëders ein ebenes Vieleck, also eine Union ist, so können wir die Classenzahl n eines Polyëders auch geradezu durch die Formel des vorigen §., also durch die Formel

$$(\beta) \qquad F + E = K - 2n + 4$$

finden, wenn man, wie es bei einem Polyëder üblich ist, die Zahlen seiner Flächen, Ecken und Kanten mit F, E und K bezeichnet.

Uebrigens steht diese für die Polyëdrometrie so wichtige Formel in engem Zusammenhange mit dem von Herrn *Reech* für Polyëder erster Classe gefundenen und in §. 20 der Theorie der elementaren Verwandtschaft auch auf höhere Classen ausgedehnten Theorem und kann mittelst desselben, wenn auch nicht für alle Polyëder überhaupt, doch für solche, deren Form gewissen Bedingungen genügt, sehr einfach bewiesen werden.

Sei nämlich diese Form von der Beschaffenheit, dass ein Punct O dergestalt angenommen werden kann, dass die Fusspuncte M, M', M'', ... der von O auf die Flächen des Polyëders gefällten Perpendikel in den Flächen selbst, nicht in deren Erweiterungen liegen, und dass ebenso N, N', N'', ... die Fusspuncte der Perpendikel von O auf die Kanten selbst, und nicht auf die Verlängerungen derselben sind, — eine Voraussetzung, die wenigstens keinen inneren Widerspruch hat, da sie bei jedem regulären Polyëder erfüllt wird, wenn man den Mittelpunct desselben zum Puncte O wählt.

Es leuchtet nun ein, dass bei dieser Figur unter allen von O bis an die Oberfläche des Polyëders gezogenen Radien die nach seinen Ecken gehenden, und diese allein, Maxima, dagegen die

Radien OM, OM', OM'', ..., und ausser ihnen keine anderen, Minima sind. Ist ferner a eine Kante des Polyëders und N der Fusspunct des von O auf a gefällten Perpendikels, so ist ON unter allen von O bis a gezogenen Radien ein Minimum, ein Maximum dagegen unter den Radien aller Puncte der gebrochenen Linie, in welcher das System der zwei in a an einander grenzenden Polyëderflächen von einer durch O gelegten und auf a rechtwinkligen Ebene geschnitten wird.

Die nach §. 20 der Elementarverwandtschaft bei einer geschlossenen Fläche überhaupt bestehende Relation zwischen den Zahlen von Radien, welche, von O aus an die Fläche gezogen, theils Maxima, theils Minima, u. s. w. sind, muss daher auch bei einem Polyëder von der gedachten Beschaffenheit statthaben, wenn man für die Zahlen der verschiedenen Arten von Radien die Zahlen der Ecken, Flächen und Kanten des Polyëders substituirt.«

§. 13. Zerlegung eines Polyëders in Unionen und Ternionen. [Preisarbeit §. 59.] »Noch folgt aus der Gleichung (β) des vorigen §. in Verbindung mit der Gleichung (A) in §. 18 der Elementarverwandtschaft die mir bemerkenswerth scheinende Relation

$$t - u = K - F - E\,.$$

Sie drückt aus, dass, wenn man die Oberfläche eines Polyëders von irgend welcher Classe durch geschlossene Linien, von denen keine zwei einen Theil mit einander gemein haben, in Grundformen der drei ersten Classen zerlegt, die Zahl der Ternionen weniger der Zahl der Unionen gleich der Kantenzahl weniger der Summe der Zahlen der Flächen und Ecken des Polyëders ist.

Man kann diese Relation dadurch noch vereinfachen, dass man die hierbei stets willkürliche Zahl u von Unionen entweder $= F + E$, oder $= E$, oder $= F$ macht, als wodurch t resp. $= K$, $= K - F$, $= K - E$ wird.

Wird daher auf der Oberfläche eines Polyëders um jede Ecke und in jeder einzelnen Fläche desselben eine Union verzeichnet, so kann man den noch übrigen Theil der Oberfläche in so viel Ternionen, als das Polyëder Kanten hat, zerlegen.

Construirt man aber bloss um jede Ecke (bloss in jeder Fläche) eine Union, so ist die Zahl der Ternionen, in welche sich der übrige Theil der Oberfläche zerlegen lässt, der Zahl der Kanten weniger der Zahl der Flächen (Ecken) gleich. Beschreibt man z. B. auf der Oberfläche eines Tetraëders vier Unionen (a), (b), (c), (d) um dessen vier Ecken und vier Unionen (a'), (b'), (c'), (d') in den diesen Ecken resp. gegenüberliegenden Flächen, so kann man, weil das

Tetraëder sechs Kanten hat, den noch übrigen Theil seiner Oberfläche in die sechs Ternionen

$$(abp)\,,\quad (pcq)\,,\quad (qd'r)\,,\quad (rds)\,,\quad (sc't)\,,\quad (tb'a')$$

zerlegen, wo p eine Linie ausdrückt, welche die zwei Unionen (a) und (b) allein umschliesst; q eine Linie, welche die Linie p und ausserdem bloss die Union (c) umschliesst; u. s. w.

Werden aber nur vier Unionen, etwa (a), ..., (d) auf der Tetraëderfläche beschrieben, so zerlegt sich der übrige Theil der Fläche in $(6-4)$ d. i. in zwei Ternionen (abp) und (pcd).«

§. 14. [Preisarbeit §. 60.] »Hinsichtlich der verschiedenen Grundformen, zu denen sich die Flächen eines Polyëders zusammensetzen lassen, mag noch bemerkt werden, dass, so wie jede einzelne Polyëderfläche eine Union, auch zwei oder mehrere dieser Flächen in ihrer Zusammensetzung eine Union bilden, dafern nur der Perimeter jedes neu hinzukommenden Vielecks mit dem Perimeter, welcher die bereits zusammengesetzten Vielecke umschliesst, eine oder mehrere nächstfolgende Kanten gemein hat.

Können die Flächen eines Polyëders bis auf eine zu einer Union vereinigt werden, so ist der Perimeter dieser Union einerlei mit dem Perimeter der noch übrigen Fläche und das Polyëder gehört zur ersten Classe, ist ein Euler'sches.

Werden von einer aus hinreichend vielen Vielecken zusammengesetzten Union ein, zwei oder mehrere Vielecke weggenommen, welche eine Union für sich bilden und keine Kante mit dem Perimeter der ersteren Union gemein haben, so bleibt eine Binion, d. i. eine von zwei Perimetern begrenzte Grundform, zurück. Auf gleiche Art und unter derselben Bedingung entsteht aus einer Binion durch abermalige Wegnahme einer Union eine Ternion; u. s. w. — So verwandelt sich z. B. die aus dem Dreiecke CBA und den drei Vierecken $BCFE$, $CADF$, $ABED$ zusammengesetzte Union nach Wegnahme des Dreiecks CBA in die von den Perimetern ABC und FED begrenzte Binion. Ebenso ist die aus dem Viereck $ABED$ und den zwei Dreiecken ACD und BCE zusammengesetzte Grundform eine von ABC und DEC begrenzte Binion, weil sie entsteht, wenn man von der Union CDE das Dreieck ABC wegnimmt, welches ein Theil der Union ist, und dessen Perimeter mit dem der Union keinen Theil gemein hat. Es kann jedoch diese von ABC und DEC begrenzte Binion, wenn man will, auch als eine Union betrachtet werden, deren Perimeter $ABCEDCA$ ist.

Jede aus ebenen Vielecken zusammengesetze Union hat nur

einen Perimeter. *Aber nicht umgekehrt ist jede von ebenen Vielecken gebildete Fläche, welche nur einen Perimeter hat, eine Union*, z. B. nicht die Oberfläche eines Polyëders der zweiten Classe, wenn von dieser eine ihrer Grenzflächen weggenommen wird, indem sonst die Oberfläche dieses Polyëders in zwei Unionen zerlegbar sein würde.

Eben so wenig ist das Fünfeck $ACEBD$ (Polyëdertheorie §. 8), welches die von den fünf Dreiecken ABC, BCD, ..., EAB gebildete einseitige Fläche umschliesst, eine Union, so wie auch das von diesen Dreiecken und den fünf Dreiecken der Reihe (S) ebendaselbst umgrenzte Polyëder nicht unter die Zahl der jetzt nach Classen geordneten gehören kann. Auch sind in der That bei diesem nur einseitigen Polyëder die Zahlen F, E, $K = 10, 6, 15$, woraus $n = \frac{3}{2}$ folgen würde, während bei einem zweiseitigen Polyëder die Zahl n stets eine positive ganze Zahl, und daher die Summe seiner Flächen, Ecken und Kanten stets eine gerade Zahl ist.

Man wird folglich immer mit Sicherheit schliessen können, dass ein Polyëder, bei welchem diese Summe ungerade ist, eine nur einseitige Oberfläche hat. Indessen gilt dieser Schluss nicht umgekehrt, da bei dem gleichfalls nur einseitigen Polyëder in §. 2 dieselbe Summe $= 16 + 8 + 24$, also gerade war.«

§. 15. Anderer Beweis für die erweiterte Euler'sche Gleichung. Die im Vorhergehenden erwähnte Methode der Umformung einer Union in eine Binion, Ternion, u. s. w. gestattet mit Hülfe des Satzes, dass jedes Polyëder n^{ter} Classe in zwei Grundformen der n^{ten} Classe mit denselben Grenzen zerlegt, also auch aus zwei solchen zusammengesetzt werden kann, einen directen Nachweis der zwischen den Ecken-, Flächen- und Kantenzahlen eines Polyëders n^{ter} Classe bestehenden Relation, der dem in §. 4 für Euler'sche Trigonalpolyëder geführten entspricht:

[D$_9$ p. 229.] »Wenn man nach den Vorschriften des §. 3 die Flächen eines Polyëders an einander setzt, so sei der Perimeter der Fläche, welche entsteht, wenn an ein Dreieck nach und nach p Dreiecke erster Art und q Dreiecke zweiter Art hinzugefügt werden, ein m-Eck. Bezeichnet man die Eckenzahl dieser Fläche mit e, ihre Flächenzahl mit f, so ist

$$m = 3 + p - q\ , \qquad e = 3 + p\ , \qquad f = 1 + p + q\ ,$$

folglich

$$e - m = q\ , \qquad f - e = q - 2\ , \qquad 2e - f = m + 2\ ,$$

wobei in e die m Ecken des m-Ecks mit inbegriffen sind.

Es ist diese Fläche, welche man φ nenne, eine Union. Eine

Binion χ wird erhalten, wenn man von φ eine Fläche φ', bestehend aus an einander grenzenden Dreiecken von φ, welche nicht an den Perimeter von φ stossen, weglässt. Der Perimeter von φ' sei ein m'-Eck, die Flächen- und die Eckenzahlen von φ' seien f' und e'; so hat man, weil φ' gleichfalls eine Grundform der ersten Classe ist,

$$2e' - f' = m' + 2 ,$$

folglich

$$2(e - e') - (f - f') = m - m' .$$

Hierin ist $f - f'$ die Zahl der Dreiecke, aus denen χ zusammengesetzt ist, $= F$; ferner

$$e - e' = E + m ,$$

wo E die Anzahl der zwischen m und m' enthaltenen Ecken bedeutet. Damit wird

$$F - 2E = m + m' .$$

Ebenso kann man die entsprechende Formel für eine Ternion ableiten. Bedeute $\varphi = (m, e, f)$, dass φ eine Grundform der ersten Classe ist, welche ein m-Eck zum Perimeter hat, aus f Dreiecken zusammengesetzt ist und e Ecken hat. Analoges mögen die Formeln $\varphi' = (m', e', f')$ und $\varphi'' = (m'', e'', f'')$ bedeuten. Sind nun φ' und φ'' Theile von φ, deren Perimeter weder an einander, noch an den Perimeter von φ stossen, so bleibt nach Wegnahme der Flächen φ' und φ'' von φ eine Grundform ψ der dritten Classe zurück. Die Anzahl der Dreiecke, welche in ψ enthalten sind, ist daher

$$f - f' - f'' = F ,$$

die Anzahl der Ecken von ψ, welche nicht zugleich in den drei Perimetern von ψ liegen,

$$e - e' - e'' - m = E .$$

Nun hat man:

$$\begin{aligned} 2e - f &= m + 2 , \\ 2e' - f' &= m' + 2 , \\ 2e'' - f'' &= m'' + 2 . \end{aligned}$$

Daraus folgt

$$2(e - e' - e'') - (f - f' - f'') = m - m' - m'' - 2 ,$$

d. i.

$$2(E + m) - F = m - m' - m'' - 2$$

oder

$$F - 2E = m + m' + m'' + 2 .$$

Ueberhaupt wird für eine Grundform der n^{ten} Classe

$$F - 2E = M + 2(n - 2) .$$

Hierin ist M die Anzahl der in ihren n Perimetern liegenden Ecken, also

$$M = m + m' + m'' + \dots\ ,$$

E die Anzahl ihrer übrigen Ecken, F die Anzahl ihrer Dreiecke.

Zwei Grundformen der n^{ten} Classe bilden nun, wenn die n Perimeter der einen mit den n Perimetern der anderen zusammenfallen, ein Polyëder n^{ter} Classe. Besteht die eine Grundform aus F_1, die andere aus F_2 Dreiecken; ist bei der einen E_1 und bei der anderen E_2 die Anzahl ihrer ausserhalb der Perimeter liegenden Ecken, und hat M die vorige Bedeutung für die eine und folglich auch für die andere Grundform, so ist

$$F_1 - 2E_1 - M = 2(n-2)\ ,$$
$$F_2 - 2E_2 - M = 2(n-2)\ ,$$

und daher

$$F_1 + F_2 - 2(E_1 + E_2 + M) = 4(n-2)\ .$$

Hierin ist $F_1 + F_2$ die Anzahl F aller Dreiecke des Polyëders, $E_1 + E_2 + M$ die Zahl E aller Ecken desselben; folglich kann man die letzte Gleichung auch schreiben:

$$F - 2E = 4(n-2)\ .«$$

Bringt man aber dieselbe in die Form

$$3F - 2F - 2E = 4(n-2)\ ,$$

so geht sie zufolge der für Trigonalpolyëder geltenden Gleichung $3F = 2K$, worin K die Anzahl aller Kanten des Polyëders bedeutet, in die gesuchte Relation

$$F + E = K - 2(n-2)$$

über.

§. 16. Beispiele von Polyëdern zweiter Classe. [Preisarbeit §. 61.] »1) Seien mit den Seiten des Dreiecks ABC (vergl. Fig. 19) die Seiten der Dreiecke FGH und LMN parallel, nämlich FG und LM mit AB; GH und MN mit BC; u. s. w. Hiernach sind $ABGF$, $BCHG$, $CAFH$ drei ebene Vierecke, welche eine von den zwei Dreiecken ABC und FGH begrenzte Binion bilden. Ebenso wird von den drei Vierecken $FGML$, $GHNM$, $HFLN$ eine zweite Binion mit den Grenzlinien FGH und LMN, und von den drei Vierecken $MBAL$, $CBMN$, $ACNL$ eine dritte mit den Grenzen LMN und ABC gebildet. Von diesen drei Binionen setzen

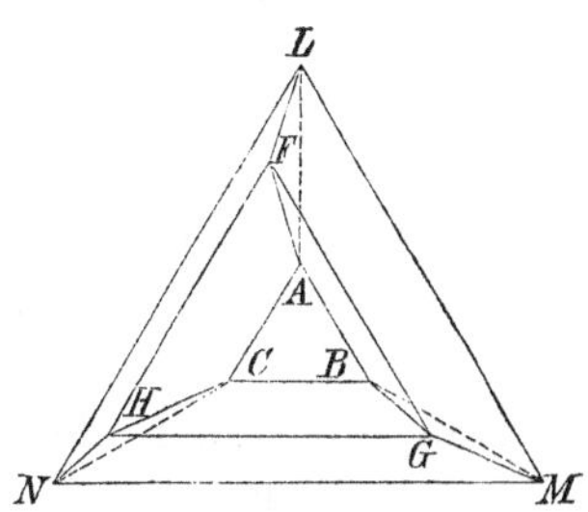

Fig. 19.

sich aber je zwei, z. B. die erste und die zweite, weil sie eine gemeinsame Grenzlinie FGH haben, zu einer neuen zusammen, welche dieselben zwei Grenzlinien, wie die dritte, hat und daher mit dieser dritten die Oberfläche eines Polyëders der zweiten Classe ausmacht, eines Polyëders, welches hiernach 9 Flächen, 9 Ecken und 18 Kanten hat und damit der für die zweite Classe geltenden Gleichung

$$F + E = K ,$$

wie gehörig, Genüge thut.

Mag nur noch bemerkt werden, dass diese Polyëderfläche ebenso, wie von je zweien der drei Dreiecke ABC, FGH, LMN, auch von je zweien der drei Dreiecke AFL, BGM, CHN in zwei Binionen getheilt wird.

2) Suchen wir ferner das einfachste Trigonalpolyëder der zweiten Classe zu construiren. Zu dem Ende wollen wir uns eine hinreichende Zahl von Puncten A, B, C, ... in cyklischer Folge denken und je vier cyklisch nächstfolgende derselben als die Ecken eines Tetraëders betrachten. Wir erhalten somit eine cyklische Reihe von eben so viel Tetraëdern als Puncten, von denen je zwei nächstfolgende eine Fläche gemein haben, und deren übrige Flächen das verlangte Trigonalpolyëder begrenzen werden.

Eine Reihe von fünf Puncten genügt hierzu noch nicht. Denn jede Fläche eines jeden der fünf Tetraëder

$$ABCD, \quad BCDE, \quad CDEA, \quad DEAB, \quad EABC$$

ist die Fläche eines der jedesmal vier übrigen, und es bleiben daher keine Flächen zur Begrenzung des Polyëders übrig.

Auch sechs Puncte reichen noch nicht aus. Denn diejenigen Flächen der sechs Tetraëder

$$ABCD, \quad BCDE, \quad CDEF, \quad DEFA, \quad EFAB, \quad FABC,$$

in denen keine zwei der letzteren an einander grenzen, und welche daher die Flächen des Polyëders sein würden, sind:

$$ABD, \quad DCA, \quad BCE, \quad EDB, \quad CDF, \quad FEC,$$
$$DEA, \quad AFD, \quad EFB, \quad BAE, \quad FAC, \quad CBF.$$

Hiernach aber würde jede der drei Kanten AD, BE, CF vier Flächen zugleich angehören.

Erst mit einer Reihe von sieben Puncten lässt sich ein Polyëder von der gewünschten Art construiren. Denn das aus den sieben Tetraëdern

$$ABCD, \quad BCDE, \quad CDEF, \quad DEFG,$$
$$EFGA, \quad FGAB, \quad GABC$$

zusammengesetzte Polyëder wird von den 14 Dreiecken

$$ABD, \; DCA, \; BCE, \; EDB, \; CDF, \; FEC, \; DEG,$$
$$GFD, \; EFA, \; AGE, \; FGB, \; BAF, \; GAC, \; CBG$$

begrenzt, von deren jedem eine jede Seite die Seite eines und nur eines der jedesmal übrigen ist. Nächstdem sind diese Dreiecke nach dem Kantengesetze geschrieben, woraus wir ersehen, dass die aus ihnen zusammengesetzte Polyëderfläche eine zweiseitige ist und folglich einer gewissen Classe angehören muss. Diese Klasse ist aber die zweite, weil $F = 14$, $E = 7$ und K, als die Kantenzahl eines Trigonalpolyëders, $= \frac{3}{2}F = 21$, folglich, wie vorhin,

$$F + E = K$$

ist*).

Dasselbe ergibt sich auch noch durch die Zerlegung des Polyëders in zwei Grundformen. Denn von den 14 Dreiecken bilden die

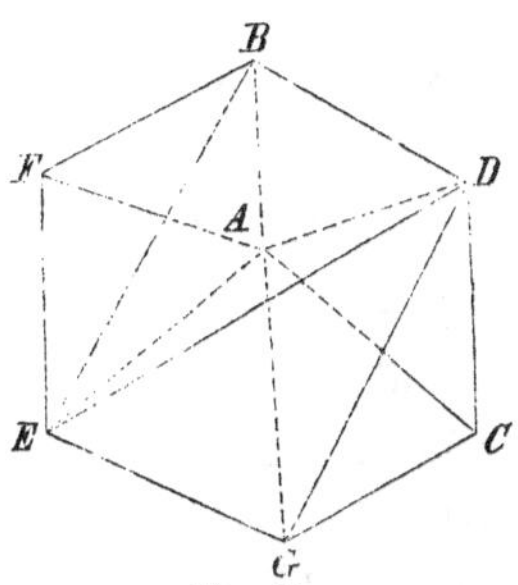

Fig. 20.

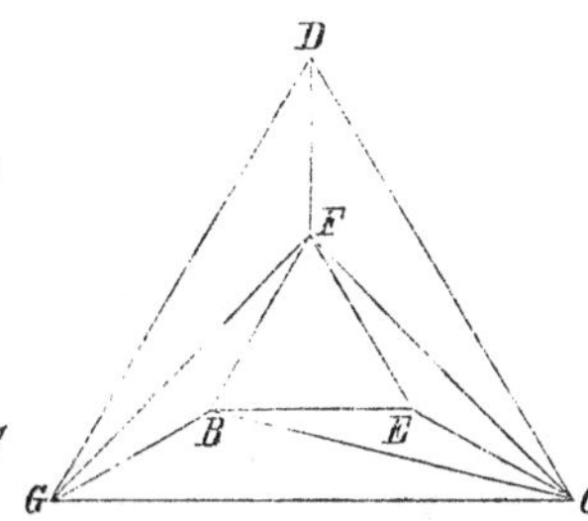

Fig. 21.

sechs, welche den Punct A (vergl. Fig. 20) zur Ecke haben, eine von dem Sechsecke $BDCGEF$ begrenzte Union**), die sich durch den Zusatz der Dreiecke EDB und DEG in eine Binion mit den Grenzen BEF und DCG verwandelt. Auf eine Binion mit denselben zwei Grenzen reduciren sich aber (vergl. Fig. 21) auch die

*) Dieses und das folgende Polyëder zweiter Classe, desgleichen dasjenige einseitige Trigonalpolyëder, dessen Construction Möbius in §. 8 der Polyëdertheorie (vergl. p. 482 des vorliegenden Bandes) gezeigt hat, und das ihm polar entsprechende sind von mir modellirt, und die Modelle der Sammlung des mathematischen Instituts der Universität Leipzig einverleibt worden. (Vergl. meine Note *Zu Möbius' Polyëdertheorie* in den Berichten der K. sächs. Ges. d. Wissensch. vom 2. März 1885.) R.

**) Die Fig. 20 und 21, sowie die folgenden Figuren, sind als schematische Abbildungen aufzufassen, bei denen nur der Zusammenhang der Flächen, nicht die Massverhältnisse derselben zur Darstellung gekommen sind.

noch übrigen sechs Dreiecke BCE, FEC, CDF, GFD, FGB, CBG; folglich u. s. w.

3) Bei dieser Gelegenheit gestatte ich mir noch die Construction eines ebenfalls zur zweiten Classe gehörigen Trigonalpolyëders zu zeigen, welches 12 Ecken, 24 Flächen und 36 Kanten besitzt und welches für Tonkünstler einiges Interesse hat, indem man seine Ecken den zwölf Tönen der chromatischen Tonleiter, seine Flächen den zwölf Dur- und zwölf Mollaccorden und seine Kanten den in diesen Accorden liegenden Intervallen einer grossen Terz, einer kleinen Terz und einer reinen Quinte entsprechend setzen kann*).

Nachstehendes Schema, in welchem C, D, E, F, G, A, H die Töne der Durtonleiter von C, und $C^\sharp$, $D^\sharp$, $F^\sharp$, $G^\sharp$, B die zwischen C und D, zwischen D und E, zwischen F und G, zwischen G und A, zwischen A und H fallenden halben Töne bezeichnen, wird dieses deutlich machen:

<table>
<tr><td></td><td>C</td><td></td><td>E</td><td></td><td>G♯</td><td></td><td>C</td></tr>
<tr><td>D♯</td><td></td><td>G</td><td></td><td>H</td><td></td><td>D♯</td><td></td></tr>
<tr><td></td><td>B</td><td></td><td>D</td><td></td><td>F♯</td><td></td><td>B</td></tr>
<tr><td>C♯</td><td></td><td>F</td><td></td><td>A</td><td></td><td>C♯</td><td></td></tr>
<tr><td></td><td>G♯</td><td></td><td>C</td><td></td><td>E</td><td></td><td>G♯</td></tr>
</table>

Die vier Töne jeder der fünf Horizontalreihen dieses Schemas, wie C, E, $G^\sharp$, C (oder vielmehr die nächsthöhere Octave des letzteren C), schreiten in grossen Terzen fort; die Töne der schrägen Reihe E, G, B, $C^\sharp$ und der ihr parallelen Reihen in kleinen Terzen; die Töne der schrägen Reihe C, G, D, A, E und der ihr parallelen Reihen in Quinten. Je drei in einem Dreieck einander zunächst stehende Töne bilden daher einen Accord, und zwar einen Duraccord, wenn die Spitze des Dreiecks nach unten liegt, wie CEG, $EG^\sharp H$, GHD, u. s. w.; einen Mollaccord aber, wenn die Spitze nach oben gerichtet ist, wie $CD^\sharp G$, EGH, GBD, u. s. w.

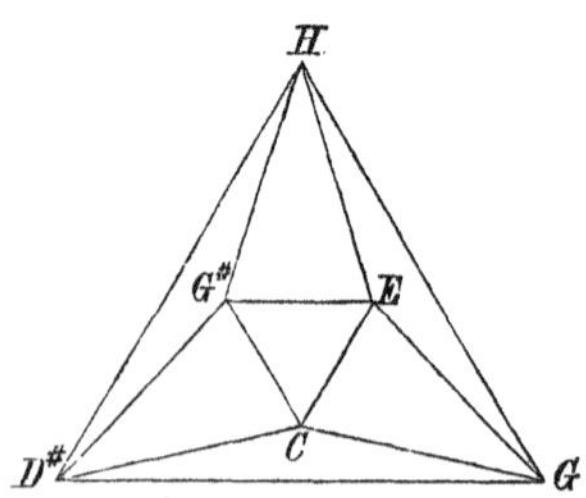

Fig. 22.

Alle diese Dreiecke lassen sich aber nach der Verbindung, in welcher sie zufolge des Schemas mit einander stehen, zu einem Polyëder der zweiten Classe zusammensetzen. Denn erstens bilden (vgl. Fig. 22) die sechs Dreiecke zwischen je zwei nächstfolgenden Horizontalreihen eine Binion, z. B. die sechs Dreiecke $CD^\sharp G$, CEG,

*) In der Preisarbeit trägt dieses Polyëder deshalb den Namen »*Polyèdre des accords musicaux*«.

EGH, $EG^{\#}H$, $G^{\#}HD^{\#}$, $G^{\#}CD^{\#}$ zwischen den zwei ersten dieser Reihen eine Binion, deren zwei Grenzlinien die Dreiecke $CEG^{\#}$ und $D^{\#}GH$ sind. Ebenso wird die Binion der zwischen der zweiten und der dritten Horizontalreihe enthaltenen sechs Dreiecke von den zwei Dreiecken $D^{\#}GH$ und $BDF^{\#}$ begrenzt und hat daher mit der vorigen Binion die Grenzlinie $D^{\#}GH$ gemein. Gleicherweise haben diese zweite Binion und die nächstfolgende dritte, die dritte und die vierte, die vierte und wiederum die erste resp. die Dreiecke $BDF^{\#}$, $C^{\#}FA$, $G^{\#}CE$ zu gemeinsamen Grenzlinien. Sämmtliche vier Binionen bilden daher zufolge der Formel

$$(ab) + (bc) + (cd) + (da) = (ab) + (ba)$$

ein ringförmiges Polyëder, d. i. ein Polyëder der zweiten Classe.

Uebrigens kann man dieses Polyëder auch als ein System von vier trigonalen, obwohl nicht regulären Oktaëdern betrachten, von denen jedes zwei seiner Flächen, welche einander gegenüberliegen, mit zweien der jedesmal drei übrigen gemein hat. Es erhellt dieses sogleich daraus, dass jede der obigen vier Binionen durch den Zusatz der zwei Dreiecksflächen, welche die zwei Grenzlinien der Binion ausfüllen, ein Oktaëder wird, bei welchem die zwei zugesetzten Flächen einander gegenüberliegen.«

§. 17. [Preisarbeit §. 62.] »Um auch ein Beispiel eines Polyëders einer höheren Classe, als der zweiten, zu geben, will ich eines der vier regulären, aber aussergewöhnlichen Polyëder in Untersuchung nehmen, welche *Poinsot* den fünf regulären Polyëdern des Euclides hinzugefügt hat. Zwei dieser vier neuen Polyëder, das erste und das dritte nach der Ordnung, in welcher sie von Poinsot in seinem *Mémoire sur les polygones et les polyèdres* (*Journal de l'école polytechnique*, *Cahier* X) aufgeführt sind, haben dieselbe Structur, wie resp. das Ikosaëder und das Dodekaëder des Euclides, und gehören daher gleich letzteren zur ersten Classe. Von ganz anderer, jedoch unter sich gleicher Structur sind das zweite und das vierte, indem jedes derselben von 12 regulären Fünfecken, das zweite von 12 gewöhnlichen, das vierte von 12 sternförmigen, umschlossen ist, welche in 12 Ecken, und zwar zu je 5 in einer, zusammenstossen. Jedes dieser zwei Polyëder hat daher ebenso, wie jedes der beiden ersteren, $\frac{5\,.\,12}{2} = 30$ Kanten und gehört mithin zur $[\frac{1}{2}(30 - 12 - 12) + 2]^{\text{ten}}$ = fünften Classe.

Von diesen zwei Polyëdern, welche Dodekaëder sind, wird das von 12 gewöhnlichen Fünfecken begrenzte mit Hülfe eines Ikosaëders des Euclides construirt, indem man die einer Ecke desselben zunächst liegenden fünf Ecken in ihrer Aufeinanderfolge zu den Ecken eines Fünfecks des neuen Dodekaëders nimmt. Ist daher F (vergl. Fig. 23) eine Ecke des Ikosaëders, sind A, B, C, D, E die der Ecke F nächsten Ecken in ihrer Folge, und F', A', ..., E' die den Ecken F, A, ..., E gegenüberliegenden Ecken, so sind, wie man leicht aus der beigezeichneten Figur erkennt, die Ausdrücke der um F, A, ..., E zu construirenden Fünfecke des neuen Dodekaëders:

$$ABCDE = \zeta\,, \qquad BFEC'D' = \alpha\,, \qquad CFAD'E' = \beta\,,$$
$$DFBE'A' = \gamma\,, \qquad EFCA'B' = \delta\,, \qquad AFDB'C' = \varepsilon\,.$$

Die Ausdrücke der sechs übrigen Fünfecke des Dodekaëders ergeben sich hieraus durch Verwandlung der accentuirten Buchstaben in

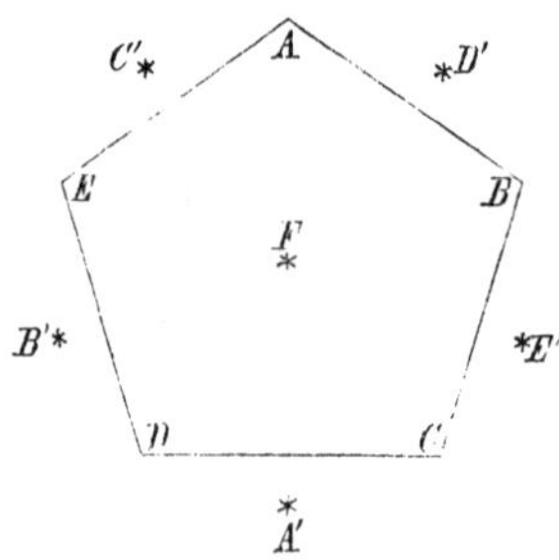

Fig. 23.

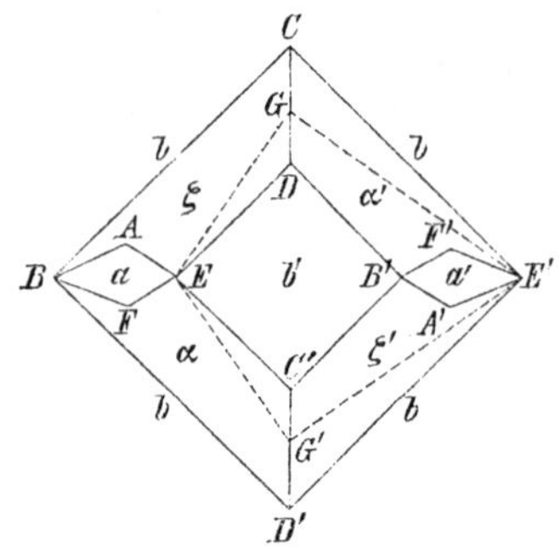

Fig. 24.

nicht accentuirte und umgekehrt und sind daher, wenn wir sie ebenso, wie die sechs ersten, und in Vereinigung mit denselben nach dem Gesetz der Kanten schreiben:

$$E'D'C'B'A' = \zeta'\,, \qquad DCE'F'B' = \alpha'\,, \qquad EDA'F'C' = \beta'\,,$$
$$AEB'F'D' = \gamma'\,, \qquad BAC'F'E' = \delta'\,, \qquad CBD'F'A' = \varepsilon'\,.$$

Die griechischen Buchstaben, mit denen diese 12 Fünfecke bezeichnet werden, entsprechen den lateinischen Benennungen der Ecken, um welche die 12 Fünfecke beschrieben sind; und ich setze nur noch hinzu, dass durch dieses System von Ausdrücken die Structur nicht nur des von gewöhnlichen, sondern auch des von sternförmigen Fünfecken gebildeten Dodekaëders, des vierten Poinsotschen Polyëders, dargestellt wird.

Von dem ersteren Dodekaëder, welches zufolge der Zahlen seiner Flächen, Ecken und Kanten, wie wir bereits sahen, zur fünften Classe gehört, wollen wir jetzt diese seine Classenzahl durch Zerlegung seiner Oberfläche in zwei Grundformen zu bestimmen suchen.

Man bemerke deshalb zuerst, dass die zwei Fünfecke ζ und α die zwei nicht auf einander folgenden Ecken B und E gemein haben (vergl. Fig. 24) und daher eine von dem Viereck

$$ABFE = a$$

und dem Sechseck $BCDEC'D'$ begrenzte Binion bilden. Ebenso machen die zwei Fünfecke ζ' und α' eine Binion aus, welche das Viereck

$$A'B'F'E' = a'$$

und das Sechseck $B'C'D'E'CD$ zu Grenzen hat. Die zwei Binionen haben aber die Kanten CD und $C'D'$ gemein und bilden somit eine von den vier Vierecken a, a',

$$b = BCE'D' \quad \text{und} \quad b' = B'C'ED$$

begrenzte Quaternion $(aa'bb')$.

Auf gleiche Weise lassen sich aber auch die acht noch übrigen Fünfecke zu Quaternionen zusammensetzen. Denn an die Seiten

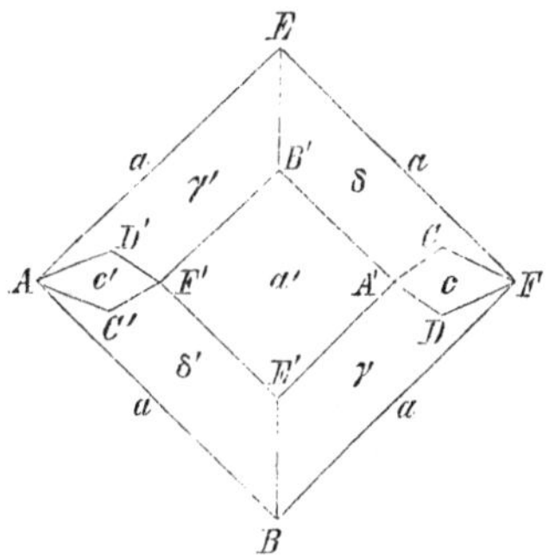

Fig. 25.

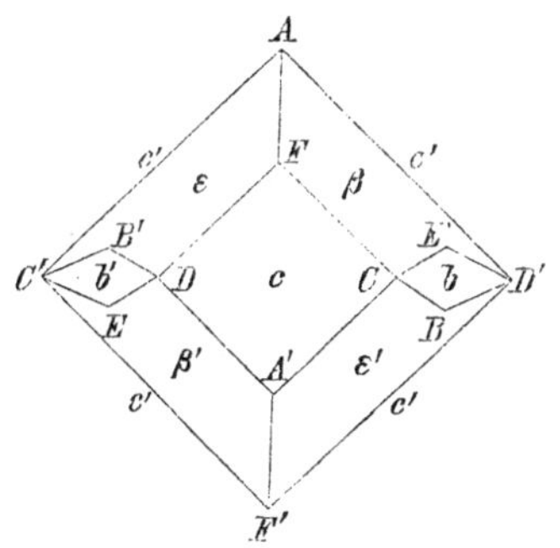

Fig. 26.

AB, BF, FE, EA des Vierecks a (vergl. Fig. 24) grenzen die Fünfecke δ', γ, δ, γ' und constituiren (vergl. Fig. 25) eine von den vier Vierecken a, a', $c = A'DFC$, $c' = AD'F'C'$ begrenzte Quaternion $(aa'cc')$. Die dann noch rückständigen vier Fünfecke β, ε, β', ε' bilden (vergl. Fig. 26) eine von den vier Vierecken b, b', c, c' umschlossene Quaternion $(bb'cc')$.

Die Oberfläche des Dodekaëders wird demnach durch die Perimeter der sechs Vierecke a, a', ..., c' in die drei Quaternionen

$$(aa'bb') \ , \qquad (aa'cc') \ , \qquad (bb'cc')$$

zerlegt, von denen

$$(aa'bb') = \zeta + \alpha + \zeta' + \alpha' \ ,$$
$$(aa'cc') = \delta' + \gamma + \delta + \gamma' \ ,$$
$$(bb'cc') = \beta + \varepsilon + \beta' + \varepsilon'$$

ist.

Sind endlich G und G' zwei beliebige Puncte der Kanten CD und $C'D'$, so wird durch den Perimeter g des Vierecks $EGE'G'$ (vergl. Fig. 24, die punctirte Linie) die Quaternion $(aa'bb')$ in die zwei Ternionen (abg) und $(a'b'g)$ getheilt, und die Oberfläche des Dodekaëders wird (Elementarverw. §. 13)

$$= (abg) + (aa'cc') + (a'b'g) + (bb'cc') = (a'bcc'g) + (a'bcc'g) \;,$$

d. h. sie lässt sich, wie zu zeigen war, durch fünf geschlossene Linien (Perimeter von fünf Vierecken) in zwei Grundformen der fünften Classe oder Quinionen zerlegen.

Die eine dieser Quinionen umfasst die Quaternion $(aa'cc')$ und die Ternion (abg), d. i. die vier Fünfecke γ, δ, γ', δ' und von den vier Fünfecken α, ζ, α', ζ' die Theile $D'BFEG'$, $EABCG$, $CE'G$, $E'D'G'$; die andere Quinion ist aus der Quaternion $(bb'cc')$ und der Ternion $(a'b'g)$, d. i. aus β, ε, β', ε' und den noch übrigen Theilen $EC'G'$, DEG, $E'F'B'DG$, $C'B'A'E'G'$ von α, ζ, α', ζ' zusammengesetzt.«

§. 18. Wie schon erwähnt, gehören von den vier Poinsot'schen Polyëdern das erste und das dritte zu den Polyëdern erster Classe, die wir auch als kugelartige Polyëder bezeichnet haben (§. 3). Wenn man aber von ihrem Centrum aus sämmtliche Puncte ihrer Oberfläche auf die umgeschriebene Kugel projicirt, so überdecken nach Poinsot die Projectionen die Kugelfläche mehr als einmal, im Gegensatz zu den regulären Polyëdern des Euclides, deren Projectionen die Kugel nur einmal umziehen.

[D_9 p. 238.] »Ebenso aber, wie ein kugelartiges Polyëder, also auch eine kugelartige Fläche überhaupt, eine Kugelfläche mehrmals bedecken kann, ebenso lassen sich analoge Gestalten auch unter den Polyëdern höherer Classe denken. Von einer in einer Ebene ε enthaltenen und in sich zurücklaufenden Linie φ, welche sich nicht selbst schneidet, wird eine Fläche zweiter Classe (eine gewöhnliche Ringfläche) erzeugt, wenn die Ebene ε um eine in ihr gezogene (die φ nicht schneidende) Gerade l einmal herumgedreht wird. Dabei kann die Gestalt von φ während der Drehung beliebig veränderlich sein, dafern nur ihre anfängliche Gestalt mit der am Ende einer vollen Umdrehung coïncidirt. Es ist aber auch denkbar, dass diese Coïncidenz erst dann eintritt, nachdem ε um l zweimal oder dreimal u. s. w. ganz herumgedreht worden. Die von φ erzeugte Fläche wird nichts desto weniger zur zweiten Classe gehören. In der That, bezeichnet man die anfängliche Gestalt und

Lage von φ mit φ_0, die Gestalt und Lage von φ nach der ersten, zweiten, ..., $(n-1)^{\text{ten}}$, n^{ten} Umdrehung von ε mit φ_1, φ_2, ..., φ_{n-1}, φ_n, so sind die durch diese Umdrehungen erzeugten cylindrischen Flächen:

$$\varphi_0\varphi_1\,,\quad \varphi_1\varphi_2\,,\quad \ldots\ldots,\quad \varphi_{n-2}\varphi_{n-1}\,,\quad \varphi_{n-1}\varphi_n\,.$$

Die durch alle n Umdrehungen erzeugte Fläche Φ ist daher

$$\begin{aligned}\Phi &= \varphi_0\varphi_1 + \varphi_1\varphi_2 + \cdots + \varphi_{n-2}\varphi_{n-1} + \varphi_{n-1}\varphi_n\\ &= \varphi_0\varphi_{n-1} + \varphi_{n-1}\varphi_n\,,\end{aligned}$$

und dieses

$$= \varphi_0\varphi_{n-1} + \varphi_{n-1}\varphi_0\,,$$

wenn φ_n mit φ_0 zusammenfällt. Letztere Formel drückt aber eine Fläche zweiter Classe aus.«

II. Theorie der symmetrischen Figuren.

Vorbemerkung.

Am 14. Juli 1849 hielt Möbius vor der mathematisch-physischen Classe der Gesellschaft der Wissenschaften zu Leipzig einen Vortrag, auf Grund dessen die in dem vorliegenden Bande p. 349 ff. wieder abgedruckte Abhandlung »*Ueber das Gesetz der Symmetrie der Krystalle und die Anwendung dieses Gesetzes auf die Eintheilung der Krystalle in Systeme*« in den Berichten der Gesellschaft erschien. Das Concept zu diesem Vortrag hat sich in dem wissenschaftlichen Nachlass Möbius' wieder vorgefunden. Er bemerkte darin, dass »er sich schon seit lange vorgenommen habe, sich mit dem Studium der Gesetze zu beschäftigen, nach denen die Krystalle gebildet sind, als diejenigen Naturkörper, bei welchen die Elementarformen der Geometrie am reinsten zur Anschauung kommen«. Auch in diese Arbeiten Möbius' gewähren die in der Vorbemerkung zu der vorhergehenden Mittheilung schon erwähnten wissenschaftlichen Tagebücher klaren Einblick. Er begann seine Untersuchungen im Sommer des Jahres 1848 mit dem Studium von *Miller's Crystallographie*, aus dem noch in demselben Jahre die Grundzüge seiner Theorie der symmetrischen Figuren hervorwuchsen (vergl. D_7 p. 111—127). So hat er sich insbesondere der Methode der geometrischen Gleichungen und der Zerlegung derselben in Cykeln (oder Perioden, wie er sich anfangs und noch 1851 ausdrückte) schon im Jahre 1848 bedient. Während Möbius' Interesse anfänglich darauf gerichtet war, auf Grund der symmetrischen Eigenschaften der Krystalle eine wissenschaftlich berechtigte Classification der Krystallformen aufzustellen, so widmete er seit dem Jahre 1850 seine Untersuchungen der Symmetrie geometrischer Figuren überhaupt, wobei er durch *Bravais'* Forschungen, wie er hervorhebt, angeregt und unterstützt wurde. In Bezug auf die Quelle der Resultate, hinsichtlich der *Definition* der Symmetrie, weicht jedoch Möbius wesentlich von dem französischen Mathematiker ab. Bravais unterscheidet von Anfang an drei verschiedene Arten von Symmetrie, diejenige gegen einen Punct, gegen eine Gerade und gegen eine Ebene. Seine Stellung diesen Definitionen gegenüber kennzeichnet Möbius selbst in dem im Concept erhalten gebliebenen Vortrage über symmetrische Figuren, der zu der gleich betitelten Mittheilung in den Berichten*) Veranlassung gab, mit folgenden Worten: »In der That sind Punct, Gerade und Ebene die drei Elemente der Geometrie. Wenn aber nur die Definitionen [der Symmetrie] in Bezug auf sie gleichmässig wären, so dass man aus der einen die andere ableiten könnte! Wahrscheinlich ist es die bei Krystallen sich offenbarende Symmetrie, die Bravais zu seinen Definitionen geführt hat. Ich glaube nicht, dass man der von mir gegebenen Definition von Symmetrie einen ähnlichen Vorwurf wird machen können.« Wie man annehmen darf, hat diese verschiedenartige Auffassung vom Wesen der Symmetrie Möbius veranlasst, in der oben genannten Mittheilung seine Methode der Behandlung der symmetrischen Figuren wenigstens in den Grundzügen zu veröffentlichen, während er sich einen ausführlicheren Bericht für spätere Zeit vorbehielt**). Diese grössere Abhandlung ist jedoch nicht erschienen, und sie ist es gerade, deren Reconstruction hier versucht wird. Möbius hatte in der That seine schon 1851 ausgesprochene Absicht nicht aufgegeben und ist noch in den letzten Jahren seiner wissenschaftlichen Thätigkeit damit beschäftigt gewesen, sein früher gegebenes Versprechen zu erfüllen. Das Material zu der Abhandlung war schon im Mai des Jahres 1852

---

*) Vergl. p. 361 ff. des vorliegenden Bandes. Der im Text erwähnte Vortrag wurde am 22. Februar 1851 vor der Ges. d. Wiss. gehalten.

**) Vergl. p. 372 des vorliegenden Bandes.

vollständig gesammelt; und zwar findet man dasselbe in den beiden Tagebüchern D_7 und D_8, welche aus den Jahren 1847—1855 stammen. Eine erste systematische Bearbeitung seiner hierin niedergelegten Untersuchungen hatte Möbius schon in dem Jahre 1851 begonnen. Sie ist aber unvollendet geblieben und umfasst nur die §§. 1—83 der vorliegenden Abhandlung. Auch die Absicht, welche Möbius gelegentlich in D_8 p. 24 aussprach, seine Definition der Symmetrie für die Theorie der symmetrischen Functionen verwerthen zu wollen, liess er unausgeführt. Es waren geometrische Untersuchungen über Involutionen von Puncten*), die zunächst aus der Beschäftigung mit der Theorie der symmetrischen Figuren entsprangen. Erst im Jahre 1857 kam er auf seinen ursprünglichen Plan wieder zurück und unternahm eine zweite Bearbeitung der »symmetrischen Figuren«, die allem Anscheine nach zum Druck bestimmt war**). Er unterbrach jedoch, als dieses zweite Manuscript am Anfang des Jahres 1858 bis zu §. 34 gediehen war, die Fortsetzung, um sich zum Zwecke der Bewerbung um den grossen mathematischen Preis der Pariser Akademie der Theorie der Polyëder zuzuwenden. Dass Möbius nach Vollendung seiner Preisarbeit, also ungefähr im Jahre 1861, sich wiederum mit den symmetrischen Figuren beschäftigt hat, bezeugen eine Anzahl loser Blätter, deren Notizen die aus den regulären Polyëdern hervorgehenden symmetrischen Punctsysteme betreffen.

Ich habe versucht, die im Vorhergehenden näher bezeichneten Manuscripte in ein Ganzes zu verarbeiten. Hierbei ist für die §§. 1—34 das zweite Manuscript allein massgebend gewesen und nach seinem Wortlaut abgedruckt worden. Von §. 35 bis §. 83 ist an seine Stelle das ältere Manuscript getreten, indem hierbei nur Aenderungen redactioneller Natur, nie solche in der Darstellung vorgenommen worden sind. Der letzte Theil der Abhandlung wurde dem Diarium D_8 und den zuletzt erwähnten losen Blättern entnommen. Dass dabei nicht immer die Einheitlichkeit der Darstellung ge-

---

*) Vergl. p. 219—236 und 373—431 des vorliegenden Bandes.

**) Es finden sich nämlich darin für den Setzer bestimmte Randbemerkungen; auch ist die in dem älteren Manuscript fehlende Paragrapheneintheilung festgestellt

wahrt werden konnte, ist erklärlich und war nicht zu vermeiden, weil mir eine pietätvolle Behandlung der Notizen Möbius', also mehr ein Referat, wie eine Bearbeitung, als das allein Richtige erschien.

Möbius hat sich bei Construction der Figuren fast ausschliesslich der stereographischen Projection bedient. In allen Fällen, wo er selbst die Figuren nicht vollständig gezeichnet, sondern nur angedeutet hat, sind sie von mir nach seinen Skizzen ausgeführt worden.

Dr. Curt Reinhardt.

I. Ausdruck der Gleichheit und Aehnlichkeit zweier Figuren durch eine Gleichung.

§. 1. *Dass in zwei einander gleichen und ähnlichen Figuren den Puncten A, B, C, ... der einen die Puncte N, O, P, ... der anderen Figur entsprechen, dies soll im Folgenden kurz durch*

$$(a) \qquad ABC\ldots = NOP\ldots$$

ausgedrückt werden, oder besser noch — insonderheit wenn die Anzahl der in Betracht kommenden Puncte etwas grösser ist — durch

$$(a^*) \qquad \begin{array}{l} ABCDEF\ldots \\ = NOPQRS\ldots, \end{array}$$

weil man somit die in den zwei Figuren einander entsprechen sollenden Puncte, als welche bei dieser Schreibart über einander stehen, auf den ersten Blick erkennt.

Da die Gleichungen (a) und (a^*) nichts anderes aussagen, als dass in zwei einander gleichen und ähnlichen Figuren die Puncte A und N, B und O, ... einander entsprechen, so kann man die Puncte auf der einen Seite des Gleichheitszeichens auch in jeder anderen Ordnung auf einander folgen lassen, dafern man nur auf gleiche Weise auch die Puncte der anderen Seite versetzt, oder, wie man sich in Bezug auf (a^*) auch noch ausdrücken kann: es kommt bloss darauf an, wie die Puncte der einen Reihe mit den darüber oder darunter stehenden Puncten der anderen zu Paaren verbunden sind; die Aufeinanderfolge dieser Paare selbst aber ist willkürlich, und man kann daher statt (a^*) z. B. auch schreiben:

$$(a^{**}) \qquad \begin{array}{l} CDAFBE\ldots \\ = PQNSOR\ldots \end{array}$$

§. 2. *Eine Formel der Art, wie* (a) *oder* (a^*) *u. s. w., ist mit Ausnahme der einfachsten unter ihnen,* $AB = NO$, *nur ihrer Form, nicht auch ihrer Bedeutung nach, eine Gleichung*, sondern vielmehr als ein Inbegriff mehrerer Gleichungen zu betrachten, indem, nach dem Gesetze der Gleichheit und Aehnlichkeit, jede durch zwei oder mehrere Puncte der einen Figur bestimmte Grösse mit der durch die entsprechenden Puncte der anderen Figur auf gleiche Art bestimmten Grösse gleichen Werth hat. So folgt z. B. aus (a^*) oder (a^{**}), dass die Strecke $AB = NO$, dass der Winkel $DCF = QPS$, dass der Inhalt des Dreiecks ACE gleich dem Inhalte des Dreiecks NPR, dass die vom Puncte A auf die Ebene BCD und von N auf die Ebene OPQ gefällten Perpendikel von gleicher Länge sind, u. s. w.

Aus der Natur der Gleichheit und Aehnlichkeit fliesst ferner, dass je zwei Puncte, welche auf gleiche Weise, der eine aus Puncten der einen, der andere aus den entsprechenden Puncten der anderen Figur abgeleitet werden, einander gleichfalls entsprechen und folglich in der die Gleichheit und Aehnlichkeit ausdrückenden Gleichung an einander entsprechenden Stellen hinzugefügt werden können. Wenn daher in der durch (a^*) ausgedrückten Relation K und X die Mittelpuncte der Strecken AB und NO, L und Y die Fusspuncte der von A auf BC und von N auf OP gefällten Perpendikel, M und Z die Schwerpuncte der Systeme A, B, C, D und N, O, P, Q bezeichnen, so wird auch noch

$$ABCDE\ldots KLM$$
$$= NOPQR\ldots XYZ$$

sein.

§. 3. Aus demselben Princip können wir noch schliessen, *dass, wenn in (a^*) die Puncte der einen Figur in einer Ebene, und damit auch die Puncte der anderen in einer solchen liegen, dass alsdann, jenachdem zwei Dreiecke ABC und DEF der einen Figur einerlei Sinn haben, oder nicht, auch die entsprechenden Dreiecke NOP und QRS der anderen gleichsinnig sind, oder nicht.* Wenn daher beide Figuren in einer und derselben Ebene enthalten sind, so werden, jenachdem zwei sich entsprechende Dreiecke ABC und NOP der beiden Figuren gleichsinnig sind, oder nicht, das Erstere oder das Letztere auch je zwei andere sich entsprechende Dreiecke sein. Wir werden dann die zwei Figuren selbst im ersteren Falle gleichsinnig, im letzteren ungleichsinnig nennen.

Analoges findet bei räumlichen Figuren statt. — Zwei Tetraëder $ABCD$ und $NOPQ$ sind gleichsinnig, wenn, von den in ihren Ausdrücken zuerst gesetzten Puncten A und N aus betrachtet, die ihnen gegenüberliegenden Dreiecke BCD und OPQ einerlei Sinn habend erscheinen. Jenachdem nun, wenn die zwei Figuren in (a^*)

räumlich sind, zwei einander entsprechende Tetraëder, wie $ABCD$ und $NOPQ$, einerlei oder entgegengesetzten Sinnes sind, werden resp. das Eine oder das Andere auch je zwei der übrigen sich entsprechenden Tetraëder, und damit die ganzen Figuren sein.

Sind zwei einander gleiche und ähnliche Figuren (a^*) in einer und derselben Kugelfläche begriffen, — ein Fall, der im Folgenden besonders oft in Betracht kommen wird, — so sind, jenachdem zwei sich entsprechende sphärische Dreiecke, wie ABC und NOP, einerlei Sinnes sind, oder nicht, von resp. derselben Beschaffenheit auch jedes andere Paar sich entsprechender Dreiecke, und damit auch die zwei sphärischen Figuren selbst. Dies erhellt sogleich aus dem vorhin über räumliche Figuren Bemerkten, wenn man erwägt, dass bei den zwei sphärischen Figuren der Mittelpunct der Kugel, welcher M heisse, als Punct der einen Figur, in der anderen sich selbst zum entsprechenden hat, und dass zwei sphärische Dreiecke ABC und NOP dann und nur dann einerlei Sinn haben, wenn die Tetraëder $\mathsf{M}ABC$ und $\mathsf{M}NOP$ einerlei Sinnes sind.

Uebrigens wollen wir im Folgenden, wenn bei Gleichungen, wie (a^*) der Sinn zugleich mit berücksichtigt werden soll, der einen Seite das Zeichen $+$ oder $-$ vorsetzen, also

$$\begin{matrix} ABC\ldots \\ =+NOP\ldots \end{matrix} \quad \text{oder} \quad \begin{matrix} ABC\ldots \\ =-NOP\ldots \end{matrix}$$

schreiben, jenachdem die zwei Figuren der Gleichung gleich- oder ungleichsinnig sind.

§. 4. Zwei ebene einander gleiche und ähnliche Figuren $ABCD\ldots$ und $NOPQ\ldots$ können immer in eine solche Lage gebracht werden, bei welcher A und N, B und O, C und P zusammenfallen, und es werden dann auch die übrigen Paare sich entsprechender Puncte D und Q, E und R, ... congruiren. Sind aber die zwei Figuren in einer und derselben Ebene enthalten und nur in ihr beweglich, so kann die Congruenz der Dreiecke ABC und NOP und damit der ganzen Figuren nur dann bewerkstelligt werden, wenn erstere Dreiecke und somit die ganzen Figuren selbst gleichen Sinn haben.

Sind die beiden einander gleichen und ähnlichen Figuren $ABC\ldots$ und $NOP\ldots$ räumliche Figuren und haben sie einerlei Sinn, so können durch Fortbewegung der einen Figur die sämmtlichen Puncte derselben mit den entsprechenden Puncten der anderen zur Coïncidenz gebracht werden. Dies ist aber nicht mehr möglich, wenn die beiden Figuren ungleichsinnig sind, indem die Fortbewegung der einen Figur immer nur im Raume von drei Dimensionen selbst, in welchem beide enthalten sind, geschehen kann, analog demjenigen aber, was hinsichtlich zweier Figuren in der Ebene bemerkt worden, gegenwärtig die eine Figur durch einen Raum von mehr Dimensionen bewegt werden müsste, um mit der anderen zusammenzufallen.

Sind endlich $ABC\ldots$ und $NOP\ldots$ zwei einander gleiche und ähnliche Figuren, welche in einer Kugelfläche mit dem Mittelpunct M liegen, so sind dieselben gleichsinnig, oder nicht, jenachdem die einander entsprechenden gleichen und ähnlichen Tetraëder $\mathsf{M}ABC$ und $\mathsf{M}NOP$ gleichsinnig sind, oder nicht. Nach dem Vorhergehenden können dieselben aber nur im ersteren Falle zur Coïncidenz gebracht werden; folglich können auch zwei gleiche und ähnliche sphärische Figuren nur dann, und zwar durch blosse Verschiebung in der Kugelfläche, zur Deckung gebracht werden, wenn sie gleichsinnig sind.

II. Von den die Symmetrie einer Figur ausdrückenden Gleichungen und deren Cykeln.

§. 5. *Eine Figur nennen wir symmetrisch, wenn sie sich selbst auf mehr als eine Art gleich und ähnlich ist.* Sind z. B. AB und AC die zwei Schenkel eines gleichschenkligen Dreiecks, so kann man dasselbe nicht nur dergestalt sich selbst gleich und ähnlich setzen, dass man A dem A, B dem B und C dem C entsprechen lässt, sondern auch also, dass A dem A, B dem C und C dem B entspricht; oder kürzer: es ist ABC nicht nur gleich ABC, sondern auch gleich ACB. Ebenso ist ein gleichseitiges Dreieck ABC nicht nur gleich ABC, sondern auch gleich

$$BCA = CAB = CBA = ACB = BAC\ ,$$

und daher auf sechs verschiedene Arten sich selbst gleich und ähnlich. Ein gleichschenkliges Dreieck ist daher eine symmetrische Figur, und in noch höherem Grade ist es ein gleichseitiges Dreieck; dagegen ist ein ungleichseitiges nicht symmetrisch, indem ein solches nur auf eine Art sich selbst gleich und ähnlich ist.

Die Symmetrie einer Figur kann man hiernach auch als darin bestehend erklären, dass die in einer beliebigen Folge genommenen Puncte der Figur denselben in einer oder auch mehreren anderen Folgen genommenen Puncten nach dem Gesetze der Gleichheit und Aehnlichkeit entsprechen, und es wird sich mithin die Symmetrie stets durch eine oder auch mehrere der im Vorigen erörterten Gleichungen ausdrücken lassen, — durch Gleichungen, in welchen auf beiden Seiten sich dieselben Puncte, nur verschieden geordnet, befinden, auf jeder Seite für sich aber jeder Punct nur einmal vorkommt, z. B.

$$ABCDEFG$$
$$= FGBCEAD\ .$$

Jede Gleichung dieser Art drückt daher eine symmetrische Figur aus, und unsere Hauptaufgabe wird die Bestimmung der Gestalt sein, welche der Figur in Folge einer solchen Gleichung zwischen ihren Puncten zukommt.

§. 6. Einen besonderen Nutzen gewährt bei dieser Untersuchung der Schwerpunct der in der Gleichung enthaltenen Puncte. Da nämlich die Puncte auf der einen Seite der Gleichung dieselben, wie auf der anderen, sind, so haben beide Seiten einerlei Schwerpunct. *Der Schwerpunct einer symmetrischen Figur entspricht folglich sich selbst* (§. 2), und wenn wir ihn, wie im Folgenden immer geschehen wird, mit O bezeichnen, so können wir die vorige Gleichung auch schreiben:

$$OABCDEFG$$
$$= OFGBCEAD\ .$$

Zugleich erkennen wir hieraus, *dass je zwei einander entsprechende Puncte der Gleichung vom Schwerpuncte O gleichweit entfernt sind,* indem (§. 2)

$$OA = OF\ , \quad OB = OG\ , \quad OD = OC\ ,$$
$$OE = OE\ , \quad OF = OA\ , \quad OG = OD$$

ist.

Nächstdem aber folgt aus diesen sieben Gleichungen, dass die vier Puncte B, G, C, D in unter sich gleichen Entfernungen von O abliegen, und dass A und F ebenfalls gleich weit in einer von der vorigen unabhängigen Entfernung von O sind, während der sich selbst entsprechende Punct E in noch einem anderen Abstande von O liegen kann.

§. 7. Für unsere weitere Untersuchung wird es jedenfalls Vortheil bringend sein, die an sich willkürliche Aufeinanderfolge der die Gleichung bildenden Paare unter einander stehender Puncte also zu bestimmen, dass man die einzelnen Gruppen gleich weit vom Schwerpuncte der Figur abstehender Puncte unmittelbar aus der Gleichung erkennen kann.

Zu dem Ende wollen wir, von einem beliebigen Paare, etwa dem Paare $\binom{B}{G}$ in voriger Gleichung ausgehend, zunächst dasjenige Paar $\binom{G}{D}$ folgen lassen, dessen oberer Punct einerlei mit dem unteren des ersten ist; ebenso auf das zweite als drittes dasjenige Paar $\binom{D}{C}$, dessen oberer Punct mit dem unteren des zweiten identisch ist; u. s. w. Dieses wird immer möglich sein, weil jeder Punct der Gleichung einmal in der oberen und einmal in der unteren Reihe der Gleichung sich findet; aber eben deshalb wird man zuletzt auf ein Paar $\binom{C}{B}$ kommen, dessen unterer Punct einerlei mit dem oberen des ersten Paares ist, und auf welches der angegebenen Regel gemäss wieder das erste folgen würde. Wir wollen daher die bis dahin zusammengestellte Reihe von Paaren einen Cykel, die einzelnen Paare selbst Glieder des Cykels, und hiernach den Cykel zweigliedrig, dreigliedrig, u. s. w., oder auch wohl eingliedrig nennen, letzteres nämlich in dem Falle, wenn die zwei Puncte des zum Ausgange gewählten Paares zwei identische sind.

Weil jeder Punct des erhaltenen Cykels zweimal darin vorkommt, so werden die noch übrigen Paare der Gleichung, wenn anders noch solche vorhanden sind, aus Puncten bestehen, die sämmtlich von denen jenes Cykels verschieden sind. Man wird folglich, von einem beliebigen der noch übrigen Paare ausgehend, auf gleiche Weise einen zweiten Cykel bilden können, ebenso aus den alsdann noch übrigen einen dritten Cykel, u. s. w., bis die Gleichung erschöpft ist.

Die in §. 5 aufgestellte Gleichung wird hiernach, cyklisch geordnet, folgende Gestalt haben:

$$\begin{aligned} &BGDCAFE \\ =\ &GDCBFAE\ , \end{aligned}$$

und daher aus einem viergliedrigen, einem zweigliedrigen und einem eingliedrigen Cykel bestehen.

Denkt man sich nun noch jeder der beiden Seiten der Gleichung, wie in §. 6, den Schwerpunct O vorgeschrieben, so erhellt, *dass alle zu einem und demselben Cykel der Gleichung gehörigen Puncte vom Schwerpuncte gleich weit entfernt liegen*, und wir somit unsere Absicht erreicht haben.

III. Construction einer nur aus einem Cykel bestehenden Gleichung.

§. 8. Eine Gleichung, deren Cykel eingliedrig ist, wie $A = A$, ist eine identische. Ebenso ist eine Gleichung mit einem zweigliedrigen Cykel, wie $AB = BA$, als eine identische zu betrachten, da sie bei jeder Lage ihrer zwei Puncte erfüllt wird. Aus einer Gleichung, deren Cykel ein dreigliedriger ist, wie

$$ABC = BCA \ ,$$

folgt

$$AB = BC = CA \ ,$$

und es sind folglich die drei Puncte einer solchen Gleichung die Ecken eines gleichseitigen Dreiecks. Sie können daher nicht in einer Geraden enthalten sein, — wir müssten sie denn in einem Puncte zusammenfallend annehmen. *Dergleichen Coïncidenzen sollen aber gegenwärtig und so auch im Folgenden stets ausgeschlossen bleiben, und nur solche Constructionen zugelassen werden, bei denen alle in der Gleichung verschieden bezeichneten Puncte auch verschiedene Oerter im Raume einnehmen*, indem bei coïncidirenden Puncten von symmetrischer Lage derselben nicht weiter die Rede sein kann.

Dieses festgesetzt, können eben so wenig, wie eine Gleichung mit einem dreigliedrigen Cykel, auch solche mit einem vier- oder mehrgliedrigen in einer Geraden construirt werden, wie sogleich daraus erhellt, dass alsdann auch der Schwerpunct der Figur in der Geraden liegen würde, und dass alle Puncte des Cykels von diesem gleich weit entfernt sind. Um daher eine Gleichung in einer Geraden construiren zu können, müssen alle Cykel derselben zweigliedrig sein, bis auf einen, welcher auch eingliedrig sein kann und dann den Schwerpunct der Figur enthält. *Es bleibt uns daher noch zu untersuchen übrig, ob und wie eine von einem vier- oder mehrgliedrigen Cykel gebildete Gleichung, sei es in der Ebene, oder im Raume, zu construiren ist.*

§. 9. Sei n die Gliederzahl des Cykels, $A, B, C, D, \ldots, M, N$ seine n Puncte der Reihe nach, und daher mit Zufügung des Schwerpunctes O derselben die zu construirende Gleichung

$$(\alpha) \qquad \begin{aligned} &OABC\ldots MN \\ &= OBCD\ldots NA \ . \end{aligned}$$

Soll nun die Construction zuerst in einer Ebene ausgeführt werden, so nehme man in dieser die Puncte O und A willkürlich und beschreibe in ihr um O als Mittelpunct mit OA als Halbmesser eine Kreislinie, als in welcher nächst A auch B, C, ..., N liegen müssen, und dieses, wie die Gleichung besagt, also, dass die Strecke

$$AB = BC = CD = \ldots = MN = NA \ .$$

Von den n gleichnamigen und ebenfalls unter sich gleichen Kreisbögen müssen aber je zwei nächstfolgende, und somit überhaupt alle, einerlei Sinn haben, weil, wenn z. B. die Bögen AB und BC entgegengesetzten Sinnes wären, C mit A coïncidiren würde. Es muss folglich jeder der n Bögen der n^{te} Theil von 360°, oder auch von $m \,.\, 360^\circ$ sein, wo m irgend eine positive ganze Zahl bezeichnet, welche mit n keinen Factor gemein hat, indem, wenn p der grösste gemeinschaftliche Factor von n und m wäre, je p der n Puncte zusammenfallen würden.

Die der Gleichung (α) *genügende ebene Figur ist demnach ein reguläres n-Eck* $AB \ldots N$, dessen Centriwinkel nicht nur $= 360^\circ : n$, $= \omega$, sondern auch $= 2\omega$, 3ω, ..., $(n-1)\omega$ unter der bemerkten Beschränkung sein kann. — Auch ist, übereinstimmend mit der Gleichung, der Mittelpunct des Vielecks der Schwerpunct seiner Ecken; und man bemerke nur noch, dass bei dieser Construction die zwei in (α) einander gleichgesetzten Figuren auch einerlei Sinnes sind.

§. 10. *Versuchen wir jetzt die Gleichung* (α) *unter der Voraussetzung zu construiren, dass ihre Puncte* A, B, ..., N *nicht in einer Ebene liegen.* Sie sind alsdann in einer Kugelfläche enthalten, deren Mittelpunct O ist.

Zuerst sieht man leicht, dass die drei Puncte A, B, C nicht in einem Hauptkreise der Kugel liegen können. Denn weil der Gleichung zufolge

$$ABC = BCD = CDE = \ldots .$$

ist, so würden dann auch B, C, D in einem Hauptkreise liegen, desgleichen auch C, D, E, u. s. w., mithin würden alle Puncte in einem Hauptkreise und daher in einer Ebene liegen, — was gegen die Voraussetzung ist. Die drei Puncte A, B, C müssen demnach Puncte eines kleineren Kugelkreises sein.

In diesem kleineren Kreise kann aber nicht auch D liegen. Denn lägen A, B, C, D in einem solchen, so würde — wegen der Gleichheit und Aehnlichkeit der Figuren $ABCD$ und $BCDE$, und weil durch die drei Puncte B, C, D der kleinere Kreis schon bestimmt ist, — in ihm noch E, wegen $BCDE = CDEF$ noch F,

u. s. w. liegen, und es würden somit alle n Puncte A, B, ..., N in einem kleineren Kreise, also wiederum in einer Ebene, begriffen sein; auch ist dieses schon deshalb unstatthaft, weil von Puncten eines kleineren Kreises der Mittelpunct O der Kugel nicht der Schwerpunct sein kann.

Daraus, dass A, B, C, D nicht in einem Kreise liegen, folgt weiter, dass die zwei einander gleichen und ähnlichen sphärischen Dreiecke ABC und BCD verschiedenen Sinnes sind. Denn wäre das Dreieck

$$ABC = + BCD$$

(§. 3), so könnte wegen der Gleichheit der Seiten AB, BC, CD und wegen der Gleichheit und Gleichsinnigkeit der Winkel ABC und BCD durch A, B, C, D offenbar ein Kreis beschrieben werden.

Wenn daher die Puncte A, B, ..., N nicht in einer Ebene liegen und dennoch die Gleichung (α) befriedigen sollen, so müssen wir das Dreieck

$$ABC = - BCD$$

setzen. Alsdann ist aber nach (α) auch

$$BCD = - CDE\ ,$$

u. s. w. (§. 3). Je zwei nächstfolgende sphärische Dreiecke der Reihe

$$ABC,\quad BCD,\quad CDE,\quad \ldots.,\quad LMN,\quad MNA,\quad NAB$$

sind mithin entgegengesetzten Sinnes; und da auf das letzte NAB wieder das erste folgt, so muss die Anzahl dieser Dreiecke, also auch die gleich grosse Anzahl n der Puncte A, B, ..., N gerade sein.

Setzen wir daher beispielsweise $n = 8$, so wird die Gleichung (α), indem wir noch ihrer einen Seite, wegen $ABC = - BCD$, das Minuszeichen vorschreiben (§. 3):

$$(\alpha) \qquad \begin{aligned} &ABCDEFGH \\ &= - BCDEFGHA\ . \end{aligned}$$

Es ist aber diese Gleichung identisch mit

$$(\beta) \qquad \begin{aligned} &BCDEFGHA \\ &= - CDEFGHAB\ ; \end{aligned}$$

und aus (α) und (β) folgt

$$\begin{aligned} &ABCDEFGH \\ &= + CDEFGHAB\ , \end{aligned}$$

oder cyklisch geordnet:

$$(\gamma) \qquad \begin{aligned} &ACEGBDFH \\ &= + CEGADFHB\ . \end{aligned}$$

Mithin ist

$$ACE = + CEG \ ,$$

d. h. die zwei sphärischen Dreiecke ACE und CEG sind einander gleich und ähnlich und haben einerlei Sinn, woraus weiter folgt, dass A, C, E, G in einem Kreise k liegen. Sei P (auf der Kugel) der eine Pol dieses Kreises, so entspricht P, als ein Punct der Gleichung (γ), sich selbst, und es ist daher

$$PB = PD = PF = PH \ .$$

Mithin liegen auch B, D, F, H in einem Kreise, von welchem P der eine Pol ist, also in einem Parallelkreise k' mit k, nicht in k selbst, indem sonst alle acht Puncte A, B, ..., H in einer Ebene liegen würden.

Nun entsprechen in (α) den Puncten A, C, E, G die Puncte B, D, F, H, folglich dem Kreise k der Kreis k'. Mithin wird in (α) eine durch den sich selbst entsprechenden Punct O parallel mit einem der Parallelkreise k, k' gelegte Ebene ε sich ebenfalls selbst entsprechen.

Nachdem somit erwiesen ist, dass durch O eine in (α) sich selbst entsprechende Ebene gelegt werden kann, hat die Lösung unserer Aufgabe keine Schwierigkeit mehr. Man fälle nämlich von A, B, ..., H auf ε Perpendikel und nenne A_1, B_1, ..., H_1 die Fusspuncte derselben. Diesen neuen Puncten entsprechen in (α) die Fusspuncte der von B, C, ..., A auf ε gefällten Perpendikel, also B_1, C_1, ..., A_1, und es kommt daher, wenn wir diese Puncte und die Ebene ε als neue Elemente der Gleichung (α) noch zufügen:

$$\begin{aligned} &\varepsilon ABC \ldots GHA_1B_1C_1 \ldots G_1H_1 \\ = -&\varepsilon BCD \ldots HAB_1C_1D_1 \ldots H_1A_1 \ . \end{aligned}$$

Hiernach aber, und weil A_1, B_1, ..., H_1 in einer Ebene ε liegen, ist $A_1B_1 \ldots H_1$ ein reguläres Achteck (§. 9). Denn das vorgesetzte Minuszeichen bezieht sich nur auf körperliche Räume und hat auf die specielle Gleichung

$$A_1B_1 \ldots H_1 = B_1C_1 \ldots A_1 \ ,$$

deren Puncte in einer Ebene begriffen sind, und deren beiden Seiten einerlei Zeichen zukommt (§. 8 zu Ende), keinen Einfluss.

Ferner ist nach obiger Gleichung

$$AA_1 = BB_1 = CC_1 = \ldots = HH_1 \ .$$

Endlich erhellt aus ihr, dass A und B nicht auf einerlei Seite von ε liegen können. Denn wegen der Gleichheit und Aehnlichkeit der Figuren εAB, εBC, εCD, u. s. w. müssten dann auch B und C, C und D, u. s. w., folglich alle acht Puncte A, B, ..., H auf einerlei

Seite von ε liegen, welches nicht möglich ist, weil der Schwerpunct O derselben Puncte in ε enthalten sein soll. Es liegen demnach A und B, folglich auch B und C, C und D, u. s. w. auf verschiedenen Seiten von ε.

Indem man daher ein reguläres Achteck $A_1 B_1 \ldots H_1$ beschreibt, in den Ecken A_1, C_1, E_1, G_1 desselben auf der einen Seite seiner Ebene gleich lange Perpendikel $A_1 A$, ..., $G_1 G$ und in B_1, D_1, F_1, H_1 auf der anderen Seite Perpendikel $B_1 B$, ..., $H_1 H$ von derselben Länge, wie die ersteren, errichtet, wird man ein System nicht in einer Ebene enthaltener und dennoch die Gleichung (α) befriedigender Puncte A, B, ..., H gefunden haben.

Man sieht nun von selbst, wie die Betrachtungen, welche uns zu dieser Construction eines achtgliedrigen Cykels geführt haben, sich verallgemeinern lassen, und man kann somit folgenden Satz aufstellen:

Soll eine Gleichung mit einem n-gliedrigen Cykel, wo $n > 2$, *also construirt werden, dass ihre n Puncte nicht in einer Ebene liegen, so muss n gerade sein. Die n Puncte des Cykels sind alsdann die Endpuncte gleich langer Perpendikel, welche in den auf einander folgenden Ecken eines regulären n-Ecks abwechselnd auf der einen und der anderen Seite seiner Ebene errichtet werden.*

§. 11. Bei der Aufsuchung der eben bemerkten Construction kam es vor Allem darauf an, das Vorhandensein einer in der zu construirenden Gleichung sich selbst entsprechenden Ebene ε darzuthun. Ohne aber die nur für den vorliegenden Fall geeigneten Betrachtungen anzustellen, durch welche wir uns von der Existenz einer solchen Ebene überzeugten, kann man schon a priori leicht einsehen, *dass es, im Allgemeinen wenigstens, bei jedem Systeme von Puncten eine nur auf eine Weise bestimmbare Ebene geben müsse, welche, gleich dem Schwerpuncte, von allen Puncten des Systems auf gleiche Art abhängt, und die daher, wenn das System symmetrisch ist, in der Gleichung für dasselbe sich selbst entspricht.*

Man nenne zu dem Ende bei einem gegebenen Systeme von Puncten die Summe der Quadrate der Abstände der Puncte, sei es von einem gewissen anderen Puncte, oder von einer Geraden, oder von einer gewissen Ebene das Moment des Systems in Bezug auf diesen Punct, Gerade oder Ebene. So wie nun der Schwerpunct O des Systems derjenige Punct ist, für welchen das Moment kleiner ist, wie für jeden anderen Punct, so wird es auch im Allgemeinen unter allen Ebenen eine und nur eine geben, für welche das Moment des Systems ein Minimum ist, und die man daher bei einem symmetrischen Systeme als die sich selbst entsprechende Ebene annehmen kann. Diese eine Ebene wird aber durch O zu legen sein, weil, wenn die Ebene ε' nicht durch O geht, und mit ihr die durch O gehende Ebene ε parallel ist, das Moment für ε' um das Quadrat des gegenseitigen Abstandes der ε und ε', multiplicirt mit der Anzahl der Puncte des Systems, grösser ist, als das Moment für ε. Ist nämlich P einer der n Puncte des Systems, und sind Q und Q' die mit P in einer Geraden liegenden Fusspuncte der von P auf ε und ε' gefällten Perpendikel, so hat man

$$PQ' = PQ + QQ' ,$$

folglich

$$PQ'^2 = PQ^2 + QQ'^2 + 2QQ'.PQ ,$$

und

$$\Sigma(PQ'^2) = \Sigma(PQ^2) + n.QQ'^2 + 2QQ'.\Sigma(PQ) .$$

Nach der Natur des Schwerpunctes ist aber

$$\Sigma(PQ) = 0 ;$$

folglich u. s. w.

Bezeichnet man ferner die Momente des Systems in Bezug auf den Punct O, auf eine Gerade l und auf eine Ebene ε resp. mit $[O]$, $[l]$ und $[\varepsilon]$, so ersieht man leicht, dass, wenn l und ε sich in O rechtwinklig schneiden,

$$[l] + [\varepsilon] = [O]$$

ist, und dass daher gleichzeitig $[l]$ ein Maximum und $[\varepsilon]$ ein Minimum wird. Es ist aber $[l]$ nichts anderes, als das in der Mechanik sogenannte Moment der Trägheit für die Axe l, wenn jedem Puncte des Systems eine Masse $= 1$ beigelegt wird; und man weiss, dass unter allen durch einen und denselben Punct zu legenden Axen es im Allgemeinen eine und nur eine gibt, für welche das Moment der Trägheit ein Maximum ist. Die Ebene, um welche es sich handelt, wird daher diejenige sein, welche die Axe, für welche unter allen durch O zu legenden Axen das Moment der Trägheit des Systems ein Maximum ist, rechtwinklig in O schneidet.

Es kann jedoch, wie die Mechanik lehrt, auch der Fall eintreten, dass nicht bloss für eine, sondern für alle durch O gehende und in einer gewissen Ebene liegende Axen die Momente gleich gross und grösser als für jede andere durch O gelegte Axe sind; und alsdann würde man diese Ebene selbst, für welche das Moment grösser als für jede andere durch O gehende Ebene sein würde, als die in der Gleichung sich selbst entsprechende ε zu nehmen haben.

Mit Ausschluss des allerdings noch möglichen Falles, dass für alle durch O zu legenden Axen und folglich auch für alle durch O

zu legenden Ebenen die Momente gleich gross sind, kann demnach bei jedem System von Puncten eine in ihrer Art einzige und daher in der Gleichung für eine symmetrische Figur sich selbst entsprechende Ebene ε vorausgesetzt, damit aber die Entwickelung der Eigenschaften der Figur in verschiedenen Fällen erleichtert werden. — Um letzteres noch rücksichtlich der im vorigen §. gestellten Aufgabe kurz anzudeuten, so hat man zunächst auf die dort geschehene Weise darzuthun, dass je zwei nächstfolgende Puncte der Reihe A, B, C, ..., N auf verschiedenen Seiten der supponirten Ebene ε liegen müssen, und daraus zu schliessen, dass n gerade sein muss; worauf nur noch übrig bleibt, von A, B, ..., N auf ε Perpendikel zu fällen und gleichfalls, wie dort, zu zeigen, dass diese Perpendikel gleich lang sein, und ihre Fusspuncte ein reguläres n-Eck bilden müssen.

§. 12. Die Construction der Gleichung (α) im Raume, als welche nach dem Vorhergehenden nur bei einer geraden Anzahl n, $= 2m$, der Puncte A, B, ..., N ausführbar ist, kann in dem Falle, wenn m ungerade ist, auch dadurch bewerkstelligt werden, dass man von dem in einer Ebene (ε) construirten regulären m-Eck statt von einem n- oder $2m$-Eck ausgeht. Denn jedes m-Eck lässt sich auch als ein $2m$-Eck betrachten, dessen m letzte Ecken mit seinen m ersten der Reihe nach zusammenfallen. Wird aber m ungerade angenommen, so werden von den $2m$ gleich langen Perpendikeln, welche man in den Ecken des als ein $2m$-Eck betrachteten m-Ecks $A_1 B_1 \ldots N_1$ der Reihe nach abwechselnd auf der einen und der anderen Seite von ε zu errichten hat, das erste und das m^{te} auf einerlei Seite von ε liegen, und folglich das erste und das $(m+1)^{\text{te}}$, welche beide in A_1 zu errichten sind, desgleichen das in B_1 zu errichtende zweite und $(m+2)^{\text{te}}$, u. s. w. entgegengesetzte Richtungen haben, so dass auch bei dieser Construction die Endpuncte der $2m$ Perpendikel, d. i. die n Puncte A, B, ..., N der Gleichung (α), sämmtlich verschiedene Stellen einnehmen.

So kann z. B., wenn $m = 3$ gesetzt wird, die durch die Gleichung

$$\begin{aligned} &ABCDEF \\ =\, &-BCDEFA \end{aligned}$$

bedingte Figur nicht bloss dadurch erhalten werden, dass man in einer etwa horizontalen Ebene ein reguläres Sechseck $A_1 B_1 \ldots F_1$ beschreibt und die gleich langen, abwechselnd nach oben und unten errichteten Verticallinien $A_1 A$, $B_1 B$, ..., $F_1 F$ zieht, sondern auch mit Hülfe eines regulären horizontalen Dreiecks $A_1 B_1 C_1$ und der abwechselnd nach oben und unten gerichteten gleich langen Verticallinien $A_1 A$, $B_1 B$, $C_1 C$, $A_1 D$, $B_1 E$, $C_1 F$.

Dagegen lässt sich die Gleichung

$$\begin{aligned} &ABCD \\ &= -BCDA\,, \end{aligned}$$

wobei $m = 2$ ist, nur durch ein in ε beschriebenes Quadrat $A_1 B_1 C_1 D_1$ construiren, nicht durch ein blosses Zweieck $A_1 B_1$, indem hier die Endpuncte A und C (B und D) der in A_1 (B_1) errichteten Perpendikel zusammenfallen würden.

§. 13. Nach §. 9 gibt die Gleichung (α), wenn sie in einer Ebene construirt wird, ein reguläres Vieleck $AB\ldots N$, so wie umgekehrt, wenn A, B, ..., N die auf einander folgenden Ecken eines regulären Vielecks sind, zwischen ihnen die Gleichung (α) statt hat. Wir können daher diese Gleichung, dafern ihre Construction in einer Ebene verlangt wird, auch geradezu als die Definition eines regulären Vielecks ansehen. Da wir aber jetzt dieselbe Gleichung auch dergestalt zu construiren gelernt haben, dass ihre Puncte nicht in einer Ebene begriffen sind, so scheint es sachgemäss, den Begriff eines regulären Vielecks zu erweitern und ihn auf alle Figuren auszudehnen, welche der Gleichung (α) Genüge thun.

Ganz allgemein haben wir hiernach ein Vieleck regulär zu nennen, wenn je zwei Seiten desselben (wie AB und BC) und je zwei Diagonalen desselben, welche gleich viel Seiten überspannen (wie AC und BD, AD und BE, u. s. w.), einander gleich sind, indem von einer sattsamen Anzahl solcher Gleichheiten die Gleichung (α) eine Folge ist. So ist z. B. das Viereck $ABCD$ regulär, wenn

$$AB = BC = CD = DA \quad \text{und} \quad AC = BD$$

ist; und hiermit wird eben so wohl das nicht ebene reguläre, als das ebene reguläre Viereck (Quadrat) definirt.

§. 14. Von den nicht ebenen regulären Vielecken gibt es nach §. 10 und §. 12 zweierlei Formen, die wir im Folgenden durch die Zusätze »von der ersten, von der zweiten Art« unterscheiden wollen. *Ein nicht ebenes reguläres Vieleck Π von der ersten (zweiten) Art wird daher dasjenige sein, bei welchem das zu seiner Construction in der Ebene ε zu Hülfe genommene Vieleck eben so viel (halb so viel) Ecken als Π selbst hat.*

Bei einem ebenen regulären Vieleck kann die Eckenzahl jede beliebige sein; bei einem nicht ebenen nur eine gerade Zahl, und zwar bei einem nicht ebenen der ersten Art jede beliebige gerade

Zahl, bei einem nicht ebenen der zweiten Art nur das Doppelte einer ungeraden Zahl.

Umgekehrt schliessen wir hieraus: Ein reguläres Vieleck, dessen Eckenzahl $n = 3, 5, 7, \ldots, 2m+1$, kann nur auf eine Weise construirt werden, nämlich als ein ebenes; auf doppelte Weise, wenn $n = 4, 8, 12, \ldots, 4m$, nämlich als ein ebenes und ein nicht ebenes der ersten Art; auf dreifache Weise endlich, wenn $n = 6, 10, 14, \ldots, 4m+2$, indem es dann sowohl ein ebenes, als ein nicht ebenes der ersten und auch der zweiten Art sein kann.

Man vergleiche hierzu die nachstehenden auf $n = 3, 4, 5, 6$ bezüglichen Figuren, die in der Art entworfen worden sind, dass die den Fällen $n = 4, 6$ entsprechenden räumlichen regulären n-Ecke stereographisch auf ihre sich selbst entsprechende Ebene ε (vergl. §§. 10—12) projicirt wurden.

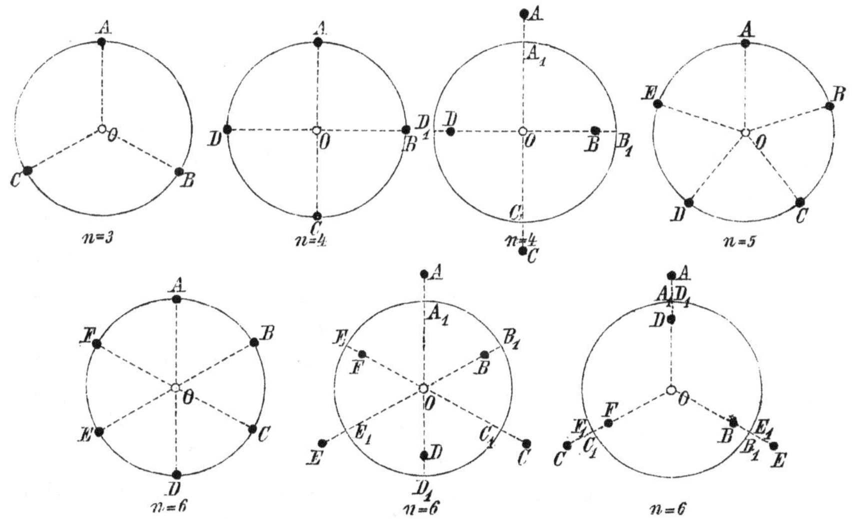

Fig. 1—7.

§. 15. So wie die Ecken eines regulären Vielecks in einem Kreise liegen, und der Mittelpunct dieses Kreises der Mittelpunct des Vielecks heisst, so sind die Ecken eines nicht ebenen regulären Vielecks ($2m$-Ecks) in einer Kugelfläche enthalten, und der Mittelpunct der letzteren soll der M i t t e l p u n c t d e s V i e l e c k s genannt werden. Da ferner die $2m$ Ecken eines solchen in zwei Systeme von je m Ecken zerfallen, deren jedes, als ein ebenes reguläres m-Eck, in einem Kreise der Kugelfläche liegt, und da diese zwei Kreise eine gemeinsame Axe haben, so nenne man diese Axe, als von welcher alle $2m$ Ecken gleich weit abliegen, die A x e oder die Mittellinie des $2m$-Ecks. Endlich heisse die Ebene des dieser Axe zugehörigen grössten Kreises oder die durch den Mittelpunct des $2m$-Ecks gehende, im Obigen mit ε bezeichnete und die Axe rechtwinklig schneidende Ebene, von welcher die zwei Systeme von je m Ecken zu verschiedenen Seiten gleich weit entfernt sind, die Mittelebene des $2m$-Ecks.

Man bemerke überdies, dass, weil je zwei nächstfolgende Ecken des nicht ebenen $2m$-Ecks auf verschiedenen Seiten seiner Mittelebene liegen, die Mittelpuncte aller seiner Seiten in der Mittelebene begriffen sind, und dass, wenn das $2m$-Eck von der zweiten Art, diese Mittelpuncte paarweise zusammenfallen, nämlich die Mittelpuncte der ersten und der $(m+1)^{\text{ten}}$ Seite, der zweiten und der $(m+2)^{\text{ten}}$, u. s. w., also überhaupt die Mittelpuncte je zweier Gegenseiten.

Eine besondere Beachtung verdient bei nicht ebenen $2m$-Ecken noch das System der m Hauptdiagonalen, d. i. derjenigen, welche zwei Gegenecken des $2m$-Ecks, die i^{te} und die $(m+i)^{\text{te}}$, mit einander verbinden. Je zwei Gegenecken liegen auf einerlei oder verschiedenen Seiten der Mittelebene, jenachdem m gerade oder ungerade ist, und man ersieht hieraus leicht, dass bei einem $2m$-Eck der ersten Art, wenn m ungerade ist, alle die m Hauptdiagonalen, eben so wie bei einem ebenen $2m$-Eck, vom Mittelpuncte des $2m$-Ecks halbirt werden; dass sie aber, wenn m gerade ist, parallel mit der Mittelebene sind und von der Axe abwechselnd in den Mittelpuncten des einen und des anderen ebenen m-Ecks, in welche das nicht ebene $2m$-Eck zerlegbar ist, rechtwinklig halbirt werden. Gehört endlich das $2m$-Eck zur zweiten Art, so ist m ungerade, und die m Hauptdiagonalen werden von der Mittelebene rechtwinklig halbirt. — Sämmtliche m Hauptdiagonalen eines nicht ebenen regulären $2m$-Ecks werden daher entweder vom Mittelpuncte oder rechtwinklig von der Mittellinie, oder rechtwinklig von der Mittelebene halbirt, oder mit anderen Worten:

Je zwei Gegenecken eines nicht ebenen regulären Vielecks haben entweder gegen den Mittelpunct, oder gegen die Mittellinie, oder gegen die Mittelebene des Vielecks eine symmetrische Lage. (Vergl. §. 24.)

IV. Construction einer mehr als einen Cykel enthaltenden Gleichung in einer Geraden und in einer Ebene.

§. 16. Bei einer in einer Geraden zu construirenden Gleichung können die Cykeln nur ein- und zweigliedrig sein (§. 8). Sei $A = A$ einer der eingliedrigen, und seien $BC = CB$, $DE = ED$, u. s. w. die zweigliedrigen Cykeln einer solchen Gleichung, also die Gleichung selbst

$$\begin{aligned} &ABCDE\ldots \\ = &ACBED\ldots \end{aligned}$$

Hiernach ist $AB = AC$, $AD = AE$, u. s. w. Die Paare von Puncten, welche die zweigliedrigen Cykeln bilden, haben daher einen gemeinsamen Mittelpunct, und dieser ist zugleich der Ort des einen eingliedrigen Cykel bildenden Punctes, wenn anders ein solcher in der Gleichung vorhanden ist. Auch kann nur ein eingliedriger Cykel in der Gleichung vorkommen, indem sonst mehrere verschieden bezeichnete Puncte zusammenfallen würden (§. 8).

Die Puncte einer symmetrischen Figur in einer Geraden sind demnach paarweise von einem und demselben Puncte der Geraden — dem Schwerpuncte ihrer aller — zu verschiedenen Seiten gleich weit entfernt.

§. 17. Suchen wir jetzt eine aus zwei Cykeln bestehende Gleichung zu construiren, von denen ein jeder mehr als zwei Glieder hat. Die Puncte des einen Cykels seien A, B, C, ..., N, die des anderen A', B', C', ..., N'; die Anzahl der ersteren Puncte nenne man n, die der letzteren n', und O sei der Schwerpunct aller $n + n'$ Puncte. Die zu construirende Gleichung ist hiernach

$$(a) \qquad \begin{aligned} &OAB\ldots NA'B'\ldots N' \\ = &OBC\ldots AB'C'\ldots A', \end{aligned}$$

woraus wir zunächst schliessen, dass $ABC\ldots N$ ein reguläres n-Eck und $A'B'C'\ldots N'$ ein reguläres n'-Eck ist, und dass beide Vielecke einen gemeinsamen Mittelpunct O haben.

Soll nun die Gleichung (a) in einer Ebene construirt werden, so sind beide Seiten der Gleichung

$$\begin{aligned} &OAB\ldots N \\ = &OBC\ldots A \end{aligned}$$

einerlei Sinnes (§. 9 zu Ende); mithin haben auch beide Seiten von (a) (§. 3), folglich auch die nach (a) einander gleichen Winkel AOA' und BOB' einerlei Sinn, und es ist daher

$$AOA' + A'OB = A'OB + BOB' ,$$

d. i.

$$AOB = A'OB' .$$

Die zwei regulären Vielecke haben daher einander gleiche und gleichsinnige Centriwinkel. Dieses ist aber nur dann möglich, und *die Gleichung* (a) *kann folglich nur dann in einer Ebene construirt werden, wenn* $n' = n$, *also wenn die zwei Cykeln der Gleichung gleichvielgliedrig, es sei* n*-gliedrig, sind.* Der gemeinsame Centriwinkel ist alsdann $= m \,.\, 360^\circ : n$, wo m eine Zahl bedeutet, welche mit n keinen Factor gemein hat (§. 9).

Zur Construction der Figur selbst können der gemeinsame Mittelpunct O und der gemeinsame Sinn beider n-Ecke, eine Ecke A des einen und eine Ecke A' des anderen n-Ecks und die Zahl m nach Willkür bestimmt werden. Denn sind diese Bestimmungen gemacht, so beschreibe man um O als Mittelpunct mit OA und OA' als Halbmessern zwei Kreise, theile das m-fache eines jeden derselben resp. von A und A' aus nach einerlei Sinne zu in n gleiche Theile und schreibe an die Theilpuncte in ihrer Folge resp. die Buchstaben $B, C, \ldots, N$ und $B', C', \ldots, N'$, und es wird die somit gebildete Figur der Gleichung (a) Genüge thun.

§. 18. Aus dem Voranstehenden erhellt von selbst, dass auch bei einer aus drei oder mehreren mehr als zweigliedrigen Cykeln zusammengesetzten Gleichung, wenn sie in einer Ebene construirt werden soll, jeder Cykel gleich viel Glieder, $= n$, haben muss, dass alle diese Cykeln durch eben so viel reguläre concentrische n-Ecke darzustellen sind, dass der gemeinschaftliche Mittelpunct dieser n-Ecke und eine Ecke von jedem willkürlich in der Ebene angenommen werden können, und dass damit und nach Festsetzung des gemeinsamen Centriwinkels, $= m \,.\, 360^\circ : n$, und des gemeinsamen Sinnes, nach welchem die Ecken in jedem der n-Ecke auf einander folgen sollen, alle übrigen in der Gleichung enthaltenen Puncte vollkommen bestimmt sind; dass endlich in der Gleichung auch noch ein eingliedriger Cykel vorkommen kann, dessen Punct der gemeinsame Mittelpunct der n-Ecke ist.

§. 19. Eine besondere Betrachtung haben wir noch dem im Vorigen ausgeschlossenen Falle zu widmen, wenn in der in einer Ebene zu construirenden Gleichung zweigliedrige Cykeln vorkommen. Denn man sieht leicht, dass ein zweigliedriger und ein mehrgliedriger Cykel nicht zusammen in einer Gleichung bestehen können. Denn würde z. B.

$$OABA'B'C'$$
$$= OBAB'C'A'$$

gesetzt, so wäre $A'B'C'$ ein gleichseitiges Dreieck, und O dessen Schwerpunct. Ferner wären beide Seiten der Gleichung einerlei Sinnes, da dieses $A'B'C'$ und $B'C'A'$ sind, folglich (§. 17) der Winkel

$$AOB = A'OB' = 120^0 .$$

Die Puncte O, A, B würden daher nicht in einer Geraden liegen, und folglich O nicht der Schwerpunct von A, B, A', B', C' sein können.

Eine Gleichung mit mehreren bloss zweigliedrigen Cykeln, wie

$$(b) \qquad OABA'B'A''B''\ldots$$
$$= OBAB'A'B''A''\ldots ,$$

lässt sich nun allerdings auf ganz analoge Art, wie in §. 18 eine Gleichung, deren Cykeln insgesammt dreigliedrig, oder insgesammt viergliedrig, u. s. w. sind, construiren, indem man nämlich den Zweiecken AB, $A'B'$, $A''B''$, ... einen gemeinsamen Mittelpunct O gibt und daher nach willkürlicher Annahme von O, A, A', ... in der Ebene die Puncte B, B', ... also bestimmt, dass man in den Verlängerungen von AO, $A'O$, $A''O$, ... die Linien $OB = AO$, $OB' = A'O$, $OB'' = A''O$, ... macht. Da indessen aus der Gleichung

$$OAB = OBA$$

nicht ohne Weiteres geschlossen werden kann, dass O der Mittelpunct des Zweiecks AB ist, sondern nur, dass O von A und B gleich weit entfernt liegt, während bei der Gleichung

$$OAB\ldots N = OBC\ldots A$$

O der Mittelpunct des regulären Vielecks $AB\ldots N$ ist, so lässt sich erwarten, dass es für (b) noch eine andere Constructionsart geben wird, bei welcher die Mittelpuncte von AB, $A'B'$, $A''B''$, ... nicht zusammenfallen.

In der That entspricht jeder dieser Mittelpuncte in (b) sich selbst (§. 2), und man hat daher, wenn man sie resp. mit M, M', M'', ... bezeichnet:

$$MABM'A'B'M''A''B''\ldots$$
$$= MBAM'B'A'M''B''A''\ldots$$

Hiernach ist der Winkel

$$(1) \qquad M'MA = M'MB \ ,$$

$$(2) \qquad M''MA = M''MB \ ,$$

u. s. w. Da aber M mit den Puncten A, B in gerader Linie und zwischen ihnen liegt, so ist in Folge von (1)

$$M'MA = M'MB = 90^\circ \ ,$$

also MM' auf AB perpendiculär; ebenso wegen (2) MM'' auf AB perpendiculär; u. s. w. Die Mittelpuncte M, M', M'', ... liegen daher in einer Geraden, welche auf AB und aus ähnlichem Grunde auf jeder der übrigen Linien $A'B'$, $A''B''$, ... perpendiculär steht; oder anders ausgedrückt: die Linien AB, $A'B'$, $A''B''$, ... werden von einer und derselben Geraden rechtwinklig halbirt. Wie hiernach, wenn diese Gerade, die Mittellinie, und von jedem der Punctepaare A und B, A' und B', ... der eine Punct beliebig gegeben sind, die übrigen Puncte der Paare gefunden werden können, ist von selbst klar.

§. 20. Zusätze. *a*) Da die Mittelpuncte von AB, $A'B'$, ... entweder zusammenfallen, oder nicht, so ist ausser den zwei jetzt angegebenen Constructionsarten der Gleichung (*b*) nicht noch eine dritte möglich. Bei der ersten liegen die Puncte der Figur paarweise gegen einen Punct, bei der zweiten paarweise gegen eine Gerade symmetrisch.

b) Bei der ersten Constructionsart haben die zwei einander entsprechenden Dreiecke OAA' und OBB' ersichtlich einerlei Sinn, und daher die zwei Seiten von (*b*) einerlei Zeichen. Bei der zweiten Art dagegen sind die zwei einander entsprechenden Dreiecke $M'MA$ und $M'MB$ verschiedenen Sinnes, und daher auch die zwei Seiten von (*b*) einander entgegengesetzt. Hiermit hängt zusammen, dass bei der ersten Art die Figur durch eine Drehung von 180° in der Ebene selbst um den Punct O mit sich zur Coïncidenz (A mit B, A' mit B', ...) gebracht werden kann, während bei der zweiten Art eine Drehung der Figur um 180° um die Mittellinie als Axe Coïncidenz bewirkt.

c) Eine bloss aus zweigliedrigen Cykeln bestehende Gleichung, sowie eine Gleichung, in welcher zu den zweigliedrigen noch ein eingliedriger Cykel hinzutritt, kann auf beiderlei Art construirt werden. Bei der ersten Art ist der Punct des eingliedrigen Cykels der gemeinsame Mittelpunct der Punctepaare; bei der zweiten Art ist er ein beliebiger Punct der Mittellinie, weil jeder Punct derselben sich selbst entspricht. Eine Gleichung mit zweigliedrigen und zwei oder mehreren eingliedrigen Cykeln lässt sich aber nur auf die zweite Art construiren, wobei die Puncte der eingliedrigen Cykeln willkürliche Puncte der Mittellinie sind.

V. Construction einer aus mehreren Cykeln zusammengesetzten Gleichung im Raume.

§. 21. Auch hier wollen wir zunächst eine aus zwei mehr als zweigliedrigen Cykeln, einem n-gliedrigen und einem n'-gliedrigen, bestehende Gleichung

$$(a) \qquad \begin{aligned} &AB\ldots NA'B'\ldots N' \\ =\ &BC\ldots AB'C'\ldots A' \end{aligned}$$

zu construiren suchen.

Am leichtesten werden wir das dabei einzuschlagende Verfahren mit Hülfe der durch den Schwerpunct O gehenden und sich selbst entsprechenden Mittelebene ε des Systems der $n+n'$ Puncte (§. 11) finden. In der That, bezeichnen wir die Fusspuncte der von A, B, C, ..., N, A', B', C', ..., N' auf ε gefällten Perpendikel mit A, B, Γ, ..., N, A', B', Γ', ..., N', so wird, weil zufolge der Gleichung (a) B dem A, C dem B, ... entspricht, auch B dem A, Γ dem B, .. entsprechen, und es wird daher

$$(a^*) \qquad \begin{aligned} &\varepsilon OAB\ldots NA'B'\ldots N'\mathsf{AB}\ldots\mathsf{NA'B'}\ldots\mathsf{N}' \\ =\ &\varepsilon OBC\ldots AB'C'\ldots A'\mathsf{B}\Gamma\ldots\mathsf{AB}'\Gamma'\ldots\mathsf{A}' \end{aligned}$$

sein. Hiernach aber sind $\mathsf{AB}\ldots\mathsf{N}$ und $\mathsf{A'B'}\ldots\mathsf{N}'$ zwei in ε enthaltene reguläre Vielecke, welche O zum gemeinsamen Mittelpuncte, einerlei Sinn, gleiche Centriwinkel und daher gleich viel, $=n$, Ecken haben (§. 17). *Mithin haben auch die zwei nach* (a) *regulären Vielecke* $AB\ldots N$ *und* $A'B'\ldots N'$ *einerlei Eckenzahl*, $=n$, und es bleibt nur noch die gegenseitige Lage und Beschaffenheit dieser zwei n-Ecke zu bestimmen übrig.

Zufolge (a^*) ist die Figur $\varepsilon AA' = \varepsilon BB'$. Wenn daher A und A' auf einerlei (verschiedenen) Seite von ε sind, so sind B und B' auf einerlei (verschiedenen) Seite von ε, woraus leicht weiter folgt, dass, jenachdem A und B auf einerlei oder verschiedenen Seiten von ε sind, auch A' und B' auf einerlei oder verschiedenen Seiten von ε liegen.

Im ersteren Falle liegen wegen

$$\varepsilon AB = \varepsilon BC = \ldots = \varepsilon NA$$

alle n Ecken A, B, ..., N auf einerlei Seite von ε, und desgleichen wegen

$$\varepsilon A'B' = \varepsilon B'C' = \ldots = \varepsilon N'A'$$

alle n Ecken A', B', ..., N' auf einerlei Seite von ε. Deshalb, und weil $\mathsf{A}A$, $\mathsf{B}B$, ... $\mathsf{N}N$ auf ε rechtwinklig stehen und nach (a^*) einander gleich sind, ist $AB\ldots N$ ein ebenes, mit ε paralleles reguläres n-Eck, dessen Mittelpunct in die durch O gehende und auf ε perpendiculäre Mittellinie (die Axe des n-Ecks) fällt, dessen Sinn einerlei mit dem von $\mathsf{AB\ldots N}$, und dessen Centriwinkel dem desselben n-Ecks gleich ist. Ebenso ist $A'B'\ldots N'$ ein ebenes, mit ε paralleles, reguläres n-Eck, dessen Axe, dessen Sinn und dessen Centriwinkel dieselben sind, wie die von $\mathsf{A'B'\ldots N'}$. Da nun $\mathsf{AB\ldots N}$ und $\mathsf{A'B'\ldots N'}$ einerlei Axe und Sinn und gleiche Centriwinkel haben (§. 17), so schliessen wir, dass in diesem ersten Falle $AB\ldots N$ und $A'B'\ldots N'$ zwei ebene reguläre n-Ecke sind, denen eine gemeinsame Axe, einerlei Sinn und gleiche Centriwinkel zukommen.

Im zweiten Falle, in welchem A und B, also auch A' und B' auf verschiedenen Seiten von ε liegen, und welcher daher (§. 10) nur dann eintreten kann, wenn n eine gerade Zahl ist, in diesem Falle sind $AB\ldots N$ und $A'B'\ldots N'$ zwei nicht ebene reguläre n-Ecke, die einerlei Mittelpunct O und einerlei Mittelebene ε, also auch einerlei Axe haben, und deren Projectionen auf die Mittelebene zwei reguläre Vielecke $\mathsf{AB\ldots N}$ und $\mathsf{A'B'\ldots N'}$ von einerlei Sinn und gleichen Centriwinkeln $\mathsf{A}O\mathsf{B}$ und $\mathsf{A'}O\mathsf{B'}$ sind. — Ist n das Doppelte einer ungeraden Zahl, und wird, wie es dann möglich ist (§. 12), das eine der beiden n-Ecke, $AB\ldots N$, als ein nicht ebenes der zweiten Art construirt, so ist $\mathsf{AB\ldots N}$ ein $\frac{1}{2}n$-Eck, und es muss wegen der Gleichheit der Centriwinkel in der Projection auch $\mathsf{A'B'\ldots N'}$ ein $\frac{1}{2}n$-Eck, folglich auch $A'B'\ldots N'$ ein nicht ebenes n-Eck der zweiten Art sein. — Zugleich ersieht man aus der zufolge (a^*) stattfindenden, und auch dann noch, wenn $\mathsf{A'B'\ldots N'}$ ein $\frac{1}{2}n$-Eck ist, bestehenden Gleichung

$$\begin{aligned} &AB\ldots N\mathsf{A'B'\ldots N'} \\ &= BC\ldots A\mathsf{B'\Gamma'\ldots A'}\ , \end{aligned}$$

dass sich, wenn $n\ (>2)$ das Doppelte einer ungeraden Zahl ist, auch eine aus einem n-gliedrigen und einem $\frac{1}{2}n$-gliedrigen Cykel bestehende Gleichung, also eine Gleichung mit zwei Cykeln von ungleicher Gliederzahl construiren lässt, indem man nämlich den $\frac{1}{2}n$-gliedrigen Cykel durch ein ebenes reguläres $\frac{1}{2}n$-Eck $\mathsf{A'B'\ldots N'}$ darstellt, und den n-gliedrigen durch ein nicht ebenes reguläres

n-Eck $AB\ldots N$ der zweiten Art, welches mit dem $\frac{1}{2}n$-Eck den Mittelpunct und die Axe gemein hat.

Zusatz. Beschreibt man um O als Mittelpunct mit OA als Halbmesser eine Kugel, so liegen im ersten der zwei jetzt discutirten Fälle die Puncte A, B, ..., N in einem im Allgemeinen kleineren Kreise der Kugel, und die zwei sphärischen Dreiecke ABC und BCD sind gleichsinnig; mithin sind es auch die zwei in der Gleichung (a) einander entsprechenden Pyramiden $OABC$ und $OBCD$, und die zwei Seiten von (a) haben folglich einerlei Zeichen. Dagegen sind die Zeichen der zwei Seiten verschieden im zweiten Falle, da, wie wir schon wissen (§. 10), den zwei Seiten der Gleichung

$$\begin{aligned} &AB\ldots N \\ =\;&BC\ldots A\;, \end{aligned}$$

dafern sie nicht in einer Ebene construirt wird, entgegengesetzte Zeichen zukommen.

§. 22. Soll eine Gleichung mit drei oder mehreren Cykeln, deren jeder mehr als zweigliedrig ist, im Raume construirt werden, so dürfen wir nur erwägen, dass für je zwei dieser Cykeln das im vorigen §. über eine Gleichung mit zwei Cykeln Gesagte gelten muss, und es erhellt damit Folgendes:

Jeder Cykel der Gleichung muss im Allgemeinen eine und dieselbe Anzahl, $=n$, von Gliedern enthalten. Diese Cykeln sind durch eben so viel reguläre n-Ecke darzustellen, welche eine gemeinsame Axe, und deren rechtwinklige Projectionen auf eine die Axe rechtwinklig schneidende Ebene einerlei Sinn und gleiche Centriwinkel haben. Alle diese n-Ecke müssen ferner im Allgemeinen von einerlei Art sein, d. h. alle entweder

a) ebene n-Ecke, oder

b) nicht ebene der ersten Art, oder

c) nicht ebene der zweiten Art,

wozu noch zu bemerken, dass die Mittelpuncte der n-Ecke bei a) beliebige Puncte der gemeinsamen Axe sein können, bei b) und c) hingegen in einem Puncte O der Axe zusammenfallen müssen.

Anlangend die Wahl unter diesen drei Constructionsarten, so kann, was auch n für eine ganze Zahl (>2) sein mag, jedes der n-Ecke als ein ebenes construirt werden; in dem speciellen Falle, wenn n gerade ist, kann man statt der ebenen n-Ecke nicht ebene der ersten Art, und in dem noch specielleren, wenn n das Doppelte einer ungeraden Zahl ist, nicht ebene der zweiten Art anwenden.

Die bei der Construction selbst nach Willkür zu bestimmenden Stücke sind:

1) eine Ecke von jedem n-Eck,

2) die gemeinsame Axe der n-Ecke,

3) der gemeinsame Sinn und

4) der gemeinsame Centriwinkel in der Projection, oder statt des letzteren die gegen n relative Primzahl m, woraus der Centriwinkel in der Projection bei ebenen n-Ecken und bei nicht ebenen n-Ecken der ersten Art

$$= m \,.\, 360^\circ : n \;,$$

und bei nicht ebenen der zweiten Art

$$= 2m \,.\, 360^\circ : n$$

fliesst. Hierzu kommt bei nicht ebenen n-Ecken

5) der in der Axe enthaltene gemeinsame Mittelpunct O derselben.

Uebrigens können in einer Gleichung mit n-gliedrigen Cykeln, sobald n das Doppelte einer ungeraden Zahl ist, auch noch $\frac{1}{2}n$-gliedrige in beliebiger Anzahl mit vorkommen. Die ersteren sind als nicht ebene n-Ecke der zweiten Art darzustellen, die letzteren als ebene $\frac{1}{2}n$-Ecke, welche mit ersteren die Axe und den Mittelpunct O gemein haben und daher in der Mittelebene liegen.

§. 23. Werden die n-gliedrigen Cykeln der Gleichung durch ebene n-Ecke dargestellt, und wird von einem dieser n-Ecke die eine Ecke, etwa die Ecke A des n-Ecks $AB\ldots N$, in der Axe selbst irgendwo angenommen, so coïncidiren mit dieser Ecke A die $n-1$ übrigen B, C, ..., N, und die Construction ist dieselbe, als wenn in der Gleichung statt des n-gliedrigen Cykels

$$AB\ldots N = BC\ldots A$$

der eingliedrige $A = A$ gestanden hätte.

Ist n gerade und werden, wie es dann geschehen kann, zur Darstellung der Cykeln nicht ebene n-Ecke angewendet, so liegt, wenn A in der Axe genommen wird, auch B in derselben, und zwar dergestalt, dass O oder der gemeinschaftliche Mittelpunct der nicht ebenen n-Ecke auch der Mittelpunct von AB ist, und die $n-2$ übrigen Puncte C, D, ..., N des Cykels coïncidiren abwechselnd mit A und B. Der n-gliedrige Cykel

$$AB\ldots N = BC\ldots A$$

reducirt sich daher in diesem Falle auf einen zweigliedrigen $AB = BA$, und nur dann auf einen eingliedrigen $A = A$, wenn man A mit O zusammenfallen lässt. — Wir ziehen hieraus die Folgerungen:

1) Eine Gleichung mit einem oder mehreren n-gliedrigen Cykeln kann auch noch eingliedrige Cykeln in beliebiger Zahl enthalten. Dabei sind die n-gliedrigen als ebene n-Ecke zu construiren, und die Puncte der eingliedrigen sind beliebig in der Axe zu nehmen. Ist nur ein eingliedriger Cykel vorhanden, so können die n-Ecke auch nicht ebene sein, und der Punct des eingliedrigen Cykels ist dann der gemeinsame Mittelpunct O.

2) In einer Gleichung mit n-gliedrigen Cykeln können in dem Falle, wenn n gerade ist, auch beliebig viel zweigliedrige mit vorkommen. Die n-Ecke müssen alsdann einen gemeinsamen Mittelpunct O haben und jedes von ihnen ist daher nur dann ein ebenes, wenn es in der Mittelebene construirt wird. Die zwei Puncte jedes zweigliedrigen Cykels sind durch zwei gegen O symmetrisch liegende Puncte der Axe darzustellen.

3) In einer Gleichung mit n-gliedrigen und zwei oder mehreren eingliedrigen Cykeln kann kein zweigliedriger enthalten sein; und wenn zu den n-gliedrigen noch ein oder mehrere zweigliedrige hinzutreten, so kann nur ein eingliedriger durch O auszudrückender Cykel noch statt haben.

§. 24. Es bleibt uns noch übrig zu ermitteln, wie die Construction einer aus nur zweigliedrigen Cykeln zusammengesetzten Gleichung

$$\begin{aligned} &ABA'B'A''B''\ldots \\ &= BAB'A'B''A''\ldots \end{aligned}$$

im Raume auszuführen ist. Aehnlicher Weise, wie bei der Construction derselben Gleichung in einer Ebene (§. 19), können wir auch hier zuerst annehmen, dass die Mittelpuncte M, M', M'', ... der Zweiecke AB, $A'B'$, $A''B''$, ... in einem Puncte O zusammenfallen. Alsdann wird man nach willkürlicher Annahme von A, A', A'', ... und O die Puncte B, B', B'', ... finden, wenn man in den Verlängerungen von AO, $A'O$, ... über O hinaus die Linien OB, OB', ... resp. gleich AO, $A'O$, ... macht.

Die Gleichung kann aber auch ohne Coïncidenz der Mittelpuncte M, M', M'', ... construirt werden, und dann zeigt sich, wie a. a. O., dass MM' auf AB und $A'B'$, MM'' auf AB und $A''B''$, $M'M''$ auf $A'B'$ und $A''B''$, u. s. w. rechtwinklig stehen müssen. Nehmen wir daher, wie in §. 19, noch an, dass M, M', M'', ... in einer Geraden l liegen, so wird jedes der Zweiecke AB, $A'B'$, ... von l rechtwinklig halbirt, und nach willkürlicher Annahme von A, A', ... und l ergeben sich B, B', ... dadurch, dass man von A, A', ... auf l Perpendikel AM, $A'M'$, ... fällt u. s. w.

Wenn endlich die nicht coïncidirenden Puncte M, M', M'', ... auch nicht in einer Geraden liegen sollen, so folgt aus der perpendiculären Lage von MM', MM'', MM''', ... gegen AB (§. 19), sowie von $M'M$, $M'M''$, $M'M'''$, ... gegen $A'B'$ u. s. w., dass M, M', M'', ... in einer die AB, $A'B'$, $A''B''$, ... rechtwinklig halbirenden Ebene ε enthalten sein müssen, so dass man, wenn A, A', ... und ε beliebig gegeben sind, um B, B', ... zu finden, von A, A', ... auf ε Perpendikel fällt u. s. w.

Eine Gleichung mit bloss zweigliedrigen Cykeln lässt sich demnach im Raume auf dreierlei Art construiren, indem man den Punctepaaren der einzelnen Cykel eine symmetrische Lage entweder gegen einen Punct (O), *oder gegen eine Gerade* (l), *oder gegen eine Ebene* (ε) *gibt.*

Eine vierte Constructionsart aber gibt es nicht, indem die Mittelpuncte der Zweiecke entweder zusammenfallen, oder in einer Geraden liegen, oder weder das Eine noch das Andere thun.

Wenn wir daher, wie im Folgenden geschehen soll, eine durch zweigliedrige Cykeln ausgedrückte Symmetrie eine binäre, und ähnlicher Weise eine durch dreigliedrige, viergliedrige, u. s. w. Cykeln dargestellte resp. eine ternäre, quaternäre, u. s. w. nennen, so können wir sagen, dass eine binäre Symmetrie im Raume auf dreierlei Art stattfinden könne, nämlich in Bezug auf einen Punct, oder auf eine Gerade, oder auf eine Ebene, — während bei der binären Symmetrie einer ebenen Figur bloss die beiden ersten Arten möglich waren.

§. 25. Zusätze. *a*) In Rücksicht darauf, dass die Mittelpuncte der Zweiecke bei der ersten Constructionsart zusammenfallen, bei der zweiten beliebig in einer Geraden und bei der dritten beliebig in einer Ebene liegen, erscheint die erste Art als die speciellste, und die dritte Art als die allgemeinste. Man kann aber auch umgekehrt die dritte Art als die speciellste und die erste als die allgemeinste betrachten, indem die Zweiecke AB, $A'B'$, ... bei der dritten parallel mit einer (auf ε perpendiculären) Geraden, bei der zweiten parallel mit einer (auf l perpendiculären) Ebene sind, und bei der ersten alle möglichen Richtungen haben können.

b) Bei der zweiten und der dritten Constructionsart können in der Gleichung noch beliebig viele eingliedrige Cykeln mit enthalten sein, die bei der zweiten durch beliebige Puncte der Mittellinie l und bei der dritten durch beliebige Puncte der Mittelebene ε darzustellen sind. Bei der ersten Art würden diese Puncte mit dem gemeinsamen Mittelpuncte O der Zweiecke zusammenfallen, und es kann daher die erste nur dann angewendet werden, wenn in der Gleichung entweder kein, oder nur ein durch O darzustellender eingliedriger Cykel vorhanden ist.

c) Eine Gleichung mit n-gliedrigen Cykeln wurde, wenn n gerade und >2 war, im Raume durch ein System regulärer ebener oder nicht ebener n-Ecke mit einer gemeinsamen Axe dargestellt. Waren die n-Ecke eben, so konnten ihre Mittelpuncte beliebig in der Axe bestimmt werden; waren sie nicht eben, so fielen ihre Mittelpuncte zusammen. Man gewahrt nun leicht, dass diesen zwei Darstellungsweisen die zweite und die erste der drei jetzt gefundenen Constructionsarten einer Gleichung mit zweigliedrigen Cykeln ganz analog sind. Dagegen hat die dritte Constructionsart unter den Darstellungen einer Gleichung mit mehr als zweigliedrigen Cykeln keine ihr entsprechende, sondern ist eigenthümlicher Natur.

d) Die zwei ersten Constructionsarten einer Gleichung mit zweigliedrigen Cykeln haben mit den zwei ihnen entsprechenden Constructionen einer Gleichung mit mehrgliedrigen Cykeln noch dieses gemein, dass die zwei durch die beiden Seiten ersterer Gleichung ausgedrückten Figuren bei der zweiten Art einerlei Sinn haben und bei der ersten Art verschiedenen Sinnes sind. — Dass auch bei der dritten Art die zwei Figuren nicht zur Deckung gebracht werden können und daher verschiedenen Sinnes sind, erhellt ohne Weiteres.

VI. Von den verschiedenen Graden der Symmetrie.

§. 26. Da die Symmetrie einer Figur darin besteht, dass die Figur auf mehr als eine Art sich selbst gleich und ähnlich ist, so wird man einer symmetrischen Figur einen desto höheren Grad von Symmetrie beizulegen haben, je grösser die Anzahl dieser Arten ist. *Wir wollen daher, und weil eine nur auf eine Art sich gleiche und ähnliche Figur noch nicht symmetrisch heisst, den Grad der Symmetrie einer Figur der um die Einheit verringerten Anzahl dieser Arten gleich setzen,* so dass wir z. B. einem System von zwei Puncten, sowie einem gleichschenkligen Dreiecke eine Symmetrie des ersten Grades, einem gleichseitigen Dreiecke eine Symmetrie des fünften Grades zuschreiben.

Um hiernach den Grad der Symmetrie einer Figur in jedem Falle zu bestimmen, erinnere man sich zunächst, dass zwei Figuren einander gleich und ähnlich zu nennen sind, wenn der gegenseitige Abstand je zweier Puncte der einen Figur dem gegenseitigen Abstande der zwei entsprechenden Puncte in der anderen gleich ist, und dass daher, wenn, wie im Bisherigen, die Symmetrie einer Figur durch eine Gleichung dargestellt wird, in welcher jede der beiden Seiten alle Puncte der Figur, nur in verschiedener Aufeinanderfolge, enthält, alle die partiellen Gleichungen erfüllt sein müssen, welche ausdrücken, dass jedes System zweier Puncte auf der einen Seite der Gleichung dem Systeme der zwei gleichstelligen und damit entsprechenden Puncte auf der anderen Seite gleich ist. Wenn daher von zwei Gleichungen, deren jede auf die besagte Art aus den Puncten einer und derselben Figur besteht, alle aus der zweiten fliessenden partiellen Gleichungen zwischen Punctepaaren auch aus der ersten hervorgehen, so wird man die zweite als eine Folge aus der ersten zu betrachten haben, und es wird mithin nächst der Art, auf welche die Figur zufolge der ersten Gleichung sich gleich und ähnlich ist, auch die durch die zweite Gleichung ausgedrückte Art von Gleichheit und Aehnlichkeit noch statthaben.

§. 27. Wenden wir diese Betrachtungen zuerst auf eine aus einem n-gliedrigen Cykel bestehende Gleichung an; sei also, indem wir die n Puncte des Cykels jetzt mit A_1, A_2, ..., A_n bezeichnen,

$$\text{(I)} \qquad \begin{aligned} &A_1 A_2 A_3 \dots A_{n-2} A_{n-1} A_n \\ &= A_2 A_3 A_4 \dots A_{n-1} A_n \quad A_1 \ . \end{aligned}$$

Die aus ihr folgenden partiellen Gleichungen sind:

$$\begin{aligned} &A_1 A_2 = A_2 A_3 = A_3 A_4 = \dots = A_{n-2} A_{n-1} = A_{n-1} A_n = A_n A_1 \ , \\ &A_1 A_3 = A_2 A_4 = A_3 A_5 = \dots = A_{n-2} A_n \quad = A_{n-1} A_1 = A_n A_2 \ , \\ &A_1 A_4 = A_2 A_5 = A_3 A_6 = \dots = A_{n-2} A_1 \quad = A_{n-1} A_2 = A_n A_3 \ , \\ &\dots\dots\dots\dots\dots\dots\dots\dots \\ &\dots\dots\dots\dots\dots\dots\dots\dots \end{aligned}$$

Jede aus (I) fliessende partielle Gleichung ist daher von der Form

$$A_f A_g = A_h A_i \ ,$$

worin f, g, h, i Zahlen der Reihe 1, 2, ..., n sind, dergestalt, dass die Differenzen $g-f$ und $i-h$ in absolutem Sinne entweder einander gleich sind, oder n zur Summe haben; in absolutem Sinne aber deswegen, weil $A_1 A_2$ ebensowohl $= A_3 A_2$, als $= A_2 A_3$ ist, u. s. w.

Bedeuten nun p, q, r, s, ... die Zahlen 1, 2, ..., n in einer anderen Folge genommen, und soll

$$\text{(II)} \qquad \begin{aligned} &A_1 A_2 A_3 A_4 \ldots A_n \\ = &A_p A_q A_r A_s \ldots\ldots \end{aligned}$$

eine aus (I) fliessende Gleichung sein, so dürfen aus (II) keine anderen partiellen Gleichungen, als aus (I) folgen. Es muss daher

$$\begin{aligned} q-p &= r-q = s-r = \ldots = \pm 1 \,, \\ r-p &= s-q = \ldots\ldots\ldots = \pm 2 \,, \\ s-p &= \ldots\ldots\ldots\ldots\ldots = \pm 3 \,, \\ &\ldots\ldots\ldots\ldots\ldots\ldots\ldots \end{aligned}$$

oder resp.

$$= \pm(n-1)\,, \quad \pm(n-2)\,, \quad \pm(n-3)\,, \quad \ldots$$

sein. Hiernach kann p willkürlich genommen werden; q aber ist entweder $= p+1$, oder $= p-1$ (oder auch $= n$ für $p = 1$).

Setzen wir zuerst $q = p+1$, so ist auch $r = q+1$, nicht $= q-1$, indem sonst $r-p = 0$, und nicht, wie es sein muss, $= \pm 2$ sein würde; ebenso ist ferner $s = r+1$, u. s. w., und damit

$$\text{(II*)} \qquad \begin{aligned} &A_1 A_2 \quad \ldots A_{n-p+1} A_{n-p+2} A_{n-p+3} \ldots A_n \\ = &A_p A_{p+1} \ldots A_n \quad A_1 \quad A_2 \quad \ldots A_{p-1} \,. \end{aligned}$$

Auf gleiche Art findet sich, wenn wir $q = p-1$ annehmen,

$$r = q-1\,, \qquad s = r-1\,, \; \ldots,$$

wodurch (II) in

$$\text{(II**)} \qquad \begin{aligned} &A_1 A_2 \quad \ldots A_{p-1} A_p A_{p+1} A_{p+2} \ldots A_n \\ = &A_p A_{p-1} \ldots A_2 \quad A_1 A_n \quad A_{n-1} \ldots A_{p+1} \end{aligned}$$

übergeht. Auch überzeugt man sich leicht, dass weder aus (II*) noch aus (II**) eine partielle Gleichung entspringt, die nicht auch aus (I) geschlossen werden könnte.

Da nun die Zahl p in (II*) sowohl, als in (II**), jeden der Werthe $1, 2, 3, \ldots, n$ haben kann, so ist die durch (I) bedingte Figur auf $2n$ verschiedene Arten sich gleich und ähnlich, — den Fall ausgenommen, wenn $n = 2$ ist, als wo die Anzahl dieser Arten gleich 2, nicht gleich 4 ist. *Die Symmetrie, welche durch eine aus einem n-gliedrigen Cykel bestehende Gleichung ausgedrückt wird, ist daher, wenn $n > 2$ ist, vom $(2n-1)^{ten}$ Grade.*

§. 28. Zusätze. *a*) Von der Gleichung (I) ausgehend kann man zu der Gleichung (II*) auch durch die Bemerkung gelangen, dass mit

$$\text{(I)} \qquad \begin{aligned} &A_1 A_2 A_3 \ldots A_n \\ = &A_2 A_3 A_4 \ldots A_1 \end{aligned}$$

die Gleichungen

$$\text{(I*)} \qquad \begin{aligned} & A_2 A_3 A_4 \ldots\ldots A_n A_1 \\ = & A_3 A_4 A_5 \ldots\ldots A_1 A_2 \,, \end{aligned}$$

$$\text{(I**)} \qquad \begin{aligned} & A_3 A_4 A_5 \ldots A_n A_1 A_2 \\ = & A_4 A_5 A_6 \ldots A_1 A_2 A_3 \,, \end{aligned}$$

u. s. w. identisch sind. Denn indem man von diesen Gleichungen (I), (I*), (I**), ... die zwei ersten, die drei ersten, u. s. w. mit einander verbindet, erhält man die Gleichung (II*) für $p = 3, 4, \ldots$

b) Die Gleichung (II*) oder, nachdem man $q+1$ statt p geschrieben hat, die Gleichung

$$\begin{aligned} & A_1 \quad A_2 \quad A_3 \quad \ldots A_n \\ = & A_{q+1} A_{q+2} A_{q+3} \ldots A_q \end{aligned}$$

wird, wenn man sie cyklisch ordnet,

$$\begin{aligned} & A_1 \quad A_{q+1} \; A_{2q+1} \ldots \\ = & A_{q+1} A_{2q+1} A_{3q+1} \ldots \,, \end{aligned}$$

worin man für jeden Index $iq+1$, welcher $> n$ ist, diejenige der Zahlen $1, 2, \ldots, n$ zu setzen hat, welche mit ihm nach dem Modul n congruent ist.

Sind nun n und q relative Primzahlen, so besteht die Gleichung (II*), ebenso wie (I), aus einem n-gliedrigen Cykel, weil dann unter den Zahlen q, $2q$, $3q$, ... erst nq durch n theilbar ist, und daher unter den Indices $q+1$, $2q+1$, $3q+1$, ... erst $nq+1$ mit 1 nach dem Modul n congruent ist. Die Gleichung (II*) ist dann als identisch mit (I) anzusehen, indem jede aus (I) fliessende partielle Gleichung auch aus (II*) folgt.

Haben aber n und q gemeinschaftliche Theiler, und ist g der grösste unter ihnen, so setze man

$$n = gn' \,, \qquad q = gq' \,,$$

und es wird unter den Vielfachen von q nicht erst nq, sondern schon

$$n'q = n'gq' = nq'$$

durch n theilbar, also schon

$$n'q + 1 \equiv 1 \text{ mod. } n$$

sein. Es bilden folglich die n' ersten Glieder der cyklisch geordneten Gleichung (II*) einen Cykel, ebenso die n' nachfolgenden, u. s. w. Die Gleichung (II*) ist dann also aus g n'-gliedrigen Cykeln zusammengesetzt, und nicht alle aus (I) folgenden partiellen Gleichungen gehen auch aus (II*) hervor, — obwohl umgekehrt alle aus (II*) entspringenden auch in (I) enthalten sind.

Beispiele. Sei $n = 6$ und $q = 2$, also $g = 2$ und $n' = 3$. Indem wir der Kürze willen die Buchstaben A weglassen, ist die aus der Gleichung

$$\text{(I)} \qquad \begin{matrix} 1\,2\,3\,4\,5\,6 \\ =2\,3\,4\,5\,6\,1 \end{matrix}$$

folgende Gleichung

$$\text{(II*)} \qquad \begin{matrix} 1\,2\,3\,4\,5\,6 \\ =3\,4\,5\,6\,1\,2 \end{matrix}$$

aus zwei dreigliedrigen Cykeln zusammengesetzt. Und in der That verwandelt sich letztere durch cyklische Anordnung in

$$\begin{matrix} 1\,3\,5\,2\,4\,6 \\ =3\,5\,1\,4\,6\,2\;. \end{matrix}$$

Die aus (II*) fliessenden Gleichungen sind

$$12=34=56\;,\qquad 13=35=51\;,$$
$$14=36=52\;,\qquad 16=32=54\;,$$
$$24=46=62\;,$$

zu denen aus (I) noch die zwei

$$12=23\;,\qquad 13=24$$

hinzukommen.

— Sei $n=2m$ und $q=m$, so ist $g=m$ und $n'=2$, und man hat

$$\text{(I)} \qquad \begin{matrix} 1\;2\ldots & m & m+1\ldots 2m-1 & 2m \\ =2\;3\ldots m+1 & m+2\ldots & 2m & 1\;, \end{matrix}$$

$$\text{(II*)} \qquad \begin{matrix} 1 & 2 & \ldots\; m & m+1 & m+2\ldots 2m \\ =m+1 & m+2\ldots 2m & 1 & 2 & \ldots\; m\;. \end{matrix}$$

Mit letzterer Gleichung ist aber die aus m zweigliedrigen Cykeln bestehende

$$\begin{matrix} 1 & m+1 & 2 & m+2\ldots & m & 2m \\ =m+1 & 1 & m+2 & 2 & \ldots 2m & m \end{matrix}$$

identisch.

c) Die Gleichung (II**) ist immer aus zweigliedrigen Cykeln zusammengesetzt, zu denen entweder kein, oder ein, oder zwei eingliedrige Cykel noch hinzutreten.

Ist nämlich n ungerade, so hat stets noch ein eingliedriger Cykel statt; z. B.

$$\begin{matrix} 12345 \\ =15432\;, \end{matrix}\qquad \begin{matrix} 12345 \\ =21543\;, \end{matrix}\qquad \begin{matrix} 12345 \\ =32154\;, \end{matrix}$$

u. s. w., oder cyklisch geordnet:

$$\begin{matrix} 12534 \\ =15243\;, \end{matrix}\qquad \begin{matrix} 41235 \\ =42153\;, \end{matrix}\qquad \begin{matrix} 21345 \\ =23154\;, \end{matrix}$$

u. s. w. Ist dagegen n gerade, so kommen entweder kein oder zwei eingliedrige Cykel hinzu, jenachdem nämlich den geraden (ungeraden)

Zahlen der oberen Reihe ungerade (gerade) oder gerade (ungerade) Zahlen der unteren Reihe entsprechen. So hat man z. B. für $n = 6$ die Gleichungen

$$\begin{array}{ccc} 123456 & 123456 & 123456 \\ =165432\,, & =216543\,, & =321654\,, \end{array}$$

u. s. w., und nach cyklischer Anordnung

$$\begin{array}{ccc} 142635 & 123645 & 251346 \\ =146253\,, & =216354\,, & =253164\,, \end{array}$$

u. s. w.

§. 29. Untersuchen wir jetzt den Grad der Symmetrie, welche durch eine aus zwei mehr als zweigliedrigen Cykeln bestehende Gleichung ausgedrückt wird. Sei diese Gleichung, deren zwei Cykeln eine gleiche Gliederzahl, wenigstens im Allgemeinen (§. 21), haben müssen,

$$\text{(III)} \qquad \begin{aligned} & A_1 A_2 \dots A_n B_1 B_2 \dots B_n \\ = {} & A_2 A_3 \dots A_1 B_2 B_3 \dots B_1 \;; \end{aligned}$$

es fragt sich nun, auf wie viel verschiedene Arten die Puncte der unteren Seite von (III) in einer anderen Folge geschrieben werden können, so dass jede dadurch entstehende neue Gleichung (IV) zu keinen anderen partiellen Gleichungen, als den schon aus (III) folgenden, führt.

Weil in (III) unter jedem A und B resp. wiederum A und B stehen, und daher in jeder partiellen aus (III) folgenden Gleichung, deren eine Seite von der Form $A_p A_q$ ist, auch die andere Seite diese Form, nicht aber die Form $A_r B_s$ oder $B_r B_s$ hat, so kann auch in (IV) unter keinem A ein B und unter keinem B ein A stehen, indem sonst aus (IV) partielle nicht in (III) begriffene Gleichungen hervorgehen würden. Wir schreiben daher

$$\text{(IV)} \qquad \begin{aligned} & A_1 A_2 A_3 \dots A_n B_1 B_2 B_3 \dots B_n \\ = {} & A_p A_q A_r \dots A_z B_{p'} B_{q'} B_{r'} \dots B_{z'}\,, \end{aligned}$$

worin p, q, ..., z, sowie p', q', ..., z' die Zahlen 1, 2, ..., n in einer noch zu bestimmenden Folge bedeuten.

Nun folgt aus (IV)

$$A_1 B_1 = A_p B_{p'}\,, \quad A_2 B_2 = A_q B_{q'}\,, \quad \dots, \quad A_n B_n = A_z B_{z'}\,,$$

und nach (III) ist

$$A_1 B_1 = A_2 B_2 = \dots = A_n B_n\;;$$

mithin muss

$$p' = p\,, \quad q' = q\,, \quad \dots, \quad z' = z$$

sein. Da ferner nach (IV) die Gleichung

$$A_1 A_2 \ldots A_n$$
$$= A_p A_q \ldots A_z$$

auch für sich bestehen muss, so sind q, r, ..., z, also auch q', r', ..., z' entweder $= p+1$, $p+2$, ..., $p-1$, oder $= p-1$, $p-2$, ..., $p+1$ (§. 27), und es wird somit (IV) entweder

$$\text{(IV*)} \quad \begin{aligned} & A_1 A_2 \;\; \ldots A_n \;\; B_1 B_2 \;\; \ldots B_n \\ = \; & A_p A_{p+1} \ldots A_{p-1} B_p B_{p+1} \ldots B_{p-1} , \end{aligned}$$

oder

$$\text{(IV**)} \quad \begin{aligned} & A_1 A_2 \;\; \ldots A_n \;\; B_1 B_2 \;\; \ldots B_n \\ = \; & A_p A_{p-1} \ldots A_{p+1} B_p B_{p-1} \ldots B_{p+1} . \end{aligned}$$

Aus (IV**) aber würde

$$A_1 B_2 = A_p B_{p-1}$$

fliessen, während nach (III)

$$A_1 B_2 = A_2 B_3 = \ldots = A_p B_{p+1} = \ldots$$

ist. Mithin kann nur (IV*) als Folge aus (III) angesehen werden.

Da nun in (IV*) die Zahl p jeden der Werthe 1, 2, ..., n haben kann, *so ist die durch die Gleichung* (III) *definirte Figur auf n verschiedene Arten sich gleich und ähnlich, und daher ihre Symmetrie nur vom* $(n-1)^{ten}$ *Grade*, während sie bei der Gleichung

$$A_1 A_2 \ldots A_n = A_2 A_3 \ldots A_1$$

bis auf den $(2n-1)^{\text{ten}}$ Grad stieg.

§. 30. Zusätze. *a*) Die Gleichung (IV*) kann aus (III) noch durch ein ähnliches Verfahren, wie in §. 28, *a* (II*) aus (I) abgeleitet werden. Bezeichnet man nämlich die Reihen

$$\begin{aligned} & A_1 A_2 \ldots A_n B_1 B_2 \ldots B_n \text{ mit } a_1 , \\ & A_2 A_3 \ldots A_1 B_2 B_3 \ldots B_1 \text{ mit } a_2 , \\ & A_3 A_4 \ldots A_2 B_3 B_4 \ldots B_2 \text{ mit } a_3 , \\ & \ldots \ldots \ldots \ldots , \end{aligned}$$

so wird (III) durch $a_1 = a_2$ ausgedrückt. Letztere Gleichung ist aber mit $a_2 = a_3$, $a_3 = a_4$, ... identisch. Besteht daher die Gleichung (III), so ist auch $a_1 = a_3$, $a_1 = a_4$, ..., $a_1 = a_p$, welche Gleichungen sämmtlich in (IV*) enthalten sind.

b) Es erhellt von selbst, dass das im vorigen §. Gesagte auch auf solche Gleichungen Anwendung findet, welche aus drei oder noch mehr n-gliedrigen Cykeln zusammengesetzt sind, und dass die einer solchen Gleichung zugehörige Figur ebenfalls eine Symmetrie des $(n-1)^{\text{ten}}$ Grades besitzt.

VII. Von der Basis einer symmetrischen Figur.

§. 31. Wenn die Gleichung, durch welche eine symmetrische Figur ausgedrückt wird, aus einem einzigen mehr als zweigliedrigen, einem n-gliedrigen, Cykel besteht, so ist die Figur nach §§. 9, 10, 12, 13 ein reguläres n-Eck, und es können daher nach willkürlicher Annahme eines der n Puncte der Gleichung die $n-1$ übrigen unzweideutig gefunden werden, sobald noch eine Anzahl gewisser von den einzelnen Puncten unabhängiger Stücke gegeben ist. Den Inbegriff dieser Stücke wollen wir die Basis der Figur sowie des Cykels nennen.

Bei Construction der Figur in einer Ebene gehören demnach zur Basis:

1) der Mittelpunct des n-Ecks,

2) der Sinn, nach welchem die n Ecken um den Mittelpunct liegen sollen,

3) die nähere Bestimmung des Centriwinkels, ob dieser einfach der n^{te} Theil von 360°, oder, wenn m eine zu n relative Primzahl ist, das m-fache des n^{ten} Theils sein soll.

Soll das n-Eck im Raume construirt werden, so sind analoger Weise die zur Basis gehörenden Stücke, wenn das n-Eck ein ebenes ist:

1) die Axe des n-Ecks,

2) der Sinn desselben,

3) die nähere Bestimmung seines Centriwinkels.

Hierzu kommt noch, wenn n gerade ist, und das n-Eck, wie es dann möglich ist, als ein nicht ebenes construirt wird,

4) der in der Axe liegende Mittelpunct des n-Ecks,

und statt des Centriwinkels ist die rechtwinklige Projection desselben auf eine die Axe rechtwinklig schneidende Ebene zu setzen, welche Projection, wenn n das Doppelte einer ungeraden Zahl ist, auch gleich dem $\frac{1}{2}n^{\text{ten}}$ Theil von 360°, oder gleich dem m-fachen dieses Theils, dafern m eine Primzahl zu $\frac{1}{2}n$ ist, genommen werden kann (§. 12).

Nach dieser Feststellung des Begriffs der Basis lassen sich nun die in Betreff einer Gleichung, welche mehrere mehr als zweigliedrige Cykeln enthält, in den §§. 17, 18, 21, 22 *gefundenen Resultate in den Satz vereinigen, dass alle Cykeln einer solchen Gleichung mit einer und derselben Basis zu construiren sind.* Und weil zu den Stücken der Basis auch der Centriwinkel gehört, und dieser von der Gliederzahl n des Cykels abhängig ist, so ist damit zugleich der Satz ausgesprochen, dass alle mehr als zweigliedrigen Cykeln einer Gleichung gleichvielgliedrig sein müssen.

§. 32. Alle bisher in Betracht gekommenen symmetrischen Figuren waren Systeme von Puncten, und unter einem regulären Vieleck, welches sich uns hierbei als Grundfigur ergab, war daher nur das System seiner Ecken, nicht auch das seiner Seiten gemeint. Offenbar aber gewährt die von den n-Ecken eines ebenen regulären n-Ecks gebildete Figur immer denselben Anblick, mag man bei seiner Construction zum Centriwinkel den n^{ten} Theil von 360^0 oder das m-fache dieses Theils (in der oben bemerkten Beschränkung) genommen, und mag man die n Ecken um den Mittelpunct herum nach der einen oder der anderen Seite hin aufgetragen haben; und ganz auf die nämliche Weise verhält es sich auch bei einem nicht ebenen regulären n-Ecke. Inskünftige, wo wir eine Figur symmetrisch gelegener Puncte stets als ein Ganzes betrachten und nicht auf die Aufeinanderfolge der Puncte Rücksicht nehmen werden, wird es daher genügen, wenn wir unter der Basis einer in einer Ebene begriffenen Figur den gemeinsamen Mittelpunct ihrer n-Ecke, und wenn sie nicht in einer Ebene enthalten ist, die gemeinsame Axe der n-Ecke verstehen, wozu noch, wenn n gerade ist, und die n-Ecke selbst nicht eben sein sollen, ihr in der Axe liegender gemeinsamer Mittelpunct kommt, ausserdem aber noch, wenn n das Doppelte einer ungeraden Zahl ist, bemerkt werden muss, ob die n-Ecke von der ersten oder der zweiten Art sein sollen.

Für $n > 2$ ist demnach die Basis einer ebenen Figur ein Punct; die Basis einer nicht ebenen aber eine Gerade, oder auch eine Gerade und ein in ihr liegender Punct (centrirte Gerade, vergl. §. 64).

Für $n = 2$ endlich ist nach dem, was in den §§. 16, 19, 24 *über diesen speciellen Werth von n gesagt worden, die Basis einer in einer Geraden enthaltenen Figur ein Punct, die Basis einer ebenen Figur ein Punct oder eine Gerade, und die Basis einer räumlichen Figur ein Punct oder eine Gerade oder eine Ebene.*

§. 33. Jenachdem $n = 2, 3, 4, \ldots$ ist, heisst die Basis eine binäre, ternäre, quaternäre, u. s. w., und im allgemeinen Fall eine Basis der n^{ten} Ordnung.

Bei einer Basis der n^{ten} Ordnung gehören demnach zu jedem Puncte A der Figur noch $n - 1$ andere, welche mit A in Bezug auf die Basis symmetrisch liegen. *Wir wollen von diesen $n - 1$ Puncten sagen, dass sie aus A durch die Basis erzeugt werden.* Sie sind im

Allgemeinen unter sich und von A verschieden, coïncidiren aber mit A, wenn A in der Basis selbst angenommen wird. In dem Falle jedoch, wenn die Basis eine Gerade l mit einem in ihr liegenden Puncte O, also n eine gerade Zahl > 2 ist, und wenn A ein von O verschiedener Punct der l ist, coïncidirt nur die eine Hälfte aller n Puncte in A und die andere Hälfte in dem Puncte der l, welcher mit A gegen O symmetrisch liegt.

Aus dem, was über den Schwerpunct einer symmetrischen Figur im Vorigen gesagt worden, erhellt hierbei von selbst, dass derselbe mit der Basis coïncidirt, wenn diese ein blosser Punct ist; oder in ihr liegt, wenn sie eine Gerade oder Ebene ist; und dass, wenn die Basis aus einer Geraden und einem darin liegenden Puncte besteht, der Schwerpunct mit diesem Puncte zusammenfällt.

§. 34. Durch eine Basis b, deren Ordnungszahl n ist, werden aus m beliebig angenommenen Puncten A, A', A'', ... eben so viel reguläre n-Ecke erzeugt, welche die Basis zum gemeinschaftlichen Mittelpuncte oder zur Axe haben, oder auch, dafern $n = 2$ ist, zur Mittelebene haben können. Dieses System von m n-Ecken lässt sich aber auch als ein System von n einander gleichen und ähnlichen und im Allgemeinen irregulären m-Ecken betrachten, deren $AA'A''\ldots$ eines ist, und welche um b herum symmetrisch liegen.

Denn sind $ABC\ldots$, $A'B'C'\ldots$, $A''B''C''\ldots$, u. s. w. die aus A, A', A'', ... durch b erzeugten n-Ecke, so hat man

$$\begin{aligned}&bABC\ldots A'B'C'\ldots A''B''C''\ldots\\ =\ &bBCD\ldots B'C'D'\ldots B''C''D''\ldots\ ,\end{aligned}$$

indem b sich selbst entspricht. Statt dessen lässt sich aber auch schreiben

$$\begin{aligned}&bAA'A''\ldots BB'B''\ldots CC'C''\ldots\\ =\ &bBB'B''\ldots CC'C''\ldots DD'D''\ldots\ ,\end{aligned}$$

und man ersieht hieraus, dass die n m-Ecke $AA'A''\ldots$, $BB'B''\ldots$, u. s. w. einander gleich und ähnlich und um b herum symmetrisch geordnet sind.

Offenbar kann man übrigens statt des willkürlichen Systems von Puncten A, A', A'', ... irgend eine gerade oder krumme Linie, irgend eine ebene oder krumme Fläche, also überhaupt irgend ein Gebilde setzen. Jedes dergleichen wird durch die Basis $(n-1)$-mal wiederholt, und es entsteht ein gegen die Basis symmetrisch liegendes Ganzes. — Nur in dem Falle findet keine Wiederholung statt, wenn das Gebilde die Basis selbst oder eine gegen sie bereits symmetrisch liegende Figur ist.

§. 35. Die Willkür, welche bei der Construction einer cyklischen Gleichung in der Annahme eines Punctes aus jedem Cykel — der m Puncte A, A', A'', ... in der obigen Gleichung — übrig bleibt, diese Willkür kann sehr vermindert und die Symmetrie der Figur in gleichem Grade erhöhet werden, wenn man zwischen allen Puncten der Gleichung noch eine zweite cyklische Gleichung bestehend annimmt.

Sei — um dies vor der Hand durch einige ganz einfache Beispiele zu erläutern — ein Viereck $ABCD$ zu construiren, welches den zwei Gleichungen

$$(a)\quad \begin{matrix} ACBD \\ = ACDB \end{matrix} \quad \text{und} \quad (b)\quad \begin{matrix} BDAC \\ = BDCA \end{matrix}$$

zugleich Genüge thut. Die Gleichung (a) wird befriedigt, wenn $AB = AD$ und $CB = CD$ ist, und es können hiernach die drei Puncte A, B, C willkürlich angenommen werden. Wegen (b) muss aber noch $AB = CB$ sein. *Die gesuchte Figur ist demnach ein gleichseitiges Viereck, also ein Rhombus, wenn sie zuerst in einer Ebene construirt wird.* Der Punct B muss in diesem Falle nach willkürlicher Annahme von A und C in der die AC rechtwinklig halbirenden Geraden liegen. Weil A und C in (a) sich selbst entsprechende Puncte sind, so ist die Gerade AC die Basis von (a), und aus ähnlichem Grunde BD die Basis von (b).

Bei räumlicher Construction der Figur liegt B in der die AC rechtwinklig halbirenden Ebene. Die Basis von (a) kann alsdann nicht mehr die Gerade AC sein, indem sonst B und D, als einen zweigliedrigen Cykel bildende und daher gegen die Basis symmetrisch liegende Puncte, mit A und C in einer Ebene sein würden. Die Basis von (a) ist daher eine durch AC gehende Ebene, gegen welche B und D, — und ebenso die Basis von (b) eine durch BD gehende Ebene, gegen welche A und C symmetrisch liegen müssen. Heisst O der Mittelpunct von AC, und O' der Mittelpunct von BD (vergl.

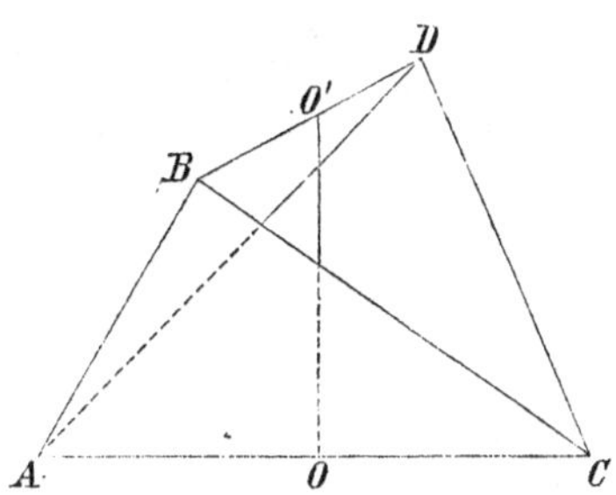

Fig. 8.

Fig. 8), so ist ACO' die erstere und BDO die letztere basische Ebene. AC und BD machen daher auch jetzt noch rechte Winkel mit einander, und die Ebenen ACO' und BDO schneiden sich rechtwinklig in der Geraden OO', gegen welche A und C, sowie B und D symmetrisch liegen, weshalb auch noch

$$ACBD = CADB$$

sein muss. Auch ergibt sich diese Gleichung unmittelbar aus (a) und (b). Denn nach (a) ist

$$ACBD = ACDB \ ,$$

und nach (b)

$$ACDB = CADB \ ,$$

folglich

$$ACBD = CADB \ .$$

§. 36. Als zweites Beispiel stellen wir die zwei Gleichungen

$$(1a) \quad \begin{array}{c} AA'BB' \\ = A'AB'B \end{array} \quad \text{und} \quad (1b) \quad \begin{array}{c} A'BB'A \\ = BA'AB' \end{array}$$

auf und wollen eine ihnen beiden zugleich genugthuende Figur zuerst in einer Ebene zu construiren suchen. Heisse α die Basis von ($1a$) und β die Basis von ($1b$) und setzen wir fürs Erste, dass α ein Punct sei, so ist derselbe der gemeinschaftliche Mittelpunct von AA' und BB', und daher die Figur $ABA'B'$ ein Parallelogramm. β kann alsdann nicht gleichfalls ein Punct sein. Denn dieser müsste mit α zusammenfallen und der gemeinsame Mittelpunct von $A'B$ und $B'A$ sein; mithin würde dann A' mit B', sowie B mit A identisch sein. β ist daher eine Gerade, von welcher $A'B$ und $B'A$ rechtwinklig halbirt werden, und *folglich die durch* ($1a$) *und* ($1b$) *in Verbindung ausgedrückte Figur ein Rechteck* $ABA'B'$. Aehnlicher Weise müsste, wenn β als Punct genommen wird, α eine Gerade sein, und es würde sich das Rechteck $ABB'A'$ als Ergebniss finden.

Endlich können α und β auch zwei Gerade sein. Alsdann werden nach ($1a$) AA' und BB' rechtwinklig von α halbirt, und AB und $B'A'$ schneiden sich in einem Puncte von α. Wegen ($1b$) sind aber $A'B$ und $B'A$ perpendiculär auf β, und ihr Durchschnitt in α liegt folglich unendlich entfernt. *Mithin ist jetzt* $AA'BB'$ *ein Rechteck, und* α *und* β *sind die zwei Geraden, welche die gegenüberliegenden Seiten desselben halbiren und daher sich rechtwinklig schneiden.*

Dieselben drei Rechtecke ergeben sich noch einfacher durch die Erwägung, dass die durch ($1a$) und ($1b$) bedingte Figur einerlei mit derjenigen ist, welche den drei Gleichungen

$$(x) \quad AB = A'B' \ , \quad AB' = A'B \ , \quad AA' = BB' \ ,$$

als den einzigen aus ($1a$) und ($1b$) fliessenden nicht identischen Gleichungen zwischen Linien, Genüge thut. Eine solche Figur ist aber immer ein Rechteck, und die vier Ecken in ihrer Aufeinanderfolge sind entweder A, A', B, B' oder A, B, B', A' oder A, B, A', B', jenachdem man die zwei Linien der ersten oder der zweiten oder der dritten Gleichung zu Diagonalen nimmt.

Anmerkung. Aus (1 *a*) und (1 *b*) folgt

$$AB'BA' = A'BB'A = BA'AB' ,$$

also

$$(1c) \qquad \begin{aligned} &ABA'B' \\ &= BAB'A' . \end{aligned}$$

Heisst γ die Basis von (1 *c*), so ist von den drei Basen α, β, γ die eine ein Punct, und die zwei anderen sind Linien, welche sich in einem Puncte rechtwinklig schneiden.

§. 37. *Sollen die zwei Gleichungen* (1 *a*) *und* (1 *b*) *im Raume construirt werden, so ist die Figur in Folge der drei Gleichungen* (*x*) *des vorigen* §. *eine dreiseitige Pyramide* $ABA'B'$, *in welcher je zwei gegenüberliegende Kanten einander gleich sind.* Das Dreieck ABA' kann daher beliebig verzeichnet werden, der Punct B' ist aber so zu bestimmen, dass seine Abstände von A, B, A' den Seiten BA', $A'A$, AB gleich werden.

Was hierbei noch die Basen von (1 *a*) und (1 *b*) anlangt, so kann α kein Punct und auch keine Ebene sein, indem sonst AA' und BB' sich in dem Puncte schneiden oder auf der Ebene normal sein und daher beidemale in einer Ebene liegen würden. Es muss daher α, und aus gleichem Grunde β und γ, eine Gerade sein, und diese drei Geraden werden sich in einem Puncte, dem Schwerpuncte O der Figur, schneiden. Weil der Schwerpunct sich selbst entspricht, so kommt, wenn wir uns O auf beiden Seiten von (1 *a*) sowohl, als von (1 *b*), vorgesetzt denken:

$$OA = OA' , \quad OB = OB' , \quad OA' = OB ,$$

und es liegen daher die vier Puncte von ihrem Schwerpuncte O gleich weit entfernt. Bezeichnen P, P', Q, Q' die Mittelpuncte von AA', BB', $A'B$, AB', so sind in (1 *a*), wo jede der Linien AA' und BB' sich selbst entspricht und die Linien $A'B$ und AB' sich gegenseitig entsprechen, P und P' sich selbst, und Q und Q' sich gegenseitig entsprechende Puncte, und daher

$$(1d) \qquad PP'QQ' = PP'Q'Q .$$

Ebenso folgt aus (1 *b*)

$$(1e) \qquad PP'QQ' = P'PQQ' .$$

Nach diesen Gleichungen sind aber (§. 35) die in die Geraden α und β fallenden und sich daher in O schneidenden Linien PP' und QQ'

die Diagonalen eines Rhombus, und es schneiden sich daher α und β, und jede von beiden aus ähnlichem Grunde mit γ, in O unter rechten Winkeln.

Hiernach kann die Figur auch dergestalt construirt werden, dass man nach beliebiger Annahme zweier sich rechtwinklig schneidender Geraden α und β und eines nicht in ihrer Ebene liegenden Punctes A die Puncte A', B, B' (vergl. Fig. 9) also bestimmt, dass, wie es die Gleichungen (1 a) und (1 b) verlangen, A' mit A symmetrisch gegen α, und B' und B resp. mit A und A' symmetrisch gegen β liegen, indem dann auch B mit B' symmetrisch gegen α liegen wird. Dies erhellt sogleich, wenn man nach Hinzufügung der durch O gehenden und auf α und β normalen Geraden γ das rechtwinklige Parallelepipedum construirt, von welchem O der Mittelpunct, A eine Ecke ist, und dessen Flächen auf α, β, γ normal sind. Denn in Folge der Natur dieses Körpers und nach der Art, auf welche A', B, B' aus A gefunden wurden, sind A', B, B' gleichfalls Ecken des Parallelepipedums, und BB' wird von α rechtwinklig halbirt. Auch ersieht man hieraus, wie der Gleichung (1 c) gemäss A und B, sowie A' und B' symmetrisch rücksichtlich γ liegen.

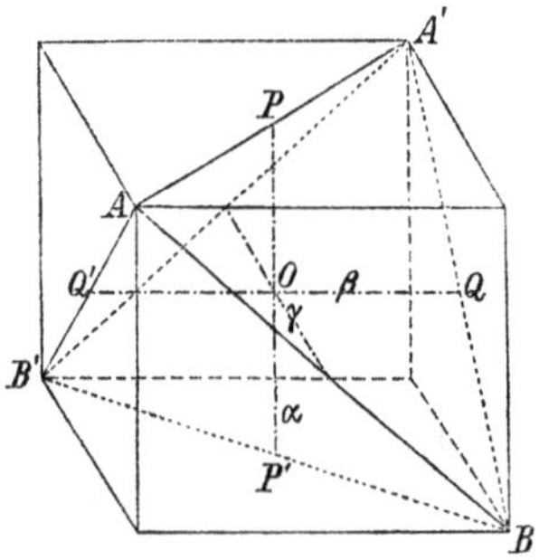

Fig. 9.

Man könnte hiernach die Pyramide $ABA'B'$ auch dadurch definiren, dass ihre sechs Kanten Diagonalen der sechs Seitenflächen eines rechtwinkligen Parallelepipedums sind.

Zum Schluss dieser Betrachtungen stehe noch folgender aus ihnen sich unmittelbar ergebender Satz:

Der Punct, in welchem sich die drei durch die Mittelpuncte der gegenüberliegenden Kanten eines Tetraëders gelegten Geraden jederzeit schneiden, ist der Mittelpunct der durch die Ecken des Tetraëders zu beschreibenden Kugelfläche, und die drei Geraden sind auf einander und eine jede auf den zwei von ihr halbirten Kanten normal, wenn je zwei gegenüberliegende Kanten einander gleich sind.

§. 38. Die Gleichungen (1 a) und (1 b) des §. 36 stellen die allein mögliche Weise dar, auf welche von zwei zwischen denselben vier Puncten bestehenden Gleichungen eine jede aus zwei zweigliedrigen Cykeln zusammengesetzt sein kann. Denn sind A und A' die zwei Puncte des einen Cykels in der ersten Gleichung, und ist A' in der zweiten Gleichung mit B zu einem Cykel verbunden, so kann der mit B in der ersten Gleichung einen Cykel bildende Punct nicht A sein, weil A auf jeder Seite dieser Gleichung schon vorkommt; er sei daher B'. Der mit B' in der zweiten Gleichung verbundene Punct kann aber A sein, weil A in der zweiten Gleichung noch nicht enthalten ist. Hiermit schliessen sich aber die beiden Gleichungen, da wir den Punct (A') schon bestimmt haben, der dem A in der ersten entsprechen soll; sie sind nämlich:

$$(1a) \quad \begin{aligned} &A\,A'B\,B' \\ =\,&A'A\,B'B \end{aligned} \quad \text{und} \quad (1b) \quad \begin{aligned} &A'B\,B'A \\ =\,&B\,A'A\,B'\,. \end{aligned}$$

Aehnlicher Weise lässt sich die allgemeine Form zweier Gleichungen zwischen einerlei Puncten bestimmen, deren jede aus drei oder noch mehr zweigliedrigen Cykeln zusammengesetzt ist. Denn lässt man in der zweiten der vorigen zwei Gleichungen den Punct B' statt mit A mit einem neuen Puncte C zu einem zweigliedrigen Cykel verbunden sein, so muss C in der ersten ebenfalls ein neuer Punct C', nicht A, zugehören. Mit diesem C' aber kann man in der zweiten Gleichung, welche noch nicht A enthält, A verbunden sein lassen. Dies gibt die zwei Gleichungen

$$(2a) \quad \begin{aligned} &A\,A'B\,B'C\,C' \\ =\,&A'A\,B'B\,C'C\,, \end{aligned}$$

$$(2b) \quad \begin{aligned} &A'B\,B'C\,C'A \\ =\,&B\,A'C\,B'A\,C'\,. \end{aligned}$$

Ebenso finden sich die zwei aus vier zweigliedrigen Cykeln bestehenden Gleichungen

$$(3a) \quad \begin{aligned} &A\,A'B\,B'C\,C'D\,D' \\ =\,&A'A\,B'B\,C'C\,D'D\,, \end{aligned}$$

$$(3b) \quad \begin{aligned} &A'B\,B'C\,C'D\,D'A \\ =\,&B\,A'C\,B'D\,C'A\,D'\,, \end{aligned}$$

u. s. w.

Was nun die Construction dieser Paare von Gleichungen anlangt, so bemerke man zuvörderst, dass aus je zwei solchen Gleichungen, deren jede aus n zweigliedrigen Cykeln besteht, sich eine dritte von zwei n-gliedrigen Cykeln gebildete ableiten lässt. Denn, um dies nur für $n = 3$ und $n = 4$ zu zeigen, so können wir statt (2b) auch schreiben

$$\begin{aligned} &A\,A'B\,B'C\,C' \\ =\,&C'B\,A'C\,B'A\,, \end{aligned}$$

und hieraus folgt in Verbindung mit (2a)

$$\begin{aligned} &A'AB'BC'C \\ =\,&C'BA'CB'A\,, \end{aligned}$$

oder cyklisch geordnet:

$$(2c)\qquad \begin{aligned}&ABCC'B'A'\\ &=BCAB'A'C'\ .\end{aligned}$$

Verfährt man auf dieselbe Weise mit (3 *b*) und (3 *a*), so kommt:

$$(3c)\qquad \begin{aligned}&ABCDD'C'B'A'\\ &=BCDAC'B'A'D'\ .\end{aligned}$$

Indem wir uns nun auf Constructionen in einer Ebene beschränken, so sind bei dem System der sechs Puncte A, A', ..., C' wegen (2 *c*) ABC und $C'B'A'$ zwei reguläre Dreiecke (vergl. Fig. 10), die einerlei Mittelpunct O — die Basis von (2 *c*) —, einerlei Centriwinkel und einerlei Sinn haben. Ferner ist nach (2 *a*) $AB = A'B'$; mithin sind die zwei Dreiecke einander gleich und ihre Ecken liegen in einem um den basischen Punct O beschriebenen Kreise. Nach Construction dieses Kreises und willkürlicher Annahme von A und A' in demselben sind daher die vier übrigen Puncte B, C, B', C' bestimmt, und es lässt sich leicht erkennen, dass mit einer solchen Figur nicht nur der Gleichung (2 *c*), und damit auch der rückwärts aus (2 *a*) und (2 *c*) fliessenden Gleichung (2 *b*) Genüge geschieht.

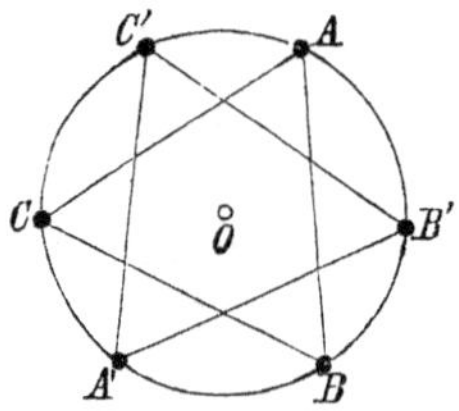

Fig. 10.

Denn von den sechs Gleichungen

$$AB = A'B'\ ,\qquad AB' = A'B\ ,\qquad AC = A'C'\ ,$$
$$AC' = A'C\ ,\qquad BC = B'C'\ ,\qquad BC' = B'C\ ,$$

deren Zusammenbestehen durch (2 *a*) ausgedrückt wird, werden die erste, dritte und fünfte wegen der Gleichheit der zwei gleichseitigen Dreiecke erfüllt; die zweite, vierte und sechste aber folgen aus (2 *c*), als wonach $AB' = BA'$, $AC' = BB' = CA'$ und $BC' = CB'$ ist.

Wegen der gestatteten Willkür in der Annahme von A und A' ist die Basis von (2 *a*) eine durch O und den Mittelpunct von AA' gehende Gerade, und aus Fig. 10 ist ersichtlich, dass, wie es in Folge von (2 *a*) auch sein muss, in Bezug auf diese Gerade nicht allein A und A', sondern auch B und B', sowie C und C' symmetrisch liegen. Ebenso ist die Basis von (2 *b*) der die Bogen $A'B$, $B'C$, $C'A$ gleichzeitig halbirende Durchmesser.

Auf gleiche Art endlich gibt es noch einen dritten Durchmesser, in Bezug auf welchen A und B', A' und C, B und C' symmetrisch liegen, und die diese Symmetrie ausdrückende Gleichung lässt sich ebenfalls aus (2 *a*) und (2 *b*) folgern. Setzt man nämlich

$$AB'A'CBC' = \alpha\ ,\qquad A'BAC'B'C = \beta\ ,$$
$$BA'C'ACB' = \gamma\ ,\qquad B'ACA'C'B = \delta\ ,$$

so ist die Gleichung $\alpha = \beta$ sowohl, als $\gamma = \delta$ identisch mit (2a), und $\beta = \gamma$ identisch mit (2b). Die hieraus aber folgende Gleichung $\alpha = \delta$ oder

$$\begin{aligned} & AB'A'CBC' \\ = & B'ACA'C'B \end{aligned}$$

ist die verlangte.

Aehnlicher Weise führen die Gleichungen (3a) und (3b) wegen der aus ihnen folgenden (3c) zu zwei concentrischen Quadraten $ABCD$ und $D'C'B'A'$, welche einerlei Sinn haben und, weil nach (3a) $AB = A'B'$ ist, von gleicher Grösse sind. Letzteres ergibt sich auch dadurch, dass man den Schwerpunct O aller 8 Puncte A, A', ..., D' als einen in (3a) und (3b) sich selbst entsprechenden Punct, den gemeinsamen Mittelpunct der Quadrate, jeder der beiden Seiten dieser Gleichungen vorsetzt. Denn nach (3a) ist alsdann $OA = OA'$, $OB = OB'$, u. s. w., und nach (3b) $OA' = OB$, u. s. w.; d. h. die Eckpuncte beider Quadrate liegen auf einem und demselben um O beschriebenen Kreise. Die Basis von (3c) ist O selbst. Die Basis von (3a) und (3b) sind zwei Durchmesser des durch A, A', ..., D' zu beschreibenden Kreises, von denen der eine den Bogen AA', der andere den Bogen $A'B$ halbirt. Ausserdem gibt es noch zwei Durchmesser — es sind die durch die Mittelpuncte von BC' und BD' gelegten —, in Bezug auf welche die 8 Puncte der Figur sich paarweise symmetrisch gruppiren. Die zwei Gleichungen, denen diese Durchmesser als Basen zukommen, folgen ähnlicher Weise aus (3a) und (3b), als vorhin die Gleichung $\alpha = \delta$ aus (2a) und (2b) abgeleitet wurde.

§. 39. Ebenso, wie wir im Vorigen eine aus zweigliedrigen Cykeln bestehende Gleichung mit einer aus denselben Puncten gebildeten und ebenfalls nur zweigliedrige Cykeln enthaltenden Gleichung verbanden und die beiden zugleich entsprechende Figur zu bestimmen suchten, so könnten wir, auf diesem Wege fortgehend, eine Gleichung mit zweigliedrigen und eine mit drei-, vier-, ... n-gliedrigen Cykeln, und allgemein zwei aus einerlei Puncten gebildete Gleichungen, die eine mit m-, die andere mit n-gliedrigen Cykeln, zusammenstellen und die beiden zugleich genügende Figur zu ermitteln suchen. Ein Versuch dieser Art würde uns aber bald von einer solchen Procedur abzustehen nöthigen, indem unter der Annahme, dass keine zwei in einer Gleichung verschiedenartig bezeichneten Puncte bei der Construction identisch werden (§. 8), die Mehrzahl jener Paare von Gleichungen zu verwerfen und allgemeine Resultate wohl schwerlich auf solchem Wege zu erlangen sein dürften.

Wir wollen daher, statt von zwei mit ihren Puncten in extenso niedergeschriebenen Gleichungen auszugehen, zunächst bloss die Basen der zwei Gleichungen festsetzen und aus einem willkürlich angenommenen Puncte, den die Figur haben soll, die übrigen Puncte, welche aus jenem durch die eine und die andere Basis erzeugt werden, zu bestimmen suchen.

Hierbei ist aber vor Allem zu bemerken, dass eine Figur, welcher zwei Basen zugleich zukommen, im Allgemeinen immer noch rücksichtlich mehrerer anderer Basen symmetrisch ist. Denn bedeute Σ ein gegen die zwei Basen b und β zugleich symmetrisches System von Puncten. Man füge demselben b und β selbst als Elemente hinzu und betrachte das damit entstehende System $b\beta\Sigma$ als ein ursprünglich gegebenes, aus welchem ein gegen b und β zugleich symmetrisches System erzeugt werden soll. Sei nun die Basis b von der n^{ten} Ordnung, und bezeichne $\beta_1, \beta_2, \ldots, \beta_{n-1}$ die $n-1$ aus β, und $\Sigma_1, \Sigma_2, \ldots, \Sigma_{n-1}$ die $n-1$ aus Σ durch b erzeugten Gebilde, so sind die aus $b\beta\Sigma$ durch b erzeugten $n-1$ Systeme, weil b von einem derselben zum anderen sich selbst entspricht:

$$b\beta_1\Sigma_1, \quad b\beta_2\Sigma_2, \quad \ldots\ldots, \quad b\beta_{n-1}\Sigma_{n-1}.$$

Alle diese $n-1$ Systeme sind einander gleich und ähnlich, und es ist mithin β_1 eine ebensolche Basis von Σ_1, β_2 eine ebensolche von $\Sigma_2, \ldots$, wie β von Σ war. Weil aber Σ in Bezug auf b schon symmetrisch sein soll, so sind $\Sigma_1, \Sigma_2, \ldots, \Sigma_{n-1}$ aus denselben Puncten wie Σ bestehende Systeme, nur dass sie diese Puncte in immer anderer Folge enthalten, und wir schliessen demnach:

Ist ein System von Puncten in Bezug auf zwei Basen (b und β) zugleich symmetrisch, so sind immer auch noch alle diejenigen Elemente, welche aus der einen Basis (β) durch die andere (b) erzeugt werden, Basen des Systems, und zwar von derselben Art, wie die Basis (β), aus der sie erzeugt wurden.

Zwei Basen eines Systems heissen hierbei von einerlei Art, wenn die zwei Figuren, welche entstehen, indem man dem Systeme das eine Mal die eine, das andere Mal die andere Basis als Element hinzufügt, einander gleich und ähnlich sind.

Ganz ebenso, wie β durch b ver-n-facht wird, wird aber durch β, wenn diese Basis von der ν^{ten} Ordnung ist, eine jede der übrigen Basen $b, \beta_1, \beta_2, \ldots, \beta_{n-1}$, so wie überhaupt durch jede der Basen $\beta, \beta_1, \beta_2, \ldots, \beta_{n-1}$ eine jede der von $b, \beta_1, \beta_2, \ldots, \beta_{n-1}$ jedesmal übrigen ver-ν-facht. Bei Fortsetzung dieses Processes ver-n-facht oder ver-ν-facht eine jede der jedesmal vorhandenen Basen, jenachdem sie die Natur von b oder β hat, eine jede der jedesmal übrigen, und es würde somit eine unendliche Anzahl theils mit b, theils mit β gleichartiger Basen — wenigstens im Allgemeinen — hervorgehen, sobald die zwei Ausgangsbasen b und β ihrer gegenseitigen Lage und Ordnung nach willkürlich angenommen worden wären. Allein bei solch einer unendlichen Menge von Basen würde auch die Anzahl der Puncte der ihnen zugehörigen Figur eine unendliche sein. Denn gesetzt auch, dass man den willkürlichen Ausgangspunct in einer der Basen selbst, etwa in b, angenommen hätte, so müsste der entsprechende Ort in jeder mit b gleichartigen Basis ein Punct des Systems sein. Bei der Unstatthaftigkeit eines solchen Systems unendlich vieler Puncte wird man daher immer darauf bedacht sein müssen, die Ordnungszahlen und die gegenseitige Lage der Ausgangsbasen b und β so zu bestimmen, dass von den aus und durch b und β erzeugten neuen Basen, wenn auch die anfänglichen ihrer Lage nach durchweg verschieden sind, doch die späteren mit den anfänglichen zusammenfallen, und somit die Anzahl aller endlich bleibt.

§. 40. Eine Basis ist entweder ein Punct oder eine Gerade oder eine Ebene, und es können daher, wenn wir diese drei Elemente kurz mit p, g, e bezeichnen, die zwei Ausgangsbasen entweder p und g, oder g und g, oder p und e, oder g und e, oder e und e sein. Denn die hier fehlende Combination p und p ist deshalb weggelassen worden, weil zwei basische Puncte stets coïncidiren, und weil, wenn sie auch von höherer Ordnung als der zweiten sind, wie dies bei ebenen Figuren möglich ist, sie in Vereinigung aus jedem Puncte der Ebene ein ebenes reguläres Vieleck erzeugen, dessen Eckenzahl die kleinste durch beide Ordnungszahlen theilbare ist, und sie daher gleich wirkend mit einem einfachen basischen Puncte sind, dessen Ordnung durch jene kleinste Zahl ausgedrückt wird. Ist z. B. der eine Punct von der vierten, der andere von der sechsten Ordnung, so ist die erzeugte Figur ein reguläres Zwölfeck, als welches sowohl aus drei regulären Vierecken, als auch aus zwei regulären Sechsecken zusammengesetzt betrachtet werden kann.

Aus analogem Grunde bleiben im Folgenden auch die Fälle ausgeschlossen, wenn die zwei Basen zwei coïncidirende Gerade oder zwei coïncidirende Ebenen sind.

Ebenso kommt hier die Symmetrie in einer Geraden nicht in Betracht, weil bei einer geradlinigen symmetrischen Figur die Basis immer nur ein Punct und dabei von der zweiten Ordnung ist, und daher zwei Basen gleich wirkend mit einer einzigen sein würden.

Ist die Figur in einer Ebene enthalten, so kommen von den obigen fünf Fällen nur die zwei ersten (p und g, g und g) in Berücksichtigung. Bei räumlichen Figuren dagegen kann jeder der fünf Fälle einzeln stattfinden, von denen jedoch der dritte (p und e) sogleich hier seine Erledigung finden mag. Sind nämlich die zwei Basen eine Ebene e und ein in ihr liegender Punct p, ist also jede der beiden Basen von der zweiten Ordnung, so werden durch sie und aus ihnen keine neuen erzeugt; und wenn aus dem willkürlichen Punct A durch e der Punct B und durch p der Punct C erzeugt werden, so sind die aus B und C resp. durch p und e erzeugten Puncte ein und derselbe Punct D, und die Construction ist damit beendigt. Es ist aber, wie ohne Weiteres einleuchtet, $ABCD$ ein Rechteck, dessen Mittelpunct p, und dessen Seiten AB und CD von e rechtwinklig halbirt werden.

VIII. Von den aus der Annahme zweier Basen entstehenden ebenen symmetrischen Figuren.

§. 41. *In einer Ebene können die Basen der zwei Gleichungen entweder ein Punct und eine Gerade, oder zwei Gerade sein.*

Im ersteren Falle heisse O der basische Punct, und P sei irgend ein mit O nicht coïncidirender Punct der durch O gehenden basischen Geraden. Ist nun O von der n^{ten} Ordnung, so werden aus P durch O noch $n-1$ andere Puncte Q, R, S, ... erzeugt, welche der Reihe nach nebst P in einem um O als Mittelpunct mit OP als Halbmesser beschriebenen Kreise so liegen, dass der Bogen

$$PQ = QR = RS = \dots = \frac{1}{n} 360^{\circ},$$

wenn wir, was immer geschehen kann, annehmen, dass Q einer der zwei dem P nächstliegenden Theilpuncte ist. Die Geraden OQ, OR, OS, ... sind alsdann die aus OP durch O erzeugten Basen, und zwar ebenso, wie OP selbst, von der zweiten Ordnung. Ist nun n ungerade, so sind OP, OQ, OR, OS, ... n verschiedene Gerade; bei einem geraden n dagegen liegen die Theilpuncte paarweise einander gegenüber, und die Anzahl der Geraden reducirt sich auf $\frac{1}{2}n$. *Diese n Geraden in dem einen und $\frac{1}{2}n$ in dem anderen Falle* *bilden in Vereinigung mit O das vollständige System der Basen*, indem von keinen zwei derselben die eine aus der anderen eine nicht schon vorhandene erzeugt. Denn so wird z. B. durch OP aus OQ die der Geraden OP zunächst vorhergehende, aus OR die zweite vorhergehende, u. s. w. erzeugt.

§. 42. Um nun die aus einem willkürlichen Puncte A der Ebene durch die Basen O und OP erzeugten übrigen Puncte zu finden, wollen wir zunächst die in Bezug auf diese Basen zwischen O, P, Q, R, ... selbst statthabenden zwei Gleichungen bilden. Sie sind, wenn wir beispielsweise zuerst $n = 3$ setzen,

$$\text{(I)} \quad \begin{array}{l} OPQR \\ = OQRP \end{array} \quad \text{und} \quad \text{(II)} \quad \begin{array}{l} OPQR \\ = OPRQ \end{array},$$

wo sich (I) auf O und (II) auf OP als Basis bezieht. Sind daher B und C die aus dem willkürlichen Puncte A (der nicht nothwendig, wie in Fig. 11 in Rücksicht auf das Folgende, mit P von O gleich weit entfernt zu sein braucht) durch O erzeugten Puncte, und ist A' der aus A durch OP erzeugte, so hat man:

$$\text{(I*)} \quad \begin{array}{l} OPQRABC \\ = OQRPBCA \end{array},$$

$$\text{(II*)} \quad \begin{array}{l} OPQRAA' \\ = OPRQA'A \end{array}.$$

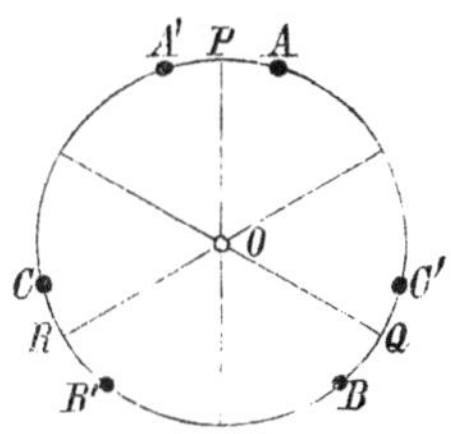

Fig. 11.

Aus (I*) folgt aber $OPQA = OQRB = ORPC$, und aus (II*) $OPQA = OPRA'$. Mithin haben B gegen das Dreieck OQR, C gegen ORP und A' gegen OPR sämmtlich einerlei Lage, dieselbe nämlich, wie A gegen OPQ; und hierdurch sind mit dem Orte von A die Oerter von B, C, A' vollkommen bestimmt. Indessen kann dieses noch einfacher geschehen, wenn wir den beliebigen Punct P in der gegebenen basischen Geraden in gleicher Entfernung mit A von dem basischen Puncte O annehmen (vergl. Fig. 11). Denn alsdann liegen nach (I*) und (II*) A, B, C, A' mit P, Q, R in dem um O beschriebenen Kreise und haben darin resp. gegen die Bögen PQ, QR, RP, PR einerlei Lage.

Sind aber VX und YZ zwei einander gleiche Bögen eines Kreises — gleichviel, ob sie einerlei Sinn haben, oder nicht —, und hat von zwei Puncten A und B des Kreises der eine A gegen V und X dieselbe Lage, wie der andere B gegen Y und Z, ist also $AVX = BYZ$, so haben wir, indem wir A, als einen auf gewisse

Weise von V und X abhängigen Punct, durch das Symbol VX ausdrücken, den anderen mit YZ zu bezeichnen.

Geben wir demnach dem willkürlichen Puncte A das Symbol PQ, so können wir die übrigen aus ihm durch die beiden Basen erzeugten Puncte bequem durch ähnliche Symbole ausdrücken. Denn nach (I) entspricht dem Puncte PQ der Punct QR, dem QR der Punct RP und dem RP wieder PQ; d. h. aus PQ werden durch O die Puncte QR und RP erzeugt.

Gehen wir jetzt zu der Gleichung (II) über und suchen die Puncte auf, die aus den drei bis jetzt vorhandenen durch die Basis OP erzeugt werden, so entsteht aus PQ der Punct PR (und aus PR rückwärts PQ), aus QR entsteht RQ und aus RP der Punct QP. Aus diesen drei neuen Puncten PR, RQ, QP gehen aber mittelst (I) keine neuen hervor, sondern wiederum sie selbst, und die Figur ist daher vollständig.

Um sie zu construiren, nehme man in dem durch P, Q, R in drei gleiche Theile von je 120° getheilten Kreise (vergl. Fig. 11) den Punct PQ beliebig an. Den von P nach Q hin bis zum Puncte PQ zurückzulegenden Weg nenne man α, so wird gleicherweise QP von Q nach P hin, QR von Q nach R hin, u. s. w. um α abstehend zu nehmen sein.

Um noch die zwei auf die zwei Basen sich beziehenden Gleichungen zu entwickeln, welche zwischen den sechs Puncten der Figur stattfinden müssen, bezeichne man der Einfachheit willen die sechs Puncte

$$PQ\ ,\quad QR\ ,\quad RP\ ,\quad QP\ ,\quad RQ\ ,\quad PR$$

mit

$$A\ ,\quad B\ ,\quad C\ ,\quad C'\ ,\quad B'\ ,\quad A'$$

und schreibe auf die linke oder obere Seite jeder Gleichung $ABCC'B'A'$. In welcher Ordnung diese Buchstaben auf der rechten oder unteren Seite gestellt werden müssen, ergibt sich unmittelbar aus (I) und (II). Denn wir ersehen daraus, dass dem A oder PQ in (I) der Punct QR oder B, in (II) der Punct PR oder A' entspricht, u. s. w. Wir erhalten auf solche Weise:

$$(\mathrm{I}^*)\quad \begin{array}{l} ABCC'B'A' \\ = BCAB'A'C', \end{array} \qquad (\mathrm{II}_*)\quad \begin{array}{l} A\,B\,C\,A'B'C' \\ = A'B'C'A\,B\,C\ , \end{array}$$

zwei Gleichungen, von denen die erste bereits cyklisch ist, die zweite aber, wenn wir sie cyklisch ordnen, sich umgestaltet in

$$(\mathrm{II}^*)\qquad \begin{array}{l} A\,A'B\,B'C\,C' \\ = A'A\,B'B\,C'C\ . \end{array}$$

Dass die erhaltene Figur auch in Bezug auf OQ und OR symmetrisch sein muss, geht aus dem allgemeinen Satze in §. 39 hervor, und man sieht leicht (vergl. §. 38), wie die diese Symmetrie darstellenden Gleichungen aus (I) und (II) abgeleitet werden können. So folgt aus (I) und (II) unmittelbar:

$$\text{(III)} \qquad QRP = PRQ \ ,$$

welches die Gleichung in Bezug auf die basische Gerade OR ist. Hieraus aber fliesst die entsprechende cyklische Gleichung zwischen den Puncten der Figur:

$$\text{(III*)} \qquad \begin{aligned} &A'B\,B'C\,C'A \\ &= B\,A'C\,B'A\,C' \ . \end{aligned}$$

Dieselbe Bemerkung gilt auch für alle durch zwei cyklische Gleichungen bestimmte Figuren überhaupt, und ich werde sie daher im Folgenden nicht wiederholen — eben so wenig als die, dass jeder der aus A erzeugten Puncte einer solchen Figur, als Ausgangspunct genommen, dasselbe System von Puncten gibt.

§. 43. Ist $n = 4$, so theile man den um O durch den willkürlichen Ausgangspunct der Figur beschriebenen Kreis in P, Q, R, S in vier gleiche Theile (vergl. Fig. 12). Die Gleichungen zwischen diesen Puncten für die quaternäre Basis O und die binäre Basis OP sind:

$$\text{(I)} \quad \begin{aligned} &PQRS \\ &= QRSP \end{aligned} \quad \text{und} \quad \text{(II)} \quad \begin{aligned} &PQSR \\ &= PSQR \ , \end{aligned}$$

von denen (II) zugleich für die Basis OR gilt, oder — wie wir vielmehr sagen müssen — es ist (II) die Gleichung für die binäre Basis POR, indem, nach der schon in §. 41 gemachten Bemerkung, für $n = 4$ sich die Anzahl der Basen OP, OQ, OR, OS auf zwei, POR und QOS, reducirt.

Aus dem, wie vorhin, durch PQ ausgedrückten Ausgangspuncte der Figur werden nun durch O nach (I) die drei Puncte QR, RS, SP, und aus allen diesen vier Puncten durch OP nach (II) die vier Puncte PS, SR, RQ, QP, aus diesen aber durch (I) keine neuen erzeugt. Die Figur besteht demnach aus den acht Puncten

$$\begin{matrix} PQ \ , & QR \ , & RS \ , & SP \ , \\ QP \ , & RQ \ , & SR \ , & PS \ , \end{matrix}$$

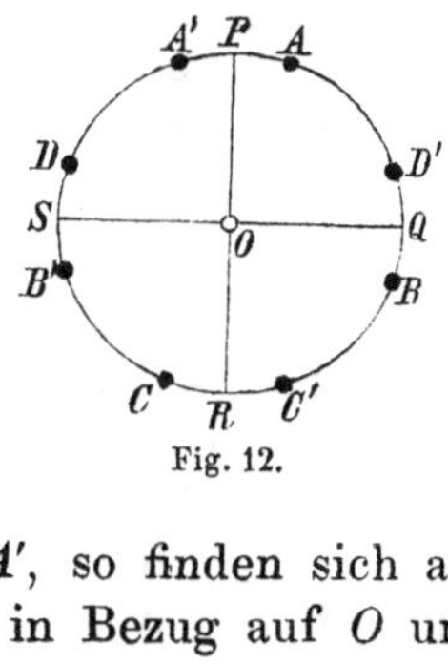

Fig. 12.

und ihre Construction ist der für $n = 3$ gezeigten ganz analog. Bezeichnen wir sie der Reihe nach mit A, B, C, D, D', C', B', A', so finden sich auf eben die Art, wie vorhin, die ihre Symmetrie in Bezug auf O und OP darstellenden Gleichungen:

$$\text{(I*)}\quad \begin{array}{l} ABCDD'C'B'A' \\ = BCDAC'B'A'D' \end{array}, \qquad \text{(II*)}\quad \begin{array}{l} AA'BB'CC'DD' \\ = A'AB'BC'CD'D \end{array}.$$

Um endlich noch die Gleichung zwischen P, Q, R, S für die binäre Basis QS aus (I) und (II) zu entwickeln, so sind (I) und (II) resp. identisch mit

$$\begin{array}{l} QRSP \\ = RSPQ \end{array} \quad \text{und} \quad \begin{array}{l} RSPQ \\ = RQPS \end{array}.$$

Aus (I) folgt aber in Vereinigung mit diesen letzten beiden Gleichungen

$$\text{(III)}\qquad \begin{array}{l} PQRS \\ = RQPS \end{array},$$

welches die verlangte Gleichung ist.

Es würde überflüssig sein, dem n noch mehrere specielle Werthe beizulegen. Schon aus dem Bisherigen geht zur Genüge hervor, *dass in einer Ebene durch einen basischen Punct O und eine basische Gerade OP aus einem willkürlichen Puncte A im Allgemeinen $2n-1$ andere Puncte erzeugt werden; dass alle $2n$ Puncte in einem um O mit OA beschriebenen Kreise liegen; dass, wenn P der eine der beiden Durchschnitte des Kreises mit OP ist, und man den Kreis von P aus in n gleiche Theile theilt, die $2n$ Puncte paarweise von den n Theilpuncten in gleichen Entfernungen, die auch von einem Theilpuncte zum anderen einander gleich sind, abstehen; dass endlich, wenn A mit einem der n Theilpuncte zusammenfällt, die n Theilpuncte selbst die aus A zu construirende Figur bilden.*

Für $n = 2$ liegen die zwei Theilpuncte P und Q einander gegenüber, und die vier Puncte der Figur bilden, wie in §. 36, ein Rechteck, dessen Seiten abwechselnd mit PQ parallel und auf PQ normal sind. Von den zwei allein möglichen Combinationen PQ und QP der beiden Theilpuncte würde dann eine jede zwei Puncte zugleich ausgedrückt haben. Sind nämlich P, Q, A, B vier Puncte eines Kreises und ist $PQA = PQB$, so können A und B nur dann zwei verschiedene Puncte sein, wenn $PQ = 180°$ ist; und diese zwei Puncte liegen gegen PQ symmetrisch.

§. 44. Bei ebenen Figuren ist jetzt noch der Fall zu untersuchen, wenn die zwei Ausgangsbasen zwei Gerade sind. Die aus ihnen und durch sie erzeugten Basen werden ebenfalls Gerade sein, und alle diese Geraden, deren nothwendig endliche Anzahl $= n$ sei, werden sich in einem Puncte O schneiden. Man beschreibe um O mit OA, wenn A den willkürlichen Ausgangspunct bezeichnet, einen Kreis, welcher die n Geraden in $2n$ Puncten schneiden wird. Von diesen

$2n$ Puncten heissen P, Q, R, ... n im Kreise zunächst auf einander folgende, die n übrigen nenne man in derselben Folge P', Q', R', ..., so dass PP', QQ', RR', ... die n Basen sind. Man sieht nun leicht, dass von den $2n$ Bögen PQ, QR, ..., $P'Q'$, $Q'R'$, ..., in welche der Kreis durch die n Basen getheilt wird, je zwei nächstfolgende, wie PQ und QR, einander gleich sein müssen. Denn wären sie ungleich, etwa $PQ < QR$, so würde die aus OP durch OQ erzeugte Basis fehlen. Sind aber die $2n$ Bögen alle einander gleich, so werden durch jede der n Basen von den jedesmal je zwei, welche mit der ersten zu verschiedenen Seiten gleiche Winkel machen, gegenseitig aus einander erzeugt. Jeder der $2n$ Bögen muss daher $= 360^{\circ} : 2n = 180^{\circ} : n$ sein; woraus weiter folgt, *dass, wenn die Anzahl der basischen Geraden* $= n$ *sein soll, der Winkel, den die zwei Ausgangsbasen mit einander einschliessen,* $= 180^{\circ} : n$ *oder überhaupt* $m \,.\, 180^{\circ} : n$ *sein muss, wo* m *eine Primzahl gegen* n *ist.* Der Einfachheit willen nehmen wir im Folgenden $m = 1$ und OP und OQ als Ausgangsbasen.

§. 45. Setzen wir nun zuerst $n = 2$, so kommen zu diesen zwei Basen keine neuen hinzu, und in Bezug auf sie sind die Gleichungen zwischen ihren Endpuncten:

$$\text{(I)} \quad \begin{array}{l} \;\; PP'QQ' \\ = PP'Q'Q \,, \end{array} \qquad \text{(II)} \quad \begin{array}{l} \;\; QQ'PP' \\ = QQ'P'P \,. \end{array}$$

Aus dem willkürlichen Puncte PQ des Kreises (vergl. Fig. 13) wird nun durch (I), d. i. durch die Basis, auf welche sich die Gleichung (I) bezieht, der Punct PQ' und kein anderer, aus PQ' durch (II) der Punct $P'Q'$, hieraus durch (I) der Punct $P'Q$, hieraus durch (II) wieder PQ erzeugt. Die Figur besteht demnach aus den vier Puncten PQ, PQ', $P'Q'$, $P'Q$, zwischen denen, wenn wir sie A, A', B, B' nennen, in Bezug auf (I) und (II) die zwei Gleichungen

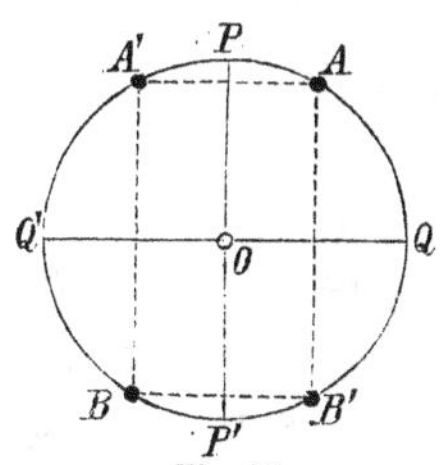

Fig. 13.

$$\text{(I*)} \quad \begin{array}{l} \;\; AA'BB' \\ = A'AB'B \end{array} \quad \text{und} \quad \text{(II*)} \quad \begin{array}{l} \;\; A'BB'A \\ = BA'AB' \end{array}$$

stattfinden, dieselben, welche schon in §. 36 in Betracht gekommen sind, und wonach die Figur $AB'BA'$ ein Rechteck ist. Diesem Rechteck kommen nach §. 43 sein Mittelpunct und die Gerade, welche das eine Paar gegenüberliegender Seiten halbirt, als Basen zu. Aus dem Gegenwärtigen aber folgt, dass auch die durch die Mittelpuncte des anderen Seitenpaares gelegte Gerade eine Basis ist.

§. 46. Für $n = 3$ wird $POQ = 60^\circ$, und die Gleichungen zwischen den Puncten, durch welche die Basen bestimmt werden, oder die **Basengleichungen**, wie wir sie kurz nennen wollen, in Bezug auf PP' und QQ' sind:

$$\text{(I)} \quad \begin{array}{l} PQRP'Q'R' \\ = PR'Q'P'RQ\,, \end{array} \qquad \text{(II)} \quad \begin{array}{l} QRP'Q'R'P \\ = QPR'Q'P'R\,. \end{array}$$

Die abwechselnd durch (I) und (II) aus einander erzeugten Puncte sind, wenn wir von PQ ausgehen,

$$PQ\,,\quad PR'\,,\quad RP'\,,\quad Q'P'\,,\quad Q'R'\,,\quad RQ\,,\quad PQ\,,$$

die man (vergl. Fig. 14) mit

$$A\,,\quad A'\,,\quad B\,,\quad B'\,,\quad C\,,\quad C'\,,\quad A$$

bezeichne. Die cyklischen Gleichungen zwischen denselben in Bezug auf PP' und QQ' finden sich vermittelst (I) und (II):

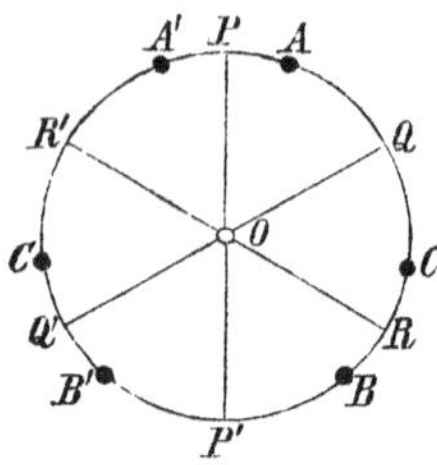

Fig. 14.

$$\text{(I*)} \quad \begin{array}{l} AA'BB'CC' \\ = A'AB'BC'C\,, \end{array}$$

$$\text{(II*)} \quad \begin{array}{l} A'BB'CC'A \\ = BA'CB'AC'\,, \end{array}$$

also einerlei mit den bereits in §. 42 erhaltenen Gleichungen (II*) und (III*), welche wir aus einer basischen Geraden und einem ternären basischen Puncte entwickelt hatten.

Ebenso würde sich für $n = 4$, also für $POQ = 45^\circ$, dieselbe symmetrische Figur zwischen acht Puncten ergeben, die wir in §. 43 zwischen A, B, C, D, D', C', B', A' unter der Voraussetzung einer basischen Geraden und eines quaternären basischen Punctes erhalten hatten. Aus der jetzigen Ableitung der Figur würden wir aber erkennen, dass ihr ausser den dort schon bemerkten zwei sich rechtwinklig schneidenden basischen Geraden noch zwei andere zukommen, welche diese rechten Winkel halbiren.

Auf gleiche Art werden nun auch für höhere Werthe von n die im Vorigen mit einer Geraden und einem Puncte und jetzt mit zwei Geraden als Basen zu construirenden Figuren immer identisch sein. Vollständig sind nämlich die Basen einer solchen Figur ein Punct O der n^{ten} Ordnung und n sich in ihm unter gleichen Winkeln schneidende Gerade. Die Figur selbst aber besteht aus $2n$ Puncten, welche in einem um O zu beschreibenden Kreise also liegen, dass die Bögen *zwischen je zwei nächstfolgenden abwechselnd einander gleich sind, und dass der Mittelpunct eines dieser Bögen in eine basische Gerade und damit auch die Mittelpuncte der übrigen in dergleichen fallen.*

IX. Von den durch zwei Basen zweiter Ordnung erzeugten symmetrischen Figuren im Raume.

§. 47. Die Basen der beiden Gleichungen können (§. 40) entweder zwei Ebenen, oder zwei Gerade, oder ein Punct und eine Gerade, oder eine Gerade und eine Ebene sein, da der einfache Fall, wenn die eine Basis ein Punct, die andere eine Ebene ist, schon in Obigem betrachtet worden ist. Wir wollen zunächst diejenigen Figuren in Untersuchung ziehen, bei denen jede der beiden Basen bloss von der zweiten Ordnung ist. Unter dieser Annahme lässt sich der dritte der oben genannten vier Fälle, nämlich wenn die erzeugenden Basen eine Gerade der zweiten Ordnung und ein in ihr liegender Punct sind, sofort dahin erledigen, dass die aus diesen beiden Basen hervorgehende Figur ein Rechteck ist; mithin bleiben nur drei von jenen vier Fällen übrig. Nehmen wir daher fürs Erste

A. zwei basische Ebenen

an. Liegen zwei Puncte A und B symmetrisch in Bezug auf eine Ebene φ, so haben sie auch in Bezug auf jede Gerade p, in welcher die Ebene von einer durch A und B gelegten und sie mithin rechtwinklig schneidenden Ebene getroffen wird, symmetrische Lage. Sind daher zwei Ebenen φ und χ als Basen gegeben, und legt man durch den willkürlichen Ausgangspunct A eine sie beide rechtwinklig in den Geraden p und q schneidende Ebene, so ist der aus A durch φ erzeugte Punct B einerlei mit dem in der Ebene pq aus A durch p erzeugten; der aus B durch χ erzeugte Punct C einerlei mit dem in der Ebene pq aus B durch q erzeugten; u. s. w. *Alle aus A durch die Ebenen φ und χ nach und nach erzeugten Puncte werden folglich in der Ebene pq liegen und einerlei sein mit denen, welche aus A durch die basischen Geraden p und q hervorgehen.*

Die aus A entstehende Figur ist daher dieselbe, welche bereits in §. 44 ff. construirt worden. Es muss deshalb, damit die Anzahl der Puncte der Figur nicht unendlich gross werde, der Winkel von q mit p, d. i. der Winkel der beiden basischen Ebenen φ und χ, $= m \,.\, 360^\circ : n$ sein, wo m und n relative Primzahlen sind. *Man lege alsdann durch A eine auf der Durchschnittslinie der beiden Ebenen normale Ebene und beschreibe in dieser zwei reguläre n-Ecke $ABC\ldots$ und $A'B'C'\ldots$, welche die Durchschnittslinie zur gemeinsamen Axe haben, und von deren einem der Punct A, von deren anderem der aus A durch eine der beiden basischen Ebenen erzeugte Punct A' eine der n Ecken ist. Die Basen dieser Figur sind n durch die Axe gelegte und gleiche Winkel mit einander machende Ebenen, unter denen sich die eine und folglich auch die andere der zwei gegebenen basischen Ebenen mit befinden; nächstdem aber noch die Axe selbst, welche eine basische Gerade der n^{ten} Ordnung ist.*

§. 48. Zweitens wollen wir als Ausgangsbasen

B. zwei basische Gerade zweiter Ordnung

in Betracht ziehen. Nennen wir sie p und q, so ist die aus p durch q erzeugte Basis r eine Gerade der zweiten Ordnung, welche, durch den Durchschnitt O von p mit q gehend, mit p und q in einer Ebene so liegt, dass der Winkel $p^\frown r$ von q halbirt wird. Die Basen p und q und alle durch sie und aus ihnen erzeugten bilden daher, wie in §. 44, ein System in einer Ebene liegender und sich in O unter gleichen Winkeln schneidender Geraden. Ihre Anzahl wollen wir, wie dort, mit n bezeichnen und unter der Annahme, dass p und q zwei nächstfolgende unter ihnen sind, den Winkel $p^\frown q = 180^\circ : n$ setzen. Weil aber jetzt der Punct A im Allgemeinen ausserhalb der Ebene pq liegen wird, so wollen wir um O mit OA als Halbmesser eine Kugelfläche beschreiben. Die n binären Axen werden dann in der Ebene eines Hauptkreises der Kugel liegen, und wir wollen die $2n$ Durchschnitte derselben mit der Kugelfläche in der Ordnung, nach welcher sie in diesem Hauptkreise auf einander folgen, wie dort, P, Q, R, ..., P', Q', R', ... nennen. Zur Bezeichnung des Punctes A wird ferner der im Obigen angewendete Ausdruck PQ nicht mehr hinreichen. Denken wir uns daher noch die auf der Kugelfläche liegenden Pole jenes Hauptkreises hinzu, zwei Puncte, die in Bezug auf jeden der Durchmesser des Hauptkreises, also auch in Bezug auf die n binären Axen, symmetrisch liegen und N und N' heissen mögen. Setzen wir dann vorläufig, dass in Bezug auf die Axe p oder OP den Puncten Q und A die Puncte X und B entsprechen, so haben wir

$$NPQA = N'PXB\ .$$

Hiernach hat der Punct B auf der Kugelfläche gegen das sphärische Dreieck $N'PX$ dieselbe Lage, wie A gegen das Dreieck NPQ, und es ist daher B durch $N'PX$ auszudrücken, wenn wir A mit NPQ bezeichnen.

Die Basengleichungen sind hiernach jetzt die nämlichen, wie in §. 44 ff., nur dass wir bei jeder derselben auf der einen Seite NN' und auf der anderen $N'N$ vorsetzen.

§. 49. Auf solche Weise hat man für $n = 2$:

$$\text{(I)}\quad \begin{aligned} & N\,N'P\,Q\,P'Q' \\ = {} & N'N\,P\,Q'P'Q\,, \end{aligned} \qquad \text{(II)}\quad \begin{aligned} & N\,N'Q\,P'Q'P \\ = {} & N'N\,Q\,P\,Q'P' \end{aligned}$$

und man erhält, von NPQ ausgehend, die abwechselnd durch (I) und (II) erzeugten Puncte

$$NPQ\,,\quad N'PQ'\,,\quad NP'Q'\,,\quad N'P'Q\,,$$

zwischen denen sich, wenn wir sie resp.

$$A\,,\quad A'\,,\quad B\,,\quad B'$$

nennen, dieselben zwei Gleichungen

$$\text{(I*)}\quad \begin{aligned} & A\,A'B\,B' \\ = {} & A'A\,B'B\,, \end{aligned} \qquad \text{(II*)}\quad \begin{aligned} & A'B\,B'A \\ = {} & B\,A'A\,B'\,, \end{aligned}$$

wie in §. 45, finden. Fig. 15 stellt das System dieser Puncte in stereographischer Projection dar, wobei N' der Pol der Projection und damit die Ebene des Hauptkreises $PQP'Q'$ die Projectionsebene ist. Die gegenseitige Lage der vier Puncte ist die schon in §. 37 betrachtete; sie sind nämlich vier solche Ecken eines rechtwinkligen Parallelepipedums, von denen keine zwei die Ecken einer Kante und keine zwei die Ecken einer der vier Diagonalen dieses Körpers sind.

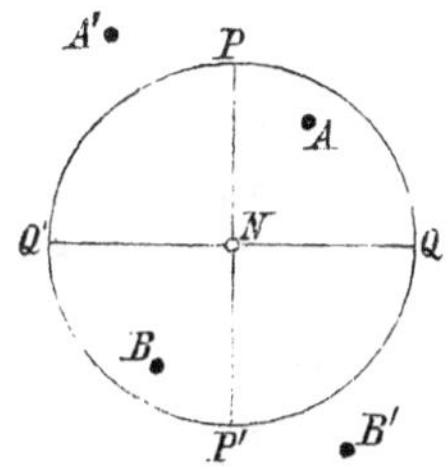

Fig. 15.

§. 50. Für $n = 3$ sind die zwei Basengleichungen

$$\text{(I)}\quad \begin{aligned} & N\,N'P\,Q\,R\,P'Q'R' \\ = {} & N'N\,P\,R'Q'P'R\,Q\,, \end{aligned}$$

$$\text{(II)}\quad \begin{aligned} & N\,N'Q\,R\,P'Q'R'P \\ = {} & N'N\,Q\,P\,R'Q'P'R\,. \end{aligned}$$

Die aus NPQ abwechselnd mittelst (I) und (II) abzuleitenden Puncte sind dieselben, wie die in §. 46 aus PQ abgeleiteten, nur dass diesen abwechselnd N und N' vorzusetzen sind, also:

$$NPQ\,,\quad N'PR'\,,\quad NRP'\,,\quad N'Q'P'\,,\quad NQ'R'\,,\quad N'RQ\,.$$

Nennen wir sie, wie dort,

$$A\,,\quad A'\,,\quad B\,,\quad B'\,,\quad C\,,\quad C'\,,$$

so sind auch die zwei cyklischen Gleichungen für die zu construirende Figur dieselben, wie dort, nämlich mit Vorsetzung von N und N':

$$\text{(I*)} \quad \begin{aligned} &N\,N'A\,A'B\,B'C\,C' \\ =\,&N'N\,A'A\,B'B\,C'C\,, \end{aligned}$$

$$\text{(II*)} \quad \begin{aligned} &N\,N'A'B\,B'C\,C'A \\ =\,&N'N\,B\,A'C\,B'A\,C'\,, \end{aligned}$$

woraus durch gleiches Verfahren, wie in §. 38, sich ergibt:

$$\text{(III*)} \quad \begin{aligned} &N\,N'A\,B\,C\,C'B'A' \\ =\,&N\,N'B\,C\,A\,B'A'C'\,. \end{aligned}$$

Die Figur besteht demnach auch hier aus zwei einander gleichen gleichseitigen Dreiecken ABC und $C'B'A'$, welche NN' zur gemeinschaftlichen Axe haben, und von deren Ecken A und A', B und B', C und C' in Bezug auf PP' symmetrisch liegen. Sie unterscheidet sich von der in §§. 38 und 46 gefundenen dadurch, dass jetzt der Ausgangspunct A im Allgemeinen ausserhalb der Ebene POQ liegen wird. Die Basen der Figur, deren stereographische Projection Fig. 16 darstellt, sind drei binäre Axen PP', QQ', RR' und eine ternäre Axe NN'.

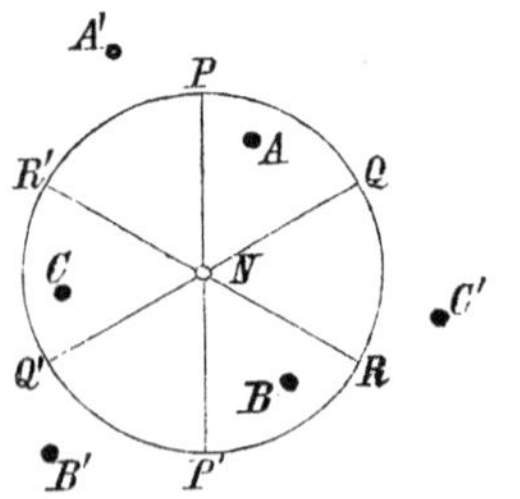

Fig. 16.

Für $n = 4$ ist die Figur aus zwei einander gleichen, ebenen regulären Vierecken $ABCD$ und $D'C'B'A'$ zusammengesetzt, welche eine gemeinsame Axe haben. Letztere ist eine quaternäre Axe der Figur. Die vier binären Axen sind in der zwischen den Ebenen der beiden Vierecke in der Mitte liegenden Ebene enthalten und halbiren die Linien $A'A$, AD', $D'B$, BC'.

Die Entwickelung der diese Beschaffenheit der Figur ausdrückenden Gleichungen würde überflüssig sein, und ich bemerke nur noch, dass in der Gleichung

$$ABCDD'C'B'A' = BCDAC'B'A'D'\,,$$

welche die zwei regulären Vierecke zu erkennen gibt, auf beiden Seiten NN' vorgesetzt werden kann, dass hiernach

$$NA = NB = NC = \dots\,,$$

sowie

$$ND' = NC' = NB' = \dots\,,$$

und dass deshalb die zwei regulären Vierecke als e b e n e zu construiren sind. — Nicht eben würden sie sein, wenn dem N einerseits N' andererseits entspräche.

Ganz Analoges gilt auch für jeden höheren Werth von n.

§. 51. Die beiden Basen seien ferner

C. eine Ebene und eine binäre Axe.

Von einer um O, als dem gegenseitigen Durchschnitt der Ebene und der Axe, beschriebenen Kugel seien PP' und QQ' zwei Durchmesser, die man sich mehrerer Anschaulichkeit willen horizontal denke, und NN' ein auf beiden rechtwinklig stehender, also verticaler Durchmesser. Man mache in dem Horizontalkreise die Bogen $PQ = QR = RS = ST = \ldots = P'Q' = Q'R' = R'S' = S'T' = \ldots$, so ist, wie im Obigen, RR' der aus PP' durch QQ' erzeugte Durchmesser, SS' der aus QQ' durch RR' erzeugte, u. s. w. Zugleich aber wird, wenn wir, wie es immer geschehen kann, die Ebene des Verticalkreises $NPN'P'$ als die gegebene basische Ebene und QQ' als die gegebene binäre Axe nehmen, $NRN'R'$ die aus $NPN'P'$ durch QQ' erzeugte Ebene, SS' die aus QQ' durch $NRN'R'$ erzeugte Axe, $NTN'T'$ die aus $NRN'R'$ durch SS' erzeugte Ebene sein, und so fort abwechselnd. Soll daher die Anzahl aller dieser basischen Ebenen und Axen endlich werden, so muss es auch die Anzahl der Durchmesser PP', QQ', ..., welche n heisse, sein. Hiernach ist, wie in §. 48,

$$P\widehat{O}Q = \frac{m}{n} 180^\circ,$$

wo m gegen n eine Primzahl ist.

Nächstdem aber haben wir hier zu unterscheiden, ob n gerade oder ungerade ist.

Bei einer geraden Anzahl der Durchmesser PP', QQ', RR', ... ist jeder geradstellige dieser Reihe, also QQ', SS', ..., eine binäre Axe, statt jedes ungeradstelligen aber, also statt PP', RR', TT', ..., hat man die durch ihn und NN' zu legende Ebene zu setzen, so dass man ein System von $\frac{1}{2}n$ binären Axen und $\frac{1}{2}n$ basischen Ebenen erhält. Alsdann werden auch räumlich im horizontalen Kreise herum eine Ebene und eine Axe stets abwechselnd auf einander folgen, und man wird mithin den Winkel $P\widehat{O}Q$ auch geradezu $= \frac{1}{n} 180^\circ$ setzen können.

Ist dagegen n ungerade, so wird jeder der n Durchmesser eine Axe und die durch jeden und NN' zu legende Ebene eine basische Ebene, welches ein System von n Axen und n Ebenen gibt. Dass auch hier $P\widehat{O}Q = \frac{1}{n} 180^\circ$ gesetzt werden kann, erhellt von selbst.

§. 52. Erläutern wir uns jetzt das Gesagte an den speciellen Fällen $n = 2, 3, 4$ *).

Für $n = 2$ wird der Bogen PQ des horizontalen Kreises $= 90^\circ$, und es hat nur eine basische Ebene $NPN'P'$ und nur eine auf jener normale Axe QQ' statt, indem aus der einen der zwei Basen durch die andere die erstere selbst wieder erzeugt wird. — Die Basengleichungen in Bezug auf die Ebene und die Axe sind:

$$\text{(I)}\quad \begin{aligned} &NN'PP'QQ' \\ =\ &NN'PP'Q'Q\,, \end{aligned} \qquad \text{(II)}\quad \begin{aligned} &NN'PP'QQ' \\ =\ &N'NP'PQQ'\,. \end{aligned}$$

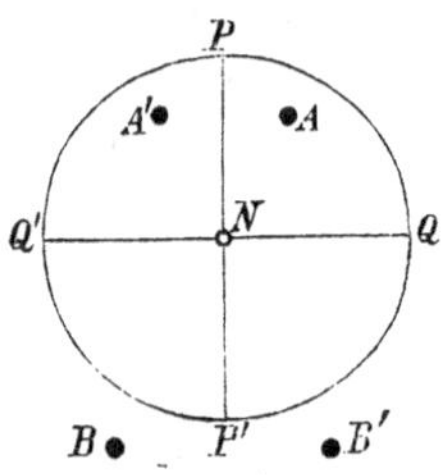
Fig. 17.

Hiernach sind, wenn man vom Puncte NPQ ausgeht, die aus einander abwechselnd durch (I) und durch (II) erzeugten Puncte

$$NPQ\,,\quad NPQ'\,,\quad N'P'Q'\,,\quad N'P'Q\,,$$

die man

$$A\,,\qquad A'\,,\qquad B\,,\qquad B'\,,$$

nenne (vergl. Fig. 17), und es finden sich zwischen ihnen die zwei schon einige Male erhaltenen cyklischen Gleichungen

$$\text{(I*)}\quad \begin{aligned} &AA'BB' \\ =\ &A'AB'B\,, \end{aligned} \qquad \text{(II*)}\quad \begin{aligned} &A'BB'A \\ =\ &BA'AB'\,. \end{aligned}$$

Die von ihnen gebildete Figur ist ein Rechteck, dessen Diagonalen AB und $A'B'$ sind.

§. 53. Für $n = 3$, wo der Bogen $PQ = 60^\circ$, sind die Basengleichungen wiederum dieselben, wie in §. 50, nur dass die Gleichung (I), welche sich jetzt auf die Basis $NPN'P'$ bezieht, die Puncte N und N', jeden sich selbst entsprechend, und die auf QQ' sich beziehende Gleichung (II) dieselben Puncte N und N', aber jeden dem jedesmal anderen entsprechend, vorgesetzt erhält. Dies gibt:

$$\text{(I)}\quad \begin{aligned} &NN'PQRP'Q'R' \\ =\ &NN'PR'Q'P'RQ\,, \end{aligned} \qquad \text{(II)}\quad \begin{aligned} &NN'QRP'Q'R'P \\ =\ &N'NQPR'Q'P'R\,. \end{aligned}$$

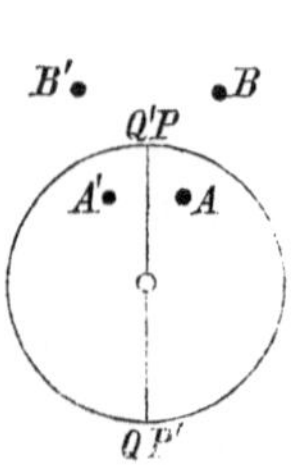
Fig. 18.

*) Für $n = 1$ wird $PQ = 180^\circ$. Alsdann fällt, so wie auch für $n = 0$, die Axe QQ' in die basische Ebene, und keine dieser beiden Basen vermag aus der anderen eine neue zu erzeugen. Sind ferner die aus dem willkürlichen Puncte A durch die Ebene und durch die Axe abwechselnd erzeugten Puncte A', B, B' (vergl. Fig. 18), so folgt auf B' wiederum A und die Figur $AA'B'B$ ist ein Rechteck, dessen Seiten AB, $A'B'$ von der Ebene des Horizontalkreises rechtwinklig halbirt werden, und dessen Diagonalen sich in der Axe schneiden.

Durch abwechselnde Benutzung von (I) und (II) ergeben sich hieraus die Reihen:

$$QQ'\ ,\quad R'R\ ,\quad P'P\ ,\quad P'P\ ,\quad R'R\ ,\quad QQ'\ ,\quad \ldots\ ,$$
$$NP\ ,\quad N'R\ ,\quad N'Q'\ ,\quad NQ'\ ,\quad NR\ ,\quad N'P\ ,\quad \ldots\ ,$$

wonach die drei Linien PP', QQ', RR' und die drei durch sie und NN' gelegten Ebenen insgesammt basisch sind, und woraus zugleich geschlossen werden kann, dass NN' als ternäre Axe hinzukommt. —

Man erhält ferner, vom Puncte NPQ ausgehend, die Puncte

$$NPQ\ ,\quad NPR'\ ,\quad N'RP'\ ,\quad N'Q'P'\ ,\quad NQ'R'\ ,\quad NRQ\ ,$$
$$N'PQ\ ,\quad N'PR'\ ,\quad NRP'\ ,\quad NQ'P'\ ,\quad N'Q'R'\ ,\quad N'RQ\ ,$$

wofür man schreibe

$$A\ ,\quad A'\ ,\quad B\ ,\quad B'\ ,\quad C\ ,\quad C'\ ,$$
$$D\ ,\quad D'\ ,\quad E\ ,\quad E'\ ,\quad F\ ,\quad F'\ .$$

Aus dem willkürlichen Puncte A werden somit elf andere Puncte erzeugt, so dass in Bezug auf die zwei Ausgangsbasen zwischen den Puncten des erhaltenen symmetrischen Systems die Gleichungen

$$(\mathrm{I}^*)\qquad \begin{aligned} &A\,A'B\,B'C\,C'D\,D'E\,E'F\,F' \\ =\ &A'A\,B'B\,C'C\,D'D\,E'E\,F'F \end{aligned}$$

und

$$(\mathrm{II}^*)\qquad \begin{aligned} &A'B\,B'C\,C'D\,D'E\,E'F\,F'A \\ =\ &B\,A'C\,B'D\,C'E\,D'F\,E'A\,F' \end{aligned}$$

bestehen.

Um sich von der Lage dieser zwölf Puncte gegen die Basen und gegen einander eine Vorstellung zu bilden, nehme man zuerst an, dass der Ausgangspunct NPQ oder A in den horizontalen Kreis selbst falle und daher gegen N und N' einerlei Lage habe. Alsdann kann man folglich in seinem Ausdrucke, sowie in den Ausdrücken der aus ihm erzeugten Puncte, die Buchstaben N und N' weglassen, und man erhält aus (I) und (II) dieselben sechs im Horizontalkreise liegenden Puncte

$$PQ\ ,\quad PR'\ ,\quad RP'\ ,\quad Q'P'\ ,\quad Q'R'\ ,\quad RQ\ ,$$

welche sich ergaben, als das System der Basen aus drei sich in NN' unter gleichen Winkeln schneidenden Ebenen (§. 47) oder drei dergleichen Linien (§. 50) bestand, und wo im letzten Falle der Punct PQ in der Ebene der Linien selbst angenommen wurde. Jetzt aber, wo das System der Basen die drei Ebenen und die drei Linien, letztere in ersteren liegend, zugleich enthält, zertheilt sich jeder der sechs Puncte in zwei: PQ in NPQ und $N'PQ$, PR' in NPR' und $N'PR'$, etc. und zwar dergestalt, dass, wenn NPQ über dem Horizontalkreise mit PQ in einerlei Verticalkreise begriffen ist, $N'PQ$ in demselben Verticalkreise eben so tief unter dem Horizontalkreise liegt, dass in derselben Höhe und Tiefe, wie diese zwei Puncte, NPR' und $N'PR'$ über und unter PR' liegen, u. s. w. (vergl. Fig. 19, welche die Configuration der zwölf Puncte A, A', B, B', …, F' in stereographischer Projection darstellt).

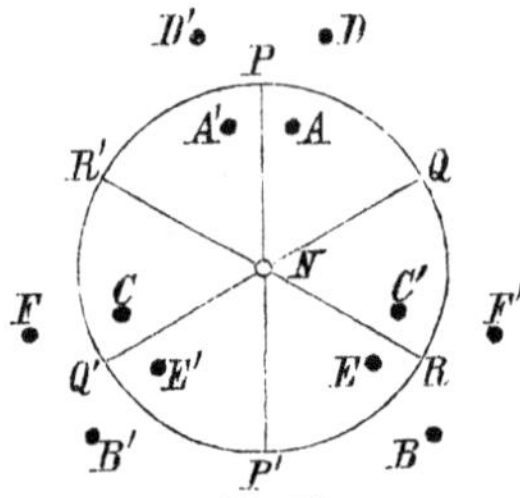

Fig. 19.

§. 54. Für $n = 4$ sind die Basengleichungen:

$$\text{(I)} \quad \begin{aligned} &N N' P Q R S P' Q' R' S' \\ &= N N' P S' R' Q' P' S R Q \,, \end{aligned}$$

$$\text{(II)} \quad \begin{aligned} &N N' Q R S P' Q' R' S' P \\ &= N' N Q P S' R' Q' P' S R \,, \end{aligned}$$

also die Basen selbst

$$\frac{NPN'P'}{QQ'}\,,\quad \frac{N'RNR'}{S'S}\,,\quad \frac{N'R'NR}{SS'}\,,\quad \frac{NP'N'P}{Q'Q}\,,\quad \frac{NP'N'P}{Q'Q}\,,\;\ldots\,,$$

so dass von den vier sich unter Winkeln von 45° schneidenden Geraden PP', QQ', RR', SS' die zweite und die vierte als Basen beizubehalten, statt der ersten und der dritten aber die durch sie und NN' zu legenden Ebenen zu setzen sind.

Die aus NPQ erzeugten Puncte sind:

$$\begin{array}{llll} NPQ\,, & NPS'\,, & N'RS\,, & N'R'Q'\,, \\ NP'Q'\,, & NP'S\,, & N'R'S'\,, & N'RQ\,, \end{array}$$

oder

$$\begin{array}{llll} A\,, & A'\,, & B\,, & B'\,, \\ C\,, & C'\,, & D\,, & D'\,, \end{array}$$

und die zwei Gleichungen zwischen ihnen:

$$\text{(I*)} \quad \begin{aligned} &A A' B B' C C' D D' \\ &= A' A B' B C' C D' D \,, \end{aligned} \qquad \text{(II*)} \quad \begin{aligned} &A' B B' C C' D D' A \,, \\ &= B A' C B' D C' A D' \,. \end{aligned}$$

Bezeichnen wir daher, wie vorhin, die sphärische rechtwinklige Projection von NPQ auf den Horizontalkreis mit PQ, so sind von sämmtlichen acht erhaltenen Puncten der Figur die Projectionen:

$$\begin{array}{llll} PQ\,, & PS'\,, & RS\,, & R'Q' \\ P'Q'\,, & P'S\,, & R'S'\,, & RQ\,, \end{array}$$

dieselben acht Puncte, in jedem der Octanten PQ, QR, … einer, die man durch zwei unter 45° gegen einander geneigte basische Ebenen erhalten würde (vergl. §. 47). Um aus ihnen die acht Puncte des gegenwärtigen Systems zurückzuerhalten, hat man jeden von ihnen in seinem Verticalkreise um gleich viel zu erhöhen oder zu vertiefen, so dass je zwei nächstfolgende Puncte, jenachdem sie eine der zwei Ebenen NP und NR oder eine der zwei Geraden QQ' und SS' zwischen sich haben, auf einerlei oder verschiedenen Seiten des Horizontalkreises zu liegen kommen (vergl. Fig. 20, welche die stereographische Projection des Systems der acht Puncte auf die Horizontalebene $PQR\ldots$ zeigt).

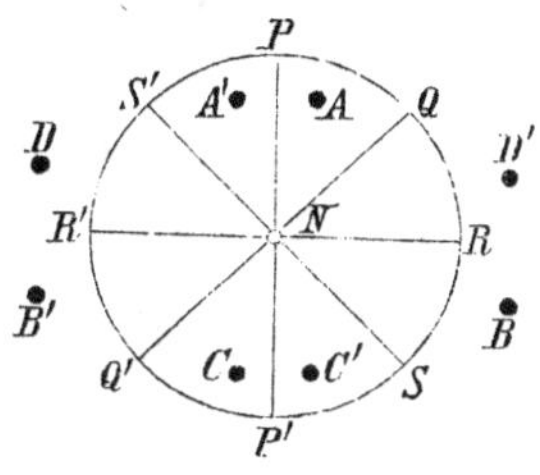

Fig. 20.

Es erhellt aus dem Voranstehenden von selbst, wie die aus einem willkürlichen Punct A entspringenden symmetrischen Figuren auch für grössere Werthe von n gestattet sein werden. Jenachdem nämlich n gerade oder ungerade ist, wird die Figur aus 2n oder 4n Puncten bestehen, von denen sich in beiden Fällen die 2n Puncte, welche sich bei Annahme des A in der Horizontalebene ergeben, als die rechtwinkligen Projectionen auf diese Ebene betrachten lassen.

---

§. 55. Die von §. 47 an geführten Untersuchungen enthalten die vollständige Lösung der Aufgabe: *zwei zwischen denselben Puncten bestehende aus zweigliedrigen Cykeln zusammengesetzte Gleichungen, also zwei Gleichungen von der Form*

$$\text{(I)}\quad \begin{aligned} &AA'BB'CC'\ldots \\ =\;&A'AB'BC'C\ldots \end{aligned} \qquad \text{(II)}\quad \begin{aligned} &A'BB'CC'D\ldots \\ =\;&BA'CB'DC'\ldots, \end{aligned}$$

(*vgl. auch* §. 38) *im Raume zu construiren.* Denn die Basen der zwei Gleichungen können entweder zwei Ebenen (§. 47), oder zwei binäre Axen (§§. 48—50), oder eine Ebene und eine binäre Axe (§§. 51—54) sein, — den Fall ausgenommen, wenn jede der beiden Gleichungen nur zwei Cykeln hat, und wo als Basis der einen Gleichung auch ein Punct genommen werden kann (§§. 40 und 47).

Wie bereits in §. 38 bei Construction der Gleichungen (I) und (II) in einer Ebene gezeigt worden, lässt sich aus ihnen eine dritte nur zwei Cykeln enthaltende Gleichung

$$\text{(III)}\quad \begin{aligned} &ABC\ldots D'C'B' \\ =\;&BCD\ldots C'B'A' \end{aligned}$$

ableiten, und es muss daher, wenn n die Anzahl der zweigliedrigen Cykeln in (I), also auch in (II) ist, ebenso, wie die ebene Figur, welche den Gleichungen (I) und (II) Genüge thut, auch die räumliche aus zwei regulären und einander gleichen n-Ecken $ABC\ldots$ und $\ldots C'B'A'$, welche eine gemeinsame Axe haben, zusammengesetzt sein. Ueberdies müssen die beiden n-Ecke, wenn sie nicht eben sind, nach §. 22 auch einerlei Mittelpunct haben.

Umgekehrt wird man durch Construction zweier solcher n-Ecke stets eine Figur erhalten, welche nicht nur der Gleichung (III), *sondern auch der Gleichung* (I) *und damit der aus* (I) *und* (III) *rückwärts fliessenden Gleichung* (II) *Genüge thut.* Denn wegen der Gleichheit der n-Ecke $ABC\ldots$ und $A'B'C'\ldots$ ist

$$AB = A'B',\ AC = A'C',\ \ldots$$

Sodann ist nach (III)

$$AB' = BA',\ AC' = BB' = CA';$$

ebenso

$$AD' = BC' = CB' = DA';$$

u. s. w. Ueberhaupt also ist

$$AX = A'X' \quad \text{und} \quad AX' = A'X,$$

wo X jeden der übrigen Puncte B, C, ..., B', C' ... bedeuten kann. Ebenso kann man in Bezug auf die mit B und B', C und C', u. s. w. anfangenden einander entsprechenden Linien verfahren und ihre Gleichheit beweisen. Hierdurch aber ist der Beweis für die Richtigkeit von (I) selbst geführt.

Sind demnach $ABC\ldots$ und $A'B'C'\ldots$ zwei einander gleiche reguläre Vielecke, welche um eine gemeinsame Axe nach entgegengesetztem Sinne laufen und, dafern sie nicht eben sind, nothwendig einerlei Mittelpunct haben (§. 22), so liegen die Puncte A und A', B und B', C und C', u. s. w. entweder in Bezug auf eine Ebene, oder in Bezug auf eine Gerade symmetrisch, nicht in Bezug auf einen Punct, indem dieser in der gemeinsamen Axe liegen müsste, und alsdann die beiden Vielecke einerlei Sinn haben würden. Und da als erste Puncte in den Ausdrücken der beiden Vielecke zwei beliebige Ecken des einen und anderen genommen werden können, so muss dieselbe symmetrische Lage auch bei den Punctepaaren B und A', C und B', D und C', u. s. w., wie die Gleichung (II) aussagt, ingleichen bei C und A', D und B', u. s. w. stattfinden; wodurch, wie man sieht, alle binären Basen der Figur hervorgehen, deren Anzahl mithin $= n$ ist, und von denen eine jede mit der nächstfolgenden einen Winkel $= 180^\circ : n$ bildet.

Sind daher die zwei Vielecke eben und fallen ihre Mittelpuncte, also auch ihre Ebenen zusammen, so sind die Basen von (I) und (II) zwei gerade Linien a und b, wofür auch zwei Ebenen gesetzt werden können, welche die gemeinsame Ebene in a und b rechtwinklig schneiden.

Sind die Vielecke eben, fallen aber ihre Mittelpuncte nicht zusammen und sind daher ihre Ebenen einander parallel, so sind, wie man leicht sieht, weder AA', BB', ... noch BA', CB', ... Parallellinien, und die Basen von (I) und (II) können somit nur zwei Gerade sein. Die sämmtlichen n binären Basen der Figur sind somit Gerade, von denen eine jede mit der benachbarten einen Winkel $= 180^\circ : n$ einschliesst.

Wenn dagegen, falls n gerade ist, die zwei n-Ecke nicht ebene sind, so liegen alle $2n$ Puncte gleich weit von der gemeinsamen Mittelebene μ der beiden n-Ecke entfernt, und wenn wir, um die Ideen zu fixiren, μ horizontal und A und A' über μ liegend annehmen, so sind AA', BB', CC', ... parallel unter sich und mit μ und liegen abwechselnd über und unter μ. Die Basis von (I) ist alsdann eine verticale Ebene, die Basis von (II) dagegen eine horizontale Gerade. (Das umgekehrte Verhältniss würde stattfinden, wenn wir A und A' auf verschiedenen Seiten von μ angenommen hätten.) Ebenso sind auch die übrigen Basen abwechselnd Ebenen und Gerade.

Im Allgemeinen, d. h. wenn man die nicht ebenen n-Ecke als solche der ersten Art construirt, ist der Winkel je zweier nächstfolgender Basen, wie vorhin, $= 180^\circ : n$; die $\frac{1}{2}n$ basischen Ebenen und $\frac{1}{2}n$ basischen Geraden folgen abwechselnd auf einander, so dass die letzteren und die Durchschnitte der ersteren mit μ ein System von n in μ liegenden und sich unter gleichen Winkeln schneidenden Geraden bilden.

Ist aber $n = 4i + 2$, und sind die zwei nicht ebenen Vielecke von der zweiten Art, so ist jener Winkel $= 360^\circ : n$, wodurch es geschieht, dass die $\frac{1}{2}n$ basischen Geraden die Durchschnitte der $\frac{1}{2}n$ basischen Ebenen mit der Mittelebene sind.

§. 56. Um die Beschaffenheit und gegenseitige Lage dieser Vielecke näher zu bestimmen, füge man den Gleichungen (I) und (II), wenn ihre Basen zwei Ebenen sind, noch zwei Puncte N und N' hinzu, welche in dem gegenseitigen Durchschnitt der Ebenen liegen.

Weil jeder Punct einer Basis sich selbst entspricht, so erhält man in diesem Falle:

$$\text{(I)} \qquad \begin{aligned} & NN'AA'BB' \ldots \\ = \; & NN'A'AB'B \ldots \end{aligned}$$

und

$$\text{(II)} \qquad \begin{aligned} & NN'A'BB'C \ldots \\ = \; & NN'BA'CB' \ldots \,, \end{aligned}$$

woraus

$$\text{(III)} \qquad \begin{aligned} & NN'AB \ldots C'B' \\ = \; & NN'BC \ldots B'A' \end{aligned}$$

folgt. NN' ist daher die gemeinsame Axe der beiden n-Ecke, und weil nach (III)

$$N A = N B = N C = \ldots ,$$

sowie

$$N'A' = N'B' = N'C' = \ldots ,$$

so ist jedes derselben ein ebenes.

Setzen wir daher noch, dass N der Mittelpunct des n-Ecks $ABC\ldots$, und dass folglich der Winkel $N'NA = 90^\circ$, so ist nach (I) auch $N'NA' = N'NA$, folglich N auch der Mittelpunct des n-Ecks $A'B'C'\ldots$; und da nach (I) $NA = NA'$, so sind beide n-Ecke einander gleich.

Unter der Voraussetzung also, dass die Basen von (I) *und* (II) *Ebenen sind, wird man eine diesen Gleichungen entsprechende Figur erhalten, wenn man in einer Ebene zwei reguläre, concentrische, einander gleiche und einerlei Sinn und Centriwinkel habende n-Ecke $ABC\ldots$ und $\ldots C'B'A'$ construirt, d. i. wenn man einen Kreis, von zwei beliebigen Puncten A und A' desselben ausgehend, das eine Mal durch A, B, C, ..., das andere Mal nach entgegengesetztem Sinne durch A', B', C' ... in n gleiche Theile theilt. Die zwei basischen Ebenen selbst schneiden sich alsdann in der gemeinsamen Axe der n-Ecke, d. i. in der Axe des Kreises, und zwar so, dass die eine Basis den Bogen AA', die andere den Bogen $A'B$ halbirt.*

Geschehe dies in den Puncten P und Q, so hat man

$$AP = PA' , \qquad A'Q = QB ,$$

folglich

$$PA' + A'Q = AP + QB ,$$

d. i.

$$PQ = AP + QB ,$$

und, wenn man beiderseits PQ addirt:

$$2PQ = AP + PQ + QB = AB = 360^\circ : n ,$$

woraus PQ oder der Winkel der zwei basischen Ebenen $= 180^\circ : n$ folgt.

Man theile noch den Kreis von P aus nach der Seite hin, wo Q liegt, in $2n$ gleiche Theile. Der nächste Theilpunct wird Q sein; die folgenden heissen R, S, ..., P', Q', R', S', ..., so dass PP', QQ', RR', ... n gleiche Winkel mit einander machende Durchmesser des Kreises sind, die man p, q, r, s, ... nenne. Die durch die Axe NN' und jeden der n Durchmesser gelegten Ebenen mögen der Reihe nach mit $\overline{p}$, $\overline{q}$, $\overline{r}$, $\overline{s}$, ... bezeichnet werden. Da von je drei nächstfolgenden derselben aus der einen der beiden äusseren durch die mittlere als Basis die andere äussere erzeugt wird, und da die zwei ersten $\overline{p}$ und $\overline{q}$ Basen sind, so sind es auch die $n-2$ übrigen (§. 39). Sie bilden um NN' herum $2n$ Winkel, deren jeder

$= 180^\circ : n$, und in deren jeden einer der $2n$ Puncte der Figur fällt. Auch kann es nicht noch andere durch NN' gehende basische Ebenen geben, indem durch jede neue aus jedem der $2n$ Puncte ein neuer erzeugt werden würde.

§. 57. Als Basen von (I) und (II) können wir auch zwei Gerade annehmen. Nennen wir sie p und q und fügen eine durch ihren Durchschnitt O zu legende und auf der Ebene pq normale Gerade hinzu, in welcher N und N' zwei von O gleich weit zu verschiedenen Seiten abstehende Puncte seien. Alsdann entspricht in Bezug auf p sowohl, als auf q, jedem der beiden Puncte N und N' der jedesmal andere, und es kommt, wenn wir diese Puncte den Gleichungen (I) und (II) hinzusetzen:

$$\text{(I)} \qquad \begin{aligned} &N\,N'A\,A'B\,B'\ldots \\ &= N'N\,A'A\,B'B\ldots, \end{aligned}$$

$$\text{(II)} \qquad \begin{aligned} &N\,N'A'B\,B'C\ldots \\ &= N'N\,B\,A'C\,B'\ldots; \end{aligned}$$

die aus ihnen abzuleitende dritte Gleichung wird aber, wie vorhin:

$$\text{(III)} \qquad \begin{aligned} &NN'AB\ldots C'B' \\ &= NN'B\,C\ldots B'A'. \end{aligned}$$

Hiernach sind wiederum $ABC\ldots$ und $\ldots C'B'A'$ zwei ebene reguläre n-Ecke mit einerlei Axe (NN'), Sinn und Centriwinkel, und ihre Ebenen sind mit der Ebene pq, als auf welcher NN' normal ist, parallel. Weil ferner der Punct O immer sich selbst entspricht, so ist nach (I) $ONA = ON'A'$. Wird daher N so bestimmt, dass $ONA = 90^\circ$, und dass daher N der Mittelpunct des n-Ecks $ABC\ldots$ wird, so wird auch $ON'A' = 90^\circ$ und N' der Mittelpunct des n-Ecks $\ldots C'B'A'$. Weil dann überdies $NA = N'A'$, sowie $ON = ON'$ ist, so sind beide n-Ecke einander gleich, und ihre Ebenen liegen gleich weit von der Ebene pq entfernt.

Um noch den Winkel $p^\wedge q$ zu bestimmen, lasse man A in p selbst liegen, so dass OA einerlei mit p wird. Wegen (I) coïncidirt dann A' mit A, also auch OA' mit p und die zwei n-Ecke $ABC\ldots$ und $\ldots C'B'A'$ coïncidiren in der Ebene pq. In dieser Ebene ist aber nach (II), wonach dem A' oder jetzt A in Bezug auf q der Punct B entspricht, $OA^\wedge q = OB^\wedge q$, folglich

$$p^\wedge q = OA^\wedge q = \tfrac{1}{2}OA^\wedge OB = \frac{m}{n}180^\circ,$$

wo m gegen n eine Primzahl ist.

Zugleich fliesst hieraus, wie vorhin, dass die Figur ausser p und q noch $n-2$ andere mit p und q in einer Ebene liegende binäre Axen besitzt, und dass alle diese n Axen gleiche Winkel mit einander machen.

Sind also die zwei einen Winkel $= m \,.\, 180^0 : n$ *mit einander bildenden basischen Geraden* p *und* q *und der Punct* A *gegeben, so findet man die* $2n - 1$ *übrigen Puncte der Gleichungen* (I) *und* (II), *indem man zuerst den mit* A *in Bezug auf* p *symmetrisch liegenden Punct* A' *bestimmt und hierauf zwei ebene reguläre* n*-Ecke* $ABC\ldots$ *und* $A'B'C'\ldots$, *welche die im Durchschnitte von* q *mit* p *auf der Ebene* pq *zu errichtende Normale zur gemeinsamen Axe haben, nach entgegengesetztem Sinne mit einem Centriwinkel* $= 2 \,.\, p^\wedge q$ *beschreibt.*

§. 58. Die binären Basen von (I) und (II) können schliesslich eine Ebene $\bar{p}$ und eine Gerade q sein. Erstere wollen wir uns vertical, und letztere, wie es dann immer möglich ist, horizontal denken. In einer durch den gegenseitigen Durchschnitt O von $\bar{p}$ und q gelegten Verticallinie, welche daher in $\bar{p}$ selbst enthalten und auf q normal ist, seien N und N' zwei von O gleich weit abstehende Puncte. In Bezug auf $\bar{p}$ entspricht jeder von ihnen sich selbst, in Bezug auf q aber der eine dem anderen, und die Gleichungen (I) und (II) werden daher mit Hinzufügung dieser Puncte

$$\text{(I)} \qquad \begin{aligned} & NN'AA'BB'\ldots \\ = \; & NN'A'AB'B\ldots, \end{aligned}$$

$$\text{(II)} \qquad \begin{aligned} & NN'A'BB'C\ldots \\ = \; & N'NBA'CB'\ldots, \end{aligned}$$

woraus

$$\text{(III)} \qquad \begin{aligned} & NN'AB\ldots C'B' \\ = \; & N'NBC\ldots B'A' \end{aligned}$$

fliesst. Die zwei regulären n-Ecke $ABC\ldots$ und $\ldots C'B'A'$ mit einerlei Axe (NN'), Sinn und Centriwinkel sind aber jetzt nicht mehr eben, da nach (III)

$$NA = N'B = NC = \ldots$$

und

$$N'A' = NB' = N'C' = \ldots$$

Nach §. 22 haben sie O zum gemeinsamen Mittelpuncte, und jedes von ihnen ist aus zwei ebenen $\frac{1}{2}n$-Ecken zusammengesetzt, welche in zwei von O gleich weit abstehenden auf NN' normalen Ebenen liegen. Die Ausführbarkeit der jetzigen Constructionsweise erfordert daher, dass n eine gerade Zahl, $= 2i$, ist; und wenn wir annehmen, dass von den zwei ebenen i-Ecken $ACE\ldots$ und $BDF\ldots$, aus denen das $2i$- oder n-Eck $ABC\ldots$ zusammengesetzt ist, der Punct N der Mittelpunct des ersteren ist, so ist N' der Mittelpunct des zweiten. Desgleichen hat auch von den zwei ebenen i-Ecken, aus denen das $2i$-Eck $A'B'C'\ldots$ besteht, das eine $A'C'E'\ldots$ den Punct N, das andere $B'D'F'\ldots$ den Punct N' zum Mittelpuncte, weil nach (I) A und A' in Bezug auf die verticale Ebene $\bar{p}$ symmetrisch liegen und daher in einerlei horizontalen Ebene enthalten sind. Auch sind wegen $NA = NA'$ die zwei letzteren i-Ecke den zwei ersteren gleich.

§. 59. Zu leichterer Auffassung der Figur wollen wir ihre sämmtlichen $2n = 4i$ Puncte A, B, C, ..., A', B', C', ... auf die durch O gehende horizontale Mittelebene vertical projiciren und ihre Projectionen a, b, c, ..., a', b', c', ... nennen. Sie bilden hierin, wenn die vorigen zwei nicht ebenen $2i$-Ecke von der ersten Art sind, zwei reguläre $2i$-Ecke $abc\ldots$ und $\ldots c'b'a'$ mit einerlei Sinn, Mittelpunct O und Centriwinkel, $= \frac{m}{2i} 360^\circ$, wo m eine ungerade Primzahl zu i bedeutet. Da, wenn A gleich anfangs in a angenommen worden wäre, auch die übrigen Puncte A', B, ... resp. mit a', b, ... zusammenfallen würden, so hat die projicirte Figur dieselben zwei Basen $\bar{p}$ und q, wie die ursprüngliche, kann aber auch schon, wenn p den Durchschnitt der verticalen Ebene $\bar{p}$ mit der horizontalen Mittelebene bezeichnet, als durch die basischen Geraden p und q erzeugt angesehen werden. Nach §. 44 ist aber der Winkel $p^\wedge q$, folglich auch $\bar{p}^\wedge q$ gleich dem halben Centriwinkel des einen oder anderen $2i$-Ecks

$$= \frac{m}{4i} 360^\circ = \frac{m}{n} 180^\circ = \frac{m}{i} 90^\circ .$$

Und so wie a. a. O. aus p und q ein System von n basischen Geraden entstand, so bildet sich jetzt aus und durch $\bar{p}$ und q ein System von $n = 2i$ Basen $\bar{p}$, q, $\bar{r}$, s, ..., welche abwechselnd Ebenen und Gerade sind.

Die $4i$ Puncte a, a', b, ... liegen in einem Kreise der Horizontalebene, dessen Mittelpunct O ist, in jedem der $4i$ gleichen Winkel, welche durch die $2i$ Basen $\bar{p}$, q, $\bar{r}$, ... gebildet werden, einer. Man bezeichne die $4i$ Puncte in der Ordnung, nach welcher sie im Kreise zunächst auf einander folgen, durch 1, 2, 3, 4, ...; und ist dabei 1 einerlei mit a, so ist $1\,3\,5 \ldots (4i - 1)$ das eine und $2\,4\,6 \ldots 4i$ das andere der beiden $2i$-Ecke $abc\ldots$ und $\ldots c'b'a'$. Die $4i$ Puncte A, A', B, ..., welche den a, a', b, ... entsprechen, wollen wir durch dieselben Zahlen ausdrücken, nur mit darüber oder darunter gesetzten Puncten, jenachdem die entsprechenden unter den Puncten A, A', B, ... über oder unter dem Mittelkreise liegen. Nehmen wir alsdann noch an, dass der dem 1 entsprechende über dem Mittelkreise liegt, und dass zwischen 1 und 2 eine basische Ebene, nicht Gerade, fällt, so ist $\dot{1}\,\underset{\cdot}{3}\,\dot{5}\ldots\underset{\cdot}{(4i-1)}$ das eine und $\dot{2}\,\underset{\cdot}{4}\,\dot{6}\ldots\underset{\cdot}{4i}$ das andere der beiden $2i$-Ecke $ABC\ldots$ und $\ldots C'B'A'$, und die Ordnung der Puncte, in welcher sie von einer verticalen, sich um NN' als Axe drehenden Ebene durchgangen werden, ist

$$\dot{1}\;\dot{2}\;\underset{\cdot}{3}\;\underset{\cdot}{4}\;\dot{5}\;\dot{6}\;\underset{\cdot}{7}\;\underset{\cdot}{8}\ldots\dot{(4i-2)}\quad\underset{\cdot}{(4i-1)}\quad\underset{\cdot}{4i}\;,$$

wobei noch zu bemerken, dass alle diese Puncte gleich weit von der Mittelebene, sowie gleich weit vom Mittelpuncte O entfernt liegen, dass zwischen $\dot{1}$ und $\dot{2}$ eine basische Ebene, zwischen $\dot{2}$ und $\underset{\cdot}{3}$ eine basische Gerade, zwischen $\underset{\cdot}{3}$ und $\underset{\cdot}{4}$ eine basische Ebene, und so fort abwechselnd, fällt, und dass daher die gegenseitigen Abstände je zweier nächstfolgender Puncte dieser Reihe — ebenso wie der vorigen $1\,2\,3\ldots4i$ — abwechselnd einander gleich sind.

Im Falle, wenn i eine ungerade Zahl, $=2k+1$, ist, können $ABC\ldots$ und $\ldots C'B'A'$ auch als zwei nicht ebene $2i$-Ecke der zweiten Art construirt werden. Jedes dieser $2i$-Ecke besteht ebenfalls aus zwei i-Ecken, welche in den durch N und N' zu legenden horizontalen Ebenen befindlich sind, nur dass die Ecken des einen über denen des anderen liegen, und dass daher ihre Projectionen auf die Mittelebene in dieser nur ein i-Eck, nicht ein $2i$-Eck, bilden, dass folglich die Projectionen beider $2i$-Ecke zwei i-Ecke in der Mittelebene ausmachen. Werden diese projicirten Ecken in der Ordnung, wie sie im Kreise auf einander folgen, wiederum mit 1, 2, 3, ..., $2i$ bezeichnet, ist also $1\,3\,5\ldots(2i-1)$ das eine, $2\,4\,6\ldots2i$ das andere i-Eck, so besteht mit Anwendung der vorigen Bezeichnungsweise das eine nicht ebene $2i$-Eck aus den Puncten $\dot{1}$, $\underset{\cdot}{1}$, $\dot{3}$, $\underset{\cdot}{3}$, ..., aus $\dot{2}$, $\underset{\cdot}{2}$, $\dot{4}$, $\underset{\cdot}{4}$, ... das andere. Beide in Vereinigung bilden also das System von $4i$ Puncten:

$$\dot{1}\;\dot{2}\;\dot{3}\;\dot{4}\;\dot{5}\ldots\dot{(2i-1)}\;\dot{2i}$$
$$\underset{\cdot}{1}\;\underset{\cdot}{2}\;\underset{\cdot}{3}\;\underset{\cdot}{4}\;\underset{\cdot}{5}\ldots\underset{\cdot}{(2i-1)}\;\underset{\cdot}{2i}\;.$$

Der gemeinschaftliche Centriwinkel der zwei ebenen i-Ecke, sowie der zwei nicht ebenen $2i$-Ecke ist $\frac{m}{i}360^\circ$, folglich

$$p\widehat{\ }q=\frac{m}{i}180^\circ\,.$$

Die Anzahl der Linien p, q, r, ... ist daher i. Da sie abwechselnd als basische Linien beizubehalten und in basische Ebenen zu verwandeln sind, so entsteht jetzt, wo ihre Anzahl i ungerade ist, ein System von i verticalen Ebenen $\overline{p}$, $\overline{q}$, $\overline{r}$, ... und i horizontalen Geraden p, q, r, ..., von denen die letzteren die Durchschnitte der ersteren mit der Mittelebene sind.

Setzen wir $m = 1$ und fällt p symmetrisch zwischen 1, 2, so fällt q symmetrisch zwischen 2, 3, r zwischen 3, 4, u. s. w., also auch p zwischen $\dot{1}$, $\underset{\cdot}{2}$ und $\underset{\cdot}{1}$, $\dot{2}$, $\overline{p}$ zwischen $\dot{1}$, $\dot{2}$ und $\underset{\cdot}{1}$, $\underset{\cdot}{2}$, q zwischen $\dot{2}$, $\underset{\cdot}{3}$ und $\underset{\cdot}{2}$, $\dot{3}$, u. s. f. Nehmen wir noch an, dass $\dot{1}$ sehr nahe an p liegt, so liegen an p eben so nahe $\underset{\cdot}{1}$, $\dot{2}$, $\underset{\cdot}{2}$, eben so nahe an r die Puncte $\dot{3}$, $\underset{\cdot}{3}$, $\dot{4}$, $\underset{\cdot}{4}$, eben so nahe an t die Puncte $\dot{5}$, $\underset{\cdot}{5}$, $\dot{6}$, $\underset{\cdot}{6}$; u. s. w. Die Anzahl solcher Quaternionen von Puncten ist gleich i, also ungerade.

Eine Figur, bei welcher die Anzahl solcher Quaternionen gerade, also die Anzahl aller ihrer Puncte durch 8 theilbar wäre, würde zwar ebenfalls symmetrisch sein; allein zwei Gleichungen, wie (I) und (II), würden zur Darstellung dieser Symmetrie nicht mehr hinreichen, sondern es müsste noch eine dritte Gleichung hinzukommen, welche ausdrückte, dass die Puncte der Figur in Bezug auf die Mittelebene paarweise symmetrisch liegen.

Die erhaltenen Resultate können auch folgendergestalt ausgedrückt werden:

Soll das aus einem willkürlichen Puncte durch eine Ebene und eine binäre Axe in Verbindung erzeugte System von Puncten, welches den Gleichungen (I) *und* (II) *des* §. 55 *genügt, endlich sein, so muss der Winkel der Axe mit der Ebene* $m \,.\, 180^\circ : n$ *betragen. Ist dabei* n *gerade (ungerade), so besteht die erzeugte Figur aus zwei einander gleichen, nicht ebenen, regulären* n*-Ecken der ersten Art* ($2n$*-Ecken der zweiten Art), welche Axe und Mittelpunct gemein haben. Es ist nämlich der Mittelpunct der Durchschnitt der Ebene mit der Geraden, die Axe aber ist der Durchschnitt der Ebene mit einer zweiten Ebene, welche, durch den Mittelpunct gehend, auf der Geraden normal ist.*

X. Von denjenigen symmetrischen Figuren im Raume, welche nur eine Basis n^{ter} Ordnung ($n > 2$) haben und durch diese und eine Basis zweiter Ordnung erzeugt werden.

§. 60. Wir gehen jetzt zu den symmetrischen Figuren im Raume fort, bei denen von den zwei Basen, durch welche sie bestimmt werden, nur die eine von der zweiten Ordnung, die andere aber von einer höheren Ordnung ist, wo also die erstere entweder ein Punct, oder eine Gerade der zweiten Ordnung, oder eine Ebene, die letztere eine Gerade von höherer Ordnung, als der zweiten, ist.

Figuren dieser Art haben wir schon kennen gelernt. Denn aus den zwei Gleichungen (I) und (II) des §. 55, deren jede n zweigliedrige Cykeln enthielt, wurde eine dritte Gleichung (III) mit zwei n-gliedrigen Cykeln abgeleitet. Aber auch umgekehrt kann aus der dritten und einer der beiden ersten die andere derselben gefolgert werden. Denn um dieses nur für $n = 4$ zu zeigen, so ist von den Gleichungen

$$\text{(I)}\quad \begin{aligned} &A\,A'B\,B'C\,C'D\,D' \\ =\ &A'A\,B'B\,C'C\,D'D \end{aligned} \quad\text{und}\quad \text{(III)}\quad \begin{aligned} &A\,B\,C\,D\,D'C'B'A' \\ =\ &B\,C\,D\,A\,C'B'A'D' \end{aligned}$$

(I) identisch mit

$$\begin{aligned} &A'B\,B'C\,C'D\,D'A \\ =\ &A\,B'B\,C'C\,D'D\,A', \end{aligned}$$

und (III) identisch mit

$$\begin{aligned} &A\,B'B\,C'C\,D'D\,A' \\ =\ &B\,A'C\,B'D\,C'A\,D'. \end{aligned}$$

Aus letzteren zwei Gleichungen aber folgt

$$\begin{aligned} &A'B\,B'C\,C'D\,D'A \\ =\ &B\,A'C\,B'D\,C'A\,D', \end{aligned}$$

welches die Gleichung (II) ist; und ebenso würde sich (I) aus (III) und (II) ableiten lassen.

Die durch (III) und (I) oder durch (III) und (II) bestimmte Figur ist daher einerlei mit der durch (I) und (II) definirten.

Sind demnach die Gleichungen (I) und (III) gegeben, und hat man der Natur der Sache gemäss als Basis für (III) eine Gerade g_n der n^{ten} Ordnung genommen, die wir uns vertical denken, so ist als Basis für (I) entweder eine die Axe g_n enthaltende und daher gleichfalls verticale Ebene e oder eine g_n rechtwinklig schneidende, also horizontale Gerade der zweiten Ordnung, g_2, zu setzen.

Durch g_n wird nun aus A ein reguläres n-Eck $ABC\ldots$ erzeugt, welches g_n zur Axe hat, im Allgemeinen eben ist, bei einem geraden n auch ein nicht ebenes n-Eck der ersten Art und, wenn n das Doppelte einer ungeraden Zahl ist, ein nicht ebenes n-Eck der zweiten Art sein kann. Aus diesem n-Eck aber wird durch die andere Basis e oder g_2 ein ihm gleiches und um dieselbe Axe g_n symmetrisch liegendes n-Eck $A'B'C'\ldots$ von entgegengesetztem Sinne erzeugt, und man sieht leicht, wie diese zwei n-Ecke stets eine der von §. 47 bis §. 59 beschriebenen Figuren bilden.

§. 61. *Unter den übrigen räumlichen Figuren, welche zwei Basen, die eine von der zweiten, die andere von einer höheren Ordnung, also eine Gerade g_n, als erzeugende Basen haben, ist die einfachste diejenige, bei welcher die Basis der zweiten Ordnung ein blosser Punct, also O, ist, der in g_n selbst gelegen sein muss.* Denken wir uns, wie im Vorigen, um die aus dem willkürlichen Puncte A entspringende Figur zu finden, mit dem Halbmesser OA um O eine Kugelfläche beschrieben. Werde diese von der Axe g_n in N und N' getroffen, und sei h der diesen Puncten als Polen zugehörige Hauptkreis, und a der Fusspunct des von A auf h gefällten sphärischen Perpendikels.

Nehmen wir nun fürs Erste a selbst zum Ausgangspuncte, so wird aus a durch g_n ein reguläres n-Eck $abc\ldots$ erzeugt, dessen Ecken in h liegen, und welches zugleich in Bezug auf die Basis O symmetrisch ist, wenn n gerade ist und daher die Ecken paarweise einander gegenüberliegen. Ist aber n ungerade, so werden durch O n neue Puncte aus a, b, c, ... erzeugt, die wir mit a', b', c', ... bezeichnen wollen, und welche, den Puncten a, b, c, ... im Kreise gegenüberliegend, die Ecken eines zweiten mit $abc\ldots$ gleichsinnigen regulären n-Ecks sind, also gleichfalls in Bezug auf g_n symmetrisch liegen und daher in Verbindung mit a, b, c, ... eine in Bezug auf beide Basen zugleich symmetrische Figur bilden.

Die zwei Gleichungen, welche diese Symmetrie rücksichtlich O und g_n ausdrücken, sind, wenn wir beispielsweise $n = 3$ setzen und die Puncte N und N' hinzufügen:

$$\text{(I)}\quad \begin{array}{l} N N' a\, a' b\, b' c\, c' \\ = N' N a' a\, b' b\, c' c\,, \end{array} \qquad \text{(II)}\quad \begin{array}{l} N N' a\, b\, c\, a' b' c' \\ = N N' b\, c\, a\, b' c' a'\,. \end{array}$$

Hiermit ergeben sich aber zugleich die durch O und g_n aus A erzeugten Puncte. Denn indem wir A, als einen im Quadranten Na

liegenden Punct, durch Na ausdrücken, wird aus ihm durch (I) der Punct $N'a'$, d. i. ein auf gleiche Weise im Quadranten $N'a'$ befindlicher Punct erzeugt (vergl. Fig. 21). Durch (II) entstehen aus Na die Puncte Nb und Nc, und aus $N'a'$ die Puncte $N'b'$ und $N'c'$. Da aber aus diesen vier neuen Puncten durch (I) nicht abermals neue entstehen, so ist die Figur geschlossen, und wenn wir die aus A oder Na erzeugten fünf Puncte Nb, Nc, $N'a'$, $N'b'$, $N'c'$ resp. mit B, C, A', B', C' bezeichnen, so sind die zwischen ihnen rücksichtlich O und g_n bestehenden Gleichungen dieselben, wie die vorigen zwischen a und b, c, a', b', c', also:

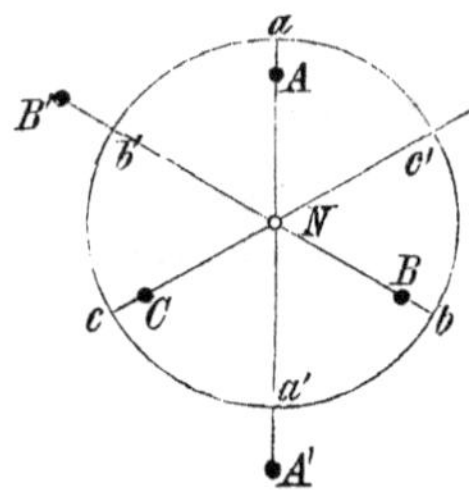

Fig. 21.

$$\text{(I*)}\quad \begin{matrix} A\,A'B\,B'C\,C' \\ = A'A\,B'B\,C'C \end{matrix}, \qquad \text{(II*)}\quad \begin{matrix} A\,B\,C\,A'B'C' \\ = B\,C\,A\,B'C'A' \end{matrix}.$$

Indessen sind wir damit zu keiner neuen Figur geführt worden. Denn aus (I*) und der Gleichung

$$\begin{matrix} A'A\,B'B\,C'C \\ = B'B\,C'C\,A'A \end{matrix},$$

welche mit (II*) identisch ist, folgt

$$\begin{matrix} A\,A'B\,B'C\,C' \\ = B'B\,C'C\,A'A \end{matrix},$$

oder cyklisch:

$$\text{(III*)}\quad \begin{matrix} A\,B'C\,A'B\,C' \\ = B'C\,A'B\,C'A \end{matrix},$$

welches die Gleichung für ein reguläres Sechseck ist. Aus (III*) aber lassen sich umgekehrt (I*) und (II*) ableiten. Denn setzen wir die obere Seite von (III*) $= \alpha$, die untere $= \beta$, setzen wir ferner

$$C\,A'B\,C'A\,B' = \gamma\,, \quad A'B\,C'A\,B'C = \delta\,, \quad B\,C'A\,B'C\,A' = \varepsilon\,,$$

so sind mit (III*) oder $\alpha = \beta$ identisch $\beta = \gamma$, $\gamma = \delta$, $\delta = \varepsilon$; folglich ist auch $\alpha = \delta$ und $\alpha = \varepsilon$, zwei Gleichungen, welche resp. mit (I*) und (II*) identisch sind.

Den Gleichungen (I*) *und* (II*) *thut daher immer und nur das reguläre Sechseck* $AB'CA'BC'$ *Genüge*, und sie können daher im Allgemeinen auf dreierlei Weise construirt werden, indem das Sechseck entweder ein ebenes, oder ein nicht ebenes der ersten, oder ein nicht ebenes der zweiten Art sein kann. Da aber die Basis von (I*) ein Punct sein soll, so lassen sich hier bloss die zwei ersten Constructionsweisen gebrauchen, nicht die dritte, als bei welcher die Basis von (I*) eine Ebene, die Mittelebene des Sechsecks, ist.

Ebenso würde man für $n = 5$ ein reguläres Zehneck erhalten, welches entweder ein ebenes oder ein nicht ebenes der ersten Art sein könnte; u. s. w.

§. 62. Bei einem geraden n, etwa bei $n = 4$, ist nach dem schon in §. 61 Bemerkten, wenn der Ausgangspunct a im Hauptkreise h selbst liegt (vergl. Fig. 22), die Figur ein in h beschriebenes reguläres Viereck, und die Gleichungen in Bezug auf O und g_4 sind mit Hinzufügung der Pole von h:

$$\text{(I)}\quad \begin{matrix} N N' a\, c\, b\, d \\ = N' N\, c\, a\, d\, b\,, \end{matrix} \qquad \text{(II)}\quad \begin{matrix} N N' a\, b\, c\, d \\ = N N' b\, c\, d\, a\,. \end{matrix}$$

Aus einem beliebigwo im Quadranten Na liegenden und durch Na ausgedrückten Punct werden hiernach durch g_4 die Puncte Nb, Nc, Nd, und aus diesen vier Puncten durch O der Reihe nach die Puncte $N'c$, $N'd$, $N'a$, $N'b$, aus letzteren aber weder durch (I) noch durch (II) neue Puncte erzeugt. Die Figur besteht demnach aus den acht Puncten Na, Nb, Nc, Nd, $N'a$, $N'b$, $N'c$, $N'd$, von denen die vier ersteren (letzteren), als gleich weit von N (N') nach den Richtungen Na, Nb, ... ($N'a$, $N'b$, ...) auf der Kugelfläche liegend, ein ebenes reguläres Viereck bilden, dergestalt, dass den Ecken Na, Nb, ... des ersteren die Ecken $N'c$, $N'd$, ... des letzteren gegenüberliegen.

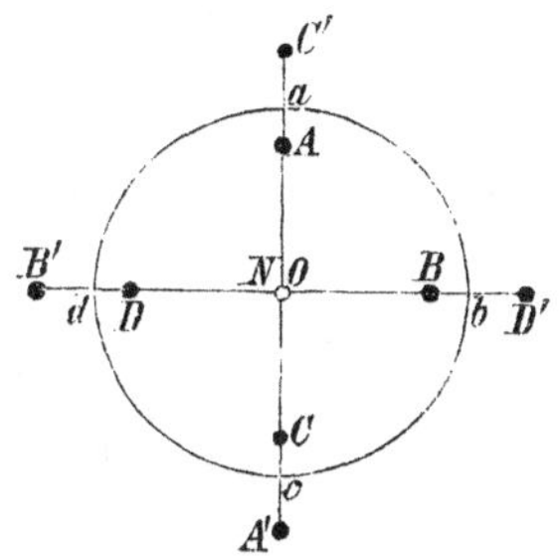

Fig. 22.

Bezeichnen wir diese acht Puncte in letztgenannter Folge mit A, B, C, D und A', B', C', D', so sind nach (I) und (II) die zwischen ihnen in Bezug auf O und g_4 bestehenden Gleichungen:

$$\text{(I*)}\quad \begin{matrix} A\, A' B\, B' C\, C' D\, D' \\ = A' A\, B' B\, C' C\, D' D\,, \end{matrix} \qquad \text{(II*)}\quad \begin{matrix} A\, B\, C\, D\, A' B' C' D' \\ = B\, C\, D\, A\, B' C' D' A'\,. \end{matrix}$$

Ebenso werden, wenn die Basen eine senäre Axe g_6 und ein Punct O sind, aus A zwei einander gleiche, ebene reguläre Sechsecke $AB \ldots F$ und $A'B' \ldots F'$ erzeugt, welche g_6 zur gemeinschaftlichen Axe und überdies eine solche Lage gegen einander haben, dass in Bezug auf den Punct O dieser Axe eine Ecke A des einen und eine Ecke A' des anderen, und damit auch die übrigen Ecken beider Sechsecke paarweise symmetrisch liegen. Die zwei Gleichungen zwischen den zwölf Puncten sind aber:

$$(\mathrm{I}^*)\qquad \begin{aligned} &A\,A'B\,B'C\,C'D\,D'E\,E'F\,F' \\ =\;&A'A\,B'B\,C'C\,D'D\,E'E\,F'F\,, \end{aligned}$$

$$(\mathrm{II}^*)\qquad \begin{aligned} &A\,B\,C\,D\,E\,F\,A'B'C'D'E'F' \\ =\;&B\,C\,D\,E\,F\,A\,B'C'D'E'F'A'\,; \end{aligned}$$

und auf gleiche Art verhält es sich bei noch grösseren Werthen des geraden n.

Man bemerke nur noch, dass die in den letzten §§. zwischen A, B, ..., A', B', ... erhaltenen Gleichungen (I*) und (II*) von den früheren Gleichungen (I*) und (III*) in §. 47 bis §. 59 zwischen denselben Puncten sich dadurch unterscheiden, dass gegenwärtig die zwei regulären Vielecke $ABC\ldots$ und $A'B'C'\ldots$ einerlei Sinn haben, im Früheren aber von entgegengesetztem Sinne waren.

---

§. 63. Lassen wir jetzt umgekehrt die von §. 61 an erhaltenen Gleichungen (I*) und (II*) gegeben sein und suchen daraus deren Basen zu bestimmen, oder vielmehr nur die Basis von (I*), da die Basis von (II*) jederzeit eine Axe der n^{ten} Ordnung ist.

Bei einem ungeraden n kann eine einzige Gleichung (III*) mit nur einem Cykel die Stelle von (I*) und (II*) vertreten (§. 61). Die Figur ist daher in diesem Falle ein reguläres und im Allgemeinen nicht ebenes $2n$-Eck, welches, des ungeraden n wegen, sowohl von der ersten, als von der zweiten Art sein kann. Lässt man es aber von der ersten Art sein, so ist die Basis von (I*) ein Punct, nämlich der Mittelpunct des n-Ecks; wählt man dagegen ein $2n$-Eck der zweiten Art, so ist die Basis von (I*) die Mittelebene des Vielecks, also eine auf der Axe von (II*) normale Ebene.

Um den zweiten Fall, wenn n gerade ist, zu discutiren, wollen wir noch die Mittelpuncte von AA', BB', CC', ..., welche P, Q, R, ... heissen, in Betracht ziehen. Weil in (II*) BB' dem AA', CC' dem BB', u. s. w. entspricht, so entspricht hier Q dem P, R dem Q, u. s. w., und es wird daher (II*)

$$\begin{aligned} &PQ\ldots AB\ldots A'B'\ldots \\ =\;&QR\ldots BC\ldots B'C'\ldots. \end{aligned}$$

Es bilden daher P, Q, R, ... gleichfalls ein reguläres n-Eck, welches mit den n Ecken $ABC\ldots$ und $A'B'C'\ldots$ einerlei Axe l und zum Mittelpuncte den in l fallenden Schwerpunct O der n Puncte P, Q, R, ..., d. i. der $2n$ Puncte A, B, ..., A', B', ... hat. In dem speciellen Falle, wenn P in der Axe l liegt, sind auch Q, R, ... in ihr enthalten, so dass O der gemeinsame Mittelpunct von PQ, QR, RS, ... ist, und daher P, R, ... einerseits von O, die Puncte Q, S, ... aber andererseits und eben so weit von O zusammenfallen. Bei der noch specielleren Annahme endlich, dass P in O selbst fällt, coïncidiren auch Q, R, S, ... mit O.

Es fallen ferner die Puncte P, Q, ..., als die Mittelpuncte von AA', BB', ..., stets in die Basis von (I*), und diese Basis ist nach §. 40 entweder ein Punct, oder eine Gerade, oder eine Ebene. Es folgt hieraus in Verbindung mit dem Vorigen, dass, wenn die Gleichung (I*) zur Basis einen Punct, oder eine Gerade hat, ersterer der Punct O, letztere die Axe l ist, und dass im letzteren Falle AA', BB', CC', ... von l abwechselnd in P und Q rechtwinklig halbirt werden; dass endlich, wenn P, Q, R, ... ein reguläres n-Eck bilden, dieses in einer Ebene, der basischen Ebene von (I*), enthalten sein und O, als den Schwerpunct von P, Q, ..., zum Mittelpunct haben muss, dass also auch umgekehrt, wenn die Basis von (I*) eine Ebene ist, diese die l, als die Axe jenes n-Ecks, normal in O schneidet, und dass von dieser Ebene, welche wir ε nennen wollen, die AA', BB', CC', ... rechtwinklig halbirt werden.

Die Basis von (I*) ist demnach entweder O, oder l, oder ε. Die in Bezug auf diese drei Elemente mit dem Puncte A symmetrisch liegenden Puncte der Figur nenne man resp. F, G, H. Sie bilden mit A ein Rechteck $AGFH$ (vergl. Fig. 23), dessen Mittelpunct O ist; das eine Paar seiner gegenüberliegenden Seiten, AG und HF, wird von l, das andere Paar, AH und GF, von ε rechtwinklig geschnitten.

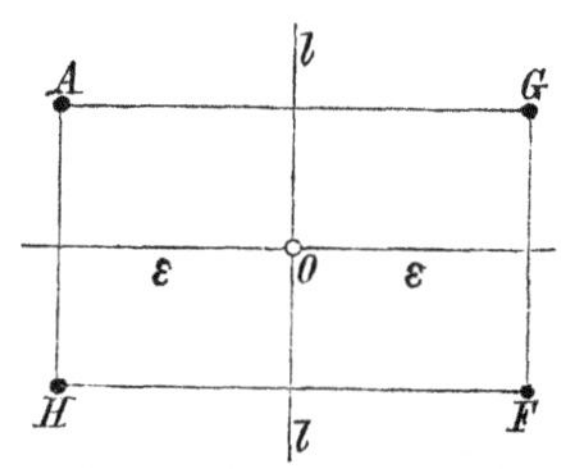

Fig. 23.

Weil n gerade sein soll, so liegen im n-Ecke ABC... die Ecken einander paarweise gegenüber, und zwar in Bezug auf l, wenn das n-Eck ein ebenes oder, dafern $n = 4i$, ein nicht ebenes ist; in Bezug auf O oder ε, jenachdem, wenn $n = 4i + 2$, das n-Eck ein nicht ebenes der ersten oder der zweiten Art ist. Mögen M, N, ... die den A, B, ... gegenüberstehenden, und ebenso M', N', ... die den A', B', ... gegenüberstehenden Ecken heissen.

Wird nun ABC... zuerst als ein ebenes, oder, dafern $n = 4i$, als ein nicht ebenes n-Eck construirt, so coïncidirt M mit G. Die Basis von (I*) kann daher bei der gemachten Voraussetzung nicht l sein, indem dann A' ebenfalls in G liegen und folglich mit M zusammenfallen würde. Die Basis von (I*) ist daher jetzt entweder O oder ε. Im ersteren Falle sind F und H, im letzteren H und F die Oerter von A' und M'.

Ist zweitens $n = 4i + 2$, und wird ABC... als ein nicht ebenes Vieleck der ersten Art construirt, so ist F der Ort von M, also die

Basis von (I*) nicht O, weil sonst A' mit M identisch würde, sondern entweder l oder ε, und hiernach die Oerter von A' und M' entweder G und H oder H und G.

Ist drittens $n = 4i + 2$, und construirt man, wie es dann möglich ist, $ABC\ldots$ als ein nicht ebenes Vieleck der zweiten Art, so coïncidirt M mit H, A' und M' aber mit F und G oder G und F, jenachdem man O oder l als Basis von (I*) wählt. Denn diese Basis kann jetzt nicht ε sein, weil alsdann A' mit M in H coïncidiren würde.

Die Puncte A, M, A', M' bilden daher jedenfalls ein Rechteck, dessen Mittelpunct O ist, und dessen gegenüberliegende Seiten rechtwinklig von l und ε halbirt werden. Auf gleiche Art wird dasselbe von B, N, B', N', u. s. w. bewiesen. Alle diese Rechtecke aber sind nach (II*) einander gleich und machen mit einander gleiche Winkel, je zwei nächstliegende einen Winkel $= 180^\circ : n$. *Aus A wird man daher die $2n - 1$ übrigen Puncte der Figur am einfachsten erhalten, wenn man ein ebenes n-Eck construirt, dessen eine Ecke A und dessen Axe l ist, und zu diesen n Puncten noch n andere hinzufügt, welche mit ersteren, sei es in Bezug auf O, oder, was dasselbe ist, in Bezug auf ε symmetrisch liegen. Alle $2n$ Puncte der Figur sind sonach die Ecken eines geraden Prismas, welches zwei reguläre n-Ecke zu Basen hat.*

XI. Schematische Uebersicht der bisher aus der Annahme zweier Basen erhaltenen symmetrischen Figuren im Raume.

§. 64. Jede der in den letzten beiden Abschnitten betrachteten symmetrischen Figuren hat eine Hauptbasis oder Hauptaxe l, deren Ordnungszahl eine beliebige, $= n$, sein kann. Wie jede Basis einer symmetrischen Figur, so entspricht auch die Hauptaxe l sich selbst; dies kann jedoch auf doppelte Weise geschehen. Entweder nämlich entspricht jeder Punct von l wiederum sich selbst, oder die Puncte der Hauptaxe entsprechen sich paarweise. In letzterem Falle gibt es einen und nur einen sich selbst entsprechenden Punct von l, welcher zwischen jedem Paare entsprechender Puncte in der Mitte liegt. Dieser Punct soll das Centrum der Hauptaxe, l selbst in diesem Puncte centrirt genannt und dann mit $\dot{l}$ bezeichnet werden (vergl. auch §. 32). Ist eine nicht centrirte Axe der n^{ten} Ordnung allein als Basis vorhanden, so wird aus einem beliebigen Puncte im Raume jederzeit, mag n gerade sein oder nicht, ein ebenes reguläres n-Eck erzeugt. Dagegen entsteht aus einem beliebigen Puncte im Raume durch eine centrirte Axe der n^{ten} Ordnung ein nicht ebenes n-Eck der ersten oder der zweiten Art, jenachdem n gerade oder ungerade ist. Von den beigegebenen, in stereographischer Projection ausgeführten Figuren veranschaulichen die mit $[l_n]$ bezeichneten Figuren 24, 25 und 26 das Verhalten einer nicht centrirten,

$[l_n]$:

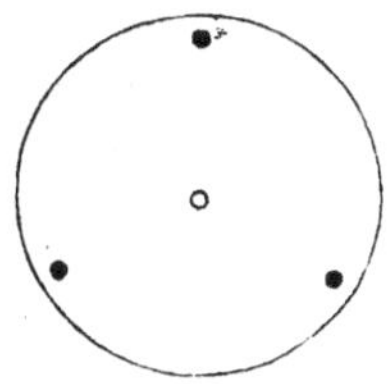

Fig. 24.

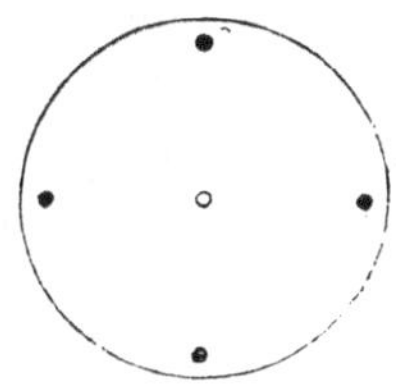

Fig. 25.

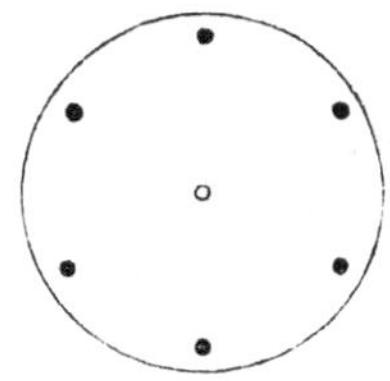

Fig. 26.

$[\dot{l}_n]$:

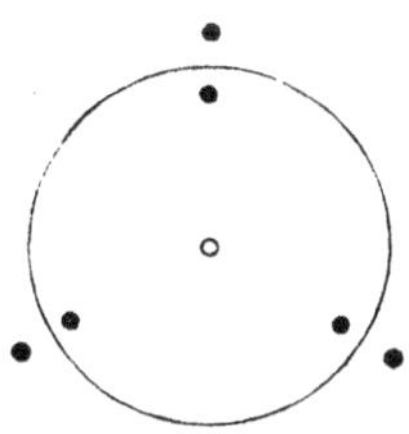

Fig. 27.

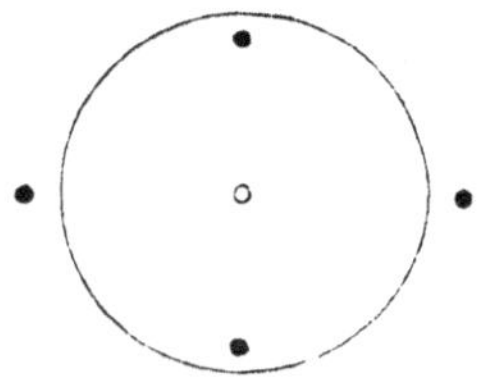

Fig. 28.

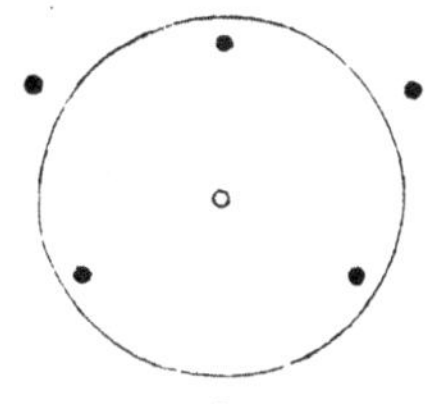

Fig. 29.

die unter der Bezeichnung $[\dot{l}_n]$ zusammengefassten Figuren 27, 28 und 29 das einer centrirten Axe für die Ordnungszahlen $n = 3, 4, 6$.

Ausser der Hauptaxe sind alle übrigen Basen der von §. 47 *an betrachteten Figuren binär und daher theils Ebenen, theils binäre Axen, oder auch ein Punct, der Schwerpunct O der Figur, welcher im Falle einer centrirten Hauptaxe mit deren Centrum zusammenfallen muss.* Der Winkel, den eine basische Ebene, sowie eine binäre Axe mit l macht, ist entweder Null, oder ein rechter, wodurch es geschieht, dass durch eine der binären Basen aus l nicht noch andere Axen der n^{ten} Ordnung erzeugt werden. Ebenso werden durch die Hauptaxe l aus einer auf ihr normalen basischen Ebene, oder einer mit ihr zusammenfallenden binären Axe, oder aus O keine neuen Basen hervorgebracht. Dagegen ist eine die Hauptaxe l enthaltende basische Ebene, oder eine auf l normale binäre Axe nicht einzeln vorhanden, sondern immer ein System von n sich in l unter gleichen Winkeln schneidenden Ebenen, oder ein System von n auf l normalen und sich in O unter gleichen Winkeln schneidenden binären Axen, oder auch zwei solche Systeme in Vereinigung.

Die durch die Basen aus einem willkürlichen Puncte A erzeugte Figur besteht aus zwei regulären Vielecken (n-Ecken bez. $2n$-Ecken), welche l zur gemeinsamen Axe haben.

§. 65. Nach Vorausschickung dieser allgemein gültigen Bemerkungen haben wir dem Bisherigen gemäss bezüglich der Figuren, welche durch je zwei Basen erzeugt werden, im Wesentlichen vier Fälle zu unterscheiden, von denen sich jedoch der letzte wiederum in zwei zerlegen lässt. Die folgenden Formeln und die beigegebene Figurentafel (vergl. die Fig. 30—44) veranschaulichen die Entstehung der hierher gehörigen symmetrischen Figuren A, B, C, D, D^* durch die verschiedenen Arten erzeugender Basen. Es ist nämlich:

$$\begin{aligned}
A &= [e,\ m.180^\circ : n,\ e'] = [l_n,\ 0^\circ,\ e]\ ,\\
B &= [l_2,\ m.180^\circ : n,\ l'_2] = [l_n,\ 90^\circ,\ l_2]\ ,\\
C &= [e,\ m.180^\circ : n,\ l_2] = [\dot{l}_n,\ 0^\circ,\ e] = [\dot{l}_n,\ 90^\circ,\ l_2]\ ,\\
D &= [l_n,\ O]\ ,\\
D^* &= [\dot{l}_n,\ O]\ .
\end{aligned}$$

Insbesondere ist:

$$\begin{aligned}
D &= [\dot{l}_{2n}],\ \text{wenn } n = 2i+1\ ,\\
&= [l_n,\ 90^\circ,\ e] = [\dot{l}_n,\ 90^\circ,\ e],\ \text{wenn } n = 2i\ ,\\
&= [\dot{l}_n,\ O],\ \text{wenn } n = 4i\ ;\\
D^* &= \left.\begin{aligned} &[\dot{l}_n,\ 0^\circ,\ l_2] = [l_{2n},\ O] = [l_{2n},\ 90^\circ,\ e]\\ &= [\dot{l}_{2n},\ 90^\circ,\ e] = [\dot{l}_{2n},\ 0^\circ,\ l_2],\end{aligned}\right\}\ \text{wenn } n = 2i+1\ ,\\
&= [\dot{l}_n,\ 90^\circ,\ e] = [l_n,\ 90^\circ,\ e] = [l_n,\ O],\ \text{wenn } n = 4i\ ,\\
&= [\dot{l}_n],\ \text{wenn } n = 4i+2\ .
\end{aligned}$$

In diesen Formeln bezeichnen e und e' basische Ebenen, l und l' basische Gerade und O den Schwerpunct der Figur als Basis; $\dot{l}$ eine centrirte basische Gerade; die an l, $\dot{l}$, l' unten angesetzten Zahlen die Ordnungszahlen der Basen. Jeder eingeklammerte Ausdruck bedeutet die Figur, welche aus einem willkürlichen Puncte durch die zwei innerhalb der Klammern stehenden Basen erzeugt wird; der Winkel, den letztere mit einander machen sollen, findet sich zwischen sie gesetzt. — So bedeutet die erste Zeile, dass die

A:

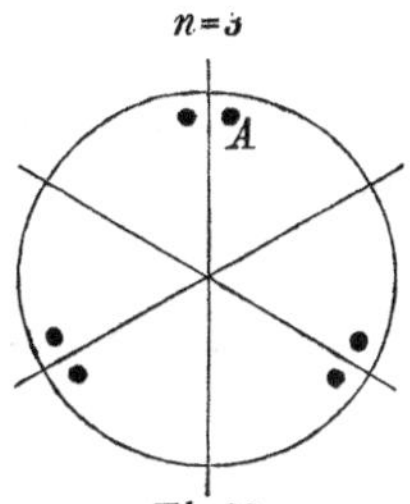

Fig. 30.

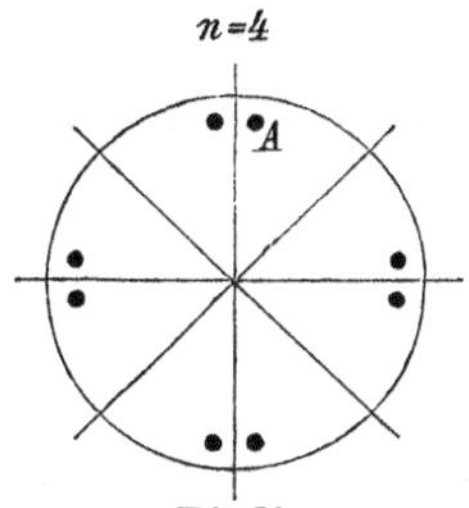

Fig. 31.

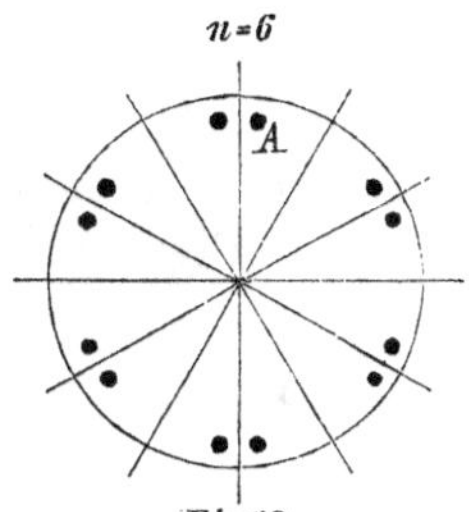

Fig. 32.

B:

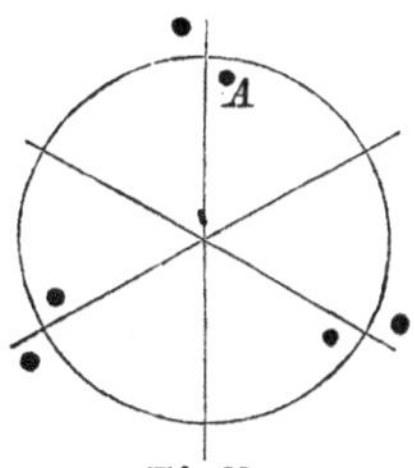

Fig. 33.

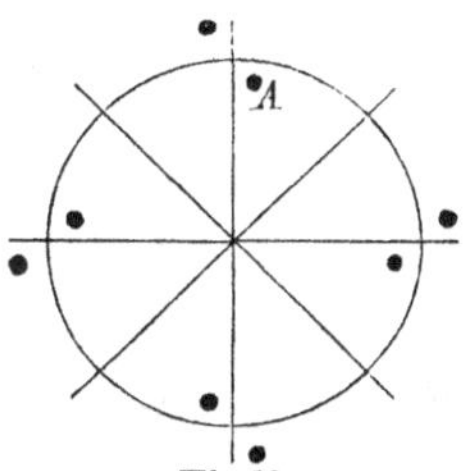

Fig. 34.

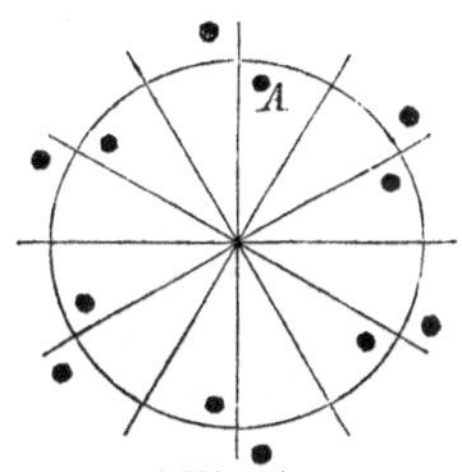

Fig. 35.

C:

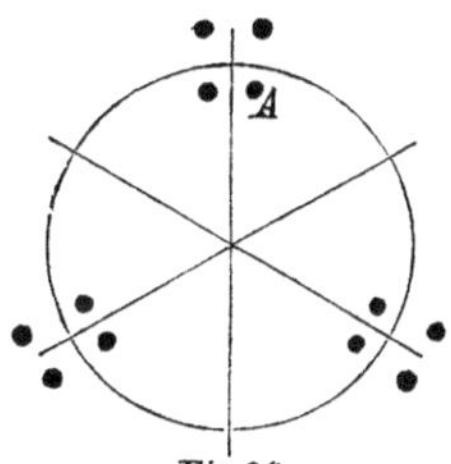

Fig. 36.

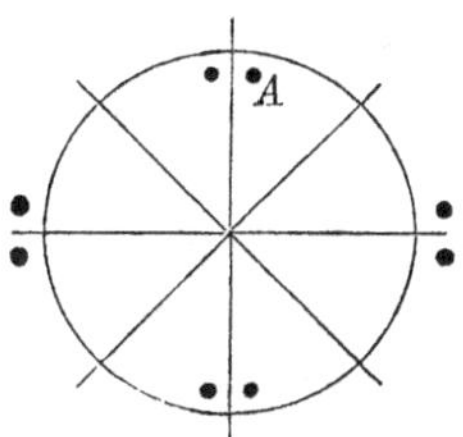

Fig. 37.

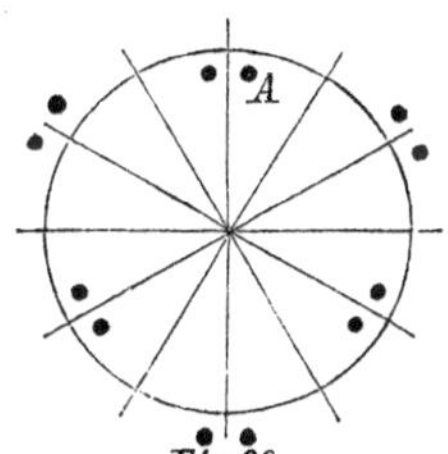

Fig. 38.

D:

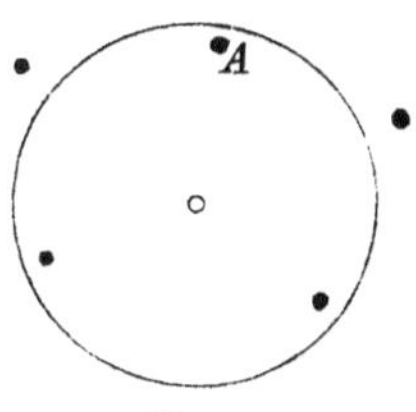

Fig. 39.

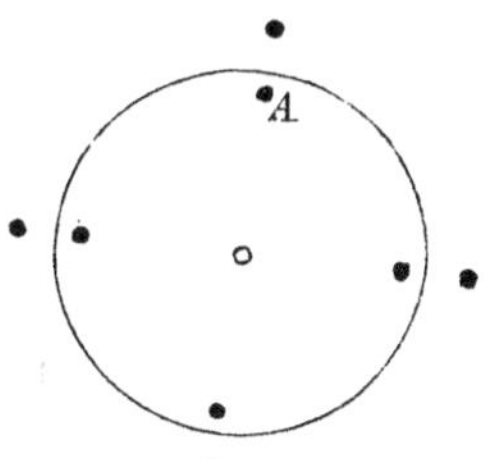

Fig. 40.

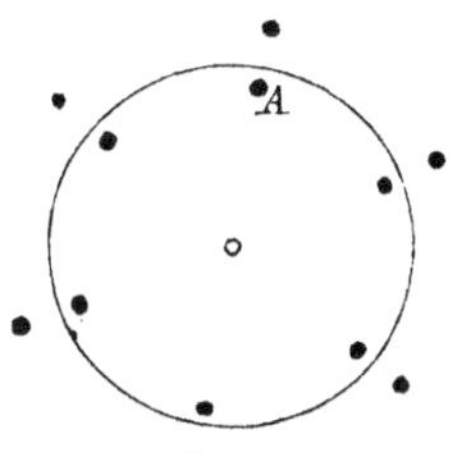

Fig. 41.

D:*

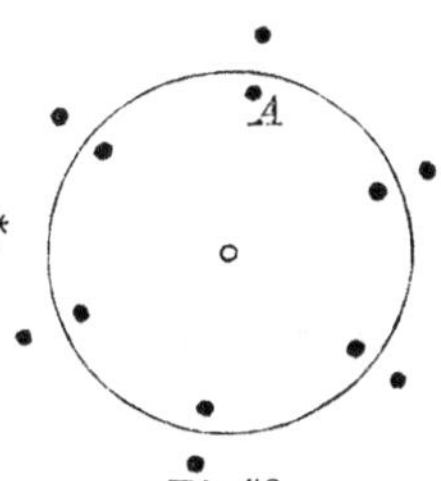

Fig. 42.

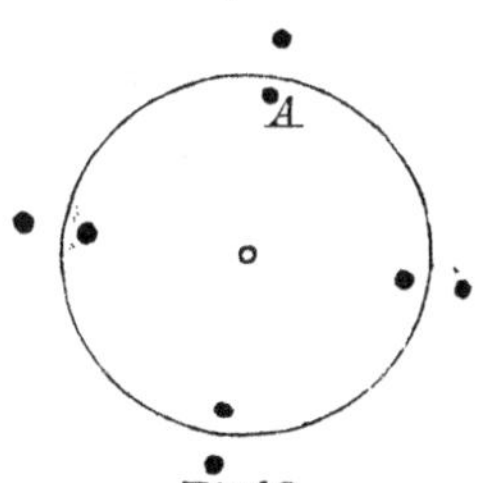

Fig. 43.

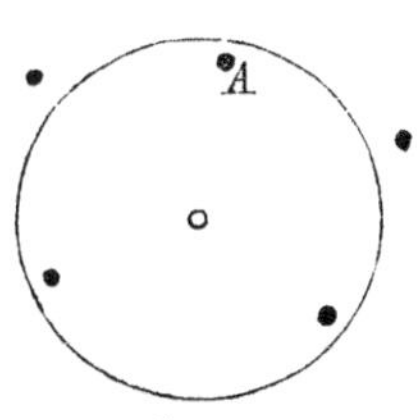

Fig. 44.

Figur A durch zwei basische Ebenen erzeugt wird, welche sich unter einem Winkel von $m\,.\,180^{\circ} : n$ schneiden, und dass dieselbe Figur auch hervorgeht, wenn man eine Gerade der n^{ten} Ordnung und eine durch sie gehende Ebene zu Basen nimmt. Analoges gilt auch von den übrigen Figuren B, C, D, D^*.

Die beigefügte Tafel zeigt in stereographischer Projection die Lage der Puncte einer jeden der symmetrischen Figuren A, B, C, D, D^*, welche aus einem willkürlichen Puncte A durch die Basen erzeugt werden, wenn man für die Ordnungszahl n der Hauptaxe die Werthe 3, 4, 6 annimmt.

§. 66. Alle bis jetzt erhaltenen und daher in obigem Schema begriffenen Figuren haben eine und nur eine Basis, l_n, welche von einer höheren Ordnung als der zweiten sein kann, und die wir deshalb die Hauptaxe der Figur genannt haben. *Aber auch umgekehrt sind in obigem Schema alle aus zwei Basen entspringenden Figuren enthalten, welche nur eine die zweite Ordnung übersteigende Basis,* l_n, *haben.* Denn entweder ist l_n eine der zwei Ausgangsbasen, oder nicht. Der letztere Fall führt zu den Figuren A, B und C. Im ersteren Falle kann zu l_n oder $\dot{l}_n$ als zweite Basis O, l_2 oder e hinzukommen. Dabei muss die zweite Basis, wenn sie eine Gerade oder Ebene ist, mit der Hauptaxe entweder einen Winkel von 0° oder 90° machen, indem sonst die Figur mehr als eine Basis der n^{ten} Ordnung erhalten würde. Dies gibt die Figuren:

$$a = [l_n,\ O]\ , \qquad b = [\dot{l}_n,\ O]\ ,$$
$$c = [l_n,\ 0^{\circ},\ l_2]\ , \qquad d = [l_n,\ 90^{\circ},\ l_2]\ ,$$
$$e = [\dot{l}_n,\ 0^{\circ},\ l_2]\ , \qquad f = [\dot{l}_n,\ 90^{\circ},\ l_2]\ ,$$
$$g = [l_n,\ 0^{\circ},\ e]\ , \qquad h = [l_n,\ 90^{\circ},\ e]\ ,$$
$$i = [\dot{l}_n,\ 0^{\circ},\ e]\ , \qquad k = [\dot{l}_n,\ 90^{\circ},\ e]\ .$$

Von ihnen ist

$$a = D\ ; \qquad b = D^*\ ;$$
$$c = [l_n] \text{ für } n = 2i\ , \qquad c = [l_{2n}] \text{ für } n = 2i + 1\ ,$$
$$d = B\ ;$$
$$e = D^* \text{ für } n = 2i + 1\ , \quad e = [\dot{l}_n] \text{ für } n = 4i\ ,$$
$$e = D \text{ für } n = 4i + 2\ ;$$
$$f = C\ ; \qquad g = A\ ;$$

$$h = [\dot{l}_n] \text{ für } n = 2i+1 \;, \quad h = D \text{ für } n = 2i \;;$$
$$i = C \;;$$
$$k = [\dot{l}_n] \text{ für } n = 2i+1 \;, \quad k = D \text{ für } n = 2i \;.$$

Sämmtliche mit einer Hauptaxe versehene Figuren, zu deren Entstehung zwei Basen nothwendig sind, finden sich daher durch A, B, C, D, D^* dargestellt.

§. 67. *Die binären Basen, welche bei den verschiedenen Figuren zu der Hauptaxe hinzukommen, sind, vollständig aufgezählt:*

Bei der Figur A n sich in der Hauptaxe unter gleichen Winkeln schneidende Ebenen; die Hauptaxe ist nicht centrirt. Letztere wollen wir uns hier und im Folgenden als vertical und daher auch die n Ebenen als vertical denken.

Bei B n horizontale, in einem Puncte O der Hauptaxe unter gleichen Winkeln sich schneidende binäre Axen; die Hauptaxe ist nicht centrirt.

Die Figur C enthält, wenn n ungerade ist, die zwei vorigen Systeme von n Ebenen und n Axen in Verbindung, dergestalt, dass die letzteren in die ersteren fallen; dazu kommt noch die durch O gelegte horizontale Ebene als Basis. Die Hauptaxe selbst kann sowohl centrirt, als nicht centrirt genommen werden. Ist n gerade, so hat die Figur $\frac{1}{2}n$ sich unter gleichen Winkeln schneidende verticale basische Ebenen und $\frac{1}{2}n$ durch O gehende und jene Winkel halbirende, folglich horizontale binäre Axen. Auch hier kann die Hauptaxe sowohl centrirt, als nicht centrirt genommen werden, und ist im ersteren Falle von der n^{ten}, im letzteren dagegen von der $\frac{1}{2}n^{\text{ten}}$ Ordnung. Für $n = 4i + 2$ tritt noch O als Basis hinzu.

Unter den Figuren D und D^* ist $[l_{2i+1}, \dot{O}]$ mit dem nicht ebenen regulären $(4i+2)$-Eck erster Art oder $[\dot{l}_{4i+2}]$ einerlei, und dasselbe gilt auch von der Figur $[\dot{l}_{4i+2}, O]$, indem aus dem nicht ebenen $(4i+2)$-Eck durch O keine neuen Puncte erzeugt werden. Alle übrigen unter D und D^* begriffenen Figuren haben nächst der Hauptaxe und dem Puncte O noch die durch O zu legende horizontale Ebene und eine mit der Hauptaxe zusammenfallende binäre Axe zu Basen. Dabei kann die Hauptaxe sowohl centrirt, als nicht centrirt genommen werden.

§. 68. Was die Figuren selbst anlangt, die durch die verschiedenen Systeme von Basen aus einem willkürlichen Puncte erzeugt werden, so ist jede derselben aus zwei einander gleichen regulären n-Ecken zusammengesetzt, welche die Hauptaxe zur gemeinschaftlichen Axe haben. — *Die Figuren A und B bestehen aus zwei ebenen n-Ecken, unterscheiden sich aber dadurch, dass die zwei n-Ecke bei A in einerlei Ebene, bei B in verschiedenen Ebenen enthalten sind. Die Figur C ist aus zwei nicht ebenen n-Ecken zusammengesetzt, welche einen gemeinsamen Mittelpunct haben. Die zwei n-Ecke von D und D^* kann man nach Beseitigung von $[l_{2i+1}, O] = [\dot{l}_{4i+2}, O]$ als ebene ansehen, welche in zwei verschiedenen Ebenen so liegen, dass die Ecken des einen und des anderen paarweise durch Parallelen mit der Hauptaxe verbunden werden können.*

Sämmtliche symmetrische Figuren lassen sich folgendergestalt zu einer sehr klaren Anschauung bringen. Man construire in einer horizontalen Ebene zwei einander gleiche concentrische n-Ecke; ihre $2n$ Ecken werden in einem um den gemeinschaftlichen Mittelpunct O beschriebenen Kreise liegen und diesen Kreis in $2n$ Theile theilen, welche abwechselnd einander gleich sind. Heisse dies die Grundfigur; sie ist zugleich die Figur A.

Aus ihr ergibt sich die Figur B, wenn man die $2n$ Puncte der Grundfigur in der Ordnung, wie sie im Kreise auf einander folgen, abwechselnd um gleich viel erhöht und vertieft.

Aus der Grundfigur wird man ferner die Figur C ableiten, wenn man die $2n$ Puncte der ersteren nach ihrer Ordnung im Kreise zu n Paaren zusammenfasst und diese n Paare abwechselnd um gleich viel erhöht und vertieft, so dass, wenn n gerade ist, $\frac{1}{2}n$ Paare erhöht und eben so viel vertieft werden, bei einem ungeraden n aber nach und nach alle n Paare und somit alle $2n$ Puncte der Grundfigur erhöht und vertieft werden, und auf solche Weise eine Figur von $4n$ Puncten (zwei Doppel-n-Ecke) entsteht.

Bei D und D^* ist die Grundfigur ein einziges reguläres n-Eck in einer horizontalen Ebene, und dabei n eine gerade Zahl. Hieraus entsteht die abgeleitete Figur, wenn man alle n Ecken um gleich viel erhöht und vertieft. Thut man dies abwechselnd, so entsteht (wenn $n = 4i + 2$) das gleichfalls unter D mit aufgezählte, nicht ebene reguläre n-Eck erster Art. Die auf analoge Art bei einem ungeraden n hervorgehende Figur ist ein nicht ebenes reguläres n-Eck der zweiten Art; es hat nächst l_n oder $\dot{l}_n$ noch eine auf l_n normale Ebene, aber nicht O zur Basis.

In Bezug auf die Grundfigur zerfallen hiernach die Figuren A, B, C, D in zwei Classen, deren eine von A, B, C, die andere von D allein gebildet wird. Bei der ersten Classe besteht die Grundfigur aus zwei in einer Ebene begriffenen concentrischen n-Ecken, bei der zweiten ist sie nur ein n-Eck. Es stimmt dies damit überein, dass die drei ersteren Figuren durch ein und dasselbe Paar von Gleichungen, die letztere aber durch ein davon verschiedenes Paar ausgedrückt wurde.

XII. Von symmetrischen Figuren, welche mehr als eine Axe von einer höheren Ordnung als der zweiten haben.

§. 69. Im Voranstehenden haben wir die Figuren, welche aus zwei Ausgangsbasen entspringen und nur eine Axe von höherer Ordnung besitzen, vollständig durchmustert. Um die Figuren kennen zu lernen, welchen, aus zwei Ausgangsbasen erzeugt, mehrere solche Axen zukommen, haben wir wenigstens die eine Ausgangsbasis von höherer Ordnung zu nehmen, indem, wenn beide nur von der zweiten Ordnung wären, eine der Figuren A, B, C oder auch nur ein Rechteck (§. 40, §. 47) sich bilden würde. Die andere Ausgangsbasis wollen wir, wenigstens vor der Hand, nur von der zweiten Ordnung sein lassen, also entweder eine binäre Axe, oder eine Ebene wählen, — nicht einen Punct, als welcher mit der ersteren Basis eine der Figuren D, D^* erzeugen würde. Diese binäre Axe oder Ebene muss aber mit der ersteren Basis einen schiefen Winkel machen, nicht einen Winkel von 0° oder 90°, indem sonst wiederum eine der Figuren A, B, C, D zum Vorschein kommen würde.

Seien demnach fürs Erste eine Axe der n^{ten} Ordnung (wo $n > 2$) und eine mit ihr einen schiefen Winkel machende Axe der zweiten Ordnung die Ausgangsbasen. Um den allen Basen gemeinsamen Punct O denke man sich eine Kugelfläche beschrieben und nenne A einen der zwei Puncte, in denen die Fläche von der ersteren Axe geschnitten wird. Von den zwei Durchschnitten der letzteren Axe mit der Kugelfläche heisse M der dem A näher liegende, so dass der Bogen $AM < 90^\circ$. Die beiden Axen selbst sind OA und OM. Macht man in der Verlängerung von AM den Bogen $MB = AM$, so ist OB die aus OA durch OM erzeugte Gerade und daher gleichfalls eine Axe der n^{ten} Ordnung. An B setze man einen Bogen $BC = BA$, welcher mit BA einen Winkel von $360^\circ : n$ bilde; dann ist OC eine der $n-1$ aus OA durch OB erzeugten Geraden und mithin eine dritte Axe der n^{ten} Ordnung. Man beschreibe nun durch A, B, C einen Kreis, der, weil der sphärische Winkel $ABC < 180^\circ$, ein kleinerer sein wird, und mache in ihm die Bögen

$$CD = CE = \ldots = AB = BC \;;$$

so ist $ABCDE\ldots$ ein reguläres sphärisches Vieleck, und es sind, wie man leicht sieht, so wie OA, OB, OC, auch OD, OE, ... Axen der n^{ten} Ordnung, jede nämlich durch die erste vorhergehende aus der zweiten vorhergehenden erzeugt. So wie ferner OM eine binäre Axe war, so werden es auch ON, OP, OQ, ... sein, wenn N, P, Q, ... die Mittelpuncte der Seiten BC, CD, DE, ... des Vielecks bezeichnen; ON nämlich eine der $n-1$ aus OM durch OB erzeugten binären Axen, u. s. w. Das Vieleck $ABCDE\ldots$ selbst aber muss ein geschlossenes sein, indem sonst die Anzahl der Axen unendlich gross wäre.

Wir wollen jetzt noch annehmen, dass keine binäre Axe der Figur mit OA einen kleineren Winkel mache, als OM. — Der Punct M, der Mittelpunct der einen von A ausgehenden Seite AB des regulären Vielecks $ABCD\ldots$, ist aber von den Mittelpuncten N, P, ... der übrigen Seiten desselben der Ecke A nur dann am nächsten, wenn das Vieleck ein gewöhnliches ist, indem bei einem aussergewöhnlichen regulären Vieleck sich Seiten angeben lassen würden, deren Mittelpuncte der Ecke A näher liegen, als die Mittelpuncte der in A zusammenstossenden Seiten. *In Folge der letztgemachten Annahme ist also das Vieleck $ABC\ldots$ ein gewöhnliches, d. i. ein solches, von dessen Seiten keine zwei sich innerhalb ihrer Endpuncte schneiden, und der Centriwinkel desselben ein aliquoter Theil von* 360°, *nicht ein Vielfaches eines solchen Theils.*

§. 70. Ganz dieselben Betrachtungen lassen sich anstellen, wenn man zu der Axe OA von der n^{ten} Ordnung eine durch O gehende Ebene als zweite Ausgangsbasis nimmt. Zu dem durch diese Ebene bestimmten Hauptkreis der Kugelfläche denke man den durch A zu legenden und mit ersterem rechte Winkel bildenden Hauptkreis hinzu, bezeichne von den zwei Durchschnitten dieser zwei Hauptkreise denjenigen, welcher dem A am nächsten liegt, mit M, mache in der Verlängerung von AM den Bogen $MB = AM$, construire, wie vorhin, mit einem Polygonwinkel $= 360^\circ : n$ das reguläre Vieleck $ABCD\ldots$ und nenne, so wie M der Mittelpunct des Bogens AB ist, N, P, ... die Mittelpuncte der Bögen BC, CD, ... So wie A, sind alsdann auch OB, OC, OD, ... Axen der

n^{ten} Ordnung, und ebenso, wie durch M, werden durch N, P, ... basische Ebenen bestimmt, nämlich die Ebenen der Hauptkreise, welche, durch N, P, ... gehend, resp. mit BC, CD, ... rechte Winkel machen. Das Vieleck muss daher ein geschlossenes sein. Endlich setzen wir, dass keine basische Ebene der Figur mit OA einen kleineren Winkel mache, als die durch M bestimmte, für welche dieser Winkel gleich AOM ist, und folgern hieraus, wie vorhin, dass das Vieleck ein gewöhnliches, und somit sein Centriwinkel ein aliquoter Theil von 360° ist. Hieraus und aus §. 69 schliessen wir:

Die Möglichkeit einer symmetrischen Figur, welche aus zwei Basen entspringt, die einen schiefen Winkel mit einander machen, und von denen nur die eine binär, die andere aber von einer höheren Ordnung, der n^{ten}, ist, diese Möglichkeit beruht auf der Möglichkeit eines regulären sphärischen Vielecks von gewöhnlicher Form, von welchem sowohl der Centriwinkel, als der Polygonwinkel ein aliquoter Theil von 360° ist.

§. 71. *Dieses Grundvieleck ABC... kann aber nicht mehr als fünferlei Formen haben.* Denn heisst m die Eckenzahl des Vielecks ABC... und Z der sphärische Mittelpunct desselben, so ist sein Centriwinkel $AZB = 360° : m$, und weil die Axen OA, OB, OC, ... von der n^{ten} Ordnung sein sollen, sein Polygonwinkel $ABC = 360° : n$. Da die Winkelsumme eines jeden sphärischen Dreiecks grösser als 180° ist, so ist auch die Summe der Winkel des Dreiecks AZB

$$AZB + ZAB + ZBA > 180°\ ,$$

d. i.

$$\frac{1}{m}\,360° + \frac{1}{n}\,360° > 180°$$

oder

$$\frac{1}{m} + \frac{1}{n} > \frac{1}{2}\ ,$$

wo m und n ganze positive Zahlen, jede > 2, sein müssen. Es gibt aber nicht mehr als fünf Paare zusammengehöriger Werthe von m und n, welche dieser Ungleichheit unter den geforderten Bedingungen Genüge thun, nämlich:

$$\begin{array}{lll} m = 3 & \text{und} & n = 3\ , \\ m = 4 & - & n = 3\ , \\ m = 3 & - & n = 4\ , \\ m = 5 & - & n = 3\ , \\ m = 3 & - & n = 5\ . \end{array}$$

Zunächst folgt hieraus, *dass unter den Axen von höherer Ordnung bloss ternäre, quaternäre und quinäre zulässig sind. Das Grundvieleck selbst aber kann nur entweder ein Dreieck, oder ein Viereck, oder ein Fünfeck sein; der Polygonwinkel des Dreiecks kann nur* $= 120^\circ$, *oder* $= 90^\circ$, *oder* $= 72^\circ$, *der des Vierecks, sowie der des Fünfecks bloss* $= 120^\circ$ *sein.*

Es ist nun merkwürdig, dass diese Bedingungen für die Möglichkeit der jetzt in Rede stehenden symmetrischen Figuren nicht bloss nothwendig, sondern, wie die Folge zeigen wird, auch hinreichend sind. Den Grund hiervon kann man vorläufig schon daraus erkennen, dass es nicht mehr als fünf reguläre Körper gibt, und dass, wenn man in der um einen solchen zu beschreibenden Kugelfläche je zwei Ecken, welche in kleinster Entfernung von einander sind, durch Bögen von Hauptkreisen mit einander verbindet, die Kugelfläche in einander gleiche reguläre Vielecke getheilt wird, welche von einer der besagten fünf Formen sind; dass es folglich auch umgekehrt nicht mehr als fünferlei Arten gibt, auf welche die Kugelfläche mit einander gleichen regulären Vielecken überdeckt werden kann, so dass letztere paarweise eine Seite gemein haben und dabei weder einen leeren Raum übrig lassen, noch in einander greifen *). In der That sieht man leicht, dass, weil m die Eckenzahl des Vielecks ist, und n seiner Polygonwinkel 360° ausmachen, also in jeder Ecke n m-Ecke zusammenstossen müssen, die Werthe von m und n beim Tetraëder 3 und 3, beim Würfel 4 und 3, beim Oktaëder 3 und 4, beim Dodekaëder 5 und 3, beim Ikosaëder 3 und 5 sind.

Wir wollen nun die aus diesen fünf Körpern hervorgehenden symmetrischen Figuren der Reihe nach einzeln betrachten.

---

*) Würde das Dreieck AZB ein ebenes sein, so ergäbe sich in derselben Weise, wie oben, die Gleichung

$$\frac{1}{m} + \frac{1}{n} = \frac{1}{2},$$

welcher nur Genüge geschieht durch

$$m = 3 \quad \text{und} \quad n = 6\,,$$
$$m = 4 \quad \text{-} \quad n = 4\,,$$
$$m = 6 \quad \text{-} \quad n = 3\,.$$

Soll daher die Ebene durch reguläre und einander gleiche Vielecke lückenlos ausgefüllt werden, so kann dies nur geschehen durch

reguläre Dreiecke, von denen 6 in jeder Ecke an einander stossen,
reguläre Vierecke, von denen 4 in jeder Ecke an einander stossen,
reguläre Sechsecke, von denen 3 in jeder Ecke an einander stossen.

XIII. Aus dem Tetraëder entspringende symmetrische Figuren.

§. 72. Für diese Figuren ist $m = 3$ und $n = 3$, also das Grundvieleck ein Dreieck ABC und jeder seiner Winkel $= 120^0$. OA, OB, OC sind ternäre Axen, und von den zwei durch OA aus B erzeugten Puncten ist der eine C; bezeichnet man den anderen mit D, so ist auch OD eine ternäre Axe, und

$$\begin{array}{c} ABCD \\ = ACDB \ , \end{array}$$

also

$$AB = AC = AD \ , \quad BC = CD = DB \ .$$

Da nun auch $AB = BC$ ist, so sind BCD, CDA, DAB, ABC vier einander gleiche reguläre sphärische Dreiecke, und die aus einer der vier ternären Axen OA, ..., OD durch eine andere derselben erzeugten zwei Axen sind keine neuen, sondern immer die zwei noch übrigen jener vier Axen, also das System derselben ein vollständiges. Von dem auf diese Weise auf der Kugelfläche entstandenen Netze gibt Fig. 45 die stereographische Projection aus dem Gegenpuncte von A. Verbindet man die Puncte A, B, C, D geradlinig, so ist der Körper $ABCD$ ein reguläres Tetraëder.

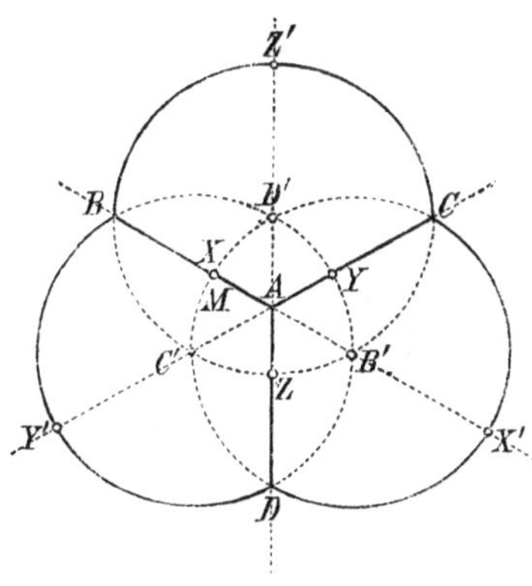

Fig. 45.

Die zwei Ausgangsbasen sind die ternäre Axe OA und die binäre OM, wo M, wie in §. 69, den Mittelpunct von AB bezeichnet. Um nun die durch diese zwei Basen aus einem willkürlichen Puncte der Kugelfläche erzeugte Figur zu erhalten, haben wir zunächst die in Bezug auf diese zwei Basen zwischen A, B, C, D stattfindenden Gleichungen aufzustellen. Die auf OA sich beziehende Gleichung ist die schon bemerkte

$$\text{(I)} \qquad \begin{array}{c} ABCD \\ = ACDB \ . \end{array}$$

Die Gleichung für OM ist:

$$\text{(II)} \qquad \begin{aligned} &ABCD \\ &= BADC\,. \end{aligned}$$

Denn erstens ist die Gleichung überhaupt gültig, da alle sechs Kanten AB, ..., CD des Tetraëders einander gleich sind, daher je zwei der 24 Permutationen von A, B, C, D einander gleich gesetzt werden können. Die Basis von (II) ist ferner binär und daher entweder ein Punct, oder eine Gerade, oder eine Ebene. Sie kann aber weder ein Punct noch eine Ebene sein, weil in dem einen, wie in dem andern Falle A, B, C, D in einer Ebene liegen müssten. Mithin ist sie eine binäre Axe, und zwar die Axe OM, weil in Bezug auf sie A und B zwei einander entsprechende Puncte sind.

§. 73. Wir wollen nun die aus einem willkürlichen Puncte der Kugelfläche durch die Basen von (I) und (II) nach und nach erzeugten anderen Puncte zu bestimmen suchen.

Weil in (I) den Puncten A, B, C, D die Puncte A, C, D, B entsprechen, so ist, wenn wir ähnlicher Weise, wie in §. 48, den willkürlichen Ausgangspunct mit ABC bezeichnen, ACD der aus ihm zunächst durch (I) erzeugte Punct. Aus ACD entsteht ebenso durch (I) der Punct ADB; aus diesem aber, wie gehörig, wieder der Ausgangspunct ABC.

Die aus den drei jetzt vorhandenen Puncten ABC, ACD, ADB durch die binäre Basis von (II) erzeugten neuen Puncte sind, wie man ähnlicher Weise findet, resp. BAD, BDC, BCA.

Aus jedem dieser drei entstehen durch (I) zwei neue, nämlich

aus BAD die Puncte CAB, DAC,
- BDC - - CBD, DCB,
- BCA - - CDA, DBA.

Hiermit ist aber die Figur geschlossen, da die aus letzteren sechs durch (II) hervorgehenden Puncte sich bereits vorfinden.

Die Figur besteht demnach aus zwölf Puncten, welche zu dreien in Bezug auf OA und zu zweien in Bezug auf OM symmetrisch liegen, so dass zwischen ihnen zwei Gleichungen, die eine aus vier ternären, die andere aus sechs binären Cykeln bestehend, stattfinden. Um diese Gleichungen kurz hinschreiben zu können, wollen wir vorher die zwölf Puncte durch einfache Buchstaben ausdrücken und setzen:

$$\begin{aligned} &ABC = a\,, && ACD = b\,, && ADB = c\,, && BAD = d\,, \\ &CAB = e\,, && DAC = f\,, && BCA = g\,, && CDA = h\,, \\ &DBA = i\,, && CBD = k\,, && DCB = l\,, && BDC = m\,. \end{aligned}$$

Die zwei Gleichungen sind alsdann:

$$(\mathrm{I}^*)\qquad \begin{aligned} & abc\ \ def\ \ ghi\ \ klm \\ = & bca\ \ efd\ \ hig\ \ lmk\,, \end{aligned}$$

$$(\mathrm{II}^*)\qquad \begin{aligned} & ad\ \ bm\ \ cg\ \ ei\ \ fk\ \ hl \\ = & da\ \ mb\ \ gc\ \ ie\ \ kf\ \ lh\,. \end{aligned}$$

§. 74. *Die zwölf Puncte der Figur, die wir künftighin als das symmetrische Punctsystem T_1 bezeichnen wollen, können für specielle Annahmen des Ortes des Ausgangspunctes zu dreien oder paarweise zusammenfallen und sich damit auf vier oder sechs reduciren.*

Das erstere geschieht, wenn wir den Ausgangspunct ABC mit einer der vier Ecken des Tetraëders, etwa mit A, identisch sein lassen. Denn dann wird auf gleiche Weise, wie ABC mit A, auch jeder der übrigen elf Puncte mit derjenigen Ecke coïncidiren, welche in seinem Ausdrucke die erste Stelle einnimmt, also mit Anwendung der abgekürzten Bezeichnung

a, b, c mit A,
d, g, m - B,
e, h, k - C,
f, i, l - D.

Dasselbe geschieht, wenn wir den Punct ABC oder a mit dem Gegenpuncte einer der vier Ecken, etwa mit dem Gegenpuncte von D, also mit dem sphärischen Mittelpuncte D' des Dreiecks ABC, coïncidirend annehmen. Denn dasselbe werden dann auch die Puncte BCA und CAB oder g und e thun, und es werden, wenn A', B', C', D' (vergl. Fig. 45 auf p. 653) die Gegenpuncte von A, B, C, D ausdrücken,

a, e, g mit D',
k, l, m - A',
b, f, h - B',
c, d, i - C'

zusammenfallen.

Lassen wir endlich ABC den sphärischen Mittelpunct einer der sechs Kanten des Tetraëders, etwa der Kante AB, sein, so wird auch jeder der übrigen elf Puncte der Mittelpunct derjenigen Kante des Tetraëders sein, welche durch die zwei ersten Buchstaben im Ausdruck des Punctes bezeichnet wird. Es coïncidiren folglich, wenn wir die sphärischen Mittelpuncte der Kanten AB, BC, ... resp. durch $A{\cdot}B$, $B{\cdot}C$, ... ausdrücken, die Puncte

a, d mit $A{\cdot}B$, b, e mit $A{\cdot}C$,
c, f - $A{\cdot}D$, g, k - $B{\cdot}C$,
i, m - $B{\cdot}D$, h, l - $C{\cdot}D$.

Diese speciellen Fälle können uns zugleich zu einer anschaulichen Vorstellung der gegenseitigen Lage der zwölf Puncte auf der Kugelfläche behülflich sein. Wenn nämlich, um dies nur am ersten Fall zu erläutern, *a* mit *A* nicht vollkommen coïncidirend, sondern nur in der Nähe von *A* angenommen wird, so werden in gleicher Nähe von *A* die Puncte *b* und *c*, in derselben Nähe bei *B* die Puncte *d*, *g* und *m*, u. s. w. liegen. Ebenso können in Folge des zweiten Falls die zwölf Puncte zu dreien in der Nähe der sphärischen Mittelpuncte der vier Dreiecksflächen des Tetraëders, und in Folge des dritten paarweise in der Nähe der Mittelpuncte der sechs Kanten sich befinden.

Eine andere Art, die Vertheilung der zwölf Puncte sich vorzustellen, ist folgende. Man verbinde den Mittelpunct jedes der vier Dreiecke des tetraëdrischen Netzes durch Bögen von Hauptkreisen mit den drei Ecken des Dreiecks und zerlege somit jedes Dreieck in drei und die ganze Kugelfläche in zwölf einander gleiche gleichschenklige Dreiecke. In jedem derselben wird einer der zwölf Puncte enthalten sein, und zwar dergestalt, dass, wenn man irgend zwei der zwölf Dreiecke zur Deckung bringt, auch die darin enthaltenen zwei

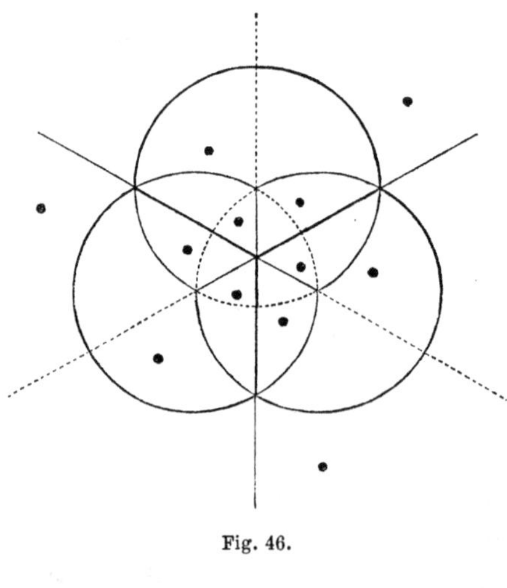

Fig. 46.

Puncte coïncidiren. Die Vertheilung der Puncte von T_1 auf der Kugelfläche in diesem Sinne zeigt Fig. 46 in stereographischer Projection.

§. 75. Bezeichnen wir von jetzt an die sphärischen Mittelpuncte der sechs Kanten AB und CD, AC und DB, AD und BC resp. mit X und X', Y und Y', Z und Z' (vergl. wieder Fig. 45). Da in Bezug auf die binäre Axe der Gleichung (II) die Puncte A und B, sowie C und D symmetrisch liegen, so trifft die Axe die Kugelfläche in X und X', welche daher zwei Gegenpuncte sind; und auf gleiche Weise ergeben sich auch Y und Y', sowie Z und Z' als Gegenpuncte. Da ferner nach §. 74 aus X als Ausgangspunct bloss die fünf Puncte Y, Z, X', Y', Z' erzeugt werden, so sind, ebenso wie XX', auch YY' und ZZ' binäre Axen, und ausser ihnen keine anderen; was auch noch daraus leicht hervorgeht, dass durch jede der vier ternären Axen aus jeder der drei binären Axen immer nur die beiden anderen der letzteren erzeugt werden.

Uebrigens schneiden sich die drei binären Axen in O unter rechten Winkeln. Wenn man nämlich die Puncte X, Y, ... in (I) und (II) noch hinzufügt, so werden diese Gleichungen:

$$(\mathrm{I}^{**})\qquad \begin{aligned} &ABCDXYZX'Y'Z' \\ &= ACDBYZXY'Z'X', \end{aligned}$$

$$(\mathrm{II}^{**})\qquad \begin{aligned} &ABCDXX'YY'ZZ' \\ &= BADCXX'Y'YZ'Z. \end{aligned}$$

Weil nun X der Schwerpunct von A und B, X' der von C und D ist, so ist der Schwerpunct von A, B, C, D zugleich der Schwerpunct von X und X'; mithin wird XX' in O, und ebenso YY' und ZZ' in O halbirt. Daher kann man auch den Gleichungen (I**) und (II**) auf beiden Seiten O vorsetzen. Alsdann ist nach (II**)

$$XOY = XOY',$$

folglich jeder dieser zwei Winkel gleich 90°, also auch

$$XX'^{\wedge}YY' = 90^{\circ},$$

und ebenso

$$XX'^{\wedge}ZZ' = 90^{\circ}.$$

Nach (I**) aber ist

$$YY'^{\wedge}ZZ' = ZZ'^{\wedge}XX' = 90^{\circ},$$

womit die obige Behauptung erwiesen.

§. 76. Folgerungen: *a*) Die zwölf Puncte a, b, ... m liegen zufolge der Gleichungen (I*) und (II*) in Bezug auf die ternäre Axe OA und in Bezug auf die binäre Axe OX symmetrisch. Nach §. 39 haben sie daher auch gegen jede der drei übrigen ternären und gegen jede der zwei übrigen binären Axen eine symmetrische Lage, und es muss möglich sein, die Gleichungen, welche diese Lage ausdrücken, auf ähnliche Art, wie dies bereits früher gezeigt worden, aus den Gleichungen (I*) und (II*) abzuleiten.

So folgt z. B. aus den Gleichungen

$$\text{(I)}\quad \begin{array}{l} ABCD \\ = ACDB \end{array} \quad \text{und} \quad \text{(II)}\quad \begin{array}{l} ABCD \\ = BADC \end{array}$$

für die ternäre Axe OA und die binäre Axe OX sofort

$$\begin{array}{l} ACDB \\ = BADC \end{array} \quad \text{oder} \quad \begin{array}{l} ABCD \\ = BCAD \end{array}$$

d. i. die Gleichung für die ternäre Axe OD durch den Mittelpunct des Dreiecks ABC.

Das durch die ternäre Axe OA und die binäre Axe OX bei einem Dreieck als Grundvieleck aus einem beliebigen Puncte der Kugelfläche abgeleitete Punctsystem T_1 umfasst demnach zwölf Puncte, welche gegen vier ternäre und drei binäre Axen symmetrisch liegen.

b) Das System derselben zwölf Puncte a, b, ... m muss wieder erhalten werden, wenn man die Ausgangsbasen OA und OX beibehält, statt a aber irgend einen der elf aus a abgeleiteten Puncte, es sei h, zum Ausgangspuncte wählt. Denn wie man aus (I*) und (II*) ersieht, werden aus h durch OA und OX abwechselnd die Puncte i, g; e, c; f, d, a, b; k, m; l erzeugt.

c) Dieselben elf Puncte, wie vorhin, entspringen aus dem Puncte ABC, wenn man mit der Gleichung für die ternäre Axe OA die Gleichung für eine der übrigen drei ternären Axen, etwa für OB, verbindet, wenn man also von den zwei Gleichungen

$$(\text{I}_*)\quad \begin{array}{l} ABCD \\ = ACDB\,, \end{array} \qquad (\text{II}_*)\quad \begin{array}{l} BCDA \\ = BDAC \end{array}$$

ausgeht. In der That erhält man aus $ABC = a$ durch (I_*) die Puncte $ACD = b$, $ADB = c$; aus a durch (II_*) die Puncte $CBD = k$, $DBA = i$; aus b durch (II_*) die Puncte $CDA = h$, $DAC = f$; aus c durch (II_*) die Puncte $CAB = e$, $DCB = l$. Endlich entstehen aus l, i, f durch (I_*) die Puncte $BDC = m$, $BCA = g$, $BAD = d$. Aus keinem der zwölf Puncte a, b, ..., m entsteht aber durch (I_*) und (II_*) ein unter den zwölf Puncten nicht schon vorhandener.

§. 77. Sind OA und OA' zwei basische Axen von der n^{ten} und n'^{ten} Ordnung, und werden durch sie aus dem Puncte P resp. die Puncte Q und Q' erzeugt, so ist auf der Kugelfläche

$$AP = AQ\,,\quad P\widehat{A}Q = \frac{m}{n}\,360^\circ\,,\quad A'P = A'Q'\,,\quad P\widehat{A'}Q' = \frac{m'}{n'}\,360^\circ\,.$$

Sollen daher Q und Q' zusammenfallen, so müssen die Dreiecke $AA'P$ und $AA'Q$ einander gleich und ähnlich sein, die Winkel

$P\widehat{A}Q$ und $P\widehat{A'}Q$ müssen folglich von AA' halbirt werden, und es müssen mithin im Dreieck $AA'P$ die Winkel

$$\widehat{A} = \frac{m}{n} 180^\circ \qquad \text{und} \qquad \widehat{A'} = \frac{m'}{n'} 180^\circ$$

sein. Dieses aber bringt zwei Bedingungen für den Punct A' mit sich, und im Allgemeinen werden daher Q und Q' nicht coïncidiren. — Aehnlicher Weise lässt sich zeigen, dass zwei aus einem Puncte durch eine basische Axe und eine basische Ebene oder durch zwei basische Ebenen erzeugten Puncte im Allgemeinen von einander verschieden sind.

Nun werden aus dem Puncte ABC durch jede der vier ternären Axen $AA', \ldots, DD'$ zwei Puncte und durch jede der drei binären Axen $XX', YY', \ldots$ ein Punct, also in Summa elf Puncte erzeugt. Diese werden daher sämmtlich von einander verschieden und folglich mit den elf aus ABC in §. 73 erzeugten Puncten identisch sein, da das aus ABC und den letzteren elf Puncten bestehende System in Bezug auf jede der vier ternären und jede der drei binären Axen symmetrisch ist. *ABC ist daher mit jedem der letzteren elf Puncte in Bezug auf eine der sieben Axen in symmetrischer Lage*; und da dasselbe System von zwölf Puncten entstanden sein würde, wenn man statt von ABC von irgend einem der übrigen elf Puncte ausgegangen wäre, *so müssen je zwei der zwölf Puncte von T_1 überhaupt mit einem dritten Punct gegen eine der vier ternären oder für sich gegen eine der drei binären Axen eine symmetrische Lage haben.*

§. 78. Untersuchen wir jetzt die Figur, welche entsteht, wenn man zur zweiten Ausgangsbasis statt der binären Axe OX eine Ebene nimmt, und zwar diejenige, welche den Hauptkreis AB in X rechtwinklig schneidet (§. 70). Die Gleichung zwischen $A, \ldots, D$ für diese Ebene wird sein:

$$\begin{aligned} &ABCD \\ =\ &BACD\,. \end{aligned}$$

Denn dass erstens diese Gleichung überhaupt Bestand hat, folgt aus demselben Grunde, der für die allgemeine Gültigkeit der Gleichung (II) in §. 72 bemerkt wurde. Sie besteht ferner aus einem zweigliedrigen Cykel AB und zwei eingliedrigen C und D; ihre Basis ist daher binär, kann aber nicht ein Punct sein, weil in diesem C und D coïncidiren müssten; auch nicht eine Gerade, indem dann A, B, C, D in einer Ebene enthalten sein würden. Die Basis der Gleichung ist daher eine Ebene, und zwar diejenige, in Bezug auf welche A und B symmetrisch liegen, die Gleichung selbst also die verlangte. Uebrigens ersieht man noch aus ihr, dass in dem Hauptkreise, welcher AB rechtwinklig halbirt, die Puncte C und D mit enthalten sind, und dass daher die basische Ebene auch als die Ebene des Hauptkreises CD definirt werden kann (vgl. Fig. 45 auf p. 653).

Die zwei Gleichungen, aus denen wir jetzt die Puncte der Figur abzuleiten haben, sind demnach:

$$\text{(I)} \quad \begin{array}{l} ABCD \\ = ACDB \,, \end{array} \qquad \text{(III)} \quad \begin{array}{l} ABCD \\ = BACD \,. \end{array}$$

Hierdurch erhalten wir aus dem willkürlichen Puncte ABC ein System von 24 Puncten, wie nachstehendes Schema zeigt:

ABC I ACD I ADB ;
ABC III BAC ; ACD III BCD ; ADB III BDA ;
BAC I CAD I DAB ;
BCD I CDB I DBC ;
BDA I CBA I DCA ;
CAD III CBD ; CDB III CDA ; CBA III CAB ;
DAB III DBA ; DBC III DAC ; DCA III DCB ;
CBD I DCB I BDC ;
CDA I DBA I BCA ;
CAB I DAC I BAD ;
BDC III ADC ; BCA III ACB ; BAD III ABD .

Hierin sollen die Ziffern I und III die Basen der betreffenden Gleichungen, und die Anordnung der Punctausdrücke und Basen bedeuten, dass durch die Basis aus dem vorangehenden Puncte der nächstfolgende erzeugt wird. Die Basen dieses Systems, welchem wir die Bezeichnung T_2 geben wollen, sind zunächst die ternäre Axe OA und die Ebene des Hauptkreises CD; auf gleiche Art aber auch die ternären Axen OB, OC, OD und die Ebenen der fünf übrigen Hauptkreise AB, AC, AD, BC, BD. Zwischen seinen 24 Puncten müssen sich zwei Gleichungen aufstellen lassen, von denen die eine mit acht dreigliedrigen Cykeln OA zur Basis, die andere mit zwölf zweigliedrigen Cykeln die Ebene OCD zur Basis hat; und aus ihnen müssen die analogen Gleichungen für die übrigen basischen Axen und Ebenen abgeleitet werden können.

Die Ausdrücke der 24 Puncte sind alle aus den vier Elementen A, B, C, D mit Versetzung und ohne Wiederholung zu bildenden Ternionen. Unter diesen 24 Puncten müssen sich daher auch die zwölf Puncte der vorhergehenden symmetrischen Figur T_1 befinden, und die übrigen zwölf Puncte werden die mit ersteren zwölf in Bezug auf eine der sechs basischen Ebenen symmetrisch liegenden Puncte sein. Auch wird man aus einem derselben z. B. aus BAC die elf übrigen erhalten, wenn man damit, wie in §. 73 mit ABC, die in Bezug auf die Axen OA und OX symmetrische Figur construirt.

Das symmetrische System T_2 *von 24 Puncten hat daher nächst den vier ternären Axen* OA, OB, ... *und den sechs Ebenen* OAB, OAC, ... *auch noch die drei binären Axen* OX, OY, ... *zu Basen.*

§. 79. Die sechs Hauptkreise AB, AC, ..., CD schneiden sich zu dreien in den vier Puncten A, ..., D und deren Gegenpuncten A', ..., D' unter Winkeln von 60°; zu zweien in den sphärischen Mittelpuncten X, Y, ..., Z' der sechs Kanten AB, AC, ..., BC unter rechten Winkeln. Sie zerlegen damit jedes der vier sphärischen Dreiecke ABC, ..., BCD in sechs Dreiecke, deren jedes die Winkel 90°, 60°, 60° hat, also in sechs einander gleiche und ähnliche Dreiecke, z. B. ABC in die sechs Dreiecke, welche D' zur gemeinschaftlichen Spitze und AX, XB, BZ', $Z'C$, CY, YA zu gegenüberliegenden Seiten haben (vergl. wieder Fig. 45). Die ganze Kugelfläche also zerlegen sie in 24 solcher Dreiecke, die sich, wie man leicht sieht, durch die 24 aus A, ..., D bildbaren Ternionen charakterisiren lassen, indem man z. B. unter der Ternion ABC das Dreieck AXD' versteht, dessen Ecken der Punct A, der Mittelpunct der Kante AB

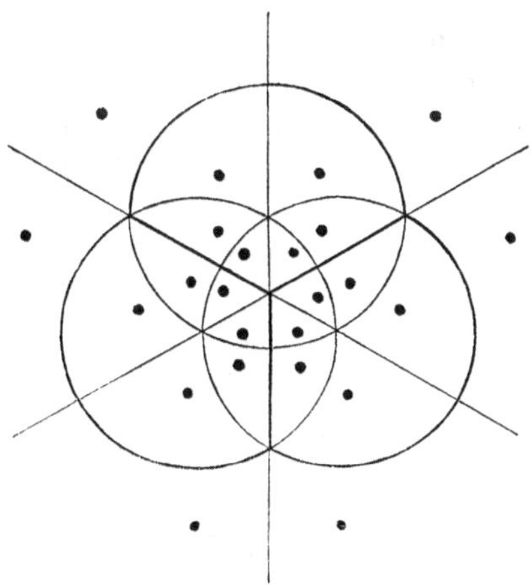

Fig. 47.

und der Mittelpunct der Fläche ABC sind; auf dieselbe Weise unter der Ternion DCA das Dreieck $DX'B'$, dessen Ecken der Punct D, der Mittelpunct von DC und der Mittelpunct von DCA sind; u. s. w.

Eine unmittelbare Folge hiervon ist, dass von den 24 Puncten der

Figur T_2 in jedem der 24 Dreiecke einer sich befindet. Denn da der Punct ABC gegen A, B, C dieselbe Lage, wie der Punct DCA gegen D, C, A hat, so muss, wenn wir ersteren Punct der Einfachheit wegen in dem Dreiecke begriffen setzen, welches der Ternion ABC entspricht, letzterer innerhalb des der Ternion DCA entsprechenden Dreiecks enthalten sein; u. s. w.

Die Figur 47 (vorige Seite) stellt die Lage der 24 Puncte von T_2 auf der Kugelfläche in den Flächen des tetraëdrischen Netzes in stereographischer Projection dar.

§. 80. Statt der vier Ecken des Tetraëders, durch welche wir im Vorhergehenden die aus diesem Körper entspringenden symmetrischen Figuren T_1 von 12 und T_2 von 24 Puncten ausdrückten, können wir auch die Mittelpuncte X, Y, ..., Z' seiner sechs Kanten anwenden.

Dass dieses möglich ist, geht daraus hervor, dass das System der sechs Puncte X, ..., Z' in Bezug auf die ternäre Axe OA, die binäre Axe OX und die Ebene OCD symmetrisch ist, dass daher, wenn wir die drei Gleichungen entwickeln, welche diese Symmetrieen ausdrücken, und in deren jeder alle sechs Puncte, nur in verschiedenen Folgen, auf jeder der beiden Seiten des Gleichheitszeichens enthalten sind, dass alsdann jede Zusammenstellung dreier der sechs Puncte, welche nicht in einem Hauptkreise liegen, und die Zusammenstellung der drei ihnen zufolge einer der drei Gleichungen entsprechenden Puncte — ebenso wie bei den Gleichungen zwischen A, ..., D — als die Ausdrücke zweier Puncte angenommen werden können, die einander in Bezug auf die der Gleichung zukommende Basis entsprechen.

Was nun zuerst die drei Gleichungen zwischen X, ..., Z' in Bezug auf die gedachten drei Basen anlangt, so ergeben sich diese unmittelbar aus den bereits bekannten Gleichungen zwischen A, ..., D für dieselben Basen (§§. 72 und 78).

Die Gleichung zwischen A, ..., D in Bezug auf die ternäre Axe OA war

$$\text{(I)} \qquad \begin{aligned} &ABCD \\ =\, &ACDB\,. \end{aligned}$$

Da nun X der sphärische Mittelpunct von AB, und den Puncten A und B zufolge dieser Gleichung die Puncte A und C entsprechen, so entspricht dem X der Mittelpunct von AC, d. i. Y; ebenso entspricht dem Mittelpuncte Y von AC der Mittelpunct von AD, d. i. Z, u. s. w., und wir erhalten auf solche Weise die auf die ternäre Axe OA sich beziehende Gleichung

$$\text{(I*)}\qquad \begin{aligned} &X\,Y\,Z\,X'\,Y'\,Z' \\ =\;&Y\,Z\,X\,Y'\,Z'\,X'. \end{aligned}$$

Ebenso findet sich aus

$$\text{(II)}\qquad \begin{aligned} &ABCD \\ =\;&BADC \end{aligned}$$

die zwischen $X, \ldots, Z'$ bestehende Gleichung für die binäre Axe OX:

$$\begin{aligned} &X\,Y\,Z\,X'\,Y'\,Z' \\ =\;&X\,Y'\,Z'\,X'\,Y\,Z\,, \end{aligned}$$

oder cyklisch geordnet:

$$\text{(II*)}\qquad \begin{aligned} &X\,X'\,Y\,Y'\,Z\,Z' \\ =\;&X\,X'\,Y'\,Y\,Z'\,Z\,. \end{aligned}$$

Endlich ergibt sich aus der Gleichung

$$\text{(III)}\qquad \begin{aligned} &ABCD \\ =\;&BACD \end{aligned}$$

die auf die basische Ebene OCD sich beziehende Gleichung

$$\begin{aligned} &X\,Y\,Z\,X'\,Y'\,Z' \\ =\;&X\,Z'\,Y'\,X'\,Z\,Y\,, \end{aligned}$$

oder cyklisch geordnet:

$$\text{(III*)}\qquad \begin{aligned} &X\,X'\,Y\,Z'\,Z\,Y' \\ =\;&X\,X'\,Z'\,Y\,Y'\,Z\,. \end{aligned}$$

Nehmen wir nun XYZ als Ausdruck des Ausgangspunctes, so findet sich aus (I*) und (II*) abwechselnd nachstehendes System von zwölf Puncten:

$$\begin{array}{lll} X\,Y\,Z\,, & Y\,Z\,X\,, & Z\,X\,Y\,, \\ X\,Y'\,Z'\,, & Y'\,Z'\,X\,, & Z'\,X\,Y'\,, \\ Y\,Z'\,X'\,, & Z'\,X'\,Y\,, & X'\,Y\,Z'\,, \\ Y'\,Z\,X'\,, & Z\,X'\,Y'\,, & X'\,Y'\,Z\,. \end{array}$$

Mit Anwendung von (I*) und (III*) aber erhalten wir ein System von 24 Puncten, indem zu den zwölf vorigen noch die zwölf neuen, mit jenen in Bezug auf die Ebene OCD symmetrisch liegenden Puncte

$$\begin{array}{lll} X\,Z'\,Y'\,, & Z'\,Y'\,X\,, & Y'\,X\,Z'\,, \\ X\,Z\,Y\,, & Z\,Y\,X\,, & Y\,X\,Z\,, \\ Z'\,Y\,X'\,, & Y\,X'\,Z'\,, & X'\,Z'\,Y\,, \\ Z\,Y'\,X'\,, & Y'\,X'\,Z\,, & X'\,Z\,Y' \end{array}$$

hinzukommen.

Bezeichnet man der Kürze halber drei Puncte, welche durch die cyklischen Ternionen PQR, QRP, RPQ ausgedrückt sind, zusammengenommen durch $[PQR]$, so kann man die beiden Systeme T_1 und T_2 übersichtlich folgendermassen schreiben:

Durch die Gleichungen (I) *und* (II) *ergibt sich das System von zwölf Puncten:*

$$(1^*) \quad T_1 = [X\,Y\,Z] \quad [X\,Y'Z'] \quad [X'\,Y\,Z'] \quad [X'\,Y'\,Z]\;,$$

zu denen durch die Gleichungen (I) *und* (III) *noch die zwölf Puncte*

$$(2^*) \qquad [Z\,Y\,X] \quad [Z'\,Y'X] \quad [Z'\,Y\,X'] \quad [Z\,Y'X']$$

hinzukommen.

Fasst man ferner die sechs Ternionen, die aus drei Elementen P, Q, R gebildet werden können, in dem Symbol $\{P\,Q\,R\}$, also z. B. die sechs Puncte $[X\,YZ]$ und $[Z\,Y\,X]$ durch $\{X\,YZ\}$ zusammen, *so kann man das System* T_2 *in folgender Weise darstellen:*

$$T_2 = \{X\,Y\,Z\} \quad \{X\,Y'Z'\} \quad \{X'\,Y\,Z'\} \quad \{X'\,Y'Z\}\;.$$

Die Puncte (1*) liegen in alternirenden Octanten $X\,YZ$, $X\,Y'Z'$, ... und ihre Ausdrücke haben einerlei Sinn. Die Puncte (2*) liegen in denselben alternirenden Octanten, ihre Ausdrücke haben aber den entgegengesetzten Sinn, wie die der Puncte (1*).

XIV. Aus dem Hexaëder entspringende symmetrische Figuren.

§. 81. Sei jetzt wiederum (§. 71) $n = 3$, aber $m = 4$, also das Grundvieleck ein sphärisches Viereck $AB'CD'$ und jeder seiner Winkel $= 120^{\circ}$. Dann sind OA, OB', OC, OD' vier ternäre Axen. Die äusseren Winkel des Vierecks, deren jeder $= 240^{\circ}$ ist, halbire man durch die Bögen AC', $B'D$, CA', $D'B$ und mache jeden derselben gleich AB'; dann sind $B'AC'D$, $CB'DA'$, $D'CA'B$, $AD'BC'$ reguläre, dem Viereck $AB'CD'$ gleiche Vierecke. Wie man leicht erkennt, ist daher auch $A'BC'D$ ein solches, und es kann folglich über keiner Seite eines dieser sechs Vierecke ein ihnen gleiches beschrieben werden, das nicht schon vorhanden wäre. Die Flächen dieser sechs Vierecke, deren stereographische Projection Fig. 48 zeigt, machen die ganze Kugelfläche aus; die sechs gleichnamigen ebenen Vierecke aber sind Quadrate und bilden daher einen in die Kugel beschriebenen Würfel oder ein Hexaëder.

Die sechs Linien, welche die vier Puncte A, B, C, D paarweise verbinden, sind Diagonalen der Vierecke und daher einander gleich, also $ABCD$, wie vorhin, ein Tetraëder. Hiernach ist A der eine

Pol des kleineren Kreises BCD; der andere Pol ist A', indem $A'B$, $A'C$, $A'D$ Seiten der Vierecke und daher einander gleich sind. Mit-

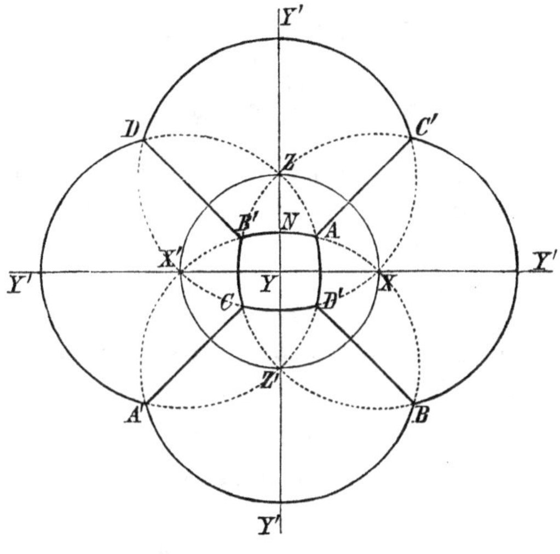

Fig. 48.

hin sind A und A' zwei Gegenpuncte, und aus ähnlichem Grunde sind es auch B und B', C und C', D und D'. Die vorhin gedachten vier ternären Axen können wir daher auch ausdrücken durch AA', BB', CC', DD'. Aus den zwei ersten derselben werden die zwei letzten, und nicht noch andere erzeugt, da das Netz der sechs Vierecke ein geschlossenes ist. Es sind dieselben vier Axen, wie im Obigen, bei den aus dem Tetraëder entspringenden Figuren.

§. 82. Weil $AB'CD'$ das Grundvieleck ist, so haben wir jetzt die ternäre Axe OA und, wenn N den Mittelpunct des Bogens AB' bedeutet, die binäre Axe ON, oder die Ebene des Hauptkreises, welcher AB' in N rechtwinklig schneidet, als Ausgangsbasen anzunehmen. Es sind nun zunächst die in Bezug auf dieselben zwischen den acht Puncten A, B, ..., D' stattfindenden Basengleichungen zu entwickeln.

Da die Dreiecke BCD und $B'C'D'$ regulär sind und eine gemeinsame Axe AA' und einerlei Sinn haben, so ist (§. 22)

$$\text{(I)} \quad \begin{aligned} & A\,B\,C\,D\,A'B'C'D' \\ = & A\,C\,D\,B\,A'C'D'B'\,. \end{aligned}$$

Es entsprechen sich ferner in Bezug auf die binäre Axe ON je zwei Puncte, welche mit N in einem Hauptkreise liegen und darin von N nach verschiedenen Seiten gleich weit abstehen, also A und B', sowie A' und B; desgleichen auch C und C', weil diese als Gegenpuncte mit N in einem Hauptkreise liegen und ersichtlich $NC = NC'$ ist. Ebenso entsprechen sich auch D und D', und es hat daher in Bezug auf ON die Gleichung

$$\text{(II)} \qquad \begin{array}{l} A\,B\,C\,D\,A'B'C'D' \\ = B'A'C'D'B\,A\,C\,D \end{array}$$

statt. Wird endlich von einer Ebene die eine Seite des Quadrats rechtwinklig halbirt, so wird es auch die gegenüberliegende Seite. Mithin werden von der basischen Ebene die Seiten AB', CD', BA', DC' rechtwinklig halbirt, und es liegen daher in Bezug auf diese Ebene A und B', C und D', B und A', D und C' symmetrisch. Die Gleichung, welche dieses ausdrückt, also die Gleichung zwischen $A, \ldots, D'$, welcher diese Ebene als Basis zukommt, ist:

$$\text{(III)} \qquad \begin{array}{l} A\,B\,C\,D\,A'B'C'D' \\ = B'A'D'C'B\,A\,D\,C\;. \end{array}$$

§. 83. Wir wollen nun, wie zu Ende des vorigen Abschnitts, den willkürlichen Ausgangspunct und die aus ihm abzuleitenden Puncte nicht durch die acht Puncte A, B, …, D' selbst ausdrücken, sondern durch die Mittelpuncte X, Y, Z, X', Y', Z' von AB, AC, AD, CD, BD, BC, welche zugleich die Mittelpuncte der sechs Quadrate $AC'BD'$, $AB'CD'$, $AB'DC'$, $CA'DB'$, $BA'DC'$, $BA'CD'$, also auch die Mittelpuncte der sechs Diagonalen $C'D'$, $B'D'$, $B'C'$, $A'B'$, $A'C'$, $A'D'$ sind. Die Möglichkeit ergibt sich, wie in §. 80 daraus, dass diese sechs Puncte in Bezug auf die Axe OA, die Axe ON und die durch N gehende basische Ebene symmetrisch liegen. In der That sind die Gleichungen, welche diese Symmetrie darstellen und somit jene Möglichkeit beweisen:

$$\text{(I*)} \qquad \begin{array}{l} X\,Y\,Z\,X'Y'Z' \\ = Y\,Z\,X\,Y'Z'X'\,, \end{array}$$

$$\text{(II*)} \qquad \begin{array}{l} X\,Y\,Z\,X'Y'Z' \\ = X'Z\,Y\,X\,Z'\,Y'\,, \end{array}$$

$$\text{(III*)} \qquad \begin{array}{l} X\,Y\,Z\,X'Y'Z' \\ = X'Y\,Z\,X\,Y'Z'\,. \end{array}$$

Sie ergeben sich aus den entsprechenden Gleichungen (I), (II), (III) auf die schon in §. 80 erörterte Weise.

Wird nun wiederum XYZ *als Ausdruck des Ausgangspunctes angenommen, so findet man mittelst* (I*) *und* (II*) *folgendes in Be-*

zug auf die ternäre Axe OA und die binäre Axe ON symmetrische System H_1 von 24 Puncten:

a	$X\,Y\,Z$	$Y\,Z\,X$	$Z\,X\,Y$	
a II* b	$X'Z\,Y$	$Z\,Y\,X'$	$Y\,X'Z$	
b I* c	$Y'X\,Z$	$X\,Z\,Y'$	$Z\,Y'X$	
c I* d	$Z'Y\,X$	$Y\,X\,Z'$	$X\,Z'Y$	
c II* e	$Z'X'Y$	$X'Y\,Z'$	$Y\,Z'X'$	$[H_1]$
d II* f	$Y'Z\,X'$	$Z\,X'Y'$	$X'Y'Z$	
e I* g	$Y'Z'X$	$Z'X\,Y'$	$X\,Y'Z'$	
g II* h	$Z'Y'X'$	$Y'X'Z'$	$X'Z'Y'$.	

Es folgen nämlich der zweite und dritte Punct der Zeile a aus dem ersten mittelst (I*). Aus diesen drei Puncten von a erhält man mittelst (II*) die Zeile b. Durch (I*) folgt aus b die Zeile c, aus c die Zeile d; aus c und d mittelst (II*) resp. die Zeilen e und f. Von den sechs Puncten, welche sich aus e durch (I*) ergeben, enthält g die eine Hälfte, die drei übrigen sind mit f identisch. Die aus f mittelst (I*) folgenden sechs Puncte sind bereits in g und e vorhanden. Aus g endlich folgen mittelst (II*) die Puncte der Zeile h, aus diesen aber mittelst (I*) sie selbst wieder, und die Operation ist daher beendigt.

Behandelt man auf gleiche Weise die Gleichungen (I*) *und* (III*), *so erhält man folgendes in Bezug auf OA und die basische Ebene, welche AB' in N rechtwinklig halbirt, symmetrische System H_2, welches gleichfalls 24 Puncte umfasst:*

a	$X\,Y\,Z$	$Y\,Z\,X$	$Z\,X\,Y$	
a III* b	$X'Y\,Z$	$Y\,Z\,X'$	$Z\,X'Y$.	
b I* c	$Y'Z\,X$	$Z\,X\,Y'$	$X\,Y'Z$	
c I* d	$Z'X\,Y$	$X\,Y\,Z'$	$Y\,Z'X$	
c III* e	$Y'Z\,X'$	$Z\,X'Y'$	$X'Y'Z$	$[H_2]$
d III* f	$Z'X'Y$	$X'Y\,Z'$	$Y\,Z'X'$	
e I* g	$Z'X\,Y'$	$X\,Y'Z'$	$Y'Z'X$	
g III* h	$Z'X'Y'$	$X'Y'Z'$	$Y'Z'X'$.	

Wie zu Ende des §. 80 die beiden aus dem Tetraëder hervorgehenden symmetrischen Punctsysteme, so kann man auch hier die aus dem Hexaëder entstehenden Punctsysteme H_1 und H_2 einfacher und übersichtlicher darstellen, indem man je drei cyklische Ternionen $X\,Y\,Z$, $Y\,Z\,X$, $Z\,X\,Y$ durch das Symbol $[X\,Y\,Z]$ zusammenfasst. Man erhält dann:

$$H_1 =$$
$$[XYZ]\,[X'ZY]\,[Y'XZ]\,[Z'YX]\,[Z'X'Y]\,[Y'ZX']\,[Y'Z'X]\,[Z'Y'X']$$
und
$$H_2 =$$
$$[XYZ]\,[X'YZ]\,[Y'ZX]\,[Z'XY]\,[Z'X'Y]\,[Y'ZX']\,[Y'Z'X]\,[Z'X'Y'].$$

Nimmt man die Symbole $[XYZ]$, $[X'ZY]$, ... als Dreiecke, so werden durch sie diejenigen acht Dreiecke bezeichnet, in welche die Kugelfläche durch die drei Hauptkreise zerlegt wird, deren Gegenpuncte X und X', Y und Y', Z und Z' sind. In jedem dieser Dreiecke liegen drei Puncte eines jeden der beiden symmetrischen Systeme.

Bei H_1 haben diese acht Dreiecke einerlei Sinn; bei H_2 sind je zwei in einer Seite an einander grenzende entgegengesetzten Sinnes, und daher je zwei, welche nur eine Ecke gemein haben, einerlei Sinnes.

§. 84. Um sich eine Vorstellung von der Lage der Puncte der symmetrischen Punctsysteme H_1 und H_2 machen zu können, erübrigt noch das vollständige System der Basen zu bestimmen.

Das System H_1 hat vier ternäre Axen AA', BB', CC', DD', ausserdem aber noch binäre Axen. In Bezug auf die binäre Axe ON der Gleichung (II) liegen, wie diese Gleichung besagt, A und B', A' und B symmetrisch. Mithin verbindet ON die Mittelpuncte der Gegenkanten AB' und $A'B$ des hexaëdrischen Netzes. In gleicher Weise wird also jede der übrigen gleichartigen binären Axen, welche aus einer derselben durch die vier ternären Axen erzeugt werden, zwei gegenüberliegende Kanten des Netzes rechtwinklig halbiren. Somit kommen dem System H_1 sechs binäre Axen zu.

Ferner folgt aus der Verbindung der Gleichungen (I*) und (II*), und nachdem man cyklisch geordnet hat:

$$XYX'Y'ZZ'$$
$$= YX'Y'XZZ',$$

also die Gleichung für die die Mittelpuncte der gegenüberliegenden Hexaëderflächen $AB'DC'$ und $A'BD'C$ verbindende Axe ZZ', deren Ordnungszahl, wie die Gleichung besagt, 4 ist. Ebenso wie ZZ', sind auch XX' und YY' quaternäre Axen von H_1. Man kann daher folgenden Satz aussprechen:

Das durch eine ternäre Axe OA und eine binäre Axe ON bei einem Viereck als Grundfigur aus einem beliebigen Punct der Kugelfläche hervorgehende Punctsystem H_1 enthält 24 *Puncte, welche gegen drei quaternäre, vier ternäre und sechs binäre Axen symmetrisch liegen.*

§. 85. Man denke sich nun die Oberfläche der Kugel durch die sechs Hauptkreise, welche die Gegenkanten des hexaëdrischen Netzes enthalten und sich zu zweien in den Endpuncten X, X', ..., Z' der quaternären Axen schneiden, in 24 congruente Dreiecke zerlegt (vergl. Fig. 48 auf p. 665). Lässt man nun in einem derselben z. B. in XAD' den Punct XYZ gelegen sein, so folgt aus den (I) und (I*), (II) und (II*) vereinigenden Gleichungen

$$
\begin{aligned}
& A\,B\,C\,D\,A'B'C'D'X\,Y\,Z\,X'\,Y'Z' \\
= \; & A\,C\,D\,B\,A'C'D'B'\,Y\,Z\,X\,Y'\,Z'X', \\
& A\,B\,C\,D\,A'B'C'D'X\,Y\,Z\,X'Y'Z' \\
= \; & B'A'C'D'B\,A\,C\,D\,X'Z\,Y\,X\,Z'\,Y',
\end{aligned}
$$

dass die Puncte

$[X\,Y\,Z]$	resp. in den Dreiecken	$X\,A\,D'$,	$Y\,A\,B'$,	$Z\,A\,C'$,
$[X'\,Z\,Y]$	- - - -	$X'B'D$,	$Z\,B'A$,	$Y\,B'C$,
$[Y'X\,Z]$	- - - -	$Y'\,C'B$,	$X\,C'A$,	$Z\,C'D$,
$[Z'\,Y\,X]$	- - - -	$Z'\,D'\,C$,	$Y\,D'A$,	$X\,D'B$,
$[Z'\,X'Y]$	- - - -	$Z'\,C\,A'$,	$X'C\,B'$,	$Y\,C\,D'$,
$[Y'Z\,X']$	- - - -	$Y'D\,C'$,	$Z\,D\,B'$,	$X'D\,A'$,
$[Y'Z'X]$	- - - -	$Z'\,B\,D'$,	$X\,B\,C'$,	$Y'B\,A'$,
$[Z'\,Y'\,X']$	- - - -	$Y'A'D$,	$X'A'C$,	$Z'\,A'B$

gelegen sind.

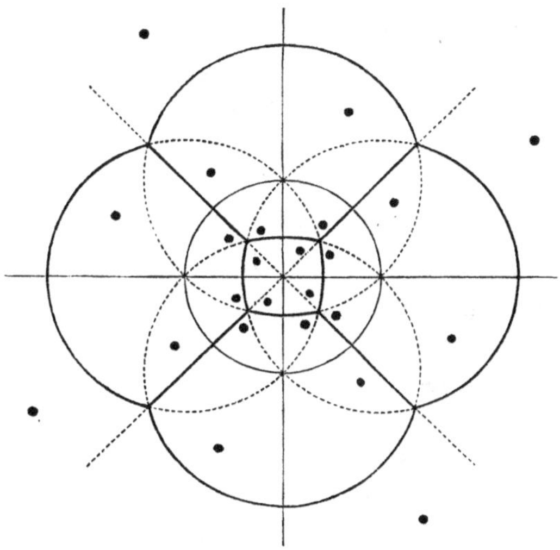

Fig. 49.

Es befinden sich somit in jeder der Flächen des Hexaëders vier Puncte von H_1, welche darin zufolge der drei quaternären Axen, die

die Mittelpuncte gegenüberliegender Hexaëderflächen verbinden, mit denselben concentrische Quadrate bilden. Fig. 49 veranschaulicht in stereographischer Projection die Anordnung der Puncte von H_1 auf der Kugelfläche.

§. 86. Das System H_2 ging hervor durch die ternäre Axe AA' und die basische Ebene, welche AB' und damit auch die drei mit AB' parallelen Hexaëderkanten CD', BA', DC' rechtwinklig halbirt und mit $YZ'Y'Z$ bezeichnet werden kann. Mit AA' sind auch (§. 81) BB', CC', DD' ternäre Axen von H_2. Durch AA' werden nun aus der gegebenen basischen Ebene noch zwei andere derselben Art, nämlich $ZX'Z'X$ und $XY'X'Y$, erzeugt, und aus jeder dieser drei basischen Ebenen durch eine jede der vier ternären Axen immer wieder dieselben.

Stellt man nun mit der Gleichung

$$\text{(III*)}\qquad \begin{aligned} &XYZX'Y'Z' \\ =\ &X'YZXY'Z', \end{aligned}$$

welche die Ebene $YZ'Y'Z$ zur Basis hat, die Gleichung

$$\text{(III**)}\qquad \begin{aligned} &XYZX'Y'Z' \\ =\ &XYZ'X'Y'Z \end{aligned}$$

zusammen, deren Basis die Ebene $XY'X'Y$ ist, so folgt daraus unmittelbar die neue Gleichung

$$\begin{aligned} &X'YZXY'Z' \\ =\ &XYZ'X'Y'Z \end{aligned}$$

oder, cyklisch geordnet,

$$\text{(IV*)}\qquad \begin{aligned} &XX'YY'ZZ' \\ =\ &X'XYY'Z'Z, \end{aligned}$$

aus welcher hervorgeht, dass die Gerade YY', in der sich die basischen Ebenen von (III*) und (III**) schneiden, eine binäre Axe des Systems H_2 ist. Aus ähnlichen Gründen sind auch ZZ' und XX' binäre Axen desselben, so dass H_2 deren im Ganzen drei besitzt.

Endlich folgt noch aus (IV*) und der Gleichung

$$\text{(III***)}\qquad \begin{aligned} &XYZX'Y'Z' \\ =\ &XY'ZX'YZ' \end{aligned}$$

für die basische Ebene $ZX'Z'X$ die Gleichung

$$\text{(V*)}\qquad \begin{aligned} &XX'YY'ZZ' \\ =\ &X'XY'YZ'Z, \end{aligned}$$

woraus sich ergibt, dass der gemeinsame Schnittpunct O der binären Axen XX', YY', ZZ' ein basischer Punct des Systems H_2 ist. Das letztere lässt sich auch sofort an den in §. 83 gegebenen Ausdrücken der Puncte von H_2 erkennen, indem H_2 von jedem Puncte auch seinen Gegenpunct enthält, nämlich mit $[XYZ]$ seinen Gegenpunct $[X'Y'Z']$, mit $[X'YZ]$ dessen Gegenpunct $[XY'Z']$, u. s. f. Das Gesagte können wir in den Satz zusammenfassen:

Durch eine ternäre Axe und eine basische Ebene geht, wenn das Grundvieleck ein Viereck ist, aus einem willkürlichen Puncte der Kugelfläche ein System H_2 von 24 Puncten hervor, welches gegen vier ternäre Axen, drei binäre Axen, drei basische Ebenen und einen basischen Punct symmetrisch gelegen ist.

§. 87. Die Hauptkreise, in welchen die drei basischen Ebenen die Kugelfläche schneiden, zerlegen das Hexaëdernetz in 24 congruente Quadrate, von denen ein jedes eine Ecke des Hexaëders und einen der Puncte X, Y, …, Z' als gegenüberliegende Ecken hat. Durch Angabe der diese Puncte verbindenden Diagonale ist jedes der Quadrate unzweideutig bezeichnet, und man kann, wenn man beispielsweise den Punct XYZ in dem Quadrat XA gelegen sein lässt, durch ein ähnliches Verfahren, wie in §. 85, die Lage der übrigen Puncte des Systems aus den die Gleichungen (I) und (I*), (III) und (III*) verbindenden Relationen

$$\begin{aligned}&A\,B\,C\,D\,A'B'C'D'X\,Y\,Z\,X'Y'Z'\\=\;&A\,C\,D\,B\,A'C'D'B'Y\,Z\,X\,Y'Z'X',\end{aligned}$$

$$\begin{aligned}&A\,B\,C\,D\,A'B'C'D'X\,Y\,Z\,X'Y'Z'\\=\;&B'A'D'C'B\,A\,D\,C\,X'Y\,Z\,X\,Y'Z'\end{aligned}$$

ermitteln. Es liegen nämlich die Puncte

$[XYZ]$	resp. in den Quadraten	XA,	YA,	ZA,
$[X'YZ]$	- - - -	$X'B'$,	YB',	ZB',
$[Y'ZX]$	- - - -	$Y'C'$,	ZC',	XC',
$[Z'XY]$	- - - -	$Z'D'$,	XD',	YD',
$[Y'ZX']$	- - - -	$Y'D$,	ZD,	$X'D$,
$[Z'X'Y]$	- - - -	$Z'C$,	$X'C$,	YC,
$[Z'XY']$	- - - -	$Z'B$,	XB,	$Y'B$,
$[Z'X'Y']$	- - - -	$Z'A'$,	$X'A'$,	$Y'A'$.

In jedem der 24 Quadrate befindet sich mithin ein Punct von H_2, in jeder der Hexaëderflächen demnach vier Puncte, welche darin wegen der drei rechtwinklig auf einander stehenden basischen Ebenen *im Allgemeinen ein Rechteck bilden*, — kein Quadrat, weil nach §. 86 die Geraden XX', YY', ZZ', welche durch die Mittel-

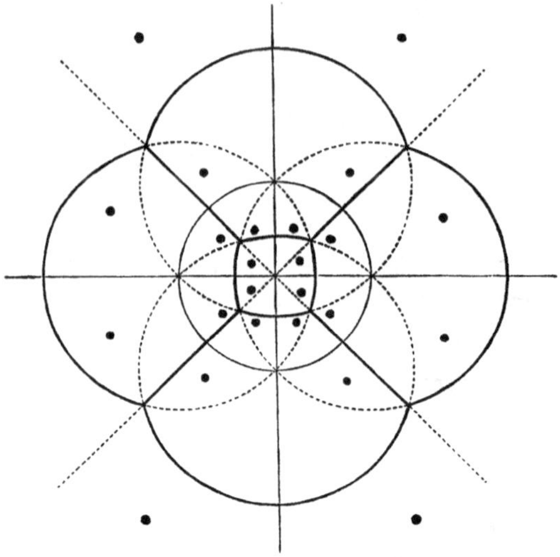

Fig. 50.

puncte der Rechtecke hindurchgehen, im Allgemeinen Axen der zweiten Ordnung sind. Die Figur 50 zeigt dieses Punctsystem H_2 in stereographischer Projection.

XV. Aus dem Oktaëder entspringende symmetrische Figuren.

§. 88. Für den dritten der in §. 71 unterschiedenen fünf Fälle ist $m = 3$ und $n = 4$, also das Grundvieleck ein Dreieck XYZ und jeder seiner Winkel $= 90°$. Mithin ist auch jede seiner Seiten gleich $90°$, und die drei Axen OX, OY, OZ stehen zu zweien auf einander senkrecht und sind identisch mit den in den vorhergehenden beiden Abschnitten betrachteten Axen XX', YY', ZZ', wenn man mit X', Y', Z' die Gegenpuncte von X, Y, Z bezeichnet. Es sind dann auch $XY'Z$, $XY'Z'$, XYZ', $X'YZ$, $X'Y'Z$, $X'Y'Z'$, $X'YZ'$ rechtwinklige und rechtseitige Dreiecke, und da die Flächen dieser Dreiecke die ganze Kugelfläche ausmachen, so ist die Netzconstruction vollendet (vergl. Fig. 48 auf p. 665). Die Sehnen der Seiten dieser acht sphärischen Dreiecke sind die zwölf Kanten eines regulären Oktaëders.

Wir haben somit ein System von drei quaternären Axen XX', YY', ZZ' erhalten, von denen jede aus einer der beiden anderen durch die dritte erzeugt wird. Für die Axe XX' ist die Gleichung zwischen den sechs Puncten X, Y, ... Z'

$$\begin{aligned} & X\,X'\,Y\,Z\,Y'\,Z' \\ = & X\,X'\,Z\,Y'\,Z'\,Y \end{aligned}$$

oder

$$(\mathrm{I}^*) \qquad \begin{aligned} & X\,Y\,Z\,X'\,Y'\,Z' \\ = & X\,Z\,Y'\,X'\,Z'\,Y\,. \end{aligned}$$

Als binäre Basis, welche die Seite XY des Grundvielecks rechtwinklig halbirt, nehmen wir zuerst eine Gerade, die Halbirungslinie des Winkels XOY. Weil in Bezug auf diese Gerade X und Y, X' und Y', Z und Z' ersichtlich symmetrisch liegen, so ist die Gleichung für diese binäre Axe

$$\begin{aligned} & X\,Y\,Z\,Z'\,X'\,Y' \\ = & Y\,X\,Z'\,Z\,Y'\,X' \end{aligned}$$

oder

$$(\mathrm{II}^*) \qquad \begin{aligned} & X\,Y\,Z\,X'\,Y'\,Z' \\ = & Y\,X\,Z'\,Y'\,X'\,Z\,. \end{aligned}$$

§. 89. *Bezeichnet nun wiederum XYZ einen beliebigen Punct der Kugelfläche, so wird aus diesem durch die Gleichungen* (I*) *und* (II*) *folgendes symmetrische System von Puncten, das mit O_1 bezeichnet werden mag, erzeugt:*

a	XYZ	XZY'	$XY'Z'$	$XZ'Y$	
a II* b	YXZ'	$YZ'X'$	$YX'Z$	YZX	
b I* c	ZXY	ZYX'	$ZX'Y'$	$ZY'X$	$[O_1]$
c I* d	$Y'XZ$	$Y'ZX'$	$Y'X'Z'$	$Y'Z'X$	
d I* e	$Z'XY'$	$Z'Y'X'$	$Z'X'Y$	$Z'YX$	
d II* f	$X'YZ'$	$X'Z'Y'$	$X'Y'Z$	$X'ZY$.	

Es ergeben sich nämlich aus XYZ durch (I*) die vier Puncte der Zeile a; aus dieser entsteht mittelst (II*), welche Gleichung nur binäre Cykeln hat, die Zeile b und hieraus durch (I*) der Reihe nach die Zeilen c, d, e, von welchen die letzte durch (I*) wieder in b, durch (II*) in c verwandelt wird. Demnach geht auch c durch

(II*) in e über, und man erhält nur neue Puncte, nämlich die der Zeile f, wenn man auf d die Gleichung (II*) anwendet. Da schliesslich die Puncte der Zeile f vermöge der Gleichung (I*) cyklisch in einander übergehen, so ist die Operation beendet.

Diese 24 Puncte von O_1 lassen sich nun zu je dreien so zusammenstellen, dass deren Bezeichnungen cyklisch geordnete Ternionen der Buchstaben $X, Y, \ldots, Z'$ sind. Ist nämlich XYZ ein Punct von O_1, so gehören demselben System auch die Puncte YZX und ZXY an. Man kann dann mit Anwendung der symbolischen Bezeichnungen des §. 80 das System O_1 auf folgende Weise darstellen:

$$O_1 = [XYZ][X'ZY][Y'XZ][Z'YX][Z'X'Y][Y'ZX'][Y'Z'X][Z'Y'X'].$$

Da nun die in diesem Abschnitt mit $X, Y, \ldots, Z'$ bezeichneten Puncte der Kugelfläche dieselben sind, welche auch bei den symmetrischen Figuren des vorigen Abschnitts in Betracht kamen, so ergibt eine Vergleichung der Punctausdrücke von O_1 mit denen von H_1, *dass das aus dem Hexaëder entspringende System H_1 mit dem aus dem Oktaëder entspringenden System O_1 identisch ist.*

Die Identität der Systeme O_1 und H_1 lässt sich auch auf folgende Art nachweisen.

Wie bereits in §. 84 gezeigt worden ist, ergibt sich aus den Gleichungen

$$\text{(I*)} \qquad \begin{aligned} &XYZX'Y'Z' \\ &= YZXY'Z'X' \end{aligned}$$

und

$$\text{(II*)} \qquad \begin{aligned} &XYZX'Y'Z' \\ &= X'ZYXZ'Y', \end{aligned}$$

durch welche das System H_1 erzeugt wurde, die Gleichung

$$\begin{aligned} &XYX'Y'ZZ' \\ &= YX'Y'XZZ'. \end{aligned}$$

Diese letztere ist die Gleichung für die quaternäre Axe ZZ' des Oktaëdernetzes; und es muss aus ihr in Verbindung mit der Gleichung (II*) für die binäre Axe ON dasselbe System O_1 entspringen, welches soeben aus den Gleichungen für die quaternäre Axe XX' und die den Winkel XOY halbirende binäre Axe abgeleitet wurde.

Die Axen von O_1 sind also, in Bezug auf das Oktaëder charakterisirt, folgende:

1) drei quaternäre Axen, welche die gegenüberliegenden Ecken X und X', Y und Y', Z und Z' des Oktaëdernetzes mit einander verbinden;

2) vier ternäre Axen durch die Mittelpuncte je zweier gegenüberliegender Octanten XYZ und $X'Y'Z'$, etc.

3) sechs binäre Axen, nämlich die Linien durch die Mittelpuncte je zweier Gegenkanten YZ und $Y'Z'$, etc. des Oktaëders.

§. 90. Aus den im vorigen §. gegebenen Ausdrücken der Puncte des Systems O_1 ist ersichtlich, dass in jeder Oktaëderfläche drei der Puncte gelegen sind. Von der gegenseitigen Lage derselben kann man sich auf folgende Weise noch eine klarere Vorstellung bilden.

Man verbinde durch Hauptkreise die Mittelpuncte der acht Dreiecke XYZ, $X'ZY$, ... mit ihren Ecken. Alsdann erhält man auf der Kugelfläche ein System von sechs Hauptkreisen, welche die Seiten der Dreiecke rechtwinklig halbiren und jede der acht Oktaëderflächen in sechs rechtwinklige Dreiecke zerlegen, deren jedes eine Ecke, einen Flächenmittelpunct und einen Kantenmittelpunct des Oktaëders zu Ecken hat. Das ganze Netz auf der Kugelfläche besteht demnach jetzt aus 48 solcher Dreiecke, von denen je zwei in einer Seite an einander grenzende ungleichen Sinn haben. Zu einem beliebigen dieser 48 Dreiecke gehören also immer noch 23 andere, welche mit ihm gleichen Sinn besitzen, während die übrigen 24, unter einander gleichsinnig, mit jedem der ersteren Dreiecke ungleichen Sinnes sind.

Nun besitzt nach §. 9 die Gleichung (I*) und nach §. 25, *d* ebenso die Gleichung (II*) $+$ als Charakteristik des Gleichheitszeichens (§. 3). Fügt man also diesen Gleichungen die Mittelpuncte der Oktaëderflächen und Oktaëderkanten hinzu, so ergibt sich, *wenn man einen der Puncte von O, z. B. XYZ, in einem jener 48 Dreiecke gelegen sein lässt, dass die übrigen Puncte von O_1 in den 23 mit diesem Dreieck gleichsinnigen Dreiecken des Netzes liegen müssen, und zwar in der Art, dass, wenn man irgend zwei der Dreiecke zur Deckung bringt, auch die darin gelegenen Puncte von O_1 auf einander zu liegen kommen.* Keine zwei der 24 Puncte von O_1 liegen mithin in solchen Dreiecken, welche eine Seite gemeinschaftlich haben (vergl. Fig. 49 auf p. 669).

§. 91. Lassen wir jetzt die binäre Basis eine den Winkel $XX'^\wedge YY'$ halbirende und den Quadranten XY rechtwinklig schneidende Ebene sein. Die Gleichung für die quaternäre Axe XX' ist, wie vorher (§. 88):

$$(\mathrm{I}^*)\qquad \begin{aligned} &XYZ\;X'Y'Z' \\ =\;&XZ\;Y'X'Z'Y\,. \end{aligned}$$

In Bezug auf die basische Ebene liegen X und Y, X' und Y' symmetrisch, während Z und Z', als in der Ebene selbst begriffene Puncte, sich selbst entsprechen. Die Gleichung für die binäre Basis ist daher jetzt:

$$\text{(III*)} \qquad \begin{aligned} & X\,Y\,Z\,X'Y'Z' \\ = {} & Y\,X\,Z\,Y'X'Z' . \end{aligned}$$

Nach §. 39 sind nun, wenn b und β zwei Basen einer symmetrischen Figur bezeichnen, und aus der einen, β, als Element genommen, durch die andere, b, die Elemente β_1, β_2, ... erzeugt werden, auch β_1, β_2, ... Basen derselben Figur, und zwar von derselben Beschaffenheit, wie β. Mithin sind diejenigen Gebilde, welche aus der quaternären Axe $X\,X'$ der Gleichung (I*) und der den Winkel $X\,O\,Y$ rechtwinklig halbirenden und kurz mit $\overline{X\,Y}$ bezeichneten basischen Ebene der Gleichung (III*) vermittelst dieser Gleichungen (eigentlich deren Basen) hervorgehen, gleichfalls ternäre Axen bez. binäre Ebenen. Durch (III*) und (I*) erhält man aber aus $X\,X'$ drei quaternäre Axen

$$XX', \quad YY', \quad ZZ',$$

und durch (I*) und (III*) aus $\overline{X\,Y}$ sechs basische Ebenen

$$\overline{X\,Y}, \quad \overline{X\,Z}, \quad \overline{X\,Y'}, \quad \overline{X\,Z'}, \quad \overline{Y\,Z}, \quad \overline{Y'Z},$$

mit denen die sich gleichfalls aus (I*) und (III*) ergebenden Ebenen

$$\overline{X'Y'}, \quad \overline{X'Z'}, \quad \overline{X'Y}, \quad \overline{X'Z}, \quad \overline{Y'Z'}, \quad \overline{Y\,Z'}$$

offenbar identisch sind.

§. 92. Ist nun $X\,Y\,Z$ ein Punct des Octanten $X\,Y\,Z$, so können in letzterem nur noch die fünf anderen aus der Permutation von X, Y, Z entstehenden Puncte liegen. Diese sind aber alle vorhanden. Denn es ergibt sich aus

$$\begin{aligned} & XYZ \text{ durch } \overline{X\,Y} \text{ der Punct } YXZ\,, \\ XYZ\,,\ & YXZ \text{ durch } \overline{Y\,Z} \text{ die Puncte } XZY\,,\ \ ZXY\,, \\ XZY\,,\ & ZXY \text{ durch } \overline{X\,Y} \text{ die Puncte } YZX\,,\ \ ZYX\,, \end{aligned}$$

oder aus

$$XYZ\,,\ \ YXZ \text{ durch } \overline{Z\,X} \text{ die Puncte } ZYX\,,\ \ YZX\,.$$

Der Inbegriff dieser sechs Puncte, welcher, wie in §. 80, mit $\{X\,Y\,Z\}$ bezeichnet werde, verwandelt sich durch die Gleichung (I*) oder die quaternäre Axe $X\,X'$ successive in $\{X\,Z\,Y'\}$, $\{X\,Y'Z'\}$, $\{X\,Z'Y\}$, die in den gleichnamigen Octanten liegen.

Durch die basische Ebene $\overline{XY'}$ geht $\{XYZ\}$ über in $\{Y'X'Z\}$, und dieses Symbol abermals durch (I*) oder die quaternäre Axe XX' in $\{Z'X'Y'\}$, $\{YX'Z'\}$, $\{ZX'Y\}$, so dass in jeden der acht Octanten sechs Puncte zu liegen kommen.

Damit ist aus einem Puncte durch die quaternäre Axe XX' und die basische Ebene $\overline{XY}$ ein System O_2 von 48 Puncten erzeugt worden, nämlich

$$O_2 =$$
$$\{XYZ\}\{XZY'\}\{XY'Z'\}\{XZ'Y\}\{Y'X'Z\}\{Z'X'Y'\}\{YX'Z'\}\{ZX'Y\}.$$

In jedem der 48 Dreiecke, in welche die in §. 90 charakterisirten sechs Hauptkreise das Oktaëdernetz auf der Kugel zerlegen, befindet sich, wie man aus der beigegebenen stereographischen Projection

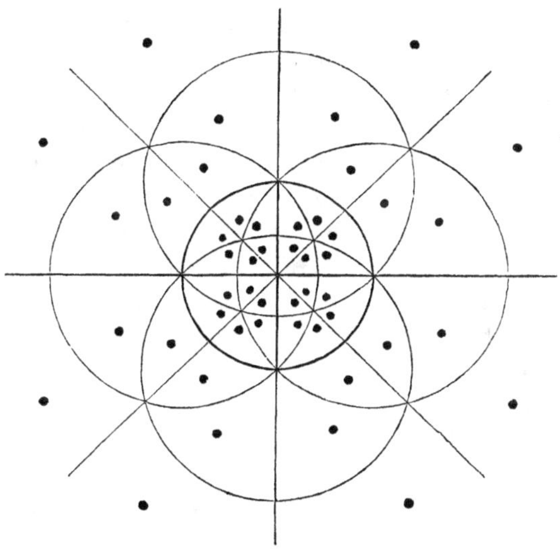

Fig. 51.

des Punctsystems O_2 (vergl. Fig. 51) ersieht, ein Punct desselben, indem jetzt auch diejenigen 24 jener 48 Dreiecke je einen Punct enthalten, welche mit den die Puncte von O_1 umschliessenden 24 Dreiecken ungleichsinnig sind.

Benutzt man die in §. 80 angegebene Bezeichnung durch eckige Klammern, so wird das System O_2 durch folgendes Schema dargestellt:

$$O_2 = \frac{[XYZ][XY'Z'][X'YZ'][X'Y'Z] \mid [XZY][XZ'Y'][X'Z'Y][X'ZY']}{[X'YZ][XY'Z][XYZ'][X'Y'Z'] \mid [X'ZY][XZY'][XZ'Y][X'Z'Y']}.$$

Hieraus erkennt man leicht, *dass in O_2 alle bisher aufgefundenen Systeme T_1, T_2, $H_1 = O_1$, H_2 enthalten sind.* Wenn nämlich die vier Theile des Schemas, welche durch den Vertical- und den Horizontalstrich entstanden sind, und von denen jeder aus zwölf Puncten besteht, kurz auf folgende Weise bezeichnet werden:

$$\begin{array}{c|c} A & V \\ \hline A' & V' \end{array} ,$$

so ist nach §§. 80, 83, 89

$$A = T_1 \;,\quad AV = T_2 \;,$$
$$AV' = H_1 = O_1 \;,\quad AA' = H_2 \;.$$

§. 93. Wird statt des Punctes XYZ irgend ein anderer der 48 Puncte von O_2, z. B. der Punct $P = ZXY'$, zum Ausgangspuncte genommen, so entsteht dasselbe System O_2. Bezeichnet man nämlich P mit XYZ, so muss $Z'X'Y$, als der Gegenpunct von ZXY', jetzt die Bezeichnung des Gegenpunctes von XYZ, also $X'Y'Z'$ führen. Dann kann man aber das Symbol, durch welches jeder der anderen Puncte jetzt zu bezeichnen ist, ohne Weiteres hinschreiben, indem man X mit Y, Y mit Z', Z mit X, X' mit Y', Y' mit Z, Z' mit X' vertauscht. So kommt z. B. dem Puncte, der vorher mit $Y'X'Z$ bezeichnet wurde, jetzt das Symbol $ZY'X$ zu. Ist also XYZ die neue Bezeichnung von P, so sind, wie man leicht bemerkt, von allen Puncten, deren frühere Symbole mit dem von $P = ZXY'$ in einerlei Viertel (verticaler, horizontaler Hälfte) des obigen Schemas liegen, die neuen Bezeichnungen identisch mit denen, welche mit XYZ in einerlei Viertel (verticaler, horizontaler Hälfte) liegen.

Hieraus und aus dem am Schlusse des vorigen §. Bemerkten, nach welchem O_2 die Systeme T_1, T_2, H_1, H_2 umfasst, folgt, dass die sämmtlichen Basen dieser Systeme auch Basen des Systems O_2 sein müssen. Denn um dies nur für einen Fall zu erörtern, so verwandeln sich die Bezeichnungen der Puncte von $A'V$, wenn man einem der darin enthaltenen Puncte die Bezeichnung XYZ gibt, in die Symbole von AV' oder H_1, also in die Ausdrücke von Puncten, welche in Bezug auf vier ternäre, drei quaternäre, sechs binäre Axen und den basischen Punct O symmetrisch liegen (§. 84).

§. 94. *Wir haben bis jetzt fünf verschiedene symmetrische Punctsysteme T_1, T_2, $H_1 = O_1$, H_2, O_2 kennen gelernt, welche mehr als eine Axe von einer höheren Ordnung als der zweiten haben.* Die S y s t e m e v o n B a s e n, gegen welche diese fünf Systeme symmetrisch liegen, sind, wenn wir sie in Bezug auf das Hexaëder mit den Flächenmittelpuncten X, Y, ..., Z' charakterisiren, folgende:

1) drei binäre Axen, gelegt durch die Mittelpuncte der gegenüberliegenden Flächen,

2) sechs binäre Axen, welche die Mittelpuncte der gegenüberliegenden Kanten verbinden,

3) vier ternäre Axen durch die gegenüberliegenden Ecken,

4) drei quaternäre Axen, die mit den drei binären Axen der ersten Art zusammenfallen,

5) drei mit den gegenüberliegenden Flächen parallele basische Ebenen,

6) sechs basische Ebenen, welche die gegenüberliegenden Kanten enthalten,

7) ein basischer Punct, der Mittelpunct des Hexaëders.

Insbesondere hat von den verschiedenen Systemen

T_1 vier ternäre und drei binäre Axen,

T_2 vier ternäre, drei binäre Axen und sechs basische Ebenen,

$H_1 = O_1$ drei quaternäre, vier ternäre, sechs binäre Axen und einen basischen Punct,

H_2 vier ternäre, drei binäre Axen und drei basische Ebenen,

O_2 drei quaternäre, vier ternäre, sechs binäre Axen, drei und sechs basische Ebenen und einen basischen Punct.

XVI. Aus dem Dodekaëder entspringende symmetrische Figuren.

§. 95. Wir gehen jetzt zu dem vierten der nach §. 71 möglichen Fälle über und lassen $m = 5$ und $n = 3$ sein, beschäftigen uns also mit den symmetrischen Figuren, die aus einer ternären Axe mit einem Fünfeck als Grundfigur entspringen. Sei OA die ternäre Axe und $ABCDE$ ein reguläres sphärisches Fünfeck, von dessen Winkeln jeder 120° beträgt. Man beschreibe (vergl. Fig. 52 auf p. 680) auf der Kugel zwei ihm gleiche und ähnliche Fünfecke $ABGJ'F$ und $EAFH'K$ über den Seiten AB und EA des ersteren. Man erhält somit drei Fünfecke, welche eine gemeinschaftliche Ecke A und zu zweien eine Seite — EA, FA, BA — gemein haben. Construirt man über den Seiten CD, $J'G$ und KH' derselben wiederum drei ihnen gleiche und ähnliche Fünfecke $DCHF'J$, $GJ'D'E'K'$, $H'KG'B'C'$, so sind auch die Fünfecke $J'FH'C'D'$, $CBGK'H$, $KEDJG'$ den

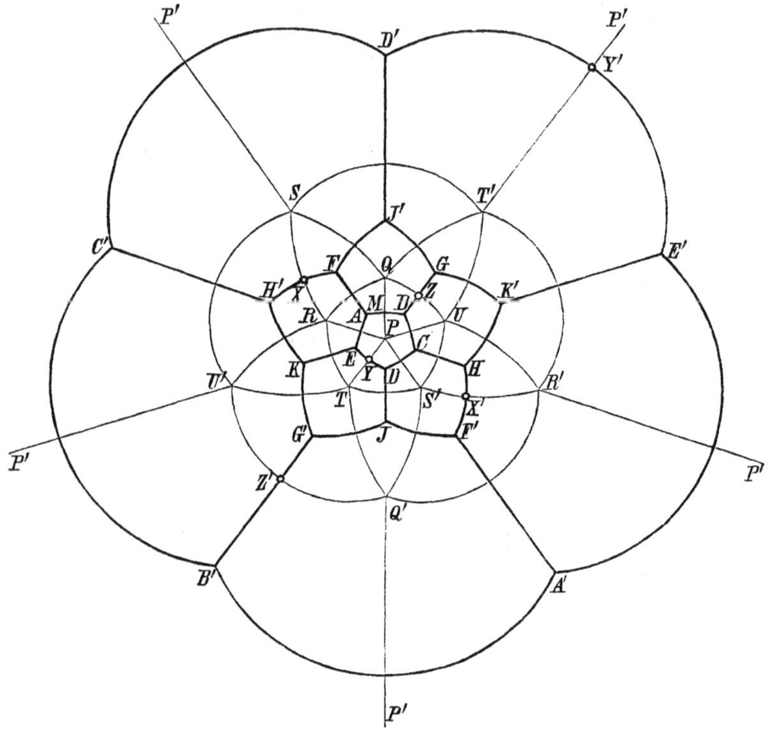

Fig. 52.

vorigen gleich und ähnlich. Denn es ist, um dies nur für das erste zu beweisen,

$$AB = D'J' = J'F = FH' = H'C'$$

und

$$\widehat{J'} = \widehat{F} = \widehat{H'} = 120^\circ .$$

Hiermit bleibt von der Kugelfläche nur noch der neuneckige Raum $B'C'D'E'K'HF'JG'$ übrig, der sich aber gleichfalls in drei den vorigen gleiche Fünfecke zerlegen lässt. Denn halbirt man die äusseren Winkel von 240° bei B' und E', und treffen sich die halbirenden Linien in A', so ist in dem Fünfeck $A'B'C'D'E'$ jede der drei Seiten $B'C'$, $C'D'$, $D'E'$ gleich AB, und jeder seiner vier Winkel $\widehat{B'}$, $\widehat{C'}$, $\widehat{D'}$, $\widehat{E'}$ gleich 120°. Mithin ist dieses Fünfeck den vorigen gleich, und in ähnlicher Weise lässt sich dasselbe auch von den Fünfecken $A'E'K'HF'$ und $A'F'JG'B'$ beweisen.

Solchergestalt ist die Kugelfläche mit einem geschlossenen Netz von zwölf unter einander gleichen und ähnlichen regulären Fünfecken überzogen, von denen immer drei einen Eckpunct gemein haben. Die Anzahl der Eckpuncte dieses Netzes ist 20, die Anzahl seiner Linien 30. Die 20 Puncte A, B, ..., K, A', B', ..., K' sind auch zugleich die 20 Ecken eines regulären Pentagondodekaëders.

Es liegen aber die Eckpuncte des Netzes, folglich auch die Mittelpuncte seiner Kanten und die Mittelpuncte seiner Flächen einander paarweise gegenüber. Das nicht ebene Zehneck $FABCHF'A'B'C'H'$ ist nämlich regulär, indem es nicht nur gleiche Seiten hat, sondern auch seine abwechselnd auf der einen und anderen Seite des Perimeters liegenden Winkel einander gleich sind, jeder gleich 120°. Bei einem solchen Vieleck schneiden sich aber (§. 15) die Verbindungslinien der gegenüberliegenden Ecken F und F', A und A', ... in dem Mittelpuncte des Vielecks, welcher hier der Mittelpunct der Kugel ist. Es sind demnach F und F', A und A', B und B', C und C', H und H' Gegenpuncte der Kugel, was ebenso von den anderen gleich bezeichneten Puncten D und D', E und E', ... bewiesen werden kann.

§. 96. Sei nun ausser der ternären Axe OA oder $A'A$ noch die binäre Axe gegeben, welche O mit dem Mittelpunct M von AB, also auch mit dem Mittelpunct von $A'B'$, verbindet. Wir wenden uns der Betrachtung des durch diese beiden Axen aus einem beliebigen Punct der Kugel entspringenden symmetrischen Punctsystems zu, das wir mit D_4 bezeichnen wollen.

Man sieht nun leicht, dass sowohl in Bezug auf die ternäre Axe OA, als auch in Bezug auf die binäre Axe OM die 20 Ecken des in §. 95 construirten Netzes symmetrisch gelegen sind, oder mit anderen Worten, dass in Bezug auf die ternäre (binäre) Axe OA (OM) zu jeder gegebenen Ecke sich immer noch zwei (eine) finden lassen, welche rücksichtlich der Axe symmetrisch liegen.

Sei D' die gegebene Ecke, so kann man von A nach D' auf mehrfache Weise so gelangen, dass man nur in Kanten fortgeht, z. B. durch die Kanten AF, FJ', $J'D'$, von denen das erste Paar einen zur Rechten liegenden, das zweite Paar einen zur Linken liegenden Winkel von 120° bildet. Nun stossen in A die Kanten AF, AB, AE zusammen, und man kann daher, von A ausgehend, noch auf zweierlei Weise einen mit dem vorigen ganz gleich beschaffenen Kantenweg zurücklegen, nämlich einen Weg durch drei

Kanten, von denen die zwei ersten nach rechts und die zwei letzten nach links einen Winkel von 120° machen. Es sind dies die zwei Wege $ABCH$ und $AEKG'$, und man gelangt durch sie zu den Ecken H und G' und damit zugleich zu den Puncten, welche mit dem gegebenen D' in Bezug auf die ternäre Axe OA symmetrisch liegen. Ebenso, wie die Endpuncte D', H, G' der drei Kantenwege $AFJ'D'$, $ABCH$, $AEKG'$ eine symmetrisch gegen die Axe OA gelegene Ternion bilden, so thuen dies auch die ihnen vorhergehenden Puncte J', C, K, sowie die drei auf A nächstfolgenden F, B, E. Die drei Dreiecke $D'HG'$, $J'CK$, FBE sind demnach regulär, haben OA zur gemeinschaftlichen Axe und überdies einerlei Sinn, — letzteres darum, weil die bei dem ersten Wege $AFJ'D'$ stattfindenden Abweichungen nach rechts und links auf gleiche Weise auch bei dem zweiten und dritten Wege beobachtet worden sind. Es ist demnach

$$\begin{aligned}&A\,F\,B\,E\,J'\,C\,K\,D'\,H\,G'\\ =\;&A\,B\,E\,F\,C\,K\,J'\,H\,G'\,D'\,.\end{aligned}$$

Diese Gleichung vervollständige man, indem man in derselben Weise für jeden der bisher noch nicht berücksichtigten Eckpuncte des Netzes die entsprechenden Puncte sucht, *und es ergibt sich dann folgende Gleichung, welche die symmetrische Lage der Puncte des dodekaëdrischen Netzes in Bezug auf die ternäre Axe OA ausspricht:*

$$\text{(I)}\quad\begin{aligned}&A\,B\,C\,D\,E\,F\,G\,H\,J\,K\,A'B'C'D'E'F'G'H'J'K'\\ =\;&A\,E\,K\,H'F\,B\,D\,G'C'J'A'E'K'H\,F'B'D'G\,C\,J\,.\end{aligned}$$

In ähnlicher Weise kann man die zwischen den 20 Puncten $A, B, \ldots, K'$ bestehende Gleichung für die binäre Axe OM, welche den Mittelpunct von AB trifft, entwickeln. Möge z. B. derjenige Punct gefunden werden, welcher aus dem Puncte A' durch die Axe OM erzeugt wird. Man gehe von M in Kanten fort bis A', etwa auf dem Kantenwege $MBCHF'A'$; hierbei liegen die Winkel MBC, BCH, CHF', $HF'A'$ abwechselnd zur Rechten und zur Linken. Der dem A' entsprechende Punct wird daher derjenige sein, zu dem man gelangt, wenn man, wie dies immer möglich ist, von M aus in entgegengesetzter Richtung einen dem vorigen, auch in Bezug auf die Abweichungen nach rechts und links, vollkommen gleich beschaffenen Kantenweg beschreibt. Dieser Weg wird $MAFH'C'B'$ sein, indem auch hier die Winkel MAF, AFH', $FH'C'$, $H'C'B'$ abwechselnd zur Rechten und zur Linken liegen bleiben. Man hat hiernach:

$$\begin{aligned}&M\,B\,A\,C\,F\,H\,H'F'C'A'B'\\ =\;&M\,A\,B\,F\,C\,H'H\,C'F'B'A'\,.\end{aligned}$$

Vervollständigt man diese Gleichung, indem man zu jedem der 20 Puncte den entsprechenden sucht, so ergibt sich als Gleichung für die binäre Axe OM:

$$\text{(II)}\quad \begin{array}{l} A\,B\,C\,D\,E\,F\,G\,H\,J\,K\,A'B'C'D'E'F'G'H'J'K' \\ =B\,A\,F\,J'\,G\,C\,E\,H'D'K'B'A'F'J\,G'C'E'H\,D\,K\,. \end{array}$$

Aus jeder Dodekaëderecke entsteht also sowohl durch die Basis OA, als durch die Basis OM wiederum eine Dodekaëderecke, durch beide Basen in Verbindung aber vermittelst der Gleichungen (I) *und* (II) *stets die übrigen 19.* Es wird also, wie OA, auch jede Verbindungslinie einer Ecke des Dodekaëdernetzes mit dem Kugelmittelpunct O eine ternäre, und, wie OM, jede Verbindungslinie eines Kantenmittelpuncts mit O eine binäre Axe desjenigen symmetrischen Punctsystems D_1 sein, welches aus einem beliebigen Puncte der Kugel durch die Axen OA und OM erzeugt wird. Weil aber die Endpuncte des Netzes und also auch die Mittelpuncte seiner Kanten, als Gegenpuncte der Kugel, paarweise einander gegenüberliegen (§. 95), *so wird das System D_1 nur 10 ternäre und 15 binäre Axen besitzen.*

§. 97. Drückt nun, wie im Früheren, ABC einen beliebigen Punct der Kugelfläche aus, so erhält man mittelst der Gleichungen (I) und (II) des vorigen §. das symmetrische Punctsystem D_1. Dasselbe lässt sich aber auch, ohne der Gleichungen (I) und (II) zu bedürfen, durch folgende Betrachtungen finden.

Als Ausgangselement nehmen wir die Figur, welche aus den Dodekaëderecken A, B, C und einem beliebigen vierten durch ABC zu bezeichnenden Punct der Kugelfläche gebildet wird. Ist alsdann die von den Puncten X, Y, Z, XYZ *) gebildete Figur eine der aus jener durch die Axen OA und OM erzeugten, so sind erstens X, Y, Z Dodekaëderecken, weil A, B, C es sind (§. 96). Weil ferner gegenwärtig alle Erzeugungen durch Axen geschehen, und eine durch eine Axe erzeugte Figur mit derjenigen, aus welcher sie erzeugt wird, jederzeit zur Deckung gebracht werden kann, so müssen ebenso, wie A und C die dem B, auch X und Z die dem Y nächstliegenden Dodekaëderecken sein; und so, wie dem von A durch B nach C Gehenden der Hohlwinkel ABC (vergl. Fig. 52) rechts liegt, so muss auch auf dem Wege von X durch Y bis Z der eben so grosse Hohlwinkel XYZ zur Rechten sich befinden. Endlich

*) Die Puncte X, Y, ..., Z' der Fig. 52 haben eine andere erst in §. 108 zur Geltung kommende Bedeutung.

muss XYZ ein ebenso gegen X, Y, Z, wie ABC ein gegen A, B, C liegender Punct sein.

Aber auch umgekehrt wird jede Figur der Kugelfläche, welche die von X, Y, Z, XYZ ausgesagten Eigenschaften besitzt, z. B. J', D', E', $J'D'E'$, eine der aus A, B, C, ABC abgeleiteten sein. Denn weil J' eine Dodekaëderecke und folglich OJ', eben so wie OA, eine der ternären Axen des Systems ist, so muss es wenigstens eine Figur X, Y, Z, XYZ geben, welche gegen OJ' dieselbe Lage hat, wie die Figur A, B, C, ABC gegen OA. Wegen der ternären Natur von OJ' gibt es aber drei solcher Figuren, nämlich

$$J',\ F,\ H',\ J'FH';\quad J',\ G,\ B,\ J'GB;\quad J',\ D',\ E',\ J'D'E',$$

deren jede zu dem System mit gehören, und unter welchen die vorgegebene sich befinden muss. In der That ist sie die dritte der genannten, und folglich $J'D'E'$ einer der aus ABC erzeugten Puncte, wie bewiesen werden sollte.

Es gibt aber 60 solcher Figuren, wie X, Y, Z, XYZ, indem X jede der 20 Dodekaëderecken, und Y jede der drei Dodekaëderecken sein kann, welche der Ecke X zunächst liegen, durch X und Y aber die beiden anderen Puncte Z und XYZ unzweideutig bestimmt sind.

Das System D_1, welches aus einem beliebigen Punct der Kugelfläche durch eine ternäre und eine binäre Axe bei einem Fünfeck als Grundvieleck erzeugt wird, umfasst demnach 60 Puncte der Kugelfläche, welche gegen 10 ternäre, sowie 15 binäre Axen symmetrisch liegen.

§. 98. *Die 60 Puncte des Systems können, statt durch die 20 Dodekaëderecken, auch schon durch die 12 Flächenmittelpuncte ausgedrückt werden.* Indem wir für den Augenblick die Flächen des Dodekaëdernetzes der Kürze halber nur durch eine ihrer Diagonalen ausdrücken, mögen (vergl. Fig. 52 auf p. 680) die Mittelpuncte der Flächen

$$EB,\quad BF,\quad EF,\quad J'H',\quad KD,\quad CG$$

resp. mit

$$P,\quad Q,\quad R,\quad S,\quad T,\quad U,$$

und die Mittelpuncte der gegenüberliegenden Fünfecke des Netzes

$$E'B',\quad B'F',\quad E'F',\quad JH,\quad K'D',\quad C'G'$$

resp. mit

$$P',\quad Q',\quad R',\quad S',\quad T',\quad U'$$

bezeichnet werden. Denken wir uns nun zu der Ausgangsfigur A, B, C, ABC noch die Mittelpuncte P, Q, R der drei Fünfecke hinzugesetzt, welche in der ersten der in der Figur genannten Ecken zusammenstossen, und zwar in der Folge, dass zuerst der Mittelpunct P gesetzt wird, welcher dem von der ersten Ecke A zur zweiten B Gehenden zur Rechten liegt, und hierauf die zur Linken liegende Ecke Q, dass also der Sinn des Dreiecks PQR nach links geht, so werden auch zu jeder anderen der 60 Figuren, wie J', D', E', $J'D'E'$, die drei Flächenmittelpuncte T', S, Q hinzuzufügen sein, von denen T' und S auf dem Wege von J' nach D' zunächst rechts und links sich befinden, Q aber mit T' und S die Ecke J' einschliesst.

Umgekehrt wird zu je drei Flächenmittelpuncten, wie T', S, Q, deren Fünfecke eine der 20 Dodekaëderecken J' gemein haben, und deren Sinn nach links geht, eine und nicht mehr als eine der 60 durch drei Dodekaëderecken bestimmten Figuren J', D', E', $J'D'E'$ sich angeben lassen, welche in Verbindung mit T', S, Q der Figur A, B, C, ABC, P, Q, R gleich und ähnlich ist und daher zu dem Systeme gehört. Für den ersten Punct jener Figur ist nämlich die von T', S, Q eingeschlossene Dodekaëderecke J' zu nehmen; für den zweiten Punct der Endpunct D' der Dodekaëderkante, welche, von J' ausgehend, zwischen T' und S liegt. Der dritte Punct E' ist alsdann diejenige Dodekaëderecke, welche dem von J' nach D' Gehenden am nächsten rechts liegt.

Die Anzahl der aus der Figur P, Q, R erzeugten Figuren T', S, Q, u. s. w. ist folglich eben so gross, als die Anzahl der aus A, B, C erzeugten Figuren J', D', E' u. s. w. Da ferner der Punct $J'D'E'$ gegen J', D', E' dieselbe Lage hat, wie ABC gegen A, B, C, so wird ersterer Punct auch gegen T', S, Q dieselbe Lage haben, wie letzterer gegen P, Q, R, so dass, wenn wir letzteren Punct mit PQR bezeichnen, ersterer durch $T'SQ$ auszudrücken sein wird.

Jeder der aus PQR erzeugten Puncte ist mithin, wie PQR selbst, durch die Mittelpuncte dreier Fünfecke auszudrücken, welche eine Dodekaëderecke gemein haben, und diese Mittelpuncte sind in der Ordnung zu setzen, dass das durch sie zugleich ausgedrückte Dreieck mit dem Dreieck PQR einerlei Sinn hat. Umgekehrt gehören alle auf solche Weise ausdrückbaren Puncte zu dem System der aus PQR durch die Axen OA und OM erzeugten Puncte, deren Anzahl daher, PQR selbst mitgerechnet, 60 ist.

§. 99. Das durch die Flächenmittelpuncte P, Q, ..., U' ausgedrückte System D_1 lässt sich endlich auch direct ableiten, wenn man die Gleichungen entwickelt, welche die symmetrische Gruppirung der Flächenmittelpuncte gegen die ternäre Axe OA und die binäre Axe OM darstellen.

Weil der durch eine Ecke und den Mittelpunct eines regulären sphärischen Fünfecks gelegte Hauptkreis den Winkel an der Ecke und die gegenüberliegende Seite, letztere unter einem rechten Winkel, halbirt, so liegen die Puncte

$$S\,,\quad F\,,\quad A\,,\quad P\,,\quad S'\,,\quad F'\,,\quad A'\,,\quad P'\,,$$

desgleichen

$$T\,,\quad E\,,\quad A\,,\quad Q\,,\quad T'\,,\quad E'\,,\quad A'\,,\quad Q'$$

und

$$U\,,\quad B\,,\quad A\,,\quad R\,,\quad U'\,,\quad B'\,,\quad A'\,,\quad R'$$

in Hauptkreisen. Nächstdem sind diese drei Punctreihen einander gleich und ähnlich, indem

$$\begin{aligned} SF &= TE = UB\,, \\ FA &= EA = BA\,, \\ AP &= AQ = AR\,, \\ &\ldots\ldots\ldots \\ &\ldots\ldots\ldots \end{aligned}$$

Da nun F, E, B eine symmetrische Ternion rücksichtlich der Axe OA bilden, so bilden ebensolche Ternionen, und zwar von demselben Sinne, die Puncte

$$S,\ T,\ U;\quad P,\ Q,\ R;\quad S',\ T',\ U';\quad P',\ Q',\ R',$$

und wir haben daher zwischen den Mittelpuncten der 12 Fünfecke des Dodekaëdernetzes für die ternäre Basis OA die Gleichung

$$\text{(I*)}\qquad \begin{aligned} &PQRSTUP'Q'R'S'T'U' \\ &= QRPTUSQ'R'P'T'U'S'\,. \end{aligned}$$

Weil ferner U, B, M, A, R in dieser Folge in einem Hauptkreise liegen, und $MBU = MAR$, so entsprechen sich in Bezug auf die binäre Axe OM die Puncte U und R, sowie U' und R', als die Gegenpuncte der ersteren. Es liegen ferner P und Q, also auch P' und Q', in Bezug auf OM symmetrisch, weil PQ und AB sich rechtwinklig in M halbiren. Sodann ist

$$MAFS = MBCS'\,,$$

weil

$$MA = MB\,,\qquad AF = BC\,,\qquad FS = CS'\,,$$

und weil die Winkel

$$MAF = MBC\,,\qquad AFS = BCS' = 180^\circ$$

sind, und die Hohlwinkel MAF und MBC für den, welcher auf der Kugel die Wege $MAFS$ und $MBCS'$ zurücklegt, einerlei Lage haben. So wie sich daher in Bezug auf OM die Puncte A und B

entsprechen, so entsprechen sich in Bezug auf dieselbe Axe S und S'. In gleicher Weise wird dargethan, dass auch T und T' rücksichtlich OM symmetrisch liegen. In Bezug auf die binäre Basis OM besteht also zwischen den Flächenmittelpuncten $P, Q, \ldots U'$ die Gleichung

$$\text{(II*)} \quad \begin{aligned} & PQRSTUP'Q'R'S'T'U' \\ = & QPUS'T'RQ'P'U'STR' . \end{aligned}$$

Wird nun, analog dem Früheren, irgend ein Punct der Kugelfläche durch PQR ausgedrückt, so erhält man mittelst der eben entwickelten Gleichungen (I*) und (II*) das nachstehende System von Puncten, wobei wiederum, wie in §. 80, je drei cyklische Ternionen XYZ, YZX, ZXY zugleich durch das Symbol $[XYZ]$ ausgedrückt worden sind:

$$\begin{aligned} D_1 = \; & [PQR][RQS][SQT'][PRT][QPU] \\ & [UPS'][US'R'][UR'T'][QUT'][PTS'] \\ & [P'R'Q'][R'S'Q'][S'TQ'][P'T'R'][Q'U'P'] \\ & [U'SP'][U'RS][U'TR][Q'TU'][P'ST'] . \end{aligned}$$

Das hier in extenso hingeschriebene System der 60 Puncte ist dasselbe, welches man nach den Ergebnissen des §. 98 sofort aus der Figur 52 hätte ableiten können.

Man erkennt schliesslich leicht noch folgende auf die Lage der 60 Puncte in der Kugelfläche bezüglichen Eigenschaften des Systems D_1, dessen stereographische Projection die Fig. 53 (auf folgender Seite) darstellt:

In jedem der 20 regulären Dreiecke, in welche die Kugelfläche durch die die Flächenmittelpuncte P, Q, …, U' verbindenden Hauptkreise zerlegt wird, liegen drei der 60 Puncte von D_1, welche selbst wieder ein reguläres Dreieck bilden, das mit dem sie umschliessenden Dreieck der Puncte P, Q, …, U' gleichen Sinn und gleichen Mittelpunct hat. In jede Fläche des Dodekaëdernetzes selbst aber fallen fünf Puncte von D_1, welche ein reguläres mit der betreffenden Netzfläche concentrisches Fünfeck bilden. Je zwei der Flächen des Netzes können mit den fünf von jeder von ihnen eingeschlossenen Systempuncten zur Deckung gebracht werden.

§. 100. Die binäre Axe OM, welche mit der ternären Axe das in §§. 95—99 betrachtete System D_1 erzeugt, wollen wir jetzt durch die b a s i s c h e E b e n e ersetzen, welche die Seite AB der Grundfigur rechtwinklig halbirt (vergl. wieder Fig. 52), und also demjenigen symmetrischen Punctsystem D_2 uns zuwenden, welches bei einem Fünfeck als Grundfigur aus einem beliebigen Punct der Kugelfläche durch eine ternäre Axe und eine Ebene als Basen entspringt.

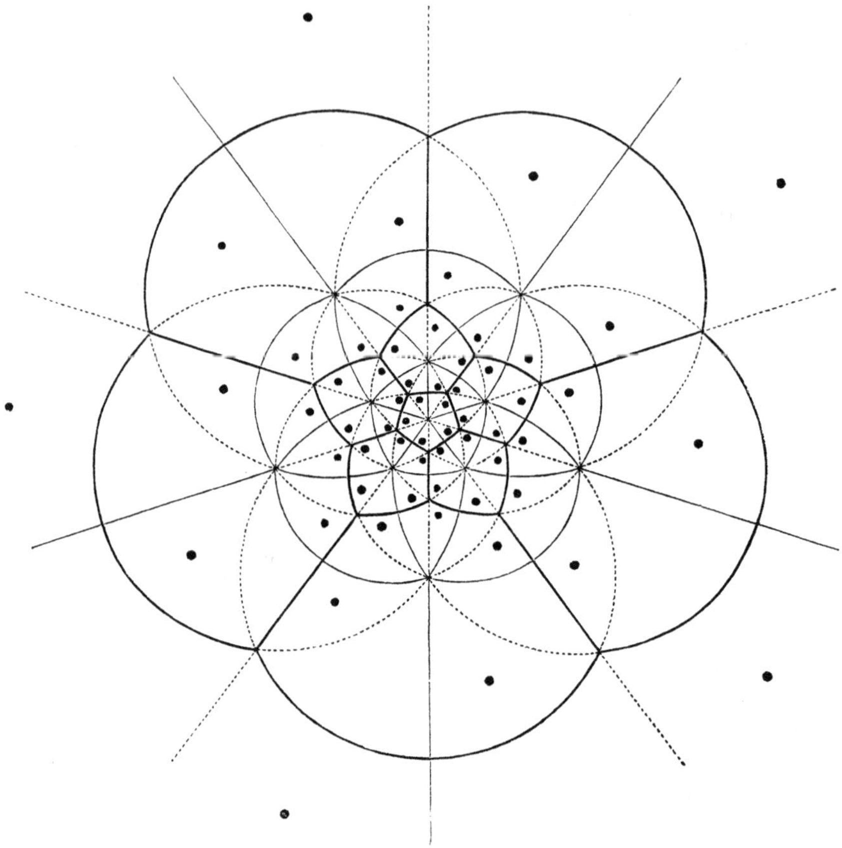

Fig. 53.

Zuvörderst bemerken wir, dass das im Vorigen erhaltene System D_1 von 60 Puncten auch hervorgeht, wenn man die zwei ternären Axen OA und OB als Basen wählt. Denn erstens werden, wie aus den in §. 69 angestellten Betrachtungen hervorgeht, aus und durch OA und OB alle übrigen acht ternären Axen OC, OD, ..., OK, und folglich aus der Dodekaëderecke A alle übrigen 19 Ecken des Netzes und keine anderen erzeugt. Hieraus aber folgt ganz so, wie in §. 97 gezeigt wurde, dass aus dem Puncte ABC ein System von 60 Puncten entspringt, deren Bezeichnungen mit den dortigen identisch sind.

Dieselben 60 Puncte müssen daher auch aus ABC hervorgehen, wenn man die ternäre Axe OA und die basische Ebene μ, welche durch O geht und AB in M halbirt, als erzeugende Basen wählt, weil aus OA durch μ die ternäre Axe OB sich ergibt. Indessen kommen zu jenen 60 Puncten noch andere Puncte hinzu. Es liegen nämlich die 20 Dodekaëderecken paarweise in Bezug auf μ symmetrisch. Will man z. B. den Punct bestimmen, welcher der Ecke D' in Bezug auf μ entspricht, und durchläuft man von M aus zu diesem Zwecke den Kantenweg $MAFH'C'D'$, so entspricht diesem der Kantenweg $MBGK'E'D'$. Da nämlich die Erzeugung durch eine Ebene geschieht, und nach §. 25, d zwei in Bezug auf eine Ebene symmetrisch gelegene Figuren gleich und ähnlich, aber verschiedenen Sinnes sind, so muss jedem auf dem einen Wege zur Rechten liegenden Hohlwinkel von 120° ein eben so grosser zur Linken liegender Hohlwinkel auf dem anderen Wege entsprechen. Rücksichtlich μ liegen daher die Puncte F und G, H' und K', C' und E' symmetrisch, während D' sich selbst entspricht und daher ein Punct der Ebene μ sein muss. Bestimmt man in derselben Weise zu jeder Ecke des Netzes die entsprechende, *so ergibt sich die Gleichung*

$$\text{(III)} \quad \begin{aligned} & A\,B\,C\,D\,E\,F\,G\,H\,J\,K\,A'B'C'D'E'F'G'H'J'K' \\ = {} & B\,A\,E\,D\,C\,G\,F\,K\,J\,H\,B'A'E'D'C'G'F'K'J'H' \end{aligned},$$

welche die symmetrische Gruppirung der Ecken des Dodekaëdernetzes in Bezug auf die basische Ebene μ darstellt.

Alle aus A, B, C abwechselnd durch OA und μ erzeugten Figuren werden daher aus drei Dodekaëderecken bestehen, von denen, weil alle diese Figuren der Figur A, B, C gleich und ähnlich sind, die beiden äusseren Puncte zwei der mittleren nächstliegende Dodekaëderecken sind. Nur findet der Unterschied statt, dass eine Figur mit derjenigen, aus welcher sie zunächst hervorging, congruent ist oder nicht, jenachdem OA oder μ die erzeugende Basis war.

Alle erzeugten Figuren bestehen daher aus Dodekaëderecken und sind entweder mit A, B, C oder mit C, B, A congruent. Dass aber alle aufzählbaren Figuren der einen, wie der anderen Art auch wirklich erzeugt werden, folgt aus dem Vorhandensein einer einzigen jeder Art nach dem schon in §. 97 angewendeten Schlusse, dass das auf eine der erzeugten Basen bezogene System dem System in Bezug auf die unmittelbar gegebene Basis gleich und ähnlich ist (§. 39).

Nun gibt es, wie wir schon wissen, 60 Figuren der Art A, B, C, also auch 60 Figuren von der Art C, B, A, indem letztere aus ersteren durch Umkehrung der Buchstabenfolge hervorgehen. Das ganze aus A, B, C erzeugte System besteht demnach aus 120 Figuren, und auf gleiche Art wird folglich auch das aus einem beliebig angenommenen und mit ABC bezeichneten Puncte durch die Basen OA und μ erzeugte symmetrische Punctsystem D_2 120 Puncte enthalten. Dieses System besitzt, ebenso wie D_1, die 10 Verbindungslinien gegenüberliegender Ecken des Netzes als ternäre Axen, während die 15 binären Axen von D_1 jetzt durch die 15 basischen Ebenen ersetzt werden, welche die gegenüberliegenden Kanten des Netzes rechtwinklig halbiren. Wir können also folgenden Satz aussprechen:

Das System D_2, welches aus einem beliebigen Puncte der Kugelfläche durch eine ternäre Axe und eine basische Ebene bei einem Fünfeck als Grundfigur erzeugt wird, umfasst 120 Puncte der Kugelfläche, welche gegen 10 ternäre Axen und 15 basische Ebenen symmetrisch gruppirt sind.

Möge hier noch folgende Betrachtung eine Stelle finden.

Weil ein sphärisches Dreieck und sein Gegendreieck nicht congruiren, so können in dem System D_1 keine zwei Puncte Gegenpuncte von einander sein; denn alle Dreiecke, welche durch die Punctausdrücke von D_1 dargestellt werden, sind congruent. Dagegen muss in dem System D_2 von jedem Puncte, z. B. ABC, zugleich sein Gegenpunct, $A'B'C'$, vorkommen. Denn weil das Dreieck $A'B'C'$ nicht congruent mit ABC ist, so ist $C'B'A'$, als die Umkehrung von $A'B'C'$, mit ABC congruent und folglich, als Punctausdruck genommen, im System D_1 von 60 Puncten mit begriffen. $A'B'C'$, als die Umkehrung von $C'B'A'$, muss folglich in dem System D_2 der 120 Puncte enthalten sein. Das System D_2 kann man daher auch betrachten als bestehend aus dem System D_1 und den Gegenpuncten seiner 60 Puncte. *Das System D_2 kann folglich auch durch drei Basen entstanden gedacht werden, nämlich durch die ternäre Axe OA, durch die binäre Axe OM (oder die ternäre Axe OB) und durch den basischen Punct O, den Mittelpunct der Kugel.*

§. 101. Was im Vorhergehenden von den aus der Figur A, B, C und dem Puncte ABC erzeugten Figuren und Puncten gesagt worden, gilt wörtlich auch von den aus P, Q, R und PQR erzeugten Figuren und Puncten, weil die 12 Puncte P, Q, ..., U' nicht bloss in Bezug auf OA, sondern auch in Bezug auf die Ebene μ symmetrisch liegen. Weil nämlich rücksichtlich μ jeder Dodekaëderecke wieder eine Dodekaëderecke entspricht, so wird jedem aus fünf Dodekaëderecken gebildeten Fünfeck des Netzes ein Fünfeck derselben Art, also auch dem Mittelpuncte des ersteren der Mittelpunct des letzteren entsprechen. Daher ist es möglich, aus der Gleichung (III) des §. 100, welche die symmetrische Gruppirung der Ecken des

Dodekaëdernetzes gegen die Ebene μ darstellt, sofort die Gleichung (III*) abzuleiten, aus welcher sich zu jedem der Mittelpuncte P, Q, ..., U' der rücksichtlich μ ihm entsprechende ergibt, nämlich die Gleichung:

$$\text{(III*)} \quad \begin{aligned} & PQRSTUP'Q'R'S'T'U' \\ = & PQUT'S'RP'Q'U'TSR' \, . \end{aligned}$$

Vermittelst dieser Gleichung und der Gleichung für die ternäre Axe OA (§. 99)

$$\text{(I*)} \quad \begin{aligned} & PQRSTUP'Q'R'S'T'U' \\ = & QRPTUSQ'R'P'T'U'S' \end{aligned}$$

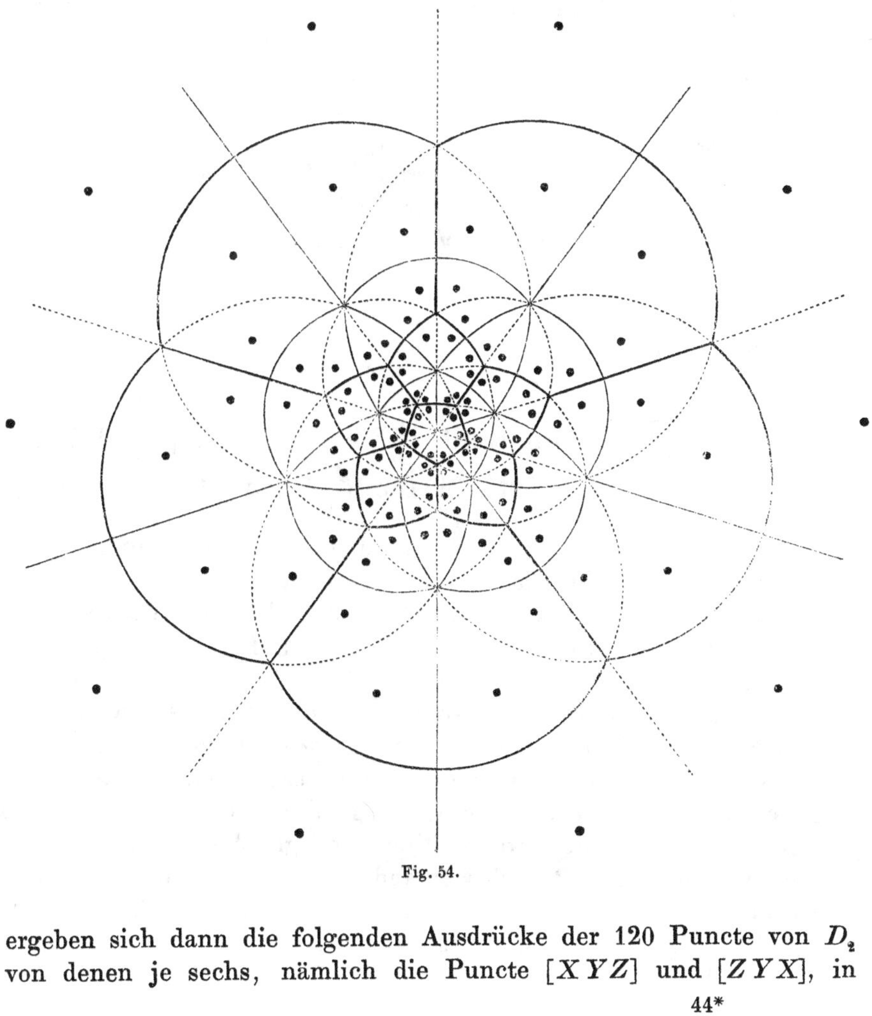

Fig. 54.

ergeben sich dann die folgenden Ausdrücke der 120 Puncte von D_2 von denen je sechs, nämlich die Puncte $[XYZ]$ und $[ZYX]$, in derselben Weise, wie in §. 80, durch das Symbol $\{XYZ\}$ zusammengefasst worden sind:

$$D_2 =$$

$$\{PQR\}\{RQS\}\{SQT'\}\{PRT\}\{QPU\}$$
$$\{UPS'\}\{US'R'\}\{UR'T'\}\{QUT'\}\{PTS'\}$$
$$\{P'R'Q'\}\{Q'R'S'\}\{S'TQ'\}\{P'T'R'\}\{Q'U'P'\}$$
$$\{U'SP'\}\{U'RS\}\{U'TR\}\{Q'TU'\}\{P'ST'\}.$$

Eine Darstellung des Punctsystems D_2 in stereographischer Projection gibt die Fig. 54 (vorige Seite).

Jedes der durch die Punctausdrücke zugleich dargestellten sphärischen Dreiecke umschliesst somit sechs Puncte von D_2. *Die Seiten des von ihnen gebildeten Sechsecks sind, wie man leicht erkennt, abwechselnd einander gleich und die erste, dritte, fünfte sowohl, wie die zweite, vierte, sechste mit den Seiten jenes Dreiecks parallel, dessen Mittelpunct zugleich auch der Mittelpunct des Kreises ist, der durch die sechs Puncte von* D_2 *beschrieben werden kann. In jeder Fläche des Dodekaëdernetzes aber liegen zehn Puncte von* D_2, *deren Zehneck gegen dieselbe die gleichen Eigenschaften hat, wie das vorhin betrachtete Sechseck gegen das umschliessende Dreieck.*

XVII. Aus dem Ikosaëder entspringende symmetrische Figuren.

§. 102. Es erübrigt noch, diejenigen Netze und Figuren zu untersuchen, für welche (§. 71) $m = 3$ und $n = 5$ ist, welche also bei einem Dreieck als Grundvieleck durch eine quinäre Axe und eine binäre Axe oder eine basische Ebene entspringen. Ein solches Netz muss mithin aus regulären Dreiecken zusammengesetzt sein, deren Winkel $= 72^{\circ}$ sind. Dreiecke dieser Art werden in dem aus regulären Fünfecken gebildeten Dodekaëdernetz (vergl. Fig. 52 auf p. 680) durch die Mittelpuncte je dreier in einer Ecke zusammenstossender Fünfecke, wie P, Q, R, gebildet. Denn das Dreieck PQR ist ersichtlich gleichseitig, mithin auch gleichwinklig, und da um P herum nächst PQR noch vier andere ihm gleiche und ähnliche Dreiecke PRT, PTS', $PS'U$, PUQ liegen, so ist jeder ihrer Winkel $= 72^{\circ}$. Die Anzahl aller dieser Dreiecke ist 20, nämlich eben so gross als die Eckenzahl des Dodekaëders, weil dessen Ecken mit den Mittelpuncten der Dreiecke identisch sind. Endlich ist das von den 20 Dreiecken gebildete Netz ein geschlossenes, da jede Seite eines jeden Dreiecks immer noch die Seite eines der jedesmal übrigen Dreiecke ist. Die 12 Puncte P, Q, ..., U' liegen aber auf der Kugelfläche, wie die Ecken eines derselben eingeschriebenen regulären Ikosaëders.

§. 103. Jeder der 12 Puncte P, Q, ..., U' ist der Endpunct einer quinären Axe. Da aber (§. 95) zu jedem derselben sich auch sein Gegenpunct unter ihnen vorfindet, so reducirt sich die Anzahl der quinären Axen auf sechs. Die symmetrische Gruppirung der Ecken des Ikosaëdernetzes um eine der quinären Axen, z. B. um PP', erkennt man daraus, dass um P herum die fünf Puncte Q, R, T, S', U, mithin um P' herum die Gegenpuncte derselben Q', R', T', S, U' symmetrisch liegen, so dass in Bezug auf die quinäre Axe PP' die Gleichung

$$\begin{aligned} & P\,Q\,R\,T\,S'\,U\,P'\,Q'\,R'\,T'\,S\,U' \\ = \; & P\,R\,T\,S'\,U\,Q\,P'\,R'\,T'\,S\,U'\,Q' \end{aligned}$$

oder

$$\text{(I)} \qquad \begin{aligned} & P\,Q\,R\,S\,T\,U\,P'\,Q'\,R'\,S'\,T'\,U' \\ = \; & P\,R\,T\,U'\,S'\,Q\,P'\,R'\,T'\,U\,S\,Q' \end{aligned}$$

besteht.

Der quinären Axe PP' fügen wir nun fürs Erste wiederum eine binäre Axe hinzu, als welche wir diejenige wählen wollen, die, durch O gehend, die Linie PQ halbirt. Da nun dieselbe identisch ist mit der binären Axe, welche O mit dem Mittelpuncte M der Dodekaëderkante AB halbirt (vergl. Fig. 52 auf p. 680), so gilt die auf diese Axe sich beziehende Gleichung (II*) des §. 99, nämlich

$$\text{(II)} \qquad \begin{aligned} & P\,Q\,R\,S\,T\,U\,P'\,Q'\,R'\,S'\,T'\,U' \\ = \; & Q\,P\,U\,S'\,T'\,R\,Q'\,P'\,U'\,S\,T\,R' \;, \end{aligned}$$

zugleich für die binäre Axe OM des Ikosaëdernetzes.

Bedeutet nun wiederum PQR einen beliebigen Punct der Kugelfläche, so kann man aus ihm durch abwechselnde Anwendung der Gleichungen (I) und (II) ein System von Puncten entwickeln, das mit I_1 bezeichnet werden mag. Bei wirklicher Ausführung der Rechnung würde man erkennen, *dass dieses System* I_1 *60 Puncte umfasst und mit dem System* D_1 (§. 99), *welches aus dem Dodekaëdernetz hervorging, identisch ist.*

§. 104. Diese Identität der Systeme D_1 und I_1 lässt sich, ohne der Gleichungen (I) und (II) zu bedürfen, folgendermassen nachweisen.

Alle abwechselnd durch die Axen OP und OM aus PQR abgeleiteten Figuren sind congruent (§. 25, d); sie müssen daher erstens aus drei auf der Kugelfläche einander nächstliegenden Puncten der Reihe P, Q, ..., U' bestehen, und aus keinen anderen, weil aus jedem der drei Puncte P, Q, R durch OP und OM die jedesmal 11 übrigen erzeugt werden. Zweitens müssen wegen der Möglichkeit der Deckung alle abgeleiteten Figuren einerlei Sinn mit PQR haben. Da nun, wenn man je drei nächstliegende der 12 Puncte durch Hauptkreise mit einander verbindet, die Kugelfläche in 20 einander gleiche und ähnliche Dreiecke zerlegt wird, von denen eines PQR selbst ist, und da jedes dieser Dreiecke drei Figuren mit einerlei Sinn liefert (PQR z. B. PQR, QRP, RPQ), so sind in Allem 60 Figuren möglich. Sie sind aber nicht allein möglich, sondern müssen auch zur Symmetrie von I_1 wirklich vorhanden sein. In der That werden aus PQR durch die Axe OP noch vier andere und nicht mehr Figuren erzeugt, deren Ausdrücke mit P beginnen, nämlich PRT, PTS', $PS'U$, PUQ. Da nun durch jeden der 12 Puncte P, Q, ..., U' eine quinäre Axe bestimmt wird, und das System I_1 um jede dieser Axen dieselbe Lage haben muss, wie gegen die Axe OP, so kann keine der Figuren fehlen, deren Ausdrücke mit einem dieser Puncte, z. B. mit S, anfangen. Denn es sind diejenigen fünf, die gegen die Axe OS dieselbe Lage haben, wie die fünf mit P anfangenden gegen die Axe OP.

Dieses vorausgeschickt, erhellt die Identität des Systems D_1 mit dem System I_1 sogleich daraus, dass nach §. 98 jeder der Puncte des ersteren durch die Mittelpuncte dreier Fünfecke des Dodekaëdernetzes, welche eine seiner Ecken gemein haben, ausgedrückt werden kann, und zwar in solcher Aufeinanderfolge, dass der Sinn der dadurch ausgedrückten Dreiecke derselbe ist, und dass je drei jener Flächenmittelpuncte mit drei nächstliegenden Ecken des Ikosaëdernetzes identisch sind.

Dieser Identitätsbeweis lässt sich auch in analytischer Form mit Hülfe der Gleichungen (I) und (II) des §. 99 führen. Für das System D_1 bestehen nämlich zwischen den Mittelpuncten P, Q, R, ..., U' der Flächen des Dodekaëdernetzes die Relationen

$$\text{(I*)} \qquad \begin{aligned} & PQRSTUP'Q'R'S'T'U' \\ = \; & QRPTUSQ'R'P'T'U'S', \end{aligned}$$

$$\text{(II*)} \qquad \begin{aligned} & PQRSTUP'Q'R'S'T'U' \\ = \; & QPUS'T'RQ'P'U'STR', \end{aligned}$$

aus denen sich unmittelbar die neue Gleichung

$$\begin{aligned} & Q\,R\,P\,T\,U\,S\,Q'R'P'T'U'S' \\ = {} & Q\,P\,U\,S'T'R\,Q'P'U'S\,T\,R', \end{aligned}$$

oder, wenn man cyklisch ordnet,

$$\text{(III)} \quad \begin{aligned} & Q\,Q'R\,P\,U\,T'S\,R'P'U'T\,S' \\ = {} & Q\,Q'P\,U\,T'S\,R\,P'U'T\,S'R' \end{aligned}$$

ergibt. Diese Gleichung (III) stellt die symmetrische Lage der Ecken $P, Q, \ldots, U'$ des Ikosaëders gegen die quinäre Axe QQ' dar, indem $RPUT'S$ und $R'P'U'TS'$ zwei reguläre Fünfecke mit der gemeinsamen Axe QQ' sind. Da nun die Gleichung (II*) mit der Gleichung (II) des §. 103 identisch ist, welche die symmetrische Gruppirung der Ikosaëderecken um die die Ikosaëderkante QP rechtwinklig halbirende binäre Axe OM ausdrückt, so wird sich aus (III) und (II) dasselbe System I_1 ergeben, welches aus (I) und (II) in §. 103 abgeleitet werden kann.

Das Punctsystem $D_1 = I_1$ umfasst demnach 60 Puncte der Kugel, welche in den Flächen eines Dodekaëdernetzes und desjenigen Ikosaëdernetzes, dessen Ecken die Flächenmittelpuncte des ersteren sind, so liegen, dass sie um 6 quinäre Axen, die Verbindungslinien der Mittelpuncte gegenüberliegender Flächen des Dodekaëders oder der gegenüberliegenden Ecken des Ikosaëders, ferner um 10 ternäre Axen, die Verbindungslinien der gegenüberliegenden Ecken des Dodekaëders oder der Mittelpuncte gegenüberliegender Flächen des Ikosaëders, und um 15 binäre Axen, die Verbindungslinien der Mittelpuncte gegenüberliegender Kanten des Dodekaëders oder Ikosaëders, symmetrisch gruppirt sind.

§. 105. Ebenso, wie nach §. 100 das System D_1 aus einem beliebigen Puncte der Kugelfläche durch die zwei ternären Basen OA und OB hervorgeht, so zeigt sich auch hier, dass das System I_1 auch erhalten werden kann, wenn man OP und OQ, also zwei benachbarte quinäre Axen, als Ausgangsbasen wählt. Auch könnte man OA und OP zu solchen nehmen, weil durch OA aus OP die quinäre Axe OQ erzeugt wird, oder, was auf dasselbe hinauskommt, weil aus OA durch OP die Basis OB hervorgeht.

Zu Ausgangsbasen bei der Construction des Punctsystems $D_1 = I_1$ kann man aber auch drei der 15 binären Axen wählen, welche nicht in einer Ebene liegen. Seien diese drei einander nächstliegende binäre Axen, insbesondere solche, welche die Kanten eines Ikosaëderdreiecks, z. B. PQR, in den Puncten L, M, N halbiren. Die symmetrische Lage der Puncte $P, Q, \ldots, U'$ gegen diese Axen, die kurz mit L, M, N bezeichnet werden sollen, drücken die folgenden Gleichungen aus:

$$(\lambda)\qquad \begin{aligned}&P\,Q\,R\,S\,T\,U\,P'Q'R'S'T'U'\\ =\;&Q\,P\,U\,S'T'R\,Q'P'U'S\,T\,R',\end{aligned}$$

$$(\mu)\qquad \begin{aligned}&P\,Q\,R\,S\,T\,U\,P'Q'R'S'T'U'\\ =\;&S\,R\,Q\,P\,T'U'S'R'Q'P'T\,U,\end{aligned}$$

$$(\nu)\qquad \begin{aligned}&P\,Q\,R\,S\,T\,U\,P'Q'R'S'T'U'\\ =\;&R\,T\,P\,S'Q\,U'R'T'P'S\,Q'U.\end{aligned}$$

Diese Gleichungen lehren unmittelbar, dass aus keinem der zwölf Puncte $P, Q, \ldots, U'$ durch die Axen L, M, N ein anderer, als einer derselben zwölf Puncte, und zwar aus jedem von ihnen jeder andere derselben erzeugt wird. Z. B. erhält man von P ausgehend durch L und M abwechselnd die Reihe von Puncten $P, Q, R, U, U', R', Q', P', S', S, P$, und aus Q und Q' durch N die Puncte T, bez. T'. Jede aus PQ ableitbare Figur ist demnach von der Form XY, wo X und Y, ebenso wie P und Q, zwei einander nächstliegende Eckpuncte des Ikosaëdernetzes bedeuten, und wo, wenn PQ der Mittelpunct der Kante PQ ist, auch XY den Mittelpunct der Kante XY bezeichnet. Insbesondere können aus PQ die Figuren PR, PT, PS', PU abgeleitet werden. Denn indem man auf L, M, N als Basen wiederum L, M, N u. s. f. in steter Wiederholung folgen lässt, ergeben sich zufolge der Gleichungen (λ), (μ), (ν) aus PQ die 15 Figuren

$$PQ,\ QP,\ RS,\ PS',\ QS,\ RP,\ PR,\ QU,$$
$$RU',\ PU,\ QR,\ RQ,\ PT,\ QT',\ RT,$$

worunter die vier vorhin genannten enthalten sind. Aus PQ kann man jedoch durch die Basen L, M, N nicht nur diese, sondern überhaupt jede Figur XY ableiten, welche durch zwei einander nächstliegende Ecken X und Y des Ikosaëdernetzes gebildet wird. Wie oben gezeigt wurde, ist es nämlich immer möglich, indem man die Basen L, M, N in einer gewissen Aufeinanderfolge nimmt, die kurz durch $[L, M, N]$ bezeichnet werde, von P aus zu X zu gelangen. Kommt man hierdurch von Q nicht zu Y, sondern zu Z, so ist, ebenso wie Y, auch Z einer der Puncte von $P, Q, \ldots, U'$, welche X am nächsten liegen. Es wird folglich, weil ausser Q noch R, T, S', U dem P unmittelbar benachbart sind, die Figur XZY einer der Figuren PQR, PQT, PQS', PQU gleich und ähnlich und ähnlich liegend sein. Sei PQU diese Figur, so wird man nach der Natur der binären Axen, welche nicht bloss gleiche und ähnliche, sondern auch ähnlich liegende Figuren erzeugen, von PQU durch $[L, M, N]$ zu XZY, also von PU durch $[L, M, N]$ zu XY kommen. Es gibt aber nach dem Obigen eine gewisse Aufeinanderfolge von L, M, N, — sie werde durch (L, M, N) angedeutet —, durch die man von PQ zu PU gelangt. Mithin wird durch die aus (L, M, N) und $[L, M, N]$ zusammengesetzte Aufeinanderfolge der Basen L, M, N aus PQ die Figur XY erzeugt werden. Bedeutet jetzt Z denjenigen unter den zwölf Puncten $P, Q, \ldots, U'$, der gegen X und Y dieselbe Lage hat, wie R gegen P und Q, so wird durch die Folge (L, M, N) $[L, M, N]$ aus PQR die Figur XYZ hervorgehen. Es gibt aber 60 solcher Figuren, wie XYZ; folglich u. s. w.

§. 106. Während bei der Ableitung des Systems I_1 die quinäre Axe OP und die binäre Axe OM, welche die Seite PQ des Grunddreiecks PQR im Mittelpuncte trifft, erzeugende Basen waren, wollen wir jetzt die letztere ersetzen durch diejenige Ebene ν, die PQ in M rechtwinklig schneidet, und das aus diesen beiden Basen entspringende symmetrische Punctsystem I_2 zu entwickeln suchen. Durch ν wird aus OP die quinäre Axe OQ, aus P und Q durch diese beiden quinären Axen die übrigen zehn Ecken $R, \ldots, U'$ des Ikosaëdernetzes, und damit aus dem willkürlich gewählten Punct PQR das System I_1 erzeugt (§. 105). Da nun I_1 mit D_1 identisch ist, und die Ebene ν, welche die Dodekaëderkante AB enthält, die Dodekaëderkanten KH' und $K'H$ senkrecht halbirt, so wird nach den in §. 100 gemachten Schlüssen das System der 60 Puncte verdoppelt, so dass noch die 60 Puncte, welche durch OP und OQ aus RQP erzeugt werden, oder, was dasselbe ist, die 60 Gegenpuncte der in $I_1 = D_1$ enthaltenen Puncte hinzukommen.

Das System I_2 ist demnach mit dem System D_2 identisch und umfasst 120 Puncte, welche in den Flächen eines Dodekaëdernetzes und des einbeschriebenen Ikosaëdernetzes gegen dieselben 6 quinären, 10 ternären und 15 binären Axen, wie die Puncte des Systems $I_1 = D_1$ (§. 104), *ausserdem aber noch gegen 15 basische Ebenen, welche die gegenüberliegenden Kanten des Dodekaëders oder Ikosaëders rechtwinklig halbiren, und gegen einen basischen Punct, den Mittelpunct der Kugelfläche, symmetrisch liegen.*

Die Identität der Systeme I_2 und D_2 lässt sich folgendermassen auch analytisch nachweisen. Die Ausdrücke der Puncte des Systems D_2 gehen aus PQR hervor vermittelst der Gleichungen (§. 101)

$$\text{(I*)} \quad \begin{aligned} & P\,Q\,R\,S\,T\,U\,P'Q'R'S'T'U' \\ = {} & Q\,R\,P\,T\,U\,S\,Q'R'P'T'U'S', \end{aligned}$$

$$\text{(III*)} \quad \begin{aligned} & P\,Q\,R\,S\,T\,U\,P'Q'R'S'T'U' \\ = {} & P\,Q\,U\,T'S'R\,P'Q'U'T\,S\,R'. \end{aligned}$$

Gibt man der Gleichung (I*) die Form

$$\begin{aligned} &PRQSUTP'R'Q'S'U'T' \\ &= RQPUTSR'Q'P'U'T'S' \end{aligned}$$

und schreibt (III*) um in

$$\begin{aligned} &PRQSUTP'R'Q'S'U'T' \\ &= PUQT'RS'P'U'Q'TR'S\,, \end{aligned}$$

so folgt aus diesen letzten beiden Gleichungen unmittelbar

$$\begin{aligned} &RQPUTSR'Q'P'U'T'S' \\ &= PUQT'RS'P'U'Q'TR'S\,. \end{aligned}$$

Nun kann man diese Gleichung auch schreiben:

$$\begin{aligned} &PUQT'RS'P'U'Q'TR'S \\ &= QT'UR'PSQ'TU'RP'S'\,; \end{aligned}$$

mithin geben diese beiden letzten Relationen:

$$\begin{aligned} &RQPUTSR'Q'P'U'T'S' \\ &= QT'UR'PSQ'TU'RP'S'\,, \end{aligned}$$

oder, cyklisch geordnet,

$$\text{(IV*)}\qquad \begin{aligned} &PUR'Q'TP'U'RQT'SS' \\ &= UR'Q'TPU'RQT'P'SS'\,. \end{aligned}$$

Dies ist aber die Gleichung für die quinäre Axe SS', und da (III*) sich auf die Ebene OPQ bezieht, welche die Kante ST' des Ikosaëders rechtwinklig halbirt, so muss aus PQR vermittelst (IV*) und (III*) dasselbe System I_2 hervorgehen, wie durch die quinäre Axe OP und die basische Ebene OAB, die die Kante PQ im Mittelpuncte senkrecht schneidet.

§. 107. *Auch das System I_2 kann, wie I_1* (§. 105), *durch drei binäre Basen entwickelt werden, nämlich durch drei der 15 basischen Ebenen*, als welche wir die Ebenen OPQ, OQR, ORP wählen (vergl. wieder Fig. 52 auf p. 680), die kurz mit φ, χ, ψ bezeichnet werden sollen. Die ebenso benannten Gleichungen

$$(\varphi)\qquad \begin{aligned} &PQRSTUP'Q'R'S'T'U' \\ &= PQUT'S'RP'Q'U'TSR'\,, \end{aligned}$$

$$(\chi)\qquad \begin{aligned} &PQRSTUP'Q'R'S'T'U' \\ &= SQRPU'T'S'Q'R'P'UT\,, \end{aligned}$$

$$(\psi)\qquad \begin{aligned} &PQRSTUP'Q'R'S'T'U' \\ &= PTRU'QS'P'T'R'UQ'S \end{aligned}$$

zeigen zunächst, dass die zwölf Puncte P, Q, ..., U' in Bezug auf jede dieser Ebenen symmetrisch liegen. Hiernach kann aus P kein anderer, als einer der zwölf Puncte P, Q, ..., U' erzeugt werden; es geht aber auch jeder derselben aus P hervor, wie aus folgendem Schema ersichtlich ist:

$$P \; \chi \; S \; \varphi \; T' \; \chi \; U \; \varphi \; R \,,$$
$$P \; \chi \; S \; \psi \; U' \; \chi \; T \; \psi \; Q \,,$$
$$T \; \varphi \; S' \; \chi \; P' \,,$$
$$T' \; \psi \; Q' \,,$$
$$U' \; \varphi \; R' \,,$$

wo immer die zwischen je zwei Puncten stehende Basis bezeichnen soll, dass durch sie der ihr nächstfolgende Punct aus dem ihr nächstvorhergehenden erzeugt wird. Zu der Figur PQR gibt es nun noch neun ihr gleiche und ähnliche, jedoch nur zum Theil gleichsinnige Figuren, deren Ausdrücke mit P beginnen; sie alle lassen sich, wie folgt, aus PQR durch φ und ψ entwickeln:

$$PQR \; \psi \; PTR \; \varphi \; PS'U \; \psi \; PUS' \; \varphi \; PRT$$
$$PRT \; \psi \; PRQ \; \varphi \; PUQ \; \psi \; PS'T \; \varphi \; PTS'$$
$$PTS' \; \psi \; PQU \; \varphi \; PQR \,.$$

Aber nicht nur diese, sondern überhaupt jede der Figur PQR gleiche und ähnliche, wenn auch nicht gleichsinnige Figur XYZ kann aus PQR hergeleitet werden, wo X, Y, Z drei der zwölf Puncte P, Q, ..., U' bezeichnen. Dies folgt, wenn X mit P identisch ist, aus dem Vorhergehenden unmittelbar. Ist aber X von P verschieden, so bezeichne $[\varphi, \chi, \psi]$ die Aufeinanderfolge der Basen, durch die man nach dem Obigen von P zu X gelangt. Durch die umgekehrte Basenfolge wird man dann von X zu P, also von XYZ etwa zu $PS'T$ geführt, welche Figur mit XYZ oder PQR gleich und ähnlich ist. Mithin muss man durch die directe Folge $[\varphi, \chi, \psi]$ von $PS'T$ auf XYZ kommen. Ist daher endlich (φ, χ, ψ) die Basenfolge, durch welche $PS'T$ aus PQR erzeugt wird, so führt die aus (φ, χ, ψ) und $[\varphi, \chi, \psi]$ zusammengesetzte Folge von PQR zu XYZ. Da nun das Ikosaëder von 20 Dreiecken begrenzt wird, und die drei Ecken eines jeden auf sechs verschiedene Arten zu einer Figur der Art, wie XYZ, zusammengestellt werden können, so bilden PQR und alle daraus durch φ, χ, ψ ableitbaren Combinationen ein System von 120 Figuren, u. s. w.

XVIII. Bestimmung der Coordinaten der sieben aus den regulären Polyëdern ableitbaren symmetrischen Punctsysteme.

§. 108. Wie in §. 92 gezeigt worden ist, lassen sich die Puncte eines jeden der fünf ersten Systeme T_1, T_2, $H_1 = O_1$, H_2, O_2 symbolisch durch die sechs Puncte X, X', Y, Y', Z, Z' ausdrücken, in welchen drei auf einander senkrecht stehende Durchmesser der Kugel die Oberfläche derselben schneiden, und welche mit den drei binären Axen von T_1, T_2, H_2 und den drei quaternären Axen von $H_1 = O_1$ und H_2 identisch sind. Wir nehmen dieselben auch als Coordinatenaxen und geben einem beliebigen Punct jener Systeme, z. B. dem Puncte XYZ, die Coordinaten x, y, z. *Es ist die Aufgabe, die Coordinaten der übrigen Puncte durch* x, y, z *auszudrücken.*

Werde beispielsweise der Punct YZX gewählt, so hat derselbe gegen die Axen Y, Z, X dieselbe Lage, wie XYZ gegen die Axen X, Y, Z. Mithin sind auch x, y, z die Coordinaten von YZX in Bezug auf die Axen Y, Z, X; oder mit anderen Worten: es sind z, x, y die Coordinaten von YZX in Bezug auf die Axen X, Y, Z. Ebenso findet man für den Punct ZXY die Coordinaten y, z, x.

Bestimmen wir noch die Coordinaten eines Punctes, dessen Ausdruck zum Theil aus accentuirten Buchstaben zusammengesetzt ist, z. B. die des Punctes $Z'XY'$. Derselbe hat in Bezug auf die Axen Z', X, Y' die Coordinaten x, y, z; in Bezug auf die Axen X, Y', Z' mithin die Coordinaten y, z, x, also in Bezug auf X, Y, Z als Axen die Coordinaten y, $-z$, $-x$, oder, indem wir der Kürze halber das Minuszeichen über den betreffenden Buchstaben setzen, die Coordinaten y, $\bar{z}$, $\bar{x}$. *Hieraus kann man die Regel ableiten, dass die erste, zweite oder dritte Coordinate eines Punctes das Minuszeichen erhält, je nachdem in dem Ausdrucke des Punctes* X, Y *oder* Z *accentuirt ist.*

Nach dem Vorangehenden ist es möglich, die Coordinaten eines jeden der 48 Puncte sofort anzugeben. Beispielsweise haben die zwölf Puncte, welche das System T_1 ausmachen, folgende Coordinaten:

Die drei Puncte	$[XYZ]$	x, y, z;	z, x, y;	y, z, x;
- - -	$[XY'Z']$	$x, \bar{y}, \bar{z}$;	$z, \bar{x}, \bar{y}$;	$y, \bar{z}, \bar{x}$;
- - -	$[X'YZ']$	$\bar{x}, y, \bar{z}$;	$\bar{z}, x, \bar{y}$;	$\bar{y}, z, \bar{x}$;
- - -	$[X'Y'Z]$	$\bar{x}, \bar{y}, z$;	$\bar{z}, \bar{x}, y$;	$\bar{y}, \bar{z}, x$.

§. 109. Zur Bestimmung der Coordinaten der Puncte der Systeme $D_1 = I_1$ und $D_2 = I_2$ werde zunächst ein rechtwinkliges Coordinatensystem definirt. Man bemerke zu dem Ende, dass (vergl. Fig. 52 auf p. 680) RS von QU, PT von RS, QU von PT rechtwinklig halbirt wird. Geschehe dies in den in der Figur angegebenen Puncten X, Y, Z, so ist XYZ ein rechtwinkliges und rechtseitiges Dreieck, mithin sind OX, OY, OZ drei sich rechtwinklig schneidende Axen, die wir zu Coordinatenaxen nehmen wollen. Sie treffen die Kugelfläche zum zweiten Male in X', Y', Z', die resp. in $R'S'$, $P'T'$, $Q'U'$ gelegen sind.

Weil hiernach P in YZ liegt, so kann man mit Anwendung des sphärischen Algorithmus*)

$$(1) \qquad P = aY + bZ$$

setzen; und da die Figuren YPZ, ZQX, XRY einander gleich und ähnlich sind, so folgt aus (1)

$$(2) \qquad Q = aZ + bX\ ,$$

$$(3) \qquad R = aX + bY\ .$$

Ferner ist Y der Mittelpunct von PT und zugleich von ZZ', indem

$$ZY = YZ' = 90^\circ\ .$$

Mithin ist

$$YTZ' = YPZ\ ,$$

und ebenso

$$ZUX' = ZQX\ , \quad XSY' = XRY\ .$$

Darnach wird

$$T = aY + bZ'\ ,$$

oder

$$(4) \qquad T = aY - bZ\ ,$$

und ebenso

$$(5) \qquad U = aZ - bX\ ,$$

$$(6) \qquad S = aX - bY\ .$$

Endlich hat man

$$P' = -P = -aY - bZ\ ,$$
$$Q' = -Q = -aZ - bX\ ,$$
$$R' = -R = -aX - bY\ ;$$

und ebenso

$$T' = -aY + bZ\ ,$$
$$U' = -aZ + bX\ ,$$
$$S' = -aX + bY\ .$$

*) Analytische Sphärik, §. 11. I (vergl. p. 14 des vorliegenden Bandes).

Aus jeder dieser Gleichungen ersieht man, weil sowohl YZ, wie ZX und XY Quadranten sind, dass

$$a^2 + b^2 = 1$$

und dass, weil z. B. P zwischen Y und Z liegt, a und b positiv sind. Nun haben die Bögen QR und PS einen gemeinsamen Mittelpunct W; man hat daher

$$Q + R = fW \;,$$
$$P + S = gW \;,$$

folglich, wenn man $\frac{g}{f} = c$ setzt,

$$P + S = cQ + cR \;.$$

Setzt man in diese Gleichung die soeben gefundenen Werthe von P, Q, R, S ein, so ergibt sich

$$aX + (a - b)Y + bZ = (ac + bc)X + bcY + acZ \;,$$

oder

$$(a - ac - bc)X + (a - b - bc)Y + (b - ac)Z = 0 \;.$$

Da nun X, Y, Z nicht in einem Hauptkreise liegen, so müssen die Coëfficienten dieser Puncte einzeln gleich Null sein; also

$$a - ac - bc = 0 \;, \qquad a - b - bc = 0 \;,$$
$$b - ac = 0 \;,$$

woraus

$$c = \frac{b}{a}$$

und

$$1 - c - c^2 = 0 \;,$$

also

$$c = \frac{\sqrt{5} - 1}{2}$$

sich ergibt. Es ist demnach

$$a^2 c^2 = b^2 = 1 - a^2 \;,$$

also

$$a^2 = \frac{1}{2 - c} = \frac{2}{5 - \sqrt{5}} \;, \qquad b^2 = 1 - a^2 = \frac{3 - \sqrt{5}}{5 - \sqrt{5}} \;,$$

oder

$$a^2 = \tfrac{1}{2}\left(1 + \frac{1}{\sqrt{5}}\right) \;, \qquad b^2 = \tfrac{1}{2}\left(1 - \frac{1}{\sqrt{5}}\right) \;.$$

Zugleich hat man nach (1)

$$a = \cos YP \;, \qquad b = \sin YP \;,$$

und daher

$$c = \frac{b}{a} = \text{tang}\, YP = \text{ctg}\, PZ \ .$$

§. 110. Seien nun in Bezug auf die sich rechtwinklig schneidenden Axen OX, OY, OZ die Coordinaten des Punctes PQR resp. x, y, z, so sollen zunächst die Coordinaten der vier mit PQR gegen die quinäre Axe PP' symmetrisch liegenden Puncte PRT, PTS', $PS'U$ und PUQ bestimmt werden.

Nach der gemachten Voraussetzung ist

$$(1) \qquad PQR = xX + yY + zZ \ ,$$

also, weil (§ 109)

$$2aX = R + S \ , \quad 2aY = P + T \ , \quad 2aZ = Q + U$$

ist,

$$(1^*) \quad 2aPQR = x(R+S) + y(P+T) + z(Q+U) \ .$$

Zwischen den zwölf Puncten P, Q, ..., U' hat nun in Bezug auf die quinäre Axe PP' die Gleichung statt (§. 103):

$$\begin{aligned} &PQRSTUP'Q'R'S'T'U' \\ &= PRTU'S'QP'R'T'USQ' \ , \end{aligned}$$

und es ist folglich

$$\begin{aligned} PQRSTU &= PRTU'S'Q = PTS'Q'UR \\ &= PS'UR'QT = PUQT'RS' \ . \end{aligned}$$

Jede zwischen P, Q, R, S, T, U bestehende Relation muss daher auch zwischen den Puncten P, R, T, U', S', Q, sowie P, T, S', Q', U, R, u. s. w. herrschen. Der Gleichung (1*) zufolge muss mithin auch sein:

$$\begin{aligned} 2aPRT &= x(T+U') + y(P+S') + z(R+Q) \ , \\ 2aPTS' &= x(S'+Q') + y(P+U) + z(T+R) \ , \\ 2aPS'U &= x(U+R') + y(P+Q) + z(S'+T) \ , \\ 2aPUQ &= x(Q+T') + y(P+R) + z(U+S') \ . \end{aligned}$$

Man substituire in diesen Gleichungen statt der Puncte P, Q, ..., U' ihre durch X, Y, Z ausgedrückten Werthe, nachdem man hierin b durch ac ersetzt hat, also

$$P = a(Y + cZ) \ , \quad Q = a(Z + cX) \ , \quad R = a(X + cY) \ ,$$

u. s. w. u. s. w.

Man erhält dann, wenn man der Kürze willen d für $1 + c$ schreibt,

$$2PRT = x(-dZ+cX+Y)+y(dY+cZ-X)+z(dX+cY+Z)\,,$$
$$2PTS' = x(-dX+cY-Z)+y(dZ-cX+Y)+z(dY-cZ+X)\,,$$
$$2PS'U = x(-dX-cY+Z)+y(dZ+cX+Y)+z(dY-cZ-X)\,,$$
$$2PUQ = x(dZ+cX-Y)+y(dY+cZ+X)+z(-dX+cY+Z)\,,$$

oder endlich

$$(2)\quad 2PRT = (+dz+cx-y)X+(dy+cz+x)Y+(-dx+cy+z)Z\,,$$
$$(3)\quad 2PTS' = (-dx-cy+z)X+(dz+cx+y)Y+(dy-cz-x)Z\,,$$
$$(4)\quad 2PS'U = (-dx+cy-z)X+(dz-cx+y)Y+(dy-cz+x)Z\,,$$
$$(5)\quad 2PUQ = (-dz+cx+y)X+(dy+cz-x)Y+(dx+cy+z)Z\,.$$

Hieraus aber ergeben sich unmittelbar die gesuchten Coordinaten. Es sind nämlich die Coordinaten von PRT

$$\tfrac{1}{2}(dz+cx-y)\;,\quad \tfrac{1}{2}(dy+cz+x)\;,\quad \tfrac{1}{2}(-dx+cy+z)\;,$$

u. s. w.

Durch specielle Wahl von PQR kann man aus den Gleichungen (1), ..., (5) die Werthe von c und d direct bestimmen. Lässt man nämlich den beliebig zu nehmenden Ausgangspunct PQR mit X zusammenfallen, so ist

$$x=1\;,\quad y=0\;,\quad z=0\;;$$

mithin wird

$$2PRT = cX+Y+dZ\;,$$

und es muss

$$4 = c^2+1+d^2$$

sein, oder, wenn man $d=1+c$ setzt,

$$4 = c^2+1+(1+c^2)\;.$$

Hieraus folgt aber, wie in §. 109,

$$c^2+c=1\;,$$

also

$$c=\frac{\sqrt{5}-1}{2}\;,\qquad d=\frac{\sqrt{5}+1}{2}\;.$$

Man bemerke nur noch, dass, wie gehörig, auch in dem vollständigen Ausdruck für PRT die Summe der Quadrate der drei Coordinaten $=1$, also die Summe der Quadrate der Coëfficienten von X, Y, Z gleich 4 ist. Man hat nämlich:

$$(dz+cx-y)^2+(dy+cz+x)^2+(-dx+cy+z)^2$$
$$=(x^2+y^2+z^2)(d^2+c^2+1)+2(cd+c-d)(yz+zx-xy)=4\;.$$

Denn wegen

$$PQR = xX+yY+zZ$$

ist

$$x^2+y^2+z^2=1\;,$$

und nach dem Vorangehenden

$$d^2 + c^2 + 1 = 4\ , \qquad cd + c - d = c^2 - 1 + c = 0\ .$$

Dieselbe Bemerkung wird man bezüglich der Coordinaten der drei übrigen Puncte bestätigt finden.

Setzt man schliesslich noch

$$\begin{array}{lll} dz + cx - y = 2\alpha\ , & dy + cz + x = 2\beta\ , & -dx + cy + z = 2\gamma\ , \\ -dx - cy + z = 2\alpha_1\ , & dz + cx + y = 2\beta_1\ , & dy - cz - x = 2\gamma_1, \\ -dx + cy - z = 2\alpha_2\ , & dz - cx + y = 2\beta_2\ , & dy - cz + x = 2\gamma_2, \\ -dz + cx + y = 2\alpha_3\ , & dy + cz - x = 2\beta_3\ , & dx + cy + z = 2\gamma_3, \end{array}$$

so erhält man, wenn jeder Punct durch die Zusammenstellung seiner auf die drei Axen OX, OY, OZ bezogenen Coordinaten ausgedrückt wird,

$$PQR = x,\ y,\ z\ , \qquad PRT = \alpha,\ \beta,\ \gamma\ , \qquad PTS' = \alpha_1, \beta_1, \gamma_1\ ,$$
$$PS'U = \alpha_2, \beta_2, \gamma_2\ , \qquad PUQ = \alpha_3, \beta_3, \gamma_3\ .$$

§. 111. Aus den im Vorhergehenden bestimmten Coordinaten der fünf gegen die quinäre Axe PP' symmetrisch und der Ikosaëderecke P nächstliegenden Puncten des Systems $D_1 = I_1$ lassen sich nun die Coordinaten der übrigen Puncte desselben unschwer ermitteln.

Man bemerke zuvörderst, dass zwischen den Puncten P, Q, ..., U', X, Y, ..., Z' des Ikosaëdernetzes in Bezug auf die ternären Axen AA' und JJ' (vergl. Fig. 52 auf p. 680) die Gleichungen bestehen:

$$(\alpha)\quad \begin{array}{l} PQRSTUXYZP'Q'R'S'T'U'X'Y'Z' \\ = QRPTUSYZXQ'R'P'T'U'S'Y'Z'X'\ , \end{array}$$

$$(\beta)\quad \begin{array}{l} PQRSTUXYZP'Q'R'S'T'U'X'Y'Z' \\ = U'SP'T'Q'RY'Z'XUS'PTQR'YZX'\ . \end{array}$$

Demzufolge sind die 12 Figuren

$$\begin{array}{l} a = P\ Q\ R\ T\ S'\ U\ X\ Y\ Z\ , \\ b = Q\ R\ P\ U\ T'\ S\ Y\ Z\ X\ , \\ c = R\ P\ Q\ S\ U'\ T\ Z\ X\ Y\ , \\ d = S\ P'\ U'\ R\ Q\ T'\ Z'\ X\ Y'\ , \\ e = T\ Q'\ S'\ P\ R\ U'\ X'\ Y\ Z'\ , \\ f = U\ R'\ T'\ Q\ P\ S'\ Y'\ Z\ X'\ , \\ g = P'\ U'\ S\ T'\ R'\ Q'\ X\ Y'\ Z'\ , \\ h = Q'\ S'\ T\ U'\ P'\ R'\ Y\ Z'\ X'\ , \\ i = R'\ T'\ U\ S'\ Q'\ P'\ Z\ X'\ Y'\ , \\ k = S'\ T\ Q'\ R'\ U\ P\ Z'\ X'\ Y\ , \\ l = T'\ U\ R'\ P'\ S\ Q\ X'\ Y'\ Z\ , \\ m = U'\ S\ P'\ Q'\ T\ R\ Y'\ Z'\ X \end{array}$$

einander gleich und ähnlich und ähnlich liegend; denn es folgt

$a = b$ aus (α) ,		$g = h$ aus (α) ,
$b = c$ - (α) ,		$h = i$ - (α) ,
$b = d$ - (β) ,		$h = k$ - (β) ,
$d = e$ - (α) ,		$k = l$ - (α) ,
$e = f$ - (α) ,		$l = m$ - (α) .
$c = g$ - (β) ,		

Mittelst der Gleichung $a = b$ ergeben sich nun aus den fünf dem P nächstliegenden Puncten PQR, PRT, ..., deren Coordinaten in §. 110 bestimmt worden sind, die fünf der Ecke Q nächstliegenden Systempuncte QRP, QPU, ... Es war aber

$$PQR = xX + yY + zZ \; ,$$

mithin ist

$$QRP = xY + yZ + zX \; ,$$

d. h. der Punct QRP hat, auf die Axen OX, OY, OZ bezogen, die Coordinaten z, x, y. Ebenso folgt nach der Gleichung $a = b$ aus

$$PRT = \alpha X + \beta Y + \gamma Z$$

die Gleichung

$$QPU = \alpha Y + \beta Z + \gamma X \; ,$$

d. h. der Punct QPU hat in Bezug auf die Axen OX, OY, OZ die Coordinaten γ, α, β; u. s. f.

Wir erhalten somit, wenn wir auch hier, wie in §. 110, jeden Punct durch die Zusammenstellung seiner auf die Axen OX, OY, OZ bezogenen Coordinaten ausdrücken:

$$QRP = z,\, x,\, y \; , \quad QPU = \gamma,\, \alpha,\, \beta \; , \quad QUT' = \gamma_1, \alpha_1, \beta_1 \; ,$$
$$QT'S = \gamma_2, \alpha_2, \beta_2 \; , \quad QSR = \gamma_3, \alpha_3, \beta_3 \; .$$

In derselben Weise ergeben sich aus der Gleichung $a = c$ die Ausdrücke:

$$RPQ = y,\, z,\, x \; , \quad RQS = \beta,\, \gamma,\, \alpha \; , \quad RSU' = \beta_1, \gamma_1, \alpha_1 \; ,$$
$$RU'T = \beta_2, \gamma_2, \alpha_2 \; , \quad RTP = \beta_3, \gamma_3, \alpha_3 \; .$$

Gleicherweise lassen sich vermittelst der Gleichung $a = d$ aus

$$PQR = xX + yY + zZ \; ,$$
$$PRT = \alpha X + \beta Y + \gamma Z \; ,$$
$$\cdots\cdots\cdots\cdots$$

die Gleichungen

$$SP'U' = xZ' + yX + zY' \; ,$$
$$SU'R' = \alpha Z' + \beta X + \gamma Y' \; ,$$
$$\cdots\cdots\cdots\cdots$$

ableiten, denen man auch die Form

$$\begin{aligned} S\,P'\,U' &= y\,X - z\,Y - x\,Z \;, \\ S\,U'R &= \beta\,X - \gamma\,Y - \alpha\,Z \;, \\ &\ldots\ldots\ldots\ldots \end{aligned}$$

geben kann. Mithin sind die Coordinaten der fünf dem Puncte S nächstliegenden Systempuncte:

$$S\,P'\,U' = y,\,\overline{z},\,\overline{x}\,, \quad S\,U'R = \beta,\,\overline{\gamma},\,\overline{\alpha}\,, \quad S\,R\,Q = \beta_1,\overline{\gamma}_1,\overline{\alpha}_1\,,$$
$$S\,Q\,T' = \beta_2,\overline{\gamma}_2,\overline{\alpha}_2\,, \quad S\,T'P' = \beta_3,\overline{\gamma}_3,\overline{\alpha}_3\,.$$

In solcher Weise kann man fortfahren und aus den Gleichungen $a = e$, $a = f$, $a = g$, ..., $a = m$ der Reihe nach die Coordinaten der den übrigen Ikosaëderecken T, U, P', Q', ..., U' benachbarten Systempuncte bestimmen.

§. 112. Das folgende Schema enthält die Coordinaten der 60 Puncte des Systems $D_1 = I_1$; jede Horizontalreihe wird gebildet von den Coordinaten derjenigen fünf Puncte, welche einer Ikosaëderecke unmittelbar benachbart sind, indem hierbei diese Puncte in demselben Sinne um jede Ecke auf einander folgend genommen sind:

$$\begin{array}{lllll}
x,\,y,\,z\,, & \alpha,\,\beta,\,\gamma\,, & \alpha_1,\beta_1,\gamma_1\,, & \alpha_2,\beta_2,\gamma_2\,, & \alpha_3,\beta_3,\gamma_3\,, \\
z,\,x,\,y\,, & \gamma,\,\alpha,\,\beta\,, & \gamma_1,\alpha_1,\beta_1\,, & \gamma_2,\alpha_2,\beta_2\,, & \gamma_3,\alpha_3,\beta_3\,, \\
y,\,z,\,x\,, & \beta,\,\gamma,\,\alpha\,, & \beta_1,\gamma_1,\alpha_1\,, & \beta_2,\gamma_2,\alpha_2\,, & \beta_3,\gamma_3,\alpha_3\,, \\
y,\,\overline{z},\,\overline{x}\,, & \beta,\,\overline{\gamma},\,\overline{\alpha}\,, & \beta_1,\overline{\gamma}_1,\overline{\alpha}_1\,, & \beta_2,\overline{\gamma}_2,\overline{\alpha}_2\,, & \beta_3,\overline{\gamma}_3,\overline{\alpha}_3\,, \\
\overline{x},\,y,\,\overline{z}\,, & \overline{\alpha},\,\beta,\,\overline{\gamma}\,, & \overline{\alpha}_1,\beta_1,\overline{\gamma}_1\,, & \overline{\alpha}_2,\beta_2,\overline{\gamma}_2\,, & \overline{\alpha}_3,\beta_3,\overline{\gamma}_3\,, \\
\overline{z},\,\overline{x},\,y\,, & \overline{\gamma},\,\overline{\alpha},\,\beta\,, & \overline{\gamma}_1,\overline{\alpha}_1,\beta_1\,, & \overline{\gamma}_2,\overline{\alpha}_2,\beta_2\,, & \overline{\gamma}_3,\overline{\alpha}_3,\beta_3\,, \\
x,\,\overline{y},\,\overline{z}\,, & \alpha,\,\overline{\beta},\,\overline{\gamma}\,, & \alpha_1,\overline{\beta}_1,\overline{\gamma}_1\,, & \alpha_2,\overline{\beta}_2,\overline{\gamma}_2\,, & \alpha_3,\overline{\beta}_3,\overline{\gamma}_3\,, \\
\overline{z},\,x,\,\overline{y}\,, & \overline{\gamma},\,\alpha,\,\overline{\beta}\,, & \overline{\gamma}_1,\alpha_1,\overline{\beta}_1\,, & \overline{\gamma}_2,\alpha_2,\overline{\beta}_2\,, & \overline{\gamma}_3,\alpha_3,\overline{\beta}_3\,, \\
\overline{y},\,\overline{z},\,x\,, & \overline{\beta},\,\overline{\gamma},\,\alpha\,, & \overline{\beta}_1,\overline{\gamma}_1,\alpha_1\,, & \overline{\beta}_2,\overline{\gamma}_2,\alpha_2\,, & \overline{\beta}_3,\overline{\gamma}_3,\alpha_3\,, \\
\overline{y},\,z,\,\overline{x}\,, & \overline{\beta},\,\gamma,\,\overline{\alpha}\,, & \overline{\beta}_1,\gamma_1,\overline{\alpha}_1\,, & \overline{\beta}_2,\gamma_2,\overline{\alpha}_2\,, & \overline{\beta}_3,\gamma_3,\overline{\alpha}_3\,, \\
\overline{x},\,\overline{y},\,z\,, & \overline{\alpha},\,\overline{\beta},\,\gamma\,, & \overline{\alpha}_1,\overline{\beta}_1,\gamma_1\,, & \overline{\alpha}_2,\overline{\beta}_2,\gamma_2\,, & \overline{\alpha}_3,\overline{\beta}_3,\gamma_3\,, \\
z,\,\overline{x},\,\overline{y}\,, & \gamma,\,\overline{\alpha},\,\overline{\beta}\,, & \gamma_1,\overline{\alpha}_1,\overline{\beta}_1\,, & \gamma_2,\overline{\alpha}_2,\overline{\beta}_2\,, & \gamma_3,\overline{\alpha}_3,\overline{\beta}_3\,.
\end{array}$$

Sollen also aus den Coordinaten eines willkürlichen Ausgangspunctes x, y, z die Coordinaten der übrigen Systempuncte berechnet werden, so ergeben sich zunächst aus dem Puncte x, y, z durch cyklische Vertauschung der Coordinaten die Puncte y, z, x und z, x, y und hierauf aus diesen drei Puncten noch neun andere, indem man in den Ausdrücken der Puncte je zwei der drei Coordinaten negativ sein lässt. Hierauf ermittele man nach den Formeln des §. 110 die Werthe von α, β, γ, α_1, ..., γ_3. Dadurch erhält man die vier Puncte α, β, γ, $\alpha_1, \beta_1, \gamma_1$, $\alpha_2, \beta_2, \gamma_2$, $\alpha_3, \beta_3, \gamma_3$, aus deren jedem ebenso, wie aus x, y, z, elf andere Puncte abgeleitet werden.

Es gehören demnach immer zwölf Puncte zusammen, welche durch dieselben, nur in immer anderer Folge und mit anderen Zeichen genommenen Coordinaten bestimmt werden. *Diese fünf Partialsysteme von je zwölf Puncten, welche das ikosaëdrische System I_1 bilden, sind für sich symmetrisch in Bezug auf die vier ternären Axen, welche die Mittelpuncte der Octantendreiecke XYZ, $XY'Z'$, ... treffen, und besitzen, für sich genommen, die Symmetrie des tetraëdrischen Systems T_1.* Das letztere ergibt sich sofort, wenn man die Coordinaten der Puncte eines jeden Systems mit den Coordinaten der Systempuncte von T_1 (§. 108) vergleicht.

§. 113. Nachdem nunmehr die Coordinaten der 60 Puncte des Systems $D_1 = I_1$ bestimmt worden sind, gelingt es ohne Schwierigkeit, die Coordinaten der 120 Puncte von $D_2 = I_2$ zu ermitteln. Nach §. 100 umfasst nämlich das letztere die 60 Puncte des ersteren und ihre Gegenpuncte. Je zwei Gegenpuncte haben aber entgegengesetzt gleiche Coordinaten. Vermittelst der Gleichung $a = i$ (§. 111) erhalten wir z. B. aus

$$PS'U = \alpha_2, \beta_2, \gamma_2$$

den Punct

$$R'Q'P' = \overline{\beta}_2, \overline{\gamma}_2, \alpha_2$$

von $D_1 = I_1$. Der Punct RQP, als der Gegenpunct von $R'Q'P'$, gehört mithin dem System $D_2 = I_2$ an, und es ist

$$RQP = \beta_2, \gamma_2, \overline{\alpha}_2 \; .$$

Es ergeben sich also die Coordinaten der 60 Puncte, welche in $D_2 = I_2$ zu den 60 Puncten von $D_1 = I_1$ noch hinzukommen, aus den Coordinaten dieser letzteren (§. 112) *einfach dadurch, dass man das Vorzeichen einer jeden Coordinate in das entgegengesetzte verwandelt.*

Druck von Breitkopf & Härtel in Leipzig.

www.ingramcontent.com/pod-product-compliance
Lightning Source LLC
LaVergne TN
LVHW052205200926
848481LV00001B/31
9781418186258